U0426125

辽西中生代珍稀化石及其生物群地质图集

LIAOXI ZHONGSHENGDAI ZHENXI HUASHI JIQI SHENGWUQUN DIZHI TUJI

张立东　张立君　杨雅军　王五力
郭胜哲　郑少林　薛卫疆　朱　群

CUGP 中国地质大学出版社
ZHONGGUO DIZHI DAXUE CHUBANSHE

内容提要

辽西地区除了产有大量的原始鸟类、原始哺乳动物、带毛的恐龙类和原始被子植物等热河生物群珍稀化石外，还产有燕辽生物群、土城子生物群、阜新生物群和松花江生物群的珍稀化石。它们产在中生代陆相火山-沉积盆地中，具有不同的产出背景和生存环境。本书以大量图片和简明文字相结合的形式，系统地介绍了这些重要生物群的组成、分布及其产出地质背景，并在区域地质调研和实测地层剖面的基础上，详细介绍了辽西地区重要珍稀化石产地，阐述了含珍稀化石沉积层的岩性、岩相、化石产出层位及其下伏地层和上覆地层特征，总结了珍稀化石的空间分布规律。在多重地层划分的基础上，以柱状图和文字相结合的方式对辽西地区珍稀化石沉积层进行了区域对比，并对目前国内外关注的重大地层问题提出了可行的解决方案。本书还通过简洁的图片形式对地球本身的内部物质循环及能量释放作用以及板块作用进行了恰当的表述，并阐述了生物群的地质生存环境，探讨了生物群发生、发展及其演替与地球各个层圈演变的关系，论述了生物群演替是地球各个层圈的地质作用分阶段演化的必然结果。联合古陆的形成、分裂和漂移，火山作用的周期性爆发，构造盆地的形成与封闭，气候、水系和古地理环境的变迁无一不牵扯了生物群的发展和演化。

本书是研究、了解中国东北部地区中生代生物群、地层、古气候、古地理、古环境的重要参考资料，既可供高等院校、科研及生产部门参考，也可为想要了解辽宁中生代珍稀化石及其地质环境的朋友提供资料。

图书在版编目(CIP)数据

辽西中生代珍稀化石及其生物群地质图集/张立东等编著.—武汉：中国地质大学出版社，2017.8
ISBN 978-7-5625-3914-8

Ⅰ.①辽…
Ⅱ.①张…
Ⅲ.①中生代-化石-地质图-辽西地区-图集②中生代-生物群-地质图-辽西地区-图集
Ⅳ.①P548.231-64

中国版本图书馆CIP数据核字(2016)第306584号

辽西中生代珍稀化石及其生物群地质图集

张立东　张立君　杨雅军　王五力
郭胜哲　郑少林　薛卫疆　朱　群　编著

责任编辑：陈　琪　　责任校对：代　莹

出版发行：中国地质大学出版社(武汉市洪山区鲁磨路388号)　　邮政编码：430074
电　话：(027)67883511　　传真：67883580　　E-mail：cbb @ cug.edu.cn
经　销：全国新华书店　　http：cugp.cug.edu.cn

开本：880毫米×1230毫米 1/16　　字数：1125千字　印张：35.5　插页：1
版次：2017年8月第1版　　印次：2017年8月第1次印刷
印刷：武汉市籍缘印刷厂　　印数：1—1000册

ISBN 978-7-5625-3914-8　　定价：580.00元

前 言

20世纪90年代，热河生物群中原始鸟类、带毛恐龙、哺乳类及原始被子植物等大量珍稀化石成为20世纪最重大的人类发现之一，并使辽西地区成为国际地学界和古生物学界，甚至生命科学界关注和研究的热点。

据统计，辽西地区已经发现数千件鸟类化石和为数众多的其他珍稀化石，这在世界古生物化石研究史上是一个奇迹，同时也震动了世界。因此，从20世纪90年代开始，世界地学界和古生物学界都加大了对辽西地区地质和古生物研究的关注程度。原始鸟类和带毛恐龙化石的大量发现，使辽西地区成为研究鸟类起源与早期演化的不可多得的宝地。最近的研究表明，辽西地区可能是鸟类的重要发源地之一，古鸟类已经具有真正意义上的辐射和分异。辽宁古果和中华古果等原始被子植物的进一步发现，使人们确信辽西也是被子植物的发源地。古老的具胎盘的真兽类化石的出土，说明辽西地区还是真兽类发祥地之一。因此，辽西地区是研究鸟类起源、被子植物起源和演化以及哺乳动物早期演化的重要科学基地。

辽西地区除了产有大量的热河生物群珍稀化石外，还产有燕辽生物群、土城子生物群、阜新生物群和松花江生物群的珍稀化石。它们产在中生代陆相火山-沉积建造中的不同层位，具有不同的产出背景和生存环境。然而，长期以来人们对这些珍稀化石的空间分布和产出层位不是十分清晰，甚至存在很多争议。为解决这一问题，辽宁省国土资源厅于2004年设立了“辽西珍稀化石精细分布与产出层位”的科研项目，并由中国地质调查局沈阳地质调查中心承担。项目成员经过两年的努力全面完成了目标任务。在此基础上，为了进一步提高辽宁西部地区的地质古生物的研究水平，展现这一地区独有的古生物资源，辽宁省国土资源厅和中国地质调查局都先后下达了编制《辽宁省热河生物群地质图集》的任务。

考虑到辽宁丰富的珍稀化石资源，辽西地区珍稀化石不仅仅局限于热河生物群，经过深入的研究和讨论，并报请项目管理部门批准，我们将《辽宁省热河生物群地质图集》编制项目转化为《辽西中生代珍稀化石及其生物群地质图集》编制，后者的内容和目标不仅完全涵盖了前者，而且更加全面地反映了辽西地区珍稀化石的全貌。该图集是一部有关中生代珍稀化石的综合性地质图集，其内容包括辽西地区中生代地层概述、中生代主要生物群介绍，重要珍稀化石的简要特征、具体产出层位、空间分布、区域地层对比和地质环境等论述。

在编制地质图集过程中，编著者以辽宁省国土资源厅下达的"辽宁西部珍稀化石精细分布与产出层位"、中国地质调查局下达的"辽西义县组—冀北大店子组中生代火山-沉积地层对比"项目作为主要依托，全面收集整理了辽西及邻区的相关资料，对2008年之前发现的珍稀化石产地进行了详细调研，考察了含化石沉积层的产出地质背景和形成环境，研究了珍稀化石产地空间分布规律，珍稀化石沉积层、化石产出层位及其下伏地层和上覆地层特征，对典型地区实测了地层剖面，深入研究了化石沉积层的岩性、岩相、层序和地球化学特征，并系统地采集分析处理了相关样品，拍摄了大量照片。重要进展如下。

(1)对研究区中生代地层进行了系统的岩石地层、生物地层、年代地层、层序地层等多重地层划分和对比，对目前国内外关注的晚中生代地层问题提出了合理的解决方案。以柱状图和文字相结合的方式进行了较深入的珍稀化石沉积层的区域对比，确认土城子组形成于晚侏罗世，义县组形成于早白垩世，热河生物群早期为晚侏罗世，中晚期为早白垩世。

(2)详细论述并阐明了义县组珍稀化石的空间分布和产出层位。义县组珍稀化石主要分布在晚中生代火山-构造沉积盆地中，这些盆地由西至东分别为凌源-宁城盆地、建昌盆地、新台门盆地、北票市四合屯盆地、阜新-义县盆地和紫都台盆地。除了北票市四合屯盆地、阜新-义县盆地和凌源盆地的义县组可以划分成4～5个岩性段外，其他盆地的义县组基本上可以划分成上、中、下3部分，珍稀化石主要产在中下部岩性段内。然而在义县金刚山一带产出的珍稀化石却产在义县组的上部岩性段中。确认北票市四合屯地区义县组珍稀化石层——尖山沟层可与义县地区砖城子珍稀化石沉积层，凌源地区的大王杖子、范杖子珍稀化石沉积层对比，紫都台盆地的伞托花沟沉积层、建昌盆地的罗家沟沉积层也与此层位相当。研究表明，这些沉积盆地代表了晚中生代时期规模不等的古湖泊，因为地理位置上的相对隔离，它们的地质生态环境略有不同，生物组合也表现出一定的差异性。

(3)论述并确定了九佛堂组珍稀化石的空间分布和产出层位。九佛堂组珍稀化石主要产在波罗赤-甘招盆地、朝阳盆地和阜新-义县盆地中。九佛堂组地层可以划分出3个由滨浅湖至深湖相的沉积韵律层，其中2个韵律层含有珍稀化石，分别为中部韵律层和上部韵律层。中部韵律沉积层的珍稀化石产地有南炉(三塔中国鸟)、西大沟(波罗赤鸟)、喇嘛沟(董氏中国翼手龙)、小鱼沟(顾氏辽宁翼龙)、饮马池西北沟、上河首(朝阳翼鸟、马氏燕鸟)和姜家窝铺；上部韵律沉积层的珍稀化石产地有羊草沟、原家洼(顾氏小盗龙、热河鸟)、八棱观、胡家营子里沟、小塔子(孔子鸟?),义县皮家沟层(翼龙类)、吴家屯层(义县鸟)也属于该层位。

(4)论述并确定了凌源市皮家沟—宁城县道虎沟一带的珍稀化石产出层位。2002—2005年,在辽宁省西部与内蒙古自治区交界附近发现了一套珍稀化石沉积层,产有蝾螈、宁城热河龙化石和大量的昆虫化石,有关该化石沉积层的层位有很大的争议。经过详细的野外调研和地质剖面测量,我们获得了充分的证据,确认该套珍稀化石沉积层属于海房沟组。

(5)将中生代古生物划分为5个主要生物群,即燕辽生物群、土城子生物群、热河生物群、阜新生物群和松花江生物群,并分别论述了各个生物群的组成、层位、分布和时代;将热河生物群详细划分为早期萌发阶段、中期鼎盛阶段和晚期萎缩阶段。

(6)对各个生物群(尤其是热河生物群)生存的地质环境、古生态、古气候进行了深入探讨。

本书通过简洁的图片形式对地球本身的内部物质循环及能量释放以及板块作用进行了恰当的表述。在晚侏罗世以前,研究区受到NW-SE或S-N挤压应力场作用,形成了隆升的高原、山地、山前凹陷盆地。进入早白垩世,应力场转换为NW-SE的伸展作用,早期的高原、山地断续垮塌,逐渐以低山丘陵为主,形成了系列断陷盆地。无论是山前凹陷盆地,还是断陷盆地,都为形成内陆湖泊创造了条件。

笔者认为,晚侏罗世—白垩纪期间地球一直处于温室气候状态,气温偏高,海平面上升,大部分陆地被海水淹没,沦为陆表浅海,内陆湖泊也有明显增加,全球主要气候带界线向两极移动,纬度温度梯度明显降低,这种局面在白垩纪中期达到高潮。这一时期,大规模的火山作用异常发育,大量的火山物质喷出地表,并携带大量CO_2、S、F、Cl和H_2O等气体进入大气圈和水圈,对生物生存环境产生了重要影响。

(7)本书深入探讨了古生物群演替与层圈耦合演变的关系,论述了古生物群演替是地球各个层圈的地质作用分阶段演化的必然结果。联合古陆的形成、分裂和漂移,火山作用的周期性爆发,构造盆地的形成与封闭,气候、水系和古地理环境的变迁无一不影响古生物群的发展和演化。

为了更好地服务社会,推广地学古生物的科学知识,我们基于前人的研究成果和本项目所取得的进展编撰了本书。书中的观点是经项目全体成员讨论、协商形成的主流意见,但是有部分观点仍然存在分歧,这在问题提出及依据阐述中都有涉及。需要说明的是,本书依托的科研项目结束时间较早,近些年新发现的许多古生物化石和化石产地在书中没有记述,书中记录的主要古生物化石资料和主要化石产地截至2008年。本书共分六章,绪言,由张立东研究员撰写;第一章,中生代地层概述,由郭胜哲研究员撰写;第二章,中生代生物群，由王五力研究员和郭胜哲研究员撰写；第三章，珍稀化石产出层位及区域对比，主要由张立君研究员撰写，王五力研究员、郑少林研究员、杨雅军教授级高工和张立东研究员参与撰写；第四章，地质-生态环境，主要由张立东研究员撰写，王五力研究员、郭胜哲研究员参与撰写；第五章，主要生物群的生存时代，由张立东研究员和杨雅军教授级高工撰写；第六章，生物群演替与层圈耦合演变，由王五力研究员撰写；薛卫疆高级工程师和朱群研究员对图集内容进行了认真的梳理，并在章节编排、图片选择等方面提出了宝贵意见。全书统稿由张立东研究员完成；剖面图及对比图清绘由杨雅军教授级高级工程师完成。主要生物群的环境复原图由郑少林研究员绘制，野外摄影、部分室内化石摄影和各种图片的处理工作由张立东研究员和杨雅军教授级高级工程师共同完成。

在本书编写过程中，我们得到了辽宁省国土资源厅科技外事处、化石资源保护管理局，中国地质调查局科技外事部，沈阳地质调查中心，北票市、义县、凌源县化石管理处，义县化石博物馆和朝阳三燕化石博物馆等各级单位、领导的大力支持和帮助。此外，还得到了中国科学院古脊椎动物与古人类研究所的侯连海研究员、沈阳师范大学的段冶教授、胡东宇教授、辽宁省国土资源厅化石资源保护管理局的张立军教授级高工、沈阳地质调查中心的张武研究员、郑月娟研究员和丁秋红研究员的多方协助。没有他们的有力支持，本书编写不可能顺利进行，也不可能取得重要进展，在此我们表示衷心的感谢。本书中一些图片，尤其是珍稀化石图版，主要引自公开发表的论著，部分由辽宁省国土资源厅化石资源保护管理局提供，我们在此对原作者和辽宁省国土资源厅化石资源保护管理局表示衷心的感谢。

作　者

2017 年 5 月 10 日

目 录

第一章 中生代地层概述

辽宁省西部地区自东向西可划分三大盆地区。

(1)金岭寺-羊山-阜新-义县-锦州盆地区:包括金岭寺-羊山盆地、北票市四合屯盆地和阜新-义县盆地。

(2)北票-朝阳-喀左-建昌盆地区:包括北票盆地、黑城子盆地、朝阳盆地、大平房-梅勒营子盆地、喀左-甘招盆地、四官营子-三家子盆地和建昌盆地。

(3)平泉-凌源-宁城盆地区:包括牛营子-郭家店盆地、三十家子盆地、凌源-宁城盆地、道虎沟

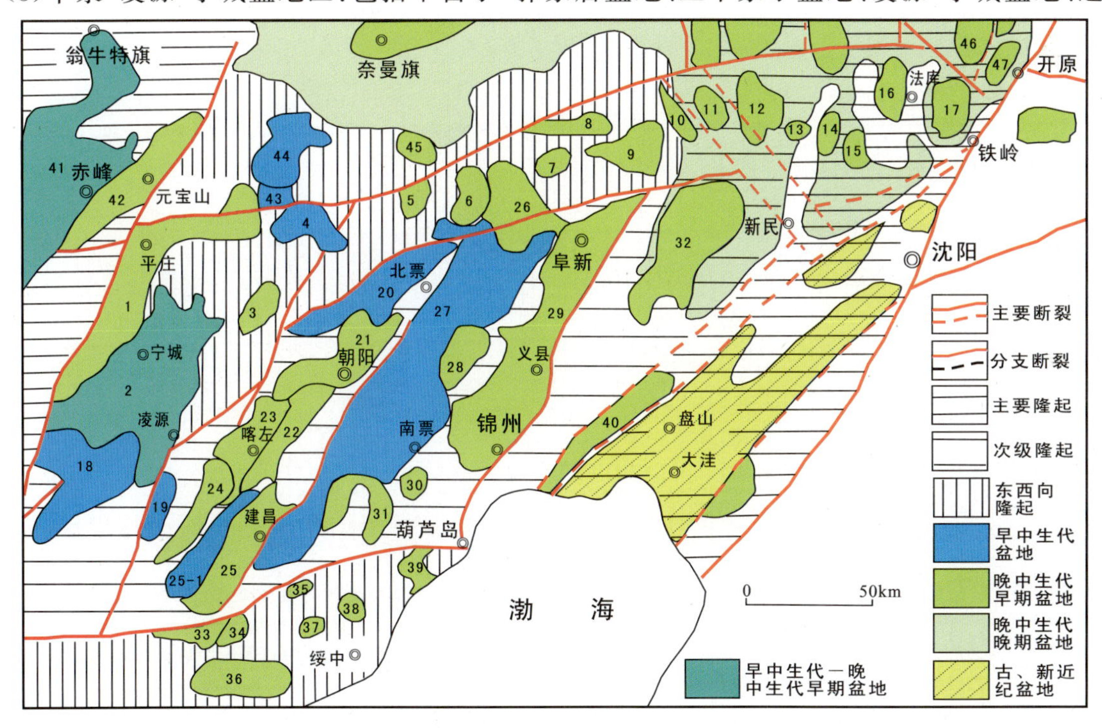

图 1-1 辽西地区中生代主要隆起带和盆地分布图

Fig.1-1 Distribution of Mesozoic main uplifted belts and basins in western Liaoning province

内蒙地轴,宁城断坳:1.平庄盆地;2.凌源-宁城盆地(包括道虎沟、八里罕);3.铁营子盆地;4.四家子盆地;黑城子-务欢池断隆:5.房申盆地;6.黑城子盆地;7.乌兰木统盆地;8.满井-巴楼子盆地;9.务欢池盆地;10.哈尔套盆地;下辽河沉降带,铁法断隆:11.福兴地盆地;12.彰武盆地;13.叶茂台盆地;14.秀水河子盆地;15.登仕堡盆地;16.法库盆地;17.铁法盆地;燕辽沉降带,平泉坳陷:18.三十家子盆地;凌源-叨尔登隆起:19.牛营子-郭家店盆地;北票-建昌坳陷:20.北票盆地;21.朝阳盆地;22.大平房-梅勒营子盆地;23.大城子(喀左)盆地;24.四官营子盆地;25.建昌盆地;25-1.汤神庙盆地;26.紫都台盆地;松岭-南票隆起:27.金岭寺-羊山盆地;28.北票市上园盆地或四合屯盆地;阜新-锦州坳陷:29.阜新-义县盆地;30.暖池塘盆地;31.新台门盆地;北镇断隆,医巫闾山凸起:32.黑山-八道壕盆地;山海关隆起:33.新开岭盆地;34.大青山盆地;35.玉凰庙盆地;36.永安盆地;37.砬子山盆地;38.郭家屯盆地;39.兴城盆地;下辽河坳陷:40.胡家镇盆地;大兴安岭东坡隆起:41.赤峰盆地(包括大庙、孤山子);42.元宝山盆地;哲南隆起:43.新地盆地;44.敖汉旗盆地;45.宝国吐盆地;梨树-开原隆起:46.昌图盆地;47.金沟子盆地

盆地和八里罕盆地。

上述盆地又可分为早中生代(三叠系、侏罗系)、晚中生代(白垩系)为主的盆地和早、晚中生代均较发育的盆地。早中生代盆地有金岭寺-羊山盆地、北票盆地、凌源牛营子-郭家店盆地、三十家子盆地,晚中生代盆地有阜新-义县盆地、北票市四合屯盆地、黑城子盆地、朝阳盆地、大平房-梅勒营子盆地、喀左-甘招盆地、四官营子-三家子盆地、建昌盆地和八里罕盆地,早、晚中生代均发育的盆地有凌源-宁城盆地和赤峰盆地(图1-1)。早中生代盆地和晚中生代盆地分别以北票盆地、金岭寺-羊山盆地以及阜新-义县盆地、建昌盆地最具代表性,地层发育相对较全。

辽西地区中生代地层系统自下而上为三叠系的红砬组、后富隆山组、老虎沟组、羊草沟组;侏罗系下侏罗统的兴隆沟组、北票组,中侏罗统的海房沟组、髫髻山组,上侏罗统的土城子组、张家口组;白垩系下白垩统的义县组、九佛堂组、沙海组、阜新组,上白垩统的大兴庄组和孙家湾组。辽西中生代地层分布与对比概况可见表1-1。

表1-1 辽宁西部各盆地中生代地层分布及划分对比简表

Table 1-1 Distribution, division and correlation of Mesozoic strata in basins of western Liaoning province

地层/盆地		金岭寺-羊山-阜新-义县-锦州盆地区		北票-朝阳-喀左-建昌盆地区							平泉-凌源-宁城盆地区				
		金岭寺-羊山盆地	阜新-义县盆地	北票盆地	黑城子盆地	朝阳-大平房盆地	梅勒营子-老爷庙盆地	喀左-甘召盆地	四官营子-三家子盆地	建昌盆地	牛营子-郭家店盆地	凌源-三十家子盆地	宁城盆地	道虎沟盆地	八里罕盆地
白垩系	上统	孙家湾组	孙家湾组							孙家湾组?					孙家湾组
			大兴庄组		大兴庄组										
	下统		阜新组							阜新组?					阜新组
		沙海组?	沙海组		沙海组	沙海组	沙海组			沙海组					
			九佛堂组		九佛堂组	九佛堂组	九佛堂组	九佛堂组	九佛堂组	九佛堂组		九佛堂组			九佛堂组
		义县组	义县组	义县组	义县组	义县组	义县组	义县组	义县组	义县组		义县组	义县组	义县组	义县组
侏罗系	上统			张家口组								张家口组	张家口组		张家口组
		土城子组		土城子组	土城子组	土城子组		土城子组		土城子组	土城子组	土城子组	土城子组	土城子组	
	中统	髫髻山组	髫髻山组	髫髻山组	髫髻山组			髫髻山组		髫髻山组	髫髻山组	髫髻山组	髫髻山组	髫髻山组	
		海房沟组		海房沟组	海房沟组						海房沟组		海房沟组	海房沟组	
	下统	北票组		北票组	北票组	北票组				北票组					
		兴隆沟组		兴隆沟组		兴隆沟组									
三叠系	上统	羊草沟组		羊草沟组											
											老虎沟组				
	中统	后富隆山组				后富隆山组						后富隆山组			
	下统	红砬组				红砬组		红砬组		红砬组	红砬组	红砬组			

第一节 三叠系

一、下三叠统红砬组

红砬组分布零星，一般在盆地边缘。标准地层区在金岭寺-羊山盆地东南缘的葫芦岛市砂锅屯至富隆山、虹螺岘一带，其次在盆地西北缘的朝阳市长宝营子乡石门沟至石灰窑子、北票市东坤头营子，朝阳盆地的西大营子以西林杖子至史台子一带，喀左-甘招盆地杨树沟、建昌盆地铁杖子、牛营子-郭家店盆地老虎沟以及凌源-三十家子盆地等地。标准地层剖面在金岭寺-羊山盆地东南缘的南票区大红石砬子附近。

岩性分上、下两段。下段以紫红色砂岩为主夹灰白色中薄层细砂岩及少量暗紫红色粉砂岩、砂泥质页岩，具大型交错层理；上段为砖红色、暗紫色砂质泥岩夹灰白色、紫红色砂岩，泥岩中可含钙质结核。该组总厚约452m。其下与上二叠统石千峰组为连续沉积，其上被中三叠统后富隆山组以平行不整合覆盖。总的规律是南部各地岩性较细，以紫红色细砂岩、粉砂岩为主，具明显交错层理；而北部各地以砾岩、含砾砂岩为主，偶见细砂岩透镜体。在喀左县杨树沟附近，本组上段产较多的早三叠世重要植物化石，如 *Equisetum mougeotii*（Brongniart）Schimper，*Neocalamites shanxiensis* Wang，*Schizoneura* - *Echinostachys paradoxa*（Schimper et Mougeot）Grauvogel - Stamm，*Pecopteris salziana* Brongniart，*Neuropteridium* ? sp.，*Crematopteris typica* Schimper，*Alethophyllum* ? sp.，*Albertia* cf. *speciosa* Schimper，*Yuccites vogesiacus* Schimpeter et Mougeot 等。

二、中三叠统后富隆山组

后富隆山组分布局限，一般与红砬组相伴分布。标准地层区在金岭寺-羊山盆地东南缘的南票区后富隆山至砂锅屯一带，其次为金岭寺-羊山盆地西北缘的朝阳市长宝营子乡石门沟至北票市东坤头营子，朝阳盆地的西大营子以西林杖子至史台子一带以及凌源-三十家子盆地等。

在标准地层区，岩性为一套黄色、黄绿色、灰色及灰黑色砾岩、砂岩、粉砂质泥岩夹灰白色凝灰岩。该组厚几米至63.4m。其下与红砬组为平行不整合接触，上部被中侏罗统海房沟组以角度不整合关系覆盖。富产双壳类及少量植物化石。双壳类化石以珠蚌和陕西蚌为主，如 *Unio* ? sp.，*Shaanxiconcha* cf. *subovata* Liu et Lee，*S. longa elongata* Liu，*S. elliptica*（Hua），*S. longelliptica* Ding，*S. honghuadianensis* Liu et Lee，*S. fusiformis* Liu，*S. triangulata* Liu，*Sibiriconcha* ? sp.；植物化石有 *Neocalamites carrerei*（Zeiller）Halle，*Hausmannia* sp.，*Dictyophyllum nathorsti* Zeiller，*Ginkgo* sp.等。

三、上三叠统老虎沟组

老虎沟组仅分布于凌源市牛营子-郭家店盆地西南缘的老虎沟一带，其岩性以黄绿色砂岩及含砾粗砂岩为主，偶夹炭质页岩及煤线。其下与下白垩统义县组为断层接触，其上被义县组角度不整合覆盖。产叶肢介、双壳类及植物化石，叶肢介化石有 *Glyptoasmussia* cf. *madygenia*，*Spheropsis cycloids*，*Polygrapta* sp.，*Pseudoestheria tanii*，*Loxomiroglypta laohugouensis*，*L. kirgizica*；双壳类化石有 *Ferganoconcha* sp.，*Unio ningxiaensis*，*U. huangbogouensis*，*Sibiriconcha* cf. *shensiensis*，*Shaanxiconcha longa*，*S. elongata*，*S. honghuadianensis*，*S. subovata*，*S. fragilis*，*S. fujianensis*，*S.*

subparallela, *S.* cf. *elliptica*, *S. triangulata*, *S. longelliptica*, *S. clinovata*, *S. subrhomboides* 等；植物化石有 *Equisetum laohugouensis*, *E.* cf. *sarranii*, *Neocalamites carrerei*, *N. nanzhangensis*, *Cladophlebis* sp., *Sinoctenis minor*, *Baiera* sp., *Sphenobaiera setacea*, *Glossophyllum shensiensis*, *Pityophyllum* cf. *lindstroemi*, *Cycadocarpidium erdmanni*, *C. brachyglossum*, *Podozamites lanceolatus*, *P. schenkii* 等。在老虎沟地区，该组厚度为68.1m。

相当于老虎沟组的地层也见于金岭寺-羊山盆地西北缘的朝阳市石门沟及北票市东坤头营子一带，前人称之为石门沟组和东坤头营子组，岩性为黄绿色、灰黑色砂砾岩夹页岩及煤线。产少量双壳类及较多的植物化石。

四、上三叠统—下侏罗统羊草沟组

羊草沟组仅分布于金岭寺-羊山盆地东北缘的北票市羊草沟一带，以角度不整合关系覆盖于古元古界长城系高于庄组之上，伏于中侏罗统海房沟组之下。岩性以黄绿色、褐黄色含砾粗砂岩、粉砂岩为主，底部有砾岩，局部夹炭质页岩及煤线(图 1－2)。厚度为 539.4m。产双壳类、叶肢介、植物和孢粉化石。植物化石有 *Neocalamites* sp., *Cladophlebis kaoiana*, *Nilssonia polymorpha*, *Baiera* sp., *Pityocladus* sp., *Podozamites lanceolatus*, *Equisetites* sp.等。双壳类、植物和孢粉化石的时代为晚三叠世，但因叶肢介化石时代被认为可延续到早侏罗世，目前将其时代定为晚三叠世—早侏罗世。

图 1－2　羊草沟组褐黄色厚层粉砂岩夹炭质页岩

Fig.1－2　Brownish yellow thick-bedded siltstone intercalated with carbonaceous shale of Yangcaogou Formation

第二节　侏罗系

一、下侏罗统兴隆沟组

标准地层分布在北票盆地兴隆沟至三宝矿区一带，另在金岭寺-羊山盆地北票市东坤头营子和朝阳-大平房盆地朝阳市林杖子北部亦有零星分布。岩性以安山岩及其火山碎屑岩和砾岩为主，夹有少量玄武岩。在标准地层区自下而上可分为下火山岩段、下砾岩段、上火山岩段和上砾岩段，其下与古元古界长城系高于庄组呈角度不整合接触，其上与北票组为平行不整合关系。厚400～640m。产少量植物化石。

二、下侏罗统北票组

标准地层剖面及其分布与兴隆沟组相同，另外在建昌盆地喀左县杨树沟及建昌县铁杖子一带亦有零星分布。在北票盆地为一套煤系地层，分布于北票市台吉、冠山及三宝一带，按岩性及含煤程度可划分为上、下两个含煤段：下含煤段底部多为砾岩和砂岩，中上部以砂岩、页岩为主夹砾岩和粘土岩，含14层左右可采煤层，富产植物化石，厚约800m；上含煤段以黄绿色砂岩、页岩为主，夹薄层砾岩、黑色页岩及劣质煤层和煤线等，下部以一层含石英岩质及花岗质砾岩与下含煤段分界，含8层煤，2层可采煤，产少量植物、昆虫及双壳类化石，厚约400m。其下部以底砾岩平行不整合于兴隆沟组之上；其上以微角度不整合伏于中侏罗统海房沟组之下。在北票地区产丰富的植物化石，如 *Thallites pinghsiangensis*，*T. zeilleri*，*Equisetites gracilis*，*Phyllotheca beipiaoica*，*Cladophlebis argutula*，*C. asiatica*，*C. hsichiana*，*Nilssonia tenuicaulis*，*Czekanowskia rigida*，*C. setacea*，*Neocalamites* cf. *carrerei*，*Dictyophyllum nathorsti*，*Clathropteris meniscioides*，*Podozamites lanceolatus*，*P. distans*，*Todites williamsoni*，*Ginkgoites* sp. 等；此外该组上部孢粉化石很丰富。其余地点的北票组在朝阳盆地及建昌盆地都含可采煤系，并富产植物及少量昆虫化石，金岭寺-羊山盆地的北票组含煤性差，产较多昆虫和少量植物化石。

三、中侏罗统海房沟组

海房沟组主要分布于早中生代盆地（北票盆地、金岭寺-羊山盆地、牛营子-郭家店盆地）和早、晚中生代均较发育的盆地（宁城盆地和道虎沟盆地），同时在以晚中生代为主的黑城子盆地亦有零星分布。标准地层区在北票盆地海房沟一带，为一套砂砾岩、页岩及火山碎屑岩互层岩系，下部以砾岩为主，上部火山碎屑增多。在金岭寺-羊山盆地东南部该组岩性可分为三段，上、下两段均以正常碎屑沉积为主，中段为一套中基性火山岩；在朝阳市小二十家子镇拉马沟一带仅有砂砾岩夹页岩和煤线；在黑城子盆地该组由砾岩、中性火山碎屑岩及少量火山熔岩组成；在喀左盆地该组以黄色砂岩及砾岩为主，下部夹薄煤层；在凌源-三十家子盆地该组为灰绿色凝灰质粗砂岩、粉砂质页岩夹砾岩及少量火山岩；在道虎沟盆地该组为一套钙泥质粉砂岩夹灰白色层凝灰岩（图1-3）。该组总厚104～580m，一般以角度不整合接触关系压盖在北票组或更老地层之上；上部被髫髻山组整合或平行不整合覆盖。

海房沟组产大量的植物化石，有40余属120多种，昆虫百种以上，此外还产孢粉及少量双壳类、鱼类化石。特别是在道虎沟盆地，除了发现大量昆虫、叶肢介、植物及少量双壳类化石外，还产

图 1-3 道虎沟盆地海房沟组下部粉砂质凝灰岩与膨润土层

Fig.1-3 Silty tuff and bentonite of lower part of Haifanggou Formation in Daohugou basin

有蜥臀类恐龙、翼龙、有鳞类和两栖类化石。在北票盆地海房沟一带产植物化石 *Equisetites* sp., *Neocalamitites* sp., *Todites williamsoni*, *Cladophlebis shansiensis*, *C.argutula*, *C.asiatica*, *Hausmannia* (*Protorhipis*) *leeiana*, *Raphaelia diamensis*, *Coniopteris hymenophylloides*, *C.simplex*, *C.burejensis*, *Pterophyllum propinquum*, *Anomozamites angulatus*, *Nilssonia* sp., *Ctenis* sp., *Pseudoctenis eathiensis*, *Taeniopteris* sp., *Baiera gracilis*, *Czekanowskia rigida*, *Phoenicopsis angustissima*, *Elatocladus manchurica*, *Pityophyllum* sp.等;双壳类化石 *Ferganoconcha sibirica*, *F. elongate*, *F.haifanggouensis*;叶肢介化石 *Euestheria ziliujingensis*, *E.haifanggouensis*, *Lioestheria haifanggouensis*;昆虫化石 *Mesonela antiqua*, *Mesobaetis sibirica*, *Samarura gigantea*, *Rhipidoblattina*(*Rhipidoblattina*) *liugouensis*, *Rh.*(*Rh.*) *beipiaoensis*, *Rh.*(*Rh*) *liaoningensis*, *Rh.*(*Canaliblatta*) *hebeiensis*, *Sogdoblatta haifanggouensis*, *Rectinemoura yujiagouensis*, *Platyptera platypoda*, *Sinoprophalangopsis reticulate*, *Brunneus haifanggouensis*, *Palaeontinodes haifanggouensis*, *Mesocercopis longa*, *Anthoscytinia longa*, *Paracicadella beipiaoensis*, *Mesocimex sinensis*, *Mesoscytina brunnea*, *Yanliaocorixa chinensis*, *Sinocoris oblonga* 等。在道虎沟盆地发现较多珍稀化石,如哺乳类 *Liaotherium gracilis*,蜥臀类恐龙 *Epidendrosaurus ningchengensis*,翼龙 *Jeholopterus ningchengensis*, *Pterorhychus wellnhoferi*,两栖类 *Jeholotriton paradoxus*, *Chunerpeton tianyiensis*, *Liaoxitriton daihugouensis* 等。另外还有较多的昆虫化石,如 *Mesobaetis sibirica*, *Mesonela antiqua*, *Rhipidoblattina* (*Canaliblatta*) *hebeiensis*, *Brunneus haifanggouensis*, *Palaeontinodes haifanggouensis*, *Sinotaeniopteryx chengdeensis*, *Yanliaococorixa chinensis*, *Chengdecercopis xiaofanzhangziensis*, *Liaobittacus longantennatus*, *Epiosmylus panfilovi*, *Kollihemerobius pleioneurus*, *Meilingius giganteus* 等。

四、中侏罗统髫髻山组

髫髻山组分布基本与海房沟组相同，在宁城盆地、建昌盆地西部玲珑塔地区、喀左-甘招盆地西北、凌源-三十家子盆地和牛营子盆地西缘亦有分布（图1-4）；在义县地区，阜新-义县-锦州盆地与金岭寺-羊山盆地交界处的王家屯组是髫髻山组或张家口组仍有争论，目前暂时处理为髫髻山组。标准地层区在北京市西山门头沟一带，辽西地区曾称为蓝旗组，建立于北票盆地蓝旗一带。岩性以中性熔岩及火山碎屑岩为主，夹基性火山岩和沉积层，可分为3段，下段为安山质角砾熔岩及安山岩夹玄武岩，中段为黄褐、土黄色凝灰质砂、砾岩、火山碎屑岩，上段为安山岩夹流纹岩及火山碎屑岩。该组厚398.5～824.1m。其下与海房沟组多为整合接触，土城子组以整合覆于其上。产植物、孢粉和木化石，在建昌玲珑塔一带还见有叶肢介、介形类、双壳类、昆虫、鱼类、翼龙类、哺乳动物类、小型兽脚类恐龙等化石。该组植物群属 *Hausmannia shebudaiensis* - *Ctenis pontica* 组合，重要分子有 *Dicksonia changheyingziensis*, *Coniopteris hymenophylloides*, *Williamsoniella sinensi*，其中苏铁类占绝对优势，其余依次为真蕨类、银杏类、松柏类、有节类。在凌源市热水汤无白丁村东沟的灰白色薄板状沉凝灰岩中产蝾螈 *Pangerpeton sinensis* Wang et al.、鱼类、昆虫和大量植物化石，尚未详细研究。

图1-4　牛营子盆地西缘髫髻山组火山岩远景

Fig.1-4　A distant view of volcanic rocks of Tiaojishan Formation in western margin of Niuyingzi basin

五、上侏罗统土城子组

土城子组分布与髫髻山组基本相同，另外在朝阳盆地西大营子西南部和道虎沟盆地也有少量分布（图1-5）。标准地区在北票盆地土城子一带，但发育不全；发育较完整的剖面在金岭寺-羊山盆地北票巴图营、长皋和朝阳北四家子一带。可划分为3个岩性段，一段为灰紫色、紫红色凝灰质页岩夹粉砂岩及砂岩，二段为灰紫色泥质砾岩夹砂岩，三段为浅黄绿色、灰色具交错层理的凝灰质粉砂岩及砂岩。在不同地区和地段，岩性分段和各段发育有所不同。其下与髫髻山组整合或平行不整合接触，与上覆的张家口组或义县组均为角度不整合接触关系。该组厚 870～2900m。在一、三段产双壳类化石 *Unio*，*Margaritifera*，*Mengyinaia*，*Ferganoconcha*，*Sibiriconcha*，*Tutuella* 等属，叶肢介为 *Pseudograpta* – *Beipiaoestheria* – *Mesolimnadia* 组合，介形类化石可分为下部的 *Cetacella substriata* – *Mantelliana alta* – *Darwinula bapanxiensis* 组合带和上部的 *Djungarica yangshulingensis* – *Mantelliana reniformis* – *Stenestroemia yangshulingensis* 组合带，昆虫化石有 *Rhipidoblattina*，*Euryblattula*，*Samaroblattula*，*Samaroblatta*，*Sogdoblatta*，*Mesoblattina*，*Yuxiania*，*Yanqingia*，*Protorthophlebia*，*Huaxiarhyphus* 等属；植物（含木化石）以 *Brachyphyllum expansum* – *Schizolepis beipiaoense* 组合为代表，主要分子有 *Equisetites*，*Onychiopsis*，*Coniopteris*，*Otozamites*，*Zamites*，*Ginkgoites*，*Leptostrobus*，*Pityolepis*，*Schizolepis*，*Elatides*，*Yanliaoa*，*Brachyphyllum*，*Pagiophyllum*，*Carpolithuis*，*Protophyllocladoxylon*，*Xenoxylon*，*Scotoxylon* 等属，孢粉化石为 *Cyathidites*，*Deltoidospora*，*Callialasporites*，*Classopollis*，*Quadraeculina*，*Schizaeoisporites*，*Cicatricosisporites* 等属；此外见有鸟臀类恐龙——杨氏朝阳龙 *Chaoyangsaurus youngi* 及恐龙足印——热河足印 *Jeholosauripus s-satoi*。

图 1－5　道虎沟盆地内土城子组砂质砾岩及夹泥质砂岩

Fig.1－5　Arenaceous conglomerate intercalated with argillaceous sandstone of Tuchengzi Formation in Daohugou basin

六、上侏罗统张家口组

张家口组广泛分布于冀北及相邻地区，岩性以流纹质熔结凝灰岩、流纹岩和石英粗面岩为主，间夹安山岩、粗安岩和少量紫红色砂砾岩，整合或平行不整合于土城子组之上，其上被大北沟组平行不整合覆盖。

长期以来地学界认为辽西地区无张家口组，将相应地层划归义县组。1998 年以后经过 1∶5 万平泉县、黄土梁子等幅和 2004 年 1∶25 万建平、锦州幅区域地质调查，在本区划分出大面积的张家口组。它们主要分布在凌源-三十家子盆地东南缘、铁营子盆地、宁城盆地、喀喇沁盆地和北票盆地。应当指出，1∶25 万区域地质调查工作中对张家口组的划分有扩大化的倾向。例如，在宁城盆地将多处海房沟组沉积地层（道虎沟层），髫髻山组火山岩地层和土城子组沉积地层一并划入了张家口组，造成张家口组岩性和层序紊乱，化石面貌不清，地层厚度被夸大。其他盆地可能也存在类似问题。

图 1-6　北票盆地内张家口组（黄色者）角度不整合盖在土城子组（红色者）之上

Fig.1-6　Zhangjiakou Formation (yellow beds) covers on Tuchengzi Formation (red beds) by angular unconformity in Beipiao basin

在辽西地区，该组岩性以爆发相灰白色、浅灰紫色流纹质角砾凝灰岩、流纹质熔结角砾凝灰岩、灰白色流纹质熔结角砾岩、灰绿色英安质—粗面英安质角砾岩、集块岩为主，夹灰白色沉凝灰岩及膨润土，与喷溢相流纹岩、英安岩、粗面英安岩及安山岩相间分布，下部主要为沉积相灰白色、灰绿色和灰紫色凝灰质砂岩、粉砂岩和砾岩。其底部与土城子组呈角度不整合接触（图 1-6），或与髫髻山组、长城系大红峪组、太古宇片麻岩呈角度不整合接触，顶部被义县组平行不整合或角度不整合覆盖。沉积厚度约 197～1819m，化石面貌不清。

第三节 白垩系

一、下白垩统义县组

义县组除了在牛营子-郭家店盆地少量分布外，广布于区内各盆地，以晚中生代盆地最为发育。标准地层剖面在义县马神庙—宋八户一带，北票市四合屯剖面可作补充。

在标准地层剖面区，火山作用发育，表现为基性—中基性—中性—中酸性火山旋回(图 1－7)，可细化为 4 个火山亚旋回，具有 5 个岩性段：一段为基性—中基性火山岩段，其中夹有至少 3 层厚度不均的火山-沉积层。在北票市四合屯盆地为陆家屯层、跑达沟层、六台层；在阜新-义县盆地为老公沟层、业南沟层。二段为沉积岩段，以含珍稀化石的湖相沉积为主体，主要由砾岩、含砾粗砂岩、粉砂岩、页岩和泥岩组成，夹沉凝灰岩和灰岩，间夹部分火山岩。在北票地区沉积岩段相当于尖山沟层、上园层；在义县地区下部为砖城子层，上部为大康堡层。三段为一套基性—中性火山岩。四段为中性火山—沉积岩段，主要形成于义县盆地，下部为具大型楔状和槽状交错层理的砂岩、砂砾岩，中部为玄武安山岩、安山岩，夹少量流纹岩及其火山碎屑岩，上部为金刚山沉积层。五段为酸性火山岩及其沉火山碎屑岩段，即黄花山层。

图 1－7 北票市四合屯盆地中义县火山旋回的火山机构远景

Fig.1－7 A distant view of volcanic edifice of Yixian volcanic cycle in Sihetun basin of Beipiao City

在其他地区义县期火山作用只能划分 2～3 个亚旋回。火山旋回早期为沉积爆发相，底部普遍有沉积层，并夹有 2～3 个沉积层；中期为喷溢相，一般缺少沉积层；晚期为爆发沉积相，夹有 2～3 个沉积层。在建昌、凌源、平泉一带，该组岩性以中酸性火山岩为主。以建昌地区为例，该组底部为少量中基性火山岩；下部主体为沉积层，夹有少量中酸性火山岩，厚度近千米；上部为近千米厚的中酸性火山岩。

义县组总厚度为2041～3806m，与下伏张家口组或土城子组为角度不整合接触，与上覆九佛堂组连续沉积或呈平行不整合关系，局部有角度不整合关系。产22个门类或类别的化石，它们是双壳类、腹足类、叶肢介、介形类、昆虫、虾类、蜘蛛、鲎虫、鱼类、两栖类、龟鳖类、离龙类、有鳞类、翼龙、蜥臀类恐龙、鸟臀类恐龙、鸟类、哺乳类、轮藻、植物、木化石和孢粉等。

义县组底部生物群以 *Jeholosaurus* - *Eosestheria* (*Diformograpta*) *ovata* - *Cypridea rehensis* 化石组合为代表。在北票地区主要产鸟臀类恐龙 *Jeholosaurus shangyuanensis*，*Liaoceratops yanzigouensis*，*Psittacosaurus* sp.，蜥臀类恐龙 *Sinovenator change*，*Incisivosaurus gauthieri*，哺乳类 *Repenomamus robustus*，*Gobiconodon zofiae*，叶肢介 *Eosestheria* (*Diformograpta*) *ovata*，*Eosestheria* (*Clithrograpta*) cf. *lingyuanensis*，介形类 *Cypridea* sp.，*Darwinula contracta*，双壳类 *Arguniella* sp.。在义县地区主要化石有鹦鹉嘴龙 *Psittacosaurus* sp.，鱼类 *Lycoptera davidi*，*Sinamia* sp.，叶肢介 *Eosestheria* (*Diformograpta*) *ovata*，*E.*(*D.*) cf.*gongyingziensis*，介形类 *Cypridea jehensis*，*Limnocypridea subplana*，*Djungarica camarata*，腹足类 *Probaicalia* sp.，昆虫 *Ephemeropsis trisetalis*，*Aeschnidium heishankowense*，*Anthoscytina aphthosa*，*Chironomaptera gregaria* 等，还有植物和藻类化石。

义县组下部生物群的化石最为丰富。在北票地区尖山沟层下部产有 *Confuciusornis* - *Sinosauropteryx* - *Haopterus* 珍稀脊椎动物化石组合(图1-8)。重要成员有鸟类 *Confuciusornis sactus*，*C.sunae*，*C.chuanzhous*，*C.dui*，*Changchengornis hengdaoziensis*，*Jinzhouornis zhangjiyingia*，*Eoenantiornis buhleri*，*Liaoningornis longiditris*，兽脚类 *Sinosauropteryx prima*，*Protarchaeopteryx robusta*，*Caudipteryx zoui*，*C. dongi*，*Beipiaosaurus inexpectus*，*Sinornithosaurus millenii*，鸟臀类 *Psittacosaurus* sp.，翼龙类 *Eosipterus yangi*，*Haopterus gracilis*，*Dendrorhynchoides curvidentatus*，有鳞类 *Yabeinosaurus tenuis*，*Dalinghosaurus longidigitus*，离龙类 *Monjuro-*

图1-8　北票市四合屯义县组二段化石沉积层

Fig.1-8　Fossil-bearing beds of second member of Yixian Formation near Sihetun village of Beipiao city

suchus splendens，龟类 *Manchurochelys liaoxiensis*，蛙类 *Liaobatrachus grabaui*，*Callobatrachus sanyanensis*，哺乳类 *Zhanghotherium quinquecupidens*，*Jeholodens jenkinsi*。在凌源地区大新房子层中部产有 *Confuciusornis* – *Sinosauropteryx* – *Jeholodens* 珍稀脊椎动物化石组合，主要分子有 *Confuciusornis sanctus*，*Liaoxiornis delicatus*，兽脚类 *Sinosauropteryx prima*，*Sinornithosaurus* sp.，鸟臀类 *Psittacosaurus* sp.，有鳞类 *Yabeinosaurus tenuis*，离龙类 *Monjurosuchus splendens*，*Hyphalosaurus lingyuanensis*，哺乳类 *Jeholodens jenkinsi*，*Sinobaata lingyuanensis*，*Eomania scansoria* 等。

尖山沟层的鱼类化石主要有 *Lycoptera sinensis*，*L.davidi*，*Peipiaosteus pani*，*Sinamia zdanskyi* 等。大新房子层的鱼类化石主要有 *Lycoptera davidi*，*Protopsephurus liui*，*Yanosteus longidorsalis*，*Peipiaosteus fengningensis*，*P.pani*，*Sinamia adanskyi*。此外，各地还产有丰富的昆虫、叶肢介、介形类、双壳类、腹足类以及大量的植物和孢粉化石。

义县组上部生物群主要分布在义县地区的大康堡层，以 *Jinzhousaurus* – *Diestheria yixianensis* – *Karataviella pontoforma* 组合为代表，包括禽龙类、离龙类、翼手龙类、反鸟类、叶肢介、介形类、腹足类、虾类、昆虫和植物化石。

义县组顶部生物群产在金刚山层，生物化石统称 *Lycoptera muroii* – *Eosestheria jingangshanensis* –*Cypridea*（*Cypridea*）*arquata* 组合带，包括鱼类、龟类、有鳞类、叶肢介、介形类、腹足类、昆虫、植物和孢粉等化石。

二、下白垩统九佛堂组

九佛堂组主要分布于晚中生代盆地中，如阜新-义县-锦州盆地、黑城子盆地、朝阳盆地、大平房-梅勒营子盆地、喀左-甘招盆地、四官营子-三家子盆地、建昌盆地和八里罕盆地等。标准地层区在喀左县九佛堂一带，其次在义县皮家沟和朝阳市大平房一带（图 1 – 9）。岩性分为上、中、下 3 段，下段以灰绿色、灰黄色、灰白色凝灰质砂页岩、页岩、砂砾岩互层为主，夹膨润土，在西部各盆地，底部往往有较厚的砂砾岩层；中段下部以灰黄色砾岩、砾质砂岩夹砂岩为主，上部以灰绿色、灰黄色粉砂岩、砂岩夹页岩为主，可夹有油页岩和凝灰岩；上段为灰绿色、灰黄色砂泥岩、粉砂质泥岩，亦可夹有油页岩。该组厚度变化在 200～2600m 之间。其与下伏的义县组为整合或平行不整合关系（图 1 – 10），与上覆沙海组亦为整合或平行不整合关系。

九佛堂组下段产鱼类、昆虫、叶肢介和介形类等化石，中段上部产介形类、叶肢介和少量植物茎干化石，上段产介形类、腹足类、双壳类，少量鱼类、昆虫和植物化石。近年来在该组中上部发现了大量珍稀化石，如鸟类、翼龙、蜥臀类恐龙、鸟臀类恐龙、离龙类和龟鳖类等。珍稀化石主要有翼龙 *Chaoyangopterus zhangi*，*Liaoningopterus gui*，*Sinopterus dongi*，蜥臀类恐龙 *Microraptor gui*，*Macroraptor zhaoianus*，*Cryptovolans pauli* 等，鸟臀类恐龙 *Psittacosaurus mongoliensis*，*P.meileyingziensis*，离龙类 *Ikechosaurus pijiagouensis*，*I.* sp.，龟鳖类 *Manchurochelys* sp.，鸟类 *Jinzhouornis yixianensis*，*Cathayornis yandica*，*C.caudatus*，*C.aberransis*，*Boluochia zhengi*，*Sinornis santensis*，*Longchengornis sanyanensis*，*Cusoirostrisornis houi*，*Largirostrornis sexdentornis*，*Longipteryx chaoyangensis*，*Chaoyangia beishanensis*，*Songlingornis linghensis*，*Yixianornis grabaui*，*Yanornis martini*，*Aberratiodebtus wui*，*Archaeovolans*，*repatriatus*，*Omnivoropteryx sinousaorum*，*Sapeornis chaoyangensis*，*Jeholornis prima*，鱼类 *Peipiaosteus pani*，*Protopsephurus liui*，*Sinamia adanskyi*，*Lycoptera sankeyushuensis*，*Jinanichthys longicephalus*，*Huashia* sp.，*Longdeichthys luojiaxiensis*，? *Nieerkunia* sp.等。

图 1-9　大平房-梅勒营子盆地中九佛堂组呈现舒缓波状地貌

Fig.1-9　Jiufotang Formation showing smooth waved land feature in Dapingfang-Meileyingzi basin

图 1-10　义县宋八户九佛堂组呈平行不整合关系压盖义县组金刚山层

Fig.1-10　Jiufotang Formation covers on Jingangshan beds of Yixian Formation by parallel unconformity near Songbahu village of Yixian county

三、下白垩统沙海组

沙海组主要分布于晚中生代盆地中，如阜新-义县盆地、黑山盆地、大平房-梅勒营子盆地和建昌盆地。以阜新市清河门杨彪沟—清河门剖面为代表，沙海组上部多被掩盖，主要见于钻孔中，以沙海村剖面作补充。沙海组可分3个岩性段，第一段为杂色砂砾岩段（图1-11），第二段为含煤段，第三段为泥页岩段。该组地层厚500～1700m。除上述典型地区外，在阜新-义县盆地的其余地区一般缺失第三段，在西部地区除建昌、黑城子盆地见有第一、第二段外，一般仅见第一段。该组可超覆不整合于义县组、土城子组或老地层之上，一般为整合、局部见有微角度不整合（或平行不整合）于九佛堂组之上，与阜新组为连续沉积。产大量的双壳类、腹足类，较多的植物、木化石、孢粉、介形类及少量的叶肢介、鱼类、恐龙和哺乳动物化石。双壳类化石以 *Nippononaia* cf. *tetoriensis* - *Tetoria* cf. *yokoyamai* 组合为代表，有10余属，30余种；腹足类化石有 *Viviparus ganzhaoensis*，*V. liaoxiensis*，*Bellamya fengtienensis*，*B. clavilithiformis*，*Probaicalia gerassimovi*，*P. vitimemsis*，*Campeloma liaoningensis*，*Auristoma fuxinensis*，*A. binggouensis* 等；介形类化石以 *Cypridea* (*Ulwellia*) *ihsiensis* - *Limnocypridea qinghemenensis* - *Protocypretta subglobosa* 组合为特征；叶肢介化石为 *Pseudestherites* - *Neimongolestheria* - *Yanjiestheria* 组合；鱼类化石有 *Jinanichthys longicephalus*，*Changichthys dalingheensis*；植物化石以 *Coniopteris vachrameevii* - *Nilssoniopteris didaoensis* 为代表；在黑山地区还发现有恐龙蛋化石 *Heishanoolithus changii*。

图1-11　阜新-义县盆地中沙海组杂色砂砾岩段

Fig.1-11　Variegated sandy conglomerate member of Shahai Formation in Fuxin - Yixian basin

四、下白垩统阜新组

阜新组主要分布在阜新-义县-锦州盆地和八里罕盆地中，在建昌盆地有少量分布。标准地层区在阜新海州露天矿（图1-12）。岩性为典型的煤系，由灰色砂岩、砂砾岩夹煤系组成。自下而上

图 1-12　阜新-义县盆地内海州煤矿阜新组远景

Fig.1-12　A distant view of Fuxin Formation in Haizhou coal mine of Fuxin-Yixian basin

划分出高德、太平、中间、孙家湾、水泉 5 个煤层群。该组地层厚 434～1483m，与上、下地层均为连续沉积。富产植物、孢粉及较多的双壳类、腹足类、介形类及极少量的鱼类、哺乳类和有鳞类化石。双壳类化石为 *Arguniella*-*Sphaerium* 组合，主要分子有 *Arguniella sibirica*，*A.liaoxiensis*，*A.curta*，*A.quadrata*，*A.elongate*，*A.tomiensis*，*A.lingyuanensis*，*A.yanshanensis*，*A.haizhouensis*，*Sibireconcha taipingense*，*Sphaerium shantungense*，*S.yanbianense*，*S.anderssoni* 等；腹足类化石有 *Viviparus reesideri*，*V.subglobulus*，*Bellamya fengtienensis*，*B.parva*，*Lioplacodes conoides*，*Amnicola gilloides*，*A.subrotunda*，*A.opima*，*Probaicalia vitimensis* 等；介形类化石以 *Cypridea* (*Cypridea*) *tumidiuscula*-*Pinnocypridea dictyotroma*-*Mantslliana papulosa* 组合为代表；哺乳类化石有 *Endotherium niinomii*；恐龙足印有 *Changpeipus* sp.；有鳞类化石有 *Teilhardosaurus carbonarius*。

五、上白垩统大兴庄组

大兴庄组分布在阜新-义县-锦州、黑城子等盆地。标准地层剖面在义县大兴庄。岩石组合以中酸性、酸性火山熔岩、火山碎屑岩及火山碎屑沉积岩为主，个别盆地有中基性火山岩，总体分布局限。地层厚 65～591m。这期火山岩大多侵入并覆盖于九佛堂组、沙海组和义县组等不同层位之上；唯一见有上覆地层孙家湾组的地点在义县白庙子乡吴家屯—张老公屯一带（图 1-13，图 1-14），因而，王五力等（1989）称该火山岩组合为张老公屯组。在张老公屯一带，孙家湾组平行不整合在大兴庄组之上。

图 1 - 13　义县地区孙家湾组底部地层出现许多大兴庄组中酸性火山岩砾石

Fig.1 - 13　Intermediate - acid volcanic rubbles of Daxingzhuang Formation appear in lower beds of Sunjiawan Formation of Yixian district

图 1 - 14　义县地区大兴庄组中酸性火山岩

Fig.1 - 14　Intermediate - acid volcanic rocks of Daxingzhuang Formation in Yixian district

六、上白垩统孙家湾组

孙家湾组目前发现于阜新-义县-锦州盆地东缘、金岭寺-羊山盆地西北缘、黑城子盆地和八里罕盆地西缘。在金岭寺-羊山盆地西北缘的双庙一带，于一套红杂色砂砾岩夹粉砂岩中发现有珍稀化石（图 1-15）；另外，在建昌盆地冰沟一带是否有该组也为存疑。标准地层区为阜新孙家湾—上生木营子一带。岩性为一套紫红色砾岩、砂砾岩。该组地层厚 662m，产少量恐龙类、介形类、腹足类和孢粉化石，与下伏地层为平行不整合接触关系，但在区域上为角度不整合接触关系。恐龙化石有蜥脚类 *Borealosaurus wimani*，鸭嘴龙类 *Shuangmiaosaurus gilmorei*，甲龙类 *Crichtonsaurus bohlini* 等；介形类化石以 *Cypridea*（*Pseudocypridina*）*limpida* - *Bisulcocypridea spinellosa* - *Triangulicypris* 组合为代表；腹足类化石主要有 *Viviparus* cf. *onogoensis*，*Tulotomoides binggouensis*，*T. xinlitunensis*，*Pseudomnicala fuxinensis* 等。

图 1-15　金岭寺-羊山盆地孙家湾组下部沉积地层

Fig.1-15　Lower sedimentary beds of Sunjiawan Formation in Jinlingsi - Yangshan basin

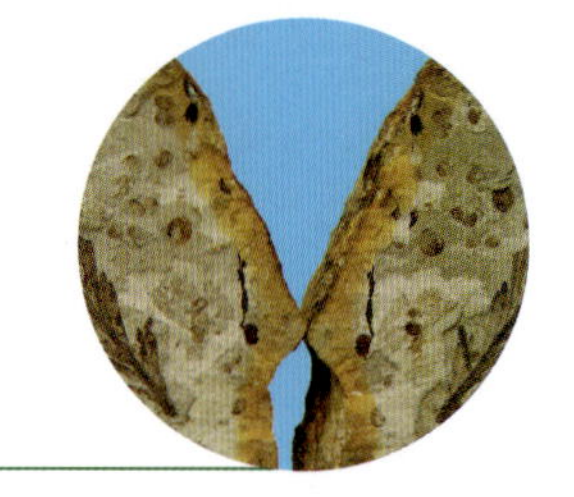

第二章 中生代生物群

目前，包括中国北方及其毗邻地区的东亚中生代生物群可分为中侏罗世的燕辽生物群、晚侏罗世的土城子生物群、早白垩世早期的热河生物群、早白垩世晚期的阜新生物群和晚白垩世的松花江生物群。中晚三叠世至早侏罗世还未建立综合生物群，仅有中三叠世的陕西昆虫群、晚三叠世的燕吉昆虫群和早侏罗世的北票昆虫群。

第一节 燕辽生物群的分布与组成

洪友崇(1983)建立了“燕辽昆虫群”，任东(1995)将其含义扩大为包括海房沟组(九龙山组)、髫髻山组和土城子组在内的“燕辽动物群”。在此基础上，本书增加了植物化石组合，建立综合性的“燕辽生物群”，但层位仅限于海房沟组(九龙山组)和髫髻山组。该生物群主要分布于北京西山、冀北、内蒙赤峰、辽宁西部。更大的范围可东至辽东，西至新疆和中亚，北至俄罗斯的东亚地区。

冀北-辽西海房沟组(九龙山组)和髫髻山组以及中国北方相当层位产有大量的昆虫化石，计几百种，植物化石有 80 余属 200 多种，此外还产有孢粉及少量双壳、叶肢介、介形类和鱼类化石。近年来在内蒙古宁城盆地南东侧海房沟组内还发现了大量蜥臀类恐龙、翼龙和两栖类化石，在建昌盆地髫髻山组发现了翼龙类、哺乳类等珍稀化石。

一、珍稀脊椎动物

燕辽生物群的珍稀化石过去主要发现于四川、云南、昌都等西南地区，而且以恐龙为主。2000 年以来，东北地区在宁城县道虎沟海房沟组中发现了较多的珍稀脊椎动物化石，包括哺乳类 *Liaotherium gracile* Zhou，Cheng et Wang，1991(纤细辽兽)，蜥臀类恐龙 *Epidendrosaurus ningchengensis* Zhang et Zhou，2002(宁城树息龙)，翼龙 *Jeholopterus ningchengensis* Wang et Zhou et al.，2002(宁城热河翼龙)，*Pterorhynchus wellnhoferi* Czerhas et Ji，2002(威氏翼嘴翼龙)，Rhamphorhynchoidea(喙嘴龙类)，Pterodatyloidea(翼手龙类)，两栖类 *Jeholotriton paradoxus* Wang，2000(奇异热河螈)，*Chunerpeton tianyiensis* Gao et al.，2003(天义初螈)，*Liaoxitriton daohugouensis* Wang，2004(道虎沟辽西螈)(图 2－1)等。

2009 年以来，在建昌县玲珑塔镇大西山一带髫髻山组二段地层中也发现了一系列珍稀脊椎动物化石，进一步丰富了燕辽生物群，这些化石包括鸟翼类 *Aurornis xui*(徐氏曙光鸟)；恐龙 3 个属种：*Anchiornis huxleyi*(赫氏近鸟龙)，*Eosinopteryx brevipenna*(短羽始中国羽龙)，*Xiaotingia zhengi*（郑氏晓廷龙）；翼龙 6 属 8 种：*Darwinopterus modularis*（模块达尔文翼龙），*Darwinopterus linglongtaensis*（玲珑塔达尔文翼龙），*Darwinopterus robustodens*（粗齿达尔文翼龙），*Wukongopterus lii*（李氏悟空翼龙），*Kunpengopterus sinensis*（中国鲲鹏翼龙），*Fenghuangopterus lii*（李氏凤凰翼龙），*Jianchangopterus zhaoianus*（赵氏建昌翼龙），*Jianchangnathus robustus*（强壮建昌颌翼龙）；哺乳类 2 个属种：*Juramaia sinensis*（中华侏罗兽），*Rugosodon eurasiaticus*（欧亚皱纹齿兽）。

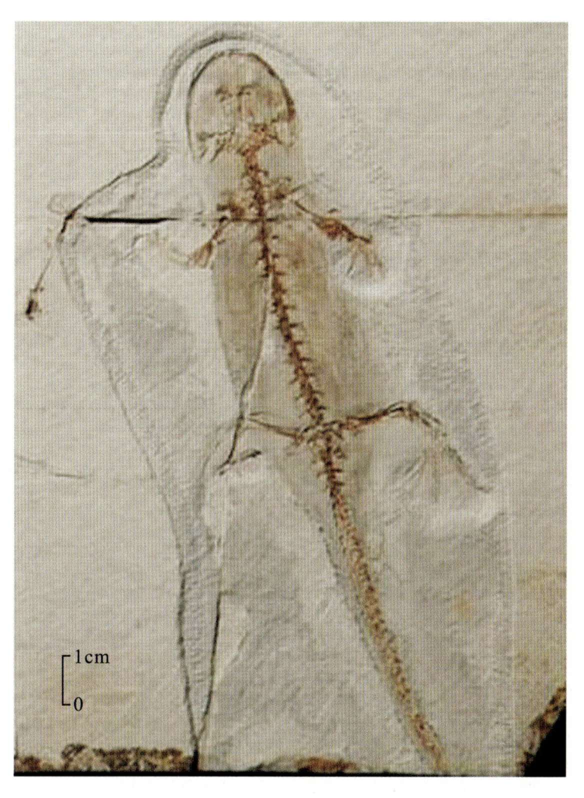

图 2－1 燕辽生物群中的两栖类化石：道虎沟辽西螈 *Liaoxitriton daohugouensis* Wang（据王原，2004）

Fig.2－1 Fossil amphibian of Yanliao biota: *Liaoxitriton daohugouensis* Wang (after Wang Yuan, 2004)

二、昆虫群

昆虫群以 *Samarura gigantea*（大型忽蜓）－*Mesobaëtis sibirica*（西伯利亚中四节蜉）－*Rhipidoblattina*（*Canaliblatta*）*hebeiensis*（河北沟蠊）－*Yanliaocorixa chinensis*（中华燕辽划蝽）化石组合为代表。包括蜉蝣目、蜻蜓目、蜚蠊目、襀翅目、直翅目、同翅目、异翅目、啮虫目、鞘翅目、脉翅目、长翅目、毛翅目、双翅目和膜翅目等。

在宁城县道虎沟海房沟组产昆虫化石 130 种，主要有 *Mesobaëtis sibirica*（西伯利亚中四节蜉）（图 2－2），*Mesoneta antiqua*（古中珠蜉），*Rhipidoblattina*（*Canaliblatta*）*hebeiensis*（河北沟蠊），*Brunneus haifanggouensis*（海房沟棕鸣螽），*Palaeontinodes haifanggouensis*（海房沟类古蝉），*Sinotaeniopteryx chengdeensis*（承德中国带石蝇）（图 2－3），*Yanliaocorixa chinensis*（中华燕辽划蝽），*Chengdecercopis xiaofangzhangziensis*（小范杖子承德沫蝉），*Liaobittacus longantennatus*（长角辽蚊蝎蛉），*Epiosmylus panfilovi*（潘氏表翼蛉），*Kollihemerobius pleioneurus*（多脉丽褐蛉），*Meilingius giganteus*（巨硕美蛉），*Jurapolystoechotes melanolomus*（罗美蛉），*Eoptychoptera jurassica*（侏罗始细腰大蚊），*Eoptychoptera incompleta*（不全始细腰大蚊），*Eoptychoptera elena*（爱莲始细腰大蚊），*Praemacrochile chinensis*（中国原大蚊）。此外还发现与哈萨克斯坦卡拉套的卡拉巴斯套组昆虫群可对比或相近的分子，如原始蠼螋类、页甲类、原举腹蜂类、粘蚊类以及 *Globoides*（类球隐翅甲）、*Archirhagio*（原鹬虻）、*Sinokalligramma jurassicum*（侏罗丽脉蛉）和 *Kalligramma jurarchegonium*（始侏罗丽脉蛉）等。

在冀北滦平县周营子村海房沟组（九龙山组）中发现有蜘蛛类化石 *Mesarania hebeiensis*（河北中圆网珠）。

三、植物群

植物群属西伯利亚植物地理区，在中国主要分布于辽西、辽东、吉西、山西、内蒙、陕北、甘肃、青海、新疆等北方地区。冀北—辽西地区的燕辽植物群包括中侏罗世的海房沟组和髫髻山组植物群，为 *Coniopteris*－*Phoenicopsis*（锥叶蕨-拟刺葵）植物群中、晚期群落。

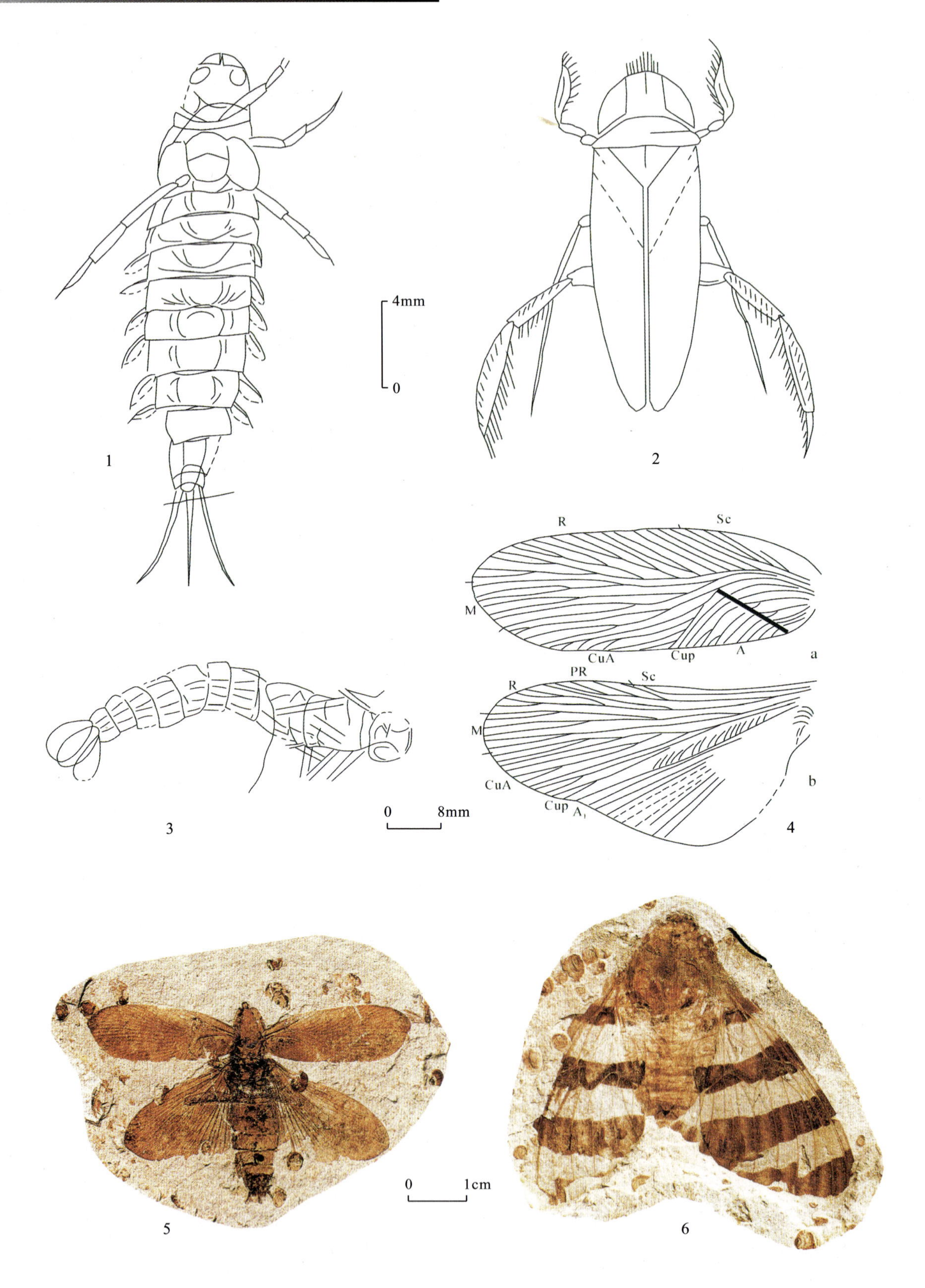

图 2－2　燕辽生物群中的昆虫化石（1～4 据洪友崇，1983；5～6 据张和，2001）

Fig.2－2　Fossil insects of Yanliao biota(after Hong Youchong,1983;Zhang He,2001)

1.西伯利亚中四节蜉 *Mesobaëtis sibirica* B.R.G.,1889；2.中华燕辽划蝽 *Yanliaocorixa chinensis* (Lin,1976)；3.大型忽蜓 *Samarura gigantea* R.et G.,1889；4.河北沟蠊 *Rhipidoblattina*(*Canaliblatta*) *hebeiensis* Hong,1981,a.前翅 Anterior wing,b.后翅 Posterior wing；5.河北沟蠊 *Rhipidoblattina*(*Canaliblatta*) *hebeiensis*；6.苏尤科特古蝉 *Suijuktocossus* sp.

图 2-3　燕辽生物群中的昆虫化石

Fig.2-3　Fossil insects of Yanliao biota

1.王营子中美蛉 *Mesopolystoechus wangyingziensis*；2.古中珠蜉 *Mesoneta antiqua*；3.梳型中国翼蛉 *Sinosmylites pectinatus*；4.西伯利亚中四节蜉 *Mesobaëtis sibirica*；5.滦平中国带翅石蝇 *Sinotaeniopteryx luanpingensis*；线段比例尺：1cm，scale bars：1cm

中期植物群落为 *Coniopteris simplex* - *Yanliaoa sinensis*(简单锥叶蕨-中华燕辽杉)化石组合(图 2-4 至图 2-7),植物化石产地有葫芦岛市南票、凌源市牛营子-郭家店盆地、朝阳市良图沟、北票市常河营子、六家营子、海房沟等地的海房沟组;晚期植物群落为 *Hausmannia shebudaiensis* - *Ctenis pontica*(蛇不歹豪士曼蕨-庞特蓖羽叶)化石组合(图 2-8),化石产地及层位包括北票市大板沟、长皋乡马营子和蛇不歹沟等地的髫髻山组。上述两个组合在辽东、冀北、吉林等地均有分布。

图 2-4 燕辽生物群的中期植物化石

Fig.2-4 Fossil plants in middle stage of Yanliao biota

中华燕辽杉 *Yanliaoa sinensis* Pan;线段比例尺:1cm,scale bars: 1cm

图 2-5 燕辽生物群的中期植物化石

Fig.2-5 Fossil plants in middle stage of Yanliao biota

中国异羽叶 *Anomozamites sinensis* Zhang et Zheng;线段比例尺:1cm,scale bars:1cm

图 2－6 燕辽植物群中期植物群落(据 Duan,1987;潘广,1977)

Fig.2－6 Plant community in middle stage of Yanliao flora(after Duan,1987;Pan Guang,1977)

1.简单锥叶蕨 *Coniopteris simplex* (L.et H.)Harris ×1;2.中华燕辽杉模式标本 *Yanliaoa sinensis* Pan×2;3.中华燕辽杉线条图 Drawling of *Yanliaoa sinensis*(据杨关秀,1985);4.*Coniopteris simplex* 复原图×0.9

图 2-7　燕辽植物群中期植物群落

Fig.2-7　Plant community in middle stage of Yanliao flora

1.海房沟异羽叶 *Anomozamites haifanggouensis* (Kimura et al.) Zheng et Zhang, 2003; 2.谢氏枝脉蕨 *Cladophlebis hsiehiana* Sze.1931; 3.辽西侧羽叶 *Pterophyllum liaoxiensis* Zhang et Zheng, 1987; 线段比例尺: 1cm, scale bars: 1cm

图 2-8　燕辽植物群晚期植物群落(据张武、郑少林,1987)

Fig.2-8　Plant community in late stage of Yanliao flora(after Zhang Wu,Zheng Shaolin,1987)

1.蛇不歹豪土曼蕨 *Hausmannia shebudaiensis* Zhang et Zheng,1987 复原图×1,Reconstruction,×1;2.稀有豪土曼蕨 *Hausmannia rara* Vachrameev,1961;3.庞特蓖羽叶 *Ctenis pontica* Delle×0.35;4.大叶特尔马叶 *Tyrmia grandifolia* Zhang et Zheng,1987;线段比例尺:1cm,scale bars:1cm

海房沟组的中期植物群落组合中，重要化石分子有 *Selaginellites sinensis*，*Neocalamites haifanggouensis*，*Coniopteris simplex*，*Eboracia lobifolia*，*Nilssonia tenuicaulis*，*Phoenicopsis angustissima*。以苏铁类为首位，而且本内苏铁目的比例大于苏铁目。真蕨类占较大的优势，仅次于苏铁类。其余依次为银杏类、松柏类、有节类。此外，石松类也较丰富。

髫髻山组的晚期植物群落组合中重要化石分子有 *Dicksonia changheyingziensis*，*Coniopteris hymenophylloides*，*Williamsoniella sinensis*。其中，苏铁类占绝对优势，达总数的一半，其余依次是真蕨类、银杏类，松柏类及有节类在组合中极为次要。

四、孢粉群

孢粉群属于西伯利亚孢粉植物地理区，在中国主要分布于东北地区（如辽西朝阳市良图沟，北票市巴图营、常河营子、马家营子以及辽东、大兴安岭等地）的海房沟组、髫髻山组及其相当层位。

海房沟组以 *Cyathidites*（桫椤孢）- *Asseretospora*（阿塞勒特孢）- *Osmundacidites*（紫萁孢）化石组合为代表；髫髻山组为 *Osmundacidites*（紫萁孢）- *Asseretospora*（阿塞勒特孢）- *Classopollis*（克拉梭粉）化石组合（图 2 - 9）。

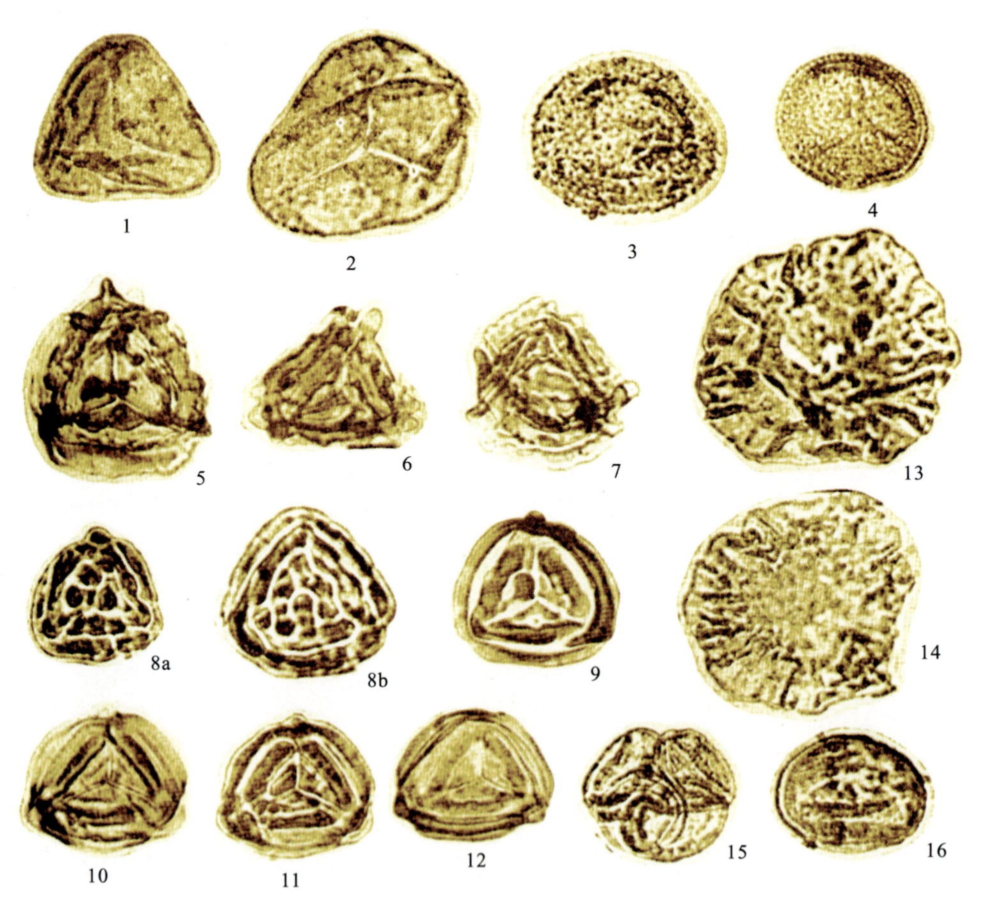

图 2 - 9　燕辽生物群中的孢粉化石（据蒲荣干等，1985）

Fig.2 - 9　Fossil sporopollens of Yanliao biota(after Pu Ronggan et al.,1985)

1.小桫椤孢 *Cyathidites minor* Couper，×600；2.南方桫椤孢 *Cyathidites australis* Couper，×600；3.威氏紫萁孢 *Osmundacidites wellmanii* Couper，×600；4.华美紫萁孢 *Osmundacidites elegans* (Verb.)，×600；5～7.具棒阿塞勒特孢 *Asseretospora claviformis* Pu et Wu，×600；8～9.圆瘤阿塞勒特孢 *Asseretospora gyrata*(Playf.Et Dettm)，×600；10～12.辽西阿塞勒特孢 *Asseretospora liaoxiensis* Pu et Wu，×600；13.敦普冠翼粉 *Callialasporites dampieri* (Balme)，×600；14.辐射冠翼粉 *Callialasporites radius* Xu et Zhang，×600；15～16.克拉梭克拉梭粉 *Classopollis clasoides*(Pflug)，×600

Cyathidites - *Asseretospora* - *Osmundacidites*(桫椤孢-阿塞勒特孢-紫萁孢)化石组合中蕨类植物孢子比裸子植物花粉占优势,蕨类植物孢子以桫椤科的 *Cyathidites* 和 *Deltoidospora* 最丰富,其次为 *Asseretospora* 和 *Crassitudisporites* 以及紫萁科的 *Osmundacidites*。常见分子有 *Verrucosisporites*, *Converrucosisporites venitus*, *Lycopodiumsporites*, *Cibotiumspora*, *Granulatisporites* 等;尚有少量的 *Neoraitrickia*, *Todisporites minor*, *Dictyophyllidites harrisii*, *D.Mortoni*, *Densoisporites perinatus*, *Cingulatisporites*, *Polycingulatisporites perforatus* 等。裸子植物花粉中以松柏类双囊粉最丰富,个别样品中可达 90%以上,新型与古型的类型近相等。此外还有少量的 *Classopollis*, *Quadraeculina* 花粉。较常见的有 *Callialasporites*, *Cerebropollenites*, *Perinopollenites* 等。未见有具肋双囊粉。

Osmundacidites - *Asseretospora* - *Classopollis*(紫萁孢-阿塞勒特孢-克拉梭粉)化石组合中蕨类植物孢子和裸子植物花粉近相等。蕨类植物孢子以 *Osmundacidites* 最丰富,其次为 *Asseretospora* 和 *Crassitudisporites*,第三位的是 *Cyathidites* 和 *Deltoidospora*。*Converrucosisporites venitus* 等含量增高,*Verrucosisporites*, *Cibotiumspora*, *Granulatisporites* 等更稀少,缺乏 *Polycingulatisporites*, *Dictyophyllidites*,新出现的孢粉有 *Foveosporites*, *Klukisporites*。在裸子植物花粉中没有见到具肋双囊粉,其中仍以松柏类双囊粉最为丰富,而且新型数量多于古型,其次是掌鳞衫科的 *Classopollis* 大量增加。常见有 *Quadraeculina* 花粉,此外还有 *Callialasporites*, *Cerebropollenites*, *Perinopollenites*, *Cycadopites*, *Psophosphaera* 等花粉。

五、介形类

中侏罗世的介形类化石是以 *Darwinula*(达尔文介)和 *Timiriasevia*(季米里亚介)两属为主的介形类组合,其分布极为广泛。近二十年来发现的海房沟组和髫髻山组介形类化石为 *Darwinula sarytirmenensis*(萨雷提缅达尔文介)- *D.impudica*(丑达尔文介)- *Timiriasevia catenularia*(链状季米里亚介)组合(图 2-10)。

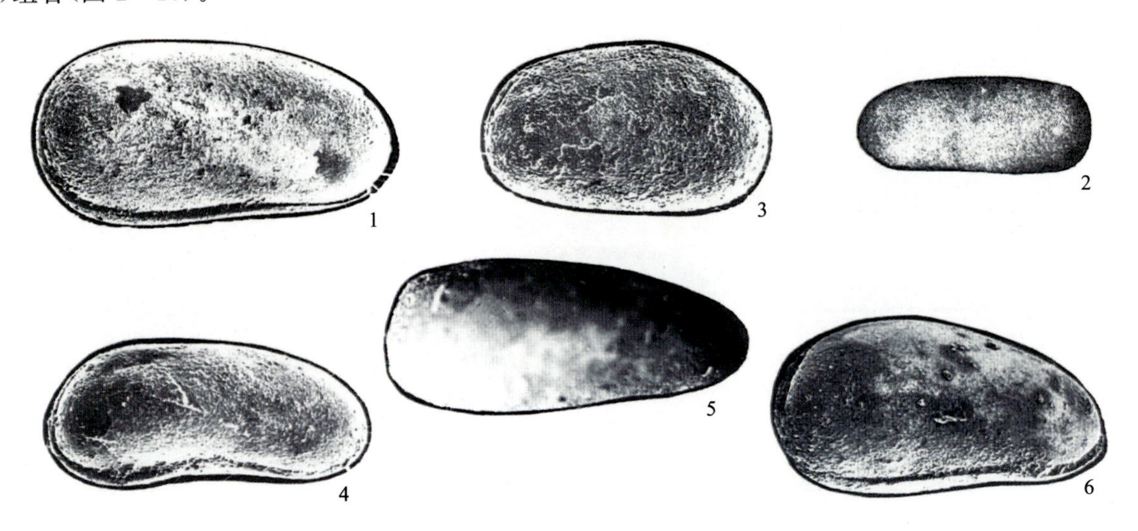

图 2-10　燕辽生物群中的介形类化石(据张立君,1993,1998)

Fig.2-10　Fossil ostracods of Yanliao biota(after Zhang Lijun,1993,1998)

1.萨雷提缅达尔文介 *Darwinula sarytirmenensis* Sharapoda,×40;2.丑达尔文介 *Darwinula impudica* Sharapoda,×40;3.链状季米里亚介 *Timiriasevia catenularia* Mandelstam,×40;4.稍长达尔文介 *Darwinula longula* Jiang,×40;5.小范杖子达尔文介 *Darwinula xiaofanzhangziensis* Pang,×40;6.二连浩特达尔文介 *Darwinula erenhotensis* Li,×50

海房沟组的介形类化石主要产出于凌源市牛营子-郭家店盆地、辽北法库县秀水河子地区。仅见 *Darwinula* 属的分子，未发现 *Timiriasevia*。除组合代表分子外，还有 *Darwinula impudica*，*D.lufengensis*，*D.yibinensis*，*D.changxinensis* 等。

髫髻山组的介形类化石主要分布在建昌县玲珑塔一带，在内蒙古赤峰市阿鲁科尔沁旗新民煤矿一带的新民组中也有分布。髫髻山组的介形化石包括 *Darwinula sarytirmenensis*，*D.impudica*，*D.xiaofanzhangziensis*，*D.changxinensis*，*D.incurva*，*D.paracomtracta*，*D.mangna*，*D.submagna*，*D.stenimpudica*，*D.erenhotensis*，*D.lufengensis*，*Timiriasevia catenularia* 等类型。新民组的介形化石组合与髫髻山组基本相同，但含 *Timiriasevia* 的类型多。

六、叶肢介

以 *Euestheria ziliujinensis*（自流井真叶肢介）为代表的叶肢介群广泛分布于中国的西南、西北和东北。主要分子有 *Euestheria ziliujingensis*，*E.haifanggouensis*，*E.complanata*，*E.yanjiwanensis*，*E.jingyuanensis*，*E.fobiformis*，*E.manzhuangensis*，*E.exilis* 等近 30 多种（图 2－11），有时与鲎虫共生。

辽西海房沟组的 *Euestheria haifanggouensis* － *E.ziliujinensis*（海房沟真叶肢介-自流井真叶肢介）化石组合，发现于北票市地区、凌源市刀子沟及宁城县道虎沟地区；此外，在大兴安岭东坡突

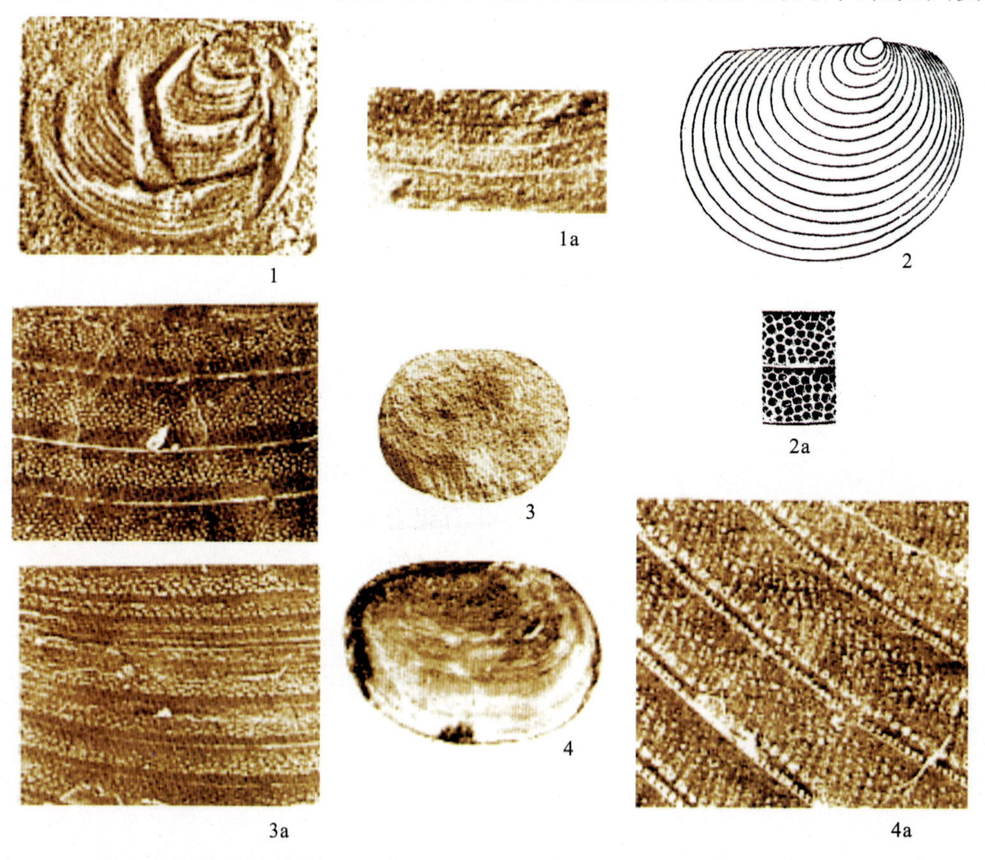

图 2－11 燕辽生物群中的叶肢介化石（据 Novojilov N E，1960；张文堂等，1976；王思恩，1983，1985）

Fig.2－11 Fossil controstracas of Yanliao biota (after Novojilov N.E., 1960; Zhang Wentang et al., 1976; Wang Sien, 1983, 1985)

1.真叶肢介 *Euestheria* Deperet et Mazeran，×10；1a.*Euestheria* 装饰，Ornaments，×40；2.*Euestheria* 复原图 Reconstruction，×8，×50；2a. *Euestheria* 装饰复原图 Reconstruction of ornaments；3.三饰叶肢介 *Triglypta* Wang，×9；3a.*Triglypta* 装饰，Ornaments，×144，×120；4.柴达木叶肢介 *Qaidamestheria* Wang，×8.6；4a.*Qaidamestheria* 装饰，Ornaments，×120

泉县黑顶山地区万宝组中亦有分布。在北票市海房沟组仅发现了该化石组合的代表分子，但在道虎沟地区有 *Euestheria haifanggouensis*，*E.luanpingensis*，*E.ziliujingensis*，*E.jingyuanensis* 4 种类型。在凌源市刀子沟尚见有 *Euestheria? daozigouensis*；在大兴安岭突泉县黑顶山有 *Euestheria khinganensis*。

髫髻山组的叶肢介化石表现为 *Triglypta*（三饰叶肢介）- *Tianzhuestheria*（天祝叶肢介）组合，分布于辽西喀左、建昌地区，此外在大兴安岭东南部科右前旗的新民组中亦有发现。主要代表分子为 *Triglypta yingziensis*，*T.lamagouensis* 及 *Tianzhuestheria* sp.。以 *Triglypta* 为代表的叶肢介群还分布于河北北部平泉县九龙山组、新疆准噶尔盆地头屯河组、吐鲁番盆地七克台组等北方地区。在河北省平泉县发现有属型种 *Triglypta pingquanensis*。

在西北新疆鄯善、青海柴达木盆地、华北内蒙古石拐子等地区的头屯河、七克台等组中还见有 *Qaidamestheria*（柴达木叶肢介）属，并可与 *Triglypta*，*Sinokontikia* 共生，*Qaidamestheria* 属是西北地区的地方性类型。

图 2-12　燕辽生物群中的双壳类化石（据于菁珊等，1989）

Fig.2-12　Fossil bivalves of Yanliao biota(after Yu Qingshan et al.,1989)

凌源延安蚌 *Yananoconcha lingyuanensis* Yu,Dong et Yao，×1.4

七、双壳类

中侏罗世的 *Lamprotula*（*Eolamprotula*）*cremeri*［容氏丽蚌（始丽蚌）］- *Pseudocardinia kweichouensis*（归州假铰蚌）化石组合遍及全国，但海房沟组的 *Yananoconcha*（延安蚌）（图 2-12）- *Ferganoconcha*（费尔干蚌）- *Pseudocardinia*（假铰蚌）化石组合主要分布于东北和西北区，除在辽宁本溪、新金报道有 *Pseudocardinia*，吉林白城有 *Solenaia*（管蚌）外，*Lamprotula*（*Eolamprotula*）在东北未曾发现。该化石组合在辽西主要见于北票及牛营子-郭家店等盆地，此外在大兴安岭东南部万宝组和新民组中亦有分布。前两个地区以 *Ferganoconcha* 和 *Yananoconcha* 为主，其次为 *Unio*（珠蚌）。主要成员有 *Ferganoconcha haifanggouensis*，*F.tomiensis*，*Yananoconcha lingyuanensis*，*Y.rotunda*，*Y.triangulata*，"*Unio*" *undulatum*，"*U.*" *shuangmiaoensis*，*Pseudocardinia*（*Pseudocardinia*）? cf. *turfanensis* 等。万宝组的双壳类化石以 *Ferganoconcha tomiensis* - *Tutuella iradae* 组合为代表，尚有 *Ferganoconcha anodontoides*，*F.elongata*，*Tutuella* cf.*trapezoidia*，偶见"*Unio*" cf. *kubekoviensis*。新民组的双壳类化石以 *Ferganoconcha tomiensis* - *Sibireconcha* 亚组合为代表。其成员以 *Ferganoconcha* 为主，有 *F.tomiensis*，*F.*cf.*sibirica*，*F.jorekensis*，*F.alata* 等，仅见少量的 *Sibireconcha*（西伯利亚蚌）。

八、鱼类

中侏罗世鱼类化石多发现于西南区，华北亦有少量发现，但东北、西北区内鱼类化石较少。在辽西海房沟组中，仅在北票市三宝和朝阳市良图沟发现有 *Liaostenus hongi*（洪氏辽鲟）的幼年个体化石；在建昌县玲珑塔镇髫髻山组中发现有 Palaeoniscoidei（古鳕类）（图 2－13）。另有报道在海房沟组中也发现有古鳕类化石。

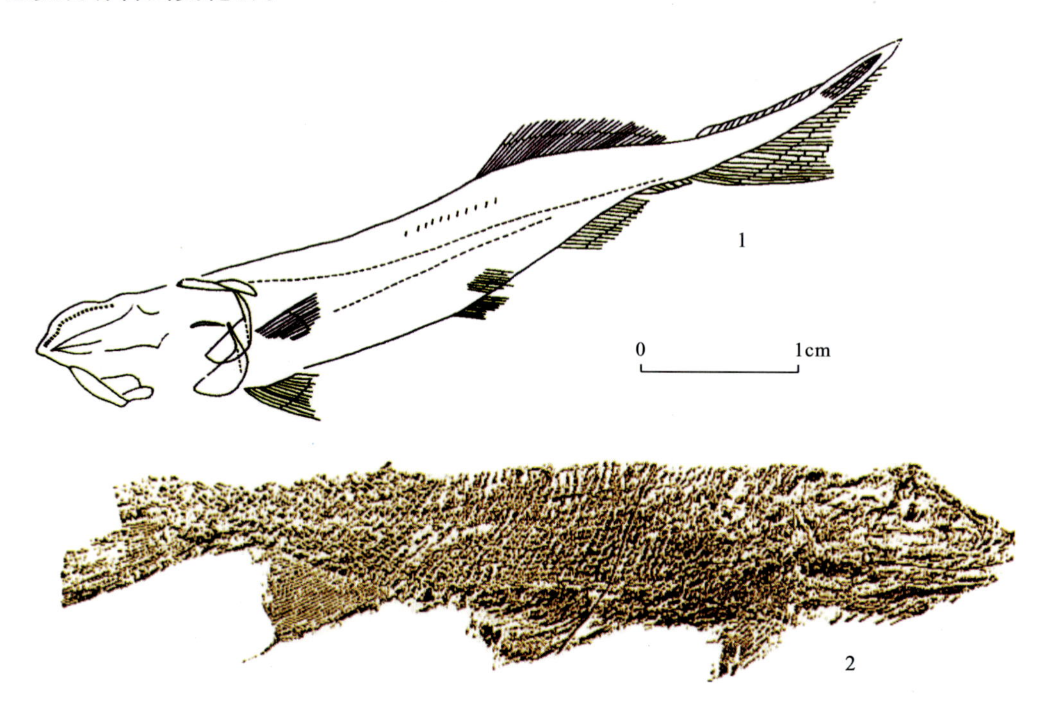

图 2－13　燕辽生物群中的鱼类化石（据任东等，1995）

Fig.2－13　Fossil fishes of Yanliao biota(after Ren Dong et al.,1995)

1.洪氏辽鲟 *Liaostenus hongi* Lu，1995；2.古鳕类 Palaeoniscoidei，×1（权恒提供）(Provided by Quan Heng)

第二节　燕辽生物群标准地层剖面

一、海房沟组

（一）北票市海房沟剖面[①]（图 2－14）

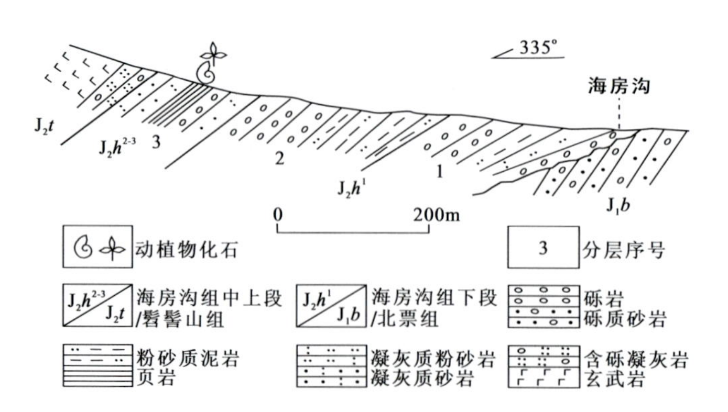

图 2－14　北票市海房沟村海房沟组剖面图

Fig.2－14　Stratigraphic section of Haifanggou Formation in Haifanggou village of Beipiao city

①据辽宁省区域地质调查队，1967，略加修改。

上覆地层：髫髻山组(J_2t)　玄武岩及含砾凝灰岩

——————— 整合 ———————

海房沟组(J_2h) **268.2m**

中上段 **73.0m**

3.黄褐色中粗粒砂岩与凝灰岩、泥质页岩夹砾岩。产昆虫 *Ctenoblattina dignata*，*Mesoneta antiqua*，*Mesobaetis sibirica*，*Samarura gigantea* 等 60 余属种(据林启彬，1967；洪友崇，1983)；叶肢介 *Euestheria ziliujingensis*，*E.haifanggouensis* 等；双壳类 *Ferganoconcha elongata*，*F.haifanggouensis* 等；植物 *Neocalamites haifanggouensis*，*Hausmannia leeiana*，*Coniopteris hymenophylloides*，*C. simplex*，*Eboracia lobifolia*，*Raphaelia diamensis* 等化石 73.0m

下段 **195.2m**

2.灰白色硅质凝灰质胶结砾岩，底部为黄灰色凝灰质页岩、砂岩 112.7m

1.黄褐色粗砾砾岩夹凝灰质粉砂岩、砂岩、页岩 82.5m

~~~~~~~~~~角度不整合~~~~~~~~~~

下伏地层：北票组(J_1b)

(二)北票市海房北沟—于家沟剖面(图 2-15)[①]

上覆地层：髫髻山组(J_2t)

——————— 整合 ———————

海房沟组(J_2h) **486.5m**

上段 **189.6m**

32.浅绿灰色、灰白色凝灰质细砾岩，底部夹灰白色沉凝灰岩，含植物茎干化石 23.3m

31.灰绿色厚层安山岩质中砾岩 15.3m

30.浅绿色、灰白色玻屑凝灰岩 38.8m

29.黄褐色厚层粗砾岩，砾石以凝灰岩、石英岩为主，一般砾径 3～5cm，分选磨圆较好 29.6m

28.灰白色凝灰岩 9.6m

27.灰绿色夹灰褐色岩屑晶屑凝灰岩 33.6m

26.黄褐色、黄灰色粗砾岩，局部夹砂岩小透镜体，砾石成分有凝灰岩、安山岩和石英岩等，砾径 3～5cm 39.4m

中段 **100.5m**

25.黄灰色、灰褐色薄层粉砂质泥岩、页岩夹粉细砂岩，含植物 *Selaginellites chaoyangensis*，*Anomozamites angulatus*，*Raphaelia stricta*，*Schizolepis moelleri* 等，昆虫 Haglidae gen.et sp. indet.，*Nematocera* sp.indet.等化石 15.5m

图 2-15　北票市海房北沟—于家沟海房沟组剖面图

Fig.2-15　Stratigraphic section of Haifanggou Formation in Haifangbeigou - Yujiagou area of Beipiao city

①据辽河石油勘探局工程技术研究院，1997。
~~~~~~~~~~

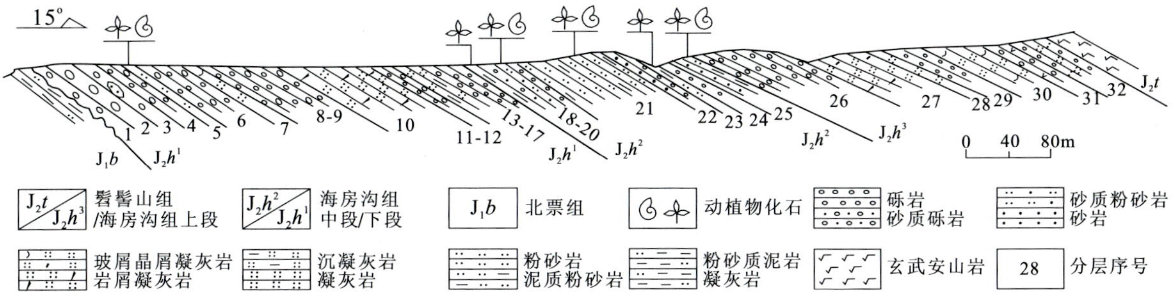

24.黄褐色、灰褐色细砾岩 6.7m

23.黄灰色泥质粉砂岩、页岩,含植物化石 *Selaginellites chaoyangensis*,*S*.sp.等 4.1m

22.褐灰色、褐黄色细砾岩、粗砂岩 16.9m

21.黄色薄层泥质粉砂岩、粉砂岩,含植物 *Lycopodites falcatus*,双壳类 *Ferganoconcha subcentralis* 及昆虫等化石 28.6m

20.黄褐色中厚层细砾岩 5.0m

19.黄色、黄褐色砂砾岩与中细粒砂岩、粉砂岩呈薄互层,含植物 *Neocalamites haifanggouensis*, *Equisetum laterale*, *Todites denticulateus*, *T.Williamsoni*, *Coniopteris bella*, *C.hymenophylloides*, *Raphaelia diamensis*,双壳类 *Ferganoconcha subcentralis*, *F.haifanggouensis*,昆虫 *Samarura gigantea*, *Samaroblatta* sp.等化石 18.7m

18.黄绿色、黄褐色粉砂质泥岩、页岩,含植物化石 *Coniopteris hymenophylloides*, *C.burejensis*, *C. simplex*, *Selaginellites chaoyangensis*, *S.Asiatica*, *S.sinensis*, *Phoenicopsis angustissima*, *Ginkgoites sibiricus* 等 5.0m

下段 **196.4m**

17.黄褐色厚层细砾岩 8.6m

16.黄色厚层含中砾细砾岩 6.3m

15.黄色巨砾岩,砾石成分主要为片麻岩、混合花岗岩、火山岩,砾径一般 50~100cm,最大达 150cm 3.1m

14.黄色含粗砾中砾岩 4.2m

13.灰白色沉凝灰岩 13.6m

12.黄褐色含巨砾粗砾岩夹砂岩透镜体,砾石以火山岩和变质岩为主,砾径 3~6cm,最大 15cm 2.6m

11.黄色中厚层细砾岩,具交错层理 5.8m

10.灰白色、浅灰绿色中厚层岩屑凝灰岩 39.7m

9.黄色巨砾岩,砾石成分以片麻岩为主,石英岩和火山岩等次之,砾径 50~100cm,最大 150cm,分选磨圆极差 26.7m

8.黄褐色中砾岩 4.7m

7.浅灰色、灰白色岩屑玻屑凝灰岩 7.5m

6.黄褐色含粗砾中砾岩,砾石成分以火山岩为主,变质岩和砂岩次之,呈叠瓦状排列,具韵律结构 20.2m

5.黄绿色、黄褐色粉砂岩,含植物 *Neocalamites haifanggouensis*, *Strobilites* sp., *Samoropsis* sp., 昆虫 *Samaroblattula* sp.等化石 5.0m

4.浅灰色、灰白色中厚层含粗砾中砾岩 12.8m

3.黄褐色厚层含巨砾粗砾岩夹粗砂岩透镜体,砾径 10~20cm,最大 35cm 13.4m

2.黄褐色含巨砾粗砾岩 12.8m

1.黄褐色厚层含巨砾粗砾岩,砾石成分以混合花岗岩和片麻岩为主,其次为火山岩、花岗岩、砂岩、泥岩,砾径 5~15cm,最大 35cm,略显定向排列 9.4m

~~~~~~~~~~角度不整合~~~~~~~~~~

下伏地层:北票组(J_1b)

(三)内蒙古宁城县道虎沟岱王山—荞麦梁海房沟组—髫髻山组剖面(图 2-16,图 2-17)

上覆地层:义县组(K_1y) 深灰色杏仁状安山岩

~~~~~~~~~~角度不整合~~~~~~~~~~

髫髻山组(J_2t) **631.3m**

17.浅灰色流纹质熔结晶屑凝灰岩 80.0m

16.淡灰粉色流纹岩 103.5m

15.淡灰粉色流纹质角砾熔岩 62.0m

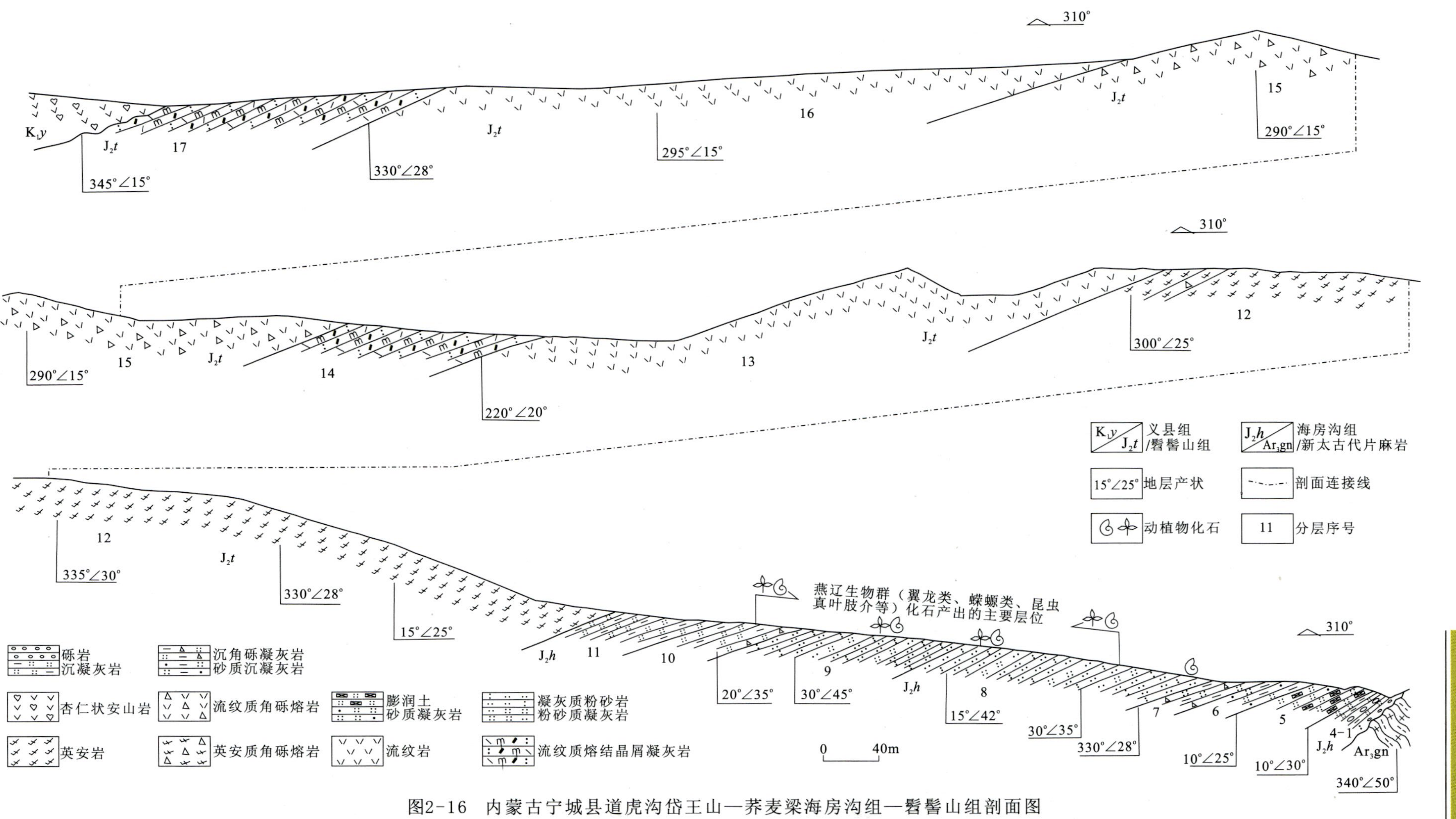

图2-16 内蒙古宁城县道虎沟岱王山—荞麦梁海房沟组—髫髻山组剖面图

Fig.2-16 Stratigraphic section of Haifanggou Formation and Tiaojishan Formation in Daiwangshan-Qiaomailiang area near Daohugou village, Ningcheng county of Inner Mongolia

图 2-17 道虎沟盆地海房沟组剖面远景

Fig.2-17 A distant view of stratigraphic section of Haifanggou Formation in Daohugou basin

14.灰白色薄层流纹质熔结晶屑凝灰岩	67.2m
13.淡粉灰色流纹岩	45.8m
12.浅灰色—淡紫灰色英安岩夹 2～3m 厚的英安质角砾熔岩	272.8m
海房沟组(J_2h)	**268.2m**
11.灰白色薄板—薄层沉凝灰岩，具纹层状构造	40.3m
10.灰白色厚层夹薄层沉凝灰岩，底部为灰白色薄层—中厚层流纹质凝灰角砾岩，产叶肢介 *Euestheria* 及昆虫等化石	24.9m
9.灰色、灰黄色薄板—薄层凝灰质粉砂岩，产丰富的叶肢介化石 *Euestheria*，夹灰绿色、灰紫色厚层粉砂质凝灰岩	23.6m
8.灰黄色、灰紫色薄层—中厚层凝灰质粉砂岩夹灰黄色厚层状粉砂质凝灰岩，在灰紫色凝灰质粉砂岩中见叶肢介、昆虫及植物碎片化石	85.1m
7.灰黄色、灰白色薄层沉角砾凝灰岩，局部发育斜交层理	14.6m
6.灰黄色、灰白色薄层—中厚层砂质沉凝灰岩，底部膨润土化	18.7m
5.灰绿色厚层膨润土夹灰白色团块状砂质凝灰岩	35.7m
4.浅灰紫色薄层—薄板膨润土化沉凝灰岩夹浅灰色薄层凝灰胶结含砾粗砂岩，底部为黑色含炭质粉砂岩，产昆虫及植物化石	11.3m
3.灰黄色、浅灰绿色薄层石英长石细砂岩	5.1m
2.灰褐色厚层复成分砾岩夹薄层灰白色沉凝灰岩，产昆虫及植物化石	7.4m
1.灰黄色凝灰胶结细砾岩夹灰白色沉凝灰岩	1.5m

～～～～～～～～～～异岩不整合～～～～～～～～～～

下伏地层：新太古界 黄灰色弱片麻状中细粒黑云母花岗岩(Ar_3gn)

(四)内蒙古宁城县五化乡西沟—小梁前海房沟组—髫髻山组剖面[①](图2-18,图2-19)

上覆地层:土城子组(J_3t) 灰紫色英安质巨砾岩夹砖红色岩屑砂岩

—————— 整合 ——————

髫髻山组(J_2t)	**135.63m**
20.灰色粗安岩	72.49m
19.紫红色安山质火山角砾集块岩	23.91m
18.浅黄绿色膨润土化含集块角砾凝灰岩	39.23m
海房沟组(J_2h)	**703.84m**
17.浅灰色、浅紫色凝灰质泥岩夹浅灰色薄层—中厚层凝灰质中粗粒岩屑砂岩及纹层状钙质泥岩,产大量的叶肢介 *Euestheria* sp.	65.39m
16.灰白色、浅紫色凝灰质泥岩夹浅紫色薄层—纹层状泥岩,产叶肢介 *Euestheria* 及昆虫化石碎片	37.93m
15.灰白色、浅紫色凝灰质泥岩夹钙质泥岩及沉凝灰岩、凝灰质砂岩	88.36m
14.浅灰色凝灰质泥岩夹薄层含粉砂凝灰质泥岩及纹层状泥岩	25.60m
13.浅灰色凝灰质泥岩夹薄板状泥岩及薄层铁质胶结中粒岩屑砂岩,产叶肢介 *Euestheria haifanggouensis*,*E*.sp.,昆虫 *Yanliaocorxa chinensis*,*Mesobaetis sibirica*,*Mesoneta antiqua* 及植物化石碎片	54.13m
12.灰白色厚层钙质胶结中细粒凝灰质岩屑砂岩	3.09m
11.浅灰色凝灰质泥岩夹薄层—中厚层复成分砾岩	42.24m
10.浅灰色厚层含砾中粒凝灰质岩屑杂砂岩	3.09m
9.浅灰色凝灰质泥岩夹灰白色中厚层凝灰质砂岩	24.69m
8.浅灰色泥岩	39.58m
7.灰色凝灰质含粉砂质泥岩夹薄层凝灰质泥岩	25.44m
6.灰色、灰白色凝灰质泥岩夹岩屑砂岩	22.13m
5.粉灰色沉凝灰岩	35.82m
4.灰白色沉凝灰岩	51.73m
3.浅灰色、灰白色中厚层凝灰质泥岩夹浅紫色薄层—中厚层凝灰质中粒砂岩	28.64m
2.灰色、灰白色薄层—中厚层沉凝灰岩夹凝灰质细砂岩	39.92m
1.浅灰紫色熔结角砾玻屑凝灰岩	116.06m

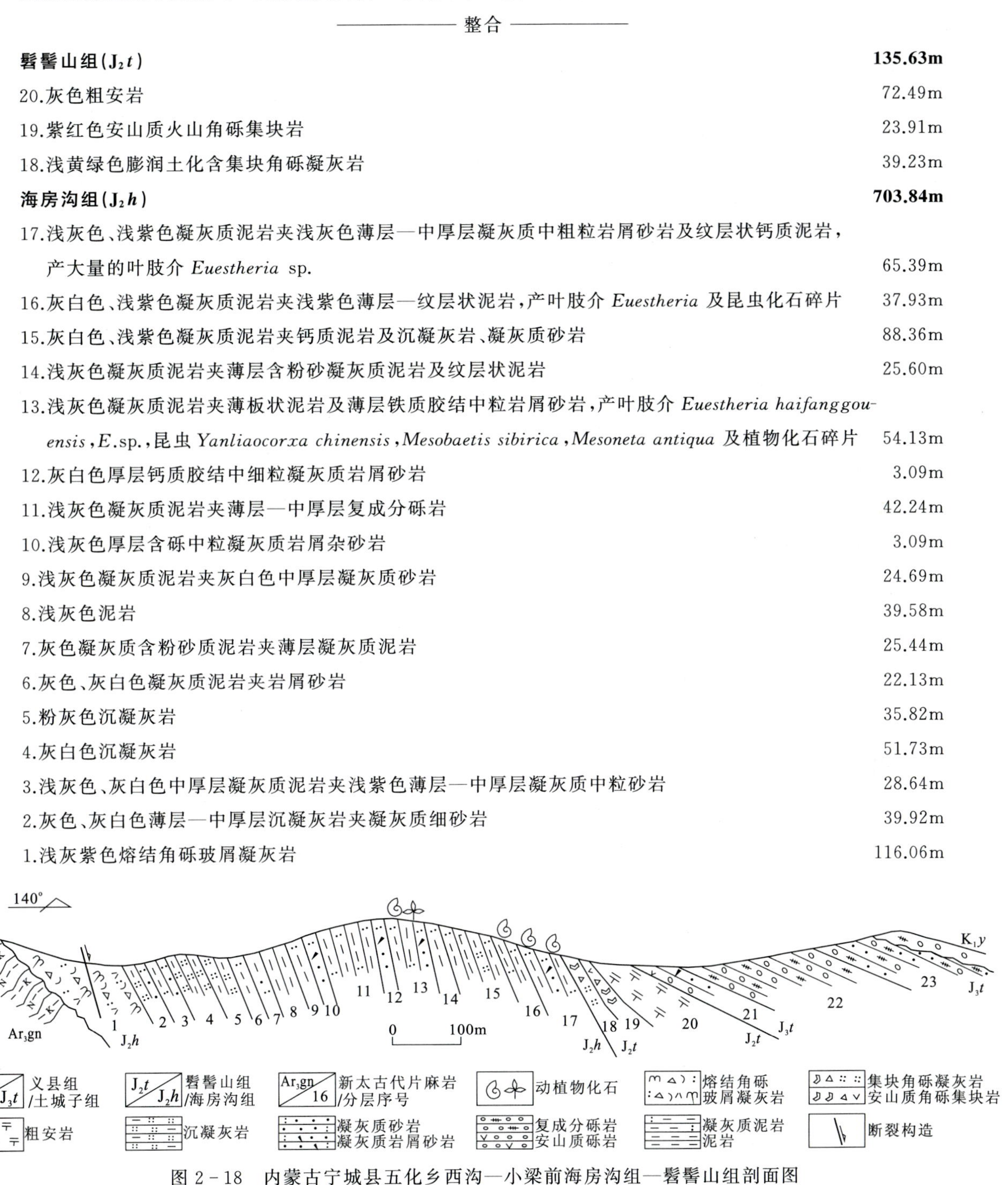

图2-18 内蒙古宁城县五化乡西沟—小梁前海房沟组—髫髻山组剖面图

Fig.2-18 Stratigraphic section of Haifanggou Formation and Tiaojishan Formation in Xigou—Xiaoliangqian area of Wuhua town, Ningcheng county of Inner Mongolia

~~~~~~~~异岩不整合~~~~~~~~

下伏岩石:新太古代 灰红色黑云二长片麻岩(Ar_3gn)

①据董万德、王忠江等,2003,修改使用。
~~~~~~~~

图 2-19 宁城县五化乡西沟海房沟组灰白色沉凝灰岩远景

Fig.2-19 A distant view of grayish white tuffite of Haifanggou Formation near Xigou village, Wuhua town of Ningcheng county

二、髫髻山组

(一)北票市蓝旗东沟剖面①(图 2-20)

上覆地层:土城子组(J_3t) 灰紫色页岩

——————平行不整合——————

髫髻山组	**785.9m**
8.灰紫色安山质集块岩	12.8m
7.灰紫色安山岩	202.0m
6.灰紫色安山质凝灰熔岩	21.2m
5.灰黑色玄武安山岩	25.9m
4.灰紫色安山质集块角砾熔岩夹凝灰熔岩	138.0m
3.黄褐灰色凝灰质胶结安山质砾岩夹凝灰质砂岩	131.8m
2.灰紫色安山质角砾熔岩、集块熔岩	172.7m
1.灰黑色玄武岩,底部为灰绿色含角砾凝灰岩	81.5m

———— 整合 ————

下伏地层:海房沟组(J_2h)

①据辽宁省区域地质调查队,1967。

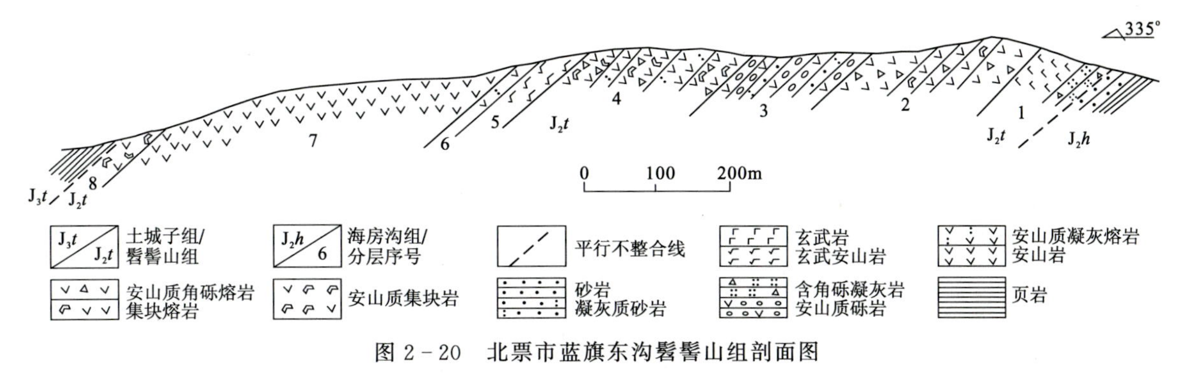

图 2-20 北票市蓝旗东沟髫髻山组剖面图

Fig.2-20 Stratigraphic section of Tiaojishan Formation in Lanqidonggou of Beipiao city

(二)建昌县玲珑塔镇大西山剖面[①](图 2-21)

雾迷山组(Jxw)

35.灰白色中厚层含燧石条带粉晶白云岩 >64.1m

══════断层══════

髫髻山组(J_2t) >1239.4m

髫髻山组三段(J_2t^3) >651.3m

34.灰绿色、灰紫色安山质火山集块角砾岩,有灰绿色安山玢岩(脉)侵入 60.8m

33.灰紫色薄—中层凝灰质含砾粗砂岩与灰紫色薄层凝灰质粉砂岩互层 10.1m

32.灰色斑状安山岩、安山岩与灰紫色安山质火山角砾岩互层 173.6m

31.黄褐色中厚层—厚层泥砂质胶结含巨砾中粗砾复成分砾岩 26.2m

30.下部为灰紫色安山岩;上部为灰绿色安山岩 42.8m

29.黄褐色中厚层—厚层泥砂质胶结含巨砾中粗砾复成分砾岩 62.0m

28.灰黑色、灰紫色、灰绿色斑状安山岩 58.0m

27.下部为灰绿色安山、斑状安山岩与紫红色安山质火山角砾岩、灰绿色安山质火山角砾岩互层;上部为灰紫色流纹质含角砾玻屑弱熔结凝灰岩 59.4m

26.灰绿色—灰紫色安山质火山角砾岩 40.8m

25.下部为灰绿色斑状安山岩;上部为灰紫色斑状安山岩 96.3m

24.黄褐色中厚层凝灰质胶结细中粒岩屑砂岩与黄绿色薄层泥质粉砂岩互层偶夹灰绿色粉砂质泥岩 12.2m

23.灰绿色气孔杏仁状安山岩 9.1m

髫髻山组二段(J_2t^2) >546.5m

22.灰绿色薄层泥质粉砂岩与黄绿色粉砂质泥岩互层 17.1m

21.上部为灰白色薄—中厚层粉砂质泥岩夹灰白色纸片状页岩,产赫氏近鸟龙 *Anchiornis huxleyi*,古鳕鱼 Palaeoniscoidei,田螺 *Viviparus* sp.,天祝叶肢介 *Tianzhuestheria* sp.等化石;下部为灰绿色薄—中厚层凝灰质粉砂岩夹灰白色中厚层凝灰质细砂岩夹灰绿色纸片状页岩 19.5m

20.上部为黄绿色厚—巨厚层含砾粗砂岩,见硅化木;下部为灰绿色厚—巨厚层含巨砾中粗砾复成分砾岩 42.7m

19.上部为灰绿色薄—中层泥质粉砂岩夹黄褐色薄层细砂岩及紫色微薄层粉砂岩,见煤线。该层产大量双壳类、螺等化石 *Ferganoconcha* cf.*sibirica* ,*Shanxiconcha clinovat*,*Viviparus* sp.;中部为灰绿色薄层凝灰质粉砂岩与黄褐色薄层细砂岩互层;下部为灰白色粉砂质泥岩夹黄褐色薄层粉砂岩,产叶肢介化石 *Tianzhuestheria* sp. 21.2m

---

①据高福亮,王敏成,张国仁,等,2015。

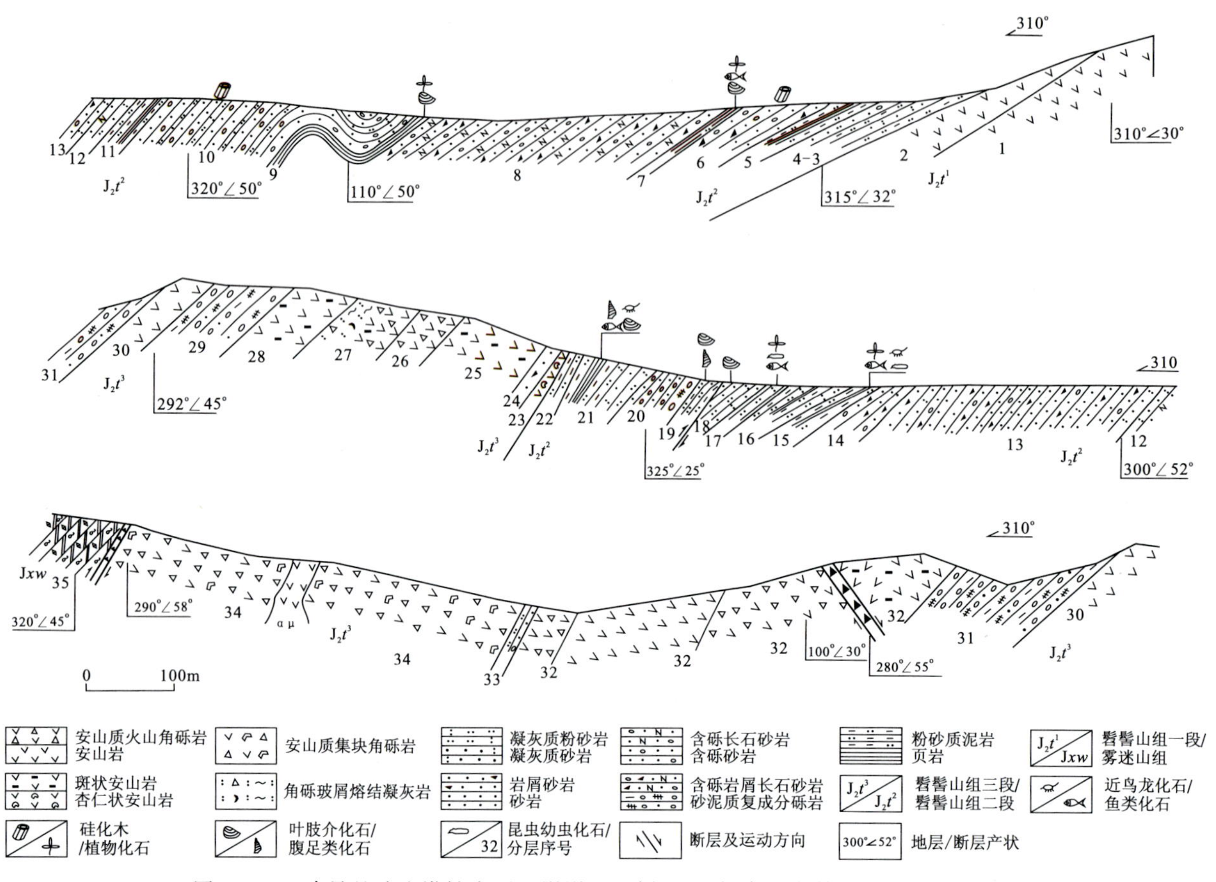

图 2-21　建昌县玲珑塔镇大西山髫髻山组剖面图(据高福亮等,2015,略加修改)

Fig.2-21　Stratigraphic section of Tiaojishan Formation in Daxigou, Linglongta town of Jianchang county

18.黄褐色中厚层凝灰质细砂岩与灰绿色薄层凝灰质粉砂岩互层　23.9m

17.灰绿色纸片状页岩夹灰黄色薄层凝灰质粉砂岩,产植物化石、昆虫、鱼等化石,昆虫 Compteroph-leiidae,鱼 Palaeoniscoidei　14.7m

16.灰绿色薄—中厚层凝灰质粉砂岩夹灰绿色粉砂质泥岩及煤线(5cm 厚)　30.9m

15.灰绿色粉砂质泥岩夹灰绿色纸片状页岩,产动植物化石。新疆龟未定种(*Xinjiangchelys* sp.),赫氏近鸟龙(*Anchiornis huxleyi*),昆虫 *Amnifleckia* sp.,*Angustiphlebia* sp.,*Mesoraphidia* sp.,鱼 Palaeoniscoidei。植物有中华燕辽杉(*Yanliaoa sinensis*),奥勃鲁契夫银杏(*Ginkgo obrutschewi*),膜蕨型锥叶蕨(*Coniopteris hymenophylloides*)等　14.8m

14.黄褐色—灰绿色中厚层含砾中粗粒长石岩屑砂岩　20.2m

13.黄褐色中厚层含砾中粗粒岩屑砂岩与灰绿色薄层凝灰质细砂岩互层　69.2m

12.灰绿色薄层凝灰质粉砂岩夹黄褐色薄层中粗粒长石砂岩　19.7m

11.灰绿色薄层泥质粉砂岩与灰绿色粉砂质泥岩互层夹灰绿色纸片状页岩,产植物化石　14.6m

10.黄褐色厚—中厚层含砾粗砂岩夹黄绿色薄层凝灰质粉砂岩,见硅化木　27.6m

9.黄绿色薄层泥质粉砂岩偶夹灰白色纸片状页岩,产叶肢介、植物等化石　12.2m

8.黄绿色薄—中厚层铁质胶结含砾粗中粒岩屑长石砂岩　74.9m

7.灰白色—灰绿色粉砂质页岩夹灰白色纸片状页岩,产鱼、昆虫、植物等化石　8.4m

6.黄绿色中厚层含砾中粗粒岩屑砂岩,见硅化木　49.5m

5.灰白色—灰绿色粉砂质泥岩夹灰白色纸片状页岩　24.3m

4.黄绿色—灰绿色薄层粉砂质含砾细砂岩　11.4m

3.上部为灰白色薄层凝灰质细砂岩与灰白色薄—微薄层凝灰质粉砂岩互层,产植物化石;下部为灰绿色、黄绿色薄层泥质粉砂岩与灰紫色薄层泥质粉砂岩互层，夹黄褐色薄层泥质胶结细砂岩、黄绿色薄—中厚层含砾粗砂岩　29.9m

髫髻山组一段(J_2t^1)　>41.6m

2.灰绿色安山岩与灰紫色安山岩互层　25.1m

1.灰黑色安山岩　16.5m

未见底

第三节　土城子生物群的分布与组成

土城子生物群是晚侏罗世早中期的生物群，产在土城子组及其相当层位，任东(1995)将其归入“燕辽动物群”。但该生物群与燕辽生物群的组成有所区别，因此作者将其单独划分出来。

土城子生物群主要分布于中国北方，更大的分布范围可能与燕辽生物群相似，可扩展至中亚地区。虽然这一地区在晚侏罗世早中期处于干热的气候带，在盆地中形成了以紫红色、灰紫色、棕红色为主的杂色碎屑沉积，生物相对贫乏，但在燕辽地区却发育和繁衍了以 *Chaoyangsaurus* - *Pseudograpta* - *Cetacella* (朝阳龙-假线叶肢介-小怪介)为代表的生物群。该生物群化石以叶肢介、介形类为主，其次是植物与昆虫，此外还有少量的双壳类、鱼类、恐龙和孢粉。

在燕辽地区迄今已发现逾 132 属 290 种土城子生物群化石。其中，恐龙以鸟臀类 *Chaoyangsaurus* 属和 *Xuanhuasaurus* 属为主，其次为蜥脚类 Sauropoda 和热河足印 *Jeholosauripus*。鱼类有 Palaeoniscoidei 和 Ptycholepidae 的分子，叶肢介为 *Pseudograpta* - *Beipiaoestheria* - *Mesolimnadia*(假线叶肢介-北票叶肢介-中渔乡叶肢介)组合，主要分子有 *Pseudograpta*，*Beipiaoestheria*，*Sinograpta*，*Mesolimnadia*，*Monilestheria*，*Prolynceus*，*Tielingia*，*Euestheria*，*Polygrapta*，共 9 属 38 种。介形类在辽宁可分为下部的 *Cetacella substriata* - *Mantelliana alta* - *Darwinula bapanxiaensis*(近纹脊小怪介-高曼特尔介-八盘峡达尔文介)组合带和上部的 *Djungarica yangshulingensis* - *Mantelliana reniformis* - *Stenestroemia yangshulingensis* (杨树岭准噶尔介-肾形曼特尔介-杨树岭斯特内斯措姆介)组合带，主要分子有 *Djungarica*，*Mantelliana*，*Damonella*，*Mongolianella*，*Eoparacypris*，*Cetacella*，*Darwinula*，*Timiriasevia*，*Stenestroemia*，*Wolburgia*，共 10 属 50 余种。昆虫有 *Rhipidoblattina*，*Euryblattula*，*Samaroblattula*，*Samaroblatta*，*Sogdoblatta*，*Mesoblattina*，*Yuxiania*，*Yanqingia*，*Protorthophlebia*，*Huaxiarhyphus* 等约 10 余属种。双壳类主要有 *Unio*，*Margaritifera*，*Mengyinaia*，*Ferganoconcha*，*Sibireconcha*，*Tutuella*，计 6 属 29 种。植物(含木化石)以 *Brachyphyllum expansum* - *Schizolepis beipiaoense*(扩展短叶杉-北票裂鳞果)组合为代表，主要分子有 *Equisetites*，*Onychiopsis*，*Coniopteris*，*Otozamites*，*Zamites*，*Ginkgoites*，*Leptostrobus*，*Pityolepis*，*Schizolepis*，*Elatides*，*Yanliaoa*，*Brachyphyllum*，*Pagiophylum*，*Carpolithuis*，*Protophyllocladoxylon*，*Xenoxylon*，*Scotoxylon* 等，计 28 属 41 种。孢粉为 *Cyathidites*，*Deltoidospora*，*Callialasporites*，*Classopollis*，*Quadraeculina*，*Schizaeoisporites*，*Cicatricosisporites* 等，共 62 属约 106 种。

土城子生物群分布的层位及其同期沉积地层由东而西主要为：辽东—吉南地区的小东沟组(含候家屯组)，辽北的英树沟组，河北—辽西地区的土城子组(含后城组)，内蒙古大兴安岭地区的傅家洼子组(狭义)和阴山地区大青山组下部，鄂尔多斯盆地的芬芳河组，祁连地区的享堂组和苦水峡组，柴达木盆地的采石岭组和红水沟组，新疆地区的齐古组和喀拉扎组，四川盆地的遂宁组和蓬莱镇组，中亚费尔干纳盆地的巴拉拜萨伊组(Балабан-сайская свита)。欧洲德国、葡萄牙含 *Cetacella* 的下启莫里基阶和美国的莫里逊组同我国的柴达木红水沟组、四川蓬莱镇组及其相当层位一样,可能相当于含土城子生物群的近末期沉积。该生物群总体上介于燕辽生物群和热河生物群之间,其性质和内涵与后两个生物群不同。

土城子生物群可以划分出以恐龙为代表的脊椎动物群(组合),叶肢介组合(含上、下两个亚组合),介形类两个组合带,双壳类、植物和孢粉各一个组合,它们可以作为土城子阶的生物标志。

一、脊椎动物

中侏罗世是老、新爬行动物的交替时期,既有新的恐龙出现,同时又有一些早期爬行动物开始绝灭,而晚侏罗世则是中生代爬行动物的飞跃发展时期,也是恐龙演化的中晚期。处于该时期的爬行动物在中国主要发现于西南地区,在中国北方分布较少。在河北和辽宁地区的土城子组,主要有*Chaoyangsaurus youngi*(杨氏朝阳龙)和*Xuanhuasaurus niei*(聂氏宣化龙),它们是鸟臀类恐龙—鹦鹉嘴龙的祖先类型。此外,该地区还有蜥脚类(Sauropoda indet),热河足印(*Jeholosauripus s-satoi*)(图 2-22),古鳕类(Palaeoniscoidei)和褶鳞鱼类(Ptycholepidei)化石。

图 2-22 北票市朝阳沟土城子组二段顶部的恐龙足印

Fig.2-22 Sauropus in top of second member of Tuchengzi Formation near Chaoyanggou village of Beipiao city

二、叶肢介

土城子生物群中的叶肢介与燕辽生物群中的叶肢介群不同,在属、种方面已有较大的分异度。其分布除燕辽地区外,在辽东、甘肃榆中、靖远,河南济源,新疆准噶尔、吐鲁番盆地均有分布,属北方叶肢介地理区。在燕辽和辽东地区,土城子生物群的叶肢介化石主要分布于河北和辽宁地区的土城子组、辽东铁岭市大甸子盆地的英树沟组和本溪市东营坊至新宾县旺清门一带的小东沟组,为*Pseudograpta-Beipiaoestheria-Mesolimnadia*(假线叶肢介-北票叶肢介-中渔乡叶肢介)化石组合。该叶肢介化石组合可进一步分为下部的*Pseudograpta-Beipiaoestheria-Mesolimnadia*-

Sinograpta(假线叶肢介-北票叶肢介-中渔乡叶肢介-中华雕饰叶肢介)亚组合和上部的 *Pseudograpta -Beipiaoestheria yangshulingensis*(假线叶肢介-杨树岭北票叶肢介)亚组合(图 2-23)。

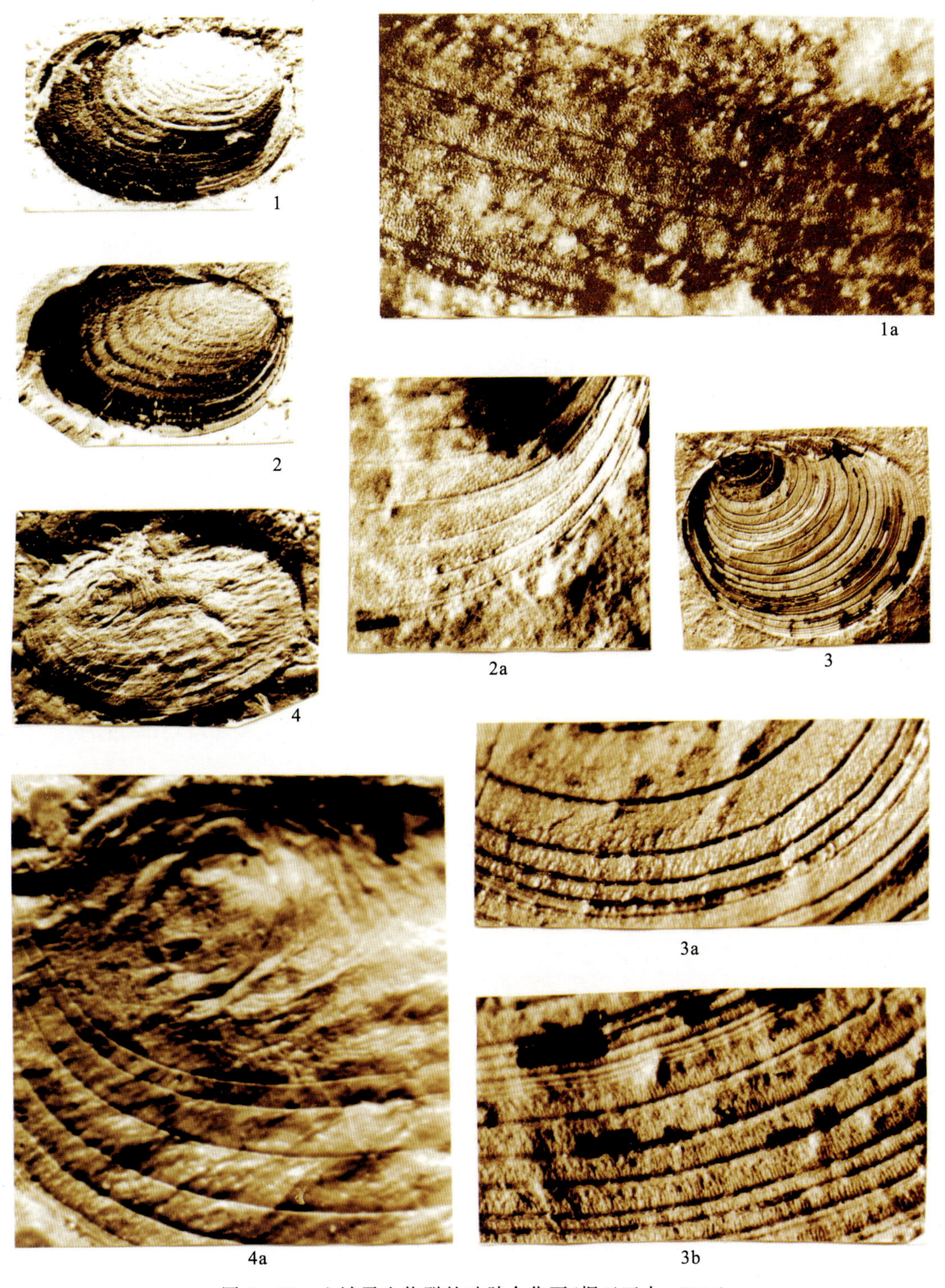

图 2-23 土城子生物群的叶肢介化石(据王五力, 2004)

Fig.2-23 Fossil controstracas of Tuchengzi biota(after Wang Wuli,2004)

1.中华雕饰叶肢介 *Sinograpta* (W.Wang,1980),×6;1a.*Sinograpta* 壳腹部装饰,Ventral shell ornaments,×55;2.北票叶肢介 *Beipiaoestheria* W.Wang,×6;2a.*Beipiaoestheria* 壳装饰,Shell ornaments,×12; 3.假线叶肢介 *Pseudograpta* (Novojilov),×5; 3a.*Pseudograpta* 壳背部装饰,Dorsal shell ornaments,×21;3b.*Pseudograpta* 壳腹部装饰,Ventral shell ornaments,×21;4.中渔乡叶肢介 *Mesolimnadia*(Chen),×7;4a.*Mesolimnadia* 前部装饰,Anterior ornaments,×25

下部叶肢介化石亚组合主要分布在辽西、河北、北京延庆地区的土城子组下部(即一段)、辽北和辽东地区的英树沟组、小东沟组中下部。辽西主要有 *Beipiaoestheria cajiagouensis*,*B.xujiagouensis*,*B.dabanensis*,*Pseudograpta* cf. *murchisoniae*,*P.subquadrata*,*P.paucilineata*,*P.brevis*,*P.orbita*,*P.liaoningensis*,*P? mirabilis*,*P? inconstantis*,*P.* cf.*oblonga*,*Mesolimnadia recta*,*M.jinlingsiensis*,*M.xujiagouensis*,*M.longipoda*,*Sinograpta xiwopuensis*,*S.beisijiaziensis*,*Prolynceus beipiaoensis*,*P.lineatus*,*Monilestheria ovata*,*M.caijiagouensis*,*M.subcircularis*,*M.oblonga*。辽北英树沟组产 *Pseudograpta tatientzuensis*,*P.ambigua*,*Euestheria rotunda*,*E.haifanggouensis*,*E.ziliujingensis*,*E.shandanensis*,*E.elongata*,*Tielingia reticulata*,*T.cuizhenbuensis*,*T.multicostata*。辽东小东沟组(侯家屯组)主要含 *Pseudgrapta lamprosa*,*P.orbita*,*P.ovata*,*Monilestheria jinlingsiensis*,*M.regia*,*Euestheria haifanggouensis*,*E.shandanensis*,*E.elegaus* 等,在辽东田师傅镇东营坊侯家屯组(或东营坊组)发现有 *Euestheria ziliujingensis*,*Paranestoria*?。在北京延庆花盆地区土城子组一段,肖宗正等(1994)报道有叶肢介,但鉴定名单有误,有待核查。

在下部亚组合中,*Sinograpta* 多分布在偏下部,*Pseudograpta* 的种由下而上逐渐增多,至中上部空前繁盛,*Mesolimnadia*,*Monilestheria*,*Prolynceus* 的分子亦在中上部最发育。*Euestheria* 和 *Tielingia* 属的成员仅在辽东一带出现。

上部叶肢介化石亚组合分布在冀北、辽西土城子组的上部,即土城子组三段,主要分子为 *Beipiaoestheria caijiagouensis*,*B.xujiagouensis*,*B.dabanensis*,*B.minor* (=*Yanshanoleptestheria minor*),*B.yangshulingensis* (=*Yangshanoleptestheria yangshulingensis*),*Pseudograpta* cf. *murchisoniae*,*P.orbita*,*P.* cf. *liaoningensis*,*P.poucilineata*,*P.? inconstatis*,*Mesolimnadia jinlingsiensis*,*M.* cf. *recta*,*Monilestheria ovata* 等。其中,大部分属种由下亚组合延续上来,不同的是,上部亚组合类型较单调,新出现了 *B.yangshulingensis*,*B.minor*,未发现 *Sinograpta*,*Prolynceus* 等属。

此外,在甘肃发现有 *Pseudograpta*,河南只有一些 *Beipiaoestheria* 的分子,类型较单调。在准噶尔盆地玛纳斯河至紫泥泉子地区产 *Triglypta*,在吐鲁番盆地鄯善连木沁和鄯善七克台地区的头屯河组和七克台组中产 *Triglypta*,*Sinokontikia*,*Qaidamestheria* 等化石,为地方类群。

三、介形类

土城子生物群的介形类化石主要分布在中国西南、西北和东北辽宁地区,以 *Darwinula* 为主,伴有 *Djungarica*,*Mantelliana*,*Damonella*,*Prolimnocythere* 及德国、葡萄牙、美国等国 Kimmeridgian 期出现的 *Cetacella* 等。

在辽宁可分为下部的 *Cetacella substriata* -*Mantelliana alta* -*Darwinula bapanxiaensis*(近纹脊小怪介-高曼特尔介-八盘峡达尔文介)组合带和上部的 *Djungarica yangshulingensis* -*Mantelliana reniformis* -*Stenestroemia yangshulingensis* (杨树岭准噶尔介-肾形曼特尔介-杨树岭斯特内斯措姆介)组合带(图 2-24)。

前一组合带主要分布在辽西地区土城子组下部及辽北英树沟组、辽东地区小东沟组的中下部,由 5 属逾 35 种组成。除组合带的代表分子外,主要分子为 *Mantelliana* cf.*subreniformis*,*M.*cf.*jingguensis*,*Damonella ovata*,*D.depressa*,*D.truncatula*,*Cetacella longiuscula*,*Damonella truncatula* ,*Darwinula sarytirmenensis*,*D.changxinensis*,*D.impudica*,*D.magna*,*D.submagna*,*D.giganimpudica*,*D.incurva*,*D.rongxianesis*,*D.yangshulingensis*,*D.subparallela*,*Timiriasevia epidermiformis*,*T.*cf.*altovata* 等。该组合带以常见中侏罗世 *Darwinula* 的一些重要种与晚侏罗

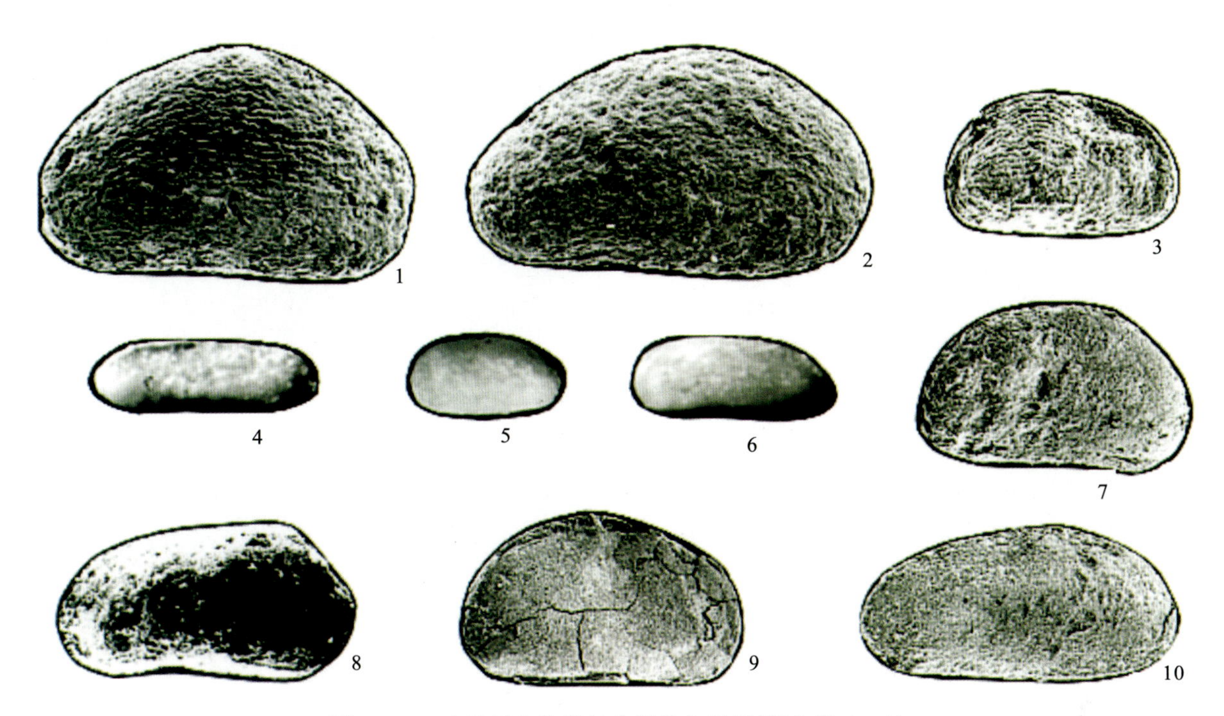

图 2－24　土城子生物群的介形类化石(据张立君,2004)

Fig.2－24　Fossil ostracods of Tuchengzi biota(after Zhang Lijun,2004)

1.近纹脊小怪介 *Cetacella substriata* Zhang,×84;2.稍长小怪介 *Cetacella longiuscula* Zhang,×84;3.表皮季米里亚介 *Timiriasevia epidermiformis* Mandelstam,×60;4.八盘峡达尔文介 *Darwinula bapanxiaensis* Song,×46;5.微截达蒙介 *Damonella truncatula* Zhang,×30;6.丑达尔文介 *Darwinula impudica* Sharapova,×46;7.杨树岭准噶尔介 *Djungarica yangshulingensis* Pang,×60;8.杨树岭斯特内斯措姆介 *Stenestroemia yangshulingensis* Pang,×120;9.肾形曼特尔介 *Mantelliana reniformis* Pang,×50;10.平泉始似金里介 *Eoparacypris pingquanensis* Pang,×80

世典型属种共生为显著特征。

后一组合带分布于土城子组上部(土城子组三段),目前仅见于冀北平泉县杨树岭至板桥一带,由 8 属 25 种组成,除组合带的代表分子外,尚有 *Djungarica yunnanensis*,*D.pingquanensis*,*D.subpostacuminata*,*D.dorsalta*,*Mongolianella*? *yangshulingensis*,*Eoporacypris pingquanensis*,*Mantelliana banqiaoensis*,*M. yangshulingensis*,*M. subreniformis*,*M. obliquovata*,*M.* cf. *jingguensis*,*Damonella ovata*,*D.depressa*,*D.suborbiculata*,*D.orbiculata*,*Darwinula yangshulingensis*,*D.yingsgugouensis*,*Stenestroemia pingquanensis*,*S.subscalaris*,*Wolburga bella*,*W.* aff. *polyphema* 等。该组合带与前一组合带不同之处是 *Darwinula* 属的分子颇少,且无中侏罗世常见的种类;*Djungarica*,*Mantelliana* 和 *Damonella* 的分异度较高;出现了时代偏晚的 *Stenestroemia* 和 *Wolburgia*。

四、植物

土城子生物群中的植物化石属欧洲—中国植物地理区。在东北地区植物化石主要分布在冀北平泉县杨树岭、辽西金-羊盆地的土城子组,此外在辽北英树沟组和辽东小东沟组也有少量分布。代表性植物化石组合为 *Brachyphyllum expansum*－*Schizolepis beipiaoense*(扩展短叶杉-北票裂鳞果)组合(图 2－25),大约由 28 属 41 种组成,包括如下种类。

有节类:*Neocalamites*,*Equisetites* cf.*natongensis*,*E.*cf. *sarrani*;

真蕨类:*Onychiopsis elongata*,*Coniopteris hemenophyloides*,*C.simplex*;

本内苏铁:*Otozamites*, *Zamites*;

银杏类:*Ginkgoites* sp.;

茨康类:*Pheonicopsis*, *Czekanowskia rigida*, *Leptostrobus marginatus*;

松柏类:*Pityophyllum*, *Pityospermum*, *Pityolepis lariciformis*, *P. pingquanensis*, *P. sphenoides*, *Schizolepis beipiaoensis*, *S. carinatus*, *S. chilitica*, *Elatides leptolepsis*, *Yanliaoa* cf. *sinensis*, *Brachyphyllum expansum*, *B. mamillare*, *Pagiophyllum beipiaoense*, *Conites*;

裸子植物种子:*Carpolithus fabiformis*;

松柏类木化石:*Protophyllocladoxylon franconicum*, *Xenoxylon ellipticum*, *X. latiporocum*, *Scotoxylon yanqingense*, *Prototaxodioxylon romanense*, *Protopodocarpoxylon batuyingziense* 等。

该植物组合以松柏类占主导地位,真蕨类和茨康类居次,有节类、本内苏铁和银杏类所占比例较小。

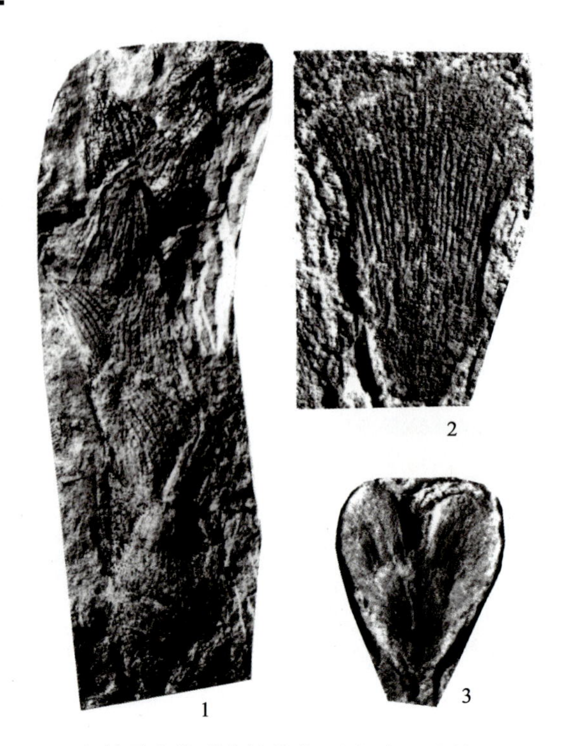

图 2-25　土城子生物群的植物化石(据郑少林等,2004,2001)

Fig. 2-25　Fossil plants of Tuchengzi biota (after Zheng Shaolin et al., 2004, 2001)

1.乳突短叶杉 *Brachyphyllum mamilare* L. et H.,×3; 2.楔形松型果鳞 *Pityolepis sphenoides* Zheng,×3; 3.北票裂鳞果 *Schizolepis beipiaoense* Zheng,×3

五、孢粉

土城子生物群的孢粉化石主要产在辽西、河北宣化北部地区的土城子组和辽东地区小东沟组,以 *Quadraeculina* - *Classopollis*(四字粉-克拉梭粉)孢粉化石组合为代表(图2-26),由 62 属 106 种组成。虽然不同地区的孢粉成分,甚至同一地区的孢粉化石成分都有些差异,如土城子组一段与三段,但它们都属于该孢粉化石组合。

在辽西北票地区土城子组一段以裸子植物花粉占绝对优势(60.5%～86.2%),蕨类植物孢子平均占 16.6%,其中掌鳞杉科 *Classopollis* 含量高(57%～82.6%),*Quadraeculina limbata* 丰富(21%),松科花粉、苏铁和银杏类花粉较常见,蕨类植物孢子仅见少量 *Cyathidites minor*, *Deltoidospora* 和 *Osmundacidites wellmanii* 等。在一段顶部个别样品中见有 *Cicatricosisporites*(达 9.38%)。

在土城子组三段中裸子植物花粉占 96.89%(平均),蕨类植物孢子占 3.11%,其中以 *Classopollis* 为主,*Cycadopites* 居次,还有一定含量的 *Psophosphaera*, *Protopinus*, *Pinuspollenites* 和 *Deltoidospora* 等,此外还有少量 *Cicatricosisporites*。宣化地区土城子组孢粉由苗淑娟等(1984)、张望平(1989)研究,被称为 *Classopollis* - *Callialasporites* - *Schizaeoisporites* 组合,其中裸子植物花粉占绝对优势(91%～97%),蕨类植物孢子很少(3%～9%)。裸子植物花粉中 *Classopollis* 最高含量可达 91%。*Callialasporites*(1%～4%) 频繁出现,共有 13 种。蕨类孢子中仅有少量 *Deltoidospora*, *Todisporites* 和 *Klukisporites* 等。组合中存在稀少的 *Cicatricosisporites* 和莎草蕨科孢子 *Schizaeoisporites*。辽宁东部地区小东沟组的孢粉以裸子植物花粉占绝对优势(99%～

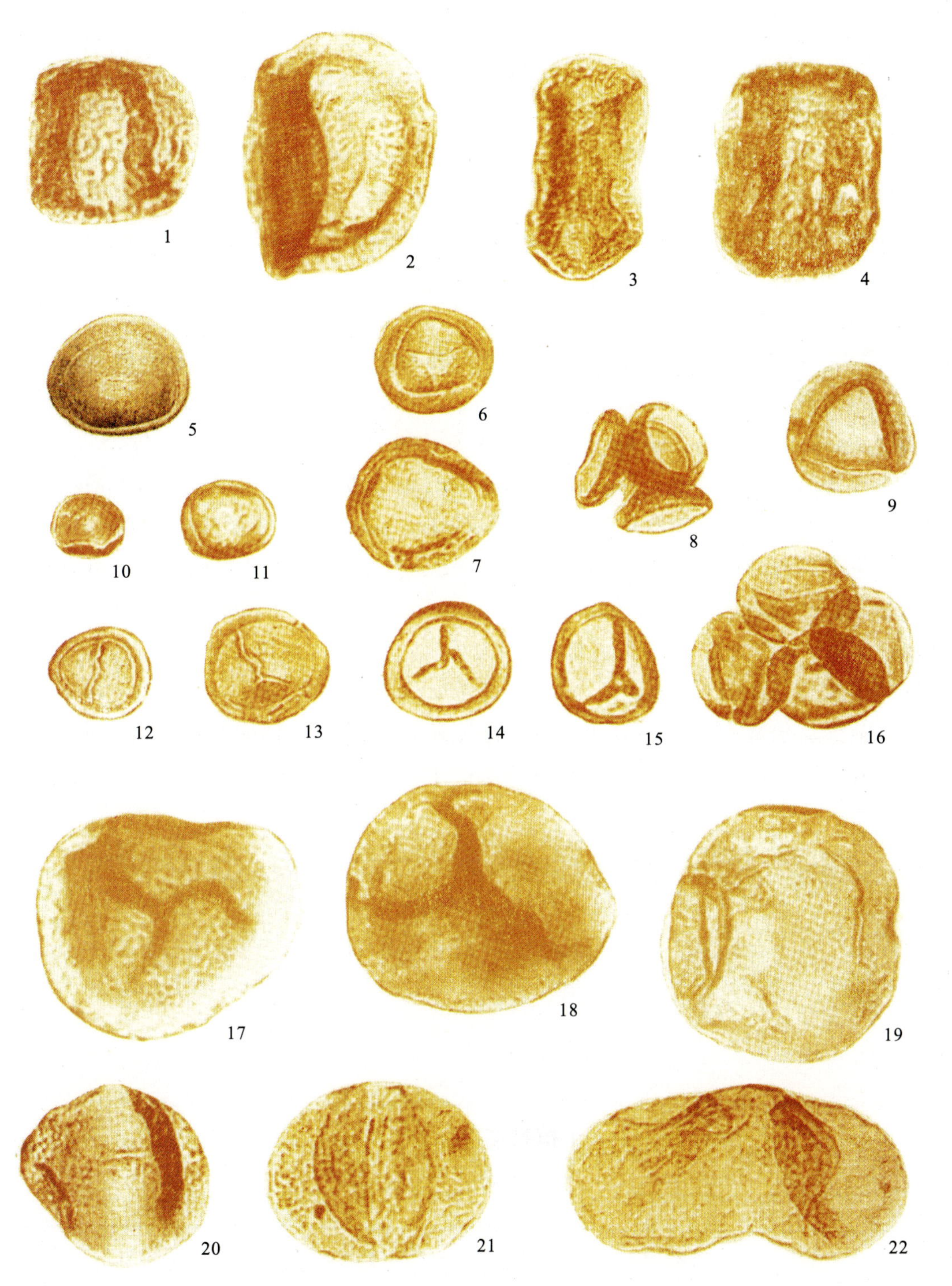

图 2-26　土城子生物群的孢粉化石(据余静贤,1989)

Fig.2-26　Fossil sporopollens of Tuchengzi biota(after Yu Jingxian,1989)

1.矩形四字粉 *Quadraeculina anellaeformis* Maljavkina,×600;2.不显四字粉 *Quadraeculina enigmata*(Couper),×600;3.瘦长四字粉 *Quadraeculina macra* Yu,×600;4.有边四字粉 *Quadraeculina limbata* Maljavkina,×600;5—6,16.克拉梭克拉梭粉 *Classopollis classoides* Pflug,×600;7—8.环圈克拉梭粉 *Classopollis annulatus*(Verb.),×600;9.三角克拉梭粉 *Classopollis triangulus*(Zhang),×600;10—11.小克拉梭粉 *Classopollis parvus*(Brenner),×600;12.单条纹克拉梭粉 *Classopollis monostriatus* Zhang,×600;13.三条纹克拉梭粉 *Classopollis tristriatus* Zhang,×600;14—15.祁阳克拉梭粉 *Classopollis qiyangensis* Shang,×600;17—18.简单冠翼粉 *Callialasporites simplex* Yu,×600;19.有边无口器粉 *Inaperturorites limbatus* Balme,×600;20.可变假云杉粉 *Pseudopicca variabiliformis* (Mal.),×600;21.拟罗汉松型云杉粉 *Piceites podocarpoides* Bolkhovitina,×600;22.单一罗汉松粉 *Podocarpidites unicus*(Bolkh.),×600

100%)，其中*Classopollis annulatus*平均含量为60.5%，*Quadraeculina limbata* 平均含量为2.1%，仅有少量松科花粉和个别 *Callialasporites demperi* 及 *Cerebropollenites* sp.。蕨类植物孢子仅见 *Deltaidospora* sp.和 *Verucosisporites* sp.。

综上所述，土城子生物群的孢粉组合总面貌是以 *Classopollis* 含量高，伴有少量双气囊的松柏类花粉，*Quadraeculina* 和 *Callialasporites* 相对丰富并存在一定的相互消长关系，蕨类孢子含量均较低(个别样品除外)，含少量 *Cicatricosisporites* 为主要特征。

六、昆虫

土城子生物群的昆虫化石主要见于北京延庆县及河北赤城县，主要分子为 *Rhipidoblattina chichengensis*(赤城扇蠊)，*R.*(*Canaliblatta*) *yanqingensis*(延庆沟蠊)，*Euryblattula huapenensis*(花盆宽蠊)，*Samaroblattula houchengensis*(后城灰小蠊)(图2-27)，*S.lata*(宽型灰小蠊)，*S.lineata*(线型灰小蠊)，*Samaroblatta lingulata*，*Sogdoblatta heiheensis*(黑河索德蠊)，*Mesoblattina* sp.(中蠊)，*Yuxiania jurassica*(侏罗蔚县鸣螽)，*Yanqingia jurassica*(侏罗延庆鸣螽)，*Protorthophlebia yanqingensis*，*Huaxiarhyphus houchengensis* 等。洪友崇(1997)据此建立了后城昆虫群，以 *Rhipidoblattina chichengensis* - *Huaxiarhyphus chichengensis* - *Protorthophlebia yangqingensis*(赤城扇蠊-赤城华夏伪大蚊-延庆原直脉蝎蛉)为代表，并根据上述昆虫化石材料，进一步建立了两个地方性的昆虫化石组合：①赤城昆虫组合，即 *Rhipidoblattina chichengensis* - *Huaxiarhyphus chichengensis*(赤城扇蠊-赤城华夏伪大蚊)组合；②延庆昆虫组合，即 *Rhipidoblattina* (*Canaliblatta*) *yanqingensis* - *Samaroblattula houchengensis* - *Protorthophlebia yanqingensis*(延庆沟蠊-后城

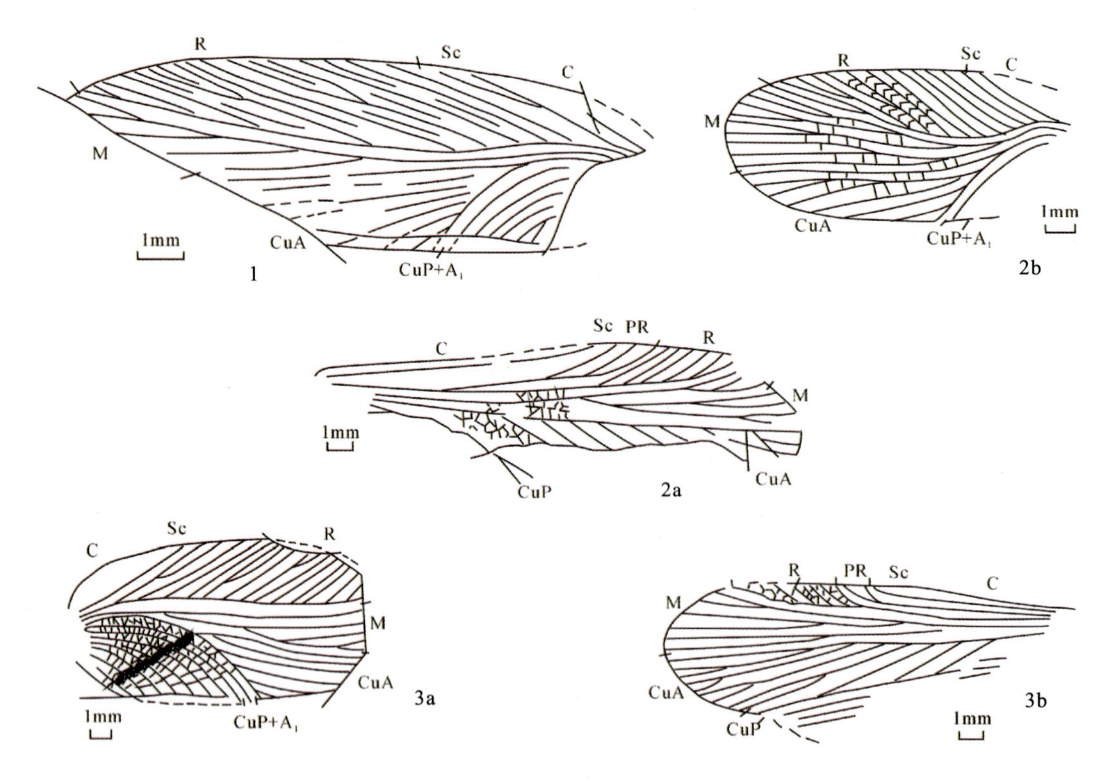

图2-27 土城子生物群的主要昆虫化石翅脉特征(据洪友崇，1997)

Fig.2-27 Wing nervures of main fossil insects in Tuchengzi biota(after Hong Youchong，1997)

1.赤城扇蠊 *Rhipidoblattina chichengensis* Hong；2a、2b.后城灰小蠊 *Samaroblattula houchengensis* Hong；3a、3b.延庆沟蠊 *Rhipidoblattina*(*Canaliblatta*) *yanqingensis* Hong

灰小蠊-延庆原直脉蝎蛉)组合。两个组合均以蜚蠊为优势成分,反映了后城昆虫群的共同色彩。辽东地区小东沟组含 *Mesobaetis* sp.(中四节蜉),*Xinbinia actimoides*,*X. faveolata*,*Samaroblateula xinbinensis*(新宾灰小蠊)等昆虫化石。

七、双壳类

土城子生物群的双壳类化石主要产在辽东小东沟组和辽北英树沟组,以 *Ferganoconcha* - *Sibireconcha* - *Tutuella*(费尔干蚌-西伯利亚蚌-图土蚬)化石组合为代表(图 2-28),以 *Ferganoconcha* 为主体。主要类型有 *Ferganoconcha postilonga*,*F. sibirica*,*Sibireconcha beifengensis*,*S.*? cf. *elongatiformis*,*S.*? *anodontoides*,*S.*? *golovae*,*Tutuella*? *chachlovi*,*T.*? *rotunda*,*T*? *iraidae*,*T.*? *quadrata*.。

萧宗正等(1994)曾报道河北省延庆县花盆一带土城子组一段双壳类有珠蚌 *Unio*、珍珠蚌 *Margaritifera* 和蒙阴蚌 *Mengyinaia* 3 属共 14 种,但鉴定名单有待核查。

1
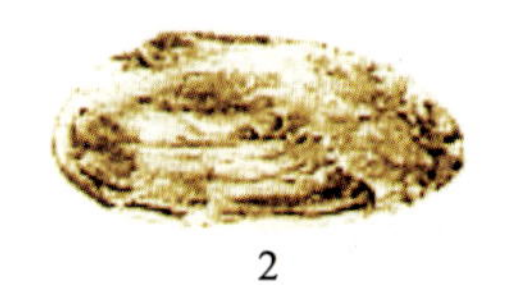
2
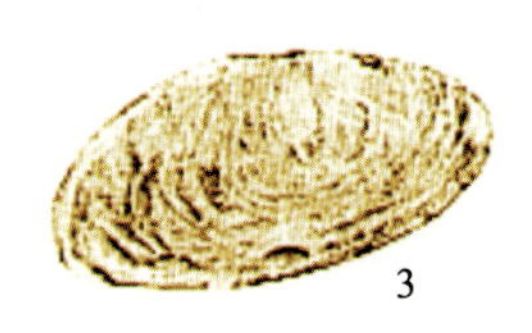
3

4

图 2-28　土城子生物群的双壳类化石(据顾知微等,1976)

Fig.2-28 Fossil bivalves of Tuchengzi biota(after Gu Zhiwei et al.,1976)

1.西伯利亚费尔干蚌 *Ferganoconcha sibirica* Chernyshev,×1.5;2.亚洲西伯利亚蚌 *Sibireconcha anodontoides* (Chernyshev),×2;3.库地西伯利亚蚌 *Sibireconcha golovae* (Ragozin),×3;4.三角图吐蚬 *Tutuella iraidae* Ragozin,×2.5

第四节　土城子生物群标准地层剖面

土城子组

(一)北票市巴图营乡白家窝铺土城子组三段顶部剖面[①](图 2-30-3)

上覆地层:义县组(K_1y)　黄灰色中厚层复成分中细砾岩

～～～～～～～～ 角度不整合 ～～～～～～～～

土城子组(J_3t)	**1092.83m**
土城子组三段(J_3t^3)(图 2-29)	**513.96m**
66.强沸石化浅肉红色薄—中厚层含砾杂砂岩	6.10m
65.浅肉红色薄层砂质沸石岩,底部为 1 层 30cm 厚的灰白色沉凝灰岩,具平行层理	10.50m
64.绿灰色薄—中厚层沸石化细粒杂砂岩与灰绿色薄层细粒岩屑砂岩互层,具平行层理;底部为 2.62m厚的浅绿灰色薄层状沸石岩,发育水平层理,层面偶见冲刷砾,含炭化植物碎片	8.74m
63.紫灰色薄—微薄层泥质细粒长石杂砂岩夹绿灰色薄层粉砂岩,长石杂砂岩单层厚 0.5～10cm,粉砂岩单层厚 1～3cm,均具水平层理,偶见微型单斜层理,显球状风化	10.42m
62.绿灰色薄—中厚层沸石化不等粒岩屑砂岩夹绿色、灰色、紫色微薄层泥岩,砂岩具平行层理,单层	

①据王五力、张立君、郑少林,等,2004。

图 2-29 金岭寺-羊山盆地土城子组三段沉积韵律

Fig.2-29 Sedimentary rhythm of third member of Tuchengzi Formation in Jinlingsi-Yangshan basin

厚 2～30cm，可见透镜状层理，泥岩具水平层理 8.69m

61.绿灰色薄层沸石岩夹紫色薄层泥质粉砂岩和 1 层厚约 1m 的浅粉白色沉凝灰岩，泥质粉砂岩具水平层理，本层底部有 1 层厚约 1m 的浅粉白色沉凝灰岩，由下而上，沸石岩层数递减，粉砂岩层数渐多 20.88m

60.褐灰色沸石化薄层细粒岩屑长石砂岩夹灰色、紫色薄—微薄层粉砂质泥岩和粉砂岩，砂岩单层厚 2～10cm，具水平层理，有时见有同生冲刷角砾 7.12m

59.下部为绿灰色薄—中厚层含砾不等粒沸石杂砂岩，砂岩具平行层理及小型斜层理，有时可见同生冲刷角砾，中上部为绿灰色微薄层夹褐灰色薄层沸石化细粒长石岩屑砂岩，本层较上述 60 层砂屑含量增加，沸石含量降低，水平层理发育，球状风化较显著 12.49m

58.绿灰色薄—中厚层沸石化细粒岩屑长石砂岩夹灰绿色微薄层粉砂岩和一层厚约 1m 的灰白色薄层沉凝灰岩，砂岩具水平层理，有浪成波痕，底部见一层 1.65m 厚的灰白色薄—中厚层含砂沸石岩 16.35m

57.绿灰色薄—中厚层沸石化细粒岩屑长石砂岩，砂岩具水平层理和小型透镜状层理，局部单层底面具同生泥砾，本层中部夹 1 层 10cm 厚的肉红色沉凝灰岩 21.84m

56.翠绿色薄—中厚层含粉砂沸石岩，具水平层理、波状水平层理和小型单斜层理，顶部偶见泥裂，含少量植物碎片及硅化木，在薄层或中厚层含粉砂沸石岩层的顶、底面，偶见同生冲刷角砾呈层状分布 10.55m

以 56 层翠绿色沸石岩层为标志层，下接巴图营乡崔家杖子—柳树沟林场土城子组二、三段剖面。

(二)北票市巴图营乡崔家杖子—柳树沟林场土城子组二、三段剖面①(图 2-30-2)

55.灰白色薄—中厚层含砂沸石岩,单层厚 2～20cm　2.58m

54.绿灰色薄—中厚层含砂泥质沸石岩夹绿灰色粉砂岩,具水平层理　8.65m

53.灰白色薄—中厚层含砂沸石岩,单层厚 5～20cm,具水平层理和波状水平层理　2.40m

52.绿灰色薄—微薄层钙质岩屑长石细砂岩夹灰紫色微薄层粉砂质泥岩,细砂岩单层厚 0.5～3cm,具水平层理和透镜层理,粉砂质泥岩单层厚 0.5～2cm,具水平层理　7.35m

51.绿灰色薄—微薄层粉砂岩夹砖红色、灰白色砂质沸石岩,粉砂岩具平行层理,单层厚 0.5～3cm　7.84m

50.绿灰色薄—中厚层沸石化岩屑长石细砂岩夹浅绿灰色薄层沉凝灰岩和灰绿色微薄层泥质粉砂岩,具波状水平层理和水平层理,单层厚 0.5～1cm　11.48m

49.灰色薄层泥质粉砂岩夹黄灰色薄层钙质胶结细粒长石砂岩,具水平层理,单层厚 1～3cm　4.11m

48.浅绿灰色、紫色薄—中厚层砂质沸石岩及浅绿灰色细砂岩,具平行层理,单层厚 5～30cm,细砂岩位于该层上部,具水平层理,局部含同生角砾,单层厚 1～30cm　21.59m

47.绿灰色薄—微薄层细粒岩屑长石砂岩夹灰绿色微薄层泥质粉砂岩,具平行层理,单层厚 0.5～5cm　16.11m

46.浅灰绿色薄—中厚层弱沸石化含岩屑细粒长石砂岩夹绿灰色微薄层泥质粉砂岩,细砂岩具水平层理,纹层厚 0.6～5cm,泥质粉砂岩具水平层理,单层厚小于 1cm　30.68m

45.绿灰色薄—中厚层含钙质细杂砂岩与紫灰色薄—微薄层泥质粉砂岩互层,中上部夹厚约 20cm 的粉白色沉凝灰岩和肉红色沸石化细粒杂砂岩,钙质细粒杂砂岩有不对称波痕和对称波痕,小型斜交层理和透镜状层理,局部见泥裂,底部有同生冲刷泥砾,泥质粉砂岩具水平层理,单层厚 0.5～5cm　20.18m

44.紫灰色薄—微薄层泥质粉砂岩夹浅肉红色细粒杂砂岩、泥岩和肉红色薄层沉凝灰岩,泥质粉砂岩具水平层理,单层厚 0.5～3cm,呈小型球状风化,细粒杂砂岩夹薄层或小透镜状水云母岩,具水平层理,单层厚 2～5cm　21.16m

43.灰色薄—微薄层泥岩夹浅肉红色薄层细粒长石砂岩,顶部为灰白色薄—中厚层沸石化含粉砂泥岩及绿灰色泥质粉砂岩,泥岩和粉砂岩具水平层理,单层厚 0.5～3cm,具浪成交错层理,长石砂岩具透镜状层理　16.45m

42.灰白色薄—中厚层沸石化细粒杂砂岩与绿灰色薄层粉砂岩,细粒杂砂岩纹层厚 0.5～1.5mm,单层厚 3～20cm,底部为 10～20cm 厚的肉红色沸石化细粒杂砂岩;粉砂岩位于上部,具水平层理,单层厚 2～10cm　5.62m

41.紫灰色薄层钙质胶结细粒杂砂岩夹浅紫灰色钙质胶结细粒杂砂岩,主层具水平层理和球状风化,单层厚 1～3cm,夹层具透镜状层理和低角度斜交层理　17.16m

40.灰白色中—厚层砂质沸石岩与绿灰色薄层沸石化泥质细粒杂砂岩,单层厚 10～50cm,呈球状风化,细粒杂砂岩位于该层中上部,单层厚 1～5cm,亦具球状风化　4.70m

39.黄灰色薄—中厚层细粒长石岩屑砂岩夹绿灰色薄层粉砂岩和紫色薄—微薄层泥岩,细砂岩具透镜状层理,夹分布不均的同生泥砾;粉砂岩具低角度斜交层理;泥岩发育波状水平层理和水平层理,单层厚 0.5～2cm　6.58m

38.灰紫色、绿灰色薄层泥质粉砂岩夹浅绿灰色薄层细粒杂砂岩,二者均具水平层理,局部见小型低角度斜层理和透镜状层理,中部夹 1 层 30cm 的灰白色沉凝灰岩　21.04m

37.灰紫色薄层砂质泥岩夹灰白色薄层沉凝灰岩,具水平层理　44.18m

36.黄绿色薄层粉砂质泥岩夹粉砂岩,泥岩水平层理发育,单层厚 0.5～2cm,粉砂岩具水平层理,单层厚 0.3～3cm。富含叶肢介化石 *Beipiaoestheria caijiagouensis*, *B. minor*, *B. dabangouensis* (sp. nov.), *Pseudograpta* aff. *murchisoniae*, *P. orbita*, *P.* cf. *liaoningensis*,植物化石 *Pityolepis*

---

①据王五力、张立君、郑少林,等,2004。

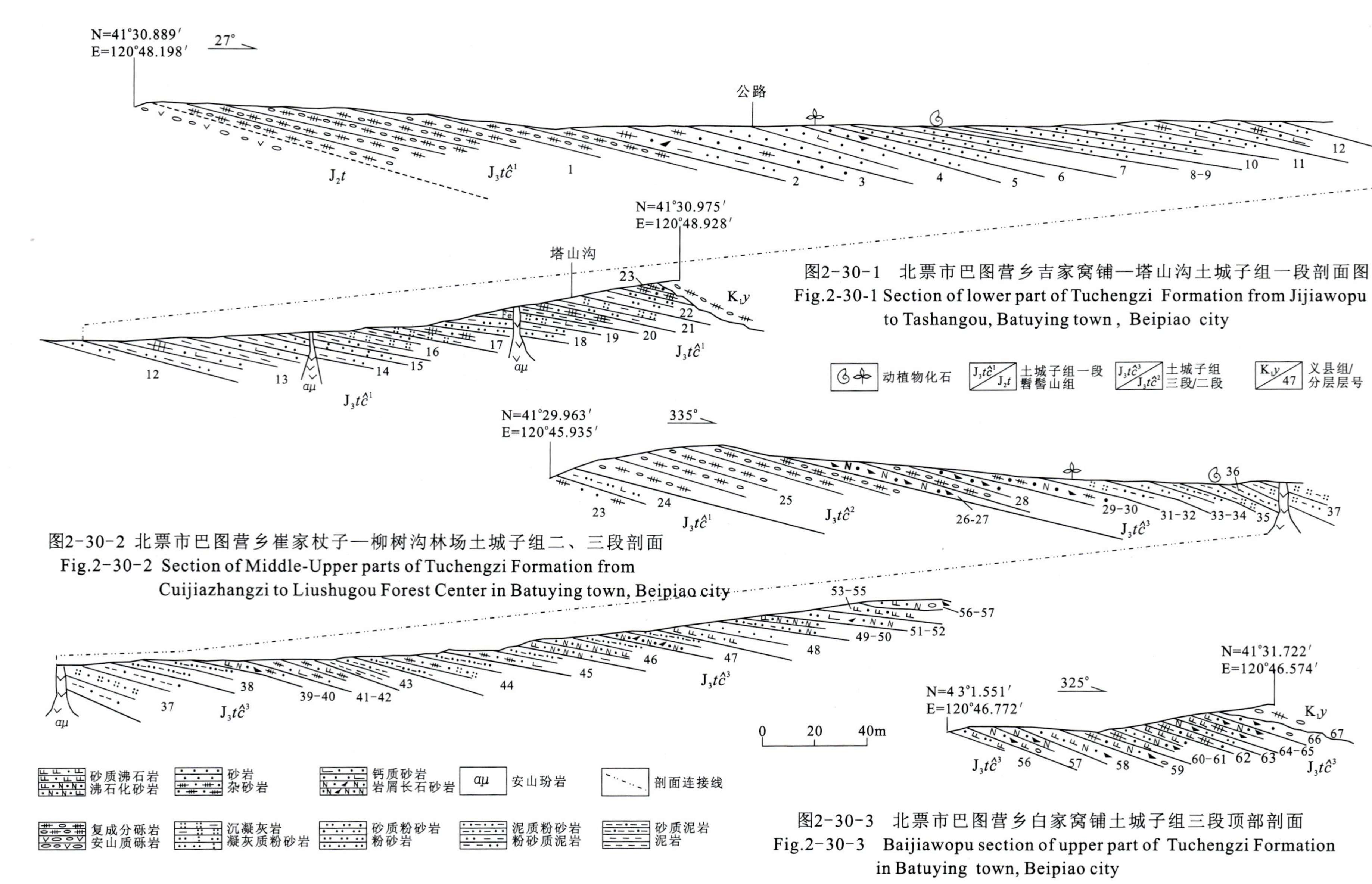

图2-30-1 北票市巴图营乡吉家窝铺—塔山沟土城子组一段剖面图

Fig.2-30-1 Section of lower part of Tuchengzi Formation from Jijiawopu to Tashangou, Batuying town, Beipiao city

图2-30-2 北票市巴图营乡崔家杖子—柳树沟林场土城子组二、三段剖面

Fig.2-30-2 Section of Middle-Upper parts of Tuchengzi Formation from Cuijiazhangzi to Liushugou Forest Center in Batuying town, Beipiao city

图2-30-3 北票市巴图营乡白家窝铺土城子组三段顶部剖面

Fig.2-30-3 Baijiawopu section of upper part of Tuchengzi Formation in Batuying town, Beipiao city

sp.,孢粉(统计 188 粒),蕨类植物孢子 *Deltoidospora* spp.(2.33%),*Punctatisporites* sp.(0.78%),裸子植物花粉 *Cycadopites* spp.(17.05%),*Psoposphaera* (0.85%),*Callialasporites* sp.(0.78%),*Classopollis* (11.63%),*Cl.annulatus*(4.65%),*Cl.gyroflexus*(1.55%),*Prisitinuspollenites* sp.(0.78%),*Protopinus* (13.95%),*Piceites* (3.88%),*Piceaepollenites*(17.05%),*Pinuspollenites*(12.40%),*Ephaedripites* sp.(0.78%) 11.43m

35.灰紫色薄层含钙粉砂质泥岩夹1层粉白色沉凝灰岩,具平行层理,单层厚1～3cm,中部夹1层厚10cm的粉白色沉凝灰岩,顶部含叶肢介及少量植物化石碎片 14.83m

34.黄绿色薄—微薄层粉砂质泥岩夹泥质页岩,具水平层理,自下而上粒度变细,单层厚度变薄,页岩风化后为纸片状 9.17m

33.绿灰色薄层粉砂岩,具水平层理和呈小球状风化 16.71m

32.绿灰色薄层细粒岩屑长石砂岩,具水平层理和球状风化 8.11m

31.灰白色厚—巨厚层状沉凝灰岩,具波状水平层理 5.15m

30.绿灰色薄层状含海绿石中细粒长石岩屑砂岩,具粒序层理,上部含较多同生冲刷角砾 7.88m

29.灰白色薄层细杂砂岩夹薄层沉凝灰岩,具水平和平行层理 4.55m

28.绿灰色中厚层复成分细砾岩与绿灰色薄层中细、中粗粒岩屑砂岩互层,砾岩与砂岩构成2个韵律层 14.90m

27.绿灰色薄层中细粒长石岩屑砂岩夹绿灰色薄—中厚层中粗粒长石岩屑砂岩和薄层复成分细砾岩,夹中粗粒长石岩屑砂岩透镜体和紫色泥岩薄层,具平行层理、粒序层理,局部为透镜状层理 8.99m

26.紫灰色薄—中厚层中粗粒长石岩屑砂岩夹紫灰色薄层状含细砂粉砂岩,粉砂岩在底部夹2层厚约2cm的肉红色沉凝灰岩,具平行层理 5.53m

土城子组二段(J_3t^2) **78.97m**

25.灰紫色薄—中厚层复成分中细砾岩,具粒序层理和韵律性,局部有大型斜交层理 78.97m

土城子组一段(J_3t^1)(图2-31) **499.90m**

24.紫红色薄—微薄层泥质粉砂岩夹浅绿灰色钙质粉砂岩,具水平层理和小型低角度斜交层理,虫迹发育,呈圆柱状,一般直径0.5～1.5cm,与层面垂直或斜交,有的具一穴多孔的分支。含孢粉(统计96粒),蕨类植物孢子 *Deltoidospora* spp.(34.38%),*Cyathidites* spp.(10.42%),*Punctatisporites* sp.(1.04%),*Neoraistrickia* sp.(2.08%),*Leptolepidites* cf. *psarosus*(11.46%),*Converrucosisporites* sp.(4.17%),*Osmundacidites* sp.(1.04%),*Concavissimisporites* sp.(4.17%),*C. variverrucatus*(1.04%),*Lycopodiumsporites* sp.(1.04%),*Cicatricosisporites* sp.(9.38%),*Undulatisporites* sp.(1.04%),裸子植物花粉 *Cycadopites* spp.(2.08%),*Prisitinuspollenites* sp.(2.08%),*Protopinus*(10.42%),*Perinopollenites*(1.04%),*Rugubivesiculites* (2.08%),*Podocarpidites*(1.04%) 14.88m

以24层为标志,剖面线平行至塔山沟,下接巴图营乡吉家窝铺—塔山沟土城子组一段剖面。

(三)北票市巴图营乡吉家窝铺—塔山沟土城子组一段剖面①

23.下部为绿灰色薄层状细粒岩屑长石杂砂岩夹灰白色沉凝灰岩,具水平层理,夹2层20～40cm厚的沉凝灰岩,上部为紫色夹绿灰色薄层细粒杂砂岩,以平行层理为主,尚有小型低角度斜层理 13.81m

22.绿灰色、紫灰色薄层夹紫灰色薄—中厚层沸石化含砂泥质粉砂岩,上部夹厚度小于5cm的肉红色沉凝灰岩,具水平层理和小型斜层理,呈小型球状风化 24.61m

21.中下部为紫灰色、绿灰色薄层状泥质粉砂岩,上部为灰白色薄层状沉凝灰岩,具水平层理 12.92m

20.下部为紫灰色薄—中厚层粉砂质泥岩,中上部为绿灰色薄—中厚层泥质细粒杂砂岩夹紫灰色含

①据王五力、张立君、郑少林,等,2004。

图 2-31 金岭寺-羊山盆地土城子组一段沉积韵律

Fig.2-31 Sedimentary rhythm of first member of Tuchengzi Formation in Jinlingsi-Yangshan basin

粉砂泥岩，单层厚 2～30cm，具球状风化 19.37m

19.灰白色薄层粉砂质泥岩，具平行层理，单层厚 0.1～3cm，底部为 1.3m 厚的灰白色薄层状沉凝灰岩 11.34m

18.灰绿色、灰紫色薄层粉砂岩夹泥钙质粉砂岩，含不规则近球状钙质结核及泥岩透镜体，具小型斜层理 19.83m

17.下部为灰白色薄层沉凝灰岩，中上部为绿灰色薄层细粒长石杂砂岩夹灰白色、紫灰色薄层沉凝灰岩和灰紫色粉砂岩，发育波状水平层理 13.83m

16.紫灰色夹灰绿色薄层粉砂质泥岩夹肉红色薄层沉凝灰岩，具平行层理，泥岩呈球状风化，顶部夹细砂岩透镜体，细砂中含同生泥砾 23.98m

15.粉白色粉砂质泥岩与灰绿色凝灰质粉砂岩互层夹灰紫色泥质粉砂岩，具平行层理 10.48m

14.灰紫色薄层状粉砂质泥岩，具水平层理，单层厚 1～10cm 11.01m

13.灰绿色粉砂质泥岩与紫灰色薄—中厚层含钙质细粒杂砂岩互层，具水平层理，可见透镜体，泥岩含植物化石碎片，杂砂岩具小型斜层理 47.50m

12.紫灰色薄层状粉砂岩夹绿灰色钙质细粒杂砂岩，粉砂岩具不对称波痕，顶部含球状钙质结核，平行层面分布，细粒杂砂岩具小型斜层理 43.14m

11.黄绿色、紫灰色、肉红色薄—中厚层细粒长石砂岩与灰绿色、灰紫色薄层泥质粉砂岩互层，具平行层理，泥质粉砂岩具泥质条带，含不规则球状泥灰岩结核，直径以 2～5cm 为主 26.64m

10.灰绿色、紫灰色薄层粉砂岩与灰色薄层钙质细粒杂砂岩不等厚互层，前者较厚，后者较薄，具平行层理，偶见 2cm 厚的泥岩夹层和泥灰岩透镜体 20.18m

9.绿灰色薄—微薄层粉砂岩夹灰色薄—中厚层细粒岩屑长石砂岩，发育水平层理，自下而上砂岩层逐渐变薄，粉砂岩相对增厚，砂岩中偶见粉砂岩透镜体 13.84m

8.灰绿色泥质页岩夹黄灰色粉砂岩，水平层理发育，向上小盘状钙质结核逐渐增多，顺层分布，富含叶肢介化石 *Beipiaoestheria caijiagouensis*，*B. minor*，*B. dabangouensis*，*Pseudograpta subquadrata*，*P.*cf. *murchisoniae*，*P. paucilineata*，*P. brevis*，*Mesolimnadia* sp.，植物化石 *Xenoxylon* *latiporosum*, *Pityolepis* sp.，含孢粉(统计 228 粒)，蕨类植物孢子 *Deltoidospora* sp.(0.88%)，*Neoraistrickia testata* (0.88%)，*Verrucosisporites* sp.(0.88%)，*Asseretospora gyrata*(0.44%)，*Lycopodiumsporites* sp.(0.44%)，裸子植物花粉 *Cycadopites* sp.(3.51%)，*Chasmatosporites* sp.(0.44%)，*Araucariacites* sp.(2.19%)，*Psoposphaera*(10.96%)，*Callialasporites* sp.(0.88%)，*Classopollis annulatus*(2.19%)，*Cl. parvus*(5.70%)，*Cl. gyroflexus*(0.88%)，*Prisitinuspollenites* sp.(0.44%)，*Podocarpidites*(4.82%)，*Protopinus* (10.09%)，*Piceites* (18.42%)，*Pseudopicea*(14.04%)，*Piceaepollenites*(9.21%)，*Pinuspollenites*(11.40%)，*Quadraeculina limdata*(0.44%)，*Ephaedripites*(0.88%)　　1.88m

7.灰色、绿灰色薄—微薄层粉砂岩夹钙质胶结细粒长石岩屑砂岩，水平层理发育，粉砂岩单层厚 0.5～2cm，细砂岩单层厚 1～10cm，砂岩底面偶见重荷模　　12.94m

6.绿灰色薄层粉砂质细粒长石杂砂岩夹绿灰色薄层含海绿石细粒岩屑长石砂岩，发育水平层理　　6.32m

5.灰绿色薄—中厚层含砾中细粒岩屑砂岩与绿灰色薄层含砂粉砂岩互层，由下而上含砾砂岩逐渐变薄，粉砂岩层逐渐变厚，具低角度斜层理和同生冲刷角砾，含植物化石 *Pityolepis lariziformis*，孢粉(统计 17 粒)，蕨类植物孢子 *Deltoidospora* spp.(5.88%)，*Cyathidites* cf. *xuanhuaensis* (5.88%)，*Neoraistrickia* sp.(11.76%)，*Verrucosisporites* spp.(5.88%)，*Osmundacidites* sp.(11.76%)，*Concavissimisporites variverrucatus*(5.88%)，裸子植物花粉 *Psoposphaera*(23.53%)，*Pinuspollenites*(23.53%)，*Ephaedripites*(5.88%)　　11.25m

4.绿灰色微薄层细粒长石杂砂岩与绿灰色薄层钙质胶结细粒长石砂岩互层，杂砂岩发育平行层理，长石砂岩具低角度斜层理，由下而上岩石粒度由粗变细，构成韵律性小旋回　　41.55m

3.灰绿色薄层细粒长石砂岩，孔隙充填式胶结，具水平层理　　14.91m

2.下部为绿灰色薄层中粒岩屑砂岩夹微薄层细粒长石岩屑砂岩，局部含绿色泥砾，具平行层理；上部为绿灰色薄层含砂泥质粉砂岩，夹厚 1cm 的绿色泥岩，粉砂岩可具球状风化　　16.88m

1.紫灰色薄—中厚层中细砾复成分砾岩，粒序层理发育，韵律层厚 19～32cm，自下而上中砾岩层变薄，相应细砾岩层变厚，亦具斜交层理、交错层理和槽状交错层理　　66.81m

———————平行不整合———————

下伏地层：髫髻山组(J_2t)　灰绿色、灰紫色巨厚层状含巨砾中粗砾安山岩质砾岩

第五节　热河生物群的组成与分布

热河生物群是晚侏罗世晚期至早白垩世早中期的生物群，其分布范围为东亚生物地理省，是一地方性的生物地理区，并以发育 *Eosestheria* - *Lycoptera* - *Ephemeropsis trisetalis*(东方叶肢介-狼鳍鱼-三尾拟蜉蝣)化石组合为特征。迄今为止，在该生物地理区已发现鸟类、蜥臀类和鸟臀类恐龙、蜥蜴、离龙、翼龙、哺乳类、龟鳖类、蛙类、蝾螈类、鱼类、介甲类(叶肢介)、介形类、昆虫、虾类(含蝲蛄)、鲎虫类、蜘蛛、双壳类、腹足类、植物、孢粉、轮藻和藻类等不少于 22 个类别的化石。热河生物群的发源地在冀北、辽西至蒙古国南部地区，后期向四周辐射迁移(图 2 - 32)：向东至朝鲜，南至鄂西和浙江一带，西至阿尔泰山南、北，北达外贝加尔的北部，并曾一度波及日本和泰国。

热河生物群中的鱼类为 *Lycoptera* - *Beipiaosteus*(狼鳍鱼-北票鲟)群；叶肢介为 *Nestoria* - *Keratestheria*(尼斯托叶肢介-背角叶肢介)群和 *Eosestheria*(东方叶肢介)群；昆虫为 *Ephemeropsis trisetalis* - *Coptoclava longipoda*(三尾拟蜉蝣-长肢裂尾甲)群；双壳类由 *Arguniella*(额尔古纳蚌)，*Pseudocardinia*(假铰蚌)，*Margaritifera*(珍珠蚌)，*Solenaia*(管蚌)等组成；在蚬类化石中，除中侏罗世已出现的 *Sphaerium*(球蚬)外，还有新出现的 *Corbicula*(蓝蚬)，*Teroria*(手取蚬)等；介形类分别出现了以 *Luanpingella*(滦平介)和 *Cypridea*(女星介)为主的动物群，并有 *Djungarica*，

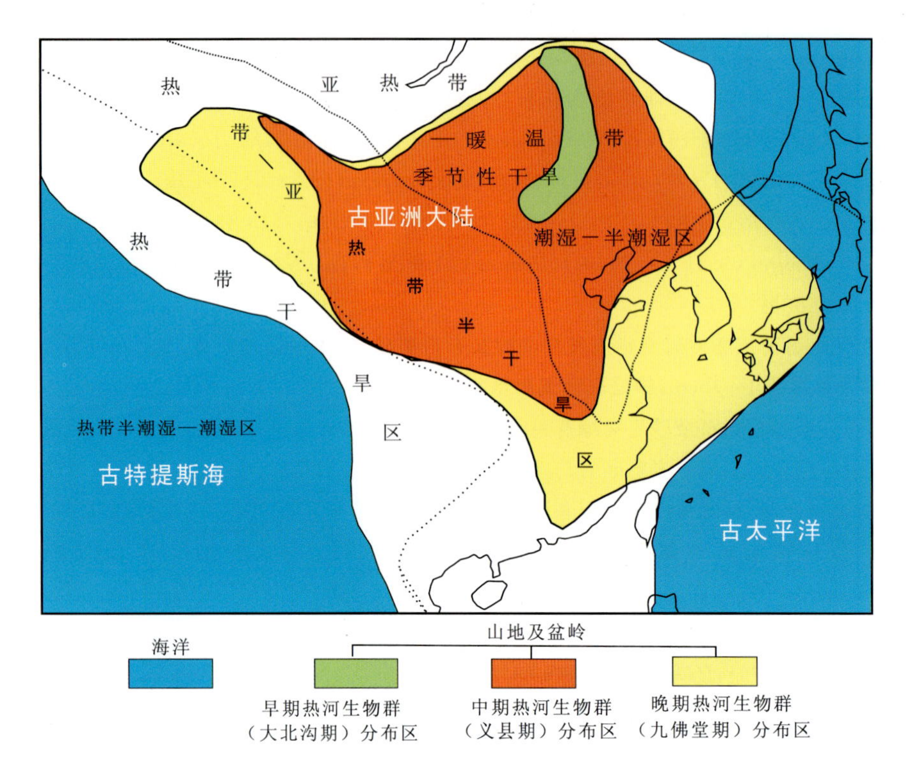

图 2-32　热河生物群与古气候带的空间展布图(据陈丕基,1988,修改)

Fig.2-32　Space distribution of Jehol biota and palaeo-climate zones (after Chen Peiji,1988,revised)

Lycopterocypris,*Damonella*,*Prolimnocythere* 等伴生;植物为 *Ruffordia geopperti*-*Onychiopsis elongata*(葛伯特茹福德蕨-伸长拟金粉蕨)植物群的早期群落 *Otozamites turkestanica*-*Brachyohyllum longispicum*(土耳其斯坦耳羽叶-长穗短叶杉)组合;孢粉以 *Cicatricosisporites*-*Aequitriradites*-*Piceaepollenites*(无突肋纹孢-弱缝膜环孢-云杉粉)组合为代表。

热河生物群包括三个主要演化阶段:一是早期萌发阶段;二是中期辐射演化阶段,也是发展鼎盛阶段;三是晚期辐射演化阶段,也被称作高峰发展—萎缩消亡阶段。

一、早期热河生物群

早期热河生物群属于大兴安岭-额尔古纳河生物地理区系,总体上处于热河生物群的萌发阶段,以大北沟期 *Nestoria*-*Ephemeropsis trisetalis*-*Luanpingella*(尼斯托叶肢介-三尾拟蜉蝣-滦平介)生物群为代表,以叶肢介和介形类最为丰富,另有少量的鱼类、双壳类、腹足类和鲎虫等。生物群的分布范围不大,主要沿冀北—大兴安岭—额尔古纳一线的南北向狭长地带分布。产出层位为冀北承德、滦平、围场和丰宁地区的大北沟组,内蒙古赤峰、多伦、西乌珠穆沁旗和大兴安岭地区的玛尼吐组、白音高老组、木瑞组以及额尔古纳至东外贝加尔一带额尔古纳组等相当层位。

(一)叶肢介

叶肢介化石主要发现于河北滦平县张家沟、大店子东沟、拉海沟井上、大北沟,丰宁县森吉图乡茶棚,围场县半截塔镇西顺井、博立沟门、裕泰丰、清泉、腰站乡双岔沟、老窝铺,内蒙古赤峰市孤山子乡北柳条子沟、大庙、大庙乡塔子山,多伦县三道沟乡南营盘、黑山咀镇白水诺梁,满克头鄂博,科右前旗树木沟等地。以 *Nestoria*-*Keratestheria*(尼斯托叶肢介-背角叶肢介)组合为代表(图 2-

33)，自下而上可划分 *Nestoria* – *Jibeilimnadia* – *Sentestheria*（尼斯托叶肢介-冀北叶肢介-刺边叶肢介）亚组合和 *Nestoria* – *Keratestheria* 亚组合，化石的丰度和分异度都很高。

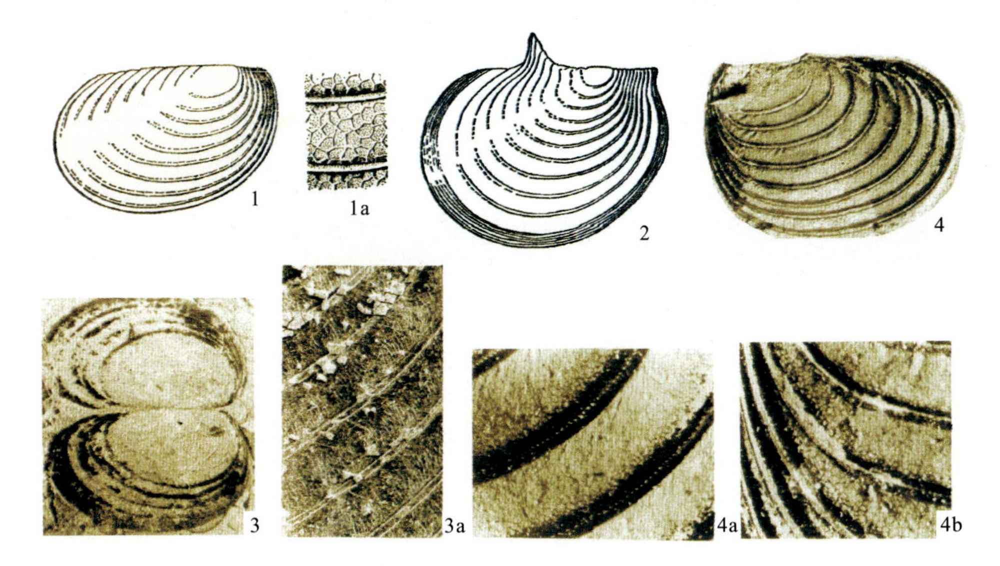

图 2 – 33 早期热河生物群的叶肢介化石（1，1a，2 据陈丕基等，1985；3，3a，4，4a 据王思恩等，1984）

Fig.2 – 33 Fossil controstracas in early stage of Jehol biota(1，1a，2 after Chen Peiji et al.，1985；3，3a，4，4a after Wang Sien et al.，1984)

1.克氏尼斯托叶肢介 *Nestoria karasinetzi* (Novojilov)，×2.4；1a.*Nestoria karasinetzi* 壳装饰，Shell ornaments，×9；2.卵形背角叶肢介 *Keratestheria rugosa* Chernyshev，×5；3.卵圆冀北叶肢介 *Jibeilimnadia ovata* Wang，×3；3a.*Jibeilimnadia ovata* 壳腹部装饰，Ventral shell ornaments，×25；4.半截塔刺边叶肢介 *Sentestheria banjitaensis* Wang，×3；4a.*Sentestheria banjitaensis* 壳后部装饰，Posterior shell ornaments，×15；4b.*Sentestheria banjitaensis* 壳前部装饰，Anterior shell ornaments，×15

主要化石分子有 *Nestoria pissovi*，*N.karaica*，*N.luanpingensis*，*N.xishunjingensis*，*N.*cf. *rotalaria*，*N.*? *lahaigouensis*，*N.krasinetzi*，*N.dabeigouensis*，*N.rotalaria*，*N.parva*，*N.*? *latiovata*，*N.*? *elliptica*，*N.asiatica*，*N.tazishanensis*，*N.mirififormis*，*Magumbonia jingshanensis*，*M. fengwuoliangensis*，*M. levidensa*，*M. paramecia*，*Jibeilimnadia ovata*，*J. elongata*，*J. weichangensiswe*，*Keratestheria gigantea*，*K.ovata*，*K.longipoda*，*K.quadrata*，*K.longa*，*K.trigonoformis*，*K.rugosa*，*K.fuxingtunensis*，*K.cuneata*，*K.bukaczacziensis*，*K.*cf. *magna*，*Sentestheria banjietaensis*，*S.elongata*，*S.*cf. *elongata*，*S.weichangensis*，*S.oblonga*，*S.elongata*，*S.minuta*，*Yanjiestheria* (*Yanshania*) *xishunjingensis*，*Y.*(*Y.*) *subovata*，*Y.*(*Y.*) *dabeigouensis*，*Y.*(*Y.*) *subquadrata*，*Abrestheria rotunda*，*A.subovata*，*A.ovata*，*A.xishunjingensis*，*Ambonella lepida*，*Nestoria* (*Weichangestheria*) *shuangchagouensis* 等。

（二）介形类

介形类化石主要分布于冀北滦平县大北沟组、内蒙古巴林左旗和赤峰市孤山子乡那不打一带的白音高老组。以滦平盆地最为丰富，而且研究程度较深，可归入 *Luanpingella* – *Eoparacypris*（滦平介-始似金星介）组合带（图 2 – 34），主要分子有 *Luanpingella postacuta*，*L.dorsincurva*，*Eoparacypris jingshangensis*，*E.obesa*，*Limnocypridea subplana*，*Rhinocypris dadianziensis*，*R.subechinata*，*Djungarica* sp.，*Darwinula leguminella*，*D.dadianziensis*，*Yanshanina dabeigouensis*，*Y.postitruncata* 等。

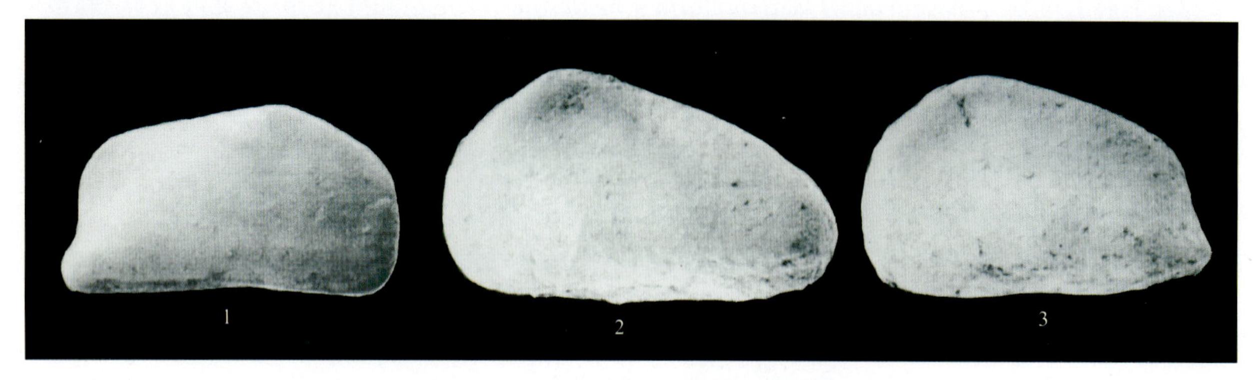

图 2-34 早期热河生物群的介形类化石(据庞其清等,2002)

Fig.2-34 Fossil ostracods in early stage of Jehol biota(after Pang Qiqing et al.,2002)

1.尖尾滦平介 *Luanpingella postacuta* Yang,×20;2.井上始似金星介 *Eoparacypris jingshangensis* Yang,×35;3.肥胖始似金星介 *Eoparacypris obesa* Pang,×25

(三)孢粉

孢粉化石主要发现于冀北滦平盆地大北沟组,为 *Cicatricosisporites* - *Luanpingspora* - *Jugella*(无突肋纹孢-滦平孢-纵肋单沟粉)组合。以裸子植物花粉占绝对优势,蕨类孢子仅占 5%~25%。

裸子植物花粉中双囊松柏类花粉最多,占 49%~78.5%,其中以 *Abietineapollenites*(单束松粉)为主,*Alisporites*(阿里粉)和 *Pinuspollenites*(双束松粉)较多,其次为 *Cedripites*(雪松粉)(图 2-35),*Piceaepollenites*(云杉粉),*Podoccarpidites*(罗汉松粉),*Cycadopites*(拟苏铁粉),并有少量的 *Araucariacites*(南美杉粉),*Classopollis*(克拉梭粉),*Callialasporites*(冠翼粉),*Perinopollenites*(薄壁粉),*Jiaohepollis*(蛟河粉),*Quadraeculina*(四字粉),*Concentrisporites*(同心粉),*Jugella*(纵肋单沟粉)等。

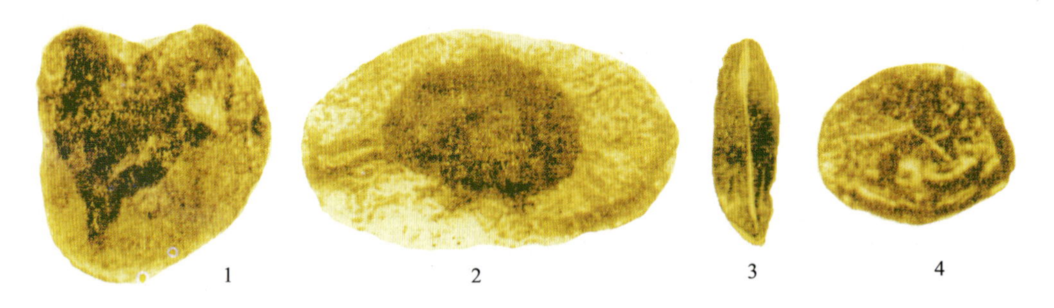

图 2-35 早期热河生物群的孢粉化石(据余静贤,1989)

Fig.2-35 Fossil sporopollens in early stage of Jehol biota(after Yu Jingxian,1989)

1.原始雪松粉 *Cedripites priscus* Balme,×600;2.单色螺汉松粉 *Podoccarpidites monochromatus* Bolkhovitina,×600;3.典型苏铁粉 *Cycadopites tipicus*(Mal.),×600;4.变刺紫萁孢 *Osmundacidites deversispinulatus*(Klimko),×600

蕨类孢子主要有 *Cyathdites minor*,*Osmundacidites deversispinulatus*,*O.wellmanii*,*Densoisporites microrugulatus*,*Leptolepidites verrucatus*,*Undulatisporites undulapolus*,*Lycopdium sporites*,*Schizaeoisporites certus* 等。海金砂科的孢子,如 *Cicatritosisporites mirabilis*,*C.implexue*,*Impardecispora minor*,*Klukisporites pseudoreciculatus* 等仅零星出现。*Luanpingspora* 在个别样品中含量达 18.5%,是组合中重要特征分子。

(四)其他门类化石

其他门类化石主要发现于滦平盆地大北沟组,如双壳类的 *Arguniella lingyuanensis*(凌源额尔古纳蚌),*A.yanshanensis*(燕山额尔古纳蚌),*A.sibirica*(西伯利亚额尔古纳蚌),*A.shouchangensis*(寿昌额尔古纳蚌)(图 2-36),*A.* cf.*subcentralis*(近中额尔古纳蚌),*Nakamuranaia*? cf. *subrutunda*[近圆中村蚌?(比较种)],*N.*? *chingshanensis*(青山中村蚌?),腹足类的 *Lymnaea websteri*(韦氏椎实螺),昆虫类的 *Ephemeropsis trisetalis*(三尾拟蜉蝣),*Coptoclava longipoda*(长肢裂尾甲),*Hebeicoris xinboensis*(新拨河北缘蝽),*Weichangicoris daobaliangensis*(道坝梁围场缘蝽),*Allactoneurites yangtianense*(洋田奇蚊)(图 2-37),*Mesoplecia xinboensis*(新拨中毛蚊),*Brachyopyeryx weichangensis*(围场短翅蚊),鲎虫类的 *Weichangiops triangularis*(三角围场鲎虫),*W.rotundus*(圆形围场鲎虫),*Brachygastriops xinboensis*(新拨短腹鲎虫)和鱼类的 *Peipiaosteus pani*(潘氏北票鲟),*P.* sp.。此外,在丰宁盆地相当于大北沟组的"茶棚组"中也发现了鱼类化石 *Peipiaosteus fengningensis*(丰宁北票鲟)(图 2-38)。

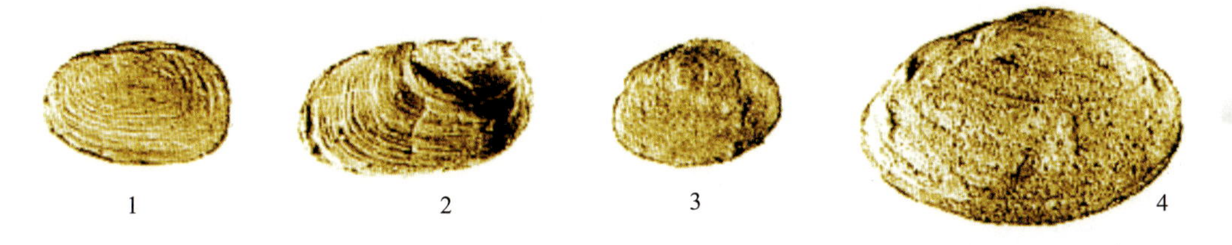

图 2-36 早期热河生物群的双壳类化石(据于菁珊等,1984)

Fig.2-36 Fossil bivalves in early stage of Jehol biota(after Yu Qingshan et al.,1984)

1.西伯利亚额尔古纳蚌 *Arguniella sibirica*(Chernyshev),×2.5;2.寿昌额尔古纳蚌 *Arguniella shouchangensis*(Yu et Zhang),×2.5;3.近圆中村蚌?(比较种)*Nakamuranaia*? cf. *subrutunda* Gu et Ma,×1.5;4.青山中村蚌? *Nakamuranaia*? *chingshanensis*(Grabau),×2

二、中期热河生物群

中期热河生物群以义县期的生物化石为代表,几乎包括了目前已发现的热河生物群中各门类、各类别的化石,是热河生物群发展的高峰期,不仅生物属种分异度高,化石门类可达 22 个之多,而且处于快速辐射的演化期,分布范围扩展至以中国北方为主体的东亚地区。在中国北方除燕辽地区和北京西部外,向西至内蒙古、甘肃、陕西、宁夏,向东至辽东、辽北和吉东,向北至大兴安岭,向南至山东蒙阴、河南信阳、安徽舒城与霍山。再向东南是否包括浙江建德群还无定论。在东亚其他地区包括蒙古、俄罗斯东外贝加尔等古黑龙江流域。

在燕辽地区,中期热河生物群被统称为 *Confuciusornis* – *Sinosauropteryx* – *Lycoptera sinensis* – *Eosestheria* (*Filigrapta*)– *Cypridea liaoningensis*(孔子鸟-中华龙鸟-中华狼鳍鱼-线饰东方叶肢介-辽宁女星介)生物群。

在这一阶段中,除了传统的 *Eosestheria* – *Lycoptera* – *Ephemeropsis trisetalis* 组合的代表分子及其所属门类化石组合外,又出现了与始祖鸟分支平行发展的,但较始祖鸟进化的孔子鸟群。它包括了早期反鸟类,尤其是较原始的始反鸟类以及今鸟类的祖先,表明早期鸟类分支演化已初具规模。该阶段不仅出现了披覆羽毛和具纤维状或绒毛状皮肤衍生物的兽脚类恐龙类群和原始哺乳类,还出现了有鳞类、水生离龙类、两栖类和鲟类等新类型珍稀脊椎动物群。与此同时,在种类丰富的植物群中出现了早期被子植物(古果属);介形类中的女星介分异度明显提高,开始向壳面多饰化

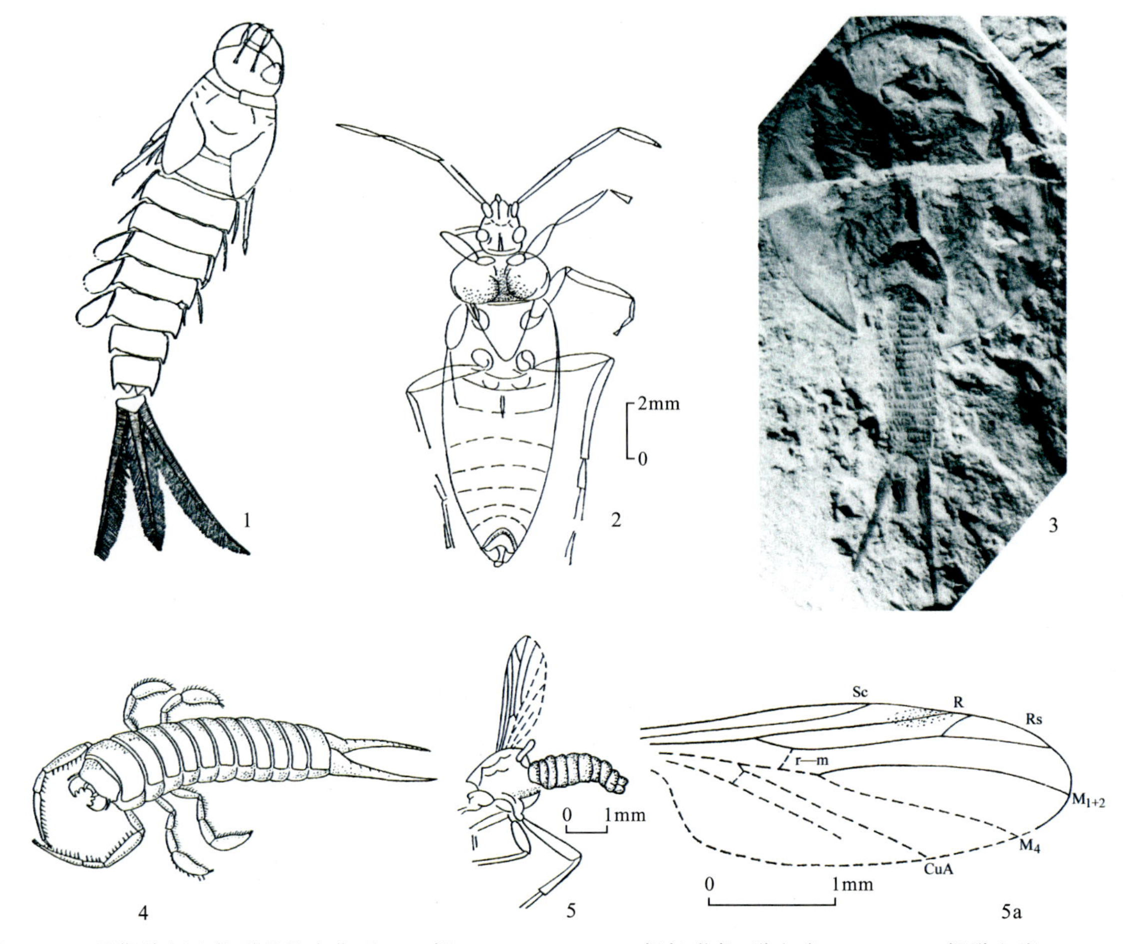

图 2 - 37　早期热河生物群的昆虫化石（1，4 据 Qiuova，1962；2，3 据杨遵仪，洪友崇，1984；5，5a 据洪友崇，1984）

Fig.2 - 37　Fossil insects in early stage of Jehol biota(1，4 after Qillova，1962；2，3 after Yang Zunyi，Hong Youchong，1984；5，5a after Hong Youchong，1984)

1.三尾拟蜉蝣 *Ephemeropsis trisetalis* Eichwald，×2；2.道坝梁围场缘蝽 *Weichangicoris daobaliangensis* Hong；3.圆形围场鲎虫 *Weichangiops rotundus* Yang et Hong，×1.2 ；4.长肢裂尾甲 *Coptoclava longipoda* Ping；5.洋田奇蚊 *Allactoneurites yangtianense* Hong

图 2 - 38　早期热河生物群的鱼类化石（据白勇军，1984）

Fig.2 - 38　Fossil fishes in early stage of Jehol biota(after Bai Yongjun，1984)

丰宁北票鲟 *Peipiaosteus fengningensis* Bai，×1/2.5

方向发展；虾类（含古蝲蛄）、蜘蛛类及轮藻等生物亦相伴而出。凡此种种，无不显示这一阶段生物类型的缤纷多彩。义县期生物化石的分布范围几乎遍及东亚生物地理省，但各地出现的生物类群并不完全一致。

中期热河生物群在义县—北票地区发育最全，产出层位可划分为义县组底部、下部和上部以及与之大致相当的滦平县大店子层，其余地区，如凌源市大新房子层、建昌县罗家沟层、丰宁县桥头层等仅发育下部生物组合。

（一）义县组底部生物群

义县组底部生物群以 *Jeholosaurus* – *Eosestheria* (*Diformograpta*) *ovata* – *Cypridea rehensis*（热河龙-卵圆双饰东方叶肢介-热河女星介）化石组合为代表（图 2 – 39）。

图 2 – 39　义县组底部的中期热河生物群化石（1，1a 据徐星等，2000；2，2a，3，4 据张立君，2004）

Fig.2 – 39　Fossils of middle stage of Jehol biota in basal part of Yixian Formation(1，1a after Xu xing et al.，2000；2，2a，3，4 after Zhang Lijun，2004)

1.上园热河龙 *Jeholosaurus shangyuanensis* Xu，Wang et You；1a.*Jeholosaurus shangyuanensis* 复原图；2.热河女星介 *Cypridea*（*Cypridea*）*rehensis* Yang，×36；2a.*Cypridea*（*Cypridea*）*rehensis* Yang 背视，dorsal view，×36；3.近平湖女星介 *Limnocypridea subplana* Lubimova，×20；4.拱准噶尔介 *Djungarica camarata* Zhang，×36

在北票地区，陆家屯层以产出 *Jeholosaurus* – *Repenomamus*（热河龙-爬兽）动物群为特征，主要成员有鸟臀类的 *Jeholosaurus shangyuanensis*（上园热河龙），*Liaoceratops yanzigouensis*（燕子沟辽宁角龙）和 *Psittacosaurus* sp.，蜥臀类 *Sinovenator changii*（常氏中国猎龙），*Incisivosaurus gauthieri*（高氏切齿龙），哺乳类 *Repenomamus robustus*（强壮爬兽）和 *Gobiconodon zofiae*（索菲娅戈壁兽）等。下土来沟层产叶肢介 *Eosestheria* (*Diformograpta*) *ovata*，*Eosestheria*（*Clithrograpta*）cf.*lingyuanensis*，介形类 *Cypridea* sp.，*Darwinula contracta*，双壳类 *Arguniella* sp.，恐龙类 *Psittacosaurus* sp.等化石。

在义县地区，主要生物成员有 *Psittacosaurus*（鹦鹉嘴龙），叶肢介 *Eosestheria*（*Diformograpta*）*ovata*（卵圆双饰东方叶肢介），介形类 *Cypridea rehensis* – *Limnocypridea subplana* – *Djungarica camarata*（热河女星介–近平湖女星介–拱准噶尔介）亚组合带，腹足类 *Probaicalia*（前贝加尔螺），鱼类 *Lycoptera*（狼鳍鱼）和昆虫、植物等化石。义县业南沟层产恐龙类 *Psittacosaurus* sp.（鹦鹉嘴龙），鱼类 *Lycoptera davidi*（戴氏狼鳍鱼）和 *Sinamia* sp.（中华弓鳍鱼），叶肢介 *Eosestheria*（*Diformograpta*）cf. *gongyingziensis*，昆虫 *Ephemeropsis trisetalis*，*Aeschnidium heishankowense*，*Anthoscytina aphthosa*，*Chironomaptera gregaria* 等化石。此外，还产有腹足类、植物和藻类化石。

（二）义县组下部生物群

1. 珍稀脊椎动物群

该动物群包括 *Confuciusornis* – *Sinosauropteryx* – *Haopterus*（孔子鸟–中华龙鸟–郝氏翼龙）珍稀脊椎动物组合和 *Confuciusornis* – *Sinosauropteryx* – *Jeholodens*（孔子鸟–中华龙鸟–热河兽）珍稀脊椎动物组合（见第三章第九节系列插图）。

Confuciusornis – *Sinosauropteryx* – *Haopterus*（孔子鸟–中华龙鸟–郝氏翼龙）珍稀脊椎动物组合集中分布于尖山沟层下部沉积旋回（双壳类、腹足类和介形类化石富集层之上），重要化石种类包括鸟类 *Confuciusornis sanctus*，*C.sunae*，*C.chuanzhous*，*C.dui*，*Changchengornis hengdaoziensis*，*Jinzhouornis zhangjiyingia*，*Eoenantiornis buhleri*，*Liaoningornis longiditris*，兽脚类 *Sinosauropteryx prima*，*Protarchaeopteryx robusta*，*Caudipteryx zoui*，*C.dongi*，*Beipiaosaurus inexpectus*，*Sinornithosaurus millenii*，鸟臀类 *Psittacosaurus* sp.，翼龙类 *Eosipterus yangi*，*Haopterus gracilis*，*Dendrorhynchoides curvidentatus*，守宫类 *Yabeinosaurus tenuis*，*Dalinghosaurus longidigitus*，离龙类 *Monjurosuchus splendens*，龟类 *Manchurochelys liaoxiensis*，蛙类 *Liaobatrachus grabaui*，*Callobatrachus sanyanensis*，兽类 *Zhanghotherium quinquecupidens*，*Jeholodens jenkinsi*。

Confuciusornis – *Sinosauropteryx* – *Jeholodens*（孔子鸟–中华龙鸟–热河兽）珍稀脊椎动物组合产于凌源地区大新房子层中部，与北票地区尖山沟层脊椎动物群可以对比，层位也基本相当。主要化石种类有鸟类 *Confuciusornis sanctus*，*Liaoxiornis delicatus*，兽脚类中的 *Sinosauropteryx prima*，*Sinornithosaurus* sp.和驰龙类的成员，角龙类 *Psittacosaurus* sp.，翼龙类，有鳞类 *Yabeinosaurus tenuis*，离龙类 *Monjurosuchus splendens*，*Hyphalosaurus lingyuanensis*，哺乳类 *Jeholodens jenkinsi*，*Sinobaata lingyuanensis*，尤其出现了早期具胎盘的真兽类 *Eomania scansoria*（攀援始祖兽）。

2. 鱼群

义县组下部尖山沟层的鱼类化石以 *Lycoptera sinensis* – *Peipiaosteus* – *Sinamia*（中华狼鳍鱼–北票鲟–中华弓鳍鱼）组合为代表（图 2 – 40）。主要化石种类有 *Lycoptera sinensis*，*L.davidi*，*Peipiaosteus pani*，*Sinamia zdanskyi* 等。

凌源市义县组下部大新房子层的鱼类化石以 *Lycoptera*（狼鳍鱼），*Protopsephurus*（原白鲟），*Yanosteus*（燕鲟）为代表（图 2 – 41）。主要化石种类有 *Lycoptera davidi*，*Protopsephurus liui*，*Yanosteus longidorsalis*，*Peipiaosteus fengningensis*，*P .pani*，*Sinamia zdanskyi*。

3. 介形类

北票地区义县组下部介形类化石以 *Cypridea*（*Cypridea*）*liaoningensis* – *Yanshanina dabei-*

图 2-40 义县组下部的鱼化石(1,2a 据吴启成,2002;3 据张弥曼等,2001)

Fig.2-40 Fossil fishes in lower part of Yixian Formation(1,2a after Wu Qicheng,2002;3 after Zhang Miman et al.,2001)

1.中华狼鳍鱼 *Lycoptera sinensis* Woodward;2.潘氏北票鲟 *Peipiaosteus pani* Liu et Zhou;2a.*Peipiaosteus pani* 复原图;3.中华弓鳍鱼 *Sinamia* Stensiö,×1/5;线段比例尺为 1cm,scale bars:1cm

1

2

3

图 2-41　义县组下部的鱼化石(1 据张弥曼等,2001;2 据吴启成,2002)

Fig.2-41　Fossil fishes in lower part of Yixian Formation(1 after Zhang Miman et al.,2001;2 after Wu Qicheng,2002)

1.长背鳍燕鲟 *Yanosteus longidorsalis* Jin,Tian,Yang et Deng,×0.15;2.刘氏原白鲟 *Protopsephurus liui* Lu,×0.13;3.戴氏狼鳍鱼 *Lycoptera davidi*,×1.2;线段比例尺:1cm,scale bars:1cm

gouensis（辽宁女星介-大北沟燕山介）亚组合为代表（图 2－42）。该组合的主要成员除了含有亚组合代表分子外，还包括 *Cypridea* （*Ulwellia*） *beipiaoensis*，*Limnocypridea subplana*，*Mantelliana cirdeltata*，*Yumenia heitizigouensis*，*Y.shangyuanensis*，*Damonella formosa*，*Darwinula lahailiangensis*，*D.dadianziensis* ，*Timiriasevia jianshangouensis* 等。在珍稀脊椎动物组合带之下介形类化石类型丰富，之上较单调。

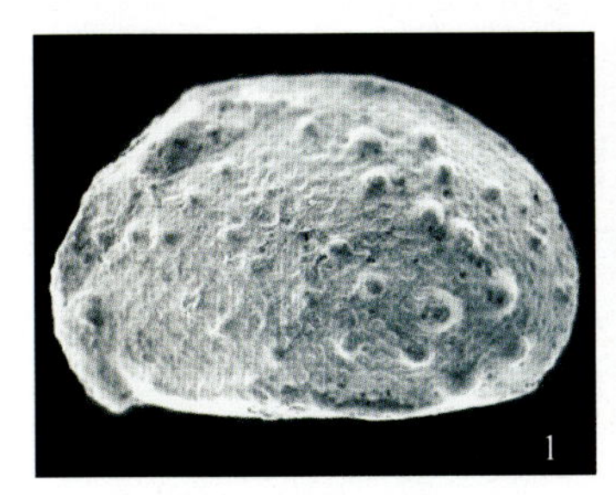
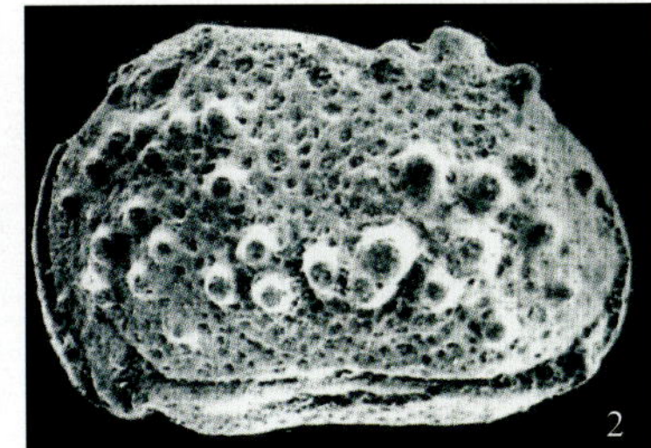

图 2－42　义县组下部的介形类化石（1 据张立君，1985；2，3 据曹美珍，1999）

Fig.2－42　Fossil ostracods in lower part of Yixian Formation（1 after Zhang Lijun，1985；2，3 after Cao Meizhen，1999）

1.辽宁女星介 *Cypridea* （*Cypridea*） *liaoningensis* Zhang，×30；2.北票乌鲁威里女星介 *Cypridea*（*Ulwellia*） *beipiaoensis* Cao，×40；3.大北沟燕山介 *Yanshanina dabeigouensis* （Yang），×15

义县地区介形类化石以 *Cypridea yingwoshanensis* －*Jinzhouella* 组合为代表。

凌源地区介形类化石有 *Cypridea sulcata*，*Limnocypridea subplana*，*Djungarica camarata*，*Mantelliana cirideltata*，*Mongolianella palmosa*，*Yumenia cadida* 等。

建昌县罗家沟介形类化石有 *Cypridea sinensis*，*Ziziphocypris linchengensis* 等。

4. 昆虫

义县组下部昆虫化石以 *Ephemeropsis trisetalis* －*Sinaeschnidia cancellosa*（三尾拟蜉蝣-多室中国蜓）组合为代表（图 2－43）。北票地区尖山沟层（图 2－44）的昆虫化石群是构成该昆虫组合的主体，而义县砖城子层的绝大部分昆虫属种在尖山沟层都有出现，但尖山沟层的箭蜓科、古蝉科、蛉类、虻类和蜂类昆虫化石比较发育。目前常见于尖山沟层的昆虫化石主要有六族蜉蝣科的 *Ephemeropsis trisetalis*（图 2－45，图 2－46），古蜓科的 *Sinaeschnidia cancellosa*，蜓科的 *Rudiaeschna limnobia*，箭蜓科的 *Liogomphus yixianensis*，伪蜓科的 *Mesocordulia boreala*，中生蜚蠊科的 *Nipponoblatta acerba*，*Karatavoblatta formosa*，哈格鸣螽科的 *Habrohagla curtivenata*，古蝉科的 *Liaocossus hui*，*L.beipiaoensis*，原沫蝉科的 *Anomoscytina anomala*，菱蜡蝉科的 *Lapicixius decorus*，裂尾甲科的 *Coptoclava longipoda*（图 2－45），丽脉科的 *Sophogramma plecophlebia*，*S. papilionacea*，*Kalligramma liaoningensis*，翼蛉科的 *Lasiomylus newi*，草蛉科的 *Lembochrysa miniscula*，长角蛉科的 *Mesascalaphus yangi*，蚊蝎蛉科的 *Megabittacus beipiaoensis*，*Sibirobittacus atalus*，巴依萨蛇蛉科的 *Siboptera fornicata*， *Baissoptera grandis*，*Rudiraphidia liaoningensis*，中蛇蛉科的 *Mesoraphidia sinica*，异蛇蛉科的 *Xynoraphidia shangyuanensis*，*Alloraphidia longistigmosa*，神虫修科的 *Hagiphama paradoxa* Ren（图 2－47），虻科的 *Palaepangonius eupterus*，*Eopangonius pletus*，鹬虻科的 *Orsobrachyceron chinensis*，*Pauromyia oresbis*，原棘虻科的 *Protapiocera megista*，独须虻科的 *Alleremonomus xingi*，原舞虻科的 *Helempis yixianensis*，细蜂科的 *Guvanotrupes stolidus*，*Liaoserphus perrarus*，*Steleoserphus beipiaoensis*，柄腹细蜂科的 *Protocyr-*

1

2

图 2-43　义县组下部的昆虫化石(1 据王五力,2004;2 据吴启成,2002)

Fig.2-43　Fossil insects in lower part of Yixian Formation(1 after Wang Wuli,2004;2 after Wu Qicheng,2002)

1.多室中国蜓 *Sinaeschnidia cancellosa* Ren;2.沼泽野蜓 *Rudiaeschna limnobia* Ren,×3.4;线段比例尺:1cm,scale bars:1cm

图 2-44 义县组下部的化石沉积层(黄色者为膨润土化沉凝灰岩;灰色者为含凝灰钙质页岩,产生物化石)

Fig.2-44 Fossil-bearing beds in lower part of Yixian Formation(Yellow bed - bentonitic tuffite;Gray bed - tuffaceous calcareous shale,containing fossils)

tus validus,长节锯蜂科的 *Angaridyela robusta*,*Lethoxyela excurva*,*Liaoxyela antiqua* 等。另外,在该地层中还经常见到蜘蛛类化石,以 Araneidae(圆蛛科)的成员为主。

在义县地区产自砖城子层的昆虫化石主要有 *Sinaeschnidia cancellosa*,*Hagiphasma paradoxa*,*Karatavoblatta formosa*,*Habrohagla curtivenata*,*Anthoscytina* sp.,*Tetraphalerus laetus*,*Geotrupoides* sp.,*Sophogramma plecophlebia* 等。

在凌源地区大新房子一带的义县组下部产昆虫化石 *Karatavoblatta formosa*,*Alloxyelula lingyuanensis*,*Liaotoma linearis*,*Xyelites lingyuanensis*,*Sinocuoes validus*,*Lixoximordella hongi* 等;在建昌县义县组,罗家沟层产昆虫化石 *Sinoraphidia viridis*,*Alloma faciata*。

5. 虾类

北票地区义县组尖山沟层,尤其上部地层产出丰富的洞虾类化石,主要为 *Liaoningogriphus quadripartitus*(图 2-48)。凌源地区义县组下部大新房子层产虾类化石,以 *Cricoido scelosus aethus*,*Palaeocambarus licenti* (奇异环足虾、桑氏古蝲蛄)等大型的螯虾类(Astacids)为主。

6. 叶肢介

义县—北票地区义县组下部地方性的叶肢介化石组合为 *Eosestheria*(*Filigrapta*)-*Eosestheria* (*Diformograpta*)-*Eosestheria*(*Clithrograpta*)-*Jiliaoestheria*(线饰东方叶肢介-双饰东方叶肢介-网饰东方叶肢介-冀辽叶肢介)亚组合(图 2-49)。义县地区未见 *Jiliaoestheria*。主要属种有 *Eosestheria sihetunensis*,*Eosestheria* (*Filigrapta*) *taipinggouensis*,*E.*(*F.*) *producta*,*E.*(*F.*) *jianshangouensis*,*E.*(*F.*) *phalosana*,*E.*(*F.*) *corpulepta*,*E.*(*Filigrapta*) *equilateralis*,*Eosestheria* (*Diformograpta*) *ovata*, *E.* (*D.*) aff.*middendorfii* (Jones),*E.* (*D.?*) aff.*huanghuagouensis*,*E.*(*D.*) *gongyingziensis*,*E.* (*D.*) cf.*valida*,*Eosestheria* (*Clithrograpta*)*lingyuanensis*,*Jiliaoestheria ovata*,*J.longipoda*,*J.libalanggouensis*,*J.huangbanjigouensis*,*J.zhangjiawanensis*,*J.nematocomperta*,*J.clithroformis*,*J.hengdaoziensis*, *J.corpulepta*,*Eosestheria* (*Dongbeiestheria*) *yushugouensis*,*E.*(*D.*) *siliqua*,*E.*(*D.?*) *nematocomperta*, *Diestheria longingqua*,*D.shan-*

图 2-45 义县组下部的昆虫化石(1,2 据王五力,2004)

Fig.2-45 Fossil insects in lower part of Yixian Formation(1,2 after Wang Wuli,2004)

1.长肢裂尾甲 *Coptoclava longipoda* Ping;2.长肢裂尾甲幼虫;3.愉快背长扁甲 *Notocupes laetus*;4.背长扁甲 *Notocupes* sp.;5.三尾拟蜉蝣 *Ephemeropsis trisetalis* Eichwald;线段比例尺:1cm,scale bars:1cm

图 2-46　义县组下部的三尾拟蜉蝣化石(据吴启成等,2002)

Fig.2-46　*Ephemeropsis trisetalis* in lower part of Yixian Formation(after Wu Qicheng et al.,2002)

三尾拟蜉蝣 *Ephemeropsis trisetalis*;线段比例尺:1cm,scale bars:1cm

gyuanensis,*Asioestheria* sp.等。

凌源地区义县组下部大新房子层的叶肢介化石以 *Eosestheria* (*Diformograpta*) *ovata* -*Eosestheria*(*Clithrograpta*) *lingyuanensis* (卵圆双饰东方叶肢介-凌源网饰东方叶肢介)亚组合为代表(图 2-49)。主要属种除该亚组合代表分子外,还有 *Eosestheria* (*Clithrograpta*) *xiaodonggouensis*,*Eosestheria* (*Diformograpta*) cf. *pudica*,*E.*(*D.*) *opipera*,*Paraliograpta* sp.,*Chaoyangestheria* sp.等。

建昌县义县组下部罗家沟层的叶肢介化石包括 *Eosestheria* (*Clithrograpta*) *gujialingensis*,*Eosestheria* (*Filigrapta*) *taipinggouensis*,*Eosestheria* (*Diformograpta*) *gongyingziensis*,*Eosestheria* (*Clithrograpta*?) sp. ,*Eosestheria* sp.,*Paraliograpta* sp.等。隶属于 *Eosestheria* (*Filigrapta*)- *Eosestheria*(*Diformograpta*)- *Eosestheria*(*Clithrograpta*)(线饰东方叶肢介-双饰东方叶肢介-网饰东方叶肢介)亚组合(图 2-49)。

7. 双壳类

义县组下部双壳类化石以 *Arguniella lingyuanensis*,*Sphaerium jeholense*(凌源额尔古纳蚌、热河球蚬)为代表(图 2-50),主要产在辽宁、冀北地区的义县组、大店子组中,目前在辽西地区多见于北票地区的尖山沟层。主要代表性化石分子有 *Arguniella yanshanensis*,*A.curta*.,*Sphaerium anderssoni* 等。凌源地区大新房子层双壳类化石有 *Arguniella lingyuanensis*,*A.quadrata*,*Sphaerium jeholense* 等。建昌县罗家沟层双壳类化石有 *Arguniella* sp.,*Sphaerium* sp.等。

图 2－47　义县组下部的昆虫化石（1 据王五力，2004；4 据吴启成，2002）

Fig.2－47　Fossil insects in lower part of Yixian Formation (1 after Wang Wuli, 2004; 4 after Wu Qicheng, 2002)

1.类粪金龟子 *Geotrupoides* sp.；2.叩头虫 Elateroidea；3.穹脉西伯利亚蛇蛉 *Siboptera fornicata* Ren；4.短脉优鸣螽 *Habrohagla curtivenata* Ren，×1；5.奇异神修 *Hagiphama paradoxa* Ren；线段比例尺：1cm，scale bars：1cm

图 2-48　义县组下部的虾类化石(据沈炎彬,2001)

Fig.2-48　Fossil shrimps in lower part of Yixian Formation(after Shen Yanbin,2001)

1,3.四节辽宁洞虾 *Liaoningogriphus quadripartitus* Shen,Taylor et Schram,1×4,3 ×3.3;2.*Liaoningogriphus quadripartitus* 复原图,上图:背视,Reconstruction: dorsal view (above),下图:侧视,lateral view (below)

8. 腹足类

义县组下部腹足类化石以 *Ptychostylus harpaeformis*,*Probaicalia vitimensis*(钩形褶柱螺-维其姆前贝加尔螺)为代表(图 2-51),主要产于义县组尖山沟层。除代表分子外,还有 *Ptychostylus* cf.*philippii*,*Zaptychius* (*Omozaptychius*) *angulatus*,*Bithynia haizhouensis* 等。

9. 植物

义县组下部植物化石以 *Brachyphyllum longispicum*-*Otozamites turkestanica*(长穗短叶杉-土耳其斯坦耳羽叶)组合为代表(图 2-52)。主要分布在义县、北票地区的义县组老公沟层、业南沟层、砖城子层和尖山沟层。以被子植物类化石为特色(图 2-53),由苔藓类、石松类、有节类、真蕨类、种子蕨、苏铁类、本内苏铁类、银杏类、茨康类、松柏类、买麻藤类、被子植物类化石组成。其中,松柏类植物占组合的首位,其余依次为本内苏铁及苏铁类、真蕨类、银杏类、茨康类和买麻藤类。

重要化石分子有 *Selaginellites fausta*,*Equisetites longivaginatus*,*Coniopteris burejensis*,*C. angustiloba*,*C.simplex*,*Eboracia lobifolia*,*Gymnogrammitites ruffordioides*(图 2-54),*Onychiopsis elongata*,*Todites major*,*Xiajiajienia mirabila*(图 2-53),*Botrychites reheensis*,*Cladophlebis asiatica*,*Tyrmia acrodonta*,*Leptostrobus sinensis*,*Liaoningocladus boii*,*Rehezamites anisolobus*,*Gurvanella exguisita*,*Ephedrites chenii*(图 2-55),*Otozamites anglica*,*O.beani*,*O. turkestanica*,*Neozamites verchojanensis*,*Lingxiangphyllum reniformis*,*Weltrichia huangbanjigouensis*,*Williamsonia bella*,*Williamsoniella jianshangouensis*,*Ginkgo apodes*,*Ginkgoites* ex gr.

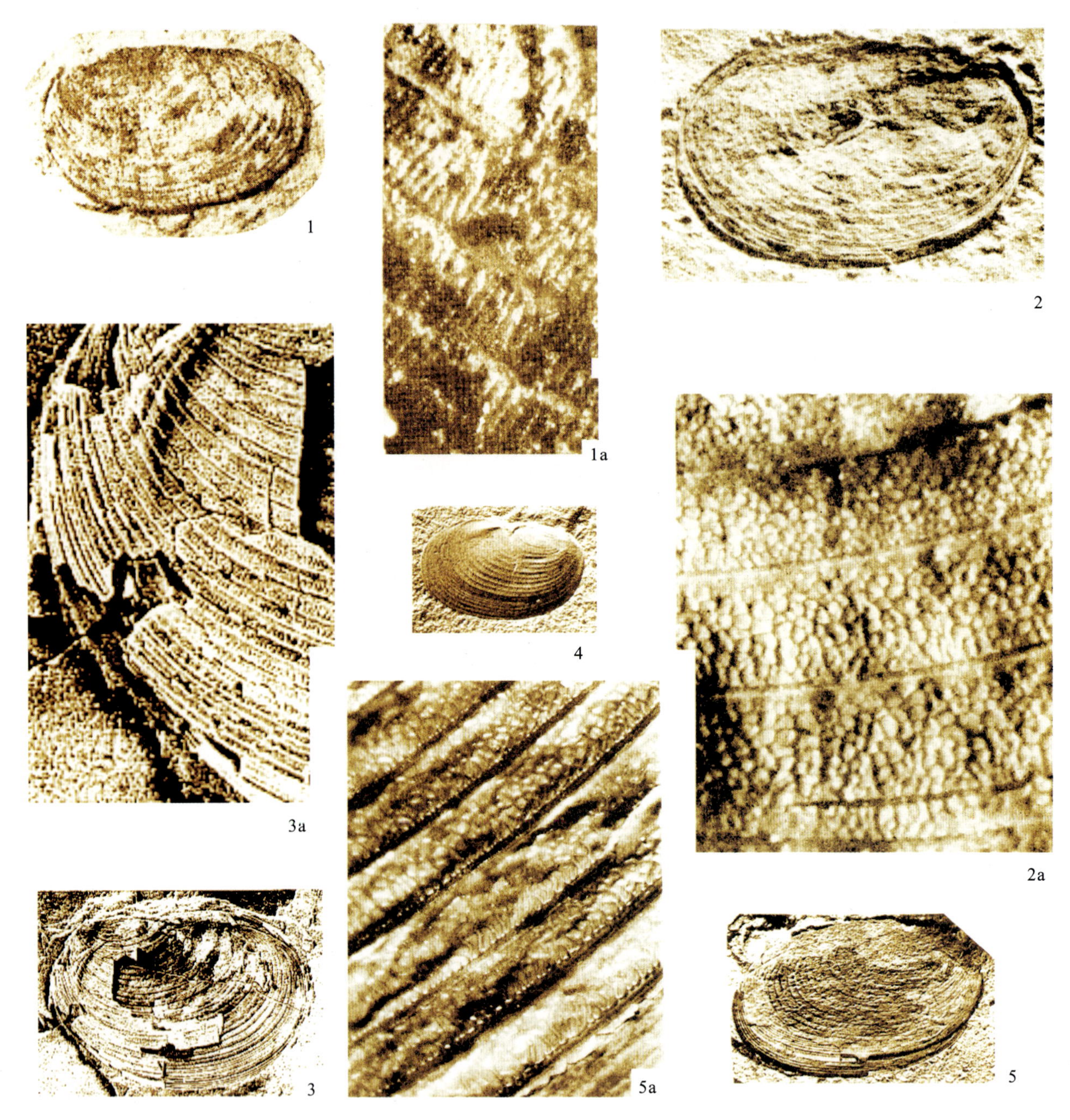

图 2-49　义县组下部的叶肢介化石(据王五力,1980,2004;陈丕基,1976)

Fig.2-49　Fossil controstracas in lower part of Yixian Formation(after Wang Wuli,1980,2004;Chen Peiji,1976)

1.等边线饰东方叶肢介 *Eosestheria* (*Filigrapta*) *equilateralis* W.Wang,×4;1a.*Eosestheria*(*Filigrapta*) *equilateralis* 壳中腹部装饰,×30,Mid-ventral shell ornaments,×30;2.凌源网饰东方叶肢介 *Eosestheria* (*Clithrograpta*) *lingyuanensis* Chen,×5;2a.*Eosestheria*(*Clithrograpta*) *lingyuanensis* 壳中腹部装饰,×40,Mid-ventral shell ornaments,×40;3.卵形双饰东方叶肢介 *Eosestheria* (*Diformograpta*) *ovata* Chen,×2;3a.*Eosestheria*(*Diformograpta*) *ovata* 壳前部装饰,×6.5,Anterior shell ornaments,×6.5;4.李八郎沟冀辽叶肢介 *Jiliaoestheria libalanggouensis* W.Wang,×2;5.长形冀辽叶肢介 *Jiliaoestheria longipoda* W.Wang,×2;5a.*Jiliaoestheria longipoda* 壳前腹部装饰,×27,Anterior ventral shell ornaments,×27

sibiricus,*Baiera furcata*,*B.valida*,*Stenorachis beipiaoensis*,*Czekanowskia rigida*,*Phoenicopsis angustissima*,*Solenites murayana*,*Leptostrobus sinensis*,*Ixostrobus delicatus*,*Pityophyllum lindstroemi*,*Pityospermum nanseini*,*Pityolepis larixiformis*,*Pityocladus densiforlius*,*P. abiesoides*,*Schizolepis moelleri*,*S.jeholensis*,*Cupressinocladus heterophyllum*,*Cyparissidium*

图 2－50 义县组下部的双壳类化石

Fig.2－50 Fossil bivalve in lower part of Yixian Formation

额尔古纳蚌(未定种)*Arguniella* spp.，×1.5

blackii，*C.rudlandium*，*Scarburgia minor*，*Cephalotaxopsis sinensis*，*C.leptophylla*，*Podocarpites reheensis*，*Brachyphyllum longispicum*，*Pagiophyllum beipiaoense*，*Podozamites lanceolatus*（＝*Lindleycladus lanceolatus* Harris），*Ephedrites chenii*，*E.guozhongiana*，*Gurvanella exguisita*，*Archaefructus liaoningensis*，*Beipiaoa parva*，*B.rotunda*，*Problematospermum beipiaoense*，*P.ovale*（图 2－56），*Strobilites interjecta*，*Conites longidens*，*Carpolithus pachythelis* 等。

10. 孢粉

义县组下部孢粉化石以 *Cicatricosisporites*－*Densoiporites*－*Jugella*（无突肋纹孢-层环孢-纵肋单沟粉）组合为代表（图 2－57），分布于北票地区的义县组尖山沟层和义县地区的义县组砖城子层。据余静贤（1989）和黎文本（1999）研究，在尖山沟层的孢粉化石组合中裸子植物花粉占优势（80％～90％），主要是松柏类两气囊的花粉，另有个别的 *Jiaohepollis verus*，*Quadraeculina limbata*，*Classopollis classoides*，*Jugella sibirica*，厥类植物孢子居次（9％～16％），以 *Densoisporites* 为主，如 *D.stenolomus*，*D.perinatus*，*D.microrugulatus* 等，海金砂科孢子 *Cicatricosisporites australiensis* 和 *C.mirabilis* 虽然常见，但数量较少。此外还有 *Cyathidites minor*，*Cibotiumspora juncta*，*Dictyotriletes granulatus*，*Bayanhuaspora obiculata* 等孢粉。王宪曾等（2000）在北票地区尖山沟层发现少量原始被子植物花粉，如 *Paraknemapollis*，*Cyclolophopollis*，*Magnoliapollis*，*Liliacidites*，*Prototricolpites* 等。在义县地区砖城子层除未见被子植物花粉外，其余孢粉成分与尖山沟层孢粉面貌基本一致。

图 2-51 义县组下部的腹足类化石(据潘华璋,1999,2001)

Fig.2-51 Fossil gastropods in lower part of Yixian Formation(after Pan Huazhang,1999,2001)

1,2.维其姆前贝加尔螺 *Probaicalia vitimensis* Martinson,1×15,2×12;3,4.钩形褶柱螺 *Ptychostylus harpaeformis* (Koch et Dunker),×13;5.格氏前贝加尔螺 *Probaicalia gerassimovi* (Reis),×15;6.小旋螺(未定种)*Gyraulus* sp.,×14.6;7.菲利浦褶柱螺 *Ptychostylus philippii* (*Dunker*),×19.3

图 2-52 义县组下部的植物化石(1,2 据孙革等,2001;3,4 据郑少林,2004)

Fig.2-52 Fossil plants in lower part of Yixian Formation(1,2 after Sun Ge et al.,2001;3,4 after Zheng Shaolin,2004)

1,2.长穗短叶杉 *Brachyphyllum longispicum* Sun,Zheng et Mei,×4;3,4.土耳其斯坦耳羽叶 *Otozamites turkestanica* Turutanova-Ketova,3×1,4×2

图 2-53　义县组下部的植物化石(据孙革等,2001)

Fig.2-53　Fossil plants in lower part of Yixian Formation(after Sun Ge et al.,2001)

1—3.辽宁古果 *Archaefructus liaoningensis* Sun,Dilcher,Zheng et Zhou,1×1,2×2.5,3×2;4.奇异夏家街蕨 *Xiajiajienia mirabila* Sun et Zheng,×0.9

图 2-54 义县组下部的植物化石(据孙革等,2001)

Fig.2-54 Fossil plants in lower part of Yixian Formation(after Sun Ge et al.,2001)

1,2.茹福德蕨型似雨蕨 *Gymnogrammitites ruffordioides* Sun et Zheng,1×2,2×1;3,4.窄裂锥叶蕨 *Coniopteris angustiloba* Brick,×5;5,6.美丽威廉姆逊 *Williamsonia bella* Wu,5×1.3,6×0.9

图 2－55　义县组下部的植物化石(据孙革等,2001)

Fig.2－55　Fossil plants in lower part of Yixian Formation(after Sun Ge et al.,2001)

1.尖齿特尔马叶 *Tyrmia acrodonta* Wu,×2;2.中华薄果穗 *Leptostrobus sinensis* Zheng,×5;3.薄氏辽宁肢 *Liaoningocladus boii* Sun,Zheng et Mei,×1.2;4,6.不等裂热河似查米亚 *Rehezamites anisolobus* Wu,4×1.5,6×2;5.陈氏似麻黄 *Ephedrites chenii* (Cao et Wu) Guo et Wu,×0.8;7.优美古尔万果 *Gurvanella exguisita* Sun,Zheng et Dilcher,×4

图 2－56　义县组下部的植物化石(1,2,3 据孙革等,2001)

Fig.2－56　Fossil plants in lower part of Yixian Formation(1,2,3 after Sun Ge et al.,2001)

1.北票毛籽 *Problematospermum beipiaoense* Sun et Zheng,×2.3;2,3.卵形毛籽 *Problematospermum ovale* Tur.-Ket.×6.8;
4.披针苏铁 *Podozamites lanceolatus*(L.et H.) Braun;线段比例:1cm,scale bars:1cm

(三)义县组上部生物群

义县组上部生物群以 *Jinzhousaurus*－*Diestheria yixianensis*－*Karataviella pontoforma*(锦州龙-义县叠饰叶肢介-舟形卡拉达划蝽)化石组合为代表,主要分布在义县地区的义县组大康堡层和滦平县大店子组上部。

大康堡层脊椎动物化石以个体较大的 *Jinzhousaurus*(锦州龙)(图 2－58),*Yixianosaurus*(义县龙),个体数量颇多的 *Hyphalosaurus*(潜龙)以及反鸟类、翼手龙类较繁盛为特征,其主要代表是 *Jinzhousaurus yangi*,*Yixianosaurus longimanus*(汪筱林等,2001;徐星,2003)。

该生物组合中的叶肢介化石归属于 *Eosestheria*－*Diestheria*－*Neimongolestheria*(*Plocestheria*)(东方叶肢介-叠饰叶肢介-编网内蒙古叶肢介)亚组合范畴。义县地区地方性叶肢介组合为 *Eosestheria* (*Filigrapta*)－*Eosestheria*(*Diformograpta*)－*Diestheria*－*Eosestheria*(*Clithrograpta*)－*Eosestheria*(*Dongbeiestheria*)(线饰东方叶肢介-双饰东方叶肢介-叠饰叶肢介-网饰东方叶肢介-东北东方叶肢介)亚组合(图 2－59)。其重要特征是 *Diestheria* 和 *Eosestheria*(*Dongbeiestheria*)两属较繁盛,而与下伏义县地区地方性叶肢介亚组合有所不同。目前所见,在辽西地区仅从本亚组合开始出现并较发育的类型有 *Diestheria yixianensis*,*D.lijiagouensis*,*D.hejiaxinensis*,*Eos-*

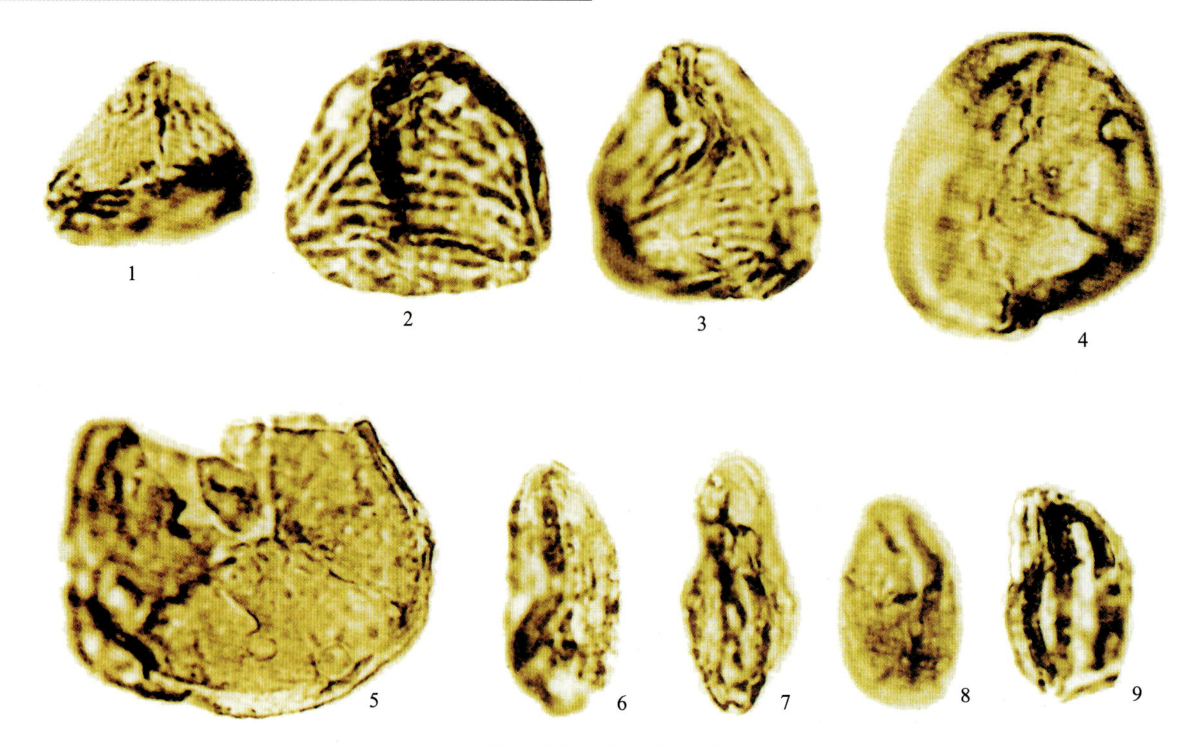

图 2-57 义县组下部的孢粉化石(据黎文本,1999)

Fig.2-57 Fossil sporopollens in lower part of Yixian Formation(after Li Wenben,1999)

1—3.澳洲无突肋纹孢 *Cicatricosisporites australiensis*(Cookson),×600;4—5.狭缘拟层环孢 *Densoisporites stenolomus* Jia et Liu,×600;6—9.亮棒纵肋单沟粉 *Jugella claribaculata* Mtchedlishvili et Shakhmundes,×600

estheria (*Dongbeiestheria*) *fuxingtunensis* 等,由下伏叶肢介亚组合延续上来的分子有 *Diestheria longinqua*, *Eosestheria* (*Filigrapta*) *jianshangouensis*, *E*.(*F*.) *taipinggouensis*, *Eosestheria* (*Diformograpta*) *gongyingxziensis*, *Eosestheria* (*Dongbeiestheria*) *yushugouensis* 等。

昆虫化石比较常见的分子有 *Ephemeropsis trisetalis*(三尾拟蜉蝣),*Sinaeschnidia cancellosa*(多室中国蜓),*Mesolygaeus laiyangensis*(莱阳中蝽)和 *Coptoclava longipoda*(长肢裂尾甲),比较重要的分子是 *Abrohemeroscopus mengi*(孟氏丽昼蜓)(图 2-60),*Karataviella pontoforma*(舟形卡拉达划蝽)。

在该生物组合中,洞虾类的 *Liaoningogriphus quadripartitus*(辽宁四节洞虾)个体颇多(沈炎彬等,1999)。此外,尚有植物、硅化木和少量介形类 *Cypridea* sp.,*Lycopterocypris infanitilis*。

图 2-58 义县组上部的恐龙化石(据汪筱林等,2002)

Fig.2-58 Fossil dinosaur in upper part of Yixian Formation(after Wang Xiaolin,2002)

杨氏锦州龙 *Jinzhousaurus yangi* Wang et Xu,×0.17

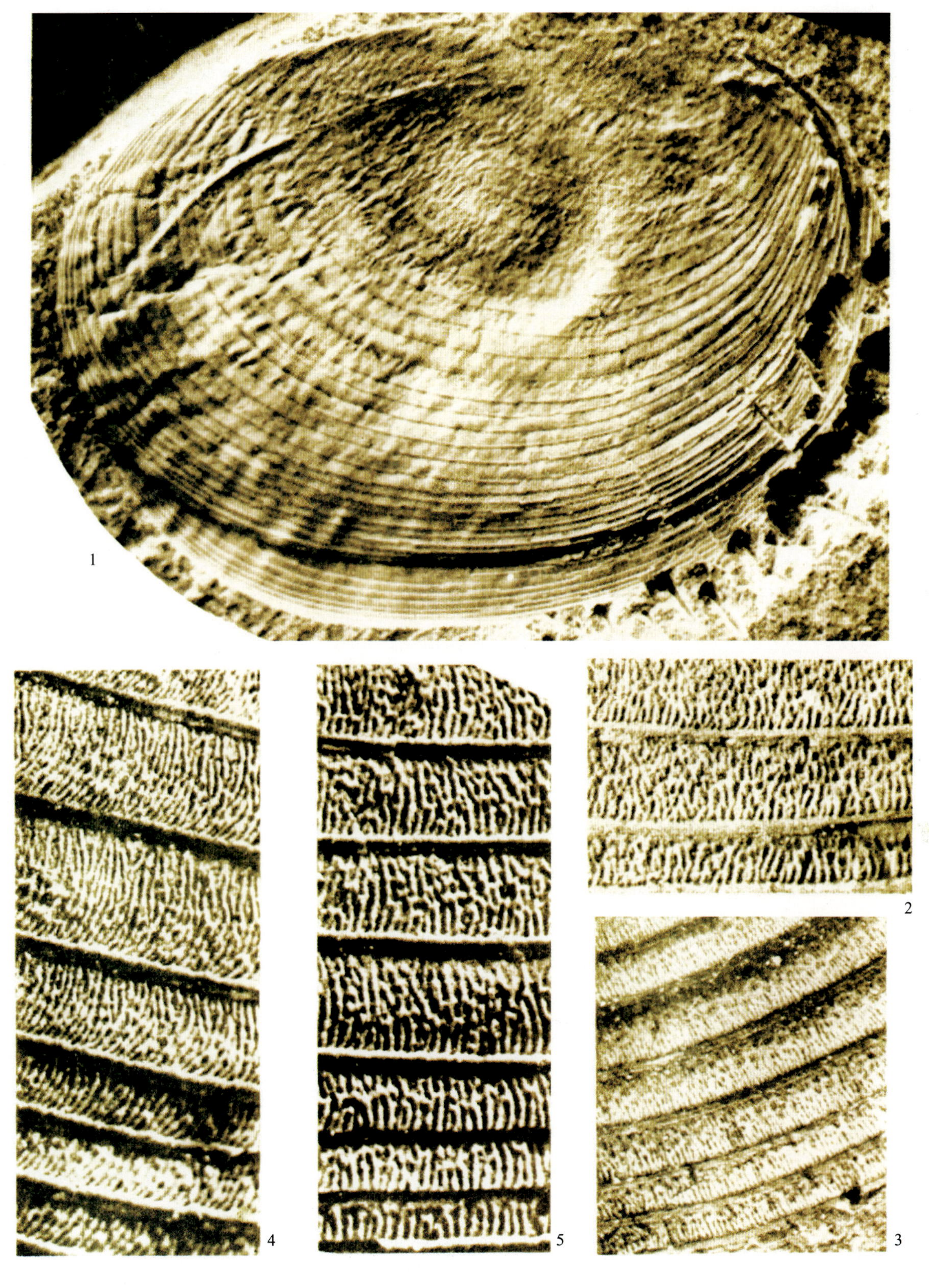

图 2-59　义县组上部的叶肢介化石(据陈丕基,1976)

Fig.2-59　Fossil controstracas in upper part of Yixian Formation(after Chen Peiji,1976)

1.义县叠饰叶肢介 *Diestheria yixianensis* Chen,×6;2.*Diestheria yixianensis* 壳前中腹部装饰,×40,Anterior mid-ventral shell ornaments,×40;3.*Diestheria yixianensis* 壳前腹部叠网装饰,×20,Anterior ventral superimposed net shell ornaments,×20;4.*Diestheria yixianensis* 壳后中腹部装饰,×40,Posterior mid-ventral shell ornaments,×40;5.*Diestheria yixianensis* 壳腹部装饰,×40,Ventral shell ornaments,×40

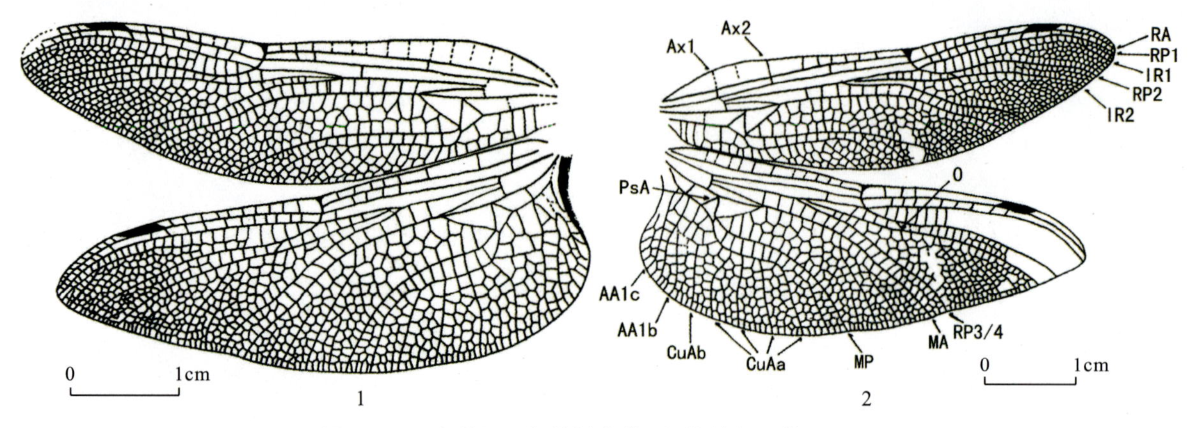

图 2-60　义县组上部的昆虫化石(据刘金远等,2004)

Fig.2-60　Fossil insect in upper part of Yixian Formation(after Liu Jinyuan et al.,2004)

孟氏丽昼蜓 *Abrohemeroscopus mengi* Ren,Liu et Cheng;1.左翅,1.Left wing;2.右翅,2.Right wing

(四)冀北森吉图盆地生物群

该区生物群产在义县组下部桥头层,表现为 *Jibeinia* - *Yanosteus* - *Eosestheria*(*Clithrograpta*)(冀北鸟-燕鲟-网雕东方叶肢介)化石组合,分布在丰宁县森吉图地区义县组下部桥头层的中部,层位与辽西地区的大新房子层和尖山沟层基本相当。其中,鸟类化石可称为 *Jibeinia* - *Hebeiornis* (冀北鸟-河北鸟)组合带,成员有 *Jibeinia luanhera* 和 *Hebeiornis fengningensis*.;鱼类化石为 *Lycoptera* - *Yanosteus* - *Protopsephurus*(狼鳍鱼-燕鲟-原白鲟) 组合,主要有 *Lycoptera davidi* ,*Yanosteus longidorsalis*,*Peipiaosteus fengningensis*,*Protopsephurus liui*;叶肢介化石主要为 *Eosetheria*(*Diformograpta*)*donggouensis*,*Eosestheria* (*Clithrograpta*) *lingyuanensis*;昆虫化石有 *Aeschnidium heishankowense*(= *Hebeiaeschnidia fengningensis* Hong),*Mesosirex volantis* 等。此外,尚有腹足类、介形类和植物化石。

(五)冀北滦平盆地生物群

1. 大店子组下部生物群

滦平盆地的大店子组(图 2-61)相当于义县组中下部地层,其下部地层所含生物群相当于义县组底部生物群,以 *Yanjiestheria* (*Yanshania*)- *Cypridea stenolonga*(燕山延吉叶肢介-窄长女星介)化石组合为代表。其中,叶肢介类被称为 *Eosestheria*(*Diformograpta*)- *Yanjiestheria* (*Yanshania*)- *Taeniestheria* - *Eosestheria* (*Isoestheria*)亚组合,以 *Eosestheria*(*Diformograpta*),*Clithrograpta* 和 *Yanjiestheria* (*Yanshania*)较发育为特征;介形类称 *Yanshanina* - *Cypridea* - *Rhinocypris* 组合带,以 *Yanshanina* 繁盛,*Cypridea* 初步发展和较多属种的出现为特征,主要有 *Cypridea stenolonga*,*C.xitaiyangpoensis*,*C.tubercularis*,*Yanshanina elongate*,*Y.dabeigouensis* 等。此外还有鱼类 *Lycoptera davidi*,双壳类 *Arguniella liaoxiensis*,*A.lingyuanensis*,并常伴有较多螺口盖化石。张家沟门至大店子东沟及围场县清泉、隆化县张三营地区义县组中下部的叶肢介主要有 *Eosestheria qingquanensis*,*E.erisopsiformia*,*E.*aff. *opima*,*Eosestheria* (*Clithrograpta*) *lingyuanensis*,*E.*(*C.*) *reticulata*,*Eosestheria* (*Dongbeiestheria.*) *bella*,*Eosestheria* (*Diformograpta*) *gibba*,*E.*(*D.*) *ovata*,*E.*(*D.*) *donggouensis*,*E.*(*D.*) *lahaigouensis*,*E.*(*D.*) *ramulosa*,

图 2－61　冀北滦平盆地大店子组远景

Fig.2－61　A distant view of Dadianzi Formation in Luanping basin of northern Hebei province

E.(*D.*) cf. *primitiva*, *E.*(*D.*) *minor*, *E.*(*D.*) *fengningensis*, *E.*(*D.*) *longiquadrata*, *E.*(*D.*) *takechenensis*, *E.*(*D.*) *heshanggouensis*, *E.*(*D.*) *radiata*, *E.*(*D.*) *weichangensis*, *E.*(*D.*) *shangshixiaensis*, *E.*(*D.*) cf. *middendorfii*, *Eosestheria* (*Filigrapta*) *phalosana*, *Eosestheria* (*Asioestheria*) cf.*sandaogouensis*, *Yanjiestheria* (*Yanshania*) *dabeigouensis*, *Y.*(*Y.*) *subquadrata*, *Y.*(*Y.*) *fengningensis*, *Diestheria dadianziensis*, *D.yixianensis*, *D.ovata*, *D.suboblonga*, *D.dahuichangensis*, *D.gigantea*, *Taeniestheria suboblonga*, *T.subquadrata*, *T.qingquanensis*, *T.reticulata*, *T.ovata*; *Jiliaoestheria* sp., *Eosestheria* (*Isoestheria*) *yanbizigouensis*, *E.*(*I.*) *qingquanensis*, *Fengninggrapta huajiyingensis* 等；其中代表性成员主要为 *Eosestheria* (*Clithrograpta*) *lingyuanensis*, *Eosestheria* (*Dongbeiestheria*) *bella*, *E.*(*Diformograpta*) *gibba* 等，并有鱼类 *Lycoptera davidi* 伴生。

2. 大店子组中部生物群

相当于义县组下部生物群，分布于滦平县大店子组中部，相当于原大店子组上段（王思恩，1999）或大店子组 3—4 段（牛绍武等，2003）。以 *Jiliaoestheria*－*Chaoyangestheria* (*Digrapta*)－*Cypridea subgranulosa*（冀辽叶肢介－双雕朝阳叶肢介－近颗粒女星介）化石组合为代表。

该生物组合中的叶肢介化石归属于 *Eosestheria* (*Clithrograpta*)－*Jiliaoestheria*－*Chaoyangestheria* (*Digrapta*)亚组合，以 *Jiliaoestheria* 和 *Chaoyangestheria* (*Digrapta*)为主，主要成员为 *Eosestheria* (*Clithrograpta*) *lingyuanensis*, *Eosestheria* (*Diformograpta*) *weichangensis*, *Jiliaoestheria striaris*, *J.clithroformis*, *J.florovalvaris*, *J.polyreticulata*, *Chaoyangestheria* (*Digrapta*) *zhangjiagouensis*, *C.*(*D.*) *luanpingensis*, *Diestheria* sp., *Yanjiestheria* (*Yanshania*) *dabeigouensis*, *Y.*(*Y.*) *subquadrata* 等。介形类化石中 *Cypridea* 较繁盛，与下伏 *Yanshanina*－*Cypridea*－*Rhinocypris* 组合带相比，*Yanshanina* 和 *Djungarica* 两属的成员减少，被称为 *Cypridea*－

Yanshanina - *Timiriasevia*(女星介-燕山介-季米里亚介)组合带，主要有 *Cypridea subgranulosa*(其中包括庞其清等 1984 年定名的 *Cypridea granulosa granulosa*，*C. granulosa protogranulosa*，*C. granulosa subgranulosa*，*C. verians*)，*C. luanpingensis C. sulcata*，*Yanshanina elongata*，*Timiriasevia polymorpha* 等。此外，还有双壳类 *Arguniella curta* 和昆虫 *Ephemeropsis trisetalis* 等化石。

3. 大店子组上部生物群

相当于义县组上部生物群，产于王思恩(1999)所划分的花吉营组下部的 26 层和 27 层。产叶肢介 *Eosestheria*(*Clithrograpta*) *songyingensis*，*Eosestheria*(*Diformograpta*) cf. *middendorfii*，*Diestheria yixianensis*，*D. shangyuanensis*。从叶肢介化石方面看，大店子组上部的生物化石组合可能相当于义县地区大康堡层的化石组合，就层位对比而言，大致相当于大康堡层至金刚山层之底，但不包括金刚山层。

三、晚期热河生物群

晚期热河生物群是指热河生物群在辐射演化高峰期和萎缩期形成的生物组合。在燕辽地区主要以九佛堂期形成的 *Cathayornis* - *Yanjiestheria* - *Limnocypridea grammi* - *Nakamuranaia*(华夏鸟-延吉叶肢介-格氏湖女星介-中村蚌)生物群为代表，目前已发现的生物化石类别有鸟类、恐龙、翼龙、龟类、蝾螈类、鱼类、叶肢介、介形类、昆虫、双壳类、腹足类、植物、孢粉、轮藻和藻类等。九佛堂组和与之相当的地层在东亚生物地理省广泛分布，因而晚期热河生物群比中期热河生物群的分布范围更大，向西扩展至新疆准噶尔，向东至朝鲜半岛、日本西南广岛一带，向南可达到皖南和浙闽地区。

值得说明的是，义县组上部的金刚山层产反鸟类、翼龙、蜥蜴、离龙类、龟类、鱼类、叶肢介、介形类、腹足类、植物(含木化石)、孢粉等门类化石，这些化石类型具有热河生物群中期生物亚群与晚期生物亚群过渡的特点，如 *Yabeinosaurus tenuis*，*Monjurosuchus splendens* 见于义县期，而叶肢介和介形类等古无脊椎动物的一些属种则与九佛堂组下部的同类化石更亲近，如叶肢介 *Yanjiestheria* 出现在金刚山层。因此，本书将金刚山层的生物化石组合归于晚期热河生物群。

(一)金刚山层生物群

金刚山层生物化石统称 *Lycoptera muroii* - *Eosestheria jingangshanensis* - *Cypridea*(*Cypridea*) *arquata*(室井氏狼鳍鱼-金刚山东方叶肢介-弓形女星介)组合带。按门类作如下划分。

1. 脊椎动物

金刚山层中脊椎动物化石以 *Lycoptera muroii*，*Manchurochelys manchuensis*(室井氏狼鳍鱼、满洲满洲龟)为代表(图 2-62)。主要有鱼类 *Lycoptera muroii*，爬行类 *Manchurochelys manchuensis*，*Yabeinosaurus tenuis*。

2. 叶肢介

金刚山层中叶肢介化石以 *Eosestheria fuxinensis* - *Eosestheria jingangshanensis* - *Eosestheria changshanziensis*(阜新东方叶肢介-金刚山叶肢介-长山叶肢介)亚组合为代表(图 2-63)。主要有 *Eosestheria fuxinensis*，*Eosestheria jingangshanensis*，*Eosestheria elliptica*，*Eosestheria changshanziensis*，*E.? ovaliformis*，*Eosestheria* (*Diformograpta*) *triformis*，*E.*(*D.*) aff. *middendorfii*，*E.*(*D.*) *persculpta*，*Eosestheria* (*Diformograpta*) *gongyingziensis*，*Eosestheria* (*Dongbeiesther-*

图 2-62　晚期热河生物群中金刚山层的鱼化石

Fig.2-62　Fossil fishes of Jingangshan bed in late stage of Jehol biota

室井氏狼鳍鱼 *Lycoptera muroii* Takai；线段比例尺：1cm，scale bars：1cm

ia）*tereovata*，*E.*（*D.*）*yushugouensis*，*E.*（*D.*）*fuxingtunensis*。

3. 介形类

金刚山层中介形类化石以 *Cypridea*（*Cypridea*）*veridica arquata* -*C.*（*C.*）*jingangshanensis*（弓形纯正女星介-金刚山女星介）组合带为主（图 2-63）。主要成分包括 *Cypridea*（*Cypridea*）*arquata*，*C.*（*C.*）*jingangshanensis*，*C.*（*C.*）*zaocishanensis zaocishanensis*，*C.*（*C.*）*zaocishanensis congensis*，*C.*（*C.*）*placida*，*C.*（*C.*）*deflecta*，*Lycopterocypris infantilis*。

4. 孢粉

金刚山层中孢粉化石以 *Cicatricosisporites* -*Foraminisporis*（无突肋纹孢-有孔孢）组合为代表（图 2-64）。其中以双囊松柏类花粉为主，占 74.5%～83.6%，属种与热河孢粉群相似，但 *Classopollis* 的含量略有增长。

蕨类植物孢子虽居第二位，但含量较中期热河孢粉群有明显增长，达 16.4%～25.5%。同时，海金砂科孢子的出现频率也较高，可达 4.5%～10%，使之成为蕨类植物的优势者，其中又以 *Cicatricosisporites* 较多，*Impardecispora*，*Pilosisporites* 和 *Lygodiumsporites* 含量不超过 1.5%，出现的种有 *Cicatricosisporites minor*，*C. minutaestriatus*，*C. pacificus*，*Impardecispora minor*，*Lygodiumsporites subsimplex*，*Pilosisporites* cf. *trichopapillosus*，这些与中期热河孢粉群形成明显差异。*Foraminisporis*，*Densoisporites microrugulatus*，*Leptolepidites verrucatus*，*Dictyotriletes granulatus*，*Osmundacidites wellmanii*，*Laevigatosporites ovatus*，*Aequitriradites yerrucosus* 仅见于个别样品。

5. 其他门类

除了上述门类生物外，金刚山生物群还包含有昆虫 *Ephemeropsis trisetalis*，腹足类 *Viviparus*? cf. *matumotoi*，*Bithynia haizhouensis*，植物 *Czekanowskia* sp.，*Solenites* sp.等化石。

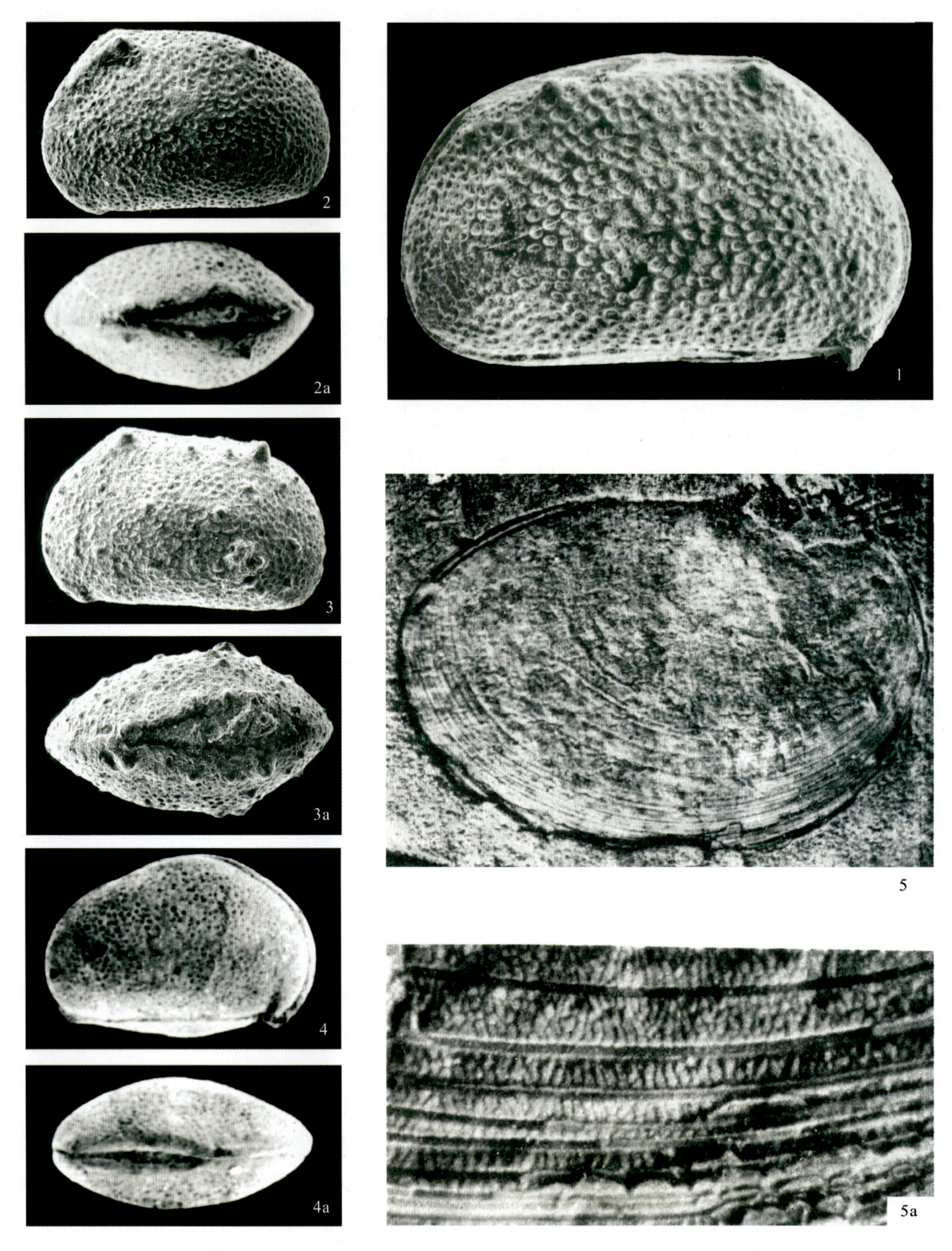

图 2-63　晚期热河生物群中金刚山层的介形类和叶肢介化石(据张立君,1985;黎文本,2001;张文堂等,1976)

Fig.2-63　Fossil ostracoda and controstracas of Jingangshan bed in late stage of Jehol biota(after Zhang Lijun, 1985; Li Wenben, 2001; Zhang Wentang et al., 1976)

1,2.金刚山女星介 *Cypridea jingangshanensis* Zhang,1×93,2×45;2a.*Cypridea jingangshanensis* 背视,Dorsal view,×45;3.枣茨山女星介 *Cypridea zaocishanensis* Zhang,×45;3a.*Cypridea zaocishanensis* 背视,Dorsal view,×45;4.弓形纯正女星介 *Cypridea veridica arquata* Zhang,×36;4a.*Cypridea veridica arquata* 背视,Dorsal view,×36;5.金刚山东方叶肢介 *Eosestheria jingangshanensis* Chen,×4.4;5a.*Eosestheria jingangshanensis* 壳前腹部装饰,Anterior ventral shell ornaments

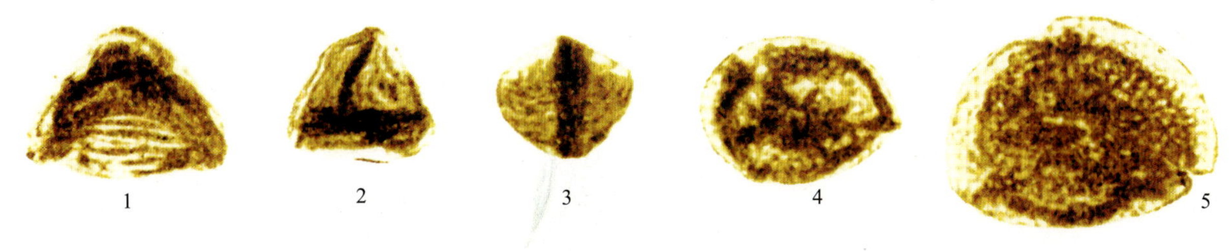

图 2-64 晚期热河生物群中金刚山层的孢粉化石(据余静贤,1989)

Fig.2-64 Fossil sporopollens of Jingangshan bed in late stage of Jehol biota(after Yu Jingxian,1989)

1.整洁无突肋纹孢 *Cicatricosisporites tersus*(Bolch.),×600;2,3.小无突肋纹孢 *Cicatricosisporites minor* (Bolch.),×600;4.小弱缝膜环孢 *Aequitriradites minutulus* Yu,×600;5.多瘤弱缝膜环孢 *Aequitriradites verrucosus* (Cookson et Dettmann),×600

(二)九佛堂组(期)生物群

1. 恐龙群

九佛堂期恐龙群以 *Psittacosaurus mongoliensis* - *Microraptor zhaoianus*(蒙古鹦鹉嘴龙-赵氏小盗龙)生物群为代表,主要有翼龙 *Chaoyangopterus zhangi*(张氏朝阳翼龙),*Liaoningopterus gui*(顾氏辽宁翼龙),*Sinopterus dongi*(董氏中国翼龙),蜥臀类恐龙 *Microraptor gui*(顾氏小盗龙),*Microraptor zhaoianus*(赵氏小盗龙),*Cryptovolans pauli*(鲍尔隐翔龙)等,鸟臀类恐龙 *Psittacosaurus mongoliensis*(蒙古鹦鹉嘴龙),*Psittacosaurus meileyingziensis*(梅勒营子鹦鹉嘴龙),离龙类 *Ikechosaurus pijiagouensis*(皮家沟伊克昭龙),*Ikechosaurus* sp.(伊克昭龙),龟鳖类 *Manchurochelys* sp.(满洲龟)。

2. 鸟群

九佛堂期鸟群以 *Cathayornis* - *Chaoyangia*(华夏鸟-朝阳鸟)鸟类群为代表,主要产在九佛堂组二段、三段。该鸟类群的主要化石包括 *Jinzhouornis yixianensis*(义县锦州鸟),*Cathayornis yandica*(燕都华夏鸟),*Cathayornis caudatus*(有尾华夏鸟),*Cathayornis aberransis*(异常华夏鸟),*Boluochia zhengi*(郑氏波罗赤鸟),*Sinornis santensis*(三塔中国鸟),*Longchengornis sanyanensis*(三燕龙城鸟),*Cusoirostrisornis houi*(侯氏尖嘴鸟),*Largirostrornis sexdentornis*(六齿大嘴鸟),*Longipteryx chaoyangensis*(朝阳长翼鸟),*Chaoyangia beishanensis*(北山朝阳鸟),*Songlingornis linghensis*(凌河松岭鸟),*Yixianornis grabaui*(葛氏义县鸟),*Yanornis martini*(马氏燕鸟),*Aberratiodentus wui*(吴氏异齿鸟),*Archaeovolans repatriatus*(归返古飞鸟),*Omnivoropteryx sinousaorum*(中美合作杂食鸟),*Sapeornis chaoyangensis*(朝阳会鸟),*Jeholornis prima*(原始热河鸟)。(见第三章第九节鸟类化石插图,如图 3-151、图 3-158、图 3-159 等)。

3. 鱼群

九佛堂期鱼类化石以 *Jinanichthys* - *Longdeichthys* - *Lycoptera*(吉南鱼-隆德鱼-狼鳍鱼)鱼群为代表(图 2-65)。在朝阳地区主要有 *Peipiaosteus pani*,*Protopsephurus liui*,*Sinamia zdanskyi*;建昌地区有 *Lycoptera sankeyushuensis*,*Jinanichthys longicephalus*,*Huashia* sp.,? *Nieerkunia*;义县地区有 *Peipiaosteus pani*,*Jinanichthys longicephalus*,*Longdeichthys luojiaxiaensis*;阜新地区有 *Sinamia zdanskyi*,*Jinanichthys longicephalus*。

图 2-65 晚期热河生物群中九佛堂组的鱼化石(据张弥曼,2001)

Fig.2-65 Fossil fish of Jiufotang age in late stage of Jehol biota(after Chang Mee-mann,2001)

长头吉南鱼 *Jinanichthys longicephalus* Liu et al.,×1.6

4. 叶肢介

九佛堂期叶肢介化石表现为 *Eosestheria* - *Yanjiestheria* - *Chifengestheria* - *Jibeiestheria*(东方叶肢介-延吉叶肢介-赤峰叶肢介-冀北叶肢介)组合(图 2-66),主要产地及种属有义县泥河子的 *Eosestheria changshanziensis*, *Eosestheria* (*Asioestheria*) *tuanshanensis*;义县上齐台的 *Neimongolestheria shanqitaiensis*;阜新市八家子的 *Eosestheria fuxinensis*;阜新市王府镇喇嘛寺国隆沟的 *Eosestheria* (*Diformograpta*) *vera*;朝阳县梅勒营子乡黄花沟和哑叭沟的 *Eosestheria yabagouensis*, *Eosestheria* (*Asioestheria*) *meileyingziensis*, *E.* (*A.*) *tuanshanensis*, *Eosestheria* (*Diformograpta*?) *huanghuagouensis*;朝阳市下三家子乡喇嘛沟北山的 *Eosestheria fuxinensis*, *Eosestheria* (*Dongbeiestheria*) cf.*siliqua*;朝阳市梅勒营子乡管家沟的 *Paraliograpta intermedioides*;黑城子镇八大股子的 *Paleoleptestheria badaguziensis*, *Eosestheria* (*Diformograpta*) cf. *middendorfii*, *Fengninggrapta malaovata*, *Paraliograpta formilla*;喀左县九佛堂村小孤山的 *Eosestheria jiufotangensis*, *E.oblonga*, *Eosestheria* (*Asioestheria*) *meileyingziensis*;建昌县冰沟的 *Yanjiestheria venusta*, *Y.adornata*, *Y.binggouensis*, *Pseudestherites jianchangensis*, *Eosestheria saucroformis*。

另外,在冀北和赤峰地区除常见分子外,还有 *Chifengestheria gushanziensis*, *C.nangouensis*, *C.subquadrata*, *C.nanshanensis*, *C.mirabilis*, *Jibeiestheria fengningensis*, *J.dongshanensis*, *J.beiguanensis*, *J.fengshanensis*, *J.reticulata*, *J.subrotunda* 等。

5. 介形类

九佛堂期的介形类化石主要为中国的北方类型(相对川滇类型而言),广布于燕辽、内蒙古、甘肃、青海、新疆等地,相当于九佛堂组的层位,在浙西建德群中亦有分布,同时在蒙古温都尔汉组、安达胡杜可组,远东维季姆台地、西西伯利亚相当的地层和海陆交互相地层中均有分布。归属于 *Cypridea* - *Liminocypridea* - *Yumenia*(女星介-湖女星介-玉门介)动物群,以 *Cypridea*(女星介)

图 2-66 晚期热河生物群中九佛堂组的叶肢介化石(据王五力,1980,1987;陈丕基,1976;王思恩等,1984)

Fig.2-66 Fossil controstracas of Jiufotang age in late stage of Jehol biota(after Wang Wuli,1980,1987; Chen Peiji,1976;Wang Sien et al.,1984)

1,2.纹饰延吉叶肢介 *Yanjiestheria exornata* W.Wang,×7;1a,2a.*Yanjiestheria exornata* 壳装饰,Shell ornaments,×40;1b.*Yanjiestheria exornata* 壳近腹部装饰,Proximal ventral shell ornaments,×40;3.孤山子赤峰叶肢介 *Chifengestheria gushanziensis* W.Wang,×3;3a.*Chifengestheria gushanziensis* 壳中腹部装饰,Mid-ventral shell ornaments,×55;3b.*Chifengestheria gushanziensis* 壳中腹部装饰,Mid-ventral shell ornaments,×60;4.丰宁冀北叶肢介 *Jibeiestheria fengningensis* Niu,×2.3;4a. *Jibeiestheria fengningensis* 壳背部装饰,Dorsal shell ornaments,×43;4b.壳后腹部装饰,Posterior ventral shell ornaments,×26

为主，*Limnocypridea*，*Mongolianella*，*Rhinocypris*，*Yumenia* 居次，*Clinocypris*，*Ziziphocypris*，*Damonella*，*Monosulcocypris* 常见。在 *Cypridea* 属中，以 *Cypridea koskulenensis*，*C.unicostata*，*C.vitimensis*，*C.faveolata*，*C.yumensis*，*C.sulcata*，*C.consina*，*C.sinensis*，*C.menevensis*，*C.pauglovensis* 等为主，它们通常和 *Yumenia casta*，*Rhinocypris cirrita*，*R.echinata*，*R.foveata*，*Clinocypris scolia*，*Mongolianella palmosa*，*M.gigantea*，*Lycopterocypris infantilis*，*Damonella circulata*，*Limnocypridea abscondida*，*L. Slundensis*，*Ziziphocypris linchengensis*，*Darwinula leguminella*，*D.contracta*，*D.oblonga*，*D.simplus* 等种伴生，在浙皖地区还出现少量的 *Damonella zhejiangensis*。

在辽西九佛堂组下部，介形类化石为 *Cypridea*（*C.*）*veridica* – *C.*（*C.*）*trispinosa* – *Yumenia acutiuscula*（纯正女星介-三刺女星介-微尖玉门介）组合带（图 2 – 67）。

在义县桑土营子有 *Cypridea*（*Cypridea*）*veridica veridica*，*C.*（*C.*）*dorsobispina*，*C.*（*C.*）*trispinosa*，*C.*（*Yumenia*）*acutiuscula*，*Limnocypridea jianchangensis*，*Lycopterocypris infantilis*；喀左县甘招有 *Cypridea*（*Cypridea*）*unicostata*，*Mongolianella* cf.*palmosa*，*Clinocypris* sp.，*Ziziphocypris costata*，*Darwinula contracta*。此外，在喀左县九佛堂、朝阳县波罗赤和小北山、建昌县上胡仙沟等地也有介形类化石分布。

在辽西九佛堂组中上部，介形类化石为 *Cypridea*（*Ulwellia*）*koskulensis* – *Yumenia casta* – *Limnocypridea grammi*（科斯库里女星介-纯洁玉门介-格氏湖女星介）组合带（图 2 – 68）。

在义县皮家沟—达子营一带有 *Cypridea*（*Cypridea*）*delnovi*，*C.*（*C.*）*prognata*，*C.*（*C.*）*robustirostris*，*C.*（*Pseudocypridina*）*yangliutunensis*，*C.*（*Ulwellia*）*subelongata*，*C.*（*U.*）*subfracta*，*Yumenia casta*，*Rhinocypris echinata*，*R.pluscula*，*Pinnocypridea ganzhaoensis*，*Lycopterocypris*? *multifera*，*L.infantilis*，*L.liaoxiensis*，*Limnocypridea abscondida*，*L.grammi*，*L.jianchangensis*，*L.posticontracta*，*L.redunca*，*Candona pijiagouensis*，*C.praevara*，*C.yixianensis*，*C.subpraevara*，*C.pandidorsa*，*C.vescilimbalis*，*Candoniella bitruncata*，*C.simplica*，*Cheilocypridea trapezoidea*，*Yixianella marginulata*，*Ziziphocypris costata*，*Z.simakovi*，*Djungarica yixianensis*，*Clinocypris obliquetruncata*，*Mongolianella palmosa*，*Lycopterocypris infantilis*，*L.debilis*，*Darwinula contracta*，*Timiriasevia corcava*，*T.pusilla*，*Protocypretta* sp.；义县土垄山有 *Cypridea*（*Cypridea*）*veridica veridica*，*C.*（*C.*）*actuosa*，*C.*（*C.*）*tersa*，*C.*（*C.*）*vitimensis*，*C.*（*Yumenia*）*fecunda*，*C.*（*Y.*）*casta*，*C.*（*Y.*）*toutaiensis*，*Limnocypridea abscondida*，*L.grammi*，*L.redunca*，*L.propria*，*L.tulongshanensis*，*L.posticontracta*，*L.jianchangensis*，*Djungarica circulitriangula*，*D.* aff.*stolida*，*Mongolianella palmosa*，*M.zerussata longiuscula*，*Clinocypris anterograssa*，*C.obliquetruncata*，*Candona subpraevara*，*C.subprona*，*Lycopterocypris infantilis*，*L.debilis*，*Damonella circulata*，*Darwinulla contracta*，*Timiriasevia eminula*；喀左县甘招有 *Cypridea*（*Cypridea*）*unicostata*，*C.*（*C.*）*multigranulosa ventricarinata*，*C.*（*C.*）*prognata*，*C.*（*C.*）*prognata kazuoensis*，*C.*（*C.*）*echinulata*，*Limnocypridea bicornuta*，*Pinnocypridea ganzhaoensis*，*Rhinocypris echinata*，*R. pluscula*，*Candona* cf. *subpraevara*，*C.* cf.*praevara*，*Ziziphocypris costata*，*Z.simakovi*，*Lycopterocypris infantilis*，*L.sinuolata*，*L.*? *semirotunda*，*Matelliana*? *grandis*，*Darwinulla contracta*；喀左县九佛堂有 *Cypridea*（*Cypridea*）*unicostata*，*C.*（*C.*）*shexianensis*，*C.*（*C.*）*jiufotangensis*，*C.*（*Ulwellia*）*koskulensis*，*Lycopterocypris infantilis*，*L.liaoxiensis*，*L.debilis*，*Clinocypris* cf. *dentiformis*，*Ziziphocypris costata*。此外，在朝阳县胜利、东大道乡喇嘛沟、大平房镇原家洼等地也有部分介形类化石分布。

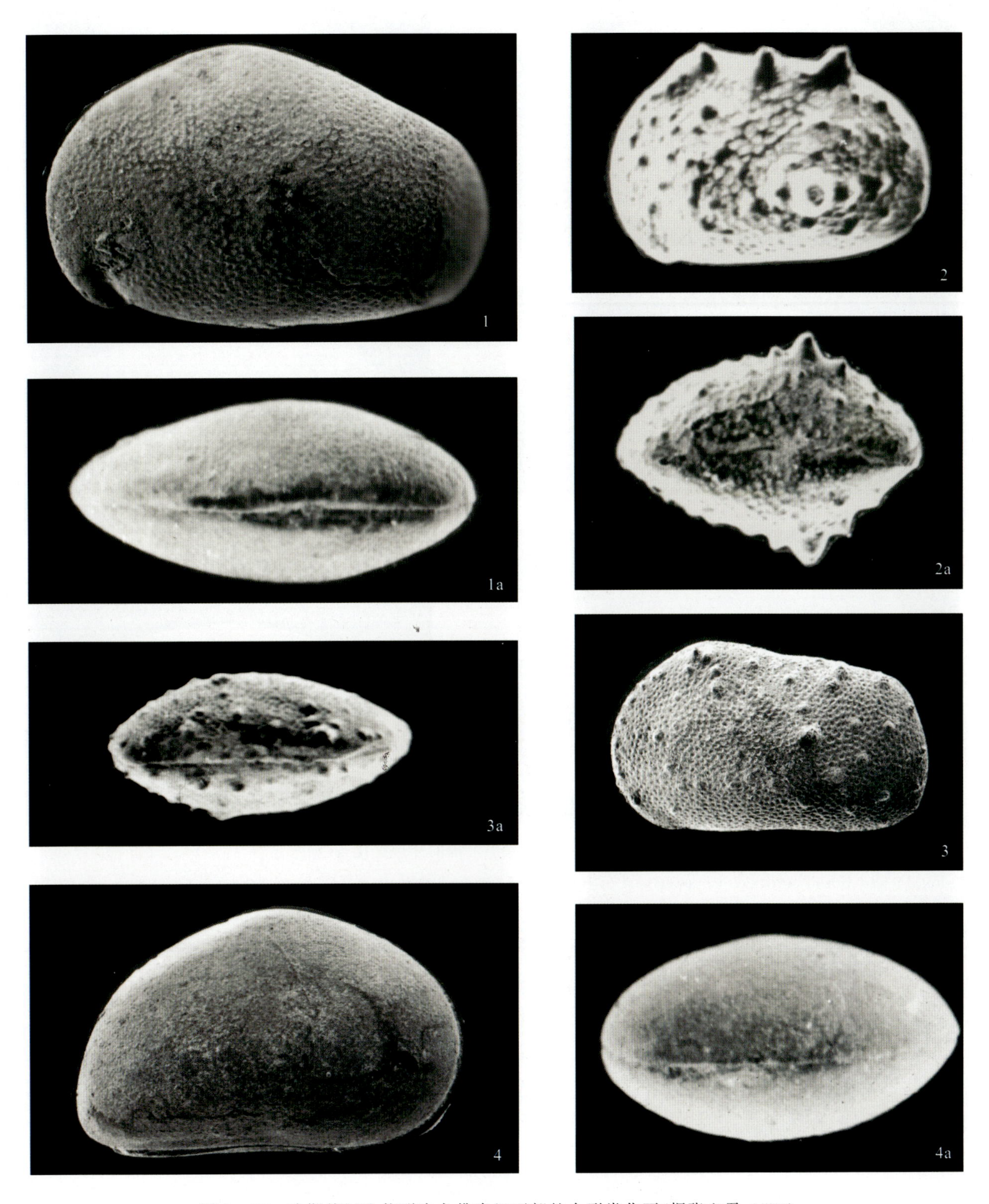

图 2－67　晚期热河生物群中九佛堂组下部的介形类化石(据张立君,1985)

Fig.2－67　Fossil ostracods in lower part of Jiufotang Formation, late stage of Jehol biota(after Zhang Lijun, 1985)

1.纯正女星介 *Cypridea veridica* Zhang, ×50; 1a.*Cypridea veridica* 背视, Dorsal view; 2.三刺女星介 *Cypridea trispinosa* Zhang, ×50; 2a.*Cypridea trispinosa* 背视, Dorsal view; 3.华美女星介 *Cypridea decorosa* Zhang, ×50; 3a.*Cypridea decorosa* 背视, Dorsal view; 4.微突玉门介 *Yumenia acutiuscula* Zhang, ×50; 4a.*Yumenia acutiuscula* 背视, Dorsal view

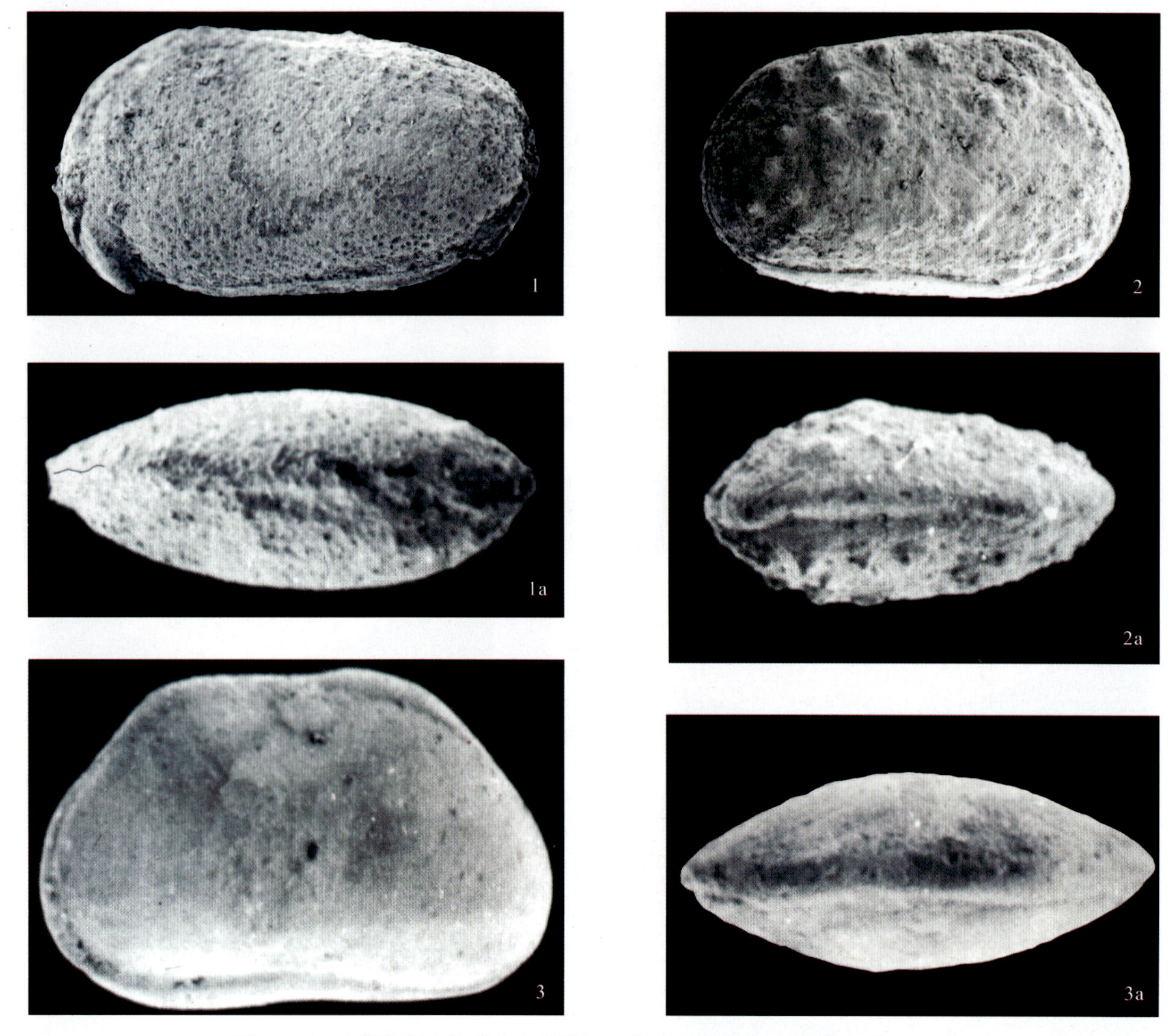

图 2-68 晚期热河生物群中九佛堂组上部的介形类化石(据张立君,1985)

Fig.2-68 Fossil ostracods in upper part of Jiufotang Formation, late stage of Jehol biota(after Zhang Lijun, 1985)

1.科斯库里乌鲁威里女星介 *Cypridea*(*Ulwellia*) *koskulensis* Zhang,×50;1a.*Cypridea*(*Ulwellia*) *koskulensis* 背视,Dorsal view;2.纯洁粗面女星介 *Yumenia casta*(Zhang),×50;2a.*Yumenia casta* 背视,Dorsal view;3.格氏湖女星介 *Limnocypridea grammi* Lüb,×50;3a.*Limnocypridea grammi* 背视,Dorsal view

6. 双壳类

九佛堂期双壳类化石广布于燕辽、大兴安岭、山东、内蒙古、陕甘宁、秦岭、青海、新疆以及四川、江西、安徽、浙西、福建等地相当于九佛堂组的层位,归属于原始的类三角蚌群,包括 *Nakamuranaia*, *Koreanaia*, *Mengyinaia*, *Sinonaia*, *Peregrinoconcha*, *Yunnanoconcha* 等属。共生的还有 *Ferganoconcha*, *Corbicula*(*Mesocorbicula*), *Sphaerium jeholense*, *S.selenginensis*, *S.anderssoni*, *S.pujiangensis* 等种。滇西、滇中未见 *Ferganoconcha* 和 *Corbicula*(*Mesocorbicula*), *Sphaerium* 也很少见。

在辽西双壳类化石归属 *Mengyinaia* - *Nakamuranaia* - *Sphaerium*(蒙阴蚌-中村蚌-球蚬)组合(图2-69),主要产于义县、喀左、朝阳和建昌地区。主要化石分子有 *Mengyinaia mengyinensis*, *M.* cf. *mengyinensis*, *M.tugrigensis*, *M.shifoensis*, *M.jiufotangensis*, *Nakamuraia chingshanensis*, *N.*cf. *subrotunda*, *N. elongata*, *Sphaerium jeholense*, *G.*cf. *jeholense*, *S.inflatum*, *S.yiyangense*, *S.kazuoensis*, *S.* cf. *rotundum*, *S.* cf. *lacustum*, *S.anderssoni*, *S.*cf.*anderssoni*, *S.pijiago-*

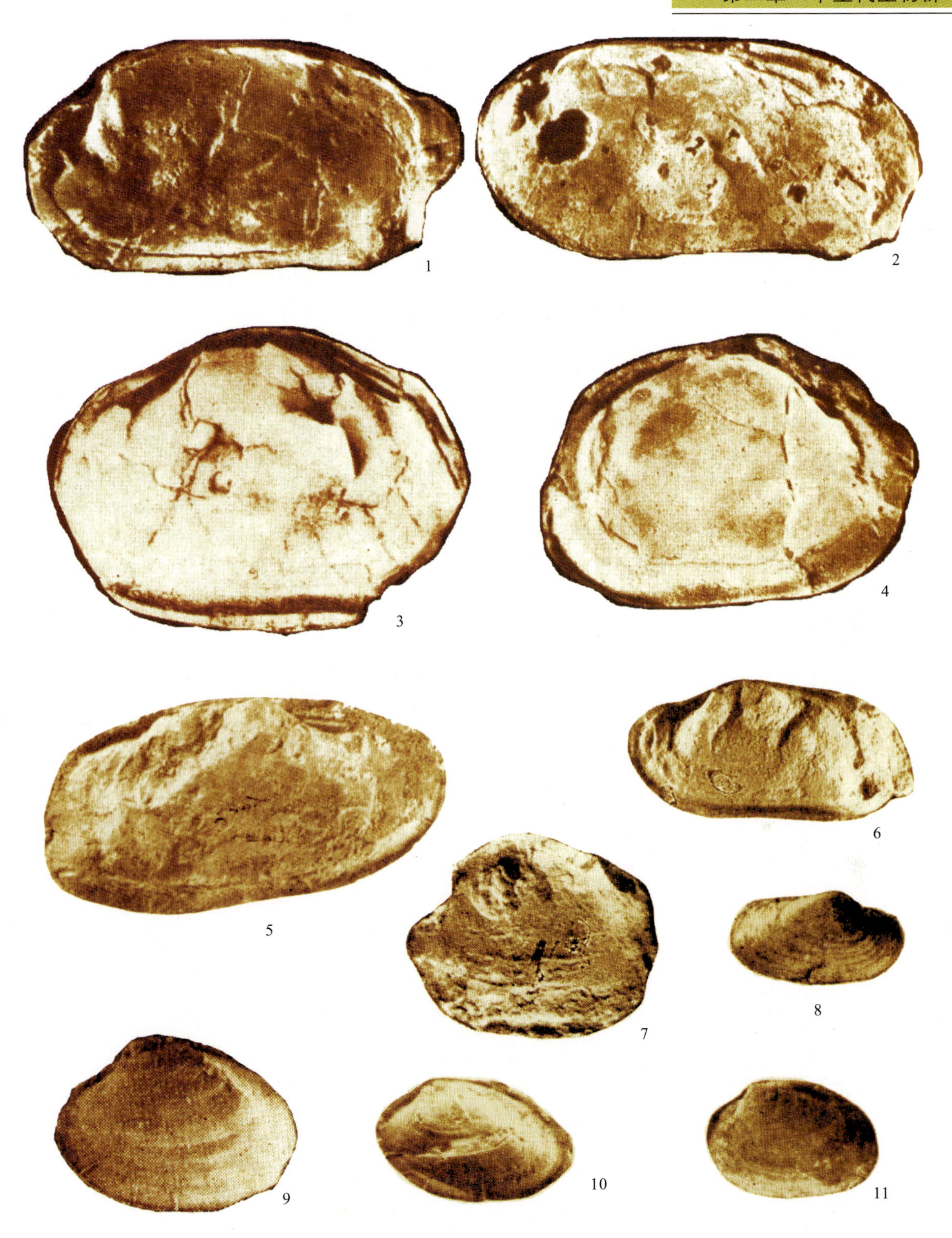

图 2-69 晚期热河生物群中九佛堂组的双壳类化石(据于菁珊等,1987,1989)

Fig.2-69 Fossil bivalves of Jiufotang Formation in late stage of Jehol biota(after Yu Qingshan et al.,1989)

1.蒙阴蒙阴蚌 *Mengyinaia mengyinensis* J.Chen,内核×0.8,Steinkern,×0.8;2.*Mengyinaia mengyinensis*,左内模,Left endocast,×0.75;3.青山中村蚌 *Nakamuraia chingshanensis* (Grabau),左内模,Left endocast,×1.5;4. *Nakamuraia chingshanensis*,右内模,Right endocast,×1.5;5,6.长形中村蚌 *Nakamuraia elongata* Gu et Ma,5.右内模,Right endocast,×2,6.左内模,Left endocast,×0.85;7.*Nakamuraia chingshanensis subrotunda* Gu et Ma,右内模,Right endocast,×0.93;8.永康球蚬 *Sphaerium yongkangense* Ma,右内模,Right endocast;9.稀奇椭圆形类球蚬 *Sphaerioides elliptiformis mirabilis* Yu et Zhang K.,左内模,Left endocast,×2;10,11.皮家沟球蚬 *Sphaerium pijiagouensis* Gu et Ma,10.左内模,Left endocast,11.左内模,Left endocast,×0.9

uensis, *S.subplanum*, *S.selenginensis*, *Sphaerioides elliptiformis mirabilis*, *Psidium? liaoningensis*, *Arguniella* cf. *distensa*, *A.curta*, *A.sibirica*, *A.subcentralis*, *A.*cf.*subcentralis*, *A.jorekensis*。

7. 腹足类

九佛堂组腹足类化石属于 *Viviparus matumotoi* – *Amnicola chaoyangensis*(松本田螺-朝阳河边螺)组合(图 2 – 70),主要产于义县皮家沟、土隆山、桑土营子、靠山屯等地,在建昌县冰沟和喀左县甘招地区亦有发现。主要化石分子有 *Viviparus ganzhaoensis*, *V.liaoxiensis*, *V.reesidei*, *V.*? cf. *matunotoi*, *Bellamia fengtienensis*, *Bithynia haozhouensis*, *B. yujiagouensis*, *Amnicola chaoyangensis*, *A.gilloides*, *A.subrotunda*, *A.minuta*, *Eocryphispira basicostatus*, *Eozaptychius fusoides*, *E.tenuilongus*, *E.inflatus*, *Campeloma liaoningensis*, *C.tani*, *C.liaoxiensis*, *C.tulongshanensis*, *Probaicalia vitimensis*, *P.gerassimovi*, *Hippeutis* sp.。

8. 孢粉

在中国北方孢粉地理区内九佛堂组孢粉化石以 *Heliosporites* – *Aequitriradites* – *Piceaepollenites*(太阳孢-弱缝膜环孢-云杉粉)组合为代表(图 2 – 71),分布于黑龙江东部、大兴安岭、燕辽地区、北京西部、内蒙古东部、陕甘宁盆地等相当于九佛堂组的层位。它们可与远东布列亚盆地乌尔加尔组和蒙古下准巴音组的孢粉组合对比。组合中裸子植物花粉多于蕨类植物孢子。蕨类植物孢子属种多样,以 *Deltoidospora*, *Densoisporites*, *Aequitriradites*, *Concavissimisporites* 为主,有数量不多的 *Cicatricosisporites*, *Crybelosporites striatus*, *Couperisporites complexus*, *Gforaminisporites*, *Triporoletes reticulatus*, *Heliosporites* 等;裸子植物孢粉以松科粉为主,古型松柏类还有相当的量,并伴有 *Cycadopites*, *Inaperturopollenites*, *Quadraeculina*, *Jiaohepollis* 及 *Callialasporites* 等孢粉类型。

在辽西地区,孢粉化石以 *Cicatricosisporites* –*Concavissimispirites* –*Piceaepollenites* (无突肋-凹边孢-云杉粉)组合为代表,主要发现于义县杜家屯钻孔和朝阳县梅勒营子,另外在义县上齐台、皮家沟、土垄山、西二虎桥等地也有少量发现。在孢粉组合中,裸子植物孢粉占绝对优势,可达近85%,其余为蕨类植物孢子。本组合以 *Piceaepollenites* 的十分丰富,*Concavissimisporites* 明显增长,*Cicatricosisporites* 仍为其主要成分,而类型有所增加等为特征。

在裸子植物孢粉中,松柏类双囊粉为主,达 73.1%,主要是新型松科和罗汉松属,尤以云杉粉占绝对优势(45.6%),古型的 *Pseudopicea*, *Piceites*, *Paleoconiferus*, *Protoconiferus* 等尚占一定地位(6.3%)。其次是掌鳞杉科的 *Classopollis annulatus*,平均含量为 4.5%,个别样品可高达 23.4%。*Perinopollenites* 在个别样品中含量较高。其他孢粉,如 *Cycadopites*, *Inaperturopollenites*, *Psophosphaera*, *Callialasporites* 等含量很低,*Jiaohepollis* 及藻类 *Schizosporis* 仅在个别样品中见到。

蕨类植物孢子以海金砂科为主(6.6%~7.7%),其中以 *Concavissimisporites*, *Cicatricosisporites* 最多,前者含量较下伏孢粉组合明显增长,后者中除 *C.minutaestriatus*, *C.minor* 仍为常见外,*C.nankingensis* 较为突出,首次出现少量 *Pilosisporites*,仍未出现 *Appendicisporites*。在义县组孢粉组合中繁盛的 *Densoisporites*,其含量明显减少,而 *Aequitriradites*, *Triporoletes* 等重要成分仍很稀少。

9. 昆虫

九佛堂组昆虫化石虽然在冀北—辽西地区有所发现,但建立昆虫化石组合有一定的困难。主要化石分子有 *Ephemerposis trisetalis*, *Hopeitermes weichangensis*, *Nesogramma divaricata*,

图 2－70　晚期热河生物群中九佛堂组的腹足类化石(据于希汉,1987)

Fig.2－70　Fossil gastropods of Jiufotang Formation in late stage of Jehol biota(after Yu Xihan,1987)

1.松本田螺?(相似种)*Viviparus*? cf. *matunotoi* Suzuki,×1.1;2.甘招田螺 *Viviparus ganzhaoensis* Yu,×1.1;3.辽西田螺 *Viviparus liaoxiensis* Yu,×1.1;4.于家沟豆螺 *Bithynia yujiagouensis* Yu,×1.1;5.土垄山肩螺 *Campeloma tulongshanensis* Yu,×3.4;6a,6b.辽西肩螺 *Campeloma liaoxiensis* Yu,×3.4;7.纺锤形始褶襞螺 *Eozaptychius fusoides* Yu,×11;8.胀始褶襞螺 *Eozaptychius inflatus* Yu,×20;9a,9b,9c.扩口胀环螺 *Helisoma ringentis* Yu,×23;10.细长始褶襞螺 *Eozaptychius tenuilongus* Yu,×11;11.朝阳河边螺 *Amnicola chaoyangensis* Yu,×11

图 2-71 晚期热河生物群中九佛堂组的孢粉化石(据蒲荣干等,1985)

Fig.2-71 Fossil sporopollens of Jiufotang Formation in late stage of Jehol biota(after Pu Ronggan et al.,1985)

1.南京无突肋纹孢 *Cicatricosisporites nankingensis* Zhang,×600;2.克马太阳孢 *Heliosporites kemensis* Srivastava,×600;3.路德布无突肋纹孢 *Cicatricosisporites ludbrooki* Dettm,×600;4.小型无突肋纹孢 *Concavissimispirites minor* (Pocock),×600;5.变瘤凹边瘤面孢 *Concavissimispirites variverrucatus* (Pocock),×600;6.相同云杉粉 *Piceaepollenites omoriciformis* (Bolch.),×600

Huabeius suni,*Coptoclava longipoda*,*Hopeitermes weichangensis*,*Mesogramma divaricata*,*Hebeicarabus guojiaounense*,*Fengningia punctata*,*Chirosis* sp.,*Alloma huanghuachungensis*,*Ovidytes gaoi*,*Cretihaliplus chidaojingensis*,*Pauropentacoris macruruta*,*Chironomaptera gregaria* 等。

10. 植物

九佛堂组植物化石组合面貌不清,仅在辽西地区零星发现,如 *Cladophlebis spinellosus*,*Onychiopsis pilotoides*。另外在凌源市四官营子镇三家子发现有 *Otozamites* sp.,*Elatides setose*,*E*.cf. *curvifolia*,*Pagiophyllum* cf. *gracilis*,*Czekanowskia rigida*,*Elatocladus manchurica*,*Dictyozamites indicus* 等种属的植物化石。

第六节 热河生物群标准地层剖面

一、早期热河生物群标准地层剖面

大北沟组

冀北滦平盆地榆树下村大北沟组剖面①(图 2-72)

上覆地层:下白垩统大店子组(K_1d^1) 灰褐色厚层细砾岩、含砾粗砂岩

①对田树刚等(2004)所测榆树下大北沟组剖面进行修测。

———————— 整合 ————————

上侏罗统大北沟组(J_3d) **191.69m**

上侏罗统大北沟组二段(J_3d^2) **68.94m**

22.黄绿色薄层粉砂岩、泥岩夹灰黄色、黄绿色泥灰岩透镜体,含介形类和叶肢介化石。介形类 *Eoparacypris surriensis*,*E.jingshangensis*,*Torinina obesa*,*Darwinula leguminella*,*D.xiayingensis*;叶肢介 *Nestoria pissovi* 10.96m

21.黄绿色、灰黑色薄层粉砂质泥岩,夹灰褐色钙质粉砂质泥岩及少量泥灰岩,产丰富的介形类化石,并含有叶肢介和双壳类化石。介形类 *Luanpingella postacuta*,*L.dorsincurva*,*Torinina obesa*,*Eoparacypris surriensis*,*E.jingshangensis*,*E* aff.*macroselina*,*Pseudoparacypridopsis luanpingensis*,*P.muntfeilensis*,*P.dorsalta*,*Limnocypridea subplana*,*Rhinocypris dadianziensis*,*R.subechinata*,*Djungarica* sp. *Darwinula xiayingensis*,*D.leguminella*,*D.dadianziensis*,*N.latiovata* 等;叶肢介 *Nestoria pissovi*,*N.xishunjingensis*,*N.krasinetzi*,*Pseudograpta zhangjiagouensis*,*P.dadianziensis*,*P.huodoushanensis*,*Yanshania xishunjingensis*,*Y.subovata*;双壳类 *Arguniella lingyuanensis*,*A.yanshanensis* 18.27m

20.灰黑色薄—微薄层钙质泥岩、粉砂质泥岩,夹灰色泥灰岩透镜体及薄层粉砂岩,产丰富的介形类、叶肢介及少量腹足类化石。介形类 *Luanpingella postacuta*,*L.dorsincurva*,*Ocrocypris obesa*,*Eoparacypris jingshangensis*,*E.surriensis*,*Torinina obesa*,*Pseudoparacypridopsis luanpingensis*,*P.muntfeilensis*,*Rhinocypris dadianziensis*,*R.subechinata*,*Darwinula leguminella*,*D.dadianziensis*,*D.xiayingensis*,*Djungarica* sp.;下部产叶肢介 *Nestoria xishunjingensis*,*Keratestheria gigantea*,*K.ovata*;上部产叶肢介 *Nestoria xishunjingensis*,*Keratestheria gigantea*,*K.longipoda*,*Pseudograpta zhangjiagouensis*,*P.dabeigouensis*;腹足类 *Amplovalvata* sp.,*Ptychostylus harpeaformis* 30.0m

19.下部为灰绿色、灰黄色中薄层凝灰质粉砂岩夹薄层凝灰质细砂岩;上部为黄绿色薄层状凝灰质中细粒砂岩、粉砂岩。产介形类化石 *Ocrocypris obesa* (Pang),*Eoparacypris jingshangensis* Yang,*E.dadianziensis* Pang,*Luanpingella postacuta* Yang,*Djungarica camarata* Zhang,*Damonella* sp.,*Rhinocypris* sp.,*Darwinula leguminella* (Forbes),*Limnocypridea subplana* Lub.,*Mongolianella subtrapezoidea* Yang 7.94m

18.灰绿色蒙脱石化沉凝灰岩(图 2-73)。产介形类化石 *Ocrocypris obesa* (Pang),*Eoparacypris jingshangensis* Yang,*E.dadianziensis* Pang,*Mongolianella subtrapezoidea* Yang,*Rhinocypris subechinata* Pang,*Rh*.sp.,*Damonella* sp., *Luanpingella postacuta* Yang,*Limnocypridea subplana* Lub.,*Darwinula leguminalla* (Forbes) 1.77m

———————— 整合 ————————

上侏罗统大北沟组一段(J_3d^1) **122.75m**

17.黄褐色中薄层钙质粉砂岩、粉砂质泥岩 5.43m

16.灰黑色含钙粉砂质泥岩,底部为 80cm 厚的灰白色中厚层沉凝灰岩,含昆虫、叶肢介和裂鳞果化石。昆虫 *Ephemeropsis trisetailis*;叶肢介 *Nestoria pissovi*,*N.xishunjingensis*,*Yanshania xishunjingensis*,*N.*cf. *krasinetzi*,*N.asiatica*,*Pseudograpta* cf. *dadianziensis* 20.18m

15.下部为黄褐色中厚层粉砂岩与灰绿色薄层粉砂岩,上部为深灰色薄层粉砂质泥岩,产叶肢介化石 *Nestoria pissovi*,*N.xishunjingensis* 10.0m

14.灰绿色粉砂质泥岩、黄褐色粉砂岩,夹深灰色薄层钙质泥岩及泥灰岩,产叶肢介化石 *Nestoria pissovi*,*N.karaica*,*N.xishunjingensis*,*N.rotalaria*,*N.mirififormis*,*Noblonga* sp.,*Jibeilimnadia ovata*,*Yanshania* cf. *xishunjingensis*,*Pseudograpta* cf. *zhangjiagouensis* 12.0m

13.下部为灰绿色、深灰色薄层状含钙粉砂质泥岩,发育水平层理;中上部为灰绿色中厚层粉砂岩与灰黑色粉砂质泥岩、粉砂质泥岩互层,夹钙质页岩及黄褐色细粒石英长石砂岩,含叶肢介及少量裂鳞果化石。叶肢介 *Jibeilimnadia ovata*,*J.curtiovata*,*J.latiovata*,*J.elliptica*,*Nestoria pisso-*

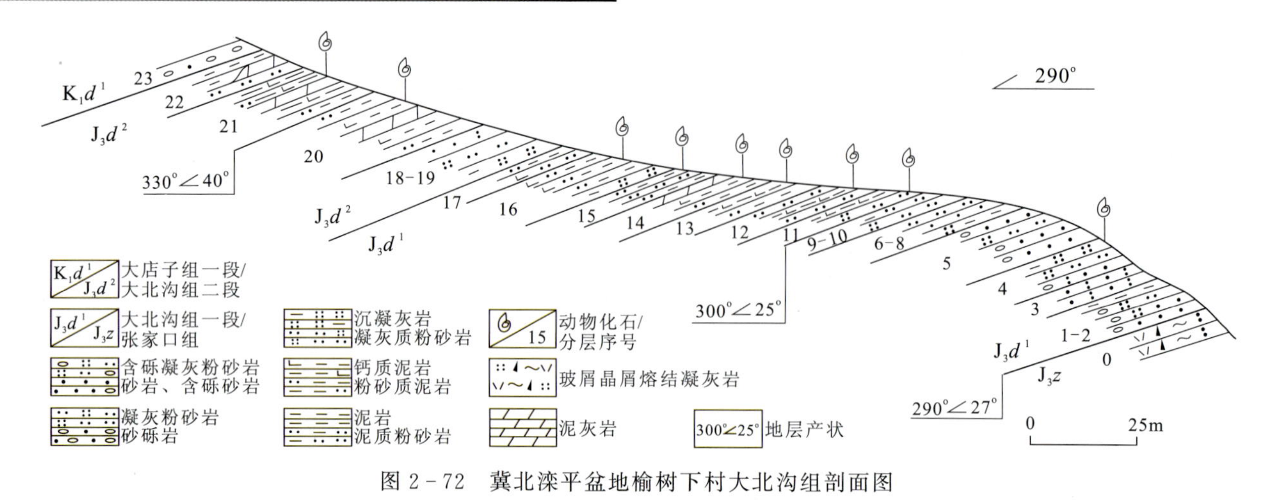

图 2-72 冀北滦平盆地榆树下村大北沟组剖面图

Fig.2-72 Stratigraphic section of Dabeigou Formation in Yushuxia village of Luanping basin, North Hebei province

图 2-73 冀北滦平盆地大北沟组二段底部的角砾凝灰岩

Fig.2-73 Brecciated tuff in basal part of second member of Dabeigou Formation in Luanping basin of northern Hebei province

vi, *N. karaica*, *N. xishunjingensis*, *N. krasinetzi*, *Yanshania zhangjiagouensis* 8.0m

12.灰色、灰黄色薄层粉砂岩夹钙质页岩、凝灰质砂岩，局部含褐铁矿结核，含大量植物碎片及叶肢介。叶肢介 *Nestoria pissovi* 7.25m

11.灰黑色中薄层含钙凝灰质粉砂岩、黄褐色钙质页岩夹凝灰质中粗粒砂岩，顶部为灰绿色含钙粉砂质泥岩。粉砂岩中含炭化植物茎干及叶肢介。叶肢介 *Nestoria xishunjingensis*, *N. pissovi*, *N. luanpingensis*, *N. karaica*, *N. krasinetzi*, *Yanshania xishunjingensis*, *Y. subovata*, *Y. zhangjiagouensis* 7.25m

10.灰黑色纹层状凝灰质粉砂岩，夹薄层凝灰质砂岩 3.02m

9.浅灰褐色、灰绿色中厚层凝灰质粉砂岩，夹灰黑色纹层状含钙粉砂岩，含叶肢介化石 6.04m

8.浅灰黄色中薄层粗粉砂岩和细砂岩 4.23m

7.灰褐色薄层—纹层状凝灰质泥岩 2.42m

6.浅灰褐色中厚层—纹层状凝灰质泥岩与褐黄色粉砂质泥岩互层,产叶肢介化石 *Yanshania xishunjingensis*,*Y.subovata*,*Nestoria* cf. *reticulata*,*N.pissovi*,*N.xishunjingensis* 4.23m

5.灰绿色中厚层含细砾凝灰质粗砂岩,夹灰绿色薄层凝灰质粉砂岩 15.00m

4.浅黄灰色薄层含细砾凝灰质粗砂岩,夹薄层凝灰质粉砂岩,上部为灰色、浅灰褐色薄层—纹层状沉凝灰岩,含叶肢介化石,偶见植物茎干化石 6.20m

3.灰绿色中厚层—块状沉凝灰岩、砂屑沉凝灰岩 3.50m

2.褐灰色中薄层凝灰质中细粒砂岩、含砾凝灰质粉砂岩、泥岩互层 6.00m

1.灰褐色、褐灰色中薄层含砾砂岩夹薄层沉凝灰岩 2.00m

——————整合——————

下伏地层:上侏罗统张家口组(J_3z^1) 灰绿色中—中厚层含砾玻屑晶屑弱熔结凝灰岩

二、中期热河生物群标准地层剖面

义县组

(一)义县马神庙—宋八户义县组剖面[①](图 2-74)

义县组标准地层剖面开始于义县马神庙,经尖山子—砖城子—289 高地—三百垄—朱家沟—349 高地—270 高地,结束于宋八户南公路桥下。地层层序自上而下为:

上覆地层:九佛堂组 在义县吴家屯和西二虎桥一带产鸟类 *Yixianornis grabaui*,龟类 *Manchurochelys* sp.,翼龙类,皮家沟产鱼类 *Lycoptera davidi*,*Jinanichthys longicephulus*,*Longdeichthys luojiaxiaensis*

——————整合——————

义县组(K_1y) **总厚>2760.10m**

义县组五段(黄花山层) **446.72m**

40.灰褐色含砂凝灰质胶结流纹质沉火山角砾岩及含角砾粗砂岩 446.72m

义县组四段 **224.18m**

39.**金刚山层**(朱家沟东),灰白色凝灰质粉砂岩、泥页岩夹薄层沉凝灰岩、钙质粉砂岩、粉砂质泥灰岩。下部为灰绿色凝灰质砾岩、砂砾岩、含砾粗砂岩(图 2-75)。产鱼 *Lycoptera muroii*,叶肢介 *Eosestheria elliptica* 等化石 23.50m

在枣茨山村北山西坡,该沉积层产大量化石,包括鱼类 *Lycoptera muroii*,昆虫 *Ephemeropsis trisetalis*,*Coptoclava longipoda*,叶肢介 *Eosestheria jingangshanensis*, *E.elliptica*,*E.changshanziensis*,*E.*aff.*middendorfii* (Jones), *Eosestheria* (*Diformograpta*) *triformis* (Chen), *E.*(*D.*) *persculpta* (Chen),*Eosestheria* (*Dongbeiestheria*) *fuxingtunensis*,*E.*(*D.*) *tereovata*,*E.*(*D.*) *yushugouensis*,介形类 *Cypridea* (*Cypridea*) *arquata*,*C.*(*C.*) *deflecta*, *Lycopterocypris infantilis*;在金刚山鱼石梁产龟类 *Manchurochelys manchuensis*,离龙类 *Monjurosuchus splendens*,守宫类 *Yabeinosaurus tenuis*,反鸟类,叶肢介 *Eosestheria jingangshanensis*,*E.*(*Diformograpta*) *gongyingziensis* (Wang),*E.*(*D.*) sp.,介形类 *Cypridea* (*Cyprdea*) *jingangshanensis*,*C.*(*C.*) *zaocishanensis zaocisharensis*,*C.*(*C.*) *verdica arquata*,*Lycopterocypris infantilis*,植物 *Equisetites longevaginatus*,*Coniopteris burejensis*,*Botrychites reheensis*,*Baiera* sp.,*Czekanowskia rigida*,*Schizolepis jeholensis*,*Liaoningocladus* sp.,*Podozamites lanceolatus*,*Pityanthus* sp.

①据王五力,张立君,郑少林,等,2004。

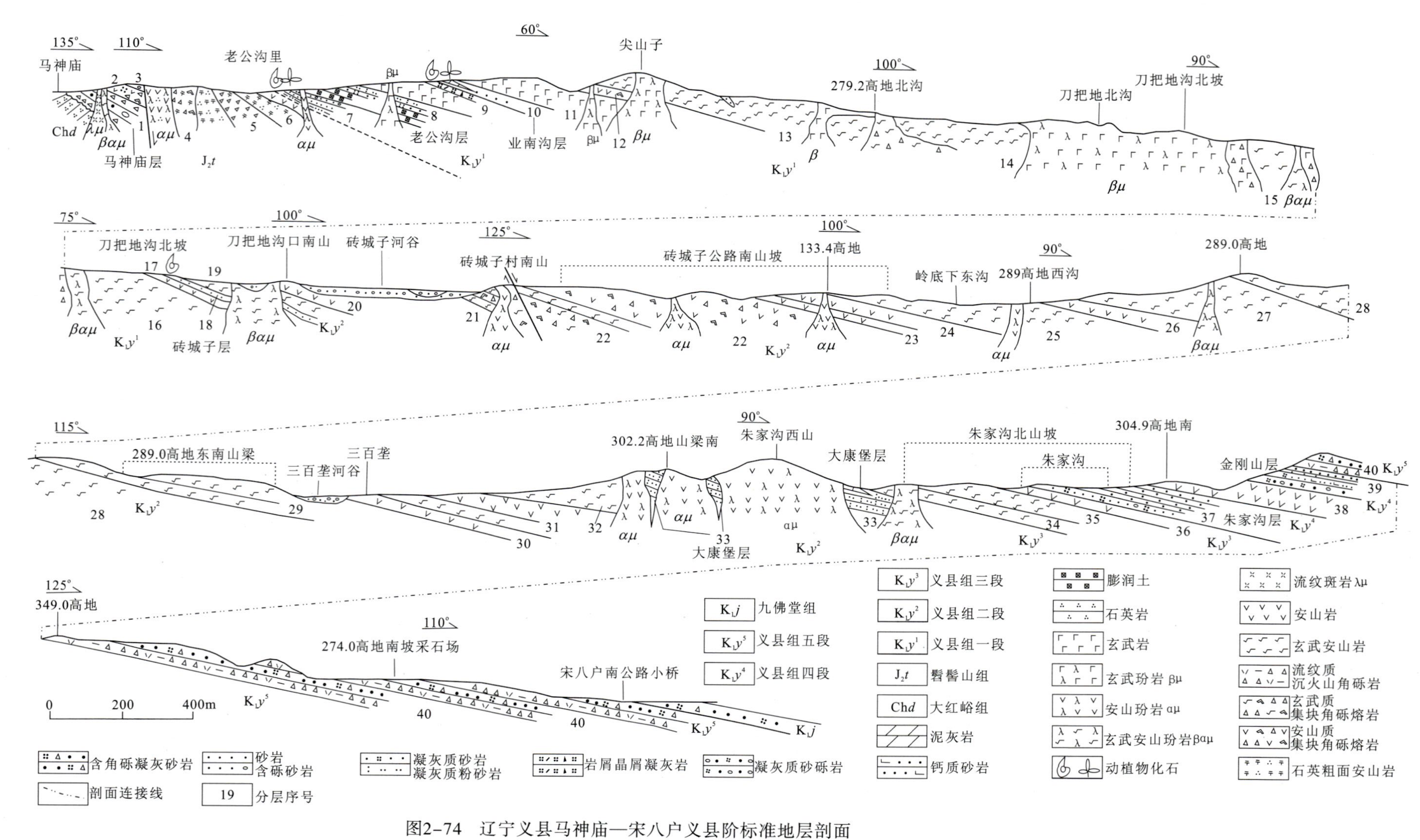

图2-74 辽宁义县马神庙—宋八户义县阶标准地层剖面

Fig.2-75 Standard stratigraphic section of Yixian Stage from Mashenmiao to Songbahu, Yixian county of Liaoning province

图 2-75 义县组金刚山沉积层(白色)远景

Fig.2-75 A distant view of Jingangshan sedimentary bed (white one) of Yixian Formation

38.灰色、灰绿色杏仁状含橄榄石安山岩、安山岩。被脉状、筒状杏仁状安山质角砾集块熔岩穿切 108.44m

37.朱家沟层,浅灰绿色3组斜交层理含砾中粗砂岩与细砂岩互层。底部为灰色凝灰质含砾岩屑砂岩 92.24m

义县组三段 **138.94m**

35—36.灰绿色、灰绿色杏仁状含橄榄石辉石安山岩。被少量似脉状、筒状灰紫色杏仁状安山质(或玄武安山质?)角砾集块熔岩及灰黑色含橄榄石辉石玄武安山玢岩侵入 107.72m

34.灰紫色、灰绿色气孔杏仁状含辉石玄武安山岩。被似脉状、筒状灰绿色杏仁状安山质集块熔岩穿切 31.22m

义县组二段 **>1264.77m**

33.**大康堡层**(朱家沟西),下部为灰黄色凝灰质含砾砂岩,上部为灰白色凝灰质粉砂岩、页岩及膨润土。产叶肢介、昆虫、潜龙类、翼手龙类、反鸟类、鱼类、虾类、植物等化石 >31.95m

在靖家屯东南沟291高地北产昆虫 *Ephemeropsis trisetalis*,*Coptoclava longipoda*;叶肢介 *Diestheria longinqua*,*D. yixianensis*,*Eosestheria* (*Filigrapta*) *jianshangouensis*;植物 *Czekanowskia* sp.,木化石 *Xenoxylon hopeiense*, *Taxoxylon* sp.。在潘家沟西山南沟,产昆虫 *Ephemeropsis trisetalis*,*Mesolygaeus laiyangensis*;叶肢介 *Diestheria yixianensis*,*D.* sp.等化石

在王家沟西山东坡义县炸药库西南产昆虫 *Ephemeropsis trisetalis*,*Sinaeschnidia cancellosa*,叶肢介 *Eosestheris* (*Filigrapta*) *jianshangouensis*,*E.*(*Dongbeiestheria*) cf.*siliqua*,*E.*(*D.*) *yushugouensis*, *Asioestheria*? sp.;植物 *Baiera furcata*,*Stenorachis beipiaoensis*,*Equisetites* sp.,*Czekanowskia rigida*, *Cze. angouensis*, *Cze. setacea*, *Schizolepis jeholensis*, *Liaoningocladus boii*, *Podozamites lanceolatus*,*Ephedrites chenii*,*Gurvanella exquisite*,*Carpolithus* sp.;潜龙类 *Hyphalosaurus* sp.;手盗龙类 *Yixianosaurus longimanus*;翼手龙类化石

大凌河北王油匠沟产反鸟类,潜龙类 *Hyphalosaurus* sp.,虾类 *Liaoningogriphus quadripartitus*,昆虫 *Ephemeropsis trisetalis*;叶肢介 *Eosestheria* (*Clithrograpta*) cf.*lingyuanensis*,*E.*(*Filigrapta*) cf.*taipinggouensis*, *E.*(*Diformograpta*) *gongyingziensis*,*Diestheria*? sp.;植物 *Equisetites lingeginatus*,*E.* sp.,*Czekanowskia rigida*, *Phoenicopsis angustissima*,*Schizolepis jeholensis*,

Liaoningocladus boii，*Podozamites lanceolatus*，木化石 *Circoporoxylon sewardi*。相当此层，在白台沟产反鸟类，翼手龙类，潜龙类，禽龙类 *Jinzhousaurus yangi* 等化石

在四方台南沟东山产叶肢介 *Eosestheria* (*Filigrapta*) *taipinggouensis*，昆虫 *Ephemeropsis trisetalis*，潜龙类 *Hyphalosaurus* sp.，龟类 *Manchurochelys* sp.，植物化石碎片

30—32.灰色气孔杏仁状及杏仁状玄武安山岩、含橄榄石辉石安山岩，被密集的似脉、似层、筒状灰紫色、绛紫色、灰绿色杏仁状安山质集块角砾熔岩穿切成残留体　388.77m

三佰垄村第四系河谷沉积　出露宽 164.30m

28—29.灰色杏仁状含橄榄石玄武安山岩及蜂窝杏仁气孔状玄武安山岩，被较密集的似脉、筒状砖红色、灰绿色、绛紫色多杏仁状安山质集块角砾熔岩穿切　126.29m

22—27.灰色杏仁状玄武安山岩、砖红色杏仁状含橄榄石辉石安山岩及玄武安山质集块角砾熔岩，被灰黑色安山玢岩墙穿切　395.88m

═══════断层═══════

21.灰色气孔杏仁状玄武安山岩，被似层、似脉、筒状砖红色杏仁状玄武安山质角砾集块熔岩穿切，呈似层状和穿插状　109.34m

砖城子第四系河谷沉积　出露宽 580.00m

19—20.灰色气孔杏仁状辉石安山岩、玄武安山岩被灰黑色玄武安山玢岩，浅灰色、砖红色杏仁状碳酸盐胶结玄武安山质集块角砾熔岩墙穿切　>210.49m

18.**砖城子层**(刀把地村东)，浅灰绿色岩屑晶屑凝灰岩及泥灰岩，底部为灰色、灰黄白色安山质火山角砾岩，顶部为浅灰绿色含钙凝灰质页岩、粉砂岩(图 2-76)。产叶肢介 *Eosestheria* (*Filigrapta*) *zhuanchengziensis*，*E.*(*F.*) *jianshangouensis*；介形类 *Cypridea* (*Cypridea*) *yingwoshanensis*，*Candana yingwoshanensis* 等化石　2.05m

在英窝山南沟产大量化石，包括昆虫 *Coptoclava longipoda*，*Sinaeschnidia cancellosa*，*Mesolygaeus laiyangensis*，? *Habrohagla curtivenata*，*Anthoscytina* sp.，*Geotrupoides* sp.；叶肢介 *Eosestheria* (*Filigrapta*?) sp.；植物 *Hepaticites*，*Equisetites longevaginatus*，*Equisetites* sp.，*Coniopteris angustiloba*，*C. simplex*，*Eboracia uniforma*，*Cycadites yingwoshanensis*，*Tyrmia acrodonta*，*Otozamites beani*，*O. turkestanica*，*Zamites yixianensis*，*Neozamites verchojanensis*，*Williamsonia bella*，*W.* sp.，*Williamsoniella jianshangouensis*，*W.* sp.，*Bucklandia* sp.，*Ginkgo apodes*，*Ginkgoites* ex gr. *Sibiricus*，*Baiera valida*，*Sphenobaiera* sp.，*Stenorachis beipiaoensis*，*Antholithus* spp.，*Czekanowskia rigida*，*Phoenicopsis angustissima*，*P.* sp.，*Solenites murrayana*，*S. orientalis*，*Sphenarion* sp.，*Leptostrobus* sp.，*L. sinensis*，*Pityophyllum staratschini*，*Pityolepis* spp.，*Pityocladus densifolius*，*Schizolepis jeholensis*，*S. moelleri*，*S.* sp.，*Cupressinocladus heterophyllum*，*Cyparissidium blackii*，*Cyparissidium rudlandium*，*Cephalotaxopsis leptophylla*，*Brachyphyllum longispicum*，*Liaoningocladua boii*，*Podozamites lanceolatus*，*Podozamites* sp.，*Pityanthus* sp.，*Ephedrites chenii*，*Gurvanella exquisite*，*Beipiaoa spinosa*，*Conites* spp.，*Samaropsis* sp.，*Carpolithus* spp.，*Carpolithus pachythelis*。在大阎家屯南河谷边相当此层产木化石 *Protopiceoxylon* sp.。在英窝山北沟产昆虫 *Ephemeropsis trisetalis*，*Sinaeschnidia cancellosa*，*Geotrupoides* sp.；叶肢介 *Eosestheria* (*Diformograpta*) sp.；介形类 *Cypridea* (*Cypridea*) *yingwoshanensis*，*Candona yingwoshanensis*，*Jinzhouella longissima*，*J. longirenaria*；植物 *Czekanowskia rigida*

金家沟南分水岭南坡产鸟类；昆虫 *Ephemeropsis trisetalis*，*Mesolygaeus laiyangernsis Coptoclava longipoda*，*Sinaeschnidia cancellosa*，*Rhipidoblattina* sp.，*Blattula* sp.，*Karatavoblattina formasa*，? *Habrohagla curtivenata*，*Sophogramma plecophlebia*，*Hagiphama paradoxa*，*Lycoriomimodes* sp.，*Geotrupoides* sp.；叶肢介 *Eosestheria sihetunensis*，*E.*(*Filigrpta*) *taipinggouensis*，*E.*(*F.*) *phalosana*，*E.*(*Diformograpta*) *gongyingziensis* (Wang)；植物 *Hallites jianshangouensis*，*Muscites tenellus*，*Equisetites longevaginatus*，*Xiajiajienia miabila*，*Tyrmia acrodenta*，*Neozamites verchojanensis*，*Williamsonia exiguus* sp.，*Williamoniella jianshangouensis*，*Bucklandia* sp.，*Taen-*

iopteris sp., *Ginkgoites* sp., *Baiera valida*, *B.* sp., *Eretmophyllum* sp., *Stenorachis beipiaoensis*, *Antholithus* sp., *Czekanowskia rigida*, *Solenites murrayana*, *S. orientalis*, *S.* sp., *Sphenarion* sp., *Leptostrobus sinensis*, *L.* sp., *Pityophyllum lindstroemi*, *P. staratschini*, *Pityolepis pseudotsugaoides*, *P.* sp., *Pityocladus densifolius*, *P. jianshangouensis*, *Schizolepis chilitica*, *S. jeholensis*, *S. moelleri*, *Cyparissidium blackii*, *Cyparissidium rudlandium*, *Cephalotaxopsis leptophylla*, *Podocarpites reheensis*, *Pagiophyllum beipiaoense*, *Liaoningocladus boii*, *Elatocladus liaoxiensis*, *Podozamites lanceolatus*, *Pityanthus* sp., *Ephedrites chenii*, *Gurvanella exquisite*, *Beipiaoa spinosa*, *Membranifolia admirabilis*, *Problematospermum beipiaoensis* 等化石

在腰马山沟相当上述沉积层中产木化石 *Cedroxylon* sp.

义县组一段 **697.22m**

11—17.灰色、灰绿色杏仁状玄武岩、玄武安山岩、安山岩。被灰黑色玄武玢岩、橄榄玄武安山玢岩、碱性玄武玢岩及灰紫色、灰黄色玄武质、玄武安山质火山角砾岩筒穿切，下部有1.61m厚灰黄白色钙质粉砂岩夹泥灰岩残留体 549.49m

10.业南沟层（尖山子西），灰黄色、灰白色凝灰质细砂、粉砂岩、页岩夹泥灰岩薄层，底部为灰绿色凝灰质含砾细砂岩和沉凝灰岩，顶部为浅灰黄色砂质结晶灰岩。产腹足类，叶肢介 *Eosestheria* (*Diformograpta*) cf.*gongyingziensis* (Wang)，鸟臀类恐龙 *Psittacosaurus* sp.，鱼类 *Lycoptera* sp.，*Sinamia* sp.，昆虫 *Ephemeropsis trisetalis*，*Sinaeschnidia cancellosa*，*Coptoclava longipoda*，*Anthoscytina* sp.，植物 *Selaginellites fausta*，*Equisetites longevaginatus*，*Xiajiajienia mirabila*，*Tyrmia acrodonta*，*Williamsonia* sp.，*Czekanowskia rigida*，*Solenites* sp.，*Liaoningocladus boii*，*Beipiaoa spinosa*，*Gurvanella exquisite*，*Equisetites* sp.，*Schizolepis jeholensis*，*Podozamites lanceolatus*，*Pityanthus* sp.，*Ephedrites chennii* 等化石 18.85m

9.灰褐色玄武岩。被一条宽4m的灰黑色玄武玢岩穿切，顶部为灰黄色含集块晶屑岩屑凝灰岩 61.81m

老公沟层（老公沟头东坡）

8.灰绿色含砂膨润土、膨润土夹灰色、灰紫色晶屑岩屑凝灰岩、凝灰质细粒杂砂岩，顶部为浅灰白色、灰黄色含结晶灰岩团块泥灰岩及灰白色凝灰质粉砂岩夹薄层泥灰岩 43.01m

7.灰紫色中粒复成分杂砂岩、含砾粗砂岩，底部为灰紫色、紫红色安山质角砾凝灰岩及泥质粉砂岩。产介形类化石 *Cypridea* (*Cypridea*) *rehensis*，*C.* (*C.*) *priva*，*C. laogonggouensis*，*Limnocypridea subplana*，*Mongolianella palmosa*，*M. yixianensis*，*M.*? *laogonggouensis*，*Clinocypris scolia*，*Luanpingella postacuminata*，*Damonella formosa*，*Lycopterocypris infantilis*，*Rhinocypris subechinata*，*Darwinula leguminella*，*D. liaoxiensis*，*D. mashenmiaoensis*，*D. dadianziensis* 24.06m

老公沟层向北延伸，在上底家沟亦有出露，产植物化石 *Thallites riccioides*，*Thallites* sp.，*Equisetites longevaginatus*，*E.* sp.，*Coniopteris* cf.*burejensis*，*Cladophlebis asiatica*，*Czekanowskia rigida*，*Leptostrobus sinensis*，*Podozamites lanceolatus* (=*Lindleycladus lanceolauts*)，*Liaonongocladus boii*，*Pityophyllum staratschini*，*Pityostrobus* sp.；木化石 *Cupressinoxylon fujeni*，*Sahnioxylon* sp.，*Protocedroxylon* sp.。在三道壕南沟产介形类化石 *Cypridea* (*Cypridea*) *rehensis*，*C.* (*C.*) cf.*tubercularis*，*Yumenia cadida*，*Limnocypridea subplana*，*L.* sp.，*Mongolianella palmosa*，*M. breviuscula*，*M. subtrapezoidea*，*M. longula*，*M. sandaohaoensis*，*M. yixianensis*，*Clinocypris parascolia*，*C. scolia*，*Luanpingella postacuminata*，*Eoparacypris dadianziensis*，*Lycopterocypris infantilis*，*L. debilis*，*Rhinocypris subechinata*，*Damonella extenda*，*D. circulata*，*D. subsymmetrica*，*D.* sp.，*Darwinula leguminella*，*D. contracta*，*Timiriasevia* cf.*polymorpha*，*Djungarica camarata*；叶肢介化石 *Eosestheria* (*Diformograpta*) *ovata* (Chen)；双壳类化石 *Arguniella* sp.；腹足类化石 *Probaicalia* sp.；植物化石 *Czekanowskia rigida*，*Leptostrobus sinensis*，*Gurvanella exquisite*，*Beipiaoa parva*，*B. spinosa*。在三道壕北沟产鸟臀类恐龙化石 *Psittacosaurus* sp.，鱼类化石 *Lycoptera* sp.

图 2-76 义县组砖城子沉积层(白色)远景

Fig.2-76 A distant view of Zhuanchengzi sedimentary bed (white one) of Yixian Formation

——————— 平行不整合 ———————

下覆地层:髫髻山组三段(J_3t^3) [依据:一是该套火山岩顶部岩石的单颗粒锆石同位素年龄值为165Ma±(陈文,2004);二是张立东等(2003)获得了侵入该套火山岩的花岗闪长岩单颗粒锆石年龄为(149.1±2.2)Ma] **总厚>216.70m**

灰黑色安山玢岩	出露 55.00m
6.浅灰紫色石英粗面安山岩	25.53m
5.灰色复成分火山角砾岩	2.60m
浅灰紫色石英粗面安山岩墙穿切	出露宽 49.20m
第四系掩盖	29.50m
4.灰紫色 、灰白色粗安质集块角砾岩	24.40m
灰绿色、灰白色石英安山玢岩	出露 85.00m
3.灰白色、灰黄色凝灰质复成分砾岩	30.30m
2.灰紫色安山质角砾集块熔岩;上部为浅灰紫色含角砾凝灰岩	50.92m
灰色玄武安山玢岩墙	出露宽 8.00m

髫髻山组二段(J_3t^2)

1.**马神庙层**,下部为浅灰白色、灰黄色复成分角砾岩,上部为灰白色复成分沉火山角砾岩及灰绿色中厚层凝灰质砂岩。上部被宽 11.50m 的灰紫色流纹斑岩墙穿切 82.95m

自上而下细分层为:

(4)灰白色复成分沉火山角砾岩,被宽 11.50m 灰紫色流纹斑岩墙穿切	32.67m
(3)灰黄色厚层复成分角砾岩	23.20m
(2)浅灰白色薄层复成分砂砾岩,产木化石	23.40m
(1)浅灰白色厚层复成分角砾岩	3.68m

~~~~~~~~~~ 角度不整合 ~~~~~~~~~~

下伏地层:中元古界大红峪组(Pt_2d) 浅灰紫色石英岩、石英砂岩

(二)北票市新开岭—四合屯义县组剖面[①](图2-77,图2-78)

未见项

义县组(K_1y)	**348.67m**
义县组三段	**14.69m**
24.灰黑色橄榄玄武岩	14.69m

图2-77 四合屯义县组二段——珍稀化石沉积层

Fig.2-77 Precious fossil-bearing beds—second member of Yixian Formation near Sihetun village

~~~~~~~~~~ 喷发不整合 ~~~~~~~~~~

义县组二段	**26.19m**
23.灰黄色中厚层中粒长石石英砂岩	3.48m
22.灰绿色凝灰质粉砂岩夹细粒凝灰质岩屑杂砂岩	12.58m
21.灰白色薄层沉凝灰岩夹中厚层砂质结晶灰岩透镜体	2.53m
20.灰色、灰白色页片状钙质页岩,产丰富化石,如鸟类 *Confuciusornis sanctus*, *C.sunae*, *C.chuanzhous*, *Liaoningornis longiditris*,带毛的恐龙类 *Sinornithosaurus millenii*, *Sinosauropteryx prima*, *Protarchaeopteryx robusta*, *Beipiaosaurus inexpectus*,鱼类 *Peipiaosteus pani*, *Lycoptera sinensis* 等,昆虫 *Ephemeropsis trisetalis*,叶肢介和植物等化石	1.46m
19.灰色薄板状钙泥质粉砂岩夹黄褐色铁质胶结沉凝灰岩,局部有结晶灰岩透镜体,产龟类、叶肢介、拟蜉蝣、介形类、虾和植物碎片化石	4.97m
18.黄绿色微薄层—薄层状细粒钙质岩屑杂砂岩,产双壳类化石 *Arguniella lingyuanensis*	1.17m

①据张立东等,2002。

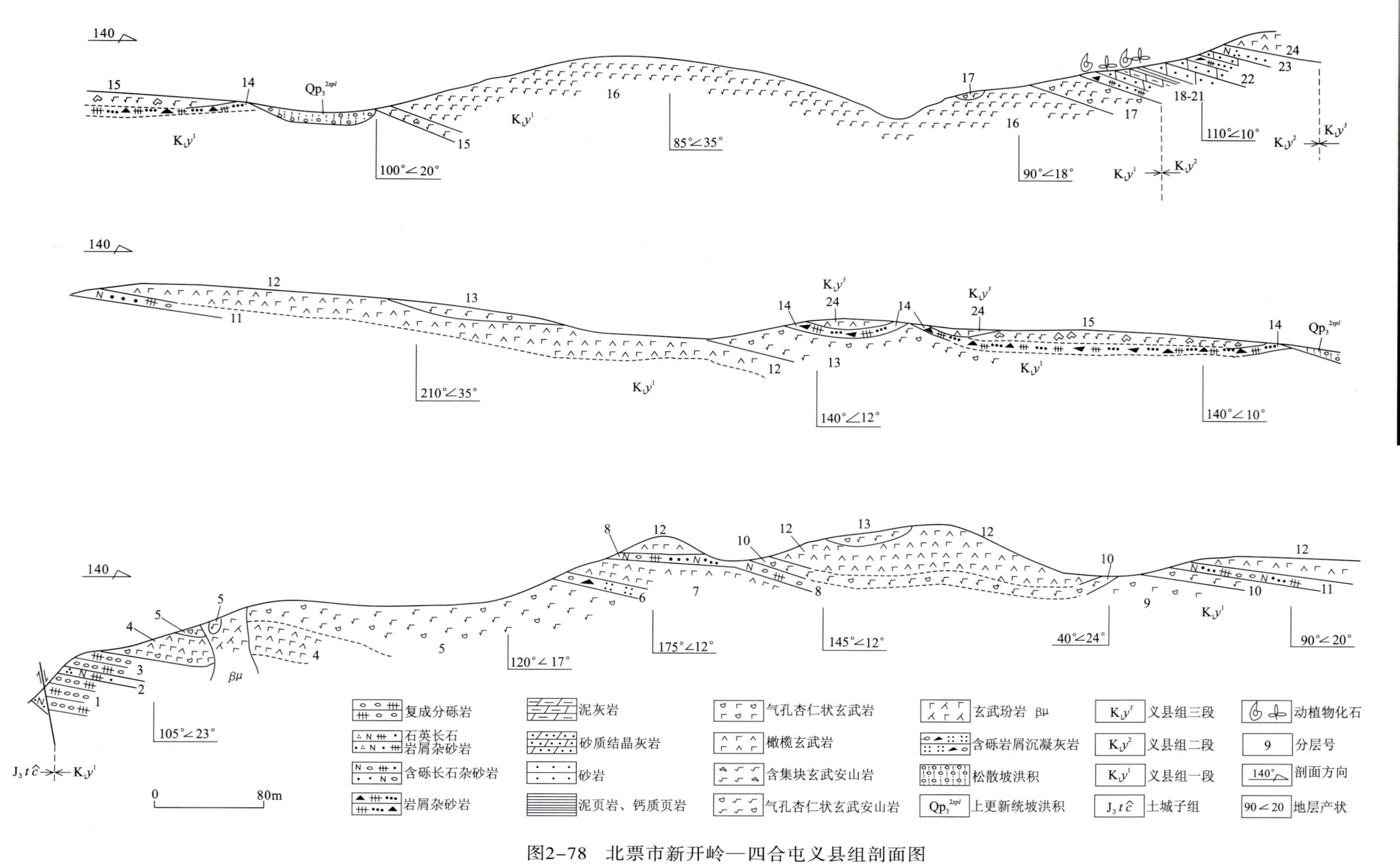

图2-78 北票市新开岭—四合屯义县组剖面图

Fig.2-78 Stratigraphic section of Yixian Formation from Xinkailing to Sihetun of Beipiao city

义县组一段　307.79m

17.深灰色杏仁状玄武安山岩　10.70m

16.灰色橄榄玄武安山岩　91.40m

15.灰色、灰紫色橄榄玄武安山岩，局部有熔结角砾岩和集块岩　6.73m

14.黄褐色微薄层—薄层细粒凝灰质岩屑杂砂岩　0.72m

13.灰黄色、灰绿色气孔杏仁状玄武安山岩　27.38m

12.灰黑色橄榄玄武岩　18.56m

11.上部为微薄层—薄层泥质粉砂岩；下部为黄绿色薄层细粒岩屑长石杂砂岩　2.92m

10.灰绿色、灰黄色杏仁状玄武安山岩　4.95m

9.灰绿色含杏仁状玄武岩　1.02m

8.黄绿色含砾粗粒岩屑杂砂岩　2.98m

7.灰色、灰黑色致密块状橄榄玄武岩，底部有1m厚的紫色气孔状安山岩　8.21m

6.黄绿色薄层含砾中粗粒岩屑沉凝灰岩　3.16m

5.灰色、灰黄色气孔杏仁状玄武安山岩　84.33m

4.灰黑色橄榄玄武岩，底部有1m厚的气孔杏仁状玄武岩　22.30m

3.灰色、浅灰绿色薄层—中厚层复成分细砾岩夹灰色中粒—粗粒岩屑杂砂岩　19.17m

2.灰色薄层—中厚层含砾粗粒长石岩屑杂砂岩　1.63m

1.灰色薄层—中厚层复成分细砾岩，局部夹含砾粗砂岩透镜体　1.63m

══════断层══════

下伏地层：土城子组三段　灰色薄层泥质粉砂岩夹浅灰色、灰粉色细粒石英长石砂岩

在临近北票市四合屯地区，如陆家屯、水泉沟和后燕子沟等地，义县组一段沉凝灰岩、泥质粉砂岩或凝灰粉砂岩夹层中，产较多的脊椎动物化石，如 *Psittacosaurus* sp.（鹦鹉嘴龙），*Jeholosaurus shangyuanensis*（上园热河龙），*Liaoceratops yanzigouensis*（燕子沟辽宁角龙）和 *Repenomamus robustus*（强壮爬兽）等化石

四合屯地区义县组二段所产叶肢介化石为 *Eosestheria* – *Diestheria* 组合，介形类化石为 *Cypridea*（*Cypridea*）*liaoningensis* – *C.*（*Ulwellia*）*muriculata* – *Diungarica camarata* 组合

（三）紫都台盆地勿拉哈达—下黑山口义县组剖面[①]（图2-79，图2-80）

义县组(K_1y)　2028.1m

20.灰紫色、灰绿色沉凝灰岩　154.5m

19.绿灰色安山岩　369.0m

18.紫灰色沉凝灰角砾岩　101.6m

17.杂色凝灰质角砾岩　57.2m

16.绿灰色辉石安山岩　83.8m

15.灰色火山角砾岩　71.7m

14.灰色角闪石安山岩　47.8m

13.紫灰色凝灰质胶结砾岩　59.8m

12.灰黑色玄武岩　35.9m

11.灰白色含砾沉凝灰岩　119.5m

10.杂色砾岩　167.3m

9.灰紫色安山岩　19.7m

8.紫灰色沉凝灰质角砾岩　69.0m

7.灰色气孔状安山岩，底部为灰白色、灰绿色粗砂岩及页岩，产鱼化石 *Lycoptera* sp.，双壳类

①据辽宁省第一区域地质测量队，1971。

图 2-79 阜新市大五家子乡南梁西南伞托花沟珍稀化石沉积层

Fig.2-79 Precious fossil-bearing beds in Santuohuagou, southwest of Nanliang village, Dawujiazi town of Fuxin city

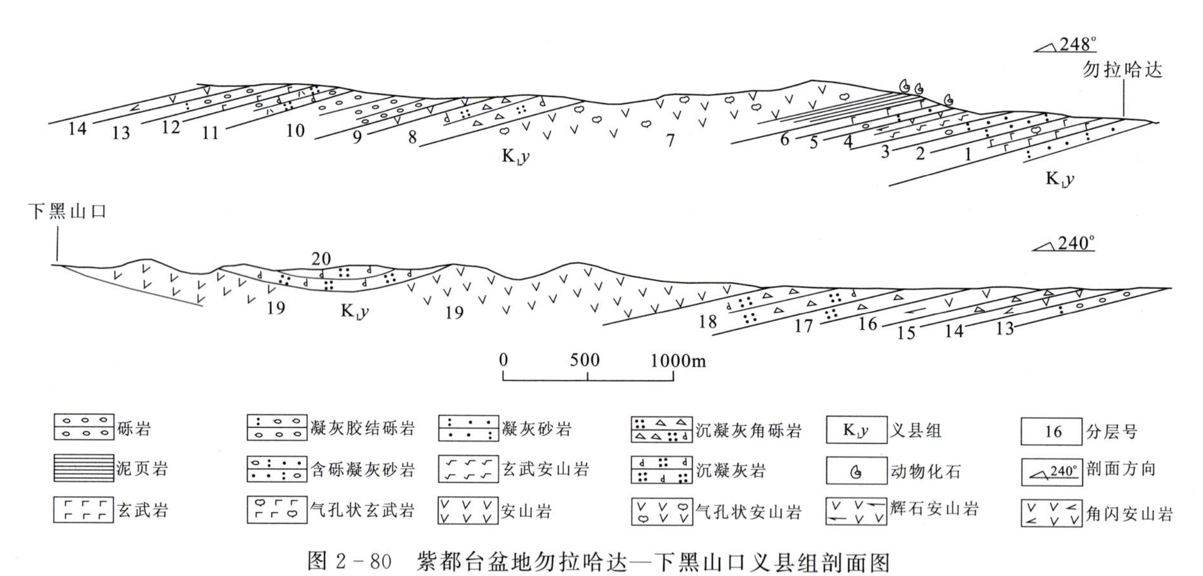

图 2-80 紫都台盆地勿拉哈达—下黑山口义县组剖面图

Fig.2-80 Stratigraphic section from Wulahada to Xiaheishankou in Zidutai basin

Ferganoconcha sp.,*Sphaerium* sp.,腹足类 *Probaicalia* sp.,植物 *Czekanowskia* sp.以及松柏类、叶肢介和介形类等化石 465.6m

6.灰绿色玄武岩 18.6m

5.灰绿色含砾凝灰质砂岩与凝灰质砂岩、粉砂岩互层,产鱼化石 *Lycoptera davidi*,双壳类 *Ferganoconcha* sp.,*Sphaerium* sp.,腹足类 *Probaicalia* sp.以及叶肢介和介形类等化石 9.3m

4.紫灰色玄武安山岩与杏仁状辉石安山岩 74.4m

3.绿灰色含砾凝灰质砂岩与沉角砾凝灰岩 23.8m

2.绿灰色凝灰质粉砂岩与凝灰粉砂质页岩 23.9m

1.绿灰色气孔状橄榄玄武岩与灰黑色玄武岩 55.7m

在阜新市大五家子乡南梁西南伞托花沟,义县组下部为灰白色、灰紫色流纹质凝灰角砾岩,向上变为灰白色、灰黄色薄层—薄板状凝灰质细砂岩、凝灰质粉砂岩及页片状沉凝灰岩，产植物，叶肢介，介形类，鱼类 *Lycoptera* sp.，*Peipiaosteus* sp.以及恐龙骨骼、龟和孔子鸟化石

（四）内蒙古宁城县烟筒沟义县组剖面[①]（图 2－81）

上覆地层：九佛堂组(K_1j)　杂色砾岩

——————— 平行不整合 ———————

义县组(K_1y)	**1456.4m**
54.紫灰色英安岩	578.3m
53.灰黄色巨厚层砾岩	29.8m
52.暗灰色弱蚀变碱性橄榄玄武岩	67.3m
51.灰绿色中厚层细砂岩夹紫色泥质粉砂岩	19.5m
50.灰黄色厚层砾岩	7.5m
49.灰白色厚层含砾粗砂岩与细砂岩互层夹薄层紫色泥岩	21.7m
48.灰绿色、灰黄色、灰紫色中厚层中细粒砂岩夹粉砂岩及薄层泥岩	62.5m
47.灰紫色泥岩与灰色粉砂岩互层	4.9m
46.灰黄色中厚层粗中粒长石砂岩夹粉砂质泥岩及细砂岩	12.9m
45.灰色泥岩夹灰黄色薄层细砂岩及粉砂岩条带，局部夹薄层炭质泥岩，产鱼、叶肢介、双壳类和植物化石	31.4m
44.灰黄色厚层粗粒岩屑长石砂岩夹灰白色、灰黄色粉砂岩，含植物化石碎片	3.7m
43.灰黄色薄层细砂岩与灰白色粉砂岩互层	1.6m
42.灰黄色厚层含砾粗粒岩屑长石砂岩	10.1m
41.灰黄色厚层砾岩	6.9m
40.灰黄色厚层含砾粗粒岩屑长石砂岩	9.3m
39.灰黄色厚层砾岩	4.6m

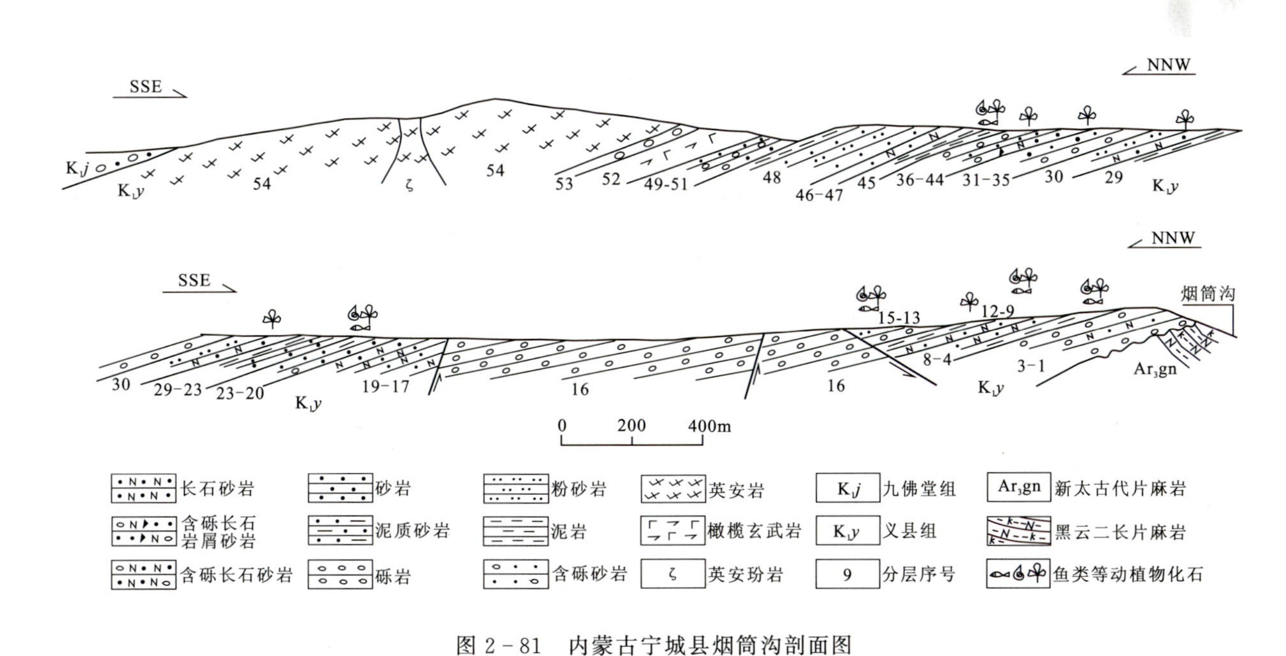

图 2－81　内蒙古宁城县烟筒沟剖面图

Fig.2－81　Stratigraphic section in Yantonggou, Ningcheng county of Inner Mongolia

①据内蒙古地质矿产勘查开发局第十地质矿产开发院，1999，修测后使用。

38.灰白色巨厚层含砾粗粒岩屑长石砂岩 9.5m

37.灰黄色中厚层细砂岩夹灰色粉砂质泥岩 2.7m

36.灰白色巨厚层含砾粗粒岩屑长石砂岩 3.5m

35.浅灰色泥岩夹细砂岩,含植物化石碎片 5.3m

34.灰黄色巨厚层粗粒岩屑长石砂岩 43.3m

33.灰黄色厚层砾岩 3.2m

32.灰黄色厚层不等粒砂岩夹浅灰色粉砂质泥岩 3.8m

31.灰黄色厚层砾岩 6.0m

30.灰黄色巨厚层细中粒长石砂岩夹灰白色粉砂岩及灰黄色细砂岩,含植物化石碎片 51.3m

29.灰黄色厚层细砂岩与浅灰色泥岩互层 5.9m

28.灰黄色巨厚层中粒砂岩 5.9m

27.浅灰色泥岩与灰黄色中厚层细砂岩互层 8.9m

26.灰黄色巨厚层粗中粒长石砂岩 5.9m

25.浅灰色泥岩夹灰黄色中厚层细砂岩 5.9m

24.灰黄色巨厚层粗砂岩 9.2m

23.灰白色薄层细砂岩与浅灰色泥岩互层,含双壳类 *Ferganoconcha* sp., *F. subcentralis*, *F.* cf. *quadrata*, *F. shouchangensis*, *F. tomiensis*, *F. quadrata*, *F.* cf. *lingyuanensis*, *F. yanshanensis*, *F.* cf. *sibirica*,鱼类 Teleostri,植物 *Elatides* cf. *curvifolia*, *Equisetum* sp., *E. burchardti*, *Czekanowskia* sp., *Schizolepis jeholensis*, *Leptostrobus stigmatoides* 等化石 6.1m

22.灰黄色巨厚层含砾粗砂岩 6.5m

21.灰黄色厚层含砾粗砂岩夹灰白色粉砂岩 2.4m

20.灰黄色厚层细粒长石砂岩与灰白色泥岩互层 16.7m

19.灰黄色巨厚层中粗粒长石砂岩 33.4m

18.灰白色巨厚层不等粒长石砂岩夹浅灰色粉砂质泥岩 25.3m

17.灰白色厚层细粒长石砂岩 17.3m

16.灰黄色巨厚层含粗砾巨砾岩 135.1m

15.灰黄色粉砂质细砂岩与灰黄色粉砂岩、浅灰色泥岩互层,产昆虫 *Nematocera* sp., *Rudiaechina* sp.,鱼类 *Lycoptera* sp.,植物 *Eboracia* sp., *Sphenopteris* sp., *Strobilites* sp., *Leptostrobus stigmatoides*, *Equisetum burchardti* 等化石 21.6m

14.灰黄色厚层含砾不等粒长石砂岩 2.1m

13.灰黄色巨厚层含巨砾粗砾岩 7.4m

12.灰黄色中厚层细粒长石砂岩夹灰色泥岩及灰黄色粉砂岩,含昆虫及植物化石碎片 4.0m

11.灰黄色中厚层细粒长石砂岩与浅灰色粉砂质泥岩互层 2.6m

10.灰黄色中厚层中粒长石砂岩 2.5m

9.灰黄色厚层中粒长石砂岩与浅灰色泥岩互层 12.9m

8.浅灰色泥岩夹灰黄色薄层细砂岩,含昆虫 *Nematocera* sp.,鱼类 *Lycoptera* sp.,植物 *Podozamites* sp., *Czekanowskia setacea* 等化石 8.5m

7.灰黄色厚层不等粒长石砂岩 10.6m

6.灰黄色中厚层粗中粒长石砂岩 6.3m

5.灰白色中厚层细中粒长石砂岩 3.1m

4.灰色泥岩夹灰黄色薄层中细粒长石砂岩,含昆虫 *Nematocera* sp., *Calotingis hei*, *Huaxiagophus* sp.,鱼类 *Lycoptera davidi*, *L.* sp.,植物 *Leptostrobus stigmatoides*, *Coniopteris* sp., *Sphenobaiera* cf. *longifolia*, *Equisetum burchardti*, *Podozamites* cf. *gramineus*, *Czekanowskia* sp.等化石 4.7m

3.灰黄色厚层砾岩夹含砾粗砂岩及中细粒长石砂岩 24.8m

2.灰黄色中厚层含砾不等粒长石砂岩 5.3m

1.灰黄色厚—巨厚层粗砾岩 54.9m

～～～～～～ 异岩不整合 ～～～～～～

下伏地层：新太古代黑云二长片麻岩(Ar_3gn)

(五)凌源市义县组上部路线剖面及下部草测剖面①

1. 凌源市范杖子—平房义县组上部路线剖面(图2-82)

上覆地层：未见顶(第四系覆盖)

义县组上部	**>619.91m**
中酸性火山岩	**>40.00m**
10.中酸性火山岩	>40.00m
平房西层	**68.30m**
9.灰绿色凝灰质砂岩、砂砾岩、细砾岩	68.30m
中酸性夹基性火山岩	**218.85m**
8.紫灰色、灰绿色英安质集块角砾岩	45.46m
7.紫灰色英安岩	68.19m
6.灰黑色橄榄玄武岩	15.00m
5.灰绿色杏仁状安山岩	43.70m
4.紫灰色英安岩	46.50m
大东沟层	**136.38m**
3.紫灰色沉火山碎屑岩夹凝灰质砂岩及紫红色含砾粉砂岩	136.38m
黑色玄武玢岩侵入	
中酸性火山岩	**292.76m**
2.紫灰色英安岩	272.76m
1.紫灰色沉火山角砾岩	20.00m

未见底

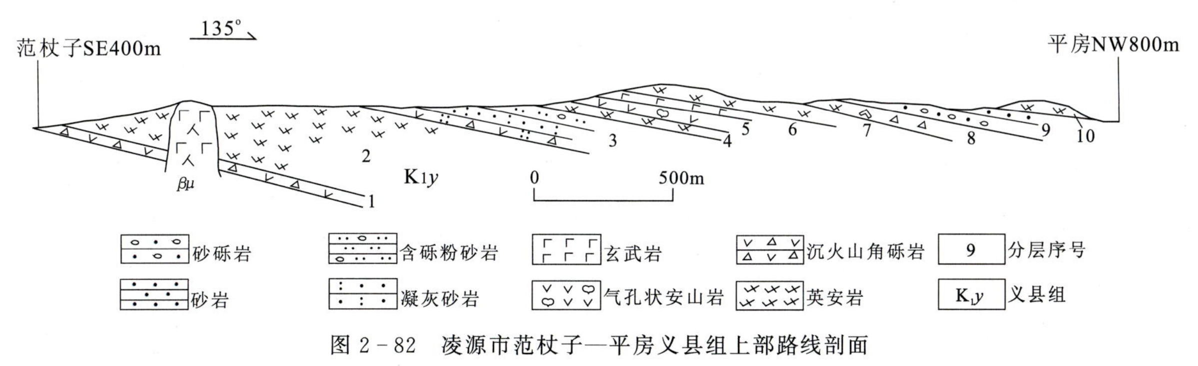

图2-82 凌源市范杖子—平房义县组上部路线剖面

Fig.2-82 Reconnaissance stratigraphic section of upper part of Yixian Formation from Fanzhangzi to Pingfang, Lingyuan city

2. 下接凌源市大王杖子—范杖子—山嘴义县组大新房子层草测剖面(据汪筱林等,2000)

上覆地层：后期火山岩

义县组中部 150～200m

①据王五力等,2004。

大新房子层 **150～200m**

7.灰绿色、灰色凝灰质含砾粗砂岩及灰色、灰白色凝灰岩 70～80m

6.灰色、灰黑色、灰白色页岩夹黄褐色、黄绿色凝灰岩，含鱼类 *Lycoptera davidi*，*Peipiaosteus pani*，*Protopsephurus liui*，*Yanosteus longidorsalis*，爬行类 *Monjurosuchus splendens*，*Hyphalosaurus lingyuanensis*，*Yabeinosaurus tenuis*，Pterodactyloidea gen. et sp. nov.，*Sinornithosaurus millenii*，*Psittacosaurus* sp.，哺乳类 *Jeholodens jenkinsi*，鸟类 *Liaoxiornis delicatus*，*Confuciusornis sanctus*，昆虫 *Ephemeropsis trisetalis*，*Coptoclava longipoda*，叶肢介 *Paraliograpta* sp.，*Eosestheria* sp.，*Eosestheria*（*Diformograpta*）*ovata*，*E.*（*D.*）cf. *pudica*，*Chaoyangestheria* sp.，植物 *Equisetites linearis*，*E. longevaginatus*，*Coniopteris angustiloba*，*Xiajiajienia mirabila*，*Botrychites reheensis*，*Baiera valida*，*Czekanowskia rigida*，*C. setacea*，*Leptostrobus sinensis*，*Solenites murrayana*，*Phoenicopsis angustissima*，*Pityophyllum densifolius*，*P. jianshangouensis*，*L.* sp.，*Pityostrobus* sp.，*Brachyphyllum* sp.，*Liaoningocladus boii*，*Podozamites lanceolatus*，*Elatocladus pinnatus*，*Elatides leptolepis*，*Ephedrites elegans*，*Archaefructus sinensis* 等化石 5～8m

5.灰绿色粗粒凝灰岩、凝灰质砂岩、细粒凝灰岩、组成 3～4 个小旋回 12.00m

4.灰紫色、灰色凝灰岩，韵律明显，具水平和变形层理 2～3m

3.灰色砾岩，砾石以火山岩为主，次圆状，分选中等 2～4m

2.灰绿色粗凝灰岩，灰色、灰黑色粉砂岩、页岩夹灰白色、黄褐色凝灰岩，页岩中含叶肢介 *Eosestheria* sp.，昆虫 *Ephemeropsis trisetalis* 和植物化石 16.00m

1.火山角砾岩、凝灰质砂砾岩、含砾凝灰质粗砂岩，砾石成分以火山岩为主，棱角状，次棱角状，分选差，韵律性明显，具水平或斜层理 >20.00m

——————— 整合 ———————

下伏地层：义县组下部 中酸性火山碎屑岩

（六）建昌县平房子—三门店及牛角沟—什家营子剖面[①]（图 2-83，图 2-84）

上覆地层：九佛堂组（K_1j） 紫灰色粉砂质泥岩

—————— 平行不整合 ——————

义县组（K_1y） **3715.07m**

义县组二段

83.紫灰色碱性流纹岩 64.75m

82.紫灰色流纹质凝灰岩和角砾熔岩 4.80m

81.绿灰色页岩夹长石砂岩及复成分砾岩 40.00m

80.灰黄色厚层含砾长石砂岩，夹砾岩和绿灰色页岩 71.13m

79.灰黄色薄层粉砂岩夹页岩、砾岩 32.39m

78.绿灰色页岩夹长石砂岩、粉砂岩 44.16m

77.灰褐色中厚层含生物碎屑泥灰岩 4.5m

76.灰绿色流纹质角砾凝灰岩 26.22m

75.褐灰色厚层长石砂岩夹砾岩 30.90m

74.绿灰色页岩夹褐灰色、灰黄色粉砂岩、粉砂质泥岩和长石砂岩 176.28m

73.下部为灰绿色、灰黄色厚层含砾砂岩、砾岩夹砂岩、粉砂岩；上部为薄层粉砂质泥岩夹砂岩 139.50m

72.灰褐色流纹质凝灰岩夹凝灰质砂岩、砾岩 7.27m

71.褐灰色粗面岩 51.54m

70.褐灰色气孔状粗面岩 5.58m

①据卢崇海，2000，并稍加修改。

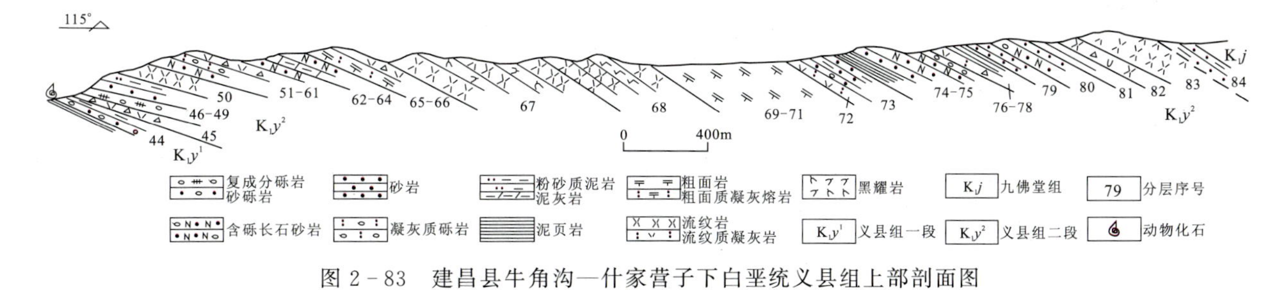

图 2-83 建昌县牛角沟—什家营子下白垩统义县组上部剖面图

Fig.2-83 Stratigraphic section of upper part of Lower Cretaceous Yixian Formation from Niujiaogou to Shijiayingzi, Jianchang county

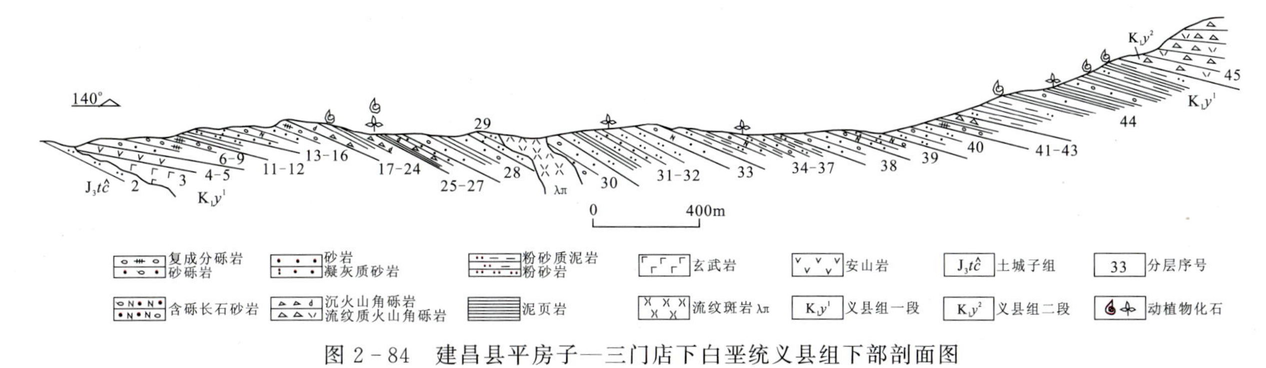

图 2-84 建昌县平房子—三门店下白垩统义县组下部剖面图

Fig.2-84 Stratigraphic section of lower part of Lower Cretaceous Yixian Formation from Pingfangzi to Sanmendian, Jianchang county

69.褐灰色粗面岩	353.58m
68.流纹岩夹玄武安山岩	254.22m
67.浅灰色流纹岩夹黑曜岩	283.31m
66.浅灰色流纹质火山角砾岩	10.16m
65.浅黄色粗面质凝灰熔岩	49.99m
64.灰绿色粉砂质泥岩	4.99m
63.灰黄色厚层长石砂岩夹灰黄色薄层砾岩	14.97m
62.灰褐色中厚层砾屑泥灰岩	5.99m
61.浅灰色流纹质火山角砾岩	31.87m
60.灰绿色薄层粉砂质泥岩	1.70m
59.灰褐色厚层凝灰质砾岩	17.04m
58.灰绿色薄层粉砂质泥岩	4.26m
57.灰黄色厚层复成分砾岩	23.06m
56.灰绿色薄层粉砂质泥岩	2.41m
55.灰黄色厚层长石砂岩夹灰黄色厚层复成分砾岩	24.13m
54.灰黄色厚层长石砂岩夹灰绿色薄层粉砂质泥岩	82.64m
53.粉灰色厚层凝灰质砾岩	5.05m
52.灰绿色薄层粉砂质泥岩	1.01m
51.粉灰色流纹质沉火山角砾岩	7.57m
50.浅灰白色流纹岩夹黑曜岩	62.42m
49.灰黄色中厚层含砾长石砂岩	6.46m
48.灰绿色薄层粉砂质泥岩	6.52m

47.灰绿色薄层粉砂岩 4.13m

46.灰黄色厚层复成分砾岩 19.92m

45.粉灰色流纹质火山角砾岩 5.37m

义县组一段

44.灰绿色粉砂质页岩与灰褐色页岩互层夹含砾粗砂岩及砂砾岩，产叶肢介 *Eosestheria* sp.，鱼类 *Lycoptera* sp.等化石 409.39m

43.灰褐色沉火山角砾岩 9.62m

42.灰绿色粉砂质页岩 31.26m

41.灰褐色厚层复成分砾岩 16.63m

40.灰绿色中厚层—厚层粉砂岩夹含砾粗砂岩 119.99m

39.灰褐色厚层含砾长石粗砂岩夹粉砂岩 75.59m

38.灰黄色厚层—巨厚层含砾粗砂岩 55.77m

37.灰绿色粉砂质页岩夹含砾粗砂岩 74.33m

36.灰黄色厚层含砾长石粗砂岩 13.90m

35.灰绿色粉砂质页岩，含硅化木 27.95m

34.灰绿色中薄层粉砂岩夹含砾长石砂岩 2.50m

33.灰褐色中厚—厚层含砾长石粗砂岩 1.51m

32.灰绿色中厚层粉砂岩夹细砂岩、含砾粗砂岩，含硅化木 54.32m

31.灰绿色薄层粉砂岩夹页岩 29.06m

30.灰黄色含砾粗砂岩夹凝灰质砂岩 26.05m

29.灰白色薄层—中厚层凝灰质粉砂岩夹灰黄色粉砂岩 15.71m

28.灰黄色厚层—巨厚层含砾细砂岩与灰色页岩互层 112.77m

27.灰色页岩夹黄褐色细砂岩，具平行纹层及层间褶皱，产叶肢介 *Eosestheria* sp.，昆虫 *Ephemeropsis trisetalis*，鱼类 *Lycoptera* sp.，植物 *Czekanowskia* sp.，*Cladophlebis* sp.，*Equisetites* sp.等化石 11.19m

26.灰褐色沉火山角砾岩 26.11m

25.灰色页岩夹黄褐色细砂岩，产昆虫化石 *Ephemeropsis trisetalis*，鱼类化石 *Lycoptera* sp. 6.90m

24.灰褐色沉火山角砾岩 11.21m

23.翠绿色中厚层沉火山角砾岩，成层性较好 17.90m

22.灰褐色沉火山角砾岩，顶部夹砂岩、页岩，产鸟类、翼龙、鱼类、双壳类及植物等化石 53.13m

21.灰褐色中厚层含砾粗砂岩夹细砂岩 1.10m

20.灰黑色页岩 0.80m

19.灰褐色中厚层复成分砾岩 3.16m

18.灰褐色流纹质沉角砾凝灰岩 2.27m

17.灰褐色沉火山角砾岩夹含砾长石砂岩 7.49m

16.灰褐色厚—巨厚层复成分砾岩 74.17m

15.灰黄色中薄层细砂岩 9.78m

14.黄褐色薄—中厚层含砾长石粗砂岩 31.84m

13.翠绿色薄层凝灰质细砂岩夹硅质岩 18.63m

12.灰褐色中厚层粉砂岩夹含砾粗砂岩，含植物化石碎片 30.50m

11.灰褐色页岩夹煤线，含植物化石碎片 7.62m

10.灰绿色薄层粉砂岩夹页岩，含植物化石碎片 31.12m

9.灰绿色厚层—巨厚层复成分砾岩夹含砾粗砂岩 80.53m

8.灰褐色厚层—巨厚层复成分砾岩夹含砾粗砂岩 45.52m

7.灰绿色厚层含砾粗砂岩夹复成分砾岩 35.06m

6.灰褐色中厚—厚层含砾粗砂岩，有不明显的韵律层 77.00m

5.灰紫色安山岩　17.22m

4.灰褐色玄武质角砾熔岩　47.45m

3.灰黑色橄榄玄武岩　9.23m

～～～～～～～～ 角度不整合 ～～～～～～～～

下伏地层:土城子组(J_3t)　紫红色粉砂岩

三、晚期热河生物群标准地层剖面

九佛堂组

(一)朝阳县波罗赤乡小北山—黄道营子九佛堂组剖面[①](图 2-85)

九佛堂组(K_1j)　>2124.84m

九佛堂组三段　>693.82m

23.灰绿色薄层流纹质凝灰岩与灰色薄层凝灰质粉砂岩互层,产鱼化石 *Lycoptera davidi*　23.43m

22.灰黑色、灰绿色泥质页岩与灰白色薄层—微薄层凝灰质粉砂岩互层,产鱼化石 *Lycoptera davidi*,介形类化石 *Cypridea multigrainulata ventricarinata*,*C.tersa*,*C.*sp.,*Damonella circulata*,*Limnocypridea redunca*,*L.*cf.*abscondeda*,*L.propris*,*L.*aff.*slundensis*,*L.*sp.,*Lycopterocypris infantilis*,*Mongolianella palmosa*,*M.gigantea*,*M.*sp.　7.83m

21.灰绿色薄层粉砂质泥岩夹黄色中厚层—厚层含砾中粗粒长石岩屑砂岩　45.35m

20.灰黄色中厚层中细砾岩　46.90m

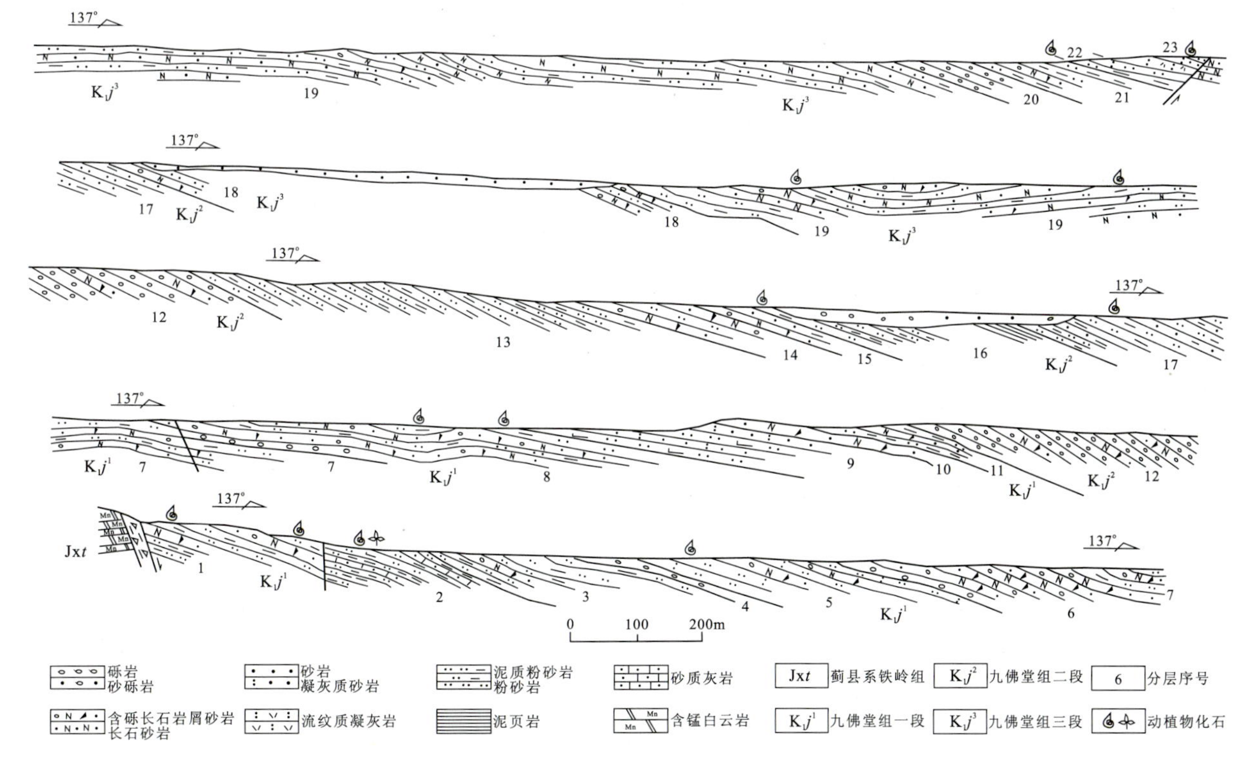

图 2-85　朝阳县波罗赤乡小北山—黄道营子九佛堂组剖面图

Fig.2-85　Stratigraphic section of Jiufotang Formation from Xiaobeishan to Huangdaoyingzi of Boluochi town, Chaoyang

①据郭胜哲等,1996,并补充化石内容。

19.灰黄色薄层—中厚层细粒长石砂岩,含砾中细粒长石岩屑砂岩与灰绿色薄层泥质粉砂岩互层,产介形类 *Darwinula contracta*,*Lycopterocypris liaoxiensis*,*L.multifera*,*L.infantilis* 和叶肢介化石碎片 376.63m

18.灰绿色薄层—中厚层含砾中细粒长石岩屑砂岩夹灰绿色薄层泥质粉砂岩 193.68m

九佛堂组二段 **790.87m**

17.灰黄色、灰绿色薄层泥质粉砂岩和泥质细砂岩,产叶肢介 *Eosestheria* ? sp.,鱼类 *Lycoptera davidi* 等化石 95.76m

16.灰绿色薄层泥质粉砂岩和粉砂质泥岩,产丰富的化石,有介形类 *Cypridea multigranulata ventricarinata*,*C.jianchangensis*,*C.echinulata*,*Clinocypris* sp.,*Damonella circulata*,*Djungarica* ? sp.,*Limnocypridea jianchangensis*,*L.posticontracta*,*L.tulongshanensis*,*L.propris*,*L.*sp.,*Lycopterocypris infantilis*,*L.*sp.,*Mongolianella palmosa*,*M.longiuscula*,*M.gigantea*,*M.wuerheensis*,*M.*sp.,*Timiriaseria* sp.,叶肢介 *Asioestheria* sp.,*Eosestheria* ? sp.,鱼类 *Lycoptera davidi* 等化石,在剖面东侧相当于本层的岩层中采得鸟类化石 *Cathayornis yandica*,*C.caudatus*,*Boluochia zhengi* 等 147.18m

15.灰黄色薄层含砾中细粒长石岩屑砂岩与灰绿色薄层泥质细砂岩互层 21.31m

14.黄绿色薄层—中厚层含砾中粗粒长石岩屑砂岩与灰绿色薄层—中厚层泥质粉砂岩互层 46.73m

13.灰绿色薄层—中厚层泥质粉细砂岩 187.45m

12.黄绿色厚层—巨厚层砾岩夹灰黄色中厚层含砾中细粒长石岩屑砂岩 292.44m

九佛堂组一段 **640.06m**

11.灰绿色粉砂质泥岩夹灰紫色、灰黄色薄层—中厚层细粒长石岩屑砂岩及巨厚层砾岩 23.75m

10.灰黄色中厚层—厚层含砾中细粒长石岩屑砂岩与灰绿色薄层细粒岩屑长石砂岩互层,中部夹一厚层砾岩 16.34m

9.灰绿色、灰紫色钙质粉砂岩夹灰白色透镜状及薄层凝灰质粗粉砂岩 31.98m

8.灰色薄层—中厚层含砾中细粒长石岩屑砂岩与蓝灰色泥质粉砂岩互层,底部为黄色厚层砾岩,产介形类 *Cypridea decorosa*,*Darwinula contracta* 化石 66.18m

7.灰黄色中厚层—厚层含砾长石岩屑砂岩与蓝灰色泥质粉细砂岩互层 52.33m

6.灰绿色薄层—中厚层含砾凝灰质细粒长石岩屑砂岩,底部为3m厚的巨砾岩 111.21m

5.蓝灰色凝灰质粉细砂岩夹灰黄色厚层含砾中粗粒长石岩屑砂岩,产介形类 *Cypridea* ex gr.*vitimensis*,*C.*(*Ulwellia*) cf.*justa*,*C.*sp.,*Lycopterocypris liaoxiensis*,*Mongolianella palmosa*,*M.*cf.*gigantea*,*M.*sp.,*Ziziphocypris costata* 等化石 114.84m

4.灰黄色厚层砾岩及含砾粗砂岩与灰色薄层钙质粉砂岩、灰白色薄层凝灰质细砂岩互层 7.27m

3.蓝灰色泥质粉砂岩夹灰黄色中厚层含砾中粗粒长石岩屑砂岩 88.29m

2.蓝灰色微薄层粉砂质泥岩与灰色薄层—微薄层条带状含砂质灰岩夹钙质粉砂岩和钙质页岩互层,产丰富的化石,有介形类 *Cypridea* aff.*sulcata*,*C.vitimensis*,*C.*aff.*trita*,*C.*sp.,*Candoniella* sp.,*Darwinula contracta*,*D.*sp.,*Damonella circulata*,*Djungarica* sp.,*Limnocypridea* ? sp.,*Lycopterocypris infantilis*,*L.multifera*,*Mongolianella palmosa*,*M.*sp.,*Mantelliana* sp.,*Timiriaseria polymorpha*,叶肢介 *Eosestheria* sp.,*Diformograpta* cf.*valida*,*Neimongolestheria* sp.,*Chaoyangestheria* cf. *xiasanjiaziensis*,*Clithrograpta* cf. *gujialingensis*,*Yanjiestheria* sp.,昆虫 *Ephemeropsis trisetalis*,*Archaeoculicus sinicus*,*Mesolygaeus* ? *laiyangensis*,*Coptoclava longipoda*,鱼类 *Lycoptera davidi*,*L.*sp.,植物 *Czekanowskia rigida* 等化石 47.97m

1.灰绿色粉砂质泥岩和泥质粉砂岩夹灰黄色薄层—中厚层细粒长石岩屑砂岩和含砾中粗粒长石岩屑砂岩,产介形类 *Cypridea vitimensis*,*C.jianchangensis*,*C.echinulata*,*C.dadianziensis*,*C.unicostata*,*C.*sp.,*Darwinula contracta*,*D.ovata*,*D.*aff.*secediensis*,*D.*sp.,*Damonella circulata*,*D.*sp.,*Clinocypris scolia*,*C.*aff.*obliquetruncata*,*Lycopterocypris infantilis*,*Mongolianella* aff.*palmosa*,*M.palmosa*,*M.*sp.,*Rhinocypris echinata*,叶肢介 *Chaoyangestheira* sp.,*C.*cf.*xiasanjiazien-*

sis,*Clithrograpta* cf.*gujialingensis*,*Fengningograpta* sp.,*Filigrapta* cf.*janshangouensis*,双壳类 Ferganoconcha sibirica,F.subcentralis,F.tomiensis,F.sp.,*Sphaerium* sp.,腹足类 *Probaicalia grassimovi*,*P*.sp.等化石 79.90m

══════断层══════

下伏地层:蓟县系铁岭组(Jx*t*) 褐色、褐紫色薄层—中厚层含锰细晶白云岩

(二)喀左县宋家店—甘招九佛堂组剖面[①](图 2-86)

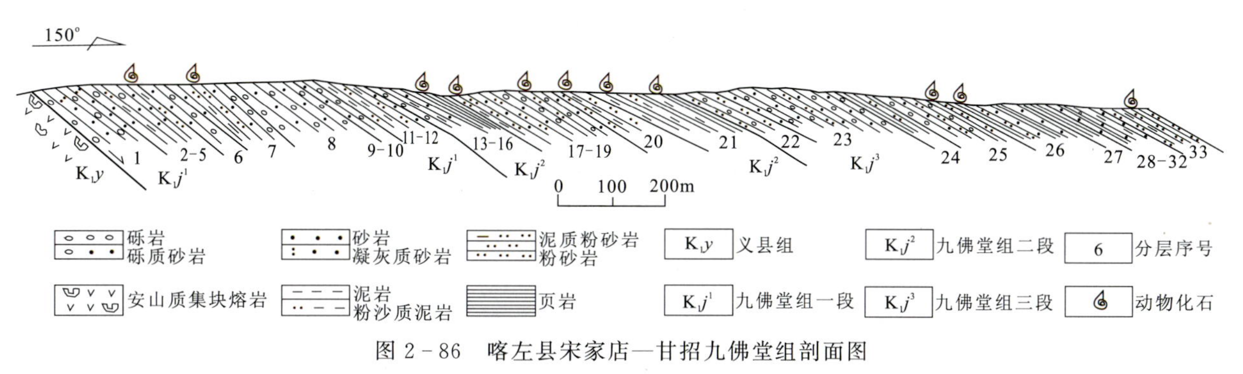

图 2-86 喀左县宋家店—甘招九佛堂组剖面图

Fig.2-86 Stratigraphic section of Jiufotang Formation from Songjiadian to Ganzhao of Kazuo county

九佛堂组(K_1j) **>1183.20m**

三段 **475.39m**

33.黄色薄层粉砂岩夹纸片状页岩及薄层泥岩,含少量铁质结核,产较丰富的化石,有介形类 *Cypridea unicostata*,*C*. sp.,*Rhinocypris pluscula*,双壳类 *Sphaerium* sp.,*S. jeholense*,叶肢介 *Chaoyangestheria* sp.,昆虫 *Ephemeropsis trisetalis* 及植物碎片等化石 5.58m

32.黄灰色中厚层含砾粗粒砂岩夹暗灰色、黄灰色纸片状页岩 8.05m

31.下部为灰色、灰黄色薄层粉砂岩与泥岩互层,上部为灰黄色纸片状页岩 17.78m

30.黄色中厚层含砾粗粒砂岩、砂砾岩夹薄层粉砂岩 5.72m

29.黄灰色、灰色页岩、纸片状页岩,偶夹薄层粉砂岩 27.33m

28.黄灰色中厚层中粒砂岩夹绿灰色薄层泥质粉砂岩,产介形类化石 *Lycopterocypris sinuolata* 4.37m

27.黄绿色、浅灰色粉砂质页岩与纸片状页岩互层,产介形类化石 *Lycopterocypris* sp.,*Cypridea* sp.indet. 26.16m

26.浅灰色、浅绿灰色、深灰色粉砂质页岩与薄层粉砂岩互层,夹黄色粗粒砂岩及粉砂岩,产介形类化石 *Cypridea* sp.,*C.unicostata*,*C.prognata*,*Lycopterocypris infantilis*,*L.liaoxiensis*,*L.semirotunda*,*Ziziphocypris costata*,昆虫 *Ephemeropsis trisetalis*,*Coptoclava longipoda*? 等化石 86.79m

25.灰绿色粉砂质页岩与褐灰色薄层粉砂岩互层,夹黄色厚层中砾岩及砂砾岩,产介形类 *Cypridea* sp.indet.,*Ziziphocypris costata*,*Rhinocypris pluscula*,*Lycopterocypris infantilis* 等化石 75.17m

24.浅灰色、绿灰色粉砂质页岩、纸片状页岩夹薄层、中厚层中细粒砂岩,底部有膨润土夹层 38.92m

23.黄绿色细、粉砂岩夹黄灰色中厚层含砾砂岩 129.67m

22.灰黄色、黄绿色含砾粗砂岩与泥质粉砂岩组成韵律层互层 49.81m

二段 **311.47m**

21.灰色、深灰色页岩夹灰色泥岩、灰白色钙质泥页岩及泥灰岩,产介形类 *Cypridea tersa*,*Darwinula* sp.,*Djungarica circulitriangula*,*D.stolida*,*Limnocypridea* sp.,*L.jianchangensis*,*L*.ex gr. *slundensis*,*Clinocypris obliquetruncata*,*C.scolia*,*Mongolianella palmosa*,*Timiriasevia* sp.,叶肢介 *Asioestheria* sp.,*Clithrograpta* sp.,昆虫 *Ephemeropsis trisetalis*,鱼类 *Lycoptera* sp.,

①据张立君,1999。

L.davidi，腹足类 *Campeloma* sp.等化石 72.78m

20.黄色、黄灰色、绿灰色薄层粉砂岩互层，夹粉砂质泥岩，产鱼类化石 *Lycoptera* ? sp. 32.36m

19.黄灰色厚层含砾粗粒砂岩夹砂砾岩、粗粒砂岩、粉砂岩，产叶肢介化石 *Asioestheria* ? sp. 78.79m

18.黄色中厚层—薄层中粒砂岩夹绿灰色薄层粉砂岩 28.69m

17.土黄色及浅灰色薄层与中厚层粉砂岩夹少量灰色粉砂岩、泥岩，产叶肢介 *Asioestheria* ? sp.及介形类化石碎片 23.50m

16.灰色、黄色、黄绿色页岩互层，夹黑色、灰白色钙质页岩，产介形类 *Cypridea unicostata*，*C.multigranulosa ventricarinata*，*Candona* cf.*subpraerara*，*Darwinula contracta*，*Lycopterocypris infantilis*，*L.sinuolata*，*Rhinocypris pluscula*，*R.echinata*，*Ziziphocypris costata*，昆虫 *Ephemeropsis* ? sp.，鱼类 *Lycoptera* sp.化石 34.77m

15.杏黄色厚层含砾粗粒砂岩夹少量粉砂岩 15.42m

14.黄绿色、黄灰色薄层粉砂质泥岩夹灰白色粉砂岩，产介形类化石碎片 15.83m

13.黄色厚层中砾岩 9.33m

一段 **396.32m**

12.黄色薄层中细粒砂岩夹含砾粗粒砂岩 8.22m

11.黄色、黄绿色、灰色泥质粉砂岩与砂质泥岩互层 53.77m

10.黄色中厚层中砾岩 5.75m

9.黄色厚层粗粒砂岩，向上渐变为黄灰色泥质粉砂岩，含介形类化石碎片 9.41m

8.黄色巨厚—厚层中砾岩夹中厚层粗粒砂岩及其透镜体 98.44m

7.黄色中厚层中砾岩、粗粒砂岩，灰绿色薄层粉砂岩、粉砂质泥岩构成韵律层，整体上砾岩与砂岩厚度相当，产介形类 *Yumenia ocutiuscula*，*Cypridea* cf.*unicostata*，*C.*sp.，*Djungarica* sp.，*Limnocypridea* cf.*abscondida*，*L.*sp.，*Mongolianella gigantea*，*M.palmosa* 等化石 64.58m

6.黄色中厚层中砾岩夹含砾粗粒砂岩 33.75m

5.黄色中厚层中、粗粒砂岩夹灰色薄层粉砂质泥岩，产介形类 *Cypridea unicostata*，*Rhinocypris* cf. *echinata*，*Ziziphocypris costata* 等化石 26.98m

4.黄色厚层中砾岩 18.71m

3.黄色薄层泥质粉砂岩夹灰色薄层粉砂质泥岩 20.09m

2.黄色中厚层含砾粗粒砂岩 18.63m

1.黄色中厚层中砾岩夹灰绿色凝灰质粗粒砂岩、粉砂岩 37.99m

══════断层══════

下伏地层：义县组（K_1y） 紫灰色安山质集块熔岩

（三）义县吴家沟-皮家沟九佛堂组剖面[①]（图 2－87，图 2－88）

上覆地层：沙海组（K_1sh） 黄色厚层砾岩

－－－－－－ 平行不整合 －－－－－－

九佛堂组（K_1j） **>361.88m**

三段 **260.13m**

43.灰绿色薄层泥岩夹灰白色薄层钙质泥岩 10.58m

42.灰绿色薄层泥岩夹褐灰色砂砾岩透镜体 5.45m

41.灰色、绿灰色含砂含钙泥岩，夹灰白色钙质泥岩、灰岩透镜体和薄层砂砾岩 15.39m

40.深灰色薄层泥岩，局部夹灰色泥质粉砂岩薄层，上部含钙质结核，剖面北侧见有介形类化石 *Cypridea unicostata*，*C.prognata* 5.31m

---

①据张立君，1999。

图 2-87　义县皮家沟九佛堂组远景

Fig.2-87　A distant view of Jiufotang Formation near Pijiagou village of Yixian county

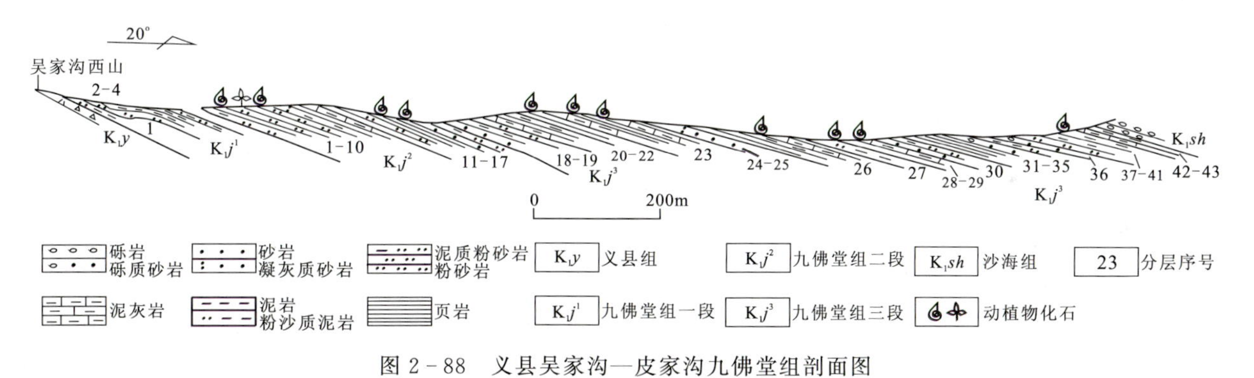

图 2-88　义县吴家沟—皮家沟九佛堂组剖面图

Fig.2-88　Stratigraphic section of Jiufotang Formation from Wujiagou to Pijiagou of Yixian county

39.灰色泥岩、泥质粉砂岩夹黄色砂岩、砂砾岩薄层，构成正韵律层，每层厚 1m 左右　8.54m

38.灰色、深灰色薄层泥岩，灰绿色泥质粉砂岩，夹浅灰色薄层钙质粉砂岩，泥岩中含钙质结核，剖面北侧有丰富的化石，产介形类 *Cypridea prognata*，*C.robustirostris*，*C.*(*Ulwellia*) *subfracta*，*C.*(*U.*) *subelongata*，*Candona pijiagouensis*，*C. praevara*，*C. subpraevara*，*C. pandidorsa*，*Candoniella bitruncata*，*C.simplica*，*Darwinula contracta*，*Cheilocypridea trapezoidea*，*Lycopterocypris liaoxiensis*，*L.infantilis*，*L.multifera*，*Pinnocypridea ganzhaoensis*，*Protocypretta* sp.，*Rhinocypris echinata*，*R.pluscula*，*Timiriasevia corcara*，*T.pusilla*，*Yixianella marginalata*，*Ziziphocypris costata*，*Z.simakovi*，轮藻 *Flaberochara hebeiensis* 等化石　5.08m

37.灰绿色、浅灰色泥岩与含粉砂泥岩互层，有铁质结核　5.61m

36.灰黄色砂砾岩、细粒砂岩与灰色泥质粉砂岩、泥岩构成正韵律层，单层厚 0.5～1m　9.36m

35.绿灰色粉砂质泥岩夹灰白色泥岩　7.77m

34.灰白色中厚层中砾岩、砂岩、粉砂质泥岩构成正韵律层，砾岩厚 20cm，砂岩具有斜层理　4.66m

33.灰色页岩　5.33m

32.绿灰色泥质粉砂岩与粉砂岩互层，偶夹粗粒砂岩透镜体与钙质页岩薄层　4.44m

31.灰色与浅灰绿色页岩互层,偶夹薄层砂岩透镜体及泥灰岩薄层 14.40m

30.砂砾岩、砂岩、泥质粉砂岩、泥灰岩构成正韵律层,其中细粒砂岩、粉砂岩较发育,偶有 3～5cm 的页岩夹层 16.71m

29.灰白色薄层—中厚层泥灰岩与黄绿色块状细砂岩互层,夹灰色泥、页岩薄层,产介形类 *Yumenia casta*,*Cypridea* sp.,*Candona subprona*.*Limnocypridea grammi*,*L.abscondida*,*L.redunca*,*L.posticontracta*,*L.tulongshanensis*,*L.rara*,*Mongolianella palmosa*,*M.longiuscula*,*M.*sp.,昆虫 *Ephemeropsis trisetalis*,鱼类 *Jinanichthys longicephalus* 等化石 10.14m

28.浅灰色、绿灰色粉砂质泥岩、页岩夹灰白色薄层泥灰岩 10.14m

27.灰色—浅灰色中细粒砂岩与泥质砂岩互层,产介形类 *Mongolianella palmosa*,*M.longiuscula*,*M.*sp.,*Clinocypris obliquetruncata*,*C.anterogrossa*,*Limnocypridea redunca*,鱼类 *Jinanichthys longicephalus*,植物 *Czekanowskia rigida* 等化石 7.85m

26.灰色、灰绿色泥、页岩夹灰白色薄层泥灰岩、泥质粉砂岩,产介形类 *Clinocypris obliquetruncata*,*C.anterogrossa*,*Limnocypridea posticontracta*,*L.*sp.,*Lycopterocypris infantilis*,*Mongolianella longiuscula*,*M.palmosa*,*M.*sp.以及鱼骨化石和叶肢介化石碎片 21.54m

25.灰色、灰绿色页岩与灰白色钙质页岩互层,夹砂砾岩透镜体 4.02m

24.褐灰色薄层含凝灰质含砾粗粒砂岩,局部夹灰色薄层泥质粉砂岩、细粒砂岩及泥岩 10.49m

23.灰白色薄层泥灰岩夹灰色页岩,产介形类 *Cypridea* (*Yumenia*) *casta*,*Clinocypris obliquetruncata*,*C.anterogrossa*,*Limnocypridea posticontracta*,*L.grammi*,*L.propria*,*L.abscondida*,*L.rara*,*L.jianchangensis*,*L.*sp.,*Mongolianella gigantea*,*M.palmosa*,*M.longiuscula*,*Timiriaservia* sp.等化石 23.96m

22.灰白色粉砂质页岩与灰色页岩互层,夹灰色泥岩,偶见砂岩透镜体,产介形类 *Cypridea* (*Yumenia*) *casta*,*Clinocypris obliquetruncata*,*C.anterogrossa*,*C.scolia*,*Candona subprona*,*Darwinula contracta*,*Djungarica circulitriangula*,*D.* cf. *stolida*,*D.* sp.,*Limnocypridea grammi*,*L.abscondida*,*L.posticontracta*,*L.tulongshanensis*,*L.redunca*,*L.propria*,*L.*sp.,*Mongolianella palmosa*,*M.gigantea*,*M.longiuscula*,*Rhinocypris echinata*,叶肢介 *Eosestheria fuxinensis*,*E.* cf. *elongata* 等化石 15.25m

21.灰色薄层泥岩与绿灰色页岩互层,夹灰白色泥灰岩 3.39m

20.灰绿色页岩与灰白色泥岩互层,偶夹薄层中粗粒砂岩,产叶肢介 *Eosestheria fuxinensis*,*E.*sp.,*Chaoyangestheria* sp.等化石 13.22m

19.灰黄色薄层含钙含泥粉砂岩、中粗粒砂岩,局部夹灰色粉砂质页岩 7.09m

18.灰色含砾粗粒砂岩、中粒砂岩、粉砂质泥岩、页岩构成韵律层,以泥岩和粉砂岩为主,有时韵律层顶部为泥灰岩 14.41m

二段 **82.84m**

17.黄绿色泥质粉砂岩 11.68m

16.褐灰色薄层钙质胶结中粒砂岩,产介形类 *Cypridea vitimensis*,*C.delnovi*,*Darwinula contracta*,双壳类 *Sphaerium jeholense*,*S.*sp.等化石 2.00m

15.绿灰色粉砂质页岩夹少量黄色薄层粉砂岩,化石密集成层,有介形类 *Cypridea vitimensis*,*C.delnovi*,*C.*(*Yumenia*) sp.,*C.*sp.,*Darwinula contracta*,*Limnocypridea* sp.,*Mongolianella* sp.,*Timiriaservia polymorpha*,*T.pusilla*,腹足类 *Campeloma tulongshanensis* 等化石 2.22m

14.褐黄色薄层粉砂岩夹灰色粉砂质页岩,含化石碎片 1.48m

13.灰色页岩夹灰白色薄层泥灰岩及粉红色薄层中细粒砂岩,产介形类 *Cypridea vitimensis*,*C.delnovi*,*C.*cf.*jianchangensis*,*C.unicostata*,*C.*sp.,*Darwinula contracta*,*Timiriaservia pusilla*,*T.*sp.,叶肢介 *Diformograpta* cf.*middendorfii*;昆虫 *Ephemeropsis trisetalis*;腹足类 *Campeloma* sp.,*Viviparus* sp.等化石 2.71m

12.灰白色薄层泥灰岩 1.71m

11.浅灰绿色薄层钙质粉砂岩与灰色粉砂质页岩互层，上部粉砂岩变为中细粒砂岩，见有化石碎片	19.12m
10.灰色页岩夹灰白色薄层泥灰岩	5.15m
9.灰白色薄层钙质泥岩夹浅灰色页岩薄层	13.27m
8.土黄色薄层泥质粉砂岩，含有灰泥质团块，底部为薄层粗粒砂岩	1.44m
7.褐黄色、土黄色薄层粉砂岩、浅绿灰色泥岩、灰绿色页岩构成韵律层	4.04m
6.灰白色薄层钙质泥岩，产昆虫化石 *Ephemeropsis trisetalis*	1.44m
5.浅灰绿色薄层粉砂岩，含铁质结核	1.44m
4.灰绿色、灰色、灰白色页岩互层，偶夹白色钙质泥岩	3.03m
3.灰黄色、浅灰色薄层中粒砂岩、泥质粉砂岩夹灰色粉砂质页岩，产介形类化石 *Cypridea* sp.indet.，*Darwinula contracta* 及植物化石碎片	4.09m
2.浅灰色、绿灰色、灰白色页岩、粉砂质页岩夹深灰色纸片状页岩，产叶肢介化石 *Eosestheria* sp.	6.51m
1.灰黄色薄层粉砂质泥岩、泥质粉砂岩，夹薄层粉细砂岩，含凝灰质	1.51m

以下掩盖

在吴家沟西山，九佛堂组一段出露厚度近 20m（小剖面 1—4 层），岩性为灰黄色、灰绿色粉砂质泥岩、页岩和粉砂岩，与下伏义县组黄花山层呈整合接触

（四）朝阳县杨树湾乡报马营子—原家洼九佛堂组剖面（图 2-89，图 2-90）

上覆地层：第四系　坡洪积掩盖

～～～～～～ 角度不整合 ～～～～～～

九佛堂组（K_1j）	**>2747.3m**
三段	**1281.5m**
53.灰色、灰黄色薄层—中厚层钙质胶结长石石英细砂岩与灰绿色薄层粉砂质泥岩互层	110.2m
52.黄褐色薄层—中厚层泥灰岩、浅灰色含凝灰粉细砂岩与灰色泥质页岩互层，上部夹浅灰色薄层—中厚层石英长石细粒砂岩	50.4m

图 2-89　朝阳县大平房镇原家洼九佛堂组三段的珍稀化石产地

Fig.2-89　Precious fossil locality of third member of Jiufotang Formation near Yuanjiawa village，Dapingfang town of Chaoyang city

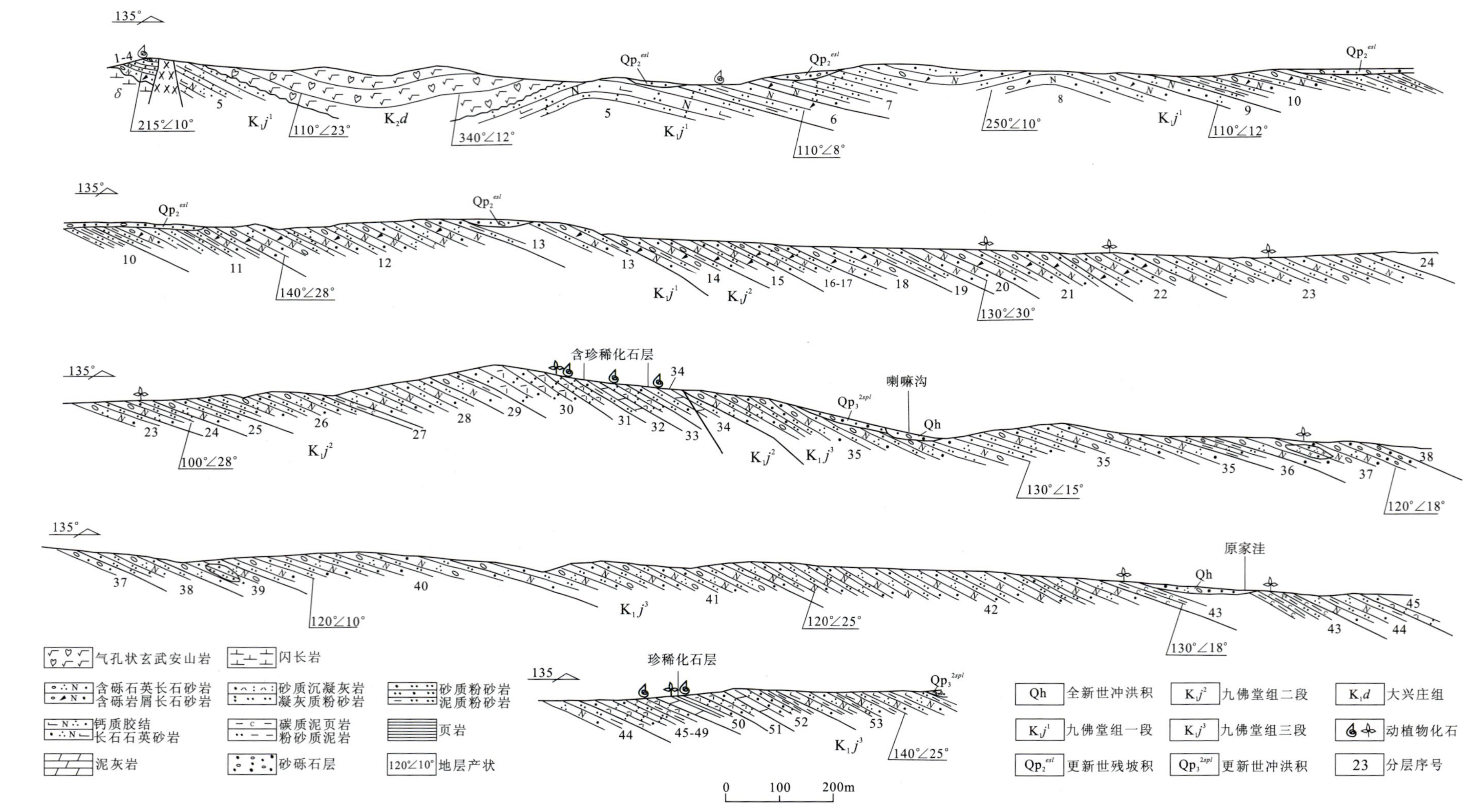

图2-90 朝阳县大平房乡报马营子—原家洼白垩系下统九佛堂组剖面

Fig.2-90 Stratigraphic section of Lower Cretaceous Jiufotang Formation from Baomayingzi to Yuanjiawa, Dapingfang town of Chaoyang county

51.浅灰色薄层—薄板状含砂质沉凝灰岩,局部有同生角砾 23.0m

50.黄褐色中厚层泥灰岩、灰黑色泥页岩与灰色薄板—薄片状粉砂质凝灰岩互层,产介形类、叶肢介、狼鳍鱼、恐龙、鸟类和植物化石 34.8m

49.浅灰绿色薄层含砂质沉凝灰岩,产介形类化石 11.0m

48.灰黑色含炭质页岩、灰白色薄层沉凝灰岩与黄绿色薄层凝灰质粉细砂岩互层,产介形类、狼鳍鱼化石 3.9m

47.灰黄色薄层—中厚层凝灰质粉砂岩 6.6m

46.灰白色夹灰绿色薄层—微薄层含砂质沉凝灰岩,具纹层构造 5.6m

45.灰绿色薄层含砂质沉凝灰岩 16.1m

44.灰黄色、黄褐色中厚层—厚层石英长石细砂岩与灰绿色薄层泥质粉砂岩互层 49.5m

43.灰黑色含炭质页岩夹黄褐色薄层含铁泥质粉砂岩,见有植物化石碎片 32.7m

第四系掩盖(斜距 220.0m)

43.灰黑色含炭质页岩夹黄褐色薄层含铁泥质粉砂岩,见有植物化石碎片 17.2m

42.黄灰色、黄绿色薄层含砂质粉砂岩与浅灰色中厚层石英长石细砂岩互层,单层厚度较小,粗细转换较快,向上单层厚度加大,粗细转换变慢 211.5m

41.浅灰绿色、灰黄色薄层—中厚层含砾石英长石中—细粒砂岩与灰绿色含砂质粉砂岩互层 189.2m

40.灰绿色、土红色薄层砂质粉砂岩夹浅灰色薄层—中厚层含砾长石石英中—粗粒砂岩 88.4m

39.灰色、灰黄色薄层—中厚层含砾石英长石中—细粒砂岩夹灰绿色砂质粉砂岩透镜体 62.3m

38.灰绿色、深灰色、黄褐色薄层砂质粉砂岩夹浅灰色薄层—中厚层含砾石英长石中—细粒砂岩 58.9m

37.灰色薄层—中厚层含砾石英长石中—粗粒砂岩夹浅灰绿色石英长石细砂岩透镜体,有斜交层理,产植物茎干化石,上部变为细砾岩及砾质砂岩 76.3m

36.灰绿色、土红色薄层粉砂质泥岩夹灰色中厚层含砾长石石英中—粗粒砂岩 31.9m

35.浅灰绿色、灰黄色薄层—中厚层含砾长石石英中—粗粒砂岩与灰绿色薄层状砂质粉砂岩互层 129.0m

第四系掩盖(斜距 250m)

35.浅灰绿色、灰黄色薄层—中厚层含砾长石石英中—粗粒砂岩与灰绿色薄层砂质粉砂岩互层 73.0m

══════断层══════

二段 **1014.5m**

34.灰色、灰黄色薄片状含砂泥质粉砂岩夹黄褐色薄层泥灰岩,具纹层构造,产叶肢介化石 53.5m

33.灰色、灰白色薄层含砂质沉凝灰岩,产鸟化石 12.9m

32.灰色、灰黄色薄层含砂泥质粉砂岩夹灰黄色纹层状泥灰岩 9.5m

31.灰白色页片状沉凝灰岩夹黄褐色薄层砂质粉砂岩与灰白色砂质沉凝灰岩,产介形类、鱼类和植物化石 11.1m

30.灰白色、浅青灰色巨厚层含砂沉凝灰岩,向上变为薄层—中厚层砂质沉凝灰岩 72.2m

29.灰黄色中厚层含砾石英长石中—粗粒砂岩与灰绿色薄层含砂质泥岩互层 35.3m

28.下部为灰黄色、青灰色中厚层—厚层石英长石中—粗粒砂岩,上部为灰绿色薄层砂质粉砂岩与灰黄色石英长石细砂岩互层,整体构成粗—细韵律,下部砂岩具有斜交层理 124.0m

27.灰黑色、黑褐色炭质页岩夹一薄层灰白色含砂质沉凝灰岩 5.5m

26.灰绿色薄层砂质粉砂岩夹灰黄色薄层—中厚层含砾石英长石中—粗粒砂岩 85.4m

25.灰粉色、灰黄色中厚层—厚层含砾石英长石细砂岩与灰绿色砂质粉砂岩互层,局部夹砾质砂岩 28.6m

24.灰色中厚层—厚层含砾长石石英中—粗粒砂岩(局部为砾质砂岩及细砾岩)与浅灰绿色中厚层凝灰质粉细砂岩互层,含植物茎干化石 29.9m

23.灰色中厚层—厚层含砾石英长石中—粗粒砂岩(局部为砾质砂岩及细砾岩)与灰绿色薄层砂质粉砂岩互层,砂岩底面发育重荷模构造,产植物茎干化石 162.2m

22.灰黄色薄—厚层含砾长石岩屑中—粗粒砂岩夹灰绿色薄层含砂泥质粉砂岩,砂岩中有植物茎干化石 73.8m

21.灰粉色薄层—中厚层含砾岩屑长石中—细粒砂岩与灰绿色薄层砂质粉砂岩互层,含植物茎干化石 101.8m

20.浅灰色厚层—巨厚层夹薄层长石细砂岩,局部夹砾质砂岩和细砾岩	28.9m
19.灰绿色薄层含砂泥质粉砂岩夹灰白色含砾长石岩屑中—粗粒砂岩,局部为砾质砂岩	28.4m
18.灰白色中厚层—厚层含砾岩屑长石中—粗粒砂岩夹灰绿色薄层含砂质粉砂岩,局部为砾质砂岩	41.4m
17.灰粉色薄层—中厚层含砾岩屑长石细砂岩与灰绿色薄层砂泥质粉砂岩互层	15.7m
16.灰粉色薄层含砾岩屑长石细砂岩与深灰色薄层—中厚层砂质凝灰粉砂岩互层,含植物茎干化石	7.4m
15.浅灰色薄层—厚层长石岩屑中—细粒砂岩与灰绿色薄层含砂质粉砂岩互层	28.2m
14.灰色中厚层含砾岩屑长石粗砂岩、砾质砂岩与灰绿色薄层含砂砾泥质粉砂岩互层	58.8m
一段	**486.6m**
13.灰绿色薄层含砂泥质粉砂岩夹灰白色薄—中厚层含砾岩屑长石细砂岩	30.1m
第四系掩盖(斜距 144m)	
13.灰绿色薄层含砂泥质粉砂岩夹灰白色薄层—中厚层含砾岩屑长石细砂岩	11.3m
12.灰白色薄层—中厚层含砾岩屑长石中—细粒砂岩与黄褐色石英长石细砂岩互层夹灰绿色凝灰质粉砂岩,偶见斜交层理及小型槽状层理	233.2m
11.灰绿色薄层泥质粉砂岩夹薄层—中厚层含砾岩屑长石中—粗粒砂岩	25.3m
第四系掩盖(斜距 400m)	
10.灰色薄层粉砂质泥岩或泥质粉砂岩夹灰粉色、灰白色薄层—中厚层含砾岩屑长石中—粗粒砂岩,见有斜交层理	48.4m
9.浅灰绿色中厚层石英长石细粒杂砂岩,上部夹灰粉色薄层含砾岩屑长石中—粗粒杂砂岩	12.5m
8.灰绿色薄层—中厚层含砂质泥质粉砂岩夹灰白色薄层含砾岩屑长石中—粗粒砂岩	64.9m
第四系掩盖(斜距 132m)	
7.灰黄色薄层—中厚层岩屑长石细砂岩夹灰色薄层粉砂质泥岩和凝灰质粉砂岩	9.5m
6.灰色薄层泥质粉砂岩夹岩屑长石细砂岩,上部产叶肢介、双壳类和腹足类化石	7.4m
第四系掩盖(斜距 100m)	
5.灰黄色中厚层钙质胶结石英长石细砂岩与灰绿色薄层凝灰质粉砂岩互层	>7.8m
灰黑色致密块状辉绿玢岩侵入,层 5 部分地段被大兴庄组玄武安山岩覆盖	
第四系掩盖(斜距 43m)	
4.灰黄色薄层凝灰质细砂岩,深灰色薄层泥质粉砂岩(产昆虫化石),灰白色薄层—中厚层凝灰胶结石英长石细砂岩互层	12.9m
3.浅灰色薄层含砾长石岩屑杂砂岩夹灰绿色薄层凝灰质粉砂岩、砂岩	16.9m
2.灰色薄板状泥质粉砂岩,上部为灰白色页片状凝灰质粉砂岩,产叶肢介和狼鳍鱼化石	3.8m
1.灰黄色中厚层含砾长石岩屑杂砂岩夹灰白色砂质凝灰岩	2.6m

~~~~~~~~~~ 异岩不整合 ~~~~~~~~~~

下伏岩层:灰绿色中粒闪长岩

第七节 阜新生物群的组成与分布

阜新生物群是早白垩世晚期的生物群,赋存层位是沙海组和阜新组及其相当的地层。以 *Kuyangichthys*(固阳鱼)鱼群,*Pseudestherites* – *Neimongolestheria* – *Yanjiestheria*(假瘤模叶肢介-内蒙古叶肢介-延吉叶肢介)叶肢介群,*Nippononaia* – *Tetoria*(日本蚌-手取蚬)双壳类群和 *Ruffordia geopperti* – *Onychiopsis elongata*(葛伯特茹福德蕨-伸长拟金粉蕨)植物群为代表,可称为 K – Y – N – A 生物群。它广布于中国北方,向北延伸至蒙古、俄罗斯远东,向东可至日本西部。

除了燕辽地区、内蒙古固阳地区和吉林通化地区是阜新生物群的典型发育区外,还有下面 3 种
~~~~~~~~~~

分布情况：第一种是以固阳鱼、延吉叶肢介等化石为特征的鱼-叶肢介生物群分布区，共生有 *Ruffordia geopperti* -*Onychiopsis elongata* 植物群分子，主要分布于辽北彰武县、昌图县的营城组，辽东新宾县亨通山组，内蒙古胜利煤田的煤系地层，海拉尔盆地西缘的相关地层，陕甘宁盆地的李洼峡组和马东山组，甘肃酒泉盆地的新民堡群；第二种是分别以阜新植物群、阜新叶肢介群、阜新软体-介形动物群等化石为主的生物分布区，如辽东南杂木、大甸子盆地，丹东浪头盆地，黑龙江西岗子盆地，大兴安岭霍林河盆地、海拉尔盆地，内蒙古巴彦花盆地，陕甘宁志丹群泾川组，新疆准噶尔盆地以及蒙古准巴音盆地等，在这些地区，一般可见下伏的热河生物群分子；第三种是以 *Ruffordia geopperti* -*Onychiopsis elongata* 植物群晚期组合为主的生物分布区，常伴生有滨海型软体动物，其产出层位上、下往往有海相生物和相关沉积，如黑龙江东部城子河组和穆棱组，东宁盆地的东宁组，俄罗斯远东绥芬盆地的利波维次组和乌苏里斯克组，苏昌盆地的塔乌辛组、克柳切夫组、老苏昌组和北苏昌组，结雅-布列亚盆地的乌尔加尔组上亚组、恰格达门组和托罗木组，阿组伊河地区的伊利努列克组以及日本西部手取亚群的足谷层和伊月层等，其中以黑龙江东部和日本西部最具代表性。

一、珍稀脊椎动物

在阜新组发现有哺乳动物等化石，如 *Endotherium niinomii*（新野见远藤兽），恐龙足印 *Changpeipus* sp.（张北足印），有鳞类 *Teilhardosaurus carbonarius*（炭化德氏蜥）；在沙海组发现有真兽类 *Mozomus shikamai* Li et al.（鹿间明镇古兽），恐龙蛋 *Heishanoolithus changii*（常氏黑山蛋）。

二、鱼类

在燕辽和内蒙古固阳典型分布区产有 *Kuyangichthys* -*Kuntulunia*（固阳鱼-昆都仑鱼）群（图 2-91）。已经发现的鱼类化石有阜新市沙海组中的 Kuyangichthyidae，Leptelepidae，义县沙海组中的 *Jinanichthys longicephalus*，*Changichthys dalingheensis*，义县沙海组和阜新市阜新组中的 *Paralycoptera* sp.，Teleostei indet.，阜新市阜新组中的？*Nieerkunia*，Palaeonisciformies indet.，内蒙古赤峰市沙海组中的 *Kuyangichthys lii*，新宾县南杂木聂尔库组中的 *Suzichthys xinbinensis*，*Nieerkunia liae*，北京市西山卢尚坟组中的 *Xishanichthys xiei*，固阳盆地固阳组中的 *Kuyangichthys microclus*，*Kuntulunia longipterus*，*Xishanichthys xiei*。

Kuntulunia（昆都仑鱼）也发现于吉林东部三棵榆树的亨通山组中，向西在陕甘宁盆地李洼峡组和马东山组中也有 *Kuntulunia longipterus*。在甘肃酒泉盆地下部的赤金桥组产热河生物群化石 *Lycoptera* 和 *Sinamia*，上部的新民堡群则产 *Sunolepis yumenensis*，属于粒鳞鱼-祁连鱼群（*Coccolepis* -*Qillanichthys* Fauna），这一鱼群可归入广义的阜新鱼群。

三、叶肢介

阜新和建昌盆地沙海组的叶肢介化石为 *Pseudestherites* -*Neimongolestheria* -*Yanjiestheria*（假瘤模叶肢介-内蒙古叶肢介-延吉叶肢介）组合（图 2-92）。主要分子有 *Eosestheria*？*beizhuanchengziensis*，*E. heishangouensis*，*E. chifengensis*，*E. yingjinensis*，*E. damiaoensis*，*Asioestheria meileyingziensis*，*Diestheria. yangliutunensis*，*Pseudestherites qinghemenensis*，*P. jianchangensis*，*Neimongolestheria prolixa*，*N. yangliutunensis*；梅勒营子镇沙海组的叶肢介化石为 *Yanjiestheria pusilla*，*Y. exornata*，*Paraliograpta intermedioides*。

冀北青石砬组（沙海组）和内蒙古固阳组的叶肢介化石主要分子有 *Eosestheria zhangjiakouen-*

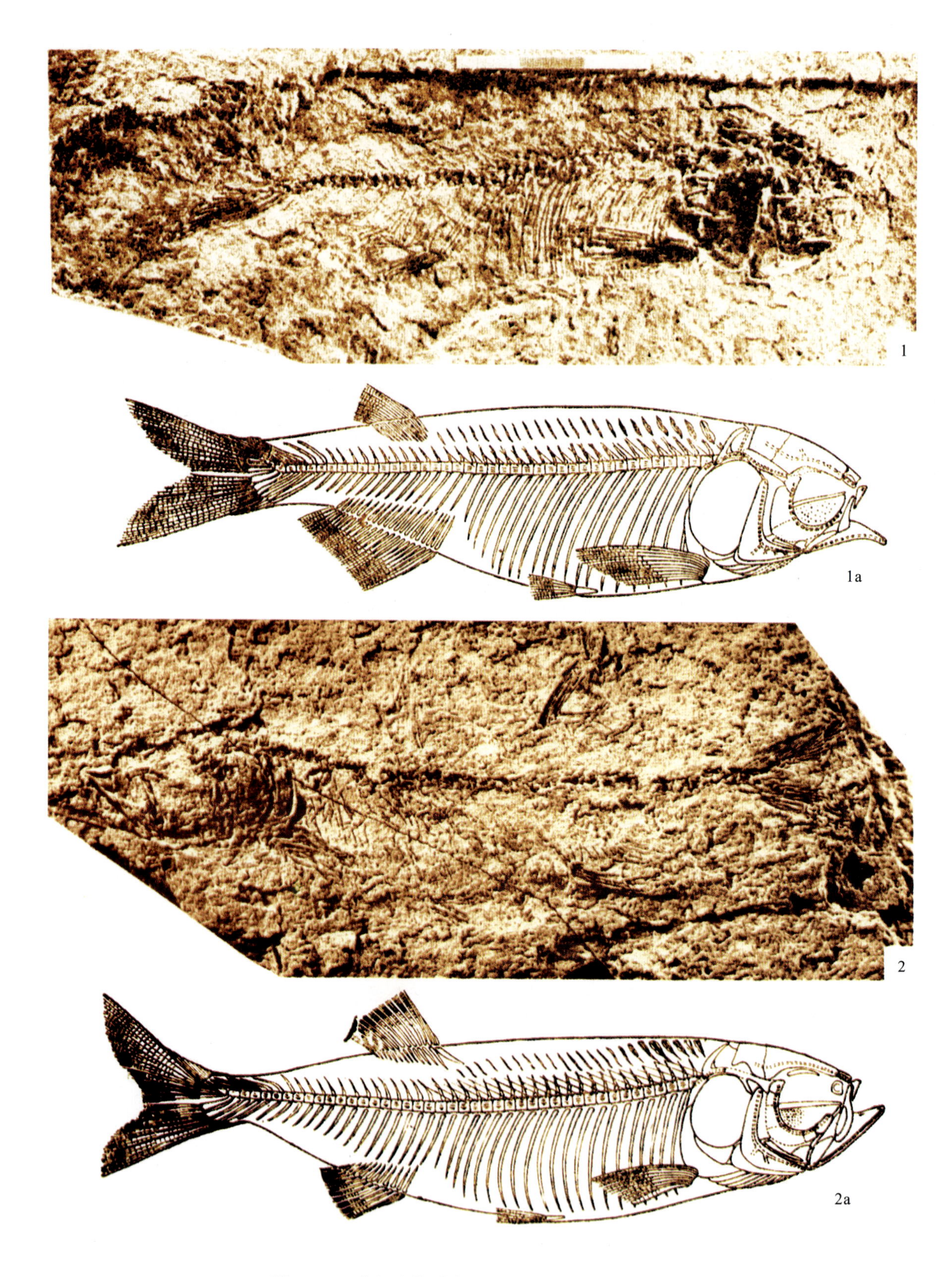

图 2－91　阜新生物群中的鱼化石(据刘宪亭等,1982)

Fig.2－91　Fossil fishes of Fuxin biota(after Liu Xianting et al.,1982)

1.长形昆都仑鱼 *Kuntulunia longipterus* Liu,Ma et Liu,×1;1a.*Kuntulunia longipterus* 复原图,Reconstruction;2.小型固阳鱼 *Kuyangichthys microclus* Liu,Ma et Liu,×2;2a.*Kuyangichthys microclus* 复原图,Reconstruction

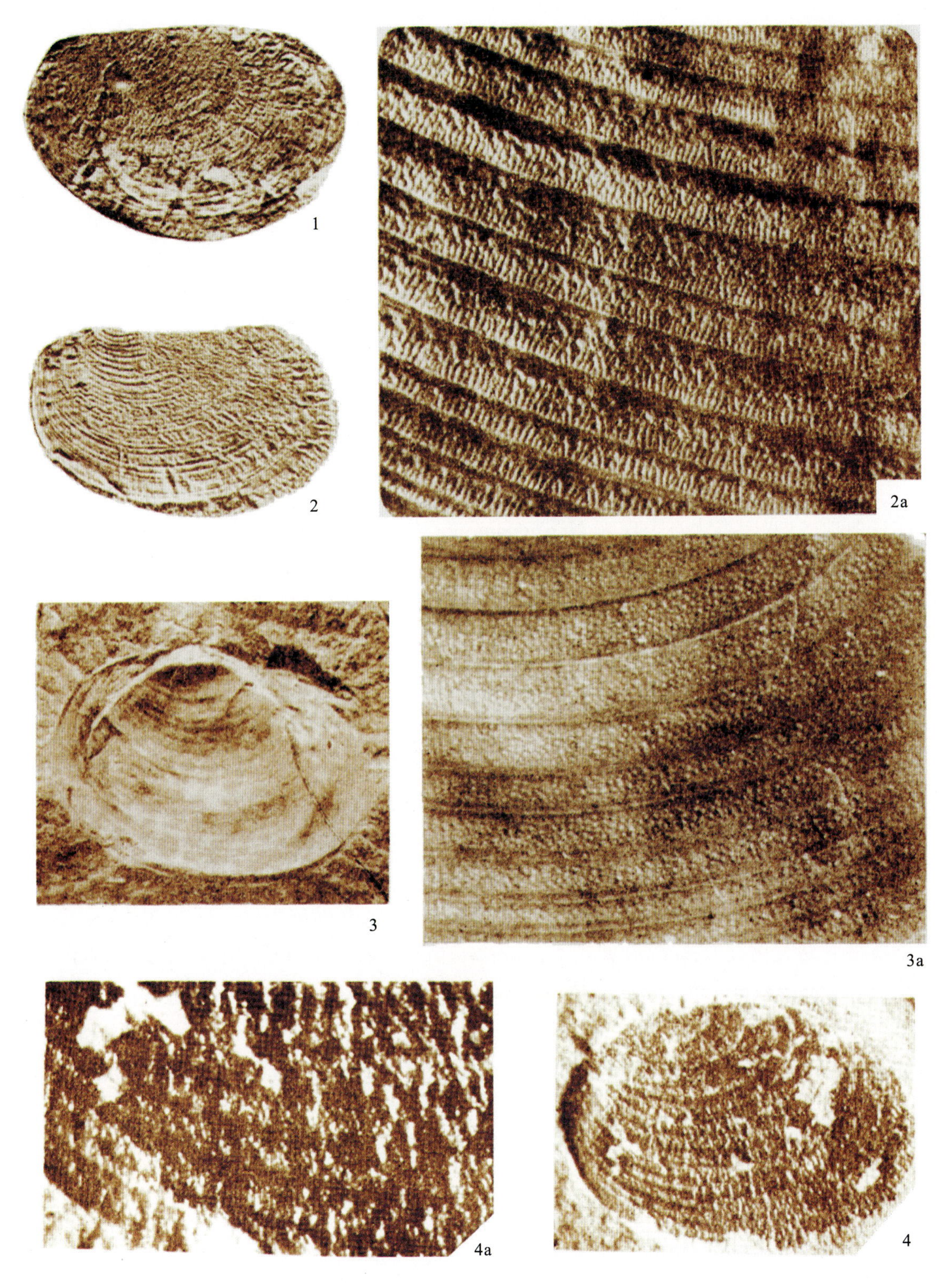

图 2-92　阜新生物群中的叶肢介化石(据王五力,1976,1987;陈丕基,1976)

Fig.2-92　Fossil controstracas of Fuxin biota(after Wang Wuli,1976,1987;Chen Peiji,1976)

1,2.固阳内蒙古叶肢介 *Neimongolestheria guyangensis* W.Wang,1×2,2×2;2a.*Neimongolestheria guyangensis* 壳前腹部装饰,Anterior ventral shell ornaments,×27;3.清河门假瘤模叶肢介 *Pseudestherites qinghemenensis* Chen,×5;3a.*Pseudestherites qinghemenensis* 壳装饰,Shell ornaments,×23;4.小型延吉叶肢介 *Yanjiestheria pusilla* W.Wang,×12;4a.*Yanjiestheria pusilla* 壳前腹部装饰,Anterior ventral shell ornaments,×43

sis（张家口东方叶肢介），*E.heishangouensis*，*E.chifengensis*，*E.mirabilis*，*E.bolihaoensis*（=*Amelestheria bolihaoensis*），*E.yonghegongensis*（=*Amelestheria yonghegongensis*），*E.xinnaobaotuensis*（=*Amelestheria xinnaobaotuensis*），*E.prolixa*（=*Neimongolestheria prolixa*），*E?.beizhuanchenziensis*，*Neimongolestheria guyangensis*，*N.squarroformis*，*N.gongyimiensis*，*N.kenkaigouensis*。

阜新组的叶肢介化石为 *Yanjiestheria*（延吉叶肢介）组合，主要发现于北京西部夏庄组，主要分子有 *Yanjiestheria yumenensis*，*Y.oblonga*，*Y.chekiangensis*，*Y.jiandeensis*，*Neodiestheria xiazhuangensis*。

四、双壳类

阜新双壳类化石群是早白垩世 *Trigonioides*－*Plicatounio*－*Nippononaia*（类三角蚌－褶珠蚌－日本蚌）动物群的起源阶段的原始类群，其中除了动物群的代表分子外，还有 *Nakamuranaia* 占有比较重要的地位，其广范分布于东北、华北、西北及浙赣地区，甚至在云南西部也有该动物群的原始类型。

在辽西地区，双壳类化石表现为 *Nippononaia*－*Tetoria*（日本蚌－手取蚬）双壳类化石群（图2－93），主要见于阜新－义县盆地和建昌盆地。在沙海组中有 *Nippononaia* cf. *tetoriensis*－*Tetoria* cf. *yokoyamai*（手取日本蚌－横山手取蚬）组合，主要化石分子有 *Nippononaia* cf. *tetoriensis*，*N.sinensis*，*Tetoria* cf. *yokoyamai*，*T.? yixianensis*，*Mesocorbicula tetoriensis*，*M.yumenensis*，*M.liaoningensis*，*Neomiodon? pararotunda*，*Unio grabaui*，*Nakamuranaia chingshanensis*，*N.sabrotunda*，*Sphaerium pujiangense*，*S.jeholense*，*Arguniella lingyuanensis*。此外还有 *Nippononaia ovata*，*N.jianchangensis*，*N.fuxinensis*，*Nakamuranaia elongata*，*N.subrotunda*，*Mengyinaia? Tugrigensis*，*M.isfarense*，*Tetoria? Fuxinensis*，*Pisidium liaoningensis*，*Unio* aff.*elongatus*，*Arguniella jorekensis*，*A.yanshanensis*，*A.sibirica*，*A.curta*，*A.tomiensis*，*A.liaoxiensis*，*A.shouchangensis*，*Sphaerium anderssoni*，*S.selenginensis*，*S.jianchangensis*，*S.shouchangensis*，*S.youkangensis*，*S.* cf.*subplanum*，*Neomiodon qinghemenensis*，*N.? volselliformis*，*N.tetoriensis*，*N.yumenensis* 等。

阜新组双壳类化石为 *Arguniella*－*Sphaerium*（额尔古纳蚌－球蚬）组合，主要发现于阜新盆地，主要化石分子有 *Arguniella sibirica*，*A.* cf. *subcentralis*，*A.*aff. *burejensis*，*A.liaoxiensis*，*A.curta*，*A.quadrata*，*A.jorekensis*，*A.elongata*，*A.tomiensis*，*A.lingyuanensis*，*A.yanshanensis*，*A.haizhouensis*，*A.? oblonga*，*A.? suboblonga*，*Sibireconcha taipingense*，*S.* cf. *taipingensis*，*Sphaerium shantungense*，*S.yanbianense*，*S.anderssoni*，*S.rotunditrigonum* 等。

阜新组顶部产 *Nippononaia yanjiensis*，*N.lanceolata*，*N .elliptica*，*N .subovata*，*Unio ogamigoensis*。

五、腹足类

阜新生物群中腹足类化石主要见于阜新－义县盆地。在沙海组—阜新组中形成了 *Campeloma liaoningensis*－*Campeloma tani*（辽宁肩螺－谭氏肩螺）组合（图2－94）。沙海组中主要腹足类化石分子有 *Viviparus ganzhaoensis*，*V.liaoxiensis*，*V.reesider*，*V.* cf.*onogoensis*，*Bellamya fengtienensis*，*B.clavilithiformis*，*B.clavilithiformis conradiformis*，*B.parva*，*B.dipressconradiformis*，*Lioplacodes lijiagouensis*，*L.yixianensis*，*L.conoides*，*Bithynia* cf.*mengyinensis*，*B.haizhouensis*，*B.yujiagouensis*，*Amnicola chaoyangensis*，*A.gilloides*，*Probaicalia gerassimovi*，*P.vitimensis*，

图 2－93 阜新生物群中的双壳类化石(据陈金华,1999;于希汉,1987)

Fig.2－93 Fossil bivalves of Fuxin biota(after Chen Jinhua,1999;Yu Xihan,1987)

1,2.横山手取蚬(比较种)*Tetoria* cf. *yokoyamai* (Kobayashi et Suzuki),×2;3,4.中华日本蚌 *Nippononaia sinensis* Nie,×1.5;5,6.手取日本蚌(比较种)*Nippononaia* cf. *tetoriensis* Maeda,×1.5;7,8.延吉日本蚌 *Nippononaia yanjiensis* Gu,×1.5;9,10.矛形日本蚌 *Nippononaia lanceolata* Yu,9×8,10×1.5;11.椭圆日本蚌 *Nippononaia elliptica* Yu,×1.5;12,13.卵形日本蚌 *Nippononaia subovata* Yu,12×4.5,13×1.5(除 8、10、13 为外模外,其余均为外壳)(All are shells except 8,10,13 are exocasts)

Rhytophorus placonus,*Campeloma liaoningensis*,*C.tani*,*C.liaoxiensis*,*Zaptychius*(*Omozaptychius*) *quanshenxigouensis*,*Z.*(*O.*) *banlashanensis*,*Zaptychius emphysus*,*Z.yixianensis*,*Eosuccinea liaoningensis*,*E.rotunda*,*E.reticulata*,*Reesidella sinensis*,*Mesoeochliopa cretacea*,*Auristoma fuxinensis*,*A.*cf. *fuxinensis*,*A.binggouensis*,*Hydrobia*? *qinghemenensis* 等。

阜新组中腹足类化石分子有 *Viviparus reesider*,*V.subglobulus*,*V.* cf. *onogoensis*,*Bellamya fengtienensis*, *B. parva*, *Lioplacodes conoides*, *L.*? *fallax*, *Bithynia* cf. *mengyinensis*, *B. haizhouensis*,*Amnicola gilloides*,*A.*cf.*jurassica*,*A.subrotunda*,*A.minuta*,*A.opima*,*A.*? *gibbula*,*Fuxunia obesa*,*Euphepyrgula subrotunda*,*Probaicalia vitimensis*,*Galba* cf. *obrutschewi*,*G.*

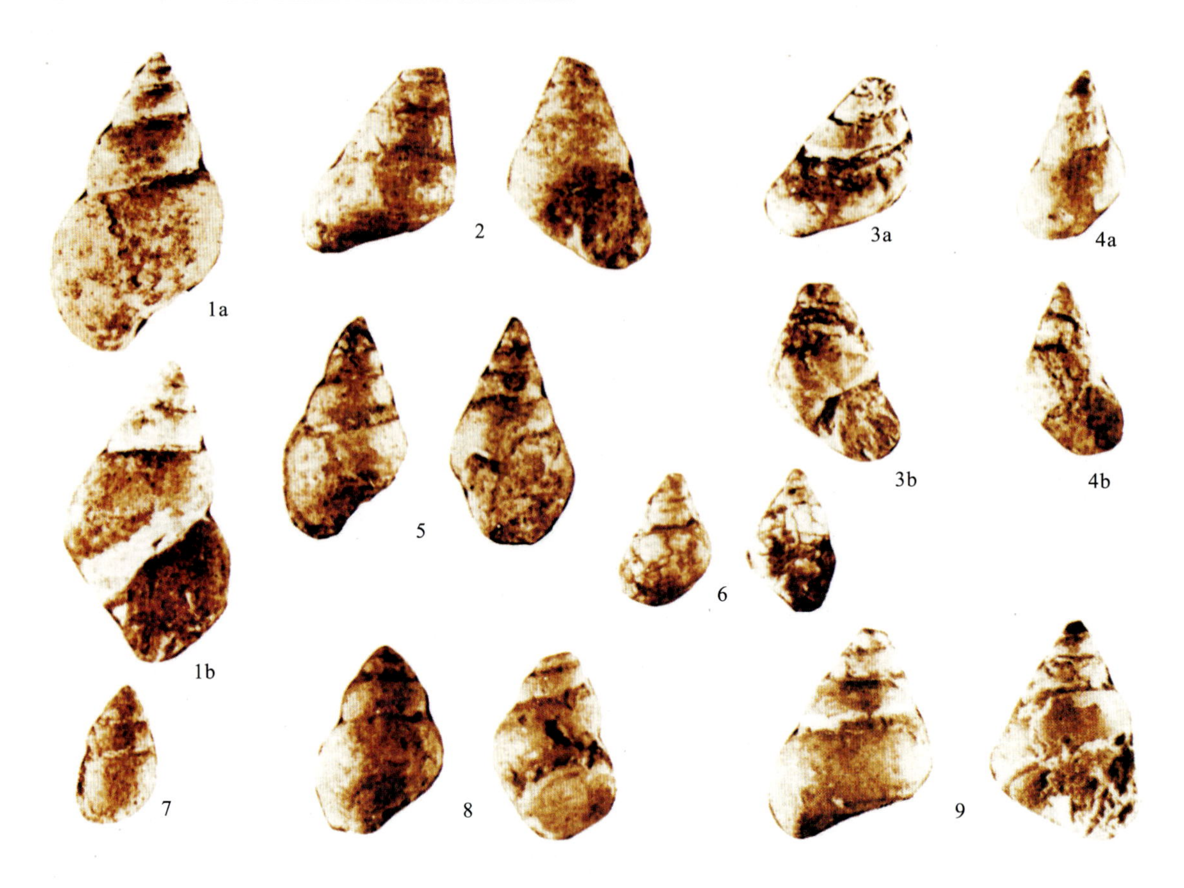

图 2-94 早中期阜新生物群中的腹足类化石(据于希汉,1987)

Fig.2-94 Fossil gastropods in early-middle stages of Fuxin biota(after Yu Xihan,1987)

沙海组—阜新组腹足类:1a,1b.辽宁肩螺 *Campeloma liaoningensis* (Yu),×1.1;2.谭氏肩螺 *Campeloma tani* Grabau,×1.1;3a,3b.棒石螺形环棱螺 *Bellamya clavilithiformis* Suzuki,×1.1;4a,4b.李家沟平滑螺 *Lioplacodes lijiagouensis* Yu,×1.1;5.奉天环棱螺 *Bellamya fengtienensis* (Grabau),×1.1;6.海州豆螺 *Bithynia haizhouensis* Yu,×1.1;7.清河门鱲螺? *Hydrobia*? *qinghemenensis* Yu,×1.1;8.甘招田螺 *Viviparus ganzhaoensis* Yu.×1.1;9.辽西田螺 *Viviparus liaoxiensis* Yu,×1.1

obritschewi,*Gyraulus* sp.,*Hippeutia* sp. 等。

阜新组顶部的腹足类化石为 *Auristoma fuxinensis* - *Eosuccinea liaoningensis* - *Tulotomoides* cf. *talaziensis*(阜新耳口螺-辽宁始琥珀螺-大拉子似瘤田螺相似种)组合(图 2-95)。主要化石分子有 *Pseudarinia spira*,*P.wangyingensis*,*Trotopyrgula alticonica*,*T.plauta*,*T.* cf.*plauta*,*T. yushugouensis*,*Viviparus* cf. *onogoensis*,*Lioplacodes laevigatus*,*Tulotomoides binggouensis*,*T. xinlitunensis*,*T.* cf. *talazensis*,*Valvata* (*Cincinna*) *fuxinensis*,*V.*(*Atropidina*) *minuta*,*V.*(*A.*?) *liaoxiensis*,*Banlashanea conica*,*B.ovata*,*Hydrobia leptofimbria*,*H.delicata*,*Pseudamnicola fuxinensis*,*P.liaoxiensis*,*Reesidella sinensis*(图 2-96),*R.crassa*,*Lithoglyphus humifusus*,*Mesocochliopa cretacea*,*M.orbiculata*,*Auristoma fuxinensis*,*A.*cf. *fuxinensis*,*A.subovata*,*Zaptychius xinlitunensis*,*Z.*? *fusuloides*,*Z.*(*Omozaptychius*) *delicatus*,*Blauneria elliptiformis*,*Cretacopupa fuxinensis*,*C.banlashanensis*,*C.*? *conica*,*C.*? *sinensis*,*Physa obtusiconica*,*P.liaoxiensis*,*P.fuxinensis*,*Eosuccinea notunda*,*E.liaoningensis*,*E.humerata*,*E.reticulata*,*E.rotunda*,*E. longicolla*,*Bulinus*(*Physopsis*) *fuxinensis*,*B.*(*P.*) *yushugouensis* ,*B.*(*P.*) *banlashanensis*,*B.*(*P.*) *ovaformis*,*Hippeutis discotus*,*H. triangulatus*,*H. applanatus*,*Sinohelisoma dongdawusuensis*,*Gyraulus xinlitunensis*,*Mesoneritina*? *liaoningensis* 等。

图 2-95 晚期阜新生物群中的腹足类化石(据于希汉,1987)

Fig.2-95 Fossil gastropods in late stage of Fuxin biota (after Yu Xihan, 1987)

阜新组顶部腹足类:1.大拉子似瘤田螺(相似种)*Tulotomoides* cf. *talaziensis* Suzuki,×3;2a,2b,3c.阜新耳口螺 *Auristoma fuxinensis* Zhu,×16;3a,3b.辽宁始琥珀螺 *Eosuccinea liaoningensis* Yu,×10;4a,4b.卵形半拉山螺 *Banlashanea ovata* Yu,×16;5.钝锥膀胱螺 *Physa obtusiconica* Yu,×16;6.塔假喙螺 *Pseudarinia spira* Yu,×16;7.榆树沟厚塔螺 *Trotopyrgula yushugouensis* (Zhu),×16;8.高锥厚塔螺 *Trotopyrgula alticonica* Yu,×16;9.优美肩褶劈螺 *Zaptychius* (*Omozaptychius*) *delicatus* (Zhu),×15;10a,10b.中华小里氏螺 *Reesidella sinensis* Yu,×10;11a,11b.三角形圆扁旋螺 *Hippeutis triangulatus* Yu,×16;12a,12b.盘圆扁旋螺 *Hippeutis discotus* Zhu,×16;13a,13b.扁平圆扁旋螺 *Hippeutis applanatus* Yu,×10;14a,14b.新立屯小旋螺 *Gyraulus xinlitunensis* Yu,×16

图 2-96　晚期阜新生物群中的腹足类化石(据于希汉,1987)

Fig.2-96　Fossil gastropods in late stage of Fuxin biota (after Yu Xihan,1987)

阜新组顶部腹足类:1a,1b.阜新假河螺 *Pseudamnicola fuxinensis* Yu,×7;2.阜新似膀胱螺 *Bulinus*(*Physopsis*) *fuxinensis* Yu,×16;3.榆树沟似膀胱螺 *Bulinus*(*Physopsis*) *yushugouensis* (Zhu),×7;4a,4b.辽宁中蜒螺 *Mesoneritina*? *liaoningensis* Yu,×3;5.圆形始琥珀螺 *Eosuccinea rotunda* Yu,×10;6a,6b.矮雕石螺 *Lithoglyphus humifusus* Yu,×7;7.优美觿螺 *Hydrobia delicata* Yu,×10;8.中华白垩蛹螺? *Cretacopupa*? *sinensis* Yu,×7;9a,9b,9c.球形中滑旋螺 *Mesocochliopa orbiculata* Zhu,×16;10.光滑平滑螺 *Lioplacodes laevigatus* Yu,×7;11a,11b,11c.椭圆形耳口螺 *Auristoma subovata* Zhu,×16

六、介形类

阜新生物群中介形类化石主要产于燕辽地区、内蒙古中东部、陕甘宁盆地和新疆准噶尔盆地等地的相当于沙海组、阜新组的层位,同时在蒙古、外贝加尔相当层位亦有分布,其中以辽西地区最具代表性。

在辽西介形类化石主要见于阜新-义县盆地的沙海组—阜新组,另外在建昌盆地冰沟组亦有分布。

沙海组中介形类化石为 *Cypridea* (*Ulwellia*) *ihsienensis* - *Limnocypridea qinghemenensis* - *Protocypretta subglobosa*(义县乌鲁威里女星介-清河门湖女星介-近球状原微星介)组合(图 2-97)。主要化石分子有 *Cypridea unicostata*, *C. yabulaiensis*, *C.* (*Pseudocypridina*) *yangliutunensis*, *C.* (*Ulwellia*) *justa*, *C.* (*U.*) *ihsienensis*, *Rhinocypris echinata*, *R. phiscula*, *Limnocypridea qinghemenensis*, *L. subreticulata* 等。

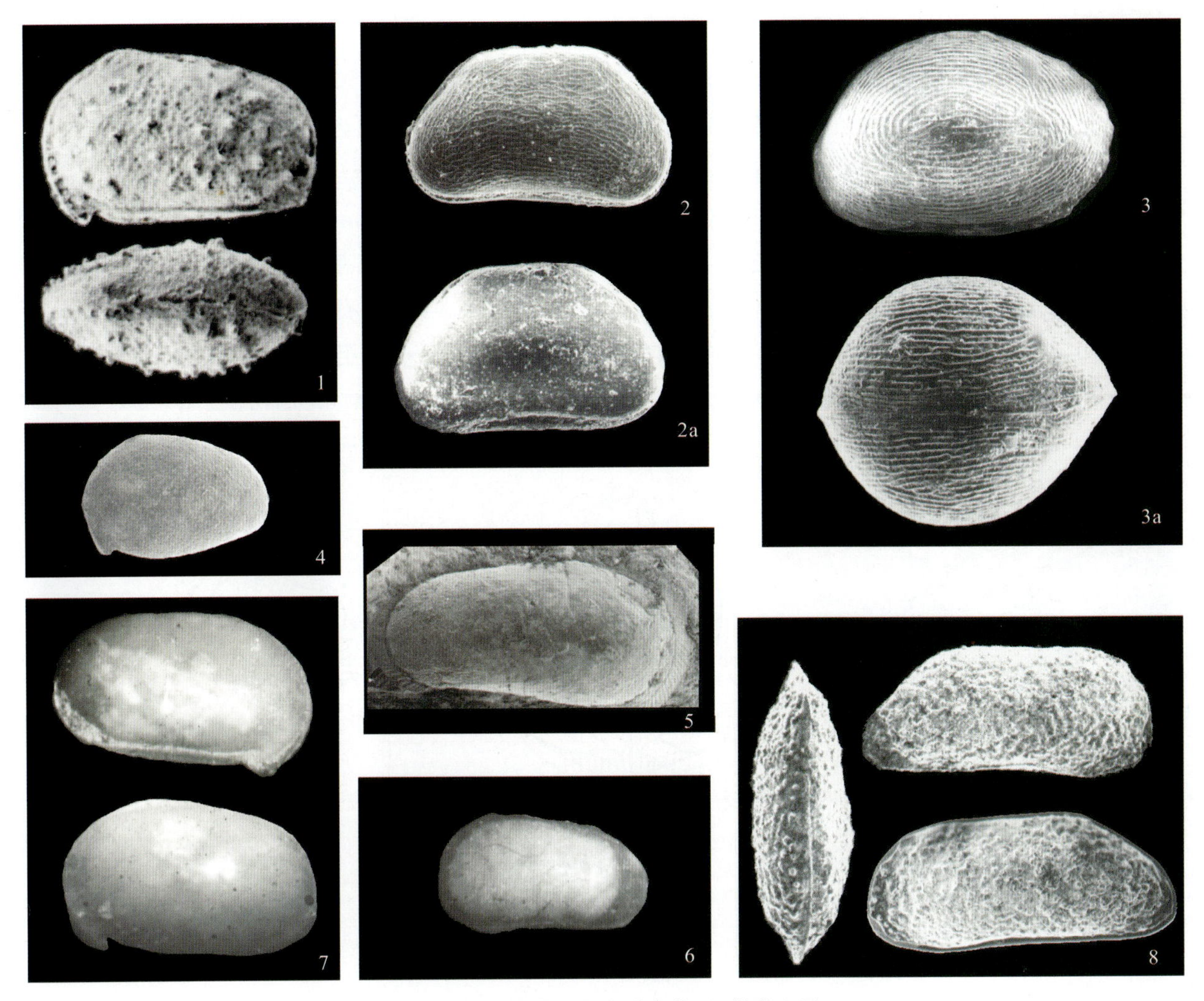

图 2-97 阜新生物群中的介形类化石(据张立君,1985)

Fig.2-97 Fossil ostracods of Fuxin biota(after Zhang Lijun,1985)

1.义县乌鲁威里女星介 *Cypridea*(*Ulwellia*) *insienensis* Hou,×36;2,2a.清河门湖女星介 *Limnocypridea qinghemenensis* Zhang,2.×54,2a.×36;3,3a.近球状原微星介 *Protocypretta subglobosa* (Zhang),×54,3a.×38;4.微胀女星女星介 *Cypridea*(*Cypridea*) *tumidiuscula* Zhang,×36;5.小疹曼特尔 *Mantslliana papulosa* Zhang,×36;6.东梁玻璃介? *Candona*? *dongliangensis* Zhang,×31;7.球状假伟星女星介 *Cypridea*(*Pseudocypridina*) *globra* Hou,×31;8.阜新始似玻璃介 *Eoparacandona fuxinensis* Zhang,×60

阜新组中介形类化石为 *Cypridea*(*Cypridea*) *tumidiuscula* - *Pinnocypridea dictyotroma* - *Mantslliana papulosa*(微胀女星女星介-网状鳍女星介-小疹曼特尔)组合。主要化石分子有 *Cypridea*(*Cypridea*) *unicostata*,*C.*(*C.*) *yabulaiensis*,*C.*(*C.*) *tumidiuscula*,*C.*(*Pseudocypridina*) *globra*,*Rhinocypris phiscula*,*Pinnocypridea dictyotroma*,*Lycopterocypris infantilis* 等。

阜新组顶部介形类化石为 *Cypridea*(*Pseudocypridina*)*glosa* - *Candona*? *dongliangensis* - *Eoparacandona fuxinensis*(球状假伟星女星介-东梁玻璃介? -阜新始似玻璃介)组合。主要化石分子有 *Cypridea*(*Cypridea*) *unicostata*,*C.*(*C.*) *parvispina*,*C.*(*C.*) *subconcina*,*C.*(*Pseudocypridina*) *globra*,*Rhinocypris pluscula*,*Limnocypridea elliptica*,*Mongolianella palmosa*,*Lycopterocypris infantilis*,*L.debilis*,*Candona praevara*,*C.*? *dongliangensis*,*C.rectangulata*,*C.curtalta*,*C.postirecta*,*Candoniella simplica*,*C.bitruncata*,*C.balashanensis*,*Eoparacandona fuxinensis*,*Ziziphocypris costata*,*Z.simakovi*,*Damonella circulata*,*Darwinula contracta*,*Timiriasevia corcava*,*T.pusilla*,*T.liaoxiensis* 等。

七、昆虫

阜新昆虫群主要见于辽西的沙海组、冀北青石砬子组、北京西部相当于阜新组的卢尚坟组，以及中国北方地区的相当层位，如内蒙古固阳组、甘肃新民堡群、六盘山李洼峡组和马东山组等。

该昆虫群在京西被称为卢尚坟昆虫群（洪友崇，1981，1998），以 *Xishania fusiformis*（梭形西山蝽）为特征优势种和代表（图 2－98），同时包括了几个地方性的组合，如山东莱阳的 *Mesolygaeus laiyangensis*－*Schisopteryx shandongensis*－*Sinochaoborus divisus* 组合、河北青石砬的 *Glypta qinshilaensis*-*Magnocoleus huanjiapuensis* 组合、内蒙古固阳的 *Ensicupes guyangensis* 组合和陕甘宁环河-华池的"*Mesolygaeus laiyangensis*"－*Huaxianensis xinyaoensis*－*Huabeitendipes wuqiensis* 组合等。

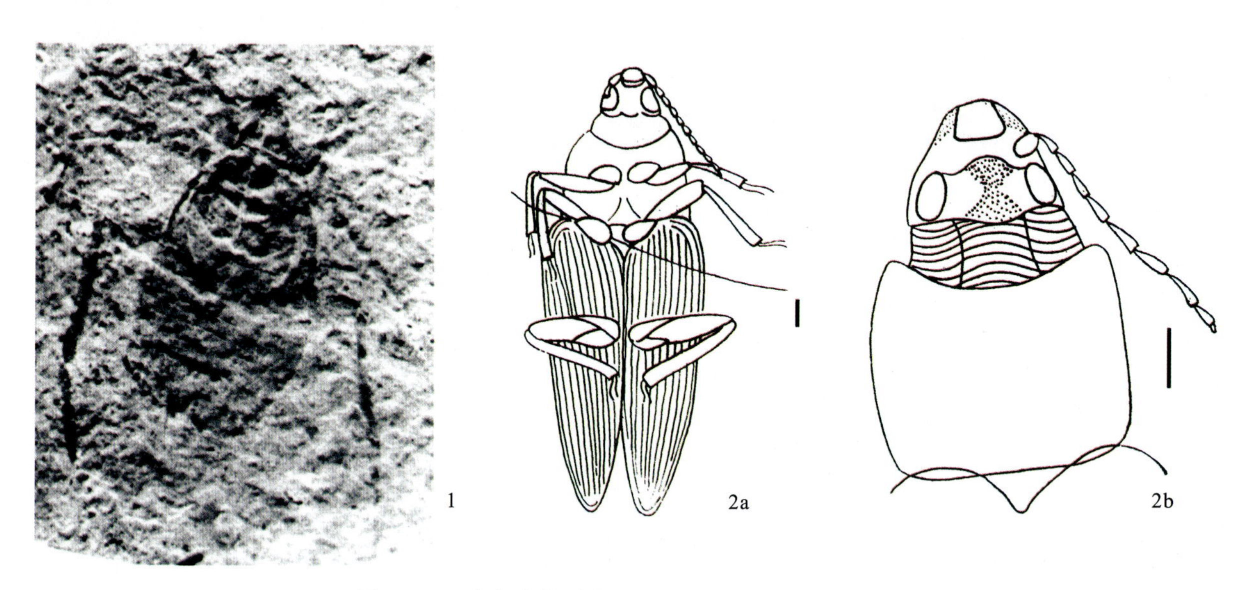

图 2－98　阜新生物群中的昆虫化石（据洪友崇，1984）

Fig.2－98　Fossil insects of Fuxin biota(after Hong Youchong,1984)

1.梭形西山蝽 *Xishania fusiformis* Hong，×7；2a，2b.青石砬雕纹拟天牛 *Glypta qinshilaensis* Hong；线段比例尺：1cm，scale bars：1cm

任东等（1995）将该昆虫群称作 *Hemeroscopus*－*Cretocercopis*（昼蜓-白垩沫蝉）组合。以 *Hemeroscopus baissicus*（图 2－99）和 *Cretocercopis yii* 大量出现为特征，主要化石分子有 *Hemeroscopus baissicus*，*Blattula rudis*，*Jitermes tsaii*，*Yanjingatermes giganteus*，*Yongdingia opipara*，*Huaxiatermes huangi*，*Asiatermes reticulatus*，*Mesotermes incompletus*，*M. latus*，*Cathaycixius pustulosus*，*C. trinervus*，*Yanducius yihi*，*Y. pardalinus*，*Jiphara wangi*，*J. reticulata*，*Cretocercopis yii*，*Mesoraphidia furcivenata*，*Orthophlebia fangshanensis*，*Jichorisetella rara*，*Cionocoleus magicus*，*Lupicupes trachylaenus*，*Monticupes surrectus*，*M. fengtaiensis*，*Diluticupes impressus*，*Penecupes rapax*，*Pulchicupes jiensis*，*Longaevicupes macilentus*，*Atalosyne sinuolata*，*Aethocarabus levigata*，*Protorabus polyphlebius*，*Denudirabus exstrius*，*Unda pandurata*，*Cretohelophorus yanensis*，*Eotenebroides tumoculus*，*Brenthorrhinus longidigitus*，*Jibaissodes giganteus* 等。

辽西沙海组主要昆虫化石分子有 *Sinaeschnidia heishankowensis*，*Rhipidoblattina fuxinensis*，*Shanxius meileyingziensis*，*Euryblattula fuxinensis*，*Liaoximyia sinica*，*Tanychora petriolata*，*Liaoxia longa*，*Kezuocoris liaoningensis*，*Corioides fortus*，*C.? longus*.*Chengdecupes kezuoensis*，*Sunocarabus brunneus*，*Meileyingia spinosa*，*Sinoprolyda meileyingensis*，*Lirabus granulatus*，*Geotrupoides kezuoensis*，*Xuraphidia liaoxiensis*，*X. kezuoensis*，*Sinosciophila meileyingziensis*，

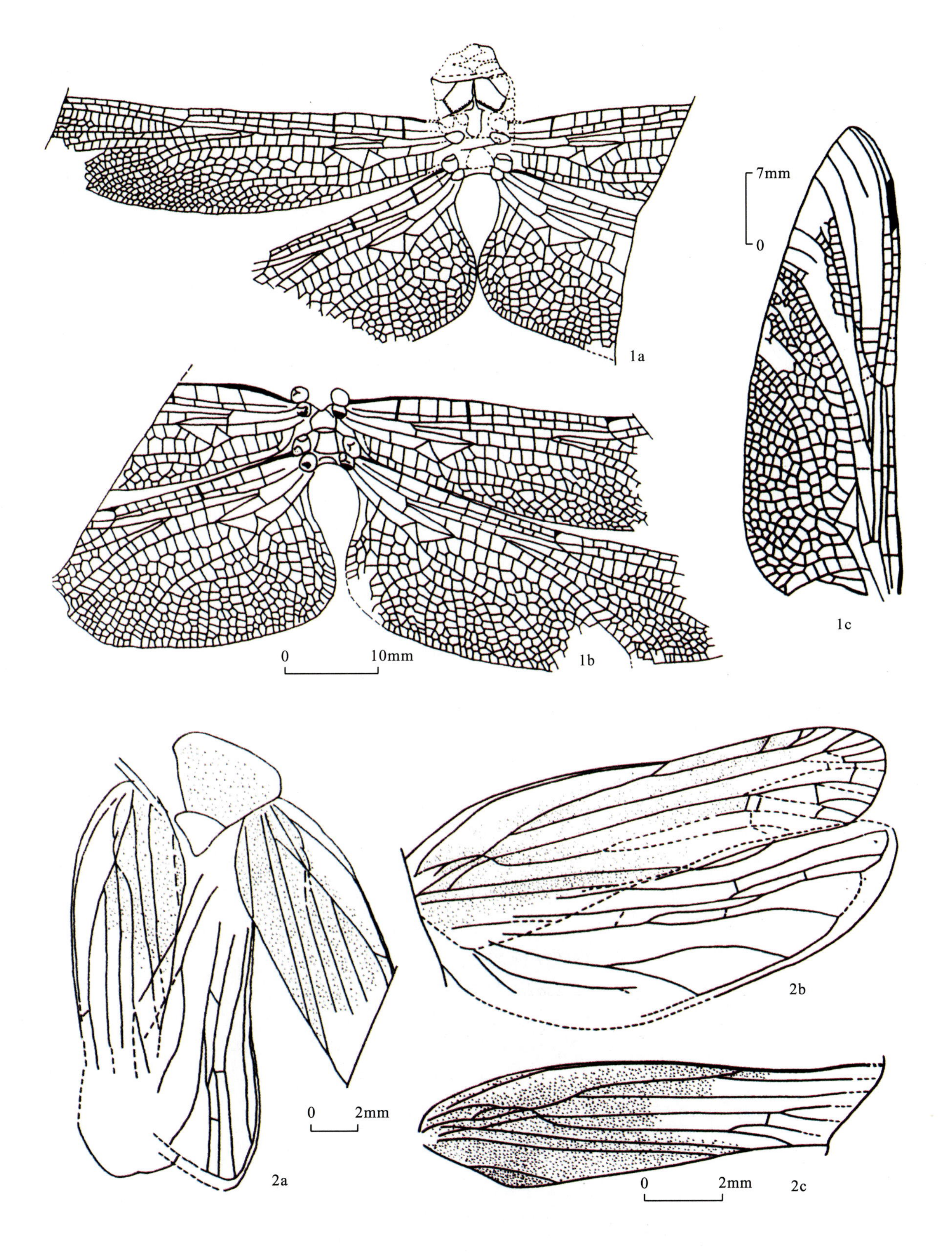

图 2-99　阜新生物群中的昆虫化石(据任东,1995)

Fig.2-99　Fossil insects of Fuxin biota(after Ren Dong,1995)

1a,1b,1c.巴依萨昼蜓 *Hemeroscopus baissicus* Pritykina;1a,1b.雌性虫体(*female adut*);1c.雄性后翅(*hindwing of male*);2a,2b,3c.易氏白垩沫蝉 *Cretocercopis yii* Ren;2a.带翅虫体(*body with wings*);2b.后翅(*hind wings*);2c.前翅(*fore wing*)

Liaoxifungivora simplicis 等。

冀北青石砬子组主要昆虫化石分子有 *Sinostenophlebia zhanjiakouensis*，*Yumenia natianmenensis*，*Glypta qingshilaensis*，*G.longa*，*Sinocarabaeus scolytoides*，*Voritoidia fulvis* 等。

八、植物

阜新植物群为 *Ruffordia geopperti* – *Onychiopsis elongata*（葛伯特茹福德蕨-伸长拟金粉蕨）植物群的晚期组合，广布于中国东北、燕辽、内蒙古西部、陕甘宁地区等地，并且在远东地区也有广泛的分布，产在相当于沙海组和阜新组的层位内，属于西伯利亚-加拿大植物地理区。在典型的辽西地区，自下而上可将阜新植物群划分为 3 个植物化石组合。

1. *Coniopteris vachrameevii* – *Nilssoniopteris didaoensis*（瓦氏锥叶蕨-滴道蕉带羽叶）组合

以沙海组及其相当层位的沉积层所产植物化石为代表。在辽西这个组合的成分相当贫乏，仅有 11 个属种，包括真蕨类：*Coniopteris vachrameevii*，*Acanthopteris gothani*，本内苏铁类：*Pterophyllum* sp.，*Nilssoniopteris didaoensis*，*N*.sp.（图 2 – 100），苏铁类：*Nilssonia serotina*，银杏类：*Ginkgo paradiantoides*，*G.sibirica*；松柏类：*Taxus intermedius*，*Podozamites lanceolatus*，*Scarburgia triangularis*。

2. *Acanthopteris gothani* – *Nilssonia sinensis*（高滕刺蕨-中国尼尔桑）组合（图 2 – 101）

以阜新组的高德层至孙家湾层所产的植物化石为代表。这个组合的成分较为丰富，至少由 80

图 2 – 100　阜新生物群中的植物化石（据陈芬等，1988）

Fig.2 – 100　Fossil plants of Fuxin biota(after Chen Fen et al.,1988)

1.瓦氏锥叶蕨 *Coniopteris vachrameevii* Vassil，×1；2.滴道蕉带羽叶 *Nilssoniopteris didaoensis* (Zheng et Zhang)，×1

图 2－101　阜新生物群中的植物化石(1,2 据陈芬等,1988;3,4,5 据商平,1985)

Fig.2－101　Fossil plants of Fuxin biota(1,2 after Chen Fen et al.,1988;3,4,5 after Shang Ping,1985)

1.高滕刺蕨 *Acanthopteris gothani* Sze,×1;2.中国尼尔桑 *Nilssonia sinensis* Yabe et Oishi,×1.1;3.辽西鱼网叶 *Sagenopters liaoxiensis* Shang et Wang;4.西伯利亚银杏 *Ginkgo sibirica*;5.宾县蓖羽叶 *Ctenis binxianensis* Zhang

种以上植物组成。各大类群组成有苔藓类:*Marchantiolites blairmorensis*,有节类:*Equisetites burejensis*,真蕨类:*Osmunda cretacea*,*Ruffordia goepperti*,*Dicksonia silapensis*,*D.sunjiawanensis*,*Coniopteris ermolaevii*,*C.setacea*,*C.vachrameevii*,*Acanthopteris gothani*,*Arctopteris heteropinnula*,*Athyrium cretaceum*,*A. fuxinensis*,*Acrostichopteris interpinnula*,*Cladophlebis asymmetrica*,*C. fuxinensis*,*C. shansongensis*,*C. variopinnulata*,*C. xinqiuensis*,,*Dryopterites erecta*,*Lobifolia novopokroskii*,本内苏铁类:*Pterophyllum* aff. *burejensis*,*P.concinnum*,*P.liaoningense*(辽宁侧羽叶),*Nilssoniopteris beyrichii*,*N.ovalis*,*N.prynadae*,苏铁类:*Nilssonia angustissima*,*N.orientalis*,*N.serotina*,*N.sinensis*,*Ctenis concinna*,银杏类:*Ginkgo curvata*,*G.manchurica*,*G.sibirica*(西伯利亚银杏),*G.truncata*,*Sphenobaiera biloba*,*S.longifolia*,*S.multipartita*,*Umaltolepis hebeiensis*,茨康类:*Pheonicopsis angustifolia*,*P.magnum*,*Sphenarion parvum*,*Ixostrobus heeri*,松柏类:*Pityocladus pseudolarixioides*,*Pityophyllum* sp.,*Pityostrobus* sp.,*Pityolepis oblonga*,*Pityospermum* sp.,*Sequoia minuta*, *Elatides* cf. *araucarioides*,*E.harrisii*,*Cephalotaxopsis haizhouensis* Shan(海州拟粗榧)(图 2-102),*Athrotaxopsis*? sp.,*Taxus in-*

图 2-102 阜新生物群中的植物化石(据商平,1985)

Fig.2-102 Fossil plants of Fuxin biota(after Shang Ping,1985)

海州拟粗榧 *Cephalotaxopsis haizhouensis* Shang

termedius, *Torreya borealis*, *Podozamites eichwaldii*, *P. gracilis*, *P. lanceolatus*, *P. olenekensis*, *P. reinii*, *Podocarpus fuxinensis*(阜新罗汉松)(图 2-103), *Scrburgia triangularis*, *Schizolepis heilongjiangensis*, *Elatocladus* cf. *dunii*, *Pagiophyllum triangulare*, *Marskea* sp., *Strobilites* sp., *Conites* sp., 种子蕨类: *Sagenopters liaoxiensis* Shang et Wang(辽西鱼网叶),裸子植物种子: *Carpolithus fabiformis*, *C.* cf. *cinctus*。

在这个组合中,松柏类植物占有很大比例。除了古松类以外,与现代松柏类接近的成分较多。该组合中,最具特色的植物是西欧威尔登期的 *Ruffordia goepperti*,而出现频率最高的是 *Acanthopteris gothani*, *Nilssonia sinensis*。

3. *Ctenis lyrata* - *Chilinia elegans*(七弦琴蓖羽叶-雅致吉林羽叶)组合(图 2-104)

以产于阜新组最顶部的水泉层的植物化石为代表,大约由 29 种植物化石组成。各植物大类的化石组成包括苔藓类: *Marchantiolites blairmorensis*,有节类: *Equisetites* sp.,真蕨类: *Osmunda cretacea*, *Dicksonia silapensis*, *D. sunjiawanensis*, *Coniopteris setacea*, *C. vachrameevii*, *Acanthopteris gothani*, *Cladophlebis fuxinensis*,本内苏铁类: *Pterophyllum liaoningense*(辽宁侧羽叶), *Neozamites* cf. *verchojanensis*, *Chilinia elegans*(雅致吉林羽叶), *C. fuxinensis*,苏铁类: *Ctenis lyrata*(七弦琴蓖羽叶), *C. mediata*, *C. szeiana*, *C. binxianensis Zhang*(宾县蓖羽叶),银杏类: *Ginkgo ingentiphylla*, *G. manchurica*, *G. truncata*,茨康类: *Ixostrobus heeri*,松柏类: *Cephalotaxopsis haizhouensis*, *Pityocladus pseudolarixioides*, *Athsotaxites berryi*, *Torreya borealis*, *Podozamites lanceolatus*, *Elatocladus manchurica*, *Pagiophyllum triangulare*, *Marskea* sp., *Rhipidocladus flabellata*,裸子植物的种子: *Carpolithus fabiformis*。

这个植物化石组合与组合 2 的成分基本相似,但水泉层是阜新组的最高层位,加之该层含有一些吉林杉松植物群中的特有分子,如 *Ctenis lyrata* 及 *Chilinia elegans*, *C. fuxinensis* 等,所以,这个组合的时代比组合 2 的时代偏新。

九、孢粉

阜新孢粉群以 *Cicatricosisporites* - *Appendicisporites* - *Clavatipollenites*(无突肋纹孢-有突肋纹孢-棒纹孢)组合为代表,广布于黑龙江东部穆棱组、大兴安岭伊敏组、松辽登楼库组、燕辽地区阜新组、内蒙古固阳组、巴彦花群上部和陕甘宁志丹群上部等地层内,在远东滨海地区下苏昌组也有分布。组合中蕨类植物孢子与裸子植物花粉交替占优势,尤以开始出现被子植物花粉(*Clavatipollenites*)为特征。该组合是海金砂科孢子繁盛时期,以 *Cicatricosisporites* 最为明显,不仅数量多,而且类型多达 10 余种; *Appendicisporites*, *Pilosisporites*, *Concavissimisporites*, *Trilobosporites* 也具有一定的数量;常见 *Crybelo sporites*, *Hsuisporites*, *Densoisporites*,单缝的 *Laevigatosporites* 最为发育;分类不明的 *Aequitriradites*, *Couperisporites*, *Foraminisporis* 等较九佛堂组的孢粉组合减少。裸子植物花粉中除古型松柏类较九佛堂组的孢粉组合减少外,其他特征基本相似。

辽西沙海组的孢粉呈现以 *Liaoxisporis* - *Pilosisporites* - *Classopollis*(辽西孢-刺毛孢-环沟粉)为代表的孢粉组合(图 2-105)。其中,蕨类植物孢子明显增加,约占 1/3,裸子植物花粉约占 2/3,仍占优势。蕨类植物孢子出现的类型多样化,与海金砂科有关的 *Appendicisporites*, *Contignidporites*, *Dongbeispora* 及 *Liaoxisporis*,水龙骨科的 *Laevigatosporites ovatus* 等均开始出现,特别是 *Liaoxisporis* 出现的频率较高,平均达 1%,个别达到 6.1%; *Crybelosporites* 及 *Impardecispora minor* 比较发育;蕨类植物孢子仍以海金砂科占优势地位, *Cicatricosisporites*(5.8%)居首位, *Pilosisporites*(4.6%)明显增加, *Concavissimisporites* 仍较常见; *Densoisporites*, *Hsuisporites*,

图 2 - 103　阜新生物群中的植物化石(据商平,1985)

Fig.2 - 103　Fossil plants of Fuxin biota(after Shang Ping,1985)

阜新罗汉松 *Podocarpus fuxinensis*,×0.8

图 2-104 阜新生物群中的植物化石（1,2 据商平,1985;3 据陈芬,1988）

Fig.2-104 Fossil plants of Fuxin biota(1,2 after Shang Ping,1985;3 after Chen Fen,1988)

1.雅致吉林羽叶 *Chilinia elegans* Zhang,×1;2,3.七弦琴蓖羽叶 *Ctenis lyrata* Lee et Yeh,×1

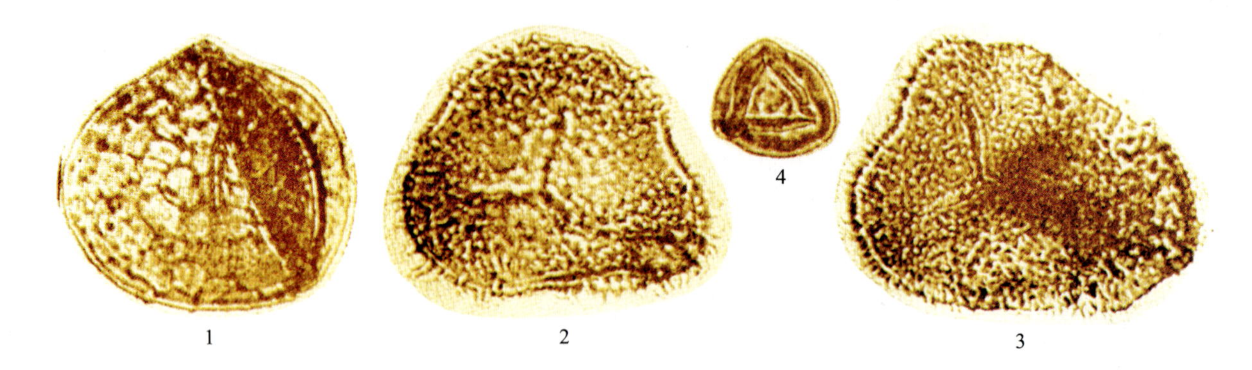

图 2-105 阜新生物群—沙海组孢粉化石(据蒲荣干等,1985)

Fig.2-105 Fossil sporopollens of Shahai Formation in Fuxin biota(after Pu Ronggan et al.,1985)

1.纤细辽西孢 *Liaoxisporis gracilis* Pu et Wu,×600;2.真刺毛孢 *Pilosisporites verus* Del.et Sprum,×600;3.毛发刺毛孢 *Pilosisporites trichopapillosus* (Thierg.),×600;4.三角克拉梭粉 *Classopollis triangulus* Zhang,×600

Schizaeoisporites,*Aequitriradites*,*Triporoletes* 等重要成分所占比例仍然较小;裸子植物松柏类的双囊粉仍占统治地位(58.2%),但较下伏的组合明显下降,主要是松科和罗汉松科,但其中 *Cedripites* 有明显增加,古型双囊粉的比重大大减少,平均不超过 5%。*Cycadopites*,*Inaperturopollenites*,*Psophosphaera* 等较下伏地层稍有增长。*Classopollis* 花粉普遍发育,平均含量为 7.1%,最高可达 19.9%。

阜新组孢粉以 *Pilosisporites*-*Appendicisporites*-*Triporoletes*(刺毛孢-有突肋纹孢-三孔孢)组合为代表(图 2-106)。其中,蕨类植物孢子有较明显增长,与裸子植物花粉约各占一半;蕨类植物孢子的类型较沙海组更加多样,是最丰富的层位,海金砂科更加发育,其中 *Cicatricosisporites* 仍占首位,含量在 1.2%~37.2%之间,平均为 14.1%;*Appendicisporites* 的含量和类型急剧增加,*Pilosisporites* 形成的峰值是本组合最突出的特征之一;*Liaoxisporis* 少量存在;*Impardecispora* 及 *Laevigatosporites ovatus* 较下伏组合常见;分类位置不明的 *Triporoletes pinguis* 在本组合中比较发育,*Interulobites triangularis* 在本组合开始少量出现,*Aequitriradites*,*Foraminisporis*,*Foveosporites*,*Polycingulatisporites* 较其他层位丰富多样;裸子植物花粉以新型双囊粉为主,其中 *Piceaepollenites* 最繁盛,*Pinuspollenites* 居次,*Podocarpidites* 较少。最明显的变化是 *Classopollis* 花粉普遍少见,含量减至 2.2%;藻类 *Schizosporis* 在本组合中较普遍(0.5%~4.5%),并且类型最多,有 *S.reticulatus*,*S.parvus*,*S.spigger* 三种。

阜新组顶部的孢粉以 *Deltoidospora*-*Cicatricosisporites*-*Appendicisporites*(三角孢-无突肋纹孢-有突肋纹孢)组合为代表(图 2-107)。其中,以蕨类植物孢子占绝对优势,含量为 53.8%~97.9%,平均达 75.6%;裸子植物花粉占 2.2%~46%,平均达 24.3%;藻类 *Schizosporis* 很少。在蕨类植物孢子中,海金砂科和桫椤科的 *Cyathidites minor* 及可能与桫椤科有关、个体很小的 *Deltoidospora triangularis* 居统治地位;海金砂科含量为 11.5%~67%,平均达 32.2%,*Deltoidospora* 和 *Cyathidites* 共占 2.5%~50.2%,平均达 36.6%,前者占 3/4;海金砂科孢子中的 *Cicatricosisporites* 和 *Appendicisporites* 继承了阜新组上一组合的特点,继续增长,成为含量最高的组合,前者平均为 24.1%,后者为3.6%,单个样品可高达 15.3%。在上一组合中成为峰值的 *Pilosisporites*,*Impardecispora* 分子含量急剧下降,*Concavissimisporites*,*Lygodiumsporites* 仍较常见,未见 *Liaoxispora*,*Dongbeispora*;水龙骨科的 *Laevigatosporites ovatus* 较为发育,但波动较大,含量为 0~

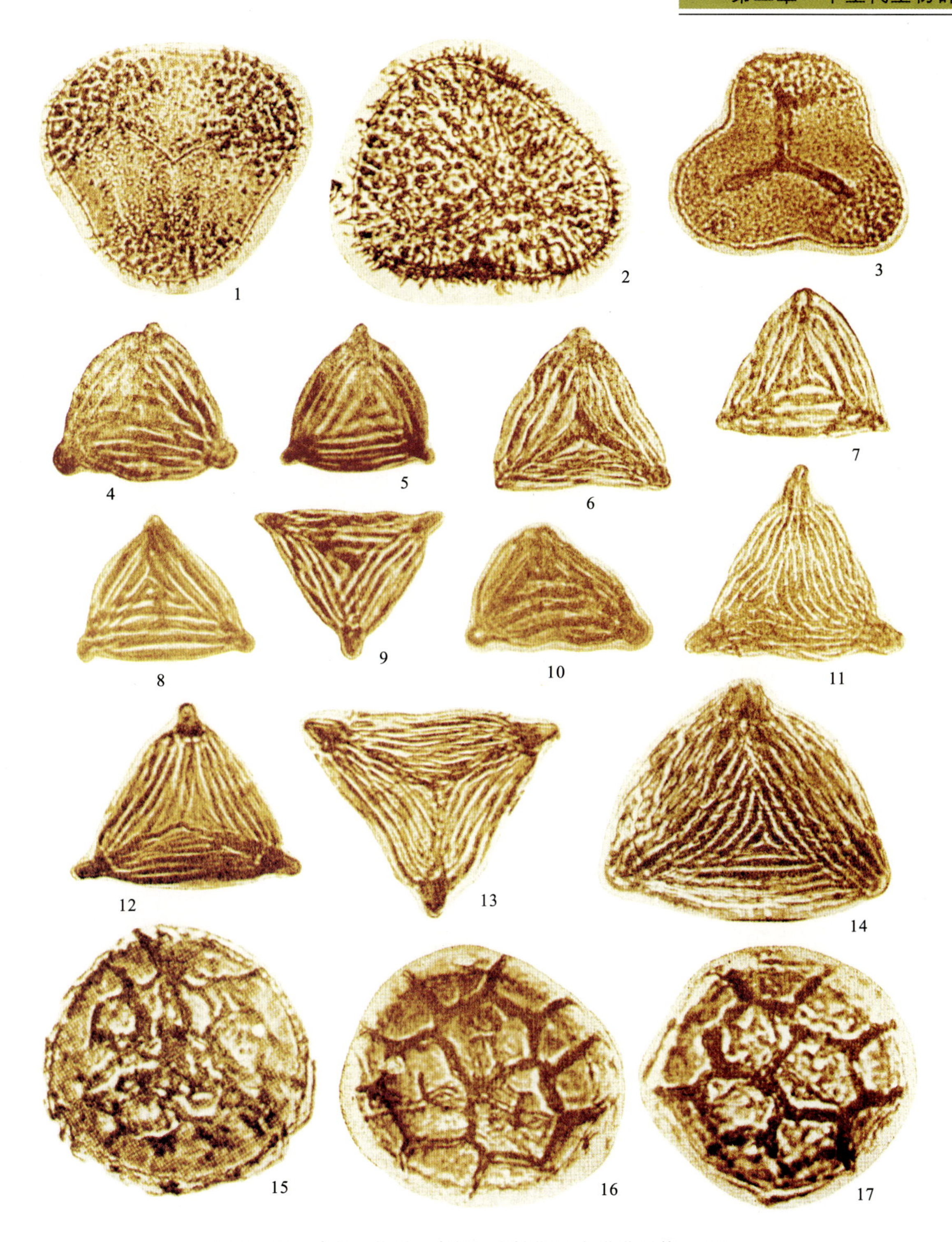

图 2-106　阜新生物群—阜新组孢粉化石(据蒲荣干等,1985)

Fig.2-106　Fossil sporopollens of Fuxin Formation in Fuxin biota(after Pu Ronggan et al.,1985)

1.真刺毛孢 *Pilosisporites verus* Del.et Sprum,×600;2.毛发刺毛孢 *Pilosisporites trichopapillosus* (Thierg),×560;3.小刺刺毛孢 *Pilosisporites parvispilosus* Dettm.,×600;4,5.克里木有突肋纹孢 *Appendicisporites crimensis* (Bolch.),×600;6,7.波托马克有突肋纹孢 *Appendicisporites potomacensis* Brenner,×600;8,9.近极光滑有突肋纹孢 *Appendicisporites proxipsilatus* Yu et al.,×600;10.具棒有突肋纹孢 *Appendicisporites clavatus* (Mark.),×600;11.金沙有突肋纹孢 *Appendicisporites jinshaensis* Pu et Wu,×600;12,13.三角有突肋纹孢 *Appendicisporites tricornitatus* Weyl. Et Greif,×600;14.肥耳有突肋纹孢 *Appendicisporites auriflrus* (Verb.),×600;15.圆轮三孔孢 *Triporoletes tornatilis* Srivastava,×600;16,17.肥壮三孔孢 *Triporoletes pinguis* Pu et Wu,×600

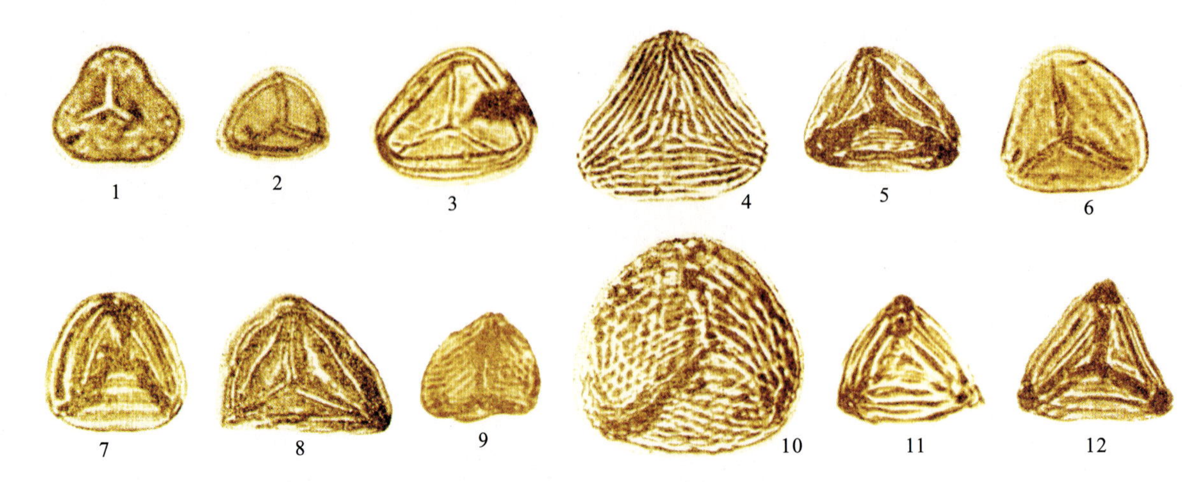

图 2-107 阜新生物群—阜新组顶部的孢粉化石(据蒲荣干等,1985)

Fig.2-107 Fossil sporopollens of top part of Fuxin Formation in Fuxin biota(after Pu Ronggan et al.,1985)

1.三角形三角孢 *Deltoidospora triangularis* (Korg.),×600;2.三角孢未定种 *Deltoidospora* sp.,×600;3.褶皱三角孢(相似种) *Deltoidospora* cf.*plicata* Pu et Wu,×600;4.澳大利亚无突肋纹孢 *Cicatricosisporites australiensis* (Cooks.),×600;5.假三肋无突肋纹孢 *Cicatricosisporites pseudotripartitus* (Bolch.),×600;6.柔弱无突肋纹孢 *Cicatricosisporites amalocostriatus* Zhang,×600;7.曲缝无突肋纹孢 *Cicatricosisporites sinuatiformis* Pu et Wu,×600;8.休斯无突肋纹孢 *Cicatricosisporites hughesi* Dettm.,×600;9.小无突肋纹孢 *Cicatricosisporites minor* (Bolch.),×600;10.环圈无突肋纹孢(相似种) *Cicatricosisporites* cf. *annulatus* Archang.Et Gam.,×600;11,12.小突有突肋纹孢 *Appendicisporites silvestris* (Bolch.),×600

15.3%,平均为4.5%。*Aequitriradites*,*Triporoletes*,*Polycingulatisporites*,*Hsuisporites*,*Crybelosporites*,*Foraminisporis* 极为稀少;*Densoisporites* 消失。裸子植物花粉以 *Inaperturopollenites* 和 *Classopollis* 为主,分布普遍。松科和罗汉松科退居第二位,古型双囊粉罕见,*Psophosphaera* 和 *Cycadopites* 比较常见。

第八节 阜新生物群标准地层剖面

一、沙海组

阜新市清河门地区杨彪沟—乌龙坝剖面①

上覆地层:阜新组 灰色砂质页岩夹乌龙坝第四层煤

———— 整合 ————

沙海组

第三段 砂泥岩段

36—37.灰色厚层砂岩和砂质页岩互层	150.22m
35.第Ⅵ煤组:不可采煤层,局部很薄,成分较复杂	0.35m
34.灰色砂质页岩和砂岩互层	48.88m
33.灰色砾岩夹薄层砂岩	10.98m
32.灰色砂岩,最底部为一薄层砂砾岩	27.82m

①据王五力等,1989。

31.灰色砂质页岩或页岩　34.18m

30.灰色砂岩　7.91m

29.灰色、青灰色砂质页岩或页岩。产软体动物化石　64.50m

28.灰色砂质页岩，含有钙质结核　0.90m

在清河门北芹菜沟一带，相当于第三段的黄绿色泥岩、粉砂岩中产腹足类化石 *Probaicalia* cf. *gerassimovi*，*Vivipavus* sp.；在艾友营子 125 孔中，该段为灰色、深灰色、灰白色泥岩、粉砂岩，并在 1013 孔中产介形类化石 *Limnocypridea qinghemenensis*；在清河门北 2km 的 62—14 孔中，同一层位产介形类化石 *Cypridea*（*Cypridea*）*unicostata*，*C.*（*C.*）*yabulaiensis*，*Cypridea*（*Ulwellia*）*justa*，*Rhinocypris echinata*，*Ziziphocypris costata*，*Z.simakovi*，*Lycopterocypris infantilis*，*Darwinula contracta*，该孔连同 3 号孔产腹足类化石 *Euphepyrgula subrotunda*，*Probaicalia gerassimovi*，*P. vitimensis*，*Rhytophorus ploconus*，*Zaptychius*（*Omozaptychius*）*delicatus*，*Blauneria ellipitiformis*，*Hippeutis discotus*

第二段　含煤岩段

27.第Ⅴ-2 煤组：含煤层　1.67m

26.灰色砂质页岩，下部有粉砂岩，局部为含油的砂砾岩　29.71m

25.第Ⅴ-1 煤组：含煤，顶底板为砂质页岩或煤质页岩，煤层有变薄或缺失现象　0.71m

24.灰色砂质页岩与砂岩互层，富含软体动物化石　21.92m

在清河门立井矸石堆中，大致相当本层的岩石中产双壳类化石 *Nippononaia*（*Arctonaia*）*sinensis*，*N.*（*A.*）*fuxinensis*，*Mengyinaia tugriensis*，*Tetoria* ? *yixianensis*，*T.*? *fuxinensis*，*Sphaerium* cf.*anderssoni*，*S.jeholense*，*S.selenginense*，*S.*cf.*subplamuni*，*Neomiodon* ? *pararotunda*，*N.*? *altiformis*，*N.*? *qinghemenensis*，*N.*? *volselliformis*，*N.*? *tani*，*N.*? *pesudanderssoni*，*N.*? *quadratum*，*Ferganoconcha* aff.*burejensis*，*F.liaoxiensis*，*F.lingyuanensis*，*F.*cf.*subcentralis*，*F.yanshanensis*；腹足类化石 *Viviparus*? *matumotoi*，*Bellamya fengtienensis*，*B.dipressconradiformis*，*B.clavilithiformis conradiformis*

23.灰色砂质页岩夹两层薄煤及薄层砂岩　26.29m

22.第Ⅳ-2 煤组：含煤，顶板为薄层页岩，底板为砂质页岩　3.16m

21.深灰色页岩夹砂岩及 1～4 层薄煤层　38.82m

20.第Ⅳ-1 煤组：含煤，顶底板均为厚层页岩　1.87m

19.灰色砂质页岩夹页岩及薄层砂岩，含 4～10 层薄煤，含植物化石碎片　133.86m

18.灰色砂砾岩，顶部为砂岩　4.92m

17.灰色砂质页岩，底部为页岩　13.52m

16.第Ⅲ煤组：顶部是煤（0.77～1.44m），中间上部是砂岩，下部是砂质页岩，底部为厚 1.44～2.37m 的煤层并夹数层煤质页岩　19.52m

15.灰色砂质页岩夹 1 层薄煤　12.78m

14.灰白色砂砾岩　6.47m

13.灰色砂质页岩夹 1～3 层薄煤，最底部有 6m 厚砂岩　27.38m

12.第Ⅱ煤组：含煤，顶板常为砂质页岩，底板是薄层煤质页岩或页岩　1.90m

11.灰白色、灰色砂岩夹砂砾岩，常含不规则结核状沥青物　11.58m

10.灰色砂质页岩夹砂岩及 1～4 层薄煤　40.00m

9.第Ⅰ煤组：最底部含煤层，浅部变薄　1.10m

8.灰色砂岩夹砂砾岩或 1～3m 厚的砾岩及少量很薄的砂质页岩　285.90m

在清河门矿矸石堆，相当于本段煤系的岩石中产少量植物化石 *Coniopteris burejensis*，*Onychiopsis elongata*，*Ginkgo sibirica*，*G.orientalis*，*Czekanowskia rigida*，*Elatocladus* sp.，陈丕基等报道还有 *Nilssonia sinensis*，*Podozamites* sp.，*Elatocladus* sp.，*Taeniopteris* sp.（cf. *T.eurychoron*），*Pityophyllum* sp.；孢粉化石组合以 *Liaoxisporis*，*Pilosisporites* 和 *Classopollis* 丰富为特点。此外，

还有叶肢介化石 *Pseudoestherites qinghemenensis*

第一段 砂砾岩段

7.灰色含角砾砾岩,夹很薄的砂质页岩或砂岩 >210.00m

下接杨彪沟剖面

掩盖

6.黄色砂岩、砂砾岩与灰色泥岩互层 47.08m

5.黄色砾岩夹含砾粉砂岩 33.46m

4.灰紫色含砾砂岩与泥岩互层 38.56m

3.紫色砾岩夹含砾砂岩 82.12m

2.灰紫色砾岩夹泥岩 22.87m

1.黄灰绿色砾岩,含砾砂岩夹泥岩 29.58m

掩盖

══════断层══════

下伏地层:太古宙肉红色中粒黑云母花岗岩

二、阜新组

阜新市海州露天矿剖面①

阜新组

五段:水泉煤层群

14.灰色砂岩夹薄煤层,产植物化石 *Chilinia* sp. 55.26m

13.灰色砂岩夹灰黄色砾岩及煤线。产植物化石 *Ctenis binxianensis*, *Chilinia elegans*, *C.robusta*, *Coniopteris* sp., *Ginkgo huttoni* 44.69m

12.灰色砂砾岩夹薄煤层。产植物化石 *Ruffordia goepperti*, *Ctenis lyrata*, *C.cseiana*, *Neozamites lebedevii*, *Chilinia elegans*, *C.robusta*, *Ginkgo orientalis*, *Cladophlebis sanshunensis*, *Coniopteris* spp., *Cephalotaxopsis asiatica*, *Pityophyllum lindstroemi*, *P.longifolium*, *Pityocladus* sp. 44.22m

四段:孙家湾煤层群

11.煤层夹灰色砂岩。产植物 *Acanthopteris acutata*, *A.gothani*, *Coniopteris burejensis*, *C.setacea*, *Pterophyllum sesinovianum*, *Cladophlebis* spp., *Sphenobaiera longifolia*,双壳类 *Ferganoconcha* sp.,腹足类 *Viviparus* sp.等化石 38.85m

10.灰色砂岩夹煤线。产植物化石 *Elatocladus manchurica*, *Ginkgo huttoni* 32.68m

9.深灰色薄层泥岩与浅灰色砂岩互层,底部有砾岩。产植物化石 *Equisetites* sp., *Ruffordia goepperti*, *Onychiopsis elongata*, *Coniopteris burejensis*, *C.nympharum*, *Ginkgo huttoni*, *G.sibirica*, *Pityophyllum* sp., *Ctenis* sp.,双壳类化石 *Ferganoconcha sibirica*, *F.subcentralis*, *F.*aff.*burejensis*, *F.curta*, *F.quadrata*, *F.jorekensis*, *F.elongata*, *F.tomiensis*, *F.liaoxiensis*, *F.lingyuanensis*, *F.*cf.*daqingshanensis*, *F.haizhouensis*, *Sibireconcha* cf. *galovae*, *S.*? *taipingensis*, *S.*? *oblonga*, *Sphaerium shantungense*, *S.yanbianense*,腹足类化石 *Viviparus liaoningensis*, *V.haizhouensis*, *V.veesidei*, *Amnicola gilloides*, *A.jurassica*, *Probaicalia vitimensis*, *Euphepyrgula subrotunda*, *Gyraulus* sp., *Hippeutis* sp., *Bithynia haizhouensis*, *B.* cf. *mengzinensis*, *Bellamya parva*,还有 *Viviparus matumotoi*(据余汶等报道) 59.94m

在孙家湾煤层群中,孢粉化石以 *Pilosisporites*, *Appendicisporites*, *Cicatricosisporites* 等最繁

①据王五力等,1989。

盛和类型多样为特点。

三段:中间煤层群

8.灰色厚层砂岩夹深灰色薄层泥岩。产植物化石 *Ginkgo huttoni*, *Sphenobaiera longifolia*, *Pterophyllum* sp., *Acanthopteris onychioides*, *Elatocladus manchurica* 34.41m

7.煤层夹浅灰色粗砂岩。产植物化石 *Baiera* cf. *gracilis*, *Podozamites* sp., *Carpolithus* sp., *Pityophyllum* sp. 60.98m

6.灰黑色粉砂岩、泥岩和灰白色粗粒砂岩互层。产植物 *Acanthopteris gothani*, *A. onychioides*, *Coniopteris silopensis*, *C. burejensis*, *Ginkgo huttoni*, *G. sibirica*, *G.* cf. *digitata*, *Ginkgoites orientalis*, *Sphenobaiera* sp., *Phoenicopsis* ? sp., *Pityophyllum* sp., 双壳类 *Ferganoconcha tomiensis*, *F. quadrata*, *F. sibirica*, *F.*? *oblonga*, *F.*? *suboblonga*, *Sphaerium anderssoni* 等化石 74.70m

在中间煤层群中还产腹足类 *Fuxinia obesa*, *Amnicola gilloides*, *A.* cf. *jurassica*, *A. subrotunda*, *Viviparus liaoningensis*, *Galba* cf. *obrutschevii*, 介形类 *Cypridea* sp., *Ziziphocypris* cf. *simakovi*, *Lycopterocypris infantilis* 等化石。孢粉化石以 *Cyathidites*, *Deltoidospora* 和 *Laerigatosporites* 的繁盛并伴有少量的 *Cicatricosisporites*, *Appendicisporites* 等为特征。此外,还有鱼类化石 *Haizhoulepis changi*

二段:太平煤层群

5.浅灰色厚层砂岩夹煤线。产植物 *Acanthopteris gothani*, *A. ochotica*, *A. onychioides*, *Coniopteris burejensis*, *C. silopensis*, *Nilssonia sinensis*, *Pagiophyllum* sp., *Ginkgo sibirica*, 双壳类 *Ferganoconcha curta*, *Sibireconcha taipingensis* 等化石 55.30m

4.煤层夹灰色粉砂岩 1.50m

3.灰白色砂岩。产植物 *Equisetites* sp., *Cladophlebis* cf. *denticulatea*, *Ginkgo sibirica*, *Nilssonia* ? sp., *Podozamites lanceolatus*, *Pityophyllum* sp., 双壳类 *Ferganoconcha curta*, *F. elongata* 等化石 35.11m

在太平煤层群中还有腹足类 *Viviparus* cf. *onogoensis*, *Bithynia haizhouensis*, *Lioplacodes*? *fallax*, *L. conoides*, 介形类 *Cypridea* (*Cypridea*) *yabulaiensis*, *C.* (*Pseudocypridium*) *globra*, *C.* (*P.*) *haizhouensis*, *Lycopterocypris* ? *multifera*, *L. infantilis*, *Pinnocypridea dictyotroma*, *Mantelliana papulosa*, *Candoniella* cf. *simplica*, *Darwinula contracta* 等化石。孢粉化石以 *Cicatricosisporites* 最丰富, *Foraminisporis* 相对发育,伴有少量的 *Appendicisporites*, *Pilosisporites* 等为特征

一段:高德煤层群

2.煤层 厚度不详

下接 N1200 及 309 号孔

1.灰色、灰白色砂岩、粉砂岩夹泥岩和煤 160.00m

在上述阜新组中,据陈芬等报道还有植物化石 *Coniopteris arctica*, *C. suessi*, *Cladophlebis* cf. *argutula*, *Nilssoniopteris* sp., *Phoenicopsis speciosa*, *Stenorachis* sp., *Pityocladus* sp., *Pityophyllum lindstroemi*, *Pityostrobus* sp., *Podozamites lanceolatus*, cf. *Taxocladus tschetschumensis*, *Desmiophyllum* sp., *Carpolithus* sp., *Conites* sp.; 陈丕基等报道有植物化石 *Pityophyllum* sp., *Sphenopteris* sp., *Conites* sp., *Sphenolepis* sp., *Taeniopteris* sp., *Gleichenites* sp., *Stenorachis* cf. *lepida*, *Elatocladus submanchurica*, cf. *E. manchurica*, cf. *Cephalotaxopsis* sp., cf. *Pterophyllum propingum*, *Pityophyllum nordenskiddi*, *P. lindstroemi*, ? *Thinnfeldia* sp., *Carpolithus* sp., *Elatides* sp., *Baiera* cf. *manchurica*, *Pagiophyllum* sp., *Strobilites* sp.; 据张志诚研究还有植物化石 *Coniopteris fuxinensis*, *Acrostichopteris liaoningensis*, *Sagenopteris* sp., *Pterophyllum fuxinensis*, *Sphenobaiera longifolia*, *Phoenicopsis speciosa*, *Pityocladus yabei*, *Pseudolarix asiatica*, *Cephalotaxopsis* aff. *magnifolia* 和真菌类化石 *Microthyriacites haizhouensis*

——————— 整合 ———————

下伏地层:沙海组 灰黑色泥岩夹深灰色、灰绿色粉砂岩

第九节　松花江生物群的组成与分布

松花江生物群主要是指产于晚白垩世孙家湾组及泉头组—嫩江组中的晚白垩世生物群。但在辽西地区,仅有与松辽盆地泉头组相当的孙家湾组,而孙家湾组以上的沉积地层缺失。

一、脊椎动物

在北票市下府乡双庙村南的孙家湾组中,紫红色泥质粉砂岩含蜥脚类巨龙萨尔塔龙科的 *Borealosaurus wimani* You et al.(维曼北方龙),鸭嘴龙类 *Shuangmiaosaurus gilmorei* You et al.(吉氏双庙龙),甲龙类 *Crichtonsaurus bohlini* Dong(步氏克氏龙)以及龟类等化石。主要化石形态见图 3-131、图 3-132。

二、介形类

辽西地区松花江生物群的介形类化石主要发现于阜新地区的孙家湾组底部。以 *Cypridea* (*Pseudocypridina*) *limpida* - *Bisulcocypridea spinellosa* - *Triangulicypris*(清雅假伟星女星介-微胀无齿双槽女星介-极长三角星介)组合为代表(图 2-108)。目前仅发现 12 属 15 种介形类化石,即 *Cypridea*(*Cypridea*) *craigi echinata*,*C.*(*Pseudocypridina*) *limpida*,*C.*(*P.*) *jiudaolingensis*,*Bisulcocypridea edentula tumidula*,*B.spinellosa*,*Rhinocypris pluscula*,*R.echinata*,*Lycopterocypris infantilis*,*Mongolianella* sp., *Mantelliana nana*,*Triangulicypris maxima*,*T.longissima*,*Candona praevara*,*Candoniella* sp.,*Ziziphocypris costata*,*Z.bicarinata*,*Cyclocypris in-*

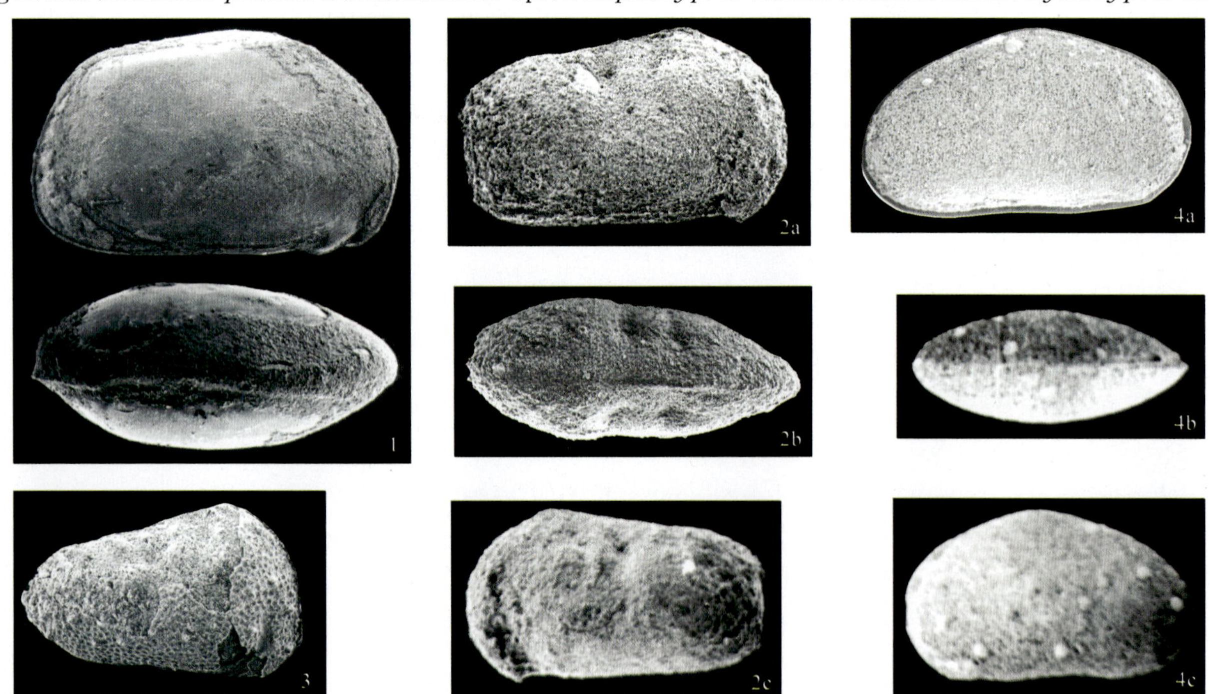

图 2-108　松花江生物群的介形类化石(据张立君,1985)

Fig.2-108　Fossil ostracods of Songhuajiang biota(after Zhang Lijun,1985)

1.清雅假伟星女星介 *Cypridea*(*Pseudocypridina*) *limpida* Zhang,×36;2a,2b,3c.微胀无齿双槽女星介 *Bisulcocypridea edentula tumidula* Zhang,×66;3.细刺双槽女星介 *Bisulcocypridea spinellosa* Zhang,×66;4a,4b,4c.极长三角星介 *Triangulicypris longissima* Zhang,×54

valida，*Darwinula* sp.，*Timiriasevia* sp.等。*Cypridea* 属的代表分子在组合中占主要位置，在下伏介形类化石组合中该属的种基本不出现，而新出现的属种有 *Cypridea*（*Cypridea*）亚属的代表分子以及 *C.*（*Pseudocypridina*）亚属的成员，尤其是 *Bisulcocypridea* 亚属的分子比较发育，并有一定数量的 *Triangulicypris* 属的种，少量 *Cyclocypris* 属的代表分子及 *Candona* 或 *Candoniella* 属的单调类型与之共生。北票市双庙地区的孙家湾组介形类化石亦属此化石组合范畴。

三、腹足类

在辽西地区，松花江生物群的腹足类化石主要发现于阜新地区的孙家湾组底部，与阜新组顶部的腹足类化石共属一个组合。主要化石分子有 *Viviparus* cf. *onogoensis*，*Tulotomoides bingouensis*，*T.xinlitunensis*，*T.*cf.*talaziensis*，*Pseudomnicala fuxinensis* 等（图 2-109）。

图 2-109 松花江生物群的腹足类化石（据于希汉，1987）

Fig.2-109 Fossil gastropods of Songhuajiang biota(after Yu Xihan，1987)

1.大野田螺（相似种）*Viviparus* cf. *onogoensis* Kobayashi et Suzuki，×3.5；2.新立屯似瘤田螺 *Tulotomoides xinlitunensis* Yu，×3.5；3a，3b.冰沟似瘤田螺 *Tulotomoides bingouensis* Yu，×1.2；4.大拉子似瘤田螺（相似种）*Tulotomoides* cf.*talaziensis* Suzuki，×3.5；5.阜新假河螺 *Pseudamnicala fuxinensis* Yu，×6

四、双壳类

在辽西地区，松花江生物群的双壳类化石主要发现于阜新地区的孙家湾组底部。主要化石分子有 *Nippononaia* cf. *yanjiensis*，*N.elliptica*，*N.subovata*，*N.lanceolata* 等。

五、孢粉

在辽西地区，松花江生物群的孢粉化石主要发现于阜新地区的孙家湾组底部。以 *Cicatricosisporites*-*Schizaeoisporites*-*Ephedripites*（无突肋纹孢-希指蕨孢-麻黄粉）组合为代表（图 2-110）。其中，蕨类植物孢子占 70.5%。在蕨类孢子中海金砂科占 37.5%，而个体很小的 *Deltoidospora triangularis*，*Cyathidites minor* 共占 21.7%，它们与下伏孢粉化石组合有继承性；海金砂科

图 2-110 松花江生物群的孢粉化石(据蒲荣干等,1985)

Fig.2-110 Fossil sporopollens of Songhuajiang biota(after Pu Ronggan et al.,1985)

1.曲缝无突肋纹孢 *Cicatricosisporites sinuatiformis* Pu et Wu,×600;2.整洁无突肋纹孢(相似种)*Cicatricosisporites* cf.*tersus* (Bolch.),×600;3.假三肋无突肋纹孢 *Cicatricosisporites pseudotripartitus* (Bolch.),×600;4.南京无突肋纹孢 *Cicatricosisporites nankingensis* Zhang,×600;5.孙家湾无突肋纹孢 *Cicatricosisporites sunjiawanensis* Pu et Wu,×600;6.细肋无突肋纹孢 *Cicatricosisporites minutaestriatus* (Bolch.),×600;7.秀氏无突肋纹孢 *Cicatricosisporites sewardi* Del.Et Sprum.,×600;8.瓜形希指蕨孢 *Schizaeoisporites certus*(Bolch.),×600;9.长形希指蕨孢 *Schizaeoisporites longus* Sonug et Zheng,×400;10.白垩希指蕨孢 *Schizaeoisporites cretacius* (Krutzsch),×600;11.孙家湾希指蕨孢 *Schizaeoisporites sunjiawanensis* Pu et Wu,×600;12.豆形希指蕨孢(相似种)*Schizaeoisporites* cf.*phaseolus* Del.et Sprum.,×600;13.豆形希指蕨孢 *Schizaeoisporites phaseolus* Del.et Sprum.,×600;14—18.交织希指蕨孢 *Schizaeoisporites vitilis* Pu et Wu,×600;19—22.圆形麻黄粉 *Ephedripites*(*Distachyapites*) *rotundus* Ye,×600;23.多肋麻黄粉 *Ephedripites*(*Ephedripites*) *multicostatus* Brenner,×600

孢子中 *Cicatricosisporites*(28.6%)持续增长,而 *Pilosisporites*,*Impardecispora* 的含量较低。但 *Lygodiumsporites* 在该孢粉组合中的出现频率比在下伏所有孢粉组合中都高。莎草科的 *Schizaeoisporites*(0~9.4%)在本孢粉组合中分布最广,含量最高,类型最多。水龙骨科的 *Laevigatosporites ovatus*,紫萁科的 *Osmundacidites* 和分类位置不明的 *Foraminisporis*,*Triporoletes*,*Aequitriradites*,*Kuylisporites*,*Crybelosporites* 等属种非常罕见或完全消失,与卷柏科有关的 *Hsuisporites* 仍频繁出现,*Interulobites triangularis* 少量见及。

含量较少的裸子植物花粉仍以松科和罗汉松科为主,古型双囊粉基本消失。但突出的特点是具有肋条和弯曲线的麻黄粉 *Ephedripites*(*Distachyapites*)开始出现,*Classopollis* 相对发育(2.5%~14%,平均占 8%)。

第十节 松花江生物群标准地层剖面

孙家湾组

阜新地区宫官营子—上生木营子剖面[①]

上覆地层:太古界片麻岩

═══════断层═══════

孙家湾组

16.片麻岩质砾岩	5.33m
15.灰紫色、灰黄色砾岩	512.01m
14.灰黄色砾岩夹红色含砾粉砂岩、砂岩	14.52m
13.灰紫色砾岩夹薄层砂岩	130.46m
12.灰黄色砾岩夹砂岩透镜体	17.88m
11.灰白色砂岩夹薄煤线	25.20m
10.灰黄色含砾砂岩夹薄煤线	26.22m
9.灰黄色砾岩	16.61m
8.灰白色细砂岩夹灰黄色含砾砂岩	35.83m
掩盖	50.00m±
下接798号钻孔	
无岩芯	102.40m
7.灰色、灰白色砂岩、粉砂岩夹泥岩,底部有3m厚的砾岩层,产腹足类化石	35.80m
6.灰色、灰白色粗砂岩、砂岩夹棕红色粗砂岩,底部有砾岩层,产软体动物化石	50.60m
5.灰色夹棕红色细砂岩,底部有砾岩层夹煤线	16.15m
4.灰色、棕红色粗、细砂岩夹灰色砾岩	25.40m
3.灰色粗砂岩,底部有灰红色砾岩	51.40m
2.灰色、灰绿色细砂岩夹灰白色、灰绿色粗砂岩及煤层,产软体动物及介形类化石	69.00m
1.灰色、灰绿色、灰白色砂砾岩互层,底部为灰红色砂砾岩,产软体动物化石	52.50m

在西瓦房人工深井中,该组中上部层位产腹足类化石 *Viviparus* cf.*onogoensis*, *Tulotomoides bingouensis*, *T.xinlitunensis*, *T.* cf.*talatzensis*, *Pseudommicala fuxinensis*,双壳类化石 *Nipponaia* (*Eomartinsonella*) cf.*yanjiensis*, *N.*(*E.*) *elliptica*, *N.*(*E.*) *subovata*, *N.*(*E.*) *lanceolata*,介形类化石 *Cypridea* (*Cypridea*) *craigi echinata*, *C.*(*Pseudocypridina*) *limpida*, *C.*(*Bisulcocypridea*) *edentula tumidula*, *C.*(*B.*) *spinellosa*, *Rhinocypris pluscula*, *Ziziphocypris costata*, *Triangulicypris longissima*

---

①据王五力等,1989。

第三章 珍稀化石产出层位及区域对比

第一节 辽西珍稀化石研究简史

一、20世纪40—80年代的零星发现

辽西珍稀化石的发现与研究可追溯到20世纪40年代，当时由日人矢部长克(Yabe H)、鹿间时夫(Shikama T)、远藤隆次(Endo R)和稻井丰(Inai Y)等在辽西地区开展的零星地质工作发现了一些生物化石及生物足迹。如朝阳市羊山、北票市八家子等地的热河足印(*Jeholosauripus s-satoi* Yabe, Inai et Shikama, 1940)，义县枣茨山、金刚山的细小矢部龙(*Yabeinosaurus tenuis* Endo et Shikama, 1942)、楔齿满洲鳄(*Monjurosuchus splendens* Endo, 1940)和满洲满洲龟(*Manchurochelys manchuensis* Endo et Shikama, 1942)以及阜新市新丘的新野见远藤兽(*Endotherium niinomii* Shikama, 1947)、炭化德氏蜥(*Teilhardosaurus carbonarius* Shikama, 1947)等。

这种零星的发现和研究在20世纪90年代前并无改变，期间仅50—60年代在阜新市发现张北足印(*Changpeipus carbonicus* Young, 1960)，在阜新市吐呼噜发现肉食类恐龙巨齿龙类Megalosauridae和虚骨龙类Coelurosaurudae化石。在1973年发现第一种鹦鹉嘴龙化石的基础上，80年代在朝阳发现了梅勒营子鹦鹉嘴龙(*Psittacosaurus meileyingziensis* Serero, Chao, Chen et Rao, 1988)、蒙古鹦鹉嘴龙(*Psittacosaurus mongoliensis* Osborn, 1923)，在朝阳县二十家子土城子组发现了杨氏朝阳龙(*Chaoyoungosaurus youngi* Zhao et al., 1999)。

二、20世纪80年代末和90年代初的重大发现

辽西珍稀化石的重大发现始于20世纪80年代末和90年代初。这些化石集中发现于北票市上园镇四合屯、朝阳县波罗赤乡以及梅勒营子地区。

1987年首先在朝阳县梅勒营子乡南炉九佛堂组发现了三塔中国鸟(*Sinornis santensis* Sereno et Rao, 1992)(图3-1)，随后于1990年又在朝阳县波罗赤九佛堂组发现了燕都华夏鸟(*Cathayornis yandica* Zhou, Jin et Zhang, 1992)、郑氏波罗赤鸟(*Boluochia zhengi* Zhou, 1995)和北山朝阳鸟(*Chaoyangia beishanensis* Hou et Zhang, 1993)；同一时期，在凌源县海房沟组中发现了纤细辽兽(*Liaotherium gracile* Zhou, Cheng et Wang, 1991)。

三、20世纪90年代多门类关键性珍稀化石的发现

1993—1994年在北票市上园镇尖山沟义县组发现了圣贤孔子鸟(*Confuciusornis sanctus*

图 3－1　在辽西最先发现的鸟类化石—三塔中国鸟（据侯连海等，2003）

Fig.3－1　Fossil bird(*Sinornis santensis* Sereno et Rao) first found in western Liaoning province (after Hou Lianhai et al.,2003)

Hou,Zhou,Martin et Feduccia,1995)（图 3－2）、五尖张和兽（*Zhangheotherium quinquecuspidens* Hu, Wang,Luo et Li,1997）和辽西鄂尔多斯龟［*Ordosemys liaoxiensis*（Ji），1995］等珍稀化石。1995 年在阜新县大五家子义县组中也发现了圣贤孔子鸟（*Confuciusornis sanctus* Hou,Zhou et al.,1995）。

自 1994 年发现圣贤孔子鸟化石之后，1994—1997 年期间，在北票市上园镇四合屯、张家沟等地的义县组中数以百计的珍稀化石被发现，其中包括 1996 年发现的原始中华龙鸟（*Sinosauropteryx prima* Ji et Ji, 1997）、1997 年发现的粗壮原始祖鸟（*Protarchaeopteryx robusta* Ji et Ji, 1997）和邹氏尾羽龙（*Caudipteryx zoui* Ji, Currie, Norell et Ji, 1998），1997 年秋意外发现的北票龙（*Beipiaosaurus inexpectus* Xu,Tang,Wang et Wu,1999）。此外，同期被发现和报道的有杨氏东方翼龙（*Eosipterus yangi* Ji et Ji, 1997）、长趾辽宁鸟（*Liaoningornis longiditris* Hou,1996）、川州孔子鸟（*Confuciusornis chuonzhous* Hou,1997）和孙氏孔子鸟（*Confuciusornis suniae* Hou,1997）等。与此同时在朝阳县波罗赤九佛堂组中又有众多的原始鸟类被发现，如有尾华夏鸟（*Cathayornis caudatus* Hou,1997）、三燕龙城鸟（*Longchengornis sanyanensis* Hou,1997）、侯氏尖嘴鸟（*Cusoirostrisornis houi* Hou,1997）、六齿大嘴鸟（*Largirostrornis sexdentornis* Hou,1997）和凌河松岭鸟（*Songlingornis linghensis* Hou,1997）。

图 3－2　圣贤孔子鸟（据侯连海等，2003）

Fig.3－2　*Confuciusornis sanctus* Hou,Zhou et al.(after Hou Lianhai et al., 2003)

1998年的重大发现是在北票市上园镇黄半吉沟的义县组中发现了原始被子植物——辽宁古果(*Archaefructus liaoningensis* Sun,Dilcher,Zheng et Zhou,1998)。

至此,以中华龙鸟为代表的小型兽脚类恐龙、以孔子鸟为代表的原始鸟类和以五尖张和兽为代表的早期哺乳类群,及以"古果属"为代表的早期被子植物等珍稀化石的发现,震惊了全世界,辽西地区的珍稀化石研究开始成为国际性的热点。

四、20世纪末珍稀化石的发现与研究

1998年继续发现和报道的还有北票市上园镇四合屯地区的董氏尾羽龙(*Caudipteryx dongi* Zhou et Wang,2000)、千禧中国鸟龙(*Sinornithosaurus millenii* Xu,Wang et Wu,1999)、弯齿树翼龙(*Dendrorhynchoides curvidentatus* Ji et Ji,1998)、长趾大凌河蜥(*Dalinghosaurus longidigitus* Ji,1998)和葛氏辽蟾(*Liaobatrachus grabaui* Ji et Ji,1998)以及葫芦岛市新台门等地的钟健辽西螈(*Liaoxitriton zhongjiani* Dong et Wang,1998)。在凌源市大王杖子乡范杖子、山嘴发现了娇小辽西鸟(*Liaoxiornis delicatus* Hou et Chen,1999 =小凌源鸟 *Lingyuanornis parvus* Ji et Ji,1999)和凌源潜龙(*Hyphalosaurus lingyuanensis* Gao,Tang et Wang,1999=*Sinohydrosaurus lingyuanensis* Li,Zhang et Li,1998)。

1999年的重大发现有北票市上园镇四合屯地区义县组的早期哺乳类金氏热河兽(*Jeholodens jenkinsi* Ji,Luo et Ji,1999)(图3-3)、义县大凌河北白台沟义县组的大型鸟臀类恐龙杨氏锦州龙(*Jinzhousaurus yangi* Wang et Xu,2001)。此外还在义县吴家屯的九佛堂组中发现了葛氏义县鸟(*Yixianornis grabaui* Zhou et Zhang,2001)。

图3-3 金氏热河兽复原图(据季强等,1999,2004)
Fig.3-3 Reconstruction of Jeholodens jenkinsi (after Ji Qiang et al.,1999,2004)

同年报道的珍稀化石还有上园镇四合屯地区义县组的杜氏孔子鸟(*Confuciusornis dui* Hou,Martin,Zhou et Feduccia,1999)、横道子长城鸟(*Changchengornis hengdaoziensis* Ji,Chiappe et Ji,1999)、步氏始反鸟(*Eoenantiornis buhleri* Hou,Martin,Zhou et Feduccia,1999)、三燕丽蟾(*Callobatrachus sanyanensis* Wang et Gao,1999);宁城县道虎沟海房沟组的美丽热河蜥(*Jeholacerta formosa* Ji et Ren,1999)和黑山县八道壕镇沙海组的常氏黑山蛋(*Heishanoolithus changii* Zhao et Zhao,1999)。

可以认为1998—1999年珍稀化石的发现和研究达到了一个高潮。

五、本世纪初珍稀化石的研究工作

从2000年开始至2004年,在新地点、新层位,如北票市上园镇陆家屯义县组底部、朝阳市七道

泉子镇上河首村九佛堂组、宁城县道虎沟村海房沟组和北票市下府乡双庙附近的孙家湾组陆续发现了大量重要的珍稀化石。

在陆家屯，2000 年发现有上园热河龙（*Jeholosaurus shangyuanensis* Xu，Wang et You，2000）和强壮爬兽（*Repenomamus robustus* Li，Wang，Wang et Li，2000），2002 年有燕子沟辽宁角龙（*Liaoceratops yanzigouensis* Xu，Makovicky ，Wang et al.，2002）、高氏切齿龙（*Incisivosaurus gauthieri* Xu，Cheng，Wang et Zhang，2002）、张氏中国猎龙（*Sinovenator changii* Xu et al.，2002），2003—2004 年发现有侯氏红山龙（*Hongshanosaurus houi* You et al.，2003）、龙寐龙（*Mei long* Xu et al.，2004）、陆家屯纤细盗龙（*Graciliraptor lujiatunensis* Xu et Wang，2004）、奇异帝龙（*Dilong paradoxus* Xu et al.，2004）和索菲亚戈壁兽（*Gobicondon zofiae* Li et al.，2003）等鸟臀类、蜥臀类恐龙及哺乳类珍稀化石。

在上河首及周边下三家子、大平房、龙王庙和东大道等地区，2000 年发现有朝阳长翼鸟（*Longipteryx chaoyangensis* Zhang，Zhou，Hou et Gu，2000）和赵氏小盗龙（*Microraptor zhaoianus* Xu，Zhou et Wang，2000），2002 年有异常华夏鸟（*Cathayornis aberransis* Hou，Zhou，Zhang et Gu，2002）、归返古飞鸟（*Archaeovolans repatriatus* Czerkas et Xu，2002）、中美杂食鸟（*Omnivoropteryx sinousaorum* Czerkas et Ji，2002）、朝阳会鸟（*Sapeornis chaoyangensis* Zhouy et al.，2002）、原始热河鸟（*Jeholornis prima* Zhou et Zhang，2002）等大量鸟类化石及鲍尔隐翔龙化石（*Cryptovolans pauli* Czerkas et al.，2002），2003—2004 年发现有吴氏异齿鸟（*Aberratiodentus wui* Gong，Hou et Wang，2003）、张氏朝阳翼龙（*Chaoyangopterus zhangi* Wang et Zhou，2003）、顾氏辽宁翼龙（*Liaoningopterus gui* Wang et Zhou，2003）、董氏中国翼龙（*Sinopterus dongi* Wang et Zhou，2002）。

在道虎沟，自 1999 年报道美丽热河蜥（*Jeholacerta formosa* Ji et Ren，1999）之后，2002 年报道有宁城树息龙（*Epidendrosaurus ningchengensis* Zhang et Zhou，2002）、宁城热河翼龙（*Jeholopterus ningchengensis* Wang et Zhou et al.，2002）和威氏翼嘴翼龙（*Pterorhynchus wellnhoferi* Czerhas et Ji，2002），2003—2004 年有天义初螈（*Chunerpeton tianyiensis* Gao et al.，2003）和道虎沟辽西螈（*Liaoxitriton daohugouensis* Wang，2004）。

在双庙，2002 年开始报道有珍稀化石，如步氏克氏龙（*Crichtonsaurus bohlini* Dond，2002），2003—2004 年有吉氏双庙龙（*Shuangmiaosaurus gilmorei* You et al.，2003）和维曼北方龙（*Borealosaurus wimani* You et al.，2004）。

此外，在四合屯地区继续有新的珍稀化石的发现和报道，先后有秀丽郝氏翼龙（*Haopterus gracilis* Wang et Lü，2001）、北票中蟾（*Mesophyne beipiaoensis* Gao et Wang，2001）、中国毛兽（*Maotherium sinensis* Rougier et al.，2002）、张吉营锦州鸟（*Jinzhouornis zhangjiyingia* Hou，Zhou，Zhang et Gu，2002）、东方吉祥鸟（*Jixiangornis orientalis* Ji et al.，2002）和东方神州龙（*Shenzhousaurus orientalis* Ji et al.，2003）、孟氏大连蟾（*Dalianbatrachus mengi* Gao et al.，2003）和被子植物十字中华果（*Sinocarpus decussata* Leng et Friis，2003）（最近修定为十字里海果（*Hyrcantha decussata* Sun et al.）。

在范杖子，继娇小辽西鸟和凌源潜龙发现后，又有凌源中国俊兽（*Sinobaatar lingyuanensis* Hu et al.，2002）、攀援始祖兽（*Eomaia scansoria* Ji et al.，2002）、赫氏擅攀鸟龙（*Scansoriopteryx heilmanni* Czerkas et Yuan，2002）、沙氏中国袋鼠（*Sinodelphys szalayi* Luo et al.2003）、被子植物中华古果（*Archaefructus sinensis* Sun，Dilcher，Ji et Nixon，2002）（图 3 - 4）等重要化石发现，同时也有四合屯地区相同分子的出现，如圣贤孔子鸟、原始中华龙鸟、长趾大凌河蜥和金氏热河兽等。

在义县大凌河北头台、白台沟地区的义县组中，继杨氏锦州龙和葛氏义县鸟发现后，也有新化

图 3-4　中华古果(据孙革等,2002)

Fig.3-4　*Archaefructus sinensis* Sun,Dilcher,Ji et Nixon (after Sun Ge et al.,2002)

石发现，如中华神州鸟(*Shenzhouraptor sinensis* Ji et al.,2002)和韩氏长嘴鸟(*Longirostravis hani* Hou *et al.*,2003)。另外,在义县腰底家沟义县组中发现了东方华夏颌龙(*Huaxiagnathus orientalis* Hwnag et al.,2004),在义县皮家沟九佛堂组中发现了皮家沟伊克昭龙(*Ikechosaurus pijiagouensis* Liu,2004)。

其他地点也发现了一些重要的化石,如2009年以来,在建昌县玲珑塔镇大西沟髫髻山组二段沉积层中发现了 *Aurornis xui*（徐氏曙光鸟）,*Anchiornis huxleyi*（赫氏近鸟龙）,*Eosinopteryx brevipenna*（短羽始中国羽龙）,*Darwinopterus linglongtaensis*（玲珑塔达尔文翼龙）,*Juramaia sinensis*（中华侏罗兽）等珍稀化石。

第二节　珍稀化石的科学意义

辽西发现的大量珍稀化石是中生代生态背景的一个重要缩影,其中包含有鸟类—哺乳类—被子植物的原始生态群落,而新生代和现今占统治地位的生态群落就是鸟类、哺乳类和被子植物。因此,深入研究鸟类—哺乳类—被子植物生态群落的起源,以及它们替代中生代时期以恐龙和裸子植物为代表的生态群落的过程,不仅对了解生命演化非常重要,而且对于了解现代生态环境的形成及如何更好地保护和改进现代生态环境都具有重大的科学意义。

一、鸟类起源与小型兽脚类恐龙

在达尔文的《物种起源》一书出版之后,德国索伦霍芬地区发现了始祖鸟化石(1860,1861)。从此开始了长达一百多年有关鸟类的起源争论。当时国际科学界占主导的是“槽齿类爬行动物起源说”,T.H·赫胥黎在19世纪60—70年代提出的鸟类与恐龙有关的思想受到了猛烈的攻击。直到20世纪60年代,J.H·奥斯特隆又重新提出“恐龙起源说”,并进一步提出“小型兽脚类恐龙起源说”。20世纪70—80年代正是两种起源说激烈争论的年代,二者势均力敌,原因是缺乏有力的化石证据。20世纪90年代中华龙鸟、原始祖鸟、尾羽鸟等一系列带羽毛的恐龙的发现,震惊了国际科学界,随着更多的长有羽毛的恐龙——北票龙、中国鸟龙、小盗龙,以及系列原始鸟类——孔子鸟、中国鸟、华夏鸟、波罗赤鸟等化石的相继发现,起源争论持续到1999年2月国际鸟类大会,“小型食肉性恐龙起源说”已占主导地位。“耶鲁鸟类国际会议”标志着国际科学界对我国辽西原始鸟类、长羽毛恐龙的科学意义和研究成果的认可。全身披覆羽毛的奔龙化石和与现代鸟类已无明显区别的燕鸟、义县鸟等化石的发现，证明了辽西地区在晚侏罗世—早白垩世早期是鸟类的重要起源地，而且鸟类已具有显著的辐射和分异。辽宁西部已经成为研究鸟类起源的世界级且不可多得的宝地。

鸟类起源于小型兽脚类恐龙的证据主要是在辽西地区发现了大量的蜥臀类恐龙和孔子鸟—华夏鸟所代表的原始鸟类化石。

辽西的蜥臀类恐龙主要发现于四个组级岩石地层单位，自上而下是：

孙家湾组：维曼北方龙 *Borealosaurus wimani* You et al.，2004。

九佛堂组：顾氏小盗龙 *Microraptor gui* Xu，2003、赵氏小盗龙 *Microraptor zhaoianus* Xu，Zhou et Wang，2000、鲍尔隐翔龙 *Cryptovolans pauli* Czerkas et al.，2002。

图 3-5　原始中华龙鸟（据季强等，2004）
Fig.3-5　*Sinosauropteryx prima* Ji et Ji
(after Ji Qiang et al.，2004)

义县组：原始中华龙鸟 *Sinosauropteryx prima* Ji et Ji，1997（图 3-5）、粗壮原始祖鸟 *Protarchaeopteryx robusta* Ji et Ji，1997、邹氏尾羽龙 *Caudipteryx zoui* Ji，Currie，Norell et Ji，1998、董氏尾羽龙 *Caudipteryx dongi* Zhou et Wang，2000、意外北票龙 *Beipiaosaurus inexpectus* Xu，Tang，Wang et Wu，1999、千禧中国鸟龙 *Sinornithosaurus millenii* Xu，Wang et Wu，1999、长掌义县龙 *Yixianosaurus longimanus* Xu et Wang，2003、东方神州龙 *Shenzhousaurus orientalis* Ji，Makovicky，Gao，Ji et Yuan，2003、赫氏树息龙 *Epidendrosaurus*（＝擅攀鸟龙 *Scansoriopteryx*）*heilmanni*（Czerkas et Yuan，2002）、东方华夏颌龙 *Huaxiagnathus orientalis* Hwnag，Norell，Ji et Gao，2004、龙寐龙 *Mei long* Xu et Norell，2004、陆家屯纤细盗龙 *Graciliraptor lujiatunensis* Xu et Wang，2004、奇异帝龙 *Dilong paradoxus* Xu，Norell，Wang，Zhao et Jia，2004、高氏切齿龙 *Incisivosaurus gauthieri* Xu，Cheng，Wang et Chang，2002、张氏中国猎龙 *Sinovenator changii* Xu，Wang，Makovicky et Wu，2002 等。

海房沟组：宁城树息龙 *Epidendrosaurus ningchengensis* Zhang et Zhou，2002。

与此同时，辽西也发现了大量鸟类化石，共有 25 属 31 种。可以分为义县组的孔子鸟群和九佛堂组的华夏鸟群。

孔子鸟群包括圣贤孔子鸟 *Confuciusornis sanctus* Hou，Zhou，Gu et Zhang，1995、川州孔子鸟 *Confuciusornis chuonzhous* Hou，1997、孙氏孔子鸟 *Confuciusornis suniae* Hou，1997、杜氏孔子鸟 *Confuciusornis dui* Hou，Martin，Zhou et Feduccia，1999、横道子长城鸟 *Changchengornis hengdaoziensis* Ji，Chiappe et Ji，1999、义县锦州鸟 *Jinzhouornis yixianensis* Hou，Zhou，Zhang et Gu，2002、张吉营锦州鸟 *Jinzhouornis zhangjiyingia* Hou，Zhou，Zhang et Gu，2002、娇小辽西鸟 *Li-*

aoxiornis delicatus Hou et Chen，1999（=小凌源鸟 *Lingyuanornis parvus* Ji et Ji，1999）、步氏始反鸟 *Eoenantiornis buhleri* Hou，Martin，Zhou et Feduccia，1999、长趾辽宁鸟 *Liaoningornis longiditris* Hou，1996 及韩氏长嘴鸟 *Longirostravis hani* Hou，Chiappe，Zhang et Chuo，2003 等 7 属 11 种。

华夏鸟群有反鸟亚纲华夏鸟目的三塔中国鸟 *Sinornis santensis* Sereno et Rao，1992、燕都华夏鸟 *Cathayornis yandica* Zhou，Jin et Zhang，1992、有尾华夏鸟 *Cathayornis caudatus* Hou，1997、异常华夏鸟 *Cathayornis aberransis* Hou，Zhou，Zhang et Gu，2002、三燕龙城鸟 *Longchengornis sanyanensis* Hou，1997、侯氏尖嘴鸟 *Cusoirostrisornis houi* Hou，1997、六齿大嘴鸟 *Largirostrornis sexdentornis* Hou，1997、朝阳长翼鸟 *Longipteryx chaoyangensis* Zhang，Zhou，Hou et Gu，2000，异齿鸟目的吴氏异齿鸟 *Aberratiodentus wui* Gong，Hou et Wang，2003，波罗赤鸟目的郑氏波罗赤鸟 *Boluochia zhengi* Zhou，1995；今鸟亚纲朝阳鸟目的北山朝阳鸟 *Chaoyangia beishanensis* Hou et Zhang，1993、凌河松岭鸟 *Songlingornis linghensis* Hou，1997，燕鸟目的马氏燕鸟 *Yanornis martini* Zhou et Zhang，2001，义县鸟目的葛氏义县鸟 *Yixianornis grabaui* Zhou et Zhang，2001，未定目的归返古飞鸟 *Archaeovolans repatriatus* Czerkas et Xu，2002；亚纲未定的杂食鸟目的中美杂食鸟 *Omnivoropteryx sinousaorum* Czerkas et Ji，2002 以及会鸟目的朝阳会鸟 *Sapeornis chaoyangensis* Zhou，2002、热河鸟目的原始热河鸟 *Jeholornis prima* Zhou et Zhang，2002；亚纲和目未定的中华神州鸟 *Shenzhouraptor sinensis* Ji et al.，2002、东方吉祥鸟 *Jixiangornis orientalis* Ji et al.，2002（吉祥鸟、神州鸟被认为是热河鸟的晚出异名）等 18 属 20 种。

上述蜥臀类恐龙，其中保存有皮肤衍生物（与原始羽毛同源）、原始羽毛或真正羽毛的小型兽脚类恐龙至少有 11 属 13 种，如原始中华龙鸟、粗壮原始祖鸟、邹氏尾羽鸟、董氏尾羽鸟、意外北票龙、长掌义县龙、千禧中国鸟龙、顾氏小盗龙、赵氏小盗龙、东方华夏颌龙、鲍尔隐翔龙、奇异帝龙和赫氏擅攀鸟龙等，另外，张氏中国猎龙亦可能归于此类。

孔子鸟的发现揭开了中国鸟类起源研究的序幕。小型兽脚类恐龙向鸟类进化的过渡类型，如中华龙鸟、原始祖鸟、尾羽鸟（龙）的相继发现，奠定了鸟类起源于"小型兽脚类恐龙"学说的基础。其中，中华龙鸟是首先发现的带原始羽毛的美颌龙类化石，代表了鸟类起源和演化的祖先类型，原始祖鸟、尾羽鸟已具有典型的羽毛结构。随后发现的北票龙、义县龙、中国鸟龙、小盗龙等进一步丰富了这一学说。特别是中国鸟龙，为驰龙类恐龙，已非常接近早期鸟类，更深化了对鸟类的"恐龙起源说"的认识。

此外，更多的小型兽脚类恐龙向鸟类进化的过渡类型的发现，更进一步证明了这一学说。如华夏颌龙是除美颌龙、中华龙鸟外的第三种美颌龙类；中国猎龙已具前翅；奇异帝龙是小型霸王龙类，但有羽毛，再次证明兽脚类恐龙与鸟类有共同的祖先；较特殊的赵氏小盗龙，是世界上最娇小的兽脚类恐龙；顾氏小盗龙具有四翅；龙寐龙表现了睡姿；神州龙是似鸟龙类的原始类型；切齿龙证明了窃蛋龙与鸟类有近亲关系，由于是植食性，表明它们具有除肉食性以外的更广泛和多样的生态栖境。

中华龙鸟—北票龙—尾羽鸟龙（龙）—原始祖鸟—中国鸟龙—始祖鸟—鸟类可能组成了一个演化系列（图 3-6）。

辽西不仅发现了大量小型兽脚类恐龙向鸟类进化的过渡类型，而且也发现了大量真正意义的原始鸟类。孔子鸟群数量之多、种类之复杂是世界独一无二的，也是世界已知最早、最庞大的原始鸟群。其中的孔子鸟、长城鸟和锦州鸟属古鸟亚纲孔子鸟目，辽西鸟、始反鸟和长嘴鸟属反鸟亚纲；孔子鸟与始祖鸟的基本特征完全相似，但也有较后者进步的特征，是原始的鸟类；长城鸟的某些特征与一些小型兽脚类恐龙很接近；义县锦州鸟具有树栖的生态特征；娇小辽西鸟是世界已知最小的鸟类，与始反鸟一样处于始祖鸟向反鸟演化的中间环节。该群中还有少量的今鸟亚纲分子，如辽宁

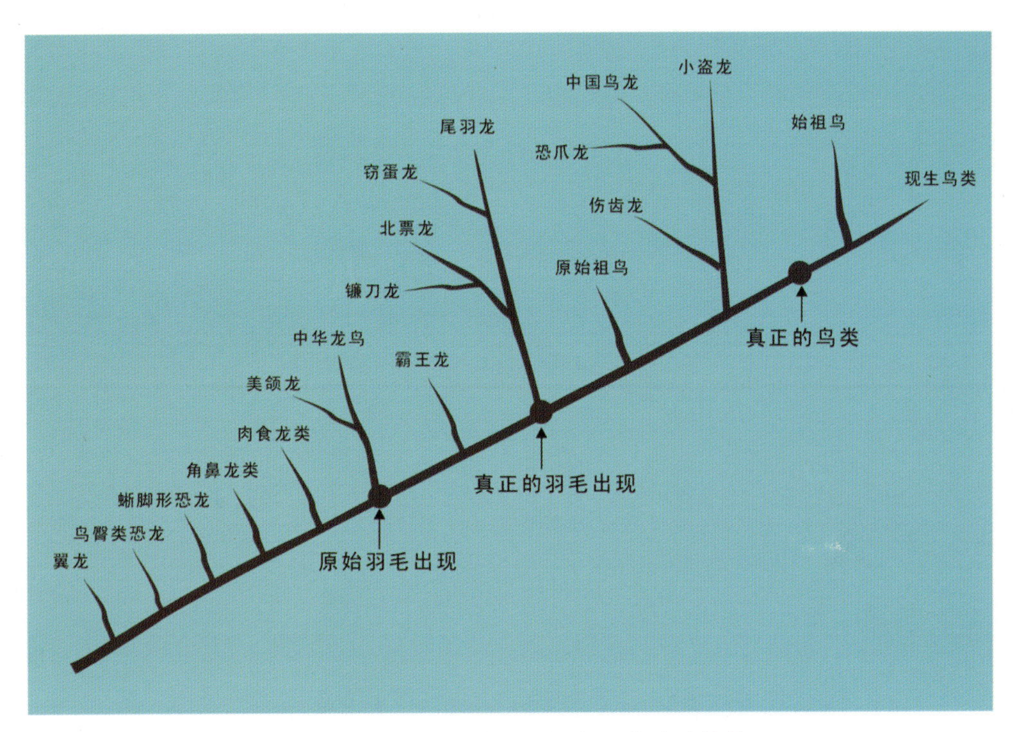

图 3-6　兽脚类恐龙的系统关系示意图(据张弥曼等,2001)

Fig.3-6　Systematic relations of theropod dinosaurs(after Chang Mee-mann et al.,2001)

鸟目的辽宁鸟,是一进步鸟类,与孔子鸟群共生,说明当时已有复杂的形态变异。

华夏鸟群以反鸟类为主,同时有较多的今鸟类,此外还有一些亚纲、未定目的原始鸟类,反映了鸟类进化水平的差异性和形态变异的复杂多样性,这是由早期鸟类的分化辐射而形成的。以华夏鸟、中国鸟、波罗赤鸟为代表的华夏鸟群,一方面保留了许多原始性状,另一方面某些特征比较进步,是现生鸟类的早期原始代表;朝阳鸟等今鸟类化石则是具有现代鸟类特征的早期鸟类;另一些鸟类,如会鸟是热河生物群中体形最大的鸟类,同时具有原始的特征,而热河鸟,包括吉祥鸟、神州鸟是继始祖鸟后第二种长尾原始鸟类,与奔龙类有密切关系,是仅次于始祖鸟,比孔子鸟更原始的鸟类,代表了兽脚类恐龙向鸟类演化的又一中间环节,是世界上最古老和原始的鸟类。

始祖鸟是最原始的初鸟类,在辽西与此相近的有热河鸟、吉祥鸟和神州鸟;孔子鸟则是与始祖鸟类相近的尾综骨鸟类。初鸟类进化为反鸟类,再进化为今鸟类,最后是现生鸟类。在反鸟类中,具有原羽鸟(发现于冀北丰宁)—始反鸟—华夏鸟—长翼鸟的进化系列;在今鸟类中具有辽宁鸟—朝阳鸟—燕鸟—义县鸟的进化系列(图 3-7)。

在鸟类的飞行起源问题上,季强(2004)和徐星等(2000,2003)分别倾向于"陆地奔跑飞行起源假说"和"树栖飞行起源假说"。前者依据的是具有快速奔跑能力的中华龙鸟、原始祖鸟、尾羽鸟、北票龙、中国鸟龙、小盗龙和神州鸟等化石的发现,并认为中国鸟龙和小盗龙更具有滑翔的能力,特别是神州鸟已经具有较强的飞行能力,但其后肢不具抓握和对握的爬树能力。后者依据的是赵氏小盗龙不仅是最小的兽脚类恐龙,而且有爬树能力,顾氏小盗龙具有四翅,证明鸟类进化过程中确实存在"四翅"阶段。因此,至今在国内学术界并未就鸟类的飞行起源问题得出较一致的结论。

但毫无疑问,向鸟类进化过渡类型的小型兽脚类恐龙、孔子鸟群和华夏鸟群的发现与研究已经对鸟类的起源、演化和鸟类飞行的起源提出了许多新的可靠证据,具有十分重要的科学意义。

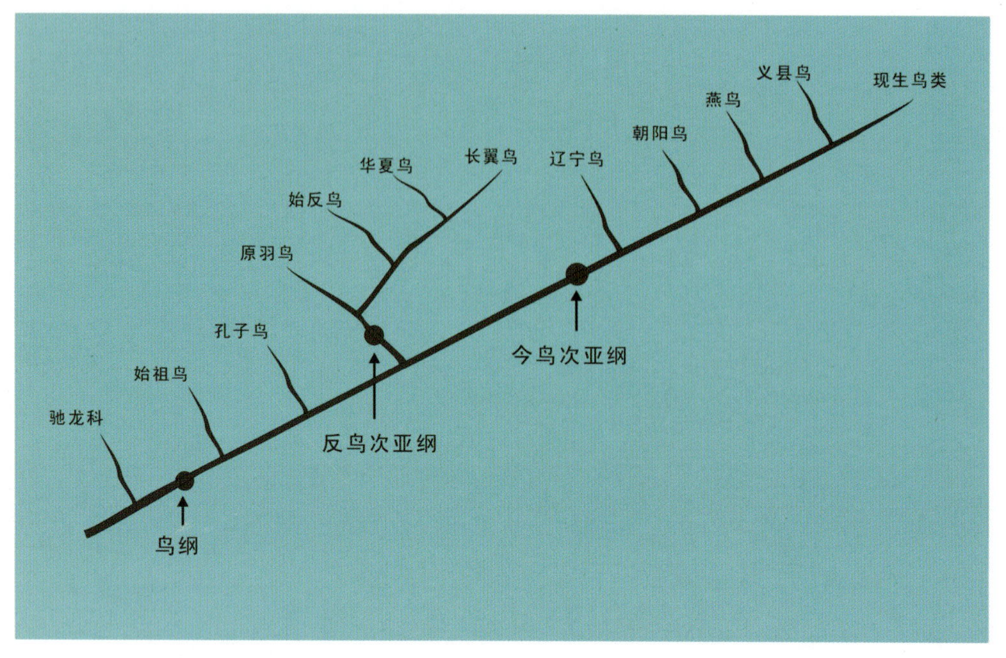

图 3－7　部分早期鸟类的系统演化关系示意(据张弥曼等,2001)

Fig.3－7　Systematic revolutionary relations of some early birds(after Chang Mee-mann et al.,2001)

二、哺乳类动物起源

哺乳类从晚三叠世就已出现,但中生代哺乳动物的多数类群化石稀少,时代分布不均,大多发现于晚白垩世,只有多瘤齿兽类数量相对较多,形态介于原始哺乳动物(如侏罗纪的摩根兽类)与现生的兽类之间。人们对哺乳动物的早期演化知之不多,对其系统发育也没有明确结论。但近年来,由于张和兽和热河兽等化石的发现,不仅增加了人们对早期演化的认知,而且对哺乳动物的起源也有了更深入的了解。因此,辽西的哺乳动物化石同样引起了国际科学界的关注。

哺乳动物分原兽亚纲(单孔类)、异兽亚纲(多瘤齿兽类)、始兽亚纲(三尖齿兽和梁齿兽类)以及兽亚纲,兽亚纲又分祖兽次纲(对齿兽类和完兽类)、后兽次纲(包括有袋类)和真兽次纲。

在辽西发现的哺乳类动物化石共计有 10 属 10 种,它们是阜新组的新野见远藤兽 *Endotherium niinomii* Shikama,1947,义县组的五尖张和兽 *Zhangheotherium quinquecuspidens* Hu, Wang, Luo et Li,1997,金氏热河兽 *Jeholodens jenkinsi* Ji,Luo et Ji,1999,强壮爬兽 *Repenomamus robustus* Li,Wang,Wang et Li,2000,中国毛兽 *Maotherium sinensis* Rougier et Ji,2002,凌源中国俊兽 *Sinobaatar lingyuanensis* Hu et al.,2002,攀援始祖兽 *Eomaia scansoria* Ji et Luo,2002,索菲亚戈壁兽 *Gobicondon zofiae* Li et al.,2003,沙氏中国袋鼠 *Sinodelphys szalayi* Luo et Ji,2003 和海房沟组的纤细辽兽 *Liaotherium gracile* Zhou,Cheng et Wang,1991 等。

其中,中国俊兽属异兽亚纲,它不仅是晚白垩世之前保存最为完整的个体,而且还为探讨多瘤齿兽类的早期演化提供了重要的证据。

金氏热河兽、纤细辽兽是始兽亚纲中早期哺乳动物类群之一的三尖齿兽目最古老的类型。其中,金氏热河兽是极少数已知化石中最古老、最完整、最精美的三尖齿兽类化石,它改变了过去对早期哺乳动物生活方式认识模糊的状况,既填补了化石记录中很大的一段空白,又为早期哺乳动物的起源和演化提供了新的信息。

张和兽属于兽亚纲祖兽次纲中已灭绝的对齿兽目，是向兽类发展的基本演化系成员，与摩根兽等原始兽类相近，也是一种原始兽类。辽西也首次发现了与五尖张和兽有密切亲缘关系，且保存了毛发和软体印痕的未定对齿兽类—中国毛兽。

沙氏中国袋鼠代表了兽亚纲后兽次纲哺乳动物（包括有袋类）中最原始的种类，其发现将后兽类哺乳动物化石记录从晚白垩世向前推到晚侏罗世晚期—早白垩世早中期，填补了后兽类演化史上的重要环节空白；为建立有袋类哺乳动物起源过程中骨骼演化方式提供了重要信息，也为有袋类哺乳动物的演化提供了对比框架，进一步证明了真兽—后兽类哺乳动物不仅起源于北半球，也很可能起源于中国北方。

攀援始祖兽属于兽亚纲真兽次纲，代表了最原始的真兽类，也是真兽类中最早和最原始的有胎盘类哺乳动物。该化石的发现为真兽类哺乳动物起源研究提供了重要化石依据和信息：一是将具有完整的真兽类化石记录从晚白垩世向前推到早白垩世早期，填补了真兽类（有胎盘类）演化史上的空白；二是提供了最早期真兽类骨骼结构、形态功能和生活习性的化石证据；三是为有胎盘类哺乳动物演化、分异提供了对比研究的重要信息。

上述原始哺乳动物化石，特别是有袋类和真兽类哺乳动物化石的发现，对早期哺乳动物的起源和演化的研究具有极为重要的科学意义。

三、被子植物起源

（一）研究历史的简要回顾

Beck (1976)在《被子植物的起源和早期演化——展望》一文中，对20世纪60年代以前被子植物起源问题研究作了高度概括。文中说："1960年在英国协会(British Association)上，Tom Harris做的有关被子植物起源的一个演讲中，他相当悲观地评述：不要去回顾名人的成功和得意的记载，而要去回顾一下一个没有打破的失败记录。当前，同达尔文于1879年强调这一问题时一样，认为被子植物起源与早期演化仍然是重大问题和重要奥秘。虽然自1960年以来这一问题已有研究进展，并做出了最有意义的贡献，但是，因为我们的结论，大部分基于推测的证据，是经常带有推论性和解释性的，我们仍然不能肯定地回答和解决这一问题。"这是被子植物起源问题百年不解之谜的关键所在。

在谈到被子植物起源问题时，最重要的是要回答最古老的被子植物到底是个什么样子，它究竟是起源于哪一类植物或哪个类群，其次是它们起源于何时、何地。一百多年以来，许多学者为解决上述问题曾进行了孜孜不倦的探索，但苦于早期被子植物化石寻找上的困难，加之早期被子植物在识别和分类上及演化方面的复杂性等，这个问题一直得不到彻底解决。由于最古老的被子植物化石的缺乏，人们不得不把注意力转向那些在时代上偏新的被子植物化石或现生的被子植物，意在用它们来推测被子植物的祖先应当是什么样子，估计它们可能发生在何时何地。于是产生出许许多多的假说。在科学研究中，特别是在探索未知的领域中，假说是重要的。但是，假说必须在被实践证实以后才可能成为理论。

被子植物也称为有花植物，而花器官的结构构造又是被子植物鉴定和分类的重要依据。所以，对花器官的演化趋势的研究，便成为追踪被子植物祖先特征的重要手段之一。关于被子植物的原始特征方面的少数假说得到了进一步发展。在20世纪之初，人们比较注重真花和假花以及由此派生的混合、局部理论，这对被子植物的系统发育分类产生了很大影响(Friis, Endress,1990)。当前，所有这些假说都处在争论之中，还没有一种假说具备合适的、有力的证据(Friis, Endress,1990)。

(二)义县组早期被子植物的科学意义

1. 辽西早期被子植物的发现为被子植物起源研究带来了一丝曙光

被子植物是现代生态圈的重要一员,也是人类赖以生存的主要食物来源。但是被子植物的起源被达尔文称为一个“讨厌之迷”。长期以来,人们一直致力于这一重大科学问题的研究,但一直没有突破性的进展。然而中国东北地区辽宁西部,晚中生代早白垩世义县组早期被子植物化石的发现却为解决这一问题带来了一丝曙光。古植物学家认为被子植物最早出现于早白垩世,并在早白垩世开始它们最初的辐射发展。近年来也有一些在所谓的三叠纪、侏罗纪或早白垩世最早期发现“被子植物”的报道,但它们缺乏确切的被子植物特征,或未能明确地显示胚珠或种子完全包藏于心皮之中而未被公认。“辽宁古果”的发现标志着植物演化历史上“第一朵花”开在辽宁,引起了国际科学界的震惊。随着“中华古果”的进一步发现,国际科学界已基本肯定了辽宁是被子植物的发源地。

2. 辽西早期被子植物的发现为被子植物起源研究提供了实际资料

迄今为止,先后在义县组下部发现的被子植物化石有 2 属 3 种。它们是古果科(Archaefructaceae)的辽宁古果 *Archaefructus liaoningensis* Sun,Dilcher,Zheng et Zhou(1998)(图 3-8)、中华古果 *A.sinensis* Sun,Dilcher,Ji et Nixon (2002)(图 3-8,2,3)及目、科未定的十字里海果 *Hyrcantha decussates* (Leng et Friis) Dilcher,Sun et al.comb.nov.(MS)(图 3-8,1)。应当说明的是,季强等(2004)报道的 *Archaefructus eoflora* ,其标本保存相当完美,对古果科和古果属的特征做了很多重要的补充,但该种很可能属于 *A.sinensis* 的同义名(据孙革,2002 年)。另外,Leng and Friis (2003)报道的十字中华果 (*Sinocarpus decussates*) 可能属于 Krassilov 等(1983) 建立的 *Hyrcantha* 属的一个种。

古果科(Aechaefructacheae)被 Sun 等(2002) 提出,它是一个新的基本的、水生的被子植物科。它在目前仅由一个属(*Archaefructus*)的两个种 *A.liaoningensis* 和 *A.sinensis* 组成。该科的植物化石标本保存完好,从根到生殖枝都是已知的。它们同所有的现生被子植物都没有直接的亲缘关系,只是一种姊妹关系的分化体;生殖轴缺乏花瓣和萼片,在对摺心皮下面有成对的雄蕊群。经基因分子和形态分析,它们所具备的特征,支持它们是基本被子植物。

关于该科在对摺心皮的特征方面,Friis 等(2003) 似乎持有疑义。Ji 等(2004) 根据古果属的新标本,认为它们的心皮可能为瓶状的。他们还指出,古果属的胚珠基部具柄,珠孔面向心皮的顶端,表明它们的胚珠是直立的;在该科中把果实描述为蓇葖果,因为它们很难显示成熟的果实是干的和开裂的。他们还认为,根据新补充的标本似乎是雌蕊先熟,而不是雄蕊先熟;对叶柄的基部膨大的描述,应当去掉,因为在 *A.sinensis* 中,以及在新标本上都没有见到。也许这样的一些修订是必要的,但它们对于新科、属的建立并无大的影响。

Friis 等(2003)认为,Sun 等(2002)在论证古果科同所有的现生被子植物之间,是一个姊妹类群时,根据在资料库中所使用的 17 个形态特征,仅有 4 个特征支持或暗示古果属是基本的。他们附加了一个 *Cabomba* 的模式,论证古果属并非是被子植物的先驱。他们的进一步分析,甚至提出古果属,是一个早期的双子叶植物,因为他们认为古果属分裂的叶同真双子叶中那些三出叶是相似的,如将 *Archaefructus* 的细裂的叶与美国早白垩世晚期(Aptian-Albian)的 *Vitiphyllum* (Doyle,Hickey,1976) 相比。所以他们的结论是,古果属应当是被子植物较为先进的类群,而不是被子植物的原始基本类群。但是,根据 Ji 等的发现,古果属的新标本证明,它是十分原始的,如它有直立

图 3-8 义县组下部被子植物化石(1 据 Leng et Friis,2003;2 据 Sun Ge et al.,2002;3.据 Ji Qiang et al.,2004;4—6.据孙革等,2001)

Fig.3-8 Fossil angiospermous plants of lower part of Yixian Formation(1 after Leng et Friis,2003;2 after Sun Ge et al.,2002;3 after Ji Qiang et al.,2004;4—6 after Sun Ge et al.,2001)

1.十字里海果复原图 Reconstruction of *Hyrcantha decussates*(Leng et Friis) Dilchet,Sun et al.(MS);2.中华古果复原图 Reconstruction of *Archaefructus sinensis* Sun,Dilcher,Ji et Nixson;3.始花古果复原图 Reconstruction of *Achaefructus eoflora* Ji,Li,Bowe,Liu et Talor;4—5.辽宁古果 *Archaefructus liaoningensis* Sun,Dilchet,Zheng et Zhou;6.辽宁古果花粉

的胚珠和可能的瓶状心皮，这两个特征都被发现于现存的基本被子植物中（Taylor，1991；Taylor，Hickey，1996；Doyle，Endress，2000；Endress，2001）。他们认为，古果属应当是在基本被子植物的发展水平上。

确实，新材料证明古果属同基本被子植物共享许多特征，例如在睡莲科（Nymphaceaceae）中有叶片状的胎座（Taylor，1991），雄蕊成对（Endress，2001）。在该科的有些成员中，有的花梗起源于根茎，没有苞片或鳞片（Cronquist，1988）。当然，这些综合特征和不同的花-花序构造，指示古果属至少是属于最基本的双子叶被子植物。古果属的生殖轴，是一个原始的、基本的花和花序的混合。这个构造是真实的，因此没有必要去套用真花或假花的假说。现在来看，古果属（*Archaefructus*）至少有一支可能起源于已经灭绝的种子蕨类（Sun et al.，1998，2001）。

里海果属（*Hyrcantha* Krassilov et Vachrameev，1983）的典型种 *H.karatscheensis* 产自西哈萨克斯坦的中阿尔布期。主要特征是：花序具苞，圆锥形，末次分枝开一个花。花生于末端，两性，花萼小，萼片鳞片状，雄蕊比心皮短。雌蕊离心，3～5 个瓶状的心皮沿腹面的缝合线开裂。柱头顶生，无柄，较宽。中国的十字里海果与典型种不同。

综上所述，辽西早期被子植物的发现为被子植物起源研究提供了可靠的实物资料。

3. 辽西早期被子植物的发现为中国早期被子植物的演化研究奠定了基础

东北地区早期被子植物化石较为丰富，而且是中国目前唯一的产地。经过半个世纪以来的不断发现与研究，其演化阶段已较为清楚（孙革等，2001）。

（1）早白垩世凡兰吟期初期的义县期演化阶段：该阶段的被子植物，目前仅知有 2 属 3 种，即 *Archaefructus liaoningensis*，*A.sinensis*，*Hyrcantha decussates*。它们在义县组下部的整个植物组合中的含量并不高，大约仅占 2%不到。但它们的被子植物特征是明显的，因为它们不仅保存完整，包括根、茎、叶等营养器官，而且生殖器官的构造也相当清楚。与它们共生的植物化石组合中较为古老的化石成分占有一定比例。这一切都说明这个阶段的被子植物是目前已知的被子植物群中最为古老的。它们细裂的叶片与某些真蕨类或种子蕨类非常相似，当它们被分离保存时，往往被误认为是蕨类。尽管有的学者将这些细裂的叶子与层位很高的波托马克植物群中的三出叶 *Vitiphyllum*（图 3－9，叶形 p）（Priis et al.，2003）相比较，但我们认为这种对比似乎缺乏依据。

（2）早白垩世凡兰吟期至巴列姆早期的城子河期发展阶段：该阶段被子植物群大约由 7 个分类单位组成（Sun，Dilcher，1996）（图 3－10）。它们在城子河组植物组合中的比例与义县组相比有较大的提高，种类的多样性也有增加。与它们共生的植物组合（*Ruffordia goepperti*－*Nilssonia sinenesis*）面貌也和义县组截然不同。虽然与义县组的被子植物相比有某些进化的趋势，但与更晚期（大砬子期）的被子植物群相比，它们本身的叶形和脉序都不够稳定，仍然显得较为原始。

（3）早白垩世晚期阿普特期至阿尔布期的大砬子期发展阶段：该阶段被子植物群（图 3－11）已经被陶君容等（1990）研究，大约有 10 个分类单位——*Rogersia angustifolia*，*Sapindopsis magnifolia*，*Sterculaephyllum eleganum*，*Saliciphyllum logiforlium*，*Ranunculophyllum pinnatisectm*，*Clematites lanceolatus*，*Ficophyllum* sp.，*Sassafras* sp.，*Leguminosites* sp.，*Carpolithus brookensis* 等。他们认为这些被子植物的时代可能仅相当于北美含波多马克植物群的帕塔克森特组下部，应为早白垩世阿普特期。但孙革等认为它有一部分可能已进入阿尔布期（孙革等，2001）。有一些作者（Leng，Friis，2003；Friis et al.，2003）试图把辽西义县组下部被子植物的时代定为早白垩世阿普特期，这就等于把义县组同延边地区的大砬子组进行对比。显然，这种对比方案和时代的确定都与中国的区域地层和生物群演化阶段不相符合。

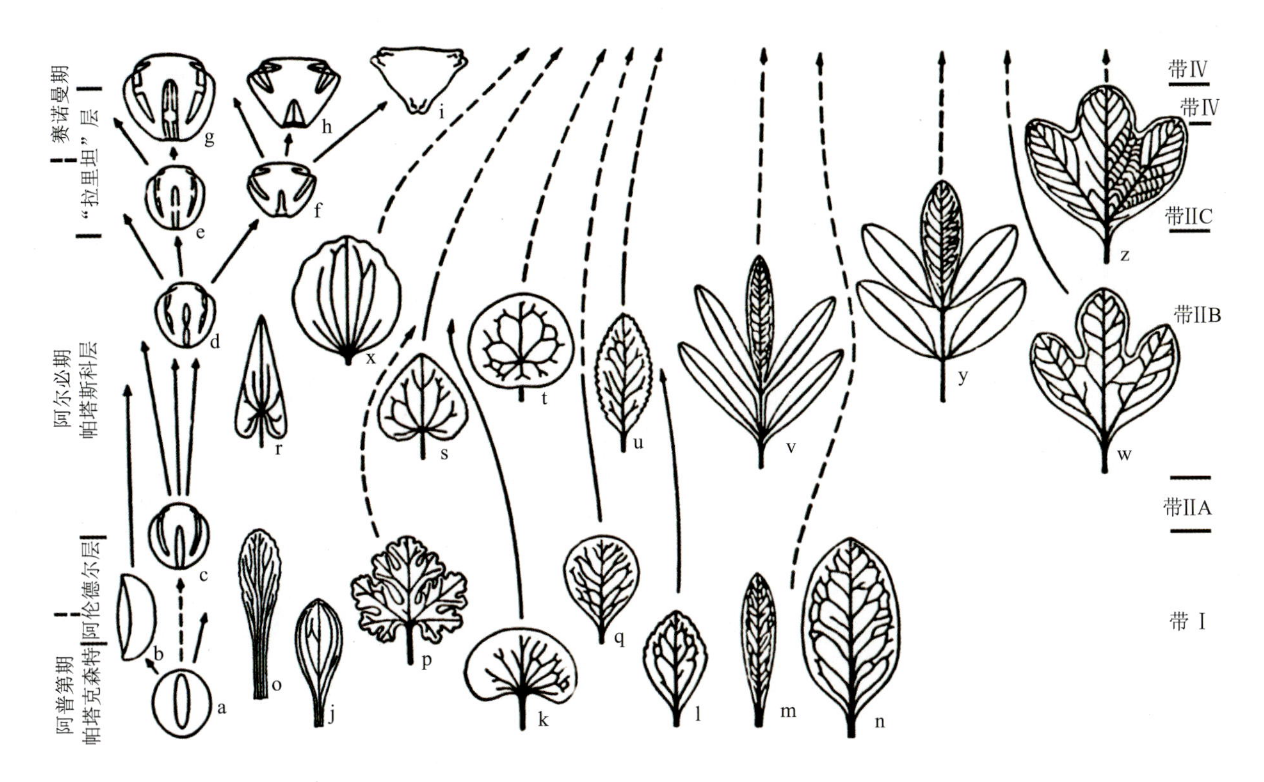

图 3-9　波托马克植物群和花粉层序概括(据 Doyle,Hichey,1967)

Fig.3-9　Potomac flora and pollen sequence(after Doyle,Hichey,1967)

叶子和花粉类型按大西洋沿岸平原岩石地层单位和它们在标准地层(左)以及波托马克-拉里坦花粉带(右)中的相当位置标出。花粉方面:实线箭号表示进化的转化和地层分布范围,虚线箭号表示该处转化只有间接的化石证据。叶子方面:实线箭号表示形态符合群在波托马克系中的向上伸展,虚线箭号表示根据其他分布面推断的分布范围。

花粉类型:a.具盖层—柱状层的被子植物单槽花粉(*Clavatipollenites*,*Retimonocolpites* sp);b.单子叶植物具网状的单槽花粉(*Liliacidites* sp.);c.具盖层—网状的三沟花粉(*Tricopites* sp.);d.具网状—盖层的三拟孔沟花粉(*Tricopites*,*Tricolporoidites* sp.);e.体积小,具光滑花粉壁,长球三拟孔沟花粉(*Tricolporoidites* sp.);f.体积小,具光滑花粉壁,扁圆三角形三拟孔沟花粉(*Tricolporoidites*,*perucipollis* sp.);g.体积大,具较高纹饰的,长球三(拟)孔沟花粉(*Tricolporoidites*,*Tricolporopollenites* sp.);h.体积大,具较高纹饰的扁球三角形三(拟)孔沟花粉(*Tricolporoidites*,*Tricolporopollenites* sp.);i.三角形三孔正形粉复合群的原始成分(*Complexiopollis*,*Atlantopollis* sp.)。

叶形:j.脉向尖聚的,窄倒卵型类单子叶的叶子(*Acaciaephyllum*);k.具羽状脉的第一阶段肾形叶(*Proteaephyllum reniforme*);l.具齿的第一阶段叶(*Quercophyllum*);m.窄倒卵形的第一阶段叶(*Rogersia*);n.宽卵圆形的第一阶段叶(*Ficophyllum*);o.具平行脉的伸长形叶(*Plantaginopsis*);p.具浅裂肾形叶(*Vitiphyllum*);q.倒卵形第一阶段叶(*Celastrophyllum*);r.具弧形脉的箭头状叶(*Alismaphyllum*);s.具掌状脉的卵形—心形—浅裂叶("*Populus*"*potomacensis*,*Populophyllum reniforme*);t.具掌状脉的盾形叶(*Nelumbites*);u.具羽状脉和齿的叶(*Celastrophyllum*);v.具羽状半裂的第二阶段叶(*Sapindopsis*);w.具(原生)掌状脉的第二阶段掌状浅裂叶(*Araliaephyllum*);x.脉向尖聚的浅裂卵圆叶(*Menispermites potomacensis*);y.具羽状复叶,有时具齿的第三阶段叶(*Sapindopsis* sp.);z.具(原生)掌状脉,第三阶段掌状浅裂叶(*Araliopsoides*,"*Sassafras*")

(4)早白垩世阿尔布期泉头期发展阶段:该期被子植物有 *Trapa angulata*,*Platanus appendiculata*,*P. cuneifolia*,*P. septentrionalis*,*Platanophyllum* sp.,*Viburnus* cf,*maginanatum*,*Viburniphyllum serrulatum*,*Tilia* cf.*jacksoniana*,*Quircus* sp.,*Protophyllum nudulatum*,*Dicotylphyllum rhomboidale* 等(郭双兴,1984,1986;陶君容等,1980;郑少林等,1994)。这些被子植物的叶较大,脉序完善而规则。其时代可能已部分地进入了晚白垩世的最早期(孙革等,2001)。

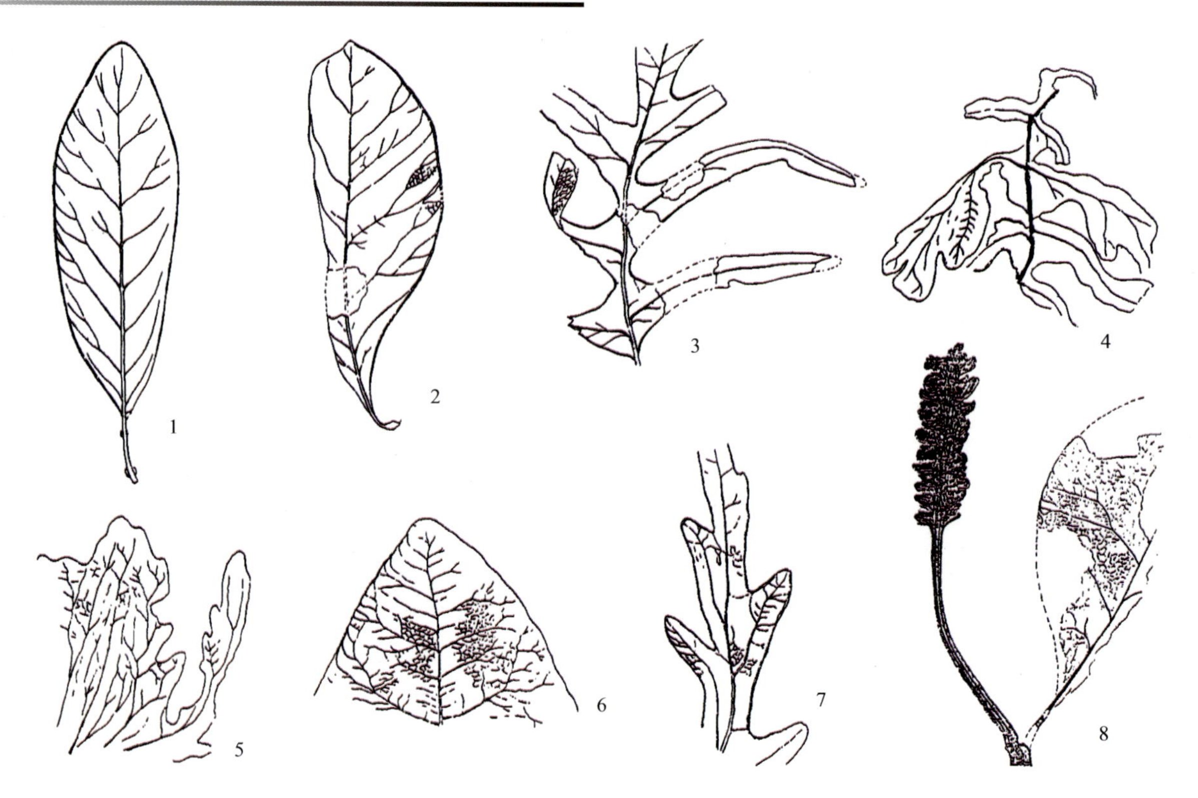

图 3-10 黑龙江鸡西早白垩世城子河组早期被子植物化石(据孙革等,1995)

Fig.3-10 Fossil angiospermous plants in early stage of Lower Cretaceous Chengzihe Formation, Jixi city of Heilongjiang province(after Sun Ge et al.,1995)

1—2.优雅亚洲叶 *Asiatifolium elegans*(Sun,Guo et Zheng) emend.Sun et Dilcher,1×1.75,2×2;3.羽裂鸡西叶 *Jixia pinnatipartita*(Guo et Sun)emend.Sun et Dilcher,×2;4.城子河鸡西叶 *Jixia chengzihensis* Sun et Dilcher,×3.3;5.藤叶 *Vitiphyllum*? sp.,×2.2;6.美脉沈括叶 *Shenkuoa caloneura* Sun et Guo,×3;7.被子植物叶 Angiosperm leaf A,×2.5;8.黑龙江星学叶 *Xingxueina heilongjiangensis* Sun et Dilcher,×3

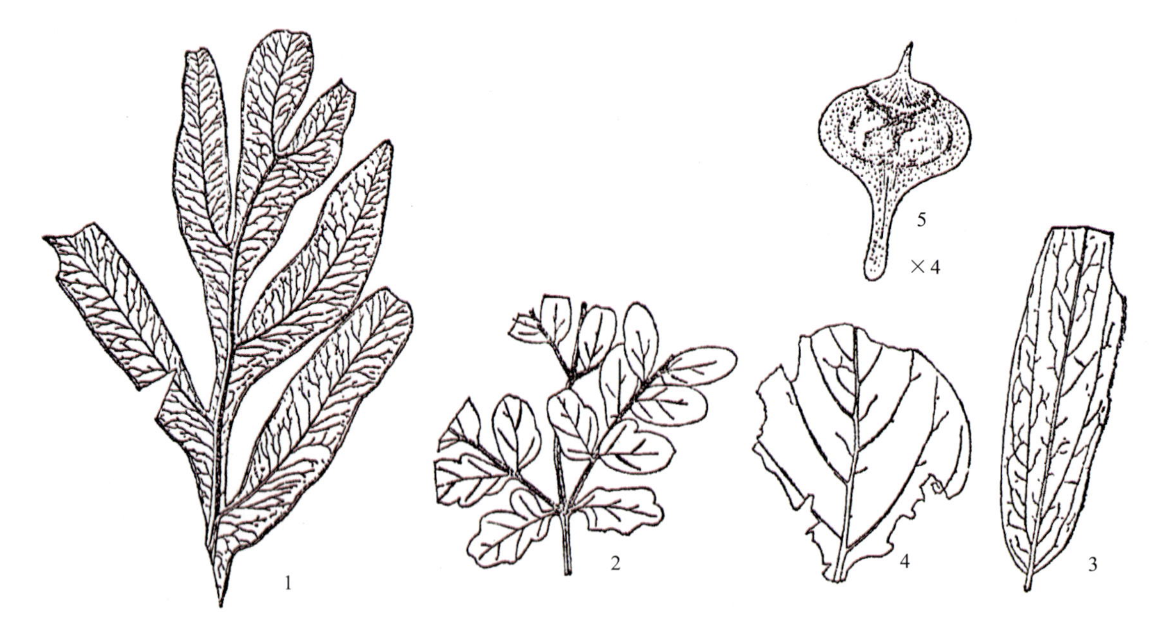

图 3-11 部分被子植物的叶形、脉序(据陶启容,张川波,1990)

Fig.3-11 Leaf shape and neuration of some angiospermous plants(after Tao Qirong, Zhang Chuanbo,1990)

1.大叶木患叶(*Sapindopsis magnifolia*)的脉序;2.羽状全裂毛莨叶(*Ranunculophyllum pinnatisectus*)的羽状复叶;3.披针拟铁线莲叶(*Clematites Lanceolatus*)的脉序;4.檫木叶(*Sassafras* sp.)的叶形;5.布诺克石籽(*Carpolithus krookensis*)的形状

四、其他珍稀脊椎动物

(一)鸟臀类恐龙

鸟臀类恐龙化石发现于4个层位,自上而下为:

孙家湾组,步氏克氏龙 *Crichtonsaurus bohlini* Dond,2002;吉氏双庙龙 *Shuangmiaosaurus gilmorei* You et al.,2003。

九佛堂组,蒙古鹦鹉嘴龙 *Psittacosaurus mongoliensis* Osborn,1923(Serero,Chao,Chen et Rao,1988);梅勒营子鹦鹉嘴龙 *Psittacosaurus meileyingziensis* Serero,Chao,Chen et Rao,1988。

义县组,杨氏锦州龙 *Jinzhousaurus yangi* Wang et Xu,2001(图3-12);上园热河龙 *Jeholosaurus shangyuanensis* Xu,Wang et You,2000;燕子沟辽宁角龙 *Liaoceratops yanzigouensis* Xu, Makovicky ,Wang et al.,2002;侯氏红山龙 *Hongshanosaurus houi* You et al.,2003。

土城子组,杨氏朝阳龙 *Chaoyoungosaurus youngi* Zhao et al.,1999。

辽西的鸟臀类恐龙除克氏龙归属甲龙类外,主要为角龙类和鸟脚类。角龙类又可分为鹦鹉嘴龙类和新角龙类。区内以角龙类的鹦鹉嘴龙类为优势类群。朝阳龙是层位最低的鹦鹉嘴龙类;义县组中的鹦鹉嘴龙比九佛堂组中的蒙古鹦鹉嘴龙和梅勒营子鹦鹉嘴龙原始,可能是一新的类型;红山龙也是鹦鹉嘴龙类,但比鹦鹉嘴龙较原始;鹦鹉嘴龙是东亚的地方性类群;辽宁角龙是最为原始的一种新角龙类,也是世界已知最早的新角龙,它拉近了鹦鹉嘴龙类和新角龙类之间的形态差距,揭示了角龙类早期演化的镶嵌进化现象。

热河龙既具有许多原始鸟脚类恐龙的特征,又有一些角龙类的特征,因此仅能暂时归入鸟脚亚目;锦州龙是一个大型的鸟脚类恐龙,与禽龙有近亲关系,对了解禽龙类向鸭嘴龙类的形态转化有重要意义。

图3-12　杨氏锦州龙复原图(据汪筱林等,1999)

Fig.3-12　Reconstruction of *Jinzhousaurus yangi* Wang et Xu(after Wang Xiaolin et al.,1999)

（二）翼龙

翼龙化石发现于3个层位，自上而下为：

九佛堂组，董氏中国翼龙 *Sinopterus dongi* Wang et Zhou，2002；张氏朝阳翼龙 *Chaoyangopterus zhangi* Wang et Zhou，2003；顾氏辽宁翼龙 *Liaoningopterus gui* Wang et Zhou，2003。

义县组，杨氏东方翼龙 *Eosipterus yangi* Ji et Ji，1997（图3-13）；弯齿树翼龙 *Dendrorhynchoides curvidentatus* Ji et Ji，1998；秀丽郝氏翼龙 *Haopterus gracilis* Wang et Lü，2001。

图3-13　杨氏东方翼龙复原图（据姬书安等，1996）

Fig.3-13　Reconstruction of *Eosipterus yangi* Ji et Ji(after Ji Shuan et al.，1996)

海房沟组，宁城热河翼龙 *Jeholopterus ningchengensis* Wang et Zhou et al.，2002；威氏翼嘴翼龙 *Pterorhynchus wellnhoferi* Czerhas et Ji，2002。

翼龙可分为较原始的喙嘴龙类和较进步的翼手龙类。弯齿树翼龙、宁城热河翼龙属于喙嘴龙类，也可归入喙嘴龙类中唯一具短尾的蛙嘴龙科；杨氏东方翼龙和秀丽郝氏翼龙属翼手龙类，郝氏翼龙是热河生物群第一个具有较完整头骨的翼龙类骨架，也是翼手龙科化石在亚洲首次确切的记录，使翼手龙科化石的古地理分布由欧洲、非洲扩展到亚洲；中国翼龙属古神翼龙科，过去仅在巴西发现，在中国发现的化石是该科层位最底、保存最完整的化石；朝阳翼龙也是夜翼龙科在亚洲首次确切的记录，同时也是层位最底、保存最完整的化石；辽宁翼龙是中国已发现的个体最大的翼龙化石。

上述化石的发现和研究极大地丰富了中国的翼龙类，同时在翼龙的分布与演化研究中具有重要意义。

（三）有鳞类、离龙类和龟鳖类

有鳞类发现于两个层位，它们是阜新组的炭化德氏蜥 *Teilhardosaurus carbonarius* Shikama，1947；义县组的细小矢部龙 *Yabeinosaurus tenuis* Endo et Shikama，1942，长趾大凌河蜥 *Dalinghosaurus longidigitus* Ji，1998，美丽热河蜥 *Jeholacerta formosa* Ji et Ren，1999。

有鳞类起源于三叠纪，迅速发展于中侏罗世，再一次大的进化辐射发生于早白垩世。辽西一些有鳞类化石的分布和出土，对深入研究有鳞类爬行动物的进化、辐射和发展具有较重要的意义。

离龙类有九佛堂组的皮家沟伊克昭龙 *Ikechosaurus pijiagouensis* Liu，2004，义县组的楔齿满洲鳄 *Monjurosuchus splendens* Endo，1940（＝东方喙龙 *Rhynchosaurus orietalis* Endo et Shikama，1940）（图 3－14），凌源潜龙 *Hyphalosaurus lingyuanensis* Gao，Tang et Wang，1999（＝*Sinohydrosaurus lingyuanensis* Li，Zhang et Li，1998）。离龙类化石以满洲鳄和潜龙化石数量较多，前者可能是半水生蜥蜴，与现生的鳄蜥在皮肤特征上相似，后者是中国首次发现的长颈水生爬行动物。这些化石为深化中生代爬行动物的认识提供了重要素材。

图 3－14　接近完整的楔齿满洲鳄骨架（产地：头台）（据高克勤等，2006）

Fig.3－14　A nearly complete skeleton of *Monjurosuchus splendens* (Locality: Toutai town)(after Gao Keqin et al.,2006)

龟鳖类主要有义县组的满洲满洲龟 *Manchurochelys manchuensis* Endo et Shikama，1942；辽西鄂尔多斯龟 *Ordosemys liaoxiensis* Ji，1995 和九佛堂组的满洲龟 *Manchurochelys* sp.。

满洲龟的生活习性与现生的水龟比较接近。

（四）两栖类

产于义县组的两栖类化石有葛氏辽蟾 *Liaobatrachus grabaui* Ji et Ji，1998，三燕丽蟾 *Callobatrachus sanyanensis* Wang et Gao，1999，北票中蟾 *Mesophyne beipiaoensis* Gao et Wang，2002，孟氏大连蟾 *Dalianbatrachus mengi* Gao et al.，2003，钟健辽西螈 *Liaoxitriton zhongjiani* Dong et Wang，1998；产于髫髻山组的两栖类化石有中华胖螈 *Pangerpeton sinensis* Wang et al.，2006（图 3-15）；产于海房沟组的两栖类化石有奇异热河螈 *Jeholotriton paradoxus* Wang，2000，天义初螈 *Chunerpeton tianyiensis* Gao et al.，2003，道虎沟辽西螈 *Liaoxitriton daohugouensis* Wang，2004。

图 3-15　中华胖螈正型标本（据王原等，2006）

Fig.3-15　Holotype of *Pangerpeton sinensis* Wang et al.，2006（after Wang Yuan et al.，2006）

线段比例尺：1cm，scale bars：1cm

上述化石均属滑体两栖类。其中，三燕丽蟾是在中国发现的最古老、最精美的蛙类（无尾两栖类），也是蛙类最原始的一种——盘舌蟾类，是亚洲最早的蛙类化石记录，而且是世界已知的两种具完整骨架的中生代盘舌蟾类之一，填补了中国一直未发现盘舌蟾类化石的空白，对探讨无尾两栖类的早期演化具有极为重要的意义。葛氏辽蟾很可能是早期无尾两栖类中的又一原始未知支系。

同时，有尾两栖类（蝾螈类）化石，是世界上已知最早的蝾螈类的代表，钟健辽西螈与现生的小鲵类有较近的亲缘关系，而奇异热河螈与大鲵类在头骨特征上相似。这些原始蝾螈类化石对解释现生滑体两栖类的起源有重要意义。

上述蛙类和蝾螈类化石的发现填补了中国中生代两栖动物的空白，也表明在现代生态系统形成以前，中国东北部是滑体两栖类动物早期演化的重要地区。

第三节　主要珍稀化石赋存层位和区域对比

迄今为止，在辽西及其毗邻的内蒙古宁城地区相继发现了自中侏罗世至晚白垩世的两栖纲的无尾类和有尾类，爬行纲的龟鳖类、离龙类、有鳞类、翼龙类、蜥臀类、鸟臀类和恐龙蛋，鸟纲的古鸟亚纲、反鸟亚纲和今鸟亚纲类群，哺乳动物纲和被子植物等多门类珍稀生物化石。其中，哺乳纲 13 属 14 种，鸟纲 29 属 35 种，爬行纲（包括足印和恐龙蛋）60 属 63 种，两栖纲 9 属 10 种，被子植物 2 属 4 种，共逾 113 属 126 种（表 3-1）。此外尚有一些未定属种，包括翼龙、鸟类胚胎化石和蝌蚪化石。它们不同程度地赋存于海房沟组、髫髻山组、土城子组、义县组、九佛堂组、沙海组、阜新组和孙家湾组中(图 3-16)。其中,义县组和九佛堂组的珍稀化石具有产出层位多、化石门类与属种多、个体数量多、分布地域广和保存精美等特点,尤其是发现的多种类型长羽毛的恐龙、各种奇异鸟类、胚胎化石和一些珍贵被子植物化石,堪称世界珍品,这对研究鸟类、哺乳类和被子植物等生物的起源、早期演化和恢复生物生存期间的古生态、古地理环境与古气候无不具有重大的科学意义。

表 3-1 辽西地区中生代珍稀化石的地层分布表

Table 3-1 Stratigraphic distribution of Mesozoic precious fossils in western Liaoning province

产地及层位 属种名称	海房沟组	髫髻山组	土城子组			义县组				九佛堂组			沙海组	阜新组	孙家湾组	产地	中译名
			下	中	上	底	下	中	上	下	中	上					
哺乳纲																	
异兽亚纲																	
多瘤齿兽目																	
始俊兽科																	
Sinobaatar lingyuanensis Hu et al.,2002							+									凌源市大王杖子	凌源中国俊兽
始兽亚纲																	
三尖齿兽目																	
Jeholodens jenkinsi Ji et al.,1999							+									北票市四合屯,凌源市大王杖子乡范杖子	金氏热河兽
戈壁兽科																	
Gobiconodon zofiae Li et al.,2003						+										北票市上园镇陆家屯	索菲娅戈壁兽
Meemannodon lujiatunensis Meng et al.,2005						+										北票市上园镇陆家屯	陆家屯弥曼齿兽
环齿兽科(?)																	
Liaotherium gracile Zhou et al.,1991	+															凌源市三十家子镇房身北山	纤细辽兽
爬兽科																	
Repenomamus rabustus Li et al.,2000						+										北票市上园镇陆家屯	强壮爬兽
Repenomamus giganticus Hu et al.,2005						+										北票市上园镇陆家屯	巨爬兽
兽亚纲																	
古兽次亚纲																	
对齿兽目																	
张和兽科																	
Zhangheotherium quinquecuspidens Hu et al.,1997							+									北票市上园镇尖山沟等	五尖张和兽
Maotherium sinensis Rougier et al.,2002							+									北票市上园镇尖山沟	中国毛兽
Akidolestes cifellii Li et Luo,2006							+									凌源市大王杖子	西氏尖吻兽
真古兽目																	
明镇古兽科																	
Mozomus shikamai Li et al.,2005													+			黑山县八道壕	鹿间明镇古兽
真兽次亚纲																	
未定目科																	
Eomaia scansoria Ji et al.,2002							+									凌源市大王杖子乡范杖子	攀援始祖兽
食虫目																	
Endotherium niinomi Shikama,1947														+		阜新市新丘	新野见远藤兽

续表 3－1

Continued Table 3－1

属种名称 \ 产地及层位	海房沟组	髫髻山组	土城子组			义县组				九佛堂组			沙海组	阜新组	孙家湾组	产地	中译名
			下	中	上	底	下	中	上	下	中	上					
后兽次亚纲																	
有袋目																	
Sinodelphys szalayi Luo et al.,2003							+									凌源市大王杖子乡范杖子	沙氏中国袋兽
鸟纲																	
古鸟亚纲																	
孔子鸟目																	
孔子鸟科																	
Confuciusornis sanctus Hou et al.,1995							+									北票市上园镇四合屯、尖山沟、大五家子	圣贤孔子鸟
Confuciusornis sunae Hou et al.,1997							+									北票市上园镇四合屯	孙氏孔子鸟
Confuciusornis chuanzhous Hou ,1997							+									北票市上园镇黄半吉沟	川州孔子鸟
Confuciusornis dui Hou et al.,1997							+									北票市章吉营乡李八郎沟、黑蹄子沟	杜氏孔子鸟
Confuciusornis sp.							+									北票市上园镇，宁城山头，西台子北沟	
Changchengornis hengdaoziensis Ji et al.,1999							+									北票市上园镇横道子	横道子长城鸟
Jinzhouornis zhangjiyingia Hou et al.,2002							+									北票市章吉营乡李八郎沟、黑蹄子沟	张吉营锦州鸟
Jinzhouornis yixianensis Hou et al.,2002												+				义县吴家屯	义县锦州鸟
Jinzhouornis sp.											+					朝阳县北姜家窝铺	锦州鸟未定种
Sapeornis chaoyangensis Zhou et Zhang,2002											+					朝阳市七道泉子镇上河首	朝阳会鸟
反鸟亚纲																	
始反鸟目																	
始反鸟科																	
Eoenantiornis bubleri Hou et al.,1999							+									北票市章吉营乡黑蹄子沟	步氏始反鸟
Dapingfangornis sentisorhinus Li et al.,2006												+				朝阳县大平房镇原家洼	棘鼻大平房鸟
Eoenantiornithiformes							+									建昌县魏家岭	始反鸟类
辽西鸟目																	
Liaoxiornis delicatus Hou et al.,1999							+									凌源市大王杖子乡范杖子	娇小辽西鸟
中国鸟目																	
Sinornis santensis Sereno et al.,1992											+					朝阳县梅勒营子乡南炉	三塔中国鸟
Boluochia zhengi Zhou,1995											+					朝阳县波罗赤镇西大沟	郑氏波罗赤鸟
华夏鸟目																	
Eocathayornis walkeri Zhou,2002											+					朝阳县波罗赤镇西大沟	沃氏始华夏鸟
Cathayornis yandica Zhou et al.,1992											+					朝阳县波罗赤镇西大沟	燕都华夏鸟
Cathayornis caudatus Hou,1997											+					朝阳县波罗赤镇西大沟	有尾华夏鸟
Cathayornis aberransis Hou et al.,2002											+					朝阳县波罗赤镇西大沟	异常华夏鸟
Longchengornis sanyanensis Hou,1997											+					朝阳县波罗赤镇西大沟	三燕龙城鸟
Cuspirostrisornis houi Hou,1997											+					朝阳县波罗赤镇西大沟	侯氏尖嘴鸟

续表 3－1

Continued Table 3－1

属种名称 / 产地及层位	海房沟组	髫髻山组	土城子组			义县组				九佛堂组			沙海组	阜新组	孙家湾组	产地	中译名
			下	中	上	底	下	中	上	下	中	上					
Largirostrornis sexdentoris Hou, 1997											+					朝阳县波罗赤镇西大沟	六齿大嘴鸟
长翼鸟目																	
Longipteryx chaoyangensis Zhang et al., 2000											+					朝阳市七道泉子	朝阳长翼鸟
目科未定的反鸟类																	
Longirostravis hani Hou et al., 2003								+								义县破台子	韩氏长嘴鸟
异齿鸟目																	
Aberratiodontus wui Gong, Hou et Wang, 2004											+					朝阳市七道泉子镇上河首	吴氏异齿鸟
今鸟亚纲																	
朝阳鸟目																	
Yixianornis grabaui Zhou et Zhang, 2001												+				义县吴家屯	葛氏义县鸟
Chaoyangia beishanensis Hou et al., 1993											+					朝阳县波罗赤镇西大沟	北山朝阳鸟
Chaoyangia sp.											+					朝阳县北姜家窝堡	
Songlingornis linghensis Hou, 1997											+					朝阳县波罗赤镇西大沟	凌河松岭鸟
辽宁鸟目																	
Hongshanornis longicresta Zhou et al., 2005							+									宁城县石佛	长冠红山鸟
Liaoningornis longiditris Hou, 1996							+									北票市上园镇四合屯	长趾辽宁鸟
燕鸟目																	
Yanornis martini Zhou et Zhang, 2001											+?					义县、朝阳县	马氏燕鸟
今鸟亚纲目未定																	
Archaeovolans repatriatus Czer kas et Xu, 2002											+?					朝阳县下三家子?	归反古飞鸟
Archaeorhynchus spathura Zhou et Zhang., 2006							+									义县	匙吻古喙鸟
亚纲未定																	
杂食鸟目																	
Omnivoropteryx sinousaorum Czerkas et Ji, 2002											+					朝阳市七道泉子，上河首	中美合作杂食鸟
目未定的鸟类																	
Jeholornis prima Zhou et Zhang, 2002												+				朝阳市大平房镇原家沟	原始热河鸟
Shenzhouraptor sinensis Ji et al., 2002								+								义县白台沟	中华神州鸟
Jixiangornis orientalis Ji et al., 2002							+									北票市上园镇四合屯	东方吉祥鸟
Dalianraptor cuhe Gao et Liu, 2005											+					朝阳市联合乡小四家子	粗颌大连鸟
爬行纲																	
蜥臀目																	
兽脚亚目																	
美颌龙科																	
Sinosauropteryx prima Ji et Ji, 1996							+									北票市上园镇四合屯，凌源市大王杖子乡范杖子	原始中华龙鸟

续表 3-1

Continued Table 3-1

产地及层位 / 属种名称	海房沟组	髫髻山组	土城子组			义县组				九佛堂组			沙海组	阜新组	孙家湾组	产　地	中译名
			下	中	上	底	下	中	上	下	中	上					
Huaxiagnathus orientalis Hwang et al.,2004							+									北票市大板沟，义县底家沟	东方华夏颌龙
未定科																	
Protarchaeopteryx robusta Ji et Ji ,1997							+									北票市上园镇四合屯	粗壮原始祖鸟
尾羽龙科																	
Caudipteryx zoui Ji et al.,1998							+									北票市上园镇张家沟	邹氏尾羽龙
Caudipteryx dongi Zhou et Wang, 2000							+									北票市上园镇张家沟	董氏尾羽龙
镰刀龙超科																	
Beipiaosaurus inexpectus Xu et al.,1999							+									北票市上园镇四合屯	意外北票龙
驰龙科																	
Sinornithosaurus millenii Xu et al.,1999							+									四合屯，大王杖子	千禧中国鸟龙
Sinornithosaurus haoiana Liu et al.,2004								+								义县头台	郝氏中国鸟龙
Cryptovolans pauli Czerkas et al.,2002											+					朝阳市上河首	鲍尔隐翔龙
Microraptor zhaoianus Xu et al.,2000											+?					朝阳县下三家子？义县前杨	赵氏小盗龙
M.gui Xu et al., 2003												+				朝阳县大平房镇原家沟	顾氏小盗龙
Dromaeosauridae											+					朝阳县姜家窝堡村小东山	兽脚类恐龙驰龙
驰龙类																	
Graciliraptor lujiatunensis Xu et Wang, 2004						+										北票市上园镇陆家屯	陆家屯纤细盗龙
暴龙超科																	
Dilong paradoxus Xu et al.,2004						+										北票市上园镇陆家屯	奇异帝龙
虚骨龙超科																	
Shenzhousaurus orientalis Ji et al.,2003							+?									北票市上园镇四合屯？	东方神州龙
虚骨龙科 Coelurosauridae													+			阜新市吐呼鲁	
肉食龙超科巨齿龙科 Megalosauridae													+			阜新市吐呼鲁	
手盗龙类																	
Epidendrosaurus ningchengensis Zhang et al.,2002	+															宁城县道虎沟	宁城树息龙
Yixianosaurus longimanus Xu et Wang,2003								+								义县王家沟	长掌义县龙
伤齿龙科																	
Sinovenator changii Xu et al.,2002						+										北票市上园镇陆家屯，燕子沟	张氏中国猎龙
Sinusonasus magnodens Xu et al.,2004						+										北票市上园镇陆家屯	大牙窦鼻龙
Mei long Xu et al.,2004						+										北票市上园镇陆家屯	龙寐龙
窃蛋龙科																	
Incisivosaurus gauthieri Xu et al.,2002						+										北票市上园镇陆家屯	戈氏窃齿龙
攀擅鸟龙科																	
Scansoriopteryx heilmanni Czerkas et Yuan, 2002							+									凌源市大王杖子乡范杖子	赫氏擅攀鸟龙

续表 3-1

Continued Table 3-1

产地及层位 属种名称	海房沟组	髫髻山组	土城子组			义县组				九佛堂组			沙海组	阜新组	孙家湾组	产地	中译名
			下	中	上	底	下	中	上	下	中	上					
Sauropoda indet.			+													朝阳县北四家子乡马家沟	蜥脚类恐龙
真手盗龙类																	
Pedopenna daohugouensis Xu et Zhang,2005	+															宁城县道虎沟	道虎沟足羽龙
蜥脚形亚目																	
巨龙萨尔塔龙科																	
Borealosaurus wimani You et al.,2004															+	北票市下府乡双庙	维曼北方龙
盘足龙科																	
Asiatosaurus sp.													+			黑山县八道壕	亚洲龙未定种
鸟臀目																	
甲龙亚目																	
Crichtonsaurus bohlini Dong,2002															+	北票市下府乡双庙	步氏克氏龙
Liaonngosaurus paradoxus Xu et al.,2001								+								义县王家沟	奇异辽宁龙
角龙亚目																	
Liaoceratops yanzigouensis Xing et al.,2002						+										上园镇陆家屯,燕子沟	燕子沟辽宁角龙
Chaoyangsaurus youngi Zhao et al.,1999			+													朝阳县二十家子	杨氏朝阳龙
鹦鹉嘴龙科																	
Hongshanosaurus houi You et al.,2003						+										山嘴、陆家屯、燕子沟	侯氏红山龙
Psittacosaurus meileyingensis Sereno et al.,1988											+					朝阳县梅勒营子	梅勒营鹦鹉嘴龙
P.mongoliensis Osborm,1923(Sereno et al.,1988)											+					朝阳县梅勒营子	蒙古鹦鹉嘴龙
Psittacosaurus lujiatunensis Zhou et al.,2006						+										北票市上园镇陆家屯	陆家屯鹦鹉嘴龙
Psittacosaurus sp.						+					+					北票市上园镇四合屯、张家沟、伍代沟,凌源范杖子,宁城西台子	
鸟脚亚目																	
Jeholosaurus shangyuanensis Xu et al.,2000						+										北票市上园镇陆家屯	上园热河龙
禽龙类																	
Jinzhousaurus yangi Wang et Xu,2001								+								义县白台沟	杨氏锦州龙
鸭嘴龙超科																	
Shuangmiaosarurs gimorei You et al.,2003															+	北票市下府乡双庙	吉氏双庙龙
翼龙目																	
翼手龙超科																	
Yixianopterus jingangshanensis Lü et al.,2006									+							义县金刚山村鱼石梁	金刚山义县翼龙
古神翼龙科																	
Huaxiapterus jii lü et al.,2005											+					朝阳县九佛堂组	季氏华夏翼龙
Huaxiapterus corollatus Lü et al.,2006											+					朝阳县九佛堂组	具冠华夏翼龙
Sinopterus dongi Wang et Zhou,2002											+					朝阳县东大道乡喇嘛沟	董氏中国翼龙
Sinopteru gui Li et al.,2003											+					朝阳县胜利	谷氏中国翼龙

续表 3－1

Continued Table 3－1

产地及层位 / 属种名称	海房沟组	髫髻山组	土城子组			义县组				九佛堂组			沙海组	阜新组	孙家湾组	产地	中译名
			下	中	上	底	下	中	上	下	中	上					
神龙翼龙科																	
Eoazhdarcho liaoxiensis Lü et.Ji,2005											+					朝阳县九佛堂组	辽西始神龙翼龙
Pterodactyloidea indet.						+										北票市上园镇张家沟	
无齿翼龙科																	
Jidapterus edentus Dong,2003											+					朝阳市上河首	无齿吉大翼龙
Eopteranodon lii Lii et Zhang,2005							+									北票市	李氏始无齿翼龙
梳颌翼龙科																	
Eosipterus yangi Ji et Ji,1997								+								北票市团山沟、四合屯	杨氏东方翼龙
Beipiaopterus chenianus Lü,2003							+									北票市上园镇四合屯	陈氏北票翼龙
夜翼龙科																	
Chaoyangopterus zhangi Wang et Zhou,2003												+				大平房镇公皋、原家洼	张氏朝阳翼龙
古魔翼龙科																	
Liaoningopterus gui Wang et Zhou,2003											+					朝阳市联合乡小鱼沟	顾氏辽宁翼龙
帆翼龙科																	
Nurhachius ignaciobritoi Wang et al.,2005												+				朝阳县大平房镇西营子古塔南部	布氏努尔哈赤翼龙
Liaoxipterus brachyognathus Dong et Lü,2005											+					朝阳市	短颌辽西翼龙
Longchengpterus zhaoi Wang et al.,2006												+				朝阳县大平房镇原家洼	赵氏龙城翼龙
Istiodactylus sinensis Andres et Ji,2006								+								义县头台乡白台沟	中国帆翼龙
鸟掌龙超科																	
北方翼龙科																	
Feilongus youngi Wang et al.,2005							+									北票市章吉营乡黑蹄子沟	杨氏飞龙
Boreopterus cui Lü et al.,2005							+									义县	崔氏北方翼龙
鸟掌龙科																	
Haopterus gracilis Wang et Lu,2001							+									北票市上园镇四合屯	秀丽郝氏翼龙
喙嘴龙超科																	
蛙嘴龙科																	
Dendrorhynchoides curvidentatus Ji et Ji,1998								+								北票市上园镇张家沟	弯齿树翼龙
Jeholopterus ningchengensis Wang et al.,2002	+															宁城县道虎沟	宁城热河翼龙
喙嘴龙科																	
Pterorhynchus wellnhoferi Czerkas et Ji,2002	+															宁城县道虎沟	威氏翼嘴翼龙
有鳞目																	
蜥蜴亚目																	
Yabeinosaurus tenuis Endo et Shikama ,1942							+		+							北票市尖山沟,义县枣茨山、金刚山,凌源大王杖子	细小矢部龙
Jeholacerta formosa Ji et al.,1999							+									平泉县杨树岭镇石门	美丽热河蜥
Dalinghosaurus longiditus Ji,1998							+									凌源市大王杖子乡范杖子	长趾大凌河蜥

续表 3-1

Continued Table 3-1

属种名称 \ 产地及层位	海房沟组	髫髻山组	土城子组			义县组				九佛堂组			沙海组	阜新组	孙家湾组	产地	中译名
			下	中	上	底	下	中	上	下	中	上					
Xianglong zhaoi Li, Gao et al., 2007											+					义县头道河乡英窝山南	赵氏翔龙
Teilhardosaurus carbonarius Shikama, 1947														+		阜新市新丘	炭化德氏蜥
离龙目																	
Monjurosuchus splendens Endo, 1940							+		+							北票市尖山沟，义县金刚山、枣茨山，凌源大王杖子	楔齿满洲鳄
Hyphalosaurus lingyuanensis Gao et al., 1999							+									凌源市大王杖子乡范杖子	凌源潜龙
Hyphalosaurus baitaigouensis Ji et al., 2004								+								义县王家沟、破台子等地	白台沟潜龙
Liaoxisaurus chaoyangensis Gao et al., 2005							+									义县头道河	朝阳辽西龙
Ikechosaurus pijiagouensis Liu, 2004												+				义县前杨乡皮家沟	皮家沟伊克昭龙
Ikechosaurus sp.											+					朝阳县东大道乡喇嘛沟、西大营子镇西北沟	
龟鳖目																	
中国龟科																	
Ordosemys liaoxiensis Ji, 1995							+									北票市上园镇四合屯	辽西鄂尔多斯龟
Manchurochelys manchuensis Endo et Shikama, 1942									+							义县枣茨山、金刚山	满洲满洲龟
两栖纲																	
有尾两栖类																	
Jeholotriton paradoxus Wang, 2000	+															宁城县道虎沟	奇异热河螈
Chunerpeton tianyiensis Gao et al., 2003	+	?														宁城县道虎沟，凌源市无白丁营子？	天义初螈
Pangerpeton sinensis Wang et al., 2006		+														凌源市无白丁营子	中华胖螈
Liaoxitriton daohugouensis Wang, 2004	+															宁城县道虎沟	道虎沟辽西螈
Liaoxitriton zhongjiani Dong et al., 1998							+									葫芦岛市新台门，水口子	钟键辽西螈
无尾两栖类																	
Callobatrachus sanyanensis Wang et Gao, 1999							+									北票市四合屯	三燕丽蟾
Liaobatrachus grabaui Ji et Ji, 1998							+									北票市四合屯	葛氏辽蟾
Dalianbatrachus mengi Gao et Liu, 2004							+									北票市黄半吉沟	孟氏大连蟾
Mesorphyne beipiaoensis Gao et Wang, 2001							+									北票市章吉营乡李八郎沟，黑蹄子沟	北票中蟾
Yizhoubatrachus macilentus Gao et Chen, 2004								+								义县河夹心村北山	细弱宜州蟾
足印化石																	
Changpeipus sp.														+		阜新市海州露天矿	张北足印
Jeholosauripus s-satoi Yabe et al., 1940				+												朝阳县羊山镇四家子，北票市八家子，庄头营子	热河足印
蛋化石																	
Heishanoolithus changii Zhao et al., 1999													+			黑山县八道壕	常氏黑山蛋

续表 3-1

Continued Table 3-1

产地及层位 / 属种名称	海房沟组	髫髻山组	土城子组			义县组				九佛堂组			沙海组	阜新组	孙家湾组	产 地	中译名
			下	中	上	底	下	中	上	下	中	上					
被子植物门																	
Archaefructus liaoningensis Sun et al.,1998							+									北票市上园镇黄半吉沟	辽宁古果
A.sinensis Sun et al.,2002							+									凌源市大王杖子乡范杖子	中华古果
A.eoflora Ji et al.,2004							+									上园镇四合屯	始花古果
Hyrcantha decussata (Leng et Frii,2003)							+									上园镇黄半吉沟,范杖子	十字里海果

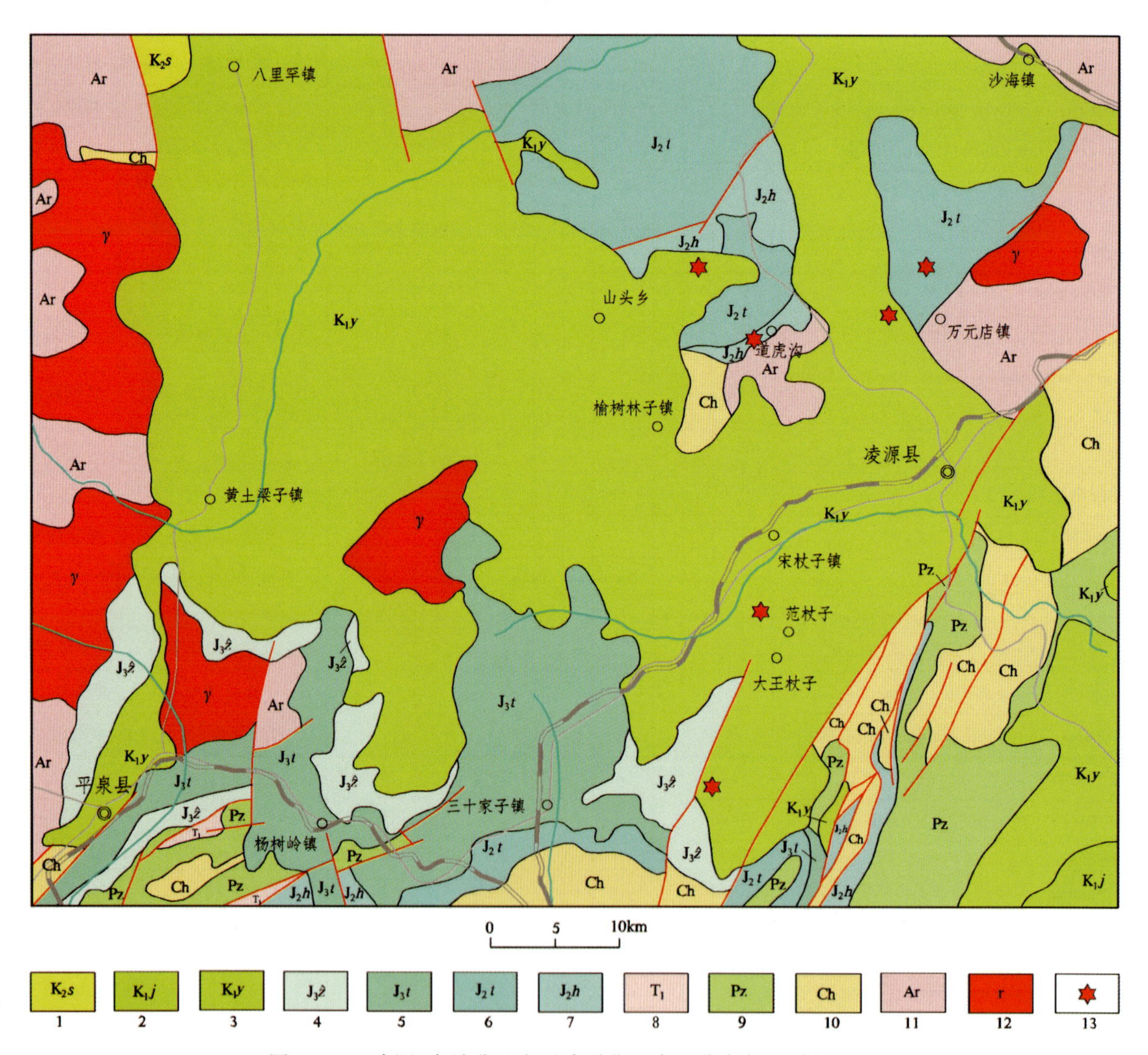

图 3-16 凌源-宁城盆地主要珍稀化石产地分布与地质概略图

Fig.3-16 Localities of main precious fossils in Lingyuan-Ningcheng basin and geological sketch map

1.沙海组;2.九佛堂组;3.义县组;4.张家口组;5.土城子组;6.髫髻山组;7.海房沟组;8.三叠系;9.古生界;10 长城系;11.太古界;12.花岗岩;13.重要珍稀化石产区

1.Shahai Formation; 2.Jiufotang Formation; 3.Yixian Formation; 4.Zhangjiakou Formation; 5.Tuchengzi Formation; 6.Tiaojishan Formation; 7.Haifanggou Formation; 8.Triassic; 9.Paleozoic; 10.Changcheng System; 11.Archean; 12.Granite; 13.Important precious fossil locality

一、燕辽生物群珍稀化石产出层位

(一)海房沟组的珍稀化石

1. 凌源市三十家子镇房身北山的珍稀化石

房身北山位于三十家子盆地南缘,是哺乳动物化石产地。该处地层自下而上分别为长城系高于庄组、中侏罗统海房沟组与髫髻山组、上侏罗统土城子组。海房沟组下部自下而上为黄灰色沉凝灰岩夹紫红色泥质粉砂岩,灰白色含角砾凝灰岩夹紫灰色凝灰角砾岩,紫红色泥质粉砂岩,灰白色含角砾凝灰岩夹紫灰色凝灰角砾岩,总厚约 30m。其底部粉砂岩中含三锥齿兽目环齿兽科(?)的纤细辽兽 *Liaotherium gracile* Zhou et al.。该种虽只保存下颌骨,但周明镇等(1991)根据辽兽的齿型特征与英国中侏罗世的 *Amphilestes*(环齿兽)比较接近,结合地层层序,将其时代定为中侏罗世。

值得指出的是,杨钟健(1958)报道了凌源市鸽子洞的九佛堂组产 *Yabeinosaurus tenuis* Endo et Shikama(细小矢部龙),周明镇等(1991)推测凌源市鸽子洞的细小矢部龙与房身一带产的纤细辽兽应为同一产地和层位。但据房身的村民说,凌源市鸽子洞与房身并非同一地点,而是两地。因此,房身一带海房沟组产矢部龙与否,尚需进一步核实。

2. 宁城县山头乡道虎沟的珍稀化石

道虎沟主要为翼龙和蝾螈等化石产地,位于宁城盆地东南缘(图 3-17)。自宁城县山头乡至建平县九座窑一带,该盆地的基底由新太古代变质深成岩、元古界长城系和花岗岩组成。盆内中生界自下而上分别为中侏罗统海房沟组和髫髻山组,上侏罗统土城子组,下白垩统义县组和九佛堂组。道虎沟地区含珍稀化石的海房沟组已延入辽宁建平地区。在道虎沟三队东部,海房沟组自下而上划分出 11 层,底部 1～3 层为灰褐色复成分砾岩和灰黄色、浅灰绿色细粒石英长石砂岩,夹灰白色薄层沉凝灰岩,厚 14m;下部(4～7 层)为浅紫灰色、灰白色沉凝灰岩、灰绿色膨润土和灰白色沉角砾凝灰岩,厚 80.2m;中部(8～9 层)为灰黄色、灰白色、灰紫色凝灰质粉砂岩夹沉凝灰岩,厚108.7m;上部(10～11 层)为灰白色沉凝灰岩,其底部有流纹质凝灰角砾岩,厚 65.2m。该组总厚度 254m,含丰富的叶肢介、昆虫、植物、少量的蜘蛛和蝌蚪化石,在下部产手盗龙类恐龙 *Epidendrosaurus ningchengensis* Zhang et al.(宁城树息龙),真手盗龙类 *Pedopenna daohugouensis* Xu et al.(道虎沟足羽龙),喙嘴龙类蛙嘴龙科的 *Jeholopterus ningchengensis* Wang et al.(宁城热河翼龙),喙嘴龙科的 *Pterorhynchus wellnhoferi* Czerkas et Ji(威氏翼嘴翼龙),翼手龙科的成员,有尾两栖类蝾螈 *Jeholotriton paradoxus* Wang(奇异热河螈),*Chunerpeton tianyiensis* Gao et al.(天义初螈),*Liaoxitriton daohugouensis* Wang(道虎沟辽西螈),无尾两栖类蝌蚪化石等。

(二)髫髻山组的珍稀化石

1. 凌源市热水汤开发区无白丁营子的珍稀化石

无白丁营子东山沟(凌源市至热水汤公路东侧)位于宁城盆地东南缘,是蝾螈化石产地。自万元店镇大巴布勿苏向北至无白丁营子东沟果树园,地层层序自下而上为新太古代变质深成岩(片麻岩)、中侏罗统海房沟组和髫髻山组。髫髻山组下部为浅紫灰色英安岩、灰白色与紫灰色流纹岩、紫灰色流纹质火山集块角砾岩,夹灰白色和浅绿灰色玻屑晶屑凝灰岩及薄层沉凝灰岩,厚度大于

图 3-17 宁城县道虎沟珍稀化石产地远景

Fig.3-17 A distant view of precious fossil locality in Daohugou of Ningcheng county

365m;上部为浅绿色、灰褐色和灰白色膨润土、含砾凝灰质粗粒砂岩,夹凝灰质粉砂岩和凝灰质页岩,厚 122.5m;顶部未全出露,有厚度大于 5m 的灰白色流纹质火山角砾岩。该组可控厚度大于 492m,上部的沉积层称热水汤层,在该层的下部灰白色薄层凝灰质粉砂岩中含有较多的蝾螈化石(图 3-18),如 *Pangerpeton sinensis* Wang et al.(中华胖螈)等。在南侧冲沟北壁含蝾螈沉积层自上而下细分层为:

21.灰白色膨润土化中薄层含砾凝灰质砂岩夹凝灰质粉砂岩	1.22m
20.灰白色中薄层凝灰质粉砂岩含较多植物碎片,含蝾螈化石	21.0cm
19.灰绿色中薄层含砂膨润土,含较多黑云母	15.0cm
18.灰色—灰白色薄至微薄层凝灰质页岩与微薄层绿灰色凝灰质粉砂岩及细砂岩,纹层、水平层理发育,含植物化石 *Eboracia lobifolia* (Phillips) Thomas ,*Anomozamites* sp.	22.0cm
17.灰白色薄层状凝灰质粉砂岩,含植物化石碎片	10.0cm
16.浅绿灰色薄层状含砂膨润土,黑云母含量较多	13.0cm
15.灰白色薄层凝灰质粉砂岩及凝灰质页岩,具水平层理,粉砂岩具球状风化	10.0cm
14.浅绿灰色中薄层凝灰质细砂岩,含较多的植物茎干印痕	43.0cm

13.灰白色中薄层凝灰质粉砂岩,具水平层理,含蝾螈类 *Pangerpeton sinensis* Wang et al.,昆虫及植物化石 *Equisetites* sp.,*Coniopteris burejensis* (Zal.) Seward,*C.hymenophylliodes* (Brongniart) Seward,*C. simples* (L. et H.) Harris,*Eboracia lobifolia* (Phillips) Thomas,*Onychiopsis elongata* (Geyler) Yokoyama,*Ctenis* cf.*chinensis* Hsü,*Anomozamites angulatus* Heer,*Anomozamites* sp.,*Pterophyllum* sp.,*Sphenobaiera colchica* (Prynada) Delle,*Czekanowskia rigida* Heer,*C.setacea*

图 3-18 凌源市无白丁营子东山髫髻山组中珍稀化石沉积层

Fig.3-18 Precious fossil-bearing beds of Tiaojishan Formation in eastern hill of Wubaidingyingzi village, Lingyuan city

Heer, *Ixostrobus lepidus*(Heer) Harris, *Stenorachis berpiaoensis* Sun et Zheng, *Phoenicopsis angustissima* Prynada, *Phoenicopsis* sp.等 45.0cm

12.灰白色薄层含砂、黑云母膨润土 4.5cm

11.灰白色薄层凝灰质粉砂岩,下部夹 1cm 厚的膨润土 42.0cm

10.灰白色含砂膨润土 16.0cm

9.灰白色薄层凝灰质粉砂岩夹薄层粉砂质页岩及灰白色薄层凝灰质细砂岩透镜体,粉砂岩具水平层理,顶部有球状风化 33.5cm

8.灰色薄层凝灰质细砂岩,微显水平层理 2.0cm

7.灰白色薄层凝灰质粉砂岩 2.5cm

6.灰白色薄层含膨润土细砂岩 7.0cm

5.灰白色薄层状凝灰质粉砂岩,分 4 个小层,单层厚 1cm,层面可见中粒长石石英及少量黑云母 5.0cm

4.绿灰色膨润土化薄层长石砂岩,矿物成分以长石为主,含石英粒及黑云母片 6.0cm

3.灰色薄层凝灰质粉砂岩 5.0cm

2.灰白色中厚层凝灰质细砂岩,成分以岩屑为主,有少量长石与黑云母,凝灰质胶结,不稳定透镜层理 5.0cm

1.灰色沉凝灰页岩,水平层理发育,含植物碎片、昆虫、鱼?、蝾螈等化石 22.0cm

2. 北票市西官营子镇西梁家杖子的珍稀化石

西梁家杖子地处北票盆地西缘。这里的髫髻山组与西北侧的新太古代侵入岩(花岗片麻岩)和东南侧的土城子组一段的黄褐色厚层含巨砾复成分粗砾岩均呈断层接触。髫髻山组自下而上依次为灰白色、黄褐色夹紫红色膨润土化沉凝灰岩,含硅化木化石,厚度大于 5m;灰绿色沉凝灰岩,厚约 4m;紫红色膨润土化沉凝灰岩,厚约 1m;灰白色、灰绿色膨润土化沉凝灰岩,含有蝾螈(?)及骨化石碎片，厚约2m(图3-19)；褐灰色中薄层粉砂质泥质页岩，含较多的双壳类 *Ferganoconcha* sp.(费尔干蚌)和植物化石碎片，厚约7m；灰绿色、灰白色膨润土化沉凝灰岩，厚约8m；暗灰色、黄褐色安山岩，厚约10m。

图3-19 北票市西官营子镇西梁家杖子珍稀化石沉积层(白色)

Fig.3-19 Precious fossil-bearing beds (white one) near Xiliangjiazhangzi village, Xiguanyingzi town of Beipiao city

二、土城子生物群珍稀化石产出层位

土城子组的珍稀化石以恐龙化石为主，并且主要分布在朝阳地区。

1. 朝阳县二十家子乡恐龙化石

在锦朝高速公路东侧，土城子组一段中上部含鸟臀类恐龙 *Chaoyangsaurus youngi* Zhao et al.(杨氏朝阳龙)。

2. 朝阳县恐龙足印化石

恐龙足印化石主要为 *Jeholosauripus s-satoi* Yabe et al.(热河足印)，位于朝阳县羊山镇四家子、北票市南八家子乡朝阳沟、北票市庄头营子一带，具体层位为土城子组二段顶部至三段下部。其中，朝阳沟具有恐龙足印的岩层自上而下为(图3-20)：

岩层	厚度
6.紫灰色砂砾岩夹复成分中细砾砾岩	厚度＞10.0m
5.灰绿色、绿灰色(上部为紫灰色)沉凝灰岩	约11.0m
4.黄褐色、绿灰色中细砾复成分砂砾岩、含砾粗粒砂岩夹薄层砾岩	约24.0m
3.灰绿色、黄绿色沉凝灰岩，具水平层理，偶见波状水平层理	5.0m
2.灰绿色中薄层凝灰质砂砾岩及凝灰质含砾砂岩，顶部具多个恐龙足印	0.3m
1.浅紫灰色、黄褐色中厚层中细砾复成分砾岩，与砂砾岩互层	＞30m

图 3-20 北票市朝阳沟产恐龙足印的岩石组合

Fig.3-20 Sauropus-bearing rock association near Chaoyanggou village of Beipiao city

3. 朝阳县北四家子乡恐龙化石

在朝阳县北四家子乡马家沟，土城子组一段下部含蜥脚类恐龙 Sauropoda indet.。

三、热河生物群珍稀化石产出层位

(一)义县组的珍稀化石

1. 北票市上园镇陆家屯一带的珍稀化石

化石沉积层为义县组一段底部陆家屯层，岩性为棕褐色沉凝灰岩(图 3-21)，产蜥臀目驰龙类 *Graciliraptor lujiatunensis* Xu et Wang(陆家屯纤细盗龙)，伤齿龙科的 *Mei long* Xu et al.(龙寐龙)，*Sinovenator changii* Xu et al.(张氏中国猎龙)，*Sinusonasus magnodens* Xu et Wang(大牙窦鼻龙)，窃蛋龙科的 *Incisivosaurus gauthieri* Xu et al.(戈氏切齿龙)，暴龙超科的 *Dilong paradoxus* Xu et al.(奇异帝龙)，鸟臀目的 *Hongshanosaurus houi* You et al.(侯氏红山龙)，*Psittacosaurus lujiatunensis* Zhou,Gao et al.(陆家屯鹦鹉嘴龙)，*Jeholosaurus shangyuanensis* Xu et al.(上园热河龙)，哺乳动物爬兽科的 *Repenomamus robustus* Li et al.(强壮爬兽)，*R.giganticus* Hu et al.(巨型爬兽)，三尖齿兽类戈壁兽科的 *Gobicondon zofiae* Li et al.(索菲娅戈壁兽)，*Meemannodon lujiatunensis* Meng et al.(陆家屯弥曼齿兽)。

2. 北票市上园镇燕子沟一带的珍稀化石

化石沉积层为义县组一段底部陆家屯层，产鸟臀类恐龙 *Liaoceratops yanzigouensis* Xu et al.(燕子沟辽角龙)，*Hongshanosaurus houi* You et al.(侯氏红山龙)。

图 3-21 北票市陆家屯一带的珍稀化石产地

Fig.3-21 Precious fossil locality around Lujiatun village of Beipiao city

3. 北票市上园镇山嘴、横道子南山、大片石砬子至义县六台一带的珍稀化石

化石沉积层为义县组一段底部陆家屯层，产 *Hongshanosaurus houi* You et al.（侯氏红山龙）。

4. 北票市上园镇四合屯地区的珍稀化石

化石沉积层为义县组二段的尖山沟层下部沉积旋回（图 3-22、图 3-23），产古鸟亚纲孔子鸟目的 *Confuciusornis sanctus* Hou et al.（圣贤孔子鸟），*C.sunae* Hou et al.（孙氏孔子鸟），今鸟亚纲辽宁鸟目的 *Liaoningornis longiditris* Hou（长趾辽宁鸟），初鸟类 *Jixiangornis orientalis* Ji et al.（东方吉祥鸟，产地和层位尚有待核实）；蜥臀目美颌龙科的 *Sinosauropteryx prima* Ji et al.（原始中华龙鸟）；未定科的 *Protachaeopteryx robusta* Ji et al.（粗壮原始祖鸟）；镰刀龙超科的 *Beipiaosaurus inexpectus* Xu et al.（意外北票龙）；驰龙科的 *Sinornithosaurus milleni* Xu et al.（千禧中国鸟龙），虚骨龙超科的 *Shenzhousaurus orientalis* Ji et al.（东方神州龙）；鸟臀目的 *Psittacosaurus* sp.（鹦鹉嘴龙未定种）；翼龙目翼手龙科的 *Haopterus gracilis* Wang et al.（秀丽郝氏翼龙）；梳颌翼龙科的 *Beipiaopterus chenianus* Lü（陈氏北票翼龙）；有鳞类 *Dalinghosaurus longidigitus* Ji（长趾大凌河蜥）；龟鳖目中国龟科的 *Ordosemys liaoxiensis* Ji（辽西鄂尔多斯龟）；两栖纲无尾目的 *Liaobatrachus grabaui* Ji et al.（葛氏辽蟾），*Callobatrachus sanyanensis* Wang et al.（三燕丽蟾）；哺乳动物纲真三尖齿兽目的 *Jeholodens jenkinsi* Ji et al.（金氏热河兽）。这些化石在四合屯挖掘剖面的分布层位自上而下为：

56.灰色纹层状粉砂质页岩	120cm
55.灰色砂岩与泥质粉砂岩互层	130cm
54.灰色纹层状粉砂质页岩夹黄色微薄层沉凝灰岩	150cm
53.黄褐色凝灰质砂岩	4cm

图 3-22　北票市上园镇四合屯珍稀化石保护区

Fig.3-22　Precious fossil protectorate near Sihetun village of Shangyuan town, Beipiao city

图 3-23　北票市上园镇四合屯鸟化石采掘现场

Fig.3-23　Quarry of fossil birds near Sihetun village of Shangyuan town, Beipiao city

52.灰色泥质粉砂岩	10cm
51.黄褐色凝灰质砂岩	5cm
50.灰色纹层状粉砂质硅质页岩	9cm
49.黄褐色凝灰质砂岩	5cm

48.灰色纹层状粉砂质钙质泥岩 24cm

47.浅黄色凝灰质砂岩 15cm

46.灰色纹层状含粉砂质钙质泥岩、页岩与灰白色凝灰质砂岩互层 68cm

45.灰色纹层状含粉砂质钙质泥岩、页岩夹灰白色薄层沉凝灰岩，页岩中含鱼化石 *Lycoptera* sp.，*Peipiaosteus pani* 11cm

44.浅黄色凝灰质砂岩 9cm

43.灰色纹层状含粉砂质钙质泥岩、页岩，页岩中含鱼化石 *Lycoptera* sp.，*Peipiaosteus pani* 5cm

42.灰白色泥质粉砂岩 6cm

41.灰色纹层状含粉砂质钙质泥岩、页岩，含鱼化石 *Peipiaosteus pani* 3cm

40.浅黄色凝灰质砂岩 10cm

39.灰黄色沉凝灰岩与灰色页岩互层 39cm

38.灰色纹层状含粉砂质页岩夹灰黄色微薄层沉凝灰岩 14cm

37.浅黄色凝灰岩夹灰色页岩 19cm

36.灰色纹层状含粉砂质钙质泥岩、页岩，含鱼化石 *Peipiaosteus pani* 10cm

35.浅黄色凝灰质砂岩 25cm

34.灰色纹层状含粉砂质钙质泥岩、页岩，含鱼化石 *Peipiaosteus pani* 6cm

33.浅黄色凝灰质砂岩 7cm

32.灰色泥质页岩，水平纹理极发育，含鸟 *Confuciusornis*，恐龙 *Sinosauropteryx* sp.等化石 13cm

31.灰白色粉砂质页岩，水平层理较发育 3cm

30.灰色粉砂质泥质页岩，水平纹理极为发育，含叶肢介 *Eosestheria* sp.等化石 25cm

29.暗灰色泥质页岩 1.0cm

28.灰白色凝灰质粉砂岩，见波痕 3.3cm

27.暗灰色泥质页岩，水平层理发育，含鸟化石 *Confuciusornis* 3.5cm

26.灰白色粉砂质泥岩，中间夹 0.6cm 泥质页岩 4.8cm

25.暗灰色泥质页岩，上部夹一层 0.6cm 灰白色粉砂质页岩，该层不仅含鸟 *Confuciusornis* sp.，而且含恐龙 *Sinosauropteryx* sp.，*Sinornithosaurus millenii*，*Beipiaosaurus inexpectus*，*Psittacosaurus* sp.，*Caudipteryx zoui*，*C.dongi* 等及丰富的叶肢介化石 *Eosestheria* sp.，少量介形类化石 *Cypridea*(*C.*) *liaoningensis* 15cm

24.沉玻屑凝灰岩(俗称黄砬子层) 8cm

23.暗灰色泥质页岩，水平层理发育，含恐龙类化石 *Psittacosaurus* sp. *Protarchaeopteryx robusta* 8cm

22.灰白色粉砂岩夹碳酸岩泥质条带，水平纹层理 3.8cm

21.灰色粉砂质泥质页岩，水平层理发育 9.5cm

20.暗灰色钙质胶结中粒岩屑砂岩 1.0cm

19.灰色泥质页岩与绿灰色粉砂岩互层，上部 3cm 厚灰色页岩夹薄层粉砂岩，含鸟 *Confuciusornis* sp.，恐龙 *Sinosauropteryx* sp.等化石，下部粉砂岩夹灰色泥质页岩(俗称三合板层) 5.0cm

18.灰色泥质页岩，发育水平纹层，最顶层含鸟 *Confuciusornis* sp.，恐龙 *Psittacosaurus* sp.及丰富的东方叶肢介等化石 11cm

17.灰色泥质页岩夹薄层灰白色沉凝灰岩(俗称五合板层) 3.0cm

16.暗灰色泥质页岩，水平层理发育，含鸟 *Confuciusornis* sp.，*Liaoningornis longiditris* 及植物等化石，是含鸟化石密集层(鸟板)，下部发现龟化石 *Manchurochelys* sp. 2.0cm

15.灰白色粉砂岩，水平层理发育 1.2cm

14.暗灰色泥质页岩，水平纹理发育，含植物碎片及少量介形类 2.6cm

13.灰白色沉凝灰岩 4.0cm

12.灰色粉砂质页岩夹灰白色极薄层粉砂岩，含鸟化石 *Confuciusornis* sp. 8.0cm

11.绿灰色粉砂岩中夹灰色粉砂质页岩 6.5cm

10.灰白色沉凝灰岩　3.0cm

9.暗灰色粉砂质泥质页岩，水平纹理发育，上部夹 1.0cm 厚绿灰色粉砂岩，含鱼 *Peipiaosteus pani*，昆虫 *Ephemeropsis trisetalis* 等化石　57cm

8.灰绿色粉砂岩，不显层理　4.5cm

7.暗灰色含钙质粉砂质泥岩，水平层理发育，含保存较好的叶肢介化石 *Eosestheria* sp.等　13cm

6.绿灰色粉砂岩与暗灰色粉砂质泥质页岩互层，粉砂岩不显层理，页岩水平层理发育，含叶肢介化石 *Eosestheria* sp.　42cm

5.暗灰色泥质粉砂岩　6.0cm

4.暗灰色泥质页岩夹薄层绿灰色粉砂岩，粉砂岩呈薄板状，水平纹理发育，含丰富的 *Eosestheria* sp.等　57cm

3.灰黑色泥岩　4.0cm

2.暗灰色粉砂岩，具水平层理　46cm

1.灰色中厚层安山质晶屑岩屑凝灰岩　>30cm

5. 北票市上园镇张家沟一带的珍稀化石

化石沉积层为义县组二段的尖山沟层第一沉积旋回（图 3－24），产蜥臀目尾羽龙科的 *Caudipteryx zoui* Ji et al.（邹氏尾羽龙），*C.dongi* Zhou et al.（董氏尾羽龙），未定科的 *Protachaeopteryx robusta* Ji et al.（粗壮原始祖鸟），喙嘴龙亚目蛙嘴龙科的 *Dendrorhynchoides curvidentatus* Ji et al.（弯齿树翼龙），翼手龙科 Pterodactyloidea indet，龟类 *Manchurochelys* sp.。

图 3－24　北票市上园镇张家沟珍稀化石产地

Fig.3－24　Precious fossil locality near Zhangjiagou village，Shangyuan town of Beipiao city

6. 北票市上园镇团山沟一带的珍稀化石

化石沉积层为义县组二段的尖山沟层第一沉积旋回，产翼龙目翼手龙科的 *Eosipterus yangi* Ji et Ji（杨氏东方翼龙）。

7. 北票市上园镇尖山沟一带的珍稀化石

化石沉积层为义县组二段的尖山沟层第一沉积旋回，产孔子鸟目的 *Confuciusornis sanctus* Hou et al.（圣贤孔子鸟），*Changchengornis hengdaoziensis* Ji et al.（横道子长城鸟），有鳞目的 *Yabeinosaurus tenuis* Endo et shikama（细小矢部龙），离龙目的 *Monjurosuchus splendens* Endo（楔齿满洲鳄），龟鳖目中国龟科的 *Ordosemys liaoxiensis* Ji（辽西鄂尔多斯龟），哺乳动物纲对齿兽目张和兽科的 *Zhangheotherium quinquecuspidens* Hu et al.（五尖张和兽），*Maotherium sinensis* Rougier et al.（中国毛兽）。该地尖山沟层第二沉积旋回下部亦产 *Ordosemys liaoxiensis* Ji。

8. 北票市上园镇横道子北部的珍稀化石

化石沉积层为义县组二段的尖山沟层第一沉积旋回，产孔子鸟目的 *Changchengornis hengdaoziensis* Ji et al.（横道子长城鸟）。

9. 北票市上园镇黄半吉沟一带的珍稀化石

化石沉积层为义县组二段的第一沉积旋回（图 3－25），产孔子鸟目的 *Confuciusornis chuanzhous* Hou（川州孔子鸟），被子植物 *Archaefructus liaoningensis* Sun et al.（辽宁古果），*A.eoflora* Ji et al.（始花古果），*Hyrcantha decussata*（＝*Sinocarpus decussata* Leng et Friis，2003）（十字里海果）。

图 3－25 北票市上园镇黄半吉沟珍稀化石产地

Fig.3－25 Precious fossil locality near Huangbanjigou village of Shangyuan town，Beipiao city

10. 北票市章吉营乡李八郎沟和黑蹄子沟一带的珍稀化石

化石沉积层为义县组二段的尖山沟层第一沉积旋回（图 3－26），产孔子鸟目的 *Confuciusornis dui* Hou et al.（杜氏孔子鸟），*Jinzhouornis zhangjiyingia* Hou et al.（张吉营锦州鸟），始反鸟目始反鸟科的 *Eoenantiornis buhleri* Hou et al.（步氏始反鸟），中国龟科的 *Manchurochelys* sp.（满洲龟未定种），无尾两栖类的 *Mesophyne beipiaoensis* Gao（北票中蟾），翼龙类的 *Feilongus youngi* Wang et al.（杨氏飞龙）。

图 3－26　北票市李八郎沟珍稀化石产地

Fig.3－26　Precious fossil locality near Libalanggou village of Beipiao city

11. 北票市上园镇伍代沟、庙沟和大板沟一带的珍稀化石

化石沉积层为义县组下部尖山沟层第一沉积旋回，产孔子鸟目的 *Confuciusornis* sp.，角龙类 *Psittacosaurus* sp.，龟类 *Manchurochelys* sp.，大板沟还产有 *Huaxiagnathus orientalis* Hwang et al.(东方华夏颌龙)。

12. 义县头道河乡三道壕和老虎沟一带的珍稀化石

三道壕北沟和老虎沟东北沟均位于阜新-义县盆地中段西缘(图 3－27)。含化石层为义县组一段老公沟层，自上而下为：灰绿色、灰紫色长石岩屑砂岩、粉砂岩夹膨润土，含鹦鹉嘴龙 *Psittacosaurus* sp.和鱼 *Lycoptera* sp.；紫灰色夹绿灰色砾岩、砂砾岩；灰紫色凝灰质粉砂岩和泥岩。地层总厚 50m±。

13. 义县头道河乡腰底家沟创业队南沟的珍稀化石

该地位于阜新-义县盆地中段西缘。含化石层为义县组一段的业南沟层，产鹦鹉嘴龙化石。此处业南沟层自上而下为：

6.浅灰白色凝灰质杂砂岩、粉砂岩夹生物碎屑灰岩	2.96m
5.灰黄褐色凝灰质杂砂岩、泥质粉砂岩和泥岩夹膨润土	6.80m
4.灰绿色沉凝灰岩	2.27m
3.浅黄褐色安山质岩屑晶屑凝灰岩	0.45m
2.浅灰绿色、灰白色凝灰质粉砂岩及泥晶灰岩，含鱼、叶肢介、昆虫、植物等化石	0.45m
1.浅黄绿色凝灰质钙质粉砂岩及泥晶灰岩，产角龙类 *Psittacosaurus* sp.(鹦鹉嘴龙未定种)，兽脚类 *Huaxiagnathus orientalis* Hwang et al.(东方华夏颌龙)等化石	>0.40m

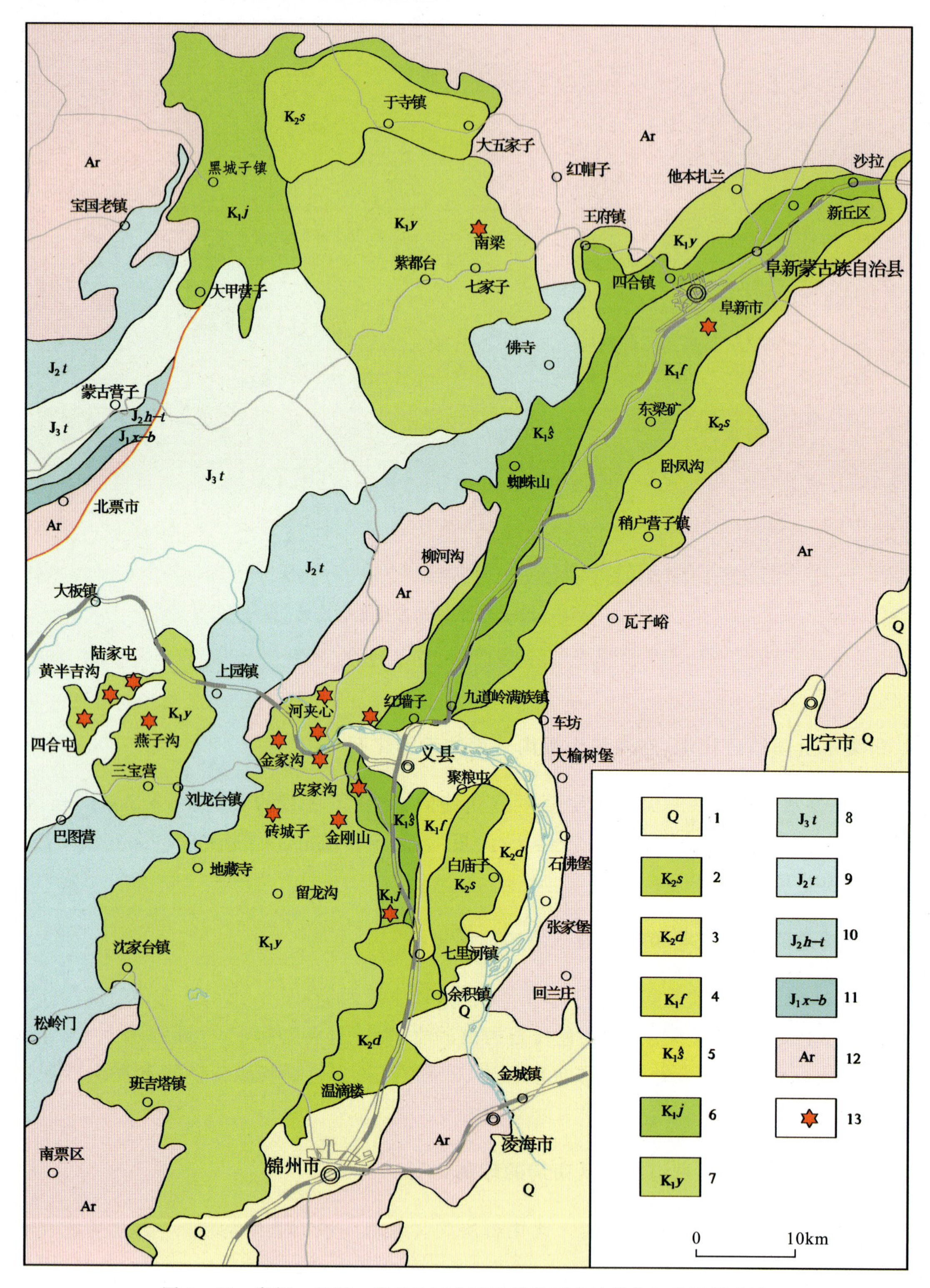

图 3-27 阜新—北票—锦州地区主要珍稀化石产地分布与地质概略图

Fig.3-27 Main precious fossil localities of Fuxin—Beipiao—Jinzhou district and geological sketch map

1.第四系；2.孙家湾组；3.大兴庄组；4.阜新组；5.沙海组；6.九佛堂组；7.义县组；8.土城子组；9.髫髻山组；10.海房沟组与髫髻山组合并；11.兴隆沟组与北票组合并；12.前中生代盆地基底岩石；13.珍稀化石产地

1. Quaternary; 2. Sunjiawan Formation; 3. Daxingzhuang Formation; 4. Fuxin Formation; 5. Shahai Formation; 6. Jiufotang Formation; 7. Yixian Formation; 8. Tuchengzi Formation; 9. Tiaojishan Formation; 10. Haifanggou Formation and Tiaojishan Formation merged; 11. Xinglonggou Formation and Beipiao Formation merged; 12. Basement rock of pre-Mesozoic basin; 13. Precious fossil locality

14. 义县头道河乡金家沟村南山分水岭处的珍稀化石

该地位于阜新-义县盆地中段西缘。含化石岩层为义县组二段下部的砖城子层，产鸟类珍稀化石，自上而下为：

6.灰绿色、黄白色含钙粉砂质页岩，下部为黄绿色含砂膨润土 22.81m

5.灰绿色、灰白色钙质粉砂岩、泥页岩夹钙质砂岩、膨润土和泥晶灰岩 >37.75m

4.灰黄色凝灰质钙质细砂岩、粉砂岩与灰绿色钙质粉砂质泥页岩互层 >7.22m

3.浅灰绿色、灰黄色纹层状钙质粉砂岩，底部有灰岩，含昆虫、叶肢介化石 >18.47m

2.灰黄白色钙质粉砂岩、页岩夹凝灰岩，含鸟类、鸟羽毛、昆虫、叶肢介、植物等化石 >35.08m

1.灰绿色泥质粉砂岩、泥岩、泥灰岩与黄褐色岩屑砂岩互层 28.16m

15. 义县头道河乡王家沟村西山的珍稀化石

该地位于阜新-义县盆地中段西侧。含化石层为义县组二段上部的大康堡层(图 3－28)，产翼龙类、甲龙类、离龙类等化石，岩层自上而下为：

4.灰色、灰绿色泥页岩与灰白色钙质粉砂岩、泥晶灰岩互层，含叶肢介化石 16.02m

3.灰色、灰绿色泥页岩夹灰白色钙质砂岩，含昆虫、叶肢介、植物化石 3.72m

2.灰色泥岩、粉砂质泥页岩与灰白色钙质粉砂岩互层，夹泥灰岩，含手盗龙类 *Yixianosaurus longimanus* Xu et Wang(长掌义县龙)，甲龙类 *Liaoningosaurus paradoxus*(奇异辽宁龙)，鸟掌龙类 *Boreopterus cuiae* Lü et al.(崔氏北方翼龙，产地待核实)，离龙类 *Hyphalosaurus baitaigouensis* Ji et al.(白台沟潜龙)，叶肢介和植物化石 12.88m

1.灰白色、灰色泥岩、粉砂岩夹泥晶灰岩 3.28m

在该剖面北侧约 200m 的浅井中，相当于上述剖面第 2 层的细分层自上而下为：

20.暗灰色页岩夹灰白色膨润土透镜体，含昆虫 *Ephemeropsis trisetalis*，虾类 *Liaoningogriphus quadripartitus* 等化石 1.34m

19.灰色与深灰色页岩互层，上部夹一薄层膨润土 40.0cm

18.绿灰色、灰白色膨润土夹一层 10 cm 厚的灰色页岩 64.0cm

17.灰色页岩 29.0cm

16.黄灰色凝灰质中细砾砾岩 57.0cm

15.灰白色与深灰色页岩互层 91.0cm

14.灰白色钙质粉砂岩夹灰色薄层页岩 14.0cm

13.深灰色页岩，含昆虫 *Pseudosamarura largina*，*Karataviella pontoforma* 及三尾拟蜉蝣和叶肢介化石 46.0cm

12.灰白色与灰色凝灰质页岩互层，含少量昆虫和叶肢介化石 38.0cm

11.灰色页岩 12.0cm

10.灰白色凝灰质细粒砂岩 10.0cm

9.灰白色凝灰质粉砂岩 27.0cm

8.灰色与深灰色凝灰质页岩互层 22.0cm

7.灰黄色含砂膨润土 7.0cm

6.灰白色泥质页岩 31.0cm

图 3-28　义县王家沟村西山大康堡化石沉积层远景

Fig.3-28　A distant view of Dakangpu fossil-bearing beds in western hill of Wangjiagou village, Yixian county

5.灰色、灰白色凝灰质页岩夹绿色膨润土,含叶肢介化石　40.0cm

4.灰白色凝灰质粉砂岩　8.0cm

3.深灰色页岩夹 1.5cm 厚的凝灰质粉砂岩与页岩,水平纹理发育,含离龙类 *Hyphalosaurus baitaigouensis* Ji et al.和大量叶肢介化石　21.0cm

2.浅黄灰色膨润土　17.0cm

1.深灰色页岩,水平纹理发育,含离龙类化石 *Hyphalosaurus baitaigouensis* Ji et al.　>7.0cm

16. 义县头台乡破台子一带的珍稀化石

该地位于义县大凌河北破台子村东北约 700m(图 3-29)处。含化石层为义县组二段上部的大康堡层,产鸟类和潜龙化石。剖面自上而下分层为:

12.灰白色膨润土夹灰白色沉凝灰岩　22.17m

11.灰白色凝灰质页岩夹灰白色沉凝灰岩　2.66m

10.灰白色膨润土夹灰白色中薄层沉凝灰岩,顶部为绿色膨润土　5.72m

9.灰白色沉凝灰岩与浅灰色膨润土互层　6.20m

8.灰白色沉凝灰岩夹页岩和膨润土层　12.52m

第四系掩盖 70m

7.灰白色凝灰岩夹页岩和粉砂质页岩及杏黄色薄层沉凝灰岩　33.63m

6.灰色、灰白色页岩,底部为 30cm 厚的灰色膨润土,中下部夹 3 层 1～15cm 厚的杏黄色沉凝灰岩,中上部夹 3 层浅绿灰色膨润土薄层　2.43m

5.褐灰色中薄层粉砂质泥岩　0.68m

4.灰色、灰白色页岩与深灰色薄层泥岩互层,夹 3 层 1cm 厚的杏黄色沉凝灰岩和 1 层不稳定的绿灰色薄层膨润土　2.43m

图 3-29 义县破台子珍稀化石产地远景

Fig.3-29 A distant view of precious fossil locality near Potaizi village of Yixian county

3.灰色、灰白色凝灰质页岩,中部夹 3 层杏黄色薄层沉凝灰岩,含叶肢介 *Diestheria* cf.*lijiagouensis*	0.41m
2.灰色页岩夹杏黄色沉凝灰岩,底部为 3cm 厚的杏黄色沉凝灰岩,纹层发育	0.54m
1.深灰色页岩,产反鸟亚纲长翼鸟目的 *Longirostravis hani* Hou et al.(韩氏长嘴鸟),离龙类 *Hyphalosaurus baitaigouensis* Ji et al.(白台沟潜龙),叶肢介 *Diformograpta* sp.等化石	5.76m

17. 义县头台乡王油匠沟一带的珍稀化石

化石产地位于王油匠沟村北西约 300m 处。含化石层为义县组二段上部的大康堡层,产鸟类和翼龙化石。岩层自上而下为:

5.浅灰色厚—薄层沉凝灰岩与薄层泥页岩互层	厚 42.73m
4.灰白色薄层含藻灰岩及页岩	15.46m
3.灰白色钙质粉砂岩、泥质页岩	1.10m
2.浅灰色黄褐色玻质粗安岩	2.75m
1.浅灰色钙质粉砂岩与深灰色泥质页岩互层,夹藻灰岩,含离龙类 *Hyphalosaurus baitaigouensis* Ji et al.(白台沟潜龙),翼龙和反鸟类化石,叶肢介 *Eosestheria gongyingziensis*,昆虫 *Ephemeropsis trisetalis*,虾类 *Liaoningogriphus quadripartitus* 等化石	9.53m

相当于上述剖面 1 层的采坑剖面自上而下细分层为:

11.深灰色页岩与灰色粉砂质页岩互层,夹粉砂岩	厚 0.75m
10.杏黄色沉凝灰岩夹灰色薄层页岩	0.10m
9.灰色、顶部深灰色页岩,含昆虫化石 *Ephemeropsis trisetalis*	0.56m
8.褐黄色凝灰质粉砂岩	0.05m

7.杏黄色沉凝灰岩　0.05m

6.深灰色纸片状页岩，含离龙类 *Hyphalosaurus baitaigouensis* Ji et al.，叶肢介 *Diestheria* cf.*shanyuanensis* 等化石　0.15m

5.灰色、灰白色页岩夹杏黄色沉凝灰岩和膨润土各 1 层，纹理发育　0.35m

4.褐黄色凝灰质页岩夹深灰色页岩　0.10m

3.深灰色泥质页岩，上部夹薄层含沥青质页岩，水平纹层发育，含离龙类 *Hyphalosaurus baitaigouensis* Ji et al.，叶肢介 *Diestheria* cf.*shangyuanensis*，昆虫 *Ephemeropsis trisetalis* 等化石　0.26m

2.褐灰色凝灰质页岩，顶部夹 1cm 厚的杏黄色沉凝灰岩　0.15m

1.深灰色页岩，含反鸟类，离龙类 *Hyphalosaurus baitaigouensis* Ji et al.，虾类 *Liaoningogriphus quadripartitus* 等化石　>0.09m

18. 义县头台乡白台沟一带的珍稀化石

该地位于白台沟下坎村东南 142°约 1.2km（图 3－30）处。含化石层为义县组二段上部的大康堡层，产恐龙、鸟类化石。在附近王垮沟一带，大康堡层自下而上为灰色、深灰色和灰白色粉砂质泥质页岩夹粉砂岩及多层杏黄色薄层沉凝灰岩，黄褐色沉凝灰岩，黑灰色凝灰质粉砂岩，杏黄色角砾状凝灰岩，灰白色凝灰质页岩夹浅绿灰色膨润土，总厚达 100m。采坑剖面自上而下细分层为：

10.灰色页岩夹 5 层 1cm 厚的褐黄色沉凝灰岩，水平纹层发育，含叶肢介，昆虫 *Ephemeropsis trisetalis* 和虾类 *Liaoningogriphus quadripartitus* 等化石　0.32m

9.黑灰色页岩夹褐黄色泥质粉砂岩，水平纹层发育　0.63m

8.灰色页岩，水平纹层发育，产 *Hyphalosaurus baitaigouensis* Ji et al.和 *Liaoningogriphus quadripartitus* 等化石　0.47m

7.褐黄色凝灰质粉砂岩夹黑灰色薄层页岩　0.16m

6.黑灰色页岩，水平纹层发育，含潜龙化石 *Hyphalosaurus* sp.　0.46m

图 3－30　义县白台沟珍稀化石产地

Fig.3－30　Precious fossil locality near Baitaigou village of Yixian county

5.杏黄色沉凝灰岩 0.06m

4.黑灰色含沥青质页岩,水平纹层发育,含较多脊椎动物化石骨片,底部产禽龙类 *Jinzhousaurus yangi* Wang et Xu(杨氏锦州龙),潜龙 *Hyphalosaurus baitaigouensis* Ji et al.,反鸟类和翼手龙化石 0.64m

3.杏黄色沉凝灰岩 0.02m

2.黑灰色泥质页岩,水平纹层发育 0.16m

1.黄褐色泥质粉砂岩 0.16m

此地大康堡层下部还产有蜥臀目兽脚类恐龙 *Shenzhouraptor sinensis* Ji et al.(中华神州鸟),*Sinornithosaurua haoiana* Liu et al.(郝氏中国鸟龙)。

19. 义县头台乡河夹心村北山的珍稀化石

该地位于河夹心村北山的东侧和北侧(图 3-31)。含化石层为义县组二段的大康堡层下部,产鸟、潜龙和无尾两栖类化石。北山东侧剖面岩层自上而下为:

7.灰白色、灰绿色沉凝灰岩夹灰白色粉砂岩和薄层膨润土 厚>0.89m

6.灰白色沉凝灰岩夹灰白色页岩 10.95m

5.灰白色页岩 2.96m

4.灰白色页岩夹杏黄色薄层沉凝灰岩 1.37m

3.灰白色页岩夹薄层粉砂岩,含昆虫 *Ephemeropsis trisetalis* 5.68m

2.灰白色页岩夹薄层沉凝灰岩和膨润土 1.76m

1.灰白色页岩、浅黄色凝灰质粉砂岩,含潜龙 *Hyphalosaurus* sp.,蛙类 *Yizhoubatrachus macilentus* Gao et Chen(细弱宜州蟾),叶肢介 *Diestheria* cf.*shanyuanensis* 等化石 >0.98m

图 3-31 义县河夹心珍稀化石沉积层

Fig.3-31 Precious fossil-bearing beds near Hejiaxin village of Yixian county

20. 义县头道河乡四方台村南山的珍稀化石

该地位于四方台村南沟东山。含化石层为义县组二段大康堡层上部，产潜龙和龟化石。剖面岩层自上而下为：

3.浅灰绿色、白色含钙凝灰质粉砂岩和泥质页岩，夹薄层灰岩和雯石 7.25m

2.灰白色灰岩与黄绿色膨润土互层，夹灰色、灰绿色凝灰质泥页岩，产潜龙 *Hyphalosaurus* sp.，满洲龟 *Manchurochelys* sp.，叶肢介 *Eosestheria*(*Filigrapta*)*taipinggouensis*，昆虫 *Ephemeropsis trisetalis* 等化石 9.39m

1.灰黄绿色长石岩屑砂岩，含砂膨润土夹藻灰岩及页岩透镜体，产 *Manchurochelys* sp.和叶肢介化石 13.76m

21. 义县头台乡何家沟的珍稀化石

该地位于何家沟村北侧。含化石层为义县组二段的大康堡层上部，在泥页岩中产离龙类潜龙 *Hyphalosaurus* sp.和叶肢介化石。

22. 义县前杨乡枣茨山一带和大定堡乡金刚山村鱼石梁一带的珍稀化石

含化石层为义县组四段的金刚山层上部，产有鳞类 *Yabeinosaurus tenuis* Endo et Shikama(细小矢部龙)，离龙类 *Monjurosuchus splendens* Endo(楔齿满洲鳄)，中国龟科的 *Manchurochelys manchuensis* Endo et al.(满洲满洲龟)，翼龙胚胎化石，反鸟类和被子植物化石。

23. 阜新县大五家子镇三吉窝铺村各么沟(南梁)的珍稀化石

该地位于紫都台盆地近东缘，含化石层为义县组二段的伞托花沟层(图 3－32)，产鸟和龟类化石。区内义县组下部为玄武岩和安山岩夹砂岩、粉砂岩和页岩；中上部为安山岩、凝灰角砾岩、凝灰岩，夹玄武岩和砾岩。该组总厚大于 2000m，不整合于土城子组或花岗岩之上。在各么沟(南梁)伞托花沟一带，含鸟、龟化石层岩性自下而上为灰色流纹质凝灰角砾岩，灰色、灰白色细砾砂砾岩和含砾中粗粒长石岩屑砂岩，长石岩屑细砂岩，灰色、灰白色泥岩、页岩和粉砂岩，含孔子鸟目的 *Confuciusornis sanctus* Hou et al.(圣贤孔子鸟)及中国龟科的 *Manchurochelys* sp.，介形类 *Cypridea* (*C.*) cf. *liaoningensis*，*Mongolianella breviuscula*，*Damonella* sp.，*Timiriasevia jianshangouensis* 等化石，沉积层总厚度大于 15m。

24. 建平县沙海镇小苏子沟之西棺材山的珍稀化石

该地位于宁城盆地东南部。含化石地层为义县组，产蝾螈类化石。义县组之下的地层为海房沟组粗碎屑沉积岩层夹沉凝灰岩和薄煤层或煤线，髫髻山组玄武安山岩夹安山质火山角砾岩，暗灰色含角砾黑曜岩、浅紫灰色与灰白色凝灰角砾岩。义县组以黄褐色薄层中细砾砾岩与下伏灰白色、灰绿色凝灰角砾岩分界。在砾岩层之上为灰褐色粉砂岩、粉砂质页岩，含小型爬行类(待研究)和叶肢介化石，再上为安山岩夹灰色、灰白色沉凝灰岩和灰黑色泥质粉砂岩，含植物辽宁枝化石。

25. 宁城县山头乡西台子村北沟的珍稀化石

该地含化石层为义县组二段下部的西台子北沟层，产鸟类等化石。义县组角度不整合在土城

图 3-32 阜新县大五家子镇三吉窝铺村各么沟珍稀化石产地远景

Fig.3-32 A distant view of precious fossil locality near Geyaogou gully of Sanjiwopu village, Dawujiazi town of Fuxin county

子组紫红色砂砾岩与泥岩、砂岩之上。义县组底部为褐灰色、灰白色复成分中粗砾砾岩、砂砾岩，向上为砂岩、泥岩和页岩夹沉凝灰岩，中厚层含砾砂岩与粉砂质泥、页岩，含古鸟亚纲孔子鸟目的 *Confuciusornis* sp.（孔子鸟未定种），今鸟亚纲红山鸟属的 *Hongshanornis longicresta*（长冠红山鸟），角龙类 *Psittacosaurus* sp.（鹦鹉嘴龙未定种）及蜥脚类化石。在灰色粉砂质泥岩中含介形类化石 *Cypridea*（*Cypridea*）*liaoningensis*，*C.* sp.，*Yanshanina dabeigouensis*，*Y. subovata*，*Djungarica camarata*，*Mongolianella palmosa*，*Mantelliana* sp.，*Rhinocypris echinata*。总厚度大于 60m，再上为安山岩及其火山碎屑岩夹沉积层。

26. 凌源市大王杖子乡范杖子一带的珍稀化石

该地位于凌源-三十家子盆地东部，含化石层为义县组二段的大新房子层（图 3-33），产恐龙和鸟类等化石。义县组不整合在张家口组或土城子组之上。其下部的大新房子层自下而上可分为 2 个沉积旋回，珍稀化石产于上部，即第二沉积旋回，主要有孔子鸟目的 *Confuciusornis sanctus* Hou et al.（圣贤孔子鸟），反鸟类辽西鸟目的 *Liaoxiornis delicatus* Hou et al.（娇小辽西鸟）；蜥臀目美颌龙科的 *Sinosauropteryx prima* Ji et al.（原始中华龙鸟），驰龙科的 *Sinornithosaurus* sp.（中华鸟龙未定种），手盗龙类擅攀鸟龙科的 *Scansoriopteryx heilmanni* Czerkas et Yuan（赫氏擅攀鸟龙）；鸟臀目角龙类 *Psittacosaurus* sp.（鹦鹉嘴龙未定种）；离龙类 *Hyphalosaurus lingyuanensis* Gao et al.（凌源潜龙），*Monjurosuchus splendens* Endo（楔齿满洲鳄）；有鳞类 *Yabeinosaurus tenuis* Endo et Shikama（细小矢部龙），*Dalinghosaurus longidigitus* Ji（长趾大凌河蜥）；哺乳动物纲真三尖齿兽目的 *Jeholodens jenkinsi* Ji et al.（金氏热河兽），多瘤齿兽目始俊兽科的 *Sinobaatar lingyuanensis* Hu et al.（凌源中国俊兽），具胚盘的原始真兽类 *Eomaia scansoria* Ji et al.（攀援始祖兽），有袋类

图 3－33　凌源市范杖子珍稀化石产地远景

Fig.3－33　A distant view of precious fossil locality near Fanzhangzi village of Lingyuan city

Sinodelphys szalayi Luo et al.(沙氏中国袋兽)；被子植物 *Archaefructus sinensis* Su et al.(中华古果)，*Hyrcantha decussate*(＝*Sinocarpus decussata* Leng et Friis，2003)(十字里海果)等化石。

27. 凌源市牛营子和塔南沟一带的珍稀化石

义县组下部产离龙类 *Monjurosuchus splendens* Endo(楔齿满洲鳄)。需要说明的是，远藤隆次(Endo，1940)研究的凌源市塔南沟(Tanankou)楔齿满洲鳄化石标本很可能产于范杖子一带的义县组大新房子层，因为当地居民将十八里堡古塔至大王杖子的一条大沟统称塔南沟，而非后人称的“大南沟”，更何况当地没有“大南沟”地名。

28. 建昌县魏家岭至罗家沟一带的珍稀化石

含化石层位于建昌盆地南部(图 3－34)的义县组二段的罗家沟层之底，产始反鸟类、离龙类和翼龙及龟类等化石。建昌盆地义县组下部的地层曾被卢崇海等(2000)称为要路沟组，被李有生等(2000)称为魏家岭组。罗家沟村北山罗家沟层下部岩性自上而下为：

12.灰黑色薄—微薄层粉砂质泥岩与灰黑色、灰色页岩互层，含鱼 *Lycoptera davidi*，*Protopsephurus liui*，叶肢介 *Eosestheria* sp.，昆虫 *Ephemeropsis trisetalis* 等化石　＞1.50m

11.灰色薄—微薄层泥灰岩，含叶肢介 *Eosestheria* sp.，昆虫 *Ephemeropsis trisetalis* 等化石　0.29m

10.黄灰色、深灰色凝灰质页岩夹深灰色纹层状页岩、褐黄色粉砂岩，含鱼 *Lycoptera davidi*，昆虫 *Ephemeropsis trisetalis* 及植物化石碎片　0.92m

9.灰色中厚层含细砾和粗砂泥质粉砂岩，含较多植物化石碎片　0.48m

8.灰色薄—微薄层泥质页岩与褐黄色薄层凝灰质粉砂岩等厚互层，含鱼 *Lycoptera* sp.，昆虫 *Ephemeropsis trisetalis* 等化石　0.96m

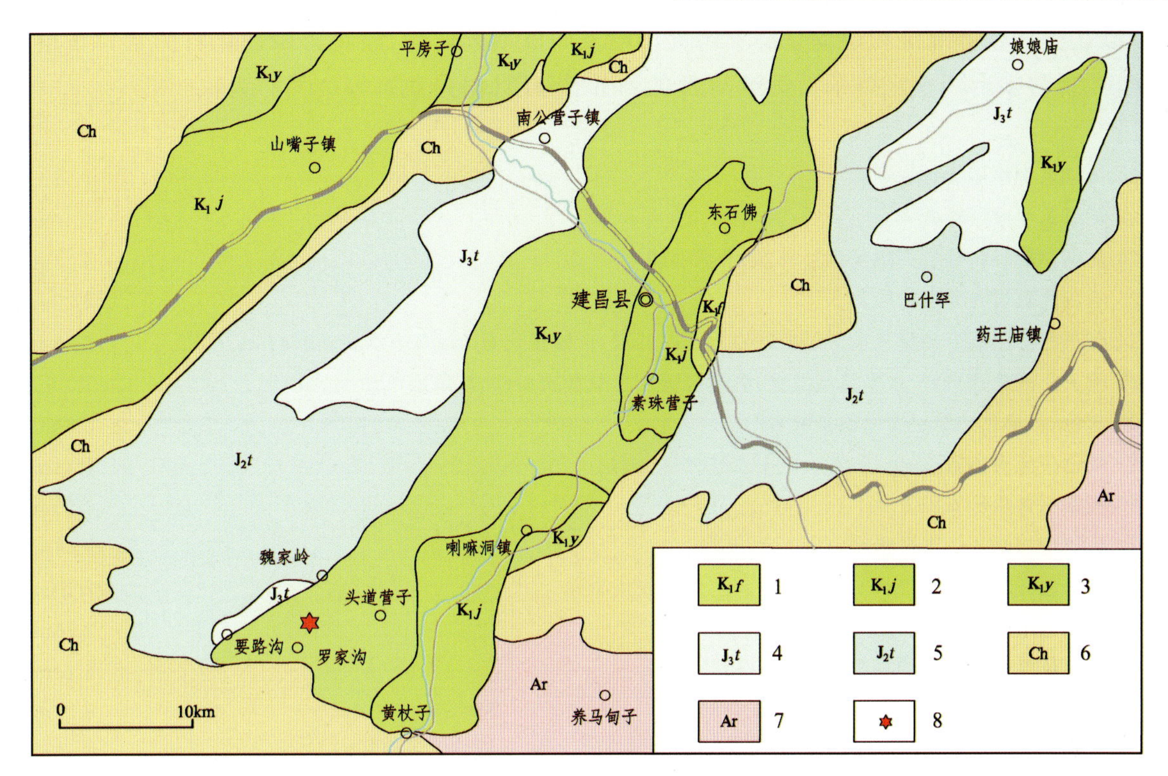

图 3-34 建昌盆地及其邻区地质概略图

Fig.3-34 Geological sketch map of Jianchang basin and its adjacent areas

1.阜新组;2.九佛堂组;3.义县组;4.土城子组;5.髫髻山组;6.长城系;7.太古宇;8.珍稀化石产地

1.Fuxin Formation; 2.Jiufotang Formation; 3.Yixian Formation; 4.Tuchengzi Formation; 5.Tiaojishan Formation; 6.Changcheng System; 7.Archean; 8.Precious fossil locality

7.灰色、灰白色微薄层粉砂质泥质页岩等化石	0.28m
6.青灰色中厚层钙泥质粉砂岩、褐黄色凝灰质粉砂岩,夹灰色、灰白色页岩,含鱼 *Lycoptera* sp.以及介形类和双壳类化石	0.87m
5.褐灰色、绿灰色中—厚层含细砾中粗粒长石岩屑砂岩,夹粉砂岩和细砂岩透镜体	0.44m
4.深灰色薄层泥质粉砂岩,夹含砾粗粒砂岩透镜体,含鱼化石 *Lycoptera* sp.	0.57m
3.灰黄色、深灰色微薄—薄层页岩,含反鸟类、翼龙等化石,鱼类化石 *Lycoptera davidi*	0.60m
2.深灰色薄层泥质粉砂岩夹黄灰色凝灰质页岩,底部为黄褐色薄层含细砾中细粒砂岩,产鱼 *Lycoptera davidi*,昆虫 *Ephemeropsis trisetalis* 及植物化石碎片	6.50m
1.绿灰色中薄层玻屑晶屑凝灰岩,顶部为沉凝灰岩	5.00m

29. 葫芦岛市新台门镇和水口子一带的珍稀化石

该地位于新台门盆地南缘,含化石层为义县组,产蝾螈化石。该盆地的义县组多呈角度不整合覆盖于寒武系或更老的地层之上,仅在盆地北缘呈角度不整合关系覆盖在中侏罗统海房沟组或髫髻山组之上。盆地内的义县组以安山岩和玄武安山岩为主,碎屑沉积岩夹层多于4层,其中,新台门层(在下)和水口子层(在上)均含有尾两栖类蝾螈 *Liaoxitriton zhongjiani* Dong et al.(钟健辽西螈),总厚度超过1000m。水口子含蝾螈沉积层曾被划归九佛堂组。鉴于水口子层之上仍有溢流相安山岩且二者产状一致,水口子层之下的新台门层亦产 *Liaoxitriton zhongjiani* Dong et al.,且有义县组特有的叶肢介 *Eosestheria ovata*(卵形东方叶肢介)和植物化石 *Liaoningocladus boii*(薄氏辽宁枝),水口子层与新台门层之间仍有安山岩夹碎屑沉积层,新台门层之下为安山岩夹碎屑沉积层，可以认为这些碎屑沉积层均是义县组火山喷发间歇期的产物，故将含蝾螈化石的水口子层划归义县组。现将新台门至水口子义县组剖面自上而下分层(据张立军等，2003)为：

28.黄绿色中厚层含砾细砂岩	1.02m
27.黄绿色中厚层粉砂岩	4.40m
26.灰色中薄层粉砂岩夹暗灰色页岩，见水平层理	4.74m
25.暗灰色页岩夹薄层粉砂岩	6.39m
24.暗灰色薄层页岩与绿灰色薄层粉砂岩不等厚互层，产蝾螈化石 *Liaoxitriton zhongjiani*	5.78m
23.暗灰色薄片状页岩，水平纹层发育，夹薄层黄灰色凝灰质粉砂岩，单层厚约 10cm	7.30m
22.灰色、黄褐色中厚层安山质凝灰岩	3.84m
21.灰色多斑安山岩	6.34m
20.灰紫色含角砾安山岩	4.53m
19.绿灰色与暗灰色厚层状安山岩	29.04m
18.黄褐色与灰紫色杏仁状安山岩夹绿灰色致密安山岩	22.10m
17.绿灰色厚层致密块状安山岩	2.76m
16.灰黑色厚层状杏仁状玄武安山岩	6.74m
15.绿灰色致密块状安山岩	8.28m
14.灰紫色杏仁状安山岩	4.31m
13.暗灰色、绿灰色厚层状玄武安山岩	55.36m
12.绿灰色安山岩，与 11 层关系不清，可能为断层接触	5.38m
══════断层══════	
11.肉红色中薄层含角砾沉凝灰岩与灰绿色薄层凝灰质粉砂岩互层(不等厚)。含角砾沉凝灰岩单层厚 10～30cm，向上变厚。凝灰质粉砂岩单层厚 5～30cm，向上变薄	10.67m
10.灰绿色中厚层泥质粉砂岩夹凝灰质粉砂岩	2.96m
9.黄褐色中厚层气孔状杏仁状安山岩	4.44m
8.紫灰色中厚层安山岩	2.59m
7.黄灰色安山质凝灰熔岩	21.46m
══════断层══════	
6.暗灰色薄层页岩夹灰色薄层粉砂质泥岩；水平层理发育，产 *Liaoxitriton*? sp.，*Ephemeropsis trisetalis*，*Eosestheria ovata*，*Liaoningocladus boii*，*Sphenaron* sp.，*Ephedrites*? sp.等化石	2.38m
5.灰色、灰白色薄层粉砂质泥质页岩，水平微层理发育，夹灰色薄层粉砂质泥岩，泥岩厚 1～4cm。页岩产 *Liaoxitriton*? sp.，*Ephemeropsis trisetalis*	0.15m
4.暗灰色薄层粉砂质泥质页岩，水平纹层发育，偶见岩层褶曲，含 *Liaoxitriton*? sp.	0.16m
3.灰白色薄层页岩夹薄层灰色粉砂质泥岩，后者单层厚多为 1cm。页岩水平纹层发育	0.16m
2.暗灰色薄层粉砂质泥岩夹灰色、灰白色薄层页岩。泥岩微显水平层理，单层厚 5～10cm，偶见 1cm 厚的单层。页岩水平纹层发育，单层厚 1～10cm，含植物 *Sphenaron* sp.，昆虫 *Ephemeropsis trisetalis*	0.16m
1.黄灰色安山岩	>7.52m

(二)九佛堂组的珍稀化石

1. 朝阳县波罗赤镇西大沟的珍稀化石

该地位于大城子盆地东北部(图 3－35)。含化石层为九佛堂组二段西大沟层，产鸟类化石。具体层位相当于沈阳地质矿产研究所填制 1∶5 万波罗赤幅地质图时所测小北山—黄道营子九佛堂组剖面的 18 层。在西大沟，含化石层自上而下细分为：

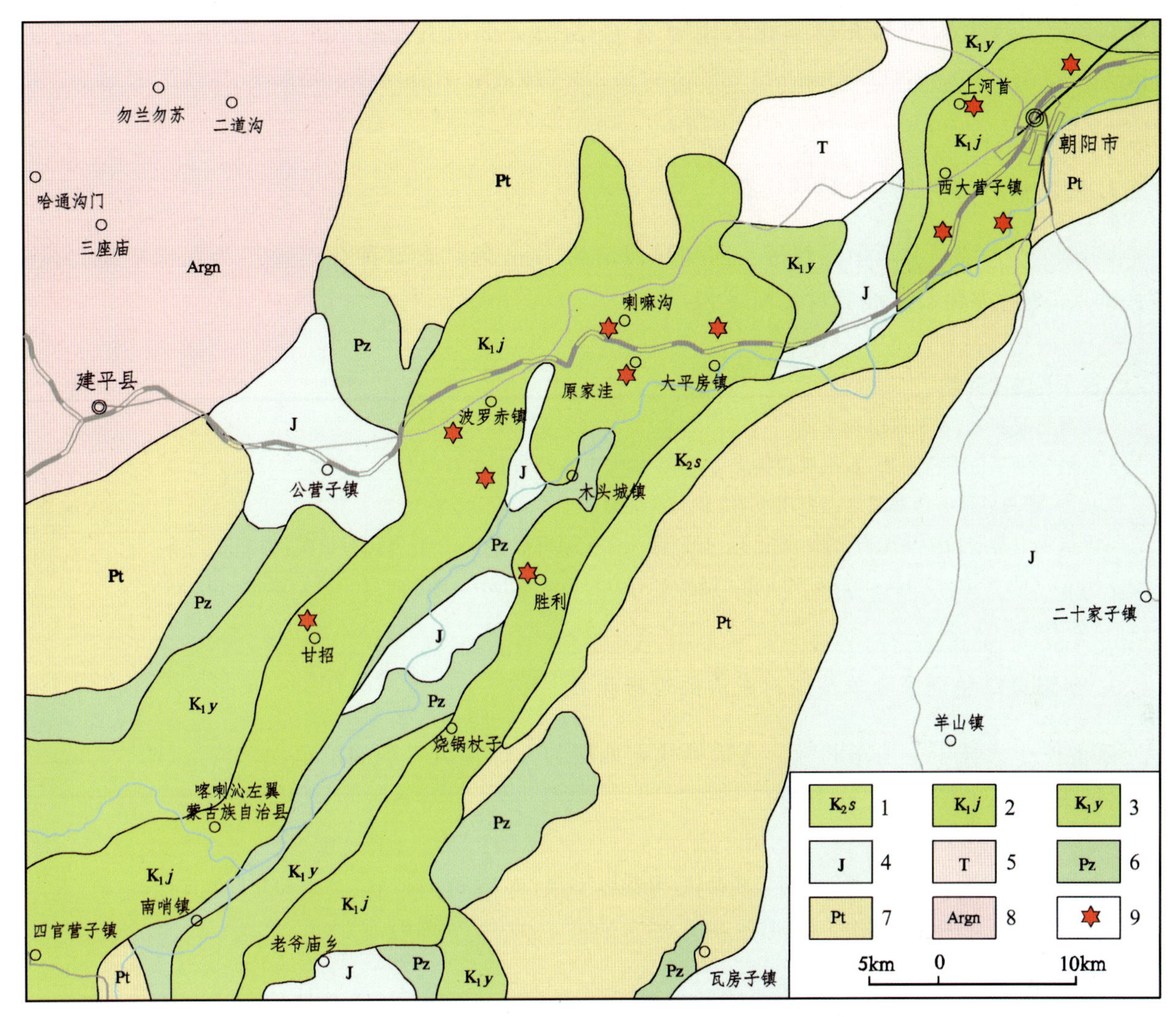

图 3-35 朝阳-大平房-大城子盆地及其邻区地质概略图

Fig.3-35 Geological sketch map of Chaoyang-Dapingfang-Dachengzi basin and its adjacent areas

1.孙家湾组；2.九佛堂组；3.义县组；4.侏罗系；5.三叠系；6.古生界；7.元古宇；8.太古宙片麻岩；9.珍稀化石产地

1.Sunjiawan Formation; 2.Jiufotang Formation; 3.Yixian Formation; 4.Jurassic; 5.Triassic; 6.Paleozoic; 7.Archean; 8.Archean gneiss; 9.Precious fossil locality

5.深灰色中薄层粉砂质泥岩，含大量介形类化石	>2m
4.绿黄色含砂沉凝灰岩	约 3m
3.绿灰色粉砂质泥岩，具水平层理	约 4m
2.深灰色粉砂质泥岩夹页岩，其中含多种鸟化石的泥岩厚 0.6m，鸟化石层之上 0.5m 的页岩中含华夏鸟目的 *Eocathayornis walkeri* Zhou（沃氏始华夏鸟）	约 2.5m
1.灰白色含凝灰粉砂质泥岩，含大量介形类化石	>3m

在深灰色、浅灰色粉砂质凝灰质泥岩中产反鸟亚纲中国鸟目的 *Boluochia zhengi* Zhou（郑氏波罗赤鸟），华夏鸟目的 *Cathayornis yandica* Zhou t al.（燕都华夏鸟），*C.caudatus* Hou（有尾华夏鸟），*C.aberransis* Hou et al.（异常华夏鸟），*Largirostrornis sexdentornis* Hou（六齿大嘴鸟），*Cuspirostrisornis houi* Hou（侯氏尖嘴鸟），*Longchengornis sanyanensis* Hou（三燕龙城鸟），今鸟亚纲朝阳鸟目的 *Chaoyangia beishanensis* Hou et al.（北山朝阳鸟），*Songlingornis linghensis* Hou（凌

河松岭鸟)。西大沟层的介形类化石主要有 *Cypridea multigranulosa venticarinata* Zhang, *C. jianchangensis* Zhang, *C. echinulata* Zhang, *Limnocypridea jianchangensis* Su et Li, *L. posticontracta* Zhang, *L. tulongshanensis* Zhang 等。

2. 喀左县甘招乡西沟的珍稀化石

该地位于大城子盆地中段甘招乡西沟村西南约 1km 处。含珍稀化石地层为九佛堂组二段的西大沟层,产鸟类化石。地层自上而下为:

5.深灰色泥质页岩 >100cm

4.黄褐色泥灰岩,水平纹层极发育 40cm

3.灰色—绿灰色泥质页岩,水平纹理极发育,含少量大个体叶肢介化石 40cm

2.灰色、褐灰色薄—微薄层含沥青质页岩,具水平纹理 50cm

1.深灰色中薄层粉砂质泥岩,含鸟类化石,有少量茨康叶等植物化石,介形类化石较多,主要为 *Cypridea* (*Cypridea*) *echinulata* Zhang, *Limnocypridea slundensis* Sinitsa, *L. rara* Zhang, *L. abscondida* Lüb.等

3. 朝阳县乌兰河硕乡羊草沟村东沟的珍稀化石

该地位于大城子盆地东北缘。含珍稀化石地层为九佛堂组三段的羊草沟东沟层(图 3-36),产恐龙、鸟类化石。地层自上而下为:

4.灰色、灰白色薄—微薄层粉砂质页岩和泥岩,含恐龙、鸟类、鱼 *Lycoptera* sp.、昆虫和介形类化石 *Clinocypris obliquetruncata*, *Candona subprona*, *Mongolianella palmosa* >1.0m

3.黄褐色、灰白色含钙质页岩 0.6m

图 3-36 朝阳县乌兰河硕乡羊草沟珍稀化石产地

Fig.3-36 Precious fossil locality near Yangcaogou village, Wulanheshuo town of Chaoyang county

2.灰色、深灰色粉砂质泥岩夹薄层细粒砂岩和黄褐色泥灰岩，含叶肢介化石 *Yanjiestheria adornata*，*Y.*cf.*venusta*，*Y.*? *exornata* 和昆虫化石 6.0m

1.黄褐色钙质细粒砂岩 0.3m

4. 朝阳市龙城区七道泉子乡上河首的珍稀化石

该地位于北票-朝阳盆地南部。含化石层为九佛堂组二段的上河首层，产恐龙、鸟化石。采坑剖面自上而下为：

17.灰白色薄层粉晶灰岩 厚>30cm

16.灰白色薄层含砾中粗粒长石杂砂岩 30cm

15.浅褐黄色中薄层泥灰岩 40cm

14.灰黄色薄层泥质粉砂岩 40cm

13.灰绿色薄层凝灰质细粒杂砂岩 100cm

12.灰白色中薄层含砾岩屑粗粒杂砂岩 45cm

11.灰色微薄层泥质粉砂岩夹浅灰白色膨润土化沉凝灰岩 50cm

10.灰白色纹层状含粉砂沉凝灰岩，含叶肢介化石 22cm

9.浅灰色粉砂质钙质页岩，含鱼类 *Lycoptera* sp.和叶肢介 *Asioestheria* ? sp.等化石 75cm

8.灰白色页片状含粉砂凝灰质页岩，含叶肢介、鱼、昆虫翅膀化石 50cm

7.浅灰色页片状钙泥质页岩，含叶肢介、鱼、昆虫化石 43cm

6.灰白色页片状含粉砂凝灰质页岩，含叶肢介、鱼、昆虫化石 20cm

5.灰色页片状泥质页岩，含叶肢介、*Lycoptera* sp.、昆虫化石 50cm

4.浅褐黄色微薄层泥灰岩 28cm

3.灰色、浅灰色微薄层粉砂质泥岩夹微薄层灰白色粉砂质沉凝灰岩，含丰富叶肢介、昆虫化石，见少量 *Ephemeropsis trisetalis* 85cm

2.浅褐黄色纹层状泥灰岩 15cm

1.灰色纹层状钙泥质页岩，富含叶肢介化石 *Asioestheria meileyingziensis*，*Yanjiestheria* sp.，*Lycoptera* sp. >40cm

该化石层下部或之下被掩埋，产反鸟亚纲长翼鸟目的 *Longipteryx chaoyangensis* Zhang et al.(朝阳长翼鸟)，异齿鸟目的 *Aberratiodentus wui* Gong et al.(吴氏异齿鸟)，目科未定的反鸟类 *Sapeornis chaoyangensis* Zhou et al.(朝阳会鸟)，亚纲未定的杂食鸟目的 *Omnivoropteryx sinousaorum* Czerkas et Ji(中美合作杂食鸟)，驰龙类 *Cryptovolans pauli* Czerkas et al.(鲍尔隐翔龙)，翼手龙类 *Jidapterus edentus* Dong(无齿吉大翼龙)。

在该化石层采坑之南含龙、鸟化石层之下的灰色粉砂质泥岩产介形类 *Limnocypridea slundensis*，*L.rara*，*L.jianchangensis*，*L.posticontracta*，*Mongolianella palmosa*，并有腹足类 *Probaicalia* sp.，鱼类 *Lycoptera* sp.。

5. 朝阳市双塔区姜家窝铺东南山的珍稀化石

该地位于北票盆地南部。化石层为九佛堂组二段的上河首层(图 3-37)，产恐龙、鸟化石。含珍稀化石的地层自上而下细分为：

22.灰色、灰白色中薄层粉砂质泥岩，含兽脚类恐龙驰龙科 Dromaeosauridae，今鸟亚纲朝阳鸟目的 *Chaoyangia* sp.，古鸟亚纲孔子鸟目的 *Jinzhousornis* ? sp.(锦州鸟？未定种)，介形类 *Limno-*

图 3-37　朝阳市龙城区七道泉子乡上河首珍稀化石沉积层

Fig.3-37　Precious fossil-bearing beds near Shangheshou village, Qidaoquanzi town of Chaoyang city

cypridea slundensis, *L.rara* 厚>2.0m

21.黄褐色薄层钙质页岩 0.3m

20.灰色薄层泥质页岩 0.5m

19.黄褐色薄层泥质粉砂质页岩 0.3m

18.灰色纸片状页岩 0.3m

17.褐灰色中薄层粉砂质泥岩，含介形类化石 *Limnocypridea slundensis*, *L.rara* 0.2m

16.绿灰色薄层泥质页岩 0.6m

15.褐灰色薄层粉砂质页岩 0.3m

14.灰色中薄层泥质粉砂岩 >1.0m

13.黄褐色微薄层钙质页岩 0.3m

12.灰色薄—微薄层泥质页岩 0.4m

11.灰白色薄层含粉砂泥质页岩 >0.2m

10.黄褐色粉砂岩 0.1m

9.灰色纹层状页岩 0.35m

8.黄褐灰色页岩 0.1m

7.黄褐色微薄层钙质页岩 0.25m

6.黄褐色微薄层页岩 0.18m

5.灰色薄层泥质页岩，含介形类化石 *Limnocypridea slundensis*, *L.rara* 0.3m

4.浅绿灰色中薄层泥岩，富含介形类化石 *Limnocypridea slundensis*, *L.rara* 0.2m

3.浅绿灰色微薄层泥质页岩 0.3m

2.黄褐色薄层粉砂质泥岩 0.02m

1.浅绿灰色中薄层粉砂质泥岩，富含介形类化石 *Lmnocypridea slundensis*, *L.abscondida*, *L.*sp.，鱼类化石 *Lycoptera* sp.*Peipiaosteus* sp. >1.0m

图 3－38　朝阳市西大营子镇饮马池西北沟的珍稀化石产地

Fig.3－38　Precious fossil locality in northwestern gully of Yinmachi village, Xidayingzi town of Chaoyang city

6. 朝阳市龙城区西大营子镇饮马池村西北沟的珍稀化石

该地位于北票-朝阳盆地东南端。含化石层为九佛堂组二段的上河首层(图 3－38)，产恐龙、鸟化石。岩层自上而下为：

11.灰色微薄层粉砂质泥岩夹灰白色薄—中厚层泥质粉砂岩	1.2m
10.灰白色、灰黄色中厚层泥质粉砂岩	0.9m
9.深灰色微薄层粉砂质泥岩	0.3m
8.褐黄色薄层粉晶泥灰岩夹灰色微薄层泥质粉砂岩	0.25m
7.深灰色微薄层粉砂质泥岩	0.3m
6.灰白色薄层泥质粉砂岩	0.4m
5.深灰色微薄层粉砂质泥岩	0.4m
4.灰白色薄层凝灰质粉砂质泥岩	0.2m
3.灰色微薄层粉砂质泥岩夹灰白色凝灰质粉砂质泥岩，含化石	0.5m
2.褐黄色中厚层粉晶泥灰岩	0.5m
1.灰白色薄层粉砂质泥岩，含化石	1.5m

上述各层中，主要是 1、3 层产离龙类 *Ikechosaurus* sp.(伊克昭龙未定种)、驰龙类和鸟类化石。

7. 朝阳市龙城区西大营子镇东波赤的珍稀化石

该地位于北票-朝阳盆地南端。含珍稀化石地层为九佛堂组三段(图 3－39)，产龟化石。地层自上而下为：

图 3-39 朝阳市西大营子镇东波赤含珍稀化石沉积层

Fig.3-39 Precious fossil-bearing beds near Dongbochi village, Xidayingzi town of Chaoyang city

11.灰色中薄层泥质粉砂岩与黄灰色中薄层细粒砂岩不等厚互层　>33m

10.绿灰色粉砂质泥岩,夹粉砂岩、黄色含砂沉凝灰岩薄层和1层厚约30cm的黄褐色泥灰岩,产龟类化石 *Manchurochelys* sp.,介形类化石 *Lycopterocypris infantilis* Lüb.　约49m

9.深灰色中薄层粉砂质泥岩夹灰色薄层粉砂岩,底部含介形类化石 *Lycopterocypris infantilis* Lüb., *L.debilis* Lüb.　约11m

8.灰色薄层粉砂岩与灰色、深灰色薄层泥质粉砂岩互层,夹粉砂质泥岩,上部夹1薄层含较多植物碎屑的灰色细砂岩　约55m

7.深灰色中薄层粉砂质泥岩与绿灰色泥质粉砂岩,后者位于中部并夹多层细砂岩薄层　约27m

6.绿灰色粉砂质泥岩与粉砂岩,夹黄褐色薄层钙质细砂岩　约33m

5.黄灰色、灰黑色中薄层粉砂质泥岩夹细砂岩　约27m

4.深灰色中薄层泥质粉砂岩与灰色中薄层细砂岩不等厚互层,上部以细砂岩为主,含少量介形类化石 *Lycopterocypris infantilis* Lüb.　约33m

3.灰色-深灰色页岩夹黄灰色薄层粉砂岩　约38m

2.灰色、黄灰色薄层粉砂质泥岩夹黄褐细砂岩和粉砂岩,下部夹灰黑色薄层粉砂质泥岩,上部主要为黄褐色粉细砂岩与绿灰色粉砂质泥岩互层(前者厚10m,后者厚20m),含极多单调的介形类化石 *Lycopterocypris infantilis* Lüb.　约80m

1.深灰色泥岩,上部夹灰黑色页岩,含大量双壳类和介形类化石,后者主要有 *Cypridea* sp.(少量), *Lycopterocypris infantilis* Lüb.(极多), *Ziziphocypris simakovi* (Mand.), *Rhinocypris pluscula* Li, *Darwinula contracta* Mand.(极多)　>30m

8. 朝阳县东大道乡喇嘛沟的珍稀化石

该地位于大平房-梅勒营子盆地的北部。含珍稀化石地层为九佛堂组二段的喇嘛沟层(图3-40),产爬行类和鸟类化石。含珍稀化石地层自上而下为:

图 3-40 朝阳市东大道乡喇嘛沟含珍稀化石沉积层

Fig.3-40 Precious fossil-bearing beds near Lamagou village,Dongdadao town of Chaoyang city

34.灰白色中薄层沉凝灰岩 3.46m

33.灰白色、灰色微薄层—薄层泥岩和泥质页岩,水平纹层发育,含鸟类化石和鱼 *Lycoptera* sp. 2.78m

32.灰白色、褐黄色中厚层粉砂岩 4.12m

31.褐黄色中厚层含细砾岩屑长石粗粒砂岩 0.46m

30.褐黄色、灰白色中厚层长石石英细粒砂岩 3.71m

29.灰白色薄层泥质页岩,具水平层理 1.16m

28.灰色、褐黄色中厚层粉砂质泥岩夹 1 层褐黄色泥灰岩,具水平层理,含鱼化石 *Lycoptera davidi* 和较多的介形类化石 *Limnocypridea slundensis*,*Damonella circulata* 2.32m

27.黄褐色、灰色中薄层长石石英细粒杂砂岩夹褐黄色钙质粉砂岩与钙泥质页岩 0.93m

26.浅绿灰色微薄层泥质页岩,水平纹层理发育 2.16m

25.灰白色、灰色粉砂质泥岩,富含介形类化石 *Limnocypridea slundensis* 2.89m

24.浅绿灰色、褐黄色微薄层泥质页岩,发育纹层 4.68m

23.灰色中薄层粉砂质泥岩,具水平层理 0.63m

22.灰色薄层页岩夹杏黄色泥岩,含介形类化石 *Limnocypridea slundensis* 0.82m

21.灰色、灰白色页岩与粉砂质泥岩,夹褐灰色细粒砂岩 0.63m

1 号化石采坑南东副坑相当于 22～21 层的细分层如下:

⑭灰色薄层粉砂质泥岩,具水平层理,含介形类化石 *Limnocypridea slundensis* 7cm

⑬灰色—灰白色中薄层粉砂质泥岩,含介形类化石 *Limnocypridea slundensis* 7cm

⑫灰色微薄层泥质页岩 13cm

⑪黄灰色薄层长石石英细粒砂岩 5cm

⑩褐灰色薄层泥质页岩,水平纹层发育,上部产鸟和鱼化石,下部产鲟鱼化石 21cm

⑨灰色微薄层页岩 8.5cm

⑧杏黄色泥岩 1.5cm

⑦黄灰色薄层泥岩,其顶底部夹粉砂质泥岩,含介形类化石 8cm

⑥灰色中薄层粉砂质泥岩，底部为5cm厚的灰色泥质粉砂岩 15cm

⑤灰白色薄层含粉砂泥质页岩，产鸟、驰龙、翼龙化石和鱼类 *Lycoptera* sp. 11cm

④浅褐灰色薄层长石石英细粒砂岩 2.2cm

③灰白色、黄色含粉砂泥质页岩，略显水平层理 3.5cm

②黄褐色薄层状泥质页岩 5cm

①灰色薄层状粉砂质泥岩，具水平和透镜状层理 23cm

20.黄褐色、黄灰色中薄层粉砂质泥岩夹多层灰色薄层含粗砂细粒砂岩。粉砂质泥岩具波状层理，细粒砂岩中可见0.2～0.5mm的灰白色粉砂质泥屑，且呈棱角状不规则分布，但以顺层分布者居多 2.24m

19.褐黄色中厚层长石石英细粒砂岩，略显水平层理 0.30m

18.黄褐色、灰色中厚层泥质粉砂岩与灰白色细粒砂岩，夹同色泥岩条带或团块和中—细粒长石石英砂岩透镜体，局部含2～10mm的冲刷角砾，具水平、波状层理、斜交层理和透镜状层理，含零星分布的叶肢介化石 7.71m

17.灰色薄层凝灰质粉砂质页岩，中间夹1层厚2cm的杏黄色膨润土，具水平层理。该层上部(厚23cm)产鸟类、鲟鱼化石、*Lycoptera davidi*；下部产鸟类、翼龙(?)、龟类和鱼化石 0.42m

16.黄灰色、深灰色薄层泥质页岩，含离龙 *Ikechosaurus* (?) sp.，鱼类 *Lycoptera davidi* 和丰富的叶肢介化石 0.99m

15.灰色微薄层泥质页岩，夹粉砂质泥岩和黄褐色薄层细粒砂岩，含介形类化石 *Limnocypridea slundensis*，*L.abscondida* 3.97m

14.灰白色夹黄灰色薄层泥质页岩 2.48m

13.灰色、黄灰色微薄层泥质页岩夹1层厚40cm的褐黄色钙质粉砂岩，具水平层理 8.43m

12.灰色中薄层粉砂质泥岩夹黄灰色泥质页岩。泥岩块状，但上部具水平层理，含较多介形类化石 *Limnocypridea slundensis*，*L.rara*，*Mongolianella palmosa*，*Timiriasevia* sp. 3.27m

11.灰色、黄灰色微薄层泥质页岩，夹1层厚2.5cm的绿黄色膨润土，水平层理发育 3.67m

10.灰白色微薄层泥质页岩夹杏黄色粉砂质泥岩和黄灰色粉砂质泥岩，水平层理发育，但上部灰黄色薄板状粉砂质泥岩增多，近顶部夹4层杏黄色膨润土。该层含爬行类化石骨片、鱼 *Lycoptera* sp. 及介形类化石 3.00m

9.灰色中薄层含中细砾角砾粉砂质泥岩，风化后呈黄褐色或黄褐色条带，局部具波状层理，角砾与围岩同质成分，含鱼类 *Lycoptera* sp.和介形类化石 *Cypridea* (C.) cf.*echinulata*，*Limnocypridea slundensis*，*L.rara*，*L.tulongshanensis* 3.97m

8.灰白色中厚层凝灰质粉砂质泥岩，夹具水平层理的页岩透镜体，局部见近对称波痕(L=5cm，H=0.6cm)，含 *Lycoptera* sp.，介形类化石 *Limnocypridea slundensis* 及植物化石碎片 7.44m

7.灰色、灰白色中薄层凝灰质粉砂岩，夹灰色薄层凝灰质泥质页岩和灰白色沉凝灰岩 3.00m

6.褐灰色中薄层含角砾凝灰质粉砂岩，角砾为灰白色沉凝灰岩，砾径0.5～3cm，呈棱角状，分选较差 0.50m

5.灰白色中厚层沉凝灰岩 2.48m

4.灰绿色中薄层膨润土化沉凝灰岩 7.40m

3.灰白色中厚层含细砂沉凝灰岩 10.44m

2.灰色、褐灰色中厚层含角砾沉凝灰岩 1.31m

1.灰白色中厚层沉凝灰岩夹绿灰色薄层沉凝灰岩 >9.14m

该地珍稀化石层中产翼手龙亚目古神翼龙科的 *Sinopterus dongi* Wang et al.(董氏中国翼手龙)。

9. 朝阳县大平房镇原家洼和公皋的珍稀化石

该地位于大平房-梅勒营子盆地北部。含珍稀化石地层为九佛堂组三段的原家洼层(图3-

41)，产恐龙、鸟化石。含珍稀化石地层自上而下为：

29.灰白色薄层泥质粉砂岩	12cm
28.灰色薄层泥质页岩夹4层厚1cm的白色膨润土条带或透镜体，水平纹理发育	65cm
27.灰白色薄层泥质粉砂岩，局部明显变薄	25cm
26.灰色泥质页岩，具水平层理，厚度变化与27层呈相互消长关系	42cm
25.灰色、灰白色中薄层粉砂质泥岩夹灰白色微薄层粉砂岩	75cm
24.褐灰色、灰色微薄层泥质页岩，中上部夹2层各厚1cm的白色膨润土和1层厚2cm的褐黄色膨润土，中下部夹8层厚1cm±的灰黄色粉砂泥质页岩，水平纹理发育，含鱼类化石 *Lycoptera* sp.	140cm
23.灰色、黄灰色微薄层粉砂质页岩，水平纹理极发育	29cm
22.绿灰色微薄层泥质页岩，上部夹3层1cm厚的灰白色、褐黄色薄层粉砂质页岩，含鱼类化石 *Lycoptera davidi*	56cm
21.灰白色微薄层粉砂质页岩，水平纹理发育，偶含植物化石碎片	10cm
20.绿灰色、灰色微薄层泥质页岩，夹灰白色薄层粉砂岩和粉砂质页岩透镜体，含昆虫类化石 *Ephemeropsis trisetalis*	12cm
19.褐黄色薄层泥灰岩(俗称第一黄砬层)，水平纹理发育	19cm
18.灰色、褐灰色薄层泥岩，水平纹理发育，含丰富的叶肢介化石 *Asioestheria meileyingziensis*，*Eosestheria* sp.，叶肢介个体大小不一，个体大者长逾1cm，亦有两瓣对开保存者	310cm
17.褐黄色薄—微薄层泥灰岩(俗称第二黄砬层)，夹灰白色钙泥质粉砂岩透镜体，水平纹理发育	20cm
16.褐灰色、灰色薄层泥岩夹页岩和粉砂岩，水平微纹理发育，含大量大中个体的叶肢介，鱼类化石 *Lycoptera* sp.。1号采坑本层产恐龙、鸟和昆虫化石；2号采坑本层产恐龙和鸟类化石；3号采坑本层产鸟化石；5号采坑本层产龟和恐龙化石；7号采坑本层产鸟化石	110cm
15.灰白色、黄灰色薄—微薄层粉砂质页岩，夹浅粉灰色粉砂质页岩和粉砂质泥岩。1号采坑本层产较多鸟化石；2号采坑本层产较好的鸟类化石；5号采坑本层产翼龙类化石	45cm

图3-41　朝阳县大平房镇原家洼含珍稀化石沉积层

Fig.3-41　Precious fossil-bearing beds near Yuanjiawa village, Dapingfang town of Chaoyang county

14.灰色、褐灰色微薄层含粉砂泥质页岩，水平纹理发育，含大量叶肢介化石。1号采坑本层产鸟和鱼类化石；2号采坑本层产翼龙和鱼类化石	25cm
13.灰白色、灰黄色微薄层粉砂质页岩，下部夹浅粉灰色粉砂质页岩。1号采坑本层产鸟类和鱼类化石；2号采坑本层产鸟类和鱼类化石；6号采坑本层产鸟化石	27cm
12.褐灰色微薄层含粉砂泥质页岩，水平纹理发育，含鱼类化石 *Lycoptera* sp.。2号采坑本层产鸟化石	10cm
11.灰白色、黄灰色微薄—薄层泥质粉砂岩夹1层7cm厚的灰色粉砂质泥岩，含鱼类化石 *Lycoptera* sp.。1号采坑本层产鸟化石；2号和5号采坑本层亦产鸟类化石	15cm
10.暗褐灰色薄—微薄层泥岩，水平纹理发育，含 *Lycoptera* sp.和叶肢介化石。1号和2号采坑本层产较多的鸟化石，偶见植物化石；5号采坑本层产翼龙化石	50cm
9.褐黄色薄层泥灰岩(俗称第3黄砬层)具水平层理	50cm
8.灰黑色中薄层泥岩，具水平层理，常呈块状，含中—大个体叶肢介，鱼类 *Lycoptera* sp.及鸟类化石	120cm
7.灰色、灰白色薄层泥质粉砂质页岩，上部夹1层8cm厚的暗灰色泥岩，具水平层理，含恐龙和鸟类化石	26cm
6.黄灰色薄层粉砂岩，底部有1层1.2cm厚的暗灰色粉砂质泥岩	12cm
5.黄褐色、褐灰色中薄层含粉砂膨润土，向下粉砂含量增多	26cm
4.黄灰色薄层泥质粉砂岩，含介形类化石 *Limnocypridea slundensis*	6cm
3.暗灰色中薄层粉砂质泥岩，具水平层理，6号采坑本层含鸟化石	20cm
2.暗褐灰色微薄层泥岩，水平纹理极发育	30cm
1.暗灰色薄—微薄层粉砂质泥岩	>50cm

该地珍稀化石层中产翼手龙亚目夜翼龙科的 *Chaoyangopterus zhangi* Wang et al.(张氏朝阳翼龙)，帆翼龙科的 *Nurhachius ignaciobritoi* Wang et al.(布氏努尔哈赤翼龙)，恐龙类蜥臀目驰龙科的 *Microraptor gui* Xu et al.(顾氏小盗龙)，鸟纲中亚纲和目未定的 *Jeholornis prima* Zhou et al.(原始热河鸟)。在1层之下的地表露头上，相当于报马营子—原家洼九佛堂组剖面49层中上部(图2-90)，尚产介形类化石 *Yumenia casta*，*Limnocypridea grammi*，*L.abscondida*，*L.slundensis*，*L.jianchangensis*，*Mongolianella palmosa*，*Yixianella marginulata*，*Djungarica circulitriangula*。

10. 朝阳县大平房镇西营子、八棱观、东大道乡车杖子一带的珍稀化石

这一带的珍稀化石产出层位为九佛堂组三段，产恐龙、鸟化石。西营子位于原家洼珍稀化石产地东北2km，八棱观位于原家洼珍稀化石产地西南2km(图3-42)，车杖子位于八棱观西南7km，这3个地点的珍稀化石(恐龙和鸟等)类型与产出层位与原家洼珍稀化石点基本一致。其中，八棱观村卜家沟北东500m小山坡处恐龙、鸟化石采坑自上而下岩性为：灰绿色沉凝灰岩，绿灰色粉砂质泥岩夹薄层细砂岩；灰色及深灰色粉砂质泥岩，含恐龙、鸟及大量介形类化石和 *Lycoptera* sp.；灰黑色纸片状页岩。介形类化石主要有 *Yumenia casta* (Zhang)，*Limnocypridea posticontracta* Zhang，*L.propria* 等。

11. 朝阳县大平房镇胡家营子沟里、赵家沟、东平房和隋家沟一带的珍稀化石

这一带的珍稀化石产出层位为九佛堂组三段，产恐龙和鸟类等珍稀化石，属种待研究。现分述如下。

1)大平房镇胡家营子的珍稀化石

该地位于大平房-梅勒营子盆地东北端。含化石层为九佛堂组三段原家洼层，产恐龙和鸟类化

图 3-42　朝阳县大平房镇八棱观含珍稀化石产地

Fig.3-42　Precious fossil locality near Balengguan village, Dapingfang town of Chaoyang county

石。岩层自上而下为：

18.深灰色泥岩，具水平层理	>100cm
17.黄褐色泥灰岩	20cm
16.深灰色薄层泥岩	40cm
15.灰绿色、紫灰色粉砂质页岩，水平纹理发育	30cm
14.绿灰色、灰色薄层泥岩	22cm
13.灰白色凝灰质粉砂岩夹 2 层薄层页岩，含大个体叶肢介	30cm
12.绿灰色、深灰色泥质页岩，夹 1 层厚 1cm 的灰白色细粒砂岩	40cm
11.黄褐色薄—微薄层泥灰岩，具水平层理	30cm
10.绿灰色、深灰色微薄层泥岩，水平纹理极发育，含较多鱼类 *Lycoptera* sp.和少量中等个体叶肢介及鸟化石	100cm
9.灰色与黄褐色含钙粉砂质页岩与泥质粉砂岩，夹灰色细粒砂岩透镜体，含翼龙和鸟化石，上部含较多介形类化石 *Limnocypridea slundensis* Sinitsa	100cm
8.黄褐色中薄层含钙质中粗粒砂岩夹粉砂岩透镜体，上部为 40cm 厚的同色中细粒砂岩夹 3 层 1～3cm 厚的杏黄色沉凝灰岩条带和透镜体，下部砂岩含双壳类和腹足类化石	73cm
7.褐灰色薄层泥质粉砂岩夹灰色中粗粒砂岩透镜体，含介形类化石，主要为 *Limnocypridea slundensis* Sinitsa，少量为 *Djungarica circulitriangula* Zhang，*Limnocypridea propria* Zhang，*Lycopterocypris infantilis* Lüb.	32cm
6.3 层 1～2cm 厚的杏黄色沉凝灰岩夹 2 层 2～3cm 厚的深灰色页岩，后者含鱼类化石 *Lycoptera* sp.	10cm
5.深灰色薄层泥岩与微薄层泥质页岩，水平纹理极发育，含鱼类化石 *Lycoptera* sp.和较多介形类化石 *Limnocypridea slundensis* Sinitsa	42cm
4.杏黄色沉凝灰岩	1cm
3.深灰色薄层粉砂质泥岩，风化呈黄褐色，微显水平层理，含丰富介形类化石 *Limnocypridea slun-*	

densis Sinitsa　7cm

2.黄褐色钙质粉砂岩,具水平层理　2cm

1.深灰色中薄层粉砂质泥岩,块状,含铁质斑点、炭化植物碎屑和少量鱼鳞　45cm

2)大平房镇胡家营子沟里(赵家沟地界)的珍稀化石

该地位于大平房-梅勒营子盆地的东北端。含化石层为九佛堂组三段的原家洼层,产恐龙和鸟类化石。岩层自上而下为:

11.绿灰色、深灰色薄层泥岩,水平纹理极发育　120cm

10.黄灰色薄—微薄层含粉砂泥质页岩　30cm

9.灰色中薄层粉砂岩,略显水平层理　30cm

8.杏黄色含砂膨润土　1.5cm

7.灰色、黄灰色含粉砂泥质页岩　50cm

6.褐黄色粉砂质泥岩,含介形类化石,主要为 *Limnocypridea slundensis* Sinitsa,少量为 *Djungarica* cf.*circulitriangula*　12cm

5.深灰色粉砂质泥岩,略显水平层理,含翼龙和鸟类化石,有少量茨康叶化石和植物化石碎片　35cm

4.褐灰色厚层状中细粒岩屑石英砂岩,含较多 *Sphaerium* sp.和 *Viviparus* sp.等双壳与腹足类化石,有炭化植物碎片,偶见爬行类骨化石碎片　30cm

3.褐灰色薄层状粉砂质页岩夹黄褐色薄层粉砂岩,中部夹 1 层 0.5cm 厚的杏黄色沉凝灰岩,具水平层理,含少量植物化石碎片　35cm

2.灰色中厚层岩屑石英细粒砂岩　30cm

1.深灰色中薄层泥岩　>30cm

3)赵家沟的珍稀化石

该地位于大平房-梅勒营子盆地东北缘的赵家沟与任家杖子之间。含化石层为九佛堂组三段,产恐龙和鸟类化石。含化石地层自上而下为:

6.杏黄色薄层钙质细粒砂岩与粉砂岩　>0.4m

5.灰色中薄层粉砂质泥岩,含介形类等化石 *Limnocypridea slundensis*　1.0m

4.灰色中厚层含砾长石岩屑粗粒砂岩　0.3m

3.灰色、深灰色薄层泥岩夹页岩,含鞘翅目等昆虫化石　2.0m

2.杏黄色钙质页岩夹薄层钙质粉砂岩,具水平纹理　0.4m

1.灰色泥质页岩,含鱼类 *Lycoptera* sp.和较多叶肢介化石　>0.4m

从含化石层采坑分布情况来看,恐龙和鸟化石都产在泥岩和页岩层中。

4)大平房镇东平房和随家沟一带的珍稀化石

该地位于大平房-梅勒营子盆地东北端。含化石层为九佛堂组三段,产鸟类化石。岩层自上而下为:

7.深灰色粉砂质泥岩,含少量植物化石碎片　40cm

6.褐灰色中厚层复成分细砾砂砾岩　32cm

5.褐黄色粉砂岩夹较多灰白色小型含细砾粗粒砂岩透镜体　35cm

4.褐灰色泥质粉砂岩,含少量介形类化石 *Limnocypridea posticontracta* Zhang, *Clinocypris antero-*

grossa, *Lycopterocypris infantilis*, *Timiriasevia* sp.	40cm
3.灰色、褐灰色薄层状粉砂质泥岩与泥质粉砂岩,具水平层理	80cm
2.灰色粉砂质泥岩夹褐灰色粉砂岩透镜体,具波状水平层理	10cm
1.绿灰色微薄层含粉砂泥质页岩,含鸟化石,鱼 *Lycoptera* sp.,少量腹足类和叶肢介化石	>40cm

12. 朝阳县下三家子地区的珍稀化石

该地位于大平房-梅勒营子盆地的东北端,含化石层为九佛堂组,产驰龙科的 *Microraptor zhaoianus* Xu et al.(赵氏小盗龙),今鸟亚纲的 *Archaeovolans repatriatus* Czerkas et Xu(归返古飞鸟),但具体产地和层位有待进一步核实。

13. 朝阳县联合(龙王庙)乡疙瘩强子村小鱼沟的珍稀化石

该地位于大平房-梅勒营子盆地西北端。含化石层位为九佛堂组二段的喇嘛沟层,产翼龙化石(图 3-43)。该处揭露化石层厚 4m,上部为灰色纹层状钙质泥岩与泥岩,夹褐黄色纹层状泥灰岩,含鱼类 *Lycoptera* sp.和大量叶肢介化石;下部为灰白色纹层状凝灰质页岩、粉砂质凝灰岩与灰色泥岩互层,含翼龙类古魔翼龙科的 *Liaoningopterus gui* Wang et al.(顾氏辽宁翼龙),鱼类 *Lycoptera* sp.和介形类化石 *Limnocypridea slundensis*。

图 3-43 朝阳县联合乡小鱼沟珍稀化石产地

Fig.3-43 Precious fossil locality near Xiaoyugou, Lianhe town of Chaoyang county

14. 朝阳县联合乡小四家子的珍稀化石

该地位于大平房-梅勒营子盆地的西北端。含化石层位为九佛堂组二段的喇嘛沟层,产恐龙和鸟类化石。岩层自上而下为:

7.灰色中薄层泥岩 100cm
6.黄褐色泥灰岩 25cm
5.深灰色中薄层粉砂质泥岩 60cm
4.灰白色薄层含凝灰泥质页岩,产恐龙和鸟类 *Dalianraptor cuhe* Gao et Liu 30cm
3.深灰色中薄层粉砂质泥岩 60cm
2.黄褐色泥灰岩 30cm
1.深灰色中厚层粉砂质泥岩,含极多介形类化石 *Limnocypridea slundensis* Sinitsa 和少量腹足类化石 100cm

15. 朝阳县联合乡西窝铺的珍稀化石

该地位于大平房-梅勒营子盆地北部。含化石层位为九佛堂组二段的喇嘛沟层,产恐龙和鸟类化石。岩层自上而下为:

5.灰色、褐灰色含砾粗粒砂岩、砂砾岩与绿灰色中薄层泥质粉砂岩互层 >6m
4.黄褐色、灰白色中厚层粗粒砂岩与绿灰色中薄层粉砂岩互层 约10m
3.浅绿灰色泥质粉砂岩与薄层粉砂质页岩,夹多层黄灰色中细粒砂岩,含昆虫化石 *Ephemeropsis trisetalis* 约15m
2.暗褐灰色微薄层页岩,夹黄褐色泥灰岩及多层1～2cm厚的灰白色沉凝灰岩,含鱼类 *Lycoptera* sp.及丰富的叶肢介化石 约12m
1.灰色中薄层泥岩夹黄褐色薄层泥灰岩和褐灰色页岩,产恐龙和鸟类化石,鱼类 *Lycoptera* sp.,叶肢介,数量较多的介形类 *Limnocypridea slundensis* 和 *L.rara*,鞘翅目等昆虫化石 >10m

16. 朝阳县胜利(梅勒营子)乡黄花沟的珍稀化石

该地位于大平房-梅勒营子盆地中段近西缘。含化石层为九佛堂组三段的黄花沟层,产鹦鹉嘴龙化石。主要岩性为灰紫色砂砾岩、砾岩夹砂岩和浅灰紫色、灰黄色砂岩夹砾岩层,化石为鸟臀类恐龙 *Psittacosaurus meileyingensis* Sereno et al.(梅勒营鹦鹉嘴龙),*P.mongoliensis* Osborn(蒙古鹦鹉嘴龙)。

17. 朝阳县胜利(梅勒营子)乡南炉地区的珍稀化石

该地位于大平房-梅勒营子盆地中段近西缘。含化石层位为九佛堂组二段的喇嘛沟层,产鸟类、翼龙化石。化石层自上而下为:

14.灰色、灰白色凝灰质粉砂岩,具水平层理 1.00m
13.灰绿色薄层膨润土化沉凝灰岩,具水平层理 0.30m
12.灰色中厚层凝灰质粉砂岩 1.00m
11.灰白色含角砾泥质粉砂岩 0.70m
10.绿灰色、灰白色膨润土化沉凝灰岩 6.00m
9.绿灰色中薄层细粒砂岩 0.85m
8.灰白色中薄层长石岩屑粗砂岩 0.30m
7.灰色薄层粉砂质泥岩,具水平层理,富含介形类化石 0.35m
6.灰色页岩夹粉砂质泥岩 0.65m
5.黄褐色薄层粉砂质泥岩,具水平层理,富含介形类化石 *Limnocypridea posticontracta*, *Mongolianella* sp.,*Darwinula contracta* 约0.30m

4.灰色微薄层泥质页岩,水平纹层理发育 0.20m

3.灰色薄层粉砂质泥岩,具水平层理,含 *Lycoptera* sp.和大量介形类化石 *Limnocypridea slundensis*, *Mongolanella* sp. 0.25m

2.灰色薄层泥质页岩 0.35m

1.灰色薄层粉砂质泥岩,具水平层理,含丰富介形类化石 *Cypridea* sp.,*Limnocypridea posticontracta* 0.30m

在该层序下部的化石层中产反鸟亚纲中国鸟目的 *Sinornis santensis* Sereno et al.(三塔中国鸟),翼手龙类 *Sinopterus gui* Li et al.(谷氏中国翼龙)。

18. 义县前杨乡皮家沟一带的珍稀化石

该地位于阜新-义县盆地中南部。含化石层为九佛堂组三段的皮家沟层(图 3-44),产离龙类化石。含化石层自上而下为:

29.灰白色薄—中厚层泥灰岩与黄绿色块状细粒砂岩互层,夹灰色泥、页岩薄层,含离龙类 *Ikechosaurus pijiagouensis* Liu(皮家沟伊克昭龙),中国龟科的 *Manchurochelys* sp.(满洲龟未定种),鱼类 *Jinanichthys longicephalus*(Liu et al.)(长头吉南鱼),*Longdeichthys luojiaxiaensis* Liu(罗家峡隆德鱼),昆虫稚虫 *Ephemeropsis trisetalis*,介形类 *Yumenia casta*(Zhang),*Limnocypridea grammi* Lüb.,*L.abscondida* Lüb.,*L.redunca* Zhang,*L.posticontracta* Zhang, *L.tulongshanensis* Zhang,*L.rara* Zhang,*Mongolianella palmosa* Mand.,*M.longiuscula* Zhang,*Candona subprona* Zhang 等化石 10.14m

28.浅灰色、绿灰色粉砂质泥岩、页岩,夹灰白色薄层泥灰岩 10.14m

27.灰色、浅灰白色中细粒砂岩与泥质砂岩互层,含鱼类 *Jinanichthys longicephalus* (Liu et al.);介形类 *Mongolianella palmosa* Mand.,*M.longiuscula* Zhang, *Clinocypris obliguetruncata* Zhang, *Cl.anterogrossa* Zhang,*Limnocypridea redunca* Zhang;植物 *Czekanowskia rigida* 等化石 7.85m

图 3-44 义县前杨乡皮家沟一带的珍稀化石产地

Fig.3-44 Precious fossil locality around Pijiagou village,Qianyang town of Yixian county

26.灰色、灰绿色泥岩、页岩,夹灰白色薄层泥灰岩、泥质粉砂岩,含丰富介形类化石 *Clinocyperis obliquetruncata* Zhang, *Cl.anterogrossa* Zhang, *Limnocypridea posticontracta* Zhang, *Lycopterocypris infantilis* Lüb, *Mongolianella palsoma* Mand., *M.longiuscula* Zhang 21.54m

19. 义县前杨乡西二虎桥的珍稀化石

该地位于皮家沟南东4km。含化石层为九佛堂组三段的皮家沟层,层位相当于吴家沟-皮家沟剖面29层(图2-88),主要产龟 *Manchurochelys* sp.,鱼 *Lycoptera davidi* 和介形类化石 *Yumenia casta*, *Limnocypridea grammi*, *L.abscondida*, *L.posticontracta* 等。

20. 义县前杨乡吴家屯的珍稀化石

该地位于西二虎桥南东0.7km。含化石层位为九佛堂组三段的皮家沟层,产鸟、龟等化石,基本相当于吴家沟-皮家沟剖面29层,自上而下细分层为:

10.灰色、灰白色微薄层页岩夹薄层泥质粉砂岩 0.37m

9.浅黄色膨润土 0.04m

8.灰色粉砂质页岩夹黄灰色薄层泥质粉砂岩 0.22m

7.灰色页岩 0.13m

6.灰色页岩与黄灰色泥质粉砂岩互层 0.06m

5.灰白色膨润土 0.06m

4.黄灰色、灰白色泥质粉砂质页岩 0.05m

3.灰色泥岩,底部为深灰色泥岩和绿灰色页岩,含鱼化石 *Jinanichthys longicephalus*(Liu et al.) 0.33m

2.褐黄色泥质粉砂岩 0.07m

1.深灰色、灰色页岩,上部夹1层1.5cm厚的黄褐色泥质粉砂岩,顶部为深灰色泥岩,具水平层理,偶见透镜状层理和小型斜层理,含孔子鸟目的 *Jinzhouornis yixianensis* Hou et al.(义县锦州鸟),今鸟亚纲朝阳鸟目的 *Yixianornis grabaui* Zhou et Zhang (葛氏义县鸟),今鸟类燕鸟科的 *Yanornis martini* Zhou et Zhang(马氏燕鸟);中国龟科的 *Manchurochelys* sp.;翼龙和鱼类 *Jinanichthys longicephalus*(Liu et al.)(长头吉南鱼),*Sinamia zdanskyi* Stensiö(师氏中华弓鳍鱼)等化石 0.45m

在1层之下的灰色泥岩中产介形类化石 *Limnocypridea posticontracta*, *Mongolianella palmosa*, *M.longiuscula*, *Clinocypris anterogrossa* 及植物化石 *Baiera furcata*。

21. 义县七里河子镇西北团山子一带的珍稀化石

该地位于阜新-义县盆地中南部东侧。含化石层为九佛堂组中上部,产龟化石。此地义县组安山岩质集块岩之上为九佛堂组凝灰质粉砂岩和页岩。含化石沉积层的下部为灰色、浅灰色微薄层含凝灰粉砂、钙泥质页岩,夹灰白色极薄层粉砂质凝灰岩,厚度大于20m;上部为浅灰色、灰白色薄—微薄层凝灰质粉砂岩,夹1层15~20cm厚的褐黄色中细粒石英长石砂岩,含中国龟科的 *Manchurochelys*? sp.,有少量叶肢介、双壳类和腹足类化石,出露厚度大于20m。

22. 朝阳地区的翼龙化石

该地区的九佛堂组产古神翼龙科的 *Huaxiapterus jii* Lŭ et al.(季氏华夏翼龙)和神龙翼龙科的 *Eoazhdacho liaoxiensis* Lŭ et al.(辽西始神龙翼龙),但具体产地和层位尚需查明。

四、阜新生物群珍稀化石产出层位

(一)沙海组的珍稀化石

1. 黑山县八道壕镇机斗煤井的珍稀化石

该地位于黑山-彰武盆地西南部。含化石层为沙海组下部,以灰色、灰白色、黑灰色砂岩、粉砂岩、粉砂质泥岩和泥岩为主,夹4个含煤组,厚约105m;上部以深灰色、灰白色砾岩和砂砾岩为主,夹薄煤层或煤线,厚约227m。该组下部含真兽类 *Mozomus shikamai* Li et al.(鹿间明镇古兽),恐龙类 *Asiotosaurus* sp.(亚洲龙未定种),介形类化石 *Cypridea*(*Cypridea*) *unicostata* Gal.,*C.*(*C.*) *prognata* Lüb.,*C.*(*Ulwellia*) *ihsiensis* Hou,*Yumenia* sp.,*Limnocypridea* aff. *toreiensis* 等及孢粉化石。

2. 黑山县八道壕镇煤矿区的珍稀化石

该地含化石层为沙海组下部含煤层段第一煤层组,产恐龙蛋 *Heishanoolithus changii* Zhao et al.(常氏黑山蛋)及哺乳类化石。

(二)阜新组的珍稀化石

1. 阜新市新丘煤矿阜新组的珍稀化石

鹿间时夫(Shikama,1947)发表了产自阜新市新丘煤矿阜新组的蜥蜴类 *Teilhardosaurus carbonarius* Shikama(炭化德氏蜥)和哺乳动物纲真兽次纲食虫目远藤兽科的 *Endotherium niinomi* Shikama(新野见远藤兽),目前尚不知该化石分布在阜新组的哪个层段。

2. 阜新市海洲露天矿阜新组的恐龙足印

该地阜新组太平煤层上部产的 *Changpeipus* sp.(张北足印)可能属禽龙类足印(图3-45)。该足印略小于产自吉林省辉南县杉松岗一带的 *Changpeipus carbonicus* Young,二者可能为不同的种。

3. 阜新市吐呼鲁村一带阜新组的珍稀化石

胡寿永(1963)报道了产自阜新市吐呼鲁一带的肉食恐龙化石,主要为 Megalosauridae(巨齿龙科)和 Coelurosauridae(虚骨龙科)的骨骼。

五、松花江生物群珍稀化石产出层位

北票市下府乡双庙地区孙家湾组的珍稀化石

双庙地区的孙家湾组分布于金岭寺-羊山盆地的北段西缘,其与东侧的土城子组呈不整合接触,与西侧的长城系呈断层(南天门断裂)接触。双庙—五间房一带的孙家湾组下部产恐龙和龟类等化石,该地孙家湾组总体倾向南东东,由灰白色砂砾岩与紫红色粉砂质泥岩、粉砂岩不等厚互层组成(图3-46)。含化石层的岩性自上而下为:

图 3－45　阜新市海洲露天矿——恐龙足印产地

Fig.3－45　Sauropus locality in Haizhou opencut coal mine of Fuxin city

图 3－46　北票市下府乡双庙地区含珍稀化石沉积层(紫红色)

Fig.3－46　Precious fossil-bearing beds (purplish red one) in Shuangmiao district, Xiafu town of Beipiao city

11.浅绿灰色薄层粉砂岩，具水平层理　　>30cm

10.灰白色中厚层含砾中粗粒长石石英砂岩，夹砂砾岩和紫灰色粉砂岩小透镜体，与下伏 9 层接触面呈波状　　11～25cm

9.浅褐灰色中厚层复成分砂砾岩,具韵律性,总体向上变细。偶见龟化石 92cm

8.紫红色中厚层含砂、粉砂质泥岩 55cm

7.灰绿色中薄层细粒砂岩,具小型交错层理 20～25cm

6.紫红色厚层状含砂粉砂质泥岩,夹钙质粉砂岩透镜体或团块,含蜥脚类巨龙萨尔塔龙科的 *Borealosaurus wimani* You et al.(维曼北方龙),鸭嘴龙类 *Shuangmiaosaurus gilmorei* You et al.(吉氏双庙龙),甲龙类 *Crichtonsaurus bohlini* Dong(步氏克氏龙)等化石 约 100cm

5.灰白色厚层含砾粗粒砂岩 约 400cm

4.灰白色巨厚层复成分砂砾岩 可见厚度>400cm

3.紫红色含砂粉砂岩 约 100cm

2.绿灰色—深灰色中薄层含砂粉砂质泥岩,偶见细砾和小型泥灰岩结核,含少量介形类、双壳类、腹足类、轮藻化石和略多的植物化石茎片与掌鳞杉科叶部角质层碎片,偶见恐龙类骨片。介形类化石有 *Cypridea* (*Pseudocypridina*) *limpida* Zhang,*Cypridea* sp.,*Triangulicypris* cf.*longissima* Zhang,*Tr*. sp.,*Rhinocypris echinata* (*Mandelstam*),*Rh*. sp.,*Ziziphocypris bcarinata* Zhang,*Zonocypris* ? sp.,*Candoniella* sp.,*Darwinula* sp.;腹足类化石有 *Bulinus*(*Physopsis*) cf.*fuxinensis* Yu,B.(*Ph*.) sp.;双壳类化石有 *Sphaerium* sp. 约 60cm

1.灰白色含砾粗砂岩和砂砾岩 >100cm

第四节 燕辽生物群赋存地层的划分与对比

燕辽生物群源于燕辽昆虫群(洪友崇,1983)和燕辽动物群(任东,1995)。该生物群在内蒙古宁城地区曾被称为道虎沟生物群(张俊峰,2002;季强等,2004),并被认为是(或可能是)燕辽生物群与热河生物群之间的一个新的生物群。根据多年资料积累和研究新进展,本书建议以 *Euestheria* - *Liaosteus* - *Yanliaocorixa*(真叶肢介-辽鲟-燕辽划蝽)化石组合代表燕辽生物群,其赋存层位是海房沟组(九龙山组)和髫髻山组及其相当层位。截至目前为止,燕辽生物群包括的化石类别有节肢动物门的昆虫、叶肢介、介形类、蜘蛛,软体动物门的双壳类和腹足类,脊索动物门的鱼类、有尾类和无尾两栖类、翼龙和蜥臀类、哺乳类,植物界的植物(含木化石)、孢粉和轮藻等,它们对不同盆地中侏罗统的划分、对比和地层时代的确定均起着非常重要的作用。

一、海房沟组划分与对比

该组在辽西地区分布于北票、金岭寺-羊山、黑城子、大城子、牛营子-郭家店、三十家子、凌源-宁城、内蒙古热水汤-道虎沟等盆地(表 3 - 2),呈角度不整合覆盖在北票组或前侏罗系之上,整合伏于髫髻山组之下,由复成分砾岩、砂岩、页岩和凝灰岩组成,局部地区夹煤层。该组自下而上可分为 3 段:一段为巨-中砾复成分砾岩夹砂岩、页岩和凝灰岩,二段为砂岩、粉砂岩、页岩夹砾岩和凝灰岩,三段为细砾岩和凝灰岩,岩性不稳定,变化较大。海房沟组地层总厚度变化在 104～580m 之间。

在区域上,海房沟组具有 3 种沉积类型:第一种是以正常碎屑沉积层为主,含较多的植物和一些双壳类、介形类化石,如牛营子-郭家店盆地;第二种是正常碎屑沉积和火山碎屑沉积层均较发育,且前者略居优势,含较多植物和昆虫化石,如北票盆地;第三种是以火山碎屑沉积层为主,含较多植物、叶肢介和珍稀化石,如宁城盆地和三十家子盆地南缘。

近年来有人将宁城盆地道虎沟的珍稀化石层称为“道虎沟组”。但是,该套地层层序、所含植物、昆虫和叶肢介化石组合与北票盆地海房沟组基本一致,而且上覆的中酸性火山岩同位素年龄为

165～164Ma，与辽西髫髻山组同位素年龄值吻合，间接反映该套含珍稀化石地层与海房沟组形成年代一致，因此，所谓“道虎沟组”是海房沟组(九龙山组)的晚出同义名。

表 3-2　辽西与毗邻地区几个主要盆地的海房沟组及其相当层位地层的划分与对比

Table 3-2　Division and correlation of Haifanggou Formation and its equivalent strata in some main basins of western Liaoning province and its adjacent areas

地层＼盆地		北票盆地	金岭寺-羊山盆地	建昌盆地	郭家店盆地	凌源盆地	宁城盆地	滦平盆地	昭盟新民等盆地	万宝盆地	大甸子盆地
侏罗系	上统	土城子组	土城子组	土城子组	土城子组	土城子组	土城子组	土城子组	土城子组	傅家洼子组	英树沟组
	中统	髫髻山组	髫髻山组	髫髻山组	髫髻山组	髫髻山组	髫髻山组	髫髻山组	新民组	巨宝组	南康庄组 前弯岭组
		海房沟组	海房沟组	海房沟组	海房沟组	海房沟组	海房沟组	九龙山组	万宝组	万宝组	
	下统	北票组	北票组	北票组				下花园组	红旗组	红旗组	皆古台组
		兴隆沟组	兴隆沟组					南大岭组			

海房沟组的生物化石相对丰富，以植物、孢粉、昆虫和叶肢介化石为主，双壳类、介形类、鱼类、蝾螈、蛙类、翼龙类、兽脚类、哺乳类和蜘蛛等化石居次，它们共同构成了燕辽生物群的主体(表 3-3)。

表 3-3　辽西几个主要盆地海房沟组生物地层单位的划分与对比

Table 3-3　Division and correlation of biostratigraphic units of Haifanggou Formation in some main basins of western Liaoning province

化石组合＼盆地及地层	北票盆地	金岭寺-羊山盆地	郭家店盆地	凌源盆地	宁城盆地
	海房沟组				
植物	A.h.- Y.s.	A.h.- Y.s.	A.h.- Y.s.		A.h.- Y.s.
孢粉	C.- A.- C.	C.- A.- C.	C.- A.- C.		
昆虫	S.g - M.s.- Y.ch.	S.g - M.s.- Y.ch.			S.g - M.s.- Y.ch.
叶肢介	E.h.- E.z.				E.h.- E.z.
双壳	F.h - Y.l.		F.h - Y.l.		
介形类			D.s.- D.y.		
脊椎动物	辽鲟			辽兽	E.- J.- J.

注：植物 A.h.- Y.s.代表 *Anomozamites haifanggouensis* - *Yanliaoa sinensis* 组合；孢粉 C.- A.- C.代表 *Cyathidites* - *Asseretospora* - *Cycadopites* 组合；昆虫 S.g.- M.s.- Y.ch.代表 *Samarura gigantean* - *Mesobaetis sibirica* - *Yanliaocorixa chinensis* 组合；叶肢介 E.h.- E.z.代表 *Euestheria haifanggouensis* - *E. ziliujinensis* 组合；双壳类 F.h.- Y.l.代表 *Ferganoconcha haifanggouensis* - *Yananoconcha lingyuanensis* 组合；介形类 D.s.- D.y.代表 *Darwinula sarytirmenensis* - *D. yibinensis* 亚组合；脊椎动物 E.- J.- J.代表 *Epidendrosaurus* - *Jeholopterus* - *Jeholotriton* 组合。

海房沟组的植物化石以 *Anomozamites haifanggouensis* - *Yanliaoa sinensis*(海房沟异羽叶—中华燕辽杉)组合为代表。该化石组合在辽西各主要早中生代盆地的海房沟组中均有分布，由 50 余属 140 多种化石组成，其中，石松类的似卷柏属和似石松属广泛发育，达 7～8 种之多；有节类的新芦木属仅有 2 种，木贼属仍较繁盛；真蕨类中双扇蕨科有格子蕨和荷叶蕨两属，网叶蕨消失；蚌壳蕨科空前繁盛，以 *Coniopteris*，*Dicksonia* 和 *Eboracia* 属为代表，达十余种；苏铁及本内苏铁比早侏罗世繁盛，出现的频度、分异度和分布的广度都大为增加；松柏类几乎都以古松类为代表，准苏铁果不再出现。仅限于本组合的特有分子主要有石松类的 *Selaginellites chaoyangensis*，真蕨类的 *Hausmannia rara*，本内苏铁的 *Anomozamites haifanggouensis* 和 *Cycadolepis nanpiaoensis*，松柏

类的 *Yanliaoa sinensis* 等。

海房沟组的孢粉化石以 *Cyathidites* - *Asseretospora* - *Cycadopites*（拟桫椤孢-阿赛勒特孢-拟苏铁粉）组合为代表，它们在辽西各主要早中生代盆地的海房沟组中均有分布。与北票组孢粉组合的区别在于 *Aratrisporites* 和具肋双囊粉基本不见，新出现 *Neoraistrickia testate*，*Klukisporites variegatus*，*Callialasporites*，*Converrucosisporites*，*Classopollis annulatus*，*Quadraeculina* 等。其组合特征为：蕨类植物孢子略占优势（55%±），裸子植物花粉次之（45%±）；蕨类植物孢子中以 *Cyathidites* 和 *Deltoidospora*（计占 25%～45.9%）为主，其次为 *Osmundacidites*，常见 *Neoraistrickia*，*Lycopodiumsporites*，有少量和个别的 *Dictyophyllidites*，*Klukisporites* 等；裸子植物花粉以 *Cycadopites*（21.4%）为主，松柏类双囊粉居次，其中古型与新型花粉近相等（18%±）。

海房沟组的叶肢介化石以 *Euestheria haifanggouensis* - *E.ziliujingensis*（海房沟真叶肢介—自流井真叶肢介）组合为代表，主要分布在北票盆地和宁城盆地。除组合代表分子繁盛外，尚可伴有 *Sphaerestheria rampoensis*，个别见 *Pseudoestheria* ? *daozigouensis*。

海房沟组的昆虫化石以 *Samarura gigantea* -*Mesobaétis sibirica* - *Yanliaocorixa chinensis*（巨尾忽-西伯利亚中四节蜉-中华燕辽划蝽）组合为代表，由逾 50 属约 200 种构成，主要分布在北票、金岭寺—羊山和宁城等盆地的海房沟组。该昆虫组合以双翅目成员占优势，其次为鞘翅目、蜚蠊目和同翅目，直翅目、膜翅目和长翅目居第三，其他为异翅目和蜻蜓目等。除组合的代表分子外，重要分子尚有 *Mesoneta antiqua*，*Platypera platypoda* 以及多种小型寡脉类，尤以小型毛蚊类居多，如 *Sunoplecia liaoningensis*，*Arcus ovatus* 等。

海房沟组的双壳类化石以 *Ferganoconcha haifanggouensis* - *Yananoconcha lingyuanensis*（海房沟费尔干蚌-凌源延安蚌）组合为代表，主要分布在北票和郭家店盆地。该组合以 *Ferganoconcha* 属的成员居多，主要有 *F.haifanggouensis*，*F.tomiensis*，*F.anodontoides*；*Yananoconcha* 属的分子居次，有 *Y.lingyuanensis*，*Y.rotunda*，*Y.triangulata*；部分地区尚见 *Unio* 和 *Tutuella* 的代表。

海房沟组的介形类化石以 *Darwinula sarytirmenensis* - *D.yibinensis*（萨雷提缅达尔文介-宜宾达尔文介）亚组合为代表，分布在郭家店盆地，仅见一些中侏罗世常见的 *Darwinula* 属分子，如除代表分子外，尚有 *D.changxinensis* 等，未见 *Timiriasevia* 属的成员。在更大的范围内，该亚组合宜归入中侏罗世非海相介形类化石组合。

海房沟组的脊椎动物化石可暂称 *Epidendrosaurus* - *Jeholopterus* - *Jeholotriton*（树息龙-热河翼龙-热河螈）组合，以长尾翼龙类和蝾螈类相对发育为特征，主要分布在宁城盆地、热水汤-道虎沟盆地，凌源和北票盆地仅发现个别类型，而且主要产在海房沟组二段。珍稀化石主要成员有恐龙类的 *Epidendrosaurus ningchengensis*，*Pedopenna daohugouensis*，翼龙类的 *Jeholopterus ningchengensis*，*Pterorhychus wellnhoferi*，有鳞类 *Jeholocerta formosa*，蝾螈类 *Jeholotriton paradoxus*，*Chunerpeton tianyiensis*，*Liaoxitriton daohugouensis*，哺乳类 *Liaotherium gracile*，鱼类 *Liaostenus hongi*。

根据岩石地层层序、岩石组合和生物化石组合特征，将辽西及其毗邻地区一些主要盆地的海房沟组进行对比，结果见表 3-2、表 3-3，图 3-47。

二、髫髻山组划分与对比

髫髻山组在辽西地区的分布基本与海房沟组一致，但分布较后者更广泛。其岩性以中性、中基性熔岩及火山碎屑岩为主，夹一至多层厚度不等的碎屑沉积岩层，部分盆地（如宁城盆地）发育中酸性火山岩，含植物、孢粉、叶肢介、介形类、昆虫和脊椎动物等化石，与下伏海房沟组整合接触或不整

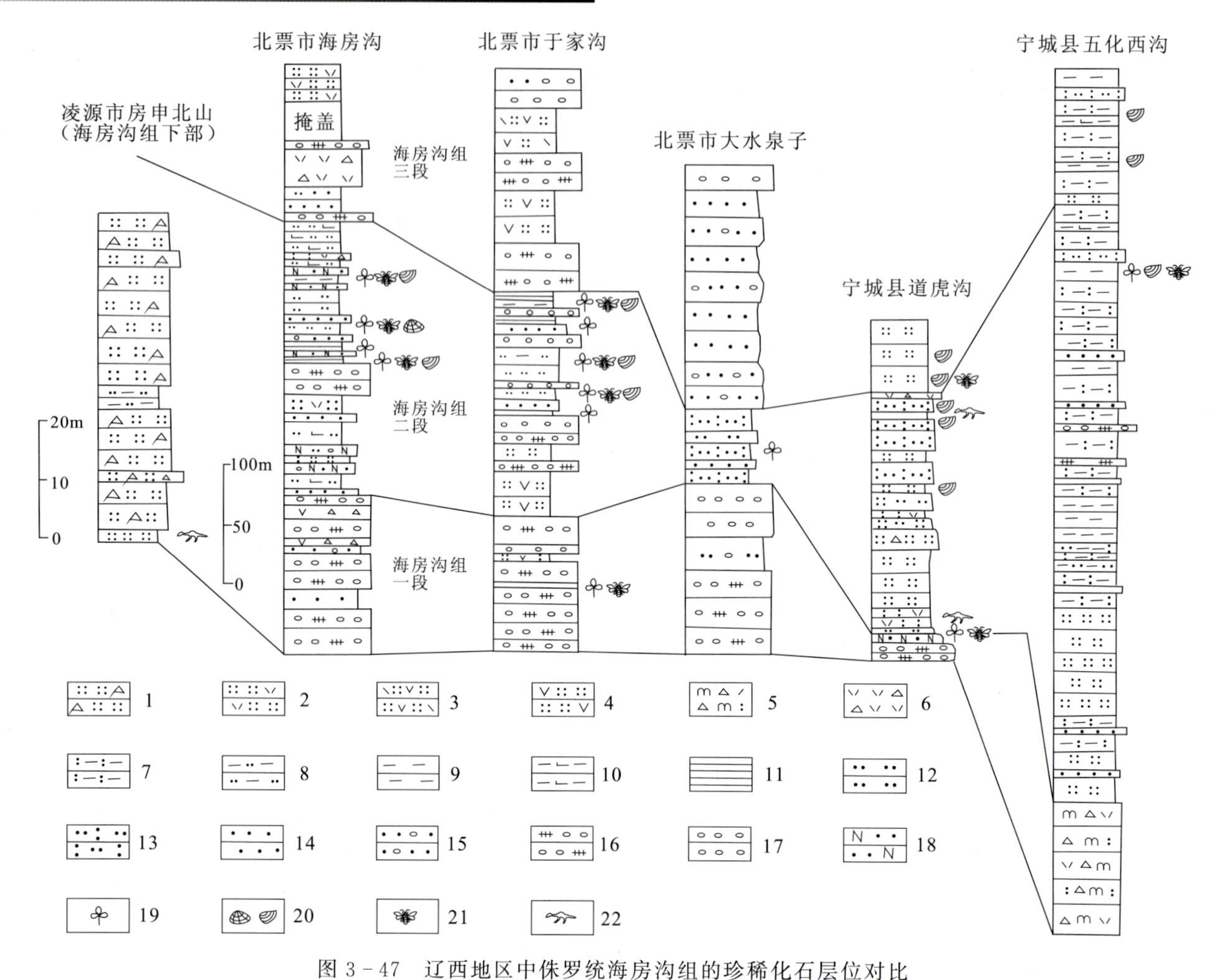

图 3-47　辽西地区中侏罗统海房沟组的珍稀化石层位对比

Fig.3-47　Correlation of precious fossil-bearing beds of Middle Jurassic Haifanggou Formation in western Liaoning region

1.含角砾凝灰岩；2.流纹质凝灰岩；3.岩屑玻屑凝灰岩；4.岩屑凝灰岩；5.流纹质熔结角砾玻屑凝灰岩；6.流纹质角砾熔岩；7.凝灰质泥岩；8.粉砂质泥岩；9.泥岩；10.钙质泥岩；11.页岩；12.粉砂岩；13.凝灰质粉砂岩；14.砂岩；15.砾质砂岩；16.复成分砾岩；17.砾岩；18.长石砂岩；19.植物化石；20.双壳、叶肢介化石；21.昆虫化石；22.爬行类化石

1.breccia-bearing tuff; 2.rhyolitic tuff; 3.lithic and vitric tuff; 4.lithic tuff; 5.rhyolitic breccia vitric ignimbrite; 6.rhyolitic breccia lava; 7.tuffaceous mudstone; 8.silty mudstone; 9.mudstone; 10.calcareous mudstone; 11.shale; 12.siltstone; 13.tuffaceous sandstone; 14.sandstone; 15.gravelly sandstone; 16.polymictic conglomerate; 17.conglomerate; 18.feldspar sandstone; 19.plant fossils; 20.bivalve fossils; 21.insect fossils; 22.reptile fossils

合在更老的地层之上，与上覆土城子组呈平行不整合接触。

髫髻山组的植物化石以 *Ctenis* - *Williamsoniella sinensis*（篦羽叶-中国威廉逊花）组合为代表，由近 40 属 70 余种组成。该组合虽然与海房沟组植物组合相似，但本组合的苏铁类及本内苏铁类居首位，其种数占组合总种数的 40%以上。苏铁类以 *Ctenis* 和 *Pseudoctenis* 两属为代表；本内苏铁类 *Anomozamites*，*Pterophyllum* 和 *Tyrmia* 仍较发育，尤其 *Williamsonia*，*Williamsoniella*，*Cycadolepis* 和 *Bennetticarpus* 更发育，出现了较多代表炎热气候的本内苏铁类，如 *Zamites*，*Zamiophyllum* 和 *Ptilophyllum* 等。

髫髻山组的孢粉化石以 *Osmundacidites* - *Asseretospora* - *Classopollis*（拟紫萁孢-阿赛勒特孢-克拉梭粉）组合为代表。其特征是蕨类植物孢子与裸子植物花粉含量近相等；蕨类植物孢子以 *Osmundacidites*（21.4%）为主，次为 *Asseretospora*（12.6%），*Cyathidites* 和 *Deltoidospora*（10.5%），

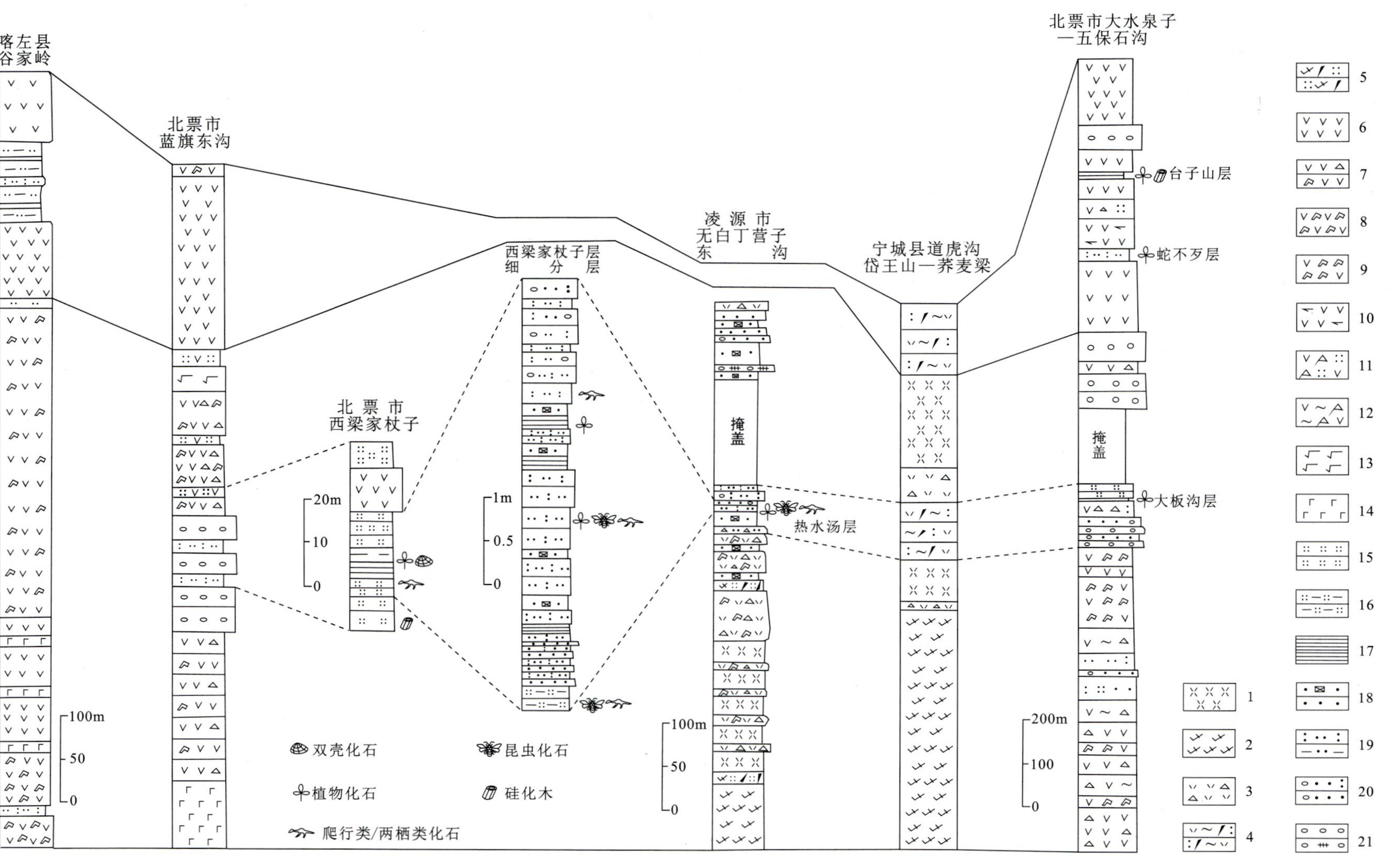

图3-48 辽西地区髫髫山组的珍稀化石层位对比

图3-48 Correlation of precious fossil-bearing beds of Tiaojishan Formation in western Liaoning region

1.流纹岩；2.英安岩；3.流纹质角砾熔岩；4.流纹质熔结晶屑凝灰岩；5.英安质晶屑凝灰岩；6.安山岩；7.含角砾或集块安山岩；8.安山质集块熔岩；9.安山质集块岩；10.辉石安山岩；11.安山质角砾凝灰岩；12.安山质熔结角砾岩；13.玄武安山岩；14.玄武岩；15.沉凝灰岩；16.凝灰质泥岩；17.页岩；18.砂质膨润土和砂岩；19.凝灰粉砂岩和粉砂质泥岩；20.含砾凝灰质砂岩和砾质砂岩；21.砾岩或复成分砾岩

Converrucosisporites 含量增高，出现了 *Foveosporites*（疏穴孢）；裸子植物花粉以松柏类双囊粉占优势，其中新型（22％）多于古型（9.1％）；*Classopollis*（15.4％）含量迅速增高。

髫髻山组的介形类化石以 *Darwinula sarytirmenensis* – *D. impudica* – *Timiriasevia gracilis*（萨雷提缅达尔文介-丑达尔文介-纤细季米里亚介）组合为代表，由 2 属 10 余种构成。其中，达尔文介个体较大者居多，分异度和丰度较高，与纤细季米里亚介共生，在国内外中侏罗世非海相介形类组合中具有广泛的可比性。海房沟组的介形类中虽未见 *Timiriasevia* 属的成员，但亦属于这一组合范畴。

髫髻山组的脊椎动物化石包括褶鳞鱼类、蝾螈类、鸟翼类、翼龙类、哺乳类等化石。这些化石主要产于髫髻山组中部。其所在层位的对比，如图 3–48 所示，金岭寺-羊山盆地髫髻山组含植物化石的大板沟层与宁城盆地含蝾螈化石的热水汤层、北票盆地含蝾螈等爬行类化石的西梁家杖子层以及建昌盆地玲珑塔镇的大西沟化石层大体属于同一层位。

第五节　土城子生物群赋存地层的划分与对比

土城子生物群由王五力等（2004）建立，系指界于燕辽生物群与热河生物群之间且以 *Chaoyangsaurus* – *Pseudograpta* – *Cetacella*（朝阳龙-假线叶肢介-小怪介）化石组合为代表的一个独立的生物群。该生物群由恐龙、鱼类、叶肢介、介形类、昆虫、双壳类、植物（含木化石）和孢粉等门类组成，广泛分布于中国北方至中亚地区的土城子组及与之层位相当的地层中，仅在燕辽地区迄今已发现逾 130 属约 300 种化石。

在辽西地区土城子组主要分布在金岭寺-羊山、北票、大平房-梅勒营子、建昌、大城子、三十家子和凌源-宁城等盆地，由紫红色粉砂质页岩、粉砂岩、紫灰色与黄褐色复成分砾岩、灰绿色砂岩、沸石岩和沉凝灰岩组成，其与下伏髫髻山组呈平行不整合接触，其上多被义县组呈角度不整合覆盖，厚 176～2765m。土城子组自下而上可分为 3 段：一段为紫红色凝灰质泥页岩、粉砂岩夹砂岩，底部具砾岩；二段以紫红色、紫灰色复成分砾岩为主，夹砂岩和粉砂岩；三段通常为灰绿色凝灰质长石砂岩、长石岩屑砂岩、沸石岩或沉凝灰岩，常具大型风成交错层理。这 3 段岩性各具特征，结合生物化石组合，在多数盆地中可进行较好的对比。

土城子组的叶肢介化石以 *Pseudograpta* – *Beipiaoestheria* – *Mesolimnadia*（假线叶肢介-北票叶肢介-中渔乡叶肢介）组合为代表，且可分为两个亚组合。

（1）*Pseudograpta* – *Beipiaoestheria* – *Mesolimnadia* – *Sinograpta*（假线叶肢介-北票叶肢介-中渔乡叶肢介-中华雕饰叶肢介）亚组合，分布于土城子组一段。该亚组合以 *Sinograpta* 为特征分子，多出现在下部；*Pseudograpta* 的丰度较高，自下而上其分异度逐渐增高；*Mesolimnadia*，*Monilestheria* 和 *Prolynceus* 属的分子在中上部最繁盛。

（2）*Pseudograpta* – *Beipiaoestheria yangshulingensis*（假线叶肢介-杨树岭北票叶肢介）亚组合，分布于土城子组三段。其中大部分属种是由组合（1）延续而来，但是类型比较单调，出现了 *B. yangshulingensis* 等新种，未见 *Sinograpta* 和 *Prolynceus* 等属种。

土城子组及其相当层位的介形类化石也可划分为两个组合。

（1）*Cetacella substriata* – *Mantelliana alta* – *Darwinula bapanxiaensis*（近纹脊小怪介-高曼特尔介-八盘峡达尔文介）组合，主要分布在土城子组一段，由 *Darwinula*，*Cetacella*，*Damonella*，*Mantelliana* 和 *Timiriasevia* 5 个属，40 余种构成。该组合与下伏髫髻山组介形类化石组合的主

要区别是新出现了 *Cetacella*，*Damonella* 和 *Mantelliana* 3 属成员，同时又存在中侏罗世常见的重要分子，如 *Darwinula impudica*，*D.sarytirmenensis*，*D.magna* 等，因而与热河生物群早期的介形类化石组合明显不同。

（2）*Djungarica yangshulingensis* - *Mantelliana reniformis* - *Stenestroemia yangshulingensis*（杨树岭准噶尔介-肾形曼特尔介-杨树岭斯特内斯措姆介）组合分布在土城子组三段，由 8 属 25 种组成。其中 *Djungarica*，*Mongolianella*，*Damonella* 和 *Stenestroemia* 4 属的成员繁盛，分异度较高，*Darwinula* 分异度和丰度较低，且中侏罗世重要分子少见，可与土城子组一段的介形类化石组合区别。

土城子组的植物化石以 *Brachyphyllum expansum* - *Pagiophyllum beipiaoense*（扩展短叶杉-北票尖叶杉）组合为代表，由 28 属 41 种组成。其中，松柏类占主导地位，真蕨类和茨康类居次，有节类、本内苏铁和银杏类所占比例较小。该组合既存在 *Coniopteris hemenophylloides*，*Brachyphyllum mamillare* 等常见于中侏罗世的分子，又有少量 *Leptostrobus marginatus*，*Carpolithus fabiformis* 和 *Schizolepis chilitica* 等晚侏罗世甚至是早白垩世的类型，因此不同于髫髻山组和热河生物群的植物化石组合。

土城子组的孢粉化石组合以 *Quadraeculina* - *Classopollis*（四字粉-克拉梭粉）为代表，其特征是：裸子植物花粉占绝对优势（>95%），蕨类植物孢子十分贫乏（<5%）；蕨类植物孢子仅见少量 *Cycadopites minor* 和 *Osmundacidites wellmanii* 等；掌鳞杉科 *Classopollis* 含量高（57%～82.6%），*Quadraeculina limbata* 丰富（21%），松科花粉、苏铁和银杏类较常见；部分地区土城子组一段和三段尚有 *Cicatricosisporites*。这一组合特征与燕辽生物群及热河生物群的孢粉组合均有明显的区别，而不同盆地的土城子组或与之同层位的孢粉面貌均属此组合范畴，可相互对比。

土城子组的爬行类化石以 *Chaoyangsaurus youngi* - *Xuanhuasaurus niei*（杨氏朝阳龙-聂氏宣化龙）组合为代表，主要分布在土城子组一段，其中包括蜥臀类未定属种（Sauropoda indet.）。热河足印 *Jeholosauripus s-satoi* 多分布在土城子组二段顶部至三段底部，目前亦将其划归土城子组的爬行类化石组合。现将辽西地区土城子组的珍稀化石层位对比示于图 3 - 49 中。

第六节 热河生物群赋存地层的划分与对比

典型的热河生物群是以 *Eosestheria* - *Lycoptera* - *Ephemeropsis trisetalis*（东方叶肢介-狼鳍鱼-三尾拟蜉蝣）化石组合为代表，包括鸟类、蜥臀类和鸟臀类恐龙、有鳞类、离龙类、翼龙、哺乳类、龟鳖类、蛙类、蝾螈、鱼类、介甲类（叶肢介）、介形类、昆虫、虾类、鲎虫类、蜘蛛、双壳类、腹足类、植物（含木材化石）、孢粉、轮藻和藻类等不少于 22 个类别的化石。它们主要分布在冀北、辽西诸多盆地的大北沟组、义县组和九佛堂组，在毗邻的内蒙古地区的相同层位中也有不同程度的分布。

一、义县组划分与对比

辽西地区的义县组形成于断陷盆地，盆缘断裂多位于盆地东南缘。该组在冀北、辽西地区的岩石地层组合具有 3 种类型：第一种以火山岩为主，夹沉积地层，占主导地位；第二种以沉积地层为主，夹多层火山岩；第三种主要由沉积地层组成。由于受盆地分隔、火山喷发在时空上的不均等和持续的断裂活动影响，义县组的火山-沉积地层在纵横向上均发生了剧烈变化，从而导致地学研究人员对义县组的划分与对比提出了多种方案，其观点如表 3 - 4 所示。

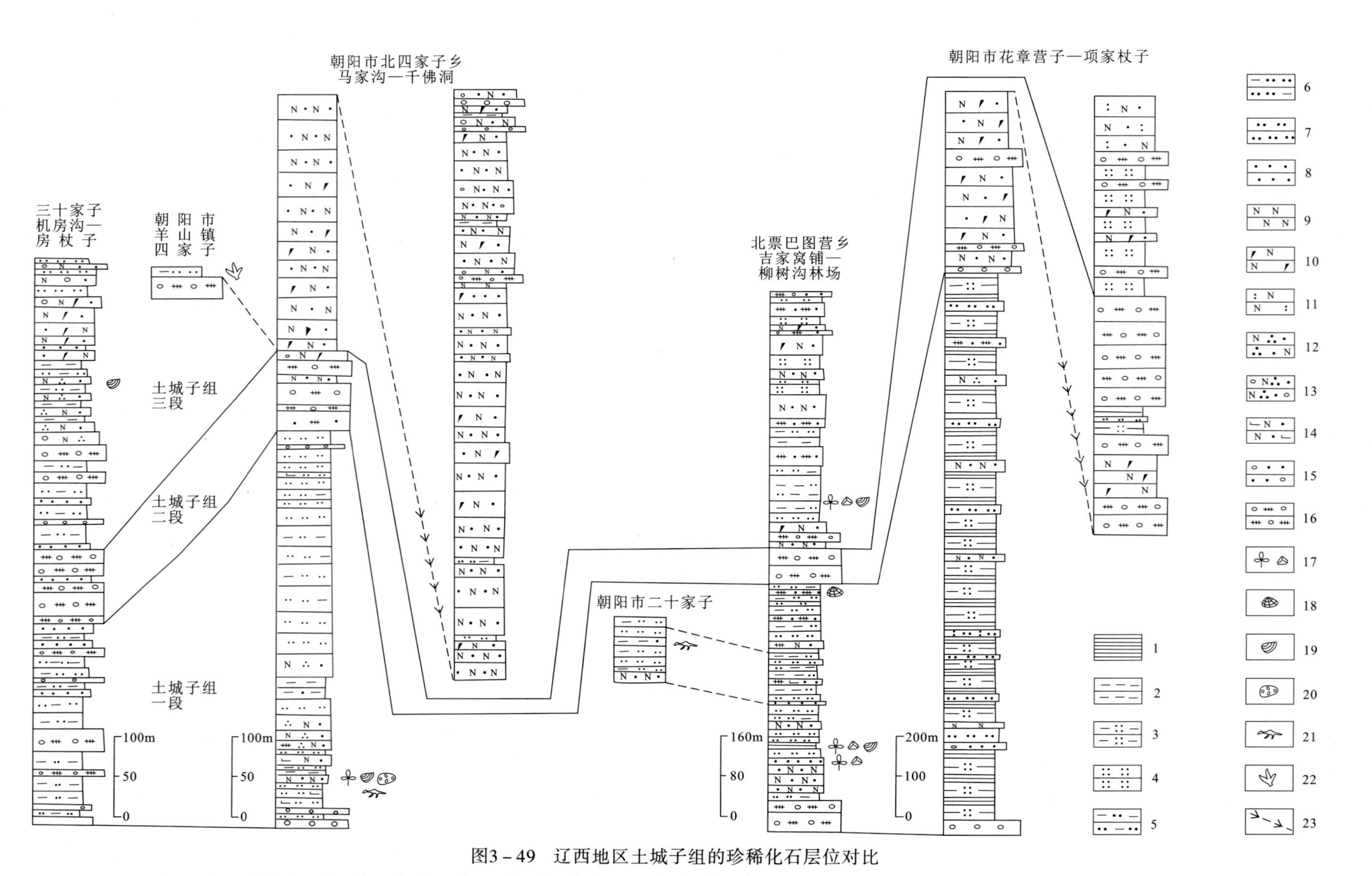

图3-49 辽西地区土城子组的珍稀化石层位对比

Fig.3-49 Correlation of precious fossil-bearing beds of Tuchengzi Formation in western Liaoning region

1.页岩；2.泥岩；3.凝灰质泥岩；4.沉凝灰岩；5.粉砂质泥岩；6.泥质粉砂岩；7.粉砂岩；8.砂岩；9.长石砂岩；10.岩屑长石砂岩；11.凝灰质胶结长石砂岩；12.长石石英砂岩；13.含砾长石石英砂岩；14.钙质胶结长石砂岩；15.砾质砂岩；16.复成分砾岩；17.植物和孢粉化石；18.双壳类化石；19.叶肢介化石；20.介形类化石；21.恐龙化石；22.恐龙足印；23.地层柱平移线

表 3-4 辽西地区义县组的不同划分方案

Table 3-4 Various dividing schemes of Yixian Formation in western Liaoning region

<table>
<tr><th>辽宁省地质局区域地质测量队，1967，1976</th><th>辽宁省地质矿产勘查开发局，1997</th><th colspan="2">董国义，1987</th><th>任东等，1997</th><th>米家榕等，1980</th><th colspan="2">卢崇海，2000；李有生等，2000</th><th colspan="2">张文宝等，1976；陈丕基等，1980</th><th colspan="2">张立东等，2002</th><th colspan="2">王五力等，2004</th><th colspan="2">张立君，2005</th><th>本书</th></tr>
<tr><td>吐呼鲁组（建昌组）</td><td rowspan="13">义县组</td><td>四段</td><td rowspan="13">义县组</td><td>六段</td><td rowspan="2">九佛堂组下部</td><td rowspan="4">义县组</td><td rowspan="13">义县组</td><td>黄花山角砾岩层（组）</td><td rowspan="13">义县组</td><td rowspan="4">四段</td><td rowspan="13">义县组</td><td>黄花山层</td><td rowspan="13">义县组</td><td>五段</td><td rowspan="13">义县组</td><td>五段</td></tr>
<tr><td>金刚山组</td><td>三段</td><td>五段</td><td>金刚山层</td><td>金刚山层</td><td>四段</td><td rowspan="3">四段</td></tr>
<tr><td rowspan="11">义县组</td><td rowspan="10">二段</td><td rowspan="4">四段</td><td rowspan="11">义县组（孙家湾组）</td><td rowspan="2">火山岩</td><td>火山岩</td><td rowspan="5">三段</td></tr>
<tr><td>朱家沟层</td></tr>
<tr><td rowspan="9">要路沟组（魏家岭组、尖山沟组、西瓜园组）</td><td rowspan="2">大康堡层</td><td>三段</td><td>火山岩</td><td>三段</td></tr>
<tr><td rowspan="4">二段</td><td>大康堡层</td><td rowspan="4">二段</td></tr>
<tr><td rowspan="2">三段</td><td>火山岩</td><td>火山岩</td></tr>
<tr><td rowspan="2">上园层</td><td rowspan="2">砖城子层</td><td rowspan="2">二段</td></tr>
<tr><td rowspan="2">二段</td></tr>
<tr><td>火山岩</td><td rowspan="4">一段</td><td>火山岩</td><td rowspan="4">一段</td><td rowspan="4">一段</td></tr>
<tr><td rowspan="3">一段</td><td rowspan="3">尖山沟层</td><td>业南沟层</td></tr>
<tr><td>火山岩</td></tr>
<tr><td>一段</td><td>老公沟层</td></tr>
</table>

本书对义县组的划分、对比依照下列原则：①义县组厚度较大，适度分段在图面上可反映构造；②划分的岩段必须有明显的特征，在区域上可追索，便于操作；③以火山岩为主的岩段划分要适度，宜粗不宜细；④对重要和相对稳定的沉积夹层，可单独分段，既便于区域地层对比，又有利于查明生物化石的时空分布；⑤要结合区域火山喷发旋回的阶段性与岩石组合特征予以划分。

根据上述原则，我们将义县组自下而上划分为 5 段（图 3-50、图 3-51、图 3-52），并做如下对比。

（一）义县组一段地层对比

义县组一段，自义县组之底至尖山沟层或砖城子层及其相当层位之底，以北票市新开岭—四合屯剖面和义县马神庙—宋八户剖面为代表，为火山岩夹沉积岩组合，属义县组火山喷发旋回的第一亚旋回。火山岩以玄武岩和玄武安山岩为主，局部有钾质碧玄岩，在辽西地区有自东向西厚度减少之势；沉积层以砾岩和砂泥岩为主，包括阜新-义县盆地的老公沟层和业南沟层，北票市四合屯盆地上园地区的陆家屯层和下土来沟层，建昌盆地的要路沟层等含化石沉积层，含恐龙、哺乳动物等多门类化石，自东而西沉积厚度有增大之势。本段厚度变化较大（40～600m），一般厚 200～400m，平行不整合在张家口组之上或角度不整合在更老的地层之上。

辽西地区几个主要盆地义县组一段对比（参见图 3-51）的主要依据是：①标志层和基本层序，即以砖城子层、尖山沟层、新台门层、罗家沟层、大新房子层和宁城县西台子北沟层为对比标志层，将该标志层之下至义县组底部不整合面作为一段进行对比；②以 *Jeholosaurus* - *Hongshanosaurus* - *Repenomamus*（热河龙-红山龙-爬兽）化石组合为代表的脊椎动物群，在北票市上园地区，其成员有哺乳类 *Gobicondon zofiae*（索非亚戈壁兽），*Repenomamus robusta*，*R. giganticus*，*Meemannodon lujiatunensis*，恐龙类 *Graciliraptor lujiatunensis*（陆家屯纤细盗龙），*Sinovenator changii*，*Sinuso-*

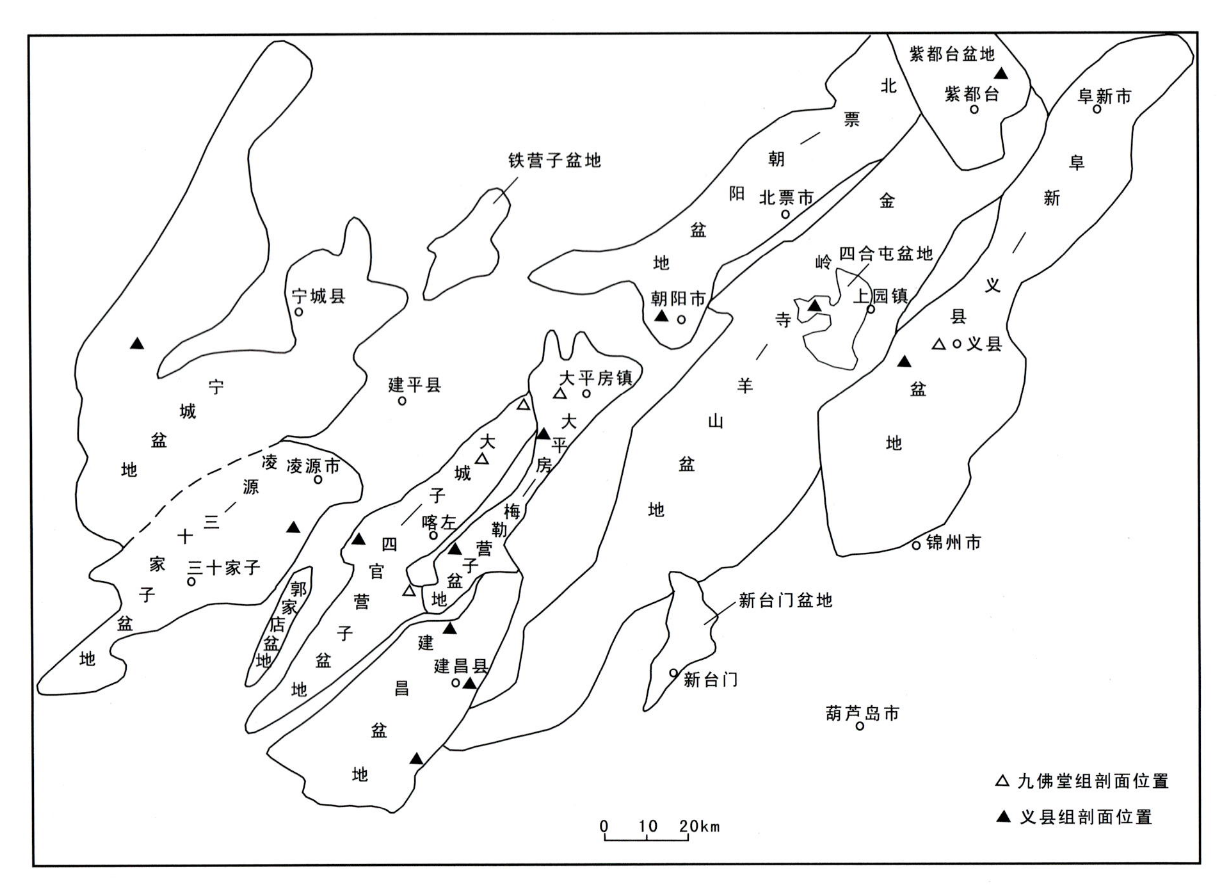

图 3-50 辽西地区中生代盆地分布及义县组、九佛堂组剖面位置分布图

Fig.3-50 Distribution of Mesozoic basins and position of stratigraphic sections of Yixian Formation and Jiufotang Formation in western Liaoning region

nasus magnodens，*Mei long*，*Incisivosaurus gauthieri*，*Dilong paradoxus*，*Jeholosaurus shangyuanensis*，*Liaoceratops yanzigouensis*，*Hongshanosaurus houi* 等，在义县地区老公沟层产 *Psittacosaurus* sp.，这一脊椎动物群与义县组的其他段不同；③义县组一段以 *Cypridea rehensis* - *Limnocypridea subplana* - *Djungarica camarata*（热河女星介-近平湖女星介-拱准噶尔介）为代表的介形类化石亚组合，与之伴生的有鱼类 *Lycoptera* sp.，叶肢介 *Eosestheria*（*Diformograpta*）*ovata* 以及双壳类、腹足类、昆虫、植物等化石，不同于义县组其他段的介形类化石组合；④义县组一段的同位素年龄值通常变化在 133～126Ma 之间，这一时间段代表义县期火山喷发旋回第一亚旋回的时限。

（二）义县组二段地层对比

义县组二段，在北票地区以北票市四合屯剖面为代表，相当于尖山沟层、上园层及其相当层位，主要由砾岩、含砾粗砂岩、粉砂岩、页岩和泥岩组成，夹沉凝灰岩和灰岩，含大量鸟类、恐龙、两栖类、哺乳动物等珍稀化石，鱼类、叶肢介、介形类、昆虫、双壳类、腹足类、植物和孢粉等化石非常丰富，而且是早期被子植物始现的层位，目前已发现 20 余类别生物化石，是热河生物群发展的高峰之一。该段一般层厚 60～400m，在建昌等盆地最厚可达 1200m。二段地层主体表现为火山作用间歇期沉积，但在部分地段仍然有较厚的火山岩、火山碎屑沉积岩，它们属于义县期第二火山作用亚旋回。义县组二段与下伏义县组一段呈整合接触。

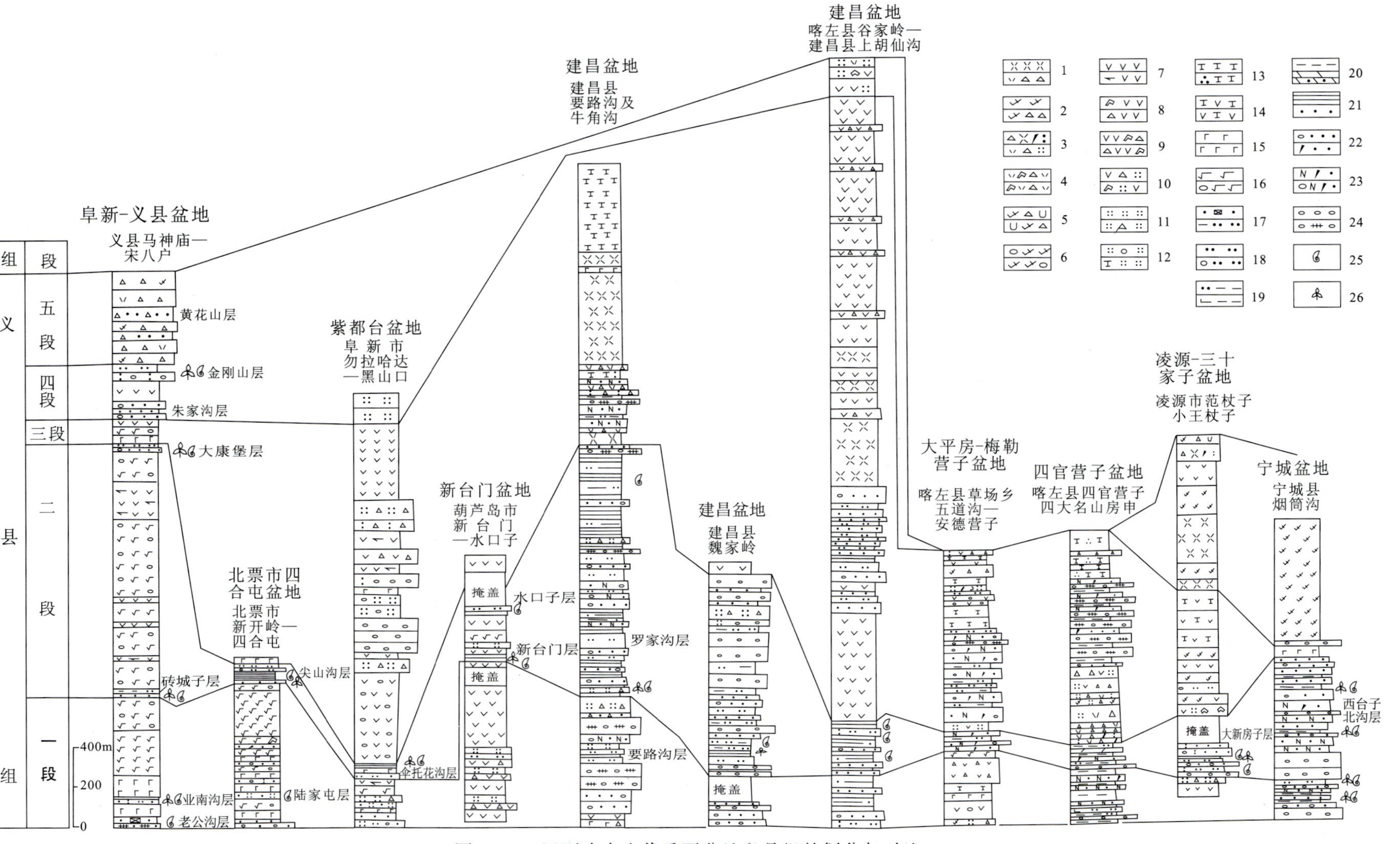

图3－51　辽西晚中生代重要盆地义县组的划分与对比

Fig.3－51　Division and correlation of Yixian Formation in some main basins of western Liaoning province

1.流纹岩/流纹质角砾岩；2.英安岩/英安质角砾岩；3.流纹质角砾晶屑凝灰岩/角砾凝灰岩；4.流纹质角砾集块熔岩；5.英安质角砾熔岩；6.含气孔杏仁英安岩；7.安山岩/辉石安山岩；8.安山质集块熔岩/角砾熔岩；9.安山质角砾集块熔岩；10.火山角砾凝灰岩/集块凝灰岩；11.凝灰岩/含角砾凝灰岩；12.含砾凝灰岩/粗面质凝灰岩；13.粗面岩/石英粗面岩；14.粗安岩；15.玄武岩；16.（含杏仁）玄武安山岩；17.砂质膨润土/泥质粉砂岩；18.粉砂岩/含砾粉砂岩；19.粉砂质泥岩/钙质泥岩；20.泥岩/泥灰岩；21.页岩/砂岩；22.砾质砂岩/岩屑砂岩；23.长石岩屑砂岩/含砾长石岩屑砂岩；24.砾岩/复成分砾岩；25.动物化石；26.植物化石

二段在义县地区下部为砖城子层，上部为大康堡层，中部为玄武安山岩、安山岩及以其火山碎屑岩为主的火山岩层。在紫都台盆地相当于砖城子层的地层被称为伞托花沟层，在新台门盆地被称为新台门层，在建昌盆地被称为罗家沟层，在凌源-三十家子盆地被称为大新房子层，在宁城盆地被称为西台子北沟层(图 3-52)。由于二段地层含有众多珍稀化石，因此，二段是各个盆地之间对比的重点层位。现分别论述如下。

1. 砖城子层与尖山沟层下部对比

砖城子层和尖山沟层均是义县组下部的重要含化石层位。砖城子层含大量叶肢介、昆虫和植物等化石，下部含鸟类化石，其中，叶肢介化石属于 *Eosestheria*(*Filigrapta*)-*Eosestheria* (*Diformograpta*)-*Eosestheria* (*Clithrograpta*)(线饰东方叶肢介-双饰东方叶肢介-网饰东方叶肢介)亚组合。尖山沟层中下部也含有大量的叶肢介、昆虫和植物等化石，鸟类、恐龙、蛙类等大量珍稀化石主要产于该层下部的第一沉积小旋回，其中，叶肢介化石是以 *Eosestheria*(*Filigrapta*)-*Eosestheria* (*Diformograpta*)-*Eosestheria* (*Clithrograpta*)-*Jiliaoestheria*(线饰东方叶肢介-双饰东方叶肢介-网饰东方叶肢介-冀辽叶肢介)亚组合为代表。因此，砖城子层和尖山沟层中下部沉积层的叶肢介亚组合均含 *Eosestheria*(*F.*) *jianshangouensis*，*Eosestheria*(*F.*) *taipinggouensis*，*E. sihetunensis*，*E.*(*Diformograpta*) *gongyingziensis* 等重要成员，表明这两部分地层的层位基本相当。尖山沟层和砖城子层所含昆虫和植物化石面貌亦基本相似。据此，可以认为砖城子层与尖山沟层中下部相当。存在差异的是，砖城子层未发现尖山沟层的 *Jiliaoestheria* 属的成员，砖城子层仅见少量鸟类等珍稀化石，砖城子层和尖山沟层的介形类化石组合面貌不一致。

2. 大康堡层与尖山沟层上部对比

大康堡层在义县地区是一个重要的含化石层，它与尖山沟层上部对比的重要依据为：一是它们都含有大量的酸性火山物质，如流纹质沉凝灰角砾岩、角砾凝灰岩；二是地层中都含有异常丰富的辽宁四节洞虾化石；三是在义县地区，大康堡层与砖城子层在下腰马山沟地区合二为一，沉积层之间的巨厚火山岩夹层尖灭，合并后的岩石地层特征与尖山沟层一致。

大康堡层在阜新-义县盆地自南向北逐渐增厚，在大凌河南、北两侧该层的下部是鸟、恐龙等珍稀化石富集的层段，即珍稀化石主要赋存在玄武安山岩层之上至灰白色沉凝灰岩与膨润土层之下的灰色、深灰色泥岩和页岩中(图 3-52)。目前在义县头道河乡王家沟西山、头台乡的破台子、王油匠沟、白台沟及河夹心北山等地的大康堡层已发现 *Longirostravis* - *Jinzhousaurus* - *Yixianosaurus*(长嘴鸟-锦州龙-义县龙)脊椎动物群。该动物群的主要成员有反鸟亚纲长翼鸟目的 *Longirostravis hani*(韩氏长嘴鸟)，兽脚类恐龙 *Sinornithosaurus haoiana*(郝氏中国鸟龙)，*Yixianosaurus longimanus*，*Shenzhourapor sinensis*，禽龙类 *Jinzhousaurus yangi*(杨氏锦州龙)，甲龙类 *Liaoningosaurus paradoxus*(奇异辽宁龙)，离龙类 *Hyphalosaurus baitaigouensis*(白台沟潜龙)，尚有一些反鸟类和翼龙化石等未研究，无尾两栖类有 *Yizhoubatrachus macilentus*(细弱宜州蟾)。大康堡层的叶肢介化石在区域上属于 *Eosestheria* - *Diestheria* - *Neimongolestheria*(*Plocestheria*)亚组合范畴，主要成员有 *Eosestheria*(*Filigrapta*) *jianshangouensis*，*E.*(*Diformograpta*) *gongyingziensis*，*Diestheria yixianensis*，*D. hejiaxinensis* 等，其中，*Diestheria* 属的分异度较高，*D. yixianensis* 分布广，是此层的特征之一。大康堡层生物化石另一特征是虾类 *Liaoningogriphus* 和离龙类 *Hyphalosaurus baitaigouensis* 个体数量非常多。该层顶部的介形类化石是以新建立的 *Cypridea*(*Cypridea*) *rostella* - *Timiriasevia fenestrata*(小喙女星介-窗格季米里亚介)组合为代表。该新

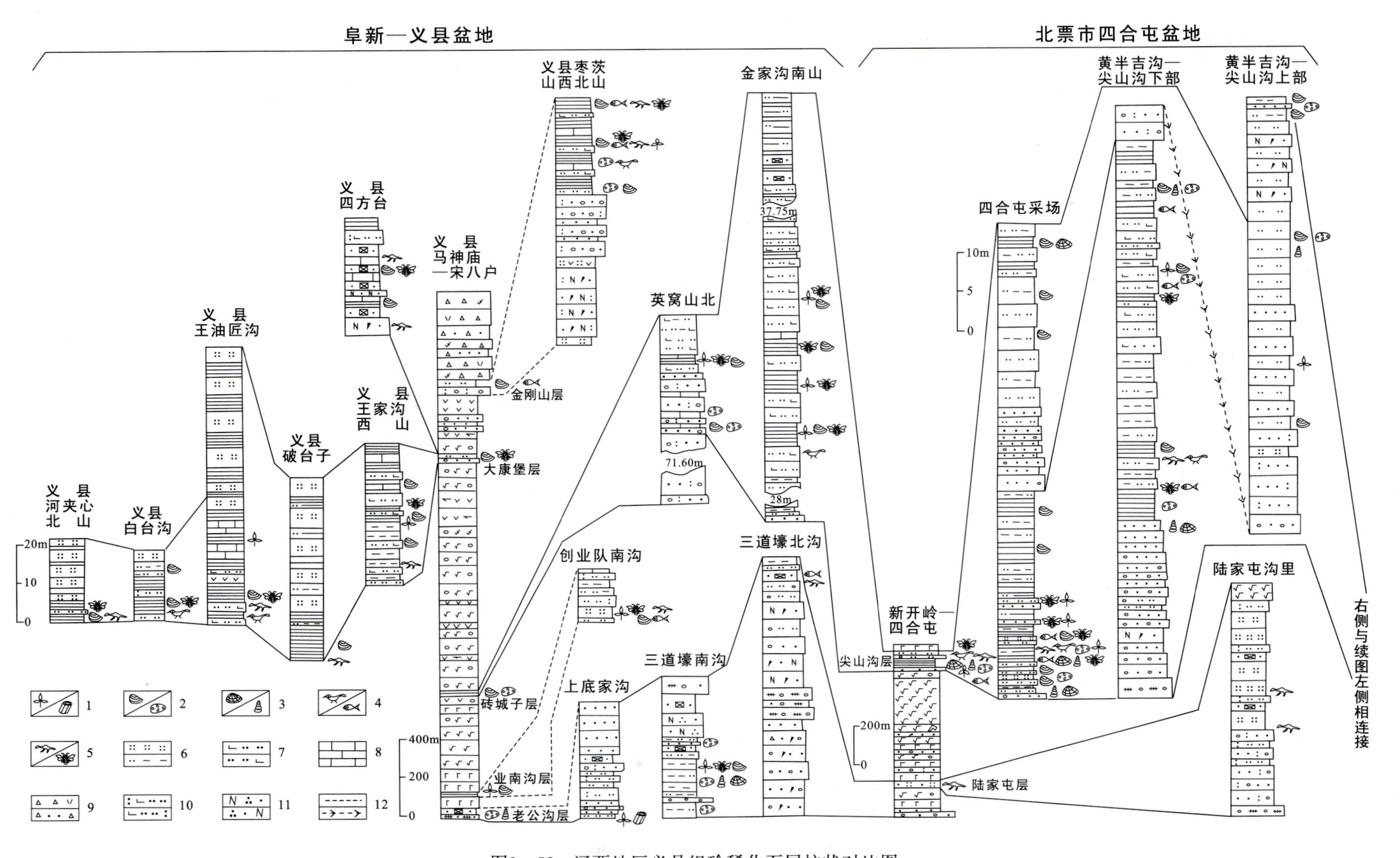

图3-52　辽西地区义县组珍稀化石层柱状对比图

Fig.3-52　Column correlation of precious fossil-bearing beds of Yixian Formation in western Liaoning region

1.植物/硅化木化石；2.叶肢介/介形类化石；3.双壳类/腹足类化石；4.鸟类/鱼类化石；5.爬行类/昆虫化石；6.凝灰岩/粉沙质泥岩；7.钙质粉砂岩；8.灰岩；9.流纹质沉火山角砾岩/含火山角砾砂岩；10含凝灰钙质粉砂岩；11.长石石英砂岩；12.局部放大地层柱引线/地层柱平移线；其他花纹图例参见图3-51

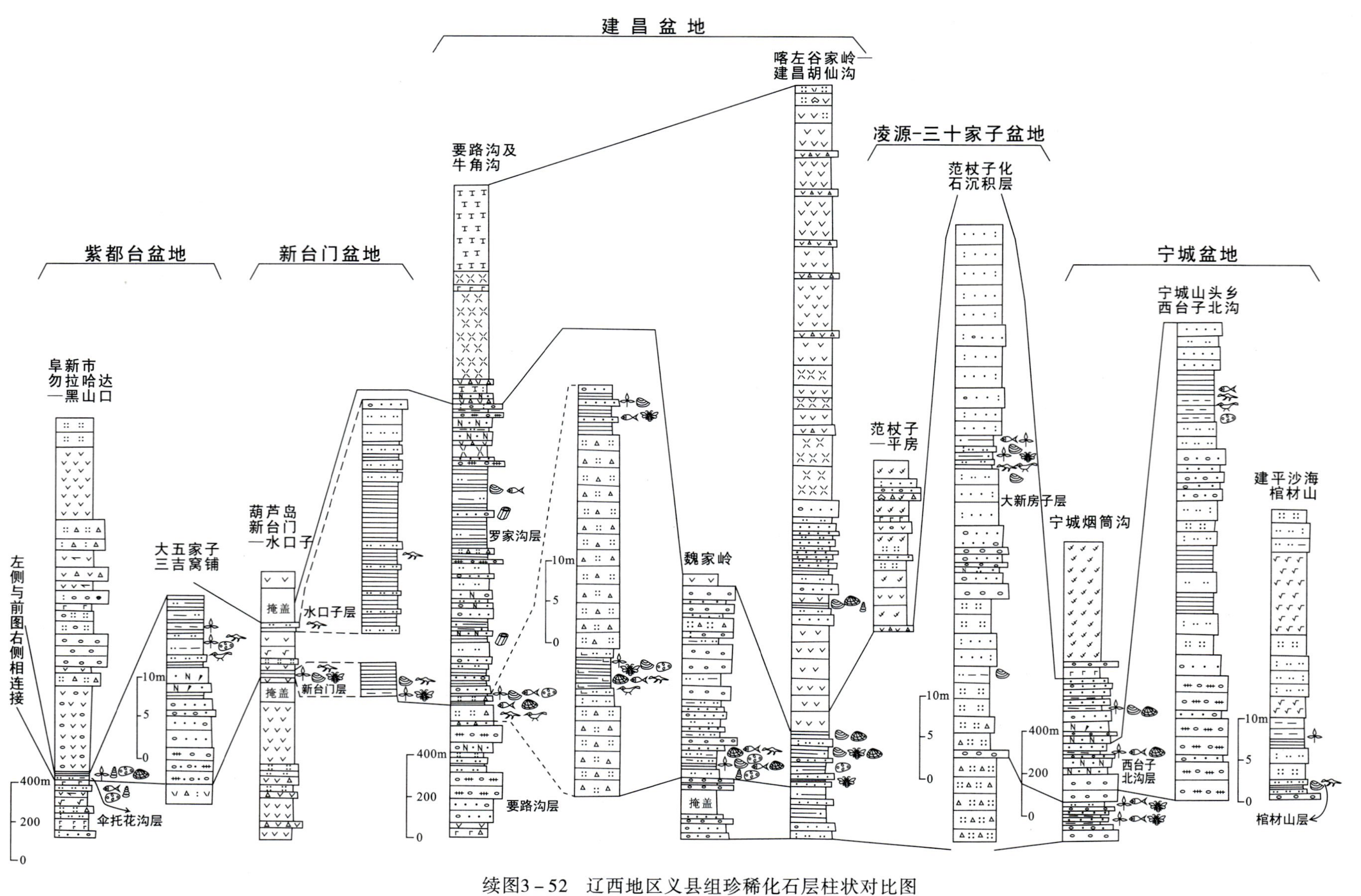

续图3-52 辽西地区义县组珍稀化石层柱状对比图

Continued Fig.3-52 Column correlation of precious fossil-bearing beds of Yixian Formation in western Liaoning region

注:花纹图例参见图3-51。

组合曾被张立君(1985,1987)划归九佛堂组下部的 *Cypridea*(*Cypridea*) *veridical veridical* -*C.*(*C.*) *trispinosa* -*C.*(*Yumenia*) *acutiuscula* 组合中。根据新近野外观察,义县于家沟一带含介形类化石 *Cypridea*(*Cypridea*) *veridical veridical*, *C.*(*C.*) *veridical arrecta*, *C.*(*C.*) *rostella*, *C.*(*C.*) *decorosa*, *Candona humifusa*, *Candoniella simplica*, *Darwinula contracta*, *Timiriasevia fenestrata* 和 *T.corcava* 的层位并非九佛堂组下部,而应属义县组大康堡层的顶部,故在此特予更正。诚然,新建立的这一介形类化石组合与上述九佛堂组下部的介形组合有一定联系,如二者均有 *Cypridea* (*Cypridea*) *veridical veridical*, *C.*(*C.*) *decorosa*, *Candoniella simplica* 和 *Timiriasevia corcava* 等,但区别亦明显,如 *Cypridea*(*Cypridea*) *rostella*, *C.*(*C.*) *veridical arrecta*, *Candona humifusa* 和 *Timiriasevia fenestrata* 目前仅见于大康堡层,且个体数量多。鉴于九佛堂组介形类化石组合时代为早白垩世中期,故将义县组大康堡层介形类化石组合时代确定为早白垩世早期。

义县四方台一带的砂岩、页岩、灰岩和膨润土层含潜龙 *Hyphalosaurus baitaigouensis* 和龟类 *Manchurochelys* sp.,并产有叶肢介 *Eosestheria*(*Filigrapta*) *taipinggouensis*,其生物化石面貌类似于大康堡层。从岩层产状和平面分布特点上来看,应该为大康堡层的偏上部层位。

3. 伞托花沟层与尖山沟层对比

紫都台盆地的伞托花沟层是火山岩中的一个沉积夹层,含鸟类 *Confuciusornis sanctus*(圣贤孔子鸟),龟类 *Manchurochelys* sp.,介形类 *Cypridea*(*Cypridea*) cf. *liaoningensis*, *Timiriasevia jianshangouensis* 等,这些化石均见于北票地区的尖山沟层,从而表明伞托花沟层可与尖山沟层对比,均属义县组二段。

4. 新台门层与尖山沟层的对比

葫芦岛市新台门盆地的义县组火山岩中有 2 层含化石层,即下部的新台门层和上部的水口子层,均含蝾螈 *Liaoxitriton zhongjiani*(钟键辽西螈),新台门层还产有叶肢介 *Eosestheria ovata*,昆虫 *Ephemeropsis trisetalis*,植物 *Liaoningocladua boii* 等化石。*Eosestheria ovata* 在辽西地区主要产于义县组下部,考虑新台门层之下还有逾 500m 厚的安山岩及其碎屑岩,故将新台门层和水口子层与尖山沟层对比,置于义县组二段。

5. 罗家沟层与尖山沟层的对比

罗家沟层广泛分布在建昌盆地中,厚度超过 100m。该层底部含始反鸟类和翼龙及离龙等珍稀化石,并有叶肢介 *Eosestheria ovata*, *E.*(*Clithrograpta*) *lingyuanensis*,鱼类 *Lycoptera davidi*, *Protopsephurus liui*, *Beipiaosteus pani*, *Sinamia* sp.,昆虫 *Sinoraphidia hemeros*, *Ephemeropsis trisetalis*,介形类 *Cypridea biventricostata*, *C. sinensis*, *Ziziphocypris linchengensis* 等,双壳类 *Arguniella* sp., *Sphaerium jeholense*,植物 *Cladophlebis* cf.*asiatica*, *Phoenicopsis angustissima*, *Liaoningocladus boii* 等化石,表明罗家沟层与尖山沟层层位基本相当,划归义县组二段。

6. 大新房子层与尖山沟层的对比

在凌源-三十家子盆地,义县组大新房子层的第二沉积旋回含鸟类、恐龙、有鳞类、离龙、哺乳类和被子植物等珍稀化石,其中,鸟类 *Confuciusornis sanctus*(圣贤孔子鸟),兽脚类恐龙 *Sinosauropteryx prima*(中华龙鸟), *Sinornithosaurus* sp.(中国鸟龙),角龙类 *Psittacosaurus* sp.(鹦鹉嘴龙),哺乳类 *Jeholodens jenkinsi*(金氏热河兽),被子植物 *Archaefructus* sp.(古果属), *Hyrcantha decussata* 均见于北票地区义县组尖山沟层，一些无脊椎动物化石亦如此。因此，大新房子层可与尖山沟层对比，划归义县组二段。

7. 西台子北沟层与尖山沟层的对比

宁城盆地义县组下部西台子北沟层含鸟类 *Confuciusornis* sp.(孔子鸟)，角龙类 *Psittacosaurus* sp.及蜥脚类恐龙化石，介形类主要为 *Cypridea* (*Cypridea*) *liaoningensis*，*Yanshanina dabeigouensis*，*Y.subovata*，*Mongolianella palmosa*，*Mantelliana* sp.等，这些化石均见于北票地区的尖山沟层。因此，西台子北沟层与北票地区义县组尖山沟层可以比对，同属义县组二段。

综上所述，我们认为阜新-义县盆地的砖城子层相当于北票市四合屯盆地的尖山沟层中下部，而大康堡层相当于尖山沟层的上部；北票市四合屯盆地的尖山沟层，紫都台盆地的伞托花沟层，新台门盆地的新台门层和水口子层，建昌盆地的罗家沟层，凌源-三十家子盆地的大新房子层，宁城盆地的西台子北沟层，也基本可以相互对比，属同期沉积，均划为义县组二段。

该段各门类生物化石以尖山沟层的生物组合为代表，统称为 *Confuciusornis* - *Sinosauruopteryx* - *Haopterus*(孔子鸟-中华龙鸟-郝氏翼龙)脊椎动物群，并可按类别进一步作以下划分。

1) *Confuciusornis* - *Eoenantiornis* - *Liaoningornis*(孔子鸟-始反鸟-辽宁鸟)鸟群

该鸟群由古鸟亚纲、反鸟亚纲和今鸟亚纲的成员构成。其中，古鸟亚纲孔子鸟科有 *Confuciusornis sanctus*，*C. sunae*，*C. dui*，*C. chuanzhous*，*Changchengornis hengdaoziensis*，*Jinzhouornis zhangjiyingia*，并以前一属种居优势；反鸟亚纲始反鸟科有 *Eoenantiornis buhleri*，辽西鸟目辽西鸟科有 *Liaoxiornis delicatus*；今鸟亚纲主要有辽宁鸟科的 *Liaoningornis longiditris*。

2) *Psittacosaurus* - *Sinosauropteryx* - *Haopterus*(鹦鹉嘴龙-中华龙鸟-郝氏翼龙)爬行动物群

该爬行类动物群包括了蜥臀类美颌龙科的 *Sinosauropteryx prima*，尾羽龙科的 *Caudipteryx zoui*，*C.dongi*，驰龙科的 *Sinornithosaurus millenii*，擅攀鸟龙科的 *Scansoriopteryx heilmanni*，镰刀龙超科的 *Beipiaosaurus inexpectus*，未定科的 *Protachaeopteryx robusta* 和角龙类的 *Psittacosaurus* sp.；翼手龙类翼手龙科的 *Haopterus gracilis*，*Eosipterus yangi*，喙嘴龙类蛙嘴龙科的 *Dendrorhynchoides curvidentatus*；有鳞类 *Yabeinosaurus tenuis*，*Dalinghosaurus longiditus*；离龙类 *Monjurosuchus splendens*，*Hyphalosaurus lingyuanensis*；龟类 *Manchurochelys liaoxiensis*。

3) *Zhangheotherium* - *Jeholodens*(张和兽-热河兽)哺乳动物群

该哺乳类动物群主要有对齿兽类 *Zhangheotherium quinquecuspidens*，*Maotherium sinensis*，真三尖齿兽类 *Jeholodens jenkinsi*，多瘤齿兽类 *Sinobaatar lingyuanensis*，原始真兽类 *Eomaia scansoria*，有袋类 *Sinodelphys szalayi*。

4) *Callobatrachus* - *Liaobatrachus*(丽蟾-辽蟾)两栖类动物群

该两栖类动物群由无尾两栖类和有尾两栖类化石构成。前者有 *Calolbatrachus sanyanensis*，*Liaobatrachus grabaui*，*Dalianbatrachus mengi*，*Mesophryne beipiaoensis*；后者为 *Liaoxitriton zhongjiani*。

此外，义县组二段的叶肢介化石以 *Eosestheria* (*Filigrapta*) - *Eosestheria* (*Diformograpta*) - *Eosestheria* (*Clithrograpta*) - *Jiliaoestheria*(线饰东方叶肢介-双饰东方叶肢介-网饰东方叶肢介-冀辽叶肢介)亚组合为代表，介形类化石以 *Cypridea* (*Cypridea*) *liaoningensis* - *Yanshanina dabeigouensis*(辽宁女星介-大北沟燕山介)亚组合为代表，腹足类化石以 *Ptychostylus harpaeformis* - *Probaicalia vitimensis*(钩形褶柱螺-维其姆前贝加尔螺)组合为代表，可用以对比不同盆地的义县组二段。

(三)义县组三段地层对比

义县组三段，为一套基性—中性火山岩，在北票地区主要为灰色—灰黑色橄榄玄武岩、斜长橄榄玄武岩及其集块岩和角砾岩，经常伴生橄榄玄武玢岩等次火山岩；在义县盆地除了见有橄榄玄武岩及其碎屑岩外，还出现了大量的玄武安山岩，在上部还有多斑粗安岩、粗安质凝灰角砾岩和角砾凝灰岩等；在凌源盆地为玄武安山岩和安山岩为主的火山岩地层。该套火山岩地层与二段的含化石沉积层之间，除了正常的火山喷发压盖关系外，还在很多地方形成了火山岩穿侵、捕虏体现象，致使化石沉积层破坏严重。

(四)义县组四段地层对比

义县组四段，以阜新-义县盆地马神庙—宋八户剖面的朱家沟层、金刚山层及其之间的火山岩层为代表。底部为砾岩、砾质杂砂岩，分布局限(如朱家沟层)；中部主要为玄武安山岩、安山岩和少量流纹岩等火山岩及其火山碎屑岩；上部为凝灰质粉砂岩、细砂岩和钙质泥页岩(原金刚山层)。在该段地层中金刚山层为重要的化石沉积层，以义县前杨乡枣茨山村西北沟金刚山层剖面为代表，岩性为凝灰质砾岩、砂砾岩、砂岩、泥岩、页岩夹灰岩和凝灰岩，含反鸟类、翼龙、有鳞类、离龙类、龟类、鱼类、叶肢介、介形类、昆虫、植物(含被子植物及木材化石)和孢粉等化石，厚60～80m，与下伏义县组三段玄武安山岩之间存在小的沉积间断面，其顶界为黄花山角砾岩层之底。

金刚山层的脊椎动物化石以 *Lycoptera muroii* -*Manchurochelys manchuensis*(室井氏狼鳍鱼-满洲满洲龟)为代表。除组合的代表分子外，还有有鳞类 *Yabeinosaurus tenuis*，离龙类 *Monjurosuchus splendens*，翼龙胚胎和个体较小的反鸟类化石。叶肢介化石以 *Eosestheria fuxinensis* -*E. jingangshanensis* -*E.changshanziensis* 亚组合为代表，即相当于陈丕基等(1976)所称之 *Eosestheria jingangshanensis* 叶肢介带，其成员还有 *Eosestheria elliptica*，*E. persculpta*，*E. ovaliformis* 等。介形类化石是以 *Cypridea*(*Cypridea*) *arquata* -*C.*(*C.*) *jingangshanensis* 组合为代表，其成员还有 *C.*(*C.*) *zaocishanensis* 等，部分地区伴有 *Cypridea*(*Cypridea*) *unicostata* 和 *Ziziphocypris linchengensis*。孢粉化石以 *Cicatricosisporites* -*Foraminisporis* 组合为代表。此外，该段还产出较多的 *Ephemeropsis trisetalis*(三尾拟蜉蝣)和一些摇蚊等昆虫化石，植物化石有 *Equisetites longevaginatus*，*Coniopteris burejensis*，*Botrychites reheensis*，*Schizolepis jeholensis*，*Liaoningocladus* sp.以及小型被子植物等。这些动、植物化石均分布在义县组四段的上部。

义县组四段的岩性组合在区域上有一些变化，加之辽西西部诸多盆地目前还没有发现比较可靠的金刚山层的特殊生物化石组合，因此出现该段地层区域对比上的困难。凌源盆地东南部边缘，平房西层出现了含酸性火山岩角砾、凝灰的沉积层大致与义县地区的义县组四段相当。鉴于在阜新-义县盆地南部大定堡乡老虎沟东山的金刚山层中下部以凝灰角砾岩和沉凝灰岩为主，上部出现凝灰质砂岩，推测紫都台盆地勿拉哈达—黑山口义县组剖面顶部的沉积凝灰岩段可能相当于义县组四段。建昌盆地西南端新开岭地区，如黄砬沟一带，在九佛堂组底部砾岩之下和义县组上部厚层安山岩之上，出现厚达几十米的砾岩、砂岩和粉砂岩，含保存不佳的叶肢介、介形类和腹足类化石，并以流纹质凝灰熔岩与上覆九佛堂组分界，此沉积层有可能相当于义县组四段。

(五)义县组五段地层对比

义县组五段，以义县马神庙—宋八户义县组剖面上部的黄花山层为代表，为义县火山喷发旋回的晚期产物。该段岩性主要为灰褐色含砂凝灰质胶结的英安-流纹质沉火山角砾岩及含角砾粗砂岩，厚447m，与下伏四段呈突变整合接触。通常该段下部以发育火山碎屑岩为特征，仅在部分地区（如范家沟一带）出现厚逾100m的球粒状流纹岩和流纹质凝灰熔岩。在紫都台盆地和建昌盆地可能有相当于此段的地层。

综上所述，笔者将辽西地区一些主要盆地的义县组划分与对比及对相关问题的认识归纳如下。

(1)义县组的顶、底界线：义县组与下伏张家口组呈平行不整合接触，但更多情况下是呈角度不整合盖在土城子组或更老的地层之上；义县组与上覆九佛堂组多为平行不整合接触，仅在局部地区为整合接触。

(2)义县组可划分成5个岩性段。一段为火山岩夹沉积岩段，代表义县火山旋回初始期的喷发与沉积作用，火山作用以中心式喷溢和爆发活动相互交替为主要作用方式，形成的火山构造以层状火山为主体，少量为破火山。火山岩岩性为玄武岩和玄武安山岩，火山间歇期形成的含化石沉积夹层自下而上包括老公沟层(陆家屯层)和业南沟层(下土来沟层)。二段为砂页岩夹火山岩段，通常由2个或3个沉积小旋回组成，局部地区有火山岩夹层。这一时期是义县火山喷发最大间歇期，也是最大和相对稳定的成湖期，分别以阜新-义县盆地的砖城子层和大康堡层，北票市四合屯盆地的尖山沟层，紫都台盆地的伞托花沟层，新台门盆地的新台门层(含水口子层)，建昌盆地的罗家沟层，凌源-三十家子盆地的大新房子层，宁城盆地的西台子北沟层为代表，含多门类珍稀化石。三段为基性—中基性火山岩段，火山岩主要为玄武岩、玄武安山岩，局部地区出现了粗面安山岩、安山岩。火山喷发作用为裂隙式和中心式喷发并存，并且中心式的火山作用具有较强的爆破现象，在部分地区形成了规模较大的破火山口和爆破角砾岩筒。它们对早期珍稀化石沉积层有明显的破坏作用。四段为火山-沉积岩段，表现为短暂的河流相沉积之后，中基性—中性(局部酸性)火山开始活动，之后在火山洼地的基础上，又形成了湖相沉积，并形成了含多门类生物化石的金刚山沉积层。五段为沉火山角砾岩段，以中心式火山喷发为主，由火山爆发和沉积双重作用形成，表明义县火山喷发旋回进入了尾声阶段。

(3)珍稀化石主要赋存在义县组一段、二段和四段沉积层中。义县组一段有老公沟层和业南沟层(陆家屯层)两个主要珍稀化石层，以 *Jeholosaurus* - *Hongshanosaurus* - *Repenomamus*(热河龙-红山龙-爬兽)脊椎动物群为代表，其中恐龙和哺乳类化石较发育。二段珍稀化石主要赋存在尖山沟层、砖城子层、伞托花沟层、罗家沟层、西台子北沟层下部、大康堡层、大新房子层和新台门层(含水口子层)中下部(偏中部)。在二段下部地层中，鸟类化石以 *Confuciusornis* - *Eoenantiornis* - *Liaoningornis*(孔子鸟-始反鸟-辽宁鸟)鸟群为代表，其中 *Confuciusornis sanctus*(圣贤孔子鸟)为优势种，爬行类化石以 *Psittacosaurua* - *Sinosauropteryx* - *Haopterus*(鹦鹉嘴龙-中华龙鸟-郝氏翼龙)动物群为代表，哺乳类化石以 *Zhangheotherium* - *Jeholodens* 动物群为代表，其中具胎盘的真兽类和有袋类始现，蛙类化石以 *Callobatrachus* - *Liaobatrachus*(丽蟾-辽蟾)为代表，早期被子植物古果类等化石开始出现；二段上部的珍稀化石层以大康堡层为代表，形成了 *Longirostravis* - *Jinzhousaurus* - *Yixiansaurus*(长嘴鸟-锦州龙-义县龙)动物群，该层下部珍稀化石类型和数量多，上部较单调。四段的珍稀化石产于金刚山层上部，脊椎动物化石以 *Lycoptera muroii* - *Manchurochelys manchuensis*(室井氏狼鳍鱼-满洲满洲龟)为代表，其中包括反鸟类、翼龙、有鳞类和离龙类等化石。

(4)义县组的生物化石，尤其是二段珍稀化石的分异度和丰度较高，显示出其处于热河生物群发展的第一高峰阶段。这种态势的出现，可归因于：①季节性半干旱与半潮湿交替的古气候条件，及山地、河流、湖泊等地理景观并存的适宜环境为当时生态体系的出现与平衡奠定了基础；②生物的间断平衡、渐进和镶嵌演化及生长过程的差异性较为突出；③火山频繁喷发对生物演化有害也有益，火山作用可以造成鸟类等生物的集群死亡，但是由火山作用提供的大量有益元素和诱发的环境突变在火山喷发间歇期也可以促进新物种的出现,使生物组合更替加快,种类特征更加明显。

二、九佛堂组划分与对比

九佛堂组在辽西阜新-义县盆地、紫都台(黑城子)盆地、朝阳盆地、大平房-梅勒营子盆地、建昌盆地和大城子-四官营子等盆地广泛分布,以发育砾岩、砂岩、粉砂岩、泥岩和页岩为特征,夹灰岩、泥灰岩、油页岩、沉凝灰岩和膨润土层,含鸟类、恐龙、翼龙、离龙、龟、鱼、叶肢介、介形类、昆虫、双壳类、腹足类、植物、孢粉和轮藻等门类化石,厚400～2800m,一般厚1000余米,与下伏义县组多呈平行不整合接触。

九佛堂组属于断陷盆地快速沉降和稳定沉降期的产物,是热河生物群发展过程中的最大成湖阶段的沉积。由于环境适宜和热河生物群演替的阶段性,导致该生物群的发展出现了第二个高峰,即鸟类化石以 *Cathayornis* -*Chaoyangia*(华夏鸟-朝阳鸟)鸟群为代表,爬行类化石以 *Psittacosaurus mongoliensis* -*Microraptor zhaoianus*(蒙古鹦鹉嘴龙-赵氏小盗龙)动物群为代表,叶肢介化石以 *Eosestheria* -*Yanjiestheria* -*Chifengestheria* -*Jibeiestheria*(东方叶肢介-延吉叶肢介-赤峰叶肢介-冀北叶肢介)亚组合为代表,鱼类化石以 *Jinanichthys* -*Longdeichthys* -*Lycoptera*(吉南鱼-隆德鱼-狼鳍鱼)鱼群为代表,同时介形类、双壳类、腹足类和孢粉化石组合也与义县组有明显区别。依据地层的旋回性沉积、岩石组合及生物化石特点,我们将九佛堂组自下而上划分为3段,并对比如下(图3-53)。

(一)九佛堂组一段地层对比

九佛堂组一段,因为相变,存在两种岩石组合类型,分别为细碎屑沉积类型和粗碎屑沉积类型。细碎屑沉积类型以喀左县小孤山—旧烧锅剖面底部的砂-页岩层段为代表(剖面1～10层,张立君等,1999),主要为黄绿色、黄灰色凝灰质中—细粒砂岩、灰白色、黄绿色页岩和泥岩,含介形类 *Cypridea*(*Cypridea*)*jiufotangensis*,*Limnocypridea slundensis*,*Limnocypridea jianchangensis*,*L. levigata*,*Mongolianella gigantea*,*M.wuerheensis* 等,叶肢介 *Eosestheria jiufotangensis*(*Liaoningestheria jiufotangensis* Chen,1976),*Asioestheria meileyingziensis*,鱼类 *Lycoptera davidi*,昆虫 *Ephemeropsis trisetalis* 等化石。粗碎屑沉积类型以波罗赤镇小北山—黄道营子剖面下部二级沉积旋回的砂岩层段为代表(剖面1～13层,郭胜哲等,1996),主要为灰色—灰黄色含砾中细粒长石岩屑砂岩、灰绿色粉砂质泥岩和泥质粉砂岩,含介形类 *Cypridea*(*Cypridea*)*vitimensis*,*C.jianchangensis*,*C.decorosa*,*C.echinulata*,*Mongolianella gigantea*,*Timiriasevia polymorpha* 等,叶肢介 *Chaoyangestheria* cf.*xiasanjiaziensis*,*Clithrograpta* cf.*gujialingensis*,*Yanjiestheria* sp.,昆虫 *Ephemeropsis trisetalis*,*Coptoclava longipoda*,鱼类 *Lycoptera davidi*,双壳类额尔古纳蚌、球蚬和腹足类前贝加尔螺等化石。

在建昌盆地中南部、大城子-四官营子盆地中南部和大平房-梅勒营子盆地,本段的砾岩、砂砾岩和含砾砂岩相对发育。就整个辽西地区而言,将九佛堂组沉积旋回的下部二级沉积旋回划为本段,其介形类化石以 *Cypridea*(*Cypridea*) *veridica veridical* -*C.trispinosa* -*Yumenia acutiuscula*(纯正女星介-三刺女星介-微尖玉门介)组合为代表,叶肢介化石归属于 *Eosestheria* -*Yanjiestheria* -*Chifengsetheria* -*Jibeiestheria*(东方叶肢介-延吉叶肢介-赤峰叶肢介-冀北叶肢介)亚组合,该段总厚200～800m,与下伏义县组多呈平行不整合接触。

(二)九佛堂组二段地层对比

九佛堂组二段,存在两种岩石组合类型,即细碎屑沉积类型和粗碎屑沉积类型。细碎屑沉积类型以喀左县九佛堂小孤山剖面中部二级沉积旋回为代表(剖面 11～20 层),岩性为灰色、灰绿色页岩、粉砂质页岩夹粉砂岩、细砂岩、泥灰岩和膨润土层,含介形类 *Cypridea* (*Ulwellia*) *koskulensis*, *C*.(*Cypridea*) *unicostata*,叶肢介 *Eosestheria* sp.,双壳类 *Nakamuranaia elongata* 等化石,厚 500 余米,与下伏九佛堂组一段整合接触。粗碎屑沉积类型以波罗赤镇小北山剖面中部二级沉积旋回为代表(剖面 14～29 层),岩性为黄绿色砾岩、含砾中粗—中细粒长石岩屑砂岩、灰绿色泥质粉细砂岩、泥质粉砂岩和粉砂质泥岩,在上部泥质粉砂岩中含有华夏鸟群、介形类、叶肢介和鱼类等化石,该类型沉积总厚 700 余米,与下伏九佛堂组一段整合接触。在辽西地区九佛堂组二段厚 300～1200m,一般在 500～700m 之间,自东而西包括了阜新-义县盆地的团山子珍稀化石层,大平房-梅勒营子盆地的喇嘛沟珍稀化石层,朝阳盆地的上河首珍稀化石层,大城子-四官营子盆地的西大沟珍稀化石层。现将不同盆地九佛堂组二段的珍稀化石层细划分和对比如下。

1. 西大沟层及与其相当的含化石地层

该层分布在大城子-四官营子盆地九佛堂组二段的上部,以小北山—黄道营子剖面九佛堂组二段上部(第 18 层)含 *Cathayornis* -*Chaoyangia*(华夏鸟-朝阳鸟)鸟群层位为代表,为西大沟层。其中,鸟类化石主要有 *Cathayornis yandica*, *C.caudatus*, *C.aberransis*, *Boluochia zhengi*, *Largirostrornis sexdentornis*, *Cuspirostrsornis houi*, *Longchengornis sanyanensis*, *Chaoyangia beishanensis*, *Songlingornis linghensis*, *Eocathayornis walkeri*;介形类化石有 *Cypridea* (*Cypridea*) *multigranulata ventricarinata*, *C. jianchangensis*, *C. echinulata*, *Limnocypridea jianchangensis*, *L. propris*, *L.posticontracta*, *L.tulongshanensis*, *Mongolianella palmosa*, *M.longiuscula*, *M.gigantea*;叶肢介化石有 *Asioestheria* sp., *Eosestheria* sp.;鱼类化石有 *Lycoptera davidi*, *Peipiaosteus* sp.。西大沟层自波罗赤镇西大沟向西南延至喀左县甘招乡西沟以南一带,与宋家店—甘招剖面的第 21 层相当(张立君,1999)。后者也含有鸟类珍稀化石和介形类、叶肢介等无脊椎动物化石,两地的介形类化石组合特征一致。

现将其他盆地与西大沟层可对比的层位列述如下。

1) 上河首层与西大沟层可对比

上河首层位于朝阳盆地九佛堂组二段上部,主要含鸟类 *Longipteryx chaoyangensis*(朝阳长翼鸟), *Aberratiodentus wui*(吴氏异齿鸟), *Sapeornis chaoyangensis*, *Omnivoropteryx sinousaorum*,驰龙类 *Cryptovolans pauli*(鲍尔隐翔龙),翼手龙类 *Jidapterus edentus*(无齿吉大翼龙)。虽然这些珍稀化石目前尚未在西大沟层发现,但上河首层下部的介形类化石以 *Limnocypridea slundensis*(斯柳德湖女星介)非常繁盛为特征,它们多见于九佛堂组一、二段,并伴有主要产于九佛堂组一、二段的 *Limnocypridea rara*(稀少湖女星介)和常见于该组二、三段的 *Limnocypridea posticontracta*(后窄湖女星介),这与西大沟层的介形类化石以九佛堂组二、三段的类型为主,伴有九佛堂组一、二段的介形类化石的特征基本一致。同时,上河首层和西大沟层均夹略厚一些的沉凝灰岩或膨润土层,表明二者层位相当。朝阳市北小东山的九佛堂组二段产鸟类 *Chaoyangia* sp., *Jinzhousornis* ? sp.和驰龙化石,并有多层介形类化石,如 *Limnocypridea slundensis*, *L.rara*, *L.abscondida*(隐湖女星介),亦见鱼类 *Lycoptera* sp.和 *Peipiaosteus* sp.,其中,*Chaoyangia* 目前仅见于西大沟层,介形类化石面貌与西大沟层和上河首层基本一致,故将小东山一带的珍稀化石层划归上河首层,并与西大沟层对比。朝阳盆地西大营子镇饮马池村西北沟一带的九佛堂组含离龙类 *Ikechosaurus*、驰龙类和鸟类化石,按岩性组合特征和剖面地层层序,亦属上河首层,划归九佛堂组二段上部。

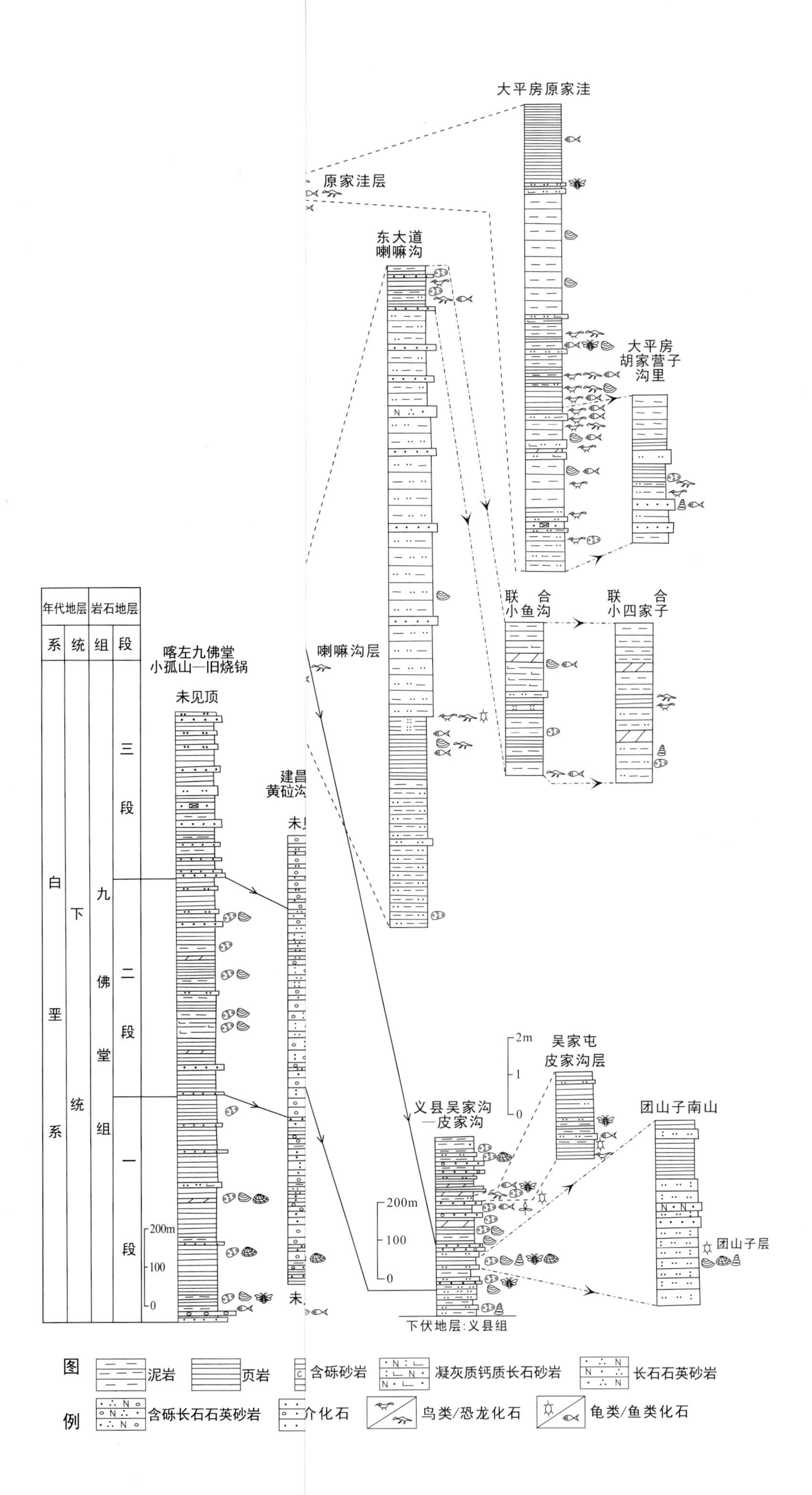

大平房原家洼
原家洼层
东大道
喇嘛沟
大平房
胡家营子
沟里
联 合
小鱼沟
联 合
小四家子
年代地层
岩石地层
系
统
组
段
白
垩
系
下
统
九
佛
堂
组
三
段
二
段
一
段
喀左九佛堂
小孤山—旧烧锅
未见顶
建昌
黄砬沟
喇嘛沟层
200m
100
0
2m
1
0
吴家屯
皮家沟层
义县吴家沟
—皮家沟
团山子南山
团山子层
下伏地层:义县组
图
例
泥岩
页岩
含砾砂岩
凝灰质钙质长石砂岩
长石石英砂岩
含砾长石石英砂岩
介化石
鸟类/恐龙化石
龟类/鱼类化石

region

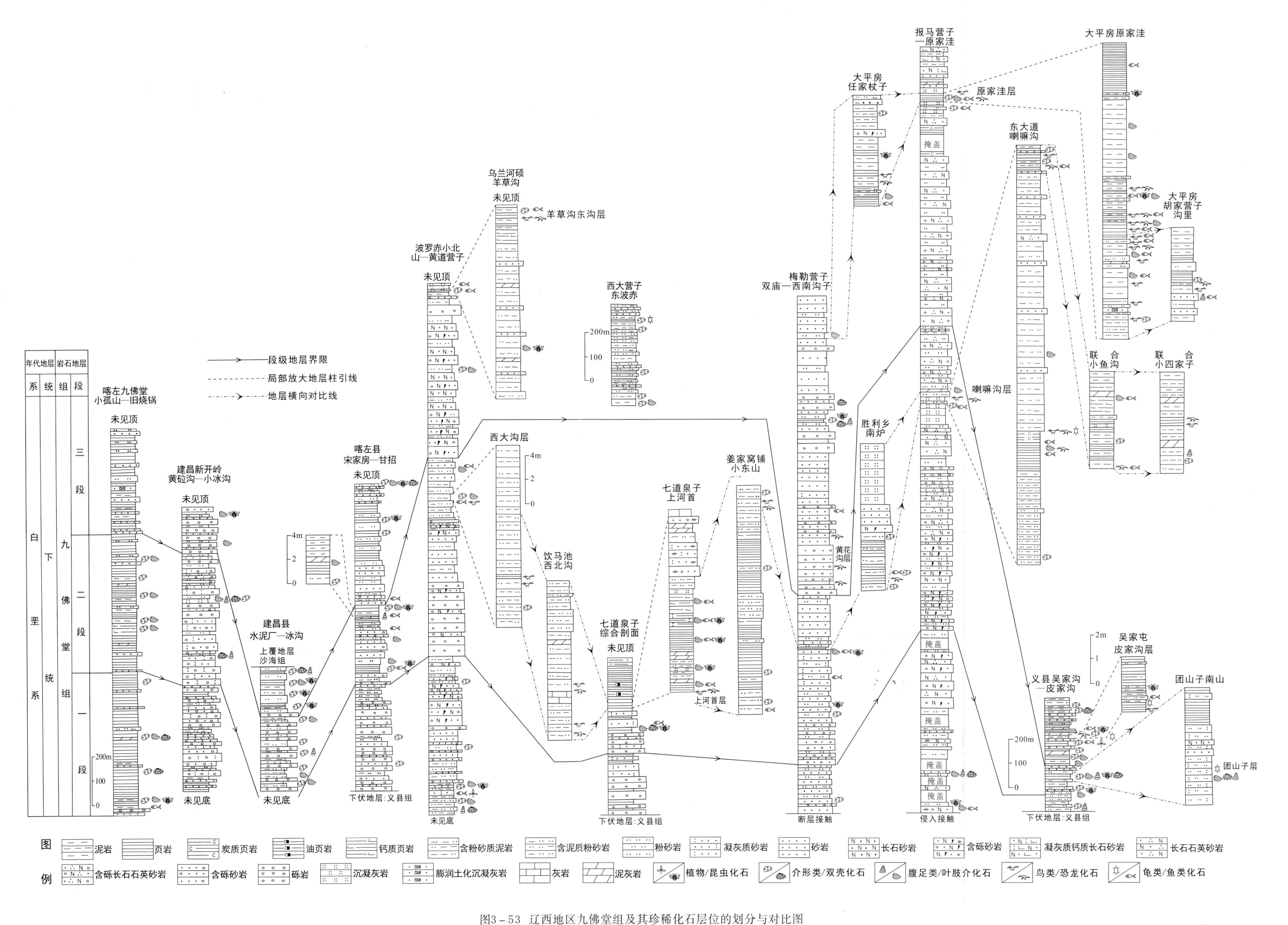

图3-53 辽西地区九佛堂组及其珍稀化石层位的划分与对比图

Fig.3-53 Division and correlation of Jiufotang Formation and its precious fossil-bearing beds in some main basins of western Liaoning region

2）喇嘛沟层可与西大沟层对比

大平房-梅勒营子盆地的喇嘛沟层以报马营子—原家洼剖面的九佛堂组二段上部（第 30～33 层）为代表。在东大道乡喇嘛沟西山，该层厚达 78m，其上覆和下伏层均为厚层沉凝灰岩。

在这里，该层自下而上有 4 个主要珍稀化石层，即近底部的鹦鹉嘴龙和龟化石层，中下部的离龙（*Ikechosaurus* ? sp.）、鸟类和龟化石层，中上部的鸟、驰龙和翼龙化石层，顶部的鸟化石层。其中，底部的第一珍稀化石层与第二珍稀化石层的间距约 22m，第二与第三珍稀化石层的间距约 10m，第三与第四珍稀化石层的间距达 26m。这些珍稀化石层厚 0.6～2.8m。目前已发表的产自该地喇嘛沟层的珍稀化石仅有翼手龙类 *Sinopterus dongi*。根据该层中介形类化石 *Limnocypridea slundensis*（斯柳德湖女星介）的个体数量较多，同时又有 *Limnocypridea rara*（稀少湖女星介），*L. abscondida*，*L. tulongshanensis* 和 *Cypridea* cf. *echinulata* 等介形种类的出现，可以确定喇嘛沟层与西大沟层位相当。

朝阳胜利乡（梅勒营子）南炉村北山和联合乡（龙王庙）疙瘩强子村小鱼沟化石产地均地处大平房-梅勒营子盆地。前者产鸟类 *Sinornis santensis*（三塔中国鸟）、翼龙类 *Sinopterus gui*（谷氏中国翼龙），并见介形类化石 *Limnocypridea slundensis*，*L. posticontracta*，*Cypridea* sp.，其中 *Sinopterus* 属和介形类化石面貌与典型的喇嘛沟层的化石基本一致，加之南炉一带珍稀化石层之上有厚达 6m 的膨润土化沉凝灰岩，可以判定该珍稀化石层属于喇嘛沟层的上部；后者在页岩和泥岩中含翼龙 *Liaoningopterus gui*（顾氏辽宁翼龙），鱼类 *Lycoptera* sp.，个体数量极多的介形类（*Limnocypridea slundensis*）化石，从层序上看，相当于喇嘛沟层。

联合乡小四家子和西窝铺两地的含鸟类 *Dalianraptor cuhe*（粗颌大连鸟）、恐龙化石层，因见介形类化石 *Limnocypridea slundensis*，*L. rara* 等，显示其层位也相当于喇嘛沟层。

3）团山子层可能相当于西大沟层

团山子村南山位于阜新-义县盆地南部。含化石层岩性自上而下为灰色页岩、中细粒砂岩和浅灰色凝灰质粉砂岩，厚度超过 20m。在凝灰质粉砂岩中含龟类 *Manchurochelys* ? sp.，双壳类、腹足类和叶肢介化石。该层总体特征与吴家沟—皮家沟九佛堂组剖面中部层段的特征相似，此外，该剖面上部的皮家沟层所含介形类化石与大平房-梅勒营子盆地九佛堂组三段原家洼珍稀化石层可比，故认为团山子层属于九佛堂组二段，相当于喇嘛沟层和西大沟层。

（三）九佛堂组三段地层对比

九佛堂组三段地层构成了一个完整的二级沉积旋回，包括两种沉积类型，即细碎屑沉积类型和粗碎屑沉积类型。细碎屑沉积类型以小孤山—旧烧锅和吴家沟—皮家沟剖面九佛堂组上部为代表，岩性以页岩、泥岩和粉砂岩为主，夹砂岩、泥灰岩和膨润土层，一般厚 300～400m。粗碎屑沉积类型以报马营子—原家洼剖面第 34～52 层（张立东等，2004）和小北山—黄道营子剖面九佛堂组上部为代表，岩性以含砾长石岩屑砂岩、含砾长石石英砂岩、粉砂岩、泥岩和页岩为主，夹泥灰岩和膨润土层，厚 700～1200m，与下伏九佛堂组二段呈整合接触。该段的主要珍稀化石层有阜新-义县盆地的皮家沟层，大平房-梅勒营子盆地的原家洼层，朝阳市的东波赤层，大城子-四官营子盆地的羊草沟东沟层。现以原家洼层为代表将这些含珍稀化石层的划分与对比论述如下。

1. 原家洼层及与其相当的含化石地层

该化石层位于报马营子—原家洼剖面九佛堂组三段中部。其下伏层为三段中部的灰黄色、黄褐色中厚层—厚层状石英长石细粒砂岩与灰绿色薄层状泥质粉砂岩互层（剖面第 43 层），其上覆层为浅灰色薄层—薄板状含砂质沉凝灰岩(剖面第50层)。岩性主要为灰色、灰黑色泥岩、页岩、粉砂岩夹泥灰岩、沉凝灰岩及膨润土层,含鸟类、驰龙、翼龙、龟、鱼、介形类、叶肢介和昆虫等化石,厚77m,但珍稀化石集中分布在该层上部约26m厚的岩层中。从目前发现的珍稀化石情况来看,该层自上而下的第二层褐黄色泥灰岩及其以上小层中未见珍稀化石,仅见较多的鱼和叶肢介化石,而在第二层褐黄色泥灰岩层之下的6.22m厚的岩层中,有10小层含鸟化石,其中包括5小层含恐龙化石和1小层含龟化石,推测其下还可能有珍稀化石层。从平面分布上来看,自大平房镇东平房至任家杖子,经西营子和八棱观向南至车杖子一带,目前所发现的珍稀化石均属原家洼层。以往发现的产自大平房镇公皋、原家沟一带的鸟类 *Jeholornis prima*(原始热河鸟),翼龙 *Chaoyangopterus zhangi*(张氏朝阳翼龙),驰龙 *Microraptor gui*(顾氏小盗龙),均采自原家洼层。在原家洼一带,该层还产介形类化石 *Yumenia casta*, *Limnocypridea grammi*, *L.abscondida*, *L.slundensis*, *L.jianchangensis*, *Mongolianella palmosa*, *Yixianella marginulata*, *Djungarica circulitriangula*,叶肢介化石 *Asioestheria meileyingziensis*, *Eosestheria* sp.,昆虫化石 *Ephemeropsis trisetalis*,鱼类化石 *Lycoptera davidi*。

1) 皮家沟层与原家洼层位相当

皮家沟层以阜新-义县盆地的吴家沟—皮家沟剖面九佛堂组三段中部为代表,岩性为灰色、灰白色泥岩、页岩、泥灰岩夹中细粒砂岩,含离龙类 *Ikechosaurus pijiagouensis*(皮家沟伊克昭龙),龟 *Manchurochelys* sp.(满洲龟),鱼类 *Lycoptera davidi*, *Jinanichthys longcephalus*, *Longdeichthys luojiaxiaensis*,介形类 *Yumenia casta*, *Limnocypridea grammi*, *L.abscondida*, *L.redunca*, *L.posticontracta*, *L.tulongshanensis*, *Mongolianella palmosa*, *M.longiuscula*, *Clinocypris obliquetruncata*, *Cl.anterogrossa*, *Candona subprona*,昆虫 *Ephemeropsis trisetalis* 等化石,厚达64m。该层在前杨乡西二虎桥和吴家屯一带及大凌河北的土垄山一带均有分布,其中在吴家屯地区产鸟类化石 *Jinzhouornis yixianensis*(义县锦州鸟)和 *Yixianornis grabaui*(葛氏义县鸟),龟类 *Manchurochelys* sp.及翼龙,鱼类 *Jinanichthys longicephalus* 和 *Sinamia zdanskyi* 化石。介形类化石面貌与皮家沟附近的一致。尽管爬行类和鸟类化石目前尚不能提供皮家沟层与原家洼层直接对比的依据,但这两层所含介形类化石面貌雷同,故认为皮家沟层与原家洼层层位相当,可以相互对比。

2) 羊草沟东沟层与原家洼层的对比

羊草沟东沟层分布在大城子-四官营子盆地乌兰河硕乡羊草沟一带的九佛堂组三段,岩性为灰色、灰白色和深灰色粉砂质页岩、泥岩夹泥灰岩和细砂岩,含鸟类和恐龙化石,介形类有 *Clinocypris obliquetruncata*, *Candona subprona* 和 *Mongolianella palmosa* 等,并有叶肢介 *Yanjiestheria adornata*, *Y.*cf.*venusta* 和 *Y.? exornata* 及昆虫等化石。由于出露不全,可见厚度大于7m。该层延展到小北山—黄道营子剖面上部的南梁一带(相当于剖面的第24层),产介形类 *Cypridea multigranulata ventricarinata*, *C.tersa*, *Mongolianella palmosa* 等,表明羊草沟东沟层的介形类化石可以与皮家沟层的介形类化石对比。根据皮家沟层相当于原家洼层的对比意见,故认为羊草沟东沟层与原家洼层层位相当。

3) 东波赤层的对比问题

东波赤层分布在朝阳盆地南部西大营子乡东波赤村北山一带,其层位明显高于饮马池村西北沟地区的上河首层,并含满洲龟和介形类化石。其中,介形类化石以 *Lycopterocypris infantilis* 和 *Darwinula contracta* 极丰富为特征,伴有少量常出现于九佛堂组三段的 *Rhinocypris pluscula*,与大城子盆地九佛堂组三段的介形类面貌有些类似,但因未见皮家沟层和原家洼层的典型分子,故暂将东波赤层划归九佛堂组三段,目前尚无与原家洼层对比的依据。

2. 黄花沟层及与其层位相当的含化石地层

该层分布于大平房-梅勒营子盆地胜利乡黄花沟一带，相当于九佛堂组三段下部，以紫红色砂砾岩夹黄绿色粉砂岩和砂岩为主，含角龙类 *Psittacosaurus meileyingensis*（梅勒营子鹦鹉嘴龙）和 *P.mongoliensis*（蒙古鹦鹉嘴龙）。目前虽尚未在其他盆地九佛堂组三段下部发现珍稀化石层，但按层位，南炉地区的喇嘛沟层似位于黄花沟层之下，故将黄花沟层视为喇嘛沟层与原家洼层之间的一个珍稀化石层位。

综上所述，笔者将九佛堂组划分与对比的认识归纳如下。

1）九佛堂组的上、下界线

辽西地区九佛堂组与下伏义县组的接触关系，除局部地区呈整合接触（如宋八户南）外，多呈平行不整合接触。其上被沙海组整合或平行不整合覆盖。在九佛堂组沉积的末期，虽因盆地构造反转而导致含砾砂岩等粗碎屑沉积出现，但通常以沙海组底部冲积扇层之底作为九佛堂组与沙海组的分界线。

2）九佛堂组岩段的划分与对比

将九佛堂组视为一个一级沉积旋回，按二级沉积旋回和岩石组合特征，将该组自下而上划分为3个岩性段。根据沉积旋回级次和所含生物化石组合特点，各盆地九佛堂组的段级单位可以进行较好的对比。

3）珍稀化石层的划分与对比

九佛堂组的珍稀化石主要分布在二段和三段中。为便于划分与对比研究，笔者将不同盆地同一层位和同一盆地不同层段的珍稀化石层分别命名，并尽可能在代表性主干剖面上归位。现简要归纳于表3-5中。

表3-5 辽西地区不同盆地九佛堂组珍稀化石层位的划分与对比简表

Table 3-5 Division and correlation of precious fossil-bearing beds of Jiufotang Formation in various basins, westernLiaoning region

<table>
<tr><th colspan="2">盆地及化石层
岩石地层</th><th>大城子—四官营子</th><th>朝阳</th><th>大平房—梅勒营子</th><th>阜新—义县</th></tr>
<tr><td rowspan="6">九佛堂组</td><td rowspan="3">三段</td><td></td><td rowspan="2">东波赤层</td><td></td><td></td></tr>
<tr><td>羊草沟东沟层</td><td>原家洼层</td><td>皮家沟层</td></tr>
<tr><td></td><td></td><td>黄花沟层</td><td></td></tr>
<tr><td rowspan="2">二段</td><td>西大沟层</td><td>上河首层</td><td>喇嘛沟层</td><td>团山子层</td></tr>
<tr><td></td><td></td><td></td><td></td></tr>
<tr><td>一段</td><td></td><td></td><td></td><td></td></tr>
</table>

4）爬行类与鸟类动物群的划分

九佛堂组二段的鸟类化石以西大沟层的 *Cathayornis -Chaoyangia*（华夏鸟-朝阳鸟）鸟群为代表，其主要成员有产自西大沟的反鸟类6属8种，今鸟类2属2种（名单见表3-1），产于上河首层的反鸟类3属3种及未定亚纲的1属1种，产自喇嘛沟层的反鸟类1属1种及尚待研究的一些鸟化石。该段的爬行类化石以 *Sinopterus -Cryptovolans*（中国翼龙-隐翔龙）动物群为代表，主要分子有驰龙1属1种及未定属种，翼龙类3属4种，此外尚有龟类和离龙类等化石。

九佛堂组三段的鸟类化石以皮家沟层和原家洼层的 *Jeholornis -Yixianornis*（热河鸟-义县鸟）

鸟群为代表，包括古鸟类、今鸟类和亚纲未定的鸟类共3属3种。爬行类化石以 *Microraptor – Chaoyangopterus*（小盗龙-朝阳翼龙）动物群为代表，主要成员有驰龙类，角龙类2属2种，离龙类各1属1种，翼龙类2属2种，尚有龟类等化石。

5）关于九佛堂组的沉凝灰岩问题

辽西地区九佛堂组夹有多层沉凝灰岩和薄层膨润土，尤以二段更明显，个别层厚达几十米，表明毗邻地区（如冀北或大兴安岭中南部）在九佛堂组沉积时期还有火山喷发活动。

第七节　阜新生物群赋存地层的划分与对比

阜新生物群产在沙海组和阜新组及其相当层位，以 *Kuyangichthys – Yanjiestheria – Acanthopteris*（固阳鱼-延吉叶肢介-刺蕨）化石组合为代表，至少由13个门类化石构成，包括恐龙、有鳞类、哺乳类、鱼类、叶肢介、介形类、昆虫、双壳类、腹足类、植物（含木化石）、孢粉、轮藻和藻类等。

一、沙海组划分与对比

该组主要分布在阜新-义县盆地、黑山盆地、金岭寺-羊山盆地西缘、朝阳盆地东南缘、大平房-梅勒营子盆地东缘和建昌盆地东缘。其下部以砾岩和砂砾岩为主，中部为砂岩、粉砂岩、泥岩和页岩夹多层煤，上部为泥岩、页岩、砂岩和砂砾岩，局部地区偶夹薄煤层，含动植物化石，厚400～1300m，与下伏九佛堂组呈整合或平行不整合接触。根据岩性和含煤性，将沙海组自下而上划分为3段，并将不同盆地的岩段对比如下（图3-54）。

一段：以阜新市杨虎沟和建昌县冰沟剖面为代表，岩性为灰黄色、灰紫色砾岩、含砾砂岩夹砂岩和灰色泥岩，多属冲积扇沉积，厚度变化较大，一般厚80～150m，最厚可达250m，通常以底部灰黄色或灰紫色砾岩作为沙海组与九佛堂组顶部的分界层。

二段：岩性主要为灰色、灰白色砂岩、灰绿色粉砂岩、灰黑色泥页岩夹多层煤，其底部以砾岩层或含砾粗粒砂岩层与一段顶部的泥岩或粉砂岩层分界，在阜新-义县盆地其厚400～700m，其他盆地则厚100～200m。本段的主要特征是煤层较多，为煤层富集层段，其中，阜新市清河门地区有5个煤组，黑山县八道壕地区有4个煤组，同时富含双壳类、腹足类、介形类、植物和孢粉化石。恐龙 *Asiatosaurus* sp.（亚洲龙），恐龙蛋 *Heishanoolithus changii* 和哺乳动物化石 *Mozomus shikamai* Li et al.（鹿间明镇古兽）也产于本段。与亚洲龙和黑山恐龙蛋产于同一层段的还有介形类化石 *Cypridea*（*Cypridea*）*unicostata*，*C.*（*C.*）*prognata*，*C.*（*Ulwellia*）*ihsienensis*，双壳类化石 *Sphaerium seleginense*，*Sph. Jelolense*，腹足类化石 *Probaicalia* sp.，*Campeloma* sp.等。孢粉化石以 *Liaoxisporis – Pilosisporites – Piceaepollenites* 组合为代表，其特征是：化石组合以裸子植物花粉占绝对优势（83.2%～95.6%），蕨类植物孢子次之（4.4%～16.8%）；蕨类孢子中海金砂科孢子较发育，主要有 *Cicatricosisporites australiensis*，*C. minor*，*Pilosisporites verus*，*P. trichopapillosus*，*Concavissimisporites punctatus*，*C. varverrucatus*，*Lygodiumsporites subsimplex*，其中未见有突肋纹孢，但出现了数量较多且极为重要的 *Liaoxisporis firmus*；桫椤孢、光面单缝孢、膜环弱缝孢等频繁出现，但含量不高；有极少量的 *Densoisporites perinatus*，*Abdiverrucospora*，*Aequitriradites* 等；裸子植物花粉以云杉粉为主，古型松柏类含量不高（一般为8.4%～16.1%），苏铁类有一定含量，*Cerebropollenites*，*Psophosphaera*，*Classopollis* 等零星出现（吴洪章鉴定）。

上述介形类化石和孢粉化石组合指示，黑山县八道壕地区含 *Asiatosaurus* sp.和 *Heishanoo-*

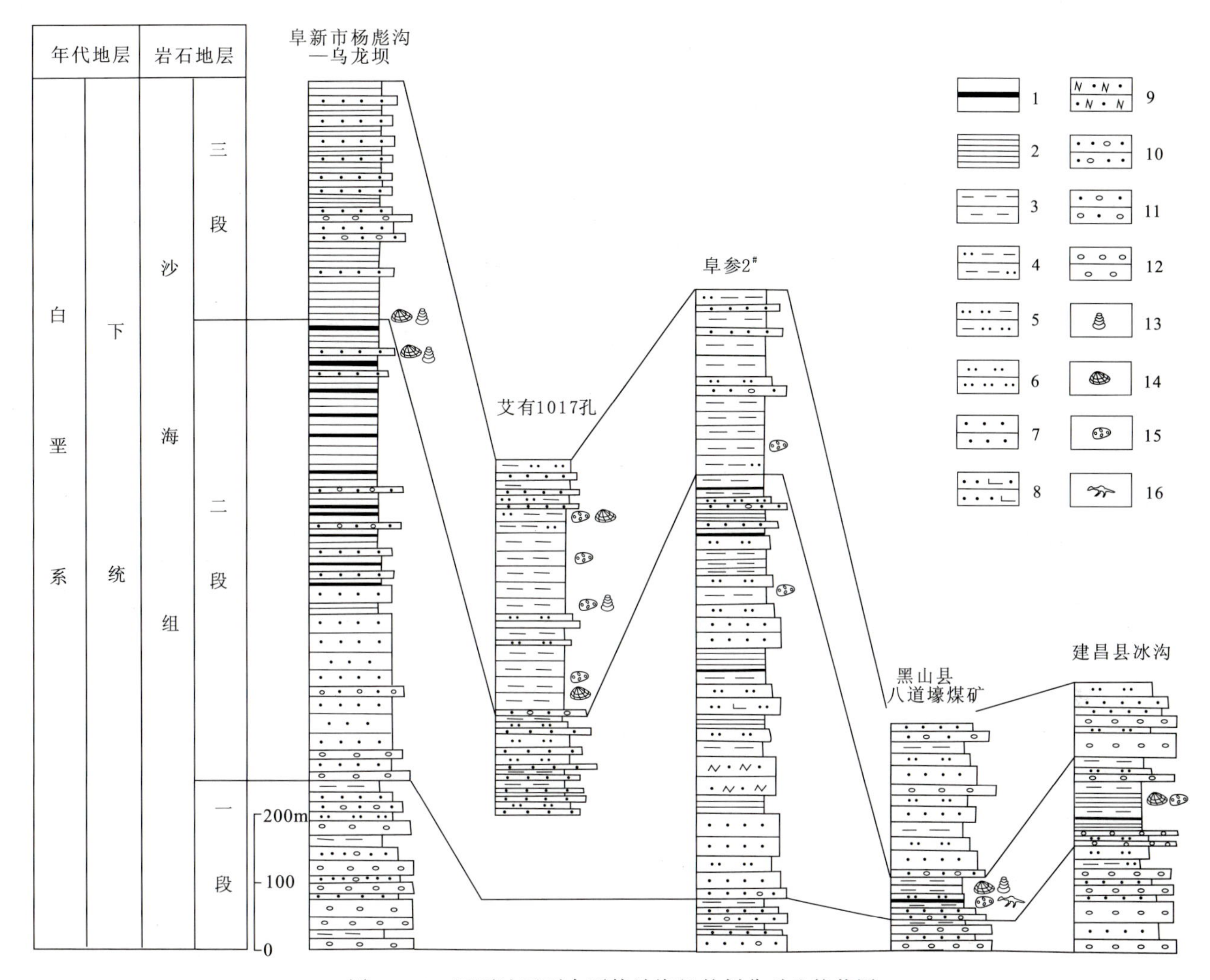

图 3-54　辽西地区下白垩统沙海组的划分对比柱状图

Fig.3-54　Column division and correlation of Lower Cretaceous Shahai Formation in western Liaoning region

1.煤层；2.页岩；3.泥岩；4.粉砂质泥岩；5.泥质粉砂岩；6.粉砂岩；7.砂岩；8.钙质胶结砂岩；9.长石砂岩；10.砾质砂岩；11.砂质砾岩；12.砾岩；13.腹足类化石；14.双壳类化石；15.介形类化石；16.恐龙化石

1.coal seam; 2.shale; 3.mudstone; 4.silty mudstone; 5.Argillaceous siltstone; 6.siltstone; 7.sandstone; 8.Calcareous sandstone; 9.feldspathic sandstone; 10.Gravel sandstone; 11.sandy conglomerate; 12.conglomerate; 13.gastropod fossils; 14.bivalve fossils; 15.Ostracods fossils; 16.dinosaur fossils

lithus changii 的层位当属沙海组，又因含有多层煤，可与阜新-义县盆地的沙海组二段对比。

三段：以阜新艾有 1017 号和东梁 563 号钻孔为代表，岩性以灰黑色泥岩和粉砂岩为主，局部夹薄层油页岩、砂岩、含砾粗砂岩及一层薄煤，含介形类、双壳和腹足类化石，厚 200～500m。但在建昌和黑山等盆地，该段以中粗粒碎屑沉积为主，厚仅 100～200m。三段与二段的分界有两种情况：一是细碎屑型沉积，通常以二段顶部的煤层终止和上覆暗色泥岩的出现作为划分界线；二是中粗粒碎屑型沉积，以二段湖沼相沉积结束和上覆砾岩或砂砾岩层之底，作为两个岩段的划分界线。

黑山盆地谢林台凹陷的沙海组一段岩性为灰色、浅灰色、灰白色砾岩、砂砾岩夹砂岩和炭质泥岩，二段以灰色、深灰色、灰黑色泥岩、粉砂岩为主，夹砂岩、砂砾岩及 10 个薄煤组，煤层厚度多小于 60cm。在谢林台凹陷该组含软体动物化石，厚 200～400m。位于谢林台凹陷之南的雷家凹陷，沙海组发育特点与谢林台凹陷类似，但沉积厚度变薄，一般为 100～300m，在凹陷南部沉积厚度可逾 450m，其中二段地层以灰色、灰白色、灰黑色砂泥岩、泥岩和粉砂岩为主，夹油页岩、泥灰岩和 6 个薄煤组，含双壳类 *Sphaerium jeholense*，*Neomiodon*? *quadratum* 等；腹足类 *Hydrobia* sp.，*Bellamya tani*，*Probaicalia* cf.*vitimensis* 等；介形类 *Cypridea elegantula* 等；植物 *Ruffordia goepperti*，*Onychiopsis elongata* 等。这些化石可以同阜新-义县盆地的沙海组同门类化石对比。

康平-保康盆地的沙海组以张强凹陷强参 1 井和保康凹陷的乐参 1 井为代表。张强凹陷沙海组一段为绿灰色、灰白色砾岩、砂砾岩夹砂岩和薄层泥岩；二段为深灰色、灰黑色泥岩、粉砂质泥岩与浅灰色砂岩互层，局部地区夹煤层；三段下部为褐灰色油页岩、泥灰岩与页岩互层，上部为灰绿色细粒砂岩、深灰色泥岩和灰色砂砾岩。在张强凹陷中本组二段孢粉化石以 *Cicatricosisporites* - *Leptolepidites* - *Classopollis* 组合为代表，其中裸子植物花粉居优势(56.8%～85.7%)，蕨类孢子仅占 14.3%～18.5%，未见被子植物花粉。三段孢粉化石以 *Liaoxisporis* - *Appendicisporites* - *Cedripites* 组合为代表，其中裸子植物花粉占 73.9%～84.1%，蕨类孢子占 15.9%～26.1%，而且类型明显增加，被子植物花粉开始出现。介形类化石以 *Cypridea elegantula* - *C.*(*Pseudocypridina*) *yangliutunensis* - *Limnocypridea qinghemenensis* 组合为代表，并伴生双壳类、腹足类和鱼类化石。这些生物化石组合完全可与阜新-义县盆地的沙海组同门类化石组合对比。张强凹陷的沙海组厚度可达 800m，但一般厚度变化在 400～500m 之间，与下伏九佛堂组呈平行不整合接触。

保康凹陷的沙海组一段为紫红色厚层砾岩夹红色、浅灰色薄层泥岩，含孢粉、介形类及双壳类化石，视厚度 298m；二段为紫红色砂砾岩、砂岩、粉砂岩和泥岩互层，含孢粉化石，视厚度 209m；三段为紫红色泥岩、粉砂质泥岩、粉砂岩夹砂岩和砂砾岩，含孢粉和介形类化石，视厚度 156m。该组的下部孢粉化石以 *Cicatricosisporites* - *Appendicisporites* - *Piceaepollenites* 组合为代表，其中裸子植物花粉占 44.5%～81.8%，蕨类孢子占 13.7%～52.77%，未见被子植物花粉。介形类化石以 *Cypridea* (*Ulwellia*) *ihsienensis* - *C.*(*Pseudocypridina*) *yangliutunensis* 组合为代表。这些化石组合表明，保康凹陷的沙海组可以与阜新-义县盆地的沙海组对比，总厚度为 663m，与下伏九佛堂组呈整合接触。

二、阜新组划分与对比

该组主要分布在阜新-义县盆地，在黑山和建昌盆地有零星分布。在阜新-义县盆地，阜新组以灰色、灰白色砾岩、砂砾岩、砂岩和绿灰色粉砂岩为主，夹 5 个煤层群和灰黑色泥岩，含哺乳类、有鳞类、恐龙及其足迹、鱼类、介形类、双壳、腹足类、植物、孢粉、轮藻和藻类等化石，厚 110～1000m，与下伏沙海组整合接触。现以海州露天矿剖面为代表，将阜新组自下而上分为 5 段(图 3 - 55)。

一段(高德段)：以海州露天矿附近的 N1200 孔为代表，主要为灰色、灰白色砾岩、砂岩、粉砂岩夹灰色泥岩和煤层(高德煤层群)，含植物化石，厚逾 160m。其底部以冲积扇砾岩层之底与下伏沙海组整合接触。

二段(太平段)：以海州露天矿剖面太平段为代表，由两个小沉积旋回构成，每个小旋回下部为灰白色厚层状含砾粗粒砂岩和薄层状细粒砂岩，上部为灰色粉砂岩、深灰色泥岩、碳质泥岩和煤层。下部太平下煤层和上部太平上煤层合称太平煤层群。本段含植物、孢粉、双壳、腹足和介形类化石，厚 92m，与下伏阜新组一段呈整合接触。

三段(中间段)：下部为灰白色含砾粗粒砂岩、粗粒砂岩与灰黑色粉砂岩、泥岩互层，中部为煤层夹灰色粗粒砂岩(称中间煤层群)，上部为灰色厚层状砂岩夹深灰色薄层泥岩。该段含植物、孢粉、双壳、腹足、介形类和鱼化石，厚 170m，与下伏阜新组二段呈整合接触。

四段(孙家湾段)：下部为浅灰色砂岩与深灰色薄层泥岩互层，中部为灰色砂岩夹煤线，上部为煤层夹灰色砂岩(称孙家湾煤层群)。本段含植物、孢粉、双壳、腹足类化石，厚 131m，与下伏阜新组三段

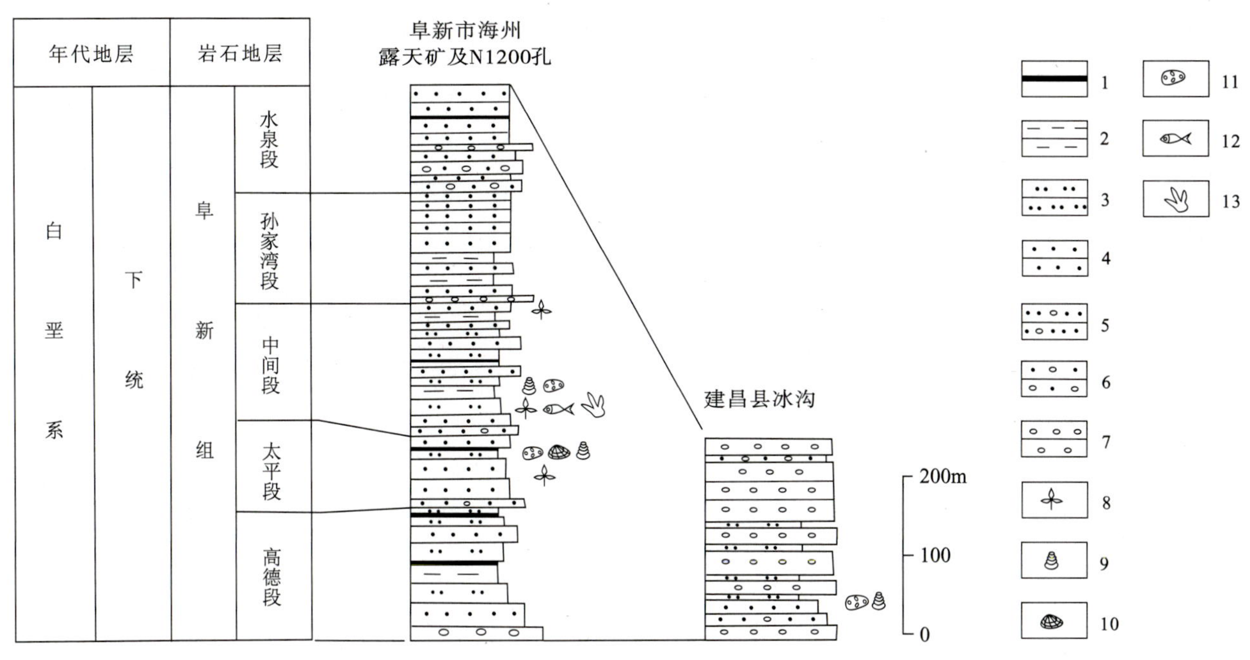

图 3-55 辽西地区下白垩统阜新组的划分对比柱状图

Fig.3-55 Column division and correlation of Lower Cretaceous Fuxin Formation in western Liaoning region

1.煤层；2.泥岩；3.粉砂岩；4.砂岩；5.砾质砂岩；6.砂质砾岩；7.砾岩；8.植物化石；9.腹足类化石；10.双壳类化石；11.介形类化石；12.鱼类化石；13.恐龙足印

1.coal seam；2.mudstone；3.Siltstone；4.Sandstone；5.gravel sandstone；6.sandy conglomerate；7.Conglomerate；8.plant fossils；9.gastropod fossils；10.Ostracod fossils；11.fish fossils；12.dinosaur footprints

呈整合接触。

五段(水泉段)：下部以灰色、灰白色砂砾岩为主，夹薄层砾岩和多层薄煤(水泉煤层群)，含植物和孢粉化石；上部为灰黄色砾岩、含砾砂岩夹灰白色砂岩和煤线。本段厚 266m ，与下伏阜新组四段呈整合接触。

上述阜新组 5 个岩段在阜新-义县盆地中北部尚可划分、对比，但至盆地南部因研究程度低，不易划分、对比。就盆地中北部而言，因各矿区对煤层的称谓不同，易在岩段的划分上产生一些困惑。为便于参考，现根据辽宁省煤田地质勘探公司资料(1978)将阜新煤田阜新组各煤层对比如下(表 3-6)。

表 3-6 阜新组各煤层对比表

Table 3-6 Correlation of coal seams of Fuxin Formation

煤层名称＼地区	新邱	海州	东梁	本书岩段
水泉层群	最上层	水泉层		五段
孙家湾层群	上层	孙家湾层	上上层	四段
中间层群	0.9 层	中间层		三段
太平上层群	中层	太平上层		二段
太平下层群	下层	太平下层	上层群	
高德层群	最下层	高德层	下层群	一段

阜新组的珍稀化石目前仅见于阜新-义县盆地，主要产于该组的二段至四段，以 *Endotherium* - *Teilhardosaurus* 脊椎动物群为代表。其中有新邱煤矿的哺乳类 *Endotherium niinomi*，有鳞类 *Teihardosaurus carbonarius*；阜新市吐呼鲁地区的肉食恐龙 Megalosauridae 和 Coelurosauridae。海州露天矿的恐龙足印 *Changpeipus* sp.曾被称为 *Changpeipus carbonicus*。根据近年研究，产于吉林省辉南县杉松岗地区下侏罗统义和组中的 *Changpeipus carbonicus* 足印较大，与下白垩统阜新组的 *Changpeipus* sp.不同，因此将二者视为不同种类的足印似乎更合适。

建昌盆地的阜新组以往多被划归沙海组(冰沟组)上部。近年研究表明，该地的阜新组由黄绿色、浅灰绿色和浅黄色中—厚层中砾与粗砾砾岩夹紫红色、灰绿色含砾中粗粒砂岩、灰绿色与灰黑色细粒砂岩以及泥质粉砂岩组成，其下部含介形类化石 *Cypridea globra*，*Candona praevara*，*Candoniella simplica*，*Darwinula contracta*，*Timiriasevia pusilla*，腹足类化石 *Eosuceinea liaoningensis*，*E. reticulata*，*Auristoma fuxinensis*，*Reesidella sinensis*，*Pseudarinia spira*，*P. wangyingensis*，*Tulotomoides binggouensis*，*Valvata* (*Cincinna*) *fuxinensis*，*Auristoma binggouensis*，厚度大于 242m，与下伏沙海组呈整合接触。根据介形类和腹足类化石组合面貌，确定这些岩层的层位相当于阜新-义县盆地的阜新组。

黑山盆地谢林台凹陷阜新组中下部以灰绿色、灰紫色等杂色砾岩为主，夹浅灰绿色细粒砂岩和砂质泥岩，上部为灰色、灰黑色、浅绿色泥岩夹杂色砾岩，顶部含软体动物和介形类化石，厚 140～475m。雷家凹陷阜新组下部为灰白色、浅灰色含砾砂岩和砾岩，局部夹薄层炭质泥岩、细粒砂岩和薄煤层或煤线，上部为紫红色、砖红色泥岩、细粒砂岩与灰白色、浅灰色砾岩、粗粒砂岩互层，顶部含双壳和腹足类化石，厚 130～140m。

康平-保康盆地张强凹陷阜新组以强参 1 井为代表，下部为灰色、绿灰色、杂色砾岩、砂砾岩、细粒砂岩与深灰色、灰色泥岩、粉砂岩、粉砂质泥岩呈不等厚互层，夹薄层炭质泥岩，上部以灰绿色、杂色砾岩、砂砾岩和含砾砂岩为主，夹灰色、灰绿色泥岩和泥质粉砂岩，视厚度 556m。其孢粉化石以 *Cyathidites* - *Laevigatosporites* - *Clavatipollenites* 组合为代表，其中，蕨类孢子占优势或含量显著上升(29.3%～69.2%)，裸子植物花粉明显减少(30.0%～69.5%)，普遍发现少量被子植物花粉(0.2%～1.2%)。安乐凹陷的阜新组以乐参 1 井为代表，岩性为紫红色砾质砂岩、砂质砾岩与紫红色泥岩、砂质泥岩互层，含少量孢粉化石，视厚度 383m，与下伏沙海组呈整合接触。

上述辽西北黑山盆地、康平-保康盆地各凹陷中的阜新组虽沉积环境和成煤条件与阜新-义县盆地的阜新组有所不同，但微体化石组合的基本特征和地层层序等方面可提供它们之间相互对比的依据。总体而言，辽西北地区的阜新组中下部大体相当于阜新-义县盆地的阜新组一段至四段，而上部则大体相当于阜新组典型剖面的五段。

第八节　松花江生物群赋存地层的划分与对比

松花江生物群在辽西地区赋存在孙家湾组，层位与松辽盆地的泉头组相当。孙家湾组主要分布在阜新-义县盆地东缘、金岭寺-羊山盆地北部西缘、保康盆地和宁城盆地，岩性以紫红色、黄褐色砾岩和砂岩为主，夹紫红、灰绿色薄层泥页岩，局部地区产爬行类、介形类、双壳类、腹足类和孢粉等化石，厚 600～1800m，不整合于阜新组之上。

北票市双庙地区孙家湾组分布在金岭寺-羊山盆地中北部的西缘。该组下部为黄灰色、灰白色砂砾岩和紫红色泥质粉砂岩，夹紫红色、灰绿色含砾粉砂质泥岩，含 *Shuanmiaosaurus* - *Borealo*-

saurus（双庙龙-北方龙）恐龙动物群。其成员有鸭嘴龙超科的 *Shuanmiaosaurus gilmorei*（吉氏双庙龙），甲龙类的 *Crichtosaurus bohlini*（步氏克氏龙），巨龙类蜥脚类恐龙 *Borealosaurus wimani*（维曼北方龙），此外，还有龟类化石产出。此地该组厚数百米，与下伏土城子组呈角度不整合接触。在双庙南侧的五间房一带，目前已发现孙家湾组有 3 个含化石小层，自下而上依次为含龟化石层，含恐龙化石层，含介形类、腹足类、双壳类和恐龙化石层（图 3－56），它们分布在厚达 12m 的岩层中。其中的介形类 *Cypridea*（*Pseudocypridina*）*limpida*（清雅假伟星女星介），*Triangulicypris* cf. *longissima*（极长三角星介）和 *Ziziphocypris bicarinata* 首次出现位置为阜新—义县地区的孙家湾组下部，表明金岭寺-羊山盆地和阜新-义县盆地内的孙家湾组含化石层位基本相当，故将五间房一带含甲龙类和鸭嘴龙类化石的层位置于孙家湾组下部。北票市泉巨涌乡前铁炉沟以西出露的孙家湾组厚 378.5m，不整合在沙海组之上。前铁炉沟剖面（辽宁省区域地质调查队，1967）自上而下分为：

7.灰紫色凝灰质粉砂质页岩夹灰白色中厚层含砾凝灰质砂岩	105.90m
6.灰紫色凝灰质胶结砾岩夹紫红色页岩	10.60m
5.灰色、灰紫色凝灰质粉砂质页岩夹灰色凝灰质含砾砂岩	67.00m
4.灰色凝灰质胶结细砾岩夹紫红色粉砂质页岩	50.30m
3.紫色粉砂质页岩夹灰绿色砂岩	57.50m
2.灰紫色凝灰质砂岩夹砾岩及紫色页岩	18.20m
1.暗紫色微薄层页岩夹灰紫色中细砾砾岩，具底砾岩	69.00m

总观其岩貌和岩石组合特征，前铁炉沟地区的孙家湾组与双庙地区的孙家湾组基本相同，五间房一带的含化石层位大体相当于上述前铁炉沟剖面的第 2～3 层。

阜新-义县盆地的孙家湾组以阜新市孙家湾—上嘎木营子剖面为代表（图 3－56），其下部为灰紫色砾岩夹薄层砂岩，中上部为灰紫色、灰黄色砾岩夹砂岩和粉砂岩，总厚度大于 656m。在阜新市西瓦房至九道岭一带，该组含 *Cicatricosisporites* －*Schizaeoisporites* －*Ephedripites*（无突肋纹孢-希指蕨孢-麻黄粉）孢粉化石组合和 *Cypridea*（*Pseudocypridina*）*limpida* －*Bisulcocypridea spinellosa* －*Triangulicypris*（清雅假伟星女星介-微胀无齿双槽女星介-极长三角星介）介形类化石组合；含有 *Nipponaia*（*Eomartinsonella*）*liaoxiensis*，*N.*（*E.*）cf.*yanjiensis*，*N.*（*E.*）*elliptica* 等双壳类化石；含有 *Tulotomoides* cf.*talatzensis*，*T.xinlitunensis* 等腹足类化石。其中，孢粉组合的主要特征是海金砂科的 *Cicatricosisporites* 孢子含量持续增长，莎草蕨科的 *Schizaeoisporites* 开始兴起，脊肋间具弯曲线的麻黄粉少量出现，克拉梭粉较发育。

紫都台盆地的孙家湾组以赵家窝铺—于寺剖面为代表（图 3－56），下部为灰紫色、紫红色砂岩、砂砾岩夹砖红色粉砂岩，中部为灰紫色中细砾砾岩夹粉砂岩，上部为紫色砾岩，总厚度大于 1600m，与下伏义县组呈角度不整合接触。

黑山盆地的孙家湾组以紫红色、暗紫色泥岩、粉砂岩为主，夹灰绿色、灰白色、紫红色砂砾岩和砾岩，在谢林台和雷家凹陷其厚度一般为 280～710m。康平-保康盆地的张强凹陷，强参 1 井钻探见到泉头组，下部（泉一段）以紫红色、灰紫色、灰绿色砂砾岩和砂岩为主，夹粉砂岩和泥岩；中部（泉二段）为紫红色、紫色砂岩与泥岩互层；上部（泉三段）为紫红色、暗紫红色、杂色砾岩、砂岩及泥岩；地层总厚度 826m，与下伏阜新组呈不整合接触。在彰武地区，泉头组的紫红色粉砂质泥岩含有介形类化石 *Triangulicypris* sp.。

在松辽盆地东南缘昌图县泉头火车站南东五彩山一带，泉头组与下伏营城组呈断层接触，上部

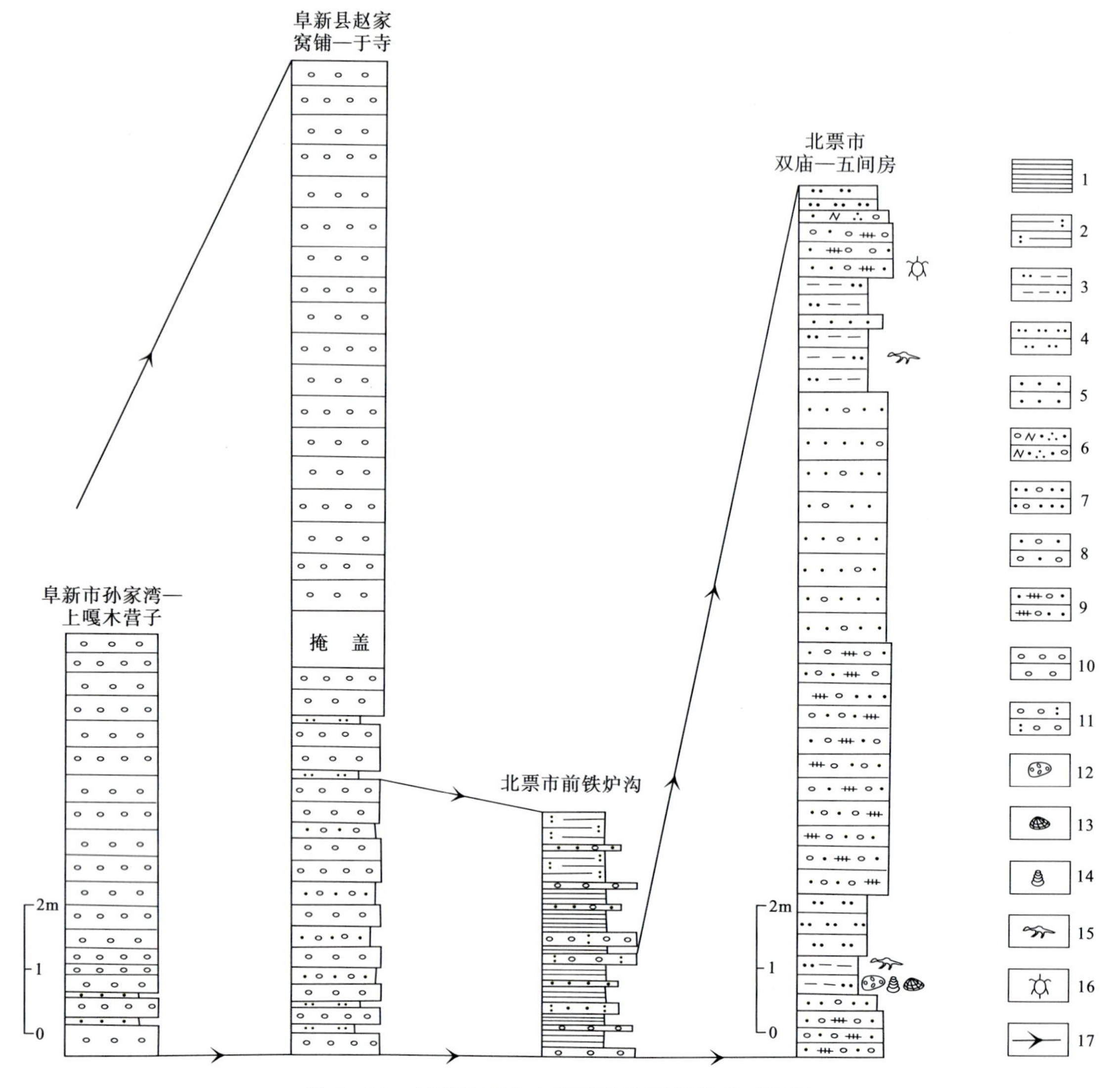

图 3-56　辽西地区上白垩统孙家湾组柱状对比图

Fig.3-56　Column correlation of Upper Cretaceous Sunjiawan Formation in western Liaoning region

1.页岩;2.粉砂质页岩;3.粉砂质泥岩;4.粉砂岩;5.砂岩;6.含砾长石石英砂岩;7.砾质砂岩;8.砂质砾岩;9.复成分砂质砾岩;10 砾岩;11.凝灰质胶结砾岩;12.介形类化石;13.双壳类化石;14.腹足类化石;15.恐龙化石;16.龟类化石;17.地层横向对比线

1.shale;2.Silty shale;3.silty mudstone;4.Siltstone;5.Sandstone;6.Pebbly feldspathic quartz sandstone;7.gravelly sandstone;8.sandy conglomerate;9.component complex sandy conglomerate;10.conglomerate;11.Tuffaceous conglomerate;12.Ostracoda fossils;13.bivalve fossils;14.gastropod fossils;15.dinosaur fossils;16.turtle fossils;17.stratigraphic correlation line

被第四系掩盖,仅出露该组一、二段。一段下部为褐紫色、灰紫色、浅灰色砾岩、含砾砂岩夹浅灰色、灰绿色、杏黄色含砾砂岩和粗粒砂岩,上部为暗紫色、杏黄色砂岩与页岩互层,夹灰色砂岩和含砾砂岩;二段为紫红色、灰白色、灰绿色粉细砂岩与粉砂质泥岩互层。一、二段合计厚 556m。在大洼-昌图凹陷的昌参 3 井(无芯钻进),泉头组一、二段为灰色、浅灰红色砂质砾岩、含砾砂岩与紫色、紫红色泥岩互层;三、四段为紫色泥岩夹灰色粉砂岩、紫红色泥岩与灰色、浅灰色细砂岩、粉砂岩互层。在大洼-昌图凹陷,泉头组视厚度 729m,平行不整合在阜新组之上,其上被青山口组整合覆盖。在昌图下二台子一带疑似泉头组二段的地层中产恐龙蛋化石。

综上所述,辽西地区的孙家湾组多以粗碎屑沉积为主,不易划分岩性段。在辽北,即松辽盆地南部,泉头组自下而上分为 4 段:泉一段由紫灰色、灰绿色和灰白色中细粒砂岩与暗紫红色砂质泥岩、泥岩组成，构成多个正韵律小层序，仅在盆缘见砾岩、砂砾岩与砂岩组合，厚200～500m；泉二段以褐红色、紫褐色粉砂质泥岩为主，夹紫灰色、灰绿色粉砂岩和砂岩，在盆缘砂砾岩增多，一般厚100～300m；泉三段为灰绿色、紫灰色、灰白色砂岩、粉砂岩与紫红色泥岩、粉砂质泥岩互层，一般厚300～500m；泉四段为灰绿色、灰白色细粒砂岩、粉砂岩与棕红色、灰绿色、紫红色泥岩、粉砂质泥岩互层，构成了多个正韵律小层序，且向上泥岩增多，厚60～130m。

辽西阜新-义县盆地孙家湾组下部的介形类化石以 *Cypridea*（*Pseudocypridina*）*limpida* - *Bisulcocypridea spinellosa* - *Triangulicypris longissima* 组合为代表，其重要成员 *Cypridea*（*Pseudocypridina*）*limpida* 和 *C.*（*P.*）*jiudaolingensis* 也见于松辽盆地南部金宝屯地区的泉头组下部，表明这两个组下部的介形类化石有可比性。辽西地区孙家湾组的孢粉化石以 *Cicatricosisporites* - *Schizaeoisporites* - *Ephedripites*（无突肋纹孢-希指蕨孢-麻黄粉）组合为代表，与松辽盆地南部（辽北地区）泉头组的 *Quantonenpollenites* - *Schizaeoisporites* - *Classopollis*（泉头粉-希指蕨孢-克拉梭粉）孢粉组合特征基本一致，显示二者层位基本相当。同时，孙家湾组和泉头组均属坳陷型盆地形成早期的产物，二者同为干热气候条件下形成的红杂色碎屑沉积，又都与下伏阜新组呈不整合接触。鉴于上述，可将孙家湾组与泉头组作组级岩石地层单位的对比，其中所含恐龙和恐龙蛋化石赋存层位相当于泉头组一、二段。

第九节　一些重要珍稀化石的简要特征

一、两栖纲

无尾目

三燕丽蟾 *Callobatrachus sanyanensis* Wang et Gao, 1999

分类：无尾目盘舌蟾科丽蟾属 *Callobatrachus* Wang et Gao，1999。

特征：体长94mm，头骨长28mm，宽35mm。头短而宽，吻部呈圆弧形。额顶骨侧边平行，上颌骨前端以凹缺与前颌骨相关连，二者上的牙齿沿颊—舌方向扩展。荐前椎9枚，髂骨背脊弱，无背突。胫腓骨略长于股骨，近端跗节长度大于胫骨长的1/2。前肢约为体长的2/5。后肢细长，约为体长的1.2倍（图3-57-1）。

产地及层位：辽宁省北票市上园镇四合屯，下白垩统义县组二段尖山沟层。

葛氏辽蟾 *Liaobatrachus grabaui* Ji et Ji, 1998

分类：无尾目锄足蟾科辽蟾属 *Liaobatrachus* Ji et Ji，1998。

特征：个体中等。头吻端至腰带末端长约75mm。头宽阔，上颌骨具密集栉状细齿。其背较短，尾干骨长于荐前椎总长度；尾干骨前端具尾杆横突。肩带弧胸型，锁骨强烈弯曲；腰带长。前肢短粗，后肢长。胫腓骨与股骨等长。趾节长超过胫腓骨长1/2（图3-57-2）。

产地及层位：辽宁省北票市上园镇四合屯，下白垩统义县组二段尖山沟层。

北票中蟾 *Mesophryne beipiaoensis* Gao et Wang, 2001

分类：无尾目未定科中蟾属 *Mesophryne* Gao et Wang，2001。

图 3-57　三燕丽蟾与葛氏辽蟾(据王原,姬书安等,1999,1998)

Fig.3-57　*Callobatrachus sanyanensis* and *Liaobatrachus grabaui*(after Wang Yuan,Ji Shuan et al.,1999,1998)

1.三燕丽蟾 *Callobatrachus sanyanensis* Wang et Gao;2.葛氏辽蟾 *Liaobatrachus grabaui* Ji et Ji;线段比例尺:1cm,scale bars:1cm

特征:吻臀距接近70mm。头骨短宽,相对于身体显得很大。鳞骨与上颌骨接触。牙齿细小呈锥形。脊柱非常短,其9枚荐前椎,椎体前凹型。第Ⅱ—Ⅳ荐前椎有自由肋骨,后部的荐前椎的横突指向侧方。尾杆骨短,约为股骨长度的60%,后肢显著长于前肢,超过前肢长度的2倍。胫腓骨短于股骨,胫跗骨和腓跗骨长为胫腓骨长度的60%。第Ⅳ趾很长,约为胫腓骨长度的92%。该属种具前凹型荐椎和颇短的脊椎柱而明显不同于 *Callobatrachus*(图3-58)。

产地及层位:辽宁省北票市上园镇黑蹄子沟,下白垩统义县组二段尖山沟层。

孟氏大连蟾 *Dalianbatrachus mengi* Gao et Liu,2004

分类:无尾目盘舌蟾科大连蟾属 *Dalianbatrachus* Gao et Liu,2004。

特征:个体中等,吻臀距略大于70mm。头骨大,宽大于长;上颌骨具密集的梳状细齿;额顶骨愈合。肩带弧胸型,即肩胛骨小,其长约为锁骨的1/3;上肩胛骨较宽,近扇形;锁骨弯曲,呈长弧形。椎体后凹型,荐前椎9枚,前3枚躯椎具短肋。荐椎横突宽阔,呈较大扇形。尾杆骨长于荐前椎总长度。前肢粗短,后肢细长。胫腓骨与股骨等长,跗骨长度小于胫腓骨1/2。该种与 *Callobatrachus sanyanensis* 的主要区别在于后者的尾杆骨长度短于荐前椎总长,尾杆骨长而窄,乌喙骨为棒状(图3-59)。

产地及层位:辽宁省北票市上园镇黄半吉沟,下白垩统义县组二段尖山沟层。

细弱宜州蟾 *Yizhoubatrachus macilentus* Gao et Chen,2004

分类:无尾目未定科宜州蟾属 *Yizhoubatrachus* Gao et Chen,2004。

图 3-58 北票中蟾(据王原等,2003)

Fig.3-58 *Mesophryne beipiaoensis* Gao et Wang(after Wang Yuan et al.,2003)

图 3-59 孟氏大连蟾(据高春玲等,2004)

Fig.3-59 *Dalianbatrachus mengi* Gao et Liu(after Gao Chunling et al.,2004)

特征：个体较小，吻臀距约 60mm。副蝶骨无后中突，副舌骨骨化呈"V"字形，具额顶骨架。9 枚荐前椎呈后凹型。新月形锁骨有发育的前侧突。荐椎的椎弓横突适度扩展。胫侧跗骨和腓跗骨保存较好，前肢和后肢肢板未骨化(图 3－60)。

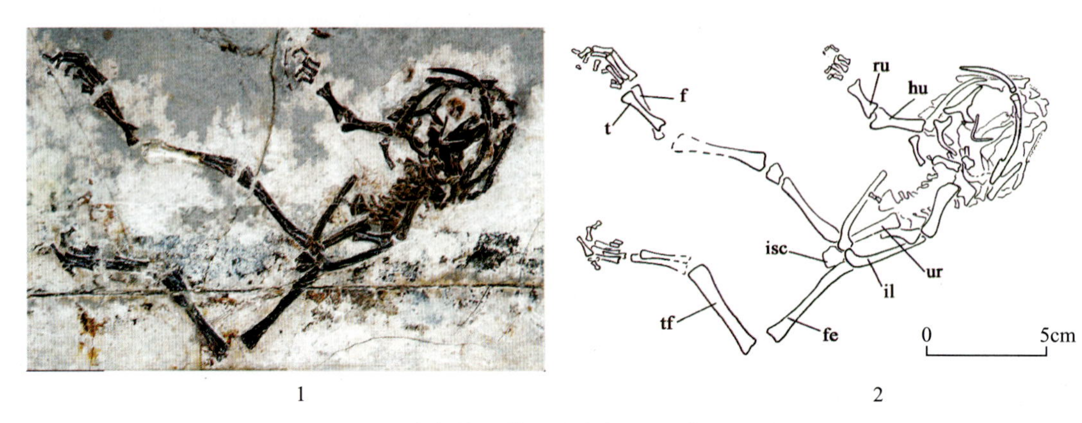

图 3－60　细弱宜州蟾及其骨骼线条图(据高克勤等，2004)

Fig.3－60　1.*Yizhoubatrachus macilentus* Gao et Chen; 2.Skeleton line drawing of *Yizhoubatrachus macilentus*(after Gao Keqin et al.,2004)

产地及层位：辽宁省义县头台乡河夹心村北山，下白垩统义县组三段大康堡层。

有尾目

天义初螈 *Chunerpeton tianyiensis* Gao et al.,2003

分类：有尾目隐鳃鲵科初螈属 *Chunerpeton* Gao et Shubin,2003。

特征：荐前椎有单头肋骨；前尾椎的肋骨数量减少到 2 个或 3 个。鼻骨远窄于眼窝间宽度；鼻骨与前额骨无接触面，额骨前伸至鼻骨侧缘；无泪骨。顶骨前侧突沿额骨侧缘分布。内颈动脉孔贯穿副蝶骨腭面。上述特征虽存在于现生隐鳃类，但不同的是该属种的前上颌骨背突未在中线接触，无额骨与上颌骨接触面，顶骨与前额骨前侧突间未接触，犁骨不后伸，梨骨之间有腭窝，翼骨具明显的中突，翼骨未与副蝶骨接触，底鳃弓Ⅱ骨化呈三叉形，前 3 对肋骨远端呈匙状，趾式为 2-2-3-(3/4)-3(图 3－61)。

产地及层位：内蒙古宁城县山头乡道虎沟，中侏罗统海房沟组。

辽西螈属 *Liaoxitriton* Dong et Wang,1998

分类：有尾目未定科。

属型：钟健辽西螈属 *Liaoxitriton zhougjiani* Dong et Wang,1998。

属征：头骨表面无纹饰，上颌骨与前颌骨构成完整的上颌弓，具密集排列的牙齿。两鼻骨在中线相接；额骨前伸，顶骨前伸至额骨的侧方；具前额骨和泪骨。两犁骨在中线相接，前内侧具腭窗，犁骨齿列横向排列，靠近腭中部。翼骨前肢短粗，指向上颌骨末端；具前关节骨和关节骨。舌鳃弓有三骨骨化，下鳃骨Ⅱ和角鳃骨Ⅱ细长，基鳃骨Ⅱ近锚形，后缘弧状无突起。肩胛乌喙骨近端显著膨大。骶前椎 15～16 枚，脊椎横突长，约为椎体长度之半。肋头单头，近端膨大。骶骨肋 2～3 对。腕骨、跗骨部分骨化。

分布及时代：中国辽宁省和内蒙古，中侏罗世—早白垩世。

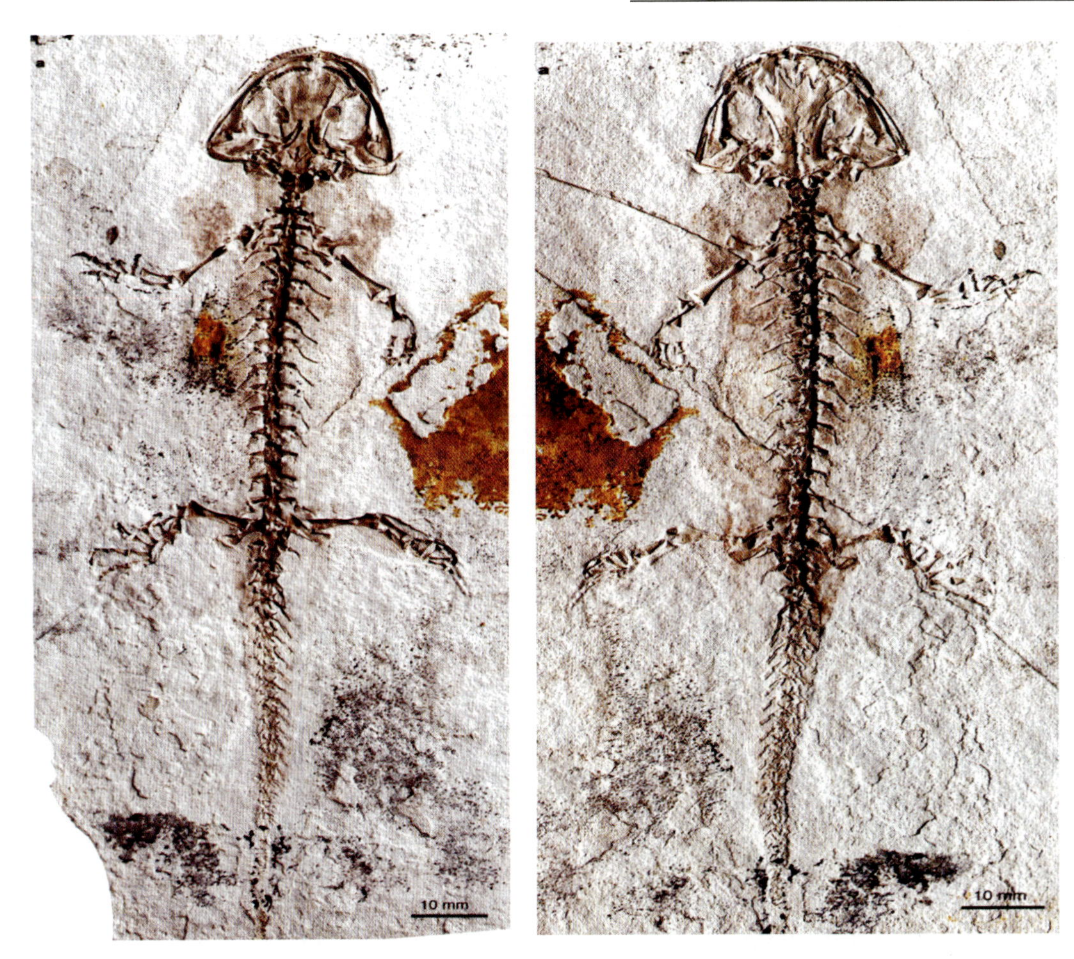

图 3－61　天义初螈(据高克勤等，2003；张弥曼，2001)

Fig.3－61　*Chunerpeton tianyiensis* Gao et al.(after Gao Keqin et al.，2003；Chang Mee-mann，2001)

1.腹面；2.背骨

1.Ventral view；2.Dorsal skeleton

钟健辽西螈 *Liaoxitriton zhongjiani* Dong et Wang，1998

特征：体小，骨架全长 120～140mm。头骨长略大于宽。前颌骨与上颌骨分别具牙齿约 25 枚和 50 枚。脊椎双凹型。骶前椎 16 枚，脊椎横突长约为椎体长度的 1/2。前肢四指(2-2-3-2 指式)，后肢五趾(1-2-3-4-3 趾式)(图 3－62－1)。

产地及层位：辽宁省葫芦岛市新台门及水口子，下白垩统义县组下部。

道虎沟辽西螈 *Liaoxitriton daohugouensis* Wang，2004

特征：体长大于 140mm，吻臀距 75mm。头长 19mm，宽 21mm，吻部宽圆。上颌骨与前额骨构成完整、具密集牙齿的上颌弓。两犁骨在中线相接，腭窗较大。短弧形犁骨齿列位于内鼻孔后内侧，伸向侧前方，远端微后弯。下鳃骨Ⅱ和角鳃骨Ⅱ骨化且细长。翼骨前肢短粗，指向但不连在上颌骨末端。前关节骨的冠状突较高。肩胛乌喙骨近端颇膨大，与短柄状的远端之间形成明显的前凹和后凹。骶前椎 16 个，尾椎保存 32 个。脊椎横突约为椎体长的一半。肋骨单头且近端膨大，第 2 骶前椎的肋骨粗壮且远端膨大，右肋骨有分叉现象。骶后肋 3 对。第Ⅱ掌骨不膨大，前足指式 2-2-3-2，后足趾式 2-2-3-4-2(图 3－62－2)。

产地及层位：内蒙古宁城县山头乡道虎沟，中侏罗统海房沟组。

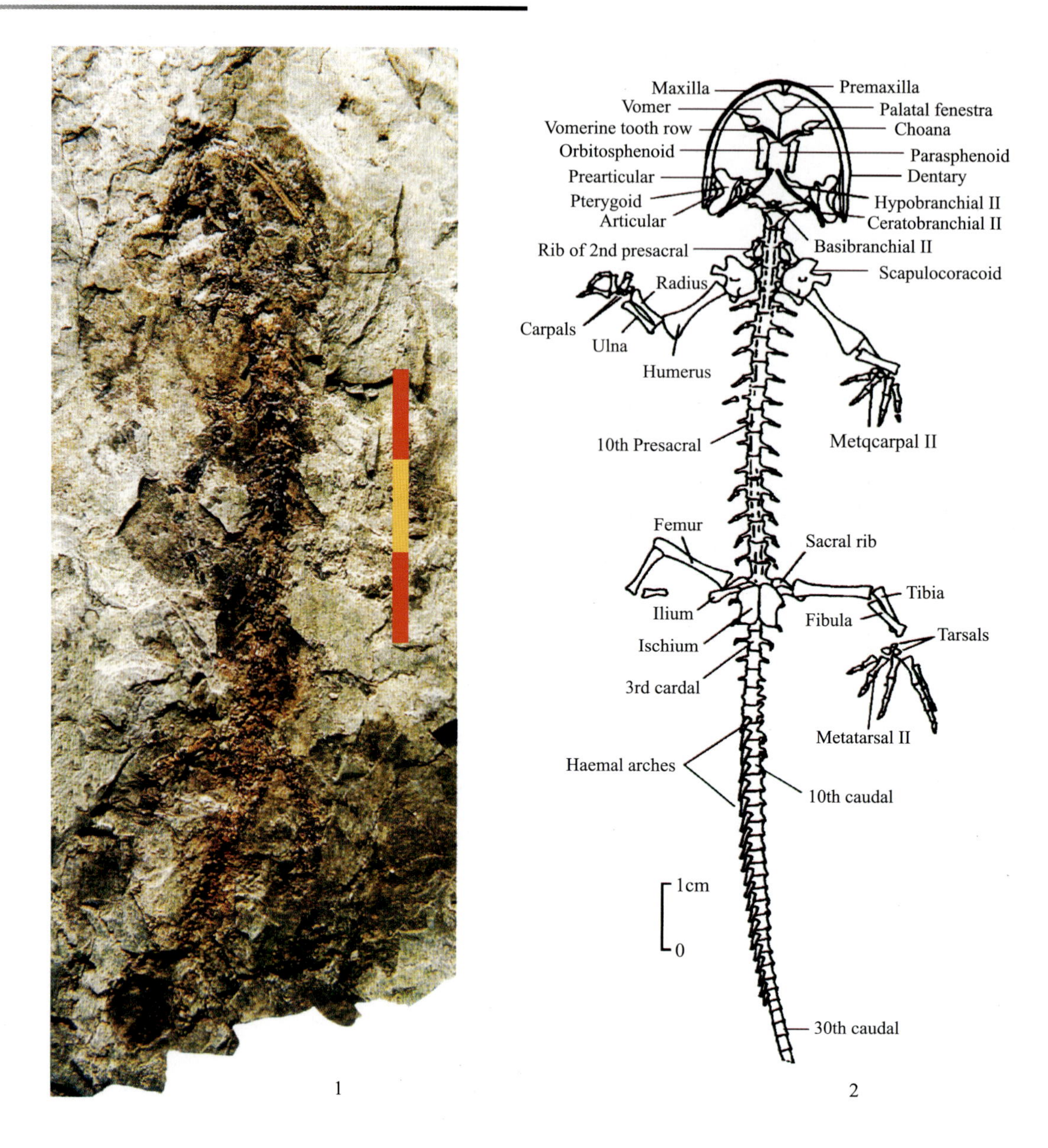

图 3-62　辽西螈(1 据吴启成等,2002;2 据王原,2004)

Fig.3-62　*Liaoxitriton*(1 after Wu Qicheng et al.,2002;2 after Wang Yuan,2004)

1.钟健辽西螈 *Liaoxitriton zhongjiani* Dong et Wang;2.道虎沟辽西螈骨骼图腹视 *Liaoxitriton daohugouensis* Wang (Ventral view of skeleton);线段比例尺:1cm,scale bars:1cm

奇异热河螈 *Jeholotriton paradoxus* Wang,2000

分类:有尾目未定科热河螈属 *Jeholotriton* Wang,2000。

特征:体长 120～140mm。翼骨具有一个不与上颌骨后端相连而与头骨中部相连的前内侧突,左右犁骨远离,犁骨齿列纵向排列。鼻骨大,无前凹,额骨不向前侧方延伸。上颌弓短,无方轭骨。前颌骨的翼突显著,上颌骨短,冠状骨和前关节骨愈合为一块且前部具齿。具 17 枚骶前椎,脊椎双凹型;椎体具短的横突。肋骨为单头骨,近端扩展。指式为 2-2-3-2,趾式为 2-2-3-3-2。该属种既有成年个体,又有未成年个体,从具外鳃和扁平尾巴以及尾椎骨发育脉弧等特征分析,其应属水生类群(图 3-63、图 3-64)。

产地及层位:内蒙古宁城县山头乡道虎沟,中侏罗统海房沟组。

图 3-63　奇异热河螈(腹视)(据王原,2001)

Fig.3-63　Holotype of *Jeholotriton paradoxus* Wang (ventral view)(after Wang Yuan,2001)

图 3-64　奇异热河螈(侧视)(据王原,2001)

Fig.3-64　Paratype of *Jeholotriton paradoxus* Wang (lateral view)(after Wang Yuan,2001)

东方塘螈 *Laccotriton subsolanus* Gao et al.,1998

分类:两栖纲滑体两栖亚纲有尾目未定科塘螈属 *Laccotriton* Gao ,Chen et Xu,1998。

特征:吻—臀长 40～50mm,尾与躯干近等长。头宽而吻圆,上颌骨和鼻骨发育,额骨无前侧突伸入鼻骨区。肩胛—乌喙骨愈合成单一结构。肢骨完全骨化而无退化现象。尾椎无椎间脊孔;前足指式为 2-3-4-3,后足五趾趾式为 2-3-4-4-?。这些特征的综合,与其他已知蝾螈属种不同(图 3-65)。

产地及层位:河北省丰宁县凤山镇炮仗沟,下白垩统西瓜园组。

图 3-65 东方塘螈(据王原,2003)

Fig.3-65 *Laccotriton subsolanus* Gao et al.(after Wang Yuan,2003)

二、爬行纲

(一)无孔亚纲

龟鳖目

辽西鄂尔多斯龟 *Ordosemys liaoxiensis* (Ji),1995

分类:龟鳖目中国龟科鄂尔多斯龟属 *Ordosemys*。

特征:个体中等,成年个体背甲长约 200mm。头骨短宽而扁平,两下颌支成 68°角相交,下颌缝合部短。鼻孔小,向前上方张开。眼眶椭圆形,面向前侧上方。甲壳低平,背甲均骨化,略呈短圆形,前缘中部内凹。椎盾短宽。2—4 椎盾六边形,宽显著大于长。椎板长大于宽,1、2 椎板为长方形,3—8 椎板呈短侧边朝前的六边形。腹甲十字形,前端锐圆,略尖。骨桥中等宽,腹甲有一对较大侧窗,略呈半圆形,具腹甲中窗(图 3-66)。

该种与 *Manchurochelys manchuensis* 的主要区别在于后者背甲前缘呈圆弧状外凸,侧窗 2 对,且小而近椭圆形,无腹甲中窗等。

产地及层位:辽宁省北票市上园镇尖山沟、四合屯,下白垩统义县组二段尖山沟层。

图 3-66　辽西鄂尔多斯龟(据吴启成等,2002)

Fig.3-66　*Ordosemys liaoxiensis* (Ji)(after Wu Qicheng et al.,2002)

线段比例尺:1cm,scale bars:1cm

满洲满洲龟 *Manchurochelys manchuensis* Endo et Shikama,1942

分类:龟鳖目中国龟科满洲龟属。

特征:甲壳甚低平,成年个体长约 175mm,背甲全骨化。前部椎板狭窄,长大于宽。第一上臀板发育完全,呈梯形;第二上臀板宽大,臀板小而窄。第三间椎沟与第五、第六椎板间缝重叠。腹甲十字形,无腹甲中窗,下腹甲上有腹甲侧窗。胸腹沟与舌下缝交叉(图 3-67)。

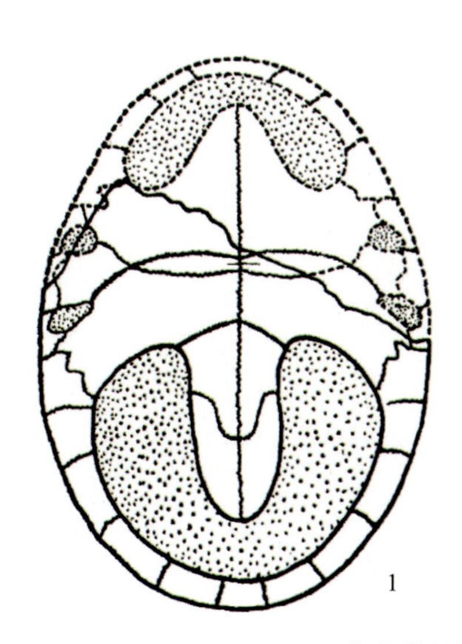

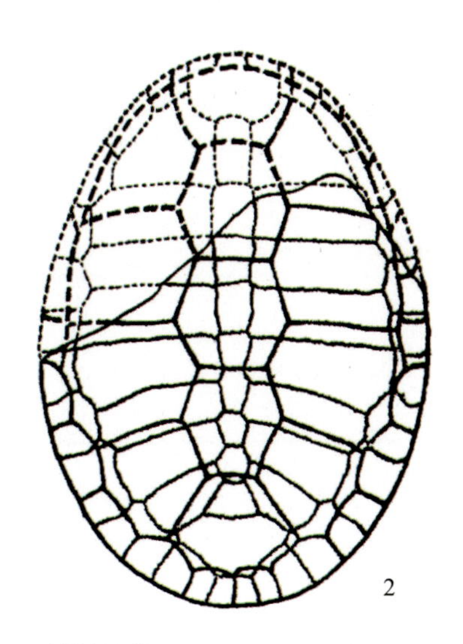

图 3-67　满洲满洲龟(据中国脊椎动物化石手册编写组,1979)

Fig.3-67　*Manchurochelys manchouensis* Endo et Shikama(after The Handbook of Vertebrate Fossils of China,1979)

1.腹甲素描图,×0.5;2.背甲素描图,×0.5

1.Sketch map of ventral plastron,×0.2;2.Sketch map of dorsal shield,×0.5

产地及层位:辽宁省义县前杨乡枣茨山、大定堡乡金刚山,下白垩统义县组四段金刚山层。

(二)双孔亚纲

离龙目

楔齿满洲鳄 *Monjurosuchus splendens* Endo,1940

分类:双孔亚纲离龙目未定科满洲鳄属 *Monjurosuchus* Endo,1940。

1942 *Rhynchosaurus orientalis* Endo et Shikama.Endo and Shikama,1-20。

特征:个体中等,吻部至肛部长达300mm。头骨扁平无顶孔,头骨后缘向前凹陷,眶孔相对较大。上颞孔小,下颞孔周围骨骼的扩大使下颞孔次生封闭。额骨非常狭窄,具多类型的翼骨齿列,边缘齿列最多可有50枚小的尖锥状亚槽齿型牙齿。肩胛骨骨体窄,且不与乌喙骨愈合。腹肋极纤细,每个背椎之间有3～4排,每排由5部分构成。前、后足具蹼,仅爪伸出。脊柱由8枚颈椎、16枚背椎、3枚荐椎和大约55枚尾椎组成,椎体平凹型,第五蹠骨近端扩展。身被叠瓦状鳞片(图3-68)。

图3-68 楔齿满洲鳄(据吴启成等,2002)

Fig.3-68 *Monjurosuchus splendens* Endo(after Wu Qicheng et al.,2002)

线段比例尺:1cm,scale bars:1cm

产地及层位:辽宁省义县金刚山、北票市上园镇尖山沟,凌源市牛营子和大南沟,下白垩统义县组金刚山层、尖山沟层和大新房子层。

向阳喜水龙 *Philydrosaurus proseilus* Gao et Fox,2005

分类:离龙目满洲鳄科喜水龙属 *Philydrosaurus* Gao et Fox,2005。

特征：头骨较长，外鼻孔和眼眶伸长；具由后眶骨、后额骨和上颞颥孔构成的上颞颥沟。前额骨背面有一明显的眶前脊，后额脊成为上颞颥沟的中部边缘。后眶骨和鳞骨颇发育，由其支撑的背脊形成上颞颥沟的侧缘。顶骨颞颥突短，约占头骨长的1/3。在枕头中线方向，颞颥骨后呈深凹的"U"字形刻口。齿冠低。肠骨叶片显著伸长，并与背、腹缘平行。坐骨具一明显似钉状的后突。据上述特征，可将该属与 *Monjurosuchus* 属相区别(图3-69)。

产地及层位：辽宁省朝阳市上河首，下白垩统九佛堂组上河首层。

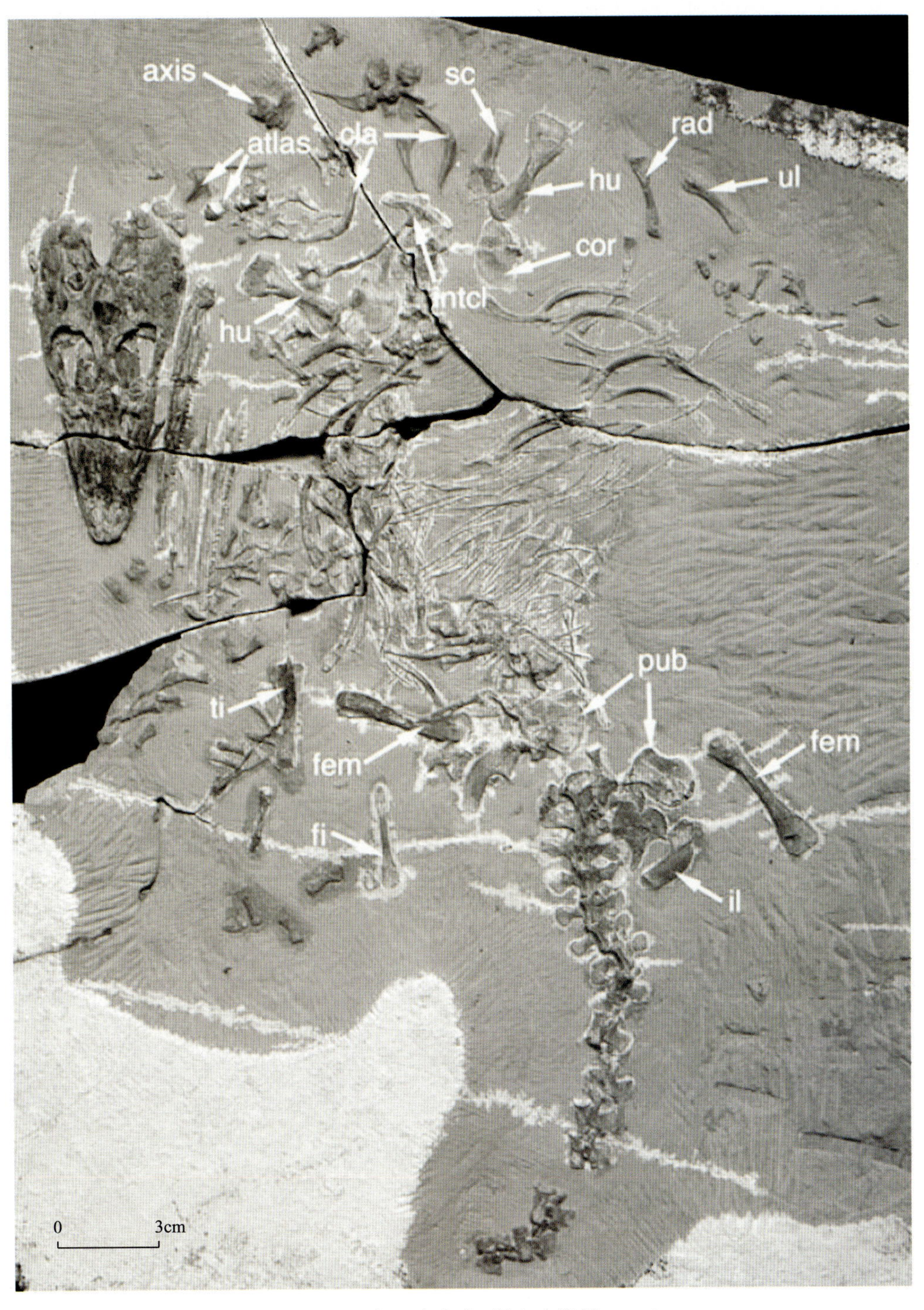

图3-69 向阳喜水龙(据高克勤等，2005)

Fig.3-69 Holotype of *Philydrosaurus proseilus* Gao et Fox(after Gao Keqin et al.,2005)

线段比例尺：1cm，scale bars：1cm

凌源潜龙 *Hyphalosaurus lingyuanensis* Gao et al.,1999

分类:离龙目潜龙属 *Hyphalosaurus* Gao,Tang,et Wang,1999。

1999 *Sinohydrosaurus lingyuanensis* Li et al.。

特征:身长116cm。头骨较小,吻部尖,具针状牙齿。颈部细长,颈椎19节。背椎16~17节,荐椎3节,尾椎超过55节。背肋至少13对,肿大呈"S"形。腹肋逾20组,每组由三段组成,且每2~3组腹肋对应于一个椎体(图3-70)。

产地及层位:辽宁省凌源市大王杖子乡范杖子,下白垩统义县组二段大新房子层。

图3-70 凌源潜龙(据高克勤等1999;张弥曼,2001)

Fig.3-70 *Hyphalosaurus lingyuanensis* Gao et al.(after Gao Keqin et al.,1999;Chang Mee-mann et al.,2001)

线段比例尺:1cm,scale bars:1cm

白台沟潜龙 *Hyphalosaurus baitaigouensis* Ji et al.,2004

分类:离龙目未定科潜龙属 *Hyphalosaurus* Gao,Tang,et Wang,1999。

特征:该种以发育26节颈椎等性状为特征而与 *Hyphalosaurus lingyuanensis* 不同。可能为该种的蛋化石呈椭圆形或亚圆形,前者长2.5cm,宽1.7cm,含胚胎化石,蛋壳属于软蛋壳(图3-71)。

产地及层位:辽宁省义县头台乡白台沟,下白垩统义县组三段大康堡层。

皮家沟伊克昭龙 *Ikechosaurus pijiagouensis* Liu,2004

分类:离龙目 Simoedosaridae 科伊克昭龙属 *Ikechosaurus* Sigogneau-Russell,1981。

特征:轭骨前伸约至泪骨之半;眶间距小于眼眶短径;眶后骨与后额骨不愈合。髂骨片前突不发育,颈区不收缩。四肢中桡胫骨与肱股骨之比相对较小。该种的上述特征与伊克昭龙其他种不同。

产地及层位:辽宁省义县前杨乡皮家沟,下白垩统九佛堂组三段皮家沟层(图3-72)。

朝阳辽西龙 *Liaoxisaurus chaoyangensis* Gao et al.,2005

分类:离龙类柴摩岛龙科辽西龙属 *Liaoxisaurus* Gao et al.,2005。

特征:新的柴摩岛龙,下颌缝合部短,小于下颌长度的20%,牙齿齿槽近似正方形,吻部长度占头总长的49.8%(图3-73)。

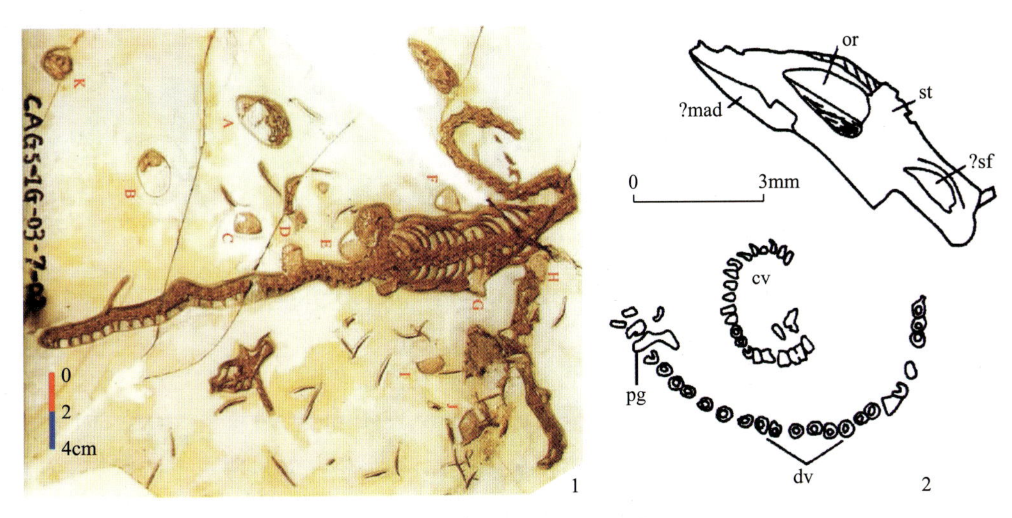

图 3－71　白台沟潜龙(据季强等,2004)

Fig.3－71　*Hyphalosaurus baitaigouensis* Ji et al(after Ji Qiang et al.,2004)

1.正型标本;2.胚胎素描图

1.Holotype;2.Sketch map of embryo

图 3－72　皮家沟伊克昭龙(据刘俊,2004)

Fig.3－72　*Ikechosaurus pijiagouensis* Liu(after Liu Jun,2004)

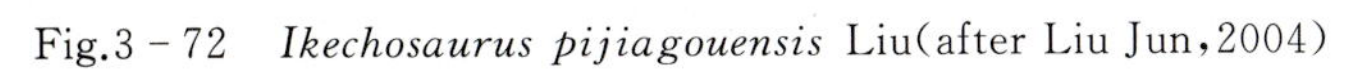

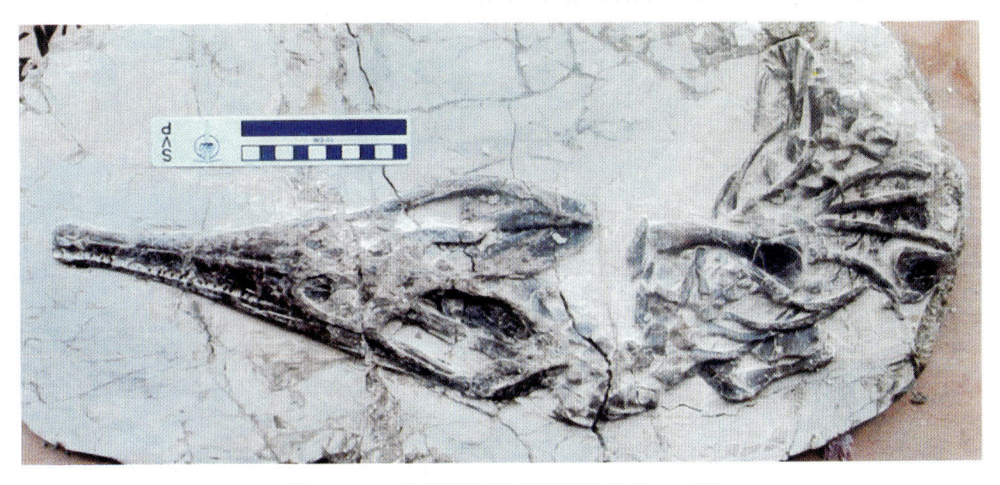

图 3－73　朝阳辽西龙(据高春玲等,2005)

Fig.3－73　*Liaoxisaurus chaoyangensis* Gao et al.(after Gao Chunling et al.,2005)

线段比例尺:1cm,scale bars:1cm

产地及层位：锦州市义县头道河乡，下白垩统九佛堂组。

注：作者高春玲指出产地为义县头道河乡毛家沟村。具体产地层位有待核实。

（三）鳞龙次亚纲

有鳞目

细小矢部龙 *Yabeinosaurus tenuis* Endo et Shikama，1942

分类：有鳞目蜥蜴亚目阿德蜥科矢部龙属 *Yabeinosaurus* Endo et Shikama，1942。

特征：个体小，体长约 150mm。头骨中等大小，较宽。吻短，吻尖较钝圆，侧缘微外凸。鼻孔小，眼孔大，前额骨不达及眼孔。额骨成对，而顶骨合一。翼骨窄，上翼骨呈细小棒状。方骨发育。牙为侧生齿，仅长在颌缘上，牙呈尖圆锥状，且后弯。下颌纤细。颈短，身长，尾长。脊椎均为前凹型，颈椎 5 枚，背椎 20 枚，荐椎 2 枚，尾椎逾 17 个。肋骨细长而弯曲（图 3－74）。

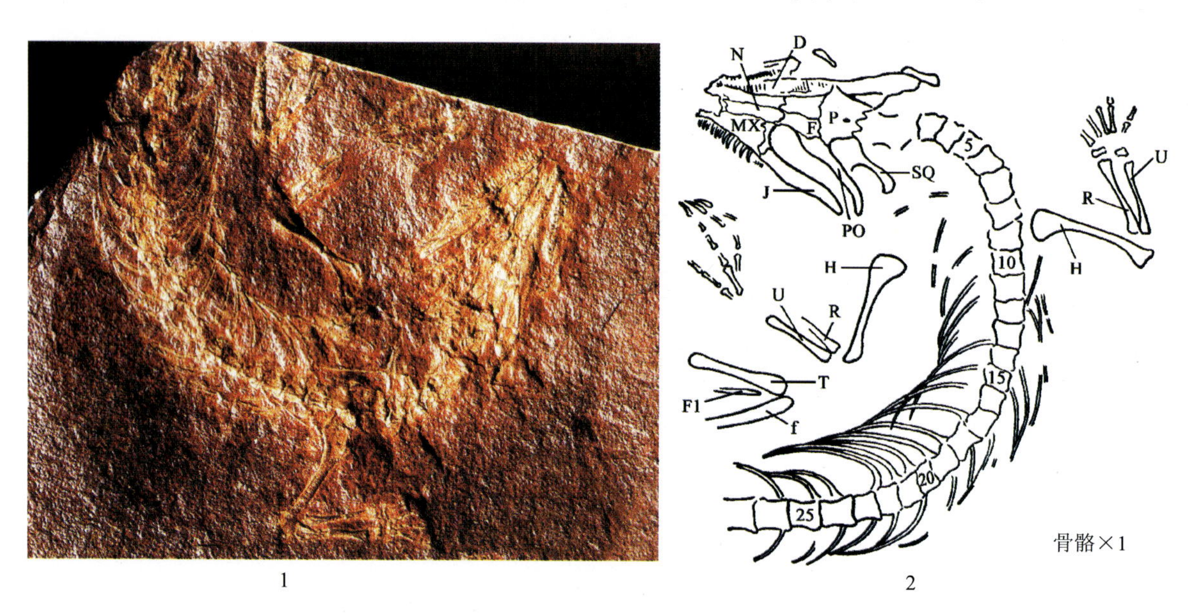

图 3－74　细小矢部龙（1.据刘俊等，2001；2.据董枝明，1979）

Fig.3－74　*Yabeinosaurus tenuis* Endo et Shikama（1 after Liu Jun et al.，2001；2 after Dong Zhiming，1979）

1.标本；2.骨骼线条图

1.Specimen；2.Skeleton line drawing

产地及层位：辽宁省义县金刚山和枣茨山、北票市上园镇尖山沟、凌源市大王杖子范杖子，下白垩统义县组二段尖山沟层和大新房子层，义县组四段金刚山层。产于凌源市鸽子洞的细小矢部龙层位曾被认为九佛堂组、九龙山组，有待核实。

美丽热河蜥 *Jeholacerta formosa* Ji et Ren，1999

分类：有鳞目蜥蜴亚目蜥蜴科（?）热河蜥属 *Jeholacerta* Ji et Ren，1999。

特征：小型有鳞类，头骨相对宽，颈短，躯干和尾长。顶骨不成对，呈六边形。侧生齿紧密排列。脊柱为典型前凹椎。手（掌骨和手指）和脚（蹠骨和趾骨）发育，总长分别明显大于桡骨和胫骨。手的第Ⅳ指最长，前指式为 2-3-4-5-?。趾骨似杆状，中部很窄。股骨粗壮。头顶具规则排列的多边形或圆形鳞片；躯干鳞片呈较大的菱形，排列成 20～22 纵排；尾部鳞片为矩形（图 3－75）。

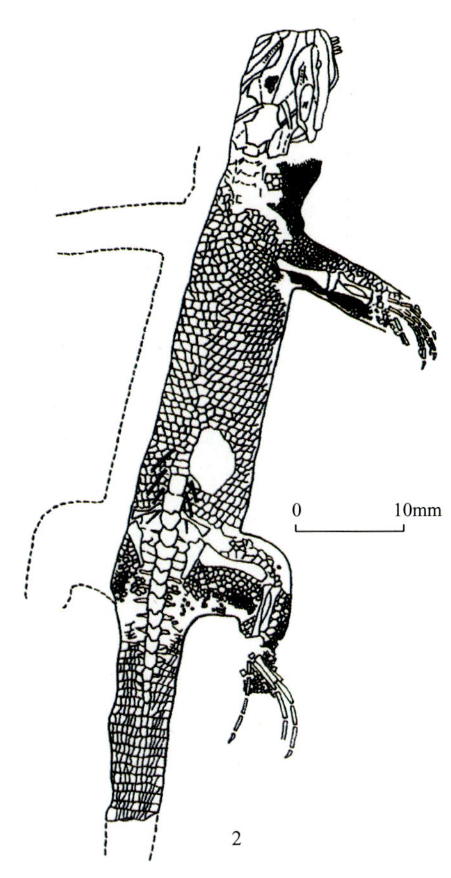

图 3－75　美丽热河蜥（据姬书安等，1999）

Fig.3－75　*Jeholacerta formosa* Ji et Ren（after Ji Shuan et al.，1999）

1.标本；2.化石素描图

1.Holotype；2.Sketch map of the fossil

产地及层位：河北省平泉县杨树岭镇石门，下白垩统义县组。

长趾大凌河蜥 *Dalinghosaurus longidigitus* Ji，1998

分类：有鳞目蜥蜴亚目未定科大凌河蜥属 *Dalinghosaurus* Ji，1998。

特征：个体全长逾 200mm。荐前椎至少 27 枚，其中包括 20 枚背椎。脊椎骨前凹，尾部极长，有 55 枚尾椎骨。尾椎骨前部 10～12 枚各有一对长的侧横骨。尾中部椎骨具纵向低而长的三角形或神经弧刺，前部的 11 对肋骨比后部的长。后肢长而粗壮，占尾长的 39％。脚长是手长的 2 倍。第一蹠骨退化。指式为 2-3-4-5-3；趾骨长，趾骨按 2-3-4-5-4 排列（图 3－76）。

产地及层位：辽宁省北票市上园镇四合屯，下白垩统义县组二段尖山沟层；凌源市大王杖子，义县组二段大新房子层。

赵氏翔龙 *Xianglong zhaoi* Li，Gao，Hou et Xu，2007

分类：有鳞目蜥蜴亚目尖齿蜥类（Acrodonta）翔龙属 *Xianglong* Li，Gao，Hou et Xu，2007。

特征：个体长 15.5cm，其中包括 9.5cm 长的细尾椎骨。背肋长，每侧 8 根。背椎具较长的横突；尾椎的前几节有短横突。尺骨和桡骨在远端分离。掌骨Ⅳ短于其余掌骨，指式为 2-3-4-5-3。脚趾Ⅴ很长，趾式为 2-3-4-5-4。当滑翔时，肋骨外的皮肤扩展成翅膀状翼膜（图 3－77）。

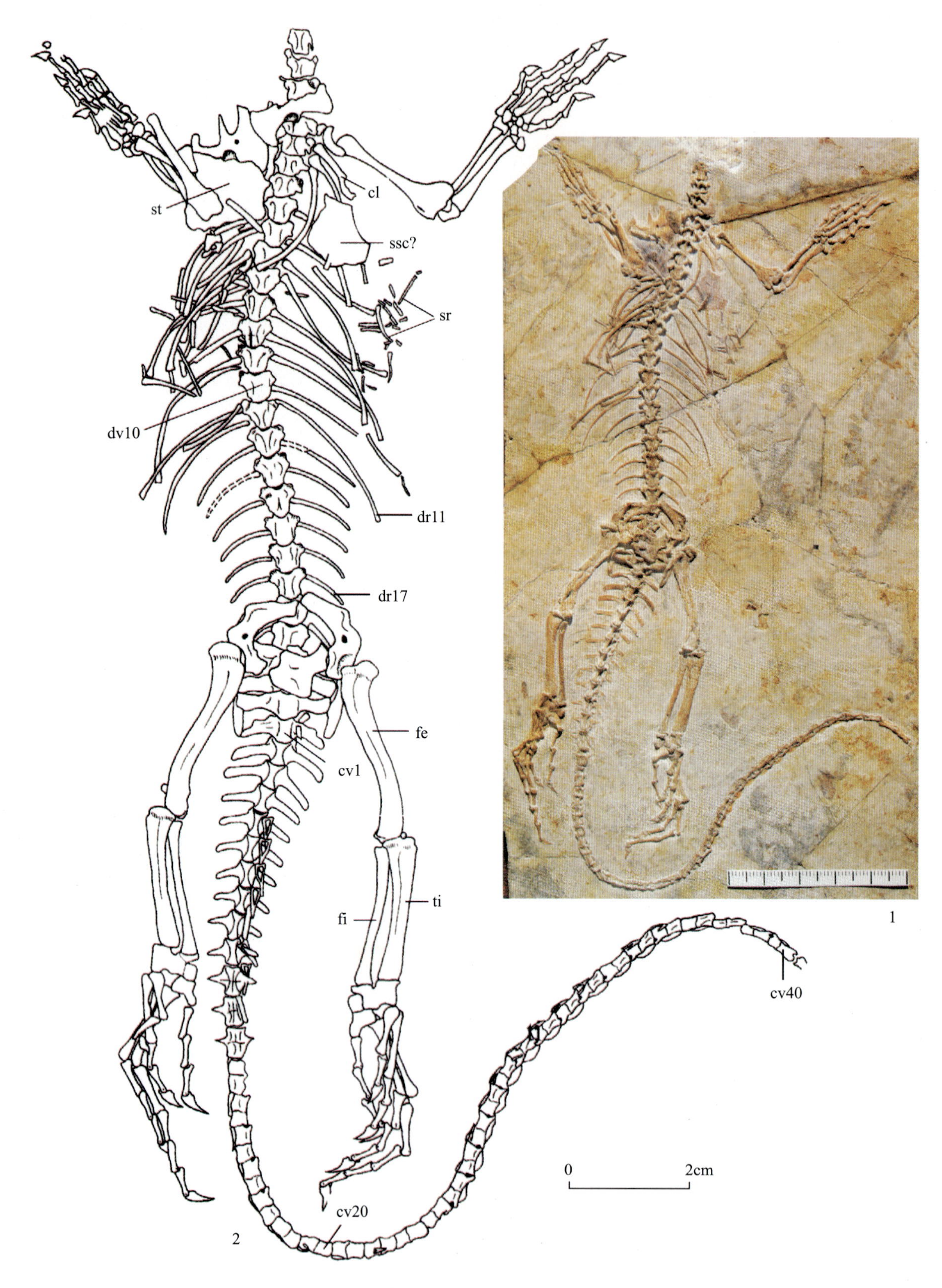

图 3-76　长趾大凌河蜥(据姬书安等,2004)

Fig.3-76　*Dalinghosaurus longidigitus* Ji(after Ji Shuan et al.,2004)

1.正型标本(腹视);2.骨骼线条图

1.Holotype(ventral view);2.Line drawing of skeleton

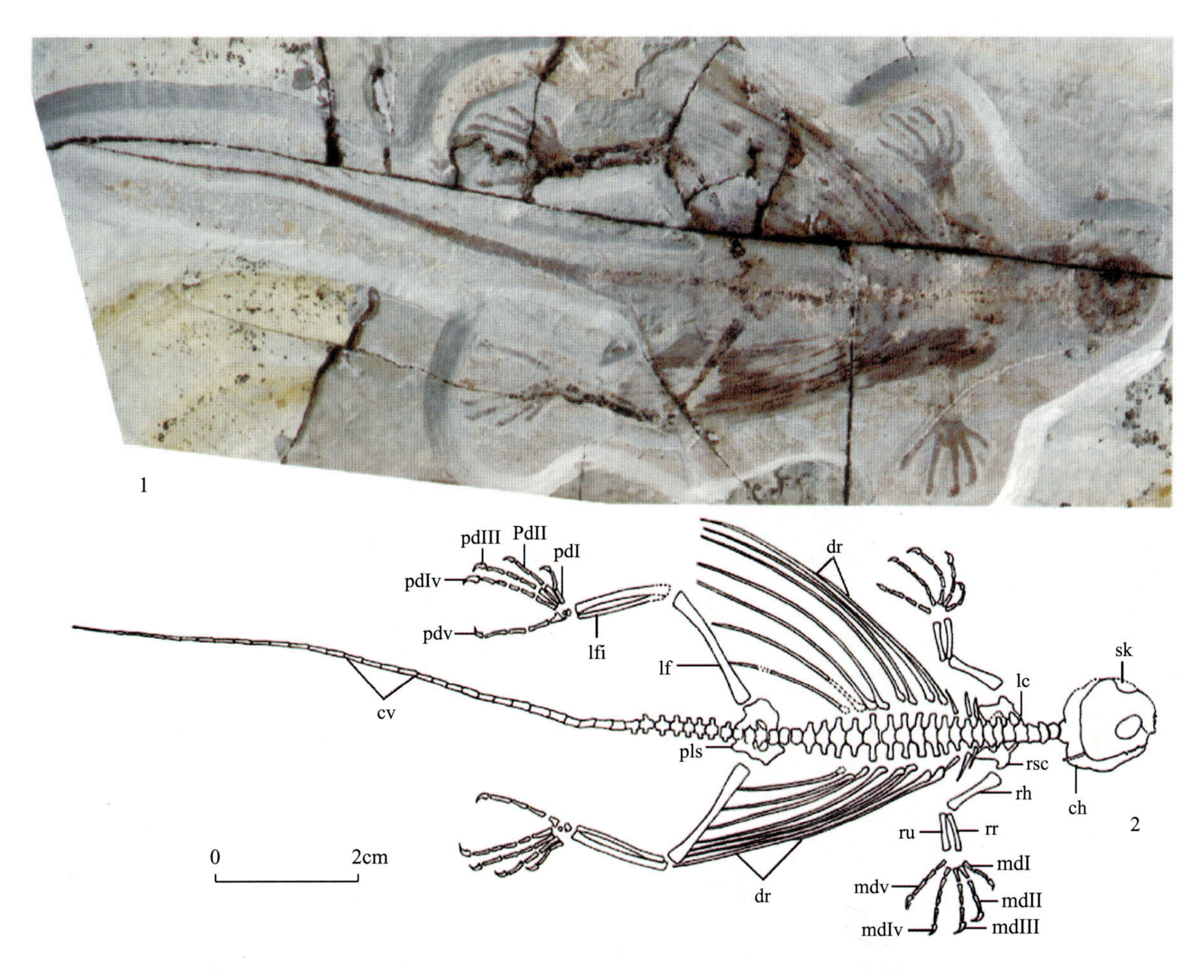

图 3－77　赵氏翔龙(据李丕鹏等,2007)

Fig.3－77　*Xianglong zhaoi* Li,Gao,Hou et Xu(after Li Pipeng et al.,2007)

1.正型标本;2.骨骼线条图;3.复原图

1.Holotype;2.Line drawing of skeleton;3.Reconstruction

产地及层位：辽宁省义县头道河乡英窝山南，下白垩统义县组砖城子层。

短吻辽宁蜥 *Liaoningolacerta brevirostra* Ji,2005

分类：有鳞目硬舌蜥类（Scleroglossa）辽宁蜥属 *Liaoningolacerta* Ji,2005。

特征：头骨宽，具短而尖的吻和大眼窝。鼻额缝合线位在眼眶前缘水平面附近。额骨一对。颧骨具长背突，并与鳞骨接触。荐前椎至少26枚或超过26枚，其中包括19枚背椎。前部的尾椎各具一对侧突。十字形间锁骨具有一长的前突。耻骨适度伸长。后肢明显长于前肢，胫骨远端微凹。跖骨Ⅲ和Ⅳ等长。脚趾趾式为2-3-4-5-4。腹部小菱形鳞片呈横向排列，侧鳞很大，腿部鳞片小而圆或呈多边形，尾部鳞片长方形且环列（图3－78）。

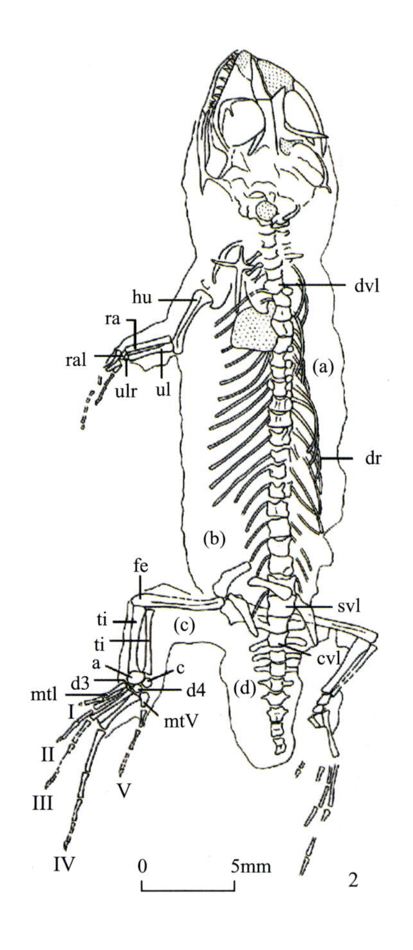

图3－78　短吻辽宁蜥（据姬书安等，2005）

Fig.3－78　*Liaoningolacerta brevirostra* Ji(after Ji Shuan et al.,2005)

1.正型标本；2.骨骼线条图

1.Holotype;2.Line drawing of skeleton

产地及层位：辽宁省北票市黄半吉沟，下白垩统义县组尖山沟层。

炭化德氏蜥 *Teilhardosaurus carbonarius* Shikama,1947

分类：有鳞目蜥蜴亚目德氏蜥属 *Teilhardosaurus* Shikama,1947。

特征：仅保存部分右下颌骨，长19.5mm。下颌骨细长、大，平缓向上弯曲，具25枚以上牙齿。牙齿为端生齿和圆锥形齿，中部的牙齿最大，向前部和后部牙齿逐渐变小。前9枚牙齿通常尖，其后的一些牙齿齿冠尖钝。舌侧牙齿远部具几条纵向条纹，而近部则光滑。齿冠直，其后部略扩展(图 3－79)。

产地及层位：辽宁省阜新市新丘，下白垩统阜新组。

图 3－79 炭化德氏蜥(据 Shikama，1947)

Fig.3－79 *Teilhardosaurus carbonarius* Shikama(after Shikama，1947)

1.右下颌骨和牙齿舌侧视；2.前齿系牙齿；3.后齿系牙齿

1.Lateral view of right lower jawbone and teeth; 2.Precingulum teeth; 3.Postcingulum teeth

(四)初龙次亚纲

翼龙目

弯齿树翼龙 *Dendrorhychoides curvidentatus* Ji et Ji，1998

1998 *Dendrorhychus curvidentatus* Ji et Ji，pp.199－206。

1999 *Dendrorhychoides curvidentatus* Ji et Ji，pp.573－574。

分类：翼龙目喙嘴龙亚目蛙嘴翼龙科树翼龙属 *Dendrorhychoides* Ji et Ji，1998。

特征：个体小，两翼展开长约 40cm，头骨短而宽。齿冠较高，牙齿尖锐而略弯曲。颈椎短粗，尾短。翼掌骨粗壮且略向后弯，其长仅为桡骨长的 1/4。翼指骨细长，第一翼指骨明显长于第 2 翼指骨，而后者仅稍长于桡骨。胫骨短于肱骨，腓骨存在而且细弱，其长约为胫骨 1/2。跖骨Ⅰ—Ⅳ几乎等长，跖骨Ⅴ短直。后肢第Ⅴ趾具有两个极发育的趾节，每一趾节均约为跖骨Ⅰ—Ⅳ长的 2/3，末端趾节弯曲且端部变尖(图 3－80)。

产地及层位：辽宁省北票市上园镇四合屯张家沟，下白垩统义县组二段尖山沟层。

注：原描述为尾长，被人疑为拼接而成。

宁城热河翼龙 *Jeholopterus ningchengensis* Wang et al.，2002

分类：翼龙目喙嘴龙亚目蛙嘴翼龙科热河翼龙属 *Jeholopterus* Wang，Zhou，Zhang et Xu，2002。

特征：个体相对较大，两翼展开长约 90cm。头骨宽大于长。翼掌骨短于桡骨长度的 1/4，尺骨与翼掌骨的长度之比率小于 4。第一翼指骨与尺骨的长度近等。与桡骨相比，4 节翼指骨的第 1 节较长，第 2 节近等，第 3、4 节显著较短。翼爪长，长度约为脚爪的 1.5 倍。第Ⅴ趾长，长度为第Ⅲ趾的 1.5 倍。第Ⅴ趾第 1 趾节较长且粗壮(长约等于第Ⅰ—Ⅳ蹠骨)，第 2 趾节直(图 3－81、图 3－82)。

图 3－80　弯齿树翼龙(据姬书安等,1998)

Fig.3－80　*Dendrorhychoides curvidentatus* Ji et Ji(after Ji Shuan et al.,1998)

1.正型标本,线段比例尺:1cm;2.骨骼素描图

1.Holotype,scale bars:1cm;2.Sketch map of skeleton

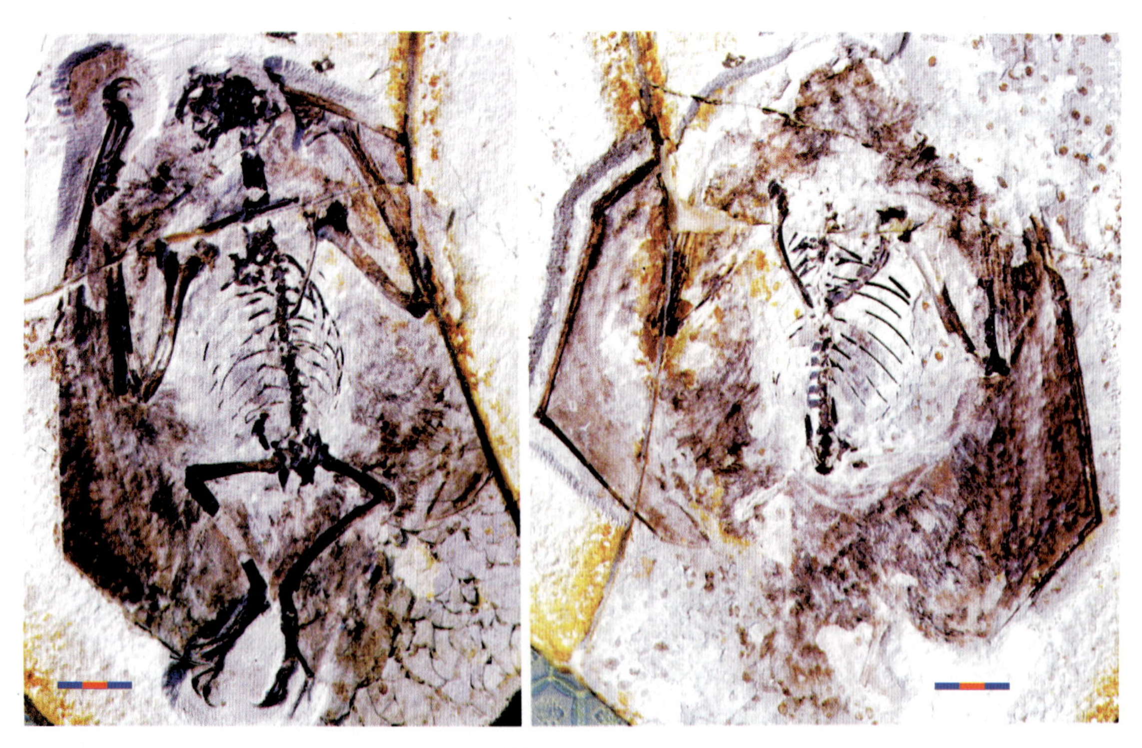

图 3－81　宁城热河翼龙正、副模(据汪筱林等,2002)

Fig.3－81　Holotype and Paratype of *Jeholopterus ningchengensis* Wang et al.(after Wang Xiaolin et al.,2002)

线段比例尺:1cm,scale bars:1cm

图 3－82 宁城热河翼龙复原图(据汪筱林，张弥漫等，2003)

Fig.3－82 Reconstruction of *Jeholopterus ningchengensis* Wang et al.(After Wang Xiaolin，Chang Mee-mann et al.，2003，Art：Rong-shan Li)

产地及层位：内蒙古宁城县山头乡道虎沟，中侏罗统海房沟组。

威氏翼嘴翼龙 *Pterorhynchus wellnhoferi* Czerkas et Ji，2002

分类：喙嘴龙亚目喙嘴龙科翼嘴翼龙属 *Pterorhynchus* Czerkas et Ji，2002。

特征：该种具有矢状头冠嵴，与喙嘴龙类已知属种不同。冠嵴由一个小的骨化部分和一个颇大的软组织单元构成。低的骨化脊具竖纹，且位于保存的冠脊前缘之下。冠嵴在上部扩展，横贯头骨的后2/3。尾椎很长，尾椎数 45～50 枚，与翼的长度近等。沿超过尾远端 2/3 的尾部，尾膜长而微扩展（图 3－83、图 3－84）。

图 3－83　威氏翼嘴翼龙（据 Czerkas 等，2002）

Fig.3－83　*Pterorhynchus wellnhoferi* Czerkas et Ji(after Czerkas et al.，2002)

1.正型标本；2.头骨和头冠脊的前右侧视，×0.75；3.头骨和头冠脊线条图，×0.75

1.Holotype；2.Anterior right lateral view of skull and crest，×0.75；3.Line drawing of skull and crest，×0.75

产地及层位：内蒙古宁城县山头乡道虎沟，中侏罗统海房沟组。

图 3－84 威氏翼嘴翼龙复原图(据 Czerkas 等,2002)

Fig.3－84 Reconstruction of *Pterorhynchus wellnhoferi* Czerkas et Ji(after Czerkas et al.,2002)

秀丽郝氏翼龙 *Haopterus gracilis* Wang et Lǔ,2001

分类:翼龙目鸟掌龙超科鸟掌龙科郝氏翼龙属 *Haopterus* Wang et Lǔ,2001。

特征:中小型个体。头骨长约145mm,两翼展开横宽约1.35m。头骨低而长,头顶无脊状构造。吻部较尖。鼻孔与眶前孔愈合成一个长椭圆形鼻眶前孔。上、下颌各发育12枚向后弯曲的尖锐牙齿,前上颌骨的前3齿细长。前肢较粗壮,肱骨短粗而平直。第Ⅰ—Ⅳ掌骨长度近等。蹠骨很细小,第Ⅰ蹠骨略短,第Ⅱ—Ⅲ蹠骨等长,第Ⅳ—Ⅴ蹠骨退化缩短。胸骨似扇形,具发达的龙骨突。后肢退化、相当弱小(图3-85)。

产地及层位:辽宁省北票市上园镇四合屯,下白垩统义县组二段尖山沟层。

图3-85　秀丽郝氏翼龙(据汪筱林等,2001)

Fig.3-85　*Haopterus gracilis* Wang et Lu(after Wang Xiaolin et al.,2001)

1.正型标本;2.复原图

1. Holotype; 2. Reconstruction

杨氏东方翼龙 *Eosipterus yangi* Ji et Ji,1997

分类:翼龙目梳颌翼龙科东方翼龙属 *Eosipterus* Ji et Ji,1997。

特征:个体中等。尾短,尾椎退化;腹肋细弱。前肢为膜状翼,两翼展开横宽约1.2m。前肢骨骼较粗大,桡、尺骨长为翼掌骨长的1.3倍。翼指骨各端关节面均明显扩展。股骨较直,其长略小于胫骨长的2/3。尺骨、第Ⅰ翼指骨、胫骨的长度相等。蹠骨Ⅰ—Ⅳ细长,第Ⅴ趾退化,但未消失(图3-86)。

产地及层位:辽宁省北票市上园镇团山沟、四合屯,下白垩统义县组二段尖山沟层。

图 3-86 杨氏东方翼龙(据姬书安等,1997)

Fig.3-86 *Eosipterus yangi* Ji et Ji(after Ji Shuan et al.,1997)

1.正型标本;2.复原图

1. Holotype; 2. Reconstruction

李氏始无齿翼龙 *Eopteranodon lii* Lü et Zhang,2005

分类:翼龙目翼手龙亚目无齿翼龙科(?)始无齿翼龙属 *Eopteranodon* Lü et Zhang,2005。

特征:头骨顶视呈极长的三角形,上、下颌无牙齿。肱骨三角嵴的远端平直,两边缘平行,没有极度扩展成斧头状或者弯曲而区别于夜翼龙属及无齿翼龙属。肱骨三角嵴的长度与肱骨长度比率约为0.25。翼掌骨的长度与飞行指第2指节的长度近等。第Ⅳ翼掌骨略长于尺骨。飞行指的第2指节长度与第1指节的长度之比率约为0.76(图3-87)。

产地及层位:辽宁省北票市,下白垩统义县组二段尖山沟层。

无齿吉大翼龙 *Jidapterus edentus* Dong et al.,2003

分类:翼龙目翼手龙亚目无齿翼龙科(?)吉大翼龙属 *Jidapterus* Dong,Sun et Wu,2003。

特征:个体中等。两翼展开长(翼展或翼距,wing span)约1.6m。头骨长而低,吻尖而平直,下颌骨的腹面发育一低的下颌突(矢状嵴 sagittal crest),上、下颌骨无齿。鼻孔与眶前孔融合,形成一大的长三角形的鼻眶前孔(nasoantorbital opening),长径超过头骨总长的30%。前上颌骨向上后延伸而无顶嵴(cranial crest);下颌缝合部约占下颌长的56%。颈椎体长度适中,背椎有愈合的联合背椎,胸骨有剑突,肩胛骨与乌喙骨近等长。股骨与胫骨的长度之比约0.60(图3-88)。

产地及层位:辽宁省朝阳市上河首,下白垩统九佛堂组上河首层。

陈氏北票翼龙 *Beipiaopterus chenianus* Lü,2003

分类:翼龙目翼手龙亚目梳颌翼龙科北票翼龙属 *Beipiaopterus* Lü,2003。

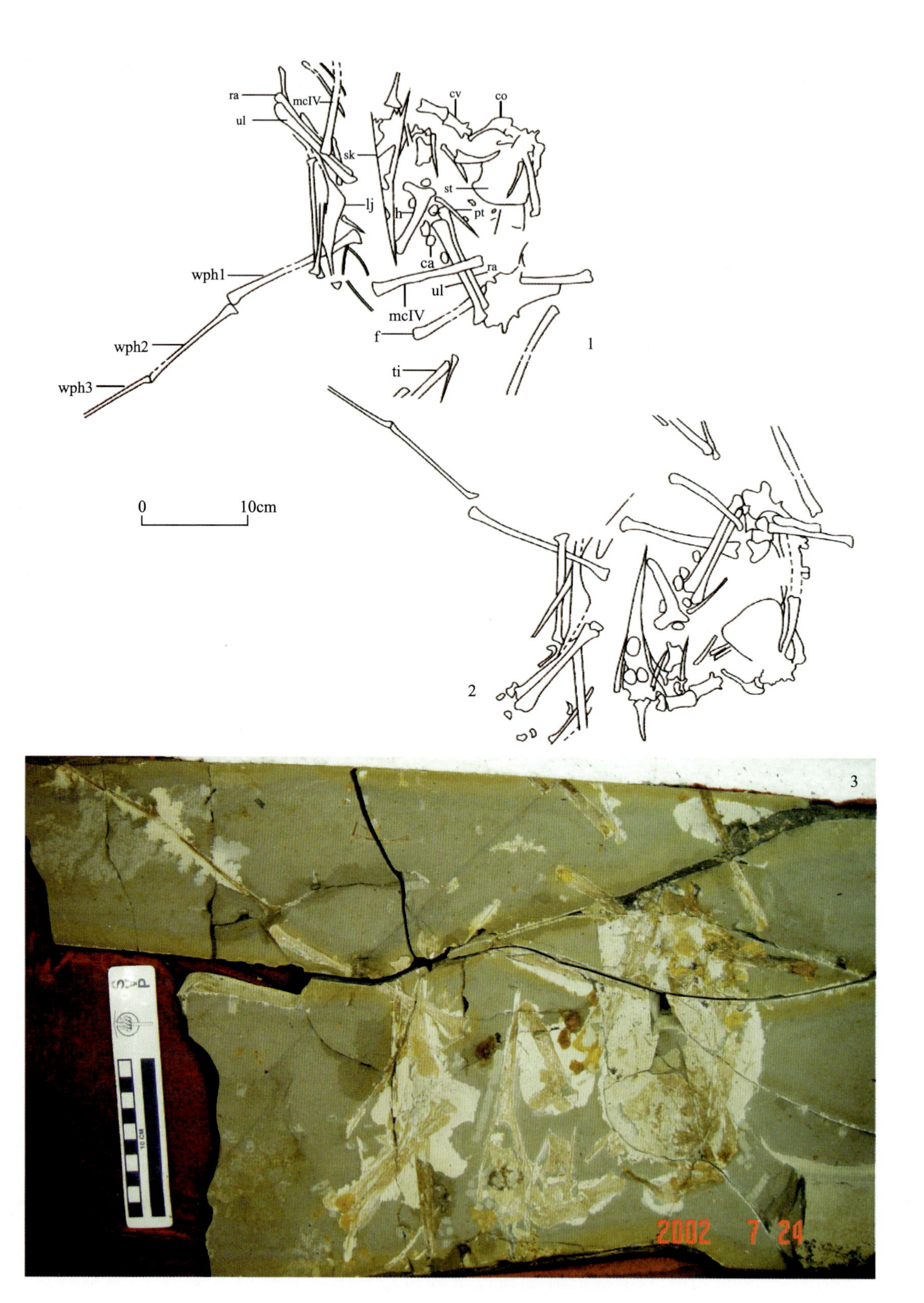

图 3－87　李氏始无齿翼龙(据吕君昌等,2006)

Fig.3－87　*Eopteranodon lii* Lü et Zhang(after Lü Junchang et al.,2006)

1—2.正负模标本的线条图;3.正型标本

1—2.Line drawing of positive and negative mold; 3.Holotype

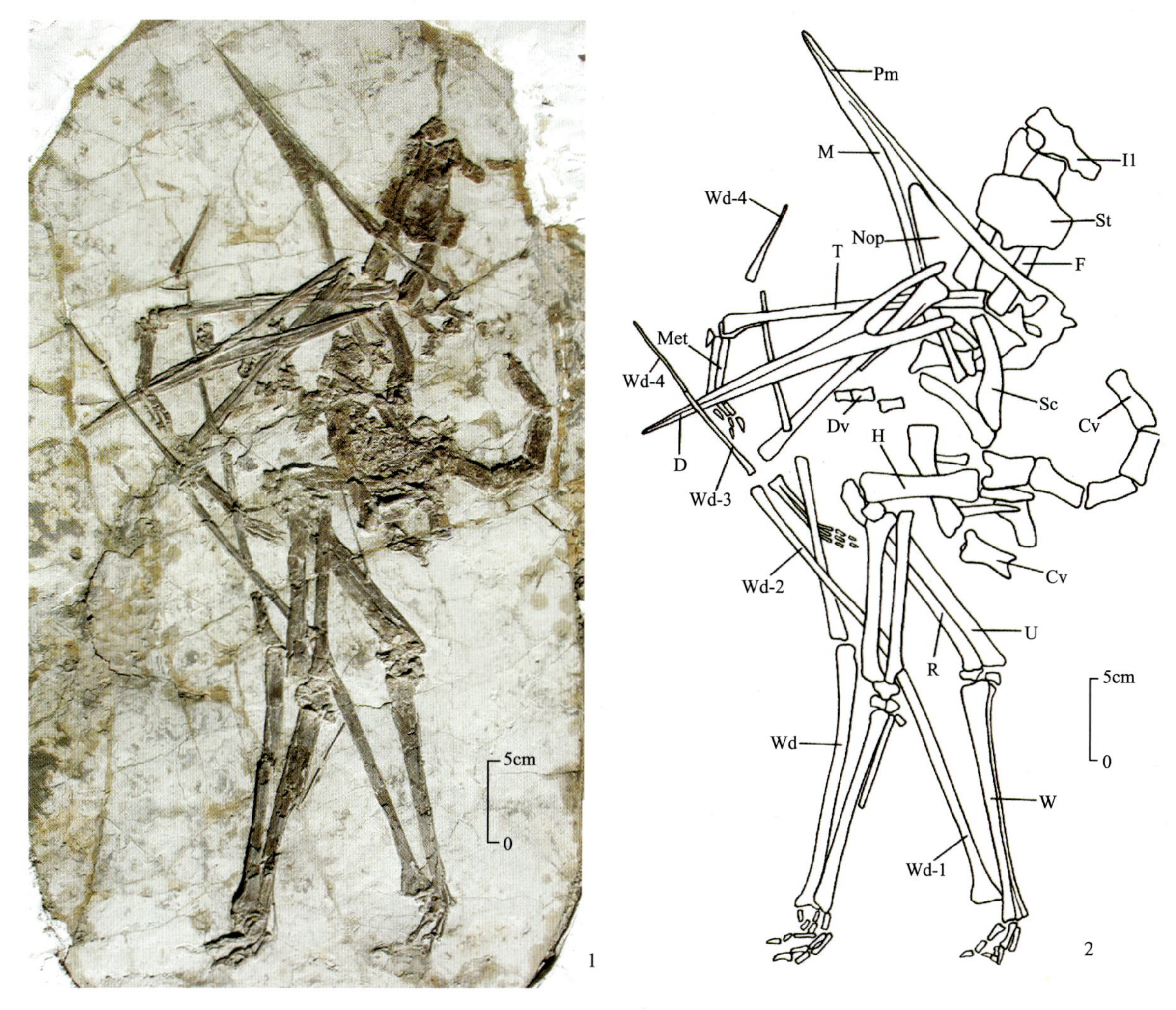

图 3-88 无齿吉大翼龙(据董枝明等,2003)

Fig.3-88 *Jidapterus edentus* Dong et al.(after Dong Zhiming et al.,2003)

1.正型标本;2.骨骼线条图

1.Holotype;2.Line drawing of skeleton

特征:荐椎 3 个;翼掌骨Ⅳ长度与尺骨长近等;翼指节 1 颇长,达翼指总长的 53%,第Ⅳ指的翼指节 2 与翼指节 1 的比率(ph_2d_4/ph_1d_4)约 0.46;股骨与胫骨比值为 0.41(图 3-89)。

产地及层位:辽宁省北票市上园镇四合屯,下白垩统义县组二段尖山沟层。

崔氏北方翼龙 *Boreopterus cuiae* Lü et Ji,2005

分类:翼龙目鸟掌龙超科北方翼龙科北方翼龙属 *Boreopterus* Lü et Ji,2005。

特征:上颚和下颚至少各具 29 对牙齿,其中前 9 对牙齿大于其余牙齿,而第 3 和第 4 对牙齿最大。下颌骨缝合部长度约为下颚长的 65%。股骨与胫骨等长,肱骨略短于股骨(图 3-90)。

产地及层位:辽宁省义县,下白垩统义县组。

谷氏中国翼龙 *Sinopterus gui* Li et al.,2003

分类:翼龙目翼手龙亚目古神翼龙科中国翼龙属 *Sinopterus* Wang et Zhou,2002。

特征:背椎椎体 11 个,其长度基本相等,椎体相互愈合形成联合背椎,除最后一背椎椎体外,其他椎体均有大的椎体侧凹。荐椎至少 4 个。肱骨长于股骨,翼掌骨的长度略短于飞行指第 1 指节

1

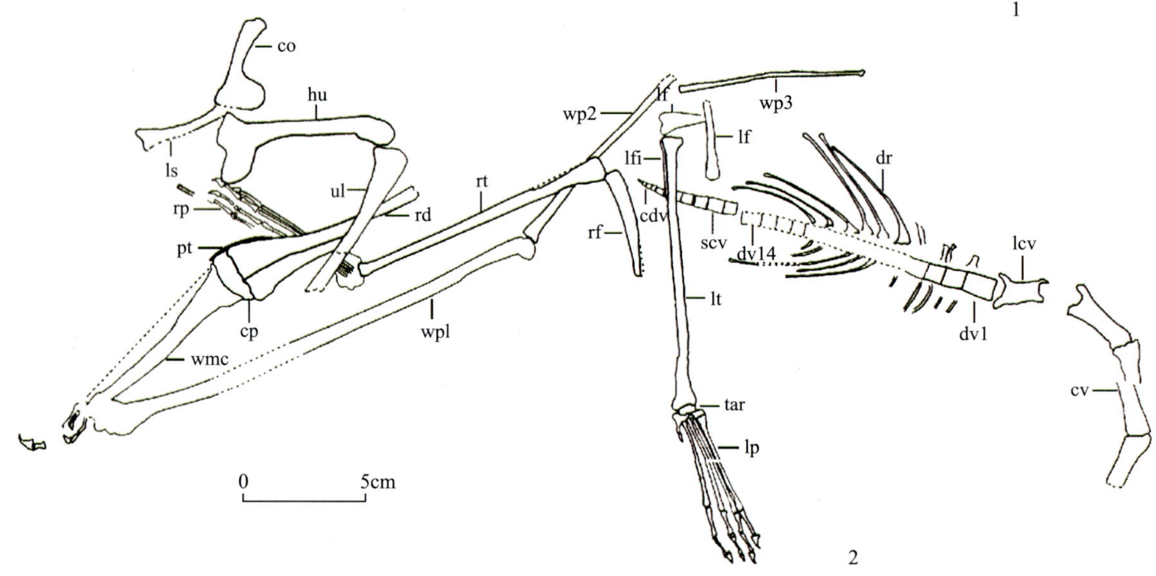

2

图 3-89 陈氏北票翼龙(据吕君昌,2003)

Fig.3-89 *Beipiaopterus chenianus* Lü(after Lü Junchang,2003)

1.正型标本;2.骨骼线条图

1.Holotype;2.Line drawing of skeleton;比例尺:1cm,scale bars:1cm

的长度。肱骨的三角嵴远端未扩展。股骨与胫骨长度之比约为 0.49(图 3-91)。

产地及层位:辽宁省朝阳县胜利乡,下白垩统九佛堂组。

董氏中国翼龙 *Sinopterus dongi* Wang et Zhou,2002

分类:翼手龙亚目古神翼龙科中国翼龙属 *Sinopterus* Wang et Zhou,2002。

特征:中小型个体,头骨长约 170mm,两翼展开长约 1.2m。吻端尖长,无齿,具角质喙。头骨相对细长,前上颌骨和齿骨弧形嵴突低而小,前上颌骨嵴不发育,该嵴后延嵴突与额骨和顶骨构成的矢状嵴相平行。鼻眶前孔大而长,长约为高的 2.5 倍,超过头骨长度的 1/3。肱骨、桡骨、翼掌骨和

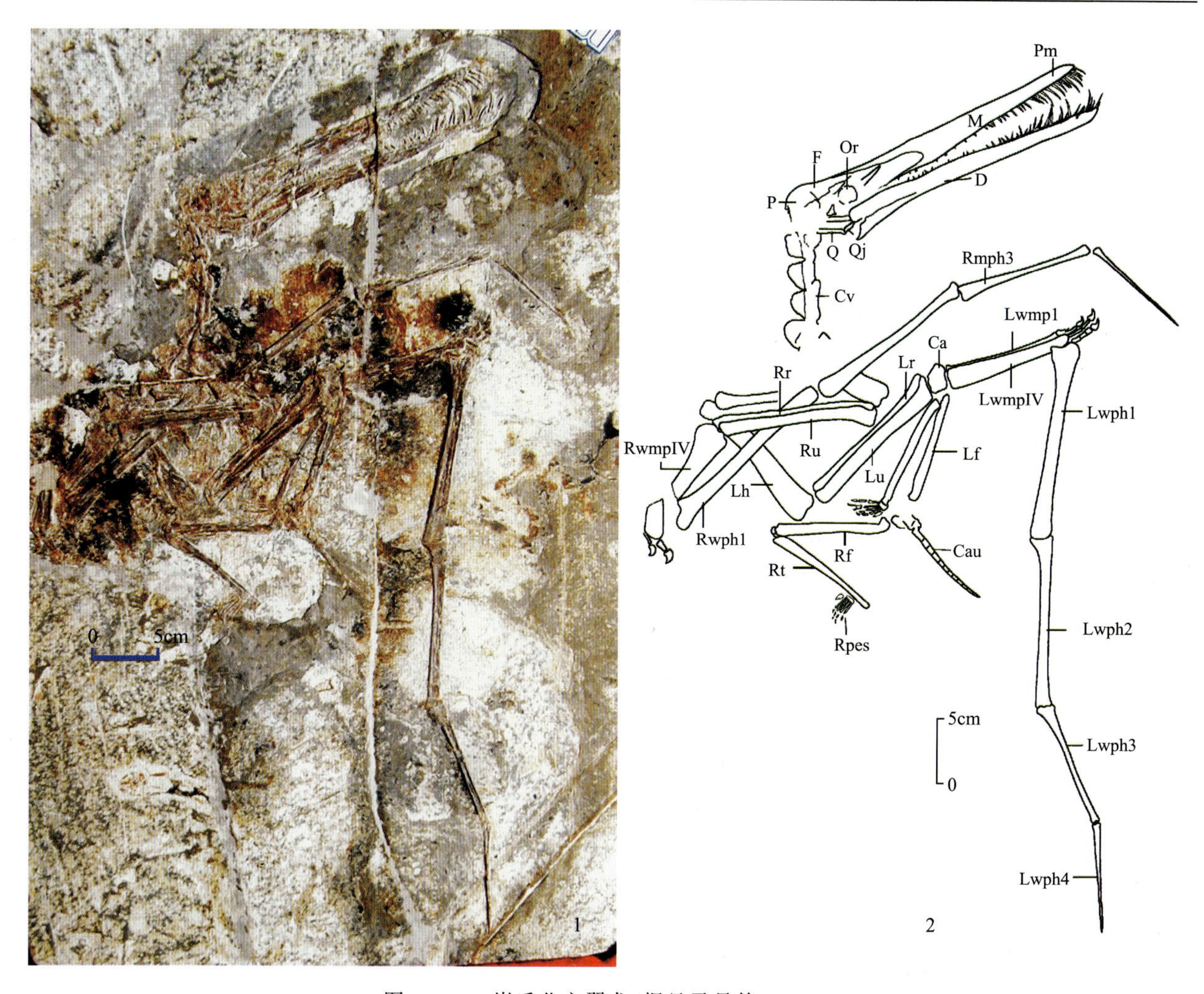

图 3-90　崔氏北方翼龙(据吕君昌等,2005)

Fig.3-90　*Boreopterus cuiae* Lü et Ji(after Lü Junchang et al.2005)

1.正型标本;2.骨骼线条图

1.Holotype;2.Line drawing of skeleton

第1翼指骨依次加长,后三者分别是肱骨长度的1.5、1.6和2倍。腕骨粗大,未愈合。肩胛骨强烈弯曲,乌喙骨关节在肩胛骨一侧异常膨大,呈扇形。胫骨比股骨长1.4倍。第Ⅰ蹠骨最长,第Ⅱ—Ⅳ蹠骨长度依次缩短,第Ⅲ蹠骨长度约为翼掌骨的22.1%,第Ⅴ蹠骨长度不及第Ⅰ蹠骨的1/5。第1和第2翼指骨较直(图3-92)。

产地及层位:辽宁省朝阳县东大道乡喇嘛沟,下白垩统九佛堂组二段喇嘛沟层。

季氏华夏翼龙 *Huaxiapterus jii* Lü et Yuan,2005

分类:翼龙目翼手龙亚目古神翼龙科华夏翼龙属 *Huaxiapterus* Lü et Yuan,2005。

特征:该属种的头骨和下颌骨形态界于 *Sinopterus*t 和 *Tapejara* 两属之间,即前上颌骨和下颌骨上的矢状嵴比 *Sinopterus* 属的高,而较 *Tapejara* 的低。前上颌骨矢状嵴向后部伸展,侧视呈弓形;上颌骨腹缘向下平滑弯曲。腭面中部具一短裂痕。愈合的鼻孔和眶前孔长度大于头骨长度的33%(图3-93)。

产地及层位:辽宁省朝阳市,下白垩统九佛堂组。

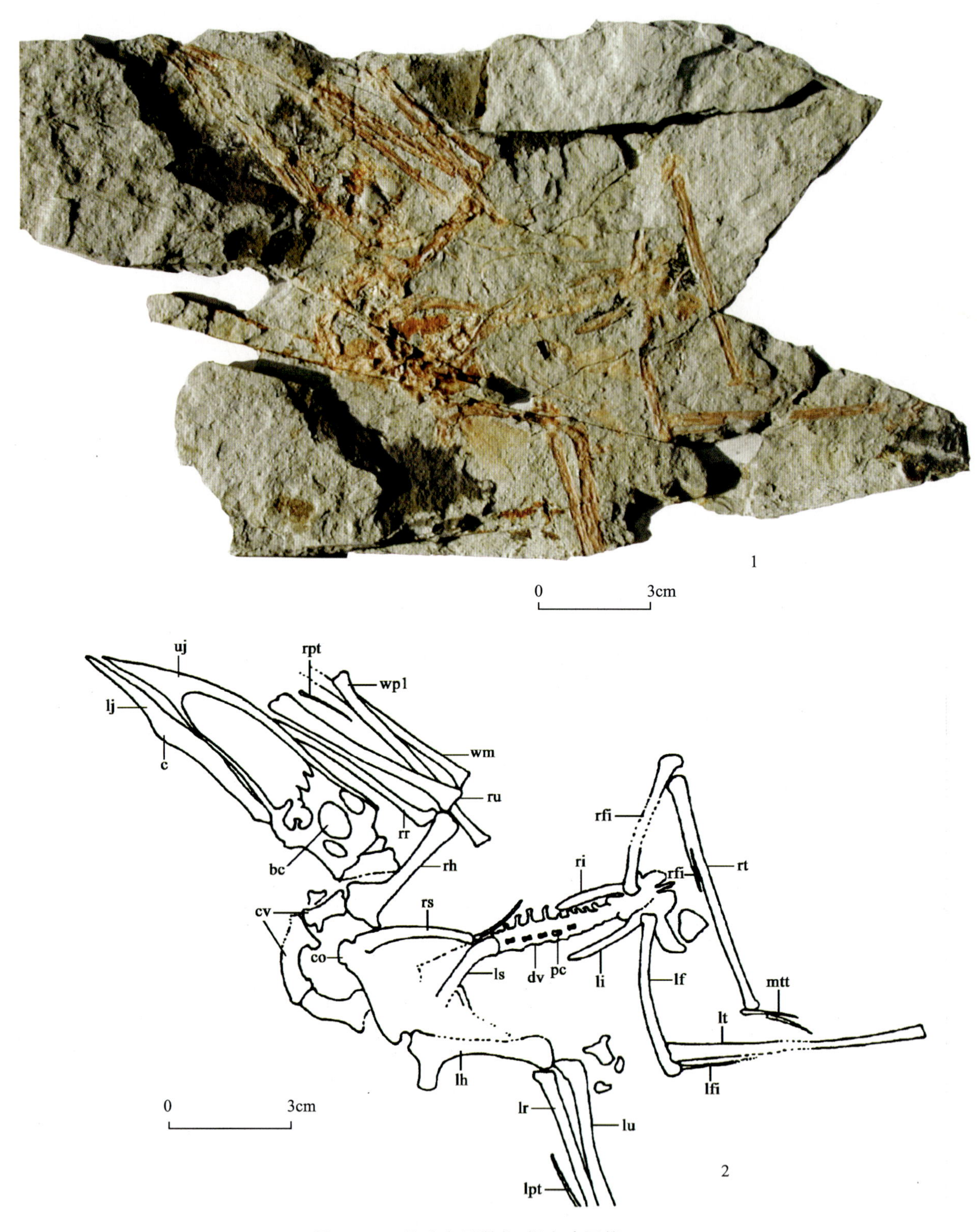

图 3-91　谷氏中国翼龙(据李建军等,2003)

Fig.3-91　*Sinopterus gui* Li et al.(after Li Jianjun et al.,2003)

1.正型标本;2.骨骼线条图

1.Holotype;2.line drawing of skeleton

具冠华夏翼龙 *Huaxiapterus corollatus* Lǔ,Jin,Unwin,Zhao,Azuma et Ji,2006

分类:翼龙目翼手龙亚目古神翼龙科华夏翼龙属 *Huaxiapterus* Lǔ et yuan,2005。

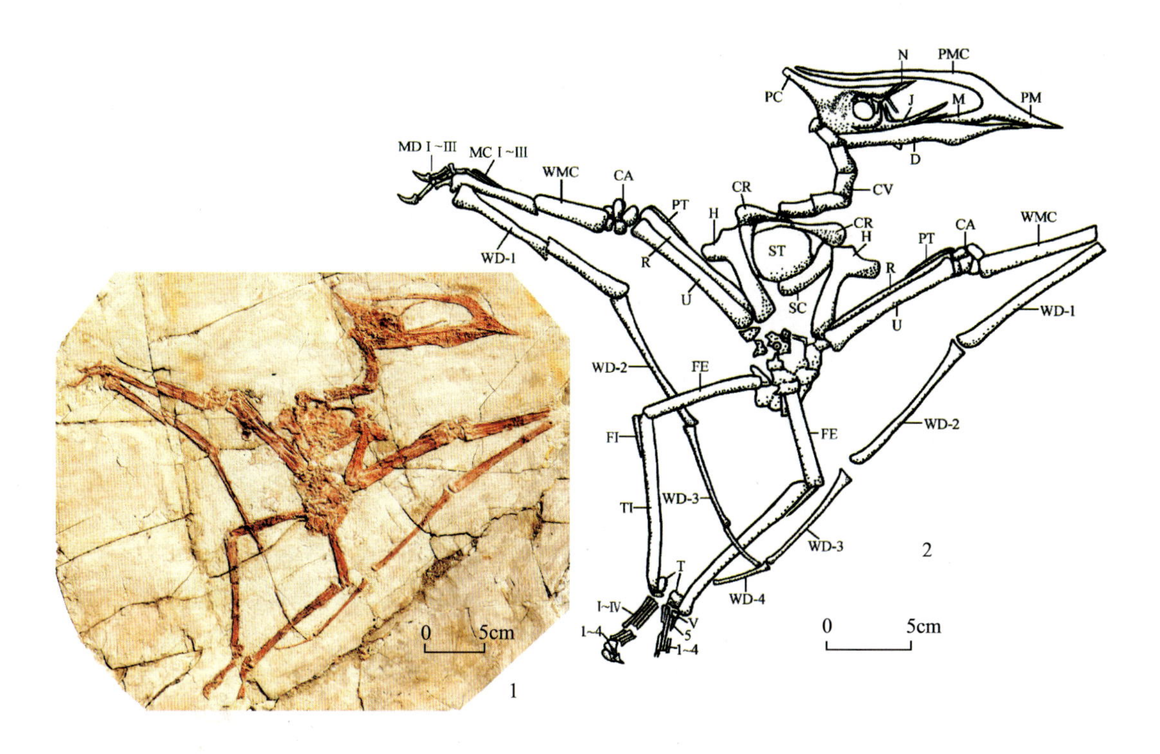

图 3－92　董氏中国翼龙(据汪筱林等,2002)

Fig.3－92　*Sinopterus dongi* Wang et Zhou(after Wang Xiaolin et al.,2002)

1.正型标本;2.骨骼线条图

1.Holotype;2.Line drawing of skeleton

特征:两翼展宽约 1.5m。头骨相对短高,具明显的斧状嵴。该嵴侧视呈长方形,位于鼻眶前孔前边缘上方,嵴的前边缘垂直于鼻眶前孔前上边缘。鼻眶前孔大。顶骨嵴颇发育,伸向头骨背后方,其腹边缘宽,背边缘呈薄板状,向远端逐渐变细。上下颌无牙齿,下颌具嵴(图 3－94)。

产地及层位:辽宁省朝阳市,下白垩统九佛堂组。

辽西始神龙翼龙 *Eoazhdarcho liaoxiensis* Lü et Ji,2005

分类:翼龙目翼手龙亚目神龙翼龙科始神龙翼龙属 *Eoazhdarcho* Lü et Ji,2005。

特征:为一小型神龙翼龙类,翼展长约 1.6m。中部颈椎骨长与宽之比约为 3.5;肱骨与股骨长度之比率约为 0.96。该属种以乌喙骨与肩胛骨愈合成“U”形骨、尺骨与翼掌骨Ⅳ的长度之比率为 0.90 和肱骨的三角嵴(deltopectoral crest)长度与干长比率约为 0.33,而不同于发现在辽宁地区的其他无齿翼龙类。

产地及层位:辽宁省朝阳市,下白垩统九佛堂组(图 3－95)。

张氏朝阳翼龙 *Chaoyangopterus zhangi* Wang et Zhou,2003

分类:翼手龙亚目夜翼龙科(?)朝阳翼龙属 *Chaoyangopterus* Wang et Zhou,2003。

特征:中大型个体。两翼展开长约 1.85m。头骨长而低,吻端尖,无齿。翼指Ⅰ—Ⅲ指骨粗壮,翼指爪大而弯曲。翼指骨由 4 个翼指节构成,它们向末端依次变短。翼掌骨和第 1 翼指骨较 *Nyctosaurus gracilis* 的相对短。胫骨与股骨比值为 1.5,胫骨与肱骨的比值是 2.2。前肢(肱骨＋尺骨＋翼掌骨)与后肢(股骨＋胫骨＋蹠骨Ⅲ)比值为 1.1(图 3－96)。

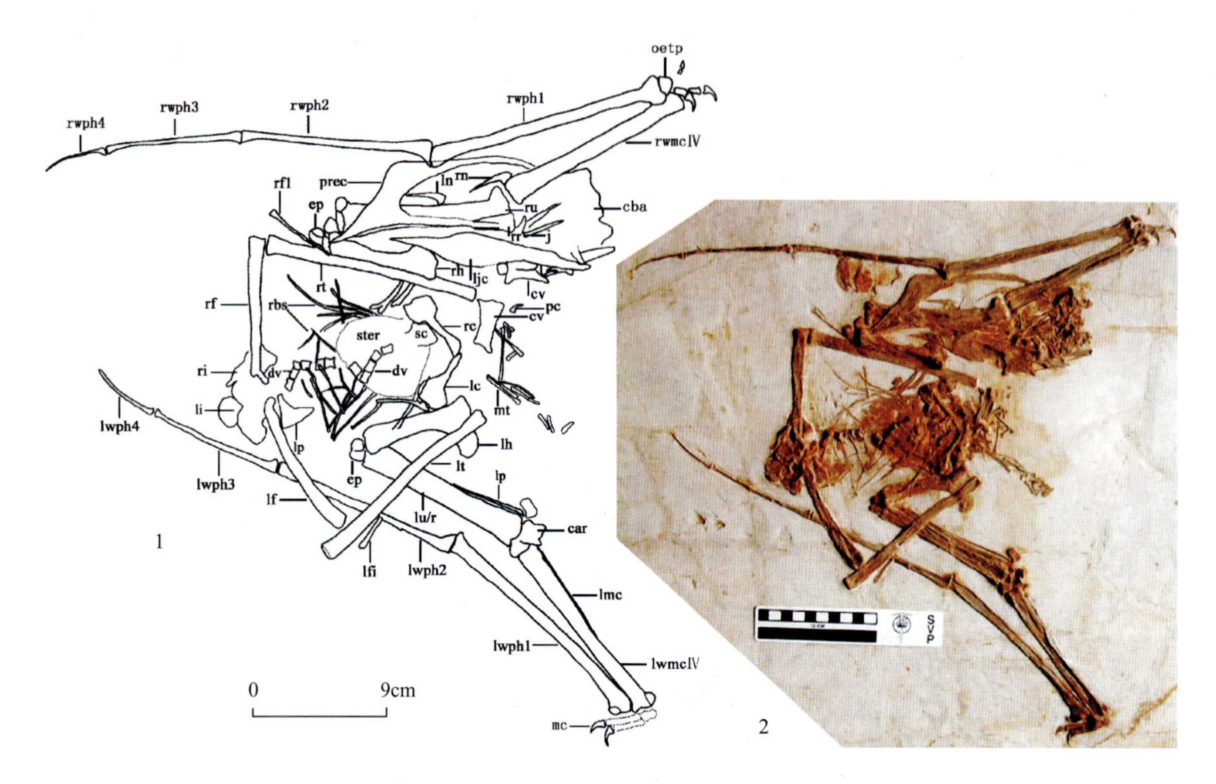

图 3-93 季氏华夏翼龙(据吕君昌等,2005)

Fig.3-93 *Huaxiapterus jii* Lü et Yuan(after Lü Junchang et al.,2005)

1.骨骼线条图;2.正型标本

1.Line drawing of skeleton;2.Holotype

产地及层位:辽宁省朝阳市大平房镇原家洼、公皋,下白垩统九佛堂组原家洼层。

顾氏辽宁翼龙 *Liaoningopterus gui* Wang et Zhou,2003

分类:翼手龙亚目古魔翼龙科辽宁翼龙属 *Liaoningopterus* Wang et Zhou,2003。

特征:个体大,估计头骨长 610mm,两翼展开长约 5m。头骨长而低。前上颌骨和齿骨具矢状嵴。上、下颌的牙齿较少,仅分布在其前部;齿列后延未达鼻眶前孔的 1/3,即约占头骨长度的 1/2。上颌第 1、3 齿小,第 2、4 齿大,其中第 4 齿最大(图 3-97)。

产地及层位:辽宁省朝阳县联合乡疙疸强子村小鱼沟,下白垩统九佛堂组二段喇嘛沟层。

布氏努尔哈赤翼龙 *Nurhachius ignaciobritoi* Wang et al.,2005

分类:翼龙目翼手龙亚目帆翼龙科努尔哈赤翼龙属 *Nurhachius* Wang,Kellner,Zhou et Campos,2005。

特征:为一近成年个体,估计其翼展 2.4～2.5m。头骨低,吻端尖,全长可能为 330mm。眶下孔缺失,鼻眶前孔颇长,约占头骨长的 58%。颧骨具短而薄的泪骨突。齿系由上颌每侧 14 枚牙齿、下颌每侧 13 枚牙齿构成,除下颌吻端的两枚向前伸的细小牙齿外,所有牙齿侧向压扁;牙齿根近等于或大于尖锐的三角形齿冠。下颌的齿槽边缘轻度前弯(图 3-98)。

产地及层位:辽宁省朝阳县大平房镇西营子村古塔南部,下白垩统九佛堂组三段原家洼层。

1

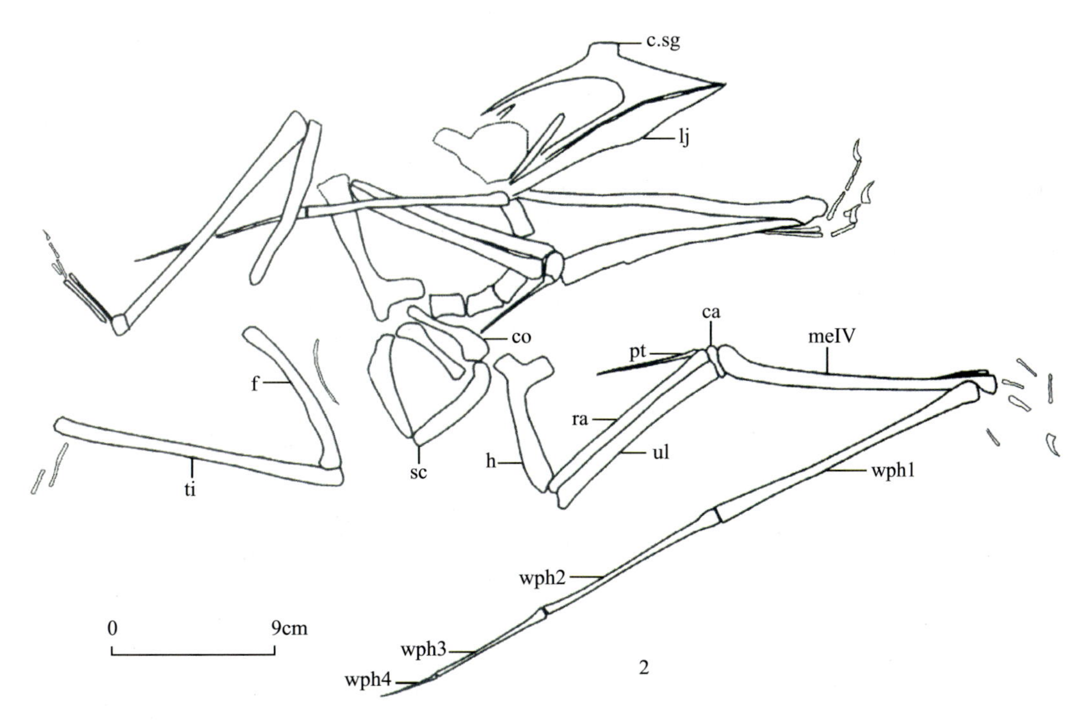

2

图 3－94　具冠华夏翼龙(据吕君昌等,2006)

Fig.3－94　*Huaxiapterus corollatus* Lǔ,Jin,Unwin,Zhao,Azuma et Ji(after Lü Junchang et al.,2006)

1.正型标本;2.骨骼线条图

1.Holotype;2.Line darwing of skeleton

1

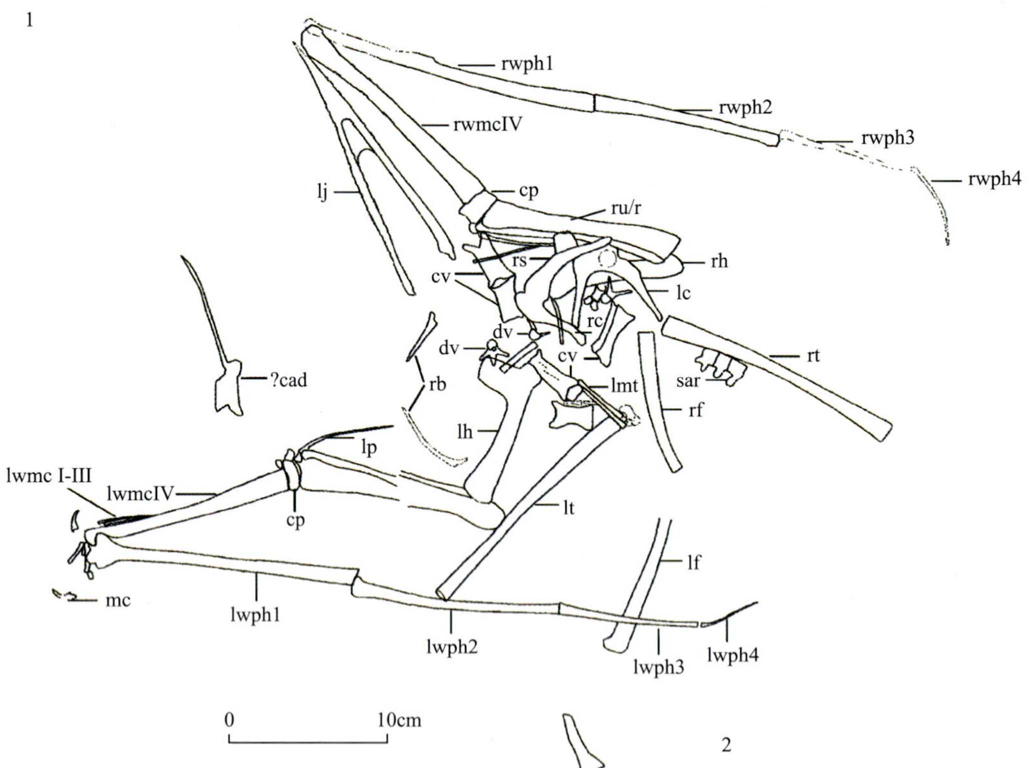

2

图 3－95　辽西始神龙翼龙(据吕君昌等,2005)

Fig.3－95　*Eoazhdarcho liaoxiensis* Lü et Ji(after Lü Junchang et al.,2005)

1.正型标本;2.骨骼线条图

1.Holotype;2.Line drawing of skeleton

图 3－96 张氏朝阳翼龙(据汪筱林等,2003)

Fig.3－96 *Chaoyangopterus zhangi* Wang et Zhou(after Wang Xiaolin et al.,2003)

图 3－97 顾氏辽宁翼龙(据汪筱林等,2003;Mee-Mann Chang et al.,2003)

Fig.3－97 *Liaoningopterus gui* Wang et Zhou(after Wang Xiaolin et al.,2003;Mee-Mann Chang et al.,2003)

图 3-98 布氏努尔哈赤翼龙(据张宗达,汪筱林等,2005)

Fig.3-98 *Nurhachius ignaciobritoi* Wang et al.(after Zhang Zongda,2005;Wang Xiaolin et al.,2005)

1.复原图;2.正型标本

1.Reconstruction;2.Holotype

中国帆翼龙 *Istiodctylus sinensis* Andres et Ji,2006

分类:翼龙目翼手龙亚目帆翼龙科帆翼龙属 *Istiodctylus* Howse,milner et Martill,2001。

特征:亚成年个体骨架。头骨长度为其高度的 5.2 倍。鼻眶前孔占头骨长度的 60%,占头骨高度的 70%。上、下颌每侧牙齿约 15 枚,总计约为 60 枚。上颌齿列延伸至鼻眶前孔的下方,缺失前上颌骨嵴。环椎与枢椎愈合。股骨长度大于尺骨长度的 0.62 倍。第 2 翼指骨明显短于第 1 翼指骨。

产地及层位:辽宁省义县头台乡白台沟,下白垩统义县组大康堡层(图 3-99)。

注:有的研究者认为该属种可能是 *Nurhachius ignaciobritoi* 的同物异名。

短颌辽西翼龙 *Liaoxipterus brachyognathus* Dong et Lü,2005

分类:翼龙目翼手龙亚目帆翼龙科辽西翼龙属 *Liaoxipterus* Dong et Lü,2005。

特征:下颌吻端扁宽,下颌缝合部短而扩张;牙齿大小分异较小,左、右第 4 齿槽间的距离最宽。牙齿较少,每侧下颌齿为 11 枚,且牙齿相对粗短,侧面呈纺锤形,齿冠基部具齿环(图 3-100)。

产地及层位:辽宁省朝阳市,下白垩统九佛堂组。

赵氏龙城翼龙 *Longchengpterus Zhaoi* Wang,Li,Duan et cheng,2006

分类:翼龙目翼手龙亚目帆翼龙科龙城翼龙属 *Longchengpterus* Wang,Li,Duan et Cheng,2006。

特征:个体小,头骨相对低长。侧视鼻眶前孔呈三角形,占吻端的大部分。上颌前部具齿,下颌每侧 12 枚牙齿,齿尖较尖锐。下颌的缝合部长度与下颌总长度之比率约为 0.32。翼掌骨略长于第 1 翼指骨,后者近端具气孔(图 3-101)。

产地及层位:辽宁省朝阳县大平房镇原家洼,下白垩统九佛堂组原家洼层。

注:有的研究者认为该属种可能是 *Nurhachius ignaciobritoi*,但尚需进一步研究。

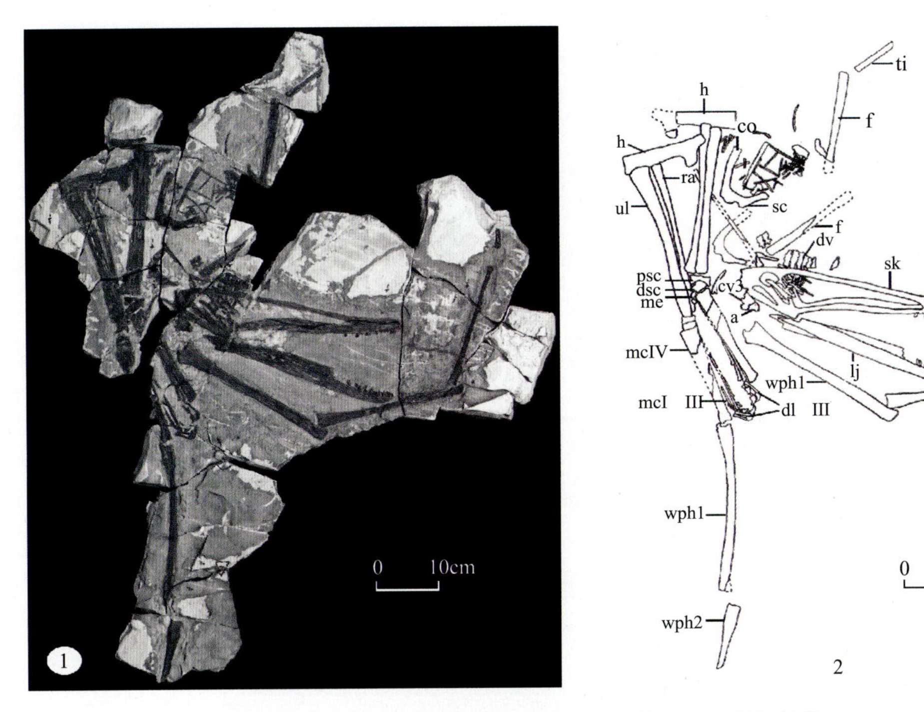

图 3－99 中国帆翼龙(据 Andres 等,2006;吕君昌等,2006)

Fig.3－99 *Istiodctylus sinensis* Andres et Ji(after Andres et al.,2006;Lü Junchang et al.,2006)

1.正型标本;2.骨骼线条图

1.Holotype;2.Line drawing of skeleton

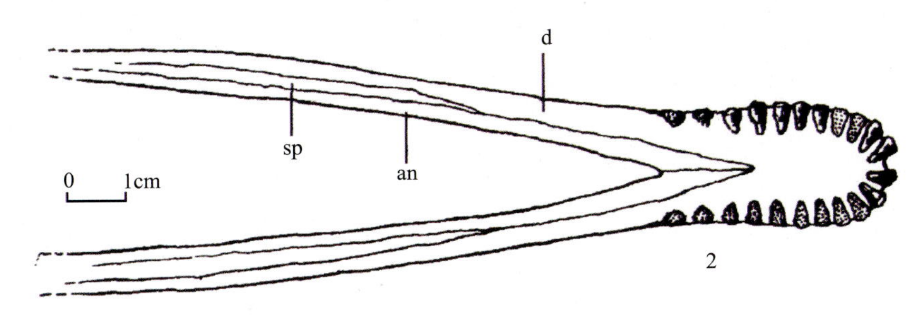

图 3－100 短颌辽西翼龙(据董枝明等,2005)

Fig.3－100 *Liaoxipterus brachyognathus* Dong et Lü(after Dong Zhiming et al.,2005)

1.下颌骨;2.骨骼线条图

1.Lower jawbone;2.Line drawing of skeleton

图 3-101　赵氏龙城翼龙(据王丽等,2006)

Fig.3-101　*Longchengpterus Zhaoi* Wang,Li,Duan et Cheng(after Wang Li et al.,2006)

线段比例尺:1cm,scale bars:1cm

杨氏飞龙 *Feilongus youngi* Wang et al.,2005

分类:翼龙目鸟掌龙超科北方翼龙科飞龙属 *Feilongus* Wang,Kellner,Zhou et Campos,2005。

特征:翼展约 2.4m,头骨长约 390～400mm。其头部具有两个矢状嵴冠,即前上颌骨嵴冠和顶骨嵴冠。前上颌骨上的矢状嵴冠低平,始于相当于第 9 枚前上颌齿的位置,止于鼻眶前孔的前缘。顶骨上的矢状嵴冠位于头骨的后部,主要发育在顶骨上,相对较短且其后缘呈半圆形。伸长突出的上颌比下颌长 10%。鼻眶前孔长度占头骨长的 28.7%。齿系由长而弯的针状牙齿组成,并分布在头骨和下颌的前部 1/3 的范围内,左侧的上、下颌分别有 18 个和 20 个齿槽,估计总齿数为 76 枚(图 3-102)。

产地及层位:辽宁省北票市章吉营乡黑蹄子沟,下白垩统义县组二段尖山沟层。

金刚山义县翼龙 *Yixianopterus jingangshanensis* Lǚ,Ji ,Yuan,Gao,Sun et Ji,2006

分类:翼龙目翼手龙亚目 Longchodectidae(?)科义县翼龙属 *Yixianopterus* Lǚ,Ji ,Yuan,Gao,Sun et Ji,2006。

特征:两翼展宽大于 2m。牙齿大小几乎相等,牙齿之间较好地隔开。翼掌骨相对短而粗壮。第 1 和第 2 翼指骨的长度近等,第 1 翼指骨与翼掌骨的长度之比为 2。翼掌骨与尺骨长度之比率为 0.64(图 3-103)。

产地及层位:辽宁省义县大定堡乡金刚山村鱼石梁,下白垩统义县组金刚山层。

图 3-102 杨氏飞龙(1 据汪筱林等,2005;2 据张宗达,2005)

Fig.3-102 *Feilongus youngi* Wang et al.(1 after Wang Xiaolin et al.,2005;2 after Zhang Zongda,2005)

1.头骨;2.复原图

1.Skull;2.Reconstruction

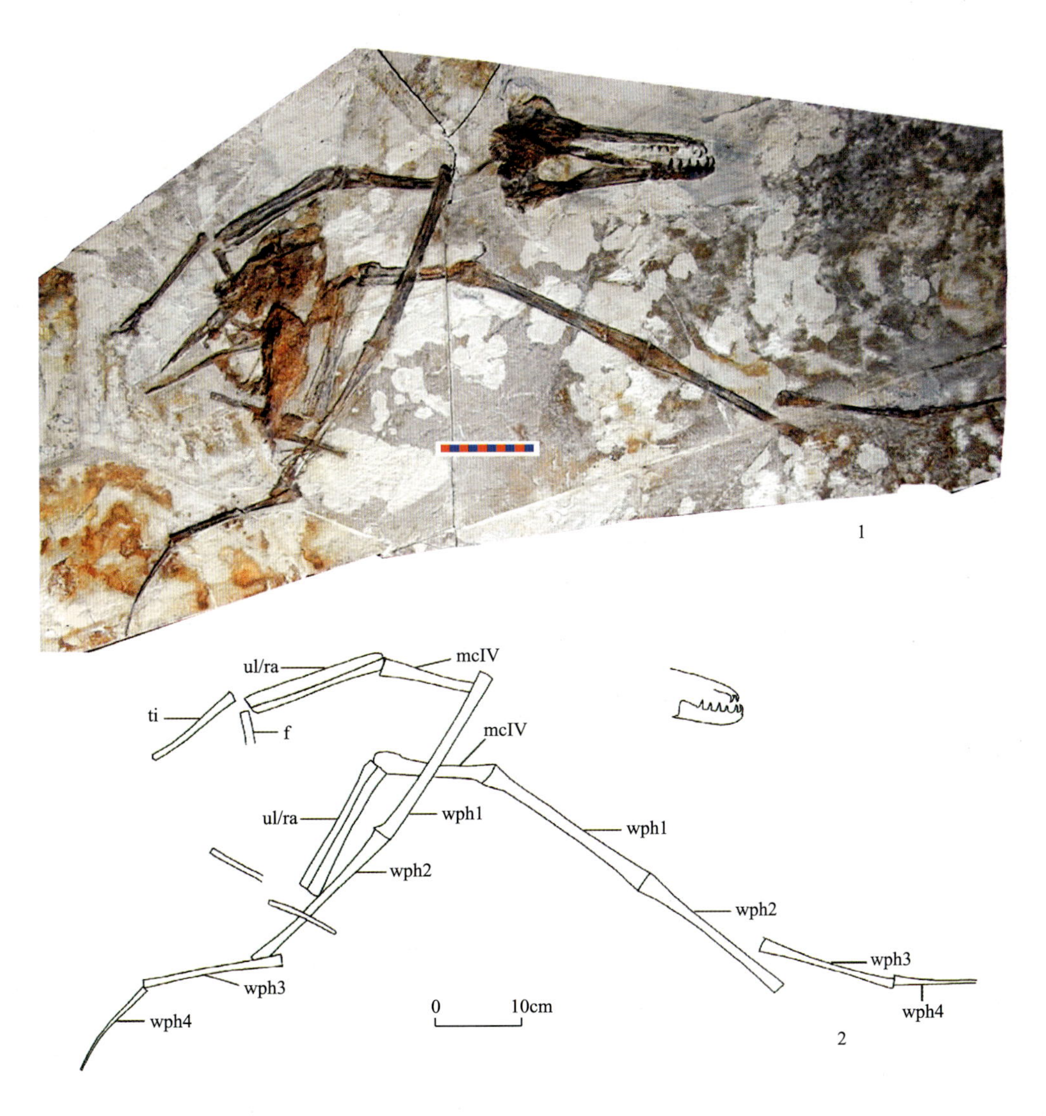

图 3-103 金刚山义县翼龙(据吕君昌等,2006)

Fig.3-103 *Yixianopterus jingangshanensis* Lŭ,Ji ,Yuan,Gao,Sun et Ji(after Lü Junchang et al.,2006)

1.正型标本,比例尺:1cm;2.骨骼线条图

1.Holotype,scale bars:2cm;2.Line drawing of skeleton

翼龙类蛋化石属种未定

分类：翼龙目翼手龙亚目未定科属。

特征：蛋化石呈长椭圆形，长62.7mm，宽36.4mm。在胚胎骨骼中，尺骨、桡骨直，明显长于肱骨。左右翼掌骨发达，其中一枚长约13.3mm，为尺骨长的53%。第1翼指骨粗壮，长15.8mm；第2翼指骨长约22.7mm；第3、4翼指骨合计总长约26.8mm。观察到的牙齿3～4枚。因未见硬蛋壳，表明为软蛋壳(图3-104)。

产地及层位：辽宁省义县金刚山，下白垩统义县组四段金刚山层。

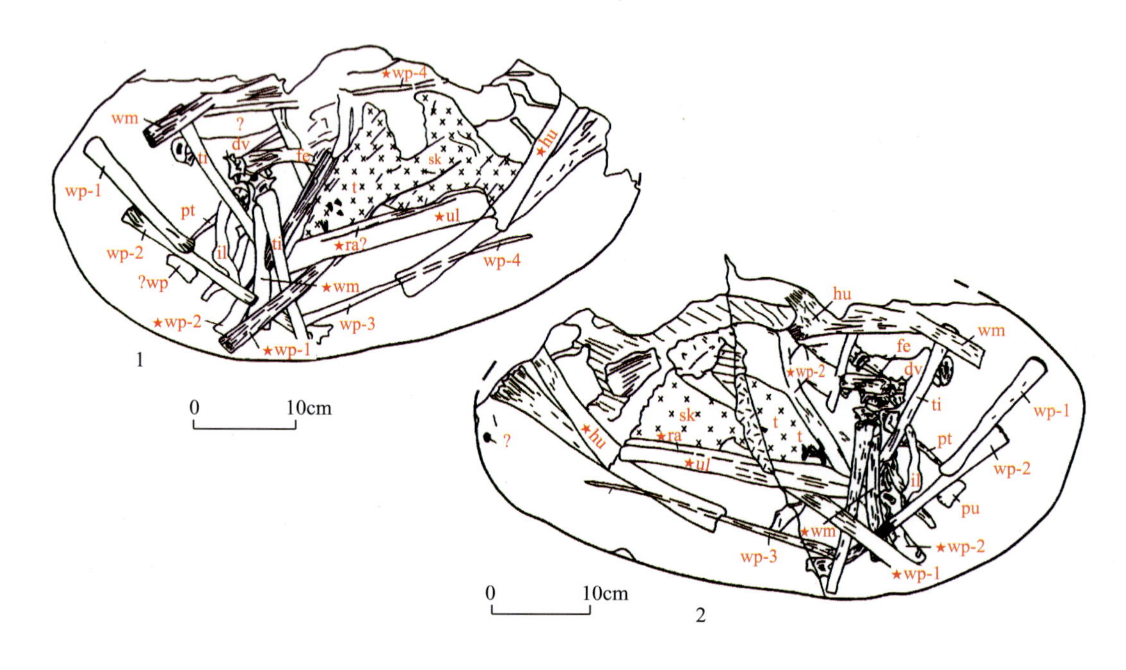

图3-104 具胚胎的翼龙蛋化石线条图(据季强等，2004)

Fig.3-104 Line drawing of fossil pterosaur's egg with an embryo(after Ji Qiang et al.,2004)

1.翼龙蛋化石正模；2.副模

1.Positive mold of peterosaur's egg；2.Negative mold of peterosaur's egg

蜥臀目

兽脚亚目

原始中华龙鸟 *Sinosauropteryx prima* Ji et Ji,1996

分类：蜥臀目兽脚亚目美颌龙科中华龙鸟属 *Sinosauropteryx* Ji et Ji,1996。

特征：成年个体长约1.06m。头较大，眼较大，眼前孔亦较大；上颌骨发育，齿骨粗壮，上、下颌齿每侧各约12枚；前部牙齿尖锥状，后部牙齿侧扁且其后边缘呈锯齿状。耻骨长且末端愈合。尾长，尾椎约50枚。前肢很短，肢骨细。后肢长而粗壮，胫骨长于股骨。蹠骨粗而长，不愈合，但第Ⅰ蹠骨短小，且位置靠上，第Ⅴ蹠骨存在(图3-105)。

产地及层位：辽宁省北票市上园镇四合屯，下白垩统义县组二段尖山沟层。

东方华夏颌龙 *Huaxiagnathus orientalis* Hwang et al.,2004

分类：蜥臀目兽脚亚目虚骨龙超科美颌龙科华夏颌龙属 *Huaxiagnathus* Hwang,Norell,Ji et

图 3－105　原始中华龙鸟(据季强等,1996,2004)

Fig.3－105　*Sinosauropteryx prima* Ji et Ji(after Ji Qiang et al.,1996,2004)

1.未成年个体;2.成年个体;3.复原图

1.Immature individual; 2.Mature individual; 3.Reconstruction

Gao,2004。

特征:该属种与美颌龙类其他已知类型的区别在于前者前上颌骨具有很长的后突且超覆眼前窝;前脚长度近等于股骨与桡骨合长;大的前脚爪Ⅰ与前脚爪Ⅱ近等长,且为前脚爪Ⅲ长度的167%;第1掌骨近端横宽窄于第2掌骨;尺骨有一缩小的鹰嘴突(图3-106)。

产地及层位:辽宁省北票市上园镇大板沟,下白垩统义县组二段尖山沟层;义县头道河乡底家沟,义县组业南沟层。

图3-106 东方华夏颌龙(据Hwang等,2004)

Fig.3-106 *Huaxiagnathus orientalis*(after Hwang et al.,2004)

1.骨架;2.头骨右侧视;3.线条图

1.Skeleton; 2.Right lateral view of skull; 3.Line drawing of skull

龙寐龙 *Mei long* Xu et Norell,2004

分类:蜥臀目兽脚亚目手盗龙类伤齿龙科寐龙属 *Mei* Xu et Norell,2004。

特征:一未成年个体长约53cm。其与伤齿龙类其他成员的区别在于鼻骨颇大,向后伸延超过上颌骨齿列的一半;上颌骨中部牙齿紧密;上颌骨齿列后伸达眶前片(bar)同一平面;叉骨粗壮近“U”字形;跗骨Ⅳ远端具一侧突;耻骨柄近端前后压缩,并侧向伸展恰抵其与肠骨关节的腹面(图3-107)。

产地及层位:辽宁省北票市上园镇陆家屯,下白垩统义县组一段陆家屯层。

张氏中国猎龙 *Sinovenator changii* Xu et al.,2002

分类:蜥臀目兽脚亚目手盗龙类伤齿龙科中国猎龙属 *Sinovenator* Xu,Norell,Wang,Makovicky et Wu,2002。

特征:外鼻孔大。眶前窝中具眶前窗,眶前窗前缘竖立。上颌骨窗和前上颌骨窗三个窗孔。额骨以一薄板与泪骨相接;下颌上隅骨横截面呈“T”形;一明显的膝骨侧嵴与腓骨嵴相连(图3-108)。

产地及层位:辽宁省北票市上园镇燕子沟和陆家屯,下白垩统义县组一段陆家屯层。

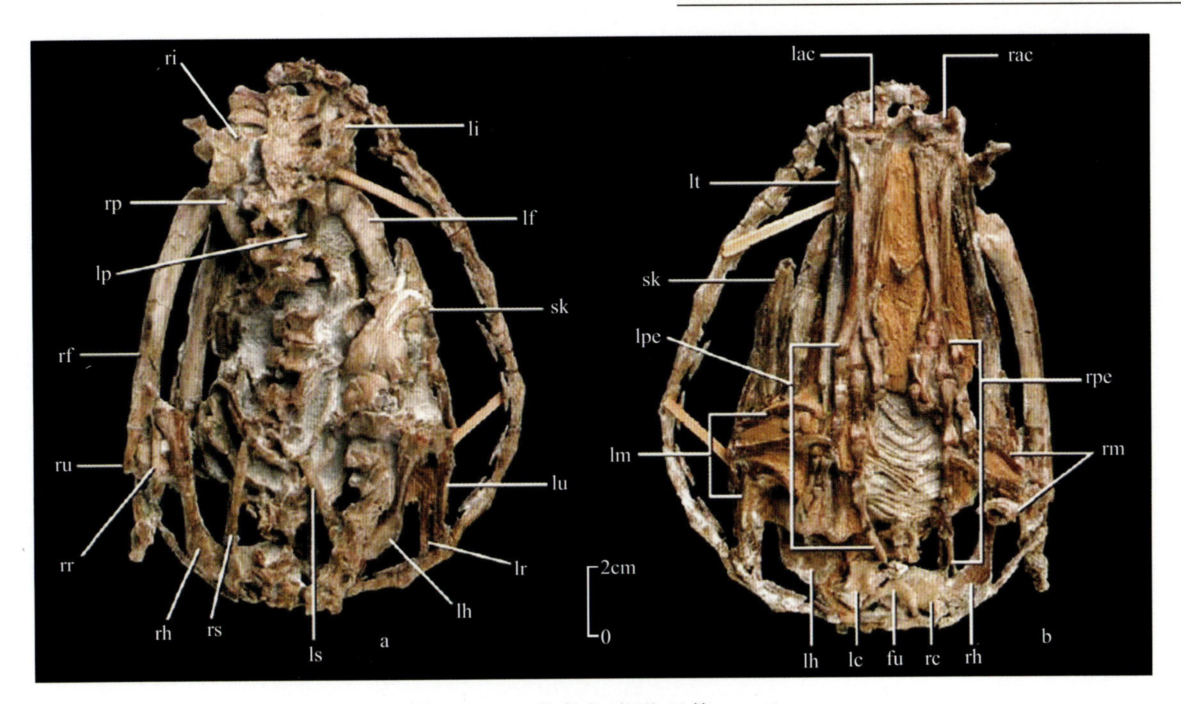

图 3-107 龙寐龙(据徐星等,2004)

Fig.3-107 *Mei long* Xu et Norell(after Xu Xing et al.,2004)

a.骨骼背视;b.骨骼腹视

a.Dorsal view of skeletoon; b.Ventral view of skeleton

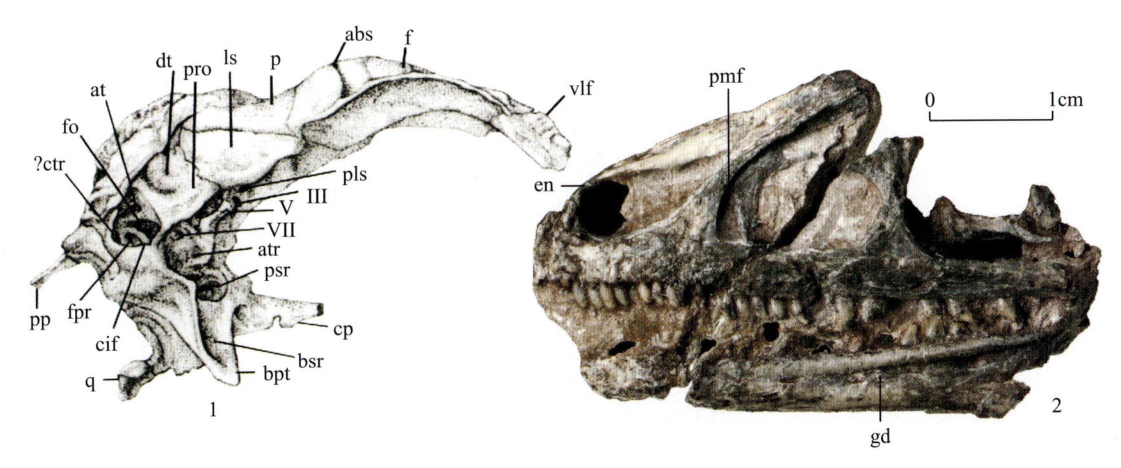

图 3-108 张氏中国猎龙(据徐星等,2002)

Fig.3-108 *Sinovenator changii* Xu et al(after Xu Xing et al.,2002)

1.脑部骨架右侧视;2.头部骨架右侧视

1.Right lateral view of brain skeleton;2.Right lateral view of skull

大牙窦鼻龙 *Sinusonasus magnodens* Xu et Wang,2004

分类:蜥臀目兽脚亚目手盗龙类伤齿龙科窦鼻龙属 *Sinusonasus* Xu et Wang,2004。

特征:个体小,以如下特征区别于其他伤齿龙类:侧视鼻骨轮廓呈窦状,眶前窝与上颌窝间无连接通道,牙齿相对大,板状的脉狐在大部分尾椎骨的下方形成条带状构造,在股骨头和骨干之间有一长颈(图 3-109)。

产地及层位:辽宁省北票市上园镇陆家屯,下白垩统义县组一段陆家屯层。

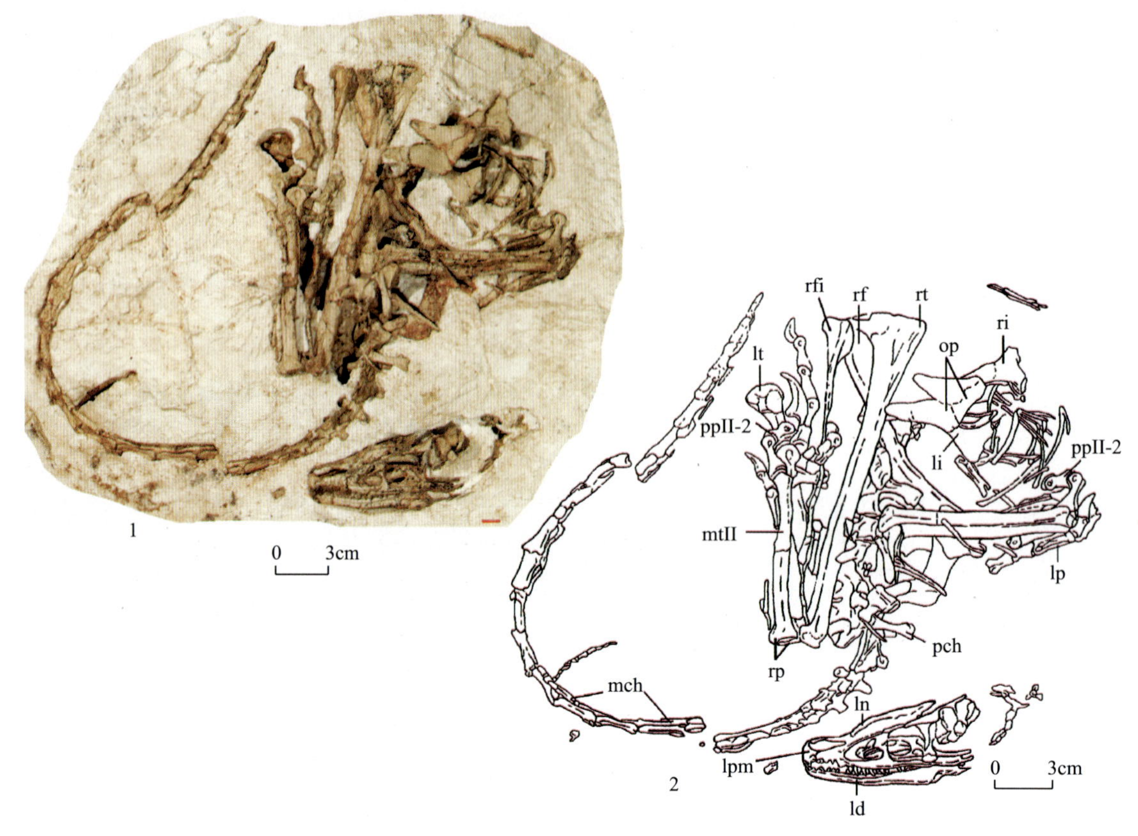

图 3-109 大牙窦鼻龙(据徐星等,2004)

Fig.3-109 *Sinusonasus magnodens* Xu et Wang(after Xu Xing et al.,2004)

1.骨骼;2.骨骼线条图

1.Skeleton;2.Line drawing of skeleton

赫氏近鸟龙 *Anchiornis huxleyi* Xu et al.,2009

分类:蜥臀目兽脚亚目手盗龙类伤齿龙科近鸟龙属 *Anchiornis* Xu et al.,2009。

特征:个体很小,长约 35cm,全身具羽毛。乌喙骨表面具很多小凹点,坐骨很短。颈椎 9 枚,每枚长度 5mm。尾椎 18 枚,前尾椎短于后尾椎,尾椎骨长约 18.5cm。前肢长 23.4cm,后肢长 28.5cm,前肢长度为后肢的 82%,其相对较长且粗壮的前肢与伤齿龙类明显不同。前后肢上均长有具有羽轴的羽毛(图 3-110)。

产地及层位:辽宁省建昌县玲珑塔、要路沟,中侏罗世髫髻山组。

东方神州龙 *Shenzhousaurus orientalis* Ji et al.,2003

分类:蜥臀目兽脚亚目虚骨龙超科似鸟龙科神州龙属 *Shenzhousaurus* Ji,Norell,Makovicky,Gao,Ji et Yuan,2003。

特征:该种头骨长 185mm,前齿骨具牙齿而不同于除 *Harpymimus* 外的似鸟龙类。坐骨直和后髋臼突微弯的原始特性有别于较进步的似鸟龙类。下颌齿骨前端细弱,具有 8~9 枚锥状牙齿。牙齿排列方式及手指Ⅰ短于手指Ⅱ、Ⅲ的原始形态与 *Pelecanimimus* 属不同(图 3-111)。

产地及层位:辽宁省北票市上园镇四合屯,下白垩统义县组二段尖山沟层。

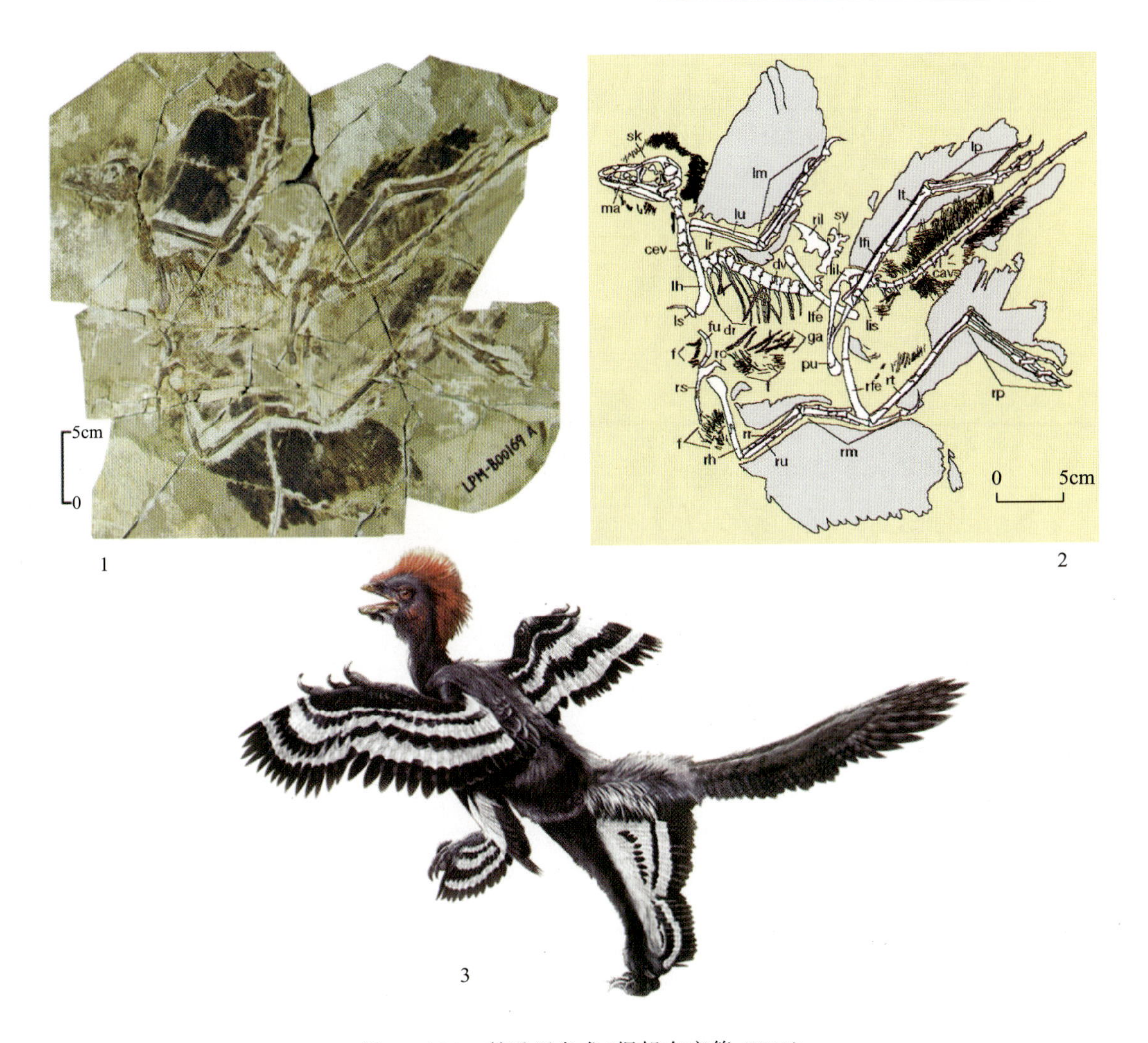

图 3－110 赫氏近鸟龙(据胡东宇等,2009)

Fig.3－110 *Anchiornis huxleyi* Xu et al.,2009(after Hu Dongyu et al.,2009)

1.近型化石标本;2.骨骼线条图;3.复原图

1.Near type specimen;2.Line drawling of skeleton;3.Reconstruction

戈氏窃齿龙 *Incisivosaurus gauthieri* Xu et al.,2002

分类:蜥臀目兽脚亚目手盗龙类窃蛋龙科窃齿龙属 *Incisivosaurus* Xu,Cheng,Wang et Chang,2002。

特征:上齿系为大的异齿型,牙齿中央边缘呈陡斜磨损面;基蝶骨腹面具纵脊;具副外翼骨窝;三射腭骨具很短的上颌骨突。头骨相对低,长约100mm,吻长占头骨长的48%。大而近圆的外鼻孔在吻部之上的高位,侧视可见一明显近鼻孔的孔。卵形眼前窝背腹向高而前后向窄,三角形上颌窝位于眼前窝的前角。大眼窝约为眼前窝长的133%。下颞孔大,近三角形,而上颞孔前后向长(图3－112)。

产地及层位:辽宁省北票市上园镇陆家屯,下白垩统义县组一段陆家屯层。

赵氏小盗龙 *Microraptor zhaoianus* Xu,Zhou et Wang,2000

分类:蜥臀目兽脚亚目镰刀龙超科驰龙科小盗龙属 *Microraptor* Xu,Zhou et Wang,2000。

特征:个体很小,全长近40cm。牙齿前缘的锯齿消失,齿冠和齿根之间有基部的收缩。中部尾

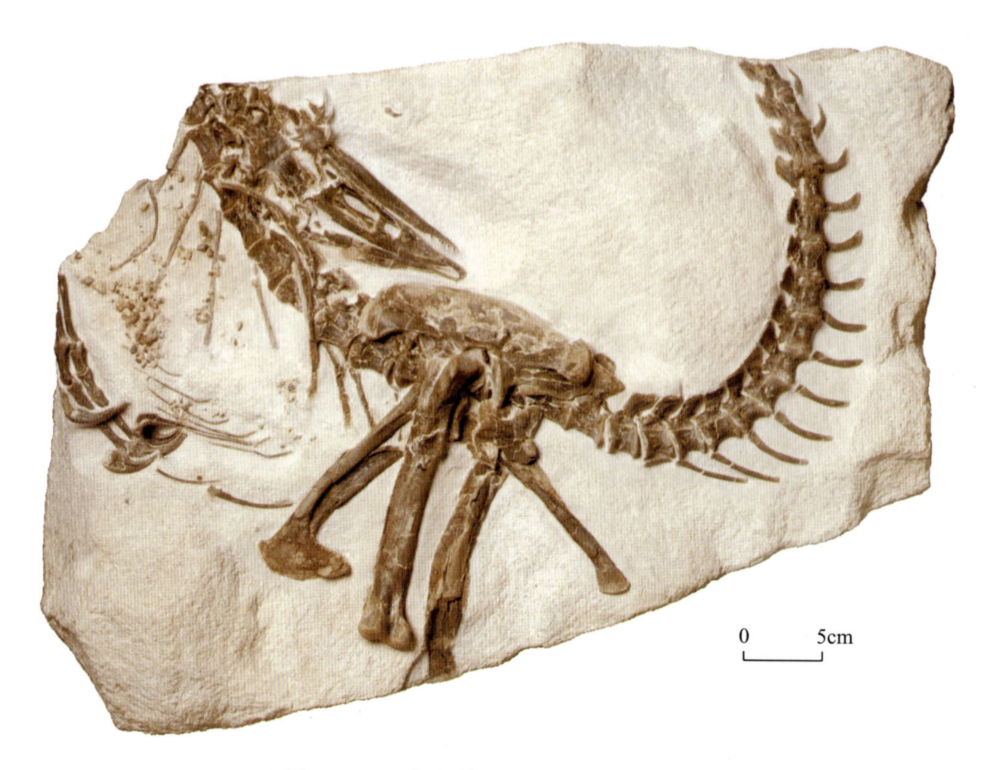

图 3-111　东方神州龙(据季强等,2003)

Fig.3-111　*Shenzhousaurus orientalis* Ji et al(after Ji Qiang et al.,2003)

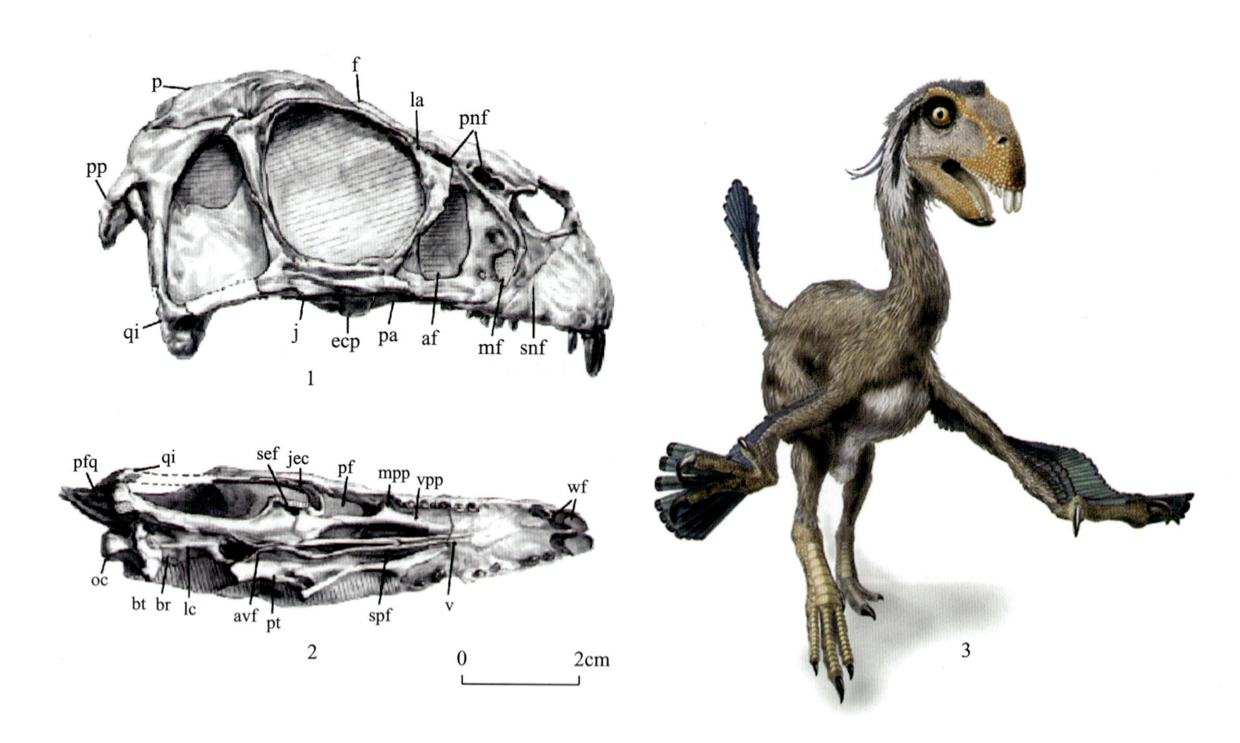

图 3-112　戈氏窃齿龙(1,2 据徐星等,2002;3 据 Chang Mee-mann et al.,2003,Art:Portia Sloan)

Fig.3-112　*Incisivosaurus gauthieri*(1,2 after Xu Xing et al.,2003;3 after Chang Mee-mann et al.,2003;
Art: Portia Sloan)

1.头骨侧视;2.头骨腹视;3.复原图

1.Lateral view of skull;2.Ventral view of skull;3.Reconstruction

椎长度是背椎长度的 3～4 倍，尾椎骨少于 26 枚。有外弯和细长的爪，屈肌小节发育。体表具细丝状“毛”(图 3－113、图 3－114)。

产地及层位：辽宁省朝阳县下三家子、义县前杨，下白垩统九佛堂组。

图 3－113 赵氏小盗龙(据徐星等，2000；Mee-mann Chang et al.，2003)

Fig.3－113 *Microraptor zhaoianus* Xu，Zhou et Wang(after Xu Xing et al.，2000；Mee-mann Chang et al.，2003)

化石比例尺：1cm，scale bars：1cm

顾氏小盗龙 *Microraptor gui* Xu，Zhou Wang，Kuang，Zhang et Du，2003

分类：蜥臀目兽脚亚目驰龙科小盗龙属 *Microraptor* Xu，Zhou et Wang，2000。

特征：个体小，全长 77cm，具杆状长尾。前、后肢和尾巴均有长羽毛，且羽片不对称。胸骨愈合为单一的骨片，桡骨具突出的二头肌粗隆，前肢第一指极短，指节Ⅲ-3 纤细且明显短于指节Ⅲ-1，耻骨强烈弯曲，胫骨拱曲等，区别于其他的奔龙类。其与 *Microraptor zhaoianus* 不同之处在于前者桡骨具明显的二头结(Biceps tuberosity)，手指Ⅰ颇短，耻骨颇弯，胫骨弓曲(图 3－115)。

产地及层位：辽宁省朝阳县大平房镇原家洼，下白垩统九佛堂组三段原家洼层。

注：有的学者认为 *Microraptor gui* 是 *Cryptovolans pauli* 的晚出同物异名，而后一属是 *Microraptor* 的晚出同属异名。尽管这二者有许多相同的特征，但也存在差异。限于当今采获的标本数量不足和研究程度不够，暂不予合并，以待进一步研究。同样，有些学者认为 *Microraptor* 属是 *Sinornithosaurus* 属的晚出同物异名，亦需进一步研究。

邹氏尾羽龙 *Caudipteryx zoui* Ji，Currie，Norell et Ji.1998

分类：蜥臀目兽脚亚目窃蛋龙次亚目尾羽龙科尾羽龙属 *Caudipteryx* Ji et al.，1998。

特征：个体较小。头骨短而高，上颌骨凹进；牙齿仅限于前颌骨，每侧各有一个细长而弯曲的牙齿，其他牙齿较小或退化。颈较长，有 12 枚颈椎骨；胸椎少，可能为 9 枚；尾椎 22 枚。前肢和尾均短，手指指式为 2-3-2。尾巴顶端长着一束扇形排列的尾羽，前肢亦有一排羽毛，羽毛具羽轴和羽片(图 3－116、图 3－117)。

图 3-114 赵氏小盗龙复原图(据 Mee-mann Chang et al.,2003,Art:Rong-shan Li)

Fig.3-114 Reconstruction of *Microraptor zhaoianus* (after Mee-mann Chang et al.,2003,Art:Rong-shan Li)

图 3-115 顾氏小盗龙(1 据徐星等,2003;2 据 Chang Mee-mann et al.,2003,Art:Portia Sloan)

Fig.3-115 *Microraptor gui* Xu et al.(1 after Xu Xing et al.,2003;
2 after Chang Mee-mann et al.,2003,Art:Portia Sloan)

1.正型标本;2.复原图

1.Holotype;2.Reconstruction;化石比例尺:1cm,scale bars:1cm

图 3-116 邹氏尾羽龙(1 据 Ji Q et al.,1998;2 据张弥曼等,2001)

Fig.3-116 *Caudipteryx zoui* Ji et al.(1 after Ji Qiang et al.,1998;2 after Chang Mee-mann et al., 2001)

1.正型标本;2.完整标本

1.Holotype;2.A complete specimen

图 3-117　邹氏尾羽龙复原图(据 Chang Mee-mann et al.,2003,Art:Anderson Yang)
Fig.3-117　*Reconstruction of* Caudipteryx zoui(after Chang Mee-mann et al.,2003,Art: Anderson Yang)

产地及层位:辽宁省北票市上园镇四合屯附近的张家沟,下白垩统义县组二段尖山沟层。

董氏尾羽龙 *Caudipteryx dongi* Zhou et Wang,2000

分类:蜥臀目兽脚亚目窃蛋龙次亚目尾羽龙科尾羽龙属 *Caudipteryx* Ji,Currie,Norell et Ji,1998。

特征:牙齿多已退化。颈椎较多。胸骨小,股骨与胸骨长度的比值为 6.0。坐骨较短,肠骨较长,耻骨前伸,腰带为三射型。肋骨具钩状突。第Ⅰ掌骨与第Ⅱ掌骨长度之比率约为 0.45。前肢短并有羽毛,指爪相对较小。后肢长,长的腓骨远端与跟骨相接(图 3-118)。

产地及层位:辽宁省北票市上园镇四合屯附近的张家沟,下白垩统义县组二段尖山沟层。

图 3-118　董氏尾羽龙骨架及前肢上的羽毛(据周忠和等,2000;张弥曼等,2001)

Fig.3-118　*Caudipteryx dongi* Zhou et Wang: Skelecton(holotype) and feathers of forelimb(after Zhou Zhonghe et al.,2000;Chang Mee-mann et al.,2001)

千禧中国鸟龙 *Sinornithosaurus millenii* Xu, Wang et Wu, 1999

分类:蜥臀目兽脚亚目镰刀龙超科驰龙科中国鸟龙属 *Sinornithosaurus* Xu, Wang et Wu, 1999。

特征:个体较小,头骨长约 130mm。眶前窝的侧前表面有坑窝和脊状结构,顶骨后外侧突起向后变尖,下颌向后分叉,具上乌喙骨孔,耻骨中部有明显小瘤。该属种的这些特征,不同于驰龙类的其他属种(图 3-119)。

产地及层位:辽宁省北票市上园镇四合屯,下白垩统义县组二段尖山沟层;凌源市大王杖子范杖子,义县组二段大新房子层。

郝氏中国鸟龙 *Sinornithosaurus haoiana* Liu, Ji, Tang et Gao, 2004

分类:蜥臀目兽脚亚目手盗龙类驰龙科中国鸟龙属 *Sinornithosaurus* Xu, Wang et Wu, 1999。

特征:前颌骨主体部分长仅稍大于其高(长高之比为 1.18),前上颌骨角大,且上颌突很长;上颌骨不参与外鼻孔的构成,上颌骨窗相对较小且呈圆形;方颧骨上升突明显长于该骨颧骨突;齿骨长与高之比为 7.3;肠骨耻骨柄前后方向的宽度小于髋臼的宽度。该种的这些特征与 *Sinornithosaurus millenii* 不同(图 3-120)。

产地及层位:辽宁省义县头台,下白垩统义县组三段大康堡层。

鲍尔隐翔龙 *Cryptovolans pauli* Czerkas et al., 2002

分类:蜥臀目兽脚亚目手盗龙类驰龙科隐翔龙属 *Cryptovolans* Czerkas et al., 2002。

图 3-119　千禧中国鸟龙(据徐星等,2001;张弥曼等,2001)

Fig.3-119　*Sinornithosaurus millenii* Xu,Wang et Wu(after Xu Xing et al.,2001;Chang Mee-mann et al.,2001)

化石比例尺:1cm,scale bars:1cm

特征:该属种以具像鸟类那样的原始飞羽为特征。其与驰龙类的其他已知属种的不同之处在于胸骨完全骨化呈鸟类式胸骨,尾椎骨 28 枚或逾 30 枚,指节骨Ⅲ-1 长于指节骨Ⅲ-3,而其他兽脚类恐龙第Ⅲ手指中Ⅲ-3 指节骨最长(图 3-121)。

产地及层位:辽宁省朝阳市上河首,下白垩统九佛堂组二段上河首层。

注:有的研究者认为隐翔龙是小盗龙的晚出同物异名属。

陆家屯纤细盗龙 *Graciliraptor lujiatunensis* Xu et Wang,2004

分类:蜥臀目兽脚亚目驰龙科纤细盗龙属 *Graciliraptor* Xu et Wang,2004。

特征:中部尾椎有一板状结构连接左、右后关节突,中部尾椎椎体极细长(长度与宽度比率约为 8.6)。第 1 指爪明显小于第 2 指爪;第 3 掌骨近端显著膨大。胫骨细长,胫骨近端骨干横截面方形;距骨内髁明显向后膨大,第 2 跖骨远端明显宽于其他跖骨。据上述特征,可将该属种与其他驰龙类相区别(图 3-122)。

产地及层位:辽宁省北票市上园镇陆家屯,下白垩统义县组一段陆家屯层。

意外北票龙 *Beibiaosaurus inexpectus* Xu et al.,1999

分类:蜥臀目兽脚亚目镰刀龙超科北票龙属 *Beipiaosaurus* Xu,Tang et Wang,1999。

特征:推测体长约 5m。头较大,齿冠短而鼓起,具细小牙齿。肠骨髋臼前突较窄。具有类似尾综骨构造。手部长,胫骨长,后足三趾,脚掌宽(图 3-123)。

产地及层位:辽宁省北票市上园镇四合屯,下白垩统义县组二段尖山沟层。

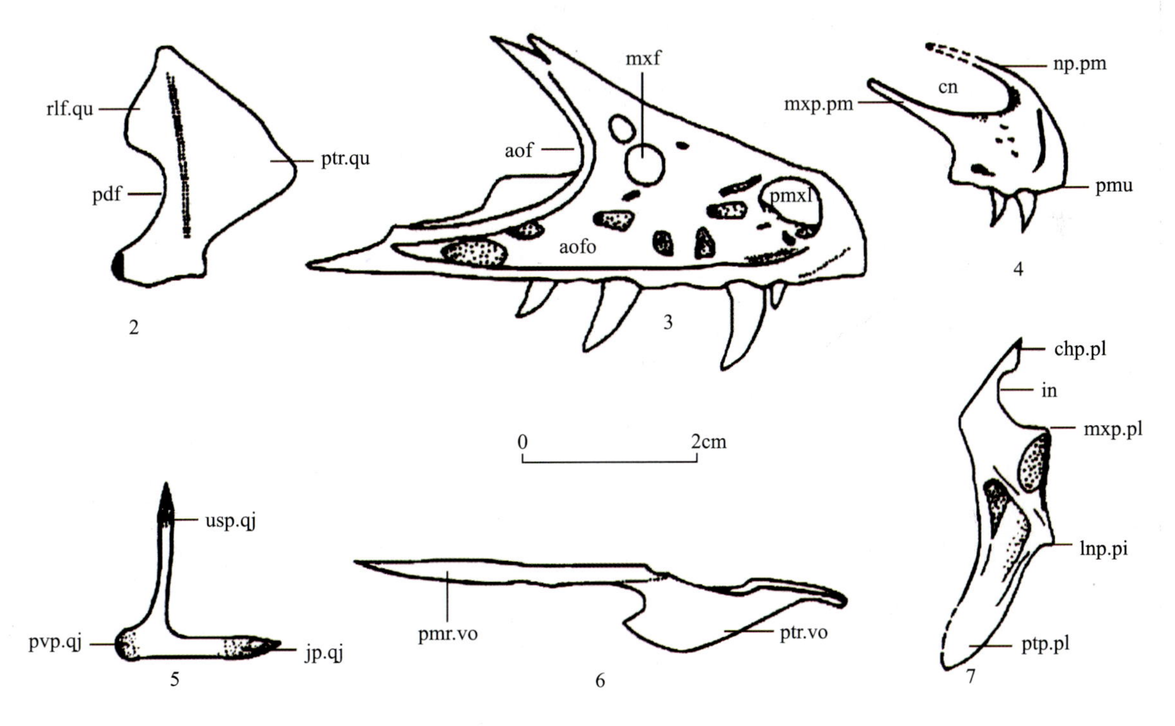

图 3-120 郝氏中国鸟龙及部分头骨线条图(据刘金远等,2004)

Fig.3-120 *Sinornithosaurus haoiana* Liu et al.(after Liu Jinyuan et al.,2004)

1.正型标本的骨架;2—7.正型标本的头骨线条图:2.右方骨前面,3.右上颌骨外侧面,4.左前颌骨内侧面,5.右方颧骨外侧面,6.锄骨左侧面,7.右腭骨背面

1.Skeleton of holotype;2—7.Drawings of some skull bones in the holotype,2.Right quadrate in anterior view,3.Right maxilla in lateral view,4.Left premaxilla in medial view,5.Right quadratojugal in lateral view,6.Vomer in left lateral view,7.Dorsal view of right palatine

图 3-121 鲍尔隐翔龙(据 Czerkas,2002)

Fig.3-121 *Cryptovolans paulizh* Czerkas et al.(after Czerkas,2002)

1.正型标本,比例尺为 10cm;2.复原图

1.Holotype,Scale bar=10cm;2.Reconstruction

宁城树息龙 *Epidendrosaurus ningchengensis* Zhang, Zhou, Xu et Wang,2002

分类:蜥臀目兽脚亚目手盗龙类树息龙属 *Epidendrosaurus* Zhang et al.,2002。

特征:个体较小,前肢长于后肢,尾长。手指Ⅲ长,近于指Ⅱ长的 2 倍。掌骨Ⅱ和Ⅲ短,约为肱骨长度的 30%。手指Ⅱ的第 2 指节骨长,接近第 1 指节骨长的 170%(图 3-124)。

产地及层位:内蒙古宁城县山头乡道虎沟,中侏罗统海房沟组。

长掌义县龙 *Yixianosaurus longimanus* Xu et Wang,2003

分类:蜥臀目兽脚亚目手盗龙类义县龙属 *Yixianosaurus* Xu et Wang,2003。

特征:个体小。肩胛骨明显短于肱骨,肩臼窝的乌喙骨部分小,乌喙骨近四方形,尺骨后弯,桡骨细。该属种手部的相对长度及手指各指节的相对比例不同于已知手盗龙类。前者手部的相对长度仅比原始祖鸟和树息龙短,次末端指节加长,手指节Ⅱ-2 长于掌骨Ⅱ,手指节Ⅱ-2 与Ⅱ-1 之比率为 1.44;手指节Ⅲ-3 明显加长,Ⅲ-3 与Ⅲ-1 比率为 2.44(图 3-125)。

产地及层位:辽宁省义县头道河乡王家沟,下白垩统义县组三段大康堡层。

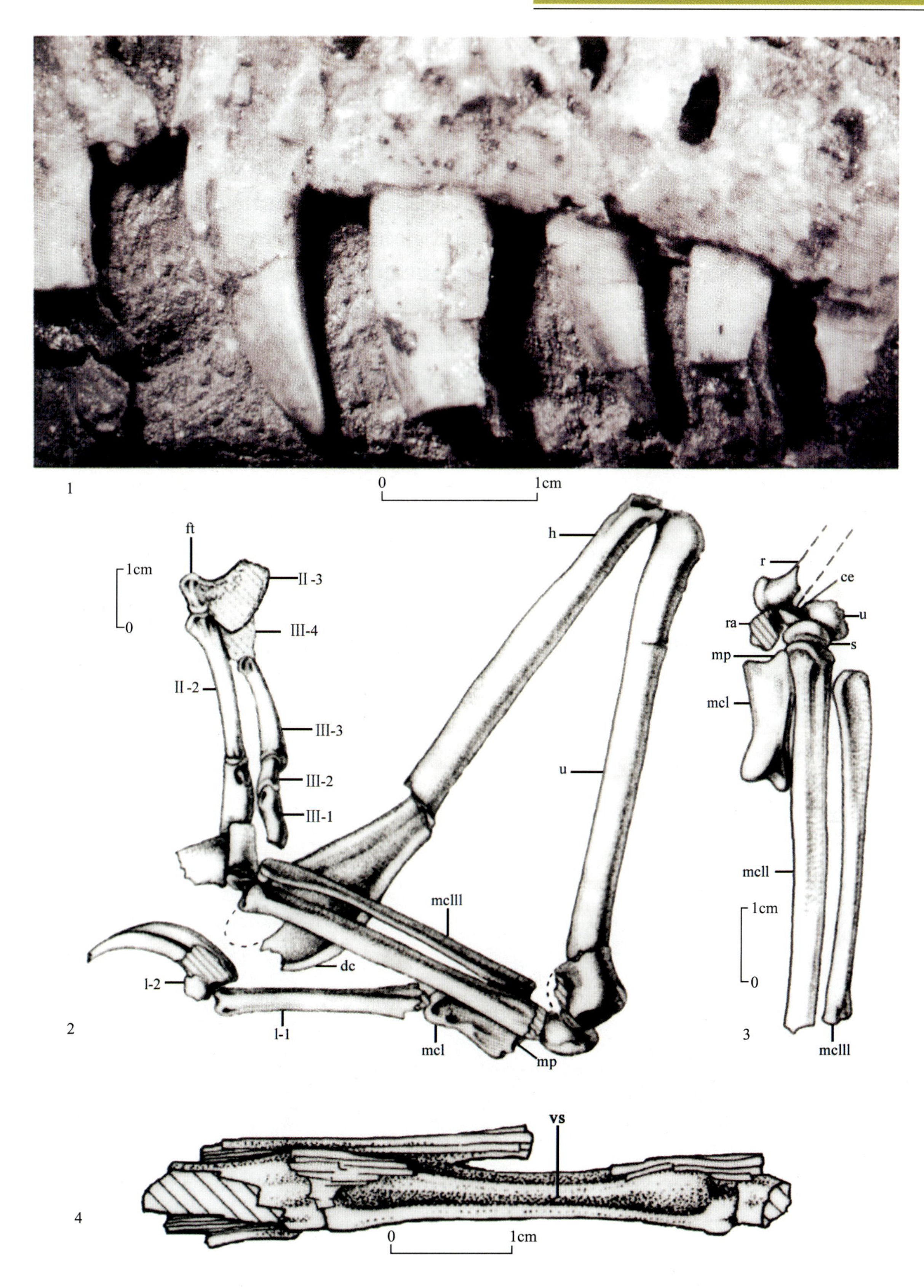

图 3-122 陆家屯纤细盗龙(据徐星等,2004)

Fig.3-122 *Graciliraptor lujiatunensis* Xu et Wang(after Xu Xing et al.,2004)

1.上颌齿外侧视;2.右前肢;3.左前肢;4.中部尾椎腹视;比例尺为 1cm

1.Some maxillary teeth in lateral view;2.Right forelimb;3.Left forelimb;4.Ventral view of middle caudals;Scale bar=1cm

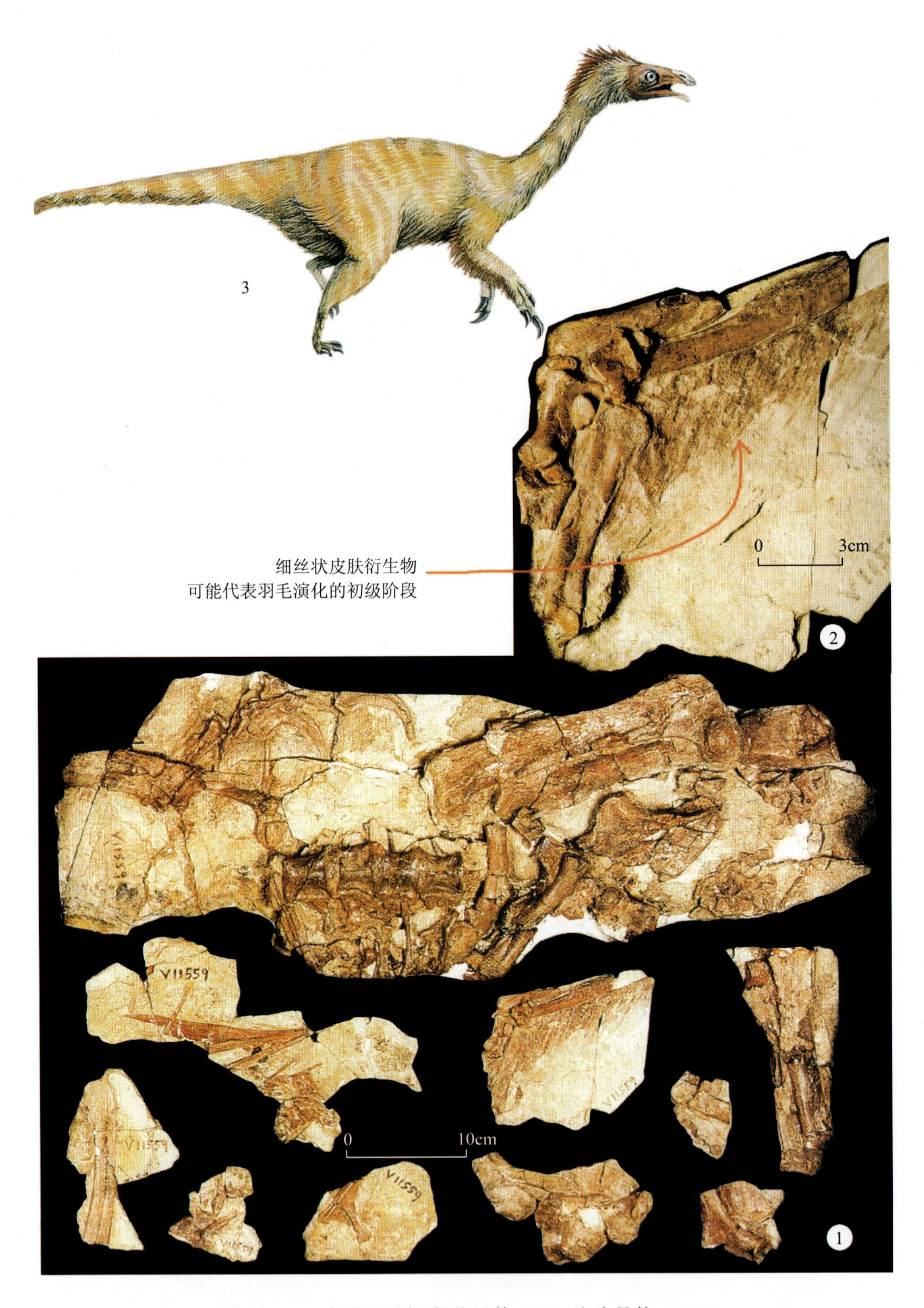

图 3－123　意外北票龙(据徐星等,1999;张弥曼等,2001)

Fig.3－123　*Beibiaosaurus inexpectus* Xu et al.(after Xu Xing et al.,1999;Chang Mee-mann et al.,2001)

1.正型标本;2.细丝状皮肤衍生物;3.复原图

1.Holotype;2.Filamentous integuments;3.Reconstruction

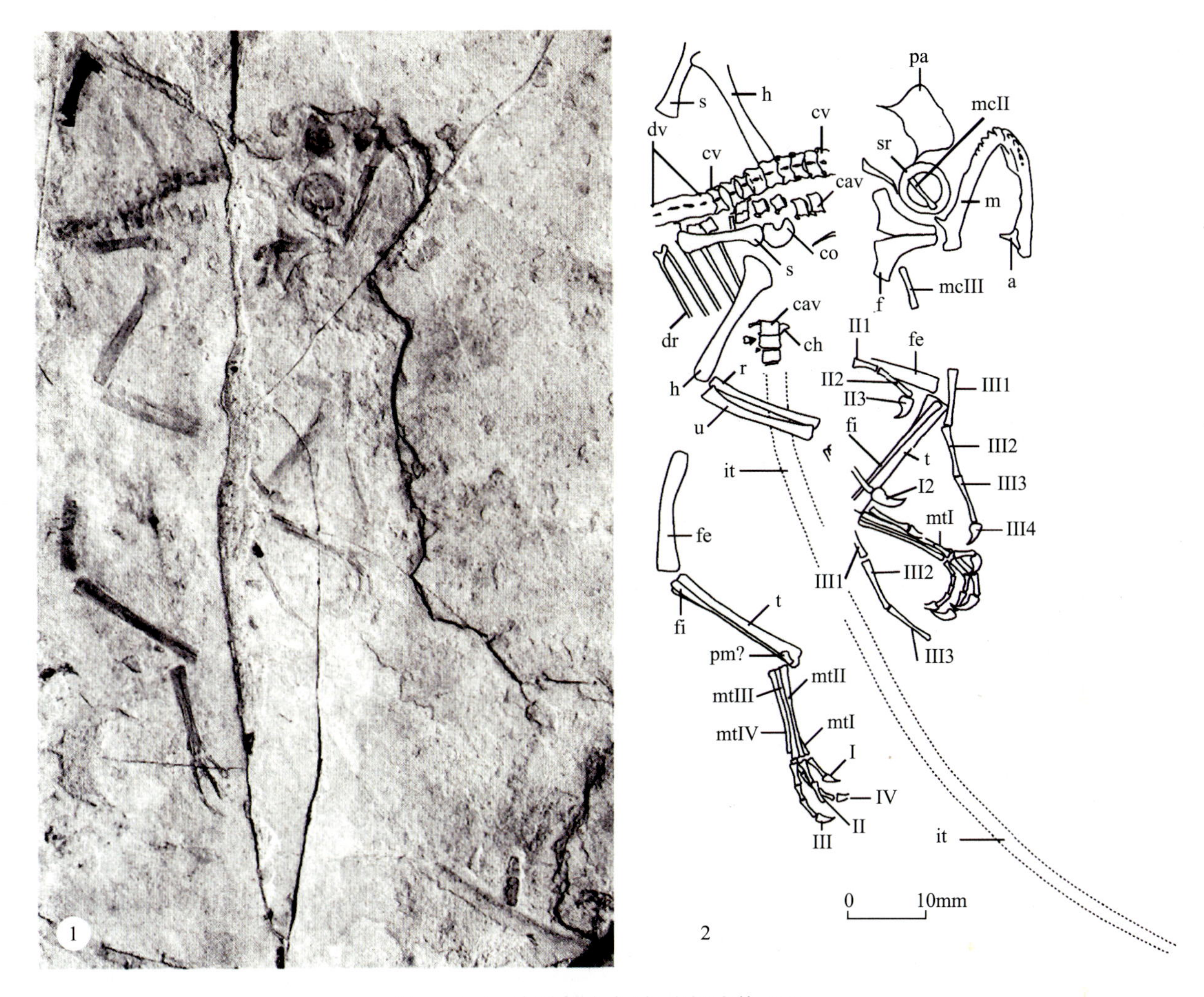

图 3-124 宁城树息龙(据张福成等,2002)

Fig.3-124 *Epidendrosaurus ningchengensis* Zhang et al.(after Zhang Fucheng et al.,2002)

1.正型标本;2.骨骼线条图

1.Holotype;2.Line drawing of skeleton

赫氏擅攀鸟龙 *Scansoriopteryx heilmanni* Czerksa et Yuan,2002

分类:蜥臀目兽脚亚目手盗龙类擅攀鸟龙科擅攀鸟龙属 *Scansoriopteryx* Czerkas et Yuan,2002。

特征:在已知的兽脚类恐龙中,仅该属种第Ⅲ指骨长度约为第二指长的2倍。其与始祖鸟的区别在于:前者眶后骨长腹突与颧骨上升突接触;下颌骨具一大窝;尾骨关节突的关节较发育;具一小而未膨胀的耻骨柄,且短耻骨未反转;坐骨较长;肩胛骨后端扩展;有分离的锁骨而不是叉骨;较长的大趾和第Ⅲ与第Ⅳ趾的中趾节骨变短,显示该种适于树栖(图3-126、图3-127)。

产地及层位:辽宁省凌源市大王杖子,下白垩统义县组二段大新房子层。

注:部分研究者认为 *Scansoriopteryx heilmanni* 是 *Epidendrosaurus ningchengensis* Zhang et al.(2002)的晚出同物异名。是否如此,尚需进一步研究。

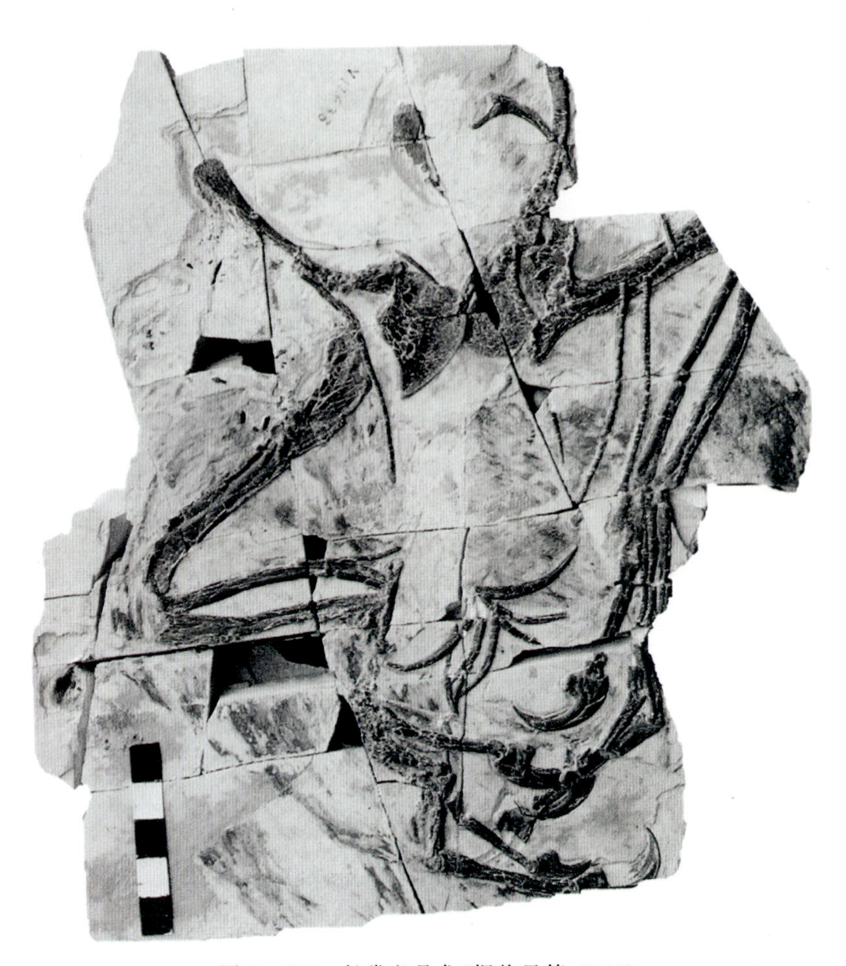

图 3-125　长掌义县龙(据徐星等,2003)

Fig.3-125　*Yixianosaurus longimanus* Xu et Wang(after Xu Xing et al.,2003)

比例尺为 1cm(Scale bar=1cm)

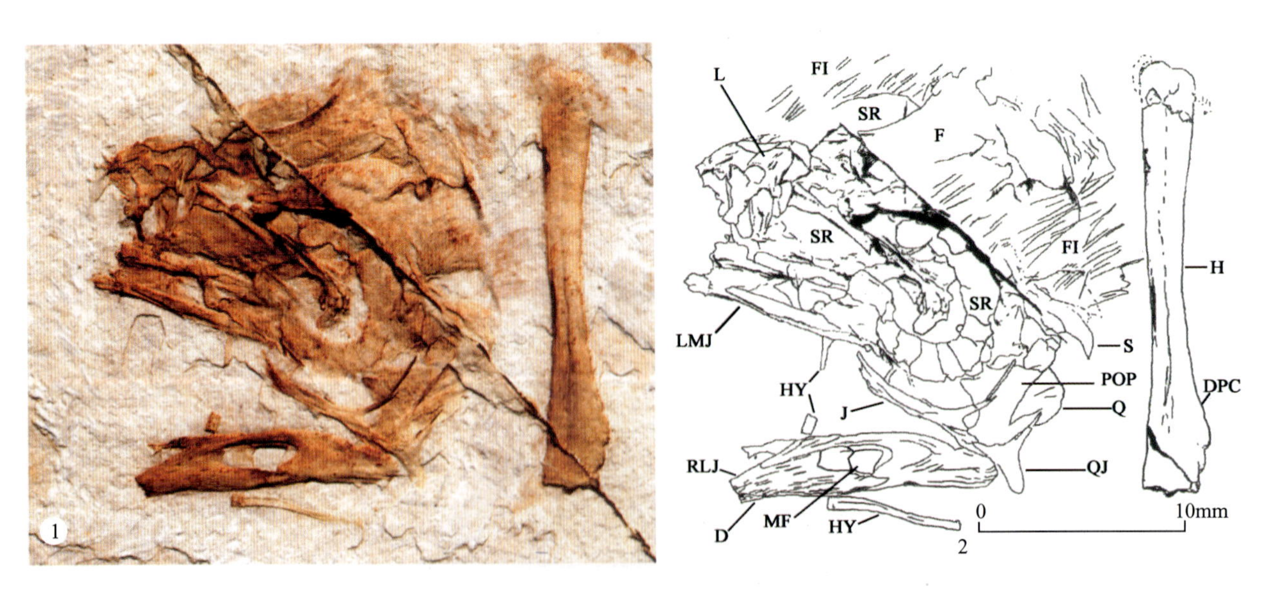

图 3-126　赫氏擅攀鸟龙头骨及其线条图(据 Czerkas,2002)

Fig.3-126　The skull and drawing of *Scansoriopteryx heilmanni* Czerksa et Yuan(after Czerkas,2002)

1.头骨;2.线条图

1.Skull;2.Line drawing

图 3－127 赫氏擅攀鸟龙(据 Czerkas,2002)

Fig.3－127 *Scansoriopteryx heilmanni* Czerksa et Yuan(after Czerkas,2002)

1.正板化石;2.骨骼线条图

1.Main slab;2.Line drawing of skeleton

道虎沟足羽龙 *Pedopenna daohugouensis* Xu et Zhang,2005

分类:蜥臀目兽脚亚目真手盗龙类足羽龙属 *Pedopenna* Xu et Zhang,2005。

特征:为一小型真手盗龙,具衍生出的颇细长的趾节骨Ⅰ-1,该趾节骨长度与其中干部直径之比率达7.2。该属种以具略特化的脚趾Ⅱ和趾节骨Ⅱ-2长于趾节骨Ⅱ-1而不同于驰龙和伤齿龙类,以蹠骨Ⅴ短和蹠骨Ⅳ缺失中后部缘棱(postomedial flange)而与驰龙类成员不同,其与鸟类及树息龙的区别在于前者大趾不反转以及脚趾长度短于蹠骨长(图3-128)。

产地及层位:内蒙古宁城县山头乡道虎沟,中侏罗统海房沟组。

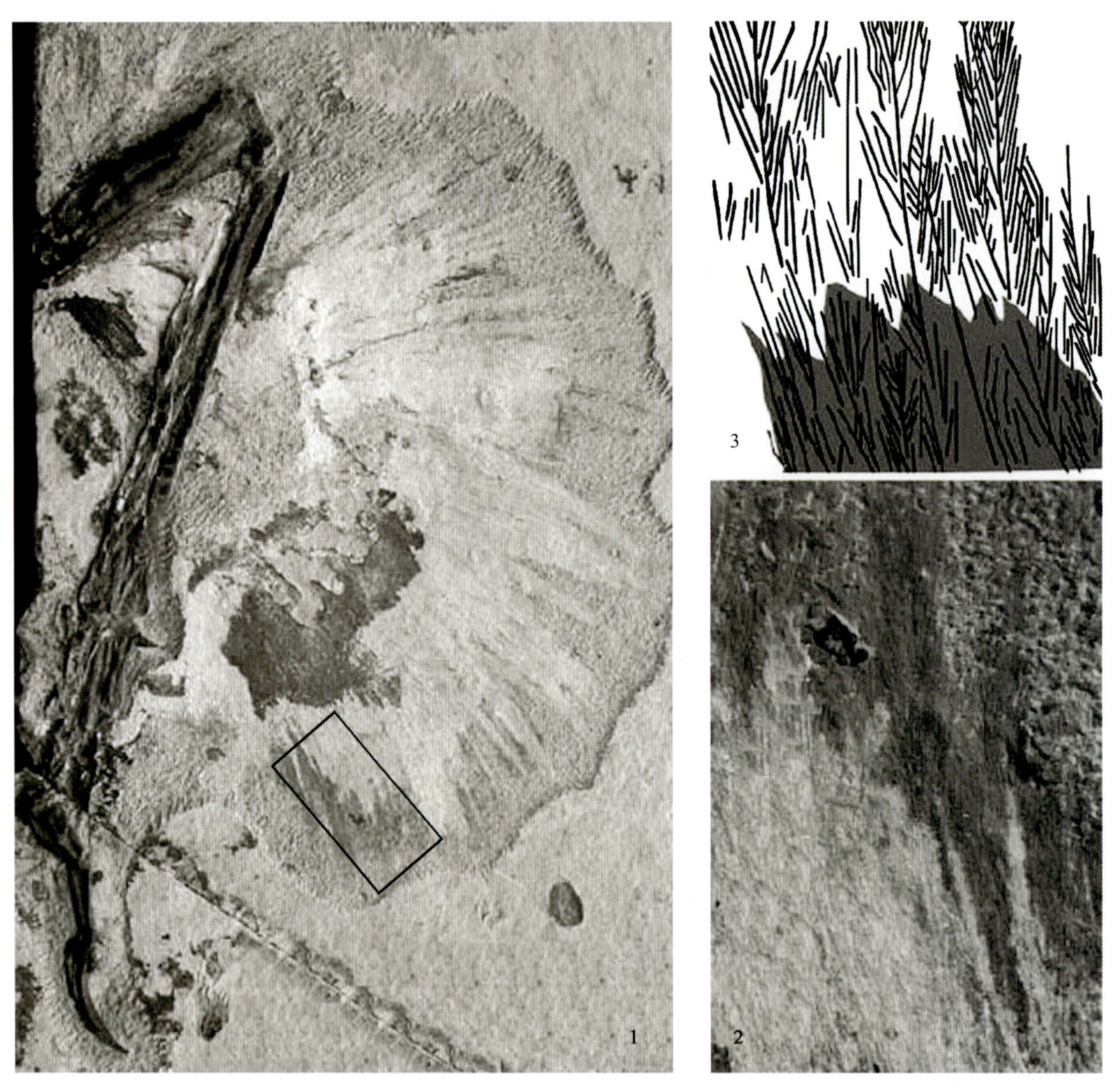

图3-128 道虎沟足羽龙(据徐星等,2005)

Fig.3-128 *Pedopenna daohugouensis* Xu et Zhang(after Xu Xing et al.,2005)

1.部分右腿骨;2.羽膜;3.羽膜素描图

1.A partial right leg;2.Associated feathers;3.Line drawing of feathers

线段比例尺:1cm,scale bars:1cm

奇异帝龙 *Dilong paradoxus* Xu et al.,2004

分类:蜥臀目兽脚亚目暴龙超科帝龙属 *Dilong* Xu,Norell,Kuang,Wang,Zhao et Jia,2004。

特征:该种是一小型暴龙,最大体长约为1.6m。其与其他暴龙的区别是:上颌骨自背部至眼前窝具两个大的气窝(pneumatic recesses);由鼻孔和泪骨构成一"Y"字形脊;鳞骨的下降突颇长,延伸接近方骨的下颌关节;基蝶骨的侧突起由前部伸至基结节(basal tuber);颈椎上的刺间韧带窝深而近圆;肩胛骨粗壮,其远端宽度是近端宽的2倍;乌喙骨异常肥大,其背腹长约为肩胛骨长的70%(图3-129)。

产地及层位:辽宁省北票市上园镇陆家屯,下白垩统义县组一段陆家屯层。

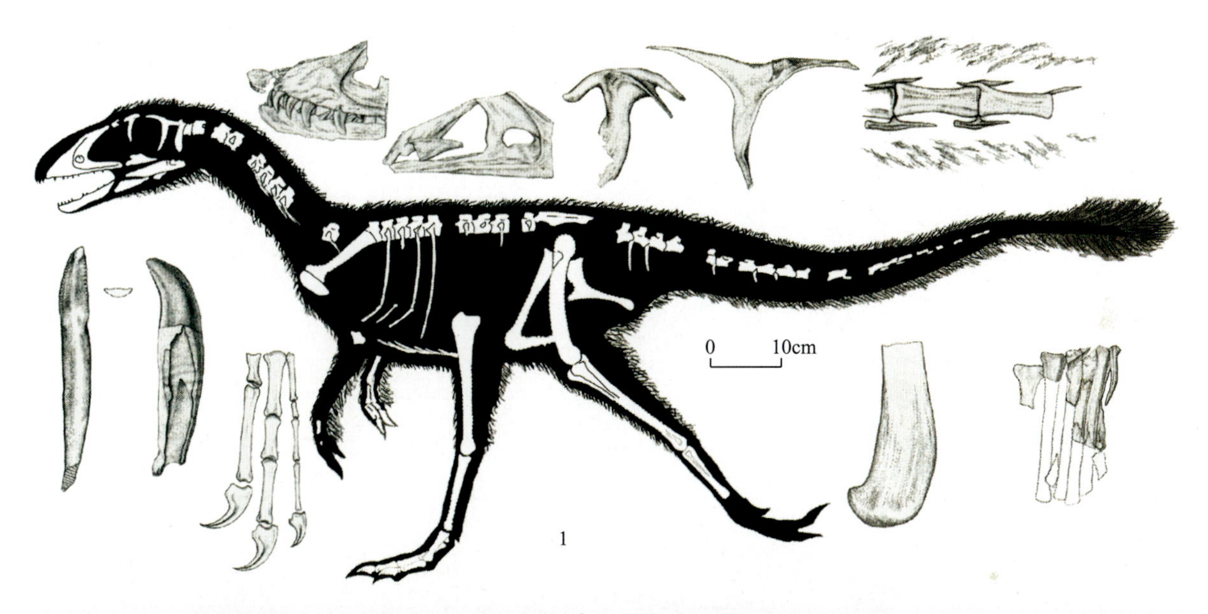

图3-129 奇异帝龙(据徐星等,2004)

Fig.3-129 *Dilong paradoxus* Xu et al.(after Xu Xing et al.,2004)

1.保存骨骼复位图;2.头骨左侧视;3.头骨背侧视

1.Restoration of skeleton;2.Left lateral view of skull;3.Dorsal view of skull

粗壮原始祖鸟 *Protarchaeopteryx robusta* Ji et Ji,1997

分类:蜥臀目兽脚亚目未定科原始祖鸟属 *Protarchaeopteryx* Ji et Ji,1997。

特征:体长约1m。牙齿残留微弱小锯齿,前颌骨齿大且直,显著大于上颌骨齿和齿骨齿。尾较短,尾椎不超过28枚。胸骨扁平,肠骨长大,耻骨粗壮且远端愈合。后肢长而粗壮,为前肢全长的1.5倍。后肢第1趾短,上移,与另3趾成对握型。蹠骨近端未愈合。体羽长度近50mm,羽轴短粗。尾翼极发达,尾羽长达150mm,羽轴细长,羽枝纤细(图3-130)。

图 3-130 粗壮原始祖鸟(据季强等,1997)

Fig.3-130 *Protarchaeopteryx robusta* Ji et Ji(after Ji Qiang et al.,1997)

1.正型标本;2.复原图

1.Holotype;2.Reconstruction

产地及层位：辽宁省北票市上园镇四合屯，下白垩统义县组二段尖山沟层。

蜥脚形亚目

维曼北方龙 *Borealosaurus wimani* You, Ji, Lamanna, Li et Li, 2004

分类：蜥臀目蜥脚形亚目蜥脚类巨龙类萨尔塔龙科北方龙属 *Borealosaurus* You et al.，2004。

特征：该属种以中远端尾椎骨呈后凹型而不同于兽脚类的其他成员。尾巴中远区的一节单个的尾椎骨长大于高，横向压缩，为强烈后凹型，基部凸起的关节髁长，前后长约 2.5cm；近面直径略小于远面直径，椎体腹面无纵沟。神经弧位于椎体的前半部。前关节突在近端突起刚超过关节髁的近端。右后关节突发育，在后腹部未超过椎体的远端。神经刺在椎体后半部之上向前倾斜。自神经刺顶至椎体背缘的神经弧高约为椎体高度的 2/5（图 3-131）。

产地及层位：辽宁省北票市下府乡双庙，上白垩统孙家湾组。

鸟臀目

甲龙亚目

步氏克氏龙 *Crichtonsaurus bohlini* Dong, 2002

分类：鸟臀目甲龙亚目未定科克氏龙属 *Crichtonsaurus* Dong，2002。

特征：中等大小的甲龙，估计体长 3m。下颌骨较低，外侧无骨甲覆盖；牙齿较小，齿冠对称，中嵴不发育，齿冠上有垂直的棱嵴，两侧有 4～5 个边缘小齿，齿环发育不全。颈椎椎体短，前关节面平，后关节面较深。背椎椎体略呈双平型，神经弓较高，神经棘板状，顶端不膨胀；横突稍抬升。背荐棒由 4～5 个愈合脊椎组成，荐椎 4 个愈合。尾前部椎体短，有长的横突，尾后部椎体愈合，呈棍棒状，两侧有对称排列的膜质骨板，肩胛骨与乌喙骨不愈合。膜质骨甲形状多样，有骨甲、骨棘和小的骨质结节，颈骨甲愈合呈半环状，有小的骨结片覆盖在皮肤上（图 3-132）。

产地及层位：辽宁省北票市下府乡双庙，上白垩统孙家湾组。

奇异辽宁龙 *Liaoningosaurus paradoxus* Xu, Wang et You, 2001

分类：鸟臀目甲龙亚目未定科辽宁龙属 *Liaoningosaurus* Xu ，Wang et You，2001。

特征：未成年个体长度小于 40cm，头骨较大，肋骨长。牙齿数目较少，颊齿较大。其以具有非常大的腹甲板和呈梯形的胸骨而不同于其他的甲龙类（图 3-133）。

产地及层位：辽宁省义县头道河乡王家沟，下白垩统义县组二段大康堡层。

角龙亚目

燕子沟辽宁角龙 *Liaoceratops yanzigouensis* Xu et al., 2002

分类：鸟臀目角龙亚目新角龙类辽宁角龙属 *Liaoceratops* Xu，Makovicky，Wang，Norell et You，2002。

特征：愈合的顶骨具很高的矢状嵴。前上颌骨、上颌骨、鼻骨和前额骨之间的缝合线在明显高于吻侧的共点上相交；隅骨腹缘具几个结节；方骨后面的一个孔位于方颧骨边的关节附近；大的前额骨背缘有一小结节，顶骨后部的顶骨褶（parietal frill）短而相对较窄。齿列短，不超过眶孔后缘（图 3-134）。

产地及层位：辽宁省北票市上园镇燕子沟和陆家屯，下白垩统义县组一段陆家屯层。

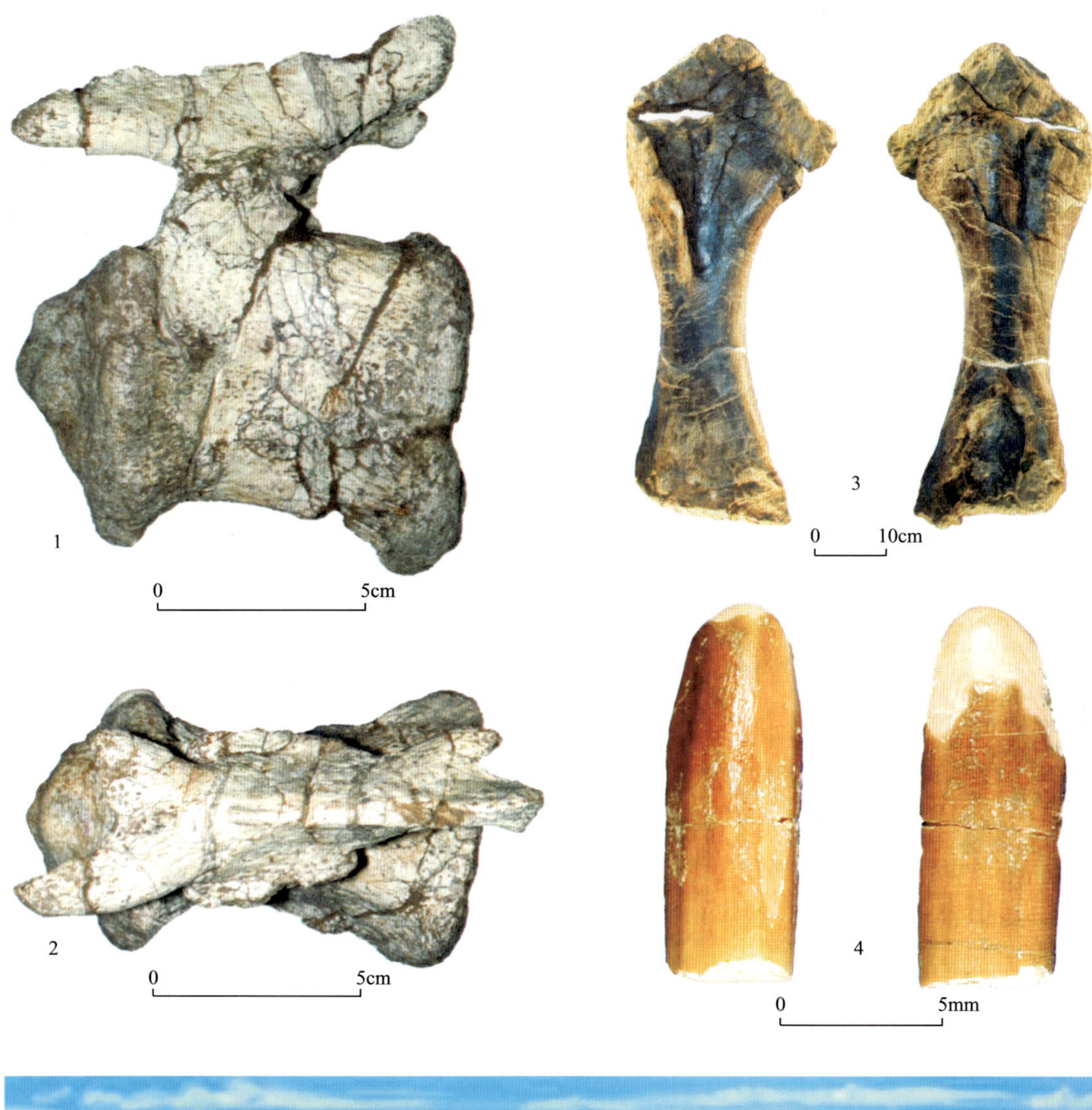

图 3－131　维曼北方龙(1—4 据尤海鲁等,2004;5 据中国古生物网,2005)

Fig.3－131　*Borealosaurus wimani* You et al.(1—4 after You Hailu et al.,2004;5 after China Net of Paleontology,2005)

1.中远端尾椎侧视;2.中远端尾椎背视;3.右肱骨头视、尾视;4.牙齿;5.复原图

1,2.Holotype mid-distal caudal vertebra in left lateral and dorsal view; 3.Right humerus in cranial and caudal view; 4.Teeth;5.Reconstruction

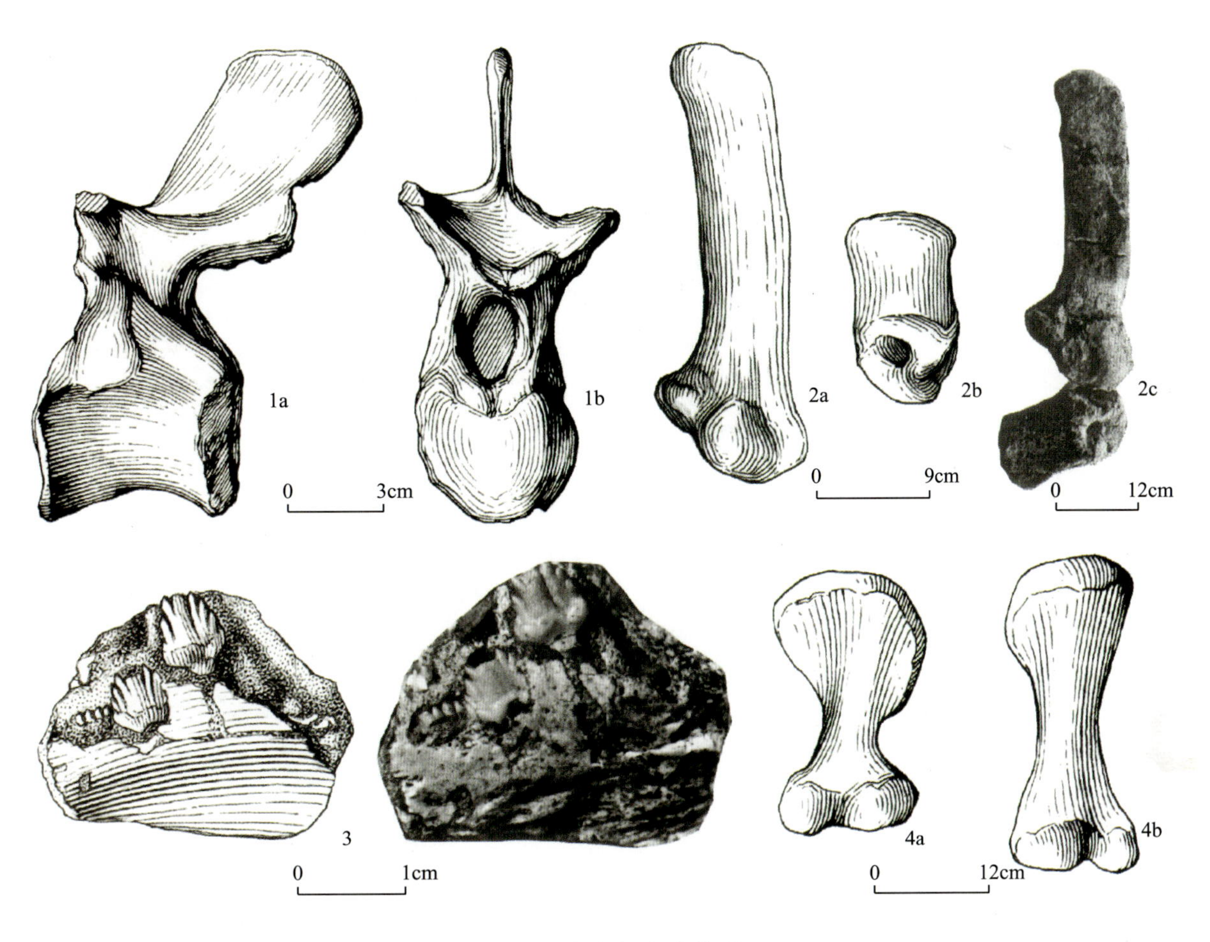

图 3-132 步氏克氏龙(据董枝明,2002)

Fig.3-132 *Crichtonsaurus bohlini* Dong(after Dong Zhiming,2002)

1a.背椎侧视;1b.背椎前视;2a.肩胛骨;2b.乌喙骨;2c.肩胛骨和乌喙骨;3.一段左下颌骨;4a.右肱骨;4b.右股骨

1a,1b.Dorsal in lateral and anterior views;2a.Scapula;2b.Coracoid;2c.Scapula and coracoid;3.A piece of left lower jaw,holotype;4a.Right humerus;4b.Right femur

图 3-133 奇异辽宁龙(据徐星等,2003)

Fig.3-133 *Liaoningosaurus paradoxus* Xu,Wang et You(after Xu Xing et al.,2003)

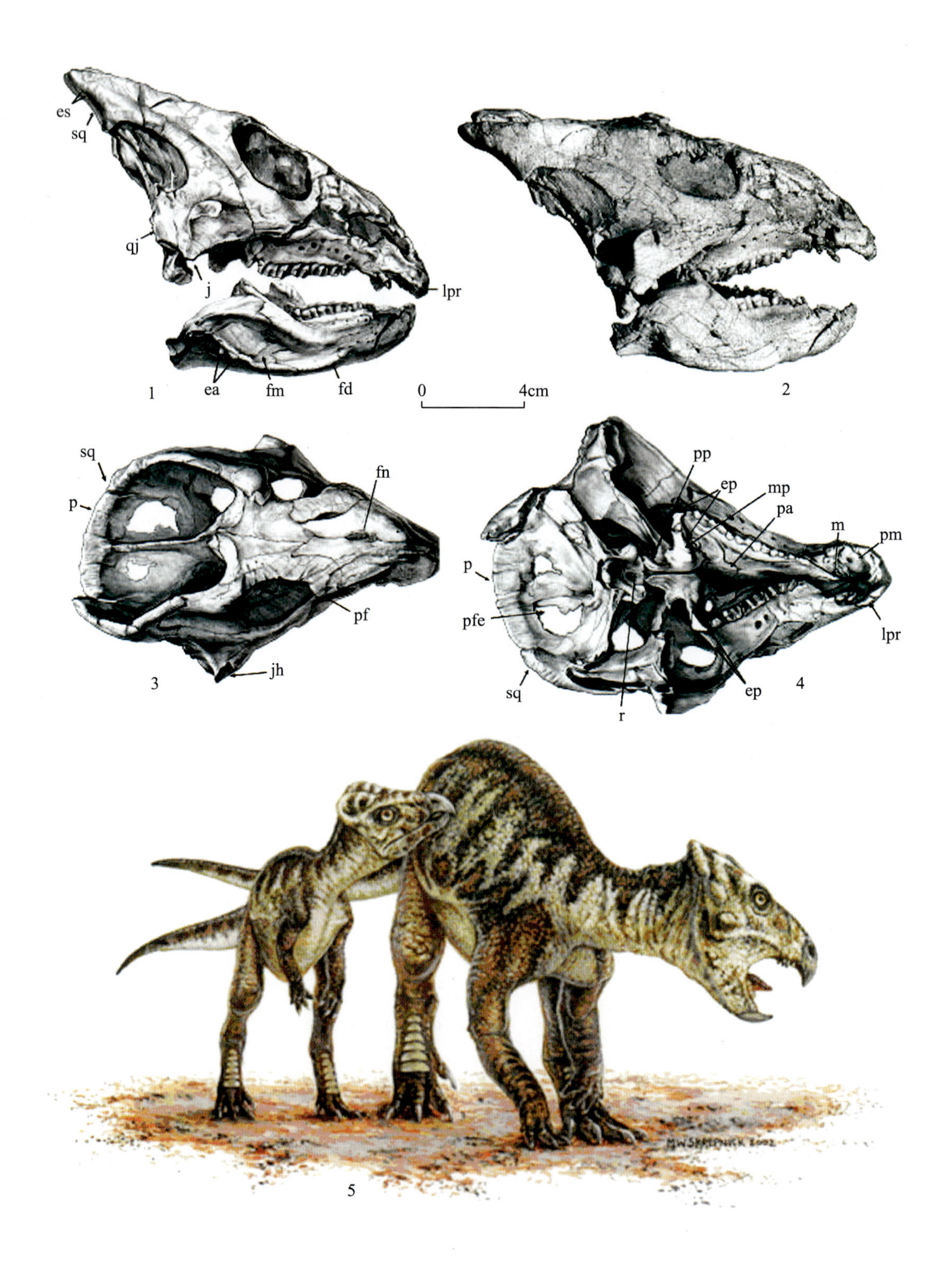

图 3 - 134　燕子沟辽宁角龙(1—4 据徐星等,2002;5 据张弥漫等,2003,Art:Michael W.Skrepnick)

Fig.3 - 134　*Liaoceratops yanzigouensis* Xu et al.(1—4 after Xu Xing et al.,2002;5 after Chang Meemann et al.,2003;Art: Michael W.Skrepnick)

1,2.头骨侧视;3.背视;4.腹视;5.复原图

1,2.Skull in lateral; 3.dorsal; 4.ventral views;5.Reconstruction

杨氏朝阳龙 *Chaoyangsaurus youngi* Zhao et al.,1999

分类:鸟臀目角龙亚目朝阳龙属 *Chaoyangsaurus* Zhao, Cheng et Xu,1999。

1985,*Chaoyangosaurus liaosiensis* Zhao et al.,赵喜进,p.289(王思恩等,中国地层 11,中国的侏罗系)。

特征:具不发达的颧骨突;方骨骨体的侧面窄,方骨下部的后缘凸起。下颌冠状突低且其顶部较平。隅骨的侧面和腹面之间有一脊(图 3-135)。

产地及层位:辽宁省朝阳县二十家子村东侧,上侏罗统土城子组一段。

图 3-135　杨氏朝阳龙(据 Zhao Xijin,1999;吴启成,2002)

Fig.3-135　*Chaoyangsaurus youngi* Zhao et al.(after Zhao Xijin,1999;Wu Qicheng,2002)

1.头骨侧视;2.复原图

1.Skull in lateral view;2.Reconstruction;化石比例尺:1cm,scale bars:1cm

侯氏红山龙 *Hongshanosaurus houi* You et al.,2003

分类:鸟臀目角龙亚目头角类鹦鹉嘴龙科红山龙属 *Hongshanosaurus* You et al.,2003。

特征:眶前骨骼部分约为头骨长之半,椭圆形外鼻孔和眼窝,下颞窝主轴呈背尾方向,这些特征不同于鹦鹉嘴龙属(图 3-136)。

产地及层位:辽宁省北票市上园镇陆家屯等地,下白垩统义县组一段陆家屯层。

陆家屯鹦鹉嘴龙 *Psittacosaurus lujiatunensis* Zhou,Gao,Fox et Chen,2006

分类:鸟臀目角龙亚目鹦鹉嘴龙科鹦鹉嘴龙属 *Psittacosaurus* Osborn,1923。

特征:头骨大,前额骨宽度窄于鼻骨宽度的 50%;上颌突向上弯;颧骨凹浅,颧骨突位偏后且后侧明显发育。鳞骨腹枝与方颧骨连接,颧骨与方骨接触部位窄且叠覆在方颧骨上。外下颌孔封闭。隅骨大。上颌骨齿冠三叶型,主脊扩成与后齿叶近等的中央齿叶。上述这些特征可与鹦鹉嘴龙属其他已知种区别(图 3-137)。

产地及层位:辽宁省北票市上园镇陆家屯,下白垩统义县组陆家屯层。

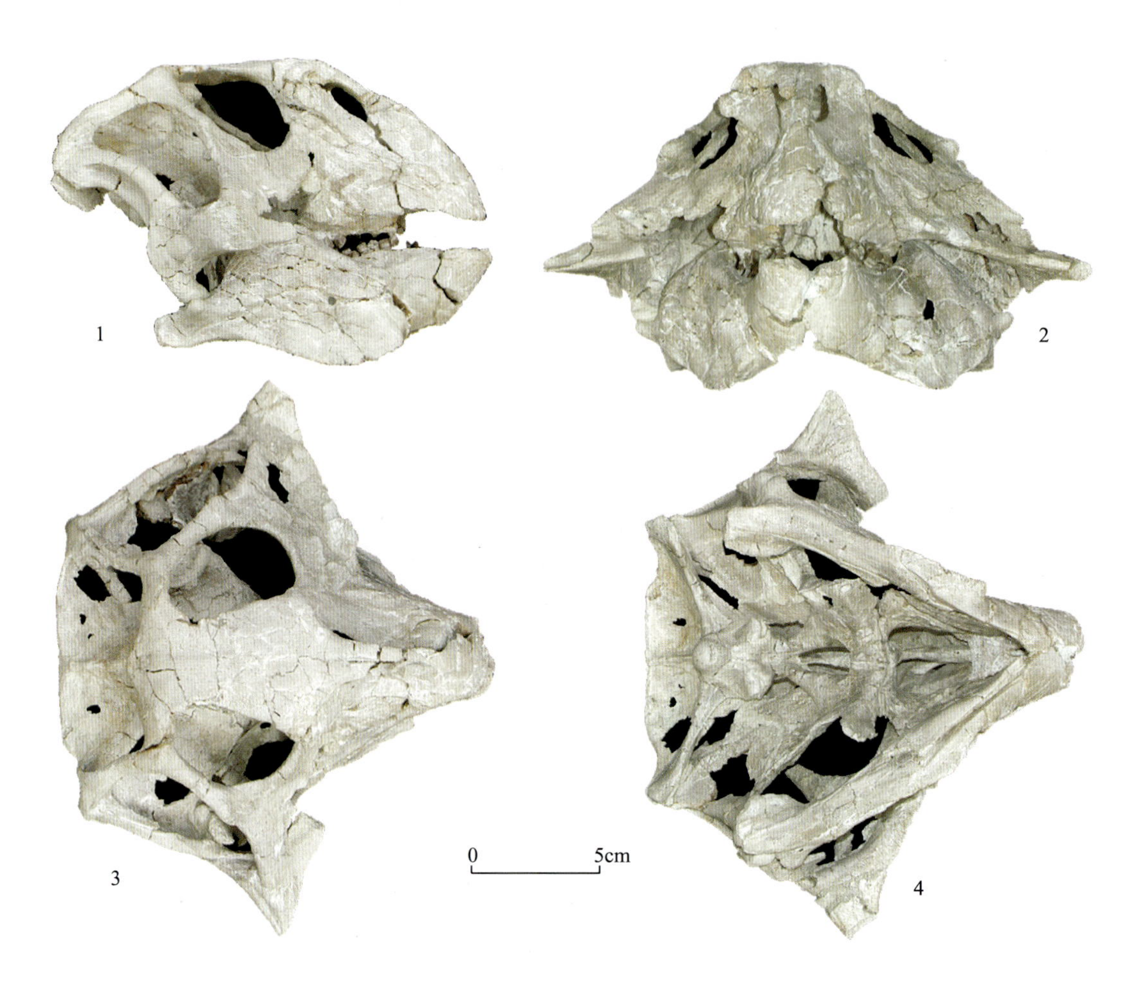

图 3-136　侯氏红山龙(据尤海鲁等,2005)

Fig.3-136　*Hongshanosaurus houi* You ,Xu et Wang.(after You Hailu et al.,2005)

头骨和下颌骨:1.右视;2.嘴视;3.背视;4.腹视

Skull with lawer jaws: 1.Right lateral view; 2.rostral view; 3.dorsal view; 4.ventral view

梅勒营子鹦鹉嘴龙 *Psittacosaurus meileyingensis* Sereno et al.,1988

分类:鸟臀目角龙亚目鹦鹉嘴龙科鹦鹉嘴龙属 *Psittacosaurus* Osborn,1923。

特征:体长约 1m。头骨短宽而高。吻尖,具角质喙,向下弯曲似鹦鹉的喙。外鼻孔小,位于头骨背部。眶前孔缺失,发育颧骨突。下颌齿冠发育一球状主脊。牙齿单列,牙呈三叶状,齿冠低,两侧均有珐琅质。颈短(图 3-138)。

产地及层位:辽宁省朝阳县胜利乡(梅勒营子)黄花沟,下白垩统九佛堂组三段黄花沟层。

鹦鹉嘴龙未定种 *Psittacosaurus* sp.

特征:外鼻孔小,位置较高;在与颧骨连接的口缘凸起上,上颌骨发育一突起;眶前孔缺失;发育颧骨突;下颌齿齿冠发育一球状主脊;掌骨第 5 指缺失。除上述鹦鹉嘴龙属中各个种共有的特征外,当前标本上颌骨口缘处发育一向前背方延伸的脊,颊齿两面的釉质厚度近等和近半圆形胸骨等特征与鹦鹉嘴龙属的已知种不同(图 3-139)。

产地及层位:辽宁省北票市上园镇四合屯及其他一些产地,下白垩统义县组。

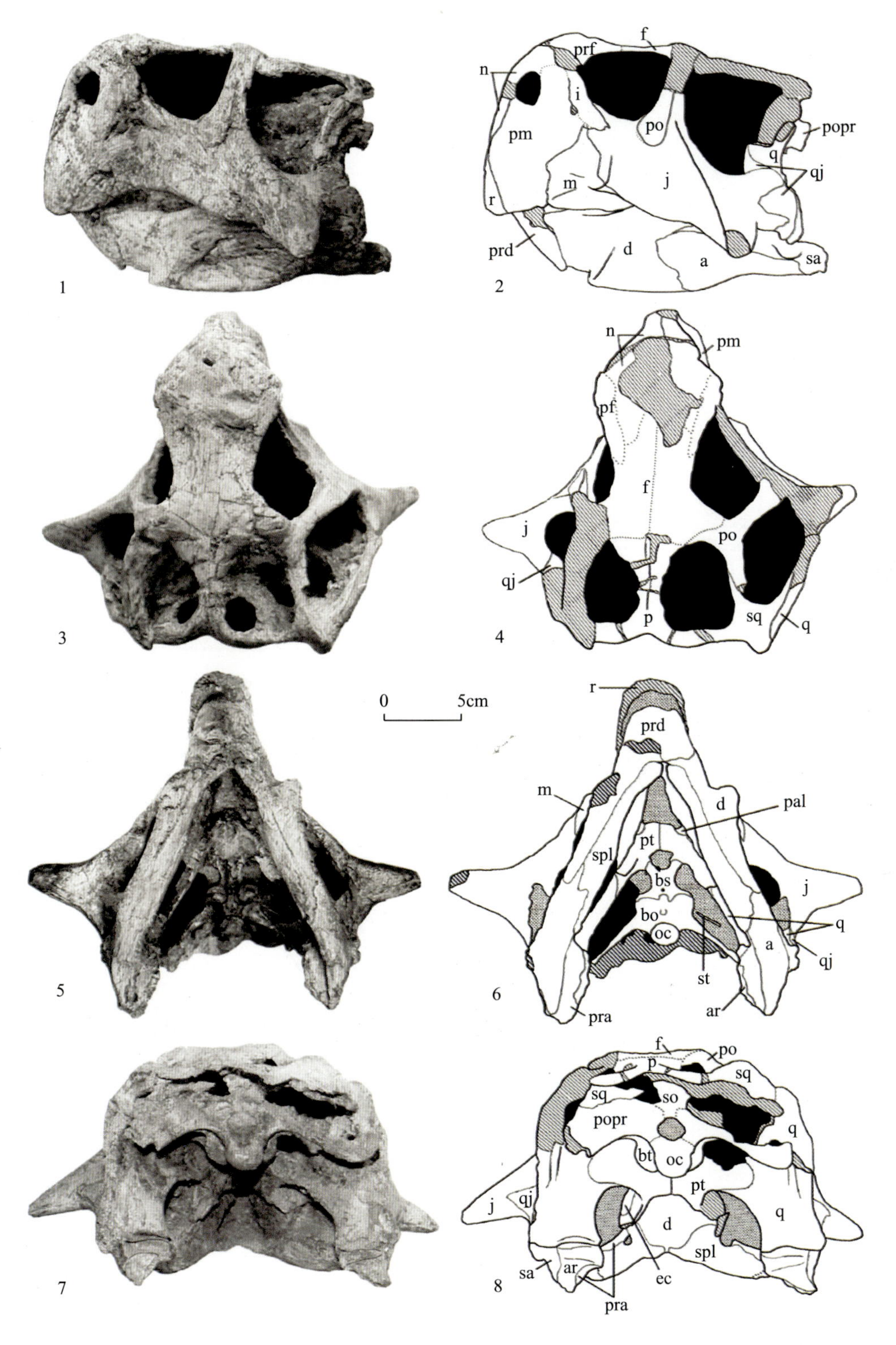

图 3－137 陆家屯鹦鹉嘴龙(据周长付等,2006)

Fig.3－137 *Psittacosaurus lujiatunensis* Zhou, Gao et al.(after Zhou Changfu et al., 2006)

头骨侧视(1—2)、背视(3—4)、腹视(5—6)、后视(7—8)及线条图

Skull with lawer jaws: 1, 2. Lateral view; 3, 4. Dorsal view; 5, 6. Ventral view; 7, 8. Posterior views

图 3-138 梅勒营子鹦鹉嘴龙(据 Sereno P C et al.,1988;吴启成等,2002)

Fig.3-138 *Psittacosaurus meileyingensis* Sereno et al.(after Sereno P C et al.,1988;Wu Qicheng et al.,2002)

1.头骨;2.复原图

1.Skull;2.Reconstruction;化石比例尺:1cm,scale bars:1cm

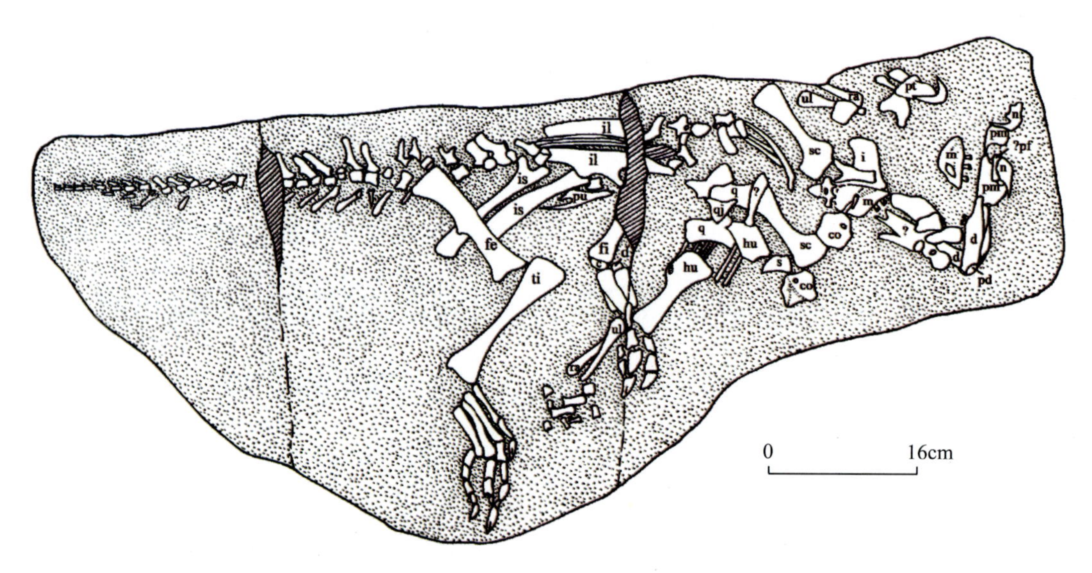

图 3-139 鹦鹉嘴龙骨骼侧视(未定种)(据徐星等,1998)

Fig.3-139 *Psittacosaurus* sp.,skeleton In lateral view(after Xu Xing et al.,1998)

鸟脚亚目

上园热河龙 *Jeholosaurus shangyuanensis* Xu,Wang et You,2000

分类:鸟臀目鸟脚亚目未定科热河龙属 *Jeholosaurus* Xu,Wang et You,2000。

特征:个体很小,体长不足 1m。鼻骨背面发育小孔。前齿骨约为前上颌骨主体长度的 1.5 倍。上、下颌关节与齿列位于同一水平线,前上颌齿列与上颌齿列位于同一水平线,具有 6 枚前上颌齿。无股骨前髁间沟,蹠骨不在一平面上。第 3 趾趾节中第 4 节最长(图 3-140)。

产地及层位:辽宁省北票市上园镇陆家屯,下白垩统义县组一段陆家屯层。

图 3－140　上园热河龙(据徐星等,2000)

Fig.3－140　*Jeholosaurus shangyuanensis* Xu,Wang et You(after Xu Xing et al.,2000)

1.头骨侧视;2.复原图

1.Skull in lateral view;2.Reconstruction;化石比例尺:1cm,scale bars:1cm

杨氏锦州龙 *Jinzhousaurus yangi* Wang et Xu,2001

分类:鸟臀目鸟脚亚目禽龙类(未定科)锦州龙属 *Jinzhousaurus* Wang et Xu,2001。

特征:大型禽龙类,估计身长 7m。头骨长约 500mm,高约 280mm。眼眶前部长,约为头骨长的2/3;上颌骨近长三角形;无眶前孔。额骨完全愈合。上颞孔向前外侧延伸。前齿骨腹突单叶;下颌骨下缘平直,下颌齿少,且齿向后增大、弯曲(图 3－141)。

产地及层位:辽宁省义县头台乡白台沟,下白垩统义县组二段大康堡层。

吉氏双庙龙 *Shuangmiaosaurus gilmorei* You, Ji, Li et Li,2003

分类:鸟臀目鸟脚亚目鸭嘴龙超科双庙龙属 *Shuangmiaosaurus* You et Ji,2003。

特征:上颌骨后部具粗大的突起。上颌骨前端为尖锐的吻突,其后为长的、自前向后逐渐增高具有牙齿的部分。齿骨长。该属种有一上颌骨与颧骨连接缝可与鸭嘴龙类其他成员区别(图 3－142)。

产地及层位:辽宁省北票市下府乡双庙,上白垩统孙家湾组。

佐藤热河足印 *Jeholosauripus s-satoi* Yabe H.,Inai Y.et Shikama T.,1940

1957*Anchisauripus s-satoi*,Baird。

1960*Jeholosauripus s-satoi*,杨钟健。

特征:一蹠行动物的足印,三趾型,无第Ⅰ趾,外形一般呈三角形,第Ⅲ趾长于第Ⅱ、Ⅳ趾。

产地及层位:辽宁省朝阳县羊山四家子,北票市南八家子朝阳沟;上侏罗统土城子组二段顶至三段下部(图 3－143)。

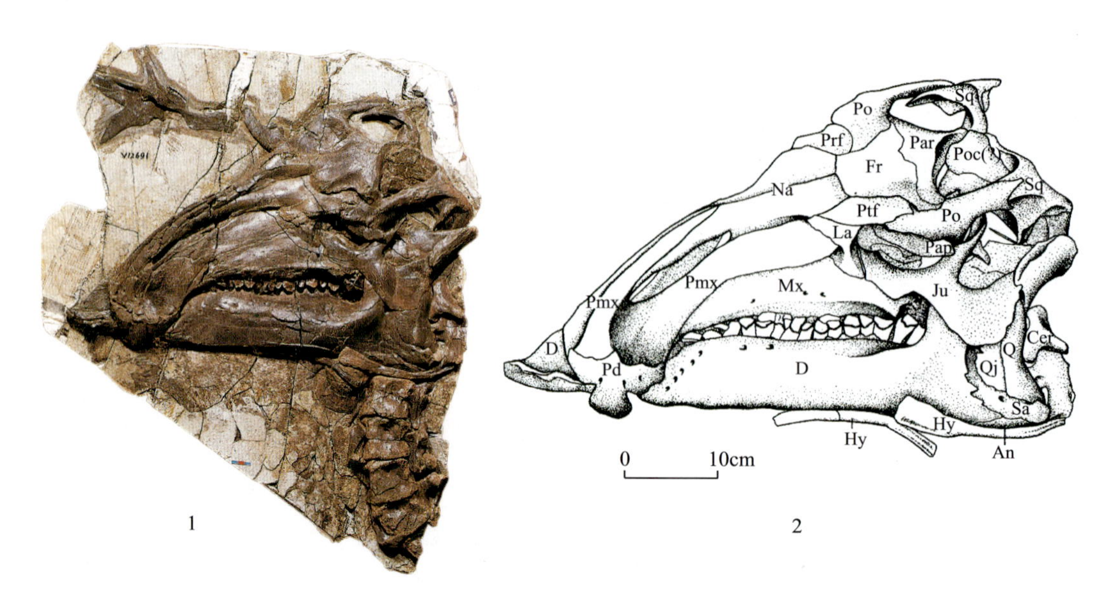

图 3-141　杨氏锦州龙(据汪筱林等,2001;吴启成等,2002)

Fig.3-141　*Jinzhousaurus yangi* Wang et Xu(after Wang Xiaolin et al.,2001;Wu Qicheng et al.,2002)

1.头骨化石;2.头骨素描略图

1.Skull;2.Drawing of skull

图 3-142　吉氏双庙龙(据尤海鲁等,2003)

Fig.3-142　*Shuangmiaosaurus gilmorei* You et Ji(after You hailu et al.,2003)

左上颌骨、部分前上颌骨和泪骨:1.侧视,2.内视;左齿骨:3.侧视,4.央视,5.背视

1—2.Left maxilla,partial premaxilla and lacrimal in lateral(1) and medial(2) views;3—5.Left dentary in lateral (3),medial(4) and dorsal(5) views

注:有的研究者将此种足印归入跷脚龙足印属。

图 3－143　佐藤热河足印(据董枝明,1979)

Fig.3－143　*Jeholosauripus s-satoi* Yabe H.,Inai Y.et Shikama T.(after Dong Zhiming,1979)

(五)恐龙蛋

长形蛋科

常氏黑山蛋 *Heishanoolithus changii* Zhao et Zhao,1999

分类:恐龙蛋长形蛋科黑山蛋属 *Heishanoolithus* Zhao et Zhao,1999。

特征:壳薄,外表面纹饰呈密集的细瘤状,局部相邻的两个或数个细瘤联结成链条状细脊,所有纹饰延伸方向彼此一致。壳厚 1.2～1.3mm;锥体层薄,与柱状层之比约为 1∶7(图 3－144)。

产地及层位:辽宁省黑山县八道壕,下白垩统沙海组下部第一煤组。

三、鸟纲

(一)古鸟亚纲

孔子鸟目

圣贤孔子鸟 *Confuciusornis sanctus* Hou, Zhou et al.,1995

分类:古鸟亚纲孔子鸟目孔子鸟科孔子鸟属 *Confuciusornis* Hou, Zhou, Gu et Zhang, 1995。

特征:头骨各骨块不愈合,具眶后骨,牙齿退化而呈角质喙。前肢有 3 个发育的指爪,肱骨近端中部有一大的气囊孔。胸骨呈薄板状,无龙骨突,具短的后突和后侧突。雌性个体略小,没有两枚伸长的尾羽,耻骨远端联合部较短,且末端不扩展增厚;雄性个体较大,有两枚伸长的尾羽,耻骨远端联合部比较长,且末端增厚(图 3－145、图 3－146)。

产地及层位:辽宁省北票市上园镇四合屯,下白垩统义县组二段尖山沟层;阜新市大五家子乡三吉窝铺村各么沟,义县组伞托花沟层(相当于尖山沟层);凌源市范杖子,义县组二段大新房子层。

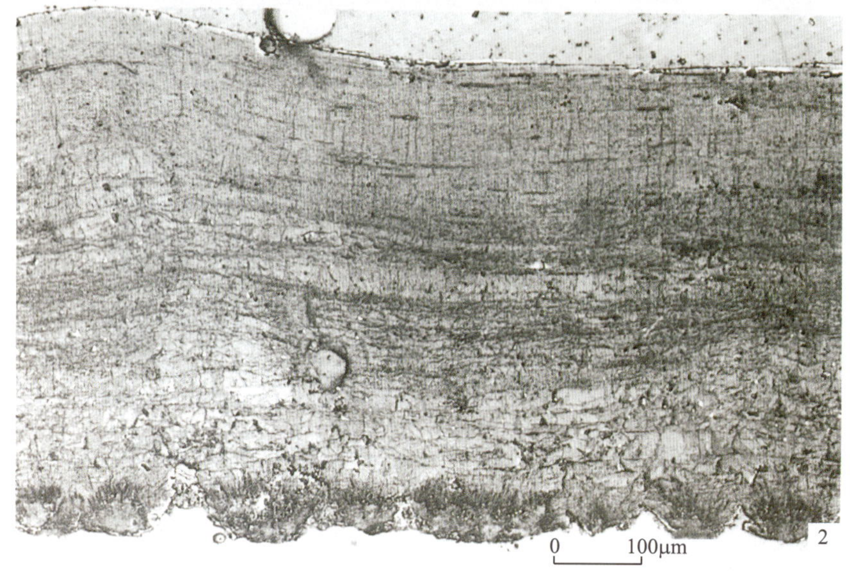

图 3-144 常氏黑山蛋(据赵宏等,1999)

Fig.3-144 *Heishanoolithus changii* Zhao et Zhao(after Zhao Hong et al.,1999)

1.蛋壳保存状况及表面纹饰;2.蛋壳径切片示内部组织结构

1.Signifying the preserved condition and its outer ornaments of the eggshells; 2.Radial view, showing the histostructure of the eggshells

川州孔子鸟 *Confuciusornis chuanzhous* Hou,1997

分类:古鸟亚纲孔子鸟目孔子鸟科孔子鸟属 *Confuciusornis* Hou, Zhou,Gu et Zhang, 1995。

特征:个体较圣贤孔子鸟大,骨骼较粗壮,趾爪粗壮而不太弯曲。据此分析,川州孔子鸟营地栖生活,亦显示孔子鸟类群的生态习性已开始分化(图 3-147)。

产地及层位:辽宁省北票市上园镇黄半吉沟,下白垩统义县组二段尖山沟层。

孙氏孔子鸟 *Confuciusornis suniae* Hou,1997

分类:古鸟亚纲孔子鸟目孔子鸟科孔子鸟属 *Confuciusornis* Hou , Zhou ,Gu et Zhang, 1995。

特征:个体大小与圣贤孔子鸟近同,但有如下特征不同于后者:前上颌吻端具有一特殊的豁口,前上颌骨鼻突长,额骨短,顶骨发育;最后 3 个腰椎突愈合,荐椎横突与髂骨内壁贴连,荐椎神经棘互相联合;尾椎基本愈合;形态亦有一些较进步的特征(图 3-148)。

图 3-145 圣贤孔子鸟(据侯连海等,2003)

Fig.3-145 *Confuciusornis sanctus* Hou , Zhou et al.(after Hou Lianhai et al.,2003)

1.雌性个体;2.雄性个体

1.Female specimen; 2.Male specimen;化石比例尺:1cm,scale bars:1cm

图 3-146 圣贤孔子鸟雌性个体骨骼图及复原图(据侯连海等,2002)

Fig.3-146 Skeletal drawing and reconstruction of Female *Confuciusornis sanctus* (after Hou Lianhai et al.,2002)

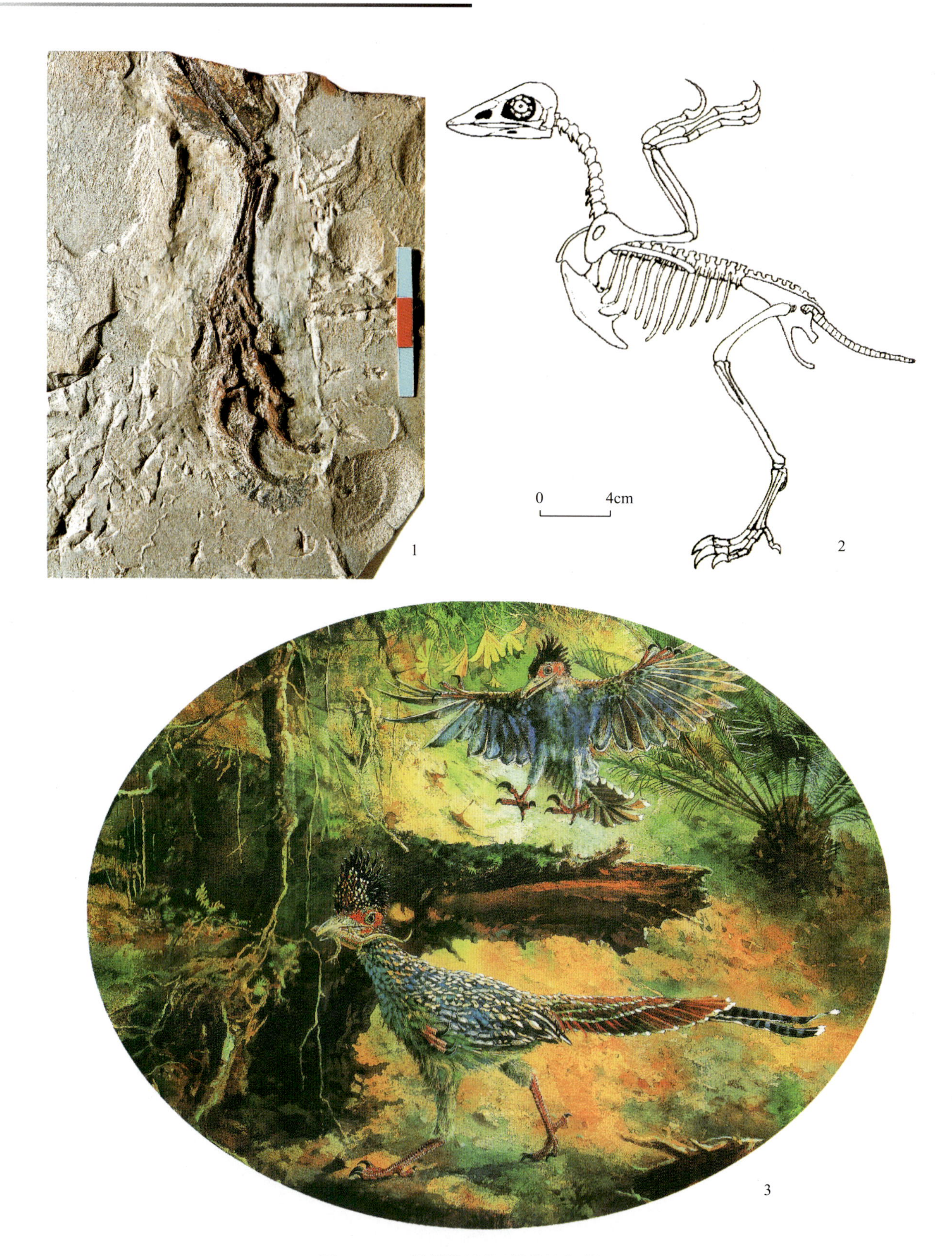

图 3－147 川州孔子鸟(据侯连海等,2003)

Fig.3－147 *Confuciusornis chuanzhous* Hou(after Hou Lianhai et al.,2003)

1.左后肢下部化石标本;2.骨骼图;3.复原图

1.Lower part of left hindlimb; 2.Skeletal drawing; 3.Reconstruction;化石比例尺:1cm,scale bars:1cm

图 3－148　孙氏孔子鸟（据侯连海等，2003）

Fig.3－148　*Confuciusornis suniae* Hou(after Hou Lianhai et al., 2003)

1.化石标本；2.骨骼图；3.复原图

1.Fossil specimen; 2.Skeletal drawing; 3.Reconstruction

产地及层位：辽宁省北票市上园镇四合屯，下白垩统义县组二段尖山沟层。

杜氏孔子鸟 *Confuciusornis dui* Hou, Martin, Zhou, Feduccia et Zhang, 1999

分类：古鸟亚纲孔子鸟目孔子鸟科孔子鸟属 *Confuciusornis* Hou，Zhou，Gu et Zhang，1995。

特征：个体大小约为圣贤孔子鸟的70%，具有清晰的角质喙印痕和明显双弓型头骨。下颌骨前部比较细，与圣贤孔子鸟不同的是，下颌孔前部扩展，上颌骨向前突出，指爪不像圣贤孔子鸟那样伸长、强壮。胸骨比较拉长且前缘中央呈“V”字形凹刻构造，胸骨两侧有一对短的后侧突。跗蹠骨相对较圣贤孔子鸟的短，尾综骨末端膨大（图3-149）。

图3-149　杜氏孔子鸟（据侯连海等，2003）

Fig.3-149　*Confuciusornis dui* Hou, Zhou et al.(after Hou Lianhai et al., 2003)

1.化石标本；2.骨骼图；3.复原图

1.Fossil specimen; 2.Skeletal drawing; 3.Reconstruction; 化石比例尺：1cm, scale bars: 1cm

该种以其角质喙向背侧弯曲，下颌骨增宽，尾综骨末端膨大呈锤状等特征区别于孔子鸟属的其他已知种。

产地及层位：辽宁省北票市上园镇李八郎沟，下白垩统义县组二段尖山沟层。

横道子长城鸟 *Changchengornis hengdaoziensis* Ji，Chiappe et Ji，1999

分类：古鸟亚纲孔子鸟目孔子鸟科长城鸟属 *Changchengornis* Ji，Chiappe et Ji，1999。

特征：喙强烈钩曲，口无齿，下颌后部高，上颌骨具窝坑。肱骨大而突起，且其近端似有一气囊孔。腹膜肋呈"V"字形，第Ⅰ掌骨之长接近第Ⅱ掌骨长1/2(图3－150)。

产地及层位：辽宁省北票市上园镇横道子，下白垩统义县组二段尖山沟层。

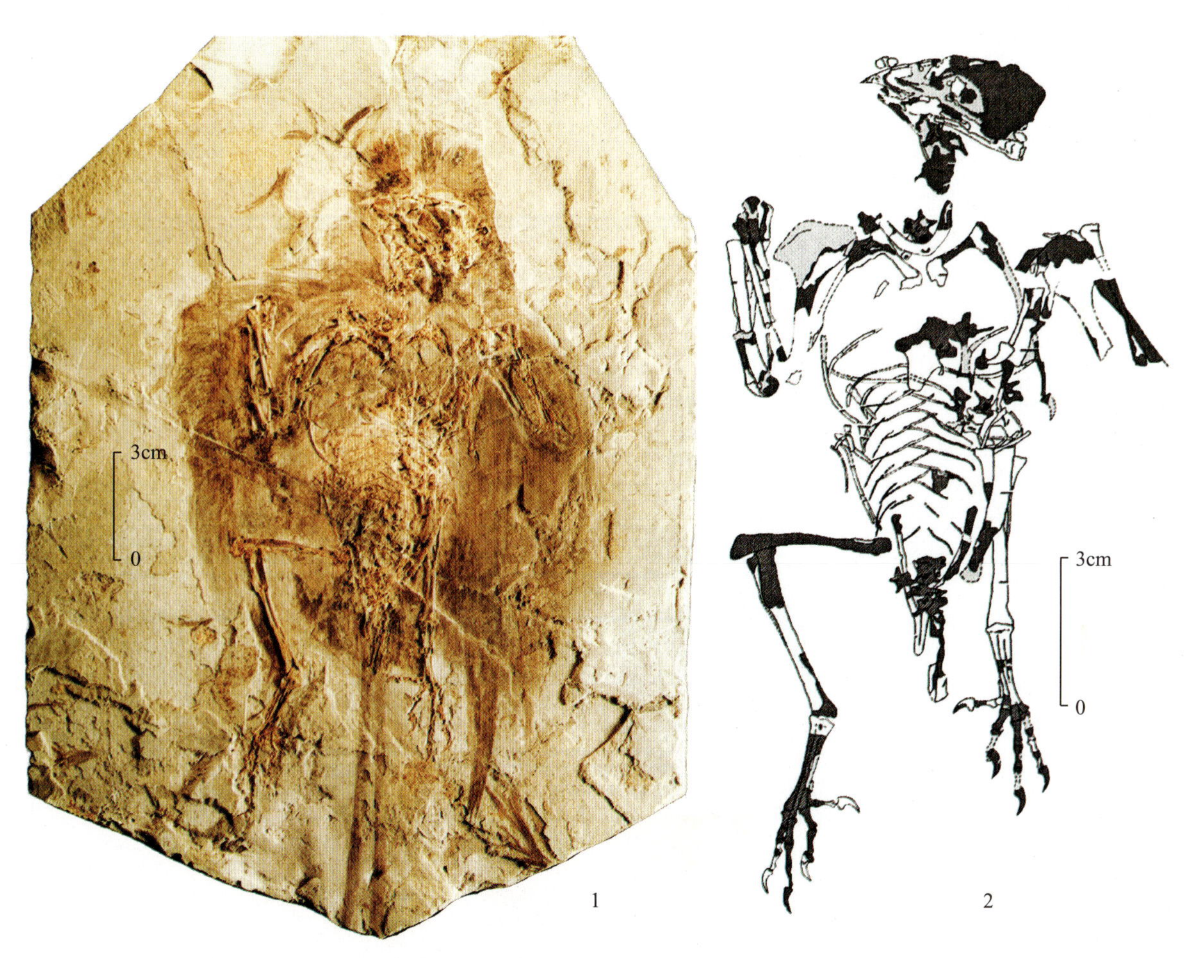

图3－150 横道子长城鸟(据Ji Q et al.，1999；吴启成等，2002)

Fig.3－150 *Changchengornis hengdaoziensis* Ji，Chiappe et Ji(after Ji Q et al.，1999；Wu Qicheng et al.，2002)

1.化石标本；2.骨骼图

1.Fossil specimen；2.Skeletal drawing

义县锦州鸟 *Jinzhouornis yixianensis* Hou et al.，2002

分类：古鸟亚纲孔子鸟目孔子鸟科锦州鸟属 *Jinzhouornis* Hou，Zhou，Zhang et Gu，2002。

特征：头长而低，颅较小，吻粗而长，眼孔不大，眼孔前部之长超过头骨全长1/2。颈椎体较孔子鸟窄，胸腰椎超过12枚。指爪特别钩曲，第2掌骨和指骨不特别扩展。肩胛骨之长与肱骨之长接近。第2蹠骨近中段具一三角形突起，第3蹠骨的突起较小，仍有第5蹠骨。胫跗骨细长，第3趾骨第1节近侧具有一附着骨片(图3－151)。

图 3 - 151　义县锦州鸟(据侯连海等,2003)

Fig.3 - 151　*Jinzhouornis yixianensis* Hou et al.(after Hou Lianhai et al., 2003)

1.化石标本;2.骨骼图;3.复原图

1.Fossil specimen; 2.Skeletal drawing; 3.Rconstruction;化石比例尺:1cm,scale bars:1cm

产地及层位：辽宁省义县前杨乡吴家屯，下白垩统九佛堂组三段皮家沟层。

张吉营锦州鸟 *Jinzhouornis zhangjiyingia* Hou et al., 2002

分类：古鸟亚纲孔子鸟目孔子鸟科锦州鸟属 *Jinzhouornis* Hou，Zhou，Zhang et Gu，2002。

特征：头大而长，前上颌骨后伸，其长超过眼眶后缘，深入额骨的腹侧；下颞孔特别大，方颧骨为眼眶后壁的一部分；眼孔不太大；叉骨较孔子鸟的细弱，叉骨支末端间距大，肱骨体较义县鸟粗壮，近端外边缘向外弯曲（图 3－152）。

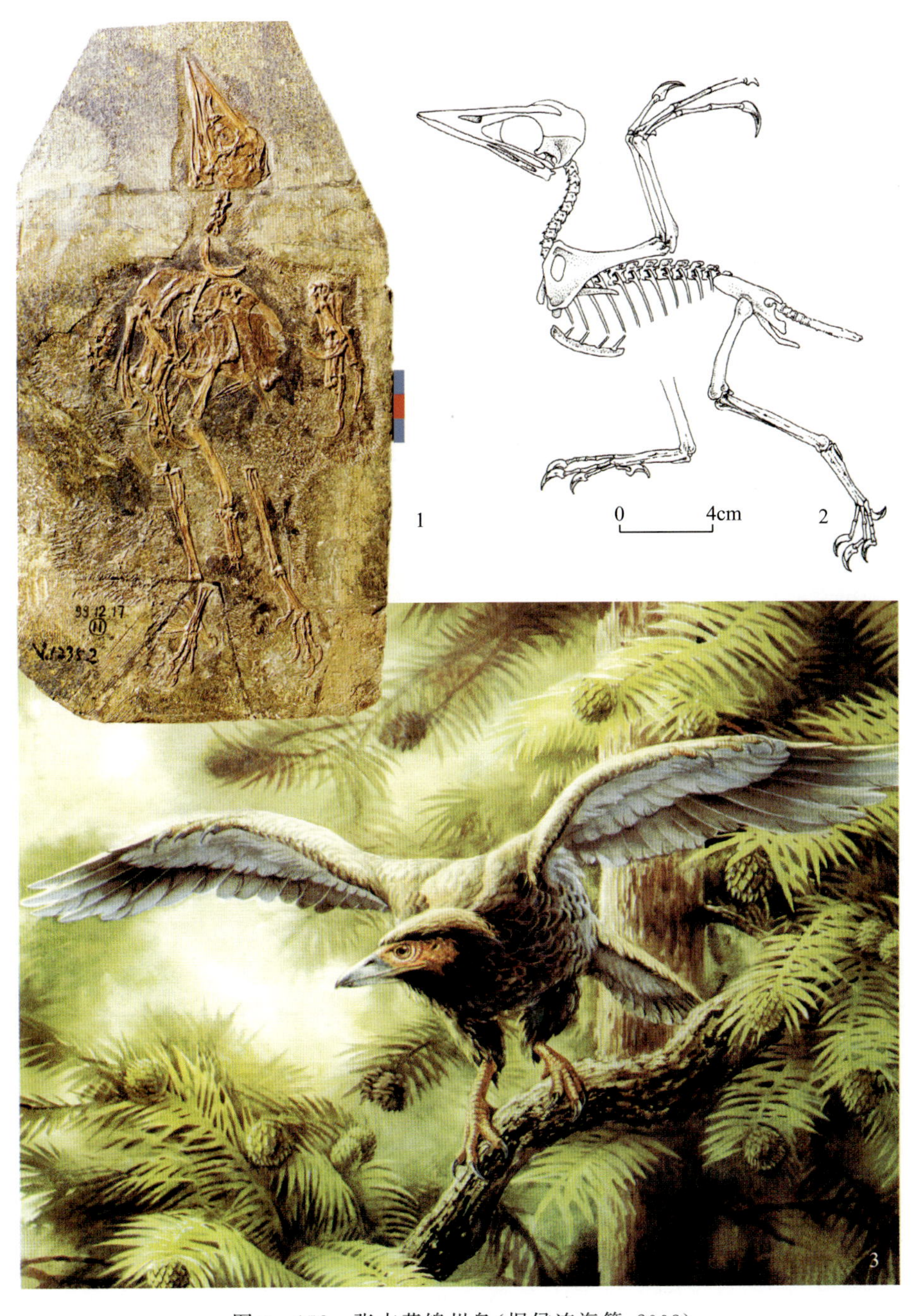

图 3－152　张吉营锦州鸟（据侯连海等，2003）

Fig.3－152　*Jinzhouornis zhangjiyingia* Hou et al.(after Hou Lianhai et al.,2003)

1.化石标本；2.骨骼图 3.复原图

1.Fossil specimen；2.Skeletal drawing；3.Reconstruction；化石比例尺：1cm，scale bars：1cm

产地及层位:辽宁省北票市章吉营乡黑蹄子沟,下白垩统义县组二段尖山沟层。

注:张吉营之地名实为章吉营。

(二)反鸟亚纲

始反鸟目

步氏始反鸟 *Eoenantiornis buhleri* Hou et al.,1999

分类:反鸟亚纲始反鸟目始反鸟科始反鸟属 *Eoenantiornis* Hou,Martin,Zhou et Feduccia,1999。

特征:个体中等,吻短,具牙齿,头高。具眶后骨,前上颌骨背突构成整个外鼻孔的后缘。颈长,具11枚颈椎。叉骨"V"字形,具一长的下突。乌喙骨相对较短,远端宽。胸骨顶端不强烈向后凹陷,胸骨具有一较短的后侧突。指骨爪没有华夏鸟那样退化。腕掌骨较短,第4掌骨扩展但不与第3掌骨末端愈合。第2指骨细长。尾综骨长,存在腹肋(图3-153)。

产地及层位:辽宁省北票市章吉营乡黑蹄子沟,下白垩统义县组二段尖山沟层。

棘鼻大平房鸟 *Dapingfangornis sentisorhinus* Li,Duan,Hu et al.,2006

分类:反鸟亚纲始反鸟目始反鸟科大平房鸟属 *Dapingfangornis* Li,Duan,Hu,Wang,Cheng et Hou,2006。

特征:个体为中小型,全长(含尾羽)216mm。头骨28mm,高23mm,具较高的羽冠。鼻骨中部有一突出的棘突。吻尖,前上颌骨每侧有4枚牙齿,上颌骨至少有6枚牙齿,齿尖距较大;齿骨长,下颌骨每侧有10枚牙齿。额骨低;颈椎异凹型,背椎双平型。胸骨发育,胸骨长度大于胸骨宽度,胸骨每侧有一具侧突脚的外侧突和一短的后内侧突,外侧突与中央龙骨突长度近等。雄性个体具两枚长的尾羽(图3-154)。

产地及层位:辽宁省朝阳县大平房,下白垩统九佛堂组三段原家洼层。

辽西鸟目

娇小辽西鸟 *Liaoxiornis delicatus* Hou et Chen,1999

1999 *Lingyuanornis parvus* Ji et Ji,季强等,pp.45-48。

分类:反鸟亚纲辽西鸟目辽西鸟科辽西鸟属 *Liaoxiornis* Hou et Chen,1999。

特征:个体非常小,头高而短,吻尖,颌骨具多枚牙齿。肱肌近端不向内钩曲。胸骨小,呈银杏叶片状,具低的龙骨突。坐骨无横向突起,耻骨突短。股骨长于肱骨。趾骨超过跗蹠骨之长(图3-155)。

产地及层位:辽宁省凌源市大王杖子乡范杖子,下白垩统义县组二段大新房子层。

中国鸟目

三塔中国鸟 *Sinornis santensis* Sereno et Rao,1992

分类:反鸟亚纲中国鸟目中国鸟科中国鸟属 *Sinornis* Sereno et Rao,1992。

特征:个体中等,吻很短,头骨也较短。牙齿构造与始祖鸟相似,有腹肋。腰带与始祖鸟相似。第2指骨和耻骨的横切面为第1指骨和桡骨横切面的2倍;第1指骨缩小;第1、第2指骨具有小而弯曲的爪。蹠骨近端愈合;具尾综骨(图3-156)。

产地及层位:辽宁省朝阳县胜利乡南炉,下白垩统九佛堂组二段喇嘛沟层。

图 3－153　步氏始反鸟(据侯连海等,2003)

Fig.3－153　*Eoenantiornis buhleri* Hou et al.(after Hou Lianhai et al.,2003)

1.化石标本;2.骨骼图 3.复原图

1.Fossil specimen; 2.Skeletal drawing; 3.Reconstruction;化石比例尺:1cm,scale bars:1cm

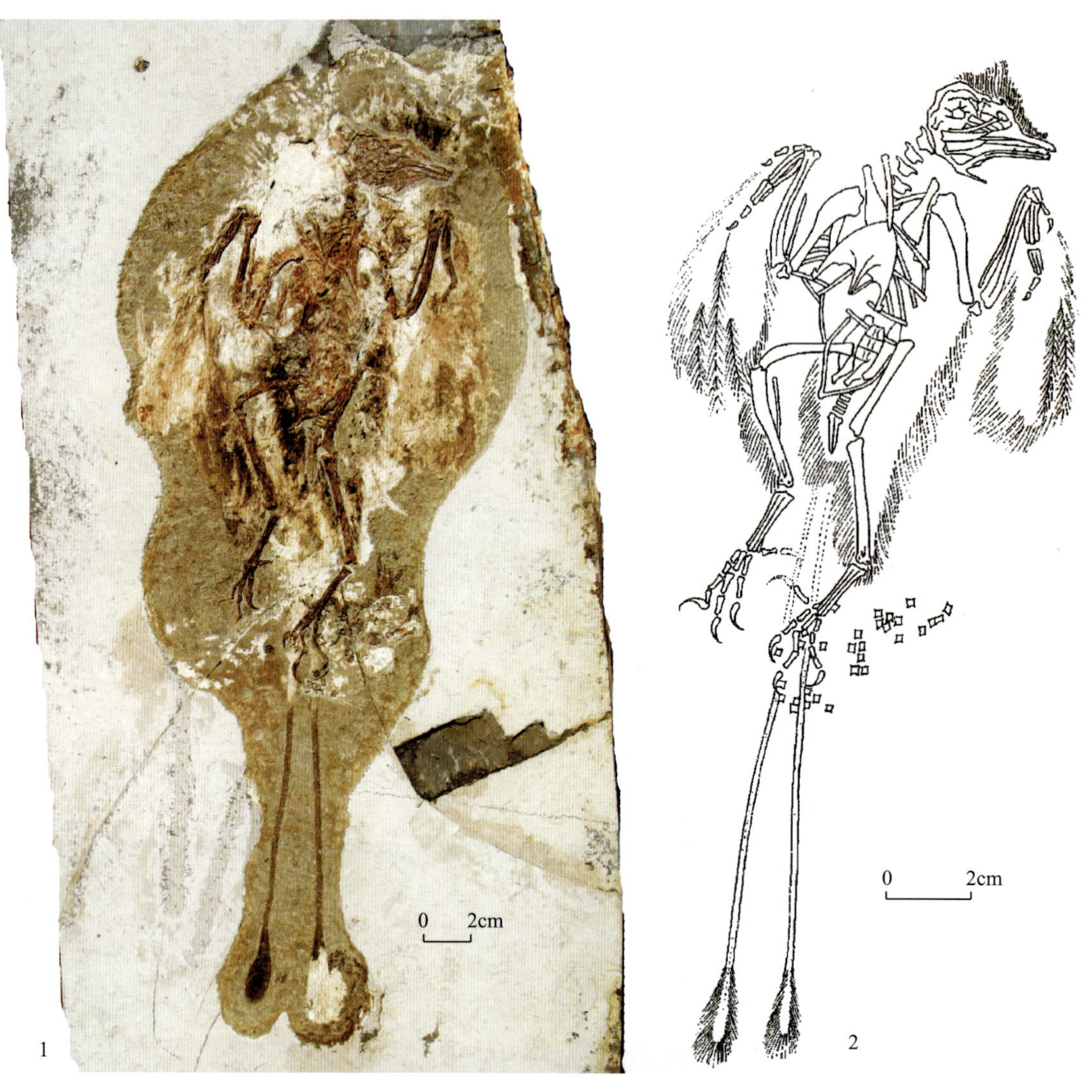

图 3-154 棘鼻大平房鸟(据李莉等,2006)

Fig.3-154 *Dapingfangornis sentisorhinus* Li,Duan,Hu et al.(after Li Li et al.,2006)

1.正型标本;2.骨骼线条图

1.Holotype; 2.Line drawing of skeleton

华夏鸟目

沃氏始华夏鸟 *Eocathayornis walkeri* Zhou, 2002

分类:反鸟亚纲华夏鸟目华夏鸟科始华夏鸟属 *Eocathayornis* Zhou,2002。

特征:头颈异凹型,乌喙骨长度约是宽度的 2 倍。胸骨具一对后侧突,尺骨长度约为肱骨长度的 110%,桡骨宽度约为尺骨宽度的 3/4,手骨略短于前臂(图 3-157)。

产地及层位:辽宁省朝阳县波罗赤镇西大沟,下白垩统九佛堂组二段大西沟层。

燕都华夏鸟 *Cathayornis yandica* Zhou et al.,1992

分类:反鸟亚纲华夏鸟目华夏鸟科华夏鸟属 *Cathayornis* Zhou ,Jin et Zhang,1992。

特征:个体小,头部骨骼很少愈合,脑颅较大。吻较长而低,具牙齿。胸骨龙骨突低,但与乌喙骨关连的面宽阔。肱骨近端有小的气窝,掌骨近端愈合,并有腕足滑车。仅有两个不甚发育的指

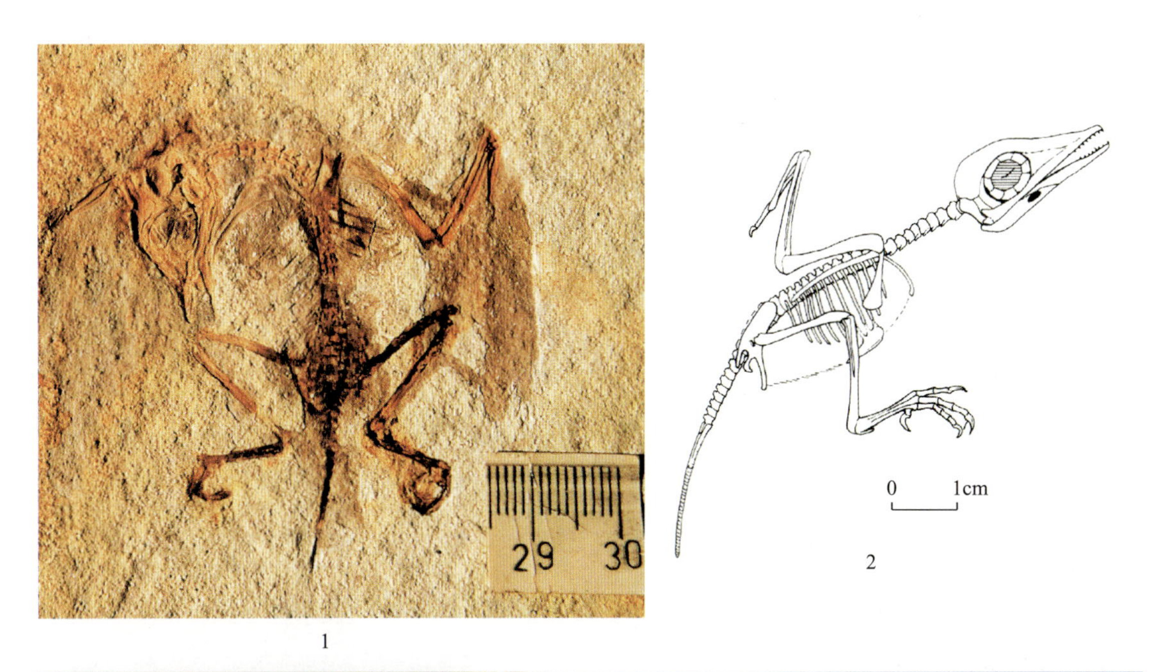

图 3-155　娇小辽西鸟(据侯连海等,2003)

Fig.3-155　*Liaoxiornis delicatus* Hou et Chen(after Hou Lianhai et al., 2003)

1.化石标本;2.骨骼图;3.复原图

1.Fossil specimen; 2.Skeletal drawing; 3.Reconstruction

图 3－156　三塔中国鸟(据侯连海等,2003)

Fig.3－156　*Sinornis santensis* Sereno et Rao(after Hou Lianhai et al.,2003)

1.化石标本;2.骨骼图 3.复原图

1.Fossil specimen; 2.Skeletal drawing; 3.Reconstruction

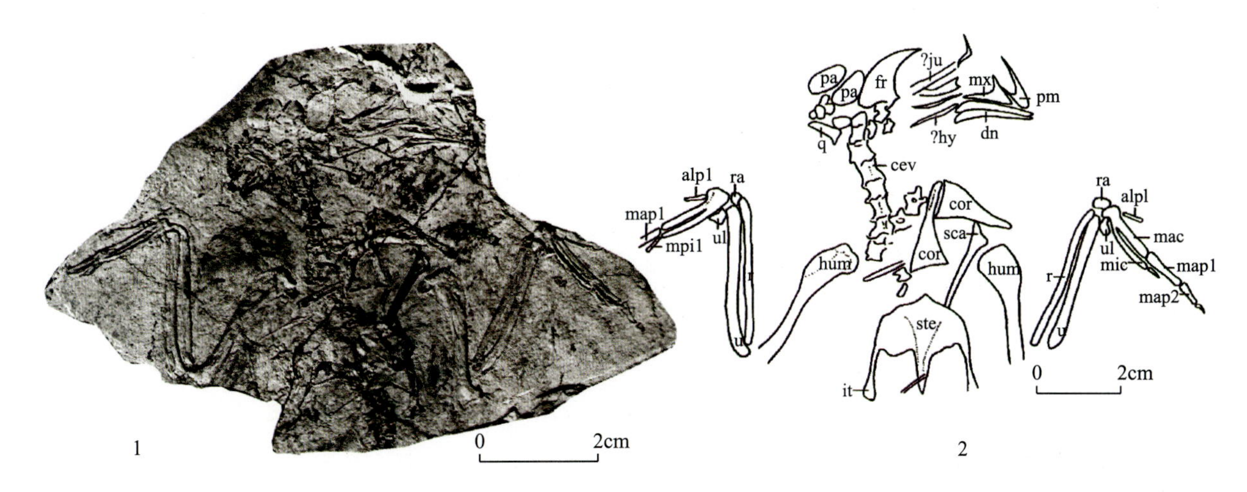

图 3-157 沃氏始华夏鸟(据周忠和等,2002)

Fig.3-157 *Eocathayornis walkeri* Zhou(after Zhou Zhonghe et al.,2002)

1.印模;2.线条图

1.Moulage; 2.Drawing

爪,趾爪不太钩曲(图 3-158)。

产地及层位:辽宁省朝阳县波罗赤镇西大沟,下白垩统九佛堂组二段西大沟层。

有尾华夏鸟 *Cathayornis caudatus* Hou,1997

分类:反鸟亚纲华夏鸟目华夏鸟科华夏鸟属 *Cathayornis* Zhou ,Jin et Zhang,1992。

特征:个体小,额骨和顶骨之间有一横沟相间,下颌齿至少 3 对。胸骨具较发达的胸骨柄。尾椎骨未愈合,而是形成一较短的尾巴(图 3-159)。

产地及层位:辽宁省朝阳县波罗赤镇西大沟,下白垩统九佛堂组二段西大沟层。

异常华夏鸟 *Cathayornis aberransis* Hou et al.,2002

分类:反鸟亚纲华夏鸟目华夏鸟科华夏鸟属 *Cathayornis* Zhou ,Jin et Zhang,1992。

特征:个体小,头骨的两额骨间具一纵嵴,额骨两侧亦有小突起构造。颌骨具多枚牙齿。胸骨的龙骨突发育,位于胸骨后部,胸骨侧突之长不超过后突。肱骨略短于尺骨;耻骨末端愈合(图 3-160)。

产地及层位:辽宁省朝阳县波罗赤镇西大沟,下白垩统九佛堂组二段西大沟层。

三燕龙城鸟 *Longchengornis sanyanensis* Hou,1997

分类:反鸟亚纲华夏鸟目华夏鸟科龙城鸟属 *Longchengornis* Hou,1997。

特征:顶骨后位,颈椎有一腹嵴,胸椎椎体长,椎体双平凹,侧面有一较大的凹坑。尾椎不愈合,有一较长的尾巴。肱骨近端较华夏鸟扩展,近端中央有一大而圆的坑凹构造,骨体直。叉骨细,叉骨突很长,叉骨突和乌喙骨末端平。荐椎不愈合,趾爪强烈钩曲(图 3-161)。

产地及层位:辽宁省朝阳县波罗赤镇西大沟,下白垩统九佛堂组二段西大沟层。

六齿大嘴鸟 *Largirostrornis sexdentornis* Hou, 1997

分类:反鸟亚纲华夏鸟目尖嘴鸟科大嘴鸟属 *Largirostrornis* Hou, 1997。

图 3－158 燕都华夏鸟(据侯连海等,2003)

Fig.3－158 *Cathayornis yandica* Zhou Jin et Zhang(after Hou Lianhai et al.,2003)

1.化石标本;2.骨骼图;3.复原图

1.Fossil specimen; 2.Skeletal drawing; 3.Reconstruction;化石比例尺:1cm,scale bars:1cm

图 3－159　有尾华夏鸟(据侯连海等,2003)

Fig.3－159　*Cathayornis caudatus* Hou(after Hou Lianhai et al.,2003)

1.化石标本;2.骨骼图;3.复原图

1.Fossil specimen; 2.Skeletal drawing; 3.Reconstruction;化石比例尺:1cm,scale bars:1cm

图 3－160 异常华夏鸟(据侯连海等,2003)

Fig.3－160 *Cathayornis aberransis* Hou et al.(after Hou Lianhai et al.,2003)

1.化石标本;2.骨骼图;3.复原图

1.Fossil specimen;2.Skeletal drawing;3.Reconstruction;化石比例尺:1cm,scale bars:1cm

图 3-161　三燕龙城鸟(据侯连海等,2003)

Fig.3-161　*Longchengornis sanyanensis* Hou(after Hou Lianhai et al.,2003)

1.化石标本;2.骨骼图;3.复原图

1.Fossil specimen; 2.Skeletal drawing; 3.Reconstruction;化石比例尺:1cm,scale bars:1cm

特征：头大，前额骨特别大，嘴长而大，脑颅较吻部短，鼻骨长，额骨较宽，颌具6枚以上牙齿，齿尖向后弯曲。胸骨具低的龙骨突，胸骨的后侧突颇长，其末端扩展呈脚状(图3－162)。

产地及层位：辽宁省朝阳县波罗赤镇西大沟，下白垩统九佛堂组二段西大沟层。

图3－162　六齿大嘴鸟(据侯连海等，2003)

Fig.3－162　*Largirostrornis sexdentornis* Hou(after Hou Lianhai et al.，2003)

1.化石标本；2.骨骼图；3.复原图

1.Fossil specimen；2.Skeletal drawing；3.Reconstruction；化石比例尺：1cm，scale bars：1cm

侯氏尖嘴鸟 *Cuspirostrisornis houi* Hou,1997

分类:反鸟亚纲华夏鸟目尖嘴鸟科尖嘴鸟属 *Cuspirostrisornis* Hou,1997。

特征:个体长逾 10cm,嘴前部长而尖细,前颌骨的鼻突长而细,颌骨每侧至少有 5 枚牙齿。胸骨发育,具胸骨柄和短的前侧突,胸骨的后侧突与后突的长度近等。荐椎已愈合为愈合荐椎。前肢进步,肱骨短于尺骨(图 3-163)。

产地及层位:辽宁省朝阳县波罗赤镇西大沟,下白垩统九佛堂组二段西大沟层。

图 3-163　侯氏尖嘴鸟(据侯连海等,2003)

Fig.3-163　*Cuspirostrisornis houi* Hou(after Hou Lianhai et al.,2003)

1.化石标本;2.骨骼图;3.复原图

1.Fossil specimen; 2.Skeletal drawing; 3.Reconstruction;化石比例尺:1cm,scale bars:1cm

敏捷真翼鸟 *Alethoalaornis agitornis* Li et al.,2007

分类:反鸟亚纲华夏鸟目真翼鸟科真翼鸟属 *Alethoalaornis* Li,Hu,Duan,Gong et Hou。

特征:吻长而尖锐,牙齿少,一般2对,最多3对。颈椎异凹型,叉骨突细长,其长接近锁骨支;胸骨具发育的龙骨突。肱骨具发育的气窝构造,顶沟深。腕掌骨已形成,指骨爪退化,仅有2枚,小而弱。跗蹠骨的3个趾骨滑车高度基本相同,指节比较细长,爪节明显长于其他趾节。爪(含爪鞘)特别长且不甚钩曲(图3-164)。

产地及层位:辽宁省朝阳县大平房镇原家洼,下白垩统九佛堂组三段原家洼层。

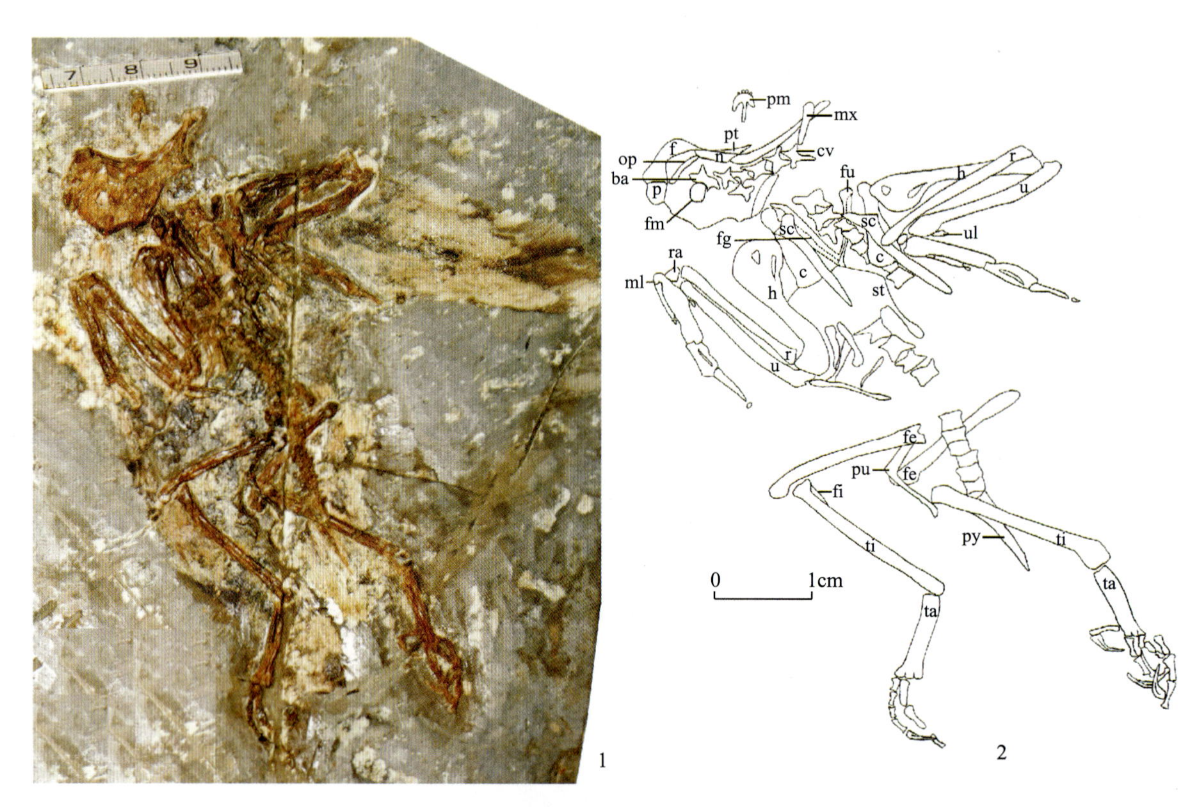

图3-164 敏捷真翼鸟(据李莉等,2007)

Fig.3-164 *Alethoalaornis agitornis* Li et al.(after Li Li et al.,2007)

1.正模标本;2.线条图

1.Main slab of holotype;2.Line drawing

长翼鸟目

朝阳长翼鸟 *Longipteryx chaoyangensis* Zhang,Zhou et al.,2000

分类:反鸟亚纲长翼鸟目长翼鸟科长翼鸟属 *Longipteryx* Zhang,Zhou,Hou et Gu,2000。

特征:头长至少是头高的2.5倍;具短圆锥状牙齿。颈椎的中间几枚为异凹型椎体。胸骨后部有龙骨突起,一直延伸到后部的中央突,侧突发育,副突微发育。至少存在6行腹膜肋。耻骨脚长,垂直于耻骨纵轴。腕掌骨未完全愈合,第4蹠骨长于其他蹠骨;4趾滑车几乎在同一个平面,拇趾趾节骨和爪节不短于其他趾的对应趾节。前肢明显长于后肢,翼的长度是股骨、胫跗骨、跗蹠骨之和的1.5倍多;胫骨明显短于肱骨、尺骨和桡骨,胫骨相对股骨也较短(图3-165)。

产地及层位:辽宁省朝阳市七道泉子镇,下白垩统九佛堂组二段上河首层。

图 3-165 朝阳长翼鸟(据侯连海等,2003)

Fig.3-165 *Longipteryx chaoyangensis* Zhang,Zhou et al.(after Hou Lianhai et al.,2003)

1.化石标本;2.骨骼图;3.复原图

1.Fossil specimen; 2.Skeletal drawing; 3.Reconstruction;化石比例尺:1cm,scale bars:1cm

异齿鸟目

吴氏异齿鸟 *Aberratiodontus wui* Gong ,Hou et Wang,2004

分类:反鸟亚纲异齿鸟目异齿鸟科异齿鸟属 *Aberratiodontus* Gong,Hou et Wang,2004。

特征:个体大小约为长翼鸟的两倍。头骨低,眶后骨发育。方骨在下区呈柱状,而在上区膨胀。叉骨不同于已知的反鸟类,却类似于孔子鸟或始祖鸟;锁骨枝比已知反鸟类的长。乌喙骨侧突在远端发育,肩胛骨远端弯曲,这与孔子鸟和始祖鸟不同。每侧下颌骨牙齿多达 21 枚,牙齿为假异齿型。喙侧齿细薄,前颊齿很大而像犬齿,中颊齿较小,最大的齿位于后部,且在不同发育阶段出现一些新齿,新齿生于齿列的内侧(图 3-166)。

产地及层位:辽宁省朝阳市上河首,下白垩统九佛堂组二段上河首层。

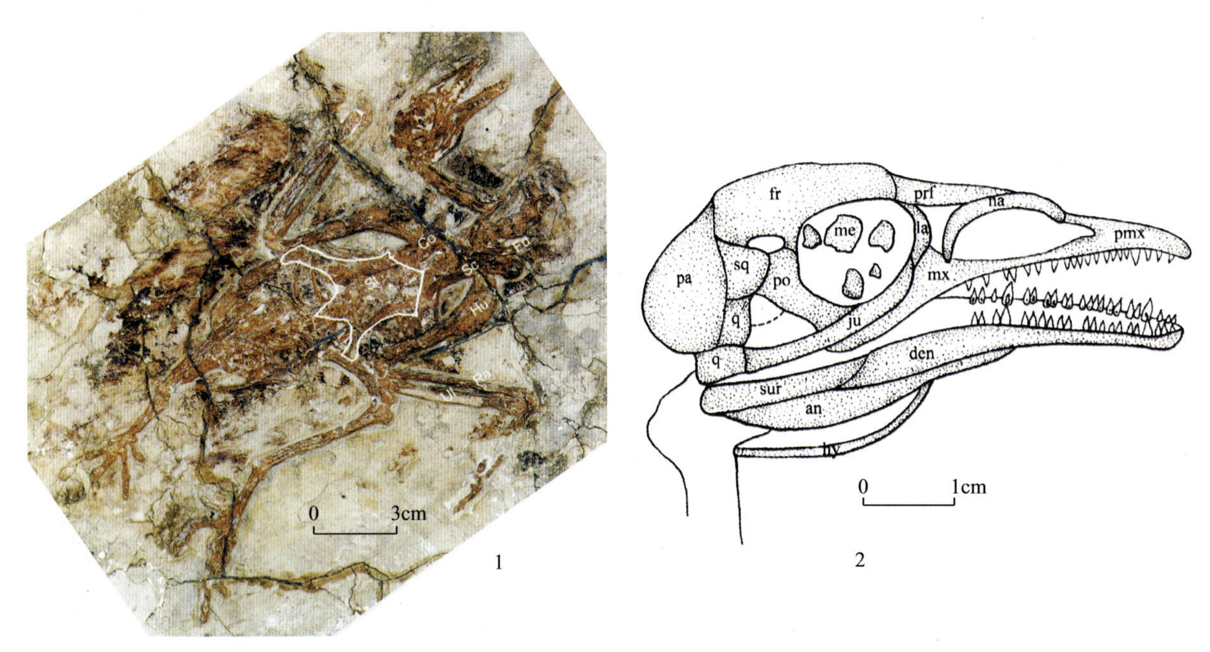

图 3-166 吴氏异齿鸟(据巩恩普等,2004)

Fig.3-166 *Aberratiodontus wui* Gong ,Hou et Wang(after Gong Enpu et al.,2004)

1.化石骨架;2.头骨骨骼图

1.Skeleton;2.Skeletal drawing of skull

长嘴鸟目

韩氏长嘴鸟 *Longirostravis hani* Hou,Zhang et Chuong,2003

分类:反鸟亚纲长嘴鸟目长嘴鸟科长嘴鸟属 *Longirostravis* Hou,Zhang et Chuong,2003。

特征:吻特别长,前部具牙齿;前上颌骨长,鼻骨短,颧骨细长。下颌齿骨发育,前端向下弯曲,后部具较小的下颌孔。叉骨突短,乌喙骨近端适度增宽,肩胛骨短而直。胸骨具有明显分叉的后侧突,剑突末端稍扩展且平。腓骨短(图 3-167)。

产地及层位:辽宁省义县头台乡破台子,下白垩统义县组二段大康堡层。

注:该属种的晚出名称为 *Longirostravis hani* Hou,Chiappe,Zhang et Chuong,2003。

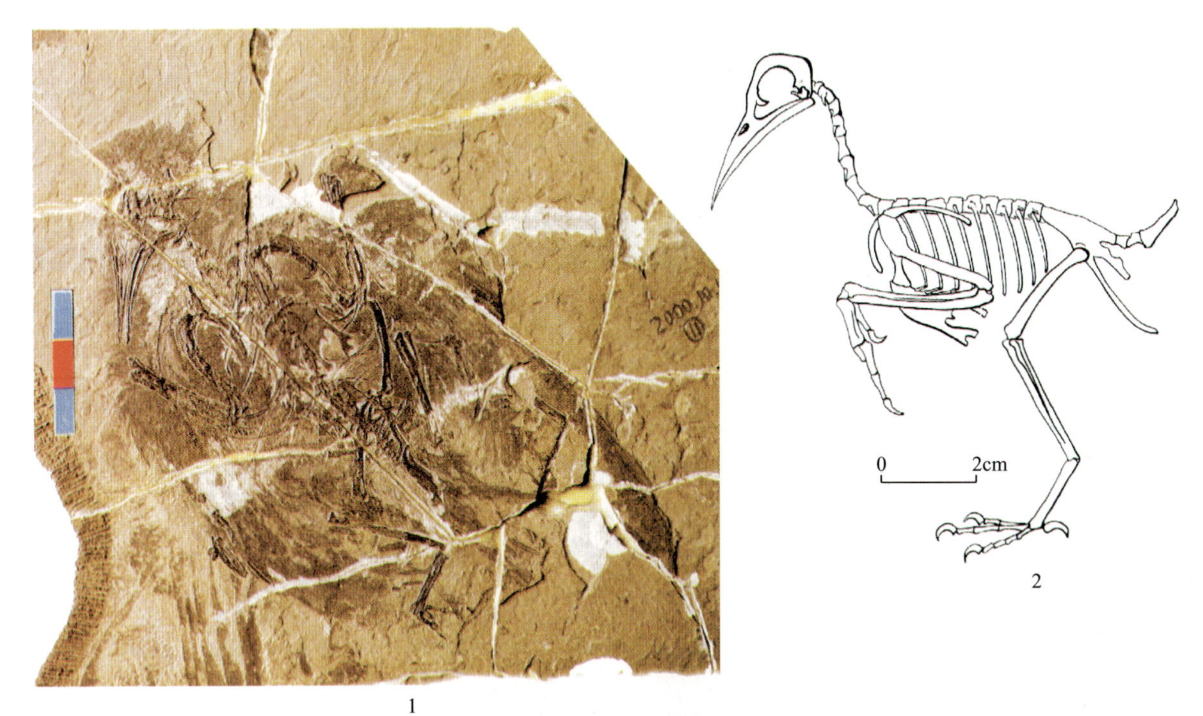

图 3-167　韩氏长嘴鸟(据侯连海等,2003)

Fig.3-167　*Longirostravis hani* Hou,Zhang et Chuong(after Hou Lianhai et al.,2003)

1.化石标本;2.骨骼图;3.复原图

1.Fossil specimen; 2.Skeletal drawing; 3.Reconstruction;化石比例尺:1cm,scale bars:1cm

波罗赤鸟目

郑氏波罗赤鸟 *Boluochia zhengi* Zhou,1995

分类:反鸟亚纲波罗赤鸟目波罗赤鸟科波罗赤鸟属 *Boluochia* Zhou,1995。

特征:个体小,嘴前端钩曲,胸肌虽具龙骨突,但不发育。蹠骨3个趾骨滑车高度比较接近,趾爪强烈钩曲,末端尖锐,爪长超过其他趾节长。尾综骨长(图3-168)。

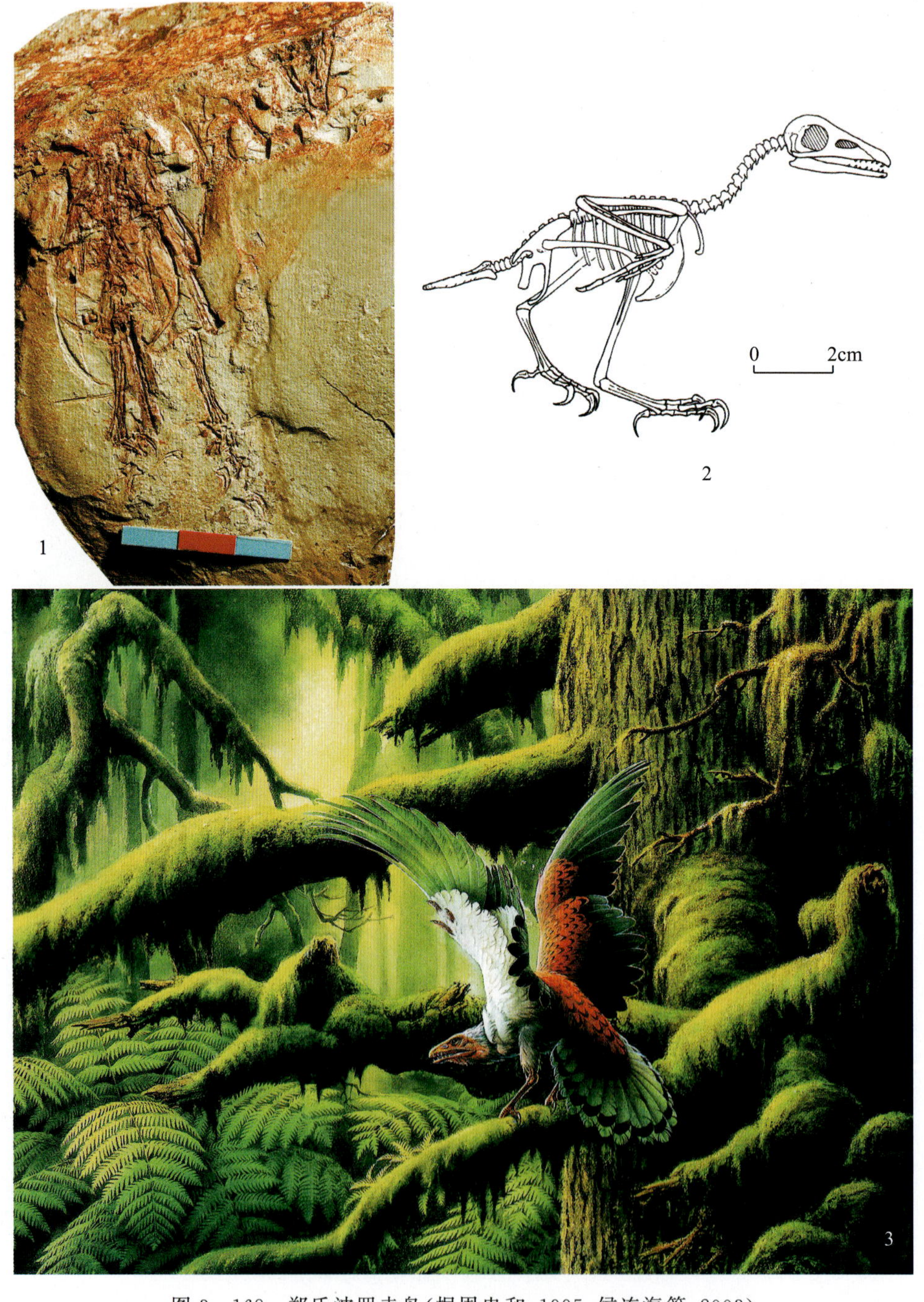

图3-168 郑氏波罗赤鸟(据周忠和,1995;侯连海等,2003)

Fig.3-168 *Boluochia zhengi* Zhou(after Zhou Zhonghe,1996;Hou Lianhai et al.,2003)

1.化石标本;2.骨骼图;3.复原图

1.Fossil specimen; 2.Skeletal drawing; 3.Reconstruction;化石比例尺:1cm,scale bars:1cm

产地及层位:辽宁省朝阳县波罗赤镇西大沟,下白垩统九佛堂组二段西大沟层。

反鸟类(?)早成性胚胎化石

特征:胚胎的骨骼完整,比普通鸡蛋略小,头部很大,上、下颌具真正的牙齿,未见卵齿。脚爪大而弯曲。从其保存羽鞘和羽原基的印痕来看,这一胚胎具有非常发育的羽毛,虽未见羽轴和羽枝结构,但可推断其飞羽十分发育(图 3-169)。

产地及层位:辽宁省义县,下白垩统义县组。

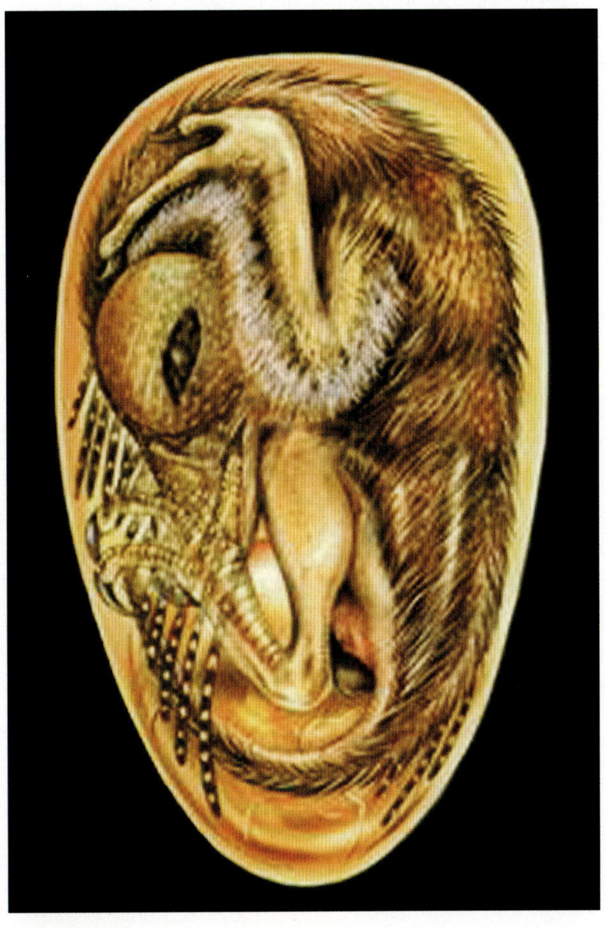

图 3-169 反鸟类(?)早成性胚胎化石及其复原图(据周忠和等,2004;中国恐龙网,张宗达,2005)

Fig.3-169 A Precocial Avian Embryo and its reconstruction of an enantiornithine bird(after Zhou Zhonghe et al., 2004;China Net of Dinosaurs,Zhang Zongda,2005)

(三)今鸟亚纲

长冠红山鸟 *Hongshanornis longicresta* Zhou et al.,2005

分类:今鸟亚纲红山鸟属 *Hongshanornis* Zhou et al.,2005。

特征:个体小,上、下颌均无齿,前上颌骨吻端细而尖,齿骨吻端弯。胸骨具两对后凹,侧突内斜且向远端变细、变尖,两侧突与内脊(后突)之间有一对短副突。叉骨呈"U"字形,具一短的锁下突(hypocleidum)。翼骨总长与腿骨长的比率约 0.84。大掌指第 1 指节具一明显的侧突,第 2 指节略弯(图 3-170)。

产地及层位:内蒙古宁城县石佛,下白垩统义县组下部西台子北沟层。

图 3－170 长冠红山鸟(据周忠和等,2005)

Fig.3－170 *Hongshanornis longicresta* Zhou et al.(after Zhou Zhonghe et al.,2005)

辽宁鸟目

长趾辽宁鸟 *Liaoningornis longidigitus* Hou,1996

分类:今鸟亚纲辽宁鸟目辽宁鸟科辽宁鸟属 *Liaoningornis* Hou,1996。

特征:个体较小,胸骨具发育的龙骨突,肋骨粗壮。肱骨远端外髁大;股骨头发育,远端关节髁大。跗蹠骨短而粗壮,其长度仅为胫跗骨的1/2(图 3－171)。

产地及层位:辽宁省北票市上园镇四合屯,下白垩统义县组二段尖山沟层。

匙吻古喙鸟 *Archaeorhynchus spathula* Zhou et Zhang,2006

分类:今鸟亚纲古喙鸟属 *Archaeorhynchus* Zhou et Zhang,2006。

特征:个体中等。上、下颌骨具喙而无牙齿。前上颌骨宽,顶端略圆。齿骨匙形,饰有长孔或沟及纵脊。胸骨宽阔,末端明显上凹,具一对长的侧突。叉骨呈"U"字形,具有长而尖的肩峰突。蹠骨Ⅱ与蹠骨Ⅳ近等长,后肢缩短。股骨与胫跗骨长度的比率为0.88;前肢(肱骨＋尺骨＋大掌骨)与后肢(股骨＋胫跗骨＋蹠骨)长度的比率为1.35(图 3－172)。

产地及层位:辽宁省义县,下白垩统义县组。

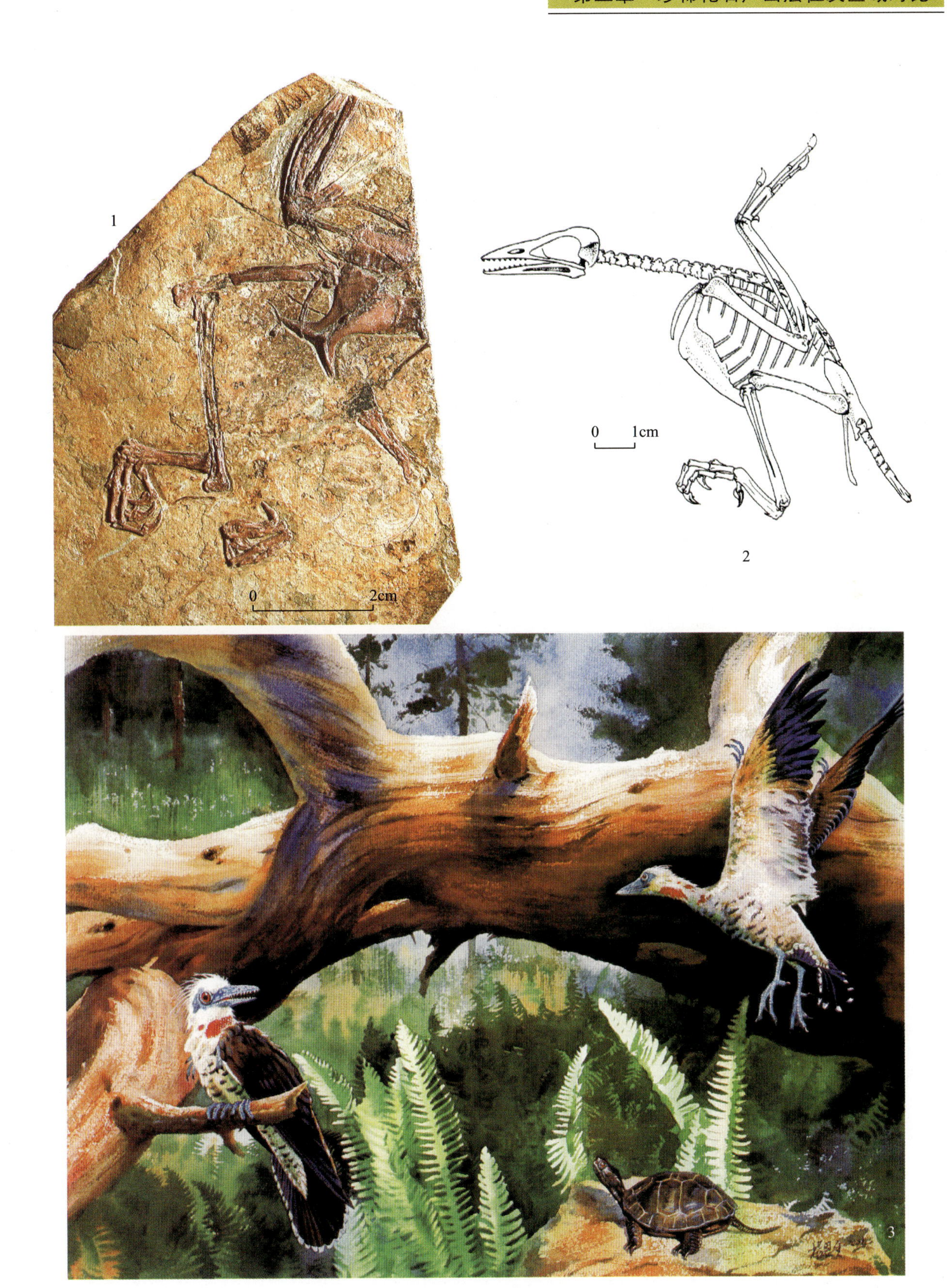

图 3-171 长趾辽宁鸟(据侯连海等,2003)

Fig.3-171 *Liaoningornis longidigitus* Hou(after Hou Lianhai et al.,2003)

1.化石标本;2.骨骼图;3.复原图

1.Fossil specimen; 2.Skeletal drawing; 3.Reconstruction

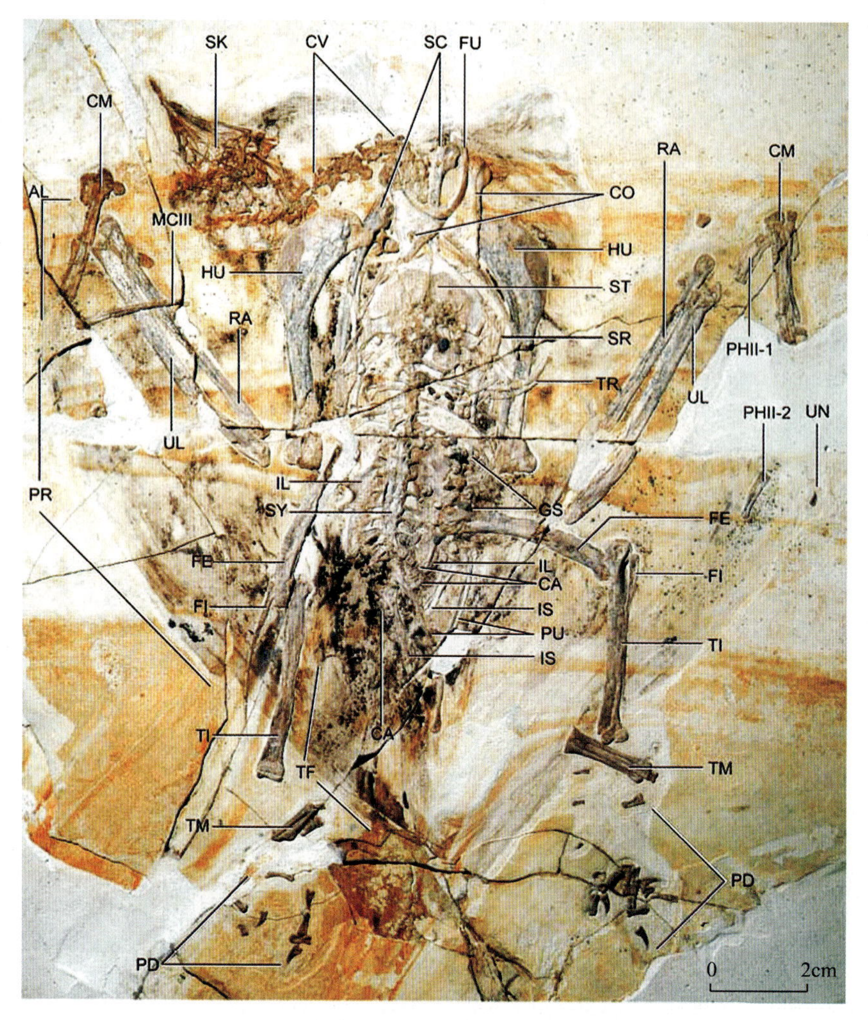

图 3-172 匙吻古喙鸟(据周忠和等,2006)

Fig.3-172 *Archaeorhynchus spathula* Zhou et Zhang(after Zhou Zhonghe et al.,2006)

朝阳鸟目

北山朝阳鸟 *Chaoyangia beishanensis* Hou et Zhang,1993

分类:今鸟亚纲朝阳鸟目朝阳鸟科朝阳鸟属 *Chaoyangia* Hou et Zhang,1993。

特征:个体较大,椎体非异凹型,荐椎多于8枚。椎肋近端有一纵沟,肋骨具发育的钩状突。腰带各骨不愈合。耻骨后倾,耻骨末端联合长,髂骨肾形,髋臼前部长于后部,且后部不收缩。长骨骨壁薄,中空。股骨头发育,胫骨嵴大,胫骨与腓骨不愈合(图3-173)。

产地及层位:辽宁省朝阳县波罗赤镇西大沟,下白垩统九佛堂组二段西大沟层。

凌河松岭鸟 *Songlingornis linghensis* Hou,1997

分类:今鸟亚纲朝阳鸟目朝阳鸟科松岭鸟属 *Songlingornis* Hou,1997。

特征:个体较小,吻较长,颌骨牙齿多且排列较密。乌喙骨近端有发达的喙骨头,具显著的上乌喙骨突、气窝构造及血管孔等,远端有较大的乌喙胸骨突和胸骨乌喙肌压痕。叉骨突已缩小。胸骨长大,具比较明显的龙骨突,侧突发达,其向后伸的脚远超过胸骨体末端,胸骨后部两侧各有一长椭圆形的内侧窝。腕掌骨发育较好(图3-174)。

图 3-173 北山朝阳鸟(据侯连海等,1993,2003)

Fig.3-173 *Chaoyangia beishanensis* Hou et Zhang(after Hou Lianhai et al.,1993,2003)

1.化石标本;2.骨骼图;3.复原图

1.Fossil specimen; 2.Skeletal drawing; 3.Reconstruction;化石比例尺:1cm,scale bars:1cm

图 3-174 凌河松岭鸟(据侯连海等,2003)

Fig.3-174 *Songlingornis linghensis* Hou(after Hou Lianhai et al.,2003)

1.化石标本;2.骨骼图;3.复原图

1.Fossil specimen; 2.Skeletal drawing; 3.Reconstruction;化石比例尺:1cm,scale bars:1cm

产地及层位：辽宁省朝阳县波罗赤镇西大沟，下白垩统九佛堂组二段西大沟层。

义县鸟目

葛氏义县鸟 *Yixianornis grabaui* Zhou et Zhang, 2001

分类：今鸟亚纲义县鸟目义县鸟科义县鸟属 *Yixianornis* Zhou et Zhang，2001。

特征：头长约为头宽的 1.5 倍。头后骨骼的长骨细长。肱骨头突出，呈椭球形。第Ⅲ掌骨宽不及第Ⅱ掌骨的 1/3。耻骨远端联合约为耻骨全长的 20%。股骨长约为跗蹠骨的 1.6 倍。第Ⅲ趾长约为跗蹠骨的 1.3 倍（图 3－175）。

产地及层位：辽宁省义县前杨吴家屯，下白垩统九佛堂组三段皮家沟层。

图 3－175　葛氏义县鸟（1 据 Chang mee-mann et al，2003；2 据周忠和等，2001）

Fig.3－175　*Yixianornis grabaui* Zhou et Zhang（1 after Chang Mee-mann et al.，2003；2 after Zhou Zhonghe et al.，2001）

1.正型标本；2.线条图

1.Holotype；2.Line drawing；化石比例尺：1cm，scale bars：1cm

燕鸟目

马氏燕鸟 *Yanornis martini* Zhou et Zhang,2001

分类:今鸟亚纲燕鸟目燕鸟科燕鸟属 *Yanornis* Zhou et Zhang,2001。

特征:齿骨直,约占头骨全长的2/3,约有20枚牙齿。颈椎细长,异凹型。愈合荐椎包括9枚脊椎。尾综骨短,长度不及跗蹠骨的1/3。胸骨后缘具一对椭圆形窗孔,侧突远端半圆形。前肢约为后肢长的1.1倍。手部较尺骨、桡骨短。跗蹠骨完全愈合。第Ⅲ趾和跗蹠骨长的比率约为1.1。第Ⅰ趾节较其他趾节长且粗壮(图3-176)。

产地及层位:辽宁省朝阳市和义县,下白垩统九佛堂组。

图3-176 马氏燕鸟(据周忠和等,2001)

Fig.3-176 *Yanornis martini* Zhou et Zhang(after Zhou Zhonghe et al.,2001)

归反古飞鸟 *Archaeovolans repatriatus* Czerkas et Xu,2002

分类:今鸟亚纲古飞鸟属 *Archaeovolans* Czerkas et Xu,2002。

特征:至少有18枚牙齿和4枚略大的前上颌齿。肩带形态如同现代鸟那样复杂。胸骨具一较短的龙骨突,该突占胸骨长的近1/2。背肋不显沟状突起。腕骨既具原始性特征,又有一些进步特性,契形骨和舟形骨(Cuneiform and scapholunar)发育,但契形骨缺失前(腹)枝骨(图3-177)。

图 3－177 归反古飞鸟（据 Czerkas，Xing Xu，2002）

Fig.3－177 *Archaeovolans repatriatus* Czerkas et Xu（after Czerkas，Xing Xu，2002）

1.正板化石；2.复原图

1.Main slab specimen；2.Reconstruction

产地及层位：辽宁省朝阳县下三家子(?)，下白垩统九佛堂组。

注：有的研究者认为该属种是马氏燕鸟 *Yanornis* Zhou et al.的晚出同物异名。

（四）未定亚纲

杂食鸟目

中美合作杂食鸟 *Omnivoropteryx sinousaorum* Czerkas et Ji，2002

分类：鸟纲未定亚纲杂食鸟目杂食鸟科杂食鸟属 *Omnivoropteryx* Czerkas et Ji，2002。

特征：个体中等，头骨很短，眼窝前的头骨部分短于头骨总长的 1/2，具前上颌齿。鼻骨孔大。齿骨下弯，致使下颚骨上呈现一凹面。肱骨和尺骨在骨骼中最长。翼骨长于后肢骨，但二者比值不超过 1.5。后肢骨短，胫跗骨微长于股骨。蹠骨未愈合。除手指Ⅲ－1 缩成一窄片（splint）外，手指Ⅲ缺乏。脚拇趾大，第Ⅰ－1 趾节骨长于其他趾节骨（图 3－178）。

产地及层位：辽宁省朝阳市上河首，下白垩统九佛堂组二段上河首层。

注：有的研究者认为该属种是朝阳会鸟 *Sapeornis chaoyangensis* Zhou et Zhang 的晚出同物异名。

热河鸟目

原始热河鸟 *Jeholornis prima* Zhou et Zhang，2002

分类：鸟纲未定亚纲热河鸟目热河鸟科热河鸟属 *Jeholornis* Zhou et Zhang，2002。

特征：个体大。泪骨具有两个垂向伸长的气窝。下颌骨粗壮，骨化联合较好。第Ⅲ指骨第 1 指节长为第 2 指节长的 2 倍，并共同形成一弓形构造。转变点后有 20 枚尾椎骨。胸骨侧突的远端具

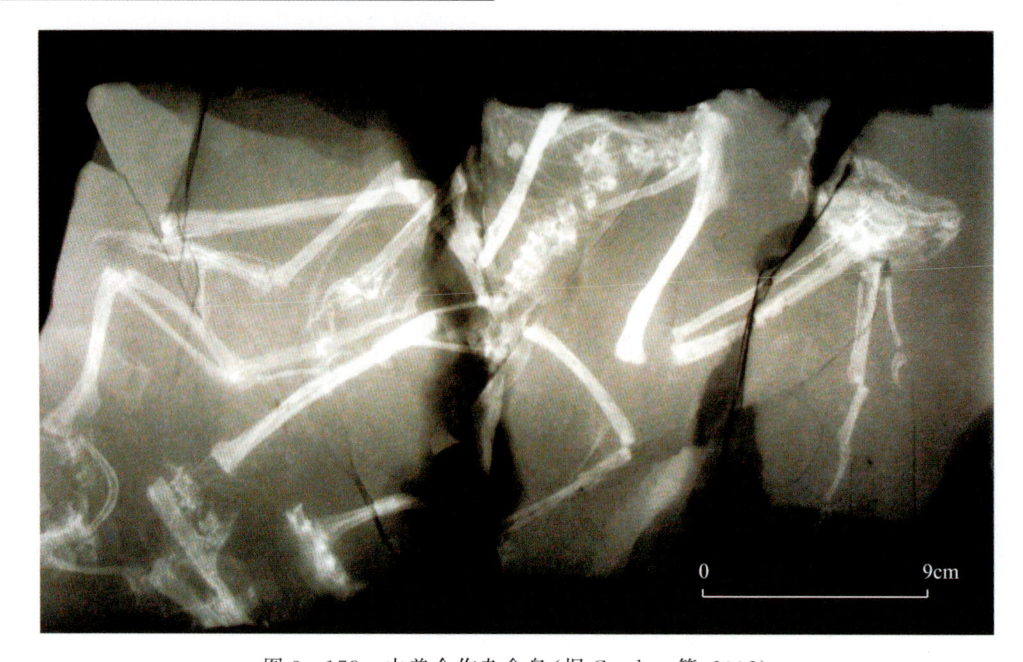

图 3-178　中美合作杂食鸟(据 Czerkas 等,2002)

Fig.3-178　*Omnivoropteryx sinousaorum*(after Czerkas et al.,2002)

骨骼(常规 X 射线照片)比例尺为 10cm

Skeleton (Photograph by conventional X ray),scale bar=10cm

一圆窝。前肢长(肱骨+尺骨+腕掌骨)与后肢长(股骨+胫跗骨+跗趾骨)之比值约为 1.2(图 3-179)。

产地及层位:辽宁省朝阳县大平房镇,下白垩统九佛堂组三段原家洼层。

图 3-179　原始热河鸟(据周忠和等,2002)

Fig.3-179　*Jeholornis prima* Zhou et zhang(after Zhou Zhonghe et al.,2002)

中华神州鸟 *Shenzhouraptor sinensis* Ji,Ji,You,Zhang,Yuan,Ji,Li et Li,2002

分类:亚纲未定的热河鸟目热河鸟科神州鸟属 *Shenzhouraptor* Ji et al.,2002。

特征：个体较小。头骨保存不佳，未见牙齿。下颌齿骨粗壮而较直。叉骨呈“U”字形。尾椎略多于23枚，椎体长为高的3～4倍。前肢粗壮，其长为后肢的1.27倍。肱骨三角嵴长，第Ⅱ指的第1指节很宽大。脚的第Ⅰ趾未反转，趾爪朝后。前肢飞羽长，长度明显超过尺骨和掌指骨的总和（图3-180）。

产地及层位：辽宁省义县头台乡白台沟，下白垩统义县组二段大康堡层。

注：周忠和等(2006)认为中华神州鸟是原始热河鸟（*Jeholornis prima*）的晚出同物异名。

图3-180 中华神州鸟（据季强等，2002）

Fig.3-180 *Shenzhouraptor sinensis* Ji et al.(after Ji Qiang et al.,2002)

东方吉祥鸟 *Jixiangornis orientalis* Ji, Ji, Zhang, You, Zhang, Wang, Yuan et Ji, 2002

分类：亚纲未定的热河鸟目热河鸟科吉祥鸟属 *Jixiangornis* Ji ,Ji,Zhang,You et al.,2002。

特征：叉骨呈“U”字形，尾椎约27枚，以上、下颌无齿，前肢显著长于后肢，胸骨具龙骨突和腓骨末端未达跗部等特征不同于始祖鸟；以第Ⅰ趾爪反转与其他3趾对握，肱骨稍长于尺骨和前肢明显长于后肢等特征与 *Shenzhouraptor* 相区别（图3-181）。

产地及层位：辽宁省北票市上园镇四合屯，下白垩统义县组二段尖山沟层。

注：周忠和(2006)认为东方吉祥鸟是原始热河鸟（*Jeholornis prima*）的晚出同物异名。

会鸟目

朝阳会鸟 *Sapeornis chaoyangensis* Zhou et Zhang, 2002

分类：亚纲未定会鸟目会鸟科会鸟属 *Sapeornis* Zhou et Zhang,2002。

特征：个体大，约为始祖鸟的两倍。前肢（肱骨＋尺骨＋腕掌骨）长，后肢（股骨＋胫跗骨＋跗趾骨）相对短，二者比率为1.55。肱骨三角脊长约为肱骨长的1/3，此脊远背部渐变为尖突。胫跗骨短于耻骨，股骨与胫跗骨近等长。腕掌骨愈合，尾综骨短，显示具有较强飞行能力。该属种尚保留了

图 3-181 东方吉祥鸟(据季强等,2004)

Fig.3-181 *Jixiangornis orientalis* Ji et al.(after Ji Qiang et al.,2004)

一些类似始祖鸟兽脚类恐龙的原始特征,如乌喙骨短而粗壮等(图 3-182)。

产地及层位:辽宁省朝阳市七道泉子乡上河首,下白垩统九佛堂组二段上河首层。

图 3-182 朝阳会鸟(据周忠和等,2002;张弥曼等,2003)

Fig.3-182 *Sapeornis chaoyangensis* Zhou et Zhang(after Zhou Zhonghe et al.,2002;Chang Meemann et al.,2003)

初鸟类

粗颌大连鸟 *Dalianraptor cuhe* Gao et Liu,2005

分类:初鸟类大连鸟属 *Dalianraptor* Gao et Liu,2005。该属有可能为热河鸟目的成员。

特征:个体较小的初鸟类化石。下颌前端短于上颌,下颌前端腹部具有一嵴状突,肱骨三角嵴发育,掌骨未愈合,后足纤细。第Ⅰ趾反转,与其他3趾对握,前肢短于后肢,前后肢长度比率为0.82,尾椎少于20节(图3-183)。

图3-183 粗颌大连鸟(据高春玲等,2005)

Fig.3-183 *Dalianraptor cuhe* Gao et Liu(after Gao Chunling et al.,2005)

产地及层位:辽宁省朝阳县联合乡小四家子南山,下白垩统九佛堂组喇嘛沟层。

鸟足印

金黄鸡形鸟足印 *Pullornipes aureus* Lockley,Matsukawa,Ohira,Li,Wright,White et Chen,2006

分类:朝鲜鸟足印科?

特征:四趾足印,其宽度略大于长度,平均长度4.1cm,平均宽度4.4cm。Ⅱ、Ⅲ、Ⅳ趾近对称。Ⅱ与Ⅲ趾间平均分叉角度53.2°(范围28°~90°),Ⅲ与Ⅳ趾间平均分叉角度61°(范围42°~90°),Ⅱ与Ⅳ趾间平均分叉角度115°(范围88°~141°)。大趾短,指向行迹中线,其与Ⅳ趾的夹角或多或少近于180°。足印之间距离小,平均平步为15.6cm,大步平均为31.2cm(图3-184)。

产地及层位:辽宁省北票市康家屯,上侏罗统土城子组三段。

四、哺乳纲

(一)始兽亚纲

三尖齿兽目

金氏热河兽 *Jeholodens jenkinsi* Ji,Luo et Ji,1999

分类:始兽亚纲三尖齿兽目未定科热河兽属 *Jeholodens* Ji,Luo et Ji ,1999。

特征:齿式(门齿、犬齿、前臼、臼齿)为4-1-2-3/4-1-2-4。扁的臼齿有3个齿尖呈直线排列,臼齿侧扁,门齿匙形,无臼齿齿连结构(通过齿小尖e和齿尖b)。上臼齿齿唇带弱,有下部臼齿齿连结构(图3-185)。

图 3-184　金黄鸡形鸟足印(据 Martin Lockley et al.,2006)

Fig.3-184　*Pullornipes aureus* Lockley et al.(after Martin Lockley et al.,2006)

1.康家屯鸟足印遗址分布图;2.足迹 A 北端第 2—4 足印;3.足迹 A 南端第 42—43 足印

1.Site map of Kangjiatun bird track site;2.Tracks 2—4 from north end of trackway A;3.Tracks 42—43 from south end of trackway A

产地及层位:辽宁省北票市上园镇四合屯,下白垩统义县组二段尖山沟层;凌源市大王杖子,义县组二段大新房子层。

强壮爬兽 *Repenomamus robustus* Li et al.,2000

分类:始兽亚纲三尖齿兽目爬兽科爬兽属 *Repenomamus* Li,Wang,Wang et Li,2000。

特征:个体大,头骨长 108～114mm。齿式为 3-1-2-4/3-1-2-5。在上臼齿 3 个主齿尖中,中部的一个主齿尖大,其他两个小;无明显的外齿带。除个体大和齿骨特征外,该属种还以前上颌骨短背突未与鼻骨接触,具大的隔颌骨和短而低的矢状脊以及"V"字形脊等特征,与中生代其他哺乳动物相区别(图 3-186)。

产地及层位:辽宁省北票市上园镇陆家屯,下白垩统义县组一段陆家屯层。

巨爬兽 *Repenomamus giganticus* Hu,Meng,Wang et Li,2005

分类:始兽亚纲三尖齿兽目爬兽科爬兽属 *Repenomamus* Li,Wang et Li,2000。

特征:身体总长逾 1m,其中头骨长 160mm,躯干长 522mm,保存的尾长 364mm。上、下颌的门齿、犬齿、前臼齿和臼齿的齿式为 3-1-2-4/2-1-2-5。其与 *Repenomamus robustus* 的区别在于前者头骨比后者长出 50%,门齿较大,上犬齿双根,第 1 枚前上臼齿颇小于上犬齿,上臼齿具完全的舌齿带和部分唇齿带,腭骨具适应下臼齿的较浅凹坑,下颌骨联合较强(proportionally deeper mandibular symphysis),下颌骨较粗壮,门齿、犬齿和前臼齿间的间隙较小,下臼齿齿尖 c 和 d 较大(图 3-187)。

产地及层位:辽宁省北票市上园镇陆家屯,下白垩统义县组一段陆家屯层。

图 3-185 金氏热河兽(1—2 据季强等,1999,2004;3.据张弥曼等,2003,Art:Mark A Klingler)

Fig.3-185 *Jeholodens jenkinsi* Ji,Luo et Ji(1—2 after Ji Qiang et al.,1999,2004;3 after Chang Mee-mann et al.,2003;Art: Mark A Klingler)

1.正型标本;2.骨骼图;3.复原图

1.Holotype;2.Skeletal drawing;3.Reconstruction

索菲娅戈壁兽 *Gobiconodon zofiae* Li,Wang,Hu et Meng,2003

分类:始兽亚纲三尖齿兽目戈壁锥齿兽科戈壁兽属 *Gobiconodon* Trofimov,1978。

特征:头骨窄长,齿式 2-1-4-4/1-1-4-5。上臼齿有明显的环状齿带,A、B、C、三尖呈直线排列,e和 f 尖突出而 d 尖退化;下臼齿齿带几近缺失,b 尖小于 c 尖,e 尖发育,f 尖退化缺失。眶下孔偏后,位于 M^2 之上。第 5 脑神经的第Ⅱ、Ⅲ支共用一个出口。下颌骨具 4 个颏孔;保留有骨化麦氏软骨(图 3-188)。

产地及层位:辽宁省北票市上园镇陆家屯,下白垩统义县组一段陆家屯层。

陆家屯弥曼齿兽 *Meemannodon lujiatunensis* Meng et al.,2005

分类:始兽亚纲三尖齿兽目戈壁锥齿兽科弥曼齿兽属 *Meemannodon* Meng Hu,Wang et Li,2005。

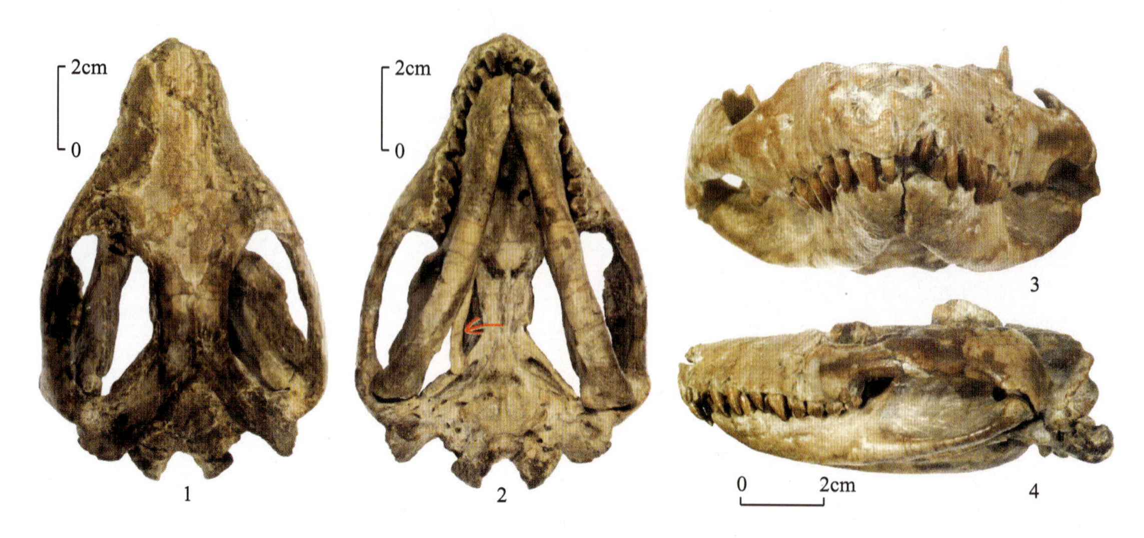

图 3-186 强壮爬兽(据李锦玲等,2000;王元青等,2003)

Fig.3-186 *Repenomamus robustus* Li et al.(after Li Jinling et al.,2000;Wang Yuanqing et al.,2003)

头骨背视:1.腹视;2.前视;3.侧视;4.长度:108mm

Skull of the holotype: 1.Dorsal views;2.Ventral views;3.Anterior views;4.Lateral views;Length: 108mm

图 3-187 巨爬兽(据胡耀明等,2005)

Fig.3-187 *Repenomamus giganticus* Hu et al.(after Hu Yaoming et al.,2005)

特征:左下颌骨具 2 颗下门齿,i1 增大,后部门齿、犬齿和前部前臼齿尖锥形,前臼齿具有高的中央尖和小的附尖,$i-p^1$ 向前平伏,这些特征不同于除戈壁兽属外的其他三尖齿兽类。其与戈壁兽的区别在于:下门齿下犬齿更加平伏,i1 的比例更大,而 i2 则更小;最后一枚下前臼齿与第一枚下臼齿之间无齿隙;前臼齿退化;下臼齿长度大于高度,主尖向后倾斜,与 b 尖和 c 尖相比,a 尖较低,m1 显著小于 m2-4。戈壁锥齿兽类的下齿列齿式应为 2-1-2～3-5,而非以前被认为的 1 颗门齿(图 3-189)。

产地及层位:辽宁省北票市上园镇陆家屯,下白垩统义县组一段陆家屯层。

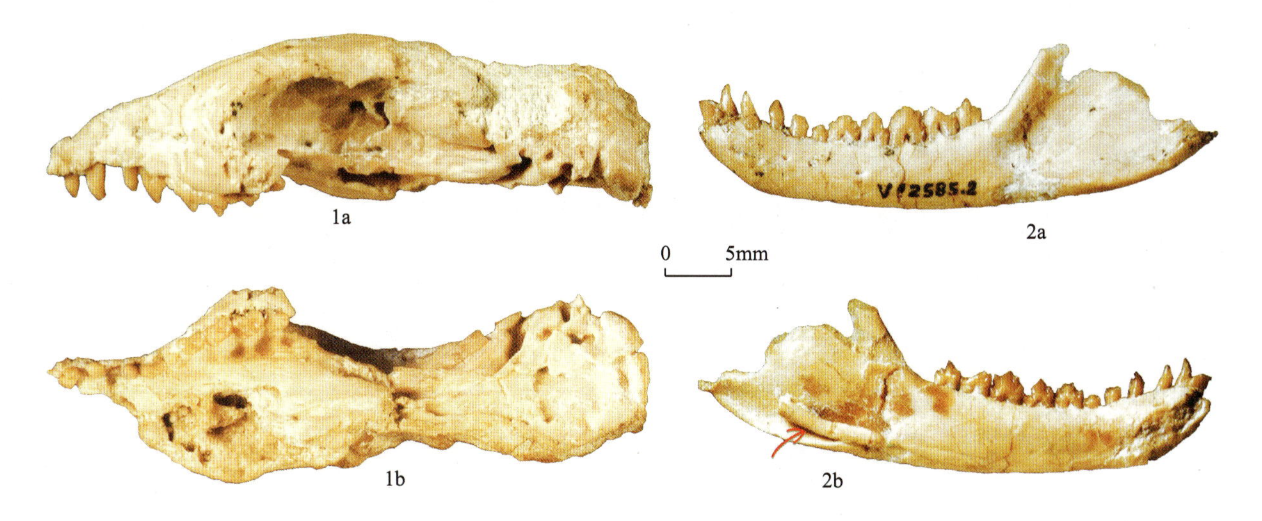

图 3-188 索菲娅戈壁兽(据李传夔等,2003)

Fig.3-188 *Gobiconodon zofiae* Li et al.(after Li Chuanxie et al.,2003)

头骨左侧视(1a)和腹面视(1b);左下颌唇侧视(2a)和左下颌舌侧视(2b)

Cranium in left lateral (1a) and ventral (1b) views;Left lower jaw in labial (2a) and lingual (2b) views

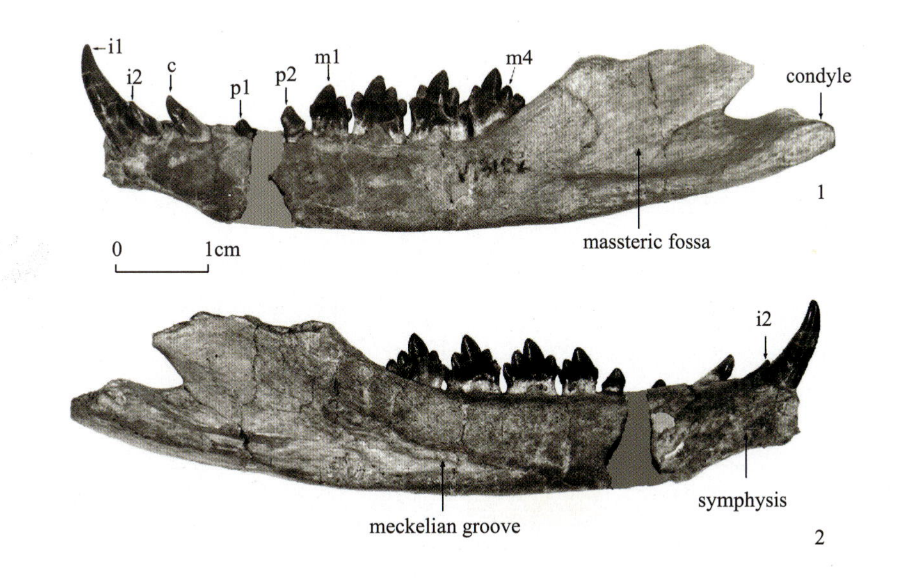

图 3-189 陆家屯弥曼齿兽(据孟津等,2005)

Fig.3-189 *Meemannodon lujiatunensis* Meng et al. (after Meng Jin et al.,2005)

1.下颌骨侧视;2.中视

1.Mandible in lateral; 2.medial views

纤细辽兽 *Liaotherium gracile* Zhou et al.,1991

分类:始兽亚纲三尖齿兽目环齿兽科(?)辽兽属 *Liaotherium* Zhou,Cheng et Wang,1991。

特征:下颌骨水平枝长而纤细;骨体上、下缘平直,近于平行;下缘在下颌骨前端呈弧形上翘。冠齿突小而弱;关节突略高于齿列;髁上凹发育。齿式可能为 I_2+? $\mathrm{C}_1\mathrm{P}_3\mathrm{M}_5$ 或 I_2+? $\mathrm{C}_1\mathrm{P}_4\mathrm{M}_4$。最后一枚臼齿($\mathrm{M}_5$?)具有前后排列的 3 个齿尖,中间的主尖比前后两个齿尖大而且高(图 3-190)。

产地及层位:辽宁省凌源市三十家子镇房身村北山,中侏罗统海房沟组。

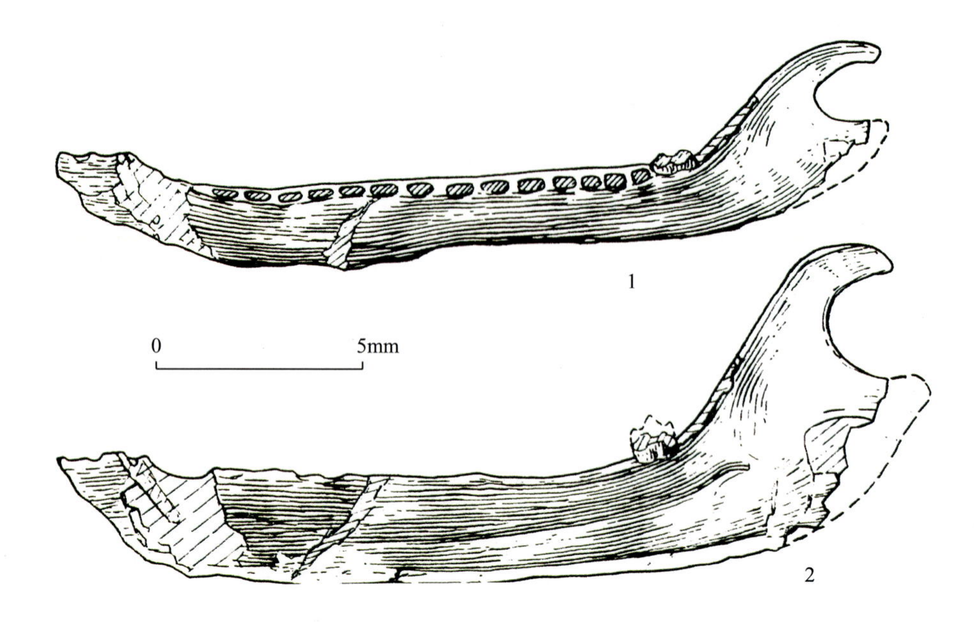

图 3－190　纤细辽兽(据周明镇等,1991)

Fig.3－190　*Liaotherium gracile* Zhou et al.(after Zhou Mingzhen et al.,1991)

1.右下颌骨内侧顶视;2.内侧视

1.Right lower jaw in internal-top; 2.internal view

(二)异兽亚纲

多瘤齿兽目

凌源中国俊兽 *Sinobaatar lingyuanensis* Hu et Wang,2002

分类:异兽亚纲多瘤齿兽目始俊兽科中国俊兽属 *Sinobaatar* Hu et Wang,2002。

特征:头骨狭窄,无眶上脊和眶后突,有两个眶下孔。齿式为 3-? -5-2/1-0-3-2;I^1 和 I^2 细小,I^3 大于前两门齿;P^4 齿尖公式为 3∶4;P^5 齿尖公式为 3∶5∶4;M^1 齿尖公式为 3∶4∶1,舌侧尖钝锥形;M^2 齿尖公式为 1∶3∶4,唇侧尖低平,舌侧列两个尖未完全分开,下门齿侧扁锥形;P_4 大体为长方形,上边缘外凸,共有 11 个锯齿尖,后 10 个尖具齿脊,1 个齿冠后外侧小尖;下臼齿齿尖有聚合趋势,M_1 齿尖公式为 4∶?;M_2 齿尖公式为 3∶2,唇侧尖低平,有纹饰。9 块腕骨,中央骨大于小多角骨,第Ⅴ掌骨不与三角骨接触;第Ⅴ蹠骨只与骰骨相关节,不与跟骨接触。与始俊兽齿列相似,但 P_4 多一锯齿尖及齿脊(图 3－191)。

产地及层位:辽宁省凌源市大王杖子,下白垩统义县组二段大新房子层。

(三)兽亚纲

1. 古兽次亚纲

对齿兽目

简齿满洲兽 *Manchurodon simplicidens* Yabe et Shikama,1938

分类:古兽次亚纲对齿兽目未定科满洲兽属 *Manchurodon* Yabe et Shikama,1938。

特征:仅有一不完整的下牙床。齿式:I? C? P_3M_5。臼齿为对齿兽型。后尖较前尖略高,后尖

图 3-191　凌源中国俊兽(据胡耀明等,2003)

Fig.3-191　*Sinobaatar lingyuanensis* Hu et Wang(after Hu Yueming et al.,2003)

下后方有齿带。

产地及层位:辽宁省瓦房店市砟窑,中侏罗统砟窑组。

注:亦有人将该组归入下侏罗统瓦房店组。

五尖张和兽 *Zhangheotherium quinquecuspidens* Hu et al.,1997

分类:古兽次亚纲对齿兽目张和兽科张和兽属 *Zhangheotherium* Hu,Wang,Luo et Li,1997。

特征:个体大小如鼠,从吻端至臀部长为 14cm,估计全长(含尾部)逾 25cm。上、下颌各有 3 枚门齿、1 颗犬齿、2 颗前臼齿,上臼齿为 5 颗,而下臼齿为 6 颗,即齿式为 3-1-2-5/3-1-2-6。上、下臼齿各有 5 个齿尖,主尖呈圆锥状;主尖 A 与尖 B 之间有一肥大的尖 B';下臼齿缺失唇侧和舌侧齿带(图 3-192)。

产地及层位:辽宁省北票市上园镇尖山沟,下白垩统义县组二段尖山沟层。

中华毛兽 *Maotherium sinensis* Rougier et al.,2003

分类:古兽次亚纲对齿兽目张和兽科毛兽属 *Maotherium* Rougier ,Ji et Novacek,2003。

特征:张和兽类齿式,即 I3/3、C1/1、P2/3、M4/6,但与张和兽属不同的是:牙齿前附尖(parastyle)形成钩状前柱尖;齿尖 B'与 C 近等;上臼齿的外中凹(ectoflexus)深,尤在后部加深,上臼齿具宽舌状齿带;最末的上臼齿颇不对称,有明显缩减的后附尖区(metastylar area)(图 3-193)。

产地及层位:辽宁省北票市上园镇尖山沟,下白垩统义县组二段尖山沟层。

西氏尖吻兽 *Akidolestes cifellii* Li et Luo,2006

分类:古兽次亚纲对齿兽目鼹兽科尖吻兽属 *Akidolestes* Li et Luo,2006。

图 3-192　五尖张和兽正型标本及其复原图(据胡耀明等,1997;张弥曼等,2001,Art:M A klingler)

Fig.3-192　*Zhangheotherium quinquecuspidens* Hu et al.: Holotype and reconstruction(after Hu Yaoming et al.,1997;Chang Mee-mann et al.,2001,Art: M.K.Klingler)

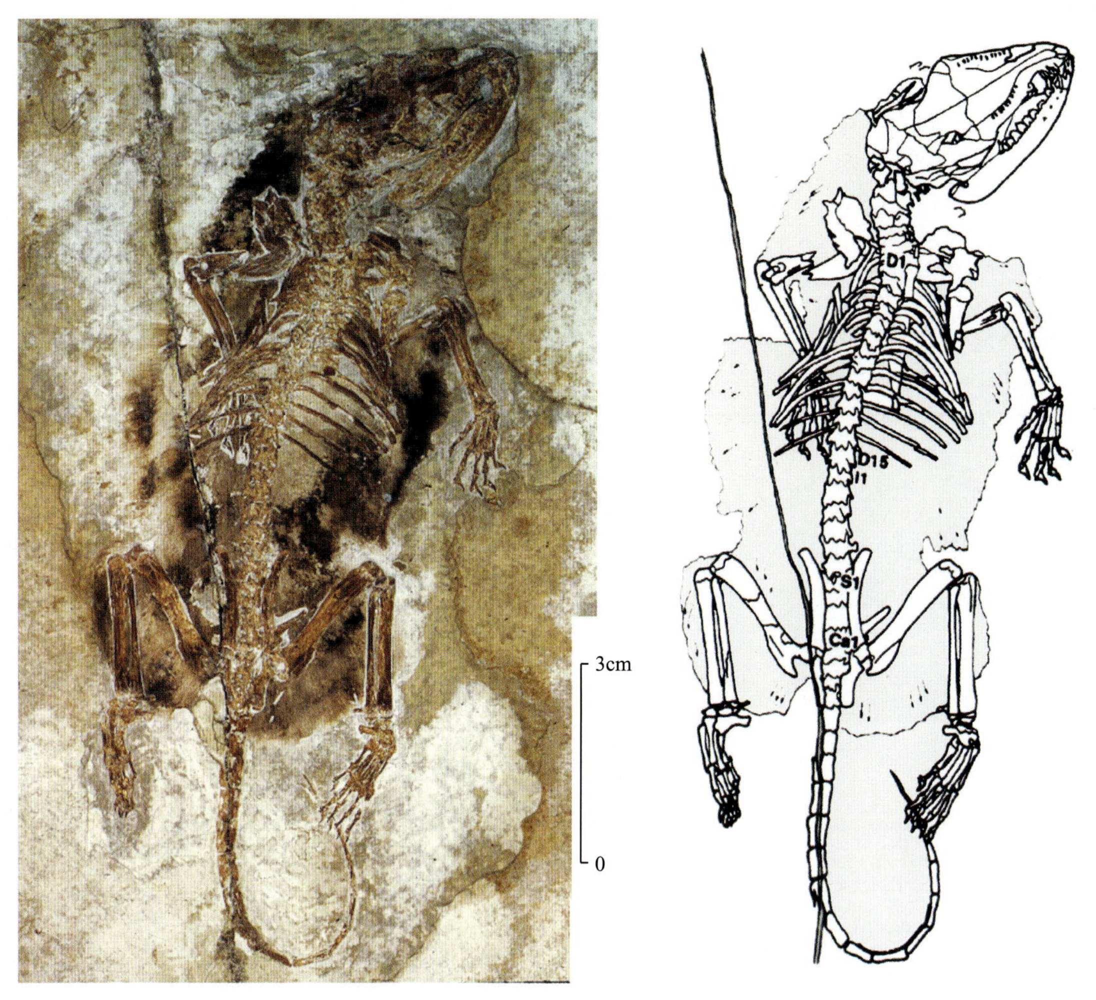

图 3-193 中国毛兽(据 Rougier 等,2003)

Fig.3-193 *Maotherium sinensis* Rougier et al.(after Rougier et al.,2003)

特征:体长约 12cm,齿式为 I4-C1-P5(?)-M5(?)/i4-c1-p5-m6,自后部前臼齿至后部臼齿具连续的尖角状齿尖,且齿尖角小于 50°。臼齿具尖三角状齿尖及其他一些特征表明该属种当属鼹兽科。该属与义县组张和兽属及毛兽属的区别在于臼齿上有较高的下原脊,后部的前臼齿长于(大于)前部的臼齿,前臼齿较多。尖吻兽的头骨、上肢和肩部骨骼特征具进步性,而腰椎、骨盆和后肢骨却具原始性特征,依此可与中生代的其他哺乳动物区别(图 3-194)。

产地及层位:辽宁省凌源市大王杖子,下白垩统义县组大新房子层。

常氏黑山兽 *Heishanlestes changi* Hu et al.,2005

分类:哺乳纲对齿兽目黑山兽属 *Heishanlestes* Hu,Fox,Wang et al.,2005。

特征:齿骨长端缺失,可见长度逾 1.7m。下颌骨每侧门齿不清,犬齿 1 枚,前臼齿 4 枚,臼齿 6 枚。犬齿齿槽大于该类群单锥齿齿槽。4 枚前臼齿紧密排列,每个齿前部突起,叠覆于后齿的前部。前臼齿 P4 最大。除 P1 外,其余前臼齿均为双齿根。6 枚臼齿均为双齿根,齿有 3 种样式:一是 m1 具钝角形排列的下三角座齿尖(小前尖、下后尖和下原尖);二是 m2、m3 和 m4 在唇边的齿尖比舌边的齿尖高,齿尖呈尖三角形排列;三是 m5 和 m6 下三角座齿尖中最强化的一个齿尖位于舌侧,齿尖亦呈三角形排列。其与 *Maotherium* 区别在于前者有一粗壮的翼状骨脊而缺失梅氏沟(图 3-195)。

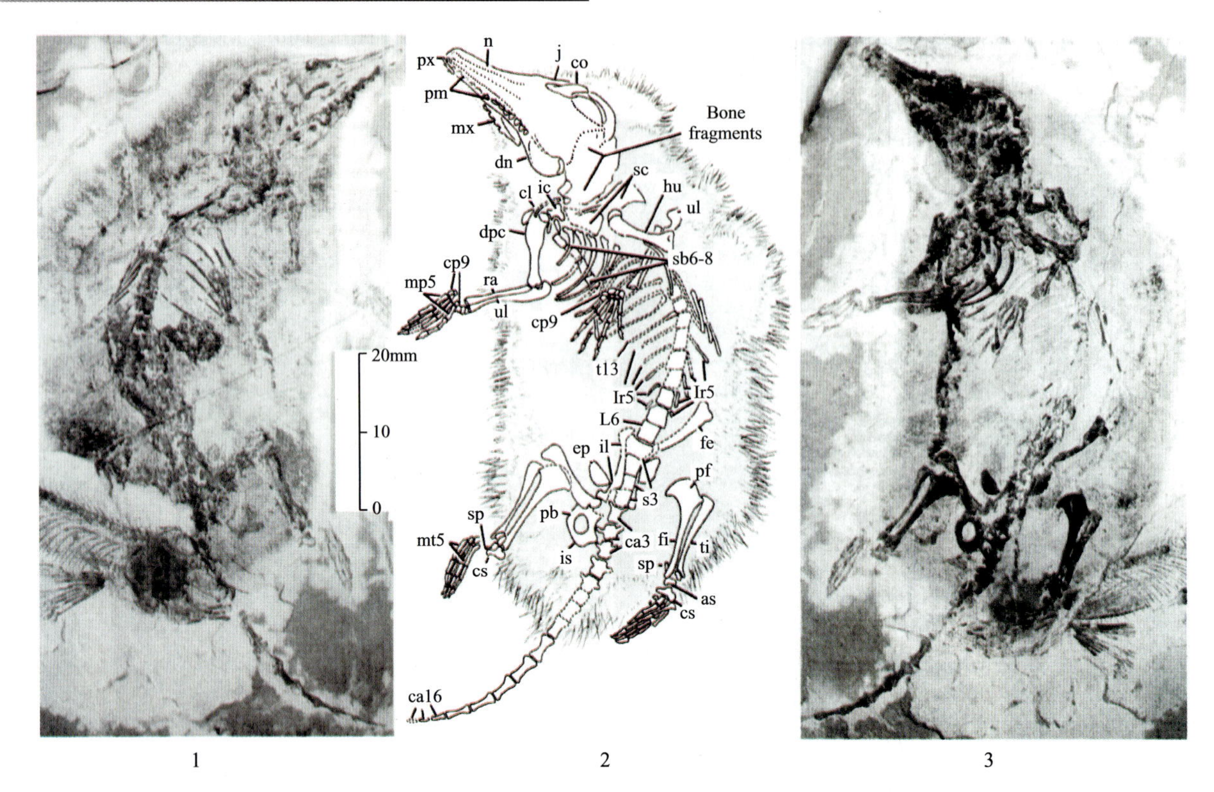

图 3-194　西氏尖吻兽(据李罡等,2006)

Fig.3-194　*Akidolestes cifellii* Li et Luo(after Li Gang et al.,2006)

1,3.正型标本的副模和正模化石;2.骨骼特征和皮毛轮廓

1,3.Counterpart and main part of the holotype;2.Skeletal features and fur outline

产地及层位:辽宁省黑山县八道壕,下白垩统沙海组二段。

真古兽目

鹿间明镇古兽 *Mozomus shikamai* Li et al.,2005

分类:古兽次亚纲真古兽目明镇古兽科明镇古兽属 *Mozomus* Li,Setoguchi,Wang,Hu et Chang,2005。

特征:为一进步的真古兽,仅保存了下颌骨。齿式为? -? -3+? -4。下颌角突抬高近达齿槽线平面。最后的前臼齿半臼齿化。臼齿的下跟座相对大,但未发育成完整盆形的跟座。下原尖最大;下前尖高于下后尖,自 m1 至 m4 高度增加。脊向下后尖斜伸。剪切磨面(shearing facet)1 占下后尖的大部分,但未形成磨面 5。m4 在颊齿系中最大(图 3-196)。

产地及层位:辽宁省黑山县八道壕煤矿,下白垩统沙海组二段。

2. 后兽次亚纲

有袋目

沙氏中国袋兽 *Sinodelphys szalayi* Luo,Ji ,Wible et Yuan,2003

分类:后兽次亚纲有袋目中国袋兽属 *Sinodelphys* Luo,Ji et al.,2003。

特征:身长约 15cm,头骨长约 3cm。其与早白垩世晚期的真兽类 *Prokennalestes* 之区别在于

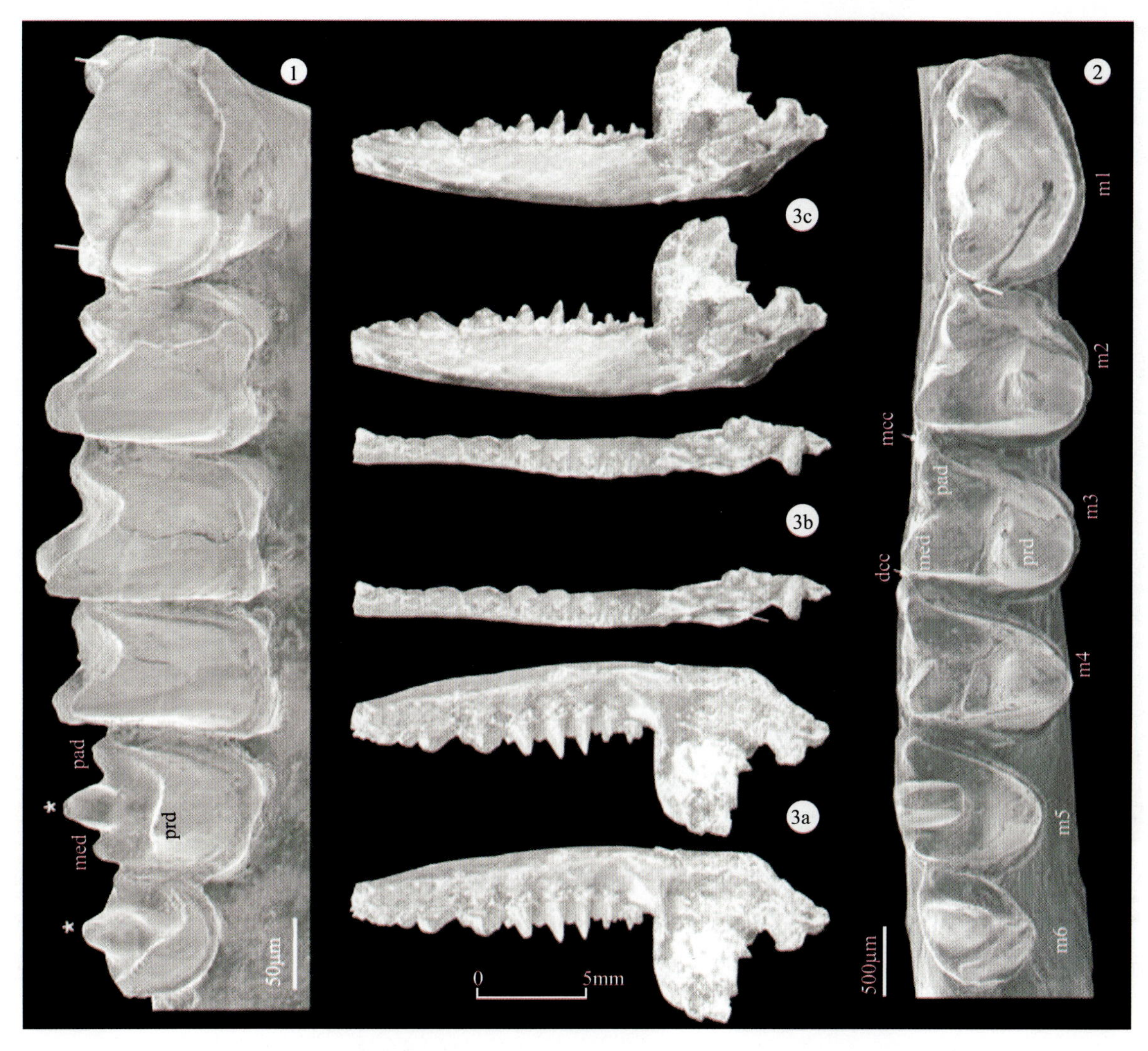

图 3-195 常氏黑山兽(据 Yao-ming Hu,Richard C Fox,et al,2005)

Fig.3-195 *Heishanlestes changi* Hu et al.(after Yao-ming Hu,Richard C Fox,et al,2005)

1—2.下臼齿扫描电镜照片:1.侧视,2.冠面视;3 右齿骨和颊骨:3a.侧视,3b.冠面视,3c.中间视

1—2.SEM images of lower molars in lateral (1) and crown (2) views; 3.Right dentary and cheek teeth in lateral (3a), crown (3b) and medial (3c) views

前者在咬肌窝缺失唇下颌孔和在上臼齿 M^3 上具有一较大的后附尖与后尖区;其门齿、犬齿、前臼齿和臼齿齿式为 5-1-5-3/4-1-5-3,与 *Deltaheridium* 及后兽类的成员不同(图 3-197)。

产地及层位:辽宁省凌源市大王杖子乡范杖子,下白垩统义县组二段大新房子层。

3. 真兽次亚纲

攀援始祖兽 *Eomaia scansoria* Ji,Luo et al.,2002

分类:真兽次亚纲未定目、科,始祖兽属 *Eomaia* Ji,Luo,Yuan,Wible,Zhang et Georgi,2002。

特征:体长约 14cm,其中头骨长约 3 cm。肩带、肢骨和四足显示出了许多现生有胎盘类哺乳动物善于攀援或树栖的特征。齿式为 5-1-5-3/4-1-5-3。其与早白垩世晚期的 *Prokennalestes* 的区别在于前者在咬肌窝缺失唇下颌孔,且上臼齿 M^3 具有一较大的后附尖和后尖区;具有一前后较短的臼齿下三角座和一较长的下跟凹而不同于 *Murtoilestes* 及 *Prokennalestes* 两属(图 3-198)。

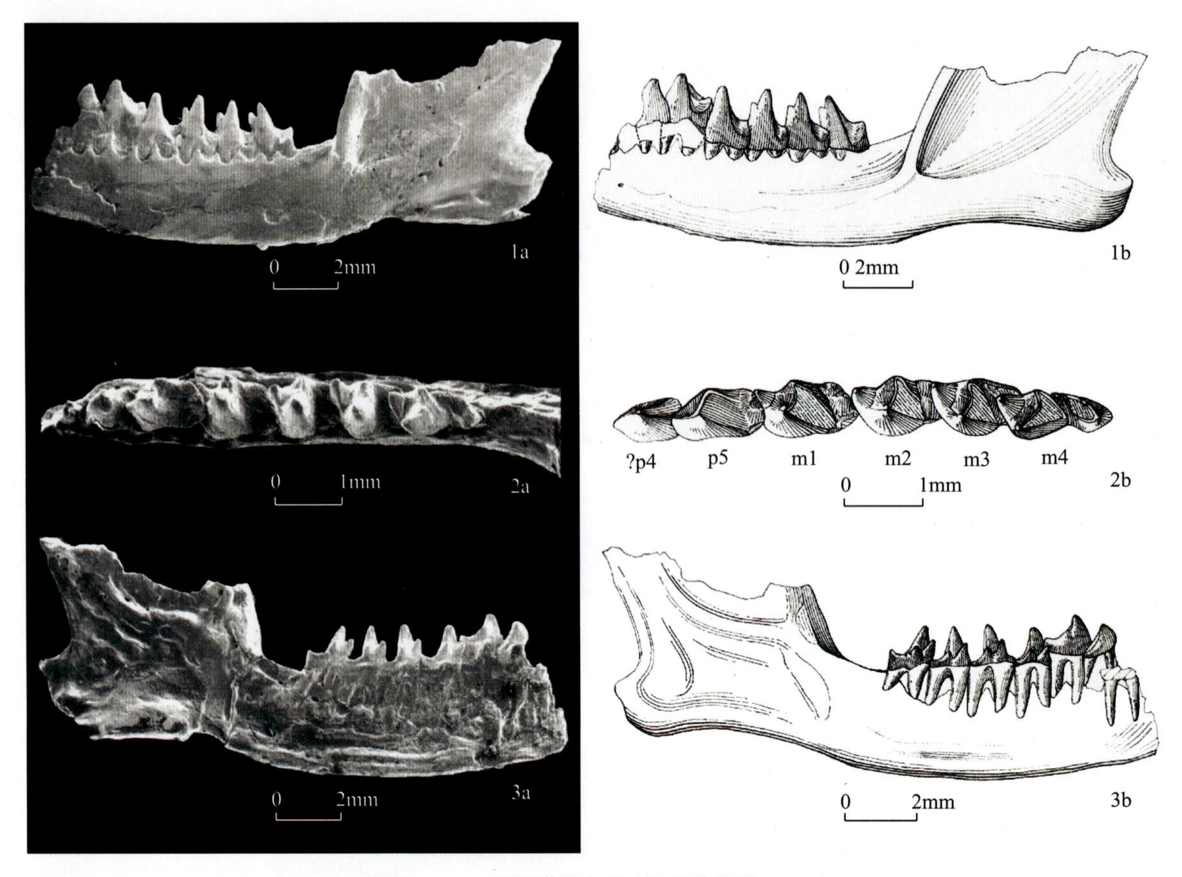

图 3－196　鹿间明镇古兽(据李传夔等,2005)

Fig.3－196　*Mozomus shikamai* Li et al.(after Li Chuanxie et al.,2005)

颊齿及其线条图:1a,1b.外侧视;2a,2b.咬面视;3a,3b.内侧视

Cheek teeth and its drawings in lateral (1a,1b),occlusal (2a,2b) and medial (3a,3b) view

产地及层位:辽宁省凌源市大王杖子乡范杖子,下白垩统义县组二段大新房子层。

食虫目

新野见远藤兽 *Endotherium niinomi* Shikama,1947

分类:真兽次亚纲食虫目远藤兽科远藤兽属 *Endotherium* Shikama,1947。

特征:鼻孔分开,颧弓完全。第四前臼齿开始臼齿化。臼齿不发育,前后紧接,齿间为狭窄的裂沟。上臼齿的前尖和后尖彼此靠近,原尖低,无次尖。下臼齿的前下尖比后下尖低;下次尖和下内尖明显。

产地及层位:辽宁省阜新市新丘,下白垩统阜新组中部(图 3－199)。

五、鱼类:硬骨鱼纲

(一)辐鳍鱼亚纲:软骨硬鳞鱼次亚纲

鲟形目

辽鲟属 *Liaosteus* Lu,1995

分类:软骨硬鳞鱼次亚纲鲟形目北票鲟科。

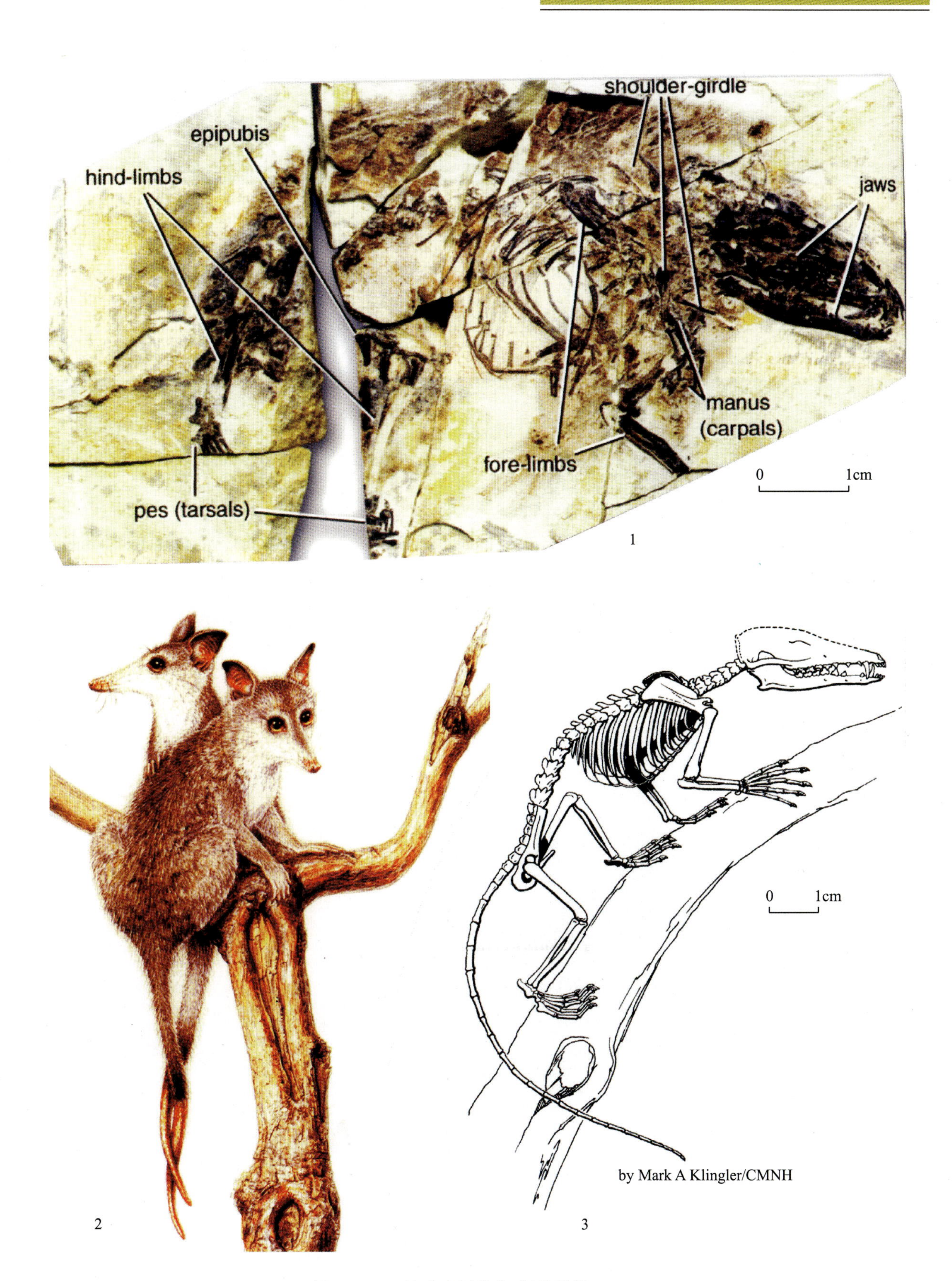

图 3-197 沙氏中国袋兽(据季强等,2004)

Fig.3-197 *Sinodelphys szalayi* Luo,Ji ,Wible et Yuan(after Ji Qiang et al.,2004)

1.正型标本;2.复原图;3.线条图

1.Holotype;2.Reconstruction;3.Drawing

图 3－198　攀援始祖兽(据季强等,2004)

Fig.3－198　*Eomaia scansoria* Ji ,Luo et al.(after Ji Qiang et al.,2004)

1.正型标本;2.复原图

1.Holotype;2.Reconstruction

属征:个体较小。吻部圆钝,感觉沟近似于古鳕型,鳃盖骨形似倒置的逗号。副蝶骨大,后端可能超过颅顶骨片之后,基翼突发育。方轭骨长条形,前部包围翼骨和上颌骨后缘。齿骨细长条状。上、下颌无齿。脊椎未骨化。背、臀鳍大致相对,但背鳍远大于臀鳍,背鳍基长约为体长的 1/5。背棘鳞长条状,14～16 枚。腹棘鳞多于 1 枚。尾鳍上叶残存部分菱形鳞片。体躯部裸露,体侧各一列侧线鳞。

分布及时代:中国辽宁省,中侏罗世。

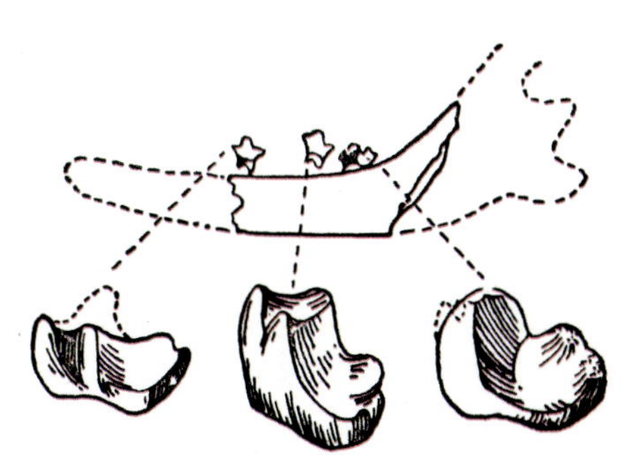

图 3-199 新野见远藤兽的臼齿(×3)(据古脊椎所,1979)

Fig.3-199 *Endotherium niinomi* Shikama(after IVP,CAS, 1979)

洪氏辽鲟 *Liaosteus hongi* Lu,1995

分类:软骨硬鳞鱼次亚纲鲟形目北票鲟科辽鲟属 *Liaosteus* Lu,1995。

特征:个体长 5～20cm。头长约为体长的 1/4。背鳍基极宽,鳍条约 100～110 根。臀鳍条40～50 根。胸鳍条约 40～45 根,腹鳍条为 30～40 根。尾鳍分叉浅,腹棘鳞 6 枚,鳍条为 80～85 根(图 3-200)。

产地及层位:辽宁省北票市海房沟、于家沟,中侏罗统海房沟组。

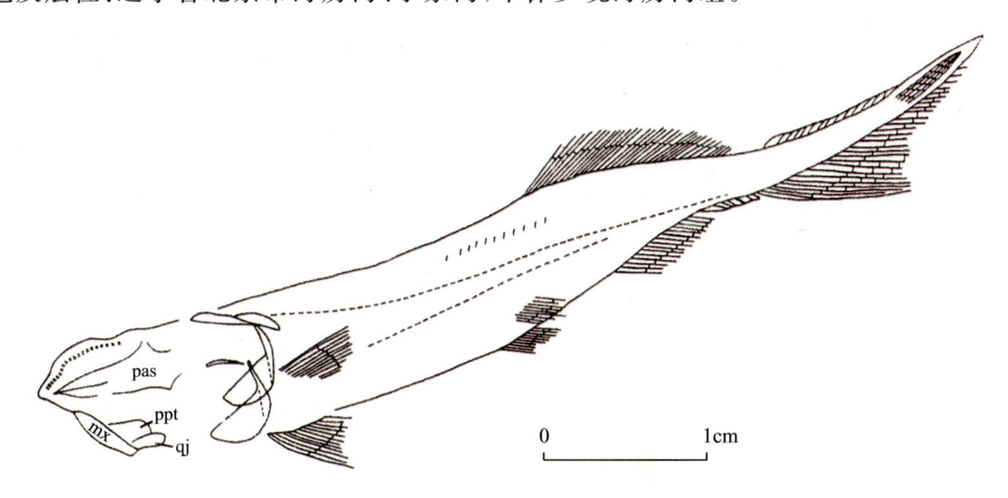

图 3-200 洪氏辽鲟线条图(据任东等,1995)

Fig.3-200 Line Drawing of *Liaosteus hongi* Lu(after Ren Dong et al.,1995)

北票鲟属 *Peipiaosteus* Liu et Zhou ,1965

分类:软骨硬鳞鱼次亚纲鲟形目北票鲟科。

属征:体呈似纺锤形,全长多为 200～500mm。头略低平,吻圆钝,除极小的仔鱼有几枚尖锥形齿外,口缘无牙齿。额骨及顶骨均发育。鳃盖骨小,下鳃盖骨大,鳃条骨 4～7 根,且多数为 6 根鳃条骨。仅具侧额外肩胛骨,且左、右额外肩胛头在颅顶中线不相接。头后至尾鳍的侧线管小骨(以往称之为侧线鳞)82～100 余枚。尾鳍为歪形尾,尾上叶的菱形鳞片完全消失。

分布及时代:中国河北省及辽宁省、内蒙古自治区,晚侏罗世晚期至早白垩世。

潘氏北票鲟 *Peipiaosteus pani* Liu et Zhou, 1965

分类：同 *Peipiaosteus* 属。

特征：体似纺锤形，体型较扁平。体长多在 350mm 以下，少数成年个体长达 900mm，背缘较平直。头宽而平直，头长为全长的 17%以上。口宽，吻部圆钝，牙齿退化。尾鳍前的侧线管小骨 82 枚；尾鳍背棘鳞断续分布于尾上叶背缘或完全消失。背鳍条约 37～42 根，臀鳍条约 34～38 根，尾鳍条约 83～89 根。尾鳍呈长歪尾（图 3 - 201）。

产地及层位：辽宁省北票市上园镇尖山沟、黄半吉沟等地，凌源市大王杖子乡范杖子，下白垩统义县组二段尖山沟层和大新房子层；建昌县上胡仙沟等地，下白垩统九佛堂组。

图 3 - 201　潘氏北票鲟（据金帆，1999；吴启成等，2002）

Fig.3 - 201　*Peipiaosteus pani* Liu et Zhou (after Jin Fan, 1999; Wu Qicheng et al., 2002)

比例尺：1cm，scale bars：1cm

燕鲟属 *Yanosteus* Jin , Tian, Yang et Deng, 1995

分类：软骨硬鳞鱼次亚纲鲟形目北票鲟科。

属征：体呈似纺锤形，背缘较平直。头略扁平，头长大于头高。口裂近达眼后缘，口缘无牙齿。吻部管状小骨短而多；副蝶骨升枝与长轴的交角约 60°。舌颌骨下端极为膨大，呈扇形。鳃条骨 1 根，为一前部细长后部略成扇形的骨片。背鳍基长约为全长的 1/3，背鳍条 160～170 根。

分布与时代：中国河北省、内蒙古自治区和辽宁省，晚侏罗世晚期至早白垩世。

长背鳍燕鲟 *Yanosteus longidorsalis* Jin et al., 1995

分类：同 *Yanosteus* 属。

特征：体似纺锤形，背缘较平直，体长 200～1000mm。头略扁平，长大于高，头长约为全长的 1/5。吻部稍突出，口宽弧形，口裂近达眼后缘，口缘无牙齿。眼位于头部两侧前上方。方颧骨长条形。吻部管状小骨、副蝶骨、舌颌骨和鳃条骨特征同属征。躯干腹面不扁平，尾部较粗。背鳍长，约占全长的1/3，背鳍条约170根；臀鳍条50余根，胸鳍条40余根。尾鳍为歪形尾，叉裂很浅，尾鳍条86～98根。头后至尾鳍前的侧线管小骨共80～82枚。尾鳍上叶后部残留有菱形鳞片，鳞列前缘已退缩至第17个尾下骨之后(图3-202)。

产地及层位：辽宁省凌源市大王杖子乡范杖子，下白垩统义县组二段大新房子层；内蒙古自治区宁城县山头乡西台子北沟，义县组西台子北沟层。

图3-202 长背鳍燕鲟(据吴启成等，2002)

Fig.3-202 *Yanosteus longidorsalis* Jin et al.(after Wu Qicheng et al.,2002)

原白鲟属 *Protopsephurus* Lu,1994

分类：软骨硬鳞鱼次亚纲鲟形目匙吻鲟科。

属征：头长为全长的1/4～1/3。吻部极突出，向前渐变尖细；口大，大部分位于吻部之后；背、腹吻骨片数目、形状和排列不稳定。后颞骨前外支前伸只达膜质翼耳骨中部。有鳃盖骨，下鳃盖骨的舌状前突长，但后部不深裂为扇形展布的细长骨棒；有4根方形或长条形的鳃条骨。背鳍较大，位于臀鳍之前；腹鳍居胸鳍与臀鳍的中间；尾鳍叉裂明显，上、下叶近对称。鳞片在全身分布不连续，单个齿状鳞片的齿数为3～6个。

分布与时代：中国辽宁省、内蒙古自治区、河北省，晚侏罗世晚期—早白垩世。

刘氏原白鲟 *Protopsephurus liui* Lu,1994

分类：软骨硬鳞鱼次亚纲鲟形目匙吻鲟科原白鲟属 *Protopsephurus* Lu,1994。

特征：体呈纺锤形，体长可达1m以上。头长，略扁平，约为体全长的1/4～1/3。吻部极为突出，前端渐变尖细。眼小，口大，口缘无牙齿。躯干和尾部侧扁。身体两侧分布齿状鳞片。背鳍较大，居臀鳍之前，大小相似；腹鳍位于胸鳍和臀鳍的中间。尾鳍叉裂明显，成年个体的尾鳍上、下叶近对称(图3-203)。

产地及层位：辽宁省凌源市大王杖子等地，下白垩统义县组二段大新房子层；内蒙古自治区宁城县山头乡西台子北沟，义县组西台子北沟层。

图 3-203　刘氏原白鲟

Fig.3-203　*Protopsephurus liui* Lu

(二)辐鳍鱼亚纲：全骨鱼次亚纲

弓鳍鱼目

中华弓鳍鱼属 *Sinamia* Stensiö，1935

分类：全骨鱼次亚纲弓鳍鱼目中华弓鳍鱼科。

属征：体呈长梭形，稍侧扁。头低平，中等大。全长约为头长的4～5倍。头长大于头高，也大于体高，为体高的2倍。额外肩胛骨数目多，通常每侧多至4块，相邻者常愈合一起。顶骨的前缘突伸，插入额骨间。额骨长大。吻骨宽呈"V"字形。眶上骨5～6块，眶后骨较小二块，不十分向后延伸，致使该骨与前鳃盖骨之间有较大的空隙。辅上颌骨一块，窄长。鳃条骨数目多，其前方有一大的喉板骨。上下颌均生有一列大的锥形齿。成年个体的椎体骨化完善。背鳍基长，其起点在腹鳍之前。鳍条疏而短。臀鳍基短。背鳍和臀鳍鳍条远端分节分叉。尾鳍半歪型，鳞叶甚短缩，后缘凸圆，鳍条粗壮，少而排列稀疏，具有纤细的副鳍条，分节密，两者表面均有规则的硬鳞质饰纹。鳞片菱形，长大于高，复嵌相接，非一般的关节相接型。鳞片硬鳞质层厚。躯干部的鳞片(除背部鳞片外)后下缘有若干锯齿。

分布与时代：中国、奥地利，晚侏罗世晚期—早白垩世。

师氏中华弓鳍鱼 *Sinamia zdanskyi* Stensiö，1935

分类：全骨鱼次亚纲弓鳍鱼目中华弓鳍鱼科中华弓鳍鱼属 *Sinamia* Stensiö，1935。

特征：体细长，呈长梭形。头较长，头长大于体高，约为体长的1/4。眶上骨6块，眶后骨2块。上颌骨、前上颌骨及下颌骨上有一排大的锥形齿。背鳍基长，起点位于腹鳍之前，其终点与臀鳍终点几乎相对，鳍条27根。臀鳍基短，鳍条长，约6～9根。尾鳍后缘圆形。身披菱形硬鳞，鳞片后缘下部有锯齿(图3-204)。

产地及层位：辽宁省阜新市八家子，义县前杨乡吴家屯—皮家沟，下白垩统九佛堂组。此外，义县头道河乡义县组一段业南沟层，北票市上园镇四合屯义县组二段尖山沟层，亦产 *Sinamia* sp.。

图 3-204 师氏中华弓鳍鱼(据吴启成等,2002)
Fig.3-204 *Sinamia zdanskyi* Stensiö(after Wu Qicheng et al.,2002)
比例尺:1cm,scale bars:1cm

(三)辐鳍鱼亚纲:真骨鱼次亚纲

狼鳍鱼目

狼鳍鱼属 *Lycoptera* Müller,1848

分类:真骨鱼次亚纲狼鳍鱼目狼鳍鱼科。

属征:头大,眼大。头后侧具颞孔。两鼻骨被中筛骨分开。前上颌骨小,上颌骨大辅,上颌骨一块。齿骨无明显冠状突。上、下颌有一行锥形齿。内翼骨内面有齿。两块眶蝶骨在腹缘连接。舌颌骨上端无孔。眶上骨一块,眶上感觉沟终止于顶骨。鳃盖骨大,无切迹。间鳃盖骨小;前鳃盖骨下枝较上枝短宽。胸鳍大,内侧有一不分叉的鳍条。腹鳍距臀鳍较近。背鳍小于臀鳍,其起点约与臀鳍起点相对。脊椎 45 个左右。尾鳍分叉鳍条多为 16 根,上叶的多不少于 8 根。尾下骨多为 7 块,尾上骨一个。圆鳞具同心纹和放射纹。

分布与时代:中国、朝鲜、蒙古和俄罗斯外贝加尔,晚侏罗世晚期—早白垩世。

中华狼鳍鱼 *Lycoptera sinensis* Woodward,1901

分类:真骨鱼次亚纲狼鳍鱼目狼鳍鱼科狼鳍鱼属 *Lycoptera* Müller ,1848。

1901 *Lycoptera sinensis* Woodward,pp.3-4

1923 *Lycoptera sinensis* Grabau,pp.180-181。

1943 *Asiatolepis sinensi* ,Takai,pp.249-251。

1943 *Lycoptera ferox* ,Takai,pp.249-251。

1963 *Lycoptera sinensis* 刘宪亭等,pp.15-18,图版Ⅰ,1-4;图版Ⅱ,1-5;图版Ⅲ,1-4。

特征:体小,呈纺锤形。身体最高部位于胸鳍和腹鳍之间。体高约为全长 1/4~1/5。头大,吻端圆钝,头长与头高近等。眼大。口缘具大的锥形齿。上颌骨口缘平直,有别于戴氏狼鳍鱼。脊椎 43~45 个。背鳍位置偏后,起点在臀鳍起点之前约 1~2 个脊椎。尾鳍分叉浅,分叉鳍条不多于 15

根，上叶鳍条不多于7根，尾下骨少于7个，第一末端尾椎有一完全的神经棘，与狼鳍鱼属其他成员的尾部组合特征不同(图2-39,1)。

产地及层位：辽宁省北票市上园镇尖山沟和黄半吉沟，下白垩统义县组二段尖山沟层。

阜新狼鳍鱼 *Lycoptera fuxinensis* Zhang, 2002

分类：真骨鱼次亚纲狼鳍鱼目狼鳍鱼科狼鳍鱼属 *Lycoptera* Müller, 1848。

特征：体呈纺锤形，个体长35～90mm。颌骨后端宽，前端尖。眶下骨4块，第三眶下骨略呈半圆形。口裂大，额部与方骨的连接处位于眼眶后缘之后。上颌骨窄而长，后端几达颌部与方骨的关节处。齿骨窄长，前端尖细。胸鳍长大，鳍条Ⅰ+8+Ⅰ。腹鳍较小，鳍条Ⅰ+6。背鳍较小，鳍条Ⅲ～Ⅳ+7～8。臀鳍大于背鳍，鳍条Ⅳ+14。脊椎41～44个。第一尾前椎上有一完整的神经棘和一短小的神经棘。第一末端尾椎上有一短小的神经棘。该种的第三眶下骨呈半圆形，与狼鳍鱼属的其他种不同(图3-205、图3-206)。

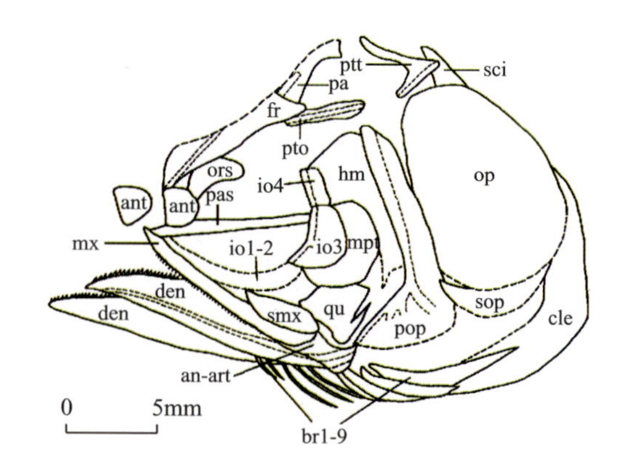

图3-205 阜新狼鳍鱼头骨线条图(据张江永，2002)

Fig.3-205 Line drawing of skull of *Lycoptera fuxinensis* Zhang(after Zhang Jiangyong, 2002)

产地及层位：辽宁省阜新县大五家子镇三吉窝铺，下白垩统义县组二段伞托花沟层。

图3-206 阜新狼鳍鱼(据张江永，2002)

Fig.3-206 *Lycoptera fuxinensis* Zhang(after Zhang Jiangyong, 2002)

戴氏狼鳍鱼 *Lycoptera davidi* (Sauvage), 1880

分类：真骨鱼次亚纲狼鳍鱼目狼鳍鱼科狼鳍鱼属 *Lycoptera* Müller, 1848。

1880 *Prolebias davidi*, Sauvage, pp.452-454, pl.13, figs.5-6

1901 *Lycoptera davidi* Woodward, p.4。

1928 *Lycoptera joholensis*, Grabau, p.672。

1928 *Lycoptera joholensis*, var.minor, Grabau, p.672。

1963 *Lycoptera davidi*，刘宪亭等，pp.20-22，图版Ⅴ,1-2；图版Ⅵ,1-3；图版Ⅶ,1-3；图版Ⅷ,1-3。

1987 *Lycoptera davidi*，马凤珍，pp.8-19，pl.1,1-4。

特征：体呈纺锤形，背部平直，最大体高位于胸鳍与腹鳍之间，体高约为全长的1/5强，体长约为头长的 3.5 倍。头大而长,头高与体高近等。眼大,吻短,口裂较深,达眼眶后缘。牙齿细小,呈尖锥形。齿骨无明显冠状突。鳃盖骨巨大,长方形。前鳃盖骨的后下角明显地向鳃盖骨的前腹下面凸出。下鳃盖骨很小,前上角显著伸长。背椎 41～47 个。背鳍起点位于臀鳍起点以后或相对。尾鳍分叉大,叉裂浅,分叉鳍条多为 16 根,常有一个尾上骨(图 3-207)。

图 3-207 戴氏狼鳍鱼(据马凤珍,1987;吴启成等,2002)

Fig.3-207 *Lycoptera davidi* (Sauvage)(after Ma Fengzhen,1987;Wu Qicheng et al.,2002)

比例尺:1cm,scale bars:1cm

产地及层位:辽宁省凌源市大新房子、小城子,喀左县九佛堂村小孤山,朝阳市上河首,阜新市八家子等,下白垩统义县组、九佛堂组。

室井氏狼鳍鱼 *Lycoptera muroii* Takai,1943

分类:真骨鱼次亚纲狼鳍鱼目狼鳍鱼科狼鳍鱼属 *Lycoptera* Müller,1848。

特征:体呈纺锤形,略侧扁。头短,头长小于体高。额骨宽短。齿骨冠状突较明显。口缘及口内的尖锥形牙齿硕大。脊椎 40～41 枚,其中尾部椎体 19 枚。背鳍起点略前于臀鳍起点。尾鳍叉裂深,鳍条多为 15 根,上叶的分叉鳍条少于 8 根,无尾上骨。以其牙齿大,额骨宽短,有明显齿骨冠状突,上叶的分叉鳍条不超过 7 根等特征区别于戴氏狼鳍鱼(图 2-62)。

产地及层位:辽宁省义县前杨乡枣茨山、大定堡乡金刚山,下白垩统义县组四段金刚山层。

脆弱狼鳍鱼 *Lycoptera fragilis* Hussakof,1932

分类:真骨鱼次亚纲狼鳍鱼目狼鳍鱼科狼鳍鱼属 *Lycoptera* Müller,1848。

特征:体呈纺锤形,最大体高位于胸鳍之后。头中等大小,头长大于体高,约为全长的 1/5 强。口裂小,下颚略突伸,牙齿锥形。眼大。脊椎 43～44 个,尾鳍末端上扬。背鳍与臀鳍大小约相等,其起点显著居于臀鳍起点之前。尾鳍深叉形,尾柄较高。该种胸鳍内侧有一分节而不分叉的宽大鳍条,背鳍起点明显位于臀鳍起点之前,可与狼鳍鱼属的其他种区别(图 3-208)。

产地及层位:辽宁省朝阳县波罗赤,下白垩统九佛堂组。

图 3-208 脆弱狼鳍鱼(据刘宪亭等,1963)
Fig.3-208 *Lycoptera fragilis* Hussakof(after Liu Xianting et al.,1963)
左侧视,×1.5
Left lateral view,×1.5

德永氏狼鳍鱼 *Lycoptera tokunagai* Saito,1936

分类:真骨鱼次亚纲狼鳍鱼目狼鳍鱼科狼鳍鱼属 *Lycoptera* Müller,1848。

特征:体呈长纺锤形,身体最高处位于胸鳍部,体高约为全长的 1/7。头长大于体高。吻钝;眼大,位靠前。口裂略上斜,后缘与眼窝中部相对。牙齿细锥形。脊椎约 47 个。背鳍起点居臀鳍起点之后。尾鳍分叉深。以其体高约为全长的 1/7,胸鳍长,背鳍起点绝对位于臀鳍起点之后等特征区别于戴氏狼鳍鱼(图 3-209)。

产地及层位:辽宁省凌源市二十里堡、小城子,下白垩统义县组二段大新房子层。

图 3-209 德永氏狼鳍鱼(据刘宪亭等,1963)
Fig.3-209 *Lycoptera tokunagai* Saito(after Liu Xianting et al.,1963)

骨舌鱼超目

吉南鱼属 *Jinanichthys* Ma et Sun,1988

分类:真骨鱼次亚纲骨舌鱼超目固阳鱼科。

属征:体呈纺锤形,体高与体长的比值变化大。鼻骨细小,额骨长,顶骨较大。上枕骨较圆,不分开两顶骨。眶上感觉管终止于顶骨中部,不与眶下感觉管相连。有一顶骨一翼耳骨窝。眶上骨一块，细小。眶下骨四块，第三眶下骨不显著扩大。口裂较小，下颌与方骨的关节处未达眼眶后缘。上、下口缘有一行小锥形齿。前上颌骨小，前端有一小的升突。上颌骨中等大小，辅上颌骨一块。齿骨有较显著的冠状突。鳃盖骨椭圆形到长椭圆形。前鳃盖骨下枝较长，仅略短于上枝。下鳃盖骨小，呈牛轭形。间鳃盖骨长条形，鳃条骨纤细，喉板骨椭圆形。副蝶骨腹面有齿，后部向后上方倾斜。内翼骨、外翼骨、腭骨均具齿。舌颌骨以单关节头连接脑颅，其下端连接续骨处有一突起。椎体横突不发育。有上神经棘和上髓弓小骨。背鳍起点约与臀鳍起点相对。胸鳍位低，内侧有一根粗大的不分叉鳍条。腹鳍腹位。臀鳍略大于背鳍。尾骨骼为原始真骨鱼型，第一尾前椎上有一完整的神经棘，尾上骨一块，尾神经骨5～6根，尾下骨8根。尾鳍分叉较深，分叉鳍条13～16根。圆鳞，有同心纹和放射纹。

该属属型种 *Jinanichthys longicephalus* 与狼鳍鱼属成员不同之处在于：①额骨细长；②辅上颌骨较大；③舌颌骨下端有一突起；④前鳃盖骨下枝较长；⑤齿骨冠状突略高；⑥口裂较小。

分布与时代：中国河北省、辽宁省和吉林省，早白垩世。

长头吉南鱼 *Jinanichthys longicephalus*(Liu et al.1963)

分类：真骨鱼次亚纲骨舌鱼超目固阳鱼科吉南鱼属 *Jinanichthys* Ma et Sun，1988。

1963 *Jinanichthys longicephalus* Liu et al.，刘宪亭等，pp.24－25，图版Ⅹ，1－4。

1988 *Jinanichthys longicephalus*(Liu et al.)，马凤珍等，pp.694－711，图版Ⅲ，2－4。

1992 *Liaoxichthys longicephalus*(Liu et al.)，苏德造，pp.54－57，图版Ⅰ，1－2。

特征：体细长，呈纺锤形，最大体高位于头后，体高约为全长的1/6。头大，头长大于体高，约为全长的1/4。眼大，位稍后。口裂较浅。脊椎约47个。背鳍起点居臀鳍起点之前。尾鳍分叉深，尾柄较高。以额骨细长，辅上颌骨很大，前鳃盖骨上、下枝近等长等特征，与狼鳍鱼属的各种区别(图2－65)。

产地及层位：辽宁省建昌县上胡仙沟、牛角沟，喀左县九佛堂，朝阳市波罗赤，义县皮家沟，阜新八家子，下白垩统九佛堂组。

李氏聂尔库鱼 *Nieerkunia liae* Su，1992

分类：真骨鱼次亚纲骨舌鱼目未定科聂尔库鱼属 *Nieerkunia* Su，1992。

特征：体小，呈长纺锤形。头长大，吻部尖。头低平，颅骨宽大。鼻骨长大；额骨较短宽。眼眶较靠后，眶前距较长。眶下骨5块，居眼窝后缘的眶下骨(Ifo3-5)扩大。口裂中等，颌关节在眼眶后缘之前。上颌骨略呈弧形。一块辅上颌骨。下颌骨低窄，齿骨从前向后逐渐升高，然后再向后平直伸展。上、下颌骨具牙齿，副蝶骨腹面可能有牙齿，舌颌骨以单关节头与脑颅连接，鳃盖骨塔形。前鳃盖骨的上、下枝几乎等长，两枝外缘相交几成直角。胸鳍位低，腹鳍腹位。背鳍起点在臀鳍起点之前，前者的鳍条数目少于后者。尾鳍叉形，分叉鳍条约为15根(图3－210)。

产地及层位：辽宁省新宾县南杂木镇朝阳村，下白垩统聂尔库组。

舌齿鱼目

新宾苏子鱼 *Suziichthys xinbinensis* Su，1992

分类：真骨鱼次亚纲舌齿鱼目未定科苏子鱼属 *Suziichthys* Su，1992。

特征：体较小，呈长纺锤形。颅顶宽，吻较圆钝，口裂中等深，颌关节略后于眼眶后缘。上颌骨较短窄，前上颌骨较大。下颌骨硕壮，齿骨向后逐渐加高，无明显冠状突。副蝶骨腹面未见牙齿，口

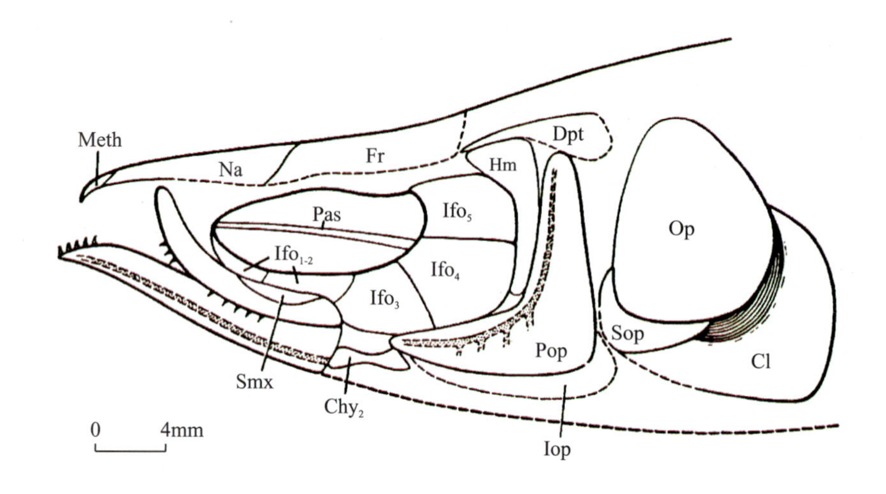

图 3-210　李氏聂尔库鱼头骨线条图(据苏德造,1992)
Fig.3-210　Line drawing of skull of *Nieerkunia liae* Su(after Su Dezao,1992)

缘具小牙齿。鳃盖骨很大,高颇大于宽,近长方形。前鳃盖骨的上枝颇窄长于宽大的下枝,其外缘交角几成直角。鳃条骨数目少,匙骨很发达,胸鳍内侧不存在一根粗大的不分叉鳍条。腹鳍很小,距臀鳍较近。背鳍小于臀鳍,几乎对着臀鳍。尾骨骼为一般原始真骨鱼型。尾下骨 7 块,尾鳍叉形,具 16 根分叉鳍条。脊椎约 50 个,椎体显著收缩,长大于高,尾椎尤为显著。肋骨 20 对。有上髓弓小骨和上神经棘,在头后有数个较宽大的上神经棘。鳍式:P.10,V.6(ca.),D.9,A.19(ca.),C.?I+16+I(图 3-211)。

产地及层位:辽宁省新宾县南杂木镇朝阳村,下白垩统聂尔库组。

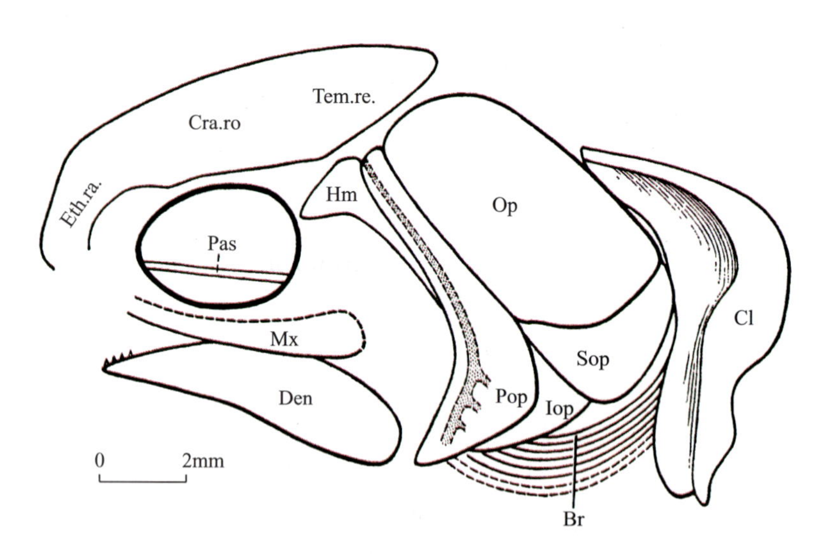

图 3-211　新宾苏子鱼头骨线条图(据苏德造,1992)
Fig.3-211　Line drawing of skull of *Suziichthys xinbinensis* Su(after Su Dezao,1992)

薄鳞鱼目

海州鱼属 *Haizhoulepis* Liu,Ma et Wang,1987

分类:真骨鱼次亚纲薄鳞鱼目薄鳞鱼科。

属征:体呈纺锤形,额骨长。口裂较大,上颌骨长大,口缘略向下拱出。齿骨的冠状突发育,无明显的前上突，口缘无牙齿。副蝶骨腹面无齿；内、外翼骨上亦无齿。鳃盖骨下缘为斜向后上方的直线状。下鳃盖骨较大，其高度略小于鳃盖骨高的一半。脊椎骨和肋骨数目较多。背鳍小于臀鳍，其起点居臀鳍起点相对位置之前，与腹鳍和臀鳍间距的中点相对。腹鳍腹位，略居前一些。尾鳍深分叉，分叉鳍条 17 根。尾下骨 6 个，尾上骨 2 个。

分布与时代：辽宁省，早白垩世。

常氏海州鱼 *Haizhoulepis changi* Liu, Ma et Wang, 1987

分类：真骨鱼次亚纲薄鳞鱼目薄鳞鱼科海州鱼属 *Haizhoulepis* Liu, Ma et Wang, 1987。

特征：见属的特征。全长约为头长的 5.7 倍，为体高的 6 倍。脊椎 51～53 个，其中尾椎 22 个。肋骨 29～30 对。鳍式：DⅢ-Ⅳ＋12，AⅢ-Ⅳ＋17－18，V6，CⅠ＋17＋Ⅰ（图 3－212）。

产地及层位：辽宁省阜新市海州露天矿，下白垩统阜新组中间层段。

注：据常征路先生面告，他在海州露天矿阜新组上太平煤组附近确实采到鱼化石标本，但与刘宪亭等文中所附常氏海州鱼模式标本不同，因此，常氏海州鱼的产地和层位可谓不明，有待今后查证。

图 3－212 常氏海州鱼（据刘宪亭等，1987）

Fig.3－212 *Haizhoulepis changi* Liu, Ma et Wang (after Liu Xianting et al., 1987)

罗家峡隆德鱼 *Longdeichthys luojiaxiaensis* Liu, 1982

分类：真骨鱼类分类位置不明隆德鱼属 *Longdeichthys* Liu, 1982。

特征：体呈纺锤形，一般全长 100～150mm，最大全长 232mm。最大的头骨长达 62mm。额骨长大，约为顶骨长的 5 倍。鼻骨长椭圆形，位于额骨前部外侧缘。顶骨（Pa）近四边形，宽仅为额骨后缘宽的 2/3，表面可见前、中凹线（apl, mpl）。副蝶骨（pas）细长，前枝长为后枝的 2 倍。前枝呈剑形，前端插入犁骨（vo）后部，后枝末部呈叉状。副蝶骨具一短小的基翼突（bpt），该突基部有颇大的伪鳃输出动脉孔（epsa）。眶下骨五块（L01－5）。前颌骨（pmx）三角形，表面有数个齿状嵴纹，后上方内侧有与上颌骨（mx）相关节的凹面。口缘及各翼骨上均无牙齿。脊柱由 45～46 个脊椎组成，其中尾椎 20～21 个。尾椎存在双椎结构。肋骨 21～22 对，前两对短小，往后的细长，几伸达腹缘。肋骨与椎体横突相关节（图 3－213）。

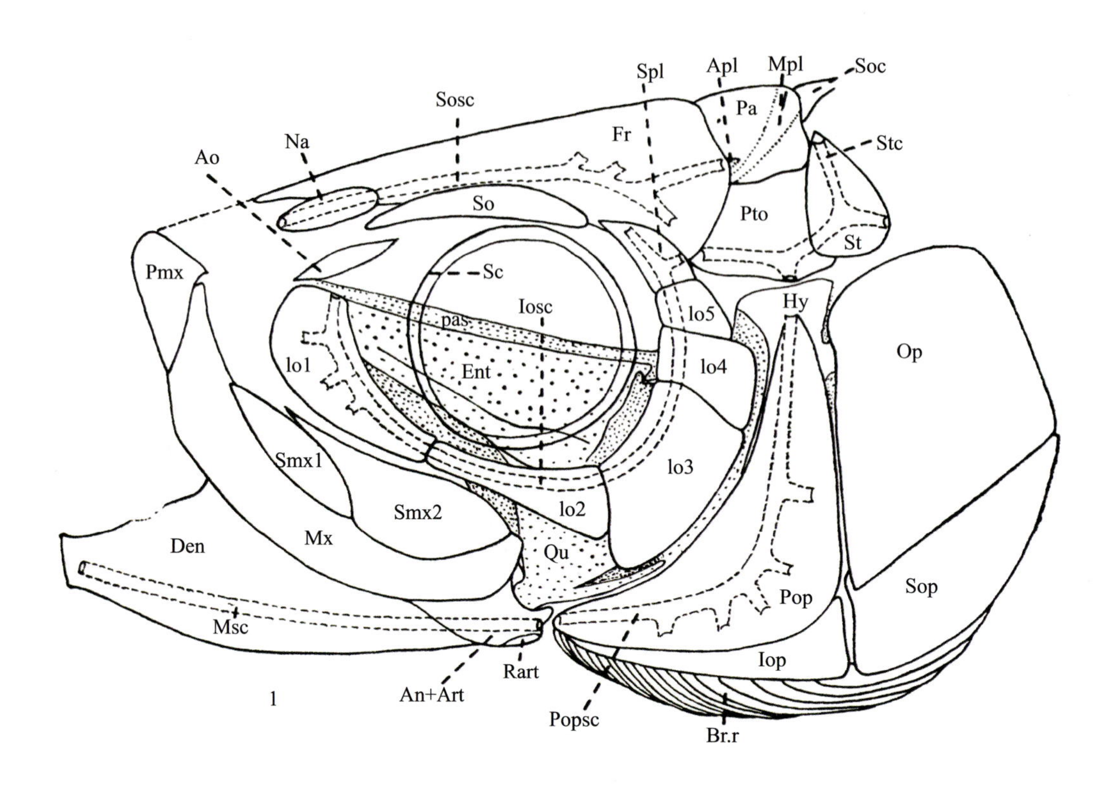

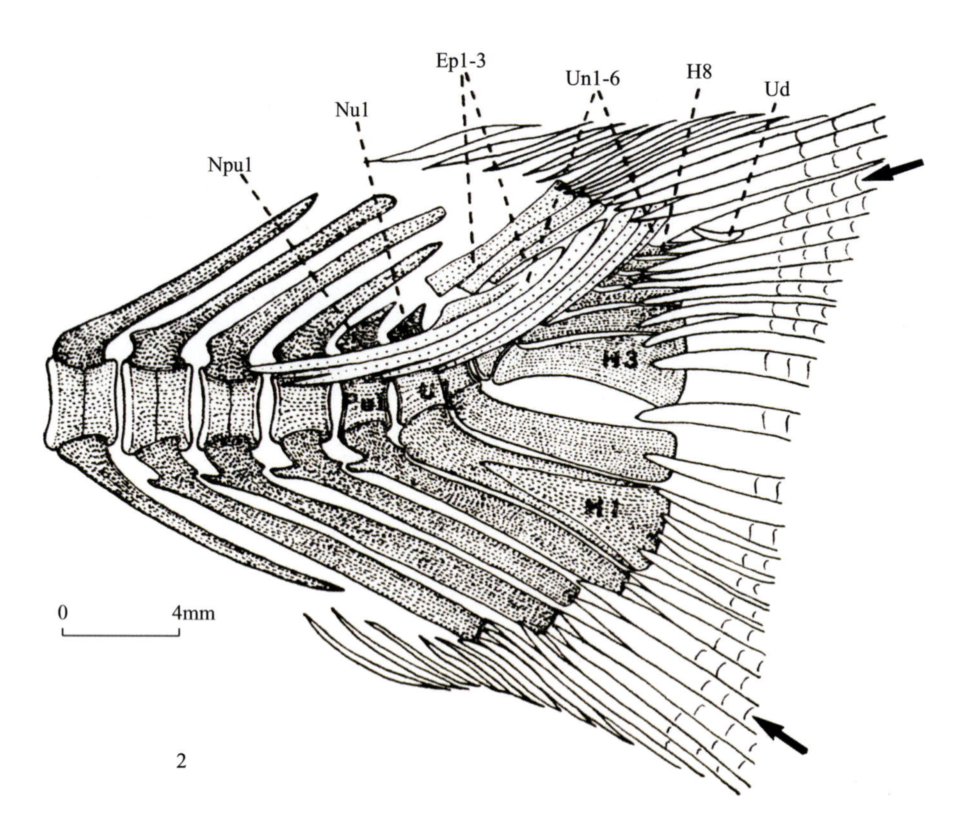

图 3－213　罗家峡隆德鱼(据金帆等,1993)

Fig.3－213　*Longdeichthys luojiaxiaensis* Liu(after Jin Fan et al.,1993)

1.头骨;2.尾骨骼

1.Drawings of skull;2.tail

产地及层位：辽宁省朝阳县波罗赤镇西大沟、义县前杨乡皮家沟、黑山县新立屯镇双山子，下白垩统九佛堂组。

六、植物

（一）早期被子植物

古果属 *Achaefructus* Sun, Dilcher, Zheng et Zhou, 1998

分类：被子植物门双子叶纲古双子叶亚纲古果科。

特征：生殖枝由主枝和侧枝组成，枝上螺旋状着生数十枚蓇葖果，其顶端具有一短尖头；蓇葖果由心皮对折闭合形成，内含数枚胚珠/种子，种皮的表皮细胞具有略弯曲的垂周壁及较强的角质化；雄蕊群位于心皮之下，雄蕊基部带有一个“栓凸”状的短基，呈螺旋状排列在果轴上，每个短的基部上着生有2～3枚雄蕊，每枚雄蕊具有一个明显的花丝和花药，花药为基着式，较短；在成熟的心皮的枝上，雄蕊往往已脱落，常常只留下“栓凸”状的短基。花粉小，其表面具有网状纹饰，萌发口器似为单沟状或不明显。叶似草本，多次羽状分裂，每枚裂片中间，具一条细脉，侧脉不清。

分布与时代：辽宁省北票市、凌源市等地，早白垩世。

辽宁古果 *Achaefructus liaoningensis* Sun, Dilcher, Zheng et Zhou, 1998

特征：生殖枝的主轴长约8.3 cm，轴宽约3mm，向上变细仅1mm；侧枝长约8.6cm，宽约1mm，至顶端约0.3mm。主枝上螺旋状着生18枚蓇葖果；主轴下部可见11枚“栓凸”状短基，为雄蕊脱落后的残留物。主枝上的蓇葖果长7～9mm，宽2～3mm，基部具一短柄，顶端有一长约1mm的短尖，每个蓇葖果含胚珠/种子2～5枚；在未成熟的生殖枝上，在心皮的下方，可见12～16个“栓凸”状的短基，每个短基上着生3（多数为2）枚雄蕊，每枚雄蕊具一短的花丝及花药，每枚花药顶端具一短尖头，花药具2室；花粉小，近于宽卵形，表面具网状纹饰，萌发口器似为单沟状或不明显。叶，往往单独保存，通常为3次羽状深裂，似平展，羽片互生或对生，末二次羽片，近于宽三角形，长约1～3.5 cm，宽0.75～2.5 cm，向上渐窄；末级羽片，主要发育在末二次羽片的下部，长三角形；羽片为菱形或三角形，深裂成宽线形，裂片中间具一细脉，侧脉不清（图3-214）。

产地及层位：辽宁省北票市上园镇黄半吉沟；下白垩统义县组尖山沟层。

中华古果 *Achaefructus sinensis* Sun, Dilcher, Ji et Nixon, 2002

特征：草本植物；生殖轴被营养枝包在叶腋内，长约30cm，宽17cm。主轴在基部处3mm宽，向上逐渐变窄，顶端宽约1mm。根保存不好，由一个初生的和少数次生轴组成。叶是细裂的，分裂2～5次，叶柄的长度变化于0.5～4.0cm之间。基部的叶，具长柄，带有微微膨胀的基部。叶在生殖轴附近，具有短柄和膨胀的基部。末级叶的裂片大约为长2mm，宽0.3mm，具有略呈圆形的顶端。在叶轴中自由地形成侧枝，同主茎成30°～50°角。每个侧枝结束于一个能育的枝。在能育的轴末端，具有很多（12～20个）小的心皮。生殖枝下部的叶腋中长有几个短粗状的柄，每个柄有两个雄蕊。当花药成熟时，心皮小；心皮呈螺旋状或轮状，或对生。心皮成熟成为伸长的蓇葖，含有多个种子（8～12个）。雄蕊由短的纤细的花丝和宽而长的花药构成，并结束于具有一个突起的尖头。花瓣、萼片，或苞片未保存（图3-215）。

产地及层位：辽宁省凌源市大王杖子；下白垩统义县组大新房子层。

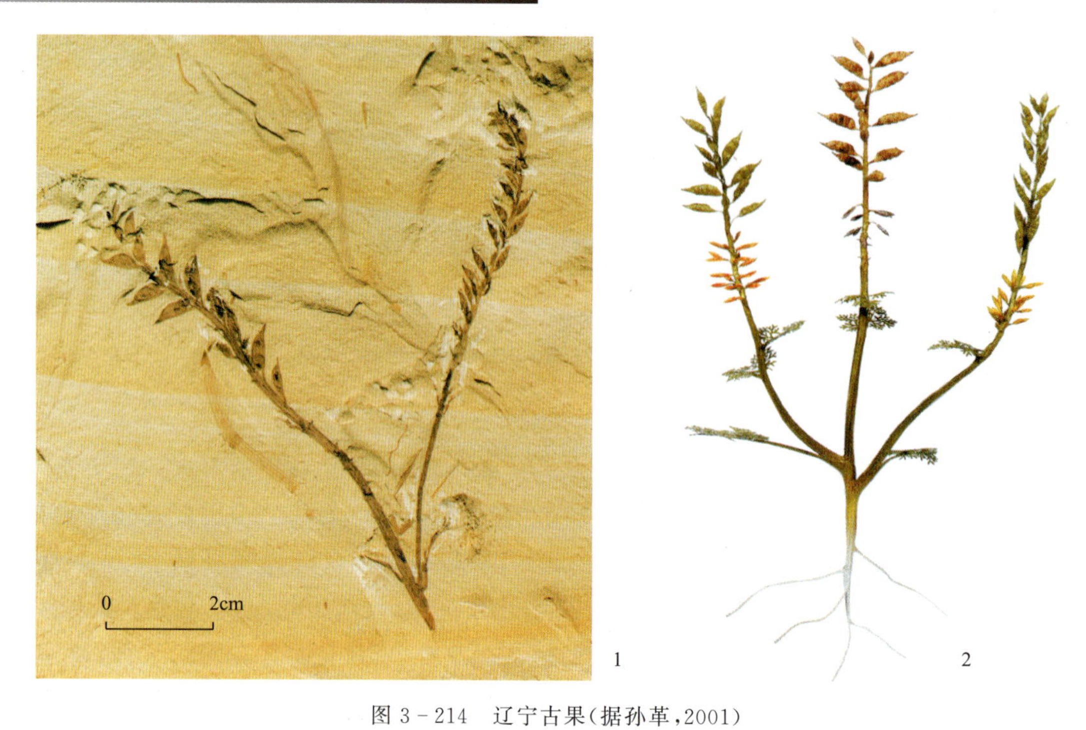

图 3－214　辽宁古果(据孙革,2001)

Fig.3－214　*Archaefructus liaoningensis* Sun,Dilcher,Zheng et Mei(after Sun Ge,2001)

1.正型标本;2.复原图

1.Holotype;2.Reconstruction

图 3－215　中华古果(据孙革,2002)

Fig.3－215　*Achaefructus sinensis* Sun,Dilcher,Ji et Nixon(after Sun Ge,2002)

1.正型标本;2.复原图

1.Holotype;2.Reconstruction

始花古果 ***Achaefructus eoflora*** **Ji, Li, Bowe, Liu et Talor, 2004**

特征：植物高达27cm，具有一个根，带有侧根和枝。枝有能育的侧枝和主枝，无固定样式；生殖侧枝在主枝上呈现一个聚伞状的样式；每个雌蕊先熟的生殖枝，具有近基部切开的叶；苞片状的构造包着螺旋状排列的雄蕊群（每个群具有1～3个雄蕊）的区域（长达2.5cm），以及顶端（长近1mm）具有螺旋状排列的单个心皮。雄蕊具有一个短的花丝（长0.1～0.2mm），一个线形二室和四分孢子囊的花药（长5～7mm，宽0.5mm），以及具有药隔的顶端（长1mm）。充分发育的果实长达1.8cm，包含一个小托叶（长3mm），心皮（长1.4cm，宽2mm）带有一个细、尖的顶端（长1.2mm）。果实普遍具有5～8个直生的种子（长3mm，宽1.3mm）排成一行，并着生在远轴边。有时，最下部的具胚珠的柄是两性的，具有2个心皮和1个雄蕊（图3-216）。

产地及层位：辽宁省北票市（具体产地不明），下白垩统义县组“九龙松层”（可能相当于尖山沟层）。

里海果属 ***Hyrcantha*** **Krassilov et Vachrameev, 1983**

分类：分类不明的被子植物。

特征：植物直立，具一短的主根，其上着生1～2个柔弱的茎。茎具节，节部具有互生的次生分枝。节部膨大，被1个薄鞘（托叶鞘）环绕，并可能被联合或同具小齿状边缘的叶着生。果序开放呈有限的圆锥形。末次分枝带有1～4个末端果实。雄蕊上位，具有2～4个分离的心皮，它们由基部到1/2高处融合在一起。每个心皮含10～16枚侧生的胚珠/种子沿着一个远轴的线形的胎座生长。

分布与时代：哈萨克斯坦，中阿尔必期；中国辽宁省，早白垩世。

十字里海果 ***Hyrcantha decussate*** **(Leng et Friis) Dilcher, Sun, Ji, et Li, 2007**

特征：植物直立，高20～25cm，分枝互生，分枝角大约30°～45°，少数三出的分枝3～4次。主轴2.2～2.5mm宽，和较少线纹的互生分枝，1～1.2mm宽。下部的分枝具有膨胀的节并被一个薄的托叶鞘包裹在鞘内，稀少保存的小叶可能在节上同托叶鞘着生；茎以长的节间为特征。在斜的光线中观察，有些轴显示4～6条纵向线纹，有一些表现为2条线形的外带（相当于茎宽的1/4）和1个明显的中央带（相当于茎宽的1/2）。果梗，1.5～2.7cm长，被一个托叶鞘包在鞘里。雌蕊上位，具有2～4枚长卵形的心皮呈十字交叉形排列，9～12mm长，1.5～3mm宽，沿着下部心皮长度的1/3到一半在腹面上融合或贴生。合生心皮末端的末次分枝和短的托叶鞘覆盖着果实基部的1.0～1.5mm。心皮有一个扩大的末端块被很多的树脂体充填。两个鸡冠状的突起伸长接近心皮长度的1/8，还有一个完整的远轴缝合线，其延长接近心皮长度的1/2。每个心皮含10～16枚胚珠/种子可以成对（5对）出现。胚珠/种子为卵形至长方形，倒生的，微微指向种脐区，以及略圆形至截形的背种脐区，1.2～2.5mm×0.6～1mm大小。初生根2.5～4.5cm长，仅带少数的次生根（图3-217）。

产地及层位：辽宁省凌源市大王杖子和北票市上园镇四合屯，下白垩统义县组下部。

（二）可能属于早期被子植物的化石

史氏果属 ***Schmeissneria*** **Kirchner et Van Konijnenhurg - Van Cittert, 1994**

分类：一个可能属于被子植物，但需进一步研究的化石。

特征：植物具有长枝和短枝。叶呈螺旋状嵌入短枝上。短枝具叶枕。叶细弱，微呈楔形，顶端钝。叶脉平行，在叶片的下部含叶脉2条以上，在叶片下部约1/3处分叉。雌性构造穗状，具有一

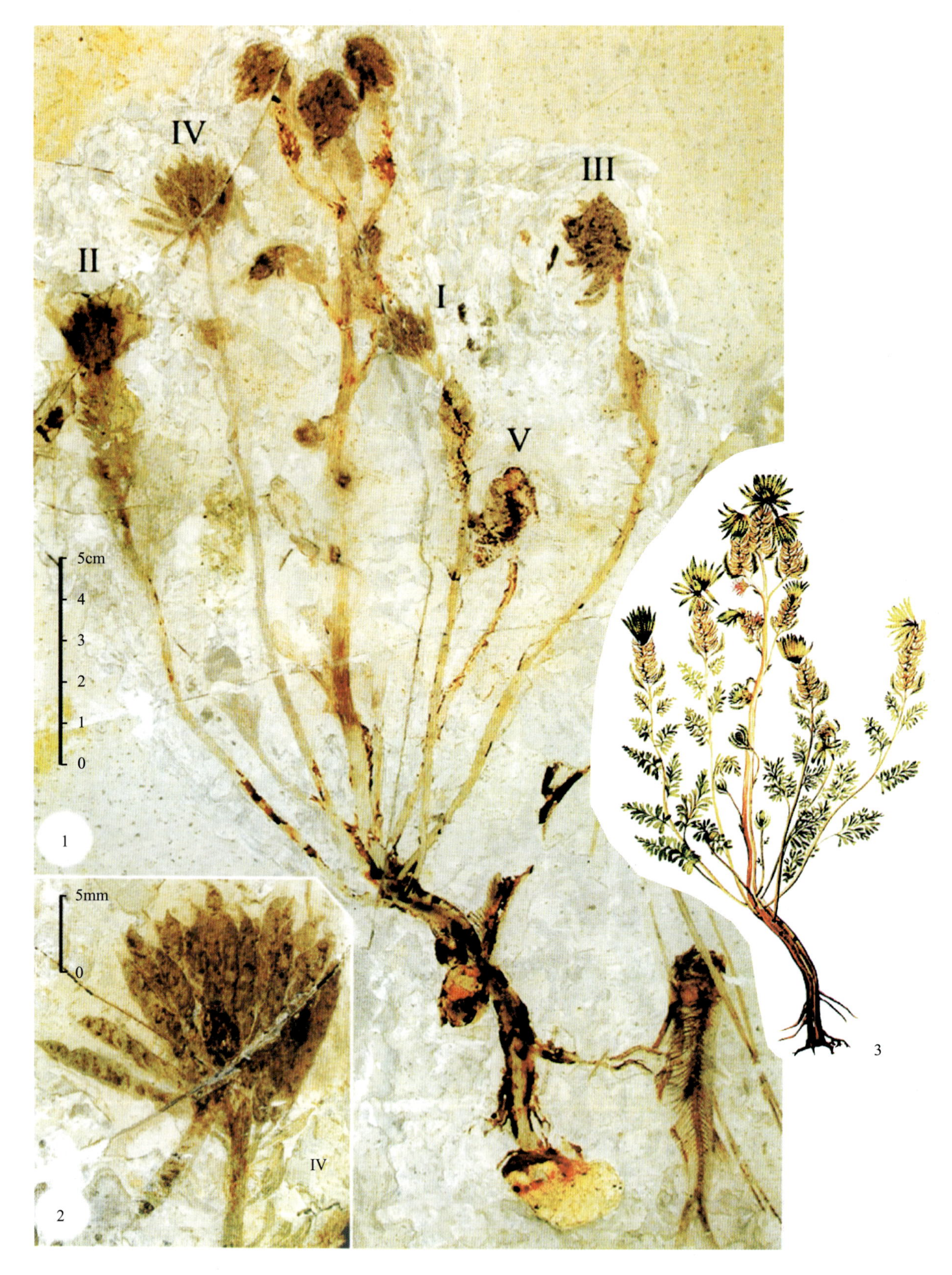

图 3-216 始花古果(据季强等,2004)

Fig.3-216 *Achaefructus eoflora* Ji,Li,Bowe,Liu et Talor(after Ji Qiang et al.,2004)

1.正型标本;2.放大的果枝;3.复原图

1.Holotype;2.Close-up of fertile shoot;3.Reconstruction

图 3-217 十字里海果(据孙革,2007)

Fig.3-217 *Hyrcantha decussate*(Leng et Friis) Dilcher,Sun,Ji,et Li(after Sun Ge,2007)

个柔弱的轴。轴在纵向上具脊。雌性器官成对,在脊部上合生,长在一个花序梗上,沿雌性构造的轴排列。雌性器官具有一个中央单位和一个带鞘的包被。不能肯定雌性器官"对儿"数目的包被是膨胀的,在内部和外观上具脊。中央单位具有2室,无柱,但具有一个垂向上的隔,隔的内、外部末端均具有纵脊。种子具翼(?)。

分布与时代:德国、波兰,早侏罗世;中国辽宁省葫芦岛市,中侏罗世。

中华史氏果 *Schmeissneria sinensis* Wang,2007

特征:种的特征同属的特征一致,除了雌性器官是沿雌性构造的轴密集成群排列在花序梗上以外,雌性器官"对儿"的花梗是短的(图3-218)。

注:自Presl 1838年的研究以来,该属一直被视为银杏类的雄花,但王鑫等(2007)根据对中国辽西中侏罗统海房沟组所产标本的研究,认为它有一种被子植物的特征(在一个雌性构造的中央单位中具有两个分离的室,室的顶端是全封闭的,它们可能代表两个心皮)。但对此无疑还需做进一步研究。

产地及层位:辽宁省葫芦岛市白马石乡上三角城,中侏罗统海房沟组。

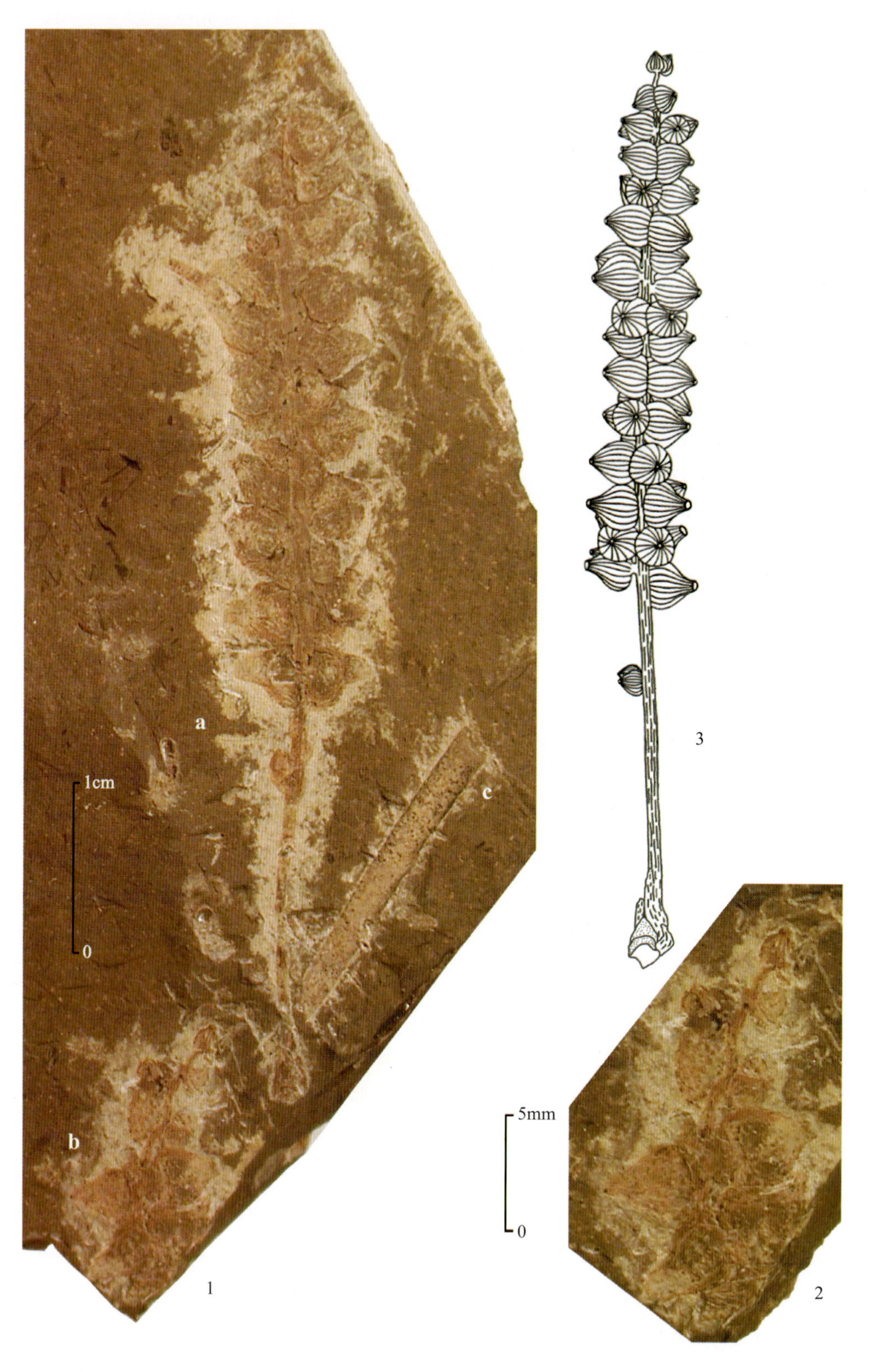

图 3－218　中华史氏果(据王鑫,2007)

Fig.3－218　*Schmeissneria sinensis* Wang(after Wang Xin,2007)

1.雌性构造、叶和短枝的概貌;a,b.雌性构造;c.叶;2.放大的雌性构造(b);3.复原图

1.A general view of female structure,leaf,and short shoot; a,b.Female structures; c.Leaf; 2.A detail view of female structure(b);3.Reconstructure

北票果属 *Beipiaoa* Dilcher, Sun et Zheng, 2001

分类：可能属于被子植物的果实。

特征：带刺的果实。果实可能着生于一个裸轴上或单独保存。果实上具有3～4枚尖刺（多为3枚），刺对生排列，着生在果实的远端，刺向上部变细，顶端为钝尖形。内部构造不明。

分布与时代：辽宁省北票市等地，早白垩世。

小北票果 *Beipiaoa parva* Dilcher, Sun et Zheng, 2001

特征：单独保存的带刺果实。果实小，近椭圆形，大小约为3～4mm×3～5mm，果实的远端着生4枚长刺（多为3枚），两侧的刺多以宽角着生，较长，大约6mm，中部的1或2枚刺略短，约3～4mm，基部约0.6～0.8mm宽，向上逐渐变窄。果实似包藏两枚胚珠/种子（图3-219-1）。

产地及层位：辽宁省北票市上园镇黄半吉沟，下白垩统义县组尖山沟层。

圆形北票果 *Beipiaoa rotunda* Dilcher, Sun et Zheng, 2001

特征：单独保存的带刺果实。果实近圆形，大小约3～8mm×3～7mm；果实的远端着生4枚长刺。两侧的刺较长，最长可达16mm，中部的两枚较短，约3～4mm，基部宽约0.8～1mm，向上逐渐变窄，顶端为钝尖形。果实内至少包含2枚胚珠/种子（图3-219-2）。

产地及层位：辽宁省北票市上园镇黄半吉沟，下白垩统义县组尖山沟层。

图3-219 北票果属化石（据孙革，2001）

Fig.3-219 Fossils of *Beipiaoa* Dilcher, Sun et Zheng (after Sun Ge, 2001)

1.小北票果 *Beipiaoa parva* Dilcher, Sun et Zheng, ×5.3；2.圆形北票果 *Beipiaoa rotunda* Dilcher, Sun et Zheng, ×5；3—5.强刺北票果 *Beipiaoa spinosa* Dilcher, Sun et Zheng, 3, 4.×4.4, 5.×2.8

强刺北票果 *Beipiaoa spinosa* Dilcher, Sun et Zheng, 2001

特征：单独保存的带刺果实。果实近似三角形或长椭圆形，少数呈横向椭圆形；形体较大，长约6～10mm，宽约4～6mm；果实中上部的表面上具有3条浑圆的纵向突肋和两条浅沟，纵肋向上同3枚长刺连生，刺坚直，呈狭长的三角形，长约3～5mm，基部较宽，约1mm以上，向顶端渐窄，顶端尖细；果实的基部具有一个倒三角形的基座，下端可能同生殖轴相连；果实的远端部分似被较短的毛或毛基覆盖。果实似含有2～4枚胚珠/种子（图3-219-3）。

产地及层位：辽宁省北票市上园镇黄半吉沟，下白垩统义县组尖山沟层。

（三）种子植物：买麻藤目（Gnetales）

辽西草属 *Liaoxia* Cao et S.Q.Wu, 1998, emend. Rydin, S.Q.Wu et Friis, 2006

1998—1999 *Liaoxia* Cao et S.Q.Wu（归入单子叶被子植物）。

2000 *Ephedrites* Saporta, 1891：郭双兴、吴向午（改归盖子植物纲买麻藤目）。

2006 *Liaoxia*（Cao et S.Q.Wu）Rydin, S.Q.Wu et Friis（归入买麻藤目）。

分类：盖子植物纲买麻藤目。

特征：植物与现代的麻黄属（*Ephedra*）相似。茎直立，具有微微膨胀的节，节间表面带有纵向纹饰；在节上生有对生至十字交叉的分枝。叶为线形或缺乏。生殖构造形成球果，无柄，至带有总的花序梗，略呈圆形、倒卵形至伸长形，由对生的至十字交叉形的苞片组成。种子为卵圆形至椭圆形，位于球果苞片的叶腋中。

分布与时代：中国辽宁省西部，早白垩世。

陈氏辽西草 *Liaoxia chenii*（Cao et S.Q.Wu）Rydin, S.Q.Wu et Friis, 2006

特征：除了同属一致的特征外，该种的分枝大约为0.5～3.0mm宽，节间8～40mm长。苞片为卵圆形至三角形，并向相反的方向弯曲，长约4mm，具一尖细的顶端和两条平行的脉。种子为卵圆形至椭圆形，长约1mm，宽为0.3～0.7mm（图3-220）。

产地及层位：辽宁省北票市上园镇黄半吉沟，下白垩统义县组尖山沟层。

微尖辽西草 *Liaoxia longibractea* Rydin, S.Q.Wu et Friis, 2006

特征：茎的分枝宽约1.5 mm，具多个腋生的分枝。球果是无柄的或具很短的总花梗，略呈圆形，3.5～4mm长（包括苞片的顶端），约2～3mm宽，具有1～2对苞片，苞片向后弯曲，10～15mm长，向上延伸成一具毛的顶端，含有两条平行的叶脉。种子为椭圆形，长约2.5～4mm，宽仅1mm（图3-221）。

产地及层位：辽宁省北票市上园镇黄半吉沟，下白垩统义县组尖山沟层。

（四）种子植物：本内苏铁目（Bennettitales）

异羽叶属 *Anomozamites* Schimper, 1870

分类：本内苏铁目的营养叶。

特征：叶，羽状，分裂成不规则的短而宽的裂片，裂片以整个基部着生于羽轴的两侧，基部微微

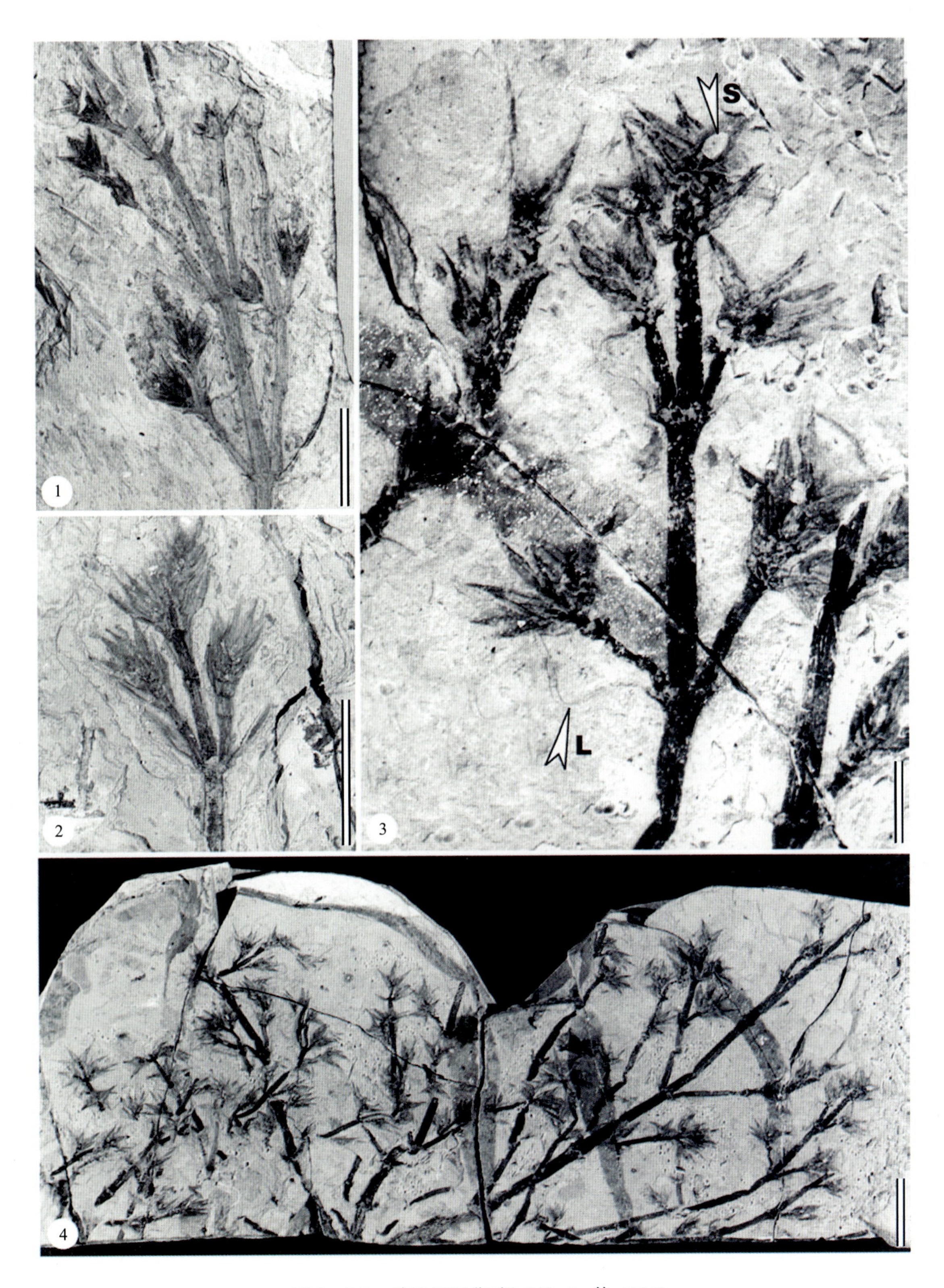

图 3-220 陈氏辽西草(据 C.Rydin 等,2006)

Fig.3-220 *Liaoxia chenii* (Cao et S.Q.Wu) Rydin,S.Q.Wu et Friis(after C Rydin et al.,2006)

1.正型标本;2.分开的再生枝顶部;3,4.顶部分枝;S 箭头指向种子,L 箭头指向叶子;图 1,2,4 线段比例尺为 1cm,图 3 线段比例尺为 0.3cm

1.Holotype;2.The detached apical part of a reproductive shoot;3,4.The uppermost part of a branched plant;The seed and thin leaf indicated by arrows,S=seed,L=leaf;scale bar=1cm in Fig.1,2 and 4;scale bar=0.3cm in Fig.3

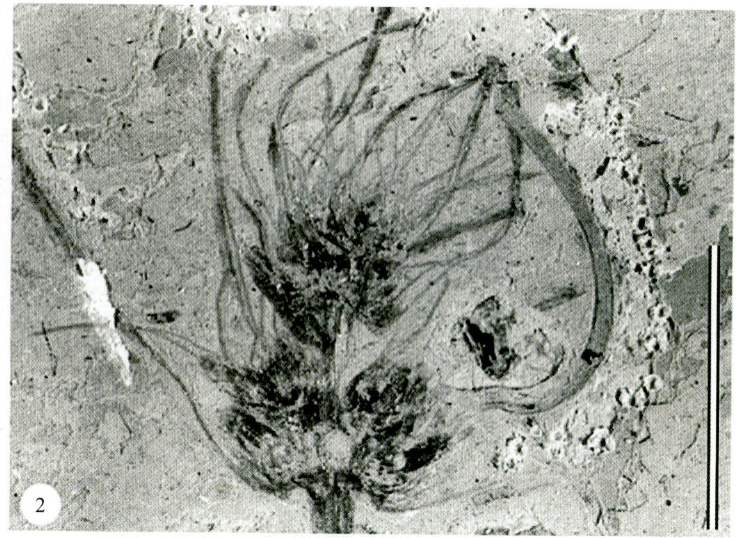

图 3-221 微尖辽西草(据 C Rydin 等,2006)

Fig.3-221 *Liaoxia longibractea* Rydin,S.Q.Wu et Friis(after C Rydin et al.,2006)

1.顶部生殖枝;2.放大的顶部生殖枝,线段比例尺为 1cm

The uppermost part (1) and the amplified uppermost part (2) of a reproductive shoot,scale bar=1cm

扩大,顶端一般为钝圆形,有时也可以呈尖形。叶脉简单或分叉,并同裂片的边缘平行。羽轴,通常较为细弱。角质层表皮细胞的垂周壁强烈弯曲,气孔器为连唇式。

分布与时代:亚洲、欧洲、东格陵兰,晚三叠世至白垩纪。

海房沟异羽叶 *Anomozamites haifanggouensis* (Kimura et al.) Zheng et Zhang,2003

1983 *Cycadicotis* K.Pan (裸名)。

1984 *Cycadicotis nilssonervis* K.Pan (手稿):李杰儒(苞片和小孢子叶)。

1987 *Cycadicotis nilssonervis* K.Pan:郑少林,张武(仅苞片和小孢子叶)。

1993 *Cycadicotis* K.Pan:吴向午(裸名)。

1994 *Pankuangia haifanggouensis* Kimura et al.(苞片及小孢子叶)。

2003 *Anomozamites haifanggouensis* (Kimura et al.) Zhang et Zhang (枝、叶、小孢子叶和苞片)。

特征:茎,细弱,两枝分叉,在分叉处着生至少 3 枚羽片和几个叶状苞片以及数枚小孢子叶。叶,羽状,长披针形,长约 10cm,中部最宽处约 2cm,向下缓缓变窄,顶端为钝圆形。叶片分裂成均匀的裂片,但向叶片的下部,裂片变小,常呈三角形或半月形。羽轴细、直;羽叶中部的典型裂片呈长舌形,排列紧挤,亚对生,基部微微扩张,顶端为钝圆形,长 6~11mm,宽 6~8mm。叶脉平行,多而细弱,简单或分叉 1 次。苞片状的小叶(托叶)易脱落,卵形或卵圆形,全缘的,长 1.5~3.6cm,宽 2~2.5cm,基部收缩较急;顶端钝或钝尖,具一条明显的中脉和羽状侧脉。小孢子叶呈棒槌状或长舌形,长约 1cm,宽 4~6mm,具有一个厚而光滑的宽边,在中央区,具有很多的横向皱纹,内藏花粉室;花粉粒为卵圆形,具单沟,大小约 30μm×40μm。雌性器官未保存(图 3-222)。

产地及层位:辽宁省葫芦岛市白马石乡上三角城、内蒙古宁城县山头乡道虎沟,中侏罗统海房沟组。

注:本种苞片状的小叶,最初被潘广认为是半被子植物(*Cycadicotis*);后来 Kimura 等因找不到被子植物的证据而改定为形态属潘广叶(*Pankuangia*);郑少林和张立军等发现它们是同异羽叶

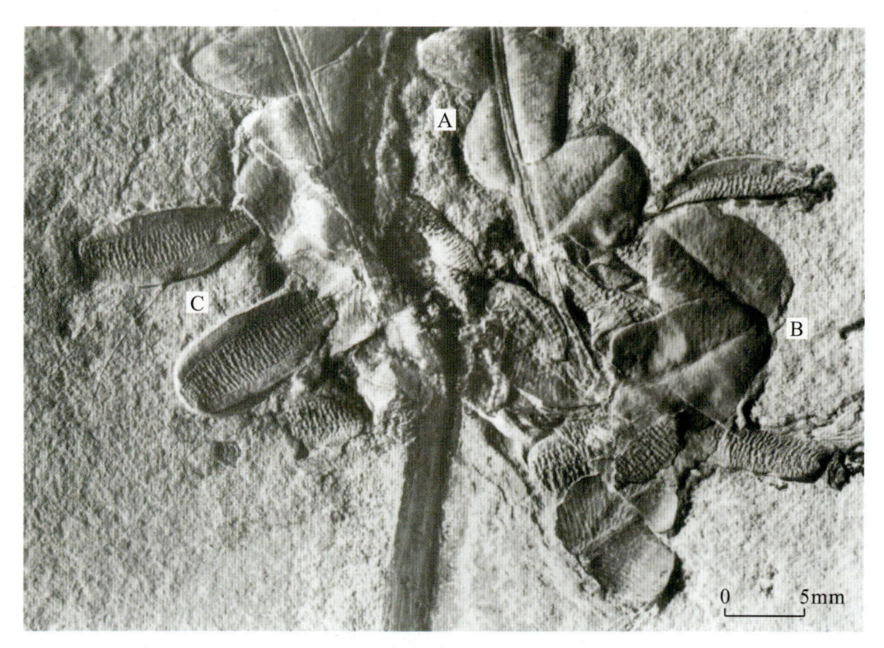

图 3-222 海房沟异羽叶(据郑少林等,2003)

Fig.3-222 *Anomozamites haifanggouensis*(Kimura et al.) Zheng et Zhang(after Zheng Shaolin et al.,2003)

A.羽状叶基部;B.一些苞片状叶;C.两个小孢子叶

A.The segments of the base from pinnate leaf;B.Some bracteoid leaves;C.Two microsporophylls

和小孢子叶连生的,实际上,它们是本内苏铁类生殖器官下部的托叶。

威廉姆逊属 *Williamsonia* Carruthers,1870

分类:本内苏铁目的雌球果。

特征:雌性球果,长在长梗上。球果轴伸长,下部螺旋状着生许多线形或披针形不育苞片,果轴上部着生雌蕊,由胚珠/种子以及中间鳞片组成。

分布与时代:广布于欧亚大陆、北美以及东格陵兰,晚三叠世至晚白垩世。

美丽威廉姆逊 *Williamsonia bella* Wu,1999

特征:雌球果,着生于小枝的顶端。球果的轴伸长,果梗同小枝连生;果梗的基部着生许多螺旋状排列的线形或披针形的不育苞片,长约 2cm,宽仅 1～1.5mm,基部最宽,向上逐渐变窄,顶端亚尖,在花托中央的子座,直径约 3mm,高 2mm,在子座的周围似有许多中间鳞片和胚珠/种子(见图 2-54,5,6)。

产地及层位:辽宁省北票市上园镇黄半吉沟,下白垩统义县组尖山沟层。

维特里奇属 *Weltrichia* Braun,1849

分类:本内苏铁目的雄球果。

特征:雄性球果,杯状,其上部分裂成许多近于相等的裂瓣或花边;花边的质地很厚,向上渐窄至一个尖顶。杯和花边的外表面带有许多坚直的毛,花边的内侧带有两排椭圆形的花粉囊,花粉囊既可以直接着生在内壁上,也可以着生在附属物上。花粉囊由两个相等的瓣组成,每个瓣具有一个单行的小孢子囊,向内开口;花粉粒为卵圆形,具单沟。

分布与时代:欧洲、美洲、印度和中国,晚三叠世至早白垩世,中侏罗世最为繁盛。

道虎沟维特里奇 *Weltrichia daohugouensis* Li et Zheng,2004

特征:雄性球果,杯状体;杯的末端带有一轮(大约22个)边花(小孢子叶)。在侧向上压缩后,整个球果的半面呈扇形。边花下部彼此融合,并显示一个纵棱,边花上部彼此分离,呈长舌形,顶端为钝尖形,长2.5cm,宽4~5mm。在边花的远轴面上具有许多刚毛。在边花的内侧着生有两排近于斜列的花粉囊,花粉囊为椭圆形,由两个瓣组成,大小约为2.5mm×(1~1.5)mm。每个花粉囊含有7~8个横卧的花粉室,花粉粒为卵圆形,具单沟,大小为40μm×20μm(图3-223)。

产地及层位:内蒙古宁城县山头乡道虎沟以及辽宁省建平县西部,中侏罗统海房沟组。

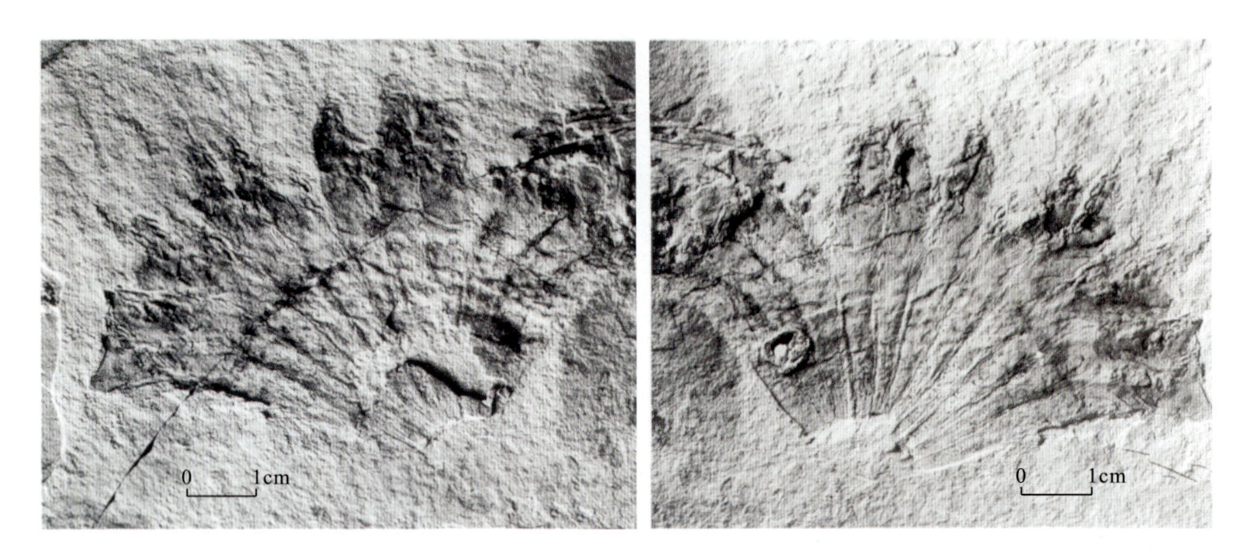

图3-223 道虎沟维特里奇—雄性球果(据Li Nan et al,2004)

Fig.3-223 *Weltrichia daohugouensis* Li et Zheng:Bennettitalean male strobile(after Li Nan et al.,2004)

耳羽叶属 *Otozamites* Braun,1843

分类:本内苏铁目的营养叶。

特征:叶,羽状,长可达50cm或更长。裂片互生,以基部收缩的一点着生于轴上表面的两侧。裂片,宽卵形、圆形或较细长,顶端尖或为钝圆形,基部收缩成不对称的耳状。叶脉自裂片的基部呈辐射状伸出,斜交于裂片的边缘。表皮细胞的垂周壁直或弯曲,气孔器,连唇式,仅出现在下表皮。

分布与时代:西欧、北美、南非以及亚洲等地,晚三叠世至早白垩世。

土耳其斯坦耳羽叶 *Otozamites turkestanica* Tur.-Ket.,1930

特征:叶,羽状,羽轴细直,表面具纵纹;裂片长舌形,长约5cm,基部宽约1cm,顶端钝尖,以收缩成耳状基部的中间一点着生于羽轴上表面的两侧;叶脉纤细,从裂片基部着生点上呈辐射状伸出,中间的一束脉近于平行,直达叶片的前缘,两侧的叶脉同裂片边缘斜交(图3-224)。

产地及层位:辽宁省义县头道河子乡英窝山,下白垩统义县组砖城子层。

宾氏耳羽叶 *Otozamites beania* (L.et H.) Brongniart,1849

特征:羽叶的中部断片,裂片为卵圆形,长约1.8 cm,中部宽约1 cm,以收缩成圆形基部中间一点着生于羽轴上表面的两侧。叶脉较显著,从基部着生点上呈辐射状伸出,多次分叉,斜交于裂片

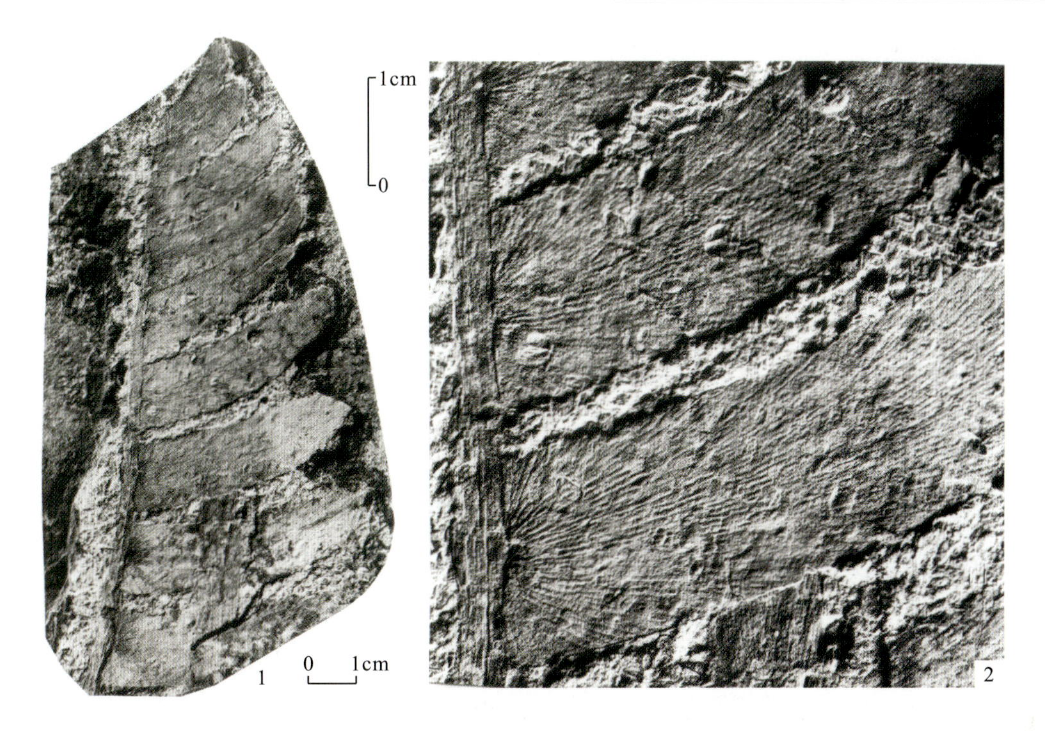

图 3-224 土耳其斯坦耳羽叶(据郑少林,2004)

Fig.3-224 *Otozamites turkestanica* Tur.-Ket.(after Zheng Shaolin ,2004)

1.示羽叶及羽片着生方式;2.示羽片的脉序

1.Showing pinnae and attached pattern;2.Showing venation of pinnae

的边缘。

产地及层位:辽宁省义县头道河子乡英窝山,下白垩统义县组砖城子层(图 3-225)。

图 3-225 宾氏耳羽叶(据郑少林,2004)

Fig.3-225 *Otozamites beania* (L.et H.) Brongniart (after Zheng Shaolin,2004)

1.示羽叶及羽片着生方式;2.示羽片的脉序

1.Showing pinnae and attached pattern;2.Showing venation of pinnae

特尔马叶属 *Tyrmia* Prynada,1956

分类:本内苏铁目的营养叶。

特征:单叶,羽状,带形或披针形,较均匀地分裂成裂片,叶轴直,较粗壮,裂片着生于轴的上表面，但又不完全将轴覆盖。裂片窄，顶端钝圆形或形成凹缺；叶膜扁平，裂片常具有镶边构造；叶脉平行，简单或分叉，表皮细胞的垂周壁强烈弯曲，气孔器，连唇式，仅出现在下表皮上。

分布与时代：俄罗斯和中国，晚三叠世—早白垩世。

尖齿特尔马叶 *Tyrmia acrodonta* Wu，1999

特征：叶单羽状，近革质，带形或披针形；可见长 6cm 以上，宽 1.5～3cm，向顶端逐渐狭缩，近基部收缩较急；叶轴较粗，宽 2～3mm，表面具有断续横皱纹，裂片着生羽轴腹面的两侧，但未将羽轴全部覆盖；裂片垂直于轴，相邻两个裂片之间具有一条明显的“缝合线”，直伸向叶缘，并形成突出于叶缘的尖齿。裂片排列紧挤，每枚裂片长约 1～1.3cm，宽 1.5～2mm；裂片具平行脉，较窄的裂片含叶脉 3～4 条，较宽的裂片含叶脉 7～8 条，脉简单或偶尔分叉 1 次，分叉的位置不定(图 3－226)。

产地及层位：辽宁省北票市上园镇黄半吉沟，下白垩统义县组尖山沟层。

图 3－226　尖齿特尔马叶(据孙革等，2001)

Fig.3－226　*Tyrmia acrodonta* Wu(after Sun Ge et al.，2001)

1.示羽叶中部形态，×2；2.示羽叶基部形态，×2

1.Middle part of a leaf，×2；2.Basal part of a leaf，×2

（五）种子植物：苏铁目(Cycadales)

义县叶属 *Yixianophyllum* Zheng，Li，Li，Zhang et Bian，2005

分类：苏铁目的营养叶。

特征：分离的单叶，整体轮廓为长卵形，边缘重齿状，顶端呈“V”字形凹缺。叶片着生于羽轴表面的两侧，而在羽轴的中央部分，留有一纵向空槽；脉序羽状，分叉 1～2 次，有时在叶缘附近偶尔结网。表面构造为下气孔式，气孔器单唇式，表面细胞的垂周壁直。

分布与时代：中国辽宁省西部，早白垩世。

金家沟义县叶 *Yixianophyllum jinjiagouensis* Zheng，Li，Li，Zhang et Bian，2005

特征：叶长卵形，长 6～10cm，宽 3～5cm，叶片边缘重齿状；顶端具一个“V”字形凹缺，基部宽楔形，叶片着生于羽轴表面的两侧；羽轴粗壮，在叶的中部，宽约 10mm，向下逐渐变粗，并同一短粗的柄相连,向上缓缓变窄。羽状脉序,叶脉以锐角从轴上发出,然后向外弯曲,同轴构成 70°～80°角,并倾斜地进入边缘的重齿,分叉 1～2 次,有时在叶的边缘附近偶尔结网。表皮细胞的垂周壁直,下气孔式,气孔器单唇式(图 3-227,2)。

产地及层位:辽宁省义县头道河子乡金家沟,下白垩统义县组砖城子层。

图 3-227　推测的带羊齿型苏铁叶演化(据郑少林,2005)

Fig.3-227　A supposed evolution of Cycadean leaves of the *Taeniopteris* type(after Zheng Shaolin,2005)

1.简单毕约苏铁复原图:a.大孢子叶,b.复原的部分植株,c.带羊齿型叶(Florin,1933);2.金家沟义县叶;3.具毛斯坦格尔苏铁(Greguss,1968)

1.A restoration of *Bjuvia simplex* Florin:a.macrosporophyll,b.restoration of part of a plant,c.a leaf of *Taeniopteris* type (Florin,1933);2.A leaf of *Yixianophyllum jinjiagouensis*;3.*Stangeria eriopus* Nath (Greguss,1968)

似苏铁属 *Cycadites* Sternberg,1825

分类:苏铁目,表皮构造不明的苏铁类营养叶。

特征:叶羽状,叶片细裂成线形裂片;裂片着生于羽轴两侧,表皮构造不明。

分布与时代:英国、德国、越南和中国,晚三叠世—早白垩世。

英窝山似苏铁 *Cycadites yingwoshanensis* Zheng et Zhang,2004

特征:叶单羽状,羽轴粗强,直,扁平,保存长度可达 18cm 以上,中部宽约 6～8mm。裂片线形,细密,长 3～4cm,宽不到 1mm,从轴上以锐角发出;叶脉不清;表皮构造不明(图 3-228)。

产地及层位:辽宁省义县头道河子乡英窝山,下白垩统义县组砖城子层。

(六)种子植物:银杏目(Ginkgoales)

银杏属 *Ginkgo* Linné,1735

分类:银杏目的果实,有时同 *Ginkgoites* 型的叶联合。

特征:同现代银杏 *Ginkgo biloba* Linné 一致。

图 3-228　英窝山似苏铁(据郑少林等,2004)

Fig.3-228　*Cycadites yingwoshanensis* Zheng et Zhang(after Zheng Shaolin,2004)

分布与时代:世界各地及中国,侏罗纪至现代(仅残存于中国)。

无柄银杏 *Ginkgo apodes* Zhou et Zheng,2004

特征:胚珠器官有一个花序梗和一个可达 6 个胚珠的末端集群组成,每个胚珠在基部有一个珠托,在较小的器官中限定一个短柄,但在较大的器官中,直接同花序梗着生。种子是肉质的,1～3 个,在压缩状态中,几乎呈圆形,具有一个硬果皮和浆果皮,表面光滑。同 *Ginkgoites* 型的叶联合(图 3-229)。

产地及层位:辽宁省义县头道河子乡英窝山,下白垩统义县组砖城子层。

义马果属 *Yimaia* Zhou et Zhang,1988

分类:银杏目义马科(Yimaiales)的果实及其联合的 *Baiera* 型或 *Ginkgoites* 型的叶。

特征:带有花序梗的雌性生殖器官,具有 7～9 个末端胚珠;胚珠无柄,互相联结,直立,但多数成熟时反曲。同 *Ginkgoites* 和 *Baiera* 型的叶联合。

分布与时代:中国,中侏罗世。

头状义马果 *Yimaia capituliformis* Zhou,Zheng et Zhang,2007

特征:胚珠,一般 5～7 个在花序梗的末端上形成一个集群,直立,无柄;几乎呈圆形,多数长 7～9mm,宽 6.8～8mm,具有一个圆形的核(硬果皮)和厚的果肉(浆果皮),在有些情况下,形成宽的侧边。角质层构造:气孔的方向不规则,分布在珠被的表面上,密度约为每平方毫米 75 个。副卫细胞具有强烈的乳头状突起,孔口窄,有些表皮细胞具乳突状的平周壁和斑纹的垂周壁。大孢子膜带有一个细粒状的足基层。妆饰层由直立的棒状物组成,向顶端微微膨胀,很少有分枝和彼此联合,同足基层垂直(即在径向上成一直线)。在果肉中有树脂体。同 *Ginkgoites* 型的 3 种形态的营养叶联合(图 3-230)。

产地及层位:内蒙古宁城县山头乡道虎沟,中侏罗统九龙山组或辽宁省建平县西部的海房沟组。

图 3－229　无柄银杏(据周志炎，郑少林，2004)

Fig.3－229　*Ginkgo apodes* Zhou et Zheng(after Zhou Zhiyan，Zheng Shaolin，2004)

a.发育初期，在环形珠托中的六个胚珠器官，分别具有短小花梗；b.伴生叶；c.胚珠器官；d.成熟的胚珠器官，无柄，黑色箭头指发育的胚珠，白色箭头指环形珠托；e.银杏类演化趋势示意图；线段比例尺：5mm

a.Juvenile ovulate organ with six collars and very short individual stalks (arrowed)；b.An associated leaf；c.Ovulate organ；d.A mature ovulate organ，black arrows indicate developed ovule，white arrows indicate collars；e.Evolution of *Gingo* genus in geological history；scale bars：5mm

图 3－230　头状义马果(据周志炎等，2007)

Fig.3－230　*Yimaia capituliformis* Zhou，Zheng et Zhang(after Zhou Zhiyan et al.，2007)

1.副模标本；2.复原图

1.Paratype；2.Reconstruction；比例尺：5mm，scale bars：5mm

(七)种子植物:茨康目(Czekanowskiales)

薄果穗属 *Leptostrobus* Heer,1876

分类:银杏纲茨康目的雌性果穗化石。

特征:疏松的雌性果穗。果轴上呈螺旋状排列许多蒴果;果轴的基部膨凸,近球形;蒴果近圆形,或在横向上略宽,基部收缩,具圆齿状的前缘;蒴果的外表面常具有5~6条纵肋,两肋之间具浅沟,自基部向顶端微呈放射状。表皮细胞显示多角形,垂周壁直,气孔为单唇式。

分布与时代:英国、东格陵兰、俄罗斯以及中国,晚三叠世—早白垩世。

中华薄果穗 *Leotostrobus sinensis* Sun et Zheng,2001

2001 *Sphenarion parilis*,张和,314页,上部2图以及下左图。

特征:果穗长约7~8cm,双瓣状的蒴果,呈螺旋状排列于轴上,蒴果在成熟时易于脱落,单独保存。蒴果,近圆形或倒宽卵形,几乎无柄,大小约为(6~7)mm×(5~6)mm,中央部位微微隆起,上部边缘显示圆齿状,表面具有4~5条浑圆的突肋,微呈放射状,向基部收敛。内部构造和角质层情况不明(图3-231)。

图3-231 中华薄果穗(1据孙革等,2001;2据张和,2001)

Fig.3-231 *Leotostrobus sinensis* Sun et Zheng(1 after Sun Ge et al.,2001;2 after Zhang He,2001)

1.蒴果(正型标本);2,3果穗

1.Capsule (holotype);2,3.Strobus; 比例尺:5mm,scale bars:5mm

产地及层位:辽宁省北票市上园镇黄半吉沟、义县头道河子乡三道壕南山,下白垩统义县组尖山沟层和砖城子层。

槲寄生穗属 *Ixostrobus* Raciboeski,1891,emend.Harris,1974

分类:银杏纲茨康目的雄性果穗。

特征：雄性果穗，成熟时脱落；轴，下部裸露成果柄，上部着生小孢子叶，无其他附属物；轴和小孢子叶质地厚并很坚硬；小孢子叶不规则地轮生或呈螺旋状着生，与轴成一宽角，具柄，向顶端扩张为头状，并延续成一个尖的鳞片，其上托有 4 个花粉囊；花粉囊在侧向上融合成杯状的聚合囊，成熟后花粉囊和顶端鳞片脱落，仅留下一个柄状残桩；角质层甚薄，花粉囊为具有颗粒状结构的被膜所包裹。

分布与时代：英国，东格陵兰，俄罗斯以及中国；晚三叠世—早白垩世。

柔弱槲寄生穗 *Ixostrobus delicatus* Sun et Zheng，2001

特征：果穗生长在一个带有鳞片状小叶的短枝上，长约 3cm，宽 6～8mm，穗轴坚韧而强壮，中部最宽约 1～1.5mm，向顶端缓缓变细；小孢子叶疏松，呈螺旋状排列于轴上，并以直角从轴上伸出；小孢子叶带有一个纤细的柄，长约 1mm，宽仅 0.2～0.3mm，末端有一个突起状的附属物，其上着生有 2～4 个卵形的花粉囊，并聚合成杯状的孢子囊群，每个花粉囊长约 1mm，最宽处约 0.5mm(图 3－232，1)。

产地及层位：辽宁省北票市上园镇黄半吉沟，下白垩统义县组尖山沟层。

图 3－232 茨康目的部分植物化石(据孙革等，2001)

Fig.3－232 Some plant fossils of Czekanowskiales(after Sun Ge et al.，2001)

1.柔弱槲寄生穗；2.刚毛茨康叶；3.东方似管状叶；比例尺：5mm

1.*Ixostrobus delicatus* Sun et Zheng；2.*Czekanowskia setacea* Heer；3. *Solenites orientalis* Sun et Zheng；scale bars：5mm

茨康叶属 *Czekanowskia* Heer，1876

分类：茨康目的营养叶。

特征：叶，很长，簇生在带有鳞片状小叶的短枝上；叶片，叉状分裂多次；最后裂片窄细；叶脉一般不清，但不超过 2～4 条，平行，有时仅见 1 条；表皮细胞的垂周壁直，气孔器为单唇式。

分布与时代：主要见于北半球，早三叠世—早白垩世。

刚毛茨康叶 *Czekanowskia setacea* Heer,1876

特征:叶,窄线形,基部着生于近球形带鳞片的短枝上,长 8~10cm,宽仅 0.4~0.5mm,一般以锐角分叉 2~3 次,叶脉不清,表皮构造不明(图 3-232,2)。

产地及层位:辽宁省北票市上园镇黄半吉沟,下白垩统义县组尖山沟层。

似管状叶属 *Solenites* Lindley et Hutton,1834,emend.Harris,1974

分类:茨康目的营养叶。

特征:脱落的带鳞片的短枝,其上簇生有宿存的叶;叶,线形,不分叉,质地较厚,顶端尖;叶脉不清,脉序一般仅由一个宽的中央束组成;束,又常常分裂成 2~4 条不明显的次级束。树脂体不存在。气孔纵向分布,单唇式,保卫细胞下陷在一个由 4~8 个副卫细胞形成的穴内。

分布与时代:主要分布于英国、西伯利亚以及中国,中侏罗世—早白垩世。

东方似管状叶 *Solenites orientalis* Sun et Zheng,2001

特征:叶,线形,约 11 枚,不分叉,簇生在短枝上,长 10~13mm,宽约 1mm,顶端钝尖;叶脉不清;气孔纵向排列,近椭圆形,单唇式,大小近于 60μm×45μm(图 3-232,3)。

产地及层位:辽宁省北票市上园镇黄半吉沟,下白垩统义县组尖山沟层。

拟刺葵属 *Phoenicopsis* Heer,1876

分类:茨康目的营养叶。

特征:叶线形,不分裂,无柄,6~20 枚叶常簇生在一个带有鳞片状小叶的短枝上。叶长可达 20cm,宽约 0.2~2cm,一般除其下部向叶基略收缩外,中上部的宽度没有大的变化,顶端钝或钝圆形。叶脉一般较为清楚,平行,每个叶片含叶脉从数条到 20 条。有的种在两条叶脉之间具有间细脉,角质层情况不明。

分布与时代:西伯利亚、东亚、中亚、欧洲以及北极地区,晚三叠世—晚白垩世。

窄小拟刺葵 *Phoenicopsis angustissima* Prynada,1962

特征:叶,呈线形,或窄线状披针形;叶片不分叉,簇生于带有鳞片状的短枝上,长 10~12cm,宽 1.5~2mm,向基部缓缓变窄,每个叶片含近于平行的叶脉 4~5 条。表皮构造不明(图 3-233)。

产地及层位:辽宁省义县头道河子乡金家沟、王油匠沟,下白垩统义县组砖城子层。

八、种子植物:松柏纲(Conifropsida)

南洋杉属 *Araucaria* Jussieu,1789

分类:松柏纲南洋杉目南洋杉科(Araucariaceae),现生自然属。

特征:本属同现生的南洋杉科的特征一致。

分布与时代:南洋杉科仅含两个现代属,即南洋杉属(*Araucaria*)和贝壳杉属(*Agathis*),共 40 余种,主要分布于南半球的热带和亚热带地区。但该科的化石在中生代的中、晚期曾经广布于南、北两半球。

图 3-233 窄小拟刺葵(据孙革等,2001)

Fig.3-233 *Phoenicopsis angustissima*(after Sun Ge et al.,2001)

北票南洋杉 *Araucaria beipiaoensis* Zheng,Zhang,Zhang etYang,2008

特征:接近成熟期的全矿化的种子球果,卵圆形,或椭圆形,长 11mm,横切面为 7cm×4.5cm。球果的外表特征:由螺旋状排列的木质苞片组成;苞片为菱形,两侧边带翼,顶端具有一个叶片状的可分离的尖顶,外表面上具有很多的腺毛。在内部构造中,种鳞复合体由苞鳞、珠鳞,以及胚珠/种子组成。珠鳞较薄,在侧向上,珠鳞的大部分同苞片融合,仅在顶端同苞片分离,这个分离部分被称为"叶舌"。每个珠鳞含有一枚不具翼的胚珠/种子,种子深埋于珠鳞的组织之中。种子为伸长的倒卵形,长约 1cm,在种子的中上部,直径约 3mm;珠孔指向球果轴。胚珠/种子由 3 层组织构成,即肉质果皮、硬果皮以及内种皮,其中硬果皮最厚,由纤维状的硬细胞组成。珠心除了在合点上以外,同珠被是分离的。在珠心内部可见到雌配子体,雌配子体内含有具 4 个子叶的胚(图 3-234)。

产地及层位:辽宁省北票市长皋乡蛇不歹,中侏罗统髫髻山组蛇不歹层。

似南洋杉属 *Araucarites* Presl,1888

分类:可能属于南洋杉科的雌球果及其果鳞的压型化石。

特征:此属仅适用于同南洋杉科相似的雌球果及其分离保存的果鳞,但内部构造及表皮特征不明。

分布与时代:分布于南、北两半球,中、新生代。

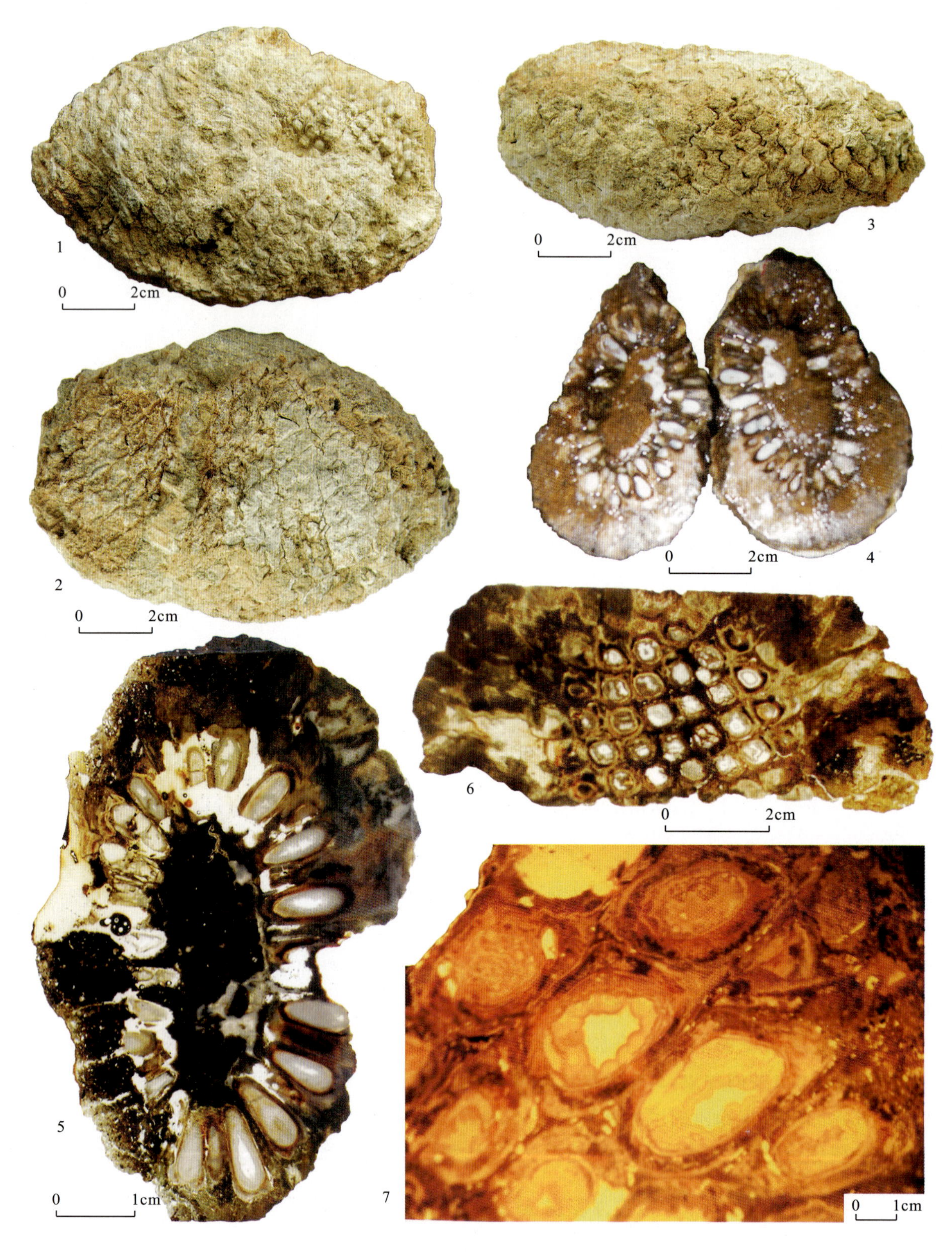

图 3-234 北票南洋杉(据郑少林等,2007)

Fig.3-234 *Araucaria beipiaoensis* Zheng,Zhang et al.(after Zheng Shaolin et al.,2007)

1—3.球果侧视;4,5.横切面,示腐烂的果轴,已被泥砂充填;6.弦切面;7.放大的弦切面

1—3.Cone in lateral views;4,5.Transverse sections: Showing decayed cone axial fill with silts;6.Longitudinal section;7.Enlarged longitudinal section

较小似南洋杉 *Araucarites minir* Sun et Zheng,2001

特征:单独保存的雌球果,卵圆形或椭圆形,长约 1.5cm,宽 1.3cm,着生于一个粗壮的小枝末端。球果由许多呈螺旋状排列的菱形苞片组成。菱形苞片的顶端具有一个向后反弯的尖顶,两侧边带翼。内部构造和角质层的情况不明(图 3-235)。

产地及层位:辽宁省北票市上园镇黄半吉沟,下白垩统义县组尖山沟层。

图 3-235　较小似南洋杉(据孙革等,2001)

Fig.3-235　*Araucarites mini* Sun et Zheng(after Sun Ge et al.,2001)

短叶杉属 *Brachyphyllum* Brongniart,1828

分类:松柏纲,分类不明的带叶小枝,或有时同雌、雄性球果联合,但属于内部构造不清的压型化石。其中有一部分可能属于南洋杉科,或掌鳞杉科。

特征:带叶小枝,小枝互生位于一个平面上;叶呈鳞片状,贴生,质地较厚,顶端尖或钝圆,叶的上、下表面几乎不显示龙骨状;叶呈螺旋壮排列,基部为菱形、正三角形或六边形,叶片顶端的自由部分小于整个叶的长度。

分布与时代:世界各地,晚三叠世—白垩纪,在北美可见于晚二叠世。

长穗短叶杉 *Brachyphyllum longispicum* Sun et Zheng,2001

特征:松柏类的带叶小枝,不规则地分枝多次,长可达 7cm 以上,最宽的枝,宽可达 5mm;末级小枝,宽约 1mm,顶端钝圆形;枝上有贴生于其上的菱形小叶,在较宽的枝上,可见 2+3 的叶序,而在先端较窄的枝上,叶多呈纵向伸长的菱形;在小枝的末端上保存有雄性球果;球果呈伸长的圆锥形,长可达 2cm 以上,基部最宽处约 8 mm,向上逐渐变窄,果鳞呈叠瓦状排列,远轴面扁平,近轴面可能包藏有花粉囊,但其详细构造和花粉粒的情况不明(图 2-52,1,2)。

产地及层位:辽宁省北票市上园镇黄半吉沟,下白垩统义县组尖山沟层。

松型球果属 *Pityostrobus* (Nathorst) Dutt,1916

分类:松柏纲松柏目松科的雌性球果。

特征:雌性球果,具有覆瓦状排列的果鳞,同现代松科的球果相似,多数具有退缩的苞鳞;果鳞,主要由种鳞复合体的营养鳞片发育而成,成熟时多数为木质的,每个果鳞通常含有两枚具翼的倒生种子。

分布与时代:北半球各地,中生代至新生代。

义县松型球果 *Pityostrobus yixianensis* Shang,Cui Li,2001

特征:雌球果,圆筒形,长至少为7.13cm,直径为2~3cm。球果轴的直径约5~6mm,被螺旋状排列的珠鳞和它们的腋生苞片包围。髓腔是由硬壁组织和薄壁组织细胞组成。维管圆筒厚约0.8mm;射线多为单列,细胞同质,大约为1~8个细胞高;树脂道存在于次生木质部中。皮层厚约1mm,内层由厚壁的薄壁细胞组成,大约含有20个树脂道;外层由硬壁组织细胞组成。苞片迹,圆柱状,而鳞片迹,在横切面中则为马蹄形。苞片长约6mm,同鳞片融合的长度约0.7mm,在边缘上同鳞片分离,含有两个树脂道;苞片扩展进入鳞片并逐渐缩小。鳞片长14mm,宽13mm。树脂道在鳞片基部的远轴边和近轴边,并直到维管迹;两个近轴边的树脂道,最后逐渐消失;远轴边的树脂道分枝,并首先形成很多树脂道排列成一行,在远轴边到维管迹,然后分裂并弯曲通过维管迹,形成一个类似的近轴行。两个反转的带翼种子在每个鳞片的近轴面上;在种子膜中树脂腔和种脐不存在。具双囊的花粉粒,被发现于种子中。

产地及层位:辽宁省义县红墙子,下白垩统沙海组下部(图3-236)。

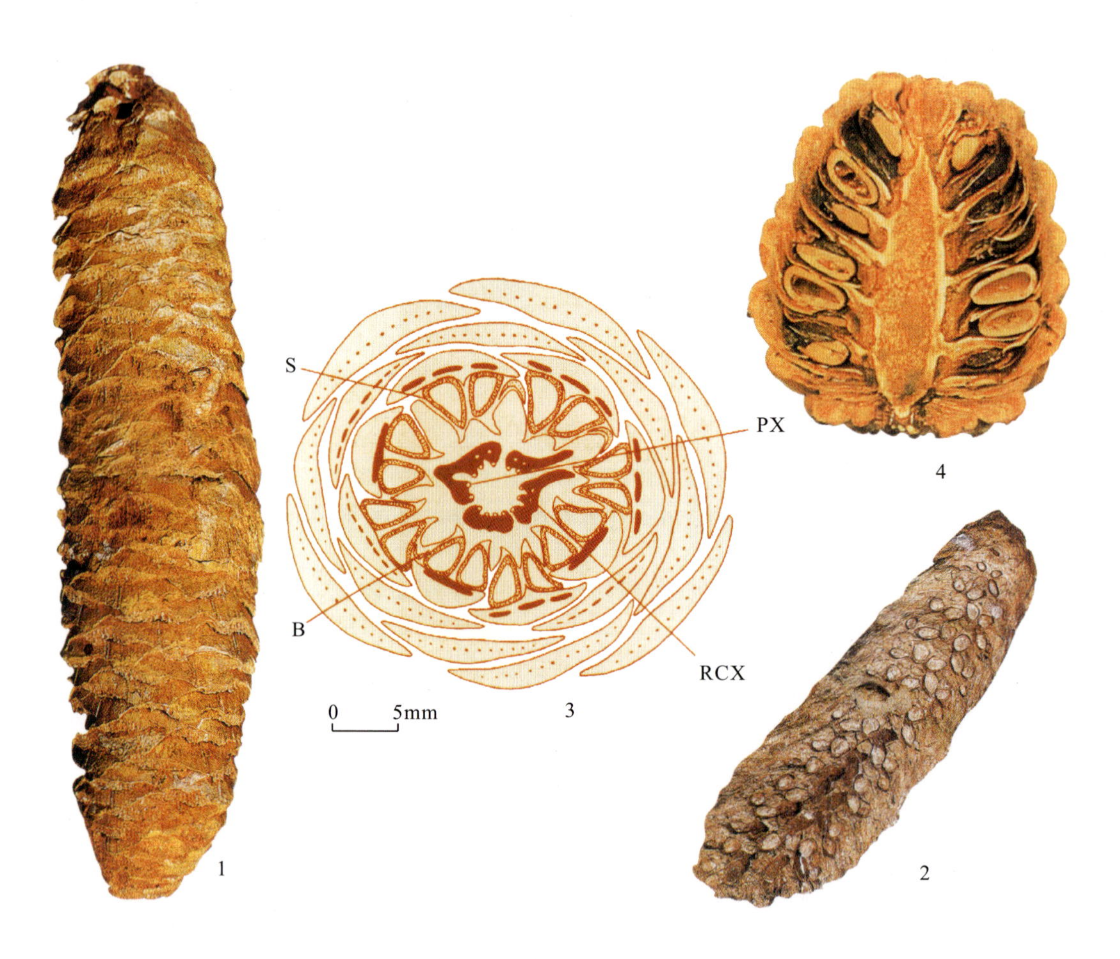

图3-236 义县松型球果(1,2,4据张和,2001;3据Shang H et al.,2001)

Fig.3-236 *Pityostrobus yixianensis*(1,2,4 after Zhang He,2001;3 after Shang H et al.,2001)

1,2.义县松型球果化石;3.义县松型球果横切面线条图:B.苞叶,S.种子,PX.初始木质部,RCX.二级木质部的树脂道;4.未定种的松型球果纵切面

1,2.Fossils of cones;3.Line drawing of transverse section of the cone:B=Bract,S=Seed,PX=Primary xylem,RCX=Resin canal of secondary xylem;4.Longitudinal section of *Pityostrobus* sp.

拟三尖杉属 *Cephalotaxopsis* Fontaine,1889

分类:松柏纲三尖杉目三尖杉科(别名粗榧科)。

特征:带叶小枝,排列不规则,在主枝上互生,在枝顶聚集,呈帚状或伞形;小枝基部有发育的芽鳞或芽鳞痕;叶,两列状,或排列在一个平面上,扁平,顶端具小尖,基部下延到枝上,并形成叶枕;中脉粗,直达叶顶端,叶背面中脉两侧各具一条清楚的凹沟(气孔带),叶的角质层较厚,上、下表皮细胞在叶脉上和叶的边缘为长方形,细胞的垂周壁弯曲;下表皮的气孔带,窄,角质化;气孔单唇单环式。雄球花多个,并聚集成头状,基部有苞片,以一个短柄着生于轴两侧的叶腋中;雌球花,可能为核果状或坚果状。

分布与时代:东亚、南亚以及北美,晚侏罗世—早白垩世。

中国拟三尖杉 *Cephalotaxopsis sinensis* Sun et Zheng,2001

特征:带有雄性球花和叶的枝,成宽线形,保存长度约16cm以上,枝宽6~7mm;叶,呈螺旋状着生,基部扭曲,排成两列,线形,坚直,几乎以直角同枝轴相交,长4~5cm,宽2~3mm,基部下延,并形成叶枕;雄球花聚集成头状,近圆形,直径4~6mm,着生于枝轴两侧的叶腋中(图3-237,1)。

产地及层位:辽宁省北票市上园镇尖山沟,下白垩统义县组尖山沟层。

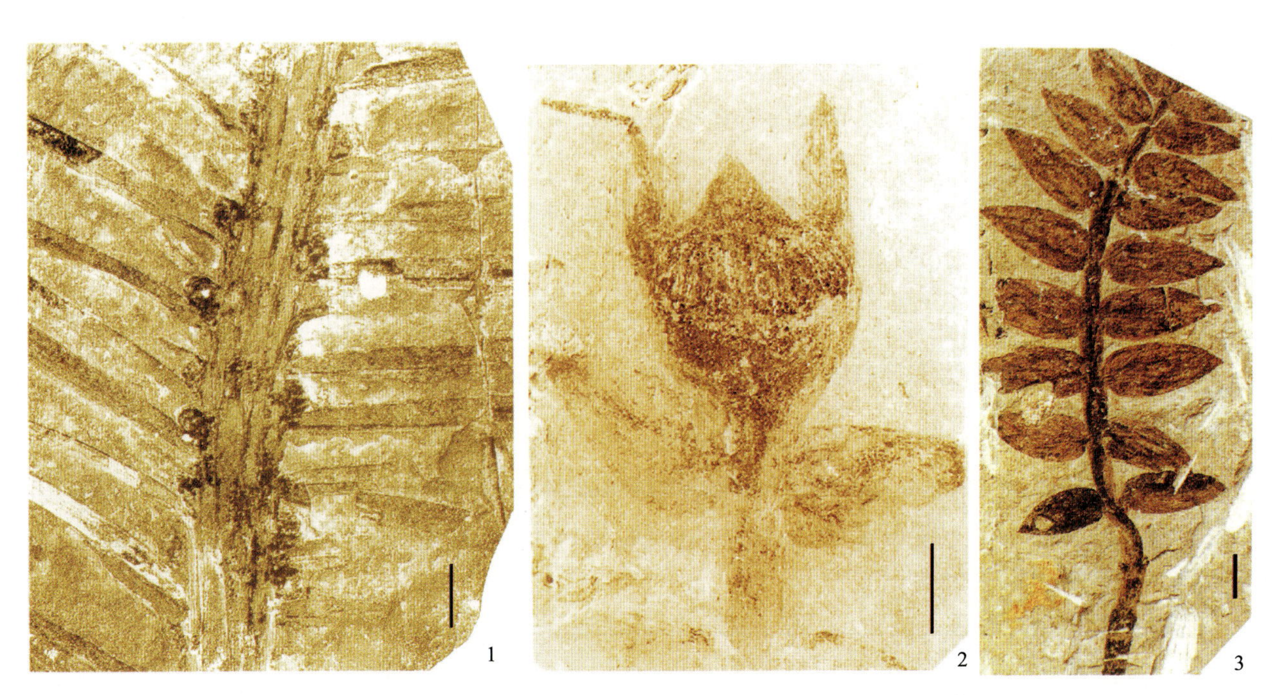

图3-237 中国拟三尖杉和热河似罗汉松(1,3据孙革等,2001;2据吴舜卿,1999)

Fig.3-237 *Cephalotaxopsis sinensis* and *Podocarpites reheensis* (1,3 after Sun Ge et al.,2001;2 after Wu Shunqing, 1999)

1.中国拟三尖杉 *Cephalotaxopsis sinensis* Sun et Zheng;2,3.热河罗汉松 *Podocarpites reheensis* (Wu) Sun et Zheng:2.雌球花 Female cone;3.带叶枝 Foliate shoot;线段比例尺:5mm,scale bars:5mm

似罗汉松属 *Podocarpites* Andrae,1855

分类:松柏纲罗汉松目罗汉松科(Podocarpaceae)的枝、叶和果实。

特征：同现代罗汉松属(*Podocarpus*)相似的枝、叶化石。叶，交互对生，排列成两行，质地较厚，或革质状，狭卵形或卵状披针形；无中脉，但有许多并列的弧形细脉；雄球花穗状，常分枝；种子核果状，全被一个肉质套被所包裹。

分布与时代：中国，早白垩世。

热河似罗汉松 *Podocarpites reheensis* (Wu) Sun et Zheng, 2001

1999 *Lilites reheensis* Wu：吴舜卿，23 页，图版 18，图 1，1a，2，4，5，7，7a，8A)。

2001 *Podocarpites reheensis* (Wu) Sun et Zheng，100 页。

特征：同现代罗汉松科相似的带叶小枝，保存长度至少为 7cm，宽为 3～4cm；叶，革质状，卵状披针形，近对生排列成两行；典型的叶，长 1～1.5cm，最宽处位于叶的中、下部，宽为 3～4mm，顶端尖，基部收缩成圆形，并以一个短柄着生；柄，下延，呈不明显的叶枕；无中脉，但有从基部发出的并列弧形细脉聚交于叶的顶端。雌球花，单生于叶腋中，近圆形，顶端微凸；种子全被包裹在一个肉质套被中(图 3-237，2、图 3-237，3)。

产地及层位：辽宁省北票市上园镇黄半吉沟，下白垩统义县组尖山沟层。

辽宁枝属 *Liaoningocladus* Sun, Zheng et Mei, 2000

分类：松柏类的枝、叶，以及果实，进一步分类位置不明。

特征(被修订)：枝，分长枝和短枝；长枝粗大，短枝很多，其上簇生许多带叶的小枝，小枝细长；叶，呈螺旋状生于枝上，披针形，顶端尖或钝尖形，基部微微收缩并下延，似呈半抱茎状；叶脉明显，平行，每个叶片含有叶脉 6～10 条，聚交于叶的顶端。雄球果，长椭圆形，以一个长柄着生在短枝上的带叶小枝之间。雌球果，呈疏松的穗状，着生于带叶小枝的末端。果穗细长，苞鳞很短，似呈鸟喙状，向上弯曲，呈螺旋状排列在果轴上，苞鳞的近轴面可能含有胚珠/种子。

分布与时代：中国辽宁省西部，早白垩世。

薄氏辽宁枝 *Liaoningocladus boii* Sun, Zheng et Mei, 2000

特征：种的特征与属相同。此外，雄球果为长椭圆形，大约 2cm×1cm，由许多苞鳞组成，以一长柄(长约 1.5cm，宽 1～1.5mm)着生于短枝上；雌球果呈疏松的穗状，长可达 12cm，宽为 5～6mm；果穗轴，宽约 2mm，向上缓缓变细；果鳞呈鸟喙状，微向上弯，在果鳞的近轴面中，似含有胚珠/种子，但详情不明(图 3-238)。

产地及层位：辽宁省北票市、凌源市等地，下白垩统义县组尖山沟层以及大新房子层。

图 3－238 薄氏辽宁枝(据吴启成等,2002)

Fig.3－238 *Liaoningocladus boii* Sun,Zheng et Mei(after Wu Qicheng et al.,2002)

第四章 地质–生态环境

第一节 燕辽生物群的地质–生态环境

一、区域构造环境

晚古生代末期，华北板块向北位移，与西伯利亚板块靠近，蒙古–鄂霍次克地区逐步发展成大海湾，受南北向挤压作用，洋壳最终消减完毕，华北板块与西伯利亚板块开始对接、碰撞，形成兴蒙造山带（图4-1）。至早中生代，这种对接、碰撞在对接带的东段可能还在持续，与此同时，三叠纪时期（244～209Ma.），郯庐断裂中南段发生了大规模的左行平移（陈宣华，王小凤等，2000），古太平洋板块向北西或北北西方向俯冲，这些都对冀北–辽西地区形成了侧向挤压。两大板块南北对接形成的南北向挤压与侧向挤压共同作用，导致包括研究区在内的中国东部快速隆升，并形成高原。在高原隆升的基础上，区内出现了早期山间凹陷盆地，局部地区出现了挤压逆冲断裂（如郭家店盆地），但地貌总体起伏相对较小。

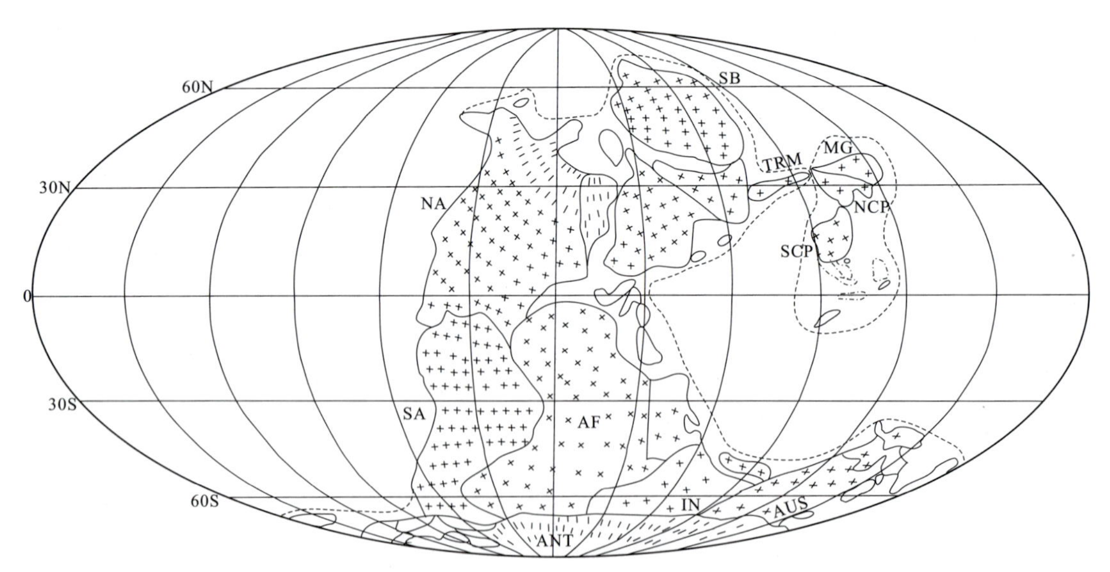

图4-1 三叠纪时期主要陆块的古地理位置（据程国良，1995，略加修改）

Fig.4-1 Paleogeographic Positions of main continental blocks in Triassic (after Cheng Guoliang, 1995, slightly revised)

SA.南美板块；AF.非洲板块；ANT.南极洲板块；AUS.澳大利亚板块；IN.印度板块；MG.蒙古褶皱带；NA.北美板块；NCP.华北板块；SB.西伯利亚板块；SCP.华南板块；TRM.塔里木地块

SA.South America Plate; AF.Africa Plate; ANT.Antarctica Plate; AUS.Australia plate; IN.India Plate; MG.Mongolia Fold belt; NA.North America plate; NCP.North China Plate; SB.Siberia Plate; SCP.South China Plate; TRM.Tarim Block

晚三叠世时期，本区处于地壳快速上升后的松弛、拉伸构造环境，岩石圈底侵作用已经开始，但形成的火山喷发规模有限，仅在部分地区形成了火山碎屑岩；在少量的山间火山间歇盆地形成了类磨拉石(含煤)沉积。底侵作用所形成的弱伸展与板块挤压所产生的燕山运动第一幕交替出现。碱性杂岩和基性—超基性侵入岩开始出现，并沿蒙古弧方向展布，标志有地幔柱作用(邵济安，1997)。

中侏罗世是燕辽生物群孕育发展时期。这一时期，华北板块与西伯利亚板块延续了先期的对接挤压状态，而华北板块与华南板块的碰撞也在进行中(图4-2)，研究区总体处于北西—南东方向的挤压背景之下，但仍有间歇性的伸展作用，盆地类型逐渐由小型凹陷盆地向大型凹裂盆地演化，北东向展布的高原盆岭构造格局已经显现，古地貌高差逐步加大，剥蚀速度逐步加快，盆地内充填的沉积物以河湖相为主，粒度较粗，分选性和成熟度都比较低，但是局部出现沼泽相，总体属于类磨拉石沉积。在这一时期，岩石圈底侵作用进一步显现，火山作用强度、旋回性加强，在区内形成了兴隆沟火山旋回和髫髻山火山旋回。

在此期间，全区经历了挤压(印支运动)—弱伸展(兴隆沟组火山岩)—较小的挤压(燕山运动第一幕)—弱伸展(髫髻山组火山岩)等构造运动。

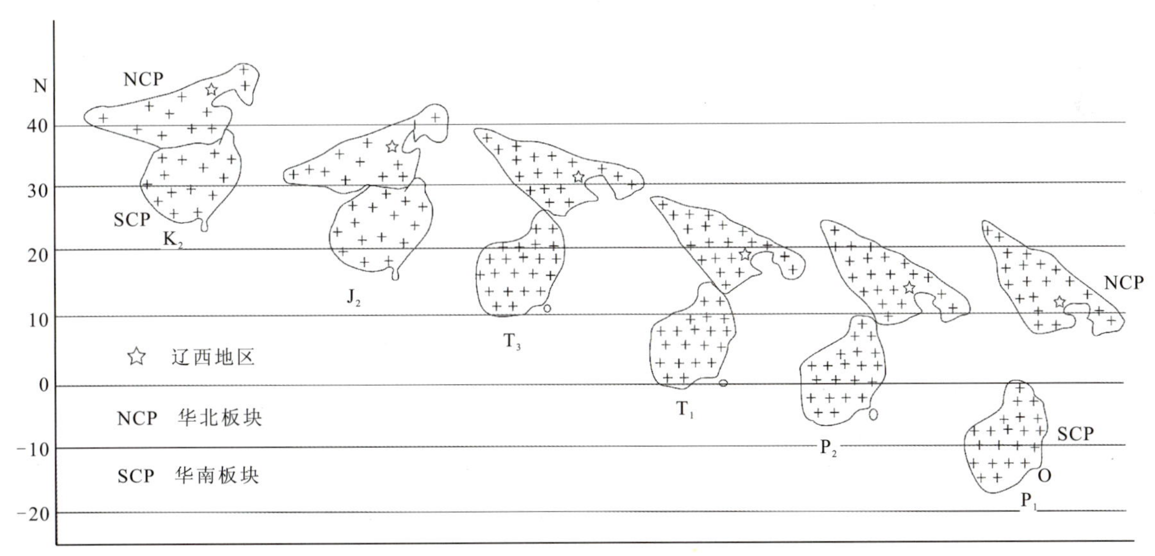

图4-2 华北板块与华南板块对接过程中辽西地区的位置变化

Fig.4-2 Position changes of western Liaoning region during collision process between North China Plate and South China Plate

NCP.North China Plate；SCP.South China Plate；Five.star marks indicate positions of western Liaoning region in geohistory

(据程国良，1995，略加修改)(after Cheng Guoliang，1995，slightly revised)

二、盆地充填记录与沉积环境

三叠纪—早侏罗世时期，区内代表性盆地有小寺沟盆地、西大营子盆地、郜集屯盆地、羊草沟盆地等，分别充填了杏石口组、红砬组、后富隆山组、老虎沟组和羊草沟组，充填地层底部与元古宙地层呈角度不整合接触，与古生代地层呈平行不整合接触。早期充填的岩性以中粒、中粗粒砂岩、含砾砂岩和砾岩为主体，沉积环境以河流相、冲积扇相为主，其次为滨浅湖相沉积，属于类磨拉石充填系列；晚期充填的岩性以含砾砂岩为主，间夹炭质页岩和煤线，空间位置上为盆地边缘，沉积环境以滨浅湖相为主，其次为河口冲积扇相，局部为沼泽相，属于类磨拉石含煤充填序列。

早中侏罗世时期，区内代表性盆地有金岭寺-羊山盆地、北票盆地、汤神庙盆地、热水汤-道虎沟盆地、三十家子-党坝盆地。其中,北票盆地充填序列比较齐全,既有早期兴隆沟火山旋回形成的中基性火山岩——兴隆沟组、河流-滨浅湖-沼泽环境形成的含煤地层——北票组,冲积扇-滨湖-湖泊三角洲相为主体的粗碎屑沉积地层——海房沟组,还有髫髻山火山旋回形成的中性—中酸性火山岩——髫髻山组。这些充填物分别属于大陆火山岩序列、大陆-火山沉积序列和类磨拉石含煤沉积序列。其他盆地的充填序列多以髫髻山火山旋回形成的髫髻山组为主体,其次为少量的海房沟组。在盆地充填序列的顶部往往被土城子组平行不整合覆盖。

(一)三叠纪—早侏罗世时期盆地充填记录

三叠纪—早侏罗世时期,在总体挤压背景下,形成了系列凹陷盆地。盆地主要充填了类磨拉石沉积序列和类磨拉石含煤沉积序列,前者以红砬组和后富隆山组最具代表性,后者以羊草沟组为代表。它们的形成环境总体上反映了燕辽生物群发育之前的环境背景。

1. 类磨拉石沉积序列

1) 红砬组(T_1h)

红砬组主要分布于南票区大红砬、郃集屯,朝阳蝴蝶沟、樱桃沟等地,在南票区红砬组下部为灰色、灰紫色中细粒长石石英砂岩与暗紫色泥质粉砂岩(底部有少量石英岩质砾岩),中部为灰色中细粒长石石英砂岩,上部为紫灰色中粒长石岩屑杂砂岩。在朝阳地区红砬组下部为灰紫色、灰白色中粗粒岩屑长石砂岩、灰紫色粉砂岩夹中细砾复成分砾岩,上部为紫灰色、灰紫色中细砾复成分砾岩和紫灰色(含砾)中粗粒岩屑砂岩。

比较之下,南票地区红砬组下部为冲积扇-滨浅湖沉积环境,上部为辫状河环境,而朝阳地区未出露底部砾岩,以浅湖相沉积环境为主,上部发育大量砾岩为辫状河-冲积扇相沉积环境。

2) 后富隆山组(T_2h)

后富隆山组主要分布于朝阳蝴蝶沟、樱桃沟等地及南票大红石砬子一带,下部以砾岩为主,沉积环境为冲积扇,上部为砂岩、粉砂岩组合,沉积环境以辫状河为主,局部为冲积扇及洪泛区。该组地层厚度在南北两地变化巨大,南部仅31.0m,北部猛增到602.6m以上,这与河流沉积的不均一性有关。

2. 类磨拉石含煤沉积序列

羊草沟组(T_3J_1y)

羊草沟组分布于北票市羊草沟及坤头波罗东山。该组地层含有丰富的植物化石,沉积厚度为539.4m,沉积环境为内陆湖盆边缘、滨浅湖、冲积扇及局部沼泽。湖盆演化表现出3个阶段,在三叠纪盆地演化的基础上,早期湖盆已具雏形,盆缘碎屑物供给量较大,以冲积扇形式快速堆积了粗碎屑砾岩、含砾砂岩;中期湖盆进一步扩展,开始沉积滨浅湖相砂岩、粉砂岩和沼泽相炭质泥页岩,粒度逐渐由粗到细,水体逐渐加深,直至出现静水沼泽环境;晚期湖盆逐渐萎缩,韵律性地沉积了几套由粗到细的岩层(即由含砾杂砂岩到砂岩、粉砂岩),沉积物的总体演化趋势是由细到粗,水体逐渐变浅,滨湖相沉积逐渐退居次位,冲积扇相沉积渐为主位。

(二)早中侏罗世时期盆地充填记录

早中侏罗世是区内盆地发育时期,以凹裂盆地为主,区内构造环境处于伸展、挤压、再伸展的背景下,分别充填了大陆火山岩序列、类磨拉石含煤沉积序列和大陆火山-沉积序列。大陆火山岩序列以兴隆沟组为代表，类磨拉石含煤沉积序列以北票组和海房沟组为代表，大陆火山-沉积序列以髫髻山组为代表。其中，海房沟组和髫髻山组为燕辽生物群发育时期形成的主要地质实体，海房沟组含有大量燕辽生物群化石。

1. 大陆火山岩序列

兴隆沟组(J_1x)

兴隆沟组主要分布于北票市兴隆沟—三宝四坑一带，另外在南票区兴隆屯和朝阳县西沟里、段木头沟也有零星分布，是一套中基性熔岩及其碎屑岩的岩石组合，溢流相岩石与爆发相岩石交替出现，岩性以安山质角砾熔岩、安山岩、玄武安山岩、玄武岩为主。局部地区火山喷发间歇期有较薄的砾岩和砂岩，厚度变化在130～500m之间。

2. 类磨拉石含煤沉积序列

1）北票组(J_1b)

在北票盆地的充填序列及环境特征自下而上为：

(1)冲积扇、泥石流沉积的黄褐色砾岩，泥炭沼泽和滨浅湖沉积的可采煤层及砂岩、粉砂岩与页岩。

(2)河流与河流三角洲沉积的黄褐色砾岩与砂岩、粉砂岩互层。

(3)滨浅湖、沼泽沉积的黄褐色、黄白色砂岩、粉砂岩、页岩夹煤层。

(4)浅—半深湖沉积的黄褐色、灰黑色砂岩、粉砂岩、纸片状页岩和黑色泥岩。

其中，沼泽相沉积地层中含有大量植物、孢粉化石，湖相沉积地层含植物、孢粉、双壳类、鱼类、昆虫和较少的介形类化石。

冀北地区下花园组沉积组合虽与辽西北票组类似，但前者充填序列比较简单，自下而上为河流与沼泽相(含泥炭沼泽)和滨浅湖相沉积，产双壳类、叶肢介、昆虫、植物化石，含煤程度略差。

2）*海房沟组*(J_2h)

海房沟组分布于众多早中生代火山间歇盆地内，下部以偶夹薄层凝灰岩的粗碎屑沉积为主，上部以细碎屑夹粗碎屑沉积为主，总体表现为河流、湖泊和少量沼泽的沉积环境(图4-3)。

辽西海房沟组在内陆山间盆地的充填序列及环境特征自下而上为：

(1)由多期冲积扇叠置而成的黄灰色、灰白色复成分砾岩，火山岩质砾岩，石英岩质砾岩，偶夹远火山口相凝灰岩和山间洼地细碎屑沉积岩，含植物和昆虫化石。部分地区为河流、沼泽，间有泥炭沼泽形成的含煤沉积。厚度200m左右。

(2)浅湖沉积的褐灰色、黄灰色粉砂岩、泥岩、页岩夹多层冲积扇远端的滨湖沉积——褐黄色细砾岩与粗砂岩，含大量植物、昆虫、双壳类及少量鱼化石，厚度50～100m。

(3)河流与冲积扇沉积的黄灰色砾岩与粗砂岩，厚度20～40m。

冀北地区九龙山组以红色或紫色碎屑沉积为主，厚度50～320m，与下伏的下花园组呈平行不整合接触。其充填序列及环境特征自下而上为：

(1)冲积扇沉积的灰紫色、浅褐色砾岩夹薄层砂岩，厚度约40m。

(2)河流与洪泛平原沉积的肝紫色、紫红色粉砂岩夹多层砂岩和砾岩，顶部砾岩较发育，总厚近200m。但少数盆地可以出现浅湖相沉积的灰绿色粉砂质泥岩、粉砂岩夹黄褐色粗砂岩，含双壳类、叶肢介、介形类和昆虫化石，厚度200余米。

图4-3 海房沟期燕辽生物群生态环境

Fig. 4-3 Ecological environment of Yanliao biota in Haifanggou age

3. 大陆火山-沉积序列

髫髻山组(J_2t)

在冀北和辽西地区广泛分布，岩性以中性火山熔岩及火山碎屑岩为主，间夹基性火山岩，上部为英安岩、流纹岩和流纹质凝灰角砾岩，可以出现沉积夹层。但是，不同地区火山岩发育程度不一样，沉积夹层多寡也不同，通常酸性火山岩仅在部分盆地发育，沉积夹层在1～6层之间，总厚 300～1800m。

在北票盆地，髫髻山组出现了一次较长的火山喷发间歇期，形成了厚度近132m 的安山岩质砾岩和凝灰质砂岩，沉积环境为河流相或洪水泛滥平原沉积。

在金岭寺-羊山盆地，髫髻山组充填序列及环境特征自下而上为：

(1)黄褐色、灰褐色多斑安山岩、灰紫色安山岩和安山质角砾熔岩，环境表现为强烈的中性火山爆发，岩浆溢流。

(2)火山间歇期形成的黄褐色凝灰质胶结复成分砾岩、砂质砾岩夹凝灰质粉砂岩、浅灰色流纹质凝灰岩、土黄色细粒岩屑长石砂岩、砂质砾岩、灰褐色复成分沉火山角砾岩。其中产有大量的硅化木化石(图4－4)，主体沉积环境为河流冲积，局部为洪水泥石流、沼泽和泥炭沼泽，断续有火山作用形成的火山碎屑流和火山灰沉降。

图 4－4　产于髫髻山组地层中的硅化木化石

Fig.4－4　Silicified wood fossils of Tiaojishan Formation

(3)火山溢流相浅灰紫色英安岩及英安质角砾熔岩、灰白色流纹岩，爆发相流纹质角砾凝灰岩，环境表现为强烈的酸性火山爆发和火山溢流。

在凌源盆地，髫髻山期的充填序列也具有 3 个层次，但火山间歇期形成的地层为砂砾岩、砂岩、凝灰粉砂岩夹粉砂质凝灰岩、沉凝灰岩。在热水汤无白丁村东，灰白色薄板状沉凝灰岩中产有蝾螈、鱼类、昆虫和植物化石，沉积环境为浅湖相。

三、气候

大陆古地磁资料(程国良，1995)显示，中生代初期(T_1—T_2)的辽西地区位于北纬 19°～23°，相当于现代热带气候带；中生代中期，早侏罗世辽西地区位于北纬 30°左右，属于现代亚热带—暖温带气候带，中侏罗世位于北纬 35° ~ 37.5°(图 4－5)，相当于现代暖温带—温带气候带。但是，从全球古植物的分布特征来看，中侏罗世全球气温比现代高得多，比如，在古纬度 63°(S)附近的 Grahamland 和 75°(N)附近的 New Siberian Islands 都发现了丰富的侏罗纪植物群(赵锡文，1988)。因此可以推测中侏罗世时的亚热带、暖温带、温带气候带的纬度范围要比现代的纬度范围宽，而冷温带和寒带的纬度范围可能比现代窄，也就是说，如果拿现代气候带的温度与植物群特征为标准，当时的亚热带与暖温带界线、暖温带与温带界线、温带与冷温带界线都相应地往高纬度迁移了。

从构造角度来看，中生代早期到中期，华北板块与西伯利亚板块已经对接，与华南板块也已经发生了碰撞，这种南北夹击式的对接，使得华北板块南北边缘都形成了高耸的地带，东侧邻海，中间形成广阔的内陆湖盆，这种状况一直到中生代晚期（K_1—K_2）才得以改变。因此，从中生代早期到中期，华北板块大部分地域保持着内陆大陆性气候和邻海季风性气候，总体为湿热—温暖潮湿环境。但在北侧高原地区，由于大陆持续碰撞，地势逐渐高耸，加之板块漂移、碰撞作用，从早期到晚期古纬度渐高，中侏罗世时气候逐渐为高原性的内陆湖盆气候，受封闭的区域地形控制，总体高温潮湿。

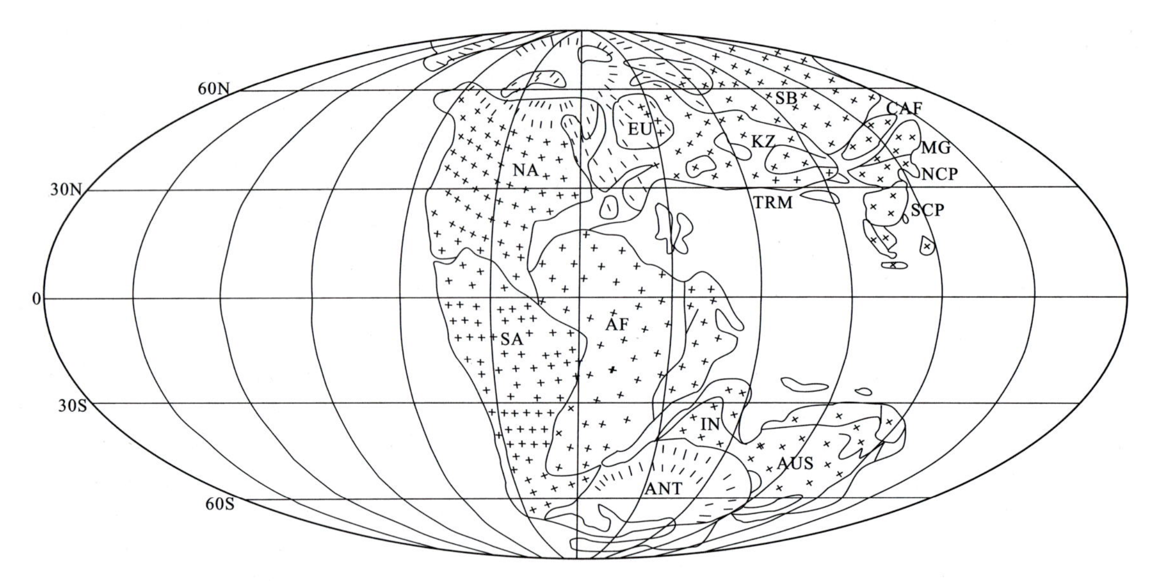

图 4－5　中侏罗世时期主要陆块的古地理位置

Fig.4－5　Paleogeographic positions of main continental blocks in Middle Jurassic

AF.非洲板块；ANT.南极洲板块；AUS.澳大利亚板块；CAF.中亚褶皱带；EU.欧洲板块；IN.印度板块；KZ.哈萨克斯坦板块；MG.蒙古褶皱带；NA.北美板块；NCP.华北板块；SA.南美板块；SB.西伯利亚板块；SCP.华南板块；TRM.塔里木地块

AF.Africa Plate；ANT.Antarctica Plate；AUS.Australia Plate；CAF.Central Asia Fold Belt；EU.Europa Plate；IN.India Plate；KZ.Kazakstan Plate；MG.Mongolia Fold Belt；NA.North America plate；NCP.North China Plate；SA.South America Plate；SB.Siberia Plate；SCP.South China Plate；TRM.Tarim Block

（据程国良，1995，略加修改）(after Cheng Guoliang，1995，slightly revised)

从区内植物组合来看，燕辽生物群发育之前的早侏罗世植物群以银杏纲最为繁盛，其次为真蕨纲和针叶类的松柏纲植物，总体反映了一种温暖潮湿，略显凉爽的气候条件，但局部地段可能湿热，是一种有利于成煤的环境。早侏罗世晚期，本内苏铁类的分异度明显增加，说明气候开始向较湿热环境转变。

燕辽生物群在海房沟期开始发育，其中，植物群的群落组合以喜湿热的本内苏铁类和松柏类占首位，其次为喜温湿真蕨类，本内苏铁的分异度增加。说明古气候环境已由早侏罗世喜温湿真蕨类、银杏类占绝对优势及苏铁类以亲煤的 *Nilssonia* 属为代表，松柏类居次要地位的温暖潮湿的成煤环境，转变为中侏罗世高温潮湿的环境，对成煤产生不利的影响，致使海房沟组沉积中多为不可采的薄煤层，局部地区有少量红杂色沉积；到髫髻山期生态环境已经转变为火山喷发环境，虽然植物群中喜温湿的亲煤分子 *Nilssonia* 仍有 4 种之多，但耐干热的本内苏铁的丰度和分异度均有大幅度的上升，其中出现了 *Zamites*，*Zamiophyllum*，*Ptilophyllum*，显示一种较为干热的气候环境。

燕辽孢粉植物群与北票组孢粉植物群有明显的继承性。其中蕨类植物有所增长，组成分子也有所变化，并以热带—亚热带潮湿气候下发育的桫椤、紫萁属为主体，而主要生长在热带的蚌壳蕨科植物稍有增加，但是它们都被热带—亚热带的罗汉松、暖温带的松科等常绿乔木森林所覆盖，仍然显示一种潮湿的亚热带气候。然而喜干热的掌鳞衫科的 *Classopollis* 有所增长，特别在髫髻山组中与松科平行发展，表明当时气候应该更干热一些。

此外，该时期的叶肢介普遍为个体较小的 *Euestheria*（真叶肢介）群，反映气候环境已经从早侏罗世亚热带—温带半潮湿、潮湿气候转变为该期的热带、亚热带的半干旱气候。

四、生态

（一）植物生态

在燕辽生物群中，针叶植物和草本植物分别占生态群落中植物总数的35%左右，常绿阔叶植物占4.1%～13.7%；灌木植物占2.4%～4.2%；落叶阔叶植物占12%左右。这些植物被进一步区分为湖边-湿地型群落、低地型群落和高地型群落。

湖边-湿地型群落分布于盆地内部湖泊及河流边缘的潮湿地段，主要由喜湿的石松纲及楔叶纲植物组成，属于低矮的草本类型，垂直结构不明显。低地型群落分布于盆地内部地形较缓，土壤相对潮湿的坡地，主要由真蕨纲和苏铁纲植物组成，外貌为树状蕨型植物，并夹杂着低矮的木本苏铁（图4-6）。在矮树丛之下，还有些草本真蕨植物。高地型群落主要分布于盆地周围的山区或盆地内部地势较高地段，主要由中生乔木和灌木的银杏纲、松柏纲植物组成，外貌为落叶阔叶林带与中生针叶林带交互，其中针叶林带海拔略微偏高，林下生长着一些低矮落叶小树（米家榕等，1996）。

（二）孢粉生态

从孢粉化石的种类及组合来看，髫髻山期的孢粉生态类型以湿生类型为主，占44.1%～71%；其次为沼生类型（5.1%～28.5%）和旱生类型（4.2%～29.8%）；其余为中生类型（11.7%～19.5%）与极少量的水生类型（0～0.9%）。因此，孢粉的生态类型显示了一种以潮湿、沼泽为主要特征，并间有半干旱—半潮湿的生态环境。孢粉反映出的这种环境特征差异可能与盆地内不同地貌生长不同植物群落有关。

（三）昆虫群生态

燕辽昆虫群可分为水生、半水生（幼虫水生、成虫陆生）两大类。其中，水生昆虫占昆虫总数的21%左右，其余为陆生（半水生）昆虫。水生种类中的小蜉科和小裳蜉科为典型的溪流生活类型，反映地形差异较大，水流较急的特征，也有一部分是湖、池水面上层游泳的类型，如异翅目的仰泳蝽科、划蝽科、鞘翅目的沼甲科等。而蜻蜓类幼虫、积翅目和毛翅目的种类为浅水湖泊近岸水域底栖生活或游泳的类型。陆生种类大部分是温带森林沼泽的类型。缺乏代表高山生活的蛇蛉目昆虫，仅见有一种。这种昆虫群生态反映的是8～40℃的温带气候条件下，地形起伏较小，水体规模不大，而且不深，森林沼泽广布的生态环境（任东，1996）。

（四）蝾螈生态

蝾螈化石一般产在灰白色薄层—极薄层凝灰质粉砂岩或泥质粉砂岩中，这种岩石成层性好，横向延展稳定，是典型的湖相沉积。此外，在岩层中经常发现原地产出的叶肢介化石，而且叶肢介的个体较小。现生叶肢介的研究成果显示，叶肢介的生存环境一般水体清澈，水温必须在4℃以上，但不能超过34℃。在较高温度下，叶肢介生长速度快，但个体较小；在低温下叶肢介生长缓慢，但个体较大，寿命较长（王五力，2004）。因此，蝶螈的生活环境可以概括为：具有较高水温的内陆湖泊，水体较浅，而且为清澈的静水。

（五）湖泊生态

燕辽生物群的湖泊生态群落按营养水平分为四级：初级是以浮游植物为食的小型浮游动物、介形类和腹足类，其中，介形类以大中型光滑壳体为主，属滨浅湖底栖群落；次级主要是蜉蝣类幼虫和划水蝽，此外还有叶肢介和双壳类；三级是蜻蜓幼虫；最高级是杂食性鱼类。这些生物形成了一个十分复杂的食物链，并组成典型的湖泊群落（常建平等，1997）。

综上所述，燕辽生物群的生态环境属于高温潮湿气候，晚期转向较为干热的潮湿的亚热带气候，地形有一定程度的起伏，存在规模不大但数量较多的浅湖、沼泽湖和沼泽湿地，阔叶、针叶森林常常围绕湖泊周围的高地分布。

五、古地理

在总体高原的背景下，区内北东向盆岭构造格局已经显现，一系列湖泊、沼泽在盆地内断续展布，盆缘与盆内已经形成了较大的高差，剥蚀速度逐步加快，火山作用在盆地内时断时续，形成了北东向的火山岩带（图4-6、图4-7），并形成了一系列的火山高地。当时，盆内河流纵横交错，并向湖泊汇聚，沉积作用持续进行，燕辽生物群的不同生物组合，依地势高低、水源远近在盆地内不断繁衍生息。

图4-6　髫髻山期燕辽生物群生态环境

Fig.4-6　Ecological environment of Yanliao biota in Tiaojishan age

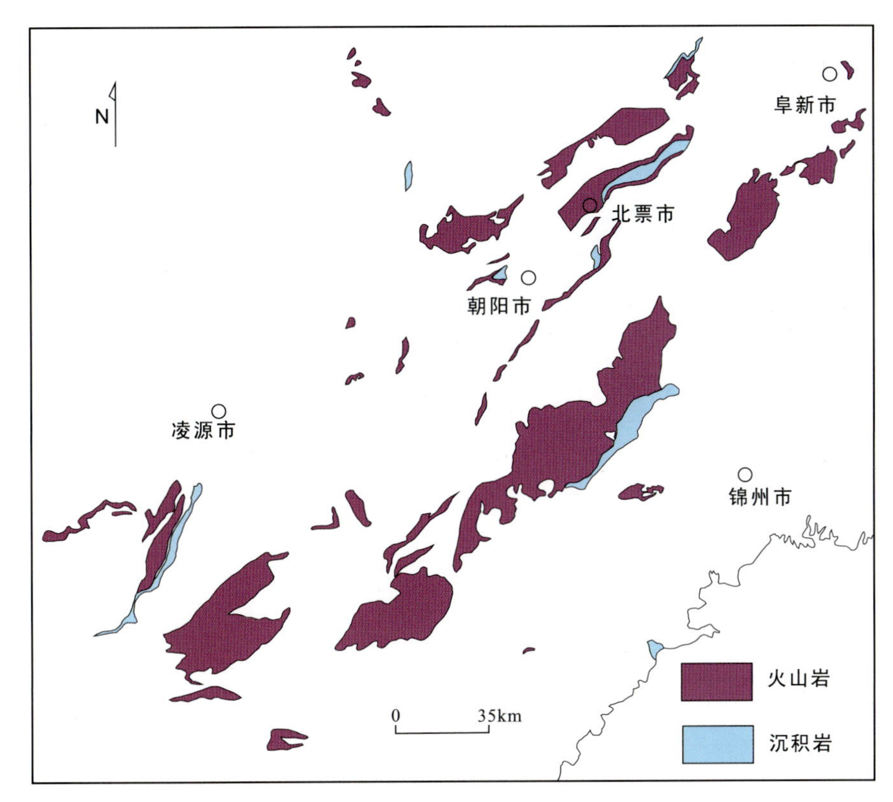

图 4-7　辽西地区兴隆沟组—髫髻山组地层空间分布图

Fig.4-7　Strata distibution of Xinglonggou and Tiaojishan Formations in western Liaoning region

第二节　土城子生物群的地质-生态环境

一、区域构造环境

土城子生物群生存的构造环境延续了早中生代的高原背景(图 4-8)，但是地貌起伏相对加大。初期的构造环境多少继承了髫髻山期的弱伸展状态，在盆地的局部地区形成了同沉积地堑或系列正断裂，之后构造环境转换为挤压为主的收缩状态，在盆地边缘形成逆冲、推覆，使盆内沉积的土城子组发生褶曲变形。燕山运动第二幕，即土城子组末期，区内广泛隆起、剥蚀作用加强，形成了大范围的角度不整合界面，从而结束了土城子生物群的演化阶段。期间，区内沉积盆地类型以凹陷型为主，部分为凹裂型，它们沿着蒙古弧呈北东方向展布，主要有金岭寺-羊山、北票、建昌、郭家店、承德、滦平和京西盆地。

二、盆地充填记录与沉积环境

在土城子生物群发育时期，盆地充填序列为红色类磨拉石沉积序列，而土城子组是该沉积序列的典型代表。土城子组属于干热、干旱气候条件下形成的山间和山前坳陷沉积，岩性主要为红杂色碎屑沉积夹火山岩，含少量动、植物化石，一般厚 400～1600m，最大厚度可达 2800m。

辽西地区的土城子组主要分布在金岭寺-羊山、北票、建昌和三十家子等盆地。除了金岭寺-羊山、北票盆地发育风成沙漠沉积外，盆地的总体充填序列基本一致。

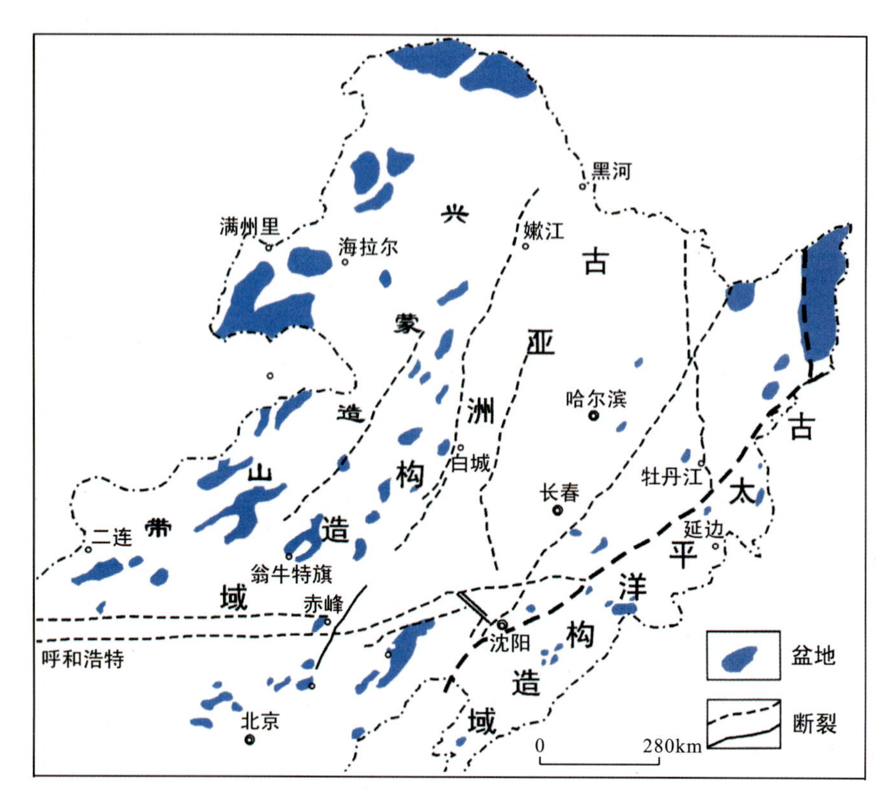

图 4-8 东北及邻区早中生代高原盆地分布

Fig.4-8 Distribution of plateau basins in Northeast China and its adjacent areas in early Mesozoic

在金岭寺-羊山盆地中部巴图营地区，土城子期的盆地充填序列和沉积环境自下而上为：

(1)紫灰色复成分中细砾砾岩，厚度 69m。沉积环境为河流相或冲积扇相。

(2)绿灰色、紫灰色中细粒砂岩、粉砂岩夹页岩和沉凝灰岩与沸石岩，含动、植物化石，厚约 430m。沉积环境为滨湖—浅湖，在湖盆的远方有断续出现的火山爆发作用，在本区形成凝灰沉降。

(3)灰紫色复成分中细砾砾岩，厚度 79m。沉积环境为辫状河谷或漂移不定的河流、盆缘冲积扇。

(4)滨湖—浅湖相，以近滨沉积为主的绿灰色、紫灰色和灰白色中细粒砂岩、粉砂岩夹黄绿色泥岩、页岩及多层厚薄不等的远火山口相沉凝灰岩与沸石岩，含动、植物化石，厚 514m，但沿走向，此类沉积的中下部变为风成沙丘沉积，因此，此时的沉积环境属于沙漠附近的干化湖沉积。

在金岭寺-羊山盆地中南部，朝阳县北四家子乡一带，盆地充填序列和沉积环境自下而上为：

(1)紫灰色、紫红色安山岩质砾岩夹砂岩、粉砂岩，厚度 43m。形成环境为河流进入湖盆之后形成的冲积扇。

(2)紫灰色、紫红色砂岩、粉砂岩夹黄灰色、绿灰色粉砂岩与泥岩，含动、植物化石，厚近 800m。沉积环境为干化湖的滨湖—浅湖。

(3)紫灰色、灰色中细砾复成分砾岩、含砾砂岩夹中粗粒砂岩，厚约 161m。形成环境为河流冲积扇或滨湖，部分地段为辫状河沉积。

(4)绿灰色中粒、中细粒砂岩，具大型楔状交错层理(图 4-9)，厚度 1034m。形成环境为干旱、多风的沙漠。具大型楔状交错层理的砂岩为风成沙丘。

(5)河流(河道、边滩与漫滩)沉积的绿灰色含砾中粗粒砂岩、中细粒砂岩夹多层复成分中细砾砾岩，发育水平层理，也见有楔状、槽状交错层理和冲刷构造，厚度 727m。

图 4－9 辽西地区土城子组三段具大型楔状交错层理的风成沙丘

Fig.4－9 Eolian dunes with big cross beddings in 3rd member of Tuchengzi Formation in western Liaoning region

三、气候

参照古地磁资料(程国良,1995),晚侏罗世辽西地区位于北纬 32.5°～35°,相当于现代暖温带气候带。然而,从晚侏罗世的全球古植物分布特征来看,当时的全球气候普遍变热。晚侏罗世至第三纪早期的具年轮的树木化石在世界上分布极广,有的已延伸到了北极圈内,在南北纬 31°的树木年轮仍然很弱,在南北纬 70°～80°附近树木年轮比较发育(赵锡文,1988)。这一时期,欧洲—中国区(亚热带)与西伯利亚区(温带)之间的界线,在欧亚大陆的东部,从中国北部的黄河向北至少移动了 15°～20°,到达了蒙古北部(瓦赫拉梅耶夫,1985)。因此,晚侏罗世的辽西地区气温要远高于现代的暖温带,可能与现代的亚热带干旱气候带相当。

从构造角度来看,晚侏罗世时华北板块与西伯利亚板块、华南板块的对接和碰撞接近尾声,研究区受北东-南西向应力场的挤压作用和隆升作用达到了顶峰,其古海拔高度可能在古欧亚大陆中也属中上等,并在一定程度上影响了全球的古气候。由于研究区东南侧为面向海洋及面向赤道的高山坡地,海拔高度渐低,来自海洋的暖湿气流逐渐沿此坡上升,最终受到高海拔的本区地貌所阻隔,导致南侧气候温湿多雨,植被发育,形成了大陆季风性气候,而研究区及其北侧干燥少雨,动物植被稀少,加之受火山作用的影响,形成了高原沙漠型气候。

从土城子植物群特征来看,早、中侏罗世喜温湿、温热的植物分子已极度衰退,代之以生命力较强的喜热耐旱的植物类群,如松柏类的掌鳞杉科(*Brachyphyllum*,*Pagiophyllum*,*Yanliaoa*)及古松类(*Pityophyllum*,*Pityolepis*,*Pityospermum*,*Schizolepis*)等,茨康类可能多为灌木型,其中线形叶簇的 *Czekanowskia* 具备更强的抵抗干旱能力。与燕辽孢粉群相比较,土城子期的孢粉群已经发生了重大变化。喜干热的掌鳞杉科植物的 *Classopollis* 花粉高达 86%～91%,*Classopollis* 花粉的母体植物的鳞片状小叶或短锥状的小叶往往具有革质状和强角质化的表皮构造特征，气孔带和气孔都有沉陷于叶肉里面的特点，这些形态和构造使得它们对高温和干旱气候有较大的适应和抵抗能力。*Classopollis* 孢粉在组合中含量极高表明干旱程度已到了顶点。这与欧亚大陆上晚侏罗世早期所形成的干旱气候带完全吻合。此外，区内的木化石已经具有明显的生长轮，说明当时气候具有季节性的变化。

土城子期，盆地充填物的下部以红色、紫红色泥质粉砂岩、砂岩为主，间夹复成分砾岩、钙泥质沉积，属于典型的干化湖沉积，中部为紫灰色、灰色砂砾岩，其中有很多风棱石和风沙沉积夹层，属于典型的季节性冲洪积扇相和沙漠边缘沉积相，上部为发育大型斜交层理的砂岩，局部有水平层理砂岩、泥岩和发育风棱石的砂砾岩，分别属于沙漠沉积、沙漠湖沉积以及沙漠旱谷沉积。因此，土城子期的盆地充填物是典型的干旱、多风气候条件下的沉积物。

从土城子组叶肢介分布地点少，而且个体较小的特点来看，土城子期的气候也以干旱为主基调。因此，我们有充分的理由认为，土城子期的气候属于亚热带的干旱（局部地区可能为半干旱）气候，并且具有季节性的变化。

四、生态

在土城子组上部，除了有少量茨康类的生殖器官属（*Leptostrobus*）以外，松柏类化石占绝对优势；在土城子组下部，化石具有明显的属种多样性，除松柏类外，还有有节类（*Neocalamites*，*Equisetites*），真蕨类（*Onychiopsis*，*Coniopteris*，*Cladophlebis* ），本内苏铁类（*Zamites*，*Otozamites*）等。上部和下部植物类群的差别可能是由早晚期气候变化导致的。尽管就土城子期的整体气候环境而言，都是处于欧亚大陆中西部干旱气候带形成的鼎盛时期，但相对之下，早期气候湿度要比晚期气候湿度大，早期河湖的注水量比晚期多；另外从地区来看，冀北地区比辽西地区湿润，所以植被面貌也有一定的差异。在这种干旱的环境中，植被极度贫乏，只有在靠近河湖的近岸及沙漠绿洲中生存有少量乔木、灌木和草本植物（图 4－10），树木当然也多以喜热耐旱的类群为主体，迄今在辽西地区尚未发现喜温湿的植物类群化石。

在冀北地区，北京延庆千家店—花盆地区的异木（*Xenoxylon*）森林正是生长在土城子早期形成的千家店—花盆湖区的岸边，在高大的乔木状森林低层或近岸洼地中生长着稀疏的本内苏铁类（*Otozarmites*，*Zamites*）和银杏类（*Ginkgoites*），而少数的有节类（*Neocalamites*，*Equisetittes*）和真蕨类（*Onychiopsis*，*Coniopteris*）可能更加靠近水源充足的沼泽湖泊地区。

统计表明，土城子植物群中针叶植物占 93％，常绿阔叶、灌木和草本植物分别占 2％～3％；在孢粉中旱生类型孢粉占 82％，中生类型占 10％，湿生类型占 7％，沼生类型占 1％。这表明土城子植物群具有非常强的耐热、抗旱能力。

考虑到局部地区发育有较多的叶肢介、介形类化石，其次还有昆虫及少量的双壳类、鱼类、恐龙化石，再结合沉积地层特征，我们认为在土城子早期发育有干化湖及河流，中后期仅局部地区存在有半干旱—半潮湿的河湖环境及沙漠绿洲环境。在这些湖泊、河流及其周围仍然生存了一定数量的无脊椎和脊椎动物群，虽然总体环境相对恶劣，但是水源为它们提供了必要的生存条件。

五、古地理

从现时土城子期的沉积岩分布（图 4－11）来看，本区古盆地及盆岭构造走势基本上呈北东向，河流和湖泊也基本呈北东向断续展布，属于高原背景的低山丘陵古地理。早期干化湖和河流分布的密度相对较大，在局部地区有断续分布的异木森林，中后期干化湖逐渐萎缩，河流以季节性河流

图4-10 土城子生物群生态环境
Fig.4-10 Ecological environment of Tuchengzi biota

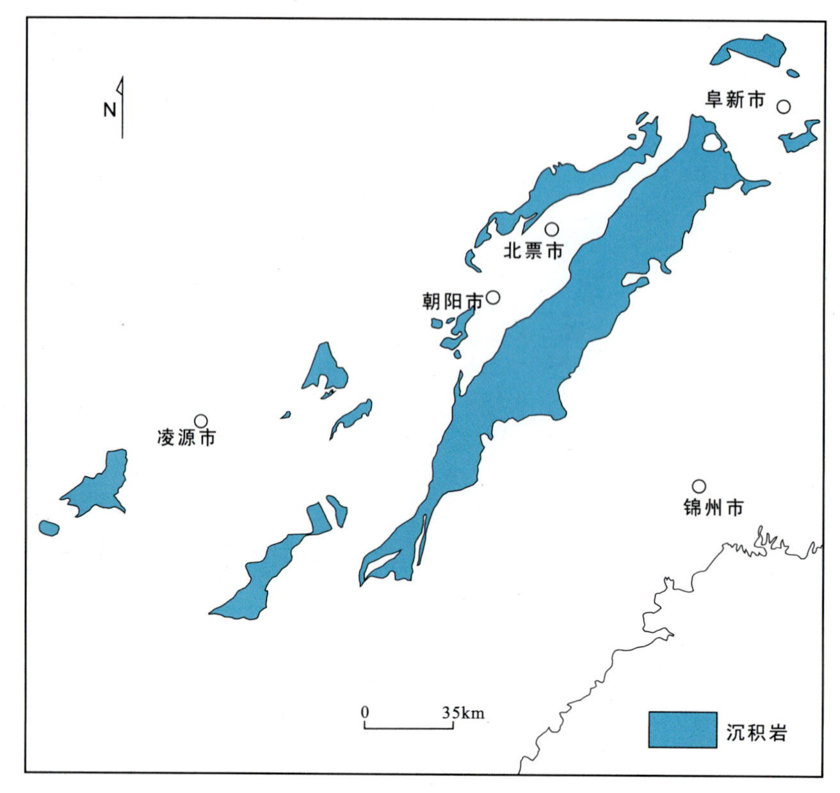

图 4-11 辽西土城子组地层空间分布图

Fig.4-11 Strata distribution of Tuchengzi Formation in western Liaoning region

为主，形成了冲积扇或旱谷，最后演变成荒漠或风成沙丘，在盆地的边缘有零星分布的湖泊和沙漠绿洲，四周多为贫瘠的山地，在这些地方可能有低矮稀疏的伴随雨季生长的草本植物。

第三节 热河生物群的地质-生态环境

一、区域构造环境

晚侏罗世晚期—早白垩世时期，在西伯利亚板块和华北板块基本碰撞完结的基础上，包括辽西地区在内的我国北方、蒙古、西伯利亚、哈萨克斯坦和朝鲜等地发展成为一个比较完整的暴露于海平面之上的陆地，而此时世界上其他地区大多被海水淹没或者经常受到海水的侵袭。

这一时期受古太平洋板块向北西方向俯冲的影响，冀北—辽西地区的大地构造活动日趋活跃，地幔向上隆起，发生大规模底侵作用，岩石圈逐渐减薄，区域应力场由侏罗纪的 NW-SE 方向的挤压收缩状态，逐渐转变为白垩纪的 NW-SE 方向的引张伸展状态，在前一阶段高原的基础上，形成了一系列沿蒙古弧方向展布的北东向的凹陷、凹裂、断陷盆地(图 4-12)。

随着壳幔作用的进一步加强，古地理-古环境明显改变，火山作用逐渐活跃。火山作用形成了大面积的火山岩区，构成了一系列火山高地和洼地。同时，沉积作用也在同步进行，早期为火山沉积，晚期为碎屑含煤(油)沉积。燕山运动第三幕结束了本阶段的发展。

在这一时期，本区岩石圈底侵作用达到了高潮。底侵作用的直接结果是造成大规模的火山作用，并诱发岩石圈减薄、区域应力场转变。区内火山作用自西向东均很强烈，张家口旋回和义县旋

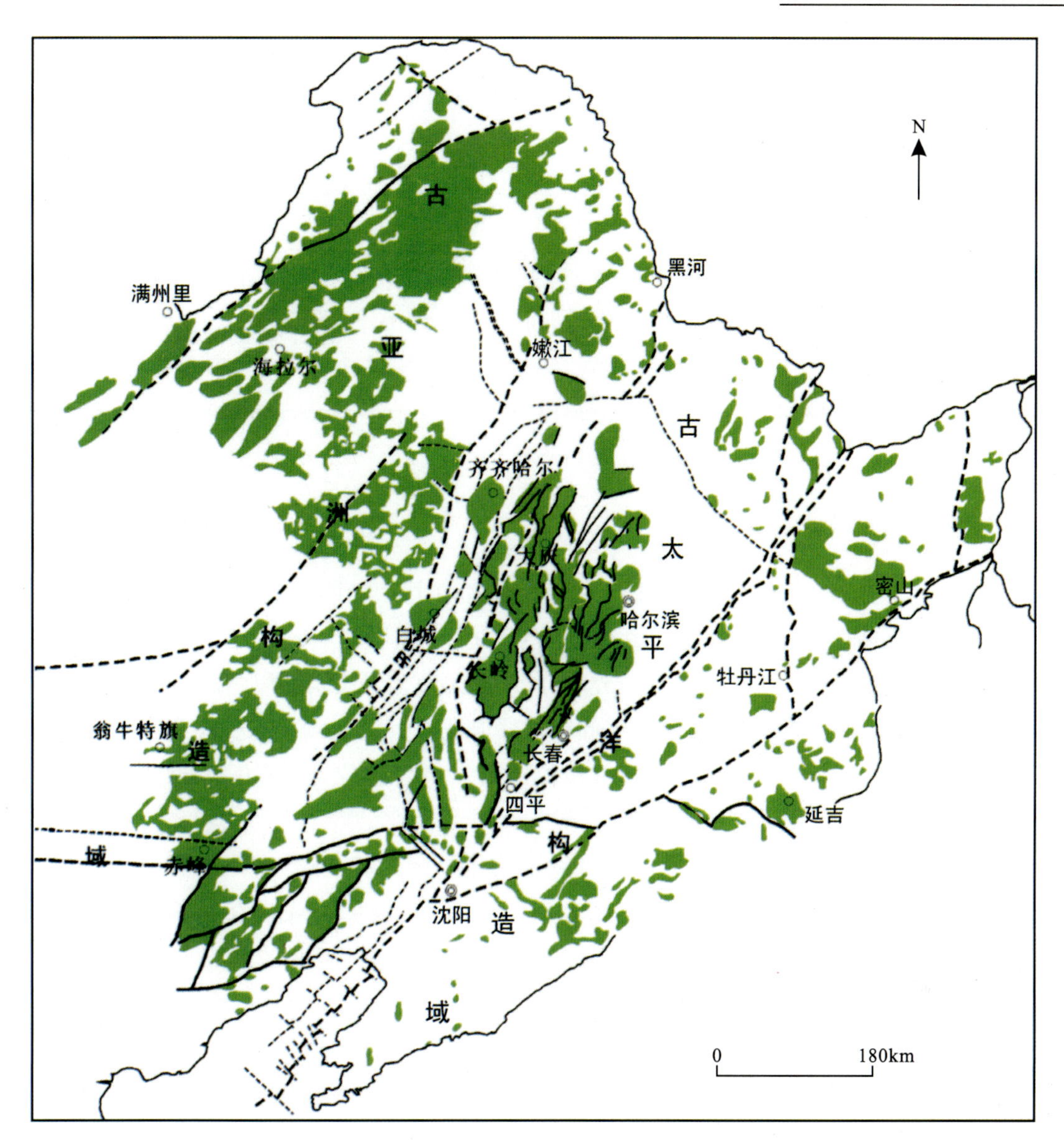

图 4-12　东北地区晚中生代早期(晚侏罗世晚期—早白垩世)高原盆岭分布

Fig.4-12　Distribution of plateau basins in Northeast China in early stages of Late Mesozoic (from Late stage of Late Jurassic to Early Cretaceous)

(同时表示不同构造域和亚区盆地构造线方向差异)

(simultaneously showing differentiation of tectonic directions in various tectonic domain and sub-province)

回火山活动持续活跃,尤其义县火山旋回的火山作用更为强烈。火山作用形成的火山岩层位自西向东有抬高趋势,西区特有低层位的张家口旋回,东区特有义县火山作用的晚期亚旋回。张家口旋回的物质来源较浅,而义县旋回的物质来源较深,但混有大量的壳源物质。前者形成了强高钾钙碱系列火山岩,后者形成了钾玄岩-弱高钾钙碱过渡系列火山岩。

二、盆地充填记录与沉积环境

晚侏罗世中晚期,在高原和 NW-SE 方向的引张伸展作用的背景下,逐渐形成了一系列的新盆地。火山-沉积作用首先在冀北地区出现,之后逐步在大兴安岭南部和辽西西部展开,在盆地内充填了大陆火山-沉积序列,即张家口组、满克头鄂博组、玛尼吐组、白音高老组。

晚侏罗世末期至早白垩世中期末,盆地和盆间山岭进一步发展,盆地类型逐渐以断陷盆地为主，火山作用进一步加强。在辽西地区，盆地内充填了河流相、湖相和火山喷发-爆发相，间夹火山沉积相为主的地层，即义县组和九佛堂组。这些地层构成了3种充填序列，即义县组的大陆火山-沉积充填序列、类复理石沉积充填序列和九佛堂组的大陆类复理石含油沉积充填序列。

（一）早期盆地充填记录

早期盆地充填记录主要表现为张家口组，并主要分布在铁营子盆地、四家子盆地、蒙古营子-哈尔脑盆地的西缘、宁城-凌源盆地的南缘和北缘，属于大陆火山-沉积序列。

岩性以灰黄色、褐黄色流纹质熔结凝灰岩、流纹岩和石英粗面岩为主，横向变化较大，可以出现酸性火山角砾岩、角砾集块岩等，底部可以出现厚度不均的砾岩、砂砾岩和砂质泥岩，沉积环境为河流相。

（二）中期盆地充填记录

中期盆地充填记录表现为义县组，该组在辽西地区的主要盆地中都有分布，如阜新-义县盆地、北票市四合屯盆地、紫都台盆地、新台门盆地、建昌盆地、喀左盆地、凌源-宁城盆地等。盆地中的火山作用十分强烈，形成了一系列火山构造，充填了大量火山溢流相熔岩与爆发相碎屑岩，期间短暂的间歇期往往形成河湖相或滨湖相沉积，由此构成了典型的大陆火山-沉积序列。在较长的火山作用停滞期，盆地内形成了广阔的湖面，湖相沉积作用占据主导地位，热河生物群快速繁衍，形成了含珍稀化石的类复理石沉积序列。

期间，不同盆地的火山作用与沉积作用可以表现出不同的特点，这种不同特点上的差异既可以表现在火山作用的强弱、火山岩浆的酸碱度、火山岩组合上，也可以表现在沉积岩岩性及其韵律组合上，尤其在火山作用强弱、岩浆酸碱度方面的差异最为明显。

1. 阜新-义县盆地和北票市四合屯盆地

义县组是一套典型的火山-沉积序列，强烈的火山作用形成了大量基性—中基性—中酸性的火山岩，它们反映了一个由基性向中基性、中酸性演化的过程。在火山活动间歇期，沉积作用形成了一系列的沉积充填物，在区内表现为6～7个沉积夹层。根据火山岩组合及其与上下沉积层的关系判断，区内火山作用具有4个火山亚旋回。从义县组层序地层、岩石地层特征和所含生物情况来看，由下而上具有5个岩性段，其中二段和四段沉积环境为火山高地的凹陷湖泊，包括盆缘冲积扇、滨湖、浅湖、半深湖和深湖等具体环境，沉积厚度为609.07～1590.52m。盆地充填序列及形成环境自下而上为：

一段：基性—中基性火山岩段，属于大陆火山-沉积序列，其中的火山岩及其火山碎屑沉积岩由第一亚旋回火山作用形成。由下而上具体为：

(1)底部为底砾岩，为河流和季节性洪水形成的冲洪积物。

(2)中上部为基性—中基性火山熔岩、火山碎屑岩及爆发-沉积相岩石（图4-13），其中夹有至少3层厚度不均的火山-沉积层。陆家屯层、下土来沟层、六台层是北票市四合屯盆地中由下到上排列的3层火山沉积夹层，老公沟层、业南沟层是阜新-义县盆地中的火山沉积夹层。

陆家屯层、下土来沟层、六台层都是相对稳定的沉积层，其中产有鹦鹉嘴龙、上园热河龙和强壮爬兽等化石。厚度一般为2～10m。沉积物有砾岩、砂砾岩、泥质-凝灰质砂岩夹粉砂岩、砂质沉凝灰岩、沉凝灰岩。沉积环境以湖盆边缘的滨湖相为主，局部有河道相、冲积扇相，而在湖盆边缘、河道两岸尚有断续的火山爆发活动，偶发火山灰流或泥石流。

图 4－13 北票市上园镇后燕子沟义县组一段沉凝灰角砾岩

Fig.4－13 Sedimentary pyroclastic rocks－Sedimentary tuffaceous breccia of 1st member of Yixian Formation in Houyanzigou area, Shangyuan town of Beipiao city

老公沟层层位相当于陆家屯层，在义县地区厚 31～65m，自下而上为浅湖相沉积的灰紫色、紫红色粉砂质泥岩，含介形类、叶肢介、双壳类、腹足类、鱼类、恐龙和植物、昆虫等化石；河流与冲积扇相沉积的灰紫色含砾粗砂岩和复成分砾岩；滨湖-浅水湖相沉积的黄褐色中粗粒砂岩、灰绿色与灰紫色粉砂质泥岩、膨润土、细砂岩夹泥灰岩，含介形类及腹足类化石。

业南沟层层位与下土来沟层大致相当，以滨湖-浅水湖相沉积的灰绿色含砾细砂岩、灰白色粉砂岩、页岩和砂质结晶灰岩为主，含叶肢介、昆虫、腹足、鱼类和恐龙与植物等化石，总厚 13～19m。

二段：沉积岩段，以含珍稀化石的类复理石沉积序列为主体，间夹部分大陆火山岩序列，由第二亚旋回火山作用形成。由下而上具体为：

（1）黄绿色凝灰岩屑杂砂岩、砂质细砾岩、灰色钙泥质粉砂岩夹黄褐色铁质胶结沉凝灰岩，局部夹灰岩透镜体，产有双壳类、叶肢介、介形虫和拟蜉蝣等化石，沉积环境为滨浅湖。

（2）灰色—灰白色钙泥质页岩夹黄褐色晶屑凝灰岩、沉凝灰岩，发育大量的热河生物群化石，包括各种无脊椎动物、脊椎动物[鱼类，龟类，兽脚类（如中华龙鸟），鸟臀类，翼龙类，鸟类（如孔子鸟），小型哺乳类和蛙类等]和植物化石；北票市四合屯的尖山沟层下部、义县的砖城子层都相当于该层位。沉积环境为浅湖-深湖，但在湖盆周边有断续的火山爆发活动。

（3）玄武安山岩及其碎屑岩，局部发育枕状熔岩（图 4－14）和淬碎岩。环境为较深的湖泊边缘，发生基性火山爆发、喷溢，有部分熔岩流入湖水，形成了枕状熔岩和淬碎岩。

（4）灰白色沉凝灰岩夹灰色砂质结晶灰岩透镜体、灰绿色凝灰质粉砂岩、泥质粉砂岩、石英长石砂岩等，产植物化石辽宁古果，另有鱼类、龟类和昆虫化石；北票尖山沟层中部相当于该层位。沉积环境为浅湖-半深湖，在周边有中酸性火山爆发活动。

图 4－14　义县三百垄附近枕状熔岩

Fig.4－14　Pillow lava near Sanbailong village of Yixian county

(5)黄白色—灰白色砂砾岩、含砾砂岩、砂岩、粉砂岩、流纹质凝灰角砾岩、角砾凝灰岩、凝灰岩和钙泥质页岩，其中有昆虫、叶肢介、介形类、双壳类、腹足类及丰富的辽宁四节洞虾化石。在义县地区该沉积层还含有离龙类化石、鸟臀类恐龙、反鸟类和蛙类等化石。北票市四合屯—黄半吉沟一带的尖山沟层上部，义县张家湾、王家沟等地的大康堡层相当于该层位(图 4－15)，沉积环境以滨浅湖为主，局部为半深-深湖，沉积作用伴有酸性火山爆发活动。

三段：基性火山岩段，属于大陆火山岩序列，由第三亚旋回火山作用形成，主要表现为基性火山的爆发与喷溢，并对早期地层形成了大规模穿侵、烘烤、覆盖。主要岩性为灰色—灰黑色橄榄玄武岩、斜长橄榄玄武岩及其集块岩和角砾岩，经常伴生橄榄玄武玢岩等次火山岩；在义县盆地除了见有橄榄玄武岩及其碎屑岩外，在上部还有多斑粗安岩、粗安质凝灰角砾岩和角砾凝灰岩。

四段：中性火山岩段，属于大陆火山-沉积序列，由第四亚旋回火山作用形成，主要形成于义县盆地。自下而上为：

(1)灰色—绿灰色砾岩、砾质杂砂岩、细砂岩夹砂砾岩为主，具大型楔状和槽状交错层理；朱家沟层相当于该层位，厚度大于 92m。沉积环境为河流或火山凹陷边缘的洪积-冲积扇。

(2)玄武安山岩、安山岩，少量流纹岩及其火山碎屑岩。环境以中性火山爆发和喷溢为主体。

(3)金刚山层：底部为冲积扇相浅灰色砂砾岩、含砾粗砂岩，中上部为浅水湖相灰白色粉砂岩、凝灰质粉砂岩、细砂岩和钙质泥页岩和泥灰岩等，含鸟类、龟类、离龙类、鱼类、叶肢介、介形类、昆虫、腹足类、植物、孢粉和矽化木等化石，该层厚度为 60～90m。

五段：酸性火山岩及其沉火山碎屑岩段，即黄花山层，为第四亚旋回火山作用的晚期产物。岩性主要为灰褐色英安-流纹质沉火山角砾岩及含角砾粗砂岩，厚度为 447m，局部地区出现流纹岩、英安岩、碱性粗面岩及其火山碎屑岩。环境表现为强烈的酸性火山爆发，并伴随有盆缘的坡积作用

图 4-15 义县王家沟义县组二段上部的含化石沉积层(大康堡层)

Fig.4-15 Fossil-bearing strata (Dakangpu Bed) of upper part of 2nd member of Yixian Formation near Wangjiagou village of Yixian county

和河流、洪水的冲洪积作用。

2. 建昌盆地

在建昌盆地义县组为典型的火山-沉积序列,厚度达3000余米。火山作用具有4个亚旋回,第一亚旋回火山作用形成了底部基性火山岩,之后充填了河湖相沉积的以粗砂岩、砾岩为主的要路沟层;第二亚旋回火山作用较弱,断续地喷发了一套酸性火山岩组合,其中以沉火山角砾岩、沉凝灰岩为主,另有少量熔岩,期间先后形成了罗家沟沉积层和牛角沟里沉积层;第三亚旋回喷出了大量的粗面-流纹质中酸性火山熔岩,总厚度达1000m;第四亚旋回形成了碱性流纹岩及其角砾熔岩和凝灰岩,期间伴随火山作用形成了厚度达540余米的湖相沉积层。具体充填系列和形成环境自下而上为:

(1)灰黑色橄榄玄武岩,灰褐色玄武质角砾熔岩,厚度57m。形成环境为基性火山爆发与喷溢。

(2)灰紫色安山岩,厚度17.22m。形成环境为中性火山喷溢。

(3)要路沟层,含砾粗砂岩与中细砾岩互层,间夹细粒砂岩、粉砂岩和粉砂质页岩,局部夹煤线,含植物碎片和狼鳍鱼化石,厚度442m。沉积环境以盆缘冲积扇、辫状河—滨湖为主,局部为沼泽。

(4)罗家沟层(图4-16),自下而上为:

a.灰褐色—翠绿色流纹质沉火山角砾岩、角砾凝灰岩,夹含砾粗粒砂岩、细粒砂岩、页岩,产昆虫(*Ephemeropsis trisetalis*)、鱼类(*Lycoptera* sp.)、双壳类及植物等化石,厚度130m。沉积环境为滨浅湖,并伴有酸性火山爆发活动。

b.灰色页岩夹黄褐色细粒砂岩,具平行层纹及层间褶皱,产鸟类、离龙、翼龙和龟类,叶肢介 *Eosestheria* sp.,昆虫 *Ephemeropsis trisetalis*,鱼类 *Lycoptera* sp.,*Protopsephulus liui*,介形类、双壳类、腹足类和虾类化

图 4-16 建昌县罗家沟义县组二段含化石沉积层(罗家沟层)

Fig.4-16 Fossil-bearing strata (Luojiagou Bed) of 2nd member of Yixian Formation near Luojiagou village of Jianchang county

红色曲线为魏家岭—罗家沟剖面位置

Red line showing locality of Weijialing-Luojiagou stratigraphic section

石,植物 *Czekanowskia* sp.,*Cladophlebis* sp.,*Equisetites* sp.,厚度大于11m。沉积环境主要为浅湖-半深湖,偶发浊流或斜坡滑塌。

c.灰黄色含砾砂岩、砂岩与灰绿色、灰白色粉砂岩、页岩互层,夹少量复成分砾岩,厚度657m。沉积环境为滨浅湖及盆缘冲积扇相。

d.底部为沉火山角砾岩,上部主体为灰绿色粉砂质页岩与灰褐色页岩互层夹含砾粗砂岩及砂砾岩,产叶肢介 *Eosestheria* sp.,鱼类 *Lycoptera* sp.,厚度419.39m。早期有火山爆发活动,之后进入滨浅湖、中深湖的沉积环境。

(5)牛角沟里层:灰黄色复成分砾岩、含砾砂岩与灰黄色—灰绿色砂岩、粉砂岩及粉砂质泥岩互层,夹流纹质火山角砾岩、流纹岩和黑曜岩,厚度331m。沉积环境为伴随火山作用的河流—滨湖。

(6)灰色—灰黄色粗面岩、流纹岩夹流纹质火山角砾岩和少量玄武安山岩,厚度1008m。环境以偏碱性的中酸性火山爆发为主。

(7)灰色砾岩、含砾砂岩夹砂岩、粉砂岩,底部有褐色流纹质凝灰岩和凝灰质砂岩,厚度80m。沉积环境以河流为主,早期有酸性火山爆发。

(8)灰黄色粉砂质泥岩、绿灰色页岩夹黄褐色粉砂岩、砂岩,局部夹灰黄色流纹质凝灰岩,厚度460m。沉积环境以滨湖—浅湖为主,期间有短暂的酸性火山爆发活动。

(9)紫灰色流纹质凝灰岩、碱性流纹岩,夹灰绿色流纹质角砾熔岩,厚度70m。形成环境以酸性火山爆发、喷溢交替为特征。

3. 凌源-宁城盆地

盆地内充填的义县组也是大陆火山-沉积序列，但初期充填物为巨厚的类磨拉石序列，之后火山作用强烈爆发，具有 3 个火山亚旋回，形成了大量偏碱的中性和中酸性火山岩、次火山岩，并在间歇期形成了含化石的沉积夹层，其中含原始鸟类、哺乳类等珍稀化石的沉积层形成于第一亚旋回和第二亚旋回之间的火山间歇期，当时在火山凹陷内形成了较大规模的湖盆，为生物演化提供了较好的环境。自下而上综合充填序列和环境如下：

(1)灰色巨厚层砾岩、砂质砾岩夹砾质砂岩，厚度大于 400m。沉积环境为河流、湖盆边缘冲积扇。

(2)辉石安山岩，厚度大于 700m。形成环境为中性火山喷溢。

(3)粗安质-安山质-英安质火山岩，厚度大于 600m。形成环境为中酸性火山喷溢。

(4)安山质集块-角砾火山碎屑岩，厚度 200m。形成环境为中性火山强烈爆发。

(5)大新房子层，自下而上为：

a.灰色复成分砾岩(图 4－17)、凝灰质砂砾岩、砂岩，厚度大于 20m。沉积环境为盆缘河口冲积扇或河流—滨湖相。

图 4－17 大新房子层下部地层——河湖相复成分砾岩

Fig.4－17 Lower strata of Daxinfangzi Bed—polygenetic conglomerate of fluvial and lacustrine facies

b.灰白色沉凝灰岩、凝灰质粉砂岩夹少量凝灰质粉砂泥岩等，含有原始鸟类、原始哺乳类、昆虫、大量鱼类和植物等化石，厚度介于 150～180m 之间。沉积环境为浅湖—半深湖，在湖盆的周边有断续的火山爆发活动。

(6)安山岩、英安岩及其火山碎屑岩组合，厚度 290m。环境表现为中酸性火山爆发、喷溢。

(7)大东沟层：紫灰色沉火山碎屑岩夹凝灰质砂岩、砂质砾岩及紫红色含砾粉砂岩，厚度 136m。沉积环境为滨湖相，在湖的周边有火山爆发。

(8)紫灰色英安岩夹灰绿色安山岩、橄榄玄武岩及安山质凝灰集块岩、角砾岩等，厚度大于

200m。环境表现为中酸性火山作用为主的喷溢、爆发。

(9)平房西层:灰绿色、浅灰色凝灰质砂岩、砂砾岩、细砾岩,厚度 68m。沉积环境为滨湖。

(10)紫灰色英安岩,厚度大于 40m。环境表现为酸性火山喷溢。

(三)晚期盆地充填记录

义县期火山作用之后,本区虽然进入了相对稳定的时期,结束了大规模的火山活动,但是断陷作用仍在进一步发展,形成了一系列北北东向延伸的较大湖盆,沉积了九佛堂组碎屑岩,其中还有部分火山碎屑沉积岩(如沉凝灰岩)夹层,说明这一时期的局部地区还存在微弱的火山活动。在中上部沉积层中存在深湖相沉积的灰黑色泥岩、页岩夹油页岩,是主力烃源岩。在这套沉积地层中,热河生物群晚期生物化石组合比较发育,有较丰富的鸟类、恐龙、龟类、鱼类、叶肢介、介形类、双壳类、腹足类、昆虫和孢粉等化石,也见有少量植物化石。地层厚度在 800~1700m 之间,整合或多平行不整合(局部角度不整合)于义县组之上(图 4-18)。总体而言,九佛堂组为断陷盆地快速沉降至稳定沉降期产物,显示了大湖期沉积特征,属于大陆类复理石含油沉积充填序列。

图 4-18　义县团山子村南九佛堂组超覆在义县组之上

Fig.4-18　Jiufotang Formation overlapping upon Yixian Formation, south of Tuanshanzi village of Yixian county

自东向西充填九佛堂组地层的盆地有阜新-义县盆地、朝阳盆地、大平房-波罗赤盆地、建昌-烧锅杖子盆地、大城子-四官营子盆地、内蒙宁城县西桥盆地和北二十家子盆地等。这些盆地在当时形成了广阔的湖面,并且湖盆面积比义县期的湖盆要大得多,长度可达 20~60km,宽度为 5~15km。

依据断陷盆地构造发展阶段的不同,可将九佛堂期充填序列划分出快速沉降、稳定下沉和抬升萎缩 3 个主要阶段,各阶段主要沉积类型如下。

(1)快速沉降阶段:盆内地形起伏不平,与盆缘地势高差较悬殊,沉积的多是突发性冲、洪积砾岩,砂砾岩和含砾粗砂岩,并与盆内凹陷部位小型浅水湖沉积的绿灰色细砂岩、泥岩构成初始充填体系域，主要以该组底部或下部沉积为代表。

（2）稳定沉降阶段：以九佛堂组中下部和中上部沉积为代表，属湖扩展体系域沉积。自下而上的充填序列总体为：滨浅湖沉积的砂岩、泥岩；浅湖—半深湖沉积的绿灰色、灰色、暗灰色粉砂岩、泥岩、页岩夹泥灰岩；深湖沉积的灰黑色泥岩、页岩夹油页岩，是主力烃源岩。在该阶段的浅湖—半深湖环境下，沉积了大量的生物化石，形成了喇嘛沟、原家洼等化石沉积层。

（3）湖萎缩阶段：以九佛堂组顶部沉积为代表，显示盆地进入缓慢抬升时期，自下而上充填序列为浅湖沉积的细粒砂岩、粉砂岩和泥岩，扇三角洲前缘沉积的细粒砂岩、中粗粒砂岩，偶含砾石。

九佛堂期湖盆沉积物代表了滨湖、浅湖、半深湖和深湖等不同的沉积环境，但以滨湖和浅湖为主。滨湖相的砾岩和含砾粗砂岩发育板状、槽状交错层理和双向斜层理，代表湖盆边缘河流湍急，流水经常变换方向，有的可伸入湖盆形成水下河道；浅湖相的砂岩以水平层理为主，具有小型对称波痕，显示受风力作用的拍岸浪对水体的轻微扰动，形成弱水动力环境；半深湖—深湖相的灰色页片状粉砂质页岩、凝灰质粉砂岩，白色、灰白色页片状—薄板状沉凝灰岩则代表了湖盆深部的静水环境，但在湖盆周边有火山爆发活动。

就辽西地区九佛堂组总体沉积特征而言，可简要归纳如下：①该组广布于各断陷盆地之内，西区沉积厚度大于东区（由逾 2000m 变至近 1000m），表明两区盆地的断陷幅度不同；②各盆地沉降中心自西向东迁移，因而盆内沉积西薄东厚，这与控盆断裂持续活动有关联；③沉积类型主要有冲积扇、河流、湖泊和扇三角洲，前两种类型多发育在初始充填体系域，第三种类型主要发育在湖扩展期和湖萎缩的早中期，即湖进体系域与湖退体系域的早中期，最大湖泛面位于该组中上部，局部地区如阜新-义县盆地深水湖区偶见湖底扇，最后一种类型多见于九佛堂组沉积的末期，但早期亦可见及；④沉积粒度和颜色由下而上总体变细、变暗，火山碎屑含量相应向上变少，有机质含量向上增多，但至该组顶部，粒度略变粗；⑤侧向物源供给是沉积物来源的主要渠道，相带展布与盆地长轴方向一致。

三、沉积水体性质

从盆地充填记录来看，热河生物群化石主要产在湖相沉积物及其周边的火山沉积物中。湖盆的沉积物分别代表了扇三角洲、滨湖、浅湖、半深湖和深湖等不同的沉积环境。有些砂岩具有小型对称波痕，显示受风力作用的拍岸浪对水体的轻微扰动，是一种弱水动力的滨湖—浅湖环境。在沉积物中，深灰色纹层状粉砂质页岩和白色、灰白色页片状-薄板状沉凝灰岩非常发育，它们代表了半深湖—深湖的静水环境。

一般认为，陆相淡水湖盆的微量元素 Sr/Ba 比值小于 1，并与盐度呈正相关关系。对义县组二段（珍稀化石层）沉积岩的 Sr/Ba 比值统计表明，45 个样品中，39 个样品的 Sr/Ba 比值介于0.01～0.81之间，6 个样品的 Sr/Ba 比值大于 1。这说明，义县组沉积时期主要为淡水，间有半咸水环境。

在盆地充填的主体沉积层中常常有较多的沉凝灰岩夹层，即使是正常沉积物中也见有凝灰质胶结物，说明古湖泊水体经常受到火山爆发作用的影响，经常有火山灰加入水体，而火山灰的大量加入至少会降低古水体的清澈度。

主体沉积层还含有丰富的碳酸盐胶结物，在局部地段甚至形成了不连续的灰岩透镜体。碳酸盐或灰岩的出现，表明当时的湖水富含钙质和碳酸根离子，并且呈弱碱性。

在主体沉积层中经常见有丰富的叶肢介化石。根据叶肢介的产出形态和磨损度判定，这些叶肢介属于原地埋藏化石，因此可以认为，当时的古水体适于叶肢介的繁衍生息。然而，古叶肢介生活的水体的 pH 值与现代叶肢介生活的水体相似，为 6.6～9.5（王思恩，1999）。此外，水体的泥质含量和水体温度是影响叶肢介生存和分布的主要因素，叶肢介喜欢生活于清水环境，高泥质含量会导致死亡；水温在20℃时叶肢介最为活跃，适于叶肢介快速繁衍。由此推测，古湖泊水体清澈，pH值在6.6～9.5之间，平均水温应当在20℃左右。

四、气候

根据古地磁资料，在热河生物群发育期间，研究区继续向北移动，古纬度有所增加，大致在北纬40°～42°之间（程国良，1995）（图4－19），相当于现代的温带气候带。然而，大量资料表明，白垩纪时缺乏大陆冰川的直接证据（胡修棉，2004），当时全球气温普遍偏高，气候比较均一，推测极地温度夏季为17℃，冬季也有14℃（赵锡文，1988）；但是在白垩纪早期，在高纬度地区却发现有冰漂沉积（Frakes，1995），因此推测白垩纪早期（Berriasian—Hauterivian）的气温应当低于中期气温，季节性气候变化更加明显；整个白垩纪气温平均比现今高3～10℃，而白垩纪中期（Barremian—Cenomanian）的气温进一步升高，中高纬度地区海洋上层浮游有孔虫同位素数据揭示其温度达22～28℃（王成善等，2005）；白垩纪末期（Turonian—Maastrichtian），全球温度逐渐变冷，但即使如此，气温也明显高于现今的气温。因此，白垩纪时期是名副其实的温室型气候。

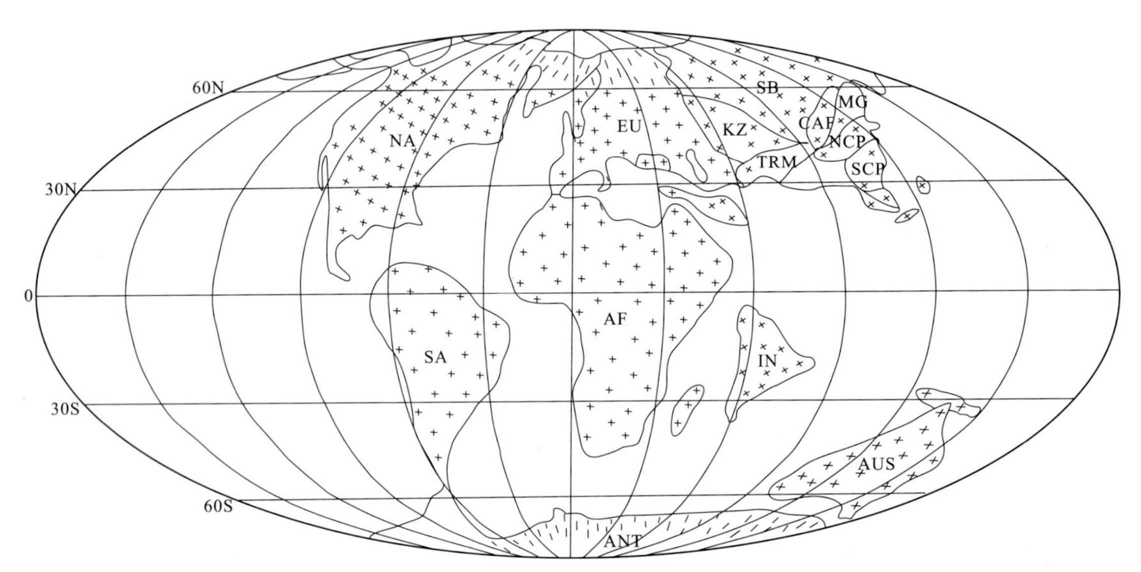

图4－19　晚白垩世时期主要陆块的古地理位置

Fig.4－19　Paleogeographic positions of main continental blocks in Late Cretaceous

AF.非洲板块；ANT.南极洲板块；AUS.澳大利亚板块；CAF.中亚褶皱带；EU.欧洲板块；IN.印度板块；KZ.哈萨克斯坦板块；MG.蒙古褶皱带；NA.北美板块；NCP.华北板块；SA.南美板块；SB.西伯利亚板块；SCP.华南板块；TRM.塔里木地块

AF.Africa Plate；ANT.Antarctica Plate；AUS.Australia Plate；CAF.Central Asia Fold Belt；EU.Europa Plate；IN.India Plate；KZ.Kazakstan Plate；MG.Mongolia Fold Belt；NA.North America Plate；NCP.North China Plate；SA.South America Plate；SB.Siberia Plate；SCP.South China Plate；TRM.Tarim Block

（据程国良，1995，略加修改）（after Cheng Guoliang，1995，slightly revised）

当时，丰富的蕨类、裸子植物及被子植物出现于阿拉斯加、格陵兰、西伯利亚等高纬度地区，鳄鱼、蜥蜴等动物出现在北纬60°以北的地方，珊瑚礁的分布也明显向高纬度移动，在南北纬30°左右为亚热带干旱—半干旱带，再向南北高纬度方向，为温带潮湿带（赵锡文，1988），这也就是说在欧亚大陆上热带与亚热带、亚热带与暖温带等气候带界线较侏罗纪更向极地推移了，研究区当时可能处于暖温气候带，总体温暖潮湿。

从构造角度来看，白垩纪时期欧亚板块和印度板块及非洲板块之间继承了侏罗纪时期形成的向东敞开的东西向宽阔的古地中海海槽。大洋暖流在东南亚一带分为两支，一支沿地中海由东向西流动，在北部非洲西海岸受阻，转而向南流动，另一支沿欧亚大陆西岸向北流动，两支暖流将温暖湿润的海洋性气候分别向南极和北极推移。而此时，研究区应力场由侏罗纪的 NW－SE 方向的挤压收缩状态，逐渐转变为白垩纪的 NW－SE 方向的引张伸展状态，高原逐渐矮缩，形成了一系列断陷盆地，火山作用开始盛行。实际上，这种火山作用在地球的其他地方也相当活跃，尤其是大洋，火山作用更为活跃。全球大规模的火山作用（135～127Ma，124～121Ma，119～110Ma，95～80Ma 等）喷出了巨量的高温火山物质和大量气体，其中，CO_2 的释放量非常巨大。仅以 Ontong Java 洋高原于 122～118Ma 喷发的玄武岩为例，释放到大气圈中的碳量为 3.8×10^{19}g，相当于现代大气圈和海洋总碳量的 76%（胡修棉，2005），这足以影响白垩纪的全球环境和气候，是全球气候变暖的重要因素之一。气候变暖的直接结果是地球冰川的消融，海平面上升，大量陆地被淹没。据 Zhao Xixi（2005）资料，135Ma 的海平面比现代高 120m 左右，130Ma 的海平面比现代高 170m 左右。海平面上升、陆地面积的缩小以及气温升高等因素无疑减小了全球的气温梯度，在一定程度上提高了空气湿度。从研究区的地貌特征分析，区内古气候以大陆季风型为主，但是受到陆缘海洋性气候的影响，推测区内气候带温度偏高，空气湿润，利于热河生物群的繁盛。

从岩石组合特征来看，义县组和九佛堂组的沉积层以黄绿色、灰色为主基调，为河流、湖泊沉积层，说明沉积岩是在一种温暖潮湿气候条件下形成的。沉积岩中丰富的植物化石也反映出一种温暖潮湿的古气候条件。然而，在义县组形成初期，有少量杂色沉积层，岩性为紫红色、黄绿色、灰白色含砾岩屑沉凝灰岩及凝灰质粉砂岩，主要呈早期火山岩的薄夹层产出。这说明干旱气候的影响在早白垩世初期仍然存在。但综合考虑，这种干旱特征可能与强烈的火山喷发作用有关。

此外，在沉积层中常常见到较多的碳酸盐胶结物，在局部地段甚至形成了不连续的灰岩透镜体。碳酸盐或灰岩的出现，表明当时的湖水呈弱碱性，富含钙质和碳酸根离子，间接说明当时的大气相对富含 CO_2，而且大气降水比较充沛。在这种气候下，区内裸露的地层和岩石遭受了深度的淋滤和风化，大量的降水会将分解的钙质、镁质和其他无机或有机成分及时带走，并进入到湖泊中，因而促进了湖内生物的繁衍。另一方面，现代碳酸盐岩主要分布在北（南）纬 20°左右，大多数情况下为热带—亚热带的沉积物，但在温带可以出现一些生物碎屑灰岩。本区灰岩出现的古纬度为 40°～42°，也说明当时的全球气候比现代温暖得多。

在动物组合方面，原始鸟类、带毛的恐龙类、鱼类、离龙类、龟类以及昆虫类异常发育，并且除了离龙类和龟类以外，都具有较高的分异度，尤其是昆虫的种类繁多，说明古气候至少是一种适于动物繁衍的暖湿性气候。当时的叶肢介也非常繁盛，以 *Eosestheria* 群为主，是叶肢介进化史中，个体最大、类型丰富，分布最广、层位最多的时期，不仅反映当时水体具有丰富的食物，也说明气候以温暖潮湿为主体。

由义县期到九佛堂期，植物组合总体向更加温暖潮湿的方向演化。

（1）义县期植物组合中，松柏类植物占比例最高，占 35.19%，其中，披针形叶和鳞状叶标本数量居多，主要为 *Liaoningocladus*，*Pagiophyllum* 等，这与温带植物相近。银杏类和茨康类植物占 22.34%，几乎都是线形叶，以 *Baiera*，*Czekanowskia* 为主，反映气候条件比热带、亚热带凉爽。但是在植物组合中也有一些喜湿热的类型，如 *Araucarites*，*Podocarpites*，*Cephalotaxopsis* 等；真蕨类和本内苏铁类植物位居第三、第四位，分别占 12.77%和占 11.70%，均有一定的量，但其组成与热带、亚热带植物群有较大的差异，而且未见热带、亚热带植物群中常见的马通蕨科和双扇蕨科的类型。真蕨类和本内苏铁类植物的存在，似乎显示了一些热带、亚热带的植被性质，但该类群的属种分异度较低，远不及热带、亚热带植物群丰富。另外，旱生的买麻藤类植物，如 *Ephedrites*，*Gurvanella* 等，占有一定的比例（占 3.70%），同时，也有一定类型可能为水生的被子植物（占 3.70%）（丁秋红，2004）。

因此，义县组植物群既不同于典型的热带、亚热带植物群，也不同于温带植物群。义县组时期存在喜湿、喜热的植物，也存在旱生和水生植物；既存在常绿针、阔叶植物，如松柏类和苏铁类植物，又存在阔叶落叶植物，如松柏类的 *Elatocladus*、银杏类的 *Ginkgoites* 等植物。这说明义县期气候有显著的季节性变化，总体上是一种由亚热带到温带的过渡性气候，生存环境以温暖湿润为主，但可能有季节性的干旱和半干旱。

从植物叶相来看，在义县期没有发现大型叶和巨型叶，植物以小型叶为主（58.46%），远高于中型叶、微型叶和小微型叶的数量，相当于亚热带与温带之间的过渡类型；叶缘类型的比值介于亚热带植被与暖温带植被之间；叶质类型以纸质叶为主（63.6%），相对较高，革质叶较低（36.36%），没有发现热带常见的滴水尖叶，而温带常见的掌状脉序植物仅占 3%（丁秋红，2004）。所有这些都说明古气候是一种亚热带—暖温带—温带的过渡类型，但更偏向于暖温带。

从孢粉组合来看，义县期孢粉植物群的气候条件总体指示为温暖湿润的生存环境，与土城子期的干热环境明显不同。在孢粉组合中，裸子植物花粉占绝对优势（79%～96.11%），蕨类植物孢子较少（1%～3.34%），见少量被子植物花粉。裸子植物花粉中以松柏类两气囊花粉占优势（占80.98%），与苏铁类、银杏类有关的单沟花粉较少（2.46%）；旱生植物孢粉 *Classopollis* 含量低，甚至罕见；在蕨类植物孢子中，喜湿热的卷柏科的 *Densoisporites* 和紫萁科的 *Osmundacidites* 常见，海金砂科的 *Cicatricosisporites*（<1%）少量出现。因此，孢粉组合总体反映了一种温暖潮湿的生存环境，但同时也存在季节性干旱。

（2）九佛堂期的植物组合面貌不清，但 *Otozamites* 等的存在和发育，说明气候已向湿热方向转变。在义县皮家沟，九佛堂组的砂泥岩段所含孢粉化石（蒲荣干，吴洪章，1987）以裸子植物花粉的 *Piceaepollenites*，*Pinuspollenites* 等为主，*Cicatricosisporites* 也比较常见，其中，双囊粉松柏类和掌鳞杉科植物稍有发展，也指示了一种偏湿热的气候条件。

五、生态

（一）植物

义县期植物群落具有以下主要类型：①湖岸浅水-湿地群落。主要由有节类的 *Equisetites*（木贼属）、苔藓类的叶状体（如 *Thallites*，*Metzgerites*，*Muscites*）、石松类的 *Selaginellites*（似卷柏）以及被子植物的 *Archaefructus*（古果属）等构成，它们均属草本植物。②近岸低地（平原）群落。主要由真蕨类（如 *Coniopteris*，*Eboracia*，*Dictyophyllum*，*Todites*，*Cladophlebis*，*Onychiopsis*，*Botrychites*，*Xiajiajienia*，*Gymnogrammites* 等），买麻藤类的 *Ephedrites*（似麻黄属），*Gurvanella*（古尔万属）组成，它们也属草本植物。③斜坡-丘陵群落。主要由本内苏铁及苏铁类植物（包括 *Tyrmia*，*Otozamites*，*Zamites*，*Neozamites*，*Rehezamites*，*Williamsonia*，*Williamsoniella*，*Cycadites*），银杏类（如 *Ginkgoites*，*Baiera*，*Sphenobaiera*），茨康类（如 *Czekanowskia*，*Solenites*，*Phoenicopsis*）等组成，它们属灌木及乔木植物。④山地群落。主要由松柏类（如 *Pityophyllum*，*Pityospermum*，*Pityolepis*，*Pityocladus*，*Schizolepis*，*Cupressinocldus*，*Cypparissidium*，*Araucarites*，*Cephalotaxopsis*，*Podocarpites*，*Brachyphyllum*，*Pagiophyllum*，*Liaoningocladus* 等）组成，它们多半属于乔木，少数可能为灌木植物。

义县期孢粉植物群以喜中温的松柏类为主；喜湿热的真蕨类海金砂科普遍存在；喜湿热的苏铁类也比较常见。在孢粉组合中 *Podocarpodites*（罗汉松粉）含量不高，但普遍存在。现代类型的罗汉松为热带亚热带常绿乔木。在松柏类花粉中，*Pseudopicea*（假云杉粉）和 *Pinuspollenites*（松粉）的现生类型具有较广的生态环境，可生长在寒带、温带乃至热带地区，但多半生长在高山地区，反映中温至暖温带的气候环境。图 4－20 为通过孢粉大致勾画出的生态环境：以原始古松类和进化的松柏类植物混生为代表的山地针叶林景观，在林下湿地上有少量的真蕨类，在林外低地或者湖泊沿岸可能生着以原始木兰目植物为代表的最古老被子植物类群。这种植被景观与植物叶部化石群显示出极大的相似性。但是，在植物大化石组合中占有很大优势的本内苏铁类、银杏类和茨康类类群，在孢粉组合中几乎没有反映。这可能与迄今仍无法将苏铁类、银杏类的花粉确切分开有关。

九佛堂期孢粉植物所反映的生态环境与义县期差异不大，仍以原始古松类和进化的松柏类植物混生为代表，多半为高山山地针叶林景观。但考虑到九佛堂期已是湖泊广布，应是盆岭生态景观。

（二）叶肢介

叶肢介的生态环境属于浅水、泥底的静止小水域或较大水域的浅水区，靠滤食有机腐屑、宏观藻类的体表附着物为生，一般要求淡水水质，但也能适应较高盐度和碱度的水质。

义县期的叶肢介个体相对较大，而九佛堂期的叶肢介个体相对偏小，可能说明由义县期到九佛堂期，古湖水温度是逐渐升高的。义县期叶肢介个体虽然偏大，但是含量相当丰富，说明古环境的水体温度非常适于它们繁殖，水体温度也不会太低，推测水体温度在 20℃左右。当时，本区为山间盆地，丰富的雨水从盆地四周注入湖泊，同时带来了丰富的有机碎屑，各种浮游生物和藻类发育，为叶肢介的生存和发展创造了有利条件。叶肢介常与狼鳍鱼类、浮游类昆虫共生，说明该三类生物组成了一个生态食物链。

（三）介形类

相对叶肢介来讲，介形类化石适应较深一些的水域。义县组介形类主要分布于灰白色沉凝灰岩、凝灰质粉砂岩和灰黄色粉砂质泥岩中，个体较小，有的壳饰保存完好，未经搬运，原地埋藏；有的排列密集，缺失壳饰或仅保存内核，是经过搬运磨损后沉积下来的。

义县期介形化石丰富，具有两个亚组合（张立君，2004），第一个亚组合为 *Cypridea*（*Cypridea*）*rehensis*－*Limnocypridea subplana*－*Djungarica camarata* 亚组合，第二个亚组合为 *Cypridea*（*Cypridea*）*liaoningensis*－*Yanshanina dabeigouensis* 亚组合。第一亚组合产于义县组一段的老公沟层，以大个体，壳面光滑类型为主。根据形态功能分析，*Cypridea*，*Limnocypridea* 多营底栖移动生活，而 *Mongolianella* 和 *Clinocypris* 可游泳，它们共同构成了一个底栖和游泳类型混生的生态群落，生活在近岸浅水—半深水湖区。按照它们的生活习性，结合沉积环境和相序分析，推测当时该亚组合介形类生活在淡水—微咸水山间湖泊，水动力条件相对较弱，水介质为中性至弱碱性。第二亚组合产在义县组二段中下部，化石营底栖生活，以大中个体为主，显示一种从浅湖向深湖过渡的淡水—微咸水湖泊环境。

九佛堂早期，介形类在河流环境中几乎不见，而在浅湖和滨湖环境中有机质含量丰富，或泥质含量高时，介形类的数量较多，类型亦丰富；在接近还原环境的深水湖中，介形类的类型少而且个体常扁而小。九佛堂晚期，介形类基本上属于开阔浅湖相原地埋藏类群，但在最晚期局部表现为滨湖—浅湖湾环境。

图4-20 义县期热河生物群生态环境
Fig.4-20 Ecological environment of Jehol biota in Yixian age

（四）双壳类

双壳类化石在义县组沉积层中普遍存在，但主要产于尖山沟（四合屯）、大康堡、金刚山沉积层及其相应层位的沉积岩中。四合屯地区含鸟化石沉积层底部产丰富的双壳类化石，密集堆积成介壳层状，厚 2～3cm，化石随机保存，大小个体同层出现，有明显的机械磨损现象及压碎痕迹，显然经过了水动力的改造作用，主要以铸模形式保存，化石硅酸盐化。这些化石产于黄褐色凝灰质砂岩中，介壳层下部为灰黄色、黄绿色凝灰质含砾岩屑杂砂岩，成层性差，为湖泊发育早期的滨湖相沉积。介壳层之下有一层厚约 5cm 的风化壳，反映了枯水期曾暴露地表。介壳层之上为灰色、灰绿色砂质凝灰岩，成层性好，反映水体加深。沉积物中有大量的凝灰质成分，说明这些双壳类可能因火山爆发突然致死。

（五）腹足类

腹足类虽常与介形类共生，两者生态环境类似，但腹足类化石在深湖相泥岩中更为发育。四合屯地区义县组下部的腹足类化石绝大多数是壳体微小类型，原始生态特征保存相当完好，几乎所有化石壳口向下，以背视方式保存在岩石层面上，排列无方向性。大量腹足类化石在同一层面呈原始生态特征出现，说明它们死于突发性灾变事件。

（六）昆虫

昆虫主要生存于陆地。它的适应能力很强，无论是荒无人迹的大漠，还是皑皑积雪的山峰，无论是泥泞的沼泽，还是莽莽的森林或空旷的草原，在空中、在陆地、在水里，都可以见到很多昆虫。因此，昆虫化石所反映的环境信息是综合性的，而非单一的。尽管如此，人们还是发现昆虫比较喜欢温暖潮湿的环境，而且在湖边、河边、沼泽和森林中，昆虫的种类和数量相对更为丰富。

在义县组和九佛堂组地层中发现有至少 20 个目的昆虫化石，已经正式报道的种类有 14 个目、53 个科 110 余种。其中，比较常见的昆虫有蜉蝣目、蜻蜓目、竹节虫目、同翅目、蛇蛉目、长翅目、脉翅目、双翅目和膜翅目等。

根据任东、张俊峰等的研究，在义县组昆虫生物群中水生的种类占 24%，蜉蝣目的三尾拟蜉蝣是典型的水生昆虫，生活在清澈的水中，游泳能力不强。现生蜉蝣类主要分布在热带至温带的广大地区。蜻蜓目的典型代表有多室中国蜓和沼泽野蜓，其成虫生活在湖岸和沼泽地区，飞行能力强，以捕食弱小昆虫为生；幼虫生活在湖泊水底，以弱小的鱼类和水生昆虫为食。竹节虫目的现生种类多发现于热带潮湿地区，大多数为树栖或生活于灌木上，少数生活在地面杂草中。义县组中的竹节虫目代表为奇异神修，它具有十分发育的前翅，因此具有长距离的飞行能力，生活在密林中，成虫以裸子植物的叶片和树皮为主要食物来源。另外，这一时期昆虫群的另一个显著特点是高山生活的种类（如蛇蛉目昆虫）突然增加，并且昆虫化石的保存状况较为完好，翅脉和虫体清晰可见。现生蛇蛉目昆虫生活在海拔 800～3000m 的高山丛林中。因此，可以推测研究区的地形在义县组形成时期具有较大的起伏，高山就在湖盆附近，虫体死亡后由山间溪流搬运到湖盆中，与水生昆虫、土壤昆虫等形成一个混合埋藏化石群。

（七）蜘蛛类

热河生物群的蜘蛛化石种类有限，个体数量不多。由于其特殊的软体构造，蜘蛛类很难保存成为化石。目前所发现的蜘蛛未定种，保存了生活状态的完整个体，可见伸展的八只足，似乎是在水畔杂草中遭遇突发性事件死亡，被原地快速埋藏。

（八）两栖类

已经报道的热河生物群两栖类化石属于滑体两栖类。在四合屯义县组尖山沟层中产有葛氏辽蟾和三燕丽蟾。前者保存不太好，可能经历了短期暴露；后者保存较好，大部分骨骼保存在原位，为原地或准原地埋藏。从现代蟾蜍生存环境来看，热河生物群中的两栖类主要生存于湖岸边部或浅水沼泽地区。

（九）龟鳖类

义县组产有大量保存完好的龟化石，主要见于北票市四合屯、尖山沟附近的尖山沟层和义县枣茨山附近的金刚山层。以鄂尔多斯满洲龟为例，其化石保存精美，骨架呈背视观，脖颈前伸，尾后挺，两前肢插入岩层，属于非正常死亡。龟鳖类化石主要产在各种含凝灰的中细粒砂岩中，并且龟化石常常密集出现，沿层面保存。这说明它们是在遭遇突发性事件后集中死亡的，而这种突发性事件很可能是火山作用。火山作用形成的火山灰快速掩埋了龟鳖类的尸体，并使之转变为化石。从龟鳖类化石产出的岩石特征来看，它们的生存环境应为滨浅湖。

（十）离龙类

近年来，陆续发现了许多成年和幼年满洲鳄化石，保存精美。楔齿满洲鳄的模式标本保存了完好的骨架，左侧肋部稍有破碎；软躯体印痕清晰，可见尖细的牙齿；头前伸，颈扭曲，脊柱侧弯，前肢的指抠向层面，显示死前痛苦的挣扎。凌源牛营子、大南沟义县组所产楔齿满洲鳄保存更加精美，头颈和尾极尽伸展，四肢抠向层面，具有精美的表皮印痕和叠瓦状鳞片，大腿之间皮肤可见褶皱现象，前后足形成的蹼一直分布到指趾末端；腹腔的左侧有一深色团块，其组分为细粒沉积物（可能是贝壳动物的外壳碎片）以及代表胃溶物的特殊物质。产于凌源市范杖子，义县王家沟、万佛堂、河夹心等地的潜龙化石保存精美，许多个体被埋藏在一起，记录了遭遇突发事件集体死亡的现象。产化石岩层为质地细腻的灰白色、深灰色—浅灰色凝灰粉砂岩或泥质粉砂岩，发育平行的微纹层理，说明离龙类主要生存在一种宁静的浅湖环境，局部可能达到了半深湖环境，在湖泊附近有断续爆发的火山活动，所形成的凝灰物不时加入水体沉积。

（十一）鸟类

现生鸟类计9000余种，个体大小不等，形态和羽色各异，其生境也比较广泛，但主要为森林和湿地（沼泽），可以说它们是鸟类生存的摇篮。世界各地的森林都生存着大量的鸟类，森林中的各种昆虫和野果是鸟类的主要食物，高大的树冠和茂密的灌木都为鸟类繁衍提供了良好的环境。

环境会对鸟类生存产生较大影响，温度、空气、水、食物等条件的变化，都直接或间接地影响到鸟类的栖息、繁衍，促使鸟类转移和迁徙，甚至造成死亡。热河生物群中的鸟类死亡可能就受制于环境条件的急剧变化。

辽西鸟类化石分属于古鸟亚纲、反鸟亚纲和今鸟亚纲。古鸟亚纲的典型代表为孔子鸟类。侯连海(1994)在研究孔子鸟时发现孔子鸟的前肢，第一指骨爪特别发育，第三指骨爪较附着初级飞羽的第二指骨爪大，证明孔子鸟把握的能力仍然很强大，甚至较始祖鸟还强大，是真正的树栖类原始鸟类。反鸟亚纲有辽西鸟和始反鸟，也以栖息林区为生。今鸟亚纲有辽宁鸟，鸟类专家认为它具有沼泽或湖边生活的习性。新近发现的热河鸟（周忠和，2002）除了具有明显的树栖特点外，在鸟的胃中还发现了大量的植物种子，这至少说明当时有一部分鸟类以植物果实为食。

从将今论古的角度而言，研究区内义县组、九佛堂组出土的大量鸟类化石都产在湖相沉积层中，并伴生有大量的昆虫、双壳类、叶肢介类、介形类、虾类、鱼类和各种植物化石，植物化石反映的植被中有许多为高大的松柏类和银杏类，可以推测当时的鸟类主要生存在古湖泊周围的沼泽区或离湖泊不远的森林区（图4-20、图4-21）。湖内丰富的鱼类、虾类和叶肢介等水生动物以及大量的沼泽、森林昆虫和果实，为鸟类提供了丰富的食物。在四合屯，大量的孔子鸟化石成层保存，形态各异，表明它们具有群栖特性，它们是遭遇突发灾变事件，集中死亡，落入水体，经短距离漂浮后，被迅速埋藏的。

（十二）鱼类

热河生物群中的鱼类化石多数保存完好，有完整的骨架，椎骨、鳍和骨刺完好无损。常见的鱼类化石包括 *Peipiaosteus*，*Lycoptera*，*Yanosteus* 和 *Jinanichthys*。北票—义县地区的鱼类化石以前两者为主，是热河生物群中最为常见的分子，分别归属于硬骨鱼亚纲的软骨硬鳞鱼类和真骨鱼类。*Peipiaosteus* 属于软骨硬鳞鱼类的鲟类。从现生的鲟类生境来看，鲟类主要生活在河流及河流与海洋交汇处，并且生活在水体的中下层，以动植物残渣、底栖生物和小型鱼类为食。*Lycoptera* 是一种比较低级的真骨鱼类，主要生活于淡水或微咸水的河流、湖泊内。

在地层中常见狼鳍鱼化石密集保存于灰色、灰白色凝灰质页岩和粉砂岩中，并以印痕形式出现，侧卧于层面，随机分布，无方向性，这是静水环境快速埋藏的结果。有些鱼化石保存了鱼鳞和肌肉印痕，还有一些鱼化石保存了消化道和鱼卵的印痕，如 *Lycoptera sinensis*（中华狼鳍鱼）、*Peipiaosteus pani*（潘氏北票鲟）和 *Protopsephurus liui*（刘氏原白鲟）等。绝大多数鱼化石都是嘴巴张开，颌部痉挛，死前进行了痛苦的挣扎，头部下弯，尾部上翘，许多幼鱼和成鱼共同埋藏。这种现象在受热或缺氧死亡的鱼类中很常见，显示它们属于非正常死亡。

在辽西地区，鱼类化石的产出地层主要为发育水平层理的页岩、粉砂岩，这说明鱼类生存的水体比较平静，并且是滨浅湖-半深湖环境。此外，含鱼类的岩石均含有火山凝灰成分，间接地说明在湖盆附近有火山活动（图4-20），火山喷发可能是造成鱼类集中死亡的重要原因。

（十三）热河生物群综合生态分析

热河生物群鼎盛阶段为义县期，期间所形成的化石最为丰富，研究资料也比较多，因此，本次研究依据各类群生物的生活方式，着重将辽西热河生物群鼎盛阶段的古生态总结为4个主要生态群落。

1. 义县生态群落

义县生态群落分布于阜新-义县盆地，具体划分为湖盆中的水生生物和湖盆周围的陆生生物。

水生生物：湖盆中的水生植物包括湖盆中营漂浮生活的藻类和水生孢子植物。湖盆中的水生动物包括软体动物，如双壳类 *Arguniella*（额尔古纳蚌）、*Sphaerium*（球蚬）和腹足类 *Probaicalia*（前贝加尔螺）等，它们营底栖生活；节肢动物，如水生昆虫 *Ephemeropsis trisetalis*（三尾拟蜉蝣）、甲壳类 *Liaoningogriphus quadripartitus*（辽宁四节洞虾）和叶肢介类 *Eosestheria*（东方叶肢介）以及介形类等，它们营游泳或浮游生活；鱼类，以 *Lycoptera muroii*（室井氏狼鳍鱼）为代表，它是中生代后期东亚地区特有的淡水鱼类，此外，还有 *Peipiaosteus pani*（潘氏北票鲟），它们均营游泳生活；水生爬行类，如 *Manchurochelys manchuensis*（满洲满洲龟）、*Manjurosuchus splendens*（楔齿满洲

图4-21 九佛堂期热河生物群生态环境

Fig.4-21 Ecological environment of Jehol biota in Jiufotang age

鳄)和大量的 *Hyphalosaurus* spp.(潜龙),它们营底栖或游泳生活。

陆生生物:陆生植物包括生活在高山上的针叶植物,如 *Pinuspollenites*(双束松粉)、*Picepaepollenites*(云杉粉),分布在山坡或山脚下的阔叶落叶植物,如 *Ginkgoites*(似银杏)、*Baiera*(拜拉)等,以及湖边生长的蕨类植物。它们涵盖了从低地到缓坡的 *Tyrmia acrodonta* - *Coniopteris burejensis* 群落,山间高地的 *Liaoningocladus boii* - *Baiera borealis* 群落和旱生的 *Pagiophyllum* - *Gurvanella exquisite* 群落。

陆生动物包括生活在森林沼泽或山间丛林的陆生昆虫,如 *Baissoptera grandis*(巨型巴伊萨蛇蛉)、*Aeschnidium heishankowense*(黑山沟衔蜓)、*Karataviella pontoforma*(舟形卡拉套划蝽)等;生活在湖滨洼地、湖滨山坡和山间丛林的爬行类、鸟类,如爬行类的 *Psittacosaurus* spp.(鹦鹉嘴龙)、*Yabeinosaurus tenuis*(细小矢部龙)、*Jinzhousaurus yangi*(杨氏锦州龙)等,鸟类以 *Confuciusornis*(孔子鸟)类群为代表。

该地区发现的爬行类动物以植食性为主,少量为肉食性,生活在湖滨沼泽、草地和树林间。以孔子鸟为代表的鸟类主要生活在湖滨的水边环境,捕食昆虫和鱼类。

2. 北票生态群落

北票生态群落主要分布于金岭寺-羊山盆地北部的北票市四合屯上叠盆地内。

水生生物:水生植物包括湖盆中营漂浮生活的藻类和水生孢子植物;被子植物 *Archaefructus liaoningensis*(辽宁古果)和可能属于被子植物分类群的 *Beipiaoa parva*(小北票果),它们营水生或湖滨生活。

水生动物包括软体动物,如双壳类 *Arguniella*(额尔古纳蚌)、*Sphaerium*(球蚬)和腹足类 *Probaicalia*(前贝加尔螺)等,它们营底栖生活;节肢动物,如水生昆虫 *Ephemeropsis trisetalis*(三尾拟蜉蝣)、甲壳类 *Liaoningogriphus quadripartitus*(辽宁四节洞虾)和叶肢介类 *Eosestheria*(东方叶肢介)以及介形类等,它们营游泳或浮游生活;鱼类,如 *Lycoptera sinensis*(中华狼鳍鱼)、*Lycoptera davidi*(戴氏狼鳍鱼)、*Peipiaosteus pani*(潘氏北票鲟)和 *Sinamia* sp.(中华弓鳍鱼),它们均营游泳生活;两栖类,如 *Callobatrachus sanyanensis*(三燕丽蟾)、*Liaobatrachus grabaui*(葛氏辽蟾),它们营两栖生活;水生爬行类,如*Ordosemys liaoxiensis*(辽西鄂尔多斯龟)和*Manjurosuchus splendens*(楔齿满洲鳄),它们营底栖或游泳生活。

陆生生物:陆生植物包括生活在高山上的针叶植物,如 *Pinuspollenites*(双束松粉)、*Picepaepollenites*(云杉粉),分布在山坡或山脚的的阔叶落叶植物,如 *Ginkgoites*(似银杏)、*Baiera*(拜拉)等,以及湖边生长的蕨类植物。它们涵盖了低地—缓坡的 *Tyrmia acrodonta* -*Coniopteris burejensis* 群落,山间高地的 *Liaoningocladus boii* - *Baiera borealis* 群落和旱生的 *Pagiophyllum* - *Gurvanella exquisite* 群落。

陆生动物包括生活在森林沼泽或山间丛林的陆生昆虫,如 *Baissoptera grandis*(巨型巴伊萨蛇蛉)、*Aeschnidium heishankowense*(黑山沟衔蜓)、*Karataviella pontoforma*(舟形卡拉套划蝽)、*Mesoscarabaeus* sp.(中金龟子)、? *Xyeia* sp.(长节叶蜂)、*Rhipidoblattina* sp.(扇蠊)、*Anthoscytina aphthosa*(疹状花格蝉)、*Pleciomimella perbella*(极美小毛蚊)等;生活在湖滨洼地、湖滨山坡和山间丛林的爬行类、鸟类和哺乳类。爬行动物包括蜥蜴类的 *Yabeinosaurus tenuis*(细小矢部龙)、*Dalinghosaurus longidigitus*(长趾大凌河龙),翼龙类的 *Eosipterus yangi*(杨氏东方翼龙)、*Dendrorhynchoides curvidentatus*(弯齿树翼龙)、*Haopterus gracilis*(秀丽郝氏翼龙),鸟脚类恐龙的 *Jeholosaurus shangyuanensis*(上园热河龙),蜥臂类恐龙的 *Sinosauropteryx prima*(原始中华龙

鸟)、*Protarchaeopteryx robusta*(粗壮原始祖鸟)、*Caudipteryx zoui*(邹氏尾羽龙)、*Caudipteryx dongi*(董氏尾羽龙)、*Beipiaosaurus inexpectus*(意外北票龙)、*Sinornithosaurus millenii*(千禧中国鸟龙),角龙类的 *Psittacosaurus* spp.(鹦鹉嘴龙)、*Liaoceratops yanzigouensis*(燕子沟辽宁角龙)等。鸟类以孔子鸟类群为代表,包括 *Confuciusornis sanctus*(圣贤孔子鸟)、*C.sunae*(孙氏孔子鸟)、*C.dui*(杜氏孔子鸟)、*C.chuanzhous*(川州孔子鸟)、*Changchengornis hengdaoziensis*(横道子长城鸟)、*Eoenanthiornis buhleri*(步氏始反鸟)、*Liaoningornis longiditris*(长趾辽宁鸟)等。原始哺乳类包括 *Zhanghetherium quinquecuspidens*(五尖张和兽)、*Jeholodens jenkins*(金氏热河兽)和 *Repenomamus robustus*(强壮爬兽)等。

本区昆虫化石群可分为陆生、水生和半水生(幼虫生活在水中,成虫上陆)两大类。其中,陆生种类占大多数,且主要是典型的温带—亚热带森林沼泽昆虫。例如,蜉蝣目和蜻蜓目的幼虫为水生,成虫在水边和陆地上飞翔;蜚蠊目的种类生活在潮湿的腐朽物质和碎石之下或穿梭于植物之间,适应温暖潮湿气候;同翅目和鞘翅目的种类属食植性,生活于森林沼泽环境;膜翅目的长节锯蜂科生活在远离湖岸的气候温和、干旱的高山微环境。现生蛇蛉成虫主要生长在海拔 800m 左右的森林地带,飞翔于草丛、花木和树干之间,捕食一些小型昆虫,如蚊、蝇及蚜虫等;义县组下部产有大量的蛇蛉化石,这表明本区当时处于高山环境,气候温和但偏凉,树木繁茂,尤其松柏类等针叶林繁盛。

当时的爬行动物既有植食性的,又有食肉性的,生活在湖滨沼泽、草地和树林间。以孔子鸟为代表的鸟类群主要生活在湖滨的水边环境,捕食昆虫和鱼类。其中,反鸟类发育牙齿,以树栖生活为主;*Liaoningornis*(辽宁鸟)个体较小,是最古老、最原始的今鸟类化石,多栖息在水边,以树上生活为主。哺乳类活动范围相对较大,既可在水边生活,也可远离水体生活,在上园镇陆家屯附近可见它们突然被炙热的火山灰掩埋而形成化石。

3. 凌源生态群落

凌源生态群落分布于凌源-宁城盆地,主要见于凌源市"大新房子层"。

水生生物:水生植物包括湖盆中营漂浮生活的藻类和水生孢子植物。水生动物包括软体动物,如双壳类 *Arguniella*(额尔古纳蚌)、*Sphaerium*(球蚬)和腹足类 *Probaicalia*(前贝加尔螺)等,它们营底栖生活;节肢动物,如水生昆虫 *Ephemeropsis trisetalis*(三尾拟蜉蝣)、异常丰富的叶肢介类 *Eosestheria lingyuanensis*(凌源东方叶肢介)和介形类等,它们营游泳或浮游生活;鱼类,如大量的 *Lycoptera davidi*(戴氏狼鳍鱼)和 *Peipiaosteus pani*(潘氏北票鲟)、*Yanosteus longidorsalis*(长背鳍燕鲟)、*Jinanichthys longicephalus*(长头吉南鱼)等,它们营游泳生活;水生爬行类,如 *Hyphalosaurus lingyuanensis*(凌源潜龙)和 *Manjurosuchus splendens*(楔齿满洲鳄),它们营底栖或游泳生活。

陆生生物:陆生植物包括生活在高山上的松柏类植物,如 *Leptostrobus*(薄果穗)、*Schizolepis*(裂鳞果),银杏类的 *Sphenobaiera*(楔拜拉)、*Czekanowskia*(茨康诺斯基叶)等,分布在低地—缓坡的真蕨类植物,如 *Coniopteris*(锥叶蕨)、*Eboracia*(爱博拉契蕨)等,以及湖边生长的有节类植物 *Equisetum*(拟木贼)和原始被子植物。它们涵盖了低地—缓坡的 *Tyrmia acrodonta* - *Coniopteris burejensis* 群落和山间高地的 *Liaoningocladus boii* - *Baiera borealis* 群落。

陆生动物包括生活在温带—亚热带森林沼泽或山间丛林的陆生昆虫,如 *Karataviella pontoforma*(舟形卡拉套划蝽)、*Coptoclava longidopa*(长肢裂尾甲)、*Mesolygaeus laiyangensis*(莱阳中蝽)、*Chironomaptera robustus*(强壮隐翅幽蚊)、*Liaotoma linearis*(线形辽短鞭叶蜂)和 *Alloxyelula lingyuanensis*(凌源异叶蜂)等;生活在湖滨沼泽、草地和树林间的爬行类,如蜥蜴类的 *Yabeino-*

saurus tenuis(细小矢部龙)、角龙类的 *Psittacosaurus* sp.(鹦鹉嘴龙)和奔龙类化石等;生活在湖滨洼地、湖滨山坡和山间丛林的鸟类,如 *Confuciusornis* sp.(孔子鸟)、*Liaoxiornis delicatus*(娇小辽西鸟)和 *Lingyuanornis parvus*(小凌源鸟)等,它们以植物种子和捕食昆虫、鱼类为生。

4. 建昌生态群落

建昌生态群落主要分布于建昌盆地喇嘛洞镇和要路沟乡一带,目前研究程度较差。

水生生物:水生植物包括湖盆中营漂浮生活的藻类和水生孢子植物。动物包括软体动物,如双壳类 *Arguniella*(额尔古纳蚌)、*Sphaerium*(球蚬)和腹足类 *Probaicalia*(前贝加尔螺),它们营底栖生活;节肢动物,如数量丰富的水生昆虫 *Ephemeropsis trisetalis*(三尾拟蜉蝣)、叶肢介类 *Eosestheria*(东方叶肢介)和介形类,它们营游泳或浮游生活;鱼类有 *Lycoptera sankeyushuensis*(三棵榆树狼鳍鱼)等,营游泳生活。

陆生生物:目前陆生植物化石尚未详细研究,推测应包含低地—缓坡的 *Tyrmia acrodonta* - *Coniopteris burejensis* 群落,山间高地的 *Liaoningocladus boii* - *Baiera borealis* 群落和旱生的 *Pagiophyllum* - *Gurvanella exquisite* 群落的组成分子。陆生动物包括生活在森林沼泽或山间丛林的陆生昆虫,生活在湖滨洼地、湖滨山坡和山间丛林的爬行类及鸟类,目前已知要路沟乡罗家沟村北山产有翼龙和鸟类化石。

六、古地理

从热河生物群演化早中期的火山岩及沉积岩分布(图 4 - 22)来看,火山岩带成北北东向不太连续分布,小而零星的沉积岩分布于火山岩带边缘,它们代表了地理分隔明显的火山间歇湖。在湖泊

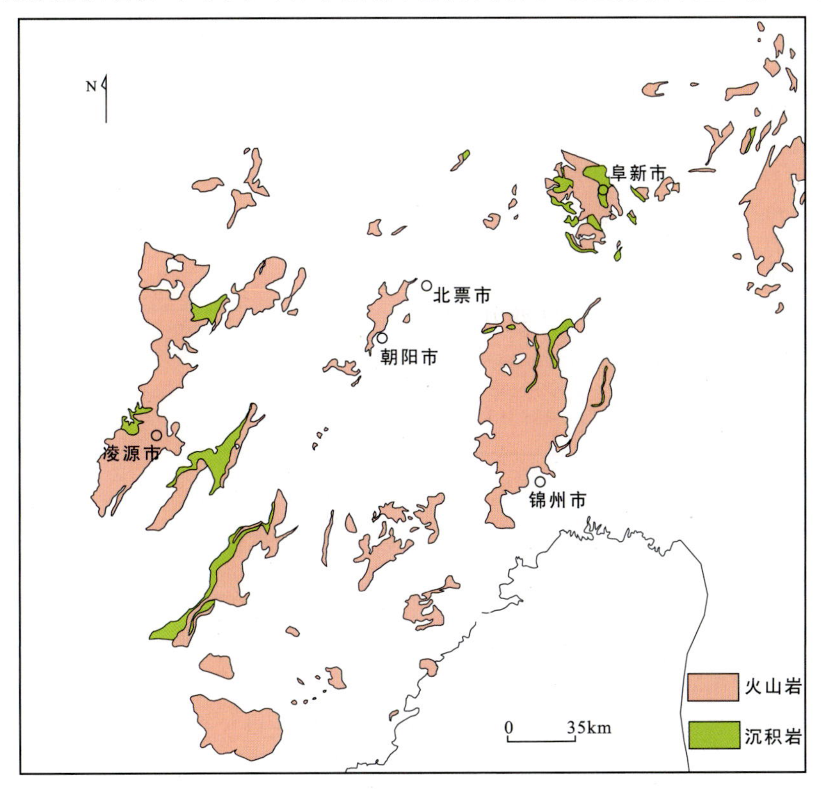

图 4 - 22　辽西地区张家口组—义县组火山岩和沉积岩空间分布图

Fig.4 - 22　Distribution of volcanic and sedimentary rocks of Zhangjiakou and Yixian Formations in western Liaoningregion

外围有斜坡—丘陵，生长着蕨类、苏铁类和银杏类的灌木及乔木混交林，远处山地生长着银杏和松柏类等针叶混交林。

晚期的沉积岩分布(图 4－23)呈北北东方向展布，它们代表了北北东向展布的大型湖泊。在湖泊周围，地形逐渐由缓坡转变为高耸的山脉，因而在总体温暖的气候下，水生生物及岸边丛林动物繁盛，周围的坡地及高山发育针叶林，形成大盆-岭古地理格架。

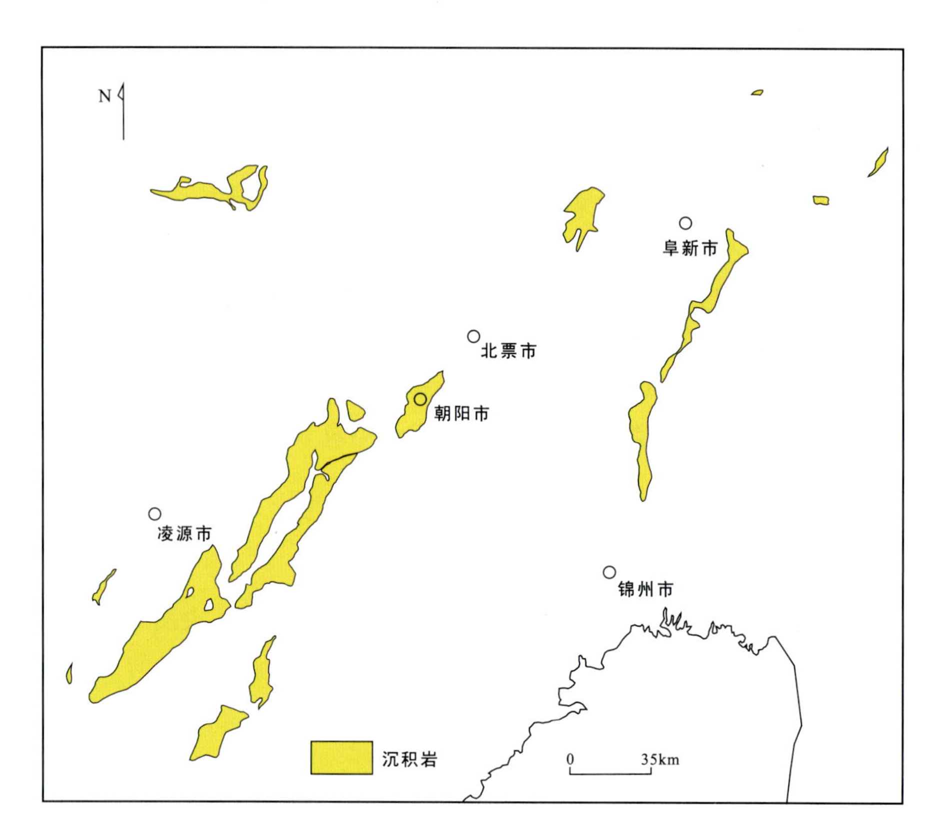

图 4－23　辽西地区九佛堂组地层空间分布图

Fig.4－23　Distribution of Jiufotang Formation in western Liaoning region

第四节　阜新生物群的地质-生态环境

一、区域构造环境

阜新生物群演化阶段是高原盆岭的萎缩阶段，这种盆地萎缩实际上始于热河生物群演化的末期。当时全区进入了今太平洋的沟-弧-盆体系的主动大陆边缘，日本海和东北地区东部为弧后扩张区。由于日本海不断扩张，区域性的强烈伸展作用开始弱化，大规模的断陷盆地趋于终结，并逐步出现周期性的挤压作用，盆地渐趋抬升，充填序列的岩层成分渐粗、成熟度渐低。阜新生物群演化之初，区域构造继承了这种抬升趋势，沉积了沙海组底部砾岩。但是，进入中期，在白垩纪总体伸展的背景下，区内一些裂陷盆地得以继续发展，充填了沙海组地层。晚期，区域性的挤压渐强，盆地抬升渐趋加快，沉积了阜新组地层，并在部分地区出现了盆缘推覆断裂，使古元古界长城系逆冲于沙海组之上。

二、盆地充填记录与沉积环境

在阜新生物群演化时期，辽西地区的盆地充填了沙海组和阜新组沉积物，分别属于类复理石含油沉积序列和类磨拉石含煤沉积序列。

（一）类复理石含油沉积序列

沙海组($K_1\hat{s}$)

沙海组在辽西地区的分布范围远小于九佛堂组。以阜新-义县盆地为代表，沙海期的盆地发展史分为盆地初始裂陷、湖盆扩展和湖盆萎缩3个主要阶段，期间形成的地层富含双壳类、腹足类、介形类、植物、孢粉和少量叶肢介及鱼类化石，厚度600～1300m。沉积充填序列及形成环境自下而上为：

(1)一段下部：初始充填体系域，以半潮湿和半干旱冲积扇沉积的灰黄色、灰紫色砾岩、砂砾岩为主，夹扇间和扇前沉积的灰绿色、灰黄色砂岩和粉砂岩，沿盆地轴向存在河流相沉积，富含硅化木，厚度为70～200m。

(2)一段上部：初始扩展体系域，以扇三角洲、扇前沼泽与泥炭沼泽及滨浅湖沉积的灰色、灰白色砂砾岩、砂岩、灰绿色粉砂岩为主，夹灰黑色泥岩及多层煤，富含植物、孢粉、双壳类、腹足类和介形类化石，厚度为130～500m。

(3)二段：主体构成湖盆扩展体系域，仅顶部因盆地构造转化而抬升形成湖盆萎缩体系域。该段下部为退积型浅水湖相泥岩、粉砂岩和砂岩，含双壳类、介形类和腹足类化石；中部为半深水—深水相暗灰色、灰黑色厚层泥岩和粉砂岩，夹水下泥石流沉积的砂砾岩和多层浊积岩，含少量介形类化石，是最大湖泛期；上部属湖盆萎缩阶段沉积，自下而上为浅湖相沉积的灰色、深灰色粉砂质泥岩和细粒砂岩，扇三角洲前缘沉积的灰色泥质粉砂岩、细粒砂岩与中粗粒砂岩，含双壳类和介形类化石。二段总厚200～760m。

建昌盆地沙海组（冰沟组）的充填序列与阜新-义县盆地类似，但无半深湖—深湖相沉积，冲积扇沉积更发育一些，总厚近400m。

（二）类磨拉石含煤沉积序列

阜新组(K_1f)

阜新组属于继承性断陷盆地明显抬升阶段的沉积，分布在阜新-义县盆地和建昌盆地，含双壳类、腹足类、介形类和大量植物化石，厚度为240～1000m。阜新-义县盆地的阜新组最具代表性，自下而上可细分为5个岩性段，即第一段（高德段）、第二段（太平段）、第三段（中间段）、第四段（孙家湾段）和第五段（水泉段）。除第一段下部为扇三角洲与辫状河沉积的砾岩和砂砾岩外，其余各段下部在盆地中心部位均为辫状河道及边滩沉积的灰白色砂砾岩和含砾粗砂岩，每段上部均为河漫滩与扇前沼泽和泥炭沼泽沉积的砂岩、粉砂岩、泥岩夹煤层，仅局部积水洼地形成浅水湖，含双壳类、腹足类、介形类、植物和孢粉化石。第五段沉积厚度较大，河流作用已经在全盆地发育，间有泥石流向盆地中部推进，表明盆地构造进入了反转阶段。就该盆地阜新组总体沉积特征而言，盆缘尤其是东缘，因断裂影响，冲积扇始终较为发育，并与河流共同作用，对泥炭沼泽相和煤层的形成与分布起着重要的控制作用（图4-24）。

图 4－24 类磨拉石含煤沉积系列——阜新组远景(海州煤矿)

Fig.4－24 A distant view of mollasse－like coal－bearing sedimentary successions—Fuxin Formation (Haizhou coal mine)

三、气候

阜新生物群发育时期大致为早白垩世晚期。研究区古地理位置与热河生物群发育期相当,大致在北纬41°左右,相当于现代的温带气候带。但是由于地球本身内动力的变化,当时全球大陆处于分离状态,气候也处于升温期,海侵在全球范围内展开,即古气温明显高于现代温带,海水水位也高于现代海平面,总体为有利于动植物发育的温暖潮湿气候,与现代的亚热带—暖温带气候更为接近。

从构造角度来看,早白垩世晚期,在区域性伸展、高原萎缩的背景下,研究区受到日本海弧后扩张的影响,总体处于挤压收缩状态,盆地具有缓慢抬升趋势,因而区内剥蚀作用加强,湖面缩小,对应的湖相沉积物减少,但河流相、沼泽相沉积增加,并且沉积物的粒度较粗。古气候虽然继承了早白垩世早期的大陆季风型气候,但是有向半干旱、半潮湿过渡的趋势。

从沉积物特征来看,在辽西地区沙海组的底部往往含有较多的红杂色粗碎屑沉积,在砂砾岩中含有丰富的硅化木和大量的松柏类球果化石,但植物的叶部化石却很少。这种沉积环境表明,沙海早期还是处于半干旱期,而中晚期逐渐变为温暖潮湿的成煤环境,但因岩层成岩度不高,植物化石一般保存不好。这可能是沙海组中上部化石种类和数量贫乏的重要原因之一。

这一时期的植物群属于西伯利亚—加拿大区,相当于北半球有明显季节性变化的暖温带气候区。在沙海期,孢粉植物群中喜湿热的海金砂科和喜干热的掌鳞杉科植物都有明显的增长;早期表现为干热气候,中晚期表现为湿热气候,并出现了造煤作用。在阜新早期,孢粉植物群中喜湿热的蕨类植物,尤其是海金砂科特别发育,并且种类繁多,而喜中温的松科植物明显减少,喜干热的掌鳞杉科植物也十分贫乏,气候呈现典型的亚热带潮湿气候特点;但在阜新晚期,蕨类植物更加繁盛,松科和掌鳞杉科的植物总量又开始增长,气候向干热方向转变。

四、生态

从植物和孢粉植物群分析，沙海组中部成煤植物发育，属于湖沼相环境，但在部分盆地的沙海组中部发育半深湖—深湖相暗色泥岩，具有生油潜力；阜新组以灰黄色、灰色—灰黑色砂岩、页岩为主，夹煤层，为辫状河、河漫滩沼泽和湖沼相环境。以阜新地区为例，阜新生物群的植物化石组合可划分早、中、晚三期生态组合。

早期生态组合以沙海组植物化石为代表，常见分子有 *Coniopteris burejensis* (Zalessky) Seward，*Cladophlebis* sp.，*Nilssonia* cf.*sinensis* Yabe et Oishi，*Pterophyllum* sp.，*Ginkgo* cf.*huttoni* (Sternb.) Heer，*Ginkgoites sibiricus* (Heer) Seward 等。其中，银杏和松杉类占主导地位，其次为真蕨类和苏铁类，它们围绕湖沼低地形成了小型植物群落。

中期生态组合为阜新植物群的主体部分，植物化石包括除了水泉段以外的阜新组所产植物化石，是晚中生代主要成煤植物群，习惯上称 *Acanthopteris* 型植物群，常见分子有 *Microthyriacites haizhouensis*，*Ruffordia goepperti* (Dunker) Seward，*Acanthopteris gothani* Sze，*Coniopteris burejensis* (Zalessky) Seward，*C.fuxinensis*，*C.silapensis* (Prynada) Samylina，*C.suesis* (Krasser) Yabe et Oishi，*Nilssonia sinensis* Yabe et Oishi 等。其中，*Acanthopteris gothani*，*Nilssonia sinensis* 是喜欢温热潮湿的亲煤植物，它们的叶部角质层很薄，而且常常有真菌类植物寄生在叶部的表皮上，依靠潮湿的空气获取水分，因此，它们被视为大气湿度的指示计。该部分植物群总计 32 属 43 种，其中真蕨类和松杉类最为繁盛，银杏类普遍存在，但属种不多，苏铁类也相对较少。期间，湖沼及河流沼泽异常发育，真蕨类和松杉类植物广布，但在沼泽湿地可能更适于蕨类生长，邻近低地、坡地更适于松杉类、苏铁类和银杏类植物生长，远处低山区以松杉类、银杏类的交互林地为主，林地内草本蕨类繁盛。

晚期生态组合由阜新组水泉段所产植物化石组成。这一时期，真蕨类已经不占优势，苏铁类和松柏类有所增加。中期组合中常见属种 *Acanthopteris gothani* Sze，*Coniopteris silapensis* (Prynada) Samylina，*C.suesis* (Krasser) Yabe et Oishi 已基本消失，出现了一些年轻面貌的植物，如 *Ctenis lyrata* Lee et Yeh，*Chilinia eleganse* Zhang，*C.robusta* Zhang，*Cladophlebis shansungensis* Lee et Yeh，以及早白垩世常见分子 *Neozamites lebedevii* Vachr.，*Cephalotaxopsis asiatica* Wang 等。这些植物景观基本上是一种沿河流岸边及两侧坡地分布的松柏类与苏铁类交互的林地，并且在林下或低洼处有蕨类植物生长。

五、古地理

沙海期本区以山地及湖泊、沼泽为主体景观，但在早期河流相对发育，而晚期河流相对萎缩，湖泊逐渐发育，并有扩大的趋势，总体表现为有大型湖泊分布的非典型盆岭古地理，而且发育银杏和松杉类林地；阜新期本区地貌以低山及湖泊、沼泽为主要特征(图 4-25)，这种由低山到沼泽再到湖泊的景观仍然是一种盆岭古地理，但是盆和岭的相对高差已经缩小，湖泊不断萎缩，因而低地、沼泽植物(如真蕨类、苏铁类)非常发育，银杏和松杉类构成的交互林分布更为广泛。

图4-25 阜新生物群生态环境
Fig.4-25 Ecological environment of Fuxin biota

第五节 松花江生物群的地质-生态环境

一、区域构造环境

自从早白垩世末，全区进入今太平洋的沟-弧-盆体系的主动大陆边缘以来，日本海持续扩张，区域性的挤压作用开始增强，盆地渐趋抬升，阜新组及其前期地质体遭受剥蚀，形成了区域性的角度不整合界面，这种界面代表了燕山运动第三幕的结束，也即大规模的盆岭运动结束，转为晚白垩世的盆山运动阶段。虽然盆山运动本身表现为总体强伸展，但是初期阶段仍保持着伸展和挤压的振荡状态。期间，区内东部形成了几个北东向展布的小型断陷盆地，并形成了少量中酸性火山喷发作用，进而形成了山前类磨拉石沉积。之后，区域上出现了北西-南东方向的强伸展作用，在研究区东侧形成了大型断陷盆地——松辽盆地，而本区却处于隆升状态，以准高原和低山地貌为主，整体遭受剥蚀，地势由西向东渐低，直至新近纪、第四纪才接受大量松散沉积。

二、盆地充填记录与沉积环境

盆地充填记录早期为大陆火山岩序列，以大兴庄组为代表，晚期为类磨拉石序列，以孙家湾组为代表。

大兴庄组

充填序列及环境自下而上为：

(1)灰紫色流纹英安质火山角砾晶屑岩屑凝灰岩，厚度为8.8m。环境表现为区域盆岭背景下的酸性火山爆发。

(2)紫灰色英安岩、流纹英安岩、英安质角砾熔岩，夹同成分沉角砾岩屑凝灰岩，厚度为370m。环境表现以酸性火山熔岩喷溢为主，间有同成分火山爆发，在火山活动的稍远处有河流、湖泊等水体。

(3)火山碎屑岩为主，岩性为复成分集块角砾岩、绿灰色—灰绿色流纹英安质角砾凝灰岩和凝灰岩，厚度为91m。环境表现以酸性火山爆发为主。

(4)灰紫色流纹英安岩，厚度112.5m。环境表现为酸性火山熔岩喷溢。

孙家湾组

孙家湾组为一套类磨拉石式的红杂色粗碎屑沉积，以复成分砾岩为主，间夹砂岩和粉砂岩透镜体，沉积环境以漂移不定的辫状河流为主，零星分布有小的湖泊。它代表由温暖潮湿的成煤环境向干热气候急剧转变时期的产物，有少量植物及孢粉化石。

三、气候

晚白垩世时期，虽然研究区所在纬度偏高，在北纬44°～46°之间，相当于现代的温带—冷温带气候带，但是在白垩纪全球气温普遍偏高的背景下，其温度要高于现代的温带—冷温带。根据松辽盆地的古植物群研究(郑少林，1994)，晚白垩世除了早期气候较干燥外，总体处于一种温热而潮湿的气候带内，阳光充足，水源丰富，虽有季节性变化，但温差变化不大，属于亚热带—温带气候。

从松花江生物群组合来看，与孙家湾组层位相当的泉头组所产植物化石以被子植物为主，有少量真蕨类和石松类植物；孙家湾组含植物化石 *Coniopteris onychioides*，银杏类 *Ginkgoites* sp.(赵锡文，1988)，反映一种温暖潮湿的气候。然而，孢粉化石以热带、亚热带海金砂科和桫椤科植物为主体，而中温且不耐干旱的双囊粉松柏类植物稀少，特别是干旱气候的典型代表希指蕨属和 *Clas-*

sopollis 又开始兴起，麻黄属开始出现，这些证据都说明当时的古气候为亚热带干热—暖温带潮湿的过渡性气候。

在辽西阜新-义县盆地中，孙家湾组形成于沉积盆地回返结束期的末尾阶段，是由温暖潮湿的成煤环境向干热气候急剧转变时期的产物，其中生物化石相当贫乏。但在松辽盆地中，与孙家湾组层位相当的泉头组则是盆地开始下沉接受沉积的初始期产物。由于处于松辽盆地的内部，水源较为充分，虽然总体气候比较干旱，但这里的生物仍然可以得到不同程度的发展。

四、古生态

由于松花江生物群发育期间，辽西地区正处于盆山运动的开始阶段，形成了连绵起伏的低山区，并有一系列的山前盆地形成，进而发育了小型河流与湖泊水系(图 4－26)。盆地充填物——孙家湾组的岩石地层总体粒度较粗，反映了一种以剥蚀、夷平为主的地质背景。

孙家湾组的岩石地层总体以红色调为主，代表了一种干热的气候环境。化石及其组合特征反映当时的辽西地区植被稀少，湖泊生物群落不发育，但仍有介形类、腹足类和双壳类等生物繁衍。介形类和腹足类主要发现于灰色泥质粉砂岩中，反映一种浅湖环境。孢粉化石和少量植物化石研究结果显示，这一时期有一种近湖边、河岸或近湿地的海金砂科和桫椤科植物为主体的植物群落，在盆地边缘有喜温凉的银杏类和少量松柏类植物。

近年来在北票市双庙地区发现的恐龙化石产于滨浅湖相的紫色粉砂岩中，但这种岩石与灰色河流相砂砾岩互层，说明这些恐龙经常活动于河湖交互的环境，或觅食或栖息。另外，在灰色粉砂岩和含砾细砂岩中产有龟类化石，反映了一种河流进入湖泊的三角洲环境。

五、古地理

与热河生物群相比，松花江生物群的地理分布非常狭窄，主要分布在辽西地区的一些晚中生代盆地、松辽盆地及邻近的龙爪沟地区和延吉盆地内。孙家湾组底部有双壳类、腹足类、介形类等化石，表明最早期沉积环境除了河流相外，还有浅湖环境。总体上，松花江生物群繁衍时期的古地理呈现西高东低的地势，西部为辽西准高原和低山区，间有小型山前湖盆，有较多的小型河流向这些盆地汇聚，东部为地势低洼的丘陵-盆地区，形成了中国东部乃至亚洲东部的大型内陆湖泊——松辽盆地。

图4-26　松花江生物群早期(左)和中晚期(右)的生态环境
Fig.4-26　Ecological environment of Songhuajiang biota in early (left) and middle-late (right) stages

第五章 主要生物群的生存时代

在地学界，除了土城子生物群和热河生物群的时代存在较大争议外，其他生物群的生存时代问题争议较小。本书将燕辽生物群生存时代置于中侏罗世，土城子生物群生存时代置于晚侏罗世，热河生物群生存时代置于晚侏罗世晚期—早白垩世早中期，阜新生物群生存时代置于早白垩世晚期，松花江生物群生存时代置于晚白垩世早期。下面对区内中生代主要生物群的生存时代依据加以阐述。

第一节 燕辽生物群生存时代

本书所称"燕辽生物群"，包括海房沟组（九龙山组）和髫髻山组中所产的化石生物群，主要分布于北京西山、冀北、内蒙古自治区赤峰和辽宁西部。多方面证据表明燕辽生物群形成于中侏罗世。

一、海房沟组及其生物的形成时代

海房沟组底部与北票组为角度不整合接触，产植物、孢粉、昆虫、鱼类，叶肢介、介形类及少量双壳类等门类化石。近年来在内蒙古自治区道虎沟海房沟组中还发现了大量的蝾螈类、蜥臀类恐龙、翼龙、昆虫和植物等化石。

其中，植物化石表现为 *Coniopteris simplex* - *Eboracia lobifolia* 组合，组合以苏铁类为主（图 5-1），其次为真蕨类、银杏类、松柏类、有节类和石松类等。这一组合特点与英国中侏罗世约克郡植物群相似，大致相当于约克郡植物群的下部，而含约克郡植物化石的沉积层被海相动物群所证实，时代为中侏罗世早期的巴柔期至巴通期。此外，海房沟组植物组合还与俄罗斯中亚地区的中侏罗世植物群相似（郑少林等，1987）。

孢粉化石以 *Cyathidites* - *Asseretospora* - *Osmundacidites* 组合为代表，组合中的 *Cyathidites* 和 *Deltoidospora* 孢子的高含量特征多见于世界各地的中侏罗世组合，如内蒙古自治区东胜、陕甘宁盆地、英国和苏联西伯利亚等地，时代为中侏罗世早期（蒲荣干和吴洪章，1985）。

昆虫化石的 *Mesobaetis* - *Yanliaocorixa* - *Rhipidoblattina* 组合，也可与苏联伊尔库茨克盆地中侏罗世的契林霍夫组对比。

在内蒙古自治区道虎沟地区，直接盖在海房沟组沉积地层之上的髫髻山组火山岩的锆石年龄为（164.4±2.4）Ma，（165.5±1.5）Ma（陈文等，2004），表明海房沟组年龄要大于 165Ma。

因此，根据植物、孢粉、昆虫、鱼类等门类化石及同位素数据的综合资料，海房沟组及其生物的形成时代应为中侏罗世早中期。

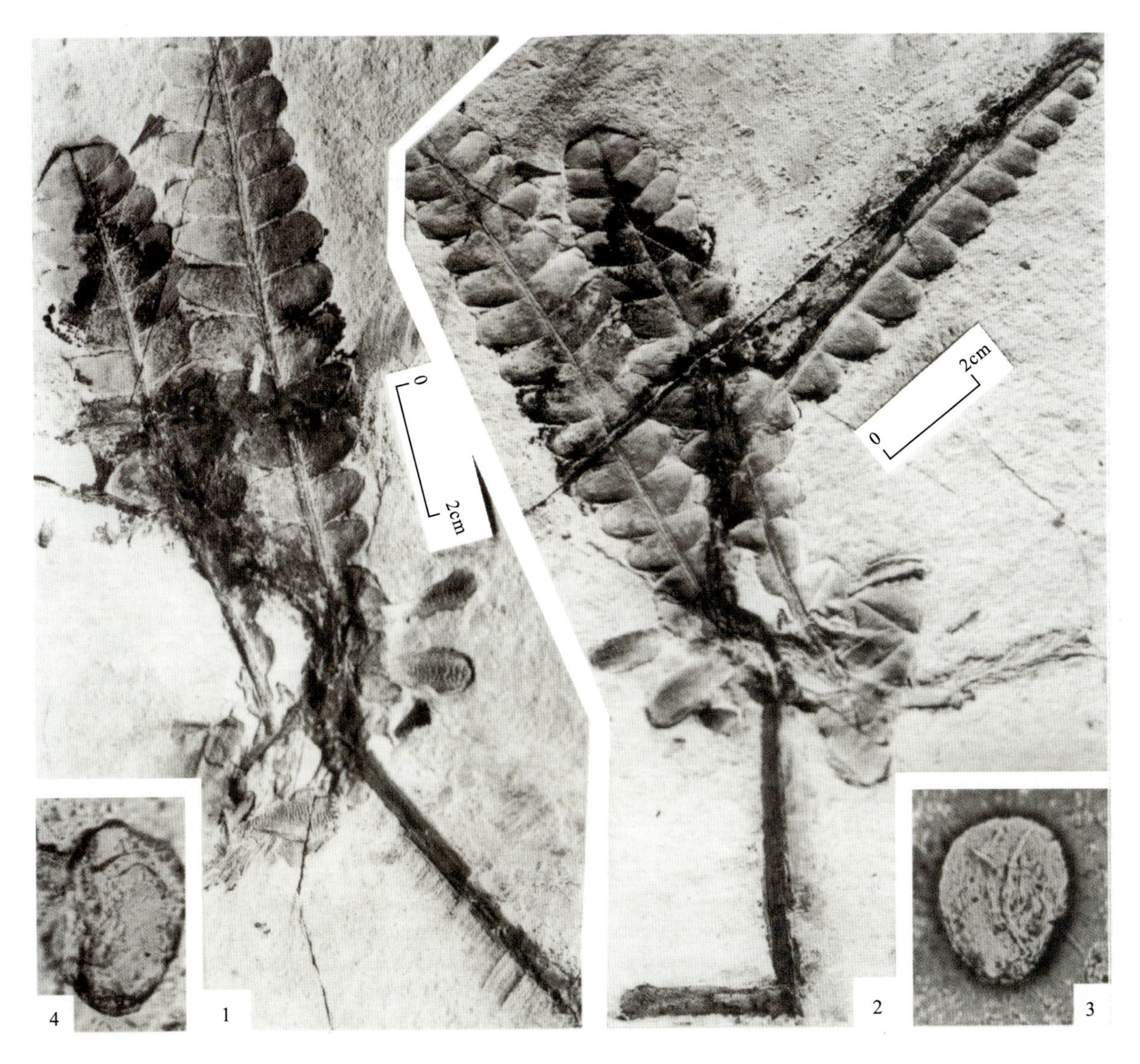

图 5-1 产于道虎沟海房沟组中的植物化石:海房沟异羽叶(据郑少林等,2003)

Fig.5-1 Plant fossil of Haifanggou Formation near Daohugou village: *Anomozamites haifanggouensis*(kimura et al.)(after Zheng Shaolin et al.,2003)

1.副模标本;2.正型标本,附着小枝条和生殖器官的羽状叶;3,4.孢粉,×700

1.Paraholotype; 2.Holotype, showing the pinnate leaves associated with small shoot and the reproductive organs; 3,4.Two pollen grains, ×700

二、髫髻山组及其生物的形成时代

髫髻山组顶部被土城子组平行不整合或角度不整合覆盖,其下与海房沟组为平行不整合接触,所含化石主要为植物化石,尤其是硅化木化石最为丰富。但 2009 年之后,在髫髻山组二段中发现了系列珍稀动物化石,如 *Aurornis xui*(徐氏曙光鸟),*Anchiornis huxleyi*(赫氏近鸟龙),*Eosinopteryx brevipenna*(短羽始中国羽龙),*Darwinopterus modularis*(模块达尔文翼龙)等。

髫髻山组所含植物化石属于 *Coniopteris* - *Phoenicopsis*(针叶蕨-拟刺葵)植物群的晚期组合,即 *Ctenis* - *Williamsoniella sinensis* 组合。组合仍然以苏铁类为主(图 5-2),它们几乎达到了组合中全部种数的一半,但是也出现了较多的新种,其次为真蕨类、银杏类、松柏类及有节类。总体上该植物组合与英国约克郡中侏罗世植物群有相似之处，与中亚地区的同期植物群亦可比较。

此外，前人针对髫髻山组进行了一系列的同位素年龄测试，并取得了多种方法相互印证的可信数据。如北票市蓝旗剖面的髫髻山组安山岩的 K－Ar 等时线年龄为(158.1±8)Ma(王东方等，1984)，Rb－Sr 等时线年龄为(156.06±17.74)Ma(郭洪中等，1992)；北票市上园镇王家屯侵入体(黑云母花岗闪长岩)4粒锆石的 $^{206}Pb/^{238}U$ 表面年龄为152.7～148.2Ma，该侵入体侵入了髫髻山组三段顶部的酸性火山岩(张立东等，2003)；在义县头道河子乡上底家沟村南采石场，髫髻山组三段粗面岩中黑云母 $^{39}Ar/^{36}Ar$、$^{40}Ar/^{36}Ar$ 等时年龄为(164.5±2.2)Ma(陈文等，2004)；内蒙古自治区道虎沟地区髫髻山组中酸性火山岩的单颗粒锆石 SHRIMP Ⅱ 离子探针原位 U－Pb年龄为(164.4±2.4)Ma，(165.5±1.5)Ma(陈文等，2004)；在辽西牛营子盆地，髫髻山组安山质火山角砾岩和凝灰岩的锆石样品的离子探针质谱年龄为(158±1)Ma(赵越，2004)；在北票市常河营子，髫髻山组(蓝旗组)上部安山质角砾熔岩锆石 U－Pb(LA－ICPMS)年龄为(159.4 ±3.6)Ma(马强等，2009)；在建昌玲珑塔大西山，髫髻山组含赫氏近鸟龙化石沉积层的 3 个凝灰岩 SIMS 锆石 U－Pb 年龄分别为(160.7±1.7)Ma，(159.5±2.3)Ma 和(158.9±1.7)Ma(王亮亮等，2013)。在承德盆地、义县盆地部分地段髫髻山组顶部地层年龄在161～154Ma 之间(张宏，2008)，这些数据表明髫髻山组形成时间跨度可以达到 10Ma，但主体形成于 166～159Ma 之间。综合植物、孢粉等门类化石资料和同位素测年数据可知，髫髻山组及其生物主要形成于巴通期至卡洛期，为中侏罗世中晚期。

图 5－2　产于北票市长皋乡台子山中侏罗统髫髻山组中的植物化石：巨大查米亚

Fig.5－2　Fossil plant of Middle Jurassic Tiaojishan Formation near Taizishan village of Changgao town, Beipiao city: *Zamites gigas*(L.et H.)

第二节 土城子生物群生存时代

土城子生物群主要分布于中国北方，更大的分布范围可能与燕辽生物群相似，扩展至中亚地区。在本区，生物群主要产在土城子组中。土城子组虽然是一套处于干热气候带的红杂色碎屑沉积（图5-3），生物相对贫乏，但是在干化湖或局部绿洲环境下繁衍了以 *Chaoyangsaurus - Pseudograpta - Cetacella*（朝阳龙-假线叶肢介-小怪介）为代表的土城子生物群，可划分出以恐龙为代表的脊椎动物群（组合），叶肢介组合（含上、下两个亚组合），介形类两个组合带，双壳类、植物和孢粉各一个组合。

土城子生物群的地质时代归属存在下列争议：①依据叶肢介组合与英国大河口群 Kilmaluag 组对比，将土城子生物群生存时代定为中侏罗世；②依据双壳类及植物化石的特征，将土城子生物群生存时代定为中—晚侏罗世；③依据脊椎动物组合、介形类组合及孢粉组合特征将土城子生物群生存时代定为晚侏罗世。

图5-3 北票市大板乡菜家沟土城子组一段红杂色干化湖沉积

Fig.5-3 Red variegated sedimentary rocks of drying lake facies in 1st member of Tuchengzi Formation near Caijiagou village of Daban town, Beipiao city

综合前人资料，作者认为将土城子生物群生存时代定为晚侏罗世较为合理，主要依据如下。

第一，从植物化石来看，尽管有些中侏罗世常见分子，如 *Coniopteris hymenophylloides*, *C. simplex*, *Brachyphyllum mamillare*, *Equisetites* cf. *sarrani*, *Yanliaoa* cf. *sinensis*，但是总体上与下伏的中侏罗世髫髻山组、海房沟组的植物化石迥然有别（丁秋红，2003），其中有一些属种化石可以与晚侏罗世—早白垩世的化石进行对比，如 *Equisetites* cf. *naktongensis*, *Leptostrobus marginatus*, *Carpolithus fabiformis*, *Pityolepis larixiformis*, *P. pingquanensis*, *Schizolepis chilitica*, *Pagio-*

phllum beipiaoensis 等(郑少林等,2004)。

第二,土城子组下段所产的孢粉组合为 *Classopollis* - *Quadraeculina* 高含量组合,这是国内外许多晚侏罗世孢粉组合的特征,孢粉组合特征反映其时代为晚侏罗世早期(蒲荣干和吴洪章,1989)。

第三,在辽西土城子组中发现了 *Chaoyongosaurus youngi*(杨氏朝阳龙),在冀北后城组发现了 *Xuanhuasaurus*(宣化龙),其中,*Chaoyongosaurus* 的颧骨已经向外扩张,为进一步向鹦鹉嘴龙演化创造了条件。朝阳龙被认为是繁盛于早白垩世鹦鹉嘴龙的祖先类型。因此,将该古脊椎动物组合形成时代定为晚侏罗世比较恰当。

第四,土城子组下部的介形类化石组合为 *Cetacella substriata* - *Mantelliana alta* - *Darwinula bapanxiaensis*,其中有较多的由中侏罗世延伸而来的分子,如 *Darwinula sarytirmenensis*, *D.impudiaca*, *D.incurva*, *D.magna* 等,另一方面还有自晚侏罗世开始繁盛的种属,如 *Cetacella*, *Mantelliana*, *damonella*, *Darwinula bapanxiaensis*, *Timiriasevia altovata* 等;上部介形类化石组合为 *Djungarica yangshulingensis* - *Mantelliana reniformis* - *Stenestroemica yangshulingensis*,其中包含由下伏介形类组合带延续上来的属,如 *Darwinula yangshulingensis*, *D. yingshugouensis*, *Damonella depressa*,同时又出现了时代略晚的属,如 *Stenestroemica*, *Wolburgia* 等。据介形类组合特征,将土城子动物群的时代定在晚侏罗世牛津期—基末里期较为合适。

第五,根据土城子组沉积时所处的区域性气候特征,将其归于晚侏罗世。晚侏罗世的干旱气候带波及到我国冀北、东北大部分地区,也波及到欧洲的许多地区,在这种气候条件下均出现了与土城子组相似的、单调的以松柏类掌鳞杉科占绝对优势的孢粉组合,在区域上可以对比。

第六,汪筱林(2001)等在四合屯南部刘家沟,采集土城子组上部火山灰的 19 组透长石单晶,进行了 $^{40}Ar/^{39}Ar$ 全熔融分析和阶段加热分析,得平均年龄值为[139.4±0.19(ISD)±0.05(SE)]Ma。张宏(2008)在四合屯西部土城子组上部采集凝灰岩夹层中的锆石,获得 LA - ICP - MS 测年数据为(137.2±6.7)Ma;在冀北滦平盆地土城子组的凝灰岩夹层获得锆石测年数据为(136.4±1.9)Ma;在朝阳县塔山沟的髫髻山组顶部与土城子组底部接触带中采集安山质熔岩角砾中锆石,获得 LA - ICP - MS 测年数据为(147.4±2.2)Ma;在冀北的承德盆地采集土城子组底部熔结凝灰岩锆石,获得 LA - ICP - MS 年龄为(146.5±1.7)Ma。这些数据说明了土城子组形成的年龄范围在 147~136 Ma 之间。主体相当于 J.W.Cowwie 和 M.G.Bassett 全球地层表的晚侏罗世基末里期,上部形成年代为晚侏罗世提塘期。

第三节　热河生物群生存时代

一、热河生物群生存时代的争论

1959 年,顾知微将葛利普 1923 年提出的“热河统”(Jehol Series)的地层名称扩大含义,称之为热河群,包括了产热河动物化石群的“热河含碳层”“热河油页岩层”和“热河火山岩”,之后又将“热河动物群”扩展含义为热河生物群(Jehol Biota),其中,*Eosestheria* - *Ephemeropsis* - *Lycoptera*(东方叶肢介-三尾拟蜉蝣-狼鳍鱼)是该生物群的典型代表。20 世纪 80 年代以后,有关热河生物群的研究使热河生物群逐渐扩展为一个包含大量珍稀动植物化石的种类繁多的生物群,其中珍稀化石包含原始鸟类、原始哺乳类、带毛的恐龙类、原始被子植物类等,至今热河生物群的内容还在不断丰富。

自提出热河生物群以来，有关热河生物群的时代问题就一直困扰着地学界，长期以来存在着较大的争议，并且这种争议随着时间的推移，其内容也在发生变化。

20 世纪 80—90 年代，热河生物群的生存时代争论基本上有 3 种观点。第一种观点认为热河生物群生存于晚侏罗世，持此类意见的有双壳类、腹足类、叶肢介、鱼类、昆虫类和部分古植物学专家（顾知微，1982，1985；李子舜等，1982；米家榕，1982；于箐珊等，1984，1989；洪友崇，1985；于希汉，1987；陈丕基，1985；王思恩，1989；王五力等，1989；郑少林，1989 等）。

第二种观点认为热河生物群生存于早白垩世，该观点得到了介形类化石、轮藻、瓣鳃类以及爬行类化石学家的支持（黎文本，1983，1999；蒲荣干等，1985；徐星等，1998；汪筱林，1999 等）。

第三种观点认为，热河生物群生存于晚侏罗世至早白垩世期间，持此意见的有部分孢粉、古植物学家以及部分昆虫和古脊椎动物化石学者（张立君等，1985；王五力等，1989；杨欣德等，1997；侯连海，2002）。

21 世纪以来，随着大量野外资料、同位素测年资料的汇集，有关热河生物群生存时代的争论集中在两种观点上：一是认为热河生物群生存时代是跨纪的，为晚侏罗世晚期至早白垩世，此观点得到了古植物、叶肢介等化石研究者和部分介形类化石研究者及昆虫化石研究者的认可（孙革等，2001；王五力等，2004；陈丕基等，2004；郑少林等，2004；张立君，2004；任东，1995）；二是认为热河生物群生存于早白垩世，该观点尤其得到了大部分古脊椎动物化石研究者、部分介形类化石研究者和昆虫化石研究者的支持（张弥曼等，2001；洪友崇，2003；田树刚等，2004；李佩贤等，2004 等）。

此外，有关含热河生物群化石沉积层和上覆、下伏火山岩的同位素年龄数据已经有相当多的积累，如陈义贤等（1997），Smith 等（1995），Swisher 等（1999），李佩贤等（2001），王松山等（2001）所得数据显示含化石沉积层属于早白垩世，罗清华等（1999）所获数据为晚侏罗世，王东方、刁乃昌等（1983，1984）所获数据分别属于晚侏罗世和早白垩世。

造成对热河生物群年代认识差异的主要原因有如下几个方面：①依据了不同生物化石门类的研究结论，事实上，各门类化石的演化速度是不一致的，因而用不同的区域对比标准，所得结论也不一样；②采用了不同精度的同位素测年方法；③同位素测年的测试对象不同或测试样品受到了后期热扰动影响，放射性母体和子体没有被彻底地封闭起来；④对热河生物群产出地层具有不同的认识，有人认为热河生物群产出层位包括大北沟组、义县组和九佛堂组，另有人认为产出层位仅仅包含义县组和九佛堂组，还有人认为产出层位包括义县组、九佛堂组、沙海组和阜新组等。

本书认为热河生物群产出层位应当包括大北沟组、义县组（大店子组）和九佛堂组，将生物群的发育史划分为 3 个主要阶段，即早期初始发生萌发阶段，中期辐射演化发展鼎盛阶段和晚期辐射演化高峰发展—萎缩消亡阶段。

二、热河生物群生存时代的确定

热河生物群为亚洲特产，并且主要产于陆相地层中。这一特性在某种程度上限制了热河生物群地层与全球性海相地层的横向对比。此外，由于陆相环境的多变，不同盆地之间的生物组合对比有时也比较困难。这些都构成了确定热河生物群生存时代的干扰因素。在这种情况下，单独注重某一门类化石的研究和同位素的研究都不能解决这一重要问题，必须采用综合性的研究方法，才能完成认识上的突破。

(一)生物特征的时代信息

1. 无脊椎动物组合特征及时代信息

贯穿热河生物群始终的无脊椎动物主要为叶肢介、介形类及昆虫等化石。

在早期初始发生萌发阶段,即大北沟期,生物组合以 *Nestoria* - *Ephemeropsis trisetalis* - *Luanpinggella*(尼斯托叶肢介-三尾拟蜉蝣-滦平介)为代表。在叶肢介组合中,除了 *Nestoria*(尼斯托叶肢介)外,还有 *Jibeilimnadia*(冀北渔乡叶肢介)、*Keratestheria*(背角叶肢介)和 *Yanjiestheria*(延吉叶肢介),它们的丰度和分异度都较高,但是没有出现白垩纪常见的 *Eosestheria*(东方叶肢介);介形类包括 *Luanpinggella*(滦平介)、*Eoparacypris*(始似金星介)和 *Darwinula*(达尔文介),却很少出现白垩纪的典型代表 *Cypridea*(女星介);昆虫类中的三尾拟蜉蝣在大北沟期初期就已经存在。这些化石组合特征具有明显的晚侏罗世面貌,呈现土城子生物群与热河生物群交替的特征,但是这时的生物群显然也处于热河生物群演化的早期阶段(王五力,2004;王思恩,1999;陈丕基,1999)。

在中期鼎盛阶段,以义县期生物化石为代表。在上园镇四合屯、尖山沟、炒米甸子、黄半吉沟和义县英窝山等地的义县组沉积层中,介形类化石以 *Cypridea*(*Cypridea*) *liaoningensis* - *Yanshanina dabeigouensis* - *Djungarica camarata*(辽宁女星介-大北沟燕山介-拱准葛尔介)组合为代表(张立君,2004)。组合中 *Cypridea liaoningensis*(辽宁女星介)属最为丰富,壳面装饰开始向复杂方向发展。目前所知,义县组沉积层中的 *Cypridea* 为我国产出的最低层位,即 *Cypridea* 的始现面。张立君(2004)认为该介形类时代为晚侏罗世晚期至早白垩世早期。然而,从世界各地的非海相地层来看,虽然女星介最早可以出现在启莫里期,然而其丰度和分异度均较低,女星介类的繁盛或鼎盛期处于早白垩世。田树刚等(2004)将大店子组底部的 *Cypridea stenolonga*(窄长女星介)大量发育作为标志,与英国南部 *C.granulosa* 带对比,认为时代应属早白垩世贝里阿斯期(Berriasian)。

在中期阶段,叶肢介化石非常丰富,是以 *Eosestheria* - *Diestheria*(东方叶肢介-叠饰叶肢介)为代表的组合,并且以 *Eosestheria* 发展的顶峰期为特征,*Eosestheria* 不仅数量丰富,而且分布范围广。从各个产地沉积层中叶肢介化石的属种来看,*Eosestheria* (*Diformograpta*) *gongyingziensis*,*Diestheria yixianensis* 和 *D.jeholensis* 种普遍存在,作者认为这些特点明显具有早白垩世的特色。然而也存在不同的看法。王思恩(1998)认为该叶肢介早期组合为晚侏罗世基末里期,中晚期组合为晚侏罗世提塘早期,陈丕基(1998)和王五力等(2004)认为这一组合时代为晚侏罗世提塘期(Tithonian)。

在中期阶段,昆虫类化石异常丰富,并且绝大多数表现出土著性特点,共有 13 个目 78 属 108 种。其中,代表性昆虫属种为 *Ephemeropsis trisetalis*,其次为 *Sinaeschnidia cancellosa*,*Coptoclava longipoda*,*Mesolygaeus laiyangensis* 等(王五力,2004)。任东(1995)将义县组和九佛堂组之中的昆虫化石群命名为热河昆虫群,认为义县组形成时代为晚侏罗世晚期,因而将昆虫群时代定为晚侏罗世至早白垩世;而洪友崇认为热河昆虫群应当包括大北沟组、义县组和九佛堂组的昆虫化石群,其时代归入早白垩世更有根据,更为合理。在上述 3 个组中,*Ephemeropsis trisetalis*(三尾拟蜉蝣)和 *Coptoclava longipoda*(长肢裂尾甲)两种化石不仅发育于义县组,而且在大北沟组和九佛堂组中也较为普遍,是热河昆虫群由早期到晚期共有的昆虫。

在晚期发展萎缩阶段,以九佛堂期生物化石为代表,王五力等(2004)认为义县组的金刚山层所产化石已经具有中期生物群与晚期生物群过渡的特点。金刚山层中的介形类化石组合为 *Cypridea*(*Cypridea*)*arquate* - *C.*(*C.*) *jingangshanensis*(弓形女星介-金刚山女星介)组合带;叶肢介

为 *Eosestheria fuxinensis* - *Eosestheria jingangshanensis* - *Eosestheria changshanziensis*（阜新东方叶肢介-金刚山东方叶肢介-长山东方叶肢介）亚组合。九佛堂组中的介形类由 *Cypridea*（*C.*）*veridica* - *C.*（*C.*）*trispinosa* - *Yumenia acutiuscula*（纯正女星介-三刺女星介-微尖玉门介）下组合带和 *Cypridea*（*Ulwellia*）*koskulensis* - *Yumenia casta* - *Limnocypridea grammi*（科斯库里女星介-纯洁玉门介-格氏湖女星介）上组合带构成；叶肢介为 *Eosestheria* - *Yanjiestheria* - *Jibeiestheria*（东方叶肢介-延吉叶肢介-冀北叶肢介）亚组合。叶得泉等（2002）认为九佛堂组上部介形类化石组合可以与俄罗斯西西伯利亚低地含海相动物化石的凡兰吟阶和阿普第阶之间的非海相沉积层中的介形类化石对比，因此，该阶段时代应该为早白垩世。

2. 脊椎动物组合特征及时代信息

1）早期萌发阶段的脊椎动物

热河生物群中的脊椎动物非常发育，但是在早期萌发阶段（大北沟期）仅见有一些鱼类化石（如北票鲟）和一些有疑问的恐龙类化石，而且鱼类化石中未见中晚期（或早白垩世）大量出现的狼鳍鱼化石，在一定程度上具有晚侏罗世的特色。

2）中期鼎盛阶段的脊椎动物

在中期鼎盛阶段（义县期），脊椎动物快速发展，出现了带毛的恐龙类、比始祖鸟进化了的早期鸟类、原始哺乳类，大量出现了鹦鹉嘴龙类、水生离龙类和狼鳍鱼类等脊椎动物。

（1）孔子鸟类群。孔子鸟类群在义县组中非常发育，化石主要有 *Confuciusornis sanctus*（圣贤孔子鸟）、*Confuciusornis sunae*（孙氏孔子鸟）、*C. chuanzhous*（川州孔子鸟）、*Changchengornis hengdaoziensis*（恒道子长城鸟）、*Liaoningornis longiditris*（长趾辽宁鸟）、*Eoenantiornis buhleri*（步氏始反鸟）。其最大特征是出现了大量相对原始的古鸟亚纲（Sauriurae）的孔子鸟，同时也出现了进步的今鸟亚纲（Ornithurae）的辽宁鸟，鸟类达到了空前的发展。与德国晚侏罗世始祖鸟比较，这一组合既保留了其原始性，又显示其进步性和分异性，是一个前所未有的鸟类新类群，生存时代应明显晚于始祖鸟时代。结合其他共生的脊椎动物特征，将孔子鸟类群的形成时代定为早白垩世更为合理。

（2）带毛的恐龙类。在义县组二段中产有一系列带毛的蜥臀目小型兽脚类恐龙化石，如 *Sinosauropteryx prima*（原始中华龙鸟）、*Caudipteryx zoui*（邹氏尾羽鸟）、*Protarchaeopteryx robusta*（粗壮原始祖鸟）、*Beipiaosaurus inexpectus*（意外北票龙）和 *Sinornithosaurus millleni*（千禧中国鸟龙）等。这些带毛的恐龙或发育有纤维状毛，或具有完善的羽毛，使得鸟和龙的界线更加模糊。恐龙化石研究者认为原始中华龙鸟与德国 Tithonian 期的索伦霍芬层的美颌龙相似，但比较之下原始中华龙鸟比美颌龙进步，生存时代相对偏晚。2003 年徐星等报道了义县地区的 *Yixianosaurus longimanus*（长掌义县龙），该种恐龙也是一种带羽毛的兽脚类恐龙，层位相当于义县组二段。这一发现增加了热河生物群兽脚类恐龙的分异度。这些带毛或带羽毛的恐龙和孔子鸟产在同一地区、同一地层，形成时代也应当是一样的，为早白垩世。

（3）鹦鹉嘴龙及其他爬行类。在义县组一段的沉凝灰岩层和二段沉积层中产有丰富的 *Psittacosaurus*（鹦鹉嘴龙）化石。与鹦鹉嘴龙伴生的恐龙化石还有 *Jeholosaurus shangyuanensis*（上园热河龙）、*Haopterus gracilis*（郝氏翼龙）、*Dendrorhynchiodes curvidentatus*（树翼龙）和 *Jinzhousaurus yangi*（杨氏锦州龙）。鹦鹉嘴龙是一类小型鸟臀类恐龙，广泛分布于中国北方、蒙古、西伯利亚、韩国、日本及泰国的早白垩世地层中。脊椎动物学家将郝氏翼龙和树翼龙与欧洲晚侏罗世的恐龙对比后发现，它们具有较大的进步性，应当生存于早白垩世初期。杨氏锦州龙属于禽龙类，是大型的双脚行走的食植性恐龙，也主要生存在早白垩世。上园热河龙产自义县组底部的沉火山凝灰岩中，属鸟臀目鸟脚亚目恐龙，其生存时代被发现者（徐星等，1998，2000）确认为早白垩世。

（4）哺乳动物类。在义县组中产哺乳动物的最低层位为一段沉凝灰岩夹层，如北票市上园镇陆家屯层就是以沉凝灰岩为主体的沉积夹层（图5-4），其中含有 *Repenomamus robustus*（强壮爬兽）、*Repenomamus giganticus*（巨爬兽）和 *Gobicondon zofiae*（索菲亚戈壁兽）等哺乳动物化石，而且它们常与鹦鹉嘴龙化石伴生。在北票市四合屯、尖山沟、李八郎沟、黄半吉沟、水泉沟、大北沟和凌源市大新房子等地的义县组二段内陆湖泊沉积层中，也见有一些哺乳类动物：*Zhanghetherium quinquecuspidens*（五尖张和兽）、*Jeholodens jenkins*（金氏热河兽）、*Sinobaatar lingyuanensis*（中国俊兽）。这些哺乳动物分别属于对齿兽类、三尖齿兽类和多瘤齿兽类，它们在同一时期出现，已经具有了一定的分异度。其中，中国俊兽隶属于俊兽科，其齿列特征介于晚侏罗世与晚白垩世的类型之间，而且已知始俊兽类仅发现于早白垩世地层中，因此，中国俊兽化石的发现表明热河生物群时代更可能为早白垩世（胡耀明，2002）。此外，在凌源义县组中还发现了最早的有胎盘类动物——*Eomaia scansoria*（攀缘始祖兽）和最原始的有袋类——*Sinodelphys szalayi*（中国袋鼠）（季强，2003）。所有这些资料表明，这一时期的哺乳动物已经出现了明显的分化，将其生存时代置于早白垩世更为合理。

图5-4 义县组中产出哺乳动物的最低层位——陆家屯沉凝灰岩层

Fig.5-4 The lowest horizon of mammalian fossils in Yixian Fofmation—Lujiatun tuffite Bed

（5）鱼类。在义县组中，鱼类化石异常丰富，是以 *Lycoptera* - *Peipiaosteus*（狼鳍鱼-北票鲟）为代表的组合，共计4属6种，组成分子有 *Peipiaosteus pani* Liu et Zhou（潘氏北票鲟）、*Lycoptera davidi* (Sauvage)（戴氏狼鳍鱼）、*Lycoptera muroii* (Takai)（室井氏狼鳍鱼）、*Lycoptera sinensis* Woodward（中华狼鳍鱼）、*Sinamia* sp.（中华弓鳍鱼 未定种）。该鱼群的特点是 *Lycoptera* 和 *Peipiaosteus* 大量出现，而 *Lycoptera* 类群特别繁盛是早白垩世的特点。

(6)锦州龙-义县龙-长嘴鸟脊椎动物群。该脊椎动物群分布于义县组的大康堡层,主要成员有鸟臀类恐龙 *Jinzhousaurus yangi*(杨氏锦州龙),蜥臀类恐龙 *Yixianosaurus longimanus*,离龙类 *Hyphalosaurus* sp.,鸟类 *Longirostravis hani*,*Shenzhouraptor sinensis*(产地及层位有待进一步核实),龟类 *Manchurochelys* sp.,尚有翼龙类。锦州龙虽然具有已知禽龙不全有的原始特征,但同时又具有一些很进步的特征,如颧骨前缘接近眼眶前缘且不参与眼眶的形成,眼前孔不发育,这与繁盛于晚白垩世的鸭嘴龙类颇相似。长嘴鸟属于反鸟类,该类在白垩纪尤其早白垩世较繁盛。神州鸟虽以其尾巴比德国始祖鸟略长等特征显示出较浓的原始性,但它不具牙齿,前肢比后肢长得多,表明其比始祖鸟进步,因而出现的时代也应偏晚些。基于此,将 *Jinzhousaurus* - *Yixianosaurus* - *Longirostravis*(锦州龙-义县龙-长嘴鸟)脊椎动物群时代厘定为早白垩世早期较为合适。

(7)满洲满洲龟-矢部龙脊椎动物群。该动物群分布在义县组金刚山层,其主要分子包括有鳞类 *Yabeinosaurus tenuis*(细小矢部龙)、离龙类 *Monjurosuchus splendens*(楔齿满洲鳄)、龟类 *Manchurochelys manchuensis*(满洲满洲龟)、翼龙胚胎化石和反鸟类化石。其中,细小矢部龙和楔齿满洲鳄自义县组下部延续上来,满洲满洲龟属于新出现种。因此,将这一脊椎动物群的时代置于早白垩世早期。

3) 晚期发展萎缩阶段的脊椎动物

在热河生物群晚期发展萎缩阶段(九佛堂期),脊椎动物进一步发展,出现了比较进步的华夏鸟类群和较多的翼龙类,鱼类进一步丰富。

(1)华夏鸟-中国翼手龙-小盗龙脊椎动物群。该脊椎动物群主要分布在九佛堂组中上部,以相对进步的反鸟类繁盛、翼手龙类发育、鹦鹉嘴龙分异度增高、小盗龙和伊克昭龙常见为特征。鸟类化石有反鸟亚纲华夏鸟目的 *Cathayornis yandica*,*C.caudatus*,*C.aberransis*,*Largirostrornis sexdentornis*,*Cuspirostrisornis houi*,*Longchengornis sanyanensis*,长翼鸟目的 *Longipteryx chaoyangensis*,中国鸟目的 *Sinornis santensis*,*Boluochia zhengi*,异齿鸟目的 *Aberratiodentus wui*,未定目科的 *Sapeornis chaoyangensis*,今鸟亚纲朝阳鸟目的 *Chaoyangia beishanensis*,*Songlingornis linghensis*,*Yixianornis grabaui*,燕鸟目的 *Yanornis martini*,古鸟亚纲孔子鸟目的 *Jinzhouornis yixianensis*,亚纲和目未定的 *Jeholornis prima*。翼手龙亚目有古神翼龙科(Tapejaridae)的 *Singpterus dongi*,夜翼龙科(Nyctosauridae)的 *Chaoyangopterus zhangi*,古魔翼龙科(Anhangueridae)的 *Liaoningopterus gui*。恐龙类有蜥臀目驰龙科的 *Microraptor gui*,*M.zhaoianus*,鸟臀目鹦鹉嘴龙科的 *Psittacosaurus meileyingensis*,*P.mongoliensis*。离龙类有 *Ikechosaurus pijiagouensis*,*I.* sp.。

在该脊椎动物群中,鸟类化石是以 *Cathayornis* - *Chaoyangia*(华夏鸟-朝阳鸟)为代表的鸟群,反鸟亚纲的成员占主导地位,今鸟亚纲分子居次,古鸟亚纲的孔子鸟类仅出现少量类型。周忠和等(1992,1997)将华夏鸟的形态和头骨构造与德国的始祖鸟进行对比后,认为二者虽有许多相似之处,但华夏鸟显然较始祖鸟进步,其生存时代明显晚于始祖鸟,并稍晚于西班牙早白垩世的鸟类。Paul C.Sereno 等(1992)认为 *Sinornis*(中国鸟)的时代应晚于始祖鸟,而早于西班牙早白垩世晚期的鸟类。侯连海等(2002)研究了这些鸟化石,认为其时代应为早白垩世早期。周忠和等(2001)认为,下白垩统九佛堂组的今鸟类化石 *Yanornis* 和 *Yixianornis* 比产于下白垩统义县组的孔子鸟、辽西鸟和始反鸟显著进步。

该脊椎动物群中的翼手龙类以 *Sinopterus* - *Liaoningopterus*(中国翼手龙-辽宁翼龙)为代表。汪筱林等(2003)认为九佛堂组的翼龙组合与巴西 Santana 组的翼龙组合非常相似,因为它们中均有无齿的古神翼龙科和具齿的古魔翼龙科的成员,并认为九佛堂组的时代(Aptian)可能略早于

Santana 组(Aptian/Albian)。

综上所述,尽管不同研究者对 *Cathayornis*-*Sinopterus*-*Microraptor*(华夏鸟-中国翼手龙-小盗龙)脊椎动物群的具体时代持有不同的看法,但是将该动物群时代置于早白垩世的意见却是一致的。因此,根据该脊椎动物群中以华夏鸟类群为主的鸟群主要繁盛于早白垩世,孔子鸟类群的少数成员在该动物群中出现,同层位中的叶肢介、介形类、鱼类、孢粉等组合均未超出早白垩世早中期,我们将 *Cathayornis*-*Sinopterus*-*Microraptor* 脊椎动物群的时代确定为早白垩世早中期或中期。

2)鱼类。在义县窝棚沟、榆树沟九佛堂组产 *Peipiaosteus pani*(潘氏北票鲟)。在皮家沟九佛堂组产有 *Jinanichthys longicephalus*(长头吉南鱼)。在义县吴家屯九佛堂组产有 *Jinanichthys longicephalus*(长头吉南鱼),*Sinamia* sp.(中华弓鳍鱼 未定种)、*Longdeichthys luojiaxiaensis*(罗家峡隆德鱼)。在建昌九佛堂组产有 *Huashia*(华夏鱼)。其中,吉南鱼与狼鳍鱼有明显的亲缘关系,推测其是由狼鳍鱼演化而来,时代应为早白垩世(李佩贤等,1994,2001)。

3. 植物组合特征及时代信息

就目前所知,大北沟组和九佛堂组的植物化石资料较少,总体面貌不是十分清晰,但是大北沟组中的孢粉资料提供了一些有益的信息。据李强资料(2001),大北沟组下段孢粉属 *Piceites*-*Podocarpidites*-*Schizaeoisporites* 组合,主要为侏罗纪常见分子或侏罗纪/白垩纪穿时分子,多数属于松柏类的双气囊花粉,其时代置于晚侏罗世较为合适;大北沟组上段的孢粉属于 *Cicatricosisporites*-*Luanpingspora*-*Jugella* 组合,除了具有下伏地层延续上来的一些属种外,还出现了多种类型的早白垩世特征分子,如 *Cicatricosisporites implexus*,*Jiaohepollis annulatus*,*Jugella* 等,这一孢粉组合具有早白垩世早期的时代特色。

义县组含有极其丰富的植物化石,为生物年代地层的研究提供了丰富的资料。在义县组中,植物化石总计 58 属 93 种,主要分子为 *Equisetites longevaginatus* Wu,*Tyrmia acrodonta* Wu,*Williamsoniella*,*Baiera gracilis*,*Sphenarion parilis*,*Schizolepis jeholensis*,*Liaoningocladus boii*,*Ephedrites chenii*,*Archaefructus liaoningensis*,*Gurvanella exquisite* 等。该植物群分属于苔藓植物,蕨类植物的石松类、有节类和真蕨类,裸子植物的苏铁类、银杏类和松柏类,以及被子植物。其总体特征是以古松柏类、银杏类、锥叶蕨属和苏铁杉属为主,这与西伯利亚早白垩世植物群特征相似(丁秋红,2004)。其中,新发现的仅见于义县组及其以上地层中的新类型植物化石(包括新属和新种)种类占植物种类总数的 60%左右。这些新类型化石在侏罗纪地层中没有出现。此外,在义县组中发现的 *Ruffordia geoppertii* Seward(鲁福德蕨)和 *Nageiopsis* ex gr. *zamioides* (Fontaine) berry(查米亚型拟竹柏)仅见于早白垩世地层中(曹正尧,2001)。即使是在老类型植物化石中也存在仅见于早白垩世地层的植物化石,如 *Neozamites verchojanensis*。至于常见于侏罗纪的老类型植物化石完全可以延续到早白垩世。因此,从植物组合的特征来看,义县组地层应该属于早白垩世。

产自义县组中的植物孢粉化石计 41 属 47 种,以 *Cicatricosisporites*-*Densoisporites*-*Jugella*(无突肋纹孢-层环孢-纵肋单沟粉)组合为代表,具有下列特征:①裸子植物花粉占绝对优势(79%~96.11%),蕨类植物孢子较少(1%~3.34%),见少量被子植物花粉;②在裸子植物花粉中,松柏类两气囊花粉占优势(80.98%),反映热带和亚热带气候的 *Podocarpodites*,*Jugella*,*Ephedripites*,*Jiaohepollis* 少量出现,而反映典型干旱气候的掌鳞杉科的 *Classopollis* 花粉罕见或含量明显偏低;③ 在蕨类植物孢子中,卷柏科的 *Densoisporites* 和紫萁科的 *Osmundacidites* 较为常见,喜湿热的海金砂科 *Cicatricosisporites* 普遍存在。分析表明,在孢粉组合中有一些成分是早白垩世特有的成

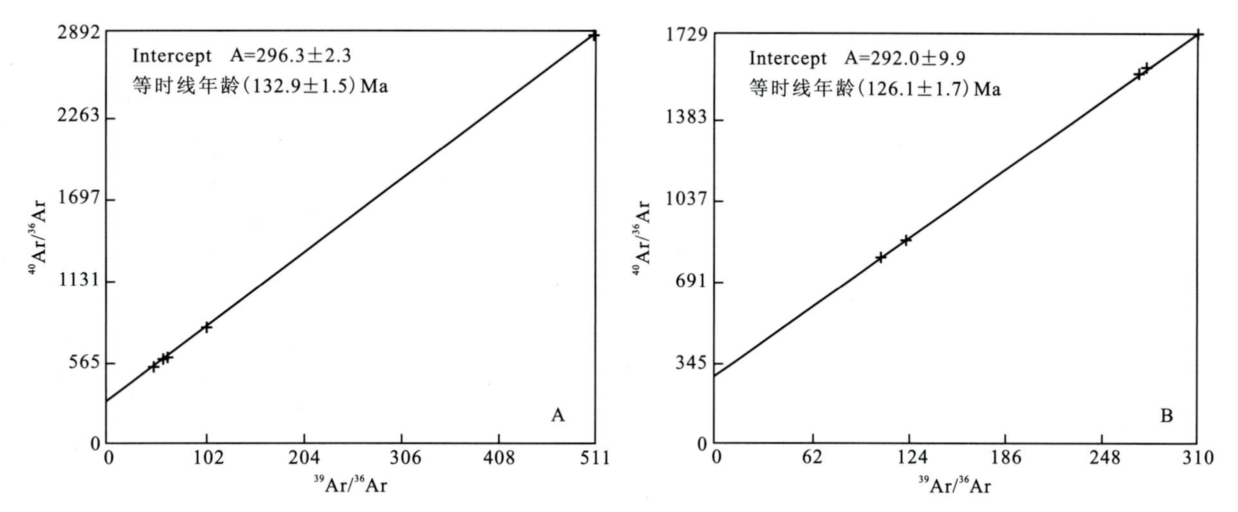

图 5－5　义县组底部火山岩(A)和珍稀化石层中枕状熔岩(B)的^{40}Ar/^{36}Ar－^{39}Ar/^{36}Ar 等时线图

Fig.5－5　Isochronic diagrams of ^{40}Ar/^{36}Ar－^{39}Ar/^{36}Ar, showing pillow lava (A) in precious fossil-bearing bed and basal volcanic rocks (B) of Yixian Formation

分(丁秋红,2004;黎文本,1999;王宪增等,2000),如 *Cicatricosisporites* 和 *Jugella* 等,其特征与吉林地区的早白垩世屯田营组非常类似(黎文本,2001),形成时代为早白垩世 Berriasian 期。

因此,从生物地层特征来看,热河生物群在晚侏罗世末期开始孕育,到早白垩世开始繁盛,并于早白垩世中晚期走向没落。

(二)同位素年代学证据

针对热河生物群产出地层进行的同位素测年工作较多,但是多数集中在中期鼎盛阶段所形成的地层上,这主要是因为这时期地层含有较多的火山岩,对准确测年有利。20 世纪 80 年代以前,测年方法主要采用 Rb－Sr 等时线法、K－Ar 等时线法、^{40}Ar－^{39}Ar 法,这些方法的要求比较苛刻,尤其是放射性子体的封闭温度较低,容易受后期热事件干扰,还有过剩氩问题一直困扰着测年的准确性。从 90 年代至今,准确的测年工作倾向于使用单颗粒锆石离子探针方法、激光微区 Ar－Ar 法,也有部分专家在排除诸多干扰因素影响后,继续采用了 K－Ar 等时线法、^{40}Ar－^{39}Ar 法,取得了一批有明确地质意义的年龄数据。

在冀北地区张家口组直接被大北沟组和大店子组(相当于义县组)整合覆盖,在辽西地区张家口组被义县组角度不整合覆盖。陈文等(2004)对河北滦平张家口组底部火山岩的透长石进行激光微区^{40}Ar－^{39}Ar 测年,获得等时线年龄为(135.3±1.4)Ma(MSWD＝0.06)。牛宝贵等(2003)在河北承德盆地和滦平盆地采集了张家口组下部流纹质火山岩中的锆石,采用 SHIRMP 法测年,分别获得了(135.8±3.1)Ma 和(136.3±3.4)Ma 数据。田树刚等(2004)采集张家口组顶部流纹质凝灰岩中的锆石,获得锆石 SHIRMP 平均年龄为(135.4±1.6)Ma。柳永清等(2003)在滦平盆地榆树下村,采集大北沟组上部凝灰岩中的锆石,获得 SHIRMP 法^{206}Pb/^{238}U 年龄(133.9±2.5)Ma 和(130.1±2.5)Ma,平均值为 132Ma;张立东等(2009)在同一位置采集凝灰岩锆石,获得 SHIRMP 法 16 个点^{206}Pb/^{238}U 加权平均年龄为(131±1)Ma(MSWD＝0.41)。在赤峰孤山子盆地,义县组与大北沟组呈渐变过渡关系,义县组直接整合在大北沟组之上,在分界之下 20.4m 处采集流纹质角砾凝灰岩的锆石,获得锆石 SHRIMP 年龄为(130.7±1.3)Ma(张立东等,2009)。这些数据限定了大北沟组的下限年龄不会老于 136Ma,而大北沟组顶界年龄和义县组底界年龄大致在 130Ma 左右。

在凌源盆地，义县组平行不整合在张家口组之上，张家口组锆石 LA－ICP－MS 同位素年龄变化在 131.7～129.5Ma 之间(张宏，2005)。陈文等(2004)对凌源大王杖子义县组含化石地层进行同位素测年工作，采集化石层下部中性火山岩中的锆石，做离子探针质谱(SHRIMPⅡ)原位 U－Pb 定年分析，获得$^{206}Pb/^{238}U$年龄平均值为(126.3±2.7)Ma(MSWD＝1.28)；采集沉积层中凝灰岩的锆石，做离子探针质谱原位 U－Pb 定年分析，获得$^{206}Pb/^{238}U$年龄平均值为(123.2±4.8)Ma(MSWD＝2.11)。

在北票市四合屯盆地，王松山(2001)采集义县组下部玄武安山岩样品，测得 K－Ar 年龄为(129.0±2.6)Ma，$^{40}Ar-^{39}Ar$坪年龄为(128.2±0.8)Ma；在四合屯义县组湖相沉积层中采集了火山灰样品，并挑选其中的锆石，用 U－Pb 法测定，年龄数据为(125.2±0.9)Ma；采集穿侵含化石沉积层的次火山岩相辉绿岩(橄榄玄武玢岩)样品，测得$^{40}Ar-^{39}Ar$坪年龄(122.3±0.5)Ma，Ar－Ar 等时线年龄为(121.8±1.3)Ma。

汪筱林等(2001)在四合屯、横道子义县组湖相沉积层中采集火山灰样品，对样品中的透长石单晶进行$^{40}Ar-^{39}Ar$全熔融分析，平均年龄值分别为[125.0±0.18(ISD)±0.04(SE)Ma]、[125.0±0.19(ISD)±0.04(SE)Ma]。

朱日祥等(2001)采用全岩 K－Ar 法测定，获得四合屯附近义县组下部玄武岩的年龄为(133.59±2.56)～(133.12±2.56)Ma，义县组三段橄榄玄武岩的年龄为(124.9±2.4)～(124.16±2.4)Ma。

彭艳东、张立东等(2003)对义县组火山岩由下到上采集了系列同位素年龄样品，由陈文进行测试，结果如下。

(1)在四合屯北部，采集第一亚旋回第一小旋回火山活动形成的灰黑色橄榄玄武岩样品，应用激光微区$^{40}Ar-^{39}Ar$法测定年龄，全岩样品 5 个激光点的$^{40}Ar/^{36}Ar-^{39}Ar/^{36}Ar$等时线年龄结果为(132.9±1.5)Ma(图 5－5A)。

(2)在后燕子沟附近，采集第一亚旋回第三小旋回火山活动形成的灰黑色橄榄碧玄玢岩样品，应用$^{40}Ar/^{39}Ar$法测定全岩样品年龄，采用阶段加热技术获得的年龄谱为近水平的谱线，坪年龄为(130.6±0.5)Ma。

(3)在四合屯北部，采集第一亚旋回第四小旋回火山活动形成的灰黑色橄榄玄武岩样品，应用$^{40}Ar-^{39}Ar$法测定年龄，全岩样品的坪年龄为(127.7±0.2)Ma。

(4)在四合屯北部，含珍稀化石的湖相沉积层中夹有湖相枕状熔岩(第二亚旋回)，采集枕状熔岩(玄武安山岩)全岩样品进行激光微区$^{40}Ar-^{39}Ar$法测年，该样品 5 个激光微区的等时线年龄结果为(126.1±1.7)Ma(图 5－5B)。

在阜新-义县盆地，陈义贤等(1997)在义县砖城子一带采集义县组中部安山岩，采用$^{40}Ar-^{39}Ar$法测定，获得$^{40}Ar-^{39}Ar$坪年龄(129.2±0.3)Ma，全熔年龄为(128.8±0.6)Ma；在三百垄采玄武安山岩样品，$^{40}Ar-^{39}Ar$坪年龄为 125.4 Ma，全熔年龄为(125.6±0.3)Ma。

陈文(2004)在义县枣茨山村东获取义县组英安岩的锆石离子探针 U－Pb 年龄为(122.4±2.0)Ma，而同时获得全岩$^{40}Ar-^{39}Ar$阶段升温坪年龄为(122.64)Ma。Smith 等(1995)在义县邹家沟测得义县组珍稀化石沉积层顶部的玄武岩全岩$^{40}Ar-^{39}Ar$坪年龄为(121.3±2.3)Ma、(121.4±0.7)Ma，在义县金刚山测得义县组四段金刚山化石沉积层上覆的火山角砾岩(黄花山角砾岩)$^{40}Ar-^{39}Ar$年龄为(121.5±0.9)Ma、(121.6±0.5)Ma。李佩贤(2001)在义县金刚山村东南测得义县组上部安山岩的 K－Ar 年龄为(120.1±2.0)Ma。

上述资料限定了义县组形成于 132.9～121.5Ma 之间，而义县组含珍稀化石的湖相沉积层是在

127～125Ma 期间形成的。

在黑山县腰苍土见灰黑色粗安岩穿侵、覆盖九佛堂组，锆石 Shrimp U－Pb 同位素测年为(115.5±1.5)Ma(徐德斌等，2012)，结合义县组顶部年龄为 121.5Ma(陈文，2004)，因而限定了九佛堂组形成于 121.5～115.5Ma 之间。

因此，上述同位素测年资料说明热河生物群的繁衍时代在 135～115Ma 期间。

(三)古地磁特征

有关热河生物群地层的古地磁定年资料有限，并且主要集中在义县组。根据王东方等(1984)资料，在义县组底部采集古地磁定向标本，获得其古地磁极为东经 140.9°，北纬 65°(负极性)，经与欧亚板块侏罗纪与白垩纪古地磁极坐标比较，确定义县组应属早白垩世。梁鸿德和许坤(2000)对辽西地区磁性地层的研究，确定义县组底界位于 M17 极性事件的底，处在侏罗系—白垩系界线之上，义县组的时代应为早白垩世。盘永信等(2001)确定义县组含化石沉积层和下伏玄武岩具有正极性，而上覆玄武岩为负极性，含化石层的古地磁极性年龄为早白垩世 Barremian 阶 M3n 极性时，相当于 124.7～124Ma。

孙知明等(2002)对朝阳地区含鸟化石层附近侏罗系—白垩系磁性地层的研究，确定土城子组主体的地质时代应属晚侏罗世，但土城子组底部的地质时代应属中侏罗世；义县组底部含鸟化石层的正极性时对应国际中生代地磁极性年表的 M16 正极性时，位于 Berriasian 期的顶部，其地质年代约为 132Ma，属早白垩世早期。

(四)地质环境的突变证据

135～130Ma 前后，地球发生了巨大的环境变化，这种变化在构造、火山、沉积等多方面都有记录。在这一时期，冈瓦纳大陆进一步解体，Paran Etendeka 大火成岩省爆发，一直持续到 125Ma 左右。由于岩石圈底侵作用，区内出现了大规模的火山作用，并诱发了岩石圈减薄、区域应力场转变。火山作用在张家口期—大北沟期就已经有所表现，是大规模强烈火山作用的前奏，到义县期火山作用达到了高峰，之后，地球的其他地方也出现了大规模的火山作用(或大火成岩省作用)(图 5－6)，如西太平洋 Ontong Java 洋高原在 122～118Ma 期间喷发了相当于 Alaska 大小的玄武岩，Manihiki 洋高原也于同期喷发了大量玄武岩；南印度洋的 Kerguelen 洋高原分别在 119～110Ma 和 95～85Ma 之间喷发了大规模的玄武岩(胡修棉，2005；Xixi Zhao，2005)。这些火山作用和构造作用无疑对生物的生存环境产生了巨大的影响，有利方面表现为：一方面火山作用释放大量的包括水、二氧化碳在内的气体，并且释放大量的热量，因而可能改变了全球的大气圈、水圈的物质构成，进而影响全球气候状况，使得当时全球气候变暖，海平面上升，另一方面火山作用也为生物带来了充足的无机养分；此外，岩石圈减薄作用和区域应力场的转变，首先导致区内高原逐渐矮缩，加上受全球大洋暖流格局的影响(见地质环境部分)，本区古气候虽然以大陆季风型为主，但是气候带温度偏高，空气更加湿润，利于植物生长，其次在中国东部及邻区形成了由山岭纵横分割的海拔高度适宜的大量内陆湖泊、一系列高地与洼地相间的地貌背景。所有这些不仅为生物的繁衍生息创造了有利的全球气候条件，而且在局部地域创造了一系列的生物繁衍的小环境。不利方面表现为火山作用带来了突发的灾难性事件(如弥漫的火山灰、快速堆积的火山物质、局部区域浓聚的有毒有害气体等)以及构造作用引起的强烈地震、滑坡等灾害，引发了生物的快速死亡和掩埋，这也是在晚中生代地层中能够发现大量化石的原因。因此，热河生物群的突然繁盛不仅受生物演化机制自身的制约，更重要的是受到了环境的影响，这种影响不仅造成了环境突变前后的生物数量的多少变化，而且在生物

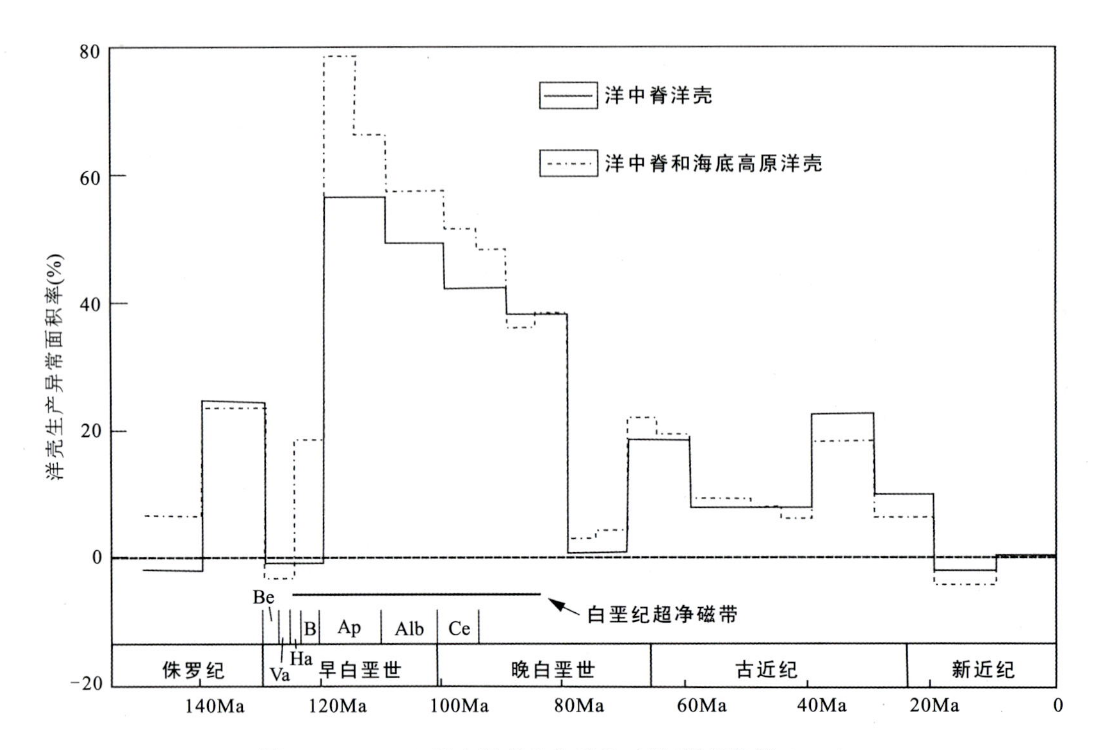

图 5-6　140Ma 以来洋壳产生异常时段(据胡修棉,2005)

Fig.5-6　Abnormal times of ocean crust production since 140Ma(after Hu Xiumian,2005)

种属、组合方面都引发了重大变革。

地质环境突变在沉积岩方面也有明显记录。从岩石组合特征来看,土城子组和张家口组都存在干旱气候条件下形成的红色或杂色沉积,而大北沟组、义县组和九佛堂组的沉积层以黄绿色、灰色为主基调,属于温暖潮湿气候条件下的河湖相沉积层。另外,义县组含有丰富的昆虫、植物化石,也从侧面反映出一种温暖潮湿的古气候条件。然而,在义县组形成初期,还有少量杂色沉积层,岩性为紫红色、黄绿色、灰白色含砾岩屑沉凝灰岩及凝灰质粉砂岩,主要呈早期火山岩的薄夹层产出。这说明干旱气候的影响在早白垩世初期仍然存在。但综合考虑,这种干旱特征更可能与区域性强烈的火山喷发作用有关。

此外,在义县组和九佛堂组沉积层中常有碳酸盐胶结物,在局部地段甚至形成了不连续的灰岩透镜体。碳酸盐岩或灰岩的出现,表明当时的湖水呈弱碱性,富含钙质和碳酸根离子,间接说明当时的大气相对富含 CO_2,而且大气降水比较充沛。在这种气候下,区内裸露的地层和岩石遭受了深度的淋滤和风化,大量的降水会将分解的钙质、镁质和其他无机或有机成分及时带走,并进入到湖泊中,因而促进了湖内生物的繁衍。

总之,研究区 135～130Ma 及其之后的构造、火山及沉积作用创造了一个全新的地质生态环境,所反映的古气候信息与白垩纪全球气候是一致的。大量资料表明白垩纪时期海平面大幅度上升,发生了全球范围的广泛海侵(图 5-7),全球气温也明显上升,属于典型的温室气候。同位素数据显示白垩纪气温平均比现今高 3～10℃,全球纬度温度梯度较小,在 0.15℃/1°～0.3℃/1°,远低于现今的0.73℃/1°。当时处于北纬 75°的阿拉斯加地区气候温暖,雨量充沛,因而形成了大量煤层,温室效应在 Cenomanian—Turonian 期达到高值,之后逐渐变冷(王成善等,2005)。另外,在大北沟组与大店子组(义县组)之间的界面,C、O 同位素出现高值异常(田树刚等,2005),这说明在界线点附近可能存在一次重要的缺氧事件,并且当时的气温明显升高。这种突变的全球气候背景,可能导致

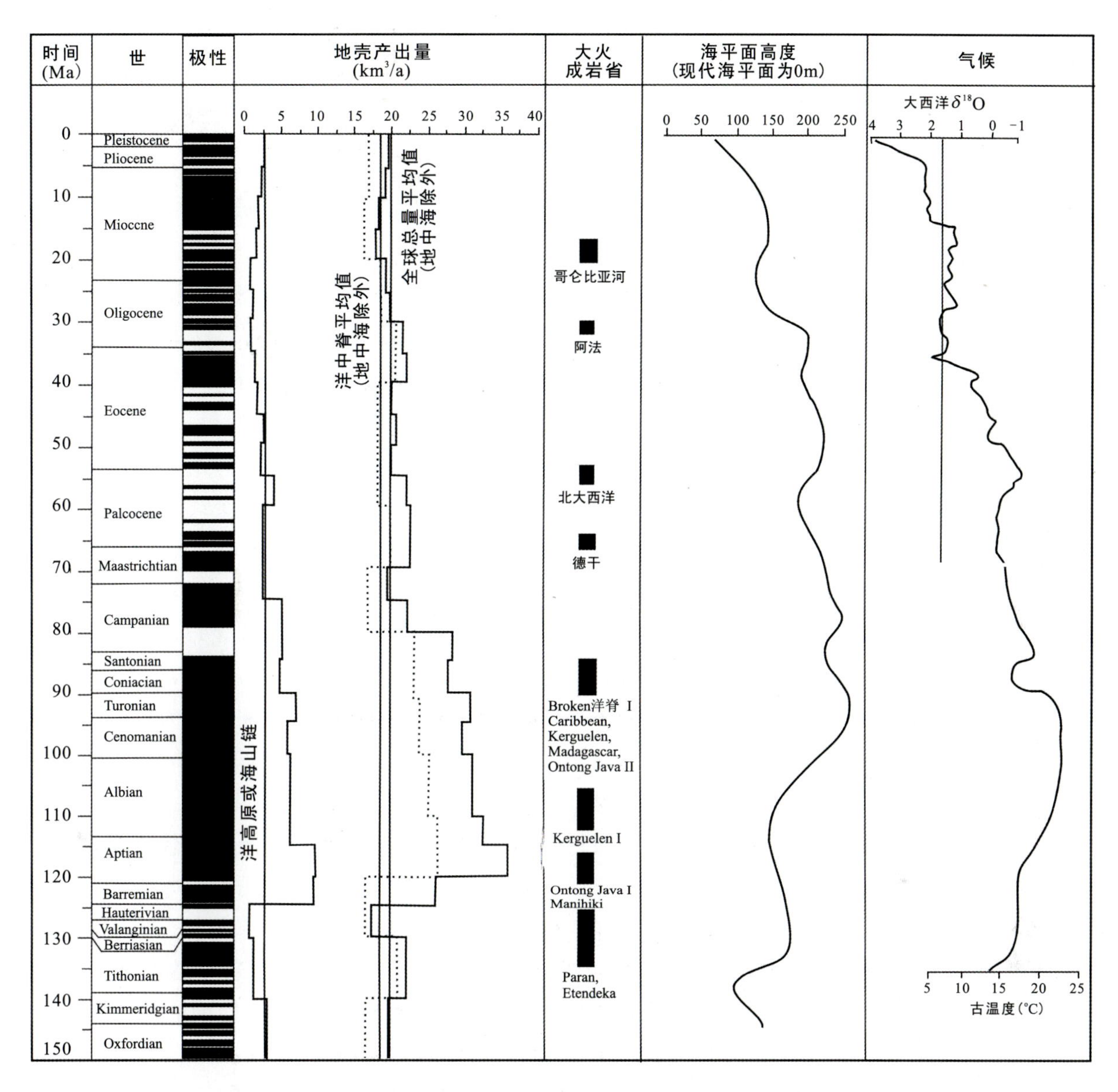

图 5-7　中侏罗世以来地球古地磁极性反转、地壳产出量、海平面和古气候变化趋势(据 Xixi Zhao,2005,略加修改)

Fig.5-7　Change trends in geomagnetic polarity, crustal production, sea level and paleoclimate of the earth since Middle Jurassic(after Xixi Zhao,2005)

了老物种的灭绝,并促进了热河生物群的爆发和发展。

因此,从地质环境角度来看,135～130Ma 应当是一个关键的地质时期,在该时期前后,构造作用、火山作用、沉积环境、地貌背景和气候都发生了突变,而这种变化对生物来讲存在着正反两方面的作用。一方面对早期生物表现为灾变性影响,导致一部分生物因不适应环境变化而走向灭绝,另一方面促使部分生物发生基因突变,以应对环境的改变,从而产生新的物种。这些变化自然会在生物地层特征方面有所表现。因此,综合其他因素,将义县组底界作为这种变化的界面更为合理,界面之下为侏罗系,之上为白垩系,界线年龄大致在 130Ma 附近。

第四节 阜新生物群生存时代

一、生物特征的时代信息

目前阜新生物群归入早白垩世已无争议。将阜新生物群归入早白垩世的主要依据如下。

(1)阜新生物群的双壳类化石是由热河生物群双壳类演化而来,总体面貌既有热河生物群延续的属种,又有新出现的属种,特别是 *Nippononaia* cf.*tetoriensis*(手取日本蚌),*Tetoria* cf.*yokoamai*(横山手取蚬),*Merocorbicula tetoriensis* 等重要属种,均可对比到日本手取群石彻白亚群上部的伊月组(即桑岛组或大黑谷组)等层位,日本的这些层位又可直接与有海相依据的川口层和山部层对比,其海相依据指示的时代为早白垩世 Valanginian 期(陈金华,1999)。

(2)张立君(1985)对辽西地区义县组至孙湾家组介形类化石进行了详细研究,并建立了 8 个介形类化石组合,其中只有义县组下部的组合属于晚侏罗世,其余均属于早白垩世。沙海组介形类组合为早白垩世 Barremian 早期,阜新组为 Barremian 晚期至 Aptian 早期。

(3)阜新生物群的叶肢介化石比较丰富,主要属有 *Yanjiestheria*(延吉叶肢介),*Pseudestherites*(假瘤模叶肢介),*Neimongolestheria*(内蒙古叶肢介),*Paralioprapta*,*Asioestheria*,*Eosestheria* 等。其中,*Yanjiestheria*,*Pseudestherites*,*Neimongolestheria* 为首要分子。通常认为 *Yanjiestheria* 是由 *Eosestheria*(东方叶肢介)演化而来。阜新生物群出现了大量的 *Yanjiestheria*,*Eosestheria* 仅少量出现或不出现,趋于灭绝,因此我们有理由将该生物群的时代归入早白垩世。

(4)阜新生物群中的植物化石群,在俄罗斯远东南滨海地区被海相地层证实时代为早白垩世。在这些地区的绥苏、苏昌盆地,包括黑龙江省东部的东宁盆地中,阜新生物群的植物化石广泛发育于东宁组、尼坎群中下部的利波维次组和乌苏里斯克组、北苏昌和老苏昌组(郑少林、张武,1982;张志城、熊宪政,1983)。东宁组的植物化石面貌比较接近于利波维次组,亦可与老苏昌和北苏昌组对比。老苏昌组之下的塔乌辛组和克柳功夫组中含有 Berriasian 至 Valanginian 晚期的菊石及 *Buchia* 层,在这些海相层中所夹有的 *Ruffordia geopperti*(葛伯特茹福德蕨),*Onychiopsis psilotoides*(松叶兰拟金粉蕨)等大量的植物化石,大致可与城子河组植物群对比,位于 Valanginian 阶之上的老苏昌组和北苏昌组的植物化石大致可与穆棱组植物化石对比,其时代不新于 Aptian 期(王五力等,1989)。

(5)阜新生物群的鱼类化石组合为 *Kuyangichthys*-*Kuntulunia*(固阳鱼-昆都仑鱼)群。主要代表分子有 *Jinanichthys longicephalus*,*Changichthys dalinheensis*,*Paralycoptera* sp.,*Nieerkunia*,Palaeonisciformies indet.,*Kuyangichthys lii*,*Suzichthys xinbinensis*,*Nieerkunia liae*,*Xishanichthys xiei*,*Kuyangichthys microclus*,*Kuntulunia longipterus* 等,其生存时代和演化水平均较下伏地层中的热河生物群鱼类化石新或进化,应归于早白垩世。

(6)阜新生物群的昆虫化石群主要产于辽西的沙海组、冀北的青石砬子组和北京西部的卢尚坟组,洪友崇等(1981)、任东等(1995)对卢尚坟组的昆虫化石进行了较深入的研究,将这些昆虫化石称为卢尚坟昆虫群,并认为卢尚坟组昆虫化石时代为早白垩世 Berriasian 期。辽西阜新生物群的昆虫化石组合特征与卢尚坟昆虫群基本相当,其时代应归入早白垩世。

(7)蒲荣干、吴洪章(1985)研究辽西地区沙海组和阜新组的孢粉化石,认为沙海组时代为早白垩世 Hauterivian 至 Barremian 期,阜新组时代为早白垩世 Barremian 至 Aptian 期。

综上所述，阜新生物群时代归入早白垩世已无异议，但仍有早白垩世早、晚期的不同看法。

二、同位素年代学证据

大兴庄期火山岩主要分布在阜新-锦州火山喷发盆地，喀左盆地也有零星出露，相对早期火山喷发旋回其分布面积局限，多呈盖帽状覆于沙海组和阜新组之上（邴志波，2003）。杨欣德等（1997）依据K－Ar等时线测年，认为大兴庄组形成于115.16～80.83Ma之间。朱日祥等（2002）针对阜新勿欢池碱锅玄武岩测得K－Ar年龄为(93.32±1.96)Ma，而该玄武岩直接覆盖在阜新组之上（邵济安，2006）。Zhu RX等（2004）获得碱锅玄武岩K－Ar年龄为(100.4±1.6)Ma，Ar－Ar年龄为(105.5±0.5)Ma。加之九佛堂组顶部年龄不新于115.5Ma，作者认为沙海组和阜新组形成的大致时间段在115.5～100Ma之间，也从侧面印证了阜新生物群时代应归入早白垩世的看法。

第五节 松花江生物群生存时代

本书中的松花江生物群仅包括辽西地区的孙家湾组及松辽盆地的水泉组所包含的动植物化石。对水泉组以上地层所含化石未进行阐述。松花江生物群生存时代为晚白垩世。主要依据如下。

(1)孙家湾组所产的介形虫 *Cypridea*（*Bisulcocypridea*）*edentula tumidula*（微胀无齿双槽女星介）特征与松辽盆地晚白垩世青山口组的 *Cypridea*（*Bisulcocypridea*）*edentula* Ye（叶得泉，1976）有较多相同之处，属于同一种群，时代亦应接近。孙家湾组中的 *Triangulicypris*（三角星介）在青山口组中极为繁盛。因此，孙家湾组形成时代应该在晚白垩世早期。

(2)孙家湾组、泉头组的孢粉组合均含有晚白垩世较为常见的 *Schizaeoisporites*（希指蕨孢）等分子。

(3)孙家湾组平行不整合覆于大兴庄组之上，大兴庄组火山岩全岩K－Ar、Ar－Ar等方法的测试年龄值在115.16～80.83Ma之间，多数集中在106～93Ma之间，基本显示晚白垩世的年龄特征。因此，平行不整合在大兴庄组之上的孙家湾组及其生物群的形成时代应为晚白垩世早期。

第六节 侏罗系—白垩系界线问题

在中国陆相侏罗系与白垩系分界问题上，地学界历来存在较大争议，主要有以下不同观点：①将界线定于大北沟组底界（金帆，1999）；②将界线定于大北沟组的一段与二段之间（李强，2001）；③将界线定于义县组底界，或者定于大北沟组和大店子组（认为义县组与大店子组层位相当）之间（张立东等，2003）；④认为义县组层位高于大店子组，并将界线定于大北沟组和大店子组之间（田树刚等，2004）；⑤将界线定于义县组内部（王五力等，2004），置于义县组底部到金刚山层底部之间，但没有指定具体位置；⑥将界线定于义县组内部（陈丕基，2004），或者置于尖山沟层的顶部，或者置于金刚山层的底部；⑦将界线定于义县组和九佛堂组之间（陈金华，1999）。至于界线年龄问题，中国地质年表草案（1978）确定中国白垩纪底界为140Ma；中国地层委员会于1990年提出的中国地层时代表将白垩纪底界定为135Ma；全国地层委员会2002年出版的《中国区域年代地层（地质年代）表说明书》将中国陆相侏罗系/白垩系界线置于义县阶与大北沟阶之间，采用137Ma的界线年龄。2015年全国地层委员会将侏罗系/白垩系界线的年龄置于145Ma。另外，也有一些学者建议将侏罗系/白垩系界线置于义县组内部，界线年龄定在125Ma或F124Ma(陈丕基，2004；王五力，2004)。

在国际上，关于侏罗系/白垩系界线问题也是倍受关注的重大地层学问题之一，至今没有取得共识。英国剑桥大学的Harland等于1982年编制的地质时代表，将侏罗系/白垩系界线定在145.6Ma。1996年国际地层委员会批准：全球侏罗系与白垩系界线以特提斯区的贝里阿斯阶底界为标准，即 *Pseudosubplanites grandis* 菊石带之底，其下 *P.jacobi*.菊石带为提塘阶顶部的化石带。由Wimbledon教授领导的国际地层委员会白垩系分会Berriasian阶(J—K界线)工作组于2007年在英国召开了第一次会议，大家一致同意尊重历史，将侏罗系/白垩系界线层型选在Berriasian阶的底部，即grandis(jacobi/grandis)带内或之下(徐星，2015)。国际地层委员会主席Cowie等根据地层委员各界线工作组资料编制的《IUGS1989全球地层表》，将侏罗纪与白垩纪的界线年龄定在135Ma；Remane等(1998)国际地层表将侏罗系—白垩系界线年龄定在136Ma。2000年第三十一届国际地质大会上，国际地质科学联合会公布的国际地层表将侏罗系—白垩系界线年龄定在135Ma。2015年国际地质年代表将侏罗系/白垩系界线的年龄置于145Ma。

尽管现行的国际地质年代表和中国地质年代表都将145Ma视为侏罗系/白垩系界线年龄，但是有关侏罗系/白垩系界线及年龄的争论并未终止。造成侏罗系/白垩系界线及年龄争论不休的原因是多方面的。

一是国际上侏罗系与白垩系的界线划分标准尚未统一，近些年来，国际地层委员会白垩纪地层分会贝利阿斯(Berriasian)工作组，根据特提斯(Tethys)区和北极(Boreal)区的菊石带、瓮虫带、钙质超微化石资料、孢粉化石和古地磁资料，对两大区的阶、带进行了综合对比工作，将两大区侏罗系/白垩系界线附近阶和带的相对关系做出对比，列出了14种可供对比选择的标志(Gradstein et al,2012；王思恩，2015)。如以地磁极性年代带M18r的底界为界，以地磁极性年代带M19n.1r底为界，以地磁极性年代带M19r底为界，以菊石 *Pseudosubplanites grandis* 亚带的底为界，以 *Berriasella jacobi* 亚带底为界，以 *Subcraspedites lamplughi* 带底为界，以钙质超微化石 *Nannoconus wintereri* 和 *Cruciellipsis cuvilieri* 的首现面为界，以钙质超微化石 *Nannoconus steinmanni minor* 和 *N.kamptneri minor* 的首现面为界，以孢粉 *Dichadogonyaulax pannea*，*Egmontodinium polyplacophorum* 的首现面为界标示侏罗系/白垩系界线。目前，中国地学界将义县组大致与西北欧地区的普尔贝克(Purbeck)群(组或层)进行对比，而其本身时代又大致限定在提塘晚期(Late Tithonian)至凡兰吟早期(Early Valanginian)，有全部归侏罗系、白垩系或跨侏罗系—白垩系之争。

二是用于国际地层对比的晚侏罗世—早白垩世标准地层几乎没有可靠的年代数据，现在地层表推荐的144Ma、145Ma、136Ma、135Ma等，都是采用内插法推断出来的。

三是陆相地层的多变性，也即环境的多变性，或多或少地影响了不同门类的生物演化进程，因而不同生物门类研究的结论不同。

四是能否将陆相生物地层直接与海相生物地层进行等时对比，一直存在着疑问。国内有学者用西藏地区的海相和海陆交互地层进行侏罗—白垩系界线研究，认为界线在142Ma左右。但是，东北黑龙江省东部三江盆地的绥滨坳陷被钻孔揭示，鸡西群直接整合覆盖于提塘阶—贝里阿斯阶海相化石层之上。贝里阿斯阶海相化石层被认为是海相滴道组。由于鸡西群的滴道组只能对比于义县组，义县组的时代应该开始于早白垩世初期的贝里阿斯阶。这一结论源于陆相义县组与海相滴道组的生物化石组合直接对比。因此，侏罗—白垩系界线研究仅仅参考特提斯西藏地区的海相地层对比，而不考虑北极区绥滨坳陷的海相地层是不全面的，甚至有些舍近求远。

五是没能找到公认的沉积连续的地层剖面，缺少连续的地层层序、连续的化石分带和连续的可供同位素测年的有效样品。

在这些影响因素中，最大的影响因素为陆相地层的多变性和能否将陆相生物地层直接与海相生物地层进行等时对比。中生代陆相地层在空间上局限于一系列的内陆湖泊中，加之构造作用、火山作用、河流作用、风化剥蚀作用的影响，地层分布极不均匀，横向变化大，与海相地层不能相互连接，地层中的生物组合也因小环境的差异发生变化。因此，在这种情况下，陆相生物地层同海相生物地层实际上很难进行直接对比。要想解决陆相地层的年代问题，除了考虑生物组合对比等因素外，不妨多考虑一下全球性的准同时的突发性事件，如全球构造运动、区域火山作用、陨击作用、磁场方向的突然变化、气候变化等因素。因为生物组合的变化归根结底是古环境发生了变化，而古环境的变化是和全球构造运动、区域火山作用等因素密切相关的。至于界线年龄应当更多地参照针对这些综合因素进行的精确的同位素、古地磁测年成果。虽然有些假定的界线年龄依据了最新的测年成果，但是并没有综合考虑其他因素（如全球构造运动、区域火山作用和沉积作用的性质等因素）。

考虑比较大的区域构造运动界面、界面上下明显差异的气候环境、生物组合的变化特征、火山作用和沉积作用性质的转变等因素，以及近年来大量的同位素、古地磁测年成果，作者认为将侏罗系/白垩系界线定在大北沟组和义县组之间或大北沟组和大店子组之间比较合理，界线年龄为130Ma（详见本章前面所述）。

第六章 生物群演替与层圈耦合演变

第一节 联合古陆解体、构造作用发展与生物群演替

中生代以来，地球经历了联合古陆的形成和分裂。晚石炭世—晚二叠世潘基亚联合古陆形成，中晚三叠世联合古陆发展到顶峰阶段，古亚洲洋封闭、消失；这一期间，陆地面积逐步扩大，浅海面积逐步缩小，从而导致海生无脊椎动物发生变革，陆生脊椎动物则进一步发展，而陆生无脊椎动物和植物也有新物种产生。

三叠纪末期联合古陆出现裂开迹象(刘本培等，1986)，侏罗纪时期裂开继续发展，特提斯洋进一步扩张，世界范围的海侵逐步加大。在这种背景下，东亚地区发生、发展了燕辽生物群和土城子生物群。

晚侏罗世早期，三大洋(古印度洋、古大西洋、古太平洋)同时(156.6Ma)开裂并逐步扩张。早白垩世(130～99.6Ma)时期，三大洋的扩张进入高潮，联合古陆开始解体。特别是早白垩世早期，西南太平洋和印度洋均有巨型的地幔热柱事件发生(125～110Ma)(马宗晋等，1997)，三大洋和特提斯洋的扩张进一步加强，导致全球性的海侵和潘基亚联合古陆北部的劳亚大陆解体，古亚洲大陆最终形成(陈丕基，1999)。在此背景下，在古亚洲大陆上形成和发展了热河生物群—阜新生物群。

早晚白垩世过渡期，大西洋进一步扩张，潘基亚联合古陆中南方冈瓦纳大陆加速解体，特提斯洋开始进入消减萎缩阶段，这一背景肯定导致了全球性的环境变迁，从而间接地影响了松花江生物群的发生和发展，直至白垩纪末消亡。

在东北地区，我们可以发现一系列的地层不整合现象，它们代表了重要的构造事件——地壳隆升或造山，结合其他构造现象的分析可以推测出独特的古构造环境，如高原、盆岭等，它们可能间接地影响了生物群的发生、发展。区内比较公认的中新生代不整合构造事件分别发生在下三叠统红砬组与中三叠统后富隆山组、中三叠统后富隆山组与上三叠统石门沟组、下侏罗统北票组与中侏罗统海房沟组、上侏罗统土城子组与下白垩统义县组、下白垩统阜新组与上白垩统孙家湾组、上白垩统嫩江组与四方台组、上白垩统明水组与古近系富峰山组或依安组、古近系东营组与新近系馆陶组之间。

东北大部分地区缺失北票组或老虎沟组之下的中生代地层，形成了广泛的不整合现象，它们代表印支运动，而早期北票组与海房沟组之间不整合现象在区内，甚至东亚地区广泛分布，代表早期的燕山运动。印支运动和早期燕山运动被认为是“板内造山”(葛肖虹，1989；张长厚，1999；崔盛芹等，2000)。印支运动指示了三叠纪至侏罗纪早期的地壳隆起和造山，是区内唯一的一次全区性造山运动，并形成了亚洲地区的高原；而早期燕山运动(或燕山运动第一幕)则代表了早中侏罗世之间的构造运动，暗示在高原环境中的持续造山，或持续隆起。在印支造山运动的基础上，燕山运动第一幕与第二幕之间的高原造山阶段，区内发育了燕辽生物群和土城子生物群。

土城子组与义县组之间的不整合，代表了燕山运动第二幕。它不仅结束了区内高原发展阶段，并在中国东北部开始形成 NE－NNE 构造体系，而且直接导致了本区进入盆岭演化期，即在高原垮塌伸展背景下，形成了较密集的平行排列的山岭和中小型盆地。因此，燕山运动第二幕是一个具有普遍意义的构造运动。在燕山运动第二幕与第三幕之间的盆岭体系阶段，区内发育了热河生物群与阜新生物群。

阜新组与孙家湾组之间的不整合现象在全区表现明显，代表燕山运动第三幕。该幕运动导致了早白垩世晚期以后的地壳挤压、隆起，结束了盆岭阶段的发展，开启了盆山发展阶段，在东北地区形成了大兴安岭—松辽盆地—张广才岭的两山夹一大型盆地的构造格局。燕山运动第三幕与喜马拉雅运动第一幕之间为盆山体系初级阶段，该阶段发育了松花江生物群。

在东北，四方台组与富峰山组或依安组之间不整合和东营组与馆陶组之间不整合普遍存在，是喜马拉雅运动的产物。喜马拉雅运动在中国东部形成了多条隆起带和沉降带，是盆山体系的成熟阶段。期间，松花江生物群被新的生物群所取代。

综上可知，印支期—燕山期 4 次主要的全区构造运动代表了 3 次重要事件，即印支造山带及高原、燕山盆岭体系、燕山和喜马拉雅盆山体系（邓晋福等，1996；董树文等，2000；刘和甫，2001，2002），相应地产生了燕辽生物群、土城子生物群、热河生物群、阜新生物群和松花江生物群。因此，印支-燕山运动与生物群的演替关系是明显的。其根本原因在于联合古陆演化首先形成了东亚古陆的背景，为陆生生物群的发生、发展和消亡创造了条件，同时在东亚古陆滨太平洋地区，特别是东北地区构造作用的阶段性发展造就了古地理的阶段性演化，因而形成了强烈差异的不同阶段的构造古地理状态，并相应产生了不同特质的生物群。因此，燕辽生物群和土城子生物群（广义燕辽生物群）亦可称为高原生物群，热河生物群和阜新生物群（广义热河生物群）可称为盆岭生物群，松花江生物群可称为盆山生物群。

第二节 火山作用与生物群演替

虽然燕辽、土城子、热河和阜新生物群的分布范围都超出了环太平洋火山活动带的范围，但是它们的起源地或中心地区却都是冀北—辽西地区，而松花江生物群的主要分布区则在松辽地区。在滨太平洋带发展过程中，这些地区始终伴随有火山作用。火山作用，尤其是区域性的大规模火山作用会对生物群的演替产生重要的影响。

在区域性大规模火山作用强烈阶段，火山作用一方面对生物的生存环境产生不利影响，如火山碎屑物、火山喷发气体和有害元素的不利影响，造成生物的大量死亡或集群死亡（汪筱林等，1999；陈树旺等，2002；郭正府等，2002），另一方面由于火山作用对地球表面的影响有一定的限度，熔岩流动及喷发强度呈现明显不均一性，火山碎屑、烟尘呈不对称分布和堆积（图 6－1），从而导致部分有较强生命力的生物保存了下来，为火山间歇期生物的复苏奠定了基础。同时，火山作用在火山口附近常常形成大量的温泉和湖泊，并且喷发出的火山灰富含钾和磷，为植物及相应的动物复苏和发展创造了有利的条件。

在大规模火山作用强烈阶段过后，由于地幔大量亏损，地壳相应垮塌，导致地表形成了大小不等的湖泊，从此本区进入了较小、较大和大规模的沉积阶段，生存环境逐步向有利于生物生存的方向转化。期间,残存的生物在新的环境下开始大量复苏和发展。因此,大规模火山作用强烈阶段与过后的沉积阶段形成了明显的环境变迁,这种变迁必然影响生物群的发展,并最终形成新的生物群。

此外,火山作用与沉积作用的阶段交替是不可逆的,不同地域可能存在火山作用的强度不同,沉积阶段形成的湖泊大小不同,其他环境可能也不相同。因此,在纵向发展中,不同地域即使在相似的地质发展阶段中,生物群也可能出现明显的差异。

图 6-1 火山喷发模式图(据 Lambert,1993)

Fig.6-1 A model of volcanic eruption(after Lambert,1993)

三叠纪末期—晚侏罗世早中期,环太平洋火山岩外带开始形成。晚侏罗世晚期—早白垩世,环太平洋火山岩外带的活动达到高峰(马宗晋等,1997)。早白垩世晚期—晚白垩世,火山活动由环太平洋火山岩外带向洋迁移至内带。在环太平洋火山岩外带的开始阶段形成了兴隆沟、髫髻山火山-沉积旋回,高峰阶段形成了张家口—义县火山—沉积旋回,在环太平洋火山岩外带向洋迁移至内带的过程中形成了大兴庄火山-沉积旋回。4个火山沉积旋回不仅代表了岩石圈的4次重大事件，而且对地表的生存环境也施加了不可逆转的影响，从而改变了生物群的种属组成和发展态势。燕辽—土城子生物群、热河生物群—阜新生物群分别与兴隆沟—髫髻山、张家口—义县火山旋回在时空上相对应。松花江生物群的发生、发展和消亡则与环太平洋火山作用由外带向内带迁移相对应。因此，火山作用对生物群的影响是不言而喻的。

较长周期的火山作用与沉积作用的强弱交替对古生物群的生存、发展、消亡可能起到了重要影响。区内在火山作用强烈阶段发生的生物群有燕辽生物群和热河生物群。燕辽生物群是在兴隆沟、髫髻山火山作用强烈阶段中发生、演化的。然而，相对于热河生物群的发生阶段，这一时期的火山作用强度和规模只是初步的、较小规模的。在沉积阶段发生的生物群有土城子生物群、晚期热河生物群和阜新生物群，这些生物群都是在强烈火山作用结束之后，大规模沉积作用开始出现时形成的。如土城子生物群的发生、发展与髫髻山期火山作用基本结束，沉积作用较大规模发生有关；晚期热河生物群的出现又与张家口—义县火山作用的末期阶段，沉积作用大规模发生有着重大的关系；阜新生物群的发生则与火山作用基本结束，较大规模沉积作用进入萎缩阶段，环境发生了巨大改变有关；松花江生物群也是在沉积阶段发生的，它产生于大兴庄火山-沉积旋回的晚期，经历了环太平洋火山岩外带向洋迁移至内带的巨大转变，在松辽地区发生了大型裂谷，然后产生了大规模坳陷，形成了大型松辽盆地，其构造古地理环境发生了巨大的改变。

总之，由于火山作用强度、沉积规模和环境的不同，所处的发展阶段不同，各生物群有着本质的不同。在环太平洋火山岩外带开始形成阶段，兴隆沟、髫髻山旋回的火山作用是初步和小规模的，火山作用对生物的不利和有利影响，促使残生的生物群形成了燕辽生物群；而后小规模的沉积作用使生物群复苏和发展，形成了新生的土城子生物群；随后环太平洋火山岩外带最强烈的火山作用阶段开始，大规模的张家口—义县旋回火山作用导致了土城子生物群的消亡，在强烈的火山作用对生物产生不利和有利因素的影响下，热河生物群发生、发展，之后火山作用虽然进入末期，但较大规模的沉积作用(九佛堂期)促使热河生物群更进一步的发展、辐射；当较大规模的沉积作用进入晚期成煤作用阶段时，热河生物群被阜新生物群所取代。之后发生的大兴庄火山-裂谷及大规模松辽坳陷作用，从根本上改变了较小和较大的火山作用及沉积作用的模式，区域环境背景转变成了大规模的坳陷盆地沉积作用，导致阜新生物群消亡，松花江生物群逐渐壮大。

第三节　构造盆地及沉积与生物群演替

构造和火山作用对生物群演替的具体影响表现之一是构造盆地与沉积对生物群演替的影响。盆地是水系的主要赋存区域，水系是生物的重要载体和生存条件，而水系的大小和分布在很大程度上决定了盆地的形式和布局。在水系中，沉积类型的差异反映了不同的沉积环境，这种环境又直接影响了生物的种类分布和生态群落。

一、燕辽—土城子生物群的构造盆地与沉积环境

晚三叠世—晚侏罗世早期本区形成了东北—华北高原。构造盆地的重要特点是盆地分布有限，主要为山间、山前中小型坳陷盆地，如冀北—辽西和大兴安岭南部地区，沉积盆地以坳陷型山间火山-沉积盆地为主(图6-2、图6-3)，沿蒙古弧方向分布于南带和北带，南带主要有金岭寺-羊山、北票、建昌、郭家店、承德、滦平、京西一线盆地，北带主要有红旗、万宝等盆地。沉积的重要特点是

山地坳陷沉积，主要为类磨拉石含煤沉积，其中，晚三叠世为山地类磨拉石(含煤)沉积建造，火山岩不发育。早侏罗世—晚侏罗世早期火山类磨拉石发育，总体为伴随断续火山作用的河流相、冲积扇、湖沼相，大多为正常的粗—细—粗的韵律和旋回。

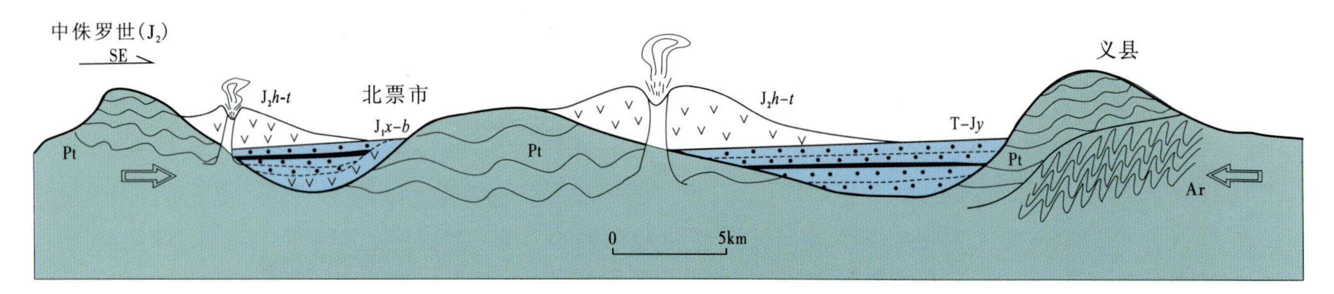

图 6-2 北票—义县地区燕辽生物群的构造盆地格局

Fig.6-2 Pattern of tectonic basins of Yanliao biota in Beipiao - Yixian region

$J_3t\hat{c}$.土城子组；J_2h-t.海房沟组—髫髻山组；J_2x-b.兴隆沟组—北票组；T-Jy.羊草沟组；Pt.元古宇；Ar.太古宙变质岩

$J_3t\hat{c}$.Tuchengzi Formation；J_2h-t.Haifanggou and Tiaojshan Formations；J_2x-b.Xinglonggou and Beipiao Formations；T-Jy.Yangcaogou Formation；Pt.Proterozoic；Ar.Archean metamorphic rocks

这种特殊的构造盆地与沉积环境是在高原(东北高原南缘和华北高原北缘，即二个高原过渡)条件下形成的，因此，发源于燕辽地区的燕辽—土城子生物群是一种适应于高原边缘条件下有限的山间、山前中小型坳陷盆地及类磨拉石含煤与火山类磨拉石沉积环境的生物群。

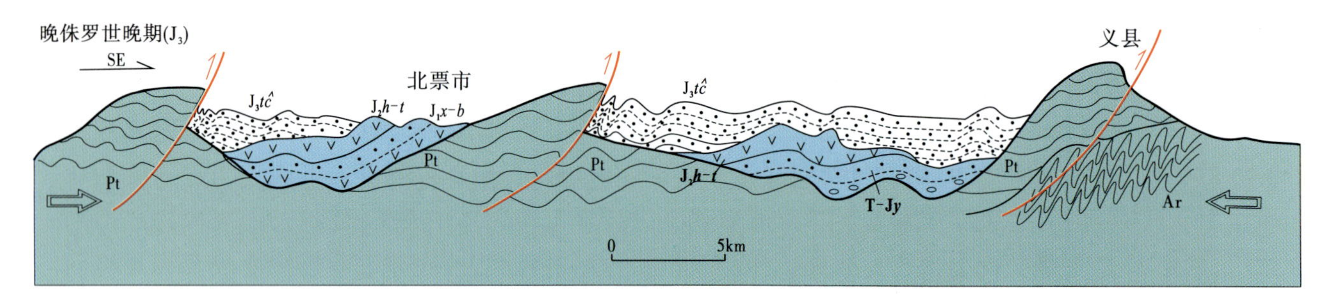

图 6-3 北票—义县地区土城子生物群中晚期的构造盆地格局

Fig.6-3 Pattern of tectonic basins of middle - late stages of Tuchengzi biota in Beipiao - Yixian region

(图例同图 6-2)(Legend is same to Fig.6-2)

二、热河—阜新生物群的构造盆地与沉积环境

晚侏罗世晚期—早白垩世，本区形成了一系列盆岭，东北亚形成了众多的火山岩盆地群，并进一步发展成断陷型沉积盆地，沉积具有同步性，早期为火山沉积，晚期为碎屑含煤(油)沉积。但由于板块作用的影响程度不同，各个盆地的盆岭走向、所属构造域性质和火山岩发育程度均有区别。

辽西和松辽盆地区为古太平洋构造域中构造伸展区。盆岭构造呈 NNE 方向分布，NW-SE 向的拉张，盆地大多为强伸展型断陷盆地，其中以阜新-义县断陷盆地和松辽中央裂谷盆地最为典型。阜新-义县断陷盆地具有大陆火山、大陆火山碎屑沉积组合、类复理石(含油)碎屑沉积组合和类磨拉石含煤沉积组合，代表了从伸展到强伸展，再到挤压隆起的过程，盆地规模较大，NNE 向明显，断陷作用强烈。在开鲁和松辽区，该时期主要形成了类复理石(含油)碎屑沉积组合，区域应力场表现为持续的强伸展作用，未见后期挤压隆起，这为以后松辽盆地的形成奠定了基础。

冀北—大兴安岭—辽西地区是古亚洲构造域与古太平洋构造域的过渡重叠区；火山-沉积盆地沿蒙古弧方向展布，但因受古太平洋构造域的影响，盆地应力场表现为由弱到强的伸展作用，盆地逐渐成为填充大面积火山岩团块的坳陷、断陷盆地（图6－4、图6－5）。随着古太平洋构造域的影响逐步加大，NW－SE向伸展作用相应加强，主要充填序列依次为大陆火山沉积、大陆火山碎屑沉积组合、类复理石（含油）碎屑沉积组合、类磨拉石碎屑含煤沉积组合，表现了从伸展—强伸展—挤压隆起的过程。

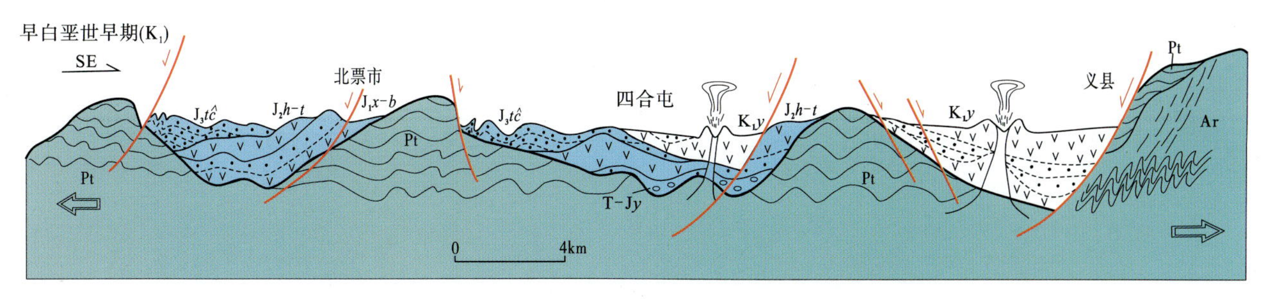

图6－4　北票—义县地区中期热河生物群的构造盆地格局

Fig.6－4　Pattern of tectonic basins of middle stage of Jehol biota in Beipiao－Yixian region

$K_1\hat{s}$.沙海组；K_1j.九佛堂组；K_1y.义县组；$J_3t\hat{c}$.土城子组；J_2h-t.海房沟组—髫髻山组；J_2x-b.兴隆沟组—北票组；T－Jy.羊草沟组；Pt.元古宇；Ar.太古宙变质岩

$K_1\hat{s}$.Shahai Formation；K_1j.Jiufotang Formation；K_1y.Yixian Fofmation；$J_3t\hat{c}$.Tuchengzi Formation；J_2h-t.Haifanggou and Tiaojshan Formations；J_2x-b.Xinglonggou and Beipiao Formations；T－Jy.Yangcaogou Formation；Pt.Proterozoic；Ar.Archean metamorphic rocks

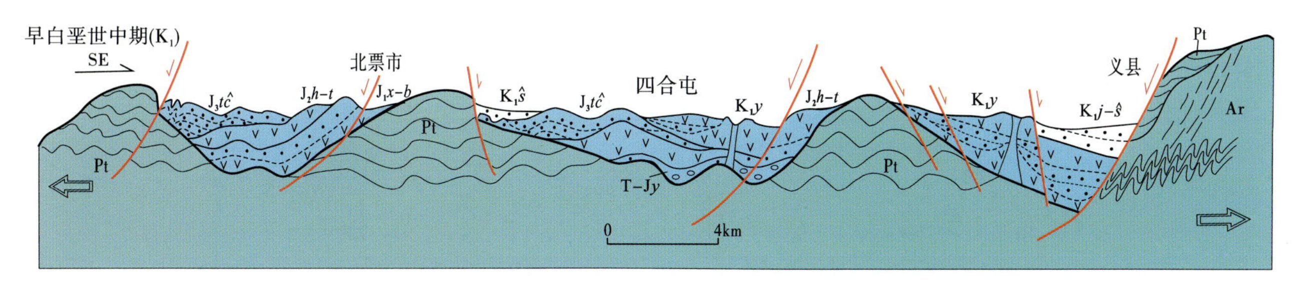

图6－5　北票—义县地区晚期热河生物群-阜新生物群的构造盆地格局

Fig.6－5　Pattern of tectonic basins of late stage of Jehol biota－Fuxin biota in Beipiao－Yixian region

（图例同图6－4）(Legend is same to Fig.6－4)

综上所述，该阶段的构造盆地与沉积环境都发生了巨大的变化，背景环境已经从高原演化为盆岭，盆地性质表现为大规模的火山、断陷盆地群，盆地充填序列或沉积建造明显多样化，而发源于燕辽地区的热河—阜新生物群正是在这种背景下发生、发展的。

三、松花江生物群的构造盆地与沉积环境

晚白垩世和古近纪、新近纪在中国东北地区形成了滨太平盆山体系。盆山体系第一阶段为挤压隆起—大规模坳陷阶段，第二阶段为大规模裂谷—后裂谷坳陷阶段。晚白垩世时期本区表现为第一阶段盆山体系，该阶段在盆岭整体隆起的基础上形成了松辽盆地、三江盆地，同时这些盆地又与大兴安岭、张广才岭和辽吉东部高地隆起构成了盆山耦合关系，是东北地区最强烈的伸展时期，其中，松辽盆地形成于大规模坳陷阶段。古近纪、新近纪时期本区表现为第二阶段盆山体系，该阶段是本区次强烈的伸展时期。松辽地区的构造作用在第二阶段主要表现为裂谷和后裂谷。

松辽盆地大型坳陷盆地的充填物为含油沉积组合——厚层暗色、红杂色砂泥质沉积系列，代表了一种富氧的大湖沉积环境，而此时的辽西地区则是一种相对高地貌的低山—丘陵区，存在系列山前小凹陷（图6-6），零星分布小型湖泊，有稀疏的河流展布。除了部分河流汇入湖泊外，主要水系可能最终向东部的松辽盆地汇聚。因此，松辽盆地及其周围地貌的形成与发展，从根本上改变了先前的断陷盆地群的格局，这也可能是促使生物生存环境发生根本变化的重要原因之一。在这种背景之下，松花江生物群逐渐发生、发展。

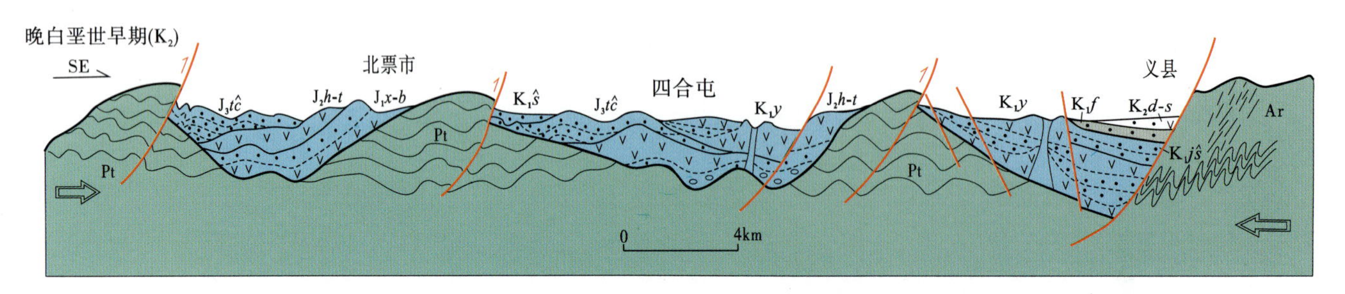

图6-6　北票—义县地区晚白垩世松花江生物群早期的构造盆地格局

Fig.6-6　Pattern of tectonic basins of Late Cretaceous Songhuajiang biota in Beipiao-Yixian region

K_2d-s.大兴庄组-孙家湾组；K_1f.阜新组；$K_1\hat{s}$.沙海组；K_1j.九佛堂组；K_1y.义县组；$J_3t\hat{c}$.土城子组；J_2h-t.海房沟组-髫髻山组；J_2x-b.兴隆沟组-北票组；Pt.元古宇；Ar.太古宙变质岩

K_2d-s.Daxingzhuang and Sunjiawan Formations; K_1f.Fuxin Formation; $K_1\hat{s}$.Shahai Formation; K_1j.Jiufotang Formation; K_1y.Yixian Fofmation; $J_3t\hat{c}$.Tuchengzi Formation; J_2h-t.Haifanggou and Tiaojshan Formations; J_2x-b.Xinglonggou and Beipiao Formations; Pt.Proterozoic; Ar.Archean metamorphic rocks

在大规模坳陷之后，古、新近纪的大规模裂谷和后裂谷坳陷开始出现，并充填了平原（红杂色）碎屑沉积-大陆（裂谷）玄武岩。在此背景下，松花江生物群被新生代生物群所取代。

第四节　古地理及水系与生物群演替

生物群演替的环境制约因素之一是古地理与水系的演化，它们可能在一定程度上决定了生物群的组成和发展趋势。

早中侏罗世时期，燕辽生物群对应的古地理环境总体为高原造山带环境，以针叶林和草原为主，具有一些地理分隔的火山间歇湖、森林沼泽。在此环境中，主要的高山是大兴安岭，在辽西地区形成了自西向东流淌的小规模水系。

晚侏罗世早期，土城子生物群的古地理环境是在高原造山带的基础上发展起来的。初期地貌起伏较大，形成了一些盆岭山地，有较集中的北东向展布的河流和较大面积的汇水盆地，有零星分布的异木森林；中后期，剥蚀作用渐强，导致高原造山带准平原化，河流和湖泊逐渐发展成干化湖、冲积相旱谷、风成沙漠，沙漠绿洲零星，断续分布在盆地的边缘，呈现一种低山、缓坡的沙漠盆地环境，水系相应萎缩。

晚侏罗世晚期—早白垩世早期，热河生物群的古地理环境发生了巨大的转变，由高原准平原化环境转化为众多的高原火山盆岭地貌。早期为较多的地理分隔的火山间歇湖与山地针叶林，具有植物分带性的斜坡、丘陵、平地、湿地、湖泊5种以上的不同生态环境，水生动物生态环境为静水—弱动力、淡水—微咸水小型湖盆，陆生生物生态环境总体表现为由岩浆作用形成的山地；晚期以高山针叶林和北东向集中展布的大型湖泊为主要景观，是一种高山和盆岭古地理环境。当时，辽西地区的医巫闾山是主要的高山，向西有规模较小的松岭隆起和凌源隆起。这时的水系已经由萎缩水系演化为自东向西流淌的大规模水系。大兴安岭是另一较大的山系，但对辽西水系的影响有限。

早白垩世晚期，辽西地区受地壳隆起和剥蚀作用影响，盆岭逐渐准平原化。阜新生物群的崛起与盆岭准平原化有密切的关系。早期沙海期古地理环境为山地及湖泊沼泽，零星分布有较大湖泊，属于非典型的盆岭古地理环境；晚期阜新期古地理环境为低山和湖泊沼泽，属于后盆岭古地理环境。热河生物群水系格局虽然保留到了阜新生物群时期，但当时仅有零星的较大湖泊和湖泊沼泽，如阜新盆地和建昌盆地等。因此，这一时期以辽西地区为汇水基准面的水系规模逐渐萎缩。

晚白垩世早期在盆岭准平原化的基础上，地壳持续隆起为准高原，辽西地区大型汇水盆地基本消失，只有一些零星的浅水湖泊和稀疏的河流。这时的松花江生物群开始了它的初期发展阶段。之后，本区外东侧开始沉降，出现了松辽盆地，成为大型汇水平面，致使辽西地区逐渐出现了低山地貌，一些河流开始自西向东流淌，汇聚于松辽盆地，形成较大的水系。

综上所述，本区中生代时期的古地理具有以下演化序列：高原造山带—高原准平原—火山盆岭—盆岭准平原化—准高原、低山；相应的水系演化序列为：自西向东流淌的小规模水系—水系萎缩—自东向西流淌的较大规模水系—水系规模萎缩—区内汇水体系基本结束。该演化序列分别对应于燕辽、土城子、热河和阜新生物群以及早期松花江生物群，其中，热河生物群的发生、发展与地理分隔最强烈的火山盆岭、自东向西流淌的大规模水系密切相关，大规模水系开始于热河生物群的中期—义县期，发育于热河生物群晚期—九佛堂期。

第五节　气候与生物群演替

气候在生物群的发育和演替过程中起到了决定性的作用。闫义等(2003)将辽西地区的古气候演变划分为3个阶段，即温暖潮湿(晚三叠世—中侏罗世)、干旱少雨(晚侏罗世)和温暖潮湿(早白垩世)。显然这种划分不能完全解释4个生物群的演替。实际上每一个生物群可能对应一个气候演化阶段。

辽西燕辽生物群的生存时期对应于温暖潮湿—半潮湿气候，早中期由暖温带温暖潮湿成煤气候逐渐转变为亚热带高温潮湿气候，晚期为热带、亚热带的半干旱—半潮湿气候。土城子生物群对应于亚热带有季节性变化的高温干旱(局部地区可能为半干旱)的炎热干旱气候。热河生物群对应于暖温带的温暖潮湿、半潮湿，但有季节性干旱的气候。阜新生物群总体对应于亚热带—暖温带的温暖潮湿气候，早期(沙海期)气候逐渐由半干旱—半潮湿及干热状态向温暖潮湿(降温事件)方向转化，晚期(阜新期)气候以温暖潮湿为主，但是有明显季节性变化(降温事件)，阜新末期气候由亚热带潮湿转为干热状态。松花江生物群繁盛于晚白垩世的盆山运动阶段，辽西处于西高东低的准高原—低山地貌，气候由温暖潮湿的成煤环境向干热气候转变，对应于亚热带—暖温带的干热气候，但向东部接近松辽盆地地区水源充沛，气候有温湿特点。

因此，燕辽生物群是热带—亚热带温暖潮湿—半潮湿气候条件下的生物群；土城子生物群是亚热带高温干旱气候条件下的生物群；热河生物群是暖温带温暖潮湿—半潮湿条件下的生物群；阜新生物群是亚热带—暖温带的温暖潮湿气候条件下的生物群；初期的松花江生物群是亚热带—暖温带干热气候条件下的生物群。

第六节　生物群演替与大气圈—水圈—岩石圈耦合演变

生物群的发生、发展及演替，是与所处的特殊古地理、古生态及古气候条件密切相关的，但是引起古地理、古生态及古气候发生根本性变化的重要因素可能要追溯到岩石圈、大气圈、水圈，甚至地外宇宙圈。

侏罗纪中期至早白垩世是著名的燕山运动高峰时期，无论东亚或全球都存在地球岩石圈、水圈、大气圈、生物圈以及地外宇宙圈多种地质事件的频发和叠合。岩石圈、大气圈、水圈同生物圈的耦合演变在陆生生物方面反映相当灵敏。各个圈层相互影响的综合效应最终导致了多个生物群的顺次出现，突发性的生物演化和显著绝灭现象时有发生。燕辽生物群、土城子生物群、热河生物群、阜新生物群和松花江生物群的发生、发展、幅射、消亡以及它们之间的替代过程暗示了全球圈层曾经经历了多次重大事件。

三叠纪时，联合古陆逐渐发展到顶峰；西伯利亚板块与华北板块碰撞、超碰撞所产生的印支造山运动在华北板块边缘及邻区形成了造山带，并在此基础上开始形成高原；高原边缘山前和山间坳陷盆地也开始形成和发展，出现了一系列河流和湖泊，陆生生物得到发展和繁盛。然而有关高原的形成时间和后期演变过程尚存在争议。董树文等(2000)认为中国东部在印支期就已经形成了高原，在160～150Ma前后发生了岩石圈的巨量减薄，导致软流圈地幔上涌，形成巨量火山喷发和花岗岩侵入。但张旗等(2001)根据埃达克岩的研究认为高原发生在中晚侏罗世，早白垩世之后拆沉塌陷，高原主要分布在华北地块的东部，包括燕辽地区。我们认为生物群的演替与高原边缘地貌的演变有密切关系。

早中侏罗世时期，联合古陆已有开裂迹象，特提斯洋进一步扩张，海侵逐步加大，古陆范围缩小；在燕山运动第一幕基础上，中国东部挤压抬升，高原进一步发展和形成，同时环太平洋火山岩外带开始形成和发展(兴隆沟、髫髻山火山旋回)，辽西—冀北地区交替出现了由弱伸展作用形成的盆地，并开始形成一些火山间歇拗陷盆地；这些盆地逐渐发展了火山间歇湖、森林沼泽，并充填了类磨拉石(含煤)建造；在盆地内或周围还有一些地势较为平缓的地域，逐渐发展成了针叶林或草原；当时大兴安岭为区内主要高山，具有自西向东流淌的小规模水系；从中侏罗世开始，气候由早侏罗世暖温带的温暖潮湿向热带、亚热带—暖温带的半干旱—半潮湿转变。上述情况表明，因为岩石圈的变化导致了地理分隔进一步加强，生态环境开始复杂化，由西向东的区域性水系逐渐形成规模，气候开始逐渐适合生物多样性发展，燕辽生物群就是在这样的条件下逐步发展、壮大的。

晚侏罗世早期，三大洋同时开裂，联合古陆初步解体，古陆范围进一步缩小。在辽西—冀北地区的高原已发展到末期的山前准平原化，气候转变为亚热带的高温干旱，虽然发育一些河流和湖泊，但是沙漠规模逐渐加大，区内汇水水系逐渐萎缩。在这种情况下，生态环境恶化，燕辽生物群逐步消亡，取而代之的是更适合此种生态环境的生物群——土城子生物群。

晚侏罗世中晚期—早白垩世早期是热河生物群的孕育—繁盛期，而热河生物群发生、发展的根本原因可能是岩石圈、水圈和大气圈在当时发生了重大变化。

首先，在岩石圈方面，三大洋和特提斯洋强烈扩张，联合古陆解体，导致全球性海侵。由于海侵扩大，欧洲，特别是西欧在侏罗纪时(牛津阶、启末里阶、提塘阶)的海侵面积比三叠纪更为广泛，浅海环境发育。至晚侏罗世晚期—早白垩世早期，在北欧一带开始出现海陆交互相的沉积地层(普尔贝克群和威尔登系)，至早白垩世中期，海侵又开始扩大。在这一时期，北西伯利亚低地、北极海沿岸和远东地区的海侵范围也逐步扩大，到早白垩世晚期海侵范围甚至扩展到了东欧。在这种背景下，古亚洲大陆逐步形成。与此同时，受海侵作用影响，原来生活在欧洲的陆生生物被迫向古亚洲迁移或与古亚洲的陆生生物形成一定的交流和互动。中国北方(包括辽西)的内陆盆地区成为欧亚大陆的重要生物栖息地，从而使热河生物群快速发展。

晚侏罗世中晚期—早白垩世早期，中国东部在燕山运动第二幕的影响下形成了盆岭，环太平洋火山岩外带活动达到了高潮(张家口—义县火山旋回)。在环太平洋火山活动带中，冀北、大兴安岭南部、辽西连同松辽南部地区具有十分特殊的地位。当时大兴安岭南部为主要隆起区，地幔物质主动上侵，混染了大量地壳物质的岩浆喷出地表，形成了大量的中性和中酸性火山岩(如张家口火山岩)。之后地幔活动中心向两侧迁移，在地幔隆起的基础上，冀北和辽西地区的地壳发生拉伸和伸展作用，由于壳源物质混染程度减小，喷发出了大量的基性、中基性火山岩(图6-7、图6-8)。强烈的伸展运动形成了系列凹陷和断陷，构成了强伸展盆地群。早期盆地群具有100多个大小盆地，属地理分隔的火山间歇拗陷盆地群，晚期盆地群具有几十个大小盆地，属于盆岭结构的断陷盆地群，它们分别充填了火山岩和河湖相沉积地层。这一火山盆地群在当时的中国东部非常突出，是中国东部盆岭的典型代表。

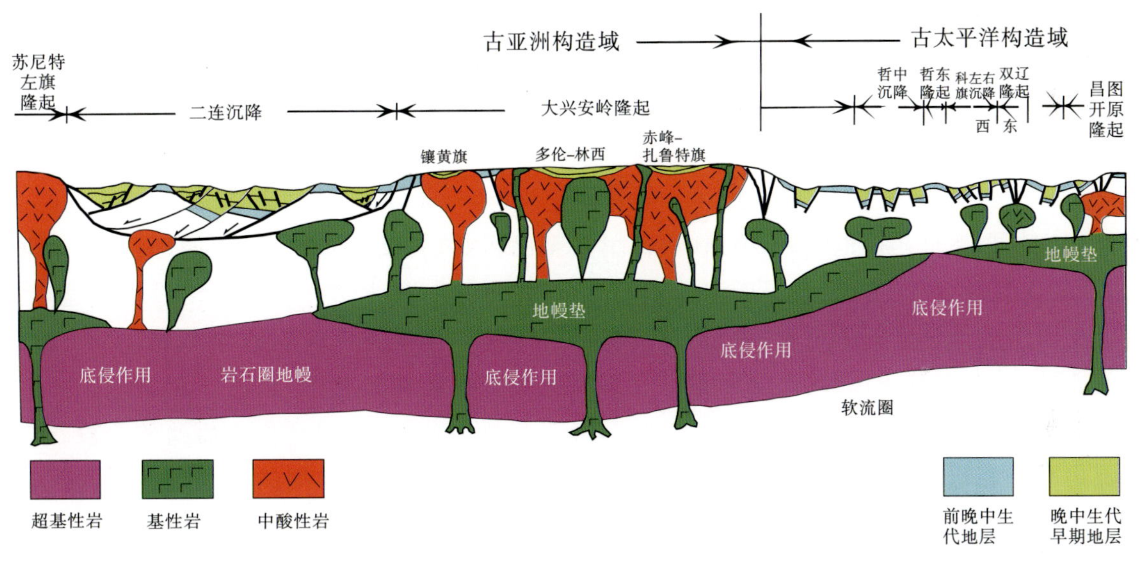

图6-7　大兴安岭南部地区晚中生代早期底侵作用与盆岭构造

Fig.6-7　Underplating and basin-range structure in early stage of Late Mesozoic in southern part of Daxinganling mountains

这些盆岭构造使研究区的水系独具特色，众多的火山盆地逐渐演化为汇水盆地，形成了大量的内陆湖泊、湿地。当时医巫闾山是区内主要高山，向西还有高程渐低的松岭隆起和凌源隆起，从而自然形成了自东向西流淌的水系。该水系是区内地质演化史中最大的水系，它在空间上还可能贯穿了一系列湖泊，为热河生物群的爆发创造了良好的水系条件。

在大气圈方面，气候由晚侏罗世早期高温、干旱转变为热河生物群早中期的温暖而具季节性变化的潮湿—半潮湿气候，为热河生物群的爆发创造了良好的气候条件。

在这种背景下，北半球，特别是从欧洲被迫向古亚洲迁移的外来陆生生物和古亚洲本土生物均能在本区找到适合的生存环境；同时，盆岭构造导致地理分隔极为强烈，生态环境逐渐复杂化，火山等灾难性的突发事件频发，生物基因容易发生突变，而生物物种因基因突变而增多，热河生物种群在辐射演化和边缘进化中不断加强。

早白垩世中晚期，一方面大西洋进一步扩张，冈瓦纳大陆开始解体，联合古陆解体进一步加强，

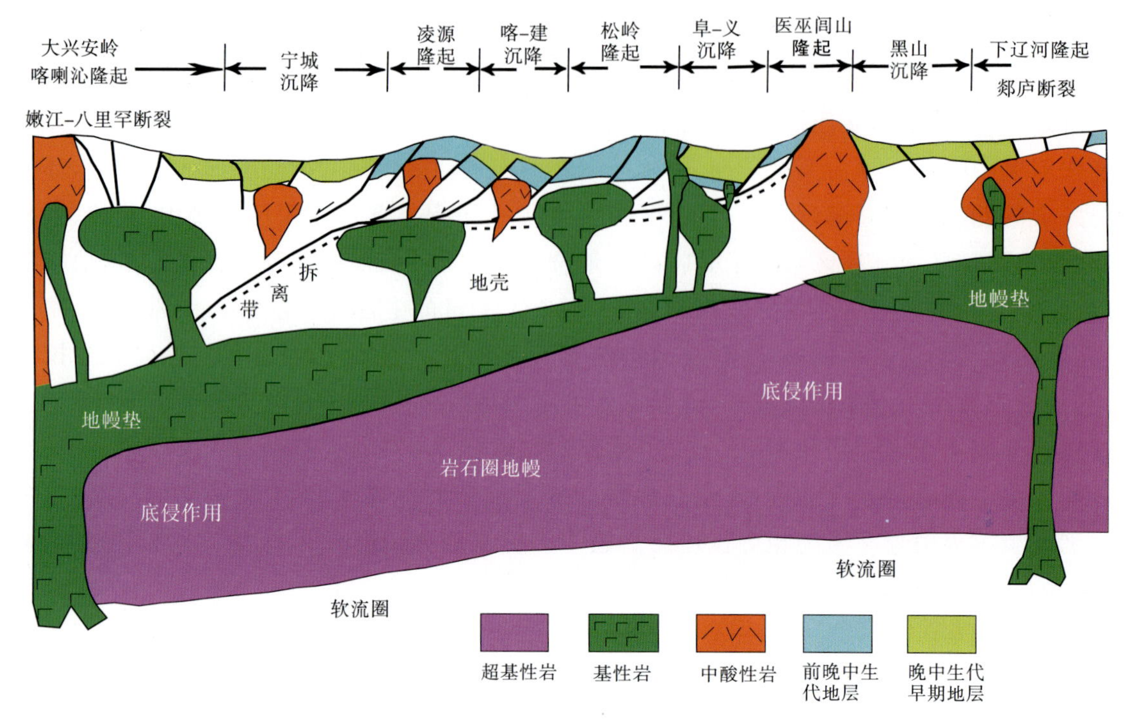

图 6-8　辽西地区晚中生代早期底侵作用与盆岭构造

Fig.6-8　Underplating and basin-range structure in early stage of Late Mesozoic in westernLiaoning region

西欧海侵在早白垩世初期退缩后，中期（欧特里夫至巴雷姆期）又逐步扩大，晚期（阿普特至阿尔必期）达到较大规模，另一方面，特提斯洋开始萎缩。这一时期，环太平洋火山活动带仍以盆岭为主，但伸展型断陷盆地已经开始抬升，进入了晚期发展阶段，充填了类磨拉石含煤沉积，局部充填了类复理石含油沉积，义县火山-沉积旋回也已发展至晚期。在此背景之下，辽西—冀北地区的古地理主要为山地及湖相沼泽、零星分布的较大湖泊，属于非典型盆岭，之后转化为后盆岭阶段。该阶段发育低山及湖相沼泽，大型湖泊已经消失，水系相应萎缩，气候已由初期的半潮湿成煤气候转变为温暖潮湿成煤气候。上述情况造成原有的生态环境发生了本质的转变，适合一些生物生存的生态环境恶化或改变，导致热河生物群消亡，代之以阜新生物群的产生和发展。

晚白垩世，大西洋加强扩张，冈瓦纳大陆进一步裂解，联合古陆解体完成；西欧在早白垩世晚期形成较大规模海侵后，在晚白垩世进一步扩大了海侵规模，直至晚白垩世末期地壳普遍隆升，海侵结束；特提斯洋进一步萎缩。这一时期，中国东部地区发生了燕山运动第三幕，遭受强烈挤压而隆起。在此基础上，大规模沉降作用形成了盆山体系，早期形成了山前拗陷的大陆火山沉积、红杂色类磨拉石碎屑沉积，晚期形成了含（煤）油的碎屑沉积。环太平洋火山活动由外带向洋迁移至内带，中国东部火山活动已大为减弱。辽西—冀北地区，在燕山运动第三幕基础上，火山-沉积旋回主要为晚白垩世早期的大兴庄旋回，并且在强烈挤压后长期隆起，未发生大规模沉降，形成了准高原或低山区，但是有少量的河流平原和零星的小型浅湖，盆地汇聚水系基本结束。气候已由前期的温暖潮湿成煤气候转变为亚热带干热气候。上述情况造成了原有生态环境的根本性转变，阜新生物群消亡，代之以松花江生物群产生。这一时期，珍稀脊椎动物在局部地区仍有生存，介形类、双壳类、腹足类和孢粉除了一些适应性较强的分子继续存在和延伸外，还出现了一些新生分子；鱼类、叶肢介、昆虫和植物基本未见，这可能与化石保存条件不佳有关。

综上所述，可将生物群演替及热河生物群爆发与大气圈—水圈—岩石圈的耦合演变总结成表6-1。

表6-1 辽西—冀北生物群演替与岩石圈—水圈—大气圈耦合演变

Table 6-1 Seral Biota and Coupled Changes of the lithosphere, hydrosphere, and atmosphere of the Earth

纪	世	生物群	联合古陆	构造演化	火山作用	盆地与沉积	古地理	水系	气候	地层 冀北	地层 辽西
白垩纪	晚白垩世		大西洋加强扩张 冈瓦纳大陆进一步解体 特提斯洋萎缩 联合古陆 成解体	燕山运动 / 第三幕 / 古亚洲与今太平洋构造域 / 盆山 / 强挤压隆起	环太平洋火山活动由外带向洋迁移至内带	上碎屑含（煤）油沉积（缺失）					
		松花江生物群初期			大兴庄旋回	山前沉积坳陷 / 类磨拉石 / 火山沉积 / 红杂色碎屑沉积 类磨拉石沉积 / 大陆火山（含煤）沉积	准高原、河流平原及零星小型浅湖	盆地水系基本结束	亚热带干热	土井子组、洗马林组	孙家湾组、大兴庄组
	早白垩世	阜新生物群 晚期	大西洋进一步扩张 冈瓦纳大陆解体 特提斯洋开始萎缩 “中白垩事件”	古亚洲与古太平洋构造域 / 盆岭 / 强伸展盆地群	环太平洋火山岩外带活动达到高潮 / 义县旋回	断陷盆地沉积 / 含煤（油）碎屑沉积 / 类磨拉石含煤沉积（火山）含煤碎屑沉积	低山山地及湖泊沼泽的后盆岭	自东向西流的水系规模萎缩	亚热带—暖温带温暖潮湿成煤伴有降温事件 / 降温事件	青石砬组	阜新组
		阜新生物群 早期				类复理石含油碎屑沉积	山地及湖泊沼泽、零星有较大湖泊的非典型盆岭				沙海组
		热河生物群 晚期	三大洋和特提斯洋扩张加强 全球性海侵 联合古陆包括劳亚大陆解体 古亚洲大陆形成			湖泊火山碎屑沉积	高山山地与大型湖泊盆地		亚热带—暖温带温暖半干旱—半潮湿成煤	九佛堂组	九佛堂组
		热河生物群 中期				火山间歇坳陷盆地沉积 / 火山沉积 / 大陆火山碎屑沉积	地理分隔的火山间歇湖与针叶林山地	医巫闾山为主要高山，具自东向西流的较大规模水系	亚热带—暖温带温暖潮湿—半潮湿，有季节性干旱	义县组：过河道层、碾子沟层、大店子层、桥头层	金刚山层、大康堡层、尖山沟层、老公沟层
侏罗纪	晚侏罗世	热河生物群 早期	三大洋同时开裂 联合古陆初步解体	第二幕	张家口旋回	大陆火山沉积				大北沟组、张家口组	
	中侏罗世	土城子生物群		挤压抬升	环太平洋火山岩外带开始形成和发展 / 髫髻山旋回	火山间歇山间山前坳陷盆地沉积 / 类磨拉石沉积 / 山地平原火山红杂色碎屑沉积	山前准平原化河流、沙漠	大兴安岭为主要高山，具自西向东流的小规模水系	亚热带高温干旱	土城子组	
		燕辽生物群	联合古陆开始开裂 特提斯洋进一步扩张 海侵逐步加大	高原造山带 / 弱伸展成盆		山地火山沉积	具备针叶林草原、少量地理分隔的火山间歇湖、森林沼泽的高原造山带		热带、亚热带—暖温带半干旱—半潮湿 / 亚热带高温潮湿	髫髻山组；海房沟组（九龙山组）	
	早侏罗世			第一幕 / 挤压抬升 / 弱伸展成盆	兴隆沟旋回	山地（火山）类磨拉石（含煤）沉积 / 山地火山沉积			暖温带温暖潮湿成煤	北票组（下花园组）；兴隆沟组（南大岭组）	
三叠纪	晚三叠世		联合古陆发展顶峰	印支运动 / 第二幕 / 强挤压造山	大兴沟旋回	山地（火山）类磨拉石（含煤）沉积 / 陆相火山碎屑（含煤）沉积 / 山地碎屑（含煤）沉积				老虎沟组（杏石口组）	东坤头营子组
	中三叠世			第一幕 / 强挤压造山						二马营组	后富隆山组
	早三叠世		联合古陆形成和发展			近海平原沉积				和尚沟组、刘家沟组	红砬组

图例：基性火山岩 Basic volcanic rocks；中基性火山岩 Intermedediate-basic volcanic rocks；中性火山岩 Intermedediate volcanic rocks；中酸性火山岩 Intermedediate-acidic volcanic rocks；偏碱性火山岩 Inclined alkaline volcanic rocks

Introduction

Since 90s of 20th century, a great amount of precious fossils, including primitive birds, hairy dinosaurs, mammals and primitive angiosperms, have been discovered in the Jehol biota which is one of the most important discovery in the last century and makes western Liaoning province of China become the research and attention focus of international scientists of geology, paleontology and even the life sciences.

According to the statistics, more than 1000 birds and other precious fossils have been found in the western Liaoning region that is a marvel in the fossil research history in the world. The discovery of primitive birds and hairy dinosaurs indicates that the western Liaoning region is the exceptional place for study of bird origin and their early evolution. The recent studies reveal that the western Liaoning region may be one of the original places of birds in the world and the ancient birds already showed the real radiation and diversity. The discovery of primitive angiosperms told us the western Liaoning region is also the original place of angiosperms. The excavated ancient mammals with placenta showed that the western Liaoning region is one of the places of Theria origin. So, the western Liaoning region is an important scientific research base to study the origin of birds, the origin and evolution of angiosperms, and the early evolution of mammals. Except the precious fossils of Jehol biota, there are also the Yanliao biota, Tuchengzi biota, Fuxin biota and Songhuajiang biota in the western Liaoning region. They are located in various horizons of Mesozoic continental volcanic-sedimentary formations to show different excavated background and living environment. For a long time, the distributions and horizons of these precious fossils are not very clear, even with many arguments. Therefore, in 2004 the Liaoning Provincial Department of Land and Resources set up a project named "The Distributions and Horizons of Precious Fossils in Western Liaoning" and entrusted The Shenyang Institute of Geology and Mineral Resources with the work. After two years hard working, the project was successfully completed. Furthermore, for raising the research level of geology and paleontology and the celebrity of Liaoning province, the Liaoning Provincial Department of Land and Resources in 2005 advocated the compiling work of "The Geological Atlas of Mesozoic Precious Fossils and Biota in Liaoning Province", and the Atlas completed in October of 2008, which includes the introduction of Mesozoic strata, main biota, brief description of some important precious fossils and their horizons and distributions, correlation of regional stratigraphy and geological environment etc. to be a comprehensive Atlas of Mesozoic precious fossils.

There are the following research progresses we got in the Atlas:

(1) Systematically studied the Mesozoic strata and made the lithostratigraphic, biostratigraphic, chronostratigraphic and sequence stratigraphic multiple divisions and correlations, correlated the precious fossil-bearing beds in detail; confirmed the Tuchengzi formation to be Late Jurassic in age,

the Yixian formation Early Cretaceous in age, thus the early stage of Jehol Biota to be Late Jurassic in age, and the middle-late stages of Jehol Biota Early Cretaceous in age; the Jurassic-Cretaceous boundary is now put on the basal surface of Yixian formation (or between the Dabeigou formation and the Dadianzi formation).

(2) Discussed and indicated the precious fossil distributions and horizons of Yixian formation in detail. The precious fossils of Yixian formation are mainly distributed in the Mesozoic volcano-tectonic-sedimentary basins. Lithologically, the Yixian formation in Jinlingsi basin, Dizangsi-Yixian basin and Lingyuan basin are subdivided into four or five members, and in the other basins it may be subdivided into the upper, middle and lower parts basically. The precious fossils are mainly found in the middle-lower members, and in the Jingangshan of Yixian district they are excavated just from the upper member. It is confirmed that the precious fossil-bearing bed—Jianshan bed of Sihetun district in Beipiao City is well correlated with the Zhuanchengzi bed of Yixian district, the Dawangzhangzi and Fanzhangzi beds of Lingyuan district, the Santuohuagou bed of Zidutai basin, and the Luojiagou bed of Jianchang basin are also equivalent. These sedimentary basins represent the Mesozoic lakes of different sizes to show the differentiations in biotic community, since the geographic separation and ecologically different environment.

(3) Discussed and confirmed the distributions and horizons of the precious fossils of Jiufotang formation. The precious fossils of Jiufotang formation are found mainly from the Boluochi - Ganzhao basin, Chaoyang basin and Yixian basin. There are three sedimentary rhythmic units may be recognized in the Jiufotang formation, of which the middle and upper units contain precious fossils.

(4) Confirmed the precious fossil horizons in Pijiagou of Yixian district and Daohugou of Ningcheng district. There are the precious fossil-bearing beds found recently in the border area of Liaoning Province and Inner Mongolia, containing fossil salamanders, dinosaurs and a lot of insects. Many evidences got from the field work and stratigraphic sections show that these fossil-bearing beds should belong to the Middle Jurassic Haifanggou Formation.

(5) Subdivided the Mesozoic fossils into five biotas, namely the Yanliao biota, Tuchengzi biota, Jehol biota, Fuxin biota and the Songhuajiang biota, and discussed their association, horizon, distribution and age etc. Furthermore, we subdivided the Jehol biota into the early sprout stage, middle prosperity stage and late wilt stage.

(6) Deeply studied the living geological environment, palaeoecology, and palaeoclimate of variousbiotas (especially the Jehol biota). The western Liaoning region was compressed by NW - SE or S - N stress during pre-Jurassic period to form the uplifted highland, mountains and piedmont depressed basins. Since Cretaceous, the stress field was dominated by NW - SE extension, and low mountains and hills are dominant to form a series of faulted basins. Either the piedmont depressed basins or the faulted basins all provided the forming conditions of the inland lakes. During Jurassic—Cretaceous period, the Earth was situated in the greenhouse effect with high temperature and uplifted sea level submerging a lot of land area to form the epicontinental sea and inland lakes. The global climate zones moved towards the polar regions and the altitude temperature gradient clearly reduced. The massive volcanic activities well developed in this time with a great amount of erupted volcanic materials to hold many CO_2, S, F, Cl and H_2O gases into the atmosphere and hydrosphere

greatly effected the living environment of Earth lives.

(7) The monograph deeply discussed the relations between the seral biotas and the coupled changes of stratified spheres of the Earth. The seral biota was resulted from the geological evolution of various stratified spheres in different stages. The formation, break-up and shift of the Pangaea, the periodical volcanic eruptions, the formation and closing of tectonic basins, the climate, water system and the changes of palaeogeographic environment all effected the development and evolution of biota.

Chapter 1 Brief Introduction of Mesozoic Strata

There are three Mesozoic basin areas from east to west in western Liaoning district:

(1) Jinlingsi – Yangshan – Fuxin – Yixian – Jinzhou basin area, including Jinlingsi – Yangshan basin and Fuxin – Yixian – Jinzhou basin.

(2) Beipiao – Chaoyang – Kazuo – Jianchang basin area, including Beipiao basin, Heichengzi basin, Chaoyang basin, Dapingfang – Meileyingzi basin, Kazuo – Ganzhao basin, Siguanyingzi – Sanjiazi basin and Jianchang basin.

(3) Pingquan – Lingyuan – Ningcheng basin area, including Niuyingzi – Guojiadian basin, Lingyuan –Sanshijiazi basin, Ningcheng basin, Daohugou basin and Balihan basin.

All these basins are filled by the typical Mesozoic continental volcano-sedimentary strata.

1.1 Triassic

1.1.1 Lower Triassic Hongla Formation

Usually it is scattered and distributed in the margins of basin. The typical area is situated in the region from Shaguotun to Fulongshan and Hongluoxian of Jinxi City. The typical section is located near Dahongshilazi of Nanpiao Town in the southeastern margins of Jinlingsi – Yangshan basin. Lithologically, the formation may be subdivided into lower and upper members. The lower member is dominated by purplish red sandstone intercalated by grayish white medium-thin bedded fine-grained sandstone and few dark purplish red siltstone and arenaceous-pelitic shale with big cross beddings. The upper member is characterized by lateritic, dark purple arenaceous mudstone intercalated by grayish white, purplish red sandstone with the calcareous concretions in the mudstone. It is about 452m thick in total, and contacts with the underlying Upper Permian Shiqianfang Formation by conformity and with the overlying Middle Triassic Houfulongshan Formation by parallel unconformity. There are many fossil plants found in the upper member near Yangshugou of Kazuo County.

1.1.2 Middle Triassic Houfulongshan Formation

It is distributed strictly and usually accompanied together with the Hongla Formation. The typical area is from Houfulongshan to Shaguotun of Nanpiao town in the southeastern margins of Jinlingsi – Yangshan basin. Lithologically, the formation shows a series of yellow, yellowish green, gray and grayish black conglomerate, sandstone, silty mudstone intercalated by grayish white tuff with thickness of from several meters to 63.4m. It contacts with the underlying Hongla Formation by parallel unconformity and with the overlying Middle Jurassic Haifanggou Formation by angular unconformity. It contains many fossil bivalves and few fossil plants.

1.1.3 Upper Triassic Laohugou Formation

The formation is distributed around Laohugou in southwestern margins of Niuyingzi - Guojiadian basin of Lingyuan County, and dominated by yellowish green sandstone and pebbled coarse-grained sandstone intercalated occasionally by carbonaceous shale and coal seams. It contacts with the underlying Lower Cretaceous Yixian Formation by fault and with the overlying Yixian Formation by angular unconformity. It contains fossil controstracas, bivalves and plants with thickness of 68.1m. The equivalent strata are also found in Shimengou of Chaoyang in northwestern margins of the Jinlingsi - Yang shan basin and in Dongkuntouyingzi of Beipiao, namely the Dongkuntouyingzi Formation by some geologists, which is characterized by yellowish green, grayish black arenaceous conglomerate intercalated by shale and coal seams, containing few fossil bivalves and many fossil plants.

1.1.4 Upper Triassic-Lower Jurassic Yangcaogou Formation

It is distributed around Yangcaogou of Beipiao in the northeastern margins of Jinlingsi - Yangshan basin, overlying on the Gaoyuzhuang Formation of Proterozoic Changcheng System by angular unconformity and underlying below the Middle Jurassic Haifanggou Formation. Lithologically, it is mainly of yellowish green, brownish yellow pebbled coarse-grained sandstone and siltstone with conglomerate in the basal part, and intercalated partly by carbonaceous shale and coal seams. The formation is 539.4m in thickness, containing fossil bivalves, controstracas, plants and sporopollens. The fossil bivalves, plants and sporopollens indicate the age of Late Triassic, but the fossil controstracas show the age of Early Jurassic. So, we put the formation Late Triassic—Early Jurassic in age at present.

1.2 Jurassic

1.2.1 Lower Jurassic Xinglonggou Formation

The typical section is located in the area from Xinglonggou to Sanbao Coal Mine of Beipiao basin. The formation is dominated by andesite, its pyroclastic rocks and conglomerate intercalated by some basalt. It may be subdivided into the lower volcanic-rock member, the lower conglomerate member, the upper volcanic-rock member and the upper conglomerate member in the typical area. It contacts with the underlying Gaoyuzhuang Formation of Proterozoic Changcheng System by angular unconformity and with the overlying Beipiao Formation by parallel unconformity, containing few fossil plants with thickness of 400—640m.

1.2.2 Lower Jurassic Beipiao Formation

The typical section is distributed in the same area of the Xinglonggou Formation. It is a series of coal-bearing strata and may be subdivided into lower and upper coal-bearing members. The lower member is characterized by conglomerate and sandstone in the basal part, by sandstone and shale intercalated with conglomerate and clayrock in the middle-upper parts, containing 14 layers of workable seams and rich in fossil plants with thickness of about 800m. The upper member is dominated by yellowish green sandstone and shale intercalated by thin-bedded conglomerate, black shale and inferior coal seams, with a granitic conglomerate bed in the lower part to be bounded with the lower member. It contains 8 coal seams, of which 2 are workable, and few fossil plants, insects and bivalves with thickness of 400m. The formation lies on the Xinglonggou Formation by parallel unconformity with a basal conglomerate and under the Haifanggou Formation by small angular unconformity. It is rich in fossil plants in Beipiao district.

1.2.3 Middle Jurassic Haifanggou Formation

It is distributed mainly in the Early Mesozoic basins, as well as in the Early and Late Mesozoic basins. The typical area is located around Haifanggou of Beipiao basin, to be a series of alternating sandstone, conglomerate, shale and pyroclastic rocks that the lower part is dominated by conglomerate and the upper part is by pyroclastic rocks. The formation may be subdivided into three members in southeastern part of the Jinlingsi – Yangshan basin. The lower and upper members are all dominated by normal clastic rocks and the middle member is characterized by a series of intermediate-basic volcanic rocks. The formation is 104—580m thick in total and contacts with the underlying Beipiao Formation by angular unconformity or overlies on the old strata, and with the overlying Tiaojishan Formation by conformity or parallel unconformity. The Haifanggou Formation contains many fossil plants, insects, sporopollens, bivalves and fishes. There are also the saurischian dinosaurs, pterosaurs, squamatans and amphibians found in the Daohugou basin.

1.2.4 Middle Jurassic Tiaojishan Formation

It is distributed basically as same as the Haifanggou Formation. The typical area is situated in Mentougou area west of Beijing City, and formerly the equivalent strata were named as the Lanqi Formation in western Liaoning area. Lithologically, the formation is characterized by intermediate lavas and pyroclas-tic rocks intercalated with basic volcanic and sedimentary rocks. It may be subdivided into three members: the lower member is mainly of andesitic brecciated lava and andesite intercalated by basalt; the middle member is composed of yellowish brown tuffaceous sandstone, conglomerate and pyroclastic rocks; and the upper member consists of andesite with intercalations of rhyolite and pyroclastic rocks, to be 398.5—824.1m thick in total. It contacts with the underlying Haifanggou Formation and overlying Tuchengzi Formation all by conformity. The formation contains fossil plants, sporopollens and a lot of silicified woods. Its flora belongs to the *Hausmannia shebudaiensis* – *Ctenis pontica* assemblage, of which the cycads are dominant, successively are the filicinae, ginkgoes, conifers etc. There is the fossil salamander *Pangerpeton sinensis*, fishes, insects and many plants found recently from the eastern gully of Wubaiding village near Lingyuan City.

1.2.5 Upper Jurassic Tuchengzi Formation

It is distributed basically as same as the Tiaojishan Formation. The typical area is around

Tuchengzi of Beipiao basin with an incomplete section, and the complete sections are located in Batuying and Changgao of Beipiao basin, and Beisijiazi of Chaoyang. The formation may be subdivided into three members: the lower member is of grayish purple, purplish red tuffaceous shale intercalated by siltstone and sandstone; the middle member is characterized by grayish purple pelitic conglomerate intercalated by sandstone; and the upper member consists of greenish yellow tuffaceous siltstone and sandstone with cross beddings. The members developed in different areas are variable. It contacts with the underlying Tiaojishan Formation by parallel unconformity and with the overlying Zhangjiakou Formation or Yixian Formation by angular unconformity, to be 670—2900m thick in total. There are the fossil bivalves, controstracas, ostracods, insects, plants (including fossil woods) and sporopollens found in the first and third members. Besides, there are also the ornithischian dinosaur - *Chaoyangsaurus youngi* and sauropus - *Jeholosauripus s-satoi* found in the formation.

1.2.6 Upper Jurassic Zhangjiakou Formation

It is a rock series broadly distributed in northern Hebei Province and its neighbor areas, and characterized mainly by rhyolitic welded tuff, rhyolite and quartz trachyte intercalated with andesite, trachyandesite and few purplish red arenaceous conglomerate, lying on the Tuchengzi Formation and under the Dabeigou Formation all by parallel unconformity. In western Liaoning, the formation is composed mainly of grayish white, light grayish purple rhyolitic brecciated tuff, rhyolitic welded brecciated tuff, grayish white rhyolitic welded breccia, grayish green dacitic - trachydacitic breccia and agglomerate intercalated by grayish white tuffite and bentonite of eruptive facies, and alternated with the rhyolite, dacite, trachydacite and andesite of effusive facies. The lower part of the formation is mainly of grayish white, grayish green and grayish purple tuffaceous sandstone, siltstone and conglomerate of sedimentary facies, the basal part contacts with the Tuchengzi Formation, Tiaojishan Formation, Proterozoic Dahongyu Formation or the Archaean by angular unconformity, and the top part is covered by Yixian Formation by parallel or angular unconformity. It is 197—1819m in thickness and the fossils are unknown.

1.3 Cretaceous

1.3.1 Lower Cretaceous Yixian Formation

The formation is broadly distributed in various basins, especially in the Late Mesozoic basins. The typical section is located in Mashengmiao—Songbahu area of Yixian County and the additional section in Gujialing—Shanghuxiangou area of Jianchang. In the typical section it is a series of basic - intermediate basic - intermediate - intermediate acid volcanic rocks and may be subdivided further into four volcanic subcycles, that the lower subcycle contains three sedimentary beds (i.e. the Laogonggou bed, Yenangou bed and Zhuanchengzi bed), and the upper subcycle has four sedimentary beds (i.e. the Dakangpu bed, Zhujiagou bed, Jingangshan bed and Huanghuashan bed). There are only 2—3 subcycles in the other places, that the early subcycle is characterized by sedimentary - eruptive facies usually with the basal sedimentary bed and 2—3 sedimentary intercalations, the middle subcycle is of effusive facies without sedimentary beds, and the late subcycle shows eruptive-sedimentary facies with 2—3 sedimentary beds. In Jianchang, Pingquan and Lingyuan districts, the formation is mainly of intermediate - acid volcanic rocks. It is 2041—3806m in thickness and contacts with the underlying Zhangjiakou Formation or Tuchengzi Formation by angular unconformity and with the overlying Jiufotang Formation by conformity or parallel unconformity or partly angular unconformity. There are about 22 categories of fossils found in the formation, such as bivalves, gastropods, controstracas, ostracods, insects, shrimps, spiders, limulus, fishes, amphibians, turtles, lizards, pterosaurs, saurischian and ornithischian dinosaurs, birds, mammals, Chareae, plants, silicified woods, and sporopollens etc.

1.3.2 Lower Cretaceous Jiufotang Formation

It is distributed mainly in the Late Mesozoic basins. The typical area is located around Jiufotang of Kazuo County, secondly in Pijiagou of Yixian and Dapingfang of Chaoyang. Lithologically, it may be subdivided into three members. The lower member is of alternated grayish green, grayish yellow and grayish white tuffaceous arenaceous shale, shale and arenaceous conglomerate with bentonite intercalations, and commonly with the thick arenaceous conglomerate in the basal part in the western basins. The middle member is dominated by the grayish yellow conglomerate, pebbly sandstone intercalated with sandstone in the lower part, by the grayish green, grayish yellow siltstone and sandstone intercalated with shale or occasionally oil shale and tuff in the upper part. The upper member is characterized by grayish green, grayish yellow arenaceous mudstone and mudstone intercalated with oil shale. The formation is 200—2600m thick in total and contacts with the underlying Yixian Formation by conformity or parallel unconformity, with the overlying Shahai Formation by conformity or parallel unconformity or small angular unconformity. The lower member contains fossil fishes, insects, controstracas, and ostracods etc., and the upper member yields fossil ostracods, gastropods, bivalves, few fishes, and insects etc. Besides, there are also some fossil plants, especially a lot of precious fossils, e.g. the birds, pterosaurs, saurischian and ornithischian dinosaurs, lizards and turtles found in the formation recently.

1.3.3 Lower Cretaceous Shahai Formation

It is distributed mainly in the Late Mesozoic basins. The Yangbiaogou - Qinghemen section of Fuxin district may represent the formation, but its middle and upper parts are mostly covered that the strata are mainly found in the drilling holes, and the upper part is added by the Shahaicun section. There are three members of the formation: the first is called variegated sandstone and conglomerate member, the second is of coal-bearing member and the third is named argillaceous shale member, to be 500—1700m thick in total. In the other places of Fuxin - Yixian - Jinzhou basin, the third member is commonly missing, and only the first member is found in the western region, except the Jianchang and Heichengzi basins where the first and second members may be discovered. The formation may overlap on the Yixian Formation, Tuchengzi Formation or old strata by unconformity or contacts with the underlying Jiufotang Formation by parallel or occasionally small angular unconformity, with the overlying Fuxin Formation by conformity. Is contains a lot of fossil bivalves, gastropods, plants, silicified woods, sporopollens ostracods and few controstracas, fishes, dinosaurs and mammals. There are also fossil eggs of dinosaurs found in Heishan district.

1.3.4 Lower Cretaceous Fuxin Formation

It is discovered mainly in the Fuxin – Yixian – Jinzhou basin and the Balihan basin with small amount in the Jianchang basin. The typical area is located in the Haizhou Open-cut Coal Mine of Fuxin City. Lithologically, it is a typical coal formation, consisting of gray sandstone, arenaceous conglomerate intercalated with coal seams. There are the Gaode, Taiping, Middle, Sunjia and Shuiquan five coal seam groups in ascending order. The formation is 434—1483m thick in total and contacts with the underlying and overlying strata all by conformity, containing many fossil plants, sporopollens, bivalves, gastropods, ostracods, and very few fishes, mammals and lizards.

1.3.5 Upper Cretaceous Daxingzhuang Formation

It is distributed in Yixian – Jinzhou district and Heichengzi basin. The typical section is found in Daxingzhuang of Yixian, to be characterized by intermediate, intermediate-acid-alkalic and alkali-intermediate volcanic rocks and occasionally by intermediate-basic volcanic rocks in the individual basin, intruding in and covering on the various horizons of the Jiufotang Formation, Shahai Formation and Yixian Formation usually without covering strata. The overlying Sunjiawan Formation only found in Wujiatun – Zhanglaogongtun area of Baimiaozi of Yixian County is named the Zhanglaogongtun Formation by Wang Wuli et al, 1989. The formation is 65—591m in thickness.

1.3.6 Upper Cretaceous Sunjiawan Formation

The formation is discovered in the eastern margins of Fuxin – Yixian – Jinzhou basin, the northwestern margins of Jinlingsi – Yangshan basin, Heichengzi basin and the western margins of Balihan basin. It is a series of variegated-red arenaceous conglomerate intercalated by siltstone, containing precious fossils in Shuangmiao district in the northwestern margins of Jinlingsi – Yangshan basin. The typical area is located around Sunjiawan – Shanggamuyingzi of Fuxin City. Lithologically, it is a series of purplish red conglomerate and arenaceous conglomerate, containing few fossil dinosaurs, ostracods, gastropods and sporopollens, to be 662m thick in total. It contacts with the underlying strata by parallel unconformity, but regionally by angular unconformity.

Chapter 2 Mesozoic Biota

The Mesozoic biota of East Asia (including northern China and its adjacent areas) may be subdivided into the Middle Jurassic Yanliao biota, the Late Jurassic Tuchengzi biota, the early Early Cretaceous Jehol biota, the late Early Cretaceous Fuxin biota and the Late Cretaceous Songhuajiang biota.

2.1 Distribution and composition of Yanliao biota

Hong Youchong (1983) established the "Yanliao insect group". Ren Dong (1995) extended it to include the Haifanggou (Jiulongshan) Formation, Tiaojishan Formation and Tuchengzi Formation and called as the "Yanliao fauna". Since the fossil plants, we called it as the "Yanliao biota" in the Atlas, but strictly only in the Haifanggou (Jiulongshan) Formation and Tiaojishan Formation. The biota is distributed mainly in western mountains of Beijing City, northern Hebei Province, Chifeng of Inner Mongolia, and western Liaoning Province, and may extend eastward to eastern Liaoning, westward to Xinjiang and Central Asia, and northward to eastern Asian territory of Russia. The Haifanggou (Jiulongshan) Formation and Tiaojishan Formation of northern Hebei and western Liaoning and the equivalent strata in northern China yield a great amount of fossil insects, plants with some fossil sporopollens and few bivalves, controstracas, ostracods, fishes, saurischian dinosaurs, pterosaurs and amphibians.

Many precious fossils were found in Daohugou of Ningcheng in recent years, including mammal *Liaotherium gracile*, saurischian dinosaur *Epidendrosaurus ningchengensis*, pterosaurs *Jeholopterus ningchengensis*, *Pterorhynchus wellnhoferi*, Rhamphorhynchoidea, Pterodatyloidea; and amphibians *Jeholotriton paradoxus*, *Chunerpeton tianyiensis*, *Liaoxitriton daohugouensis* (Fig.2-1) etc. The fossil fishes are very few found in the Yanliao biota, but the brephic element of *Liaostenus hongi* was found in the Haifanggou Formation around Sanbao of Beipiao and Liangtugou of Chaoyang, Ptycholepidei (Fig.2-13, 2) found in the Tiaojishan Formation in Linglongta of Jianchang, and Palaeoniscoidei was reported from the Haifanggou Formation and Tiaojishan Formation.

2.2 Distribution and composition of Tuchengzi Biota

It is a biota of early-middle stages in Middle - Late Jurassic period and distributed in the Tuchengzi Formation and its equivalent strata. The Tuchengzi biota is distributed mainly in northern China and may extend to Central Asia. Being situated in the hot climate belt, these regions are characterized by variegated clastic deposits with poor fossils. But the Tuchengzi biota in Yanliao region is represented by the *Chaoyangsaurus* - *Pseudograpta* - *Cetacella* assemblage with more than 132 genera and 290 species, including fossil dinosaurs, fishes, controstracas, ostracods, insects, bivalves, plants and sporopollens etc.

The vertebrate fossils of Tuchengzi biota are mainly found in southwestern China, but very few in northern China. The Tuchengzi Formation of Hebei and Liaoning provinces yields *Chaoyangsaurus youngi* and *Xuanhuasaurus niei*, to be the ancestor type of ornithischian dinosaur—*Psittacosaurus*. Besides, there are the fossil Sauropoda *Jeholosauripus s-satoi*, Palaeoniscoidei, and Ptycholepidei.

2.3 Composition and distribution of Jehol biota

The Jehol biota developed from late stage of Late Jurassic to early-middle stages of Early Cretaceous and is distributed in the East Asia biogeographical province, to be an endemic province and characterized by *Eosestheria* - *Lycoptera* - *Ephemeropsis trisetalis* fossil assemblage. Up to date, there are not less than 22 categories of fossils found in the province. The Jehol biota originated from northern Hebei, western Liaoning and southern Mongolia, and then migrated to the surrounding areas, i.e. eastward to Korea, southward to western Hubei and Zhejiang, westward to southern and northern Altai Mts., and northward to north of Outer Baikal, and affected Japan and Thailand sometimes. The Jehol biota include three evolutionary stages, i.e. the early sprouting stage, the middle radiating stage, and the late radiating stage or called the peak development – withered stage.

2.3.1 Early stage of Jehol biota

The early Jehol biota belongs to the palaeo-Great Xing'an Mts.– Erguna River biogeographical province, to be the sprouting stage and represented by the *Nestoria* – *Ephemeropsis trisetalis* – *Luanpingella* assemblage with very rich fossil controstracas and ostracods, and few fishes, bivalves, gastropods and *Limulus* of Dabeigou age.

The fossil controstracas are represented by the *Nestoria* – *Keratestheria* assemblage (Fig.2 – 33), to be subdivided into the *Nestoria* – *Jibeilimnadia* – *Sentestheria* sub-assemblage and the *Nestoria* – *Keratestheria* sub-assemblage in ascending order with very high abundance and diversity. The fossil ostracods well developed in the Luanping basin and may be affiliated to the *Luanpingella* – *Eoparacypris* assemblage zone (Fig.2 – 34).

The fossil sporopollens are mainly found in the Dabeigou Formation of Luanping basin and represented by the *Cicatricosisporites* – *Luanpingspora* – *Jugella* assemblage, in which the gymnospermous pollens are dominant, especially the bivesiculate conifer's pollens, and with only 5%—25% pteridophytic spores.

The fossil bivalves are *Arguniella lingyuanensis*, *A. yanshanensis*, *A. sibirica*, *Nakamuranaia* ? cf. *subrotunda* etc. (Fig. 2 – 36); the gastropods are *Lymnaea websteri* etc.; the insects are *Ephemeropsis trisetalis*, *Coptoclava longipoda*, *Hebeicoris xinboensis*, *Weichangicoris daobaliangensis*, *Allactoneurites yangtianense* (Fig.2 – 37), *Mesoplecia xinboensis*, *Brachyopyeryx weichangensis*; the limulians are *Weichangiops triangularis*, *W. rotundus*, *Brachygastriops xinboensis*, and the fishes are *Peipiaosteus pani*, *P. fengningensis* (Fig.2 – 38).

2.3.2 Middle stage of Jehol biota

The middle stage of Jehol biota is represented by the fossils of Yixian age, including almost all the categories discovered in the biota, to be the peak development and quickly radiating stage with high diversity. It may extend to all East Asia, that except the Yanliao region and western Beijing, it is distributed westward to Inner Mongolia, Gansu, Shaanxi, Ningxia, eastward to eastern and northern Liaoning, eastern Jilin, northward to Great Xing'an Mts., southward to Mengyin of Shandong, Xinyang of Henan, Shucheng and Huoshan of Anhui, and the other regions, e.g. Mongolia and eastern outer Baikal of Russia etc.

In the Yanliao region, it is called the *Confuciusornis* – *Sinosauropteryx* – *Lycoptera sineneis* – *Eosestheria* (*Filigrapta*) – *Cypridea liaoningensis* biota. During this time, except the traditional *Eosestheria* – *Lycoptera* – *Ephemeropsis trisetalis* assemblage, there appeared the *Confuciusornis* bird group parallel developed to, but more evolved than the *Archaeopteryx*. The bird group includes the early Enantiornithes, especially the primitive Eoenantiornithiformes and the ancestor of Ornithurae, to show the early branch evolution. There are the feathered and hairy theropod dinosaurs and primitive mammals, as well as the fossil lizards, amphibians, and sturgeons during this time.

Meanwhile, the early angiospermous *Archaeofructus* appeared in the flora; the fossil ostracod *Cypridea* showed clear diversity to develop to heavy surface ornamentation, accompanied with the fossil shrimps, spiders and Chareae.

1) Basal biota of Yixian Formation

The biota is represented by the *Jeholosaurus* – *Eosestheria* (*Diformograpta*) *ovata* – *Cypridea rehensis* assemblage (Fig.2 – 39).

In Beipiao district, the Lujiatun bed is characterized by the *Jeholosaurus* – *Repenomamus* fauna with the main elements, such as the ornithischian *Jeholosaurus shangyuanensis*, *Liaoceratops yanzigouensis*, and *Psittacosaurus* sp.; the saurischian *Sinovenator changii*, *Incisivosaurus gauthieri*; the mammals *Repenomamus robustus*, and *Gobiconodon zofiae* etc. The lower Tulaigou bed yields fossil controstracas *Eosestheria* (*Diformograpta*) *ovata*, *Eosestheria* (*Clithrograpta*) cf. *lingyuanensis*; ostracods *Cypridea* sp., *Darwinula contracta*; bivalve *Arguniella* sp., and dinosaur *Psittacosaurus* sp.

In Yixian district, the main fossil elements are dinosaur *Psittacosaurus* sp., controstraca *Eosestheria* (*Diformograpta*) *ovata*, ostracod *Cypridea rehensis* – *Limnocypridea subplana* – *Djungarica camarata* sub-assemblage zone, gastropod *Probaicalia*, fish *Lycoptera* and insects, plants etc. In the Yenangou bed of Yixian district, there are the fossil dinosaur *Psittacosaurus* sp., fishes *Lycoptera davidi* and *Sinamia* sp., controstraca *Eosestheria* (*Diformograpta*) cf. *gongyingziensis*, insects *Ephemeropsis trisetalis*, *Aeschnidium heishankowense*, *Anthoscytina aphthosa*, *Chironomaptera gregaria* etc., as well as the fossil gastropods, plants and algae.

2) Lower biota of Yixian Formation

There are the *Confuciusornis* – *Sinosauropteryx* – *Haopterus* fauna and the *Confuciusornis* – *Sinosauropteryx* – *Jeholodens* fauna in the lower biota of Yixian Formation. The *Confuciusornis* – *Sinosauropteryx* – *Haopterus* fauna concentrated in the lower sedimentary cycle of the Jianshangou bed, containing the fossil birds *Confuciusornis sanctus*, *C. sunae*, *C. chuanzhous*, *C. dui*, *Changchengornis hengdaoziensis*, *Jinzhouornis zhangjiyingia*, *Eoenantiornis buhleri*, *Liaoningornis longiditris*; theropod dinosaurs *Sinosauropteryx prima*, *Ptotarchaeopteryx robusta*, *Caudipteryx zoui*, *C. dongi*, *Beipiaosaurus inexpectus*, *Sinornithosaurus millenii*; Ceratopsia *Psittacosaurus* sp.; pterosaurs *Eosipterus yangi*, *Haopterus gracilis*, *Dendrorhynchoides curvidentatus*, Gekkonidae *Yabeinosaurus tenuis*, *Dalinghosaurus longidigitus*; lizard *Monjurosuchus splendens*; turtle *Manchurochelys liaoxiensis*; frogs *Liaobatrachus grabaui*, *Callobatrachus sanyanensis*; mammals *Zhanghotherium quinquecuspidens*, *Jeholodens jenkinsi* and fish *Lycoptera sinensis* – *Peipiaosteus* – *Sinamia* assemblage (Fig.2 – 40).

The *Confuciusornis* – *Sinosauropteryx* – *Jeholodens* fauna is found in middle part of the Daxinfangzi bed in Lingyuan district, to be equivalent to the Jianshangou bed of Beipiao district. The main fossils are birds *Confuciusornis sanctus*, *Liaoxiornis delicatus*; theropod dinosaurs *Sinosauropteryx prima*, *Sinornithosaurus* sp., Ceratopsia *Psittacosaurus* sp.; pterosaurs, Gekkonidae *Yabeinosaurus tenuis*; lizards *Monjurosuchus splendens*, *Hyphalosaurus lingyuanensis*; mammals *Je-*

holodens jenkinsi, *Sinobaatar lingyuanensis*, especially the early therian *Eomania scansoria* with placenta, and the fishes represented by *Lycoptera*, *Protopsephurus*, *Yanosteus* (Fig.2 - 41).

The fossil ostracods are rich below the vertebrate fauna, to be represented by the *Cypridea* (*Cypridea*) *liaoningensis* - *Yanshanina dabeigouensis* sub-assemblage (Fig.2 - 42) in Beipiao district, by the *Cypridea yingwoshanensis* - *Jinzhouella* assemblage in Yixian district, and by *Cypridea sulcata*, *Limnocypridea subplana*, *Djungarica camarata*, *Mantelliana cirideltata*, *Mongolianella palmosa*, *Yumenia cadida* etc.in Lingyuan district.

The fossil controstracas are characterized by the *Eosestheria* (*Filigrapta*)- *Eosestheria* (*Diformograpta*)- *Eosestheria* (*Clithrograpta*)- *Jiliaoestheria endemic* sub-assemblage in Yixian - Beipiao district, and by the *Eosestheria* (*Diformograpta*) *ovata* - *Eosestheria* (*Clithrograpta*) *lingyuanensis* sub-assemblage in the Daxinfangzi bed of Lingyuan district.(Fig.2 - 49).

The fossil bivalves are represented by *Arguniella lingyuanensis* (Fig.2 - 50), and *Sphaerium jeholense* with main elements *Arguniella yanshanensis*, *A.curta*, *Sphaerium anderssoni* etc. The Daxinfangzi bed of Lingyuan district contains *Arguniella lingyuanensis*, *A.quadrata*, *Sphaerium jeholense* etc.

The fossil gastropods are represented by *Ptychostylus harpaeformis*, *Probaicalia vitimensis* (Fig.2 - 51).

The fossil insects are characterized by the *Ephemeropsis trisetalis* - *Sinaeschnidia cancellosa* assemblage (Fig.2 - 43, Fig.2 - 45, Fig.2 - 46, Fig.2 - 47) and dominated by the fossil insect group of Jianshangou bed in Beipiao district. The common elements are as follows: *Ephemeropsis trisetalis*, *Sinaeschnidia cancellosa*, *Rudiaeschna limnobia*, *Liogomphus yixianensis*, *Nipponoblatta acerba*, *Karatavoblatta formosa*, *Habrohagla curtivenata*, *Liaocossus hui*, *Coptoclava longipoda*, *Sophogramma plecophlebia*, *S.papilionacea*, *Kalligramma liaoningensis* etc. The Daxinfangzi bed of Lingyuan district yields *Karatavoblatta formosa*, *Alloxyelula lingyuanensis*, *Liaotoma linearis*, *Xyelites lingyuanensis*, *Sinocuoes validus*, *Lixoximordella hongi* etc.

The fossil flora of lower biota of Yixian Formation is represented by the *Brachyphyllum longispicum* - *Otozamites turkestanica* assemblage (Fig.2 - 52, Fig.2 - 53, Fig.2 - 54, Fig.2 - 55, Fig.2 - 56) and distributed mainly in the Laogonggou, Yenangou, Zhuanchengzi and Jianshangou beds of Yixian and Beipiao districts. It is characterized by angiosperms and composed of bryophyte, Lycopodiales, Articulatae, and Filicinae, pteridosperms, cycads, Bennettiopsida, Ginkgoales, Czekanowskians, conifers, Gnetales and angiosperms.

The fossil sporopollens are represented by the *Cicatricosisporites* - *Densoisporites* - *Jugella* assemblage (Fig.2 - 57) and distributed in the Jianshangou bed of Beipiao district and the Zhuanchengzi bed of Yixian district. The assemblage is dominated by the gymnospermous pollens, secondly by pteridophytic spores in the Jianshangou bed, and the assemblage of the Zhuanchengzi bed is similar to that of the Jianshangou bed, but without angiospermous pollens.

3) Upper biota of Yixian Formation

The upper biota of Yixian Formation is represented by the *Jinzhousaurus* - *Diestheria yixianensis* - *Karataviella pontoforma* assemblage and distributed mainly in the Dakangpu bed of Yixian district and the upper part of Dadianzi bed in Luanping County.

Thevertebrate fossils of Dakangpu bed are characterized by the large size *Jinzhousaurus* (Fig. 2 - 58) and *Yixianosaurus*, the numerous *Hyphalosaurus* and prosperous Enantiornithes, and *Pterodactylus*.

The fossil controstracas are belong to the *Eosestheria* - *Diestheria* - *Neimongolestheria* (*Plocestheria*) sub-assemblage (Fig.2 - 59). There is the *Eosestheria* (*Filigrapta*) - *Eosestheria* (*Diformograpta*) - *Diestheria* - *Eosestheria* (*Clithrograpta*) - *Eosestheria* (*Dongbeiestheria*) endemic sub-assemblage in the Yixian district, with dominant *Diestheria* and *Eosestheria* (*Dongbeiestheria*). The types appeared only from this sub-assemblage in western Liaoning district are *Diestheria yixianensis*, *D. lijiagouensis*, *D. hejiaxinensis*, *Eosestheria* (*Dongbeiestheria*) *fuxingtunensis* etc. the elements extended from the underlying sub-assemblage are *Diestheria longiqua*, *Eosestheria* (*Filigrapta*) *jianshangouensis*, *E.* (*F.*) *taipinggouensis*, *Eosestheria* (*Diformograpta*) *gongyingziensis*, *Eosestheria* (*Dongbeiestheria*) *yushugouensis* etc.

The common fossil insects are *Ephemeropsis trisetalis*, *Sinaeschnidia cancellosa*, *Mesolygaeus laiyangensis*, and *Coptoclava longipoda* with important elements *Abrohemeroscopus mengi* (Fig.2 - 60), *Karataviella pontoforma*.

In the biota, the fossil shrimp *Liaoningogriphus quadripartitus* are numerous (Shen Yanbin, 1999). Besides, there are also the fossil plants, silicified woods and few ostracods *Cypridea* sp., *Lycopterocypris infantilis*.

2.3.3 Late stage of Jehol biota

The late stage indicates the fossils formed during the peak radiation and wilt periods of the Jehol biota. In Yanliao region it is represented by the *Cathayornis* - *Yanjiestheria* - *Limnocypridea grammi* - *Nakamuranaia* assemblage of Jiufotang age, including the fossil birds, dinosaurs, pterosaurs, turtles, salamanders, fishes, controstracas, ostracods, insects, bivalves, gastropods, plants, sporopollens, chareae, and algae etc. Since the Jiufotang Formation and its equivalent strata are broadly distributed in the East Asia biogeographical Province, the late stage of Jehol biota is found in a bigger area than the middle stage that westward to Junggar of Xinjiang, eastward to Korea Peninsula, Hiroshima of Japan, and southward to southern Anhui, Zhejiang and Fujian of China. The Jingangshan bed of upper part of Yixian Formation yields fossil enantiornithiformes, pterosaurs, lizards, turtles, fishes, controstracas, ostracods, gastropods, plants (including fossil woods) and sporopollens etc., to show the transitional features between the middle stage and late stage of Jehol biota. And the fossils of Jingangshan bed should belong to late stage of the Jehol biota.

2.4 Composition and Distribution of Fuxin Biota

The Fuxin biota belongs to late stage of Early Cretaceous found in the Shahai Formation, Fuxin Formation, and their equivalent strata, to be characterized by the *Kuyangichthys* fish group, the *Pseudestheria* - *Neimongolestheria* - *Yanjiestheria* controstracan assemblage, the *Nippononaia* - *Tetoria* bivalve assemblage and the *Ruffordia geopperti* - *Onychiopsis elongata* plant assemblage, distributed broadly in northern China and expended northward to Mongolia, Fareast of Russia, and eastward to western Japan.

The Yanliao district, Guyang district of Inner Mongolia and Tonghua district of Jilin Province are the typical areas of the Fuxin biota. In the Fuxin biota, the fossil vertebrates are the mammals *Endotherium niinomii*, *Mozomus shikamai*, Squamata *Teilhardosaurus carbonarius*, Sauropus *Changpeipus* sp., dinosaur egg *Heishanoolithus changii*, and the fish *Kuyangichthys* – *Kuntulunia* group etc.

The fossil invertebrates include controstracas, ostracods, gastropods, bivalves and insects. The fossil controstracas of Shahai age in the Fuxin and Jianchang basins are of the *Pseudestheria* – *Neimongolestheria* – *Yanjiestheria* assemblage (Fig.2 – 92), and in the Dapingfang – Meileyingzi basin are mainly of *Yanjiestheria pusilla*, *Y. exornata*, *Paraliograpta intermedioides*.

In western Liaoning, the fossil ostracods are mainly found in the Shahai and Fuxin formations of Fuxin – Yixian basin, as well as in the Binggou Formation of Jianchang basin. The Shahai Formation is represented by the *Cypridea* (*Ulwellia*) *ihsienensis* – *Limnocypridea qinghemenensis* – *Protocypretta subglobosa* assemblage (Fig. 2 – 97), and the Fuxin Formation by the *Cypridea* (*Cypridea*) *tumidiuscula* – *Pinnocypridea dictyotroma* – *Mantslliana papulosa* assemblage with the *Cypridea* (*Pseudocypridina*) *glosa* – *Candona* ? *dongliangensis* – *Eoparacandona fuxinensis* assemblage (Fig.2 – 97) in the top. The fossil gastropods are mainly found in the Fuxin – Yixian basin. They are the *Campeloma liaoningensis* – *Campeloma tani* assemblage (Fig.2 – 94) in the Shahai and Fuxin formations and the *Auristoma fuxinensis* – *Eosuccinea liaoningensis* – *Tulotomoides* cf. *talaziensis* assemblage (Fig.2 – 95, Fig.2 – 96) in the top of Fuxin Formation. The fossil bivalves are characterized by the *Nippononaia* – *Tetoria* group (Fig.2 – 93) mainly found in the Fuxin – Yixian and Jianchang basins. They are the *Nippononaia* cf. *tetoriensis* – *Tetoria* cf. *yokoyamai* assemblage in the Shahai Formation, and the *Arguniella* – *Sphaerium* assemblage in the Fuxin Formation.

The Fuxin insect group is also called as the Lushangfen insect group in western Beijing (Hong Youchong, 1981, 1998) and dominated by the *Hemeroscopus* – *Cretocercopis* assemblage (Fig.2 – 99) characterized by great amount of *Hemeroscopus baissicus* and *Cretocercopis yii*. In the Shahai Formation of western Liaoning, the fossil insects are mainly of *Sinaeschnidia heishankowensis*, *Rhipidoblattina fuxinensis*, *Shanxius meileyingziensis*, *Euryblattula fuxinensis*, *Liaoximyia sinica*, *Tanychora petriolata*, *Liaoxia longa*, *Kezuocoris liaoningensis*, *Corioides fortus*, *Chengdecupes kezuoensis*, *Sunocarabus brunneus*, *Meileyingia spinosa*, *Sinoprolyda meileyingensis* etc.

The Fuxin flora is the late assemblage of *Ruffordia geopperti* – *Onychiopsis elongata* flora, belonging to the Siberia – Canada phytogeographical province. In western Liaoning, there are three assemblages in ascending order: ① the *Coniopteris vachrameevii* – *Nilssoniopteris didaoensis* assemblage (Fig.2 – 100) found in Shahai Formation and its equivalent strata, including Filicinae, Bennettiopsida, cycads, Ginkgoales, and conifers; ② the *Acanthopteris gothani* – *Nilssonia sinensis* assemblage (Fig.2 – 101) found from the Gaode bed to Sunjiawan bed of Fuxin Formation, dominated by conifers, especially the west Europian species *Ruffordia geopperti* of Wilden age and the very common species *Acanthopteris gothani*, *Nilssonia sinensis*; ③ the *Ctenis lyrata* – *Chilinia elegans* assemblage (Fig.2 – 104) found from the Shuiquan bed in the topmost of Fuxin Formation with some special elements, such as *Ctenis lyrata*, *Chilinia elegans* and *C. fuxinensis* etc. The Fuxin fossil sporopollen group is represented by the *Cicatricosisporites* – *Appendicisporites* – *Clavatipollenites* assemblage and characterized by alternation of dominant pteridophytic spores and gymnospermous pollens with the angiospermous pollen *Clavatipollenites*. The fossil sporopollens of Shahai Formation are of the *Liaoxisporis* – *Pilosisporites* – *Classopollis* assemblage (Fig. 2 – 105), in which the pteridophytic spores obviously increased up to 1/3, and the gymnospermous pollens are about 2/3; and the sporopollens of Fuxin Formation are represented by the *Pilosisporites* – *Appendicisporites* – *Triporoletes* assemblage (Fig. 2 – 106), in which the pteridophytic spores and gymnospermous pollens are half and half. The fossil sporopollens in the top of Fuxin Formation are characterized by the *Deltoidospora* – *Cicatricosisporites* – *Appendicisporites* assemblage (Fig. 2 – 107) with dominant pteridophytic spores.

2.5 Songhuajiang biota

The Songhuajiang biota means the Late Cretaceous biota occurring in the Sunjiawan Formation and Quantou Formation – Nenjiang Formation. In western Liaoning, there is only the Sunjiawan Formation (equivalent to the Quantou Formation of Songliao basin) without any overlying strata.

The fossil vertebrates of the biota in western Liaoning are found in the Sunjiawan Formation south of Shuangmiao village of Beipiao City, including the large sauropod dinosaur *Borealosaurus wimani*, duck-billed dinosaur *Shuangmiaosaurus gilmorei*, Ceratopsia *Crichtonsaurus bohlini*, and fossil turtle etc.

The fossil invertebrates of the biota include ostracods, gastropods, and bivalves etc. The ostracods are mainly found in the basal part of Sunjiawan Formation in Fuxin district, and represented by the *Cypridea* (*Pseudocypridina*) *limpida* – *Bisulcocypridea spinellosa* – *Triangulicypris* assemblage (Fig. 2 – 108). The fossil gastropods appear mainly in the basal part of Sunjiawan Formation in Fuxin district, to belong to a same fossil assemblage together with those of the top part. The main elements are *Viviparus* cf. *onogoensis*, *Tulotomoides bingouensis*, *T. xinlitunensis*, *T.* cf. *talaziensis*, *Pseudomnicala fuxinensis* etc. (Fig. 2 – 109). The fossil bivalves are found mainly in the basal part of Sunjiawan Formation in Fuxin district with main elements *Nippononaia* cf. *yanjiensis*, *N. elliptica*, *N. subovata*, and *N. lanceolata* etc.

In western Liaoning, the fossil sporopollens of Songhuajiang biota are discovered mainly in the basal part of Sunjiawan Formation in Fuxin district, and represented by the *Cicatricosisporites* – *Schizaeoisporites* – *Ephedripites* assemblage (Fig. 2 – 110), in which the pteridophytic spores are dominant with few gymnospermous pollens. The ephedra pollen *Ephedripites* (*Distachyapites*) started to appear and the *Classopollis* relatively developed.

Chapter 3 Horizons of Precious Fossils and Regional Correlation

3.1 Horizons of precious fossils of Yanliao biota

3.1.1 Precious fossils of Haifanggou Formation

1) Precious fossils in northern hill near Fangshen village, Sanshijiazi Town of Lingyuan City

Thebasal siltstone of Haifanggou Formation yields the fossil mammal *Liaotherium gracile* Zhou et al.

2) Precious fossils in Daohugou village, Shantou Town of Ningcheng County

TheHaifanggou Formation contains abundant fossil controstracas, insects, plants, and few spiders and tadpoles. The lower part of the formation contains fossil dinosaurs, salamanders and tadpoles.

3.1.2 Precious fossils of Tiaojishan Formation

1) Precious fossils near Wubaidingyingzi village, Reshuitang Town of Lingyuan City

The upper part of Tiaojishan formation is called the Reshuitang bed. The fossil salamander *Pangerpeton sinensis* Wang et al. is found in the grayish white thin-bedded tuffaceous siltstone of lower part of the Reshuitang bed.

2) Precious fossils near Xiliangjiazhangzi village, Xiguanyingzi Town of Beipiao City

The lower part of Tiaojishan Formation contains silicified woods, and the middle part contains fossil salamander (?) and many bivalves *Ferganoconcha* sp., and fragments of fossil plants.

3.2 Horizons of precious fossils of Tuchengzi biota

1) Fossil dinosaur in Ershijiazi Town of Chaoyang County

The locality is found in eastern side of the Jinzhou – Chaoyang express way, and the middle-upper part of the first member of Tuchengzi Formation contains ornithischian dinosaur *Chaoyangsaurus youngi* Zhao et al.

2) Fossil sauropus of Chaoyang County

The fossil sauropus *Jeholosauripus s-satoi* Yabe et al. is found in Sijiazi village of Yangshan Town of Chaoyang County, Chaoyanggou and Zhuangtouyingzi villages of Beipiao City from the top of second member and lower part of third member of the Tuchengzi Formation. The sauropus-bearing bed in Chaoyanggou is of grayish green medium-bedded tuffaceous pebbled sandstone.

3) Fossil dinosaur in Beisijiazi Town of Chaoyang County

The lower part of first member of the Tuchengzi Formation contains Sauropoda indet.

3.3 Horizons of precious fossils of Jehol biota

3.3.1 Precious fossils of Yixian Formation

1) Precious fossils around Lujiatun village, Shangyuan Town of Beipiao City

The fossil-bearing strata belong to the basal part of first member of Yixian Formation, to be called as the Lujiatun bed. Lithologically, it is of brown tuffite containing saurischian dinosaurs *Graciliraptor lujiatunensis* Xu et Wang, *Mei long* Xu et al., *Dilong paradoxus* Xu et al.; ornithischian dinosaurs *Hongshanosaurus houi* You et al., *Psittacosaurus lujiatunensis* Zhou, Gao et al., *Jeholosaurus shangyuanensis* Xu et al.; mammals *Repenomamus robustus* Li et al., *R. giganticus* Hu et al., *Gobicondon zofiae* Li et al., and *Meemannodon lujiatunensis* Meng et al.

2) Precious fossils around Yanzigou village, Shangyuan Town of Beipiao City

The fossil-bearing Lujiatun bed contains ornithischian dinosaurs *Liaoceratops yanzigouensis* Xu et al., *Hongshanosaurus houi* You et al.

3) Precious fossil around Shanzui, Hengdaozi, Dapianshilazi of Shangyuan Town, and Liutai of Yixian County

The fossil-bearing Lujiatun bed yields ornithischian dinosaur *Hongshanosaurus houi* You et al.

4) Precious fossils in Sihetun area, Shangyuan Town of Beipiao City

The precious fossils are found mainly from the lower sedimentary cycle of the Jianshangou bed in second member of the Yixian Formation. The precious fossils are as follows: Archaeornithes *Confuciusornis sanctus* Hou et al., *C. sunae* Hou et al.; Ornithurae *Liaoningornis longiditris* Hou, *Jixiangornis orientalis* Ji et al.; saurischian dinosaurs *Sinosauropteryx prima* Ji et al., *Protarchaeopteryx robusta* Ji et al., *Beipiaosaurus inexpectus* Xu et al., *Sinornithosaurus milleni* Xu et al, *Shenzhousaurus orientalis* Ji et al.; ornithischian dinosaur *Psittacosaurus* sp.; pterosaurs *Haopterus gracilis* Wang et al., *Beipiaopterus chenianus* Lü; squamata *Dalinghosaurus longidigitus* Ji; turtle *Manchurochelys liaoxiensis* Ji; amphibians *Liaobatrachus grabaui* Ji et al., *Callobatrachus sanyanensis* Wang et al.; mammal *Jeholodens jenkinsi* Ji et al.

5) Precious fossils around Zhangjiagou village, Shangyuan Town of Beipiao City

The fossil-bearing layer belongs to the first sedimentary cycle of the Jianshangou bed in the second member of Yixian Formation, containing the saurischian dinosaurs *Caudipteryx zoui* Ji et al., *C. dongi* Zhou et al., *Protarchaeopteryx robusta* Ji et al., *Dendrorhynchoides curvidentatus* Ji et al., Pterodactyloidea indet., and turtle *Manchurochelys* sp.

6) Precious fossil near Tuanshangou village, Shangyuan Town of Beipiao City

The fossil-bearing layer belongs to the first sedimentary cycle of the Jianshangou bed in the second member of Yixian Formation, containing pterosaur *Eosipterus yangi* Ji et al.

7) Precious fossils around Jianshangou village, Shangyuan Town of Beipiao City

The fossil-bearing layer belongs to the first sedimentary cycle of the Jianshangou bed in the second member of Yixian Formation, containing fossil birds *Confuciusornis sanctus* Hou et al., *Changchengornis hengdaoziensis* Ji et al.; squamata *Yabeinosaurus tenuis* Endo et Shikama; lizard *Monjurosuchus splendens* Endo; turtle *Manchurochelys liaoxiensis* Ji; mammals *Zhangheotherium quinquecuspidens* Hu et al., *Maotherium sinensis* Rougier et al.The lower part of the second sedimentary cycle of Jianshangou bed also yields fossil turtle *Manchurochelys liaoxiensis* Ji.

8) Precious fossil north of Hengdaozi village, Shangyuan Town of Beipiao City

The fossil-bearing layer belongs to the first sedimentary cycle of the Jianshangou bed in the second member of Yixian Formation, containing fossil bird *Changchengornis hengdaoziensis* Ji et al.

9) Precious fossils around Huangbanjigou village, Shangyuan Town of Beipiao City

The fossil-bearing layer belongs to the first sedimentary cycle of the second member of Yixian Formation, containing fossil bird *Confuciusornis chuanzhoui* Hou; angiosperms *Archaefructus liaoningensis* Sun et al., *A.eoflora* Ji et al., *Hyrcantha decussata* (=*Sinocarpus decussata* Leng et Friis, 2003).

10) Precious fossils around Libalanggou and Heitizigou villages, Zhangjiying Town of Beipiao City

The fossil-bearing layer belongs to the first sedimentary cycle of the Jianshangou bed in the second member of Yixian Formation, containing fossil birds *Confuciusornis dui* Hou et al., *Jinzhouornis zhangjiyingia* Hou et al., *Eoenantiornis buhleri* Hou et al.; turtle *Manchurochelys* sp.; amphibian *Mesophyne beipiaoensis* Gao; pterosaur *Feilongus youngi* Wang et al.

11) Precious fossils around Wudaigou, Miaogou and Dabangou villages, Shangyuan Town of Beipiao City

The fossil-bearing layer belongs to the first sedimentary cycle of Jianshangou bed in the lower part of Yixian Formation, containing fossil bird *Confuciusornis* sp., Ceratopsia dinosaur *Psittacosaurus* sp., turtle *Manchurochelys* sp., and the theropod dinosaur *Huaxiagnathus orientalis* found in Dabangou village.

12) Precious fossils around Sandaohao and Laohugou villages, Toudaohe Town of Yixian County

The fossil-bearing layer belongs to the Laogonggou bed of the first member of Yixian Formation, and the fossil dinosaur *Psittacosaurus* sp.and fish *Lycoptera* sp.are found in the upper grayish purple tuffaceous siltstone and bentonite.

13) Precious fossils in Yenangou near Yaodijiagou village, Toudaohe Town of Yixian County

The fossil-bearing layer belongs to the lower part of the Yenangou bed in the first member of Yixian Formation, containing fossil dinosaurs *Psittacosaurus* sp., *Huaxiagnathus orientalis* Hwang et al., the fossil fishes, controstracas, insects, and plants etc.

14) Precious fossils in dividing ridge south of Jinjiagou village, Toudaohe Town of Yixian County

The fossil-bearing layer belongs to the Zhuanchengzi bed in lower part of the second member of Yixian Formation, yielding fossil birds, bird's feather, insects, controstracas, and plants etc.

15) Precious fossils in western hill of Wangjiagou village, Toudaohe Town of Yixian County

The fossil-bearing layer belongs to the Dakangpu bed in upper part of the second member of Yixian Formation.The precious fossils are dinosaurs *Yixianosaurus longimanus* Xu et Wang, *Liaoningosaurus paradoxus*, *Boreopterus cuiae* Lü et al.; lizard *Hyphalosaurus baitaigouensis* Ji et al., and fossil controstracas with few insects and plants.

16) Precious fossils around Potaizi village, Toutai Town of Yixian County

The fossil-bearing layer belongs to the Dakangpu bed in upper part of the second member of Yixian Formation. The fossil bird *Longirostravis hani* Hou et al., lizard *Hyphalosaurus baitai-*

gouensis Ji et al.,and controstraca *Diformograpta* sp.are found in the dark gray shale.

17) Precious fossils around Wangyoujianggou village,Toutai Town of Yixian County

The fossil-bearing layer belongs to the Dakangpu bed in upper part of the second member of Yixian Formation,containing the fossil bird *Enantiornithes*,lizard *Hyphalosaurus baitaigouensis* Ji et al., shrimp *Liaoningogriphus quadripartitus*, insect *Ephemeropsis trisetalis*, controstracas *Eosestheria gongyingziensis*,*Diestheria* cf.*shangyuanensis* in the dark gray shale.

18) Precious fossils around Baitaigou village,Toutai Town of Yixian County

The fossil-bearing layer belongs to the Dakangpu bed in upper part of the second member of Yixian Formation.The blackish gray bind of lower part yields fossil dinosaur *Jinzhousaurus yangi* Wang et Xu,lizard *Hyphalosaurus baitaigouensis* Ji et al.,Enantiornithes,and pterosaur;the gray shale of middle part contains fossil lizard *Hyphalosaurus baitaigouensis* Ji et al.,shrimp *Liaoningogriphus quadripartitus*,insect *Ephemeropsis trisetalis*.There are also the saurischian dinosaurs *Shenzhouraptor sinensis* Ji et al.,*Sinornithosaurus haoiana* Liu et al.

19) Precious fossils in northern hill of Hejiaxin village,Toutai Town of Yixian County

The fossil-bearing layer belongs to the lower part of Dakangpu bed in the second member of Yixian Formation,containing the fossil lizard *Hyphalosaurus* sp.,frog *Yizhoubatrachus macilentus* Gao et Chen,controstraca *Diestheria* cf.*shangyuanensis* etc.

20) Precious fossils in southern hill of Sifangtai village,Toudaohe Town of Yixian County

The fossil-bearing layer belongs to the upper part of Dakangpu bed in the second member of Yixian Formation,yielding fossil lizard *Hyphalosaurus* sp.,turtle *Manchurochelys* sp.,controstraca *Eosestheria* (*Filigrapta*) *taipinggouensis*,and insect *Ephemeropsis trisetalis*.

21) Precious fossils in Hejiagou village,Toutai Town of Yixian County

The locality is found north of Hejiagou village with the fossil-bearing layer belonging to the upper part of Dakangpu bed in the second member of Yixian Formation,and the shale contains the fossil lizard *Hyphalosaurus* sp.,and controstracas.

22) Precious fossils around Zaocishan village of Qianyang Town and around Jingangshan village of Dading Town,Yixian County

The fossil-bearing layer belongs to the upper part of Jingangshan bed in the fourth member of Yixian Formation,containing fossil squamata *Yabeinosaurus tenuis* Endo et Shikama,lizard *Monjurosuchus splendens* Endo,turtle *Manchurochelys manchuensis* Endo et al.,pterosaur embryo,bird Enantiornithes,and angiospermous plants.

23) Precious fossils in Geyaogou near Sanjiwopu village,Dawushijiazi Town of Fuxin County

The fossil-bearing layer belongs to the Santuohuagou bed in the second member of Yixian Formation,containing fossil bird *Confuciusornis sanctus* Hou et al.,turtle *Manchurochelys* sp.,ostracods *Cypridea* (*Cypridea*) cf.*liaoningensis*,*Mongolianella breviuscula*,*Damonella* sp.,*Timiriasevia jianshangouensis* etc.

24) Precious fossils in Guancaishan hill west of Xiaosuzigou village,Shahai Town of Jianping County

The fossil-bearing layer belongs to the Yixian Formation.The silty shale yields fossil salamanders,controstracas,and the above grayish black argillaceous siltstone contains fossil plant *Liaoningocladus boii*.

25) Precious fossils in northern gully of Xitaizi village, Shantou Town of Ningcheng County

The fossil-bearing layer belongs to the Xitaizibeigou bed in lower part of the second member of Yixian Formation, containing fossil birds *Confuciusornis* sp., *Hongshanornis longicresta*, dinosaur *Psittacosaurus* sp. and other types of Sauropoda; the gray silty mudstone yields fossil ostracods *Cypridea* (*Cypridea*) *liaoningensis*, *Yanshanina dabeigouensis*, *Y. subovata*, *Djungarica camarata*, *Mongolianella palmosa*, *Mantelliana* sp. *Rhinocypris echinata*.

26) Precious fossils around Fanzhangzi village, Dawangzhangzi Town of Lingyuan City

The fossil-bearing layer belongs to the Daxinfangzi bed in second member of the Yixian Formation. The Daxinfangzi bed may be subdivided into two sedimentary cycles, and the precious fossils are found in the second (upper) cycle, i.e. the fossil birds *Confuciusornis sanctus* Hou et al., *Liaoxiornis delicatus* Hou et al.; dinosaurs *Sinosauropteryx prima* Ji et al., *Sinornithosaurus* sp., *Scansoriopteryx heilmanni* Czerkas et Yuan, *Psittacosaurus* sp.; lizard *Hyphalosaurus lingyuanensis* Gao et al., *Monjurosuchus splendens* Endo; Squamata *Yabeinosaurus tenuis* Endo et Shikama, *Dalinghosaurus longidigitus* Ji; mammals *Jeholodens Jenkinsi* Ji et al., *Sinobaatar lingyuanensis* Hu et al., *Eomaia scansoria* Ji et al.; angiosperms *Archaefructus sinensis* Sun et al.

27) Precious fossil around Tanangou and Niuyingzi villages of Lingyuan City

The fossil-bearing layer belongs to the lower part of Yixian Formation, yielding fossil lizard *Monjurosuchus splendens* Endo.

28) Precious fossils around Weijialing and Luojiagou villages of Jianchang County

The fossil-bearing layer is found in the basal part of Luojiagou bed of the second member of Yixian Formation in the Jianchang basin, containing fossil bird Enantiornithes, lizard, pterosaur, fishes *Lycoptera dividi*, *Protopsephurus liui*, and turtle etc. associated by fossil controstraca *Eosestheria* sp. and insect *Ephemeropsis trisetalis*.

29) Precious fossils around Xintaimen Town and Shuikouzi village of Huludao City

The Yixian Formation is characterized mainly by andesite and basaltic andesite with at least four beds of sedimentary clastic rocks, of which the Xintaimen bed (below) and the Shuikouzi bed (above) all contain the fossil salamander *Liaoxitriton zhongjiani* Dong et al. in the gray thin-bedded shale and greenish gray thin-bedded siltstone.

3.3.2 Precious fossils of Jiufotang Formation

1) Precious fossils in Xidagou gully of Boluochi Town of Chaoyang County

The fossil-bearing layer belongs to the Xidagou bed of second member of the Jiufotang Formation, containing fossil bird Enantiornithes *Boluochia zhengi* Zhou, *Cathayornis yandica* Zhou et al., *C. caudatus* Hou, *C. aberransis* Hou et al., *Largirostrornis sexdentornis* Hou, *Cuspirostrisornis houi* Hou, *Longchengornis sanyanensis* Hou; Ornithurae *Chaoyangia beishanensis* Hou et al., *Songlingornis linghensis* Hou; ostracods *Cypridea multigranulosa venticarinata* Zhang, *C. jianchangensis* Zhang, *C. echinulata* Zhang, *Limnocypridea jianchangensis* Su et Li, *L. posticontracta* Zhang, *L. tulongshanensis* Zhang etc.

2) Precious fossils in Xigou village of Ganzhao Town, Kazuo County

The fossil-bearing layer belongs to the Xidagou bed of second member of the Jiufotang Formation. The dark gray thin-medium-bedded silty mudstone contains fossil bird, plants and many ostracods *Cypridea* (*Cypridea*) *echinulata* Zhang, *Limnocypridea slundensis* Sinitsa, *L. rara* Zhang, *L. abscondida* Lüb.

3) Precious fossils in eastern gully of Yangcaogou village, Wulanheshuo Town of Chaoyang County

The fossil-bearing layer belongs to the Yangcaogoudonggou bed of third member of the Jiufotang Formation. The gray silty shale and mudstone contain fossil dinosaurs, birds, fish *Lycoptera* sp., insects, ostracods *Clinocypris obliquetruncata*, *Candona subprona*, *Mongolianella palmosa*, controstracas *Yanjiestheria adornata*, *Y.* cf. *venusta*, *Y.*? *exornata*.

4) Precious fossils near Shangheshou village, Qidaoquanzi Town of Chaoyang City

The fossil-bearing layer belongs to the Shangheshou bed of Jiufotang Formation, yielding fossil bird Enantiornithes *Longipteryx chaoyangensis* Zhang et al., *Aberratiodentus wui* Gong et al., *Sapeornis chaoyangensis* Zhou et al., *Omnivoropteryx sinosaorum* Czerkas et al.; pterosaur *Jidapterus edentus* Dong.

5) Precious fossils in southern hill of Jiangjiawopu village, Shuangta District of Chaoyang City

The fossil-bearing layer belongs to the Shangheshou bed in second member of the Jiufotang Formation, containing Theropoda Dromaeosauridae dinosaur, Ornithurae fossil bird *Chaoyangia* sp., Archaeornithes bird *Jinzhouornis* sp.; ostracods *Limnocypridea slundensis*, *L. abscondida*, *L. rara*, and fishes *Lycoptera* sp., *Peipiaosteus* sp.

6) Precious fossils in northwestern gully of Yinmachi village, Xidayingzi Town of Chaoyang City

The fossil-bearing layer belongs to the Shangheshou bed in second member of the Jiufotang Formation, yielding fossil dinosaur *Ikechosaurus* sp., and birds.

7) Precious fossils in Dongbochi village, Xidayingzi Town of Chaoyang City

The fossil-bearing layer belongs to the third member of Jiufotang Formation and contains fossil turtle *Manchurochelys* sp., ostracod *Lycopterocypris infantilis* Lüb., bivalves and ostracods *Cypridea* sp., *Darwinula contracta* Mand., *Lycopterocypris infantilis* Lüb., *Ziziphocypris simakovi* (Mand.), *Rhinocypris pluscula* Li.

8) Precious fossils in Lamagou village, Dongdadao Town of Chaoyang County

The fossil-bearing layer belongs to the Lamagou bed of second member of the Jiufotang Formation, containing fossil birds, dinosaur *Ikechosaurus*? sp., pterosaur *Sinopterus dongi* Wang et al., fish *Lycoptera divide*, and ostracods *Limnocypridea slundensis*, *L. abscondida*, *L. rara*, *L. tulongshanensis*, *Damonella circulate*, *Mongolianella palmosa*, *Timiriasevia* sp. etc.

9) Precious fossils around Yuanjiawa and Gonggao villages, Dapingfang Town of Chaoyang County

The fossil-bearing layer belongs to the Yuanjiawa bed of third member of the Jiufotang Formation, containing fossil pterosaurs *Chaoyangopterus zhangi* Wang et al., *Nurhachius ignaciobritoi* Wang et al., saurischian dinosaur *Microraptor gui* Xu et al., bird *Jeholornis prima* Zhou et al., insect *Ephemeropsis trisetalis*, controstracas *Asioestheria meileyingziensis*, *Eosestheria* sp., ostracod *Limnocypridea slundensis*, fish *Lycoptera* sp., and turtles. There are also abundant fossil ostracods below the precious fossil-bearing layer, such as *Yumenia casta*, *Limnocypridea grammi*, *Mongolianella palmosa*, *Yixianella marginulata* etc.

10) Precious fossils around Xiyingzi and Balengguan villages of Dapingfang Town, and Chezhang-

zi village of Dongdadao Town of Chaoyang County

The fossil-bearing layers belong to the third member of Jiufotang Formation. All these fossil localities show the precious fossils (dinosaurs and birds) and horizons basically as same as that of the Yuanjiawa locality.

11) Precious fossils around Hujiayingzi, Zhaojiagou, Dongpingfang and Suijiagou villages, Dapingfang Town of Chaoyang County

The precious fossil-bearing layers belong to the third member of Jiufotang Formation. The fossil dinosaurs and birds are found in the thin-bedded mudstone and shale, associated by fossil fish *Lycoptera* sp., ostracods *Limnocypridea slundensis* Sinitsa, *L. propria* Zhang, *Djungarica circulitriangula* Zhang, *Lycopterocypris infantilis* Lüb., and fossil controstracas, bivalves and gastropods.

12) Precious fossils in Xiasanjiazi district of Chaoyang County

The fossil-bearing layer of Jiufotang Formation, yielding fossil dinosaur *Microraptor zhaoianus* Xu et al., Ornithurae bird *Archaeovolans repatriatus* Czerkas et Xu. But the concrete locality and horizon are not clear.

13) Precious fossils in Xiaoyugou gully near Gedaqiangzi village, Lianhe (Longwangmiao) Town of Chaoyang County

The fossil-bearing layer belongs to the Lamagou bed of second member of the Jiufotang Formation and consists of two parts. The upper part contains fossil fish *Lycoptera* sp. and abundant controstracas; the lower part yields fossil pterosaur *Liaoningopterus gui* Wang et al., fish *Lycoptera* sp., and ostracod *Limnocypridea slundensis*.

14) Precious fossils near Xiaosijiazi village, Lianhe Town of Chaoyang County

The fossil-bearing layer belongs to the Lamagou bed of second member of the Jiufotang Formation. The grayish white thin-bedded tuffaceous shale yields fossil dinosaur and bird *Dalianraptor cuhe* Gao et Liu, and the lower silty mudstone contains abundant fossil ostracod *Limnocypridea slundensis* Sinitsa and few gastropods.

15) Fossil dinosaurs and birds in Lamagou bed near Xiwopu village, Lianhe Town of Chaoyang County

The fossil-bearing layer belongs to the Lamagou bed of second member of the Jiufotang Formation. The gray shale yields fossil dinosaurs and birds associated by fish *Lycoptera* sp., controstracas, many ostracods *Limnocypridea slundensis*, *L. rara*, and insect *Ephemeropsis trisetalis*.

16) Precious fossils near Huanghuagou village, Shengli (Meileyingzi) Town of Chaoyang County

The fossil-bearing layer belongs to the Huanghuagou bed of third member of the Jiufotang Formation, containing fossil dinosaurs *Psittacosaurus meileyingensis* Sereno et al., *P. mongoliensis* Osborn.

17) Precious fossils in Nanlu district, Shengli Town of Chaoyang County

The fossil-bearing layer belongs to the Lamagou bed of second member of the Jiufotang Formation, containing fossil Enantiornithes bird *Sinornis santensis* Sereno et al., pterosaur *Sinopterus gui* Li et al., associated by abundant fossil ostracods *Cypridea* sp., *Limnocypridea posticontracta*, *Mongolianella* sp., *Darwinula contracta*, and few fish *Lycoptera* sp.

18) Precious fossils around Pijiagou village, Qianyang Town of Yixian County

The fossil-bearing layer belongs to the Pijiagou bed of third member of the Jiufotang Formation, containing fossil lizard *Ikechosaurus pijiagouensis* Liu; turtle *Manchurochelys* sp.; fishes *Jinanichthys longicephalus* (Liu et al.), *Longdeichthys luojiaxiaensis* Liu; insect *Ephemeropsis trisetalis*; ostracods *Yumenia casta* (Zhang), *Limnocypridea grammi* Lüb., *L. abscondida* Lüb., *L. redunca* Zhang, *L. rara* Zhang, *Mongolianella palmosa* Mand., *Candona subprona* Zhang etc.

19) Precious fossils near Xierhuqiao village, Qianyang Town of Yixian County

The fossil-bearing layer belongs to the Pijiagou bed of third member of the Jiufotang Formation, yielding fossil turtle *Manchurochelys* sp., fish *Lycoptera dividi* and ostracods *Yumenia casta*, *Limnocypridea grammi*, *L. abscondida*, *L. posticontracta* etc.

20) Precious fossils near Wujiatun village, Qianyang Town of Yixian County

The fossil-bearing layer belongs to the Pijiagou bed of third member of the Jiufotang Formation, containing fossil birds *Jinzhouornis yixianensis* Hou et al., *Yixianornis grabaui* Zhou et Zhang, *Yanornis martini* Zhou et Zhang; turtle *Manchurochelys* sp., pterosaurs, and fishes *Jinanichthys longicephalus* (Liu et al.), *Sinamia zdanskyi* Stensiö. Below the fossil-bearing layer, the mudstone yields fossil ostracods *Limnocypridea posticontracta*, *Mongolianella palmosa*, *M. longiuscula*, *Clinocypris anterogrossa* and plant *Baiera furcata*.

21) Precious fossils around southern hill of Tuanshanzi village, Qilihezi Town of Yixian County

The fossil-bearing layers called as the Tuanshanzi bed (equivalent to the middle part of Jiufotang Formation), containing fossil turtle *Manchurochelys* ? sp. with few controstracas, bivalves and gastropods.

22) Fossil pterosaurs in Chaoyang district

The Jiufotang Formation yields fossil pterosaurs *Huaxiapterus jii* Lü et al., *Eoazhdacho liaoxiensis* Lü et al. But the concrete localities and horizons are not clear.

3.4 Horizons of precious fossils of Fuxin biota

3.4.1 Precious fossils of Shahai Formation

1) Precious fossils in Jidou coal pit, Badaohao Town of Heishan County

The fossil-bearing layer belongs to the lower part of Shahai Formation, containing fossil mammal *Mozomus shikamai* Li et al., dinosaur *Asiotosaurus* sp., ostracods *Cypridea (Cypridea) unicostata* Gal., *C. (C.) prognata* Lüb., *C. (Ulwellia) ihsiensis* Hou, *Yumenia* sp., *Limnocypridea* aff. *toreiensis*, and sporopollens.

2) Precious fossils in coal mine area, Badaohao Town of Heishan County

The fossil-bearing layer belongs to the first coal seam of lower coal-bearing member of the Shahai Formation, yielding fossil dinosaur's egg *Heishanoolithus changii* Zhao et al. and mammal.

3.4.2 Precious fossils of Fuxin Formation

1) Precious fossils in Xinqui coal mine of Fuxin City

Shikama (1947) published the fossil lizard *Teilhardosaurus carbonarius* Shikama and mammal *Endotherium niinomi* Shikama from the Fuxin Formation in Xinqiu coal mine.But, we do not know at present the definite horizon, from which the fossils were collected.

2) Fossil sauropus from Haizhou open-cut coal mine of Fuxin City

The sauropus *Changpeipus* sp.was found from the Fuxin Formation, probably belonging to the footprint of *Iguanodon*.

3) Precious fossils around Tuhulu village of Fuxin City

Hu Shouyong (1963) reported the fossil dinosaur's bones belonging mainly to Megalosauridae and Coelurosauridae.

3.5 Horizons of precious fossils of Songhuajiang biota

Precious fossils from Sunjiawan Formation of Shuangmiao district, Xiafu Town of Beipiao City

The fossil-bearing layer belongs to the lower part of Sunjiawan Formation. The purplish red silty mudstone yields fossil sauropod dinosaur *Borealosaurus wimani* You et al., duck-billed dinosaur *Shuangmiaosaurus gilmorei* You et al., and *Crichtonsaurus bohlini* Dong; the greenish gray silty mudstone contains few fossil ostracods, bivalves, gastropods, Chareae and fragments of fossil plants, and occasionally the fossil dinosaur's bones.

3.6 Division and correlation of Yanliao biota-bearing strata

3.6.1 Division and correlation of Haifanggou Formation

In western Liaoning, the Haifanggou Formation is distributed in Beipiao, Jinlingsi, Heichengzi, Dachengzi, Niuyingzi – Guojiadian, Lingyuan – Sanshijiazi, and Ningcheng basins, and overlies on the Beipiao Formation or pre-Jurassic strata by angular unconformity, underlies beneath the Tiaojishan Formation by conformity. It consists of polygenetic conglomerate, sandstone, shale and tuff, partially intercalated by coal seams, and may be subdivided into three members. The first member is characterized by boulder-medium pebbled polygenetic conglomerate intercalated with sandstone, shale and tuff; the second member is of sandstone, siltstone, shale intercalated by conglomerate and tuff; and the third member is dominated by fine-pebbled conglomerate and tuff, to be variable lithologically.

The sedimentary type of the Haifanggou Formation changes in various basins. There are three types: the first is dominated by normal clastic sedimentary strata, containing many fossil plants, bivalves, and ostracods, e.g. the Niuyingzi – Guojiadian basin; the second is characterized by both normal clastic and pyroclastic sedimentary strata, yielding many fossil plants and insects, e.g. the Beipiao basin; and the third is dominated by pyroclastic sedimentary strata with many fossil plants, controstracas and some precious fossils, e. g. the Ningcheng basin and the southern margin of the Lingyuan – Sanshijiazi basin.

3.6.2 Division and correlation of Tiaojishan Formation

The distribution of Tiaojishan Formation is basically identical with the Haifanggou Formation, but broader than the latter. Lithologically, it is mainly of intermediate, intermediate-basic lava and pyroclastic rocks, intercalated with one or several layers of sedimentary clastic rocks, and some intermediate-acidic volcanic rocks may be found in some basins, containing fossil plants, sporopollens, controstracas, ostracods, insects and vertebrates. It contacts with the underlying Haifanggou Formation by conformity or unconformably overlies on the older strata and with the overlying Tuchengzi Formation by parallel unconformity.

The fossil plants are represented by the *Ctenis* – *Williamsoniella sinensis* assemblage, to be similar to that of the Haifanggou Formation, but dominated by the cycads and Bennettiopsida, taking more than 40% genera and species in total, with many bennettiopsid types of hot climate, e.g. *Zamites*, *Zamiophyllum*, and *Ptilophyllum* etc. The fossil sporopollens are represented by the *Osmundacidites* – *Asseretospora* – *Classopollis* assemblage and characterized by nearly equal pteridophytic spores and gymnospermous pollens in content.

The fossil ostracods are represented by the *Darwinula sarytirmenensis* – *D. impudica* – *Timiriasevia catenularia* assemblage, in which the types of *Darwinula* are bigger in size with high diversity and abundance, associated with *Timiriasevia* to be correlatable widely to the Middle Jurassic non-marine ostracod assemblages both indoor and abroad.

The fossil vertebrates of Tiaojishan Formation are represented only by few fishes and salamanders. The fossil salamanders and other reptile bones are found mainly in the middle part of Tiaojishan Formation, and the correlation of their horizons is shown in the Figure 3-48. The fossil plant-bearing Dabangou bed of Jinlingsi – Yangshan basin is roughly correlated to the fossil salamander-bearing Reshuitang bed of Ningcheng basin and the fossil reptile-bearing Xiliangjiazhangzi bed of Beipiao basin.

3.7 Division and correlation of Tuchengzi biota-bearing strata

The Tuchengzi biota is represented by the *Chaoyangsaurus* – *Pseudograpta* – *Cetacella* assemblage, and distributed in the Tuchengzi Formation and its equivalent strata from northern China to Central Asia. In western Liaoning, the Tuchengzi Formation is distributed mainly in the Jinlingsi – Yangshan, Beipiao, Dapingfang – Meileyingzi, Jianchang, Dachengzi, Lingyuan – Sanshijiazi and Ningcheng basins. Lithologically, it is characterized by purplish red silty shale, siltstone, purplish gray and yellowish brown polygenetic conglomerate, grayish green sandstone, zeolite and tuffite, and contacts with the underlying Tiaojishan Formation by parallel unconformity, with the overlying Yixian Formation by angular unconformity.

The Tuchengzi Formation may be subdivided into three members: The first member is characterized by purplish red tuffaceous argillaceous shale, siltstone intercalated by sandstone with conglomerate in the bottom; the second member is dominated by purplish red, purplish gray polygenetic conglomerate intercalated by sandstone and siltstone; and the third member is represented commonly by grayish green tuffaceous arkose, feldspar-lithic sandstone, zeolite or tuffite, often with huge eolian cross beddings.

The fossil controstracas are represented by the *Pseudograpta* – *Beipiaoestheria* – *Mesolimnadia* assemblage, that may be subdivided into ① the *Pseudograpta* – *Beipiaoestheria* – *Mesolimnadia* – *Sinograpta* sub-assemblage in the first member, and ② the *Pseudograpta* – *Beipiaoestheria yangshulingensis* sub-assemblage in the third member of Tuchengzi Formation. The fossil ostracods may be also subdivided into two assemblages: ① the *Cetacella substriata* – *Mantelliana alta* – *Darwinula bapanxiaensis* assemblage distributed mainly in the first member; ② the *Djungarica Yangshulingensis* – *Mantelliana reniformis* – *Stenestroemia yangshulingensis* assemblage found in the third member of Tuchengzi Formation.

The fossil plants are represented by the *Brachyphyllum expansum* – *Pagiophyllum beipiaoense* assemblage, in which the conifers are dominant, secondly the Filicinae and *Czekanowskia*, with few Articulatae, Bennettiopsida and Ginkgoales. In the assemblage, there are not only the common Middle Jurassic elements *Coniopteris hemenophylloides*, *Brachyphyllum mamilare*, but also some Late Jurassic or even Early Cretaceous types *Leptostrobus marginatus*, *Carpolithus fabiformis* and *Schizolepis chilitica*. So, it differs from the fossil plant assemblages both of the Tiaojishan Formation and Jehol biota. The fossil sporopollens are represented by the *Quadraeculina* – *Classopollis* assemblage, and clearly differs from that of the Yanliao and Jehol biota. The sporopollens of the Tuchengzi Formation in various basins are correlatable to each other.

The fossil reptiles of Tuchengzi Formation are characterized by the *Chaoyangsaurus youngi* – *Xuanhuasaurus niei* assemblage, including Sauropoda indet., and distributed mainly in the first member; but the *Jeholosauripus s-satoi* is mainly found in the top of the second member and the bottom of the third member.

3.8 Division and correlation of Jehol biota-bearing strata

3.8.1 Division and correlation of Yixian Formation

The Yixian Formation may be subdivided into five members (Fig.3 – 51, Fig.3 – 52) and correlated as follows.

First member: It covers from bottom of the formation to bottom of the Jianshangou or Zhuanchengzi bed and its equivalent strata, and represented by the Xinkailing – Sihetun stratigraphic section of Beipiao district and the Mashenmiao – Songbahu stratigraphic section of Yixian district. It is characterized by volcanic and sedimentary rocks, belonging to the first sub-cycle of volcanic eruption cycle. The volcanic rocks are dominated by basalt and basaltic andesite partially with kalibasanite, and reduced in thickness from east to west in western Liaoning. The sedimentary rocks are mainly of conglomerate and arenaceous mudstone, including the Laogonggou bed and Yenangou bed of Fuxin – Yixian basin, the Lujiatun bed and Xiatulaigou bed of Jinlingsi – Yangshan basin, and the Yaolugou bed of Jianchang basin etc., containing dinosaurs, mammals and other fossils with the thickness increased from east to west. The member is usually 200—400m thick in total, and overlies on the Zhangjiakou Formation by parallel unconformity or on the older strata by angular unconformity.

Second member: It is represented by the Sihetun section of Beipiao district, corresponding to the Jianshangou bed, Shangyuan bed and their equivalent strata. It consists mainly of conglomerate, pebbled coarse-grained sandstone, siltstone, shale and mudstone intercalated by tuffite and limestone, containing many precious fossil birds, dinosaurs, amphibians, mammals etc. associated by abundant fossil fishes, controstracas, ostracods, insects, bivalves, gastropods, plants and sporopollens, to be the first appearing horizon of the early angiosperms. The member is 60—400m in thickness, but may up to 1200m in the Jianchang basin, and may be intercalated by volcanic rocks in the upper part in some basins. In the Yixian district, the lower part of the member is the Zhuanchengzi bed, the upper part is the Dakangpu bed, and the middle part is the volcanic rocks consisting of basaltic andesite, andesite, and its pyroclastic rocks. The equivalent strata of the Zhuanchengzi bed is called the Santuohuagou bed in the Zidutai basin; the Xintaimen bed in the Xintaimen basin, the Luojiagou bed in the Jianchang basin, the Daxinfangzi bed in the Lingyuan – Sanshijiazi basin, and the Xitaizibeigou bed in the Ningcheng basin. Among these fossil-bearing beds, the Zhuanchengzi bed may be correlated to the lower part of the Jianshangou bed, and the Dakangpu bed to the upper part of the Jianshangou bed. In accordance with the rock association and fossil assemblage, the Santuohuagou bed, Xintaimen bed, Daxinfangzi bed, Luojiagou bed and Xitaizibeigou bed are all correlatable to the Jianshangou bed of Beipiao district.

Third member: It is a series of basic-intermediate volcanic rocks, i.e. the gray – grayish black olivine basalt, plagioclase olivine basalt and its agglomerate and breccia, associated by olivine basaltic porphyrite. In the Yixian basin, except the olivine basalt and its pyroclastic rocks, there are also many basaltic andesites, as well as the porphyritic trachyandesite, trachyandesitic tuffaceous breccia and brecciated tuff etc. found in the upper part; and in the Lingyuan basin, the basaltic andesite and andesite are dominant.

Fourth member: It is represented by the Zhujiagou bed, Jingangshan bed and the volcanic rocks between them in the Mashenmiao – Songbahu section of Fuxin – Yixian basin. The basal part is of conglomerate and pebbled greywacke in limited distribution (e.g. the Zhujiagou bed); the middle part is composed mainly of basaltic andesite, andesite with few rhyolite and their pyroclastic rocks; and the upper part is characterized by tuffaceous siltstone, fine-grained sandstone and calcareous shale. In this member, the Jingangshan bed is an important fossil-bearing bed, represented by the section near Zaocishan village, Qianyang Town of Yixian County. Lithologically, it is characterized by tuffaceous conglomerate, arenaceous conglomerate, sandstone, mudstone, shale intercalated with limestone, and tuff, containing fossil Enantiornithes birds, pterosaurs, Squamata, lizard, turtles, fishes, controstracas, ostracods, insects, plants (including angiosperms and fossil woods) and sporopollens etc. to be 60—80m in thickness. It contacts with the underlying basaltic andesite of the third member by a small depositional break, and its top interface is the bottom of the Huanghuashan breccia bed. The rock association of this member changes regionally.

Fifth member: It is represented by the Huanghuashan bed of the upper part of the Mashenmiao – Songbahu section in Yixian district, to be the late products of the Yixian volcanic eruption cycle. Lithologically, it is characterized mainly by grayish brown arenaceous tuffaceous dacitic-rhyolitic sedimentary breccia and brecciated coarse-grained sandstone, to be 447m in thickness. It contacts with the underlying fourth member by saltatory conformity. Usually, its lower part is characterized by pyroclastic rocks, but more than 100m thick pelletoidal rhyolite and rhyolitic tufflava occasionally appear in some places (e.g. around the Fanjiatun village).

3.8.2 Division and correlation of Jiufotang Formation

The Jiufotang Formation may be subdivided into three members (in ascending order), according to the sedimentary cycle and basic sequence, rock association, and fossil assemblage, and correlated as follows.

First member: There are two rock associations, i.e. the fine clastic sediment type and the coarse clastic sediment type. The fine clastic sediments are mainly of yellowish green-yellowish gray tuffaceous fine-medium grained sandstone, grayish white-yellowish green shale and mudstone, containing fossil ostracods *Cypridea* (*Cypridea*) *jiufotangensis*, *Limnocypridea slundensis*, *L. jianchangensis*, *L. levigata*, *Mongolianella gigantea*, *M. wuerheensis* etc.; controstracas *Eosestheria jiufotangensis*, *Asioestheria meileyingziensis*; fish *Lycoptera davidi*; insect *Ephemeropsis trisetalis* etc. The coarse clastic type is characterized mainly by gray-grayish yellow pebbled fine-medium grained feldspar lithic sandstone, grayish green silty mudstone and argillaceous siltstone, containing fossil ostracods *Cypridea* (*Cypridea*) *vitimensis*, *Cypridea jianchangensis*, *C. decorosa*, *C. echinulata*, *Mongolianella gigantea*, *Timiriasevia polymorpha*; controstracas *Chaoyangestheria* cf. *xiasanjiaziensis*, *Clithrograpta* cf. *gujialingensis*, *Yanjiestheria* sp.; insects *Ephemeropsis trisetalis*, *Coptoclava longipoda*; fish *Lycoptera divide*, and bivalves *Arguniella*, *Sphaerium*, and gastropod *Probaicalia*. It is 200—800m thick in total and contacts with the underlying Yixian Formation mostly by parallel unconformity.

Second member: There are also two types of rock association. The fine clastic type is characterized by gray, grayish green shale, silty shale intercalated with siltstone, fine-grained sandstone, marl and bentonite, containing fossil ostracods *Cypridea* (*Ulwellia*) *koskulensis*, *Cypridea* (*Cypridea*) *unicostata* etc.; controstraca *Eosestheria* sp.; bivalve *Nakamuranaia elongata* etc. The coarse clastic type is of yellowish green conglomerate, pebbled fine-medium and medium-coarse grained feldspar lithic sandstone, grayish green argillaceous silty fine-grained sandstone, argillaceous siltstone, and silty mudstone; the upper argillaceous siltstone contains fossil bird *Cathayornis* group, ostracods, controstracas and fishes. It is 300—1200m thick and contacts with the underlying first member by conformity in western Liaoning. This member includes (from east to west) the following precious fossil-bearing beds: the Tuanshanzi bed of the Fuxin - Yixian basin, the Lamagou bed and the fossil-bearing beds in northern hill of Nanlu village and in Xiaoyugou gully of Gedaqiangzi village of the Dapingfang - Meileyingzi basin, the Shangheshou bed and the fossil-bearing beds around Xiaodongshan and Yinmachi villages of the Chaoyang basin, and the Xidagou bed of the Dachengzi - Siguanyingzi basin. All these beds are equivalent in horizon and correlatable in fossil assemblage and rock association.

Third member: The third member of the Jiufotang Formation constructs a complete secondary sedimentary cycle, including two sedimentary types. The fine clastic type is represented by the upper part of the formation in the Xiaogushan - Jiushaoguo and the Wujiagou - Pijiagou sections, to be characterized mainly by shale, mudstone and siltstone, intercalated with sandstone, marl and bentonite, and usually 300—400m thick. The coarse clastic type is represented by the 34—52 layers of the Baomayingzi - Yuanjiawa section and the upper part of the formation in the Xiaobeishan -

Huangdaoyingzi section, to be dominated by pebbled feldspar lithic sandstone, pebbled feldspar-quartz sandstone, siltstone, mudstone and shale, intercalated with marl and bentonite. It is 700—1200m in thickness and contacts with the underlying second member by conformity.

The precious fossil-bearing beds in third member are the Pijiagou bed of Fuxin - Yixian basin, the Yuanjiawa bed of Dapingfang - Meileyingzi basin, the Dongbochi bed of Chaoyang basin, and the Yangcaogoudonggou bed of Dachengzi - Siguanyingzi basin. According to the rock association and fossil assemblage, all these beds are correlatable (Fig.3-53). The Dongbochi bed is distributed in northern hill of Dongbochi village, Xidayingzi Town of Chaoyang City, to be higher than the Shangheshou bed near Yinmachi village in sequence, containing fossil turtle *Manchurochelys* and ostracods. The fossil ostracods are similar to that of the third member in the Dachengzi basin, but without the typical elements of the Pijiagou bed and Yuanjiawa bed. So, we temporarily put the Dongbochi bed in the third member, but can not fund any correlatable evidence with the Yuanjiawa bed at present.

The Huanghuagou bed is distributed around the Huanghuagou village of Shengli Town in the Dapingfang - Meileyingzi basin, to be equivalent to the lower part of the third member of the Jiufotang Formation. It is characterized mainly by purplish red arenaceous conglomerate intercalated with yellowish green siltstone and sandstone, containing fossil dinosaurs *Psittacosaurus meileyingensis* and *P. mongoliensis*. Although the precious fossils are not found in the lower part of the third member of Jiufotang Formation in the other basins at present, but according to the sequence the Lamagou bed of Nanlu district seems to be situated below the Huanghuagou bed. So, we consider the Huanghuagou bed as an precious fossil-bearing bed in between the Lamagou bed and the Yuanjiawa bed.

3.9 Division and correlation of Fuxin biota-bearing strata

3.9.1 Division and correlation of Shahai Formation

The Shahai formation may be subdivided into three members, in accordance with the rock association and coal-bearing strata, and the precious fossils are mainly found in the second member (Fig.3 - 54).

First member: It is represented by the Yanghugou section of Fuxin district and the Binggou section of Jianchang district. Lithologically, it is characterized by grayish yellow, grayish purple conglomerate, pebbled sandstone, intercalated with sandstone and gray mudstone, mostly belonging to the alluvial fan in facies. The thickness is changeable, usually 80—150m and maximum up to 250m. Commonly, the basal grayish yellow or grayish purple conglomerate is considered as the boundary between the Shahai Formation and the Jiufotang Formation.

Second member: Lithologically, it is mainly of gray, grayish white sandstone, grayish green siltstone, grayish black argillaceous shale intercalated with coal seams, to be 400—700m thick in the Fuxin - Yixian basin, and 100—200m thick in the other basins. There are 5 coal seams in the Qinghemen district of Fuxin City, and 4 coal seams in the Badaohao district of Heishan County, containing abundant fossil bivalves, gastropods, ostracods, plants and sporopollens, associated by dinosaur

Asiatosaurus sp., dinosaur's egg *Heishanoolithus changii* and mammal *Mozomus shikamai* Li et al.

Third member: It is represented by the Aiyou 1017 and Dongliang 563 drill holes in Fuxin district, and characterized mainly by grayish black mudstone and siltstone, partially intercalated with thin-bedded oil shale, sandstone, pebbled coarse-grained sandstone and a thin coal seam. It contains abundant fossil bivalves, ostracods and gastropods with thickness of 200—500m. But in the Jianchang and Heishan basins, it is mainly of medium-coarse grained clastic rocks, to be only 100—200m thick.

3.9.2 Division and correlation of Fuxin Formation

The Fuxin Formation may be subdivided into five members (e.g. in the Haizhou open-cut coal mine).

First (Gaode) member: It is mainly of gray conglomerate, sandstone, siltstone intercalated by gray mudstone and coal seams, containing fossil plants, to be more than 160m in thickness.

Second (Taiping) member: It consists of two small sedimentary cycles. Each cycle is characterized by grayish white thick-bedded pebbled coarse-grained sandstone and thin-bedded fine-grained sandstone in the lower part, and by gray siltstone, mudstone, carbonaceous mudstone and coal seams in the upper part. The Taiping coal seam group is in the lower part. This member contains fossil plants, sporopollens, bivalves, gastropods and ostracods, to be 92m in thickness.

Third (Middle) member: It is characterized by grayish white pebbled coarse-grained sandstone, coarse-grained sandstone, alternated with grayish black siltstone and mudstone in the lower part; by coal seams intercalated with gray coarse-grained sandstone in the middle part; and by gray thick-bedded sandstone intercalated with dark gray thin-bedded mudstone in the upper part, containing fossil plants, sporopollens, bivalves, gastropods, ostracods and fishes, to be 170m in thickness.

Fourth (Sunjiawan) member: The lower part is of light gray sandstone alternated with dark gray thin-bedded mudstone; the middle part is of gray sandstone intercalated by coal seams; and the upper part is characterized by coal seams intercalated with gray sandstone. It contains fossil plants, sporopollens, bivalves and gastropods, to be 131m thick.

Fifth (Shuiquan) member: It is characterized mainly by gray arenaceous conglomerate intercalated with thin-bedded conglomerate and coal seams, containing fossil plants and sporopollens in the lower part; and by grayish yellow conglomerate, pebbled sandstone intercalated with grayish white sandstone and coal seams in the upper part, to be 266m thick in total.

The above mentioned five members may be well subdivided and correlated in the central-northern part of Fuxin - Yixian basin, but it is difficult to do in the southern part of the basin.

The precious fossils of Fuxin Formation are only found in the Fuxin - Yixian basin at present (mainly from the second to fourth members), to be represented by the *Eodotherium - Teilhardosaurus* vertebrate group.

In Jianchang basin, the Fuxin Formation is characterized mainly by yellowish green, light grayish green and light yellow medium-thick bedded, medium-pebbled and cobbled conglomerate, intercalated with purplish red, grayish green pebbled medium-coarse grained sandstone, grayish green and grayish black fine-grained sandstone and argillaceous siltstone. Originally, these rocks were assigned to the upper part of the Shahai (Binggou) Formation, but the fossil ostracods and gastropods indicate that the horizon should be equivalent to the Fuxin Formation of Fuxin – Yixian basin. Although the Fuxin Formation in the depressions of the Heishan and Kangping – Baokang basins is quite different from that of the Fuxin – Yixian basin in the sedimentary environment and coal-forming condition, but the microfossil assemblage and stratigraphic sequence may provide the evidences to correlate them to each other. Generally speaking, the lower-middle part of the Fuxin Formation in the northwestern Liaoning is roughly equivalent to the first – fourth members of the Fuxin Formation in the Fuxin – Yixian basin, and the upper part to the fifth member of the typical section.

3.10 Division and correlation of Songhuajiang biota-bearing strata

The Songhuajiang biota is found in the Sunjiawan Formation of western Liaoning, to be equivalent to the Quantou Formation of the Songliao basin. The Sunjiawan Formation is distributed mainly in the eastern margin of the Fuxin – Yixian basin, the western margin of northern part of the Jinlingsi – Yangshan basin, the Baokang basin and Ningcheng basin. Lithologically, it is dominated by purplish red, yellowish brown conglomerate and sandstone, intercalated with purplish red, grayish green thin-bedded argillaceous shale, containing fossil reptiles, ostracods, bivalves, gastropods and sporopollens in some places. It contacts with the underlying Fuxin Formation by conformity.

The Sunjiawan Formation in Shuangmiao district of Beipiao City is distributed in the western margin of central-northern part of the Jinlingsi – Yangshan basin. Its lower part is characterized by yellowish gray, grayish white arenaceous conglomerate and purplish red argillaceous siltstone, intercalated with purplish red, grayish green pebbled silty mudstone, containing the *Shuangmiaosaurus – Borealosaurus* dinosaur group with elements *Shuangmiaosaurus gilmorei*, *Crichtosaurus bohlini*, *Borealosaurus wimani*, associated by fossil turtles. The formation contacts with the underlying Tuchengzi Formation by angular unconformity.

The Sunjiawan Formation include three fossil-bearing layers in a 12m-thick stratum around Wujianfang village south of Shuangmiao, i.e. (in ascending order) the turtle-bearing layer, the dinosaur-bearing layer, and the ostracod, gastropod, bivalve and dinosaur-bearing layer. The fossil ostracods *Cypridea* (*Pseudocypridina*) *limpida*, *Triangulicypris* cf. *longissima* and *Ziziphocypris bicarinata* firstly appeared in the lower part of Sunjiawan Formation in the Fuxin – Yixian basin, to show that the fossil-bearing layers of Sunjiawan Formation both in the Jinlingsi – Yangshan and Fuxin – Yixian basins are basically equivalent. So, we put the fossil dinosaur-bearing layers in the lower part of Sunjiawan Formation.

The fossil ostracods in lower part of the Sunjiawan Formation are represented by the *Cypridea* (*Pseudocypridina*) *limpida* – *Bisulcocypridea spinellosa* – *Triangulicypris longissima* assemblage, in which the important elements *Cypridea* (*Pseudocypridina*) *limpida* and *C.* (*P.*) *jiudaolingensis* were also found in the lower part of Quantou Formation of the Jinbaotun district of Songliao basin, to show that the lower parts of the two formations are correlatable. The fossil sporopollens of Sunjiawan Formation in western Liaoning are represented by the *Cicatricosisporites* – *Schizaeoisporites* – *Ephedripites* assemblage, to be basically identical to the *Quantonen-*

pollenites – *Schizaeoisporites* – *Classopollis* assemblage of the Quantou Formation in southern Songliao and northern Liaoning district, and equivalent to each other in horizon.

Chapter 4 Geological – Ecological Environment

4.1 Geological-ecological environment of Yanliao biota

4.1.1 Regional tectonic environment

By the end of Paleozoic, the North China plate moved northward and close to the Siberia plate, and the Mongolia – Okhotsk region developed gradually to become a big bay. Since the compression both from south and north, the oceanic crust consumed finally, and the North China and Siberia plates began to connect and collide to form the Xing'an – Mongolia orogenic zone. Up to Early Mesozoic, the connection and collision may be continued still in the eastern part of the connection belt. Meanwhile, in Triassic (244—209Ma) a great left-lateral displacement occurred in the central-southern part of the Tanlu fault, and the paleo-Pacific plate subducted NW-ward or NNW-ward to compress the northern Hebei and western Liaoning region laterally. The N-S-ward compression formed by the two big collided plates and the lateral compression together enforced the eastern part of China (including western Liaoning) quickly uplifted to form the highland.

The Middle Jurassic was the development stage of Yanliao biota, when the North China and Siberia plates continuously situated in the connection and compression, and the North China plate also collided with the South China plate in the same time. The studied region was situated generally in a compression background of NW – SE direction, accompanied by the intermittent extension; the small depressed basins developed gradually to become big depressed-faulted basins; the NE-ward expanding highland basin-and-range structure framework already appeared; geomorphologically, the height difference became bigger and bigger, the erosion action quickened gradually; and the sediments filled in the basins are mainly of fluvial and lacustrine facies, but partially of bog facies, with coarse grains, low gradation and maturity, generally to be the mollasse-like deposits. During the period, the violence and cyclicity of volcanism become stronger to form the Xinglonggou and Tiaojishan volcanic cycles in the region.

4.1.2 Basin filling record and sedimentary environment

In early Middle Jurassic, the representative basins of the region are the Jinlingsi – Yangshan, Beipiao, Tangshenmiao, Ningcheng – Daohugou, and Sanshijiazi – Dangba basins. Among them, the Beipiao basin is quite complete in the filling succession, including intermediate-basic volcanic rocks formed by the early Xinglonggou volcanic cycle – Xinglonggou Formation, the coal-bearing strata of fluvial-shallow lake-bog facies – Beipiao Formation, the coarse clastic rocks mainly of alluvial fan-littoral lake-lake delta facies – Haifanggou Formation, and intermediate – intermediate-acidic volcanic rocks formed by the Tiaojishan volcanic cycle – Tiaojishan Formation. These deposits belong to the continental volcanic rock series, the continental volcanic-sedimentary succession, and the mollasse-like coal-bearing succession, respectively. The filling succession of other basins is mainly of Tiaojishan Formation formed by the Tiaojishan volcanic cycle, and secondly of the Haifanggou Formation. The top of the filling succession is commonly covered by the Tuchengzi Formation by parallel unconformity.

4.1.3 Climate

The western Liaoning was situated in north latitude 19°—23°, being equivalent to the modern tropical climate zone in early stage of Mesozoic (T_1—T_2); in north latitude 30°, to be similar to the modern subtropical - warm temperate zone in Early Jurassic; and in north latitude 35°—37.5°, to be relevant to the modern warm temperate or temperate zone in Middle Jurassic. According to distribution of the global fossil plants, the Middle Jurassic global temperature was much higher than the modern's. The inferred latitude scope of the subtropical, warm-temperate and temperate climate zones were broader than the modern's, but that of the cool-temperate and frigid climate zones were narrower than the modern's in Middle Jurassic. So, the boundaries between the subtropical and warm-temperate zones, the warm-temperate and temperate zones, and the temperate and cool temperate zones all relevantly migrated to the high latitude areas at that time.

Tectonically, in the early-middle stages of Mesozoic the North China plate already connected with the Siberia plate, and collided with the Yangtze plate. This converging attack both from north and south enforced to form the highlands both in the northern and southern margins of North China plate, to be near the sea in eastern side with broad inland lakes developed in the central part, the most areas of the plate kept the inland continental and monsoon climate, generally under the humid hot - warm humid environment. In the northern highland, the climate gradually became inland lake basin type controlled by the regional relief, to be very hot and humid.

According to the fossil plant association, the flora coenosium of Haifanggou age are dominated by the hygrophilous, thermal Bennettiopsida and conifers, secondly by the thermophilous Filicinae and diverged Bennettiopsida, to indicate that the paleo-climate was in a high temperature and humid environment at that time. The ecological environment of Tiaojishan age became the volcanic eruption to show the abundance and diversity of the drought and heat-resistant Bennettiopsida greatly promoted. The elements of *Zamites*, *Zamiophyllum* and *Ptilophyllum* indicate a dry and hot climatic environment.

4.1.4 Ecology

The plant ecology of Yanliao biota is characterized by the lakeside - mesophytia, bathyphytia and pediophytia. The lakeside - mesophytia is distributed in the humid areas surrounding the intrabasinal lakes and along the rivers, and composed mainly of hygrophilous Lycopsida and Sphenopsida, to belong to the low herbs, with the vertical structure not clear. The bathyphytia is found in the gentle slopes with relatively humid soil, and composed mainly of Filicinae and cycads, to be tree-like pteridophytic plants alternated by low Bennettiopsida with some herbal Filicinae under the grove. The pediophytia is distributed mainly in the mountainous area surrounding the basin or the intrabasinal higher places, and composed mainly of Ginkgoales and conifers of mesophytic trees and bushes, to be the deciduous broadleaf forest alternated by mesophytic coniferous forest, of which the coniferous trees are found in the higher altitude with some small low deciduous trees underneath. The fossil sporopollens show an ecological environment characterized mainly by the humid swamp intercalated with the semidry - semihumid conditions.

The fossil insect group of Yanliao biota may be divided into the aquatic and semi-aquatic (larva aquatic and adult terrestrial) types. The aquatic types are of typical pheophilic elements and some swimming elements in the upper level of lake water; the butterfly's larva and other types are of the benthic or swimming elements in the intracoastal water of shallow lake. The terrestrial types are mostly the temperate forest-swamp elements without the insects of high mountains, to reflect the ecological environment of temperate climate of 8—40℃, small land modification, small and shallow water bodies with vast forest and swamp.

4.2 Geological-ecological environment of Tuchengzi biota

4.2.1 Regional tectonic environment

The Tuchengzi biota-living tectonic environment was still the highland background, but the land modification obviously increased. At beginning, the tectonic environment more or less inherited the weak expansion of Tiaojishan age, to form the synsedimentary faulted trough or a series of downthrown faults partially in the basin; then it became the compressed shrinkage strain, to form the reverse thrusts and nappe structures and enforce the Tuchengzi Formation folded and deformed in the basin. During the second episode of Yanshanian movement, i.e. the terminal stage of Tuchengzi Formation, the region broadly uplifted with increased erosion, to form the angular unconformity interface in a large scope and end the evolutionary stage of the Tuchengzi biota. Meanwhile, the sedimentary basins of the region are mainly of the depressed type and partially depressed-faulted type, distributed ES-ward along the Mongolian arc. They are mainly the Jinlingsi - Yangshan, Beipiao, Jianchang, Guojiadian, Chengde, Luanping, and western Beijing basins.

4.2.2 Basin filling record and sedimentary environment

During the development age of Tuchengzi biota, the basins are filled by the red mollasse-like sedimentary succession and Tuchengzi Formation is the typical representative. The formation belongs to the intermontane and piedmont depression sediments, and is characterized mainly by red variegated clastic rocks intercalated with volcanic rocks, containing few fossil animals and plants, to be commonly 400—1600m and maximum up to 2800m in thickness. It contacts with the underlying Middle Jurassic Tiaojishan Formation and its equivalent strata by parallel unconformity. In western Liaoning, the Tuchengzi Formation is found mainly in the Jinlingsi - Yangshan, Beipiao, Jianchang and Lingyuan - Sanshijiazi basins. Except the eolian desert deposit in the Jinlingsi - Yangshan and Beipiao basins, generally the filling succession in the basins is basically identical. In Jinlingsi - Yangshan basin, the filling succession and sedimentary environment of Tuchengzi age is as follows: at the beginning, it was characterized by medium-fine pebbled conglomerate of fluvial facies; in the early stage, by medium-fine grained sandstone, siltstone intercalated with shale and tuffite of littoral-shallow lake facies;in the middle stage,by medium-fine pebbled conglomerate formed by the braided channel or dispersed river;and in the late stage,by drying lake sediments in or close to the desert.

4.2.3 Climate

The western Liaoning was situated in north latitude 32.5°—35° in Late Jurassic,to be relevant to the modern warm temperate climate zone.But,the distribution of the global Late Jurassic plants reveals that the global climate became hot at that time.The boundary between the Europe - China province (sub-tropical) and Siberia province (temperate) moved at least 15°—20°northward from the Yellow River of northern China to northern Mongolia (V.A.Vakhrameev,1985).So,the Late Jurassic temperature of western Liaoning was much higher than the modern warm temperate zone, and may be relevant to the modern sub-tropical drought climate zone.

Tectonically,in Late Jurassic the connection and collision of the North China plate with the Siberia plate and Yangtze plate nearly ended.The studied region was compressed by the stress field of NE-SW direction and uplifted up to a peak,to be medium-superior in altitude in the paleo-Eurasia continent and somewhat to affect the global paleo-climate.In the ES side of the region,there were the mountains and hills facing the sea and equator,with the lower altitude area to receive the warm and humid airflow from the sea.Finally,the airflow was stopped by the high altitude area to show the warm-humid and rainy weather in the southern side of the region with well developed vegetation to form the continental monsoon climate. However,the studied region and its northern side showed the dry and rarely rainy weather with rare vegetation and affected by the volcanic activities to form the highland desert climate.

In the Tuchengzi flora,the Early-Middle Jurassic thermophilous and hygrophilous elements were greatly declined and replaced by the vigorous thermal and drought-resistant plant group.The fossil sporopollens of Tuchengzi age changed greatly, the drought-resistant pollen *Classopollis* reached up to 86%—91%,to indicate the drought was at apex.

The basin filling sediments of Tuchengzi age are as follows: the lower part is the typical drying lake sediments;the middle part belongs to the typical seasonal alluvial and pluvial fan phase and desert marginal sedimentary phase with many wind-cut stones and intercalations of eolian sediments;and the upper part belongs to the desert,desert lake and desert arroyo sediments.Therefore, the basin fillings of Tuchengzi age are the typical sediments under the dry and windy climatic condition,and we believe that the climate of Tuchengzi age belongs to the tropical drought climate.

4.2.4 Ecology

The vegetation was very poor in drought environment,with very few trees,bushes and herbal plants near the rivers and lakes and in the desert oases.The trees are dominated by the thermal drought-resistant types,and we have not found any thermophilous and hygrophilous fossil plants in the western Liaoning up to now.In the Tuchengzi flora,the coniferous plants are of 93%,the evergreen broadleaf,bush and herbal plants are of only 2%—3%,respectively.In the fossil sporopollens,the xerophilous types are of 82%,the mesophytic types 10%,the hygrophilous types 7%,and the helobious types 1%, to indicate that the Tuchengzi flora was very strong in heat and drought resistance. Since there are many fossil controstracas, ostracods, some insects and few bivalves, fishes, and dinosaurs found in places, concerning with the sedimentary strata, we believe that in early stage of Tuchengzi age, the drying lakes and rivers developed; in middle and late stages, there were the semidry – semihumid rivers, lakes, and desert oases in places. In and around these lakes and rivers, there was also a certain amount of invertebrate and vertebrate animals.

4.3 Geological-ecological environment of Jehol biota

4.3.1 Regional tectonic environment

During the period from late stage of Late Jurassic to Early Cretaceous, the collision of the Siberia plate and North China plate basically finished. The northern China, Mongolia, Siberia, Kazakhstan, and Korea peninsula became a complete land area above the sea level, but the other places in the world were mostly submerged or often invaded by the sea water at that time. Affected by the Pacific plate subducting NW-ward, the tectonics in western Liaoning was more active during this time. The mantle uplifted to lead large-scale underplating and lithosphere thinning, the regional stress field changed from the Jurassic compression gradually to the Cretaceous extension of NW-SE direction, to form a series of depressed, depressed-faulted and faulted basins distributed NE-ward along the Mongolian arc, based on the original highland.

4.3.2 Basin filling record and sedimentary environment

During the middle-late stages of Late Jurassic, under the background of highland and expansion of NW-SE direction, a series of new basins were formed. The volcanism-sedimentation occurred at first in northern Hebei district, and then gradually expanded to the southern Great Xing'an Mts. and western part of western Liaoning province. The basins were filled by the continental volcano-sedimentary succession, e.g. the Zhangjiakou Formation, Manketouobo Formation, Manitu Formation, and Baiyingaolao Formation.

From the terminal stage of Late Jurassic to the end of middle stage of Early Cretaceous, the basin-range structure further developed to show the dominant faulted basins and more violent volcanism. In western Liaoning, the basins were filled by the strata mainly of fluvial, lacustrine, and volcano eruptive-effusive facies, intercalated with volcano-sedimentary facies, e.g. the Yixian Formation and Jiufotang Formation. All these strata construct three filling successions, i.e. the continental volcano-sedimentary succession and flyschoid sedimentary succession of the Yixian Formation, and the continental flyschoid oil-bearing sedimentary succession of the Jiufotang Formation.

4.3.3 Climate

The period from late stage of Late Jurassic to Early Cretaceous was the development age of the Jehol biota, when the latitude of our studied region was roughly in north latitude 40°—42°, to be equivalent to the modern temperate climate zone. Many data reveal that in Cretaceous the global climate was the real greenhouse-type with the mean temperature 3—10℃ higher than the present. But the temperature of Early Cretaceous (Berriasian – Hauterivian) was lower than that of the middle stage with clear seasonal changes, and probably situated in a warm temperate zone, generally to show the warm and humid weather. The stress field changed gradually from the Jurassic compression to the Cretaceous extension of NW-SE direction, the highland gradually became lower to form a series of faulted basins, and the volcanism started to be in vogue. Actually, the volcanism, especially the oceanic volcanism, was also vigorous in the other places of the world at that time. The global mass volcanic eruption made a huge amount of high temperature materials and gases, in which the released CO_2 was very enormous to affect the Cretaceous global environment and climate and to be one of the important factors of warming the global climate. The warmed climate directly led to the glacial ablation, sea level uplifting, and a great amount of land submerged. All the sea level uplifting, land area reducing, and temperature going up absolutely reduced the global temperature gradient, and increased the air humidity to a certain extent. In accordance with the geomorphologic analyses, the paleo-climate of the region was dominated by the continental monsoon-type, but affected by the epicontinental marine climate, with higher temperature, humid air to be suitable for the Jehol biota flourishing.

The flora of Yixian age differs not only from the typical tropical and subtropical flora, but also from the temperate flora. There are not only the hygrophilous and heat-resistant elements, but also the xerophilous and aquatic types; not only the evergreen coniferous and broadleaf plants, but also the deciduous broadleaf trees in the flora, to indicate the seasonal changes of the climate in early stage of Early Cretaceous. Generally, it was a transitional climate from subtropical zone to temperate zone dominated by warm and humid weather, and probably with seasonal drought and semi-drought. The *Otozamites* etc. appeared in the Jiufotang Formation tell us that during the middle-late stages of Early Cretaceous, the climate changed to the humid and hot weather.

4.3.4 Ecology

The plant coenosis of Yixian age shows the following main types: ① the littoral shallow water – mesophytia, consisting of Articulatae, bryophyte, Lycopsida, and angiosperms, to be all the herbal plants; ② the coastal lowland (plain) coenosium, composed mainly of the herbal plants of Filicinae and Gnetales; ③ the slope – hill coenosium, dominated by the trees and bushes composed mainly of Bennettiopsida, cycads, Ginkgoales, and *Czekanowskia*; ④ the mountain coenosium, composed mainly of conifers, to be mostly trees with few bushes. In the fossil sporopollens of Yixian age, the thermophilous conifers are dominant, the hygrophilous Filicinae and cycads are common. In the conifer's pollens, the modern types of *Pseudopicea* and *Pinuspollenites* show a broad habitat may live in the frigid, temperate, even tropical zone, but mostly in the mountainous area. The fossil sporopollens of Jiufotang age show an ecological environment quite similar to that of the Yixian age, represented still by the mixed primitive and evolved conifers, to be mostly the mountainous coniferous forest in landscape. But in Jiufotang age, there were lakes broadly distributed, should to be the basin-range ecological landscape.

There are abundant fossil ostracods and controstracas in the Jehol biota, of which the ostracods are of benthic and swimming type, generally living in the coastal shallow – semi-deep lakes, and the controstracas living in the shallow water and muddy bottom of static zone, to be suitable for the fresh or sub-brackish, alkalescent water. The fossil controstracas of Yixian age are relatively bigger than that of the Jiufotang age in size, to indicate probably the increased temperature of lake water from Yixian to Jiufotang age. The insect group and primitive birds of the Jehol biota may reflect an ecological background of bigger land modification, warm and humid climate, dominated by lakeside and swamp surrounded by the mountain and forest.

4.4 Geological-ecological environment of Fuxin biota

4.4.1 Regional tectonic environment

The Fuxin biota development age was the highland basin-range structure restricted stage. The basin restricting actually started from the terminal stage of the Jehol biota development, when the region was situated in the active continent margin of the present Pacific trench-arc-basin system, and the Sea of Japan and eastern part of Northeast China was the back-arc spreading area. Since the continuous expansion of the Sea of Japan, the regional violent extension became wakened, the mass faulted basins started to be ended, and the periodic compression gradually appeared to uplift the basins filled by the coarse-grained sediments with low maturity. At the beginning of the evolution of Fuxin biota, the regional tectonic movement inherited such the uplifting; but in the middle stage, generally under the Cretaceous extension background, some faulted basins continuously developed and filled by the Shahai Formation; in the late stage, the regional compression became stronger to force the basins quickly uplifted and to receive the sediments of the Fuxin Formation.

4.4.2 Basin filling record and sedimentary environment

During the evolutionary period of the Fuxin biota, the basins of western Liaoning were filled by the Shahai Formation and Fuxin Formation distributed mainly in the Fuxin – Yixian and Jianchang basins, to belong to the flyschoid oil-bearing and mollasse-like coal-bearing sedimentary successions, respectively. For example of the Fuxin – Yixian basin, the basin development of Shahai age may be subdivided into the initial faulting, basin extending and lake restricting three stages, to form the initial filling system tract – the alluvial fan sediments of semi-humid and semidry climate; the initial expansive system tract – the fan delta, fan-topped piedmont swamp, peat swamp, and littoral-shallow lake sediments; the lake expansive system tract – the sediments of regradational shallow lake, semideep – deep lake facies intercalated by the sub-aquatic debris flow or turbidite. The basins of Fuxin age belong to the inherited faulted basins with clearly uplifting, and filled by five rock members. Except the first member filled by the fan delta and braided channel sediments in the lower part, the lower parts of the other members are all filled by the braided channel and point-bar sediments, and the upper parts by the flood bed, fan-topped piedmont swamp and peat swamp sediments, partially to form the shallow lake sediments in the waterlogged depression. Generally speaking, in the Fuxin age, the fluviation and fan-shaped alluviation were well developed, to control the formation of the peat swamp and coal seams.

4.4.3 Climate

The Fuxin biota development age was roughly the latest age of Early Cretaceous. The paleo-geographic position of the region was relevant to that of the Jehol biota development age, to be situated about in north latitude 41° equivalent to the modern temperate zone. Since the endogenetic changes of the earth, the global continent dispersed, the climate was anathermal, the transgression expanded globally, and the paleo-temperature and sea level were much higher than the modern's. Generally, the warm and humid climate benefited the development of the animals and plants, to be similar to the modern subtropical and warm-temperate zone. Tectonically, in the late stage of Early Cretaceous, under the background of regional extension and highland restriction, the studied region was affected by the back-arc spreading of the Sea of Japan, to be in a compressed and restricted situation, that the basins lowly uplifted, the denudation strengthened, the lakes restricted, but the rivers and swamps increased. Although the climate inherited the continental monsoon type of the early stage of Early Cretaceous, but showed the tendency transitional to the semidry and semi-humid climate. The flora of this time reflected the clear seasonal changes, to be similar to the plant elements of warm temperate zone. The sporopollens indicated the dry-hot climate in the early stage, and the humid-hot climate in the middle-late stages of Shahai age. The climate was the typical subtropical, humid in the early stage, but became dry and hot in the late stage of Fuxin age.

4.4.4 Ecology

In the Shahai age, the studied region showed the landscape mainly of mountains, lakes and swamps; the rivers relatively developed in the early stage, but somewhat contracted in the late stage; the lakes gradually developed and expanded. In the flora, the Ginkgoales and conifers were dominant, the Filicinae and cycads were second, surrounding the lake and swamp lowland to form the small phytocoenosium.

In the Fuxin age, the region was characterized mainly by the low mountains, lakes and swamps, being still the basin-range type geographically. But the relative height difference of basin and range reduced already, the lakes continuously contracted, the braided channel, flood bed and limnetic facies gradually developed. In the early-middle stages of Fuxin age, the Filicinae and conifers were broadly distributed, but the swamp and wetland probably were more suitable for the pteridophyta, and the lowland and slope favorable to the conifers, cycads and Ginkgoales. In the late stage of Fuxin age, the Filicinae were not the dominant, but the cycads and conifers increased. The plant landscape was basically the interactive woods of conifers and cycads distributed along the river banks and slopes on both sides, with some pteridophytic plants under the trees or in the depressed places.

4.5 Geological-ecological environment of Songhuajiang biota

4.5.1 Regional tectonic environment

Since the terminal stage of Early Cretaceous, when the region was situated in the active continent margin of the present Pacific trench-arc-basin system, the Sea of Japan continuously expanded, the regional compression increased, the basins gradually uplifted, and the geological bodies of Fuxin Formation and older strata were eroded, to form the unconformity interface broadly in the region. The interface represented the end of the third episode of Yanshanian movement, i.e. the end of the mass basin-range-forming movement transferred to the Late Cretaceous basin-mountain movement. Meanwhile, there were some NS-ward small faulted basins formed in the eastern Liaoning province, with a small amount of intermediate-acidic volcanic eruption to form the piedmont mollasse-like sediments. In the eastern side of the studied region, the large faulted basin—Songhuajiang basin was formed.

4.5.2 Basin filling record and sedimentary environment

In the early stage, the basin filling record was the continental volcanic rock succession represented by the Daxingzhuang Formation; but in the late stage was the mollasse-like succession represented by the Sunjiawan Formation. Lithologically, the Daxingzhuang Formation is characterized by the dacitic, rhyodacitic volcanic rocks and its pyroclastic rocks, and the intermediate-basic volcanic rocks in the individual basins. The Sunjiawan Formation is represented by a series of mollasse-like red variegated coarse-grained clastic sediments dominated by the polygenetic conglomerate, intercalated with sandstone and siltstone lenses, and the sedimentary environment is mainly of the braided channels with scattered small lakes.

4.5.3 Climate

In Late Cretaceous, the region was situated in north latitude 44°—46°, corresponding to the modern temperate – cool temperate zone, but with a higher temperature under the Cretaceous global high temperature background. According to the study of paleo-flora of the Songliao basin (Zheng Shaolin, 1994) in Late Cretaceous, except the drier climate of early stage, the basin was situated generally in a humid climate zone, to be shinning and rich in water resources, with seasonal changes but small change of temperature, belonging to the subtropical – temperate climate. In the Fuxin – Yixian basin of western Liaoning, the Sunjiawan Formation was formed in the terminal inversion stage of the sedimentary basin, to be the products from the warm-humid coal-forming environment transferred quickly to the dry and hot climate with poor fossils.

4.5.4 Ecology

Comparing with the Jehol biota, the Songhuajiang biota is distributed very narrow geographically. In the fossil association, the Sunjiawan Formation is relatively reduced both in types and amount, but the fossil bivalves, gastropods, ostracods etc. developed partially in the fine-grained clastic rocks to reflect indirectly that the early ecological environment of the Songhuajiang biota was not very suitable for the mass multiplying of organisms. The ecological environment was dominated by the fluvial facies with few shallow-lake facies, which is also evidenced by the rock association.

Chapter 5 Living Ages of Main Biota

5.1 Living age of Yanliao biota

Many evidences show that the Yanliao biota,including the fossil assemblages of the Haifanggou Formation and Tiaojishan Formation,was formed in Middle Jurassic.

5.1.1 Forming age of Haifanggou Formation and its fossils

The Haifanggou Formation and its fossils were formed in the early-middle stages of Middle Jurassic.Its fossil plants are represented by the *Coniopteris simplex* – *Eboracia lobifolia* assemblage,to be similar to the British York Shire flora and roughly corresponding to the lower part.The York Shire flora-bearing strata were evidenced by the marine fauna to be Bajocian – Bathonian of Middle Jurassic in age.Besides,the fossil plant assemblage of Haifanggou Formation is also similar to the Middle Jurassic flora of Central Asia region of Russia.Its fossil sporopollens are characterized by the *Cyathidites* – *Asseretospora* – *Osmundacidites* assemblage, in which the high amount of *Cyathidites* and *Deltoidospora* is mostly found in the Middle Jurassic assemblages all over the world,to be early stage of Middle Jurassic in age.The fossil insect *Mesobaetis* – *Yanliaocorixa* – *Rhipidoblattina* assemblage in it is also correlatable to the Chilinhov Formation of Irkutsk basin of Russia.In the Daohugou district of Inner Mongolia,the volcanic rock of Tiaojishan Formation directly overlies on the sedimentary strata of Haifanggou Formation to show the zircon U-Pb age of (164.4±2.4)Ma, (165.5±1.5)Ma,indicating that the age of Haifanggou Formation is bigger than 165Ma.

5.1.2 Forming age of Tiaojishan Formation and its fossils

The Tiaojishan Formation and its fossils were formed in the middle-late stages of Middle Jurassic.The fossil plants of Tiaojishan Formation belong to late assemblage of the *Coniopteris* – *Phoenicopsis* flora,to be generally similar to the Middle Jurassic flora of British York Shire and also correlatable to the equivalent flora of Central Asia.The former geologists made a series of isotopic age determination in the Tiaojishan Formation and got the reliable data confirmed by various methods (K-Ar,Rb-Sr,and single zircon U-Pb technique).The data vary in 165.5—156.06Ma,to indicate the Tiaojishan Formation was formed in Bathonian – Callovian of late stage of Middle Jurassic.

5.2 Living age of Tuchengzi biota

Summarizing the former works, the authors consider that it is reasonable to confirm the Tuchengzi biota Late Jurassic in age.The fossil plants generally are different from that of the underlying Middle Jurassic Tiaojishan Formation and Haifanggou Formation,and with some species correlatable to the Late Jurassic-Early Cretaceous types.The lower member of Tuchengzi Formation yields the *Classopollis* – *Quadraeculina* high content assemblage to reflect the characteristics of many Late Jurassic sporopollen assemblages both in door and abroad, to be early stage of Late Jurassic in age. The fossil dinosaur *Chaoyangosaurus youngi* found in Tuchengzi Formation of western Liaoning shows the out expanded cheekbone to make the condition for evolving to genus *Psittacosaurus*, to be considered as the ancestor type of Early Cretaceous *Psittacosaurus*. So, it is appropriate to determine the Tuchengzi Formation Late Jurassic in age. The fossil ostracods in lower part of Tuchengzi Formation are of the *Cetacella substriata* – *Mantelliana alta* – *Darwinula bapanxiaensis* assemblage, in which there were many elements inherited from Middle Jurassic and some types started to flourish in Late Jurassic. So, it is reasonable to define the Tuchengzi Formation in the Oxfordian – Kimmeridgian age. According to the regional climatic features, the Tuchengzi Formation is Late Jurassic in age. The Late Jurassic drought climate involved northern Hebei and most area of Northeast China, even spread to many places of Europe, to form such the dull sporopollen assemblage dominated by conifers, to be similar to the Tuchengzi Formation and correlatable to each other regionally. The sanidine $^{40}Ar/^{39}Ar$ age in the volcanic ash of upper part of Tuchengzi Formation is [139.4±0.19 (ISD) ±0.05 (SE)] Ma (Wang Xiaolin, 2001), to indicate that the forming age of the lower-middle parts of Tuchengzi Formation is older than 139.4 Ma, corresponding to Kimmeridgian age of Late Jurassic in the global stratigraphical scale by J.W.Cowwie and M.G.Bassett, and that of the upper part equals or later than 139.4 Ma, to be Tithonian age of terminal stage of Late Jurassic.

5.3 Living age of Jehol biota

There are three evolutionary stages of the Jehol biota: the early initial sprouting stage, the middle flourishing stage, and the late withering stage. The Jehol biota started to breed in the terminal stage of Late Jurassic, started to flourish in Early Cretaceous, and declined in the middle-late stages of Early Cretaceous.

(1) The early initial sprouting stage, i.e. the Dabeigou age, is represented by the *Nestoria* – *Ephemeropsis trisetalis* – *Luanpingella* assemblage. The fossil vertebrates are only of the fish *Peipiaosteus* and some dinosaurs. These fossil assemblages show the clear aspects of Late Jurassic, to indicate the characters of the Tuchengzi biota alternated by the Jehol biota.

(2) The middle flourishing stage is characterized by the fossils of Yixian age. In the invertebrates, the fossil ostracods are represented by the *Cypridea* (*Cypridea*) *liaoningensis* – *Yanshania dabeigouensis* – *Djungarica camarata* assemblage; controstracas by the *Eosestheria* – *Diestheria* assemblage; insects mostly show endemic characters with the representative element *Ephemeropsis trisetalis* and other species. They have the clear aspects of early stage of Early Cretaceous, to be correlatable to Early Cretaceous biota both indoor and abroad. In the vertebrates, there are the hairy dinosaurs, the early birds more evolved than the *Archaeopteryx*, the primitive mammals, and abundant *Psittacosaurus*, aquatic lizards and *Lycoptera*, in which many elements are widely distributed in the Early Cretaceous strata of northern China, Mongolia, Siberia, Korea, Japan and Thailand, and the fossil hairy dinosaurs, birds, mammals are more advanced than that of Late Jurassic, and clearly diversified. So, it is reasonable to determine them Early Cretaceous in age.

(3) The late withering stage is represented by the fossils of Jiufotang age. The fossils found in

the Jingangshan bed of Yixian Formation already show the transitional features from middle to late stage of the biota; the fossil ostracods in upper part of Jiufotang Formation may be correlated with that of the non-marine strata between the Valanginian and Aptian marine fossil-bearing beds in the lowland of western Siberia of Russia; the vertebrates further developed in this time, yielding the more advanced *Cathayornis* group, many pterosaurs and fishes, to reflect generally the aspects of early-middle or middle stage of Early Cretaceous.

(4) The fossil sporopollens in the lower member of Dabeigou Formation are the Jurassic common elements or Jurassic/Cretaceous diachronous elements, mostly belonging to the bivesiculate pollens, to be Late Jurassic in age; but that of the upper member show many Early Cretaceous types. There are abundant fossil plants in the Yixian Formation predominated by conifers, Ginkgoales, *Coniopteris* and *Podozamites*, to be similar to the Early Cretaceous flora of Siberia. The fossil sporopollens found in the Yixian Formation are represented by the *Cicatricosisporites* – *Densoisporites* – *Jugella* assemblage, in which some elements are specific in Early Cretaceous.

(5) Many isotopic dating works are made in the Jehol biota-bearing strata. The methods are mainly of K-Ar isochronic, $^{40}Ar-^{39}Ar$, single zircon U-Pb, and laser microprobe Ar-Ar etc. The data show that the Dabeigou Formation started to form 135Ma ago and ended 132Ma ago; the Yixian Formation is 133—121Ma, and its precious fossil-bearing beds of lacustrine facies are 127—125Ma old. No isotopic dating made in the Jiufotang Formation, but the K-Ar isochronic age got from volcanic rock of the overlying Daxingzhuang Formation is 115.16—80.83Ma, zircon Shrimp U-Pb age from trachyandesite which intruded and coverd Jiufotang Formation at Yaocangtu village in Heishan county is (115±1.5) Ma, and the inferred forming-age of the Jiufotang Formation is 120—115Ma. In accordance with the *IUGS* 1989 *Global Stratigraphical Scale* edited by J.W.Cowwie et al., the boundary-age of Jurassic and Cretaceous is 135 Ma, but we have a growing tendency to the opinion that the boundary-age may be 130Ma. So, the early sprouting stage of Jehol biota is late Late Jurassic in age, and the middle flourishing and late withering stages are Early Cretaceous in age.

(6) The mutational changes of geological environment: Around 135—130Ma ago, the global environment changed greatly. The changes are evidenced by the tectonic, volcanic, and sedimentary records. So, 135—130Ma should be a key time period, and the mutation affected the organisms by both positive and negative respects. On the one hand, the mutation was disastrous to the early organisms that some elements were not suitable for the changed environment to go to extinction; on the other hand, it enforced the gene changes in some organisms to suit the environmental changes and to form the new species. So, concerning the other factors, it is more reasonable to confirm the basal interface of Yixian Formation as the mutation interface, that Jurassic was situated below and Cretaceous above the interface. Since the Jehol biota – bearing strata leaped over Jurassic and Cretaceous, their forming-age should be Late Jurassic-Early Cretaceous.

5.4 Living age of Fuxin biota

There is no argument of the Fuxin biota Early Cretaceous in age. The main evidences are as follows:

(1) The fossil bivalves of Fuxin biota evolved from that of the Jehol biota, generally having not only the elements inherited from Jehol biota, but also the new types, especially *Nippononaia* cf. *tetoriensis*, *Tetoria* cf. *yokoyamai*, *Merocorbicula tetoriensis* etc. are all correlatable to the equivalent strata of Tetori group of Japan, which were confirmed by the marine strata to be Valanginian of Early Cretaceous in age (Chen Jinhua, 1999).

(2) The studies of fossil sporopollens (Pu Ronggan and Wu Hongzhang, 1985) and ostracods (Zhang Lijun, 1985) indicated the age of Fuxin Formation to be late Barremian - early Aptian.

(3) The fossil controstracas of Fuxin biota are abundant, in which the main elements are *Yanjiestheria*, *Pseudestherites*, *Neimongolestheria*. Usually, the *Yanjiestheria* is considered to be evolved from *Eosestheria*, and there are a great amount of *Yanjiestheria*, but a few *Eosestheria* in the Fuxin biota to indicate its age of Early Cretaceous.

(4) The fossil flora of Fuxin biota is evidenced by the marine strata in southern littoral region of Far East of Russia to be Early Cretaceous in age.

(5) The fossil insect group of Fuxin biota is basically identical in aspects to the Early Cretaceous Lushangfen insect group.

5.5 Living age of Songhuajiang biota

The Songhuajiang biota in our monograph includes only the fossil animals and plants found from the Sunjiawan Formation of western Liaoning and the Quantou Formation of Songliao basin, to be Late Cretaceous in age. The main evidences are as follows:

(1) The fossil ostracod *Cypridea* (*Bisulcocypridea*) *edentula tumidula* found in the Sunjiawan Formation is similar to the *Cypridea* (*Bisulcocypridea*) *edentula* Ye of Late Cretaceous Qingshankou Formation of Songliao basin in many aspects, belonging to a same population. The types of *Triangulicypris* of the Sunjiawan Formation are also popular in the Qingshankou Formation.

(2) In fossil sporopollen assemblages of the Sunjiawan Formation and the Quantou Formation all contain the Late Cretaceous common elements *Schizaeoisporites* etc.

(3) The Sunjiawan Formation overlies on the Daxingzhuang Formation by parallel unconformity, to be the syntectonic products. The whole rock K-Ar isochron age from the volcanic rock of Daxingzhuang Formation is 115.16—80.83Ma, to be basically Late Cretaceous in age. But the Sunjiawan Formation contacts with the underlying Fuxin Formation by angular unconformity, to indicate they are the products of different times.

Chapter 6 Seral Biota and Coupled Changes of Stratified Spheres of the Earth

The occurrence, development and sere of the biota were closely related to their situated special paleo-geographical, paleo-ecological and paleo-climatic conditions. But the important factors to lead the fundamental changes in these aspects may be traced to the lithosphere, atmosphere, hydrosphere, even the extraterrestrial astrospace.

The Middle Jurassic – Early Cretaceous was the peak period of the famous Yanshanian movement, when the various geological events of the lithosphere, hydrosphere, atmosphere, biosphere, and the extraterrestrial astrospace frequently and repeatedly occurred in the East Asia or all over the world. The coupled changes of the lithosphere, atmosphere, hydrosphere and biosphere are sensitively reflected by the terrestrial organisms. The comprehensive effects caused by the various spheres to each other finally lead to the appearance of several biotas in succession. The mutational evolution and extinction of organisms occurred constantly. The occurrence, development, radiation, consumption and the replacing process of the Yanliao biota, Tuchengzi biota, Jehol biota, Fuxin biota, and Songhuajiang biota suggest that the global stratified spheres suffered from the significant events many times.

In Triassic, the Pangaea gradually developed and reached the peak, the Siberia plate collided with the North China plate; the Indosinian movement caused by super-collision formed the orogenic belt and plateau in the margins of North China plate and its neighbour areas; the piedmont and intermontane depressed basins started to form and develop, and a series of rivers and lakes appeared to enforce the terrestrial organisms to develop and flourish. The Mesozoic biota sere of western Liaoning is closely related to the geomorphologic changes of the plateau.

In Early-Middle Jurassic, the Pangaea started to split, the Tethys Sea further expanded, the transgression increased and the land area reduced; based on the first episode of Yanshanian movement, the eastern part of China was compressed and uplifted to lead the plateau further developed. Meanwhile, the outer belt of the circum-Pacific volcanic rocks started to form and to develop, e.g. the Xinglonggou and Tiaojishan volcanic cycles, The basins formed by the weak extension alternately occurred in the western Liaoning and northern Hebei regions, and some volcanic intermittent depressed basins started to form; these basins gradually developed the volcanic intermittent lakes, forest and swamp filled by the mollasse-like (coal-bearing) formation; some gentle terrains in or surrounding the basins gradually developed the coniferous forest or grassland. The Great Xing'an Mts. were the main mountains of the region in that time with the small scale water system flowing from west to east; since Middle Jurassic, the climate changed from the warm and humid weather of Early Jurassic warm temperate zone to the semidry – semihumid type of tropical, subtropical – warm temperate zone. All these indicate that the changes of lithosphere lead to the increased geographical separation and the complicated ecological environment, the regional water system gradually formed a certain scale, the climate gradually started to become suitable for the diversity of organisms, and the Yanliao biota gradually developed and strengthened under such the conditions.

In the early stage of Late Jurassic, the paleo-Indian Ocean, paleo-Atlantic Ocean, and paleo-Pacific Ocean split synchronously, the Pangaea disintegrated initially and the old land area further reduced. The plateau of western Liaoning – northern Hebei region developed already to the piedmont peneplane process of terminal stage, the climate transferred to the subtropical high temperature and drought. Although there were some rivers and lakes, but the desert scope gradually increased, and the water system gradually withered. Under the worsened ecological environment, the Yanliao biota gradually withered away, and replaced by the more suitable organic types – Tuchengzi biota. The period of from middle-late stages of Late Jurassic to early stage of Early Cretaceous was the flourishing age of the Jehol biota, and the fundamental reason caused the occurrence and development of the Jehol biota was probably the significant changes of the lithosphere, hydrosphere and atmosphere at that time. At first in the lithosphere, the three big oceans and Tethys Sea violently expanded, and the Pangaea disintegrated to cause the global transgression. In Europe, especially in West Europe, the Jurassic transgression was bigger than Triassic, e.g. in the Oxfordian, Kimmeridgian and Tithonian, to develop the vast shallow sea area. In the period from late stage of Late Jurassic to early stage of Early Cretaceous, the sedimentary strata of paralic facies (Purbeck group and Wilden system) appeared in North Europe, and then the transgression extended again in the middle stage of Early Cretaceous. During this time, the transgression increased gradually also in the lowland of northern Siberia, the coastal region of Arctic Sea and Far East, and even reached the East Europe. Under such the background, the paleo-Asia continent gradually formed. Affected by the transgression, the European terrestrial lives migrated to the paleo-Asia to be exchanged and mixed with the organisms of paleo-Asia. The inland basins of northern China (including western Liaoning) became the important habitat to enforce the Jehol biota quickly developed.

In the period from middle-late stages of Late Jurassic to early stage of Early Cretaceous, affected by the second episode of Yanshanian movement, the eastern China formed the basin-range highland, and the outer belt of circum - Pacific volcanic activities reached the peak. At that time, the southern part of Great Xing'an Mts. was the main uplifted area with the mantle-derived magma actively penetrated, to cause the crust stretching and extension in northern Hebei and western Liaoning region and to form the serial depressed and faulted basin group of extreme extension. Accompanied by the volcanism, the basins were filled by the volcanic rocks and sedimentary strata of lake facies, respectively. So, the geographical separation became very strong, the ecological environment gradually complicated, and the hazard mutational events frequently occurred, to enforce the gene change and the species increase. The life population continuously strengthened in the radial and marginal evolution. In the hydrosphere, the numerous volcanic basins of the region evolved gradually to become the drainage basins and to form a big amount of inland lakes and wetland. The Yiwulü Mts. was the high mountains of the region at that time, westward there were also the Songling uplift and Lingyuan uplift of lower altitude, to form the water system flowing from east to west. This water system was the biggest in the geological history of the region and probably connected a series of lakes to make the good conditions for the explosion of Jehol biota. In the atmosphere, the climate changed from the high temperature and drought in early stage of Late Jurassic to the warm and seasonal humid - semihumid weather of warm temperate zone in early-middle ages of the Jehol biota, to make the nice climatic conditions for the explosion of Jehol biota.

In middle-late stages of Early Cretaceous, the Atlantic Ocean expanded further, the Gondwana continent started to disintegrate, and the Pangaea disintegrated more violently; the transgression in West Europe reduced at the beginning of Early Cretaceous, but gradually extended in the middle stage (Barremian) and greatly extended in late stage (from Aptian to Alpian); on the other hand, the Tethys Sea started to reduce. Meanwhile, the circum-Pacific volcanic active belt was still dominated by the highland basin-range landscape, but the faulted basins of extension-type started to uplift and entered the late development stage, to be filled by the mollasse-like coal-bearing sediments with flyschoid oil-bearing strata in places;the volcano-sedimentary cycle of Yixian age reached the late development stage. Thus, the paleo-geography of western Liaoning and northern Hebei region was characterized mainly by mountains and swamps of lake facies with scattered bigger lakes, to belong to the atypical basin-range landscape. The post basin-range stage was characterized by the low mountains and swamps of lake facies; the big lakes disappeared and the water system withered; the climate changed from the early semi-humid coal-forming type to the warm and humid coal-forming type, especially the global Middle Cretaceous event – drop in temperature expressed also in the region. All these changed and worsened the original ecological environment, to lead the Jehol biota withered away and replaced by the Fuxin biota.

In Late Cretaceous, the Atlantic Ocean extended strongly, the Gondwana continent further disintegrated, and the Pangaea finished disintegration; after the massive transgression of late stage of Early Cretaceous, the transgression of Late Cretaceous further extended in West Europe. Up to terminal stage of Late Cretaceous, the crust uplifted broadly, the transgression ended, and the Tethys Sea withered further. The third episode of Yanshanian movement occurred in eastern China, and the region was strongly compressed and uplifted. The massive depression formed the basin-mountain system, that the continental volcanic sediments and red-variegated mollasse-like clastic sediments of piedmont depression-type formed in early stage and the oil (coal)-bearing sediments formed in late stage. The circum-Pacific volcanism moved from the outer belt to the inner belt, the volcanic activities greatly reduced in the eastern China. At that time, the western Liaoning region was the near-plateau or low mountain area, with a few fluvial plains and scattered small shallow lakes, the basin drainage system basically ended; the climate changed from the early warm and humid coal-forming type to the subtropical dry and hot weather. The original ecological environment greatly changed, the Fuxin biota withered away and replaced by the Songhuajiang biota.

主要参考文献

腹足类及双壳类

陈金华.热河生物群的双壳类组合研究[M]//陈丕基,金帆.热河生物群.合肥:中国科学技术大学出版社,1999.

顾知微.关于费尔干蚌(*Ferganoconcha*)[J].古生物学报,2002,41(1):152-158.

潘华璋,朱祥根.辽宁北票四合屯地区义县组下部的腹足类化石[M]//陈丕基,金帆.热河生物群.合肥:中国科学技术大学出版社,1999.

于菁珊,董国义,姚培毅.辽西热河群双壳类的分布和时代[M]//王五力等.辽宁西部中生代地层古生物(3).北京:地质出版社,1987.

于希汉.辽宁西部晚中生代非海相腹足类化石[M]//王五力等.辽宁西部中生代地层古生物(3).北京:地质出版社,1987.

朱国信.腹足类[M]//华北地区古生物图册内蒙古分册(二).北京:地质出版社,1976.

朱国信.腹足类、双壳类[M]//东北地区古生物图册(二).北京:地质出版社,1980.

Gu Zhiwei,Li Zishun,Yu Xihan.Lower Cretaceous bivalves from the eastern Heilongjiang Province of China [M].Beijing:Sciense Press,1997.

叶肢介

陈丕基,沈炎彬.叶肢介化石[M].北京:科学出版社,1985.

陈丕基,吴舜卿.热河生物群研究的现状与展望[C]//北京大学国际地质科学学术研讨会论文集.北京:地震出版社,1998.

陈丕基.辽西义县组的叶肢介化石[M]//陈丕基,金帆.热河生物群.合肥:中国科学技术大学出版社,1999.

牛绍武,李佩贤,田树刚,等.冀北滦平盆地大北沟组叶肢介化石研究新进展[J].地质通报,2002,21(6):322-328.

牛绍武,李佩贤,田树刚,等.冀北滦平盆地大店子组中网雕饰叶肢介属的发现及其意义[J].地质通报,2003,22(2):95-104.

王思恩,高林志,庞其清,等.中国陆相侏罗系—白垩系界线及其国际地层对比:以冀北—辽西地区侏罗系—白垩纪年代地层为例[J].地质学报,2015,89(8):1331-1351.

王思恩,牛绍武.介甲目[M]//地质矿产部天津地质矿产研究所.华北地区古生物图册(二),中生代分册.北京:地质出版社,1984.

王思恩.冀北和大兴安岭地区晚侏罗世的新叶肢介化石及其意义[J].中国地质科学院地质研究所所刊,1981,3:97-117.

王思恩.热河生物群的古生态与古环境[J].地质学报,1999,73(4):289-301.

王思恩.热河生物群的古生态与古环境——冀北、辽西叶肢介群落古生态与古环境重建[J].地质学报,1999,73(4):289-301.

王思恩.晚侏罗世假雕饰叶肢介-背角叶肢介(*Pseudograpta-Kerstestheria*)群落分析[M].中国地质科学院地层古生物论文集编委会.地层古生物论文集.北京:地质出版社,1999.

王思恩.中国北部陆相侏罗系与英国海陆交互相侏罗系的对比研究[J].地质学报,1998,72(1):11-21.

王五力.介甲目[M]//沈阳地质矿产研究所.东北地区古生物图册(二).北京:地质出版社,1980.

王五力.介甲目[M]//内蒙古自治区地质局,东北地质科学研究所.华北地区古生物图册(二)内蒙古分册.北京:地质出版社,1976.

王五力.辽宁西部中生代叶肢介化石[M]//于希汉,王五力,刘宪亭,等.辽宁西部中生代地层古生物(3).北京:地质出版社,1987.

王五力.燕辽地区抚顺叶肢介科化石的发现及其意义[J].中国地质科学院沈阳地质矿产研究所所刊,1982,4:208-216.

王五力.中国侏罗—白垩纪叶肢介古地理分区和古气候初步研究[M]//王五力,郑少林,张立君,等.中国东北环太平洋带构造地层学,北京:地质出版社,1995.

张文堂,陈丕基,沈炎彬.中国的叶肢介化石[M].北京:科学出版社,1976.

Chen Piji,Hudson J D.The Conchostracan fauna of the Great Estuarine Group,middle Jurassic[J].Scotland.Palaeontology,1991,34(3):515-545,10pls.

Shen Yanbin,Gallego O,Zavattieri A M.A new Conchostracan genus from Triassic Potrerillos Formation,Argentina[J].Acta Geologica Leopoldensia,2001,26(52/53):227-236.

介形类

曹美珍.辽宁西部四合屯地区义县组下部介形类[M].陈丕基,金帆.热河生物群.合肥:中国科学技术大学出版社,1999.

侯祐堂.中国西北及东北地区侏罗纪及白垩纪淡水介形类化石 Cyprideinae 亚科[J].中国科学院南京古生物研究所集刊,1958,1:33-103.

侯祐堂,勾韵娴,陈德琼.中国介形类化石(第一卷)[M].北京:科学出版社,2002.

李宏容.内蒙古二连盆地中生代介形类[M].北京:石油工业出版社,1989.

李友桂,苏德英.中国东部侏罗—白垩纪介形虫动物群及其对比[M]//中国地质科学院地质研究所地层组.中国东部构造-岩浆演化及成矿规律(二).北京:地质出版社,1989.

庞其清,张丽仙,王强.介形虫[M]//天津地质矿产研究所.华北地区古生物图册(三),微体古生物分册.北京:地质出版社,1984.

沈炎彬,Schram FR,Taylor RS.热河生物群四节辽宁洞虾及其古生态[M]//陈丕基,金帆.热河生物群.合肥:中国科学技术大学出版社,1999.

苏德英,李友桂,等.介形虫化石[M]//中国地质科学院地质研究所.陕甘宁盆地中生代地层及古生物,下册.北京:地质出版社,1980:48-83.

张立君,张立东,杨雅军,等.辽西建昌盆地下白垩统义县组的划分及其介形类化石[J].地质与资源,2012,21(1):81-92.

张立君.辽宁西部晚中生代非海相介形类动物群[M]//张立君,蒲荣干,吴洪章.辽宁西部中生代地层古生物(2).北京:地质出版社,1985:1-121.

昆虫类

洪友崇.北方中侏罗世昆虫化石[M].北京:地质出版社,1983.

洪友崇.东亚古陆中生代晚期热河生物群的起源、发展、鼎盛与衰亡[J].现代地质,1993,7(4):373-383.

洪友崇.古昆虫学的发展、存在问题与展望[J].地质通报,2003,22(2):71-86.

洪友崇.酒泉盆地昆虫化石[M].北京:地质出版社,1982.

洪友崇.昆虫纲[M]//地质矿产部天津地质矿产研究所.华北地区古生物图册(二)中生代分册.北京:地质出版社,1984.

洪友崇.辽西喀左早白垩世昆虫化石的研究—蜻蜓、异翅、鞘翅、膜翅目[J].地层古生物论文集,1988,18:

76 -87.

洪友崇.辽西喀左早白垩世鞘翅目、蛇蛉目、双翅目化石(昆虫纲)的研究[J].甘肃地质学报,1992,1(1):1 - 11.

洪友崇.中国北方昆虫群的建立与演化序列[J].地质学报,1998,72(1):1 - 10.

林启彬.辽西侏罗系的昆虫化石[J].古生物学报,1976,5(1):97 - 117.

林启彬.中国的蜚蠊目昆虫化石[J].昆虫学报,1978,21(3):335 - 342.

任东,卢立伍,郭子光,等.北京与邻区侏罗—白垩纪动物群及其地层[M].北京:地震出版社,1995.

任东,卢立伍,姬书安,等.燕辽地区晚中生代动物群及其古生态和古地理意义[J].地球学报,1996,17(增刊):148 - 154.

任东,尹继才,黄伯衣.河北丰宁中生代晚期昆虫群落与生态地层的初步研究[J].地质科技情报,1999,18(1):39 - 44.

任东.辽宁北票晚侏罗世蛇蛉化石(昆虫纲)的新发现[M]//中国地质科学院地层古生物论文集编委会.地层古生物论文集.北京:地质出版社,1994.

任东.辽宁晚侏罗世里阿斯箭蜓科一新属(昆虫纲,蜻蜓目)[J].现代地质,1994,8(3):254 - 258.

任东.中国中生代昆虫化石研究新进展[J].昆虫学报,2002,45(2):234 - 240.

任东.中国中生代晚期蛇蛉化石研究(蛇蛉目:巴依萨蛇蛉科,中蛇蛉科,异蛇蛉科)[J].动物分类学报,1997,22(2):172 - 188.

张海春,张俊峰.北票尖山沟义县组下部两种膜翅目昆虫化石[J].微体古生物学报,2000,17(3):286 - 290.

张海春,张俊峰.辽西义县阶长节锯蜂科(昆虫纲,膜翅目)昆虫化石[J].古生物学报,2000,39(4):476 - 490.

张海春,张俊峰.辽西义县组细蜂总科(昆虫纲,膜翅目)昆虫化石[J].微体古生物学报,2001,18(1):11 - 25.

张海春,张俊峰.原举腹蜂科(昆虫纲膜翅目)化石在我国的发现及意义[J].微体古生物学报,2000,17(4):416 - 421.

张海春,张俊锋,魏东涛.陷胸茎蜂亚科(昆虫纲)化石在我国辽西上侏罗统的发现及其系统演化[J].古生物学报,2001,40(2):224 - 228.

张俊峰,张生,李莲英.中生代的虻类(昆虫纲)[J].古生物学报,1993,32(6):662 - 672.

张俊峰.论隐翅幽蚊属(*Chironomaptera* Ping)[J].古生物学报,1989,28(3):344 - 358.

张俊峰.晚侏罗世摇蚊科新属种[J].古生物学报,1991,30(5):556 - 569.

张俊峰.衍蜓(*Aeschnidiids*)昆虫稚虫的出现[J].科学通报,2000,45(2):192 - 199.

张俊峰.中生代晚期柄腹细蜂科的两新属(膜翅目)[J].昆虫分类学报,1992,14(3):222 - 228.

张俊峰.中生代晚期中蟦类昆虫新探[J].古生物学报,1991,30(6):679 - 704.

张俊锋.衍蜓类昆虫化石的再研究[M]//陈丕基,金帆.热河生物群.合肥:中国科学技术大学出版社,1999.

Ren Dong,Guo Ziguang. A new genus and two new species of Short - Horend Flies of Upper Jurassic from Northeast China[J].Entomologia Sinaca,1995,2(4):300 - 307.

Ren Dong,Guo Ziguang. Three new genera and three new spicies of Dragonflies from the Late Jurassic of Northeast China (Anisoptera: Aeshnidae,Gomphidae,Corduliidae) [J].Entomologia sinica,1996,3(2):95 - 105.

Ren Dong,Guo Ziguang.On the new fossil genera and species of Neuroptera (Insecta) from the Late Jurassic of Northeast China[J].Acta Zootaxonomica Sinica,1996,21(4):461 - 479.

Ren Dong, Yin Jicai, Dou Wenxiu. New Planthoppers and Froghoppers from the Late Jurassic of northeast China (Homoptera Auchenorrhyncha) [J].Acta Zootaxonomica Sinica,1998,23(3):281 - 288.

Ren Dong. First record of fossil Stick - Insects from China with analyses of some paleobiological features (Phasmatodea: Hagiphasmatidae fam.nov.) [J].Acta Zootaxonomicas Sinica,1997,22(3):268 - 281.

Ren Dong.Flower - associated brachycera files as fossil evidence for Jurassic angiosperm origins[J].Science,

1998,280(3):85－88.

Ren Dong.Late Jurassic Brachycera from northeastern China (Insecta: Diptera) [J]. Acta Zootaxonomica Sinica,1998,23(1):65－83.

Ren Dong.Studies on Late Jurassic Scorpion－flies from northeast China[J].Acta Zootaxonomica Sinica,1997,22(1):75－85.

鱼类

金帆,田燕平,杨有世,等.河北丰宁早期鲟类化石一新属[J].古脊椎动物学报,1995,33(1):1－16.

金帆,张江永,周忠和.隆德鱼的新材料及其系统关系的初步分析[J].古脊椎动物学报,1993,31(4): 241－256.

金帆,张永江,周忠和.辽宁西部晚中生代鱼群-辽宁西部晚中生代地层和鱼群研究之三[J].古脊椎动物学报,1995,33(3):169－193.

金帆.冀北、辽西中生代中晚期鲟形鱼类化石[J]//陈丕基,金帆.热河生物群.合肥:中国科学技术大学出版社,1999.

刘宪亭,马凤珍,王五力.辽宁西部晚中生代鱼化石[M]//于希汉,王五力 ,刘宪亭,等.辽宁西部中生代地层古生物(3).北京:地质出版社,1987.

刘宪亭,苏德造,黄为龙,等.华北的狼鳍鱼化石[M]//中国科学院古脊椎动物与古人类研究所甲种专刊第6号.北京:科学出版社,1963.

刘宪亭,周家健.辽宁北票晚侏罗世鲟类一新科[J].古脊椎动物学报,1965,9(3):237－247.

刘智成.薄鳞鱼类化石的新发现及其地层意义[J].古脊椎动物与古人类,1982,20(3):187－195.

卢立伍.辽宁凌源晚侏罗世白鲟化石[J].古脊椎动物学报,1994,32(2):134－142.

马凤珍,孙嘉儒.吉林通化三棵榆树剖面侏罗—白垩系鱼类化石群[J].古生物学报,1988,27(6): 694－712.

马凤珍.戴氏狼鳍鱼(*Lycoptera davidi*)的重新观察[J].古脊椎动物学报,1987,25(1):8－19.

任东,卢立伍,郭子光,等.北京与邻区侏罗—白垩纪动物群及其地层[M].北京,地震出版社,1995.

苏德造.辽东苏子河盆地聂尔库组的真骨鱼化石兼论长头狼鳍鱼的系统位置[J].古脊椎动物学报,1992,30(1):54－70.

张江永,金帆,周忠和.长头狼鳍鱼(*Lycoptera longicephalus*)的重新认识[J].古脊椎动物学报,1994,32(1):41－59.

张江永.辽西狼鳍鱼(*Lycoptera*)属一新种[J].古脊椎动物学报,2002,40(4):257－266.

Grabau A W.Cretaceous fossils from Shantung[J].*Bull.Geol.Surv*.China,1923,5(2):143－181.

Hussakof L.The Fossil Fishes collected by the Central Asiatic Expeditions[J].Amer.Mus.Novit.,1932,553:1－19.

Saito K.Mesozoic Leptolepid Fishes from Jehol Rep[J].First Sci.Exped.Manch,1936,Sec.2.pt.3:10－11.

Sauvage H E.Sur un Prolebias(*Prolebias davidi*) des terrains tertiaires du nord de la China[J]. Bull.Soc.Geol.France,1880,Ser.3:452－454.

Stensiö E A.*Sinamia zdanskyi*,a new amiid from the Lower Cretaceous of Shantung,China[J].Palaeontologica Sinica,1935,Ser,3(1):1－48.

Takai F.A Monograph on the Lycopterid fishes from the Mesozoic of eastern Asia[J].Jour.Fac.Sci.Tokyo,Sec.,1943,2(6):207－270.

两栖类

董枝明,王原.辽宁西部早白垩世一新的有尾两栖类[J].古脊椎动物学报,1998,36(2):159-17.

高春玲,刘金远.辽宁北票发现一新的无尾两栖类[J].世界地质,2004,23(1):1-5.

高克勤,程政武,徐星.中国中生代有尾两栖类化石的首次报道[J].中国地质,1998,248(1): 40.

姬书安,季强.中国首次发现的中生代蛙类化石(两栖纲:无尾目) [J].中国地质,1998,(3):39-42.

王原,高克勤.亚洲最早的盘舌蟾类化石[J].科学通报,1999,44(4):407-412.

王原.早白垩世热河生物群一新的有尾两栖类[J].古脊椎动物学报,2000,38(2):100-103.

袁崇喜,张鸿斌,李明,等.内蒙古宁城道虎沟地区首次发现中侏罗世蝌蚪化石[J].地质学报,2004,78(2):145-148.

张立军,高克勤,王丽霞.辽西义县组蝾螈类化石新发现[J].地质通报,2004,23(8): 799-801.

Gao Keqin,Wang Yuan.Mesozoic anurans from Liaoning Province,China,and phylogenetic relationships of archaeobatrachian anuran clades[J].Journal of Vertebrate Paleontology,2001,21(3):460-476.

Gao Keqin,Nell H.Shubin.Earliest known Crown-group Salamanders[J].Nature,2003,422: 424-428.

Gao Keqin,Chen Shuihua.A new frog(Amphibia: Anura) from the Lower Cretaceous of western Liaoning, China[J].Cretaceous Research,2004,25:761-769.

Wang Yuan,Gao Keqin,Xu Xing.Early evolution of discoglossid frogs: new evidence from the Mesozoic of China[J].Naturwissen-schaften,2000,87(9):417-420.

Wang Yuan.A new Mesozoic caudate(*Liaoxitriton daohugouensis* sp.nov.) from Inner Mongolia ,China[J]. Chinese Science Bull.,2004,49(8):858-866.

Wang Yuan,Susan E E.A new short-bodied salamander from the Upper Jurassic/Lower Cretaceous of China [J].Acta Palaeontologica Polonica,2006,51(1):127-130.

龟类

任东,卢立伍,郭子光,等.北京与邻区侏罗—白垩纪动物群及其地层[M].北京:地震出版社,1995.

Endo R,Shikama T.Mesozoic fauna in the Jehol mountainland, Manchoukuo[J].Bull.Cent.nat.Mus.Manch., 1942(3):1-20.

离龙类

高克勤,Susan E E,季强,等.满洲鳄,中国辽宁晚中生代半水生爬行动物[J].现代地质,2000,14(3):323-326.

高克勤,唐治路,汪筱林.辽宁晚侏罗世—早白垩世长颈双弓类爬行动物[J].古脊椎动物学报,1999,37(1):1-8.

季强,姬书安,程延年,等.辽西晚中生代热河生物群中首次发现具胚胎的软壳蛋化石[J].地球学报,2004,25(3):275-285.

李建军,张宝,李全国.辽宁凌源发现鳞龙类一新属[R].北京自然博物馆研究报告,1999(5-6).

刘俊.辽宁下白垩统九佛堂组伊克昭龙一新种[J].古脊椎动物学报,2004,42(2):120-129.

Endo R.A new genus of Thecodontia from the *Lycoptera* beds in Manchoukuo[J].Bull.Cent.Nat.Mus.Manchoukuo,1940(2):1-14.

Gao Keqin,Li Quanguo.Osteology of *Monjurosuchus splendens* (Diapsida: Choristodera) based on a new specimen from the Lower Cretaceous of western Liaoning,China[J]. Cretaceous Research xx,2006:1-11.

Gao Keqin,Richard C F.A new choristodere (Reptilia: Diapsida) from the Lower Cretaceous of western Liaoning Province,China,and phylogenetic relationships of Monjurosuchidae[J]. Zoological Journal of the Linnean Society,2005,145:427-444.

有鳞类

刘俊.龟和有鳞类[M]//张弥曼.热河生物群.上海:上海科学技术出版社,2001.

Endo R,Shikama T.Mesozoic fauna in the Jehol Mountainland,Manchoukuo[J].Bull.Cent.Nat.Mus.Manch.,1942,3:1 - 20.

Ji Shu'an.A new long - tailed lizard from Upper Jurassic of Liaoning,China[M]// Dapartment of Geology,Peking University ed.Collected works of international symposium on geological science held at Peking University,Beijing,China.Bejing:Seismological Press,1998.

Ji Shu'an,Ren Dong.Frist record of lizard skin fossil from China with description of a new genus (Lacertilia:Scincomorpha) [J].Acta Zootaxonam Sinica,1999,24(1): 114 - 120.

Ji Shu'an,Ji Qiang.Postcaranial Anatomy of the Mesozoic *Dalinghosaurus* (Squamata): Evidence from a new specimen of western Liaoning[J].Acta Geologica Sinica,2004,78(4):897 - 906.

Ji Shu'an.Anew Early Cretaceous lizard with well - preserved Scale impressions from western Liaoning,China [J].Progress in Natural Science,2005,15(2):162 - 168.

Li Pipeng,Gao Keqin,Hou Lianhai,et al.A giding lizard from the Early Cretaceous of China[J].PNAS,2007,104(13):5507 - 5509.

Shikama T.*Teilhardosaurus* and *Endotherium*,new Jurassic Reptilia and Mammalia from the Husin Coal - field,south Manchouria[J].Proc.Japan Acad.,1947,23(7):76 - 84.

翼龙类

董枝明.孙跃武,伍少远.辽西朝阳盆地早白垩世一新的无齿翼龙化石[J].世界地质,2003,22(1):1 - 7.

姬书安,季强.记辽宁一新翼龙化石(喙嘴龙亚目) [J].江苏地质,1998,22(4):199 - 206.

姬书安,季强.辽宁西部翼龙类化石的首次发现[J].地质学报,1997,71(1):1 - 6.

姬书安.中国的翼手龙化石综述.第七届中国古脊椎动物学学术年会论文集[M].北京: 海洋出版社,1999.

季强,姬书安,程延年,等.辽西晚中生代热河生物群中首次发现具胚胎的软壳蛋化石[J].地球学报,2004,25(3):275 - 285.

李建军,吕君昌,张宝堃.记中国辽宁西部九佛堂组发现的中国翼龙一新种[J].古生物学报,2003,42(3):442 - 447.

吕君昌,姬书安,袁崇喜.等.中国的翼龙类化石[M].北京:地质出版社,2006.

吕君昌,张宝堃.辽西义县组发现一新的翼手龙类化石[J].地质论评,2005,51(4):458 - 462.

汪筱林,吕群昌.辽宁西部义县组翼手龙科化石的发现[J].科学通报,2001,46(3):230 - 234.

汪筱林,周忠和,徐星,等.热河生物群发现带"毛"的翼龙化石[J].科学通报,2002,47(1):54 - 58.

汪筱林,周忠和.辽西早白垩世九佛堂组两种新的翼手龙类化石[J].古脊椎动物学报,2003,41(1):34 - 41.

汪筱林,周忠和.辽西早白垩世九佛堂组一翼手龙类化石及其地层意义[J].科学通报,2002,47(20):1521 -1527.

Andres B,Ji Q.A new species of *Istiodactylus*(Pterosauria,Pterodactyloidea)from the Lower Cretaceous of Liaoning,China[J].Journal of Vertebrate Paleontology,2006,26(1):70 - 78.

Czerkas S A,Ji Q.A new Rhamphorhynchoid with a headcrest and complex integumentary structures[J].The Dinosaur Museum Journal,2002,1:13 - 41.

Dong Zhiming,Lü Junchang.A new Ctenochasmatid Pterosaur from the Early Cretaceous of Liaoning Province [J].Acta Geologica Sinica,2005,79(2):164 - 167.

Ji Shu'an,Ji Qiang,Padian K.Biostratigraphy of new Pterosaurus from China [J].Nature,1999,398:573 -574.

Lü Junchang, Ji Shu'an, Yuan Chongxi, et al. New pterodactyloid pterosaur fom the Lower Cretaceous Yixian Formation of western Liaoning[M]//Lu Junchang, Kobayashi Y, Huan Dong, et al(eds). Papers from the 2005 Heyuan International Dinosaur Symposium. Beijing: Geological Publishing House, 2006.

Lü Junchang. A new Pterosaur: *Beipiaopterus chenianus* gen. et sp. nov. (Reptilis: Pterosauria) from western Liaoning Province of China [J]. Memoir of the Fukui Prefectural Dinosaur Museum, 2003, 2: 153 - 160.

Lü Junchang, Ji Qiang. New Azhdarchid Pterosaur from the Early Cretaceous of western Liaoning [J]. Acta Geologica Sinica, 2005, 79(3): 301 - 307.

Lü Junchang, Ji Qiang. A new Ornithocheirid from the Early Cretaceous of Liaoning Province, China [J]. Acta Geologica Sinica, 2005, 79(2): 157 - 163.

Lü Junchang, Jin Xingsheng, Unwin D M, et al. A new species of *Huaxiapterus* (Pterosauria: Pterodactyloidea) from the Lower Cretaceous of western Liaoning, China with comments on the systematics of tapejarid pterosaurs[J]. Acta Geologica Sinica(English edition), 2006, 80(3): 315 - 326.

Lü Junchang, Yuan Chongxi. New Tapejarid Pterosaur from western Liaoning, China [J]. Acta Geologica Sinica, 2005, 79(4): 453 - 458.

Wang Li, Li Li, Duan Ye, et al. A new istiodactylid pterosaur from western Liaoning[J]. Geological Bulletin of China, 2006, 25(6): 737 - 740.

Wang Xiaolin, Alexander W A. Kellner, Zhou Zhonghe, et al. Pterosaur diversity and faunal turnover in Cretaceous terrestrial ecosystems in China [J]. Nature, 2005, 437: 875 - 879.

Wang Xiaolin, Lu Junchang. Discovery of a Pterodactylid pterosaur of western Liaoning, China [J]. Chinese Science Bulletin, 2001, 46(13): 1112 - 1117.

蜥臀类恐龙

季风岚.辽宁化石珍品[M].北京:地质出版社,2015.

季强,姬书安.中国最早鸟类化石的发现及鸟类的起源[J].中国地质,1996,233(10):30 - 33.

季强,姬书安.中华龙鸟(*Sinosauropteryx*)化石研究新进展[J].中国地质,1997,242(7):30 - 32.

季强.姬书安.原始祖鸟(*Protarchaeopteryx* gen. nov.)—中国的始祖鸟类化石[J].中国地质,1997,238(3):38 - 41.

刘金远,姬书安,唐烽,等.辽西义县组奔龙类化石一新种[J].地质通报,2004,23(8):778 - 783.

刘颖.赫氏近鸟龙(*Anchiornis huxleyi*)肩带和前肢的形态学描述及功能分析[D].沈阳:沈阳师范大学,2013.

徐星,汪筱林,尤海鲁.辽宁早白垩世义县组一原始鸟脚类恐龙[J].古脊椎动物学报,2000,38(4):318 - 325.

徐星,汪筱林.辽宁西部早白垩世义县组一新驰龙类[J].古脊椎动物学报,2004,42(2):111 - 119.

徐星,汪筱林.辽宁西部早白垩世义县组一新的手盗龙类[J].古脊椎动物学报,2003,41(3):195 - 202.

徐星,汪筱林.辽西义县组鹦鹉嘴龙(鸟臀目,角龙涯目)新材料及其地层学意义[J].古脊椎动物学报,1998,36(2):147 - 158.

周忠和,汪筱林,张福成,等.尾羽龙(*Caudipteryx*)的新材料及其重要骨骼特征的补充和修订[J].古脊椎动物学报,2000,38(4):241 - 254.

周忠和,汪筱林.辽宁北票尾羽龙(*Caudipteryx*)一新种[J].古脊椎动物学报,2000,38(2)111 - 127.

Chen Piji, Dong Zhiming, Zhen Shuonan. An exceptionally well - preserved theropod dinosaur from the Yixian Formation of China[J]. Nature, 1998, 391: 147 - 152.

Czerkas S A, Yuan C X. An arboreal maniraptoran from northeast China[J]. The dinosaur Museum Journal, 2002, 1: 63 - 95.

Czerkas S A, Zhang D S, Li J L, et al. Flying dromaeosaurs[J]. The Dinosaur Museum Journal, 2002, 1: 97 - 126.

Zhang Fucheng, Zhou Zhonghe, Xu Xing, et al. A juvenrile coelurosaurian theropod from China indicates arboreal habits[J].Naturwissenschaften,2002,89:394 - 398.

Hu Dongyu,Hou Lianhai,Zhang Lijun,et al.A pre-Archaeopteryx troodontid theropod from China[J].Nature, 2009,461:640 - 643.

Hwang S H,Norell M A,Ji Qiang,et al.A large compsognathid from the Early Cretaceous Yixian Formation of China[J].Journal of Systematic Palaeontology,2004,2:13 - 30.

Ji Qiang,Currie P J,Norell M A,et al.Two feathered dinosaurs from northeastern China[J].Nature,1998,393: 753 - 761.

Kwang S H,Norell M A,Ji Q,et al.New specimens of *Microraptor zhaoianus* (Theropoda: Dromaeosauridae) from northeastern China[J].American Museum Novitates,2002,3381:1 - 44.

Ji Qiang,Mark A,Norell,Peter J,et al.An early ostrich dinosaur and implications for ornithomimosaur phylogeny[J].American Museum Novitates,2003,3420:1 - 19.

Xu Xing,Zhao Qi,Norell M A,et al.A new feathered maniraptoran dinosaur fossil that fills a morphological gap in avian origin[J].Chinese Science Bulletin,2009,54(3):430 - 435.

Xu Xing,Norell M A,Wang Xiaolin,et al.A basal troodontid from the Early Cretaceous of China[J].Nature, 2002,415:780 - 784

Xu Xing,Norell M A.A new troodontid dinosaur from China with avian - like sleeping posture[J].Nature, 2004,431:838 - 841.

Xu Xing,Cheng Yennien,Wang Xiaolin,et al.An unusual oviraptoro - saurian dinosaur from China[J].Nature, 2002,419:291 - 293.

Xu Xing,Zhou Zhonghe,Prum Richard O.Branched integumental structures in *Sinornithosaurus* and the origin of feathers[J].Nature,2001,410:201 - 204.

Xu Xing.Dinosaurs[M]// Chang Meemann(ed.).The jehol biota.Shanghai:Shanghai Scientific & Technical Publishers,2003.

Xu Xing, Zhou Zhonghe, Wang Xiaolin, et al. Four - winged dinosaurs from China[J]. Nature, 2003, 421: 335 -340.

Xu Xing,Zhou Zhonghe,Wang Xiaolin,et al.The smallest known non - avian theropod dinosaur[J].Nature, 2000,408:705 - 708.

Xu Xing,Cheng Yennien,Wang Xiaolin,et al.Pygostyle - like Structure from *Beipiaosaurus*(Theropoda,Therizinosauroidea) from the Lower Cretaceous Yixian Formation of Liaoning,China[J].Acta Geologica Sinica,2003,77(3):294 - 298.

Xu Xing,Norell M A,Kuang Xuewen,et al.Basal tyrannosauroids from China and evidence for protofeathers in tyrannosauroids[J].Nature,2004,431:680 - 684.

Xu Xing,Peter J M,Wang Xiaolin,et al.A ceratopsian dinosaur from China and the early evolution of Ceratopsia[J].Nature,2002,416:314 - 317.

Xu Xing,You HaiLu,Du K,et al.An Archaeopteryx - like theropod from China and the origin of Avialae[J]. Nature,2011,475:465 - 470.

Xu Xing,Tang Zhilu,Wang Xiaolin.A therizinosaurid dinosaur with integumentary structures from China[J]. 1999.Nature,399:350 - 354.

Xu Xing,Wang Xiaolin,et al.A dromaeosaurid dinosaur with a filamentous integument from the Yixian Formation of China[J].Nature,1999,401:262 - 266.

Xu Xing,Wang Xiaolin.A new Troodontid (Theropoda:Troodontidae)from the Lower Cretaceous Yixian Formation of western Liaoning, China[J]. Acta Geologica Sinica, 2004, 78(1): 22 - 26.

Xu Xing, Zhang Fuzheng. A new maniraptoran dinosaur from China with long feathers on the metatarsus[J]. Naturwissenschaften, 2005, 92: 173 - 177.

Xu Xing, Zhou Zhonghe, Wang Xiaolin. The smallest known non - avian theropod dinosaur[J]. Nature, 2000, 408: 705 - 708.

Xu Xing, Zhou Zhonghe, Richard O P. Branched integumental structures in Sinornithosaurus and the origin of feathers[J]. Nature, 2001, 410: 200 - 204.

You Hailu, Ji Qiang, Matthew C, et al. A Titanosaurian Sauropod Dinosaur with opisthocoelous caudal vertebrae from the Early Late Cretaceous of Liaoning Province, China[J]. Acta Geologica Sinica, 2004, 78(4): 907 - 911.

Zhou Zhonghe, Wang Xiaolin. A new species of *Caudipteryx* from the Yixian Formation of Liaoning, northeast China[J]. Vert. PalAsiat, 2000, 38(2): 104 - 122.

鸟臀类恐龙

董枝明.辽宁北票地区一新的甲龙化石[J].古脊椎动物学报,2002,40(4):276 - 285.

董枝明.足印化石[M]//中国脊椎动物化石手册编写组.中国脊椎动物化石手册.北京:科学出版社,1979.

姬书安.辽宁凌源义县组恐龙皮肤印痕化石[J].地质论评,2004,50(2):170 - 174.

汪筱林,徐星.辽西义县组禽龙类新属种:杨氏锦州龙[J].科学通报,2001,46(5):419 - 423.

徐星,汪筱林.辽西义县组鹦鹉嘴龙(鸟臀目、角龙亚目)新材料及其地层学意义[J].古脊椎动物学报,1998,36(2):147 - 158.

张永忠,张建平,吴平,等.辽西北票地区中—晚侏罗世土城子组恐龙足迹化石的发现[J].地质论评,2004,50(6):561 - 566.

赵宏,赵资奎.辽宁黑山恐龙蛋—长形蛋类新分子的发现及其意义[J].古脊椎动物学报,1999,37(4):278 -284.

Sereno P C, Chao S C, Cheng Z W, et al. *Psittacosaurus meileyingensis* (Ornithischia: Ceratopsia), a new psittacosaur from the Lower Cretaceous of northeastern China[J]. Journal of Vertebrate Paleontology, 1988, 8: 366 - 377.

Xu Xing, Peter J, Makovicky, et al. A ceratopsian dinosaur from China and the early evolution of Ceratopsia[J]. Nature, 2002, 416: 314 - 317.

Xu Xing. Dinosaurs[M]//Chang Mee - mann. The Jehol Biota. Shanghai, Shanghai Scientific & Technical Publishers, 2003.

Xu Xing, Wang Xiaolin, You Hailu. A juvenile ankylosaur from China[J]. Naturwissenschaften, 2001, 88(7): 297 - 300.

Xu Xing, Wang Xiaolin, You Hailu. A primitive ornithopod from the Yixian Formation of China[J]. Vert. PalAsiat., 2000, 38(4): 318 - 325.

Yabe H, Inai Y, Shikama T. Discovery of dinosaurian footprints from the Cretaceous (?) of Yangshan, Chinchou, preliminary note[J]. Proc. Imper. Acad. Tokyo, 1940, 16(10): 560 - 563.

You Hailu, Xu Xing, Wang Xiaoliu. A new genus of Psittacosauridae (Dinosauria: Ornithopoda) and the origin and early evolution of marginocephalian dinosaurs[J]. Acta Geologica Sinica, 2003, 77(1): 15 - 20.

You Hailu, Ji Qiang. A new hadrosauroid dinosaur from the Mid - Cretaceous of Liaoning, China[J]. Acta Geologica Sinica, 2003, 77(2): 148 - 154.

You Hailu, Xu Xing. An adult specimen of *Hongshanosaurus houi* (Dinosauria: Psittacosauridae) from the

Lower Cretaceous of western Liaoning Province[J].China.Acta Geologica Sinica,2005,79(2):168－173.
Zhao Xijin,Cheng Zhengwu,Xu Xing.The earliest ceratopsian from the Tuchengzi Formation of Liaoning, China[J].Journal of Vertebrate Paleontology,1999,19(4):681－691.
Zhou changfu,Gao keqin,Richard C Fox et al.A new species of *psittacosaurus* (Dinosauria:Ceratopsia) from the Early Cretaceous Yixian Formation[J].Liaoning,China,2006,Palaeoworld 15:100－114.

鸟类

侯连海,陈丕基.最小的早期鸟类—娇小辽西鸟[J].科学通报,1999,44(3):311－315.
侯连海,拉里·马丁,周忠和,等.中国发现从始祖鸟到反鸟的重要缺失环节[J].古脊椎动物学报,1999,37(2):88－95.
侯连海,张江永.辽宁早白垩世早期一鸟化石[J].古脊椎动物学报,1993,31(2):217－224.
侯连海,周忠和,顾玉才,等.辽宁中生代鸟类综述[J].古脊椎动物学报,1995,33(4),261－271.
侯连海,周忠和,顾玉才,等.侏罗纪鸟类化石在中国的首次发现[J].科学通报,1995,40(8): 726－729.
侯连海,周忠和,张福成,等.中国辽西中生代鸟类[M].沈阳:辽宁科学技术出版社,2002.
侯连海.内蒙晚中生代鸟类及鸟类飞行进化[J].古脊椎动物学报,1994,32(4):258－266.
侯连海.中国发现侏罗纪龙骨突鸟类[J].科学通报,1996,41(20):1861－1864.
侯连海.中国中生代鸟类[M].台湾:台湾凤凰谷鸟园,1997.
侯连海,拉里·马丁,周忠和,等.中国发现从始祖鸟到反鸟的重要缺失环节[J].古脊椎动物学报,1999,37(2):88－95.
侯连海.中国古鸟类[M].昆明:云南科技出版社,2003.
季强,姬书安,尤海鲁,等.中国首次发现真正会飞的"恐龙"——中华神州鸟(新属新种)[J].地质通报,2002,21(7):363－369.
季强,姬书安,张鸿斌,等.辽宁北票首次发现初鸟类化石——东方吉祥鸟(新属、新种)[J].南京大学学报(自然科学版),2002,38(6):723－736.
季强,姬书安.辽宁凌源中生代鸟类化石一新属[J].中国地质,1999,262(3):45－48.
李莉,胡东宇,段冶,等.辽宁西部下白垩统反鸟类一新科——Alethoalaovithidae fam.nov[J].古生物学报,2007,46(3):365－372。
袁崇喜.辽西中生代燕鸟化石新材料的补充研究[J].地质学报,2004,78(4):464－467.
张福成,侯连海,欧阳涟.孔子鸟(*Confuciusornis*)骨骼微观组织结构初步研究[J].古脊椎动物学报,1998,36(2):126－135.
张福成,周忠和,侯连海,等.反鸟的新发现与早期鸟类的辐射[J].科学通报,2000,45(24):2650－2657.
周忠和,侯连海.孔子鸟与鸟类的早期演化[J].古脊椎动物学报,1998,36(2):136－146.
周忠和,金帆,张江永.辽宁中生代一早期鸟类化石的初步研究[J].科学通报,1992,7(5):435－437.
周忠和,张福成.辽西早白垩世今鸟亚纲两新属与现生鸟类的起源[J].科学通报,2001,46(5): 371－376.
周忠和,张福成.中国中生代鸟类概述[J].古脊椎动物学报,2006,44(1):74－28.
周忠和.辽宁早白垩世一新的反鸟化石[J].古脊椎动物学报,1995,33(2):99－113.
Zhang Fucheng,Zhou Zhonghe,Hou Lianhai.Brids[M]//Chang Meemann Chang.The Jehol Biota.Shanghai: Shanghai Scientific & Technical Publishers,2003.
Zhang Fucheng,Zhou Zhonghe.A primitive Enantiornithine brid and the origin of feathers[J].Science,2000,290(8):1955－1959.
Gong Enpu,Hou Lianhai,Wang Lixia.Enantiornithine brid with diapsidian skull and its dental development in the Early Cretaceous in Liaoning,China[J].Acta Geologica Sinica,2004,78(1):1－7.

Hou Lianhai, Martin L D, Zhou Zhonghe, et al. A diapsid skull in a new species of the primitive bird *Confuciusornis*[J]. *Nature*, 1999, 399: 679 - 682.

Hou Lianhai, Zhou Zhonghe, Martin L D, et al. Beaked bird from the Jurassic of China[J]. Nature, 1995, 377: 616 - 619.

Hou L, Chiappe L M, Zheng Fucheng, et al. New Early Cretaceous fossil from China documents a novel trophic specialization for Mesozoic birds[J]. Naturwissenschaften , 2004, 91(1): 22 - 25.

Hou Lianhai, Martin L D, Zhou Zhonhe, et al. *Archaeopteryx* to opposite birds - missing link from the Mesozoic of China[J]. Vertebrata PalAsiatica, 1999, 37(2): 88 - 95.

Hou Lianhai, Martin L D, Zhou Zhonhe, et al. Early adaptive radiation of birds: evidence from fossils from northeastern China[J]. Science, 1996, 274: 1164 - 1167.

Ji Qiang, Chiappe L M, Ji Shu'an. A new late Mesozoic Confuciusornithid bird from China[J]. Journ Vert . Palaeont., 1999, 19(1): 1 - 7.

Ji Qiang, Ji Shu'an, You Hailu, et al. An Early Cretaceous Avialian Bird, *Shenzhouraptor sinensis* from western Liaoning[J]. China. Acta Geologica Sinica, 2003, 77(1): 21 - 27.

Li Li, Duan Ye, Hu Dongyu, et al. New Eoenantiornithid Bird from the Early Cretaceous Jiufotang Formation of western Liaoning, China[J]. Acta Geological Sinica, 2006, 80(1): 38 - 41.

Martin L, Masaki M, Hiroto O, et al. Bird tracks from Liaoning Province, China: New insights into avian evolution during the Jurassic - Cretaceous tranzision[J]. Cretaceous Research, 27(2006)33 - 43.

Sereno P, Rao C. Early evolution of avian flight and perching: new evidence from the lower Cretaceous of China [J]. Science, 1992, 255: 845 - 848.

Czerkas S A, Xu Xing. A new Toothed Bird from China[J]. The Dinosaur Museum Journal, 2002, 1: 43 - 61.

Czerkas S A, Ji Qiang. A preliminary report on an Omnivorous Volant Bird from northeast China[J]. The Dinosaur Museum Journal, 2002, 1: 127 - 135.

Zhou Zhonghe, Zhang Fucheng. A long - tailed, seed - eating bird from the Early Cretaceous of China[J]. Nature, 2002, 418: 405 - 409.

Zhou Zhonghe, Zhang Fucheng. Largest bird from the Early Cretaceous and its implications for the earliest avian ecological diversification[J]. Naturvissenschaften, 2002, 89: 34 - 38.

Zhou Zhonghe, Zhang Fucheng. *Jeholornis* Compared to *Archaeopteryx* , with a new understanding of the earliest avian evolution[J]. Naturwissenschaften, 2003, 90: 220 - 225.

Zhou Zhonghe, Zhang Fucheng. Anatomy of the primitive bird *Sapeornis chaoyangensis* from the Early Cretaceous of Liaoning, China[J]. Can. J. Earth Sci./Rev. Can. Sci. Terre, 2003, 40(5): 731 - 747.

Zhonghe Zhou, Fucheng Zhang. Discovery of an ornithurine bird and its implication for Early Cretaceous avian radiation[J]. PNAS, 2005, 102(52): 18 998 - 19 002.

Zhou Zhonghe, Hou Lianhai. *Confuciusornis* and the early evolution of birds[J]. Vertebrata PalAsiatica, 1998, 36 (2): 136 - 146.

Zhou zhonghe, Zhang Fucheng. A beaked basal ornithurine bird(Aves, Ornithuriae) from the Lower Cretaceous of China[J]. The Norwegian Academy of Science and Letters. Zoologica Scripta, 2006, 35(4): 363 - 373.

Zhou Zhonghe, Zhang Fucheng. A precocial avian embryo from the Lower Cretaceous of China[J]. Science, 2004, 306: 653.

Zhou Zhonghe. A new and primitive enantiornithine bird from the Early Cretaceous of China[J]. Journal of Vertebrate Paleontology, 2002, 22(1): 49 - 57.

哺乳类

胡耀明,王元青,李传夔,等.张和兽(*Zhangheotherium*)的齿裂和前肢形态[J].古脊椎动物学报,1998,36(2):102-125.

胡耀明,王元青.中国俊兽(*Sinobaatar* gen.nov.):热河生物群中一多瘤齿兽类[J].科学通报,2002,47(5):382-386.

李传夔,濑户烈司,王元青,等.记中国首次发现的"真古兽类"(eupantotherian)化石[J].古脊椎动物学报,2005,43(4):245-255.

李传夔,王元青,胡耀明,等.热河生物群中戈壁兽一新种:时代意义及哺乳动物若干特征演化[J].科学通报,2003,48(2):177-182.

李锦玲,王原,王元青,等.辽宁西部中生代原始哺乳动物一新科[J].科学通报,2000,45(23):2545-2549.

孟津,胡耀明,王元青,等.辽宁早白垩世义县组一新的三尖齿兽类[J].古脊椎动物学报,2005,43(1):1-10.

中国科学院古脊椎动物与古人类研究所《中国脊椎动物化石手册》编写组.中国脊椎动物化石手册[M].北京:科学出版社,1979.

周明镇,程政武,王元青.记辽西一侏罗纪哺乳动物下颌骨[J].古脊椎动物学报,1991,29(3):165-175.

Guillermo W R,Ji Qiang,Michael J N.A new Symmetrodont Mammal with Fur Impressions from the Mesozoic of China[J].Acta Geologica Sinica,2003,77(1):7-14.

Hu Yaoming,Wang Yuanqing,Luo Zhexi,et al.A new symmetrodont mammal from China and its implications for mammalian evolution [J].Nature,1997 ,390:137-142.

Hu Yaoming,Fox R C,Wang Yuanqing,et al.A new spalacotheriid symmetrodont from the Early cretaceous of northeastern China[J].American Museum Novitates,2005,3475:1-20.

Ji Qiang,Luo Zhexi,Ji Shu'an.A Chinese tricondint mammal and mosaic evolution of the mammalian skeleton [J].Nature,1999,398:326-330.

Ji Qiang, Luo Zhexi, Yuan Chongxi, et al. The earliest known Eutherian Mammal[J]. Nature, 2002,416:816-822.

Li Gang,Luo Zhexi.A Cretaceous symmetrodont therian with some monotreme-like postcranial features[J].Nature,2006,439:195-200.

Luo Zhexi,Ji Qiang,Wible J R,et al.An Early Cretaceous Tribosphenic Mammal and Metatherian Evolution [J].Science,2003,302:1934-1940.

Shikama T.*Teilhardosaurus* and *Endotherium*,new Jurassic Reptilia and Mammalia from the Husin coal-field,south Manchouria[J].Proc.Japan Acad.,1947,23(7):76-84.

Yabe H, Shikama T. A new Jurassic Mammalia from south Manchuria[J]. Proc. Imp. Acad., 1938, XIV:353-357.

Hu Yaoming,Meng Jin,Wang Yuanqing,et al.Large Mesozoic mammals fed on young dinosaurs[J].Nature,2005,433:149-152.

Wang Yuanqing,Hu Yaoming,Li Chuankui.Mammals [M]//Chang Meemann(ed.).The Jehol Biota.Shanghai:Shanghai Scientific &Technical Publishers,2003.

植物及孢粉

常建平,孙跃武.辽宁北票中侏罗世海房沟组水生生物群落[J].长春地质学院学报,1997,27(3): 241-245.
陈芬,孟祥营,任守勤,等.辽宁阜新和铁法盆地早白垩世植物群及含煤地层[M].北京:地质出版社,1988.
陈金华,黄冠军.黑龙江绥滨地区晚侏罗世 *Buchia* 带[J].古生物学报,1992,31(2):163-177.
丁秋红,张立东.辽西义县组孢粉植物群指示的古气候条件[J].微体古生物学报,2004,21(3):332-341.
丁秋红.辽宁西部义县组木材化石的研究[J].古生物学报,2000,39(sup):209-219.
丁秋红.辽西北票义县地区义县古植物群及其古生态学研究[D].沈阳:东北大学,2004.
段淑英,王鑫.一个奇异的化石叶——北票叶(新属)[J].*Chenia*,1997(3-4):125-131.
段淑英.最古老的被子植物——具三心皮的生殖器官化石的发现[J].中国科学D辑,1997,42(6):519-523.
郭双兴,吴向午.辽宁西部晚侏罗世晚期义县组的 *Ephedrites* [J].古生物学报,2000,39(1):81-91.
郭双兴.松辽盆地晚白垩世植物[J].古生物学报,1984,23(1):85-90.
郭双兴.我国及北半球白垩纪植物群面貌和演变[M]∥中国科学院南京古生物研究所.古生物学与孢粉学文集(1).南京:江苏科学技术出版社,1986.
国土资源部国际合作与科技司、国土资源部信息中心,国土资源部科技发展报告[M].北京:地质出版社,2003.
黎文本,刘兆生.辽西北票义县组底部的孢粉组合及其时代[M]∥陈丕基,金帆.热河生物群.合肥:中国科学技术出版社,1999.
黎文本.黑龙江西三江地区早白垩世孢粉组合[J].古生物学报,1992,31(2):176-189.
黎文本.中国早白垩世孢粉植物群及其地理分区[M].中国古生物地理区系,北京:科学出版社,1983.
刘茂强.吉林临江附近早侏罗世植物群及其下伏火山岩地质时代的讨论[J].长春地质学院院报,1981(3):18-29.
米家榕,孙春林,孙跃武,等.冀北辽西早、中侏罗世植物古生态学及聚煤环境[M].北京:地质出版社,1996.
米家榕,张川波,孙春林,等.中国环太平洋带北段晚三叠世地层古生物及古地理[M].北京:科学出版社,1993.
潘广.燕辽地区侏罗纪杉科一新属——燕辽杉[J].植物分类学报,1977(15):69-71.
蒲荣干,吴洪章.黑龙江省东部晚中生代地层的孢子花粉[J].中国科学院沈阳地质矿产研究所所刊,1982,5:383-456.
蒲荣干,吴洪章.辽宁西部中生界孢粉组合及其地层意义[M]∥张立君,蒲荣干,吴洪章.辽宁西部中生代地层古生物(2).北京:地质出版社,1987.
孙革,郑少林,D迪尔切,等.辽西早期被子植物及伴生植物群[M].上海:科技教育出版社,2001.
孙革,郑少林,孙学坤,等.黑龙江东部侏罗—白垩系界线附近地层研究新进展[J].地层学杂志,1992,16(1):48-54.
孙革.中国吉林天桥岭晚三叠世植物群[M].吉林:科学技术出版社,1993.
陶君容,孙湘君.黑龙江林甸县白垩纪的植物化石和孢粉组合[J].植物学报,1980,22:75-79.
陶君容,张川波.吉林省延吉盆地早白垩世被子植物化石[J].植物学报,1990,32(3):220-229.
王五力.论中国北方早白垩世早期阜新生物群[J].中国地质科学院沈阳地质矿产研究所所刊,1987,16:53-59.
王五力,张宏,张立君,等.土城子阶、义县阶标准地层剖面及其地层古生物、构造-火山作用[M].北京:地质出版社,2004.
王宪曾,任东,王宇飞.辽宁西部义县组被子植物花粉的首次发现[J].地质学报,2000,74(3): 265-272.
吴征镒,汤彦承,路安民,等.试论木兰植物门的一级分类——一个被子植物八纲系统的新方案[J].植物分类学报,1998,36(5):385-402.
余静贤.冀北、辽西早白垩世孢粉组合序列[M].中国地质科学院地质研究所地层组.中国东部构造-岩浆演化及成矿规律(二).中国东部侏罗纪-白垩纪古生物及地层.北京:地质出版社,1989.
张宏达,黄云晖,缪汝槐,等.种子植物系统学[M].北京:科学出版社,2004.
张宏达.植物区系学[M].广州:中山大学出版社,1995.
赵传本,杨建国,李强.黑龙江东部鸡西群研究新进展[C]//第三届全国地层会议论文集编委会.第三届全国地层会议论文集.北京:地质出版社,2000.
郑少林,张立军,巩恩普.共生有生殖器官的 *Anomozamites* 的新发现[J].植物学报,2003,45(6):667－672.
郑少林,张武,丁秋红.辽宁晚侏罗世土城子组木材、植物化石的新发现及其地质意义[J].古生物学报,2001,40(1):67－85.
郑少林,张莹.松辽盆地的白垩纪植物[J].古生物学报,1994,33(6):756－764.
郑少林,郑月娟,邢德和.辽西晚侏罗世义县期植物群性质、时代及气候[J].地层学杂志,2003,27(3):233－241.
Arber E A N,Parkin J.On the origin of angiosperms [J].J.Linn.Soc.Bot.,1907,38:29－80.
Axelrod D I.A theory of angiosperm evolution [J].Evolution ,1952,6:20－60.
Axelrod D I.Mesozoic paleogeography and early angiosperm history [J]. Bot.Rev.,1970,36:227－319.
Beck C B.Origin and Early Evolution of Angiosperms[M].New York:Columbia Univ.Press,1976.
Bessey C E.Phylogeny and taxonomy of the angiosperms [J].Bot.Gaz.(Crawfordsville) ,1897,24:145－178.
Bessey C E.The phylogenetic taxonomy of flowering plants [J].Ann.Missouri Bot Gard.1915,2: 109－164.
Burger W C.The Piperales and the Monocots,alternate hypotheses for the origin of monocotyledonous flowers [J].Bot.Rev.(Lancaster),1977,43:345－393.
Rydin C,Wu S Q,Friis E M,et al.*Liaoxia* Cav et S.Q. Wu (Gnetales): ephedroids from the Early Cretaceous Yixian Formation in Liaoning,northeastern China[J].Plant Systematics and Evolution,2006, 262(3－4).
Camp W H.Distribution patterns in modern plants and the problems of ancient dispersals[J].Ecol.Monogr.,1947,17:159－183.
Crane P R.Form and function in wind dispersed pollen [M]//Blackmore S,Ferguson I K.Pollen and Spores: Form and Function.Academic Press.London (Linn.Soc.London),1986.
Crane P R.Phylogrnetic analysis of seed plants and the origin of angiosperms [J].Ann.Mo.Bot.Gard.,1985,72:716－793.
Cronquist A.The evolution and classication of flowering plants[M].2nd ed. New York Botanical Garden,1988.
David L,Dilcher,Sun Ge,et al.An early infructescence *Hyrcantha decussata* (comb.nov.) from the Yixian Formation in northeastern China[J].PNAS,2007,104(22): 9370－9374.
Doyle J A,Donoghue M J.Seed plant phylogeny and the origin of angioperms: an experimental cladistic approach[J]. Bot.Rew.1986,52:321－431.
Doyle J A,Donoghue M J.The origin angiosperms: a cladistic approach [M]//Friis E M,Chaloner W G,Crane P R,eds.The origin of angiosperms and their biological consequences.Cambridge:Cambrige University Press,1987.
Doyle J A, Endress P K. Morphological phylogenetic analysis of basal angiosperms: comparison and combination with molecular data[J].Int.J.Plant Sci.,2000,161(6): 5121－5153.
Doyle J A,Hicker L J.Pollen and leaves from the mid－Cretaceous Potomac Group and their bearing on early angiosperm evolution[M]//Beck C B.Origin and early evolution of angiosperms.New York:Columbia Univ.Press,1976.
Doyle J A.Cretaceous angiosperm pollen of the Atlantic coastal plain its evolutionary significance[J].J.Arnord Arbor,1969,50:1－35.

Doyle J A.Origin of angiosperms [J].Annual Rew.Ecol.Syst.,1978,9:365 - 392.

Eames A J.The morphological basis for a Paleozoic origin of the angiosperms [J].Recent Adv.Bot.,1959, 1:721 - 725.

Endress P K.The flowers in extant basal angiosperms and inferences on ancestral flowers [J].Int.J.Plant Sci., 2001,162:1111 - 1140.

Friis E M,Doyle J A,Endress P K,et al.*Archaefeuctus*-angiosperm Precursor or specialized early angiosperm? [J].Trens in Plant Science,2003,8(8):369 - 373.

Friis E M,Endress P K.Origin and evolution of angiosperm flowers [J].Advances Bot.Res.,1990,17: 99 -162.

Harris T M.The fossil flora of Scoresby Sound East Greenland.Part 2: description of seed plants *incertae sedis* together with a discussion of certain cycadophyte cuticle[J].Meddel.Gronland,1932a,85(3):1 - 144.

Harris T M.The fossil flora of Scoresby Sound East Greenland.Part 3: Caytoniales and Bennettitales[J].Meddel.Gronland,1932b,85(5):1 - 133.

Hughes N F.Fossil evidence and angiosperm ancestry [J].Sci.Progr.,1961a,49:84 - 102.

Hughes N F.Further interpretation of *Eucommiidites* Erdtman 1948[J].Palaeontology,1961b,4:292 - 299.

Ji Qiang,Li Hongqi,L Michelle Bowe,et al.Early Cretaceous *Archaefructus eoflora* sp.nov.with bisexual flowers from Baipiao,western Liaoning,China [J].Acta Geologica Sinica,2004,78(4): 883 - 896.

Krassilov V A,Shilin P V,Vachrameev V A.Cretaceous flowers from Kazakhstan[J].Review of Palaeobotany and Palynology,1983,40:91 - 113.

Leng Qin,Friis E M.*Sinocarpus decussates* gen.et sp.nov.,a new angiosperms with basally syncarpous fruits from the Yixian Formation of northeast China[J].Plant Systematics and Evolution,2003,241:77 - 88.

Li Nan,Li Yong,Wang Lixia,et al.A new species of *Weltrichia* braun in northe China with a special bennettitalean male reproductive organ[J].Acta Botanica Sinica,2004,46(11):1269 - 1275.

Long A G.Lower Carboniferous pteridosperm eupules and the origin of angiosperms[J].Trans.Roy.Soc.Edinburgh,1977,70:13 - 35.

Meyen S V.Orihin of the angiosperm gynoecium by gamo - heterotropy[J].Bot.J.Linn.Soc.,1988,97:171 -178.

Muller J.Palynological evidence on early differentiation of angiosperms[J].Biol.Rev.Cambridge Phil.Soc.,1970, 45:417 - 450.

Němeje F.On the problem of the origin and phylogenetic development of angiosperm[J].Sb.Národ.Musea Praze,ser.B,1956,12:65 - 143.

Scott R A,Barghoorn E S,Leopold E B.How old are the angiosperms? [J].Amer.J.Sci.,1960,258A:284 -299.

Shang Hua,Cui Jinzhong,Li Chensen.*Pityostrobus yixianensis* sp.nov.,a pinaceous cone from the Lower Cretaceous of NE China[J].Botanical Journal of the Linnean Society,2001,136:427 - 437.

Stebbins G L.Flowering plants: evolution above the species level[M].Cambridge:Harvard Univ.Press,1974.

Sun Ge,Dilcher D L,Zheng Shaolin,et al.In search of the first flower: a Jurassic angiosperm,*Archaefructus*, from northeast China[J].Science,1998,282 (5394): 1692 - 1695.

Sun Ge,Dilcher D L,Zheng Shaolin,et al.Archaefructaceae,a new basal angiosperm family[J].Science,2002, 296:899 - 904.

Sun Ge,Dilcher D L.Early angiosperm from Lower Cretaceous of Jixi and their significance for study of the earliest occurrence of angiosperm in the world[J].Palaeobotanist,1996,45:393 - 399.

Takhtajan A.Outline of the classification of flowering plants (Magnoliophyta)[J].Bot Rev.,1980,46:225 -359.

Taylor D W,Hickey L J.Evidence for and implications of an herbaceous origin for angiosperms[M]//Taylor D W,Hickey L J.Flowering plant origin,evolution and phylogeny.New York: Chapman and Hall,1996.

Taylor D W. Angiosperm ovules and carpels: their characters and polarities, distribution in basal clades, and structural evolution [J].Postilla,1991,208:1－40.

Thomas H H.The early evolution of the Angiosperms [J].Ann.Bot.,1931,45:647－672.

Wang Xianzeng,Ren Dong,Wang Yufei.First discovery of Angiospermous pollen from Yixian Formation in western Liaoning[J].Acta Geologica Sinica,2000,74(3): 265－272.

Wang Xin,Duan Shuying,Geng Baoyin,et al.*Schmeissneria*: A missing link to angiosperms? [J].BMC Evolutionary Biology,2007,7:14 ,doi:10.1186/1471－2148－7－14

Yang Xiaoju, He Chengquan, Li Wenben, et al. Marine dinoflagellates from Lower Cretaceous Muling Formation of Jixi Basin,China and their palaeoenvironmental significance[J].Chinese Science Bulletin, 2003,48(22):2480－2483.

Zheng Shaolin,Li Nan,Li Yong,et al.A new genus of fossil cycads *Yixianophyllum* gen.nov.from the Late Jurassic Yixian Formation,western Liaoning,China[J].Acta Geologica Sinica,2005,79(5):582－592.

Zheng Shaolin,Zhang Lidong,Zhang Wu,et al.A new female cone,*Araucaria beipoiaoensis* sp.nov.from the Middle Jurassic Tiaojishan Formation,Beipiao,western Liaoning,China and its evolutionary significance [J].Acta Geologica Sinica,2008,82(2):266－282.

Zhou Zhiyan,Zheng Shaolin,Zhang Lijun.Morphology and age of *Yimaia*(Ginkgoales) from Daohugou Village, Ningcheng,Inner Mongolia,China[J].Cretaceous Research,2007,28(2):348－362.

其他

邴志波,刘文海,黄志安,等.辽西上白垩统大兴庄组地层层序及时代[J].地质通报,2003,22(5):351－355.

曹从周.辽西地区侏罗纪火山岩特征[J].中国地质科学院沈阳地质矿产研究所所刊,1982,3:47－80.

陈丕基,黎文本,陈金华,等.中国侏罗、白垩纪化石群序列[J].中国科学B辑:化学,1982(6):558－565.

陈丕基,王启飞,张海春,等.论义县组尖山沟层[J].中国科学D辑,2004,34(10):883－895.

陈丕基,文世宣,周志炎,等.辽宁西部晚中生代陆相地层的研究[J].中国科学院南京地质古生物研究所所刊, 1980,1:22－55.

陈树旺,张立东,郭胜哲,等.四合屯—大康堡地区义县组火山-沉积岩地质特征[J].地球学报,2002,23(3): 217－222.

陈树旺,张立东,郭胜哲,等.四合屯及其周边地区义县组火山活动对生物灾难事件的影响[J].地学前缘, 2002,9(3):103－107.

陈文寄,李大明,李齐,等.下辽河裂谷盆地玄武岩的年代学与地球化学[M]//刘若新.中国新生代火山岩年代学与地球化学,北京: 地震出版社,1992.

陈义贤,陈文寄,等.辽西及邻区中生代火山岩——年代学、地球化学和构造背景[M].北京:地震出版社,1997.

程国良,孙宇航,孙青格,等.显生宙中国大地构造演化的古地磁研究[J].地震地质,1995,17(1):69－79.

从柏林,郭敬辉,刘文军.一个残留的地幔楔:来自华北早第三纪火山岩证据[J].科学通报,2001,46(21): 1825－1830.

崔盛芹,等.华北陆块北缘构造运动序列及区域构造格局[M].北京: 地质出版社,2000.

邓晋福,苏尚国,赵海玲,等.华北地区燕山期岩石圈减薄的深部过程[J].地学前缘,2003,10(3):41－50.

邓晋福,赵国春,赵海玲,等.中国东部燕山期火成岩构造组合与造山—深部过程[J].地质论评,2000,46(1).

邓晋福,赵海玲,莫宣学,等.大陆根—柱构造——大陆动力学的钥匙[M].北京: 地质出版社,1996.

地质矿产部天津地质矿产研究所.华北地区古生物图册(二),中生代分册[M].北京: 地质出版社,1984.

刁乃昌,李祥芝.辽西地区中生代火山岩同位素地质年龄的测定[J].辽宁地质学报,1983,(1): 72－82.

丁秋红,金成洙,张立东,等.四合屯含鸟化石层地球化学异常及沉积环境[J].地质与资源,2003,12(3):

139 -145.

丁秋红，张立东，郭胜哲，等.辽西北票地区义县组地层层序与化石层位[J].地质与资源，2001，10(4)：193 -197.

丁秋红，张立东，郭胜哲，等.辽西北票地区义县组古气候环境标志及其意义[J].地质通报，2003，22(3)：186 -191.

东北内蒙古煤炭公司110勘探队.黑龙江东部双鸭山、集贤煤田中生代含煤地层研究[J].古生物学报，1992，31(2)：129 - 162.

董树文，吴锡浩，吴珍汉，等.论东亚大陆的构造翘变[J].地质论评，2000，46(1)：8 - 13.

董万德，何振清，王忠江，等.1：25万建平县幅(K51 C003004)区域地质调查报告[R].大连：辽宁省地质矿产调查院大连分院，2003.

方文昌.吉林省花岗岩类及成矿作用[M].长春：吉林科技出版社，1992.

高福亮，王敏成，张国仁，等.建昌县玲珑塔大西山侏罗纪燕辽生物群新发现[J].地质与资源，2015，24(1)：7 - 11.

高山，金振民.拆沉作用及其壳-幔演化动力学意义[J].地质科技情报，1977，16(1)：1 - 9.

顾知微.热河动物化石群地质时代的研究[M]//王鸿祯.中国地质学科发展的回顾——孙云铸教授百年诞辰纪念文集.武汉：中国地质大学出版社，1995.

顾知微.中国的侏罗系和白垩系[M]//全国地层委员会.全国地层会议学术报告汇编.北京：科学出版社，1962.

郭洪中，张招崇.辽宁西部中生代火山岩的基本特征[J].岩石矿物学杂志，1992，11(3)：193 - 204.

郭胜哲，张立东，张长捷，等.辽宁西部义县组研究新进展[J].中国地质，2001，28(8)：1 - 8.

郭正府，刘嘉麒.火山活动与气候变化研究进展[J].地球科学进展，2002，17(4)：595 - 604.

国家地震局地质研究所.郯-庐断裂[M].北京：地质出版社，1987.

汉丘克 A и，里波夫 A H.那丹哈达山脉和相邻的锡霍特阿林地区的古洋沉积的地层资料[J].沈阳地质矿产研究所集刊，1993(2)：1 - 9.

郝诒纯，苏德英，余静贤，等.中国的白垩系[M].北京：地质出版社，1986.

和政军，李锦轶，牛宝贵，等.燕山-阴山地区晚侏罗世强烈推覆-隆升事件及沉积响应[J].地质论评，1998，44(4)：407 - 418.

河北省、天津市区域地层表编写组.华北地区区域地层表，河北省、天津市分册[M].北京：地质出版社，1979.

河北省地质矿产局.河北省、北京市、天津市区域地质志[M].北京：地质出版社，1989.

河北省地质矿产局.河北省岩石地层[M].武汉：中国地质大学出版社，1996.

胡修棉.白垩纪中期异常地质事件与全球变化[J].地学前缘，2005，12(2)：222 - 230.

黄永健，Thierry A，邹艳容，等.古海洋活性磷埋藏记录及其在氧气地球化学循环环境中的运用[J].地学前缘，2005，12(2)：189 - 197.

黄志安，潘玉启，杨雅军，等.1：25万锦州市幅(K51C003001)区域地质调查报告[R].大连：辽宁省地质矿产调查院大连分院，2003.

姬书安.热河生物群重大研究进展综述[J].中国地质，2001，28(4)：19 - 23.

季强，姬书安，任东，等.论辽西北票四合屯—尖山沟一带含原始鸟类地层的层序及时代[J].地层古生物论文集，1998，(27)：74 - 79.

季强.论热河生物群[J].地质论评，2002，48(3)：290 - 296.

季强，陈文，王五力，等.中国辽西中生代热河生物群[M].北京：地质出版社，2004.

金帆.辽宁西部晚中生代地层研究之进展及存在问题[J].古脊椎动物学报，1996，34(2)：102 - 122.

金振民，高山.底侵作用(underplating)及其壳-幔演化动力学意义[J].地质科技情报，1996，15(2)：1 - 7.

匡少平，徐仲，张书圣，等.运用地球化学方法研究中、新生代环境气候演替——兼论四川盆地侏罗纪气候变化[J].青岛化工学院学报(自然科学版),2002,3(1):4-9.
李春昱,王荃,刘雪亚,等.亚洲大地构造图说明书[M].北京:地图出版社,1982.
李佩贤,程政武,庞其清.辽西北票孔子鸟 *Confuciusornis* 的层位及年代[J].地质学报,2001,75(1):1-13.
李思田.断陷盆地分析与煤聚积规律[M].北京:地质出版社,1988.
李伍平,李献华,路凤香,等.辽西早白垩世义县组火山岩的起源及壳幔相互作用[J].矿物岩石,2001,21(4):1-6.
李亚平,董国义,范国清.辽西中生代含鸟层及上下层位的划分和时代[J].辽宁地质,1998(3):175-184.
李云通.中国地层13,中国的第三系[M].北京:地质出版社,1984.
李之彤,赵春荆.东北北部三叠纪A型花岗岩的初步研究[J].沈阳地质矿产研究所所集刊,1992(1):96-108.
李之彤,赵春荆.小兴安岭-张广才岭花岗岩带的形成和演化[C]//中国北方花岗岩及其成矿作用论文集,北京:地质出版社,1991.
梁鸿德,许坤.冀北-辽西地区侏罗-白垩系界线[M]//第三届全国地层会议论文集编委会.第三届全国地层会议论文集.北京:地质出版社,2000.
辽宁省地质矿产局.辽宁省区域地质志,地质矿产部地质专报[M].北京:地质出版社,1989.
辽宁省地质矿产勘查开发局.辽宁省岩石地层[M].武汉:中国地质大学出版社,1997.
辽宁省区域地层表编写组.东北地区区域地层表辽宁省分册[M].北京:地质出版社,1978.
林鹏.植物群落学[M].上海:上海科学技术出版社,1986.
林强,葛文春,孙德有,等.中国东北地区中生代火山岩的大陆构造意义[J].地质科学,1998,33(2):129-139.
刘北玲,陈毓蔚,朱炳泉.东北镜泊湖新生代玄武岩的成因及其地幔源化学特征——Sr、Nd、Pb同位素与微量元素证据[J].地球化学,1989(1):10-15.
刘海山,高荣繁,范义青,等.辽西中生界古地磁特征[J].中国地质科学院沈阳地质矿产研究所集刊,1993(2):218-234.
刘和甫,梁慧社,李晓清,等.中国东部中新生代裂陷盆地与伸展山岭耦合机制[J].地学前缘,2000,7(4):477-486.
刘和甫.盆地-山岭耦合体系与地球动力学机制[J].地球科学,2001,26(6):581-596.
刘嘉麒.中国东北地区新生代火山幕[J].岩石学报,1988(1):1-9.
刘茂强,杨丙中,邓俊国,等.伊通-舒兰地堑地质构造特征及其演化[M].北京:地质出版社,1993.
刘若新.中国新生代火山岩年代学与地球化学[M].北京:地震出版社,1992.
刘招君,董清水,王嗣敏,等.陆相层序地层学导论与应用[M].北京:石油工业出版社,2002.
柳永清,庞其清,李佩贤,等.冀北滦平陆相侏罗—白垩系生物地层界线及候选层型研究进展[J].地质通报,2002,21(3):176-180.
柳永清,田树刚,李佩贤,等.滦平盆地大北沟组—大店子组沉积和地层格架及陆相层型意义[J].地球学报,2001,22(5):391-396.
罗清华,陈丕基,邹东羽,等.中华鸟龙与孔子鸟类的时代——辽西义县组火山凝灰岩激光 $^{40}Ar/^{39}Ar$ 年龄测定[J].地球化学,1999,28(4):406-409.
马家骏,方大赫.黑龙江省中生代火山岩的初步研究[J].黑龙江地质,1991,2(2):1-16.
马寅生,崔盛芹,吴淦国,等.辽西医巫闾山的隆升历史[J].地球学报,2000,21(3):245-253.
马寅生,崔盛芹,曾庆利,等.燕山地区燕山期的挤压和伸展作用[J].地质通报,2002,21(4-5):219-223.
马寅生,吴满路,曾庆利.燕山及邻区中新生代挤压与伸展的转换和成矿作用[J].地球学报,2002,23(2):115-121.
马宗晋,莫宣学.地球韵律的时空表现及动力问题[J].地学前缘,1997,4(3-4):211-221.
孟庆任,胡健民,袁选峻,等.中蒙边界地区晚中生代伸展盆地的结构、演化和成因[J].地质通报,2002,21(4-

5)：225－231.

潘永信，朱日祥，Shaw J，等.辽西四合屯含化石层古地磁极性年龄的初步确定[J].科学通报，2001，(8)：680－684.

彭艳东，张立东，张长捷，等.辽宁北票髫髻山旋回火山岩的基本地质特征[J].地质与资源，2003，12(3)：177－184.

彭艳东，张立东，张长捷，等.辽西义县组火山岩$^{40}Ar/^{39}Ar$、K－Ar法年龄测定[J].地球化学，2003，32(5)：427－435.

全国地层委员会.中国区域年代地层（地质年代）表说明书[M].北京：地质出版社，2002.

任东，高克勤，郭子光，等.内蒙古宁城道虎沟地区侏罗纪地层划分及时代探讨[J].地质通报，2002，21(8－9)：584－591.

任东，郭子光，卢立伍，等.辽宁西部上侏罗统义县组研究新认识[J].地质论评，1997，43(5)：449－459.

任纪舜，陈廷愚，牛宝贵，等.中国东部及邻区大陆岩石圈的构造演化与成矿[M].北京：科学出版社，1990.

邵济安，李之彤，张履桥.辽西及邻区中—新生代火山岩的时空对称分布及其启示[J].地质科学，2004，39(1)：98－106.

邵济安，刘福田，陈辉，等.大兴安岭—燕山晚中生代岩浆活动与俯冲作用关系[J].地质学报，2001，75(1)：56－63.

邵济安，路凤香，张履桥，等.华北早白垩世末岩石圈局部被扰动的时空证据[J].岩石学报，2006b，22(2)：277－284.

邵济安，路凤香.辽西100Ma火山事件的动力学过程及其构造背景[J].岩石学报，2007，23(6)：1403－1412.

邵济安，牟保磊，何国琦，等.华北北部在古亚洲域与古太平洋域构造叠加过程中的地质作用[J].中国科学D辑：地球科学，1997，27(5)：390－394.

邵济安，唐克东.中国东北地体与东北亚大陆边缘演化[M].北京：地震出版社，1995.

邵济安，王成源，唐克东.乌苏里地区构造新探索[J].地质论评，1992，38(1)：34－39.

邵济安，张履桥，储著银.冀北早白垩世火山-沉积作用及构造背景[J].地质通报，2003，22(6)：384－390.

邵济安，张履桥，牟保磊.大兴安岭中生代伸展造山过程中的岩浆作用[J].地学前缘，1999，6(4)：339－346.

沈阳地质矿产研究所.东北地区古生物图册[M].北京：地质出版社，1980.

孙知明，许坤，马醒华，等.辽西朝阳地区含鸟化石层附近侏罗—白垩系磁性地层研究[J].地质学报，2002，76(3)：317－324.

田树刚，李佩贤，柳永清，等.冀北滦平盆地陆相侏罗系—白垩系界线地层标准层序[C]//中国地质科学院地层古生物论文集编委会.地层古生物论文集.北京：地质出版社，2004.

田树刚，柳永清，李佩贤，等.冀北滦平侏罗—白垩系界线层序地层研究[J].中国科学D辑：地球科学，2003，33(9)：871－880.

田树刚，牛绍武，庞其清.冀北滦平盆地早白垩世陆相义县阶的重新厘定及其层型剖面[J].地质通报，2008，27(6)：739－752.

田树刚，庞其清，牛绍武，等.冀北滦平盆地陆相侏罗系—白垩系界线候选层型剖面初步研究[J].地质通报，2004，23(12)：1170－1187.

万天丰.中国东部中新生代板内变形构造应力场及其应用[M].北京：地质出版社，1993.

王登第，韩殿忠.浑河—敦化—密山断裂带地质特征[J].辽宁地质学报，1983(1).

王东方，刁乃昌.辽西侏罗系—白垩系火山岩系统的同位素年龄测定兼测侏罗系与白垩系的底界年龄[M]//国际交流地质学术论文集(1).北京：地质出版社，1984.

王东方，周世光，孙成林.辽宁中西部中新生代火山岩的稀土元素测定、分布模式及其构造意义[J].地球化学，1985(2)：134－141.

王东坡,薛林福,许敏,等.下辽河盆地外围深部构造特征及中生代构造演化模式[J].长春地质学院院报,1997,27(4):369-374.

王根厚,张长厚,王国胜,等.辽西地区中生代构造格架及其形成演化[J].现代地质,2001,15(1):1-7.

王慧芬,杨学昌,朱炳泉,等.中国东部新生代火山岩 K-Ar 年代学及其演化[J].地球化学,1988(1):2-8.

王骏,王东坡,乌沙科夫 C A,等.东北亚沉积盆地的形成演化及其含油气远景[M].北京:地质出版社,1997.

王亮亮,胡东宇,张立君,等.辽西建昌玲珑塔地区侏罗纪地层的离子探针锆石 U-Pb 定年:对最古老带羽毛恐龙的年代制约[J].科学通报,2013,58(14):1346-1353.

王思恩,程政武,王乃文,等.中国的侏罗系[M].北京:地质出版社,1985.

王松山,王元青,胡华光,等.辽西四合屯脊椎动物生存时代:锆石年龄证据[J].科学通报,2001,46(4):330-333.

王五力,张宏,张立君,等.辽宁义县—北票地区义县组地层层序——义县阶标准地层剖面建立和研究之一[J].地层学杂志,2003,27(3):227-232.

王五力,张立君,郑少林,等.义县—北票地区义县阶标准地层剖面及其生物地层学新研究——义县阶标准地层剖面简历和研究之二[J].地质学报,2004,78(4):433-447.

王五力,张立君,郑少林,等.义县阶的时代与侏罗系—白垩系界线——义县阶标准地层剖面建立和研究之三[J].地质论评,2005,51(3):234-242.

王五力,郑少林,张立君,等.辽宁西部中生代地层古生物(1)[M].北京:地质出版社,1989.

王五力,郑少林,张立君,等.中国东北环太平洋带构造地层学[M].北京:地质出版社,1995.

王五力.环太平洋带中国大陆增生、构造演化和成矿作用基本特点的初步总结[J].中国地质科学院沈阳地质矿产研究所所刊,1990(22):13-25.

王小凤,李中坚,陈柏林,等.郯庐断裂带[M].北京:地质出版社,2000.

王友勤,苏养正,刘尔义.东北区区域地层[M].武汉:中国地质大学出版社,1997.

吴启成,等.辽宁古生物化石珍品[M].北京:地质出版社,2002.

吴舜卿.辽西热河植物群的初步研究[M]//陈丕基,金帆.热河生物群.合肥:中国科学技术大学出版社,1999.

武广,李忠权,李之彤.辽西中侏罗统海房沟组埃达克质岩的确认及地质意义[J].成都理工学院学报(自然科学版),2003,30(5):457-461.

徐德斌,李宝芳,常征路,等.辽西阜新—彰武—黑山区白垩系火山岩 U-Pb 同位素年龄、层序和找煤研究[J].地学前缘,2012,19(6):155-166.

许浚远.从花岗岩的形成环境论东北地区中生代大地构造性质[J].辽宁地质学报,1993(1):10-17.

阎全人,高山林,王宗起,等.松辽盆地火山岩的同位素年代、地球化学特征及意义[J].地球化学,2002,31(2):171-177.

杨建国,赵传本,张海桥.东北地区三江盆地海陆相侏罗—白垩系层序[M]//第三届全国地层会议论文集编委会.第三届全国地层会议论文集.北京:地质出版社,2000.

杨美霞.下辽河平原区郯庐断裂带及其控煤效应[J].辽宁地质学报,1983(2).

杨欣德,李星云,等.辽宁省岩石地层[M].武汉:中国地质大学出版社,1997.

杨雅军,张立东,张立君,等.辽西及其毗邻地区中生代珍稀动、植物化石的分布及层位[J].地质与资源,2006,15(2):89-97.

杨关秀,黄其胜.古植物图册[M].武汉:武汉地质学院古生物教研室,1985.

姚大全.密-抚断裂带西南段中生代早中期变位与变形的研究[J].辽宁地质学报,1988(1):16-34.

姚益民,梁鸿德,蔡治国,等.中国油气区第三系(Ⅳ),渤海湾盆地油气区分册[M].北京:石油工业出版社,1994.

叶得泉,钟筱春.中国北方含油气区白垩系[M].北京:石油工业出版社,1990.

于希汉，王五力，刘宪亭，等.辽宁西部中生代地层古生物[M].北京：地质出版社，1987.

张长厚，王根厚，王国胜，等.辽西地区燕山板内造山带东段中生代逆冲推覆构造[J].地质学报，2002，76(1)：64－76.

张国伟，董云鹏，裴先治，等.关于中新生代环西伯利亚陆内构造体系域问题[J].地质通报，2002，21(4－5)：108－201.

张宏，王明新，柳小明.LA－ICP－MS测年对辽西－冀北地区髫髻山组火山岩上限年龄的限定[J].科学通报，2008，53(15)：1815－1824.

张宏，韦忠良，等.冀北辽西地区土城子组的LA－ICP－MS测年[J].中国科学D辑：地球科学，2008，38(8)：960－970.

张宏，袁洪林，胡兆初，等.冀北滦平地区中生代火山岩地层的锆石U－Pb测年及启示[J].地球科学，2005，30(6)：707－720.

张立东，郭胜哲，张长捷，等.北票—义县地区义县组火山构造及其与化石沉积层的关系[J].地球学报，2004，25(6)：639－646.

张立东，郭胜哲，张长捷，等.北票—义县地区义县组岩石地层特征[J].地质与资源，2004，13(2)：65－67.

张立东，郭胜哲，张长捷，等.北票—义县地区义县组珍稀化石层位对比及时代[J].地质与资源，2004，13(4)：193－201.

张立东，郭胜哲，张长捷，等.辽宁省四合屯—上园地区含珍稀化石沉积层的特点和形成环境[J].中国地质，2001，28(6)：10－20.

张立东，郭胜哲，张长捷，等.辽宁西部义县组湖相枕状熔岩的发现及其意义[J].地球学报，2002，23(6)：491－494.

张立东，郭胜哲，张长捷，等.义县组底部层位发现恐龙化石[J].地质与资源，2002，11(1)：9－15.

张立军，王丽霞.辽西凌源热水汤地区中生代含蝾螈化石地层新知[J].地质与资源，2004，13(4)：202－206.

张弥曼，陈丕基，王元青，等.热河生物群[M].上海：上海科学技术出版社，2001.

张旗，钱青，王二七，等.燕山晚期的中国东部高原：埃达克岩的启示[J].地质科学，2001，36(2)：248－255.

张招崇，李兆鼐，王富宝，等.辽西义县盆地火山岩的基本特征及其成因探讨[J].现代地质，1994，8(4)：441－451.

张和.中国化石[M].北京：科学出版社，2001.

赵国龙，杨桂林，傅嘉友，等.大兴安岭中南部中生代火山岩[M].北京：北京科学技术出版社，1989.

赵海玲，邓晋福，陈发景，等.中国东北地区中生代火山岩岩石学特征与盆地形成[J].现代地质，1998，12(1)：56－61.

赵一鸣，张德全，徐志刚，等.大兴安岭及其邻区铜多金属矿床成矿规律与远景评价[M].北京：地震出版社，1997.

赵越，崔盛芹，郭涛，等.北京西侏罗纪盆地演化及其构造意义[J].地质通报，2002，21(4－5)：211－217.

赵越，杨振宇，马醒华.东亚大地构造发展的重要转折[J].地质科学，1994，29(2)：105－119.

周忠和，贺怀宇，汪筱林.侏罗系—白垩系界线和我国东北地区下白垩统陆相地层相关问题的探讨[J].地层古生物学报，2009，48(3)：541－555.

朱光，刘国生，牛漫兰，等.郯庐断裂带的平移运动与成因[J].地质通报，2003，22(3)：200－207.

朱光，王道轩，刘国生，等.郯庐断裂带的演化及其对西太平洋板块运动的响应[J].地质科学，2004，39(1)：36－49.

朱鸿，万天丰.中国东部晚元古代—三叠纪古板块的运动学研究[J].地球科学，1991，16(5)：523－532.

朱夏.论中国含油气盆地构造[M].北京：石油工业出版社，1986.

Boris N. History and models of Mesozic accretion in southeastern Russia[J]. The Island Arc，1993(2)：15－34.

Boris N.Maruyams S.Toroqeng and relative plate motions example of the Japanese Island[J].Tectonophysics, 1986(127):305 - 329.

Buck W R.Flexural rotation of normal faults[J]. Textonics,1988(7):959 - 973.

Buck W R.Modes of continental lithospheric extension[J].J.Geologys.Res.,1991,96:20 161 - 20 178.

Davis G A,Lister G S.Detachment faulting in continental extension: Perspectives from the Southwestern U.S. Cordillera[J].Geology Society of Special Paper,1988,218:133 - 159.

England P C.Constrains on extension of continental lithosphere[J].J.Geologys.Res.,1983,88:1145 - 1152.

Friedmann S J,Burband D W.Rift basin and supradetachment basins: intracontinental extensional end - members[J].Basin Research,1995,7:109 - 127.

Hallam A.Jurassic climates as inferred from the sedimentary and fossil record[J].Philosophical Transactions of the Royal Society B Biological Sciences,1993,341(1297):287 - 296.

Khain V Y.The role of rifting in the evolution of the earth crust[J].Tectonophyscs,1992,215:1 - 7.

Kusznir N J,Roberts A M,Morley C K.Forward and reverse modeling of rift basin formation[J].Geological Society, London, Special Publication,1995,80:33 - 56.

Lee Daisung.Geology of Korea[M].Published by the kyohah - sa publishing co,Augus,1987.

Mckenzie D P,Bickle M J.The volume and composition of melt generated by extension of the lithosphere[J].J. Petrot.,1988,29: 625 - 679.

Mckenzie D P.Some remarks on the development of sedimentary basin[J].Earth and Planetary Science Letters, 1987,40:25 - 32.

Sengör A M C, Burke K. Relative time of rifting and volcanism on earth and its tectonic implication[J]. Geophys.Res.Lttt.,1978,5: 419 - 421.

Smith P E,York D,Chang M M,et al.Dates and rates in ancient lakes: ^{40}Ar/^{39}Ar evidence for an Early Cretaceous age for the Jehol Group,northeast China[J].Can. J.Earth Sci.,1995,32:1426 - 1431.

Swisher C C,Wang X L,Xu X,et al.Cretaceous age for the feathered dinosaurs of Liaoning,China[J].Nature, 1999,400: 58 - 61.

Von W R.Handbuch der systematischen botanik[M].Leipzig and Vienna:Franz Deuticke,1901.

Wernicke B, Axen G J. On the isostasy in the evolution of normal fault systems[J]. Geology, 1988, 16: 848 -851.

Wernicke B.Low - angle normal faults in the Basin and Range province: Nappe tectonics in an extending orogen [J].Nature,1981,291:645 - 648.

Wolfe J A.Significance of comparative foliar morphology to paleobotany and geobotany[J]. Amer.Jour.Bot. 1972,59:664.

Zhao Xixi.The earth's magnetic field and global geologic phenomena in mid-Cretaceous[J].Earth Science Frontiers, 2005,12 (2):199 - 216.

Yin An.Identification model for the north and south China collision and the development of the Tan - Lu and Honam fault systems.Eastern Asia[J].Tectonics,1993,12(4).

Yu Y K.The condition of formation of mineral deposits of the Mongolo - Zabakal volcanic belt[M]//The problems of geological and mineragenetic correlation in the contiguous region of Russia,China and Mongolia. Novosibrsk,published by SPC UIGGM Siberia branch of the RAS,1998.

Zhou Zhonghe,Paul M B,Jason H.An exceptionally preserved Lower Cretaceous ecosystem[J].Nature,2003, 421:807 - 814.

Zhu Rixiang,Lo Chinghua,Shi Ruiping,et al.Is there a precursor to the Cretaceous normal superchron? New paleointensity and age determination from Liaoning province, northeastern China[J]. Physics of the Earth and Planetary Interiors, 2004c, 147: 117-126.

Zhu Rixiang, Lo Chinghua, Shi Ruiping, et al. Palaeointensities determined from the middle Cretaceous basalt in Liaoning province [J]. Northeastern China Physics of the Earth and Planetary Interiors, 2004b, 142: 49-59.

Zhang Lijun, Yang Yajun, Zhang Lidong, et al. Precious fossil-bearing beds of the lower Cretaceous Jiufotang Formation in western Liaoning province, China[J]. Acta Geologica Sinica (English Edition), 2007, 81(3): 357-364.